JN415598

SI Units and Prefixes[a]

SI Units	Quantity	Unit	SI Symbol	Formula
SI base units:	Length	meter	m	—
	Mass	kilogram	kg	—
	Time	second	s	—
	Temperature	kelvin	K	—
SI supplementary unit:	Plane angle	radian	rad	—
SI derived units:	Energy	joule	J	$N \cdot m$
	Force	newton	N	$kg \cdot m/s^2$
	Power	watt	W	J/s
	Pressure	pascal	Pa	N/m^2
	Work	joule	J	$N \cdot m$

SI prefixes	Multiplication Factor	Prefix	SI Symbol
	$1\,000\,000\,000\,000 = 10^{12}$	tera	T
	$1\,000\,000\,000 = 10^{9}$	giga	G
	$1\,000\,000 = 10^{6}$	mega	M
	$1\,000 = 10^{3}$	kilo	k
	$0.01 = 10^{-2}$	centi[b]	c
	$0.001 = 10^{-3}$	milli	m
	$0.000\,001 = 10^{-6}$	micro	μ
	$0.000\,000\,001 = 10^{-9}$	nano	n
	$0.000\,000\,000\,001 = 10^{-12}$	pico	p

[a] *Source*: ASTM SI10-10, IEEE/ASTM SI 10 American National Standard for Metric Practice, ASTM International, West Conshohocken, PA, 2010, www.astm.org

[b] To be avoided where possible.

Conversion Factors and Definitions

Fundamental Dimension	English Unit	Exact SI Value	Approximate SI Value
Length	1 in.	0.0254 m	—
Mass	1 lbm	0.453 592 37 kg	0.454 kg
Temperature	1°F	5/9 K	—

Definitions:

Acceleration of gravity:	$g = 9.8066\ \text{m/s}^2\ (= 32.174\ \text{ft/s}^2)$
Energy:	Btu (British thermal unit) ≡ amount of energy required to raise the temperature of 1 lbm of water 1°F (1 Btu = 778.2 ft · lbf)
	kilocalorie ≡ amount of energy required to raise the temperature of 1 kg of water 1 K(1 kcal = 4187 J)
Length:	1 mile = 5280 ft; 1 nautical mile = 6076.1 ft = 1852 m (exact)
Power:	1 horsepower ≡ 550 ft · lbf/s
Pressure:	1 bar ≡ 10^5 Pa
Temperature:	degree Fahrenheit, $T_F = \frac{9}{5} T_C + 32$ (where T_C is degrees Celsius)
	degree Rankine, $T_R = T_F + 459.67$
	Kelvin, $T_K = T_C + 273.15$ (exact)
Viscosity:	1 Poise ≡ 0.1 kg/(m · s)
	1 Stoke ≡ 0.0001 m^2/s
Volume:	1 gal ≡ 231 $in.^3$ (1 ft^3 = 7.48 gal)

Useful Conversion Factors:

Length:	1 ft = 0.3048 m	Power:	1 hp = 745.7 W
	1 in. = 25.4 mm		1 ft · lbf/s = 1.356 W
Mass:	1 lbm = 0.4536 kg		1 Btu/hr = 0.2931 W
	1 slug = 14.59 kg	Area	1 ft^2 = 0.0929 m^2
Force:	1 lbf = 4.448 N		1 acre = 4047 m^2
	1 kgf = 9.807 N	Volume:	1 ft^3 = 0.02832 m^3
Velocity:	1 ft/s = 0.3048 m/s		1 gal (US) = 0.003785 m^3
	1 ft/s = 15/22 mph		1 gal (US) = 3.785 L
	1 mph = 0.447 m/s	Volume flow rate:	1 ft^3/s = 0.02832 m^3/s
Pressure:	1 psi = 6.895 kPa		1 gpm = 6.309×10^{-5} m^3/s
	1 lbf/ft^2 = 47.88 Pa	Viscosity (dynamic)	1 lbf · s/ft^2 = 47.88 N · s/m^2
	1 atm = 101.3 kPa		1 g/(cm · s) = 0.1 N · s/m^2
	1 atm = 14.7 psi		1 Poise = 0.1 N · s/m^2
	1 in. Hg = 3.386 kPa	Viscosity (kinematic)	1 ft^2/s = 0.0929 m^2/s
	1 mm Hg = 133.3 Pa		1 Stoke = 0.0001 m^2/s
Energy:	1 Btu = 1.055 kJ		
	1 ft · lbf = 1.356 J		
	1 cal = 4.187 J		

Fluid Mechanics
10th Edition

John W. Mitchell

폭스의

유체역학 강의

제10판 수정판

SI 단위 적용

윤경환 · 고성호 · 김경진 · 김기웅
오세혁 · 이상민 · 이은택 · 이인원 옮김

WILEY

TEXTBOOKS
텍스트북스

Fox and Mcdonald's Introduction to Fluid Mechanics 10th edition Asia Edition
John W. Mitchell

ISBN 979-11-91679-11-3

옮긴이 소개

윤경환 단국대학교
고성호 충남대학교
김경진 금오공과대학교
김기웅 한남대학교
오세혁 한국항공대학교
이상민 동의대학교
이은택 금오공과대학교
이인원 부산대학교

발행일 2025년 8월 20일 제10판 수정판 1쇄 발행
지은이 John W. Mitchell
옮긴이 윤경환, 고성호, 김경진, 김기웅, 오세혁, 이상민, 이은택, 이인원
발행인 임은정 발행처 ㈜텍스트북스
주소 서울시 영등포구 양평로 30길 14, 세종앤까뮤스퀘어 1109호
전화 02-702-5725~6 팩스 02-702-5727 웹사이트 www.textbooks.co.kr
등록번호 제2022-000098호
ISBN 979-11-91679-43-4 93550
정가 45,000원

옮긴이 머리말

Preface

우리가 항상 실생활에서 접하고 있는 기체인 공기, 액체인 물과 같은 물질을 우리는 유체(fluid)라 부른다. 바람이 불고 강물이 흐르는 현상은 유동(flow)이라 말한다. 공기와 물은 다른 상태로 존재하지만 힘(force)을 받을 때 변형되는 유동현상은 동일하며, 이 책에서 제시하는 전단응력이 작용할 때 계속해서 변형하는 물질이라는 유체의 정의에 부합한다. 유체역학(fluid mechanics)은 유체가 외부에서 힘을 받을 때 변형하며 유동하는 현상을 이해하고, 유체역학의 원리를 응용하여 만든 펌프나 터빈 등 다양한 유체기계들의 설계 및 작동원리를 공부하는 학문분야이다. 자연현상을 이해하고 응용하는 공학 분야에서 유체역학을 배우는 목적은 동일하지만 정해진 목표에 도달하는 과정은 다양하다. 유체역학을 처음 배우는 학생들에게 이 교재처럼 쉽고 친근하게 느껴지도록 구성된 책은 많지 않다고 생각한다.

처음 본 교재의 첫 판을 만드신 Fox 교수님과 McDonald 교수님, 그리고, 그 이후 8판까지 개정판 작업에 참가하시고 이 10판에도 많은 기여를 하신 Pritchard 교수님은 수십 년간 유체역학 분야를 강의하고 연구해 온 세계적인 석학들로서, 그들의 경험과 연구결과가 이 책의 구석구석에 잘 반영되어 있다. 지난 9판부터 Mitchell 교수님이 주 저자로 합류하셨으며 이번 개정 10판의 전반적인 집필과 수정작업을 진행하시어 인터넷 시대에 적합한 형태로 내용을 재정립하면서 본 교재를 지속적으로 업그레이드하는 데 크게 기여했다. 저자들은 유동현상의 근본적인 원리에서 출발한 후 단계적으로 체계화하여 결과를 도출하고 있다. 본 교재의 각종 문제들에 대한 해석 및 풀이과정이 합리적이고 체계적이므로 책이 진행하는 순서대로만 따라가면 유동현상의 이해, 기본원리의 적용, 현상의 수식화, 수식의 수학적 해석, 그리고 해석결과의 검증까지 할 수 있도록 잘 편성되어 있다.

이전 판과 비교하여 10판에서는 몇 가지 변화를 찾아볼 수 있는데, 변화된 내용 중 일부를 소개하면 다음과 같다. 각 장의 시작 부분에 대부분의 경우 전판과는 다른 새로운 주제나 응용문제로 대체하거나 갱신하여 이 내용을 사례연구로 수록하였다. 이것은 생활 주변의 흥미로운 현상을 소개하고 그 장에서 배울 원리나 유동과의 연관성을 거론하는데, 유체역학은 어렵다고 느끼는 물리학과 수학 과정의 연장이 아니라 바로 내 주변의 나와 관련된 문제를 취급하는 것임을 강조하고 있다. 또한, 8, 9판에서 참고문헌으로 주어졌던 클래식 NCFMF 비디오가, 추가된 비디오들을 찾을 수 있는 소스와 함께 교재의 적합한 부분과 부록에 배치하여 이 정보들을 유용하게 활용할 수 있을 것이다.

지배방정식의 해를 해석학적 방법으로 구하는 것 못지 않게 최근 수치 해석적 방법이 대단히 중요시되고 있는데, 9판에서는 수치해석에 스프레드시트를 사용하는 전산유체역학(CFD)의 기본개념에 관한 내용을 5장 말미에 넣어 소개하였다. 이번 개정 10판에서는 이 내용을 가장 최근의 첨단 기술을 반영할 수 있도록 갱신하고, 최근의 참고문헌들을 포함시켜 독립된 장소인 부록으로 빼서 "APPENDIX F"에 배치하였다. 또한, 유체기계 부분을 좀 더 이해하기 쉽게 편집하고 내용을 보강하려고 노력했고, 개수로 유동 부분도 새로운 문제들을 추가했다. 토목공학 분야에서 수리학의 기초가 되며 자유표면 유동 현상을 많이 다루는 조선해양 분야의 기초가 될 것이다. 마지막으로 영문판 10판에서는 각 장의 끝에 배치한 연습문제들을 수정도 하고 그 숫자를 대략 50%정도로 줄였으나, 이번 SI 버전으로 개정한 국문번역판 10판에서는 지난 9판 국문번역판의 문제를 그대로 가져와서 수록한 것이 큰 특징이다.

개정된 영문판 10판에서는 SI단위계를 주로 사용하였던 9판과 달리 SI단위계와 영국중력단위계를 혼용하여 사용하였다. 미국 및 미국령을 제외한 지역에서 배우고 생활하는 SI단위계에만 익숙한 대부분의 독자들이 예제나 연습문제들에 너무 영국중력단위계를 많이 사용하여 혼란을 일으켰음을 10판 국문번역판의 역자들도 인지하고 있었다. 이에 이번 SI 버전으로 개정한 국문번역판 10판에서는 SI단위계에서 영국중력단위계로 수정하여 게재한 많은 예제들을 SI 버전으로 되어있던 9판 국문번역판의 문제를 다시 가져와 그대로 수록했다. 한편, 바로 위에 언급한 바와 같이 각 장의 끝에 배치한 연습문제들을 9판 국문번역판의 문제를 그대로 가져와 수록하여 최대한 SI단위계 위주로 책의 내용을 유지하려 노력하였다.

영어로 되어 있는 원서를 번역할 때 겪는 어려움 중 하나는 적합한 용어의 선택이다. 동일한 영어 단어가 여러 종류의 영한사전이나 용어집 등에 다르게 번역되어 있는 경우가 많다. 또한, 시대의 변화 및 발전에 따라 기왕에 확립되어 있던 용어 역시 변천한다. 특히 인터넷의 대중화와 국제교류의 활성화로 인해 외래어가 급격히 증가하고 있으므로, 현 시류에 맞도록 외래어를 사용하고 외국어 표기법을 적용하여 독자들의 이해에 도움이 되도록 최대한 노력하였다. 이러한 문제를 고려하여 이 책에서는 〈기계용어집〉 (대한기계학회편), 〈유체기계용어사전〉 (한국유체기계학회편), 〈공기조화 · 냉동 · 위생 표준용어집〉 (대한설비공학회편), 〈항공우주용어집〉 (한국항공우주학회편), 그리고 〈수공학용어집〉 (한국수문학회편) 등에 실린 용어를 중심으로 사용했다. 외래어 표기는 가능한 한 한글맞춤법의 외래어 표기법을 따르려 노력했다.

역자들이 최선을 다해 원서를 독자들에게 도움이 될 수 있도록 번역했으나 오류가 많을 것으로 생각되어 대단히 송구스럽게 생각한다. 유체공학 분야의 선배, 동료 그리고 후학들의 많은 지도와 편달을 바라며, 이 교재로 공부하는 독자들의 유체역학에 관한 지식이 일취월장하기 바란다.

끝으로 이 책의 출판에 많은 도움을 주신 (주)텍스트북스 여러분께 감사드린다.

옮긴이 적음

지은이 머리말

Author's Preface

서론(Introduction)

이 책은 유체역학의 기초과정을 학습하기에 적합하도록 집필되었다. 유체역학이라는 주제를 다루기 위한 저자들의 접근방법은 유체역학의 물리적 개념과 기본적인 원리에서 시작된 해석방법을 강조하는 것이다. 이 책의 중요한 목적은 사용자들이 체계적인 방법을 사용하여 문제를 해결하는 데 도움을 주는 것이다. 따라서, 문제들을 해결하기 위해 우리는 항상 알맞은 지배방정식들을 선택하는 과정에서 시작하고, 주어진 가정들을 명확하게 기술한 후, 미적분 등 수학에서 배운 결과들을 물리적 현상과 연관시키려고 노력하는 과정들을 보일 것이다. 한편, 우리는 이론적으로 포괄적인 실용문제들을 해결하는 접근 또는 해석하는 경우 검사체적의 적용을 이 책 전체에서 강조하였다.

입증된 문제풀이 방법

이 책에서 사용된 Fox교수와 McDonald 교수가 제시한 문제풀이 방법은 각 장 내 많은 예제들과 그 풀이 과정에서 자세히 보여주며, 각각의 예제는 유체역학을 배우는 과정에서 중요하다고 생각되는 특정한 부분 또는 관점을 보여주기 위해 선정되었다. 예제들에 대한 풀이는 우수하다고 평가할 수 있는 풀이 기술을 제시하고, 이론상 어려운 점을 설명하기 위하여 준비되었다. 예제들은 쉽게 구별하여 따라갈 수 있도록 본문의 내용과 포맷을 다르게 편집하였다. 이 책에 대한 추가적인 중요한 정보와 문제풀이 과정은 1장의 1절인 "학생들에게"에 자세히 기술하였다. 저자들은 학생들이 1장의 1절의 내용을 주의를 기울여 공부하고, 학생들이 우리가 제시하는 풀이과정을 연습문제 등의 문제풀이와 공부의 결과물들을 제출하거나 발표할 때 통합적으로 사용할 수 있기를 적극 권장한다.

SI 단위계와 영국단위계

이 책의 예제들과 각 장이 끝나며 제시하는 문제들의 약 90%에서는 SI 단위계가 사용되었다. 미국 내에서 사용되어지는 전통적인 시스템과의 경험을 제공하고 각기 다른 단위계들 간의 변환의 중요성을 강조하기 위하여 나머지 문제들에는 영국공학단위계를 사용하였다.

이 책을 사용하여 공부하는 목표와 장점들

상당량의 상세한 예제들을 포함하여 본문에서 제공되는 완벽한 설명들은 학생들로 하여금 이 책의 내용들을 잘 이해할 수 있도록 만들어 교수님들이 전형적인 교수법에서 벗어날 수 있게 하였다. 강의실에서의 수업시간은 이 책의 내용 외의 과제들을 다루는 데 사용할 수 있거나, 특별한 주제들로(즉, 비뉴턴 유동, 경계층 유동, 양력과 항력, 또는 실험 방법 등) 확대하거나, 예제로 제공된 문제들을 풀거나, 숙제로 미리 부과된 문제들의 풀이과정 중 어려운 점들을 설명하는 데 사용될 수도 있다. 그러므로, 각각의 수업시간은 학생들의 요구에 맞추어 가장 알맞게 사용될 수 있다.

학생들이 유체역학의 학습과정을 마쳤을 때, 이전에 접해보지 못했던 문제들을 포함한 다양한 문제들에 적절한 지배방정식들을 적용할 수 있기를 학생들에게 기대한다, 실제 유체의 유동 중에 발생하는 다양한 현상들을 학생들이 모델링하는 것을 돕기 위해 우리는 처음부터 끝까지 물리적 개념을 특별히 강조한다. 각 장의 말미에 그 장에서 나왔던 유용한 방정식들을 모아서 제시했지만, 우리의 철학은 이 "마법같은 공식(magical formulas)"의 이용을 최소화하고 앞에서 언급한 문제해결에 체계적이고 근본적인 풀이방법을 강조하는 것이라고 말하고 싶다. 이러한 풀이과정을 따르면 학생들이 학습한 지식을 응용하고 좀 더 도전적인 문제들을 해결할 수 있는 이유를 발견하는 능력을 증대시킬 수 있을 것이라 우리는 믿는다.

이 책은 독학으로 공부하는 학생들이나 현장의 기술자들에게도 적합하다. 읽으면서 이해하기 쉬운 내용과 명확한 예제들은 학생들에게 자신감을 줄 것이다. 선택된 문제들에 대한 해답이 web 상에 제공되어 학생들이 자신이 푼 해답과 비교하고 점검할 수 있도록 하였다.

포함된 주제

이 책은 대학교 3학년 또는 4학년 수준에서 한 학기 또는 두 학기에 걸쳐 공부하기에 적합하도록 광범위한 주제들을 포함하는 내용들을 세심하게 선택하였다. 우리는 이 책의 독자들이 강체의 동역학, 미분방정식에 이르는 수학 및 열역학에 대한 기본지식을 보유하고 있다고 가정한다.

이 책의 내용은 다음과 같은 광범위한 주제들로 구성되어 있다.

- 기본개념의 소개, 유체역학의 범위, 유체 정역학(1, 2, 3장)
- 검사체적에 적용되는 적분 형태인 기본방정식들의 유도 및 응용(4장)
- 미분 형태인 기본방정식들의 유도 및 응용(5, 6장)
- 차원해석과 실험데이터의 상관성 연구(7장)
- 비압축성 내부 점성유동의 응용(8장)
- 비압축성 외부 점성유동의 응용(9장)
- 유체기계의 해석 및 시스템의 응용(10장)
- 개수로 유동의 해석과 응용(11장)
- 1차원 압축성 유동의 해석과 응용(12장)

4장에서는 유한 검사체적과 미소 검사체적 둘 다 사용한 해석방법을 다룬다. 기본방정식을 미소 검사체적에 적용하는 예로 들어 베르누이(Bernoulli) 방정식이 유도되는 과정을 보인다. 4장에서 베르누이 방정식을 미소 검사체적에 적용할 수 있도록 유도한 것은 미소 검사체적에 관한 선형운동량 방정식들을 다루는 좀 더 도전적인 문제들을 우리가 해결할 수 있는 문제들의 범위에 포함시킬 수 있다는 것을 보인 것이다.

베르누이 방정식의 또 다른 유도과정은 6장에 제시되어 있는데, 거기에서는 유선을 따라 적용되는 Euler 방정식을 적분하여 유도한다. 만약 교수님이 베르누이 방정식의 소개를 6장으로 늦추겠다고 판단한다면 4장에 나오는 도전적인 문제들은 6장의 학습 과정 중에 숙제로 내도 좋을 것이라 생각한다.

이 책의 특징

이번 개정판에는 교육적 효과를 향상시키기 위한 특징들이 많이 포함되어 있다.

- **교육목표**: 각 장의 내용에 대한 구체적인 교육목표들을 개발하여 제시하였다. 이 교육목표들은 학생들

이 각 장에 포함된 내용에 관한 학습을 마친 후 달성할 수 있어야 하는 평가할 수 있는 구체적인 기술이거나 지식의 모음들이다. 학생들이 실제로 필요한 기술이나 지식을 습득했는지 평가할 수 있도록 고안된 대표적인 질문들은 Instructor Companion 웹사이트에 올려놓았다.

- **장말 요약 및 유용한 방정식 모음:** 각 장의 끝에 그 장에서 제시한 교육목표들을 달성하기 위해 필요하다고 생각되는 가장 중요한 학습내용을 요약하였다. 또한, 앞에서 이미 언급한 바와 같이 통상적으로 문제풀이에 가장 많이 사용되는 식들을 열거하였다.
- **장말 연습문제:** 각 장의 연습문제는 그 장의 부문별 주제에 따라 배치했다. 각 부문별 주제 내에서는 일반적으로 문제들의 복잡성과 난이도가 점점 더 높아지도록 했다. 이렇게 배치하여 교수님들이 이 책의 각 부문별 주제에 대해 적절한 난이도를 조절하며 숙제를 내기 쉽게 하였다.
- **유체역학 개념 목록:** University of Wisconsin (J. Martin과 J. Mitchell)과 University of Illinois (A. Jacobi와 T. Newell) 두 대학교가 NSF로부터 보조금을 받아 유체역학 개념 목록(Fluid Mechanics Concept Inventory, FMCI)이라는 작품을 개발하였다. 이 목록은 a) 학생들이 단순한 계산만 할 수 있다는 것과 반대로 유체의 개념을 잘 이해하였는지 평가하는 데 사용되며, b) 학생들이 잘못 이해하고 있는 개념을 수정하여 교육하는 과정을 향상시키는 데 사용할 수 있다.
- **설계문제와 개방형 문제들:** 실험을 대체할 수 있는 개방형 설계문제들을 적절한 위치에 삽입했다. 학생들은 이 설계문제를 팀을 구성하여 해결할 수 있을 것이다. 이 문제들은 학생들이 도구나 장치를 설계하기 위하여 유체역학의 원리를 탐구하는 데 많은 시간을 사용하도록 권장한다. 많은 장에 해당하는 설계문제들이 교수님들을 위한 website에 올려져 있다.

이번 개정판에서 새로워진 내용

이번 개정판은 상당한 수정이 가해졌으며, 기존판과 비교하면 교육적 효과를 향상시키기 위한 많은 변화가 포함되어 있다.

- **장말 연습문제:** 현재 개정 발간하는 10판 국문번역판에서는 각 장의 끝에 배치한 연습문제들의 위치에 9판 국문번역판의 문제를 그대로 가져와 수록하여 최대한 SI단위계 위주로 책의 내용을 유지할 수 있도록 노력하였다.
- **교수전용 문제:** 약 25% 정도의 문제들은 교수의 재량에 따라 숙제 등으로 제공할 수 있도록 교수전용 문제로 분류하여 따로 챙겨두었다. 이 문제들은 대부분 이 개정판을 위해 새로 개발한 문제들이다.
- ***Show/Hide* 해답:** 기능이 향상된 e-book에 포함된 약 15% 정도의 문제들은 show/hide 버튼을 누르면 그 해답이 보일 수 있도록 수정판에 특별한 기능을 포함시켰다. 이 기능을 사용하면 학생들이 자기들이 풀이하는 중간 과정을 점검할 수 있을 것이다.
- **사례연구:** 각 장은 그 장의 학습 내용을 응용하면서도 특징을 잘 나타낼 수 있는 사례연구(Case Study)를 소개하면서 시작한다. 기존판에 수록하였던 사례연구들의 대부분은 새로운 것으로 대체되거나 좀 더 새로운 응용문제들로 수정되었다.
- **비디오(*Videos*):** 이 책 속의 많은 장의 주제들에 대해서 그 고유한 현상을 잘 보여주는 짧은 비디오들을 구할 수 있다. E-book을 통해 볼 수 있는 이 비디오들은 본문의 여백에 아이콘으로 표시를 하였다. 또한 유체역학의 다양한 주제에 대한 훨씬 더 방대한 비디오의 수집처에 대한 참고자료를 포함시켰다.
- **참고문헌(*References*):** 각 장의 말미에 넣은 참고문헌들은 새로운 것들로 갱신하거나, 그 장의 학습내용에 가장 알맞은 최근의 참고문헌으로 편집하였다.
- **전산유체역학(*Computational Fluid Dynamics*, *CFD*):** CFD에 대한 학습내용은 가장 최근의 첨단 기술을 반영할 수 있도록 갱신하였으며, 최근의 참고문헌들을 포함시키며 위치를 부록(APPENDIX F)으로 이동시켰다.

E-book에 담겨진 추가적인 자료들

이 교재에서 제공하는 e-book을 사용하는 강의를 수강하는 학생들에게는 다음과 같은 자료들이 제공된다.

- 엑셀(*Excel*) 파일: 학생들을 위한 website에서 본문의 예제풀이에 사용하는 엑셀 파일들을 찾을 수 있다. 이 파일들은 엑셀 프로그램을 사용하여 좀 더 심층적인 풀이를 시도하거나 새로운 해답을 찾아내는 데 사용할 수 있다.
- 엑셀(*Excel*) 프로그램의 간단한 소개: 이 온라인 강의자료는 학생들이 장말 연습문제를 풀기 위한 엑셀의 사용법이며 Philip Pritchard가 준비하였다.
- *12*장 내용의 보충자료: 이 보충자료는 "12장 압축성 유체유동"에 관계되는 상급자용 학습내용이다.

교수들을 위한 자료

학생들을 위한 학습자료들 외에도 이 교재를 채택한 교수들이 접근할 수 있는 교수들의 website인 www.wiley.com/go/mitchell/foxfluidmechanics10e에서 다음과 같은 자료들이 제공된다.

- 교수를 위한 해답집(*Solution manual*): 교수들을 위한 해답집에는 숙제로 내는 모든 문제들의 자세한 해가 수록되어 있다. 문제를 푸는 데 예상되는 난이도가 표시되어 있으며, 각각의 풀이는 인쇄된 교재의 본문에 포함된 예제들의 문제 풀이와 같은 체계적인 문제풀이 방법을 따르도록 준비하였다. 각각의 해는 지배방정식을 찾아서 제시하는 과정으로 시작하고, 명확하게 가정들을 쓰고, 전체 지배방정식들에서 계산에 필요한 방정식들로 단순화시킨 후 대수적 해를 구한다. 최종적으로 수치들을 대입하여 정량적인 결과를 얻는다. 제공되는 풀이는 수업이나 도서관에서의 사용을 위해 복사하여 교수들의 해답풀이에 드는 노동을 줄일 수도 있을 것이다.
- 학습목표 평가문제: 이 평가문제들은 학생들이 그 장의 학습목표를 달성했는지 직접적으로 평가할 수 있도록 고안되었다. 이 문제들은 수업시간 내에서 토의할 수도 있고 숙제로 내도 좋을 것이다.
- 문제 간의 열쇠(*Problem Key*): 이 열쇠는 개정판인 10판의 문제와 9판에서 번호가 달라진 문제들 간의 관련성을 제공한다.
- 파워포인트 강의 슬라이드: 강의 슬라이드는 이 교재에 들어있는 개념이 요약되어 있고 적합한 그림들과 방정식들을 포함하고 있다.
- 그림 모음(*Image Gallery*): 강의에서 사용할 수 있는 적합한 형태로 책에서 발췌한 그림들이 수록되어 있다.
- 강의계획서 샘플(*Sample Syllabi*): 유체역학을 한 학기에 강의하기에 적합하도록 만든 강의계획서가 제공된다. 처음 강의를 시작하는 교수님들은 이 샘플 강의계획서가 다양한 주제들을 강조하며 가르칠 수 있는 유용한 지침서로 활용이 가능할 것이다.
- 교수전용 문제: 이 문제들은 대부분 이 개정판을 위해 새로 개발한 문제들로 교수들만 접근할 수 있으며 학생들에게는 새로운 도전적인 문제들로 숙제로 낼 수도 있을 것이다.
- 설계문제들: 몇몇 개방형 설계문제들을 개발하여 교재 내 적절한 장에 배치했다. 이 설계문제들은 그 장에서 배운 학습 내용을 종합하도록 고안되었으며 학생들이 소규모의 팀을 구성하여 1주 내지 2주의 시간을 들여서 해결할 수 있을 것이라고 기대되는 정도이다.
- *12*장 내용의 보충자료: 이 보충자료는 기존판에서 이미 다루었던 Fanno 유동, Rayleigh 유동 및 2차원 압축성유동에 관한 학습자료이다.

감사의 글

본 개정 10판은 유체역학 교과목을 배우고 가르치는 학생들과 교수들의 요구를 충족시키기 위해 이 전통적인 교과서의 끊임없는 진화를 지속하고 있는 과정에서 나온 것이다. 이 책의 내용은 첫 판의 저자들인 Robert Fox 교수와 Alan McDonald 교수가 유체라는 주제를 교육학적으로 잘 소개하였다는 전통을 지속하고 있다. 그들의 주안점은 유체라는 주제에 대해서 하나의 강의만을 수강하거나 유체역학을 지속적으로 공부할 학생 모두에게 기초를 제공하는 것이었다. 이 책에서 다루는 기본적인 내용들은 학생들에게 실생활에서 유체역학이 어떻게 응용되는지 알려줄 수 있으며, 이렇게 기본 원리들을 잘 설명하는 데 초점을 맞추면 추가적인 연구를 위한 튼튼한 기초를 제공할 수 있다.

맨 처음 저술에 참여한 저자들은 그 뒤의 개정판 작업에 참여하지 않았지만 우리 나머지 저자들은 유체역학이라는 주제에 대한 그들의 열정과 유체의 거동에 대한 그들의 관점들을 유지하려고 노력해왔다. 그들이 제안한 내용들은 직접 교재에 수록되지는 않았지만 학생들이 중요한 주제들에 대해 이해를 높일 수 있도록 우리가 저술하는 데 많은 도움을 주었다.

긴 시간 동안 많은 학생들과 교수들이 이 책의 다음 판들이 새로운 형태로 만들어지도록 많은 제안과 격려를 보내왔다. 현재의 개정판인 10판은 처음 저자들의 접근 방법을 지지하고 추가적인 도움을 준 유체역학 분야의 많은 교수들과 연구자들의 관련 업적이 포함되어 있다.

이 개정판에 기여한 모든 사람에게 한 명씩 감사의 마음을 전하는 것은 가능하지 않지만 그들의 결집된 노력은 이 교재의 성공에 결정적이었다. 가장 최근에는 과거 8판의 주 저자이었던 Philip J. Pritchard 교수가 본 개정판의 작업에 많은 중요한 개선사항을 제공하였고, 예제풀이에 사용되는 방대한 엑셀 스프레드시트를 개발하여 제공하였다. 특히, Tom Acker, Arindam Banerjee, Mark Cappelli; Eun Jung Chae, Melinda Keller, Christopher Pascual, Philippe Sucosky, Sindy KY Tang과 Pavlos Vlachos는 이전 판을 개정하는 데 필요한 귀중한 제안들을 제공하였다. 우리는 이 책을 사용하는 동료들과 다른 교수, 학생, 전문가들이 이 책에 바라는 개선사항들을 계속 제안해 주길 희망한다. 왜냐하면 그들의 기여가 이 교재의 질적 수준을 유지하고 내용을 발전시키는 데 필수적이라 생각하기 때문이다.

John W. Mitchell March, 2019

차례

Contents

CHAPTER 3 유체 정역학 48
Fluid Statics

CHAPTER 4 검사체적에 대한 적분형 기본방정식 91
Basic Equations in Integral Form for a Control Volume

CHAPTER 5 유체운동의 미분해석 소개 169
Introduction to Differential Analysis of Fluid Motion

CHAPTER **1**

서론

Introduction

사례연구

풍력 발전은 미국의 에너지 수요를 충족시키는 데 점점 더 중요한 요소가 되고 있다. 2017년에 풍력 에너지로 254 × 10^9 kWh의 전기를 제공하였고, 이는 전체 전기 사용량의 약 6.3%이다(EIA, www.eia.gov/). 여러 주(states)에서 생산된 전기의 10% 이상이 풍력 발전을 통해 생성되었다. 총 생산량은 2015년 대비 30% 증가하면서 풍력 발전은 빠른 성장을 보여주고 있다.

그림과 같이 전기는 바람으로 인해 풍력 터빈이 회전하면서 생산된다. 터빈은 70 m에 이르는 높이에 위치한 허브에 최대 35 m의 직경을 가진 블레이드로 구성되어 있다. 구성 요소인 블레이드, 엔진(nacelle), 타워의 총 중량은 약 165톤이다. 엔진은 기어박스와 발전기, 그리고 타워의 그리드(grid)로 향하는 송전선으로 구성되어 있다. 1.5 MW급의 터빈은 약 250개의 미국 가정에 전력을 공급할 수 있다.

바람의 운동에너지는 풍력 터빈의 동력원이다. 질량보존 법칙에 의해서 풍력 터빈의 최대 효율은 59.3%로 정해져 있다. 이 최댓값은 1919년에 독일 물리학자 Albert Betz의 Betz의 법칙에서 증명되었다. 실제로 풍력 터빈은 최대치의 75~80%의 효율을 보이므로 결국 바람 에너지의 약 45%를 에너지로 변환한다.

터빈 블레이드의 디자인은 풍차에 사용되는 평평한 표면에서 현대 터빈에서 볼 수 있는 프로펠러 모양으로 발전했다. 블레이드와 다가오는 바람 사이의 각도인 블레이드의 피치는 풍속이 증가함에 따라 증가한다. 이것은 바람의 방향과 블레이드 표면이 일치하도록 하여 바람이 블레이드 위로 부드럽게 흐르도록 한다. 블레이드의 속도는 허브(hub)에서 팁(tip) 쪽으로 갈수록 증가하기 때문에 블레이드를 따라 일정한 피치를 유지하기 위해 블레이드 모양은 비틀린 형상을 갖는다. 이러한 설계를 통해 풍력 터빈에서 높은 효율을 얻을 수 있다. 이 장에서는 연구할 기본 유체역학은 풍력 터빈과 같은 장치의 공기역학적 설계에 대한 기초를 제공한다.

Dale/Adobe Stock Photo

풍력발전단지

학습 목표

이 장의 학습을 마치면 다음을 할 수 있어야 한다.

- 유체의 정의를 물리적인 용어로 설명한다.
- 유체역학의 기본법칙을 설명한다.
- '시스템'과 '컨트롤 볼륨(control volume)'을 정의하고 차이점을 설명한다.
- 유체역학에 사용되는 시스템의 치수와 단위를 설명한다.
- 물리적 측정의 불확실성을 추정한다.

1.1 유체역학 소개

이 책을 '유체역학 입문서'로 정하게 된 것은 다음과 같은 몇 가지 이유 때문이다. 학생들이 이 책의 내용을 전부 공부했다고 해서 유선형의 새로운 자동차나 항공기 또는 새로운 심장밸브 같은 것들을 설계할 수는 없다. 또한 1억 달러짜리 빌딩의 공기환기장치나 배관장치도 설계할 수 없다. 그러나 학생들은 이런 것들의 이면에 감추어진 개념들이나 다른 많은 응용분야를 이해할 수 있을 만큼 실력이 발전하게 될 것이며, 최신기술(state-of-the-art)의 유체역학 프로젝트에도 참여하여 일할 수 있을 정도로 잘 준비될 것이다.

이러한 목적을 향해 출발해 보자. 첫 장에서는 사례연구, 유체역학의 범위, 유체에 대한 공학적 기본정의, 기본방정식 및 해석방법 등 기본적인 내용들을 다룬다. 마지막으로, 단위 시스템 및 실험 분석과 같은 분야에서 일반 공학도가 겪는 문제들에 대해 논의한다.

학생들에게

이 책은 학생들을 위하여 쓰여진 책으로, 입문서이기 때문에 내용이 매우 쉽게 설명되어 있다. 그래서 이 책으로 자습하는 데에도 별 어려움이 없을 것이다. 대부분의 학생들은 학부 과정에서 이 책을 교재로 사용하여 한 학기나 두 학기를 배우게 된다. 어느 경우라도 배우는 장마다 철저하게 읽을 것을 권한다. 사실상 가장 좋은 공부방법은 선택한 장을 한 번은 빨리 읽고, 그 다음 두 번째는 주의를 집중하여 다시 읽는 것이다. 필요하다면 세 번을 읽어도 좋다. 그렇게 해야만 문장의 전후 관계와 의미를 잘 이해할 수 있어서 개념을 제대로 파악할 수 있다. 만일 학생들이 이러한 방법으로 접근하고, 여기에 보충하여 교재 내용을 더욱 유망한 방향으로 증폭하고 확장하는 교수님의 강의를 듣는다면, 유체역학이 매우 도전해볼 만한 과목이며 매력적이고 다양한 학문이라는 사실을 알게 될 것이다.

이 책을 공부하기 위해서는 몇 가지 과목을 선이수할 필요가 있다. 저자들은 기본열역학, 정역학, 동역학, 기본수학(calculus) 등의 기초과목들은 이미 공부한 것으로 간주했지만, 필요할 때는 관련 부분에 대하여 다시 간략하게 요약할 것이다.

무엇이든 경험하고 직접 문제를 풀어보아야 가장 잘 배울 수 있다는 것이 이 책 저자들의 신념이다. 이것은 유체역학이든, 열역학이든, 축구든 간에 마찬가지다. 어떤 경우든지 기초적인 부분은 얼마 되지 않으며 연습을 통해야만 완전히 습득할 수 있다. 따라서 직접 문제를 푸는 것이 매우 중요하다. 각 장의 마지막 부분에 많은 연습문제가 수록되어 있다. 이 문제들은 원리를 적용시켜 문제를 푸는 방법을 깨닫게 해줄 것이다. 학생들의 편의를 위하여 각 장의 끝에 유용한 식들을 나열해 두기는 했지만, 문제를 푸는 데 있어서 이 식에 끼워 맞추기식의 해법은 반드시 피해야 한다. 아마 대부분의 문제가 그러한 방법으로는 해결되지 않을 것이다. 문제를 풀 때 다음과 같은 논리적인 단계를 밟기 바란다.

1 문제에 주어진 사항들을 간략하고 정확하게 자신의 말로 요약하라.

2 구하고자 하는 사항들을 요약하라.

3 문제를 해석하는 데 이용되는 시스템이나 검사체적의 개략도를 그리고, 그 경계와 적절한 좌표를 표시하라.

4 문제를 푸는 데 필요하다고 생각되는 기본적인 법칙을 식으로 적어라.

5 문제를 단순화시킬 수 있는 적당한 가정을 세워라.

6 수치를 대입하기 전에 대수적인 해석을 완성하라.

7 최종적인 답을 얻기 위해 수치를 대입하라.

(a) 물리적 성질의 값을 얻기 위해서는 자료집을 참조하라.

(b) 해답에 포함된 중요한 수치들이 주어진 자료와 일치하는지 확인하라.

(c) 각 용어의 단위가 일치하는지 확인하라.

8 답을 확인하고 처음에 세운 가정들이 맞는지 확인하라.

9 답을 표시하라.

처음에는 이러한 문제풀이 포맷(format)이 불필요하고 장황하게 여겨질지 몰라도, 저자들의 경험에 의하면 이러한 순차적인 접근법이 결국에는 가장 효과적인 방법이다. 이러한 훈련은 여러분이 성공적인 전문가가 되기 위한 준비과정이다. 전문가가 되기 위한 또 하나의 중요한 전제조건은 분명하고 정확한 해석결과 및 정보를 다른 사람들과 나누는 것이다. 이 책의 모든 예제는 이러한 형식을 취하고 있다. 예제에서 유효숫자는 세 자리로 반올림하였다.

각 장의 끝부분에 있는 문제는 난이도가 다양하다. 대부분의 경우 펜, 종이, 계산기만 있으면 충분히 계산을 할 수 있다. 단일 원칙이나 개념을 설명하기 위해 고안한 문제의 경우 해당된다. 하지만 복잡한 문제의 경우 소프트웨어 도구를 사용하는것이 솔루션을 얻는 데 더 적합한 방법일 것이다. 이 교재를 위한 웹사이트(website)에는 *Excel* tutorial과 함께 *EES*, *MATLAB*, *Mathematica*의 수식 solvers가 제공된다. 실질적인 문제들은 계산이 매우 복잡하므로 이러한 도구 중 하나를 사용하는 방법을 배우는 것은 중요하다.

유체역학의 범위

유체역학은 그 이름이 암시하듯이 정지해 있거나 운동 중에 있는 유체를 다루는 학문이다. 댐 시스템, 물 공급 시스템, 펌프 및 압축기 설계, 자동차 및 비행기의 공기역학과 같은 광범위한 전통적인 주제에 적용된다. 유체역학은 대규모의 풍력 터빈 및 기름 유출 정화와 같은 환경 및 에너지 분야의 새로운 기술 개발을 촉진했다. 또한, 순환계와 호흡계의 문제에 대한 이해와 치료의 발전은 유체역학의 응용을 통해 많은 도움을 받았다. 기후 변화를 이해하는 데 도움이 되는 대기 순환 및 해류 모델링도 유체역학 원리를 기반으로 한다. 최근 몇 년 동안 유체역학의 가장 큰 발전은 소프트웨어를 사용하여 매우 복잡한 흐름을 모델링하는 기능일 것이다. 전산유체역학(CFD)으로 알려진 기술은 그 중심에 유체역학이 있다.

이러한 예들은 유체역학의 새로운 분야에만 국한시킨 몇 가지 예에 불과하다. 유체역학은 수천 년의 역사를 가진 분야이긴 하지만 아직도 고도의 적절성과 다양성이 있는 학문이다.

유체의 정의

우리는 유체가 고체와 달리 어떠한 특징을 가지고 있는지 기본적으로 알고 있다. 유체에 어떤 작용을 가하면 유체는 유동하려는 경향이 있는 반면, 고체는 변형되거나 구부려지려는 경향이 있다. 공학도에게는 더욱 체계적이고 정확한 정의가 필요하다. 유체는 아무리 작은 전단응력(접선응력)이라도 전단응력이 가해지면 연속적으로 변형하는 물질이다. 전단응력이 작용하는 한 유체의 운동이 지속되기 때문에 유체를 정지상태에서 전단응력을 지탱할 수 없는 물질로 정의할 수도 있다.

그렇기 때문에 유체가 취할 수 있는 형태 또는 상(phase)은 액체와 기체(또는 증기)이다. 이와 같은 상들을 고체 상과 구별해 보기로 하자. 고체와 유체 거동의 차이를 그림 1.1과 같이 보일 수 있다. 만일 두 평판 사이에 두 가지 다른 물질의 시료를 놓고(그림 1.1a) 전단력 F를 가한다면, 처음에는 두 물질 모두 변형하지만(그림 1.1b) 고체는 정지상태에 있는 반면(전단력이 고체 물질의 탄성한계를 넘지 않았을 때) 유체는 전단력이 가해지는 한 변형이 **계속된다**(그림 1.1c, 1.1d 등). 고체 표면에 접촉해 있는 유체는 미끄러지지 않는다는 사실에 유념하라. 그래서 접촉면의 유체 속도는 **점착조건**(*no-slip* condition) 때문에 표면의 속도와 동일하며 실험으로 증명된 사실이다.

고체의 변형량은 고체의 강성계수 G에 의존한다. 유체의 **변형률**은 유체의 점성계수 μ에 의존하며 2장에서 배운다. 고체에는 **탄성**이 존재하고 유체에는 **점성**이 존재한다는 사실에 유념하라. 다소 비공식적이기는 하지만, 고체는 '탄력성(springiness)'을 나타낸다고 말할 수 있다. 예를 들어 보자. 자동차가 도로 위에 생긴 요철 위를 달릴 때 현가장치의 금속코일 스프링이 압축과 신장을 함으로써 위아래로 튄다. 반면에 현가장치의 완충장치(shock absorber; 자동차가 튀는 현상으로 인해 작은 구멍을 통해 흐르게 되는 유체가 담겨 있다)는 유체의 마찰이 에너지를 소산시키기 때문에 두세 번의 진동 후에 튀지 않게 된다.

대부분의 물질은 고체와 유체로 분류되지만, 많은 수의 물질이 탄력성과 마찰성을 동시에 나타내기도 한다. 이러한 성질을 **점탄성**(*viscoelastic*)이라 한다. 많은 생물학적 조직은 점탄성의 성질을 갖는다. 예를 들면, 인간의 무릎관절 활액(滑液, synovial) 유체는 관절 사이에서 윤활작용을 할 뿐만 아니라, 걷거나 달리거나 할 때 일어나는 약간의 충격도 흡수하는 역할을 한다. 점탄성 재료의 다른 예로는 폴리머, 매우 높은 온도의 금속 및 아스팔트와 같은 역청 물질이 있다.

1.2 기본방정식

유체역학 문제를 해석할 때 유체의 운동을 지배하는 기본적인 법칙에 대한 서술이 필수적이다. 유체에 적용할 수 있는 기본적인 법칙들은 다음과 같다.

1 질량보존
2 뉴턴의 제2법칙(선형 운동량의 원리라고도 함)
3 각운동량 원리
4 열역학 제1법칙
5 열역학 제2법칙

어떤 문제를 풀 때마다 기본법칙 전부가 필요한 것은 아니다. 그런가 하면 문제를 풀 때 많은 경우 유체의 물리적 성질의 거동을 나타내는 방정식들이 추가로 필요할 때도 있다. 일례로 **이상기체**의 상태방정식을 생각해 보자.

$$p = \rho RT \tag{1.1}$$

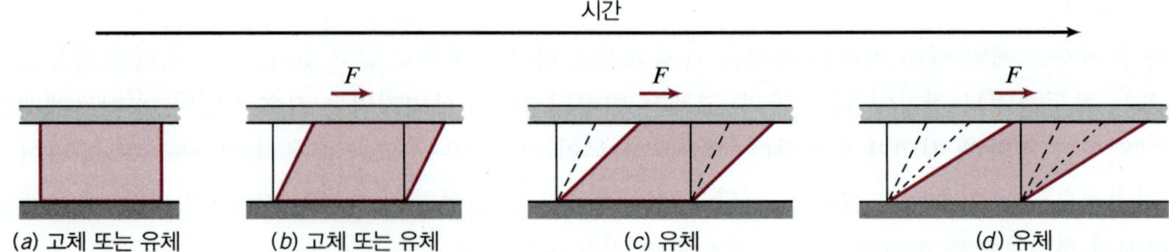

그림 1.1 전단력이 작용할 때의 고체와 유체의 거동.

이 식은 기체의 밀도를 정상 조건하에서 압력과 온도에 연관시킨 모델이다. 식 (1.1)에서 R은 기체상수이다. 많은 일반 기체들의 R값은 부록 A에 주어져 있다. 식 (1.1)에서 p와 T는 각각 절대압력과 절대온도이다. ρ는 밀도(단위체적당 질량)이다. 예제 1.1에 이상기체 상태방정식의 사용 예가 설명되어 있다.

유체역학에서 취급하는 기본법칙들은 기본역학이나 열역학에서 사용했던 기본법칙들과 동일하다. 우리의 과제는 이 법칙들을 각종 유체유동 문제들을 풀기에 적합한 미분 또는 적분방정식 등의 형태로 체계적으로 나타내는 것이 될 것이며, 광범위하고 다양한 경우에 이 식들을 적용하게 될 것이다.

예제 1.1 밀폐계에 대한 열역학 제1법칙의 적용

한 피스톤–실린더 기구가 초기에 150 kPa (abs)의 압력과 27°C 온도의 산소를 0.95 kg 담고 있다. 이 기체에 온도가 627°C가 될 때까지 가열된다. 이 과정 중에 가해지는 총 열량을 구하라.

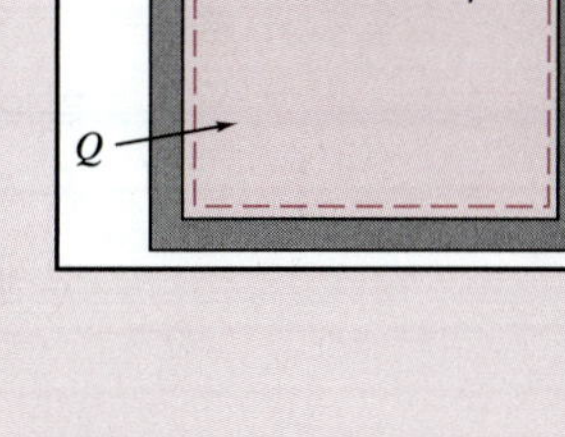

주어진 자료: 피스톤–실린더 안의 산소, $m = 0.95$ kg

$$T_1 = 27°\text{C} \quad T_2 = 627°\text{C}$$

찾는 자료: $Q_{1\to 2}$

풀이: p = 일정 = 150 kPa (abs)

$m = 0.95$ kg인 시스템에 대하여 생각해 보자.

지배방정식: 시스템에 대한 열역학 제1법칙, $Q_{12} - W_{12} = E_2 - E_1$

가정: **1** 시스템이 고정되어 있으므로 $E = U$

2 비열이 일정한 이상기체

위 가정에 의하여,

$$E_2 - E_1 = U_2 - U_1 = m(u_2 - u_1) = mc_v(T_2 - T_1)$$

과정 중에 이루어진 일은 경계가 움직인 일이다.

$$W_{12} = \int_{\forall_1}^{\forall_2} p d\forall = p(\forall_2 - \forall_1)$$

이상기체에서는 $p\forall = mRT$이다. 그러므로 $W_{12} = mR(T_2 - T_1)$. 따라서 제1법칙으로부터 다음과 같이 된다.

$$Q_{12} = E_2 - E_1 + W_{12} = mc_v(T_2 - T_1) + mR(T_2 - T_1)$$
$$Q_{12} = m(T_2 - T_1)(c_v + R)$$
$$Q_{12} = mc_p(T_2 - T_1) \quad \{R = c_p - c_v\}$$

부록의 표 A.6에서 산소는 $c_p = 909.4\, J/(\text{kg}\cdot K)$이다. Q_{12}에 대하여 풀면 다음과 같다.

$$Q_{12} = 0.95\,\text{kg} \times 909 \frac{\text{J}}{\text{kg}\cdot\text{K}} \times 600\,\text{K} = 518\,\text{kJ} \longleftarrow Q_{12}$$

이 문제는:

- 앞에서 설명한 논리적인 9단계를 이용하여 풀었다.
- 시스템에 열역학 제1법칙과 이상기체 상태 방정식의 사용을 복습한 것이다.

1.3 해석방법

문제를 풀기 위한 첫 번째 단계는 해석하고자 하는 시스템을 정의하는 것이다. 기본역학에서는 **자유물체도**(*free-body diagram*)를 주로 사용했으나, 유체역학에서는 다루게 될 문제에 따라 **시스템**(*system*)이나 **검사체적**(*control volume*)을 사용한다. 이 개념은 열역학에서 사용했던 것과 동일하다[열역학에서는 각각 **폐쇄계**(*closed system*)와 **개방계**(*open system*)라 불렀다]. 기본법칙들에 대한 수학적인 표현을 구하기 위해 두 가지가 다 사용된다. 열역학 관련 대부분의 문제에서 질량보존과 열역학 제1법칙과 제2법칙을 적용했다. 유체역학 연구에서는 일반적으로 질량보존과 뉴턴의 운동 제2법칙을 적용할 것이다. 열역학에서는 에너지에 초점을 맞추었지만, 유체역학에서는 주로 힘과 운동에 초점을 맞춘다. 시스템이나 검사체적 접근법 중 어느 방법을 사용할지를 잘 결정해야 한다. 왜냐하면 어느 접근법을 선택하느냐에 따라 기본법칙들에 대한 수학적 표현식이 달라지기 때문이다. 여기서 시스템과 검사체적에 대한 정의를 복습해 보도록 하자.

시스템(system, 계)과 검사체적(control volume)

시스템(*system*)이란 한글로 번역 시 '계'라고도 부르며 시스템(system)을 그 주위(surroundings)와 구별할 수 있는 경계가 존재하고, 그 경계면 내의 질량의 합이 고정된 값으로 일정하며, 경계면 외부와 구별할 수 있는 경계면의 내부에 있는 질량의 집합이라고 정의할 수 있다.

열역학에서 친숙한 그림 1.2와 같은 피스톤-실린더 장치에서 실린더 안에 있는 기체가 시스템이다. 만일 이 기체가 가열되면 피스톤은 추를 들어 올릴 것이며, 그래서 시스템의 경계는 움직이게 된다. 일과 열은 시스템의 경계를 가로지를 수 있지만, 경계 내부 물질의 질량은 일정하게 남아 있다. 그러므로 시스템의 경계를 가로지르는 질량은 없다.

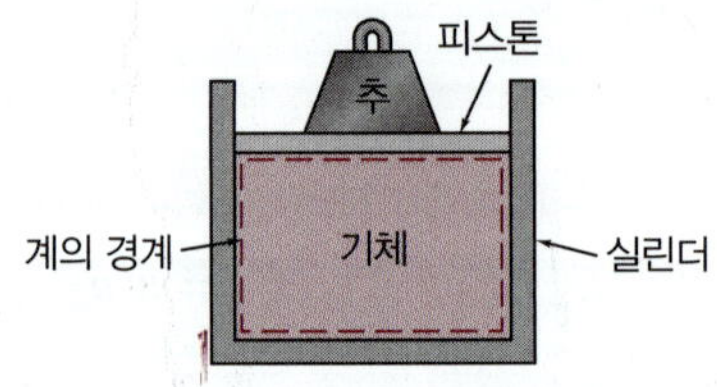

그림 1.2 피스톤-실린더 장치.

고체역학에서 자유물체도(free-body diagram)를 광범위하게 사용했다. 이 방법은 강체와 같이 동일성을 쉽게 알 수 있는 물체를 다룰 때 논리적이다. 하지만 유체역학에서는 압축기, 터빈, 배관, 노즐 등과 같은 장치를 통하여 흐르는 유체에 대해 해석하기 때문에 고정되고 구별할 수 있는 질량의 집합에 초점을 맞추는 것은 매우 어려운 문제이다. 따라서 해석을 위해서는 유체가 흐르는 공간 내에 있는 하나의 체적에 대하여 주의를 집중하는 편이 훨씬 편리할 것이다. 결론적으로 검사체적 접근법을 사용하는 것이다.

검사체적(*control volume*)이란 유체가 흐르는 공간 내에 있는 임의의 체적이다. 검사체적의 기하학적 경계면을 검사표면(control surface)이라 한다. 검사표면은 실제로 존재하는 면일 수도 있고 가상적인 면일 수도 있다. 정지상태일 수도 있고 운동 중일 수도 있다. 그림 1.3에서 합류관을 통과하는 유동과 그 위에 그려진 검사표면을 볼 수 있다. 검사표면의 일부는 실제의 물리적인 경계면이며(파이프의 벽), 다른 일부의 면(위치 ①, ②, ③)은 가상적인 표면이다(입구와 출구들). 이 표면에 의하여 정의되는 검사체적에 대하여 기본법칙들에 대한 식을 쓸 수 있다. 입구 ①과 출구 ②의 유량이 주어지면, 출구 ③에서의 유량, 합류관을 그 위치에 고정시키는 데 필요한 힘 등과 같은 결과들을 구할 수 있다. 예제 1.2는 검사체적을 사용하여 파이프의 질량유량을 결정하는 방법을 보여준다. 검사체적을 선택할 때 신중해야 하는데, 선택에 따라 기본법칙들에 대한 수학적인 공식에 큰 영향을 미친다.

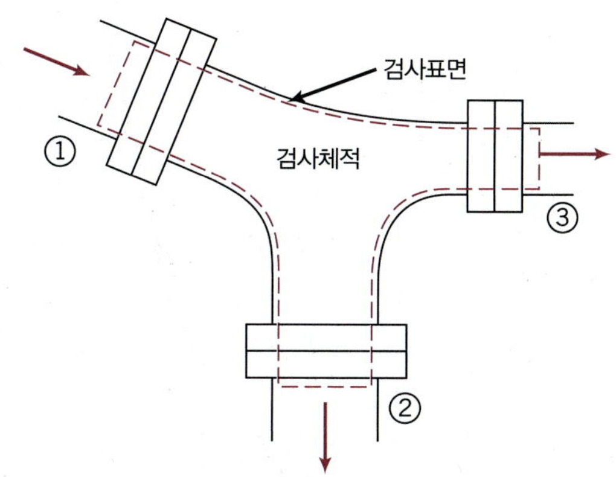

그림 1.3 합류관을 통과하는 유체유동.

예제 1.2 검사체적에 질량보존법칙 적용

입구 직경이 50 mm이고 출구 직경이 30 mm인 수축 물 파이프가 있다. 정상적인 입구속도(입구 단면상에서 평균)가 2.7 m/s일 때 출구속도를 구하라.

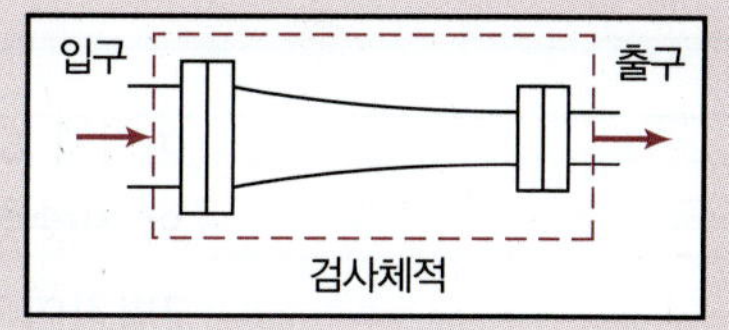

주어진 자료: 파이프 입구 직경 $D_i = 50$ mm, 출구 직경 $D_e = 30$ mm
입구속도 $V_i = 2.7$ m/s

찾는 자료: 출구속도 V_e

풀이:

가정: 물은 비압축성이다(ρ = 일정).

여기서 사용하는 물리법칙은 질량보존이며, 열역학에서 터빈, 보일러 등을 공부할 때 이미 배웠다. 입구나 출구에서의 질량유량을 $\dot{m} = VA/v$ 혹은 $\dot{m} = \rho VA$로 표시한다는 것을 알고 있다. 여기서 V, A, v, ρ는 각각 속도, 면적, 비체적, 밀도이다. 밀도로 표현되는 식을 사용하자.

그러면 질량유동은

$$\dot{m} = \rho VA$$

질량보존을 적용하면, 열역학에서 배운 바에 따라

$$\rho V_i A_i = \rho V_e A_e$$

이 된다. (주의: 첫 번째 가정에 따라 $\rho_i = \rho_e = \rho$이다.)

V_e 에 대하여 풀면,

$$V_e = V_i \frac{A_i}{A_e} = V_i \frac{\pi D_i^2/4}{\pi D_e^2/4} = V_i \left(\frac{D_i}{D_e}\right)^2$$

$$V_e = 2.7 \frac{\text{m}}{\text{s}} \left(\frac{50}{30}\right)^2 = 7.5 \frac{\text{m}}{\text{s}} \longleftarrow V_e$$

이 문제는:
- 논리적인 9단계를 이용하여 풀었다.
- 검사체적을 사용하여 질량보존을 증명하였다.

미분접근법과 적분접근법

유체역학 연구에서 적용하는 기본법칙은 시스템 또는 검사체적(control volume)을 사용하여 식으로 나타낼 수 있다. 예상하겠지만, 이 두 가지 경우의 방정식에는 차이가 보일 것이다. 두 가지 접근법은 유체역학을 공부하는 데 있어서 모두 중요하고 이 교재에서 모두 다 사용된다.

미소(*infinitestimal*) 시스템의 경우 결과식은 미분방정식이다. 이 미분형 운동방정식의 해는 유동의 세밀한 거동을 파악하는 수단을 제공해준다. 예를 들어, 날개 표면의 압력분포를 알아낼 수 있다.

많은 경우 유동의 미세한 지식에 관한 정보를 알 필요가 없을 수가 있다. 장치의 대체적인 거동에 관심을 가지는 경우가 있고, 그런 경우는 적분형 기본방정식을 사용하는 것이 더욱 편리하다. 예를 들면, 날개에 생성되는 총 양력을 구하는 경우가 여기에 해당된다. 해석적으로 다루기에는 유한한 크기의 시스템이나 검사체적을 이용하여 유도한 적분방정식이 훨씬 수월하다. 기본역학이나 열역학에서 이용한 유한한 크기의 시스템에 대한 기본법칙의 식들은 4장에서 검사체적 방정식들을 유도하는 데 기초가 된다.

기술방법

입자를 추적하고 싶을 때 입자를 따라가는 설명 방법을 사용한다. 이 방법은 *Lagrangian* 방식이라고 한다. 예를 들어, 고정된 질량을 가진 입자에 뉴턴 제2법칙을 적용해 보자. 질량이 m인 시스템에 대하여 다음과 같이 뉴턴 제2법칙을 쓸 수 있다.

$$\Sigma\vec{F} = m\vec{a} = m\frac{d\vec{V}}{dt} = m\frac{d^2\vec{r}}{dt^2} \tag{1.2}$$

여기서 $\Sigma\vec{F}$는 시스템에 작용하는 모든 외력의 합이고, $\vec{a}$는 시스템의 질량중심의 가속도이며, $\vec{V}$는 시스템의 질량중심의 속도, $\vec{r}$는 고정 좌표계에 대한 시스템의 질량중심의 위치벡터이다. 예제 1.3에서는 뉴턴 제2법칙이 낙하물에 적용되어 속도를 결정하는 방법을 보여준다.

예제 1.3 공기 중에서 공의 자유낙하(free fall)

자유낙하하는 질량 200 g의 공에 작용하는 공기의 저항력(항력)은 $F_D = 2 \times 10^{-4}\ V^2$이다. 여기서 F_D의 단위는 뉴턴(N)이고, V는 m/s이다. 지상 500 m에서 정지 중이던 이 공이 낙하할 때, 지면에 닿는 순간의 속도를 구하라. 또 이 속도는 종속도의 몇 %인가? (종속도란 낙하 물체가 마침내 도달하는 일정한 속도이다.)

주어진 자료: $y_0 = 500$ m에서 낙하하는 공의 질량 $m = 0.2$ kg

공기의 저항 $F_D = kV^2$, 여기서 $k = 2 \times 10^{-4}\ \text{N} \cdot \text{s}^2/\text{m}^2$

단위: F_D(N), V(m/s)

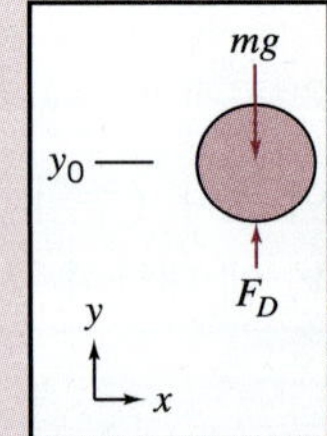

찾는 자료: (a) 공이 지면에 도달하는 순간의 속도

(b) 이 속도의 종속도에 대한 비

지배방정식: $\Sigma\vec{F} = m\vec{a}$

가정: 부력은 무시한다.

공의 운동은 다음 방정식에 의하여 주어진다.

$$\Sigma F_y = ma_y = m\frac{dV}{dt}$$

$V = V(y)$이므로, $\Sigma F_y = m\dfrac{dV}{dy}\dfrac{dy}{dt} = mV\dfrac{dV}{dy}$로 쓸 수 있고

$$\Sigma F_y = F_D - mg = kV^2 - mg = mV\frac{dV}{dy}$$

이 된다. 변수분리하고 적분하면,

$$\int_{y_0}^{y} dy = \int_0^V \frac{mVdV}{kV^2 - mg}$$

$$y - y_0 = \left[\frac{m}{2k}\ln(kV^2 - mg)\right]_0^V = \frac{m}{2k}\ln\frac{kV^2 - mg}{-mg}$$

이 되고, 역로그를 취하면

$$kV^2 - mg = -mg\, e^{[(2k/m)(y-y_0)]}$$

이 된다. V에 대하여 풀면,

$$V = \left\{\frac{mg}{k}\left(1 - e^{[(2k/m)(y-y_0)]}\right)\right\}^{1/2}$$

이 되고, $y = 0$에서의 수치들을 대입하면

$$V = \left\{0.2\,\mathrm{kg} \times 9.81\frac{\mathrm{m}}{\mathrm{s}^2} \times \frac{\mathrm{m}^2}{2\times10^{-4}\mathrm{N}\cdot\mathrm{s}^2} \times \frac{\mathrm{N}\cdot\mathrm{s}^2}{\mathrm{kg}\cdot\mathrm{m}}\left(1 - e^{[2\times2\times10^{-4}/0.2(-500)]}\right)\right\}$$

$$V = 78.7\ \mathrm{m/s} \longleftarrow V$$

이 된다. 종속도에서 $a_y = 0$이고, $\Sigma F_y = 0 = kV_t^2 - mg$이므로

$$V_t = \left[\frac{mg}{k}\right]^{1/2} = \left[0.2\,\mathrm{kg} \times 9.81\ \frac{\mathrm{m}}{\mathrm{s}^2} \times \frac{\mathrm{m}^2}{2\times10^{-4}\mathrm{N}\cdot\mathrm{s}^2} \times \frac{\mathrm{N}\cdot\mathrm{s}^2}{\mathrm{kg}\cdot\mathrm{m}}\right]^{1/2}$$

$$= 99.0\ \mathrm{m/s}$$

이 된다. 실제 속도의 종속도에 대한 비는

$$\frac{V}{V_t} = \frac{78.7}{99.0} = 0.795 \quad \text{또는} \quad 79.5\% \longleftarrow \frac{V}{V_t}$$

이 문제는:

- 입자역학에서 사용하는 기술방법을 복습하였다.
- 공기역학적 항력의 변화를 소개하였다.

Lagrange 접근법을 이용하여 유체의 유동을 해석하려면 그 유체가 수많은 입자로 이루어져 있다는 가정하에 기술되어야 한다. 하지만 수많은 입자의 움직임을 일일이 추적한다는 것은 굉장히 어려운 문제이다. 결국 입자기술법은 다루기 힘들어진다. 이에 반하여 사용하기 편리한 다른 형태의 기술법이 있다. 이 기술법은 검사체적 해석 시에 더욱 편리한 것으로, 필드기술법 혹은 *Euler* 기술법으로 그것은 공간 내 한 점에서의 유동성질에 초점을 맞춘 것으로 시간의 함수로 기술한다. Euler 기술법에서는 유동장의 유동성

질들이 공간좌표와 시간의 함수로 기술된다. 이 기술법이 유체를 연속체로 가정한 논리적인 결과임을 2장에서 보게 될 것이다.

1.4 차원과 단위

모든 공학적인 문제는 어느 특정한 의문에 대한 답을 얻기 위하여 푼다. 그 해답이 단위를 포함해야 함은 당연하다. 1999년 NASA의 화성 기후 탐사선이 폭발하였다. 왜냐하면 JPL (jet propulsion laboratory) 기술자들은 측정치수를 미터로 가정하였고, 납품회사의 기술자들은 측정치수를 피트로 생각하여 실제로 제작했기 때문이다! 따라서 차원과 단위에 대해 간단히 복습할 필요가 있다.

길이, 시간, 질량, 온도와 같은 물리적인 양을 **차원**이라 부른다. 특정한 차원의 체계에서 모든 측정 가능한 양을 **기본량**(*primary quantity*)과 **유도량**(*secondary quantity*)으로 나눈다. 다른 변수들은 어떤 크기로 정해진 기본량으로 형성된 차원의 소그룹이다. 유도량은 그 차원이 기본량의 차원으로 표현된 양이다.

단위(*unit*)는 측정의 표준으로 채택한 기본차원(primary dimension)에 붙여진 임의의 이름(그리고 크기)이다. 예를 들어, 길이의 기본차원은 미터, 피트, 야드, 마일 등의 단위로 측정된다. 이 길이의 단위들은 1마일 = 5280피트 = 1609미터와 같은 단위환산 인자에 의해 서로 변환될 수 있다.

차원체계

물리적 양과 관련되는 모든 방정식은 차원적으로 동일해야 한다. 즉, 방정식의 각 항들은 같은 차원을 가져야 한다. 예를 들면, 뉴턴 제2법칙($\vec{F} \propto m\vec{a}$)에는 F, M, L, t인 네 개의 차원이 관련되어 있다. 그래서 힘과 질량은 차원이나 단위를 갖는 비례상수 값의 도입 없이는 둘 다 함께 기본차원으로 선택될 수 없다.

길이와 시간은 보통 사용하는 모든 차원체계에서 기본차원이 된다. 어떤 체계에서는 질량이 기본차원이 되며, 또 어떤 체계에서는 힘이 기본차원이 된다. 또 제3의 체계에서는 힘과 질량을 모두 기본차원으로 선택한다. 그래서 기본차원을 정하는 방법에 따라 다음과 같은 세 가지 기본차원 체계로 나눌 수 있다.

(a) 질량 $[M]$, 길이 $[L]$, 시간 $[t]$, 온도 $[T]$
(b) 힘 $[F]$, 길이 $[L]$, 시간 $[t]$, 온도 $[T]$
(c) 힘 $[F]$, 질량 $[M]$, 길이 $[L]$, 시간 $[t]$, 온도 $[T]$

첫 번째 체계 a에서는 힘 $[F]$이 유도차원이고, 뉴턴 제2법칙의 비례상수는 무차원이다. 두 번째 체계 b에서는 질량 $[M]$이 유도차원이고, 뉴턴 제2법칙의 비례상수는 역시 무차원이다. 세 번째 체계 c에서는 힘 $[F]$과 질량 $[M]$이 기본차원이고, 뉴턴 제2법칙($\vec{F} = m\vec{a}/g_c$)의 비례상수 g_c는 무차원이 아니다. 방정식이 동일한 차원으로 되기 위하여 g_c의 차원은 $[ML/\mathrm{Ft}^2]$이 되어야 한다. 비례상수의 수치적 값은 각각의 기본량이 선택하는 측정단위에 따라 정해진다.

단위체계

각 기본차원 양의 측정단위를 택하는 데에는 몇 가지 방법이 있다. 여기서는 각 기본차원 체계에 대하여 가장 보편적인 공학단위계만을 설명하기로 한다. 표 1.1은 각 차원체계에 대하여 기본차원에 지정되는 기본단위를 보여준다. 괄호 안의 단위들은 유도차원의 단위계에 지정되는 기본단위들이다. 다음에 보편적으로 사용되는 단위체계들을 간단히 요약해 놓았다.

표 1.1
보편적인 단위체계

차원체계	단위계	힘 F	질량 M	길이 L	시간 t	온도 T
a. MLtT	국제단위계(SI)	(N)	kg	m	s	K
b. FLtT	영국중력단위계(BG)	lbf	(slug)	ft	s	°R
c. FMLtT	영국공학단위계(EE)	lbf	lbm	ft	s	°R

a. MLtT 차원체계

SI는 Système International d'Unités [1]의 약자로, 전통적인 미터법을 확장시키고 재정립한 것이다. 현재 30개국 이상에서 SI 단위계만을 법적 표준으로 인정하고 있다.

SI 단위체계에서 질량의 단위는 kg이고, 길이의 단위는 미터(m), 시간의 단위는 초(s), 온도의 단위는 켈빈(K)이다. 힘은 2차원이며 그 단위인 뉴턴(N)은 뉴턴의 제2법칙에 따라 1 kg의 질량을 1 m/s^{2}로 가속하는 데 필요한 힘으로 정의된다.

$$1\ \text{N} \equiv 1\ \text{kg} \cdot \text{m/s}^2$$

절대미터 단위체계에서는 질량의 단위 [2]는 그램(g)이고, 길이의 단위는 센티미터(cm), 시간의 단위는 초(s), 온도의 단위는 켈빈(K)이다. 단위는 dyne이다. 뉴턴 제2법칙에 의하여 다음과 같이 정의된다.

$$1\ \text{dyne} \equiv 1\ \text{g} \cdot \text{cm/s}^2$$

b. FLtT 차원체계

영국중력단위계[3]에서 힘의 단위는 파운드(lbf), 길이 단위는 피트(ft), 시간 단위는 초(sec), 온도 단위는 랭킨(°R)이다. 질량은 2차원이므로 질량 단위인 슬러그는 뉴턴의 제2법칙에 따라 1 lbf의 힘에 의해 1 ft/s^{2}가 가속되는 질량으로 정의된다.

$$1\ \text{slug} \equiv 1\ \text{lbf} \cdot \text{s}^2/\text{ft}$$

c. FMLtT 차원체계

영국공학단위계(English Engineering system of units) [4]에서 힘의 단위는 파운드 포스(pound force, lbf), 질량의 단위는 파운드 매스(pound mass, lbm), 길이의 단위는 피트(ft), 시간의 단위는 초(sec), 온도의 단위는 랭킨(°R)이다. 힘과 질량 둘 다 기본차원으로 택하므로 뉴턴 제2법칙은 다음과 같이 쓸 수 있다.

$$\vec{F} = \frac{m\vec{a}}{g_c}$$

1 lbf의 힘은 1 lbm의 질량에 지구의 표준 중력가속도와 같은 32.2 ft/s^{2}의 가속도를 갖게 하는 힘이다. 뉴턴 제2법칙으로부터 다음과 같이 된다.

$$1\ \text{lbf} \equiv \frac{1\ \text{lbm} \times 32.2\ \text{ft/s}^2}{g_c}$$

또는

$$g_c \equiv 32.2\ \text{ft}\cdot\text{lbm}/(\text{lbf}\cdot\text{s}^2)$$

비례상수 g_c는 차원과 단위 모두를 갖는다. 차원은 힘과 질량 모두를 기본차원으로 취했기 때문에 발생된 것이며, 단위(그리고 수치값)는 우리가 선택한 측정표준 때문에 생긴 결과이다.

1 lbf의 힘은 1 lbm의 질량을 32.2 ft/s^{2}로 가속시키므로, 달리 표현하면 32.2 lbm의 질량을 1 ft/s^{2}로 가속시킨다고도 할 수 있다. 1 slug는 1 lbf의 힘에 의하여 1 ft/s^{2}으로 가속되는 질량이다. 그러므로

$$1\ \text{slug} \equiv 32.2\ \text{lbm}$$

로 표현할 수 있다.

이 책에서는 힘에 lbf를 사용하고 질량에 lbm을 사용하여 '파운드(pound)'의 두 가지 의미를 구분한다. 영국 공학 시스템에서 물체의 무게는 다음과 같이 주어진다.

$$W = m\frac{g}{g_c}$$

이 책에서 채택한 단위체계

이 책에서는 *SI*단위체계를 사용할 것이다. 국제단위계(SI 단위계)에서는 뉴턴 제2법칙의 비례상수가 무차원이며 값은 1이다. 따라서 뉴턴의 제2법칙은 $\vec{F} = m\vec{a}$로 나타난다. 이러한 단위계에서는 질량이 m인 물체에 작용하는 중력에 의한 힘('무게')은 $W = mg$로 주어진다.

앞표지 안쪽 면에 SI 단위와 접두어가 다른 단위계와 유용한 환산인자들과 함께 요약되어 있다. 예제 1.4에 질량과 무게가 다른 단위계로 바꾸는 방법이 설명되어 있다.

예제 1.4 단위의 사용

한 땅콩버터 용기 라벨에 무게가 510 g으로 표시되어 있다. 이것의 질량과 무게를 SI, BG, EE 단위로 표시하라.

주어진 자료: 땅콩버터의 '무게' $m = 510$ g

찾는 자료: SI, BG, EE 단위로 질량과 무게

풀이: 이 문제는 단위환산 및 무게와 질량의 관계식

$$W = mg$$

을 사용하는 문제이다. 라벨에 표기된 '무게'는 질량 단위로 표시되었기 때문에 실제로는 질량이다.

$$m_{\text{SI}} = 0.510\ \text{kg} \longleftarrow m_{\text{SI}}$$

앞표지 안쪽 면에 수록된 단위환산 인자를 사용하면 다음과 같이 된다.

$$m_{\text{EE}} = m_{\text{SI}}\left(\frac{1\ \text{lbm}}{0.454\ \text{kg}}\right) = 0.510\ \text{kg}\left(\frac{1\ \text{lbm}}{0.454\ \text{kg}}\right) = 1.12\ \text{lbm} \longleftarrow m_{\text{EE}}$$

1 slug = 32.2 lbm이므로 다음과 같이 된다.

$$m_{BG} = m_{EE}\left(\frac{1\ \text{slug}}{32.2\ \text{lbm}}\right) = 1.12\ \text{lbm}\left(\frac{1\ \text{slug}}{32.2\ \text{lbm}}\right)$$
$$= 0.0349\ \text{slug} \longleftarrow m_{BG}$$

식 $W = mg$를 사용하여 무게를 구해보자.

SI 단위로: 뉴턴(N)의 정의식을 이용하면 다음과 같이 된다.

$$W_{SI} = 0.510\ \text{kg} \times 9.81\frac{\text{m}}{\text{s}^2} = 5.00\left(\frac{\text{kg}\cdot\text{m}}{\text{s}^2}\right)\left(\frac{\text{N}}{\text{kg}\cdot\text{m/s}^2}\right)$$
$$= 5.00\ \text{N} \longleftarrow W_{SI}$$

BG 단위로: slug의 정의식을 이용하면 다음과 같이 된다.

$$W_{BG} = 0.0349\ \text{slug} \times 32.2\ \frac{\text{ft}}{\text{s}^2} = 1.12\frac{\text{slug}\cdot\text{ft}}{\text{s}^2}$$
$$= 1.12\left(\frac{\text{slug}\cdot\text{ft}}{\text{s}^2}\right)\left(\frac{\text{s}^2\cdot\text{lbf/ft}}{\text{slug}}\right) = 1.12\ \text{lbf} \longleftarrow W_{BG}$$

EE 단위로: 식 $W = mg/g_c$와 g_c 정의식을 이용하면 다음과 같이 된다.

$$W_{EE} = 1.12\ \text{lbm} \times 32.2\ \frac{\text{ft}}{\text{s}^2} \times \frac{1}{g_c} = \frac{36.1}{g_c}\ \frac{\text{lbm}\cdot\text{ft}}{\text{s}^2}$$
$$= 36.1\left(\frac{\text{lbm}\cdot\text{ft}}{\text{s}^2}\right)\left(\frac{\text{lbf}\cdot\text{s}^2}{32.2\ \text{ft}\cdot\text{lbm}}\right) = 1.12\ \text{lbf} \longleftarrow W_{EE}$$

이 문제는:

- SI 단위계로부터 BG와 EE 단위계로의 변환을 설명한다.
- EE 단위계에서 g_c 사용을 설명한다.

주의:
학생들은 이 예제가 불필요하고 상세한 계산을 너무 많이 하는 것으로 생각할 수도 있겠지만 (예를 들면, 32.2 계수가 나타났다가 사라지고 하는 것처럼), 오류를 최소화하기 위해서는 그러한 단계를 명확히 표기해야 한다는 것은 매우 중요하다. 만일 모든 단계와 단위를 쓰지 않는다고 가정해 보자. 그러면 단위환산 인자를 나누어야 할 때 곱하는 잘못을 아주 쉽게 범할 수 있을 것이다. 무게를 SI, BG, EE 단위로 변환할 때 뉴턴(N)을 바로 lbf로 변환할 수 있는 변환인자를 찾아 사용할 수도 있을 것이다.

차원의 일치성과 '공학' 방정식

공학에서는 차원이 일치하는 방정식과 공식을 만들어야 한다. 즉, 방정식의 각 항은 물론 양변의 차원도 반드시 일치해야 한다. 매우 중요한 방정식인 Bernoulli 방정식을 예로 들어 보자. 이 식은 나중에 유도한다.

$$\frac{p_1}{\rho} + \frac{V_1^2}{2} + gz_1 = \frac{p_2}{\rho} + \frac{V_2^2}{2} + gz_2$$

이 식은 무마찰, 비압축성, 정상유동에 적용할 수 있으며, 동일한 유선을 따라 지정된 점 1과 점 2 사이의 압력(p), 속도(V), 고도(z)의 관계를 나타내는 식이다. 이 식의 모든 항의 차원은 L^2/t^2로 줄일 수 있기 때문에 차원적으로 일치성을 이루는 방정식이다(압력 항의 차원은 FL/M이지만 뉴턴 법칙에서 $F = ML/t^2$이므로, $FL/M = ML^2/Mt^2 = L^2/t^2$이 된다).

앞으로 만날 거의 모든 방정식은 차원적으로 일치된다. 그러나 아직까지도 흔히 사용하고 있는 식들 중에는 차원이 불일치하는 식들도 소수 있다. 이 식들은 오래전에 유도되었거나 실험식(이론적으로 유도된 식이 아니고 실험에 근거한 식)으로 흔히 '공학' 방정식이라 불리는 식들이거나, 특별한 산업이나 회사에서 사용하는 개인적인 식들이다. 예를 들면, 토목기술자들이 주로 사용하는 준실험식인 다음과 같은 Manning 방정식이 있다.

$$V = \frac{R_h^{2/3} S_0^{1/2}}{n}$$

이 식은 개수로(운하와 같은) 내의 유체속도 V를 수력반경 R_h(유동 단면적과 접촉 표면적의 측정)와, 수로의 경사 S_0 및 Manning의 저항계수라 부르는 상수 n의 함수로 나타낸 식이다. 이 상수의 값은 개수로의 표면 조건에 의존한다. 이 식은 차원이 불일치한다! 이 식의 좌변은 L/t의 차원인 반면에, 이 식 우변의 수력반경 R_h의 차원은 L이고, S_0는 무차원이며, 상수 n도 무차원이기 때문에 $L^{2/3}$의 차원을 갖는다. 이 식의 사용자들은 차원의 불일치는 무시하고 R_h는 m로, V는 m/s로 단위를 선택하면, 거의 모든 참고문헌에서 제공하는 n의 값이 정확한 결과를 도출해 주는 것으로 생각하고 있다! 이 식이 차원적으로 불일치를 이루기 때문에 R_h를 ft 단위로 하여 동일한 n값을 사용하면, V값이 ft/s 단위로 정확히 산출되지 않는다.

두 번째 유형의 문제는 식의 차원이 일치해야 하는 것이지, 사용하는 단위가 반드시 일치해야 한다는 뜻이 아니다. 공기조화기에서 흔히 사용하는 EER은 다음과 같은 식이다.

$$EER = \frac{\text{냉각률}}{\text{전기입력}}$$

이 식은 공기조화기가 얼마나 효율적으로 동작하는지를 가리킨다. 이 식은 차원적으로 일치하며 *EER*은 냉각 속도와 전기 입력이 모두 에너지/시간으로 측정되므로 무차원이 된다. 그러나 이 단위를 생각대로 사용하면 부정확하다. 예를 들어, *EER*이 10이면 전력 1 *W*당 10 *Btu/h*의 냉각률을 얻을 수 있다는 뜻이다. 정확하게 10 Btu/hr/W이지만 생산자, 판매자, 소비자 모두가 이 값을 부정확하게 사용하고 있다. (매일 사용하는 *EER*은 열역학에서 배운 성능계수 *COP*와는 단위체계가 다르다.) EER에 이러한 단위가 있는 이유는 냉각 효과는 일반적으로 Btu/hr로 표시되고 모터에 입력되는 전력은 kW로 표시되기 때문이다.

위에서 설명한 두 가지 예에서 보았듯이 어떤 식을 사용할 때 위험성이 있을 수 있다. 이 교재에서 접하는 거의 모든 식은 차원적으로 일치할 것이지만, 여러분이 공학을 공부하는 중에 경우에 따라 다루기 힘든 식도 만날 수 있다는 것을 알아야 한다.

단위에 대하여 마지막으로 참고할 사항은 이 책에서 언급한 것처럼 SI 단위와 BG 단위를 사용한다. 이 책을 통해서 이 단위들은 친숙해져 있고 과학적으로나 공학적으로 정확하지만, 일상 생활에서 흔히 사용하는 단위가 아님을 알아야 한다.

1.5 실험오차의 분석

대부분의 소비자는 식료품이나 청량음료 용기의 내용량이 법이 허용하는 정량보다 더 채워졌는지 덜 채워졌는지 알지 못한다. 허용 가능한 편차는 일반적으로 명시된 값을 기준으로 1~2.5% 정도이다. 왜냐하면 신속한 제조과정에서 용기를 채울 때 12 fl-oz(유체온스) 용기에 12.1이 들어갔는지 12.3이 들어갔는지 정확히 측정하기가 매우 어렵기 때문이다. 비슷한 예로, 자동차의 내장용 부속품 공급자들은 최종 내장 상태가 시각적으로 관심을 끌 수 있도록 하려면 부속품들의 최대 혹은 최소 치수를 지켜야 한다. 실험을 수행하는 기술자들은 정확한 데이터뿐만 아니라 측정오차도 함께 측정해야 한다. 기술자들은 이 오차들이 최종 결과치의 오차에 어떤 영향을 주는지를 반드시 알아내야 한다.

위의 예들은 **실험오차**에 대한 중요성을 설명한 것이며, 측정오차와 이들이 전체 결과에 어떤 영향을 미치는가에 대한 연구를 설명한 것이다. 실험 작업이나 생산 작업을 막론하고 항상 균형조건(trade-off)이 있다. 즉, 오차를 희망조건까지 감소시킬 수도 있지만, 그 과정에 오차가 낮으면 낮을수록(더욱 정확한 측정이나 실험) 더 높은 비용을 지불해야 한다. 더구나 복잡한 생산과정이나 실험과정에서 어느 측정오차가 최종 결괏값에 가장 큰 영향을 주는지를 알아낸다는 것이 항상 쉽지만은 않는 일이다.

생산 작업이나 실험 작업을 수행하는 사람이면 누구나 실험오차에 대하여 잘 이해하고 있어야 한다. 부록 E에 이 주제에 대한 상세한 내용이 기술되어 있다. 이 장의 끝에 이 주제에 관한 문제들이 몇 개 수록되어 있다.

1.6 요약

이 장에서 많은 기본적인 개념과 정의에 대해 소개와 복습을 하였다. 포함된 내용은 다음과 같다.

✓ 유체의 정의방법과 점착조건

✓ 시스템/검사체적 개념

✓ Lagrange 기술법과 Euler 기술법

✓ 단위와 차원(SI 단위계)

✓ 실험오차

참고문헌

1. A. Thompson and B. N. Taylor, *NIST Special Publication 811, 2008 Edition, Guide for the Use of the International System of Units (SI)*, NIST, Gaithersburg, MD, 2008. (https://physics.nist. gov/cuu/Units/bibliography.html)

2. American Society for Testing and Materials, *ASTM Standard for Metric Practice, E380-97*. Conshohocken, PA: ASTM, 1997.

3. F. Cardarelli, *Encyclopaedia of Scientific Units, Weights and Measures: Their SI Equivalences and Origins,* Google Books, Springer Science & Business Media, 2003.

4. E. W. Comings, English Engineering Units and Their Dimensions, *Ind. Eng. Chem.*, 1940.

연습문제

유체의 정의: 기본방정식

1.1 1.2절의 다섯 가지 기본 보존법칙을 시스템에 적용할 때, 각각에 대하여 말로 설명해 보라. (힌트: 앞으로 배울 4.1절을 참조할 것!)

해석방법

1.2 호수의 수면 위를 돌이 튀면서 스쳐가는 현상을 물리적으로 설명하라. 이러한 현상을 길 위로 돌을 던졌을 때 튀는 현상과 비교해 보라.

1.3 3 m × 3 m × 2.4 m 크기의 방 안에 있는 표준공기의 질량의 크기 정도(예를 들어, 0.01, 0.1, 1.0, 10, 100 또는 1,000 kg)를 예측하고, 이 예측한 결과가 맞는지 질량을 kg 단위로 계산하여 확인하라.

1.4 내경 500 cm인 구형 탱크 안에 7 MPa, 25°C로 압축된 산소가 들어 있다. 이 산소의 질량은 얼마인가?

1.5 유체 속을 이동하는 매우 작은 입자들은 속도에 비례하는 항력을 받는다. 중량이 W인 한 입자가 어떤 유체 속에서 낙하한다고 생각하라. 이때 이 입자가 받는 항력은 $F_D = kV$이며, 여기서 V는 입자의 속도이다. 이 입자가 정지상태로부터 종속도 V_t의 95%까지 가속되는 데 필요한 시간을 k, W, g의 항으로 구하라.

1.6 연습문제 1.5의 입자를 다시 생각해 보라. 이 입자가 종속도의 95%에 도달하는 데 필요한 거리를 g, k, W의 항으로 표현하라.

1.7 압력이 200 atm (gage)이고 온도가 20°C인 압축질소를 5 kg 담을 수 있는 원통형 탱크를 설계하려 한다. 이 탱크는 길이가 직경의 2배여야 하고, 벽 두께가 0.5 cm여야 한다는 것이 설계의 조건이다. 외부 치수들을 구하라.

1.8 연소과정에서 가솔린 입자들은 93°C의 공기 중에서 낙하하는 것으로 생각할 수 있다. 이 입자들은 1초에 최소한 25 cm 낙하해야 한다. 이 경우에 필요한 가솔린 방울의 직경 d를 구하라. (입자에 작용하는 항력에 대한 식은 $F_D = 3\pi\mu Vd$이며, 여기서 V는 입자의 속도이고, μ는 공기의 점성계수이다. *Excel's Goal Seek*을 사용하여 이 문제를 풀라.)

1.9 표준공기 중에서 속도 V로 낙하하는 작은 스티로폼(16 kg/m^3, d = 0.3 mm) 입자가 받는 항력은 $F_D = 3\pi\mu Vd$이다. 여기서 μ는 공기의 점성계수이다. 정지상태에서 출발했다고 가정하여 최대속도를 구하고, 이 속도의 95%에 도달하는 데 걸리는 시간을 구하라. 또 속도를 시간의 함수로 도시하라.

1.10 오염제어 실험에서 작은 유체입자(일반적인 질량 5×10^{-11} kg)들이 공기 중에 낙하하고 있다. 이 입자들의 종속도는 5 cm/s로 측정된다. 입자들에 작용하는 항력은 $F_D = kV$로 주어지며, 여기서 V는 입자들의 순간속도이다. 상수 k값을 구하라. 종속도의 99%에 도달하는 데 필요한 시간을 구하라.

1.11 질량 70 kg인 한 스카이다이버가 비행기에서 점프한다. 이 스카이다이버에 작용하는 공기역학적 항력은 $F_D = kV_2$로 알려져 있다. 여기서 k = 0.25 N · s^2/m^{2}이다. 이 스카이다이버의 최대 자유낙하 속도와 100 m 낙하 후에 도달하는 속도를 구하라. 이 스카이다이버의 속도를 시간과 낙하거리의 함수로 도시하라.

1.12 연습문제 1.11에서 스카이다이버의 초기 수평속도는 70 m/s이다. 그가 떨어짐에 따라 받는 수직항력에 대한 k값은 종전 값과 동일하지만, 수평운동에 대한 값은 k = 0.05 N · s/m^{2}이 된다. 이 스카이다이버의 2차원(2D) 궤적을 계산하고 도시하라.

차원과 단위

1.13 질량을 기본차원으로 사용하여 주어진 양들의 차원을 SI 단위로 표시하라.

(a) 힘 **(b)** 압력

(c) 탄성계수 **(d)** 각속도

(e) 에너지 (f) 힘의 모멘트

(g) 운동량 (h) 전단응력

(i) 스트레인(strain) (j) 각운동량

1.14 다음의 단위환산 인자를 구하라.

(a) 동점성 계수 1 m^2/s를 ft^2/s로 변환

(b) 동력 100 W를 마력으로 변환

(c) 비에너지 1 kJ/kg을 Btu/lbm로 변환

1.15 다음의 단위환산 인자를 구하라.

(a) 압력 1 psi를 kPa로 변환

(b) 체적 1리터를 gal (gallon)로 변환

(c) 점성계수 1 $lbf \cdot s/ft^2$을 $N \cdot s/m^2$로 변환

1.16 다음의 단위환산 인자를 구하라.

(a) 비열 4.18 kJ/kg · K를 Btu/lbm · °R로 변환

(b) 속도 30 m/s를 mph로 변환

(c) 체적 5.0 L를 in^3로 변환

1.17 다음을 SI 단위로 표현하라.

(a) 7.5 arce · ft (b) 190 in^3/s

(c) 5 gpm (d) 5 mph/s

1.18 다음을 SI 단위로 표현하라.

(a) 100 cfm (ft^3/min) (b) 5 gal

(c) 65 mph (d) 5.4 acres

1.19 다음을 BG 단위로 표현하라.

(a) 180 cc/min (b) 300 kW · hr

(c) 50 $N \cdot s/m^2$ (d) 40 $m^2 \cdot hr$

1.20 갈비가 익기를 기다리는 동안 바비큐용 프로판가스 탱크를 유심히 바라보다 프로판의 체적과 탱크의 실제 크기와의 관계에 대한 호기심이 생겼다. 가스가 완전히 채워져 있을 때(프로판의 중량은 탱크에 표시되어 있다) 액체 프로판의 체적을 구하라. 이 체적과 탱크의 체적을 비교해 보라[탱크의 필요 치수는 실제로 측정하고, 근사적으로 원통형으로 생각하며, 양단은 반구(hemisphere)라 생각한다]. 이 차이에 대하여 설명하라.

1.21 어느 농부가 자신의 10 ha 넓이의 곡물농장에 일주일당 4 cm의 비를 필요로 한다. 가뭄 때에 곡식을 보전하기 위하여 얼마나 많은 물(L/min)을 공급해야 하는가?

1.22 수은의 밀도가 13,550 kg/m^3일 때, 비중과 비체적을 m^3/kg 단위로 구하라. 지구와 달에서의 비중량을 N/m^3 단위로 구하라. 달에서의 중력가속도는 1.67 m/s^2이다.

1.23 kgf 단위는 주로 유럽에서 힘의 단위로 사용되고 있다(1 kgf는 표준중력에서 1 kg 질량에 작용하는 힘이다). 자동차나 트럭의 타이어와 같은 경우 적당한 압력은 편의상 kgf/cm^2 단위로 표시한다. 220 kPa을 이 단위로 변환하라.

1.24 (11.47a) 식에서 표면이 매끄럽게 마무리되지 않은 콘크리트로 만들어진 운하에서 수력반경 $R_h(m)$, 운하의 기울기 S_0, Manning 저항계수의 상수 $n \approx 0.014$ 값이 주어지면 유동속도 V(m/s)를 계산할 수 있는 Manning 식을 배울 것이다. R_h(m) = 7.5 m, S_0 = 1/10일 때 유동속도를 계산하라. 이 결과를 동일한 n값과 ft 단위로 바꾼 R_h값을 사용하면 ft/s 단위의 속도를 도출할 수 있다고 가정하여 구한 속도값과 서로 비교하라. 마지막으로 BG 단위의 **정확한** 방정식을 만들려면 n값을 얼마로 해야 하는가(V값을 계산한 후 검토하라!)?

1.25 $C_2H_2Br_4$ (tetrabromorthane)의 밀도는 2,950 kg/m^3이다. 수은의 비체적(m^3/kg)과 비중을 계산하라. 지구와 화성에서의 비중량(N/m^3)을 계산하라. 달에서의 중력가속도는 3.7 m/s^2이다.

1.26 초음속 노즐을 통과하는 최대 이론유량(kg/s)을 나타내는 식이 다음과 같다.

$$\dot{m}_{\max} = 2.38\frac{A_t p_0}{\sqrt{T_0}}$$

여기서 A_t (m^2)는 노즐의 목 면적, p_0 (Pa)는 탱크의 압력, T_0 (K)는 탱크의 온도이다. 이 식은 차원이 올바른가? 만일 올바르지 않다면 2.38의 단위를 찾아라.

1.27 9장에서 공기역학을 공부할 때 배우겠지만, 한 물체에 작용하는 항력 F_D은 다음 식으로 주어진다.

$$F_D = \frac{1}{2}\rho V^2 A C_D$$

그러므로 항력은 속도 V, 유체의 밀도 ρ, 물체의 크기(정면도면적 A), 물체의 형상(항력계수 C_D)에 의존한다. C_D의 차원은 무엇인가?

1.28 어떤 용기가 비어 있을 때 15.5 N의 무게를 갖는다. 32°C의 물이 채워졌을 때, 이 용기와 물을 합한 질량은 36.5 kg이다. 부록 A의 자료를 이용하여 용기 내 물의 무게와 체적(m^3)을 구하라.

1.29 진동 이론에서 중요한 식 중 하나는 다음과 같다.

$$m\frac{d^2x}{dt^2} + c\frac{dx}{dt} + kx = f(t)$$

여기서 m(kg)은 질량이고 x(m)는 시간 t(s)일 때의 위치이다. 방정식이 차원적으로 일치하려면 c, k, f의 차원은 무엇이 되어야 하는가? SI 및 BG 단위계로 c, k, f의 적당한 단위는 무엇인가?

1.30 펌프의 성능을 표시할 때 다음 식과 같은 비속도를 흔히 사용한다.

$$N_{s_{cu}} = \frac{N(\text{rpm})[Q(\text{gpm})]^{1/2}}{[H(\text{ft})]^{3/4}}$$

비속도의 단위는 무엇인가? 비속도가 3,000인 어떤 특수펌프가 있다. 이 비속도가 SI 단위로는 얼마인가(각속도의 단위, rad/s)? (이 책의 예제 7.6을 참조할 것!)

실험오차의 분석

1.32 이상기체 상태방정식을 이용하여 실험실 안에 있는 표준공기

의 밀도를 계산하라. 기압계의 측정 오차는 수은주로 ±2.5 mm이고, 온도 측정에 대한 오차는 ±0.3°C라 가정하여, 표준공기 조건(101.3 kPa, 15°C)으로 계산된 공기밀도에 대한 실험오차를 계산하라.

1.33 뜨거운 공기풍선 내의 공기에 대하여 문제 1.32에 기술된 것과 같이 오차계산을 반복하라. 기압계의 측정준위는 수은주로 759 ±1 mm이고, 온도는 60 ±1°C로 가정하라. [주의: 수은주 759 mm는 101 kPa (abs)에 해당한다.]

1.34 미국의 표준 골프공의 질량은 45.4 ±0.03g이고 평균 직경은 43 ±0.25 mm이다. 미국 골프공의 밀도와 비중을 구하라. 계산값의 오차를 계산하라.

1.35 어떤 반려동물용 사료 캔의 내부 크기가 높이 105 mm, 직경 75 mm이다. (1/20의 확률로 각각 ±1 mm의 오차가 있다.) 라벨에는 내용물의 질량이 398 g으로 표시되어 있다. 동일한 확률로 질량값의 정확도가 ±1 g인 경우, 사료의 밀도값 크기와 추산오차를 구하라.

1.36 반경이 0.2 m인 원통이 반경 0.202 m인 강체 원통의 안쪽에서 동심 회전하고 있다. 두 원통의 높이는 0.4 m이다. 각속도로 32.6 rps로 유지하지 위해서는 2 (N × m)의 운동량을 필요로 한다. 두 원통 사이의 유체의 점도를 계산하라.

1.37 영국의 표준 골프공의 질량은 52.1 ±0.3 g이고, 평균 직경은 43.1 ±0.3 mm이다. 영국 골프공의 밀도와 비중을 구하라. 계산값의 오차를 추산하라.

1.38 어떤 소다수 캔의 대략적인 치수가 $D = 66.0 \pm 0.5$ mm, $H = 110 \pm 0.5$ mm이다. 부엌이나 우체국에서 쓰는 저울을 이용하여 캔의 전체 무게와 캔만의 질량을 측정하라. 캔에 담겨진 소다수의 부피를 구하라. 측정값들로부터 캔에 담겨진 소다수의 깊이와 추산오차를 구하라. 단, SG값은 생산자가 제시한 것과 같이 1.055로 가정한다.

1.39 문제 1.38에 주어진 소다수 캔의 공칭 치수를 이용하여 캔의 체적오차를 ±0.5% 이내로 하려면, 캔의 높이와 직경의 정확도를 얼마로 해야 하는지 구하라.

1.40 한 자동차 잡지에서 자동차의 횡방향 가속도 성능에 대한 주행검사 결과를 발표하였다. 이 검사는 46 m 직경의 스키드패드(skid pad)에서 측정하였다. 자동차의 주행 경로가 원주에서 ±0.6 m까지 벗어나며, 자동차 속도는 제5륜 속도 측정장치로 ±0.8 km/hr까지 측정된다고 가정한다. 측정된 0.7 *g* 횡방향 가속도의 실험적인 오차를 구하라. 또 실험과정을 어떻게 개선하면 오차를 감소시킬 수 있는가?

1.41 건물의 높이는 그 건물에서 지상의 어떤 점까지의 수평거리와 그 점에서 건물 최고지점까지의 각도를 측정함으로써 계산 가능하다. 거리를 $L = 30 \pm 0.15$ m, 각도를 $\theta = 30 \pm 0.2°$로 가정하여, 건물의 높이 H와 추산오차를 구하라. 동일한 건물 높이와 측정오차 값에 대하여 건물 높이의 추산오차를 최소화하기 위한 각도(그리고 건물로부터 해당 거리)를 *Excel's Solver*를 이용하여 구하라. 또 $15 \le H \le 300$ m 범위의 건물 높이에 대한 함수로 최적의 측정 각도를 구하고 도시하라.

1.42 시린즈펌프(syringe pump)가 액체를 유량 100 mL/min로 공급한다. 이 펌프의 구동 피스톤의 속도에 대한 오차는 0.0025 cm/min이며, 실린더 직경에 대한 최대오차는 0.00125 cm로 설계되었다. 유량에 대한 오차를 실린더 직경의 함수로 그려라. 유량의 오차를 최소화할 수 있는 피스톤 속도와 직경의 조합을 찾아라.

CHAPTER 2

기본개념

Fundamental Concepts

사례연구

항공기 날개는 오랫동안 계속해서 변화하고 있는데 이는 날개 표면을 지나는 공기유동을 더 많이 알아가고 있기 때문이다. 최근의 기술적 발전의 하나로 *윙렛*(*winglet*)이 있다. 윙렛은 사진에서 보는 것처럼 날개 끝단의 기울어진 날개 표면을 말한다. 윙렛의 설계와 개발은 연료 절약의 관점에서 시작되었다.

모든 윙렛은 같은 방식으로 작동하지만 동일 목적이라도 수많은 다른 형상을 지닌다. 항공기가 비행할 때 날개 끝단에서 날개 밑면의 고압 공기는 위쪽의 저압 영역 쪽으로 향해 위로 흐른다. 이로 인해 *익단와류*(*wingtip vortex*)가 나타나며 항공기 엔진에 부담을 주는 *유도항력*(*lift-induced drag*) 발생의 요인이 된다. 윙렛은 익단와류 내의 에너지 일부를 복원하여 이런 항력을 줄여준다. 또한 날개 *종횡비*(날개 길이의 제곱을 날개 평면면적으로 나눠준 비율)에도 변화를 주어 항력을 줄여준다.

윙렛은 항력 감소뿐만 아니라 날개 끝단에서 양력도 발생시키는데 이는 유익한 현상이다. 윙렛은 기울어져 있기 때문에 날개 뿌리 쪽의 굽힘 모멘트가 증가하여 항공기 동체가 보강될 필요가 있다. 최근의 윙렛은 날개 후단에도 장착되어 표면의 능동 제어를 통해 날개가 흘리는 기류 소용돌이(eddy)에 공기역학적 불안정성을 주입한다. 이런 현상은 별로 바람직하지 않아 보일 수 있지만 불안정성이 다른 항공기가 가까이 따라가기 어렵게 하는 항공기 뒤의 후류 내 와류를 소산시키는 데 도움이 된다. 윙렛이 바로 복잡한 유체 거동을 이해하여 기술 개선을 이룰 좋은 응용 예가 된다.

여객기 날개 끝의 윙렛

학습 목표

이 장의 학습을 마치면 다음을 할 수 있어야 한다.

- '유체를 연속체로 취급'함이 무엇을 의미하는지 물리적 관점에서 설명할 수 있다.
- 유선, 유맥선, 유적선, 시간선의 차이를 설명할 수 있다.
- 수직응력과 전단응력의 차이를 설명하고 각 경우의 예를 들 수 있다.
- 유동 문제에 뉴턴의 점성법칙을 적용할 수 있다.
- 표면장력으로 발생하는 힘의 효과를 설명할 수 있다.
- 비점성, 점성, 층류, 난류, 비압축성, 압축성, 내부, 외부유동과 같이 유체유동 분류에 사용된 용어를 정의할 수 있다.

1장에서는 유체역학이 무엇을 공부하는 학문인가에 대한 일반적인 설명을 하였으며, 유체역학 문제를 해석할 때 사용하는 몇 가지 접근법에 대하여 기술하였다. 이 장에서는 유체의 몇 가지 중요한 성질, 그리고 유동을 기술하고 특징지을 수 있는 방법들을 더 구체적으로 정의할 것이다.

2.1 연속체로서의 유체

우리는 모두 유체(가장 흔한 것이 공기와 물이다)와 친숙하고 이들이 '부드러운 것,' 다시 말해서 연속매질인 것으로 경험한다. 특수한 장비를 사용하지 않는 한 유체의 근원적인 분자적 특성을 알아보기는 힘들다. 분자구조는 질량이 공간 내에 연속적으로 분포되어 있지 **않고**, 상대적으로 큰 빈 공간의 영역에서 서로 떨어져 있는 분자들 속에 집중되어 있는 구조이다. 그림 2.1a의 스케치가 이 분자구조를 개략적으로 묘사한다. 정지유체(예컨대, 단일기체로 취급하는 공기)로 '채워져 있는' 공간 영역은 마치 연속매질처럼 보이지만, 그 속에서 아주 작은 입방체를 취하여 확대해 보면 대부분은 빈 공간이고, 기체 분자들이 여기저기 흩어져서 빠른 속도로 움직이는 것을 볼 수 있다. 기체 분자들의 크기는 대단히 과장되었고 속도벡터들을 작은 샘플 위에만 그렸다는 사실을 명심하라. 이런 질문을 해 보자. 한 점에서의 밀도와 같은 연속적인 유체 성질에 대해 말할 수 있으려면, 한 '점' C가 가져야 하는 최소체적 $\delta V'$은 얼마인가? 바꾸어 말하면, 어떤 상황에서 유체를 **연속체**로 다룰 수 있는가? 정의에 의하면 연속체에서는 성질들이 한 점에서 다른 점으로 매끄럽게 변한다. 연속체의 개념이 고전유체역학의 기본이기 때문에 이것은 중요한 질문이다.

한 점에서의 밀도를 어떻게 정할지 생각해 보자. 밀도는 단위체적당 질량으로 정의된다. 그림 2.1a에서 질량 δm은 δV 안에 있는 순간적인 분자 수(와 각 분자의 질량)에 의해 정해질 것이므로 체적 δV 내의 평균밀도는 $\rho = \delta m/\delta V$로 주어진다. 우리는 δV 내 분자들의 수가 변동하고, 그에 따라서 밀도가 변동하기 때문에 '평균'이라고 말한다. 예를 들어, 그림 2.1a의 기체가 표준온도와 표준압력(STP)의 공기이며, 체적 δV가 직경 0.01 μm의 구라면, δV 속에 (보는 것처럼) 15개의 분자가 들어 있을 수 있겠지만, 잠깐 뒤에는

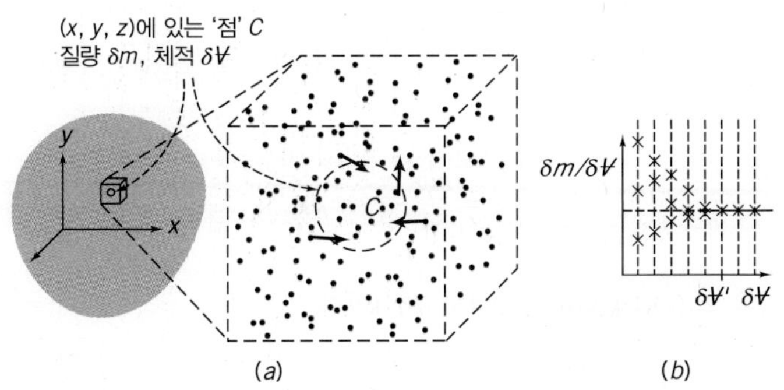

그림 2.1 한 점에서의 밀도의 정의.

(1개가 나가고 3개가 들어와서) 17개가 들어 있을 수도 있다. 이런 이유로 '점' C에서의 밀도는 그림 2.1b에 보인 것처럼 시간에 따라 무작위하게 변동한다. 이 그림에서 각 수직 파선은 선택된 특정 체적 $\delta\forall$를 나타내고, 각 데이터 점은 한순간에 측정된 밀도를 나타낸다. 아주 작은 체적에 대해서는 밀도가 크게 달라지지만, 어떤 체적 $\delta\forall'$ 이상에서는 밀도가 안정적으로 된다. 이 경우 체적은 엄청나게 많은 수의 분자를 둘러싼다. 예를 들어 $\delta\forall = 0.001$ mm^3(모래알 정도의 크기)라면, 평균 2.5×10^{13}개의 분자들이 존재할 것이다. 그러므로 이 크기보다 작은 '점'을 고려하지 않는 한 STP에서의 공기(와 다른 기체들과 액체들)를 연속 매질로 다룰 수 있다고 결론지을 수 있다. 이렇게 하면 대부분의 공학적 응용에서 충분히 정확하다.

연속체 개념은 고전 유체역학의 기본이다. 보통의 조건 아래에서 유체의 거동을 다룰 때 연속체 가정은 타당하다. 이러한 가정은 분자의 평균 자유 경로가 문제의 최소 주요 특성길이와 같은 정도의 크기가 되는 경우에만 성립하지 않는다. 이런 경우는 희박기체유동(예컨대 대기권 상층부를 비행할 경우 만나는 것과 같은)과 같은 특수한 문제에서 발생한다. (이 책에서는 다루지 않는) 이런 특수한 경우에는 연속체의 개념을 버리고 미시적이고 통계적인 관점을 사용해야 한다.

연속체 가정의 결과로 공간 내 모든 점에서 각각의 유체성질은 특정한 값을 갖는다고 가정할 수 있다. 따라서 밀도, 온도, 속도 등과 같은 유체성질들은 위치와 시간의 연속함수로 본다. 예를 들면, 한 점에서 밀도의 유효한 정의는 다음과 같다.

$$\rho \equiv \lim_{\delta\forall \to \delta\forall'} \frac{\delta m}{\delta\forall} \tag{2.1}$$

점 C는 임의의 점이기 때문에 유체 내 다른 점에서의 밀도도 같은 방법으로 구할 수 있다. 만일 밀도를 무한히 많은 점에서 동시에 측정한다면, 주어진 순간에 공간좌표들의 함수로 밀도분포를 $\rho = \rho(x, y, z)$라는 식으로 표현할 수 있을 것이다.

한 점에서의 밀도는 또한 시간에 따라서도 변할 수 있다. 따라서 밀도의 완전한 표현(장 표현)은 다음과 같다.

$$\rho = \rho(x, y, z, t) \tag{2.2}$$

밀도는 스칼라양이기 때문에 크기만 지정하면 되므로, 식 (2.2)의 장 표현은 스칼라장이다.

물질(고체나 유체)의 밀도를 표현하는 다른 방법은 그 값을 일반적으로 인정된 기준치, 보통은 물의 최대밀도 ρ_{H_2O} (4°C에서 1,000 kg/m^3 또는 39°F에서 1.94 slug/ft^3)와 비교하는 방법이다. 따라서 물질의 **비중**(*specific gravity*) SG는 다음과 같이 표현된다.

$$\mathrm{SG} = \frac{\rho}{\rho_{H_2O}} \tag{2.3}$$

예를 들면, 수은의 SG의 전형적인 값은 13.6이다—수은은 물에 비해 13.6배 조밀하다. 부록 A에 선정된 공업용 재료들에 대한 비중 자료가 수록되어 있다. 액체의 비중은 온도의 함수이다. 대부분의 액체의 비중은 온도가 증가함에 따라 감소한다.

물질의 **비중량**(*specific weight*) γ는 또 하나의 유용한 물성이다. 이것은 다음과 같이 단위체적당 물질의 무게로 정의된다.

$$\gamma = \frac{mg}{\forall} \to \gamma = \rho g \tag{2.4}$$

예를 들면, 물의 비중량은 약 9.81 kN/m^3 (62.4 lbf/ft^3)이다.

2.2 속도장

앞 절에서 연속체 가정이 바로 밀도장의 개념으로 이어진다는 것을 알았다. 다른 유체 성질들도 역시 장으로 표현할 수 있다.

장으로 정의되는 중요한 성질 중 하나가 다음과 같이 주어지는 속도장이다.

$$\vec{V} = \vec{V}(x, y, z, t) \tag{2.5}$$

속도는 벡터양이어서 완전하게 기술하려면 크기와 방향이 필요하다. 그러므로 식 (2.5)의 속도장은 벡터장이다.

속도벡터 $\vec{V}$도 역시 3개의 스칼라 성분으로 나타낼 수 있다. x, y, z 방향의 성분을 u, v, w라 하면 다음과 같이 표현된다.

$$\vec{V} = u\hat{i} + v\hat{j} + w\hat{k} \tag{2.6}$$

일반적으로 각각의 성분 u, v, w는 x, y, z, t의 함수가 될 것이다.

$\vec{V}(x, y, z, t)$가 무엇을 표현하는 것인지 분명히 할 필요가 있다. Euler 관점에서 그것은 시각 t에 점 (x, y, z)를 통과하는 유체입자의 속도를 가리킨다. 결론적으로 $\vec{V}(x, y, z, t)$는 한 개별 입자의 속도가 아니라, 모든 입자의 속도장으로 생각해야 한다.

만약 유동장 내의 모든 점에서 성질들이 시간에 따라 변하지 않는다면, 그 유동을 **정상유동**이라 한다. 수학적으로 기술하면 정상유동의 정의는

$$\frac{\partial \eta}{\partial t} = 0$$

이다. 여기서 η는 임의의 유체성질을 나타낸다. 따라서 정상유동에서는

$$\frac{\partial \vec{V}}{\partial t} = 0 \quad \text{또는} \quad \rho = \rho(x, y, z)$$

그리고

$$\frac{\partial \vec{V}}{\partial t} = \vec{0} \quad \text{또는} \quad \vec{V} = \vec{V}(x, y, z)$$

이다. 정상유동에서는 임의의 성질이 유동장 내의 서로 다른 점에서 달라질 수 있지만, 모든 성질들이 모든 점에서 시간에 대하여 일정하게 유지된다.

1차원, 2차원, 3차원 유동

유동은 속도장을 지정하는 데 필요한 공간좌표의 수에 따라 1차원, 2차원, 3차원 유동으로 분류한다. 식 (2.5)는 속도장이 세 공간좌표와 시간의 함수임을 나타낸다. 이런 유동장은 유동장 내 임의 점에서의 속도가 공간 내에서 점의 위치를 지정하는 데 필요한 3개의 공간좌표에 의존하기 때문에 **3차원**(또한 **비정상**) 유동이라고 한다.

비록 대부분의 유동장들이 본질적으로 3차원이지만, 더 낮은 차원을 기준으로 한 해석도 많은 경우에 의미가 있다. 예를 들어, 그림 2.2에 보인 것처럼 단면 확대부가 있는 긴 직관을 통과하는 정상유동을 고려해 보자. 이 예에서는 원통좌표 (r, θ, x)를 사용한다. 우리는 8장에서 어떤 상황에서는 속도분포를 다음 식으로 묘사할 수 있음을 알게 될 것이다.

$$u = u_{\max}\left[1 - \left(\frac{r}{R}\right)^2\right] \tag{2.7}$$

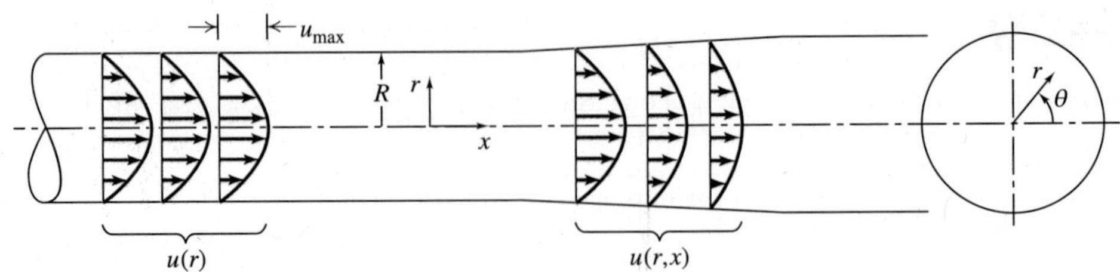

그림 2.2 1차원 유동과 2차원 유동의 예.

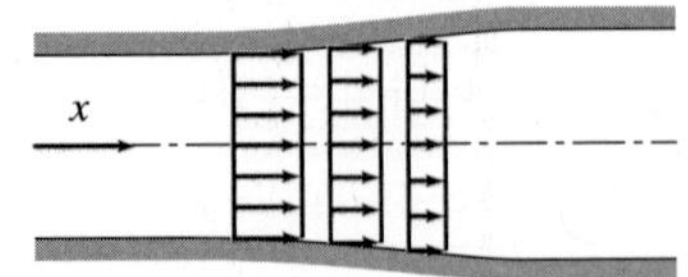

그림 2.3 단면에서의 균일유동의 예.

이 속도분포가 그림 2.2의 왼쪽에 보인다. 속도 $u(r)$은 한 좌표만의 함수이기 때문에 유동은 1차원이다. 반면에 확대부에서는 x방향으로 속도가 감소하고 유동이 2차원, 즉, $u = u(r, x)$가 된다.

여러분이 추측하는 바와 같이, 유동장의 차원 수가 증가할수록 해석의 복잡성이 현저하게 증가한다. 우리가 만나는 많은 공학문제에 대해서 1차원 해석은 공학적인 정확도를 갖는 근사해를 제공하는 데 충분할 수 있다.

연속체 가정을 만족하는 모든 유체는 고체면에서 (점착조건을 만족하기 위해) 상대속도가 0이어야 하므로, 대부분의 유동은 본질적으로 2차원 또는 3차원이다. 해석을 간단하게 하기 위하여 주어진 단면에서 **균일유동**의 개념을 사용하면 흔히 편리하다. 주어진 단면에서 균일한 유동에서는 유동에 수직인 임의 단면에 걸쳐서 속도가 일정하다. 이러한 가정하에서 그림 2.2의 2차원 유동은 그림 2.3에 보인 유동으로 모델링할 수 있다. 그림 2.3의 유동에서 속도장은 x만의 함수이고, 따라서 유동 모델은 1차원이다. **균일유동장**이라는 말은 (단면에서의 균일유동에 반하여) 속도가 일정한 유동, 즉 전체 유동장에 걸쳐 속도가 유동을 서술할 때 사용된다.

시간선, 유적선, 유맥선, 유선

항공기와 자동차 회사, 대학의 공학 실험실 등 많은 사례에서 유동장을 가시화하기 위하여 흔히 풍동을 사용한다[2]. 전산유체역학 소프트웨어는 유동 가시화에도 점점 더 광범위하게 사용되고 있다. 예를 들어 그림 2.4는 풍동 안에 설치된 자동차 주위의 유동에 대하여 상류의 10개 고정점에서 유동으로 연기를 내보냄으로써 만들어낸 유동 형태를 보여준다. 유동 형태는 시간선, 유적선, 유맥선, 또는 유선을 이용하여 가시화할 수 있다.

만일 유동장 내에서 인접한 다수의 유체입자들을 주어진 순간에 표시를 하면, 이들은 그 순간 유체 내에서 하나의 선을 형성하게 된다. 이 선을 **시간선**(*timeline*)이라 한다. 이 선을 지속적으로 관찰하면 유동장에 대한 정보를 얻을 수 있다. 예를 들면, 일정한 전단력을 받는 유체의 거동을 논의할 때 연속되는 순간에서 유체의 변형을 보여주기 위하여 시간선이 사용되었다.

유적선(*pathline*)은 움직이는 유체입자에 의해 그려지는 경로 또는 궤적이다. 유적선이 보이도록 하기 위하여 주어진 순간에 한 유체입자를 염료나 연기를 사용하여 식별할 수 있게 한 다음, 입자의 지속적인 운동을 장시간 노출 사진으로 촬영한다. 이 입자에 의해 그려지는 선이 유적선이다. 이 방법은 예를 들어, 굴뚝에서 나오는 오염물질의 경로를 연구하는 데 사용할 수 있다.

한편, 공간 내 고정된 한 위치에 집중하는 것으로 하여 다시 염료나 연기를 사용하여 이 점을 지나는 모든 유체입자를 식별할 수 있도록 해보자. 짧은 시간이 흐른 뒤 다수의 식별 가능한 유체입자들을 유동 속에

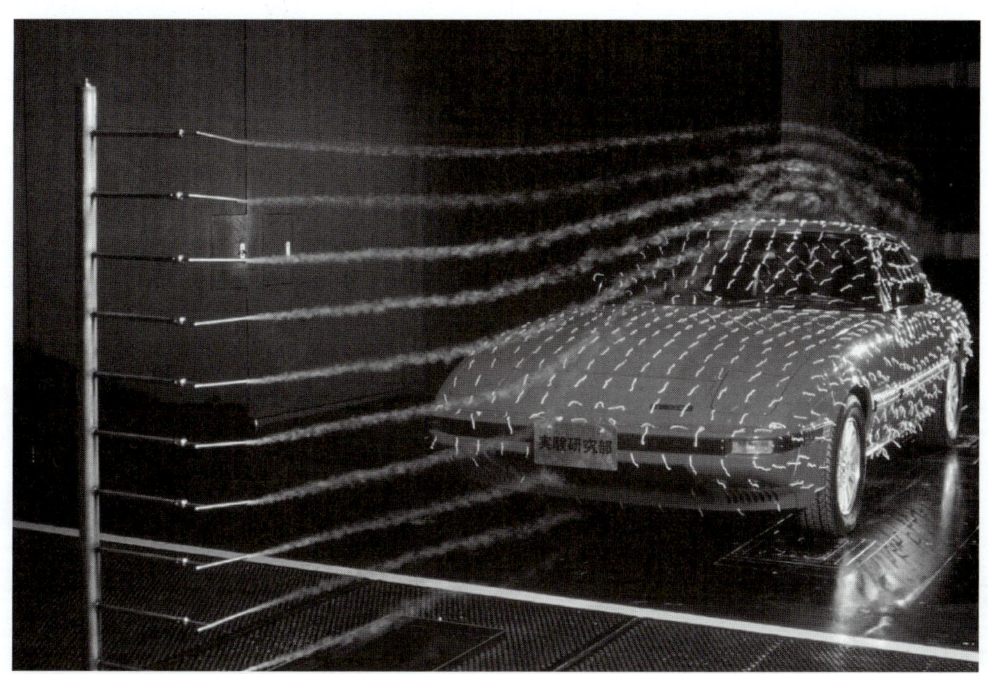

그림 2.4 풍동 내 자동차를 지나는 유맥선들.

서 찾게 될 텐데, 이들은 모두 어떤 시간에 공간 내 고정된 한 위치를 지나갔다. 이 유체입자들을 연결한 선을 유맥선(*streakline*)이라 정의한다.

유선(*streamline*)은 주어진 순간에 선상의 모든 점에서 유동 방향에 접하도록 유동장 내에 그려진 선이다. 유선들은 유동장 내 모든 점에서 속도벡터에 접하기 때문에 유선을 가로지르는 유동은 있을 수 없다. 유선은 가장 많이 사용되는 가시화 기술이다. 2차원 유동에서 유선의 식을 구하기 위하여 사용하는 과정이 예제 2.1에 설명되어 있다.

예제 2.1 2차원 유동의 유선과 유적선

속도장이 $\vec{V} = Ax\hat{i} - Ay\hat{j}$로 주어진다. 여기서 속도의 단위는 m/s이고, x와 y는 m(미터) 단위로 주어지며, $A = 0.3\ \text{s}^{-1}$이다.

(a) xy 평면에서 유선의 방정식을 구하라.

(b) 점 $(x_0, y_0) = (2, 8)$을 지나는 유선을 그리라.

(c) 점 (2, 8)에서 입자의 속도를 구하라.

(d) 만약 시간 $t = 0$일 때 입자가 점 (x_0, y_0)를 지나간다면, 시간 $t = 6$ s일 때 입자의 위치는 어디인가?

(e) 시간 $t = 6$ s일 때 이 입자의 속도는 얼마인가?

(f) 입자 경로(유적선)의 식이 유선의 식과 같음을 보이라.

주어진 자료: 속도장 $\vec{V} = Ax\hat{i} - Ay\hat{j}$. x와 y는 m 단위. $A = 0.3\ \text{s}^{-1}$이다.

찾는 자료:

(a) 평면 xy에서 유선의 방정식

(b) 점 (2, 8)을 지나는 유선

(c) 점 (2, 8)에서 입자의 속도

(d) $t = 0$일 때 (2, 8)에 위치한 입자의 $t = 6$ s일 때 위치

(e) (d)의 위치에서 입자의 속도

(f) $t = 0$일 때 (2, 8)에 위치한 입자의 유적선 방정식

풀이:

(a) 유선은 주어진 순간에 모든 점에서 유동 방향에 접하도록 유동장 내에 그려진 선이다. 따라서

$$\left.\frac{dy}{dx}\right)_{\text{streamline}} = \frac{v}{u} = \frac{-Ay}{Ax} = \frac{-y}{x}$$

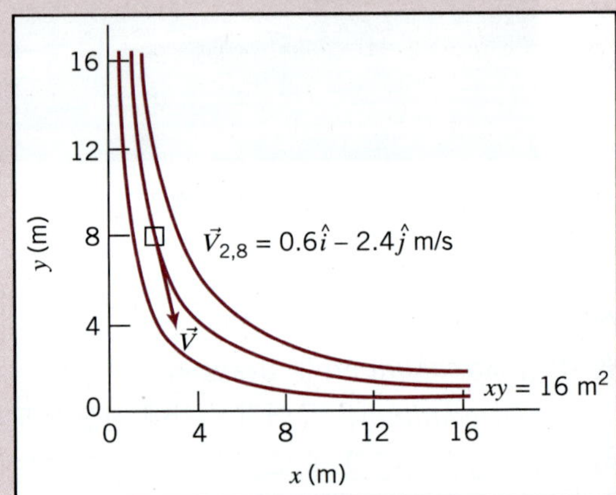

변수분리하여 적분하면 다음과 같다.

$$\int \frac{dy}{y} = -\int \frac{dx}{x}$$

또는

$$\ln y = -\ln x + c_1$$

이것은 $xy = c$로 쓸 수 있다.←

(b) 점 $(x_0, y_0) = (2, 8)$을 지나는 유선에 대해 상수 c는 16의 값을 가진다. 점 (2, 8)을 지나는 유선의 방정식은

$$xy = x_0 y_0 = 16\ \text{m}^2 \leftarrow$$

이고, 그래프는 스케치한 것과 같다.

(c) 속도장은 $\vec{V} = Ax\hat{i} - Ay\hat{j}$이다. 점 (2, 8)에서의 속도는 다음과 같다.

$$\vec{V} = A(x\hat{i} - y\hat{j}) = 0.3\,\text{s}^{-1}(2\hat{i} - 8\hat{j})\text{m} = 0.6\hat{i} - 2.4\hat{j}\ \text{m/s} \leftarrow$$

(d) 유동장 내에서 움직이는 입자의 속도는

$$\vec{V} = Ax\hat{i} - Ay\hat{j}$$

이므로,

$$u_p = \frac{dx}{dt} = Ax \quad \text{및} \quad v_p = \frac{dy}{dt} = -Ay$$

이다. 변수분리하여 (각 식을) 적분하면 다음과 같다.

$$\int_{x_0}^{x} \frac{dx}{x} = \int_0^t A\,dt \quad \text{및} \quad \int_{y_0}^{y} \frac{dy}{y} = \int_0^t -A\,dt$$

따라서

$$\ln\frac{x}{x_0}=At \text{ 및 } \ln\frac{y}{y_0}=-At$$

또는

$$x=x_0e^{At} \text{ 및 } y=y_0e^{-At}$$

이다. t = 6 s일 때

$$x=2\text{ m }e^{(0.3)6}=12.1\text{ m} \text{ 및 } y=8\text{ m }e^{-(0.3)6}=1.32\text{ m}$$

이므로, t = 6 s일 때 입자는 점 (12.1, 1.32) m에 있게 된다.

(e) 점 (12.1, 1.32) m에서 속도는 다음과 같다.

$$\vec{V}=A(x\hat{i}-y\hat{j})=0.3\text{ s}^{-1}(12.1\hat{i}-1.32\hat{j})\text{m}$$
$$=3.63\hat{i}-0.396\hat{j}\text{ m/s}$$

(f) 유적선의 식을 구하기 위해 매개방정식

$$x=x_0e^{At} \text{ 및 } y=y_0e^{-At}$$

을 이용하고 t를 소거한다. 두 식을 e^{At}에 대하여 풀면 다음과 같다.

$$e^{At}=\frac{y_0}{y}=\frac{x}{x_0}$$

그러므로 $xy = x_0y_0$ = 16 m^2가 된다.

주의:
- 이 문제는 유선과 유적선을 계산하는 방법을 설명한다.
- 이 문제는 정상유동이기 때문에 유선과 유적선의 모양이 같다—비정상유동에서는 동일하지 않을 것이다.
- 입자를 따라갈 때에는(Lagrange 방법), 비록 유동이 정상이라 할지라도 그 위치 (x, y)와 속도 ($u_p = dx/dt, v_p = dy/dt$)는 시간의 함수이다.

그림 2.4에서 연기와 같은 방법으로 풍동 안에 설치된 자동차 위로 흐르는 유동에 대한 유맥선 사진을 볼 수 있다. 사진과 같이 정상유동에서 유동장 내 각 점에서의 속도는 시간에 대하여 일정하며, 따라서 유선 형상은 순간순간 변화하지 않는다. 이것은 어떤 주어진 유선상에 위치하고 있는 입자는 계속 동일한 유선상에 있게 된다는 사실을 의미한다. 더욱이 공간 내의 고정된 지점을 잇달아 통과하는 입자들도 동일한 유선상에 존재하게 된다. 따라서 정상유동의 유동장에서는 유적선, 유맥선, 유선이 동일한 선이 된다.

비정상(unsteady)유동에서는 유맥선, 유선, 유적선이 일반적으로 다른 모양을 가질 것이다. 예를 들어, 그림 2.5에 보인 것처럼 빠른 속도로 물이 빠져나오는 정원용 호스를 잡고 좌우로 흔드는 것을 생각해 보자. 그러면 연속적인 물 시트 하나가 생겨난다. 만일 개개의 물 입자들을 고려한다면, 일단 분출된 각 입자가 직선 경로를 따르는 것을 보게 된다. 보이는 것처럼 유적선들은 직선들이다. 다른 한편으로, 만일 물이 호스에서 나올 때 염료를 주입하기 시작한다면 유맥선을 생성할 수 있는데, 이것은 보인 것처럼 확장하는 사인파 모양이 될 것이다. 명백하게 이 비정상유동에서 유적선과 유맥선이 일치하지 않는다.

속도장을 사용하면 유맥선, 유적선, 유선의 모양을 유도할 수 있다. 유선은 속도벡터에 평행하기 때문에 (2차원에 대하여) 다음과 같이 쓸 수 있다.

$$\left.\frac{dy}{dx}\right)_{\text{streamline}}=\frac{v(x,y)}{u(x,y)} \tag{2.8}$$

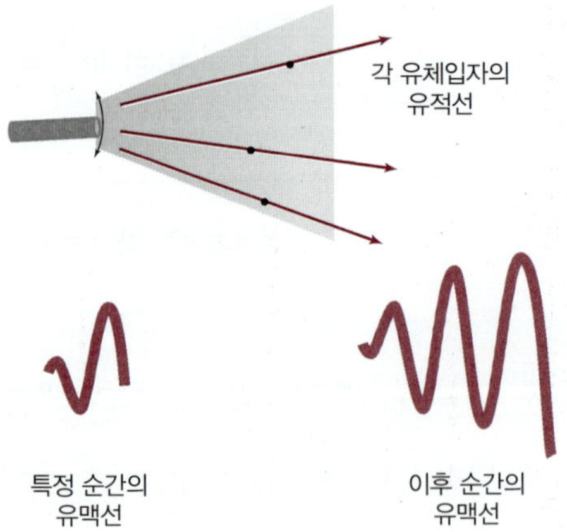

각 유체입자의 유적선

특정 순간의 유맥선

이후 순간의 유맥선

그림 2.5 진동하는 정원 호스의 출구에서 나오는 유동에 대한 유적선과 유맥선.

유선은 시간의 어느 순간에 얻어진다는 것을 명심하라. 만일 유동이 비정상이면, 식 (2.8)에서 시간 t는 상수로 취급한다. 이 방정식의 해는 하나의 미정 적분상수를 갖는 $y = y(x)$로 주어지는데, 적분상수 값이 특정한 유선을 결정한다.

유적선에 대하여, $x = x_p(t)$와 $y = y_p(t)$라 놓자. 여기서 $x_p(t)$와 $y_p(t)$는 특정 입자의 순간좌표들이다. 그러면 다음 식을 얻는다.

$$\left.\frac{dx}{dt}\right)_{\text{particle}} = u(x,y,t) \qquad \left.\frac{dy}{dt}\right)_{\text{particle}} = v(x,y,t) \tag{2.9}$$

이 방정식들을 연립해서 풀면 매개변수 형태 $x_p(t)$와 $y_p(t)$로 한 입자의 경로가 구해진다.

유맥선의 계산은 다소 까다롭다. 첫 단계는 시간 t_0일 때 유맥 출발점[좌표가 $(x_0,\ y_0)$]에서 방출된 한 입자의 유적선을 [식 (2.9)를 사용하여] 다음과 같은 형태로 계산하는 것이다.

$$x_{\text{particle}}(t) = x(t, x_0, y_0, t_0) \qquad y_{\text{particle}}(t) = y(t, x_0, y_0, t_0)$$

다음에는, 이것을 시간에 따르는 입자의 위치로 해석하는 대신에 이 식들을 다음과 같이 다시 쓴다.

$$x_{\text{streakline}}(t_0) = x(t, x_0, y_0, t_0) \qquad y_{\text{streakline}}(t_0) = y(t, x_0, y_0, t_0) \tag{2.10}$$

식 (2.10)은 점 $(x_0,\ y_0)$의 유맥 출발점으로부터 (시간 t에 의해) 생성되는 선을 나타낸다. 이 식에서 t_0(입자들의 방출 시간)는 시간 t까지 방출된 모든 입자들의 순간 위치를 나타내기 위하여 0에서 t까지 변한다.

2.3 응력장

유체역학을 공부할 때 유체입자에 작용하는 힘의 종류에 대한 이해가 필요하다. 각 유체입자가 받는 힘에는 다른 입자들이나 고체표면과 접촉함으로써 발생하는 **표면력**(*surface force*; 압력, 마찰 등)과 입자 전체에 작용하는 **체적력**(*body force*; 중력이나 전자기력 등)이 있다.

체적요소 $d\forall$에 작용하는 중력 체적력은 $\rho\vec{g}d\forall$로 주어지는데, 여기서 ρ는 밀도이고 $\vec{g}$는 국소 중력가속도이다. 따라서 단위체적당 중력 체적력은 $\rho\vec{g}$이고, 단위질량당 중력 체적력은 $\vec{g}$이다.

유체입자에 작용하는 표면력은 **응력**으로 이어진다. 응력의 개념은 매질(유체 또는 고체)의 경계에 작용하는 힘이 매질 전체로 어떻게 전해지는지 설명하는 데 유용하다. 여러분들은 아마도 고체역학에서 논의되는 응력에 대해 알고 있을 것이다. 예를 들면, 여러분이 다이빙 보드 위에 서 있을 때 보드 내부에 응력이 발생된다. 다른 한편으로, 물체가 유체 속에서 움직일 때 응력이 유체 내부에 생긴다. 우리가 알아본 것처럼, 유체와 고체의 차이는 유체 내부의 응력은 변형보다는 주로 운동에 의하여 발생한다는 것이다.

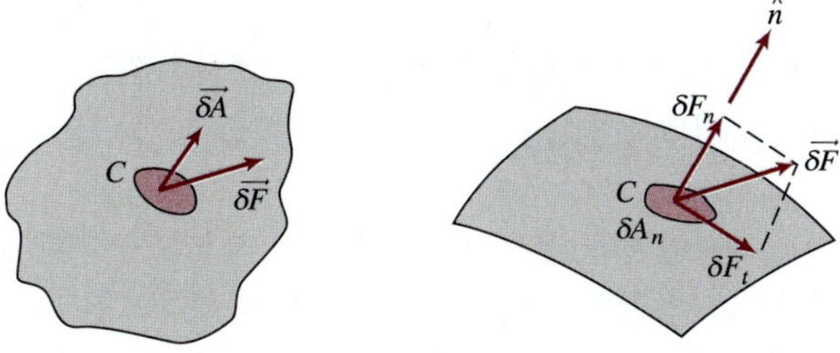

그림 2.6 연속체에서 응력의 개념.

다른 유체입자들과 접촉하는 입자의 표면을 상상하고, 입자들 사이에 생성되는 접촉력을 고려하자. 어떤 점 C에 있는 표면의 한 부분 $\delta\vec{A}$를 고려하자. $\delta\vec{A}$의 방향은 그림 2.6에 보이는 단위벡터 $\hat{n}$에 의해 주어진다. 벡터 $\hat{n}$은 입자에 대하여 바깥쪽으로 향하는 단위 수직 벡터이다.

$\delta\vec{A}$에 작용하는 힘 $\delta\vec{F}$는 면에 수직한 성분과 접하는 성분 등 두 성분으로 분해할 수 있다. 그러면 **수직 응력**(*normal stress*) σ_n과 **전단응력**(*shear stress*) τ_n은 다음과 같이 정의된다.

$$\sigma_n = \lim_{\delta A_n \to 0} \frac{\delta F_n}{\delta A_n} \tag{2.11}$$

그리고

$$\tau_n = \lim_{\delta A_n \to 0} \frac{\delta F_t}{\delta A_n} \tag{2.12}$$

응력에 붙인 하첨자 n은 응력이 $\hat{n}$ 방향으로 외향법선을 갖는, C를 지나는 표면 $\delta\vec{A}$와 관련이 있음을 상기하도록 붙였다. 유체는 실제로 연속체로 가정할 수 있으므로 점 C를 통과하며 방향이 다른 미소면적벡터 $\delta\vec{A}$가 무한히 존재하고 각각의 면적벡터의 방향에 따라 정의되는 응력(벡터)도 무수히 정의할 수 있다.

힘과 같은 벡터양을 다룰 때 일반적으로 직교 좌표계에서 성분들을 고려한다. 직각 좌표계에서 응력이 작용하는 물질에 대하여 외향법선들이 x, y 또는 z방향인 평면에 작용하는 응력들을 생각할 수 있다. 그림 2.7에서 외향법선이 x방향인 요소 δA_x에 작용하는 응력을 생각하자. 힘 $\delta\vec{F}$는 각 좌표 방향의 성분들로 분해하였다. 힘의 각 성분의 크기를 면적 δA_x로 나누고, δA_x가 0에 접근하도록 극한을 취하여 그림 2.7b에 보이는 세 가지 응력성분을 정의한다.

$$\begin{aligned} \sigma_{xx} &= \lim_{\delta A_x \to 0} \frac{\delta F_x}{\delta A_x} \\ \tau_{xy} &= \lim_{\delta A_x \to 0} \frac{\delta F_y}{\delta A_x} \quad \tau_{xz} = \lim_{\delta A_x \to 0} \frac{\delta F_z}{\delta A_x} \end{aligned} \tag{2.13}$$

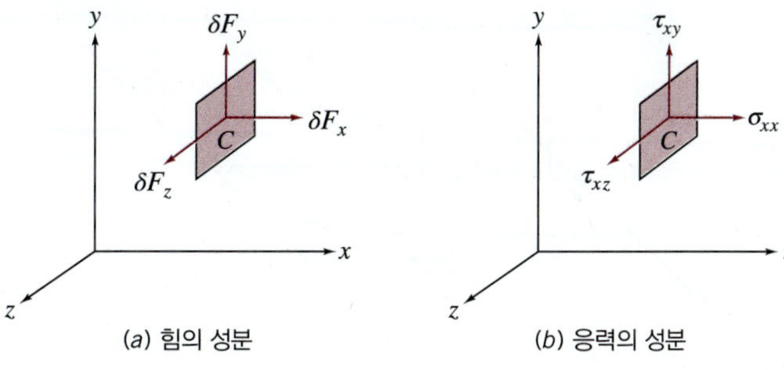

그림 2.7 면적요소 δA_x에 작용하는 힘과 응력의 성분들.

응력들을 식별하기 위하여 이중 하첨자 표기법을 사용한다. 처음 첨자(이 경우 x)는 응력이 작용하는 **평면**(이 경우 x축에 수직한 평면)을 나타낸다. 둘째 첨자는 응력이 작용하는 **방향**을 나타낸다.

면적요소 δA_y를 고려하여 응력 σ_{yy}, τ_{yx}, τ_{yz}를 정의한다. 마찬가지로 면적요소 δA_z를 사용하여 응력 σ_{zz}, τ_{zx}, τ_{zy}를 정의한다.

비록 단 3개의 직교면만 살펴보았지만, 무수히 많은 평면이 점 C를 통과할 수 있고, 결과적으로 이 점을 통과하는 평면들과 연계되는 응력이 무수히 많다. 다행히 한 점에서의 응력의 상태는 그 점을 통과하면서 서로 직교하는 임의의 세 평면에 작용하는 응력(벡터)의 성분들을 전부 지정함으로써 완전하게 나타낼 수 있다. 이것을 응력텐서(2차 텐서 또는 second order tensor)라고 부르며, 3차원 직각좌표계에서 한 점의 응력텐서는 다음과 같이 9개의 성분으로 나타낼 수 있다.

$$\begin{bmatrix} \sigma_{xx} & \tau_{xy} & \tau_{xz} \\ \tau_{yx} & \sigma_{yy} & \tau_{yz} \\ \tau_{zx} & \tau_{zy} & \sigma_{zz} \end{bmatrix}$$

여기에서 σ는 수직응력성분을, τ는 전단응력성분을 나타내기 위하여 일반적으로 사용한다.

그림 2.8에 보이는 무한소 요소를 참고하면, 응력이 작용하는 6개의 평면(2개의 x 평면, 2개의 y 평면, 2개의 z 평면)이 있음을 알 수 있다. 관심 있는 평면을 나타내기 위하여 앞과 뒤, 위와 아래 또는 왼쪽과 오른쪽이라는 말을 사용할 수 있다. 그러나 좌표축들과 관련하여 평면에 이름을 붙이는 것이 더 논리적이다. 평면들은 그 평면의 외향법선 방향에 따라서 이름을 붙이고 양 또는 음을 나타낸다. 따라서 예를 들면, 위 평면은 양의 y 평면이고, 뒤 평면은 음의 z 평면이다.

또한 응력에 대한 부호 표시방법도 정할 필요가 있다. 응력성분은 응력성분의 방향과 응력이 작용하는 평면의 방향이 둘 다 양이거나 둘 다 음일 때 양이다. 따라서 $\tau_{yx} = 35\ \text{kN/m}^2$이라면 양의 y 평면에서 양의 x방향으로 작용하는 전단응력 또는 음의 y 평면에서 음의 x방향으로 작용하는 전단응력을 나타낸다. 그림 2.8에 모든 응력이 양의 값을 갖도록 그려져 있다. 응력성분들은 응력성분의 방향과 응력이 작용하는 면의 방향이 부호가 반대일 때 음이다.

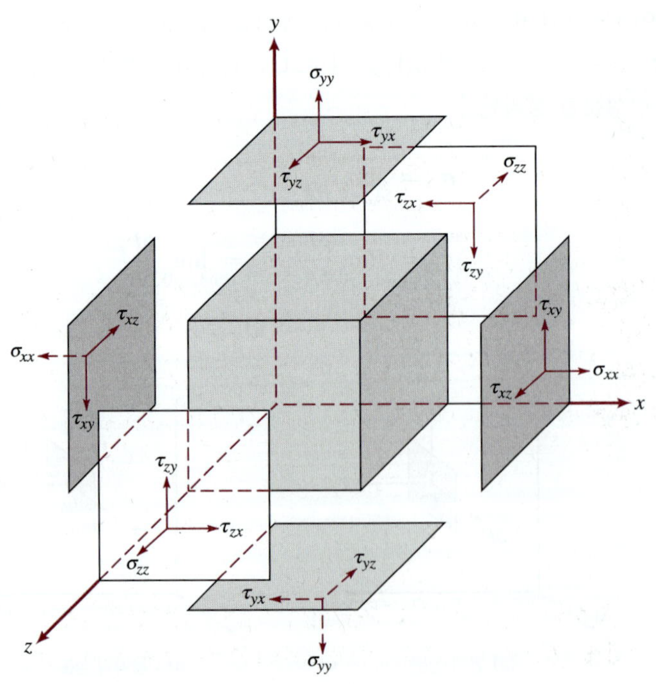

그림 2.8 응력의 표기법.

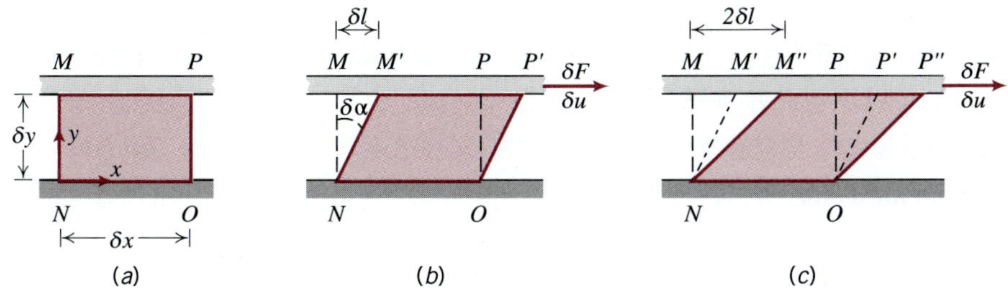

그림 2.9 (a) 시간 t일 때 유체요소, (b) 시간 $t + \delta t$일 때 유체요소의 변형, (c) 시간 $t + 2\delta t$일 때 유체요소의 변형.

2.4 점성

응력은 어디에서 오는가? 고체의 경우, 응력은 물질이 탄성 변형하거나 늘어날 때 발생한다. 유체의 경우, 전단응력은 점성유동으로 인해 생긴다. 그래서 고체를 **탄성체**라 하고, 유체를 **점성체**라 부른다. 정지상태의 유체에는 전단응력이 있을 수 없다. 각각의 유체는 가해진 전단응력과 유체의 유동 사이의 관계를 조사하여 분류할 수 있음을 알아볼 것이다.

그림 2.9a에 보이는 두 무한 평판 사이에 있는 유체요소의 거동을 고려하자. 시간 t인 초기에 직사각형 유체요소는 정지해 있다. 이제 일정한 오른쪽 방향 힘 δF_x가 위쪽 평판에 작용하여 평판이 유체를 사이에 두고 일정한 속도 δu로 끌려간다고 하자. 무한 평판들의 상대적인 전단작용은 유체요소에 작용하는 다음과 같은 전단응력 τ_{yx}를 발생시킨다.

$$\tau_{yx} = \lim_{\delta A_y \to 0} \frac{\delta F_x}{\delta A_y} = \frac{dF_x}{dA_y}$$

여기서 δA_y는 평판과 유체요소의 접촉 면적이고, δF_x는 평판에 의해 요소에 작용하는 힘이다. 그림 2.9a~c에 보인 유체요소의 스냅사진들은 가해진 전단응력으로 인해 유체요소가 시간 t일 때 위치 $MNOP$에서 시간 $t + \delta t$일 때 위치 $M'NOP'$로, 시간 $t + 2\delta t$일 때 위치 $M''NOP''$로 변형하는 것을 보여준다. 유체는 유체를 고체와 구별하게 하는 전단응력이 가해지면 그에 반응하여 연속적으로 변형하는 것이 사실이다.

시간간격을 δt로 할 때(그림 2.9b), 유체의 변형률(deformation rate)은 다음 식으로 주어진다.

$$\text{변형률} = \lim_{\delta t \to 0} \frac{\delta\alpha}{\delta t} = \frac{d\alpha}{dt}$$

우리는 $d\alpha/dt$를 쉽게 측정할 수 있는 양으로 표현하기를 원한다. 이것은 다음처럼 쉽게 처리할 수 있다. 점 M과 점 M' 사이의 거리 δl은

$$\delta l = \delta u\, \delta t$$

로 주어진다. 각도가 작을 때에는 다음과 같이 달리 표현할 수 있다.

$$\delta l = \delta y\, \delta\alpha$$

δl에 대한 두 식을 같게 놓으면 다음 식을 얻는다.

$$\frac{\delta\alpha}{\delta t} = \frac{\delta u}{\delta y}$$

등식의 양변에 극한을 취하면 다음 식을 얻는다.

$$\frac{d\alpha}{dt} = \frac{du}{dy}$$

따라서 그림 2.9의 유체요소는 전단응력 τ_{yx}를 받으면 du/dy로 주어지는 변형률(전단율)을 겪는다. 어떤 유체라도 전단응력을 받으면 유동한다는 사실은 잘 알고 있다. 전단응력과 전단율 사이에는 어떤 관계가 있을까? 전단응력이 변형률에 정비례하는 유체가 **뉴턴 유체**(*Newtonian fluid*)이다. **비뉴턴 유체**(*non-Newtonian fluid*)라는 용어는 전단응력이 전단율에 정비례하지 않는 모든 유체를 분류하기 위해 사용된다.

뉴턴 유체

물, 공기, 가솔린과 같이 (이 책에서 다루는) 대부분의 보통 유체는 정상적인 조건 아래에서 뉴턴 유체이다. 만일 그림 2.9의 유체가 뉴턴 유체라면 다음 식을 만족한다.

$$\tau_{yx} \propto \frac{du}{dy} \tag{2.14}$$

우리는 어떤 유체들이 다른 유체들보다 운동에 더 저항한다는 사실에 익숙하다. 예를 들면, SAE 30W 오일이 담긴 용기가 물이 담긴 용기보다 젓기가 훨씬 어렵다. 그러므로 SAE 30W 오일의 점성이 훨씬 크다. 즉, 높은 점도를 갖는다. 식 (2.14)의 비례상수가 **절대점성계수**(*absolute viscosity*) 또는 **역학적 점성계수**(*dynamic viscosity*) μ이다. 따라서 그림 2.9의 좌표로 나타내면 1차원 유동에 대한 뉴턴의 점성법칙(Newton's law of viscosity)은 다음과 같다.

$$\tau_{yx} = \mu\frac{du}{dy} \tag{2.15}$$

τ의 차원이 $[F/L^2]$이고 du/dy의 차원이 $[1/t]$이므로, μ의 차원이 $[Ft/L^2]$이 됨에 주목하라. 힘 F, 질량 M, 길이 L, 시간 t의 차원들이 뉴턴의 운동 제2법칙에 의해 연관되어 있으므로 μ의 차원은 또한 $[M/Lt]$로도 나타낼 수 있다. 영국중력단위계에서 점성계수의 단위는 $\text{lbf}\cdot\text{s/ft}^2$ 또는 $\text{slug/(ft}\cdot\text{s)}$이다. 절대미터단위계에서는 점성계수의 기본 단위가 poise이다[$1\text{ poise} \equiv 1\text{ g/(cm}\cdot\text{s)}$]. SI 단위계에서 점성계수의 단위는 $\text{kg/(m}\cdot\text{s)}$ 또는 $\text{Pa}\cdot\text{s}$ ($1\text{ Pa}\cdot\text{s} = 1\text{ N}\cdot\text{s/m}^2$)이다. 점성 전단응력의 계산은 예제 2.2에 예시되어 있다.

유체역학에서 절대점성계수 μ와 밀도 ρ의 비가 종종 나타난다. 이 비의 이름이 **동점성계수**(*kinematic viscosity*)이고 기호 ν로 나타낸다. 밀도의 차원이 $[M/L^3]$이므로 ν의 차원은 $[L^2/t]$이다. 절대미터단위계에서 ν의 단위는 stoke이다($1\text{ stoke} \equiv 1\text{ cm}^2/\text{s}$).

여러 종류의 뉴턴 유체에 대한 점성계수 데이터가 부록 A에 주어져 있다. 기체들은 점성계수가 온도에 따라 증가하는 반면에, 액체는 온도가 올라갈수록 점성계수가 감소한다.

예제 2.2 뉴턴 유체에서의 점성계수와 전단응력

그림과 같이 액체 층 위에 놓인 한 무한 평판이 제2평판 위에서 움직인다. 간격 d가 작을 때, 액체 내부에서 선형 속도분포를 이룬다고 가정한다. 액체는 점성계수가 0.65 centipoise이고, 비중이 0.88이다. 다음을 구하라.

(a) 액체의 절대점성계수를 $\text{N}\cdot\text{s/m}^2$ 단위로

(b) 액체의 동점성계수를 m^2/s 단위로

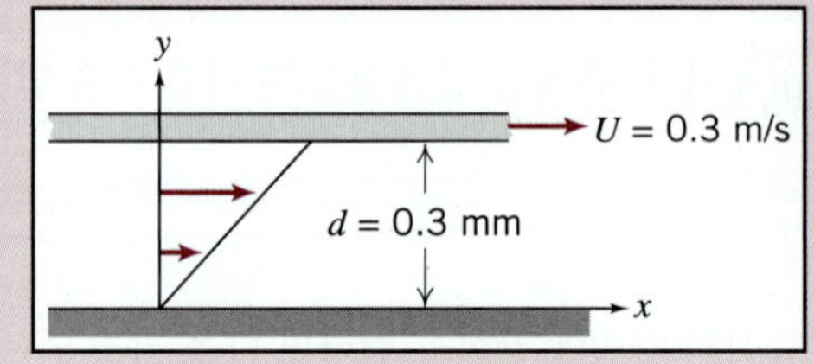

(c) 위쪽 평판에 작용하는 전단응력을 N/m^2 단위로
(d) 아래쪽 평판에 작용하는 전단응력을 Pa 단위로
(e) (c)와 (d)에서 계산한 각 전단응력의 방향

주어진 자료: 그림과 같이 무한 평행 평판들 사이의 액체 내부에서의 선형 속도분포

$\mu = 0.65$ cp
SG = 0.88

찾는 자료: (a) μ를 $N \cdot s/m^2$ 단위로
(b) ν를 m^2/s 단위로
(c) 위쪽 평판에서의 τ를 N/m^2 단위로
(d) 아래쪽 평판에서의 τ를 Pa 단위로
(e) (c), (d)에서의 응력의 방향

풀이:

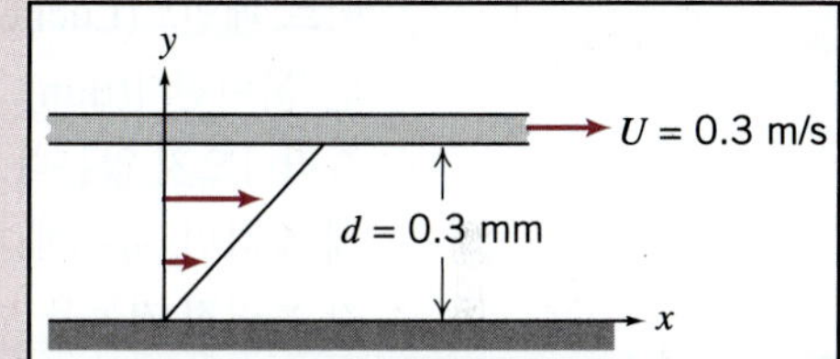

지배방정식: $\tau_{yx} = \mu \dfrac{du}{dy}$ 정의: $\nu = \dfrac{\mu}{\rho}$

가정: 1 선형 속도분포(주어짐)
2 정상유동
3 μ = 일정

(a) $\mu = 0.0065 \dfrac{g}{cm \cdot s} \times \dfrac{kg}{1000\ g} \times \dfrac{100\ cm}{m}$

$\mu = 6.5 \times 10^{-4}\ N \cdot s/m^2 \longleftarrow \mu$

(b) $\nu = \dfrac{\mu}{\rho} = \dfrac{\mu}{SG\, \rho_{H_2O}}$

$= 6.5 \times 10^{-4} \dfrac{N \cdot s}{m^2} \times \dfrac{m^3}{(0.88)\, 1000\, kg} = 6.5 \times 10^{-4} \dfrac{kg \cdot m}{s^2} \times \dfrac{s}{m^2} \times \dfrac{m^3}{(0.88)\, 1000\, kg}$

$\nu = 7.39 \times 10^{-7} m^2/s \longleftarrow \nu$

(c) $\tau_{upper} = \tau_{yx,\, upper} = \mu \left.\dfrac{du}{dy}\right)_{y=d}$

u가 y에 대해 선형적으로 변하므로

$$\frac{du}{dy} = \frac{\Delta u}{\Delta y} = \frac{U-0}{d-0} = \frac{U}{d}$$

$$= 0.3 \frac{m}{s} \times \frac{1}{0.3\ mm} \times 1000 \frac{mm}{m} = 1000\ s^{-1}$$

$$\tau_{upper} = \mu \frac{U}{d} = 6.5 \times 10^{-4} \frac{N \cdot s}{m^2} \times \frac{1000}{s} = 0.65\, N/m^2 \longleftarrow \tau_{upper}$$

(d) $\tau_{lower} = \mu \dfrac{U}{d} = 0.65\, N/m^2 \times \dfrac{Pa \cdot m^2}{N}$

$= 0.65\ Pa \longleftarrow \tau_{lower}$

(e) 위쪽과 아래쪽 평판에서 전단응력의 방향:

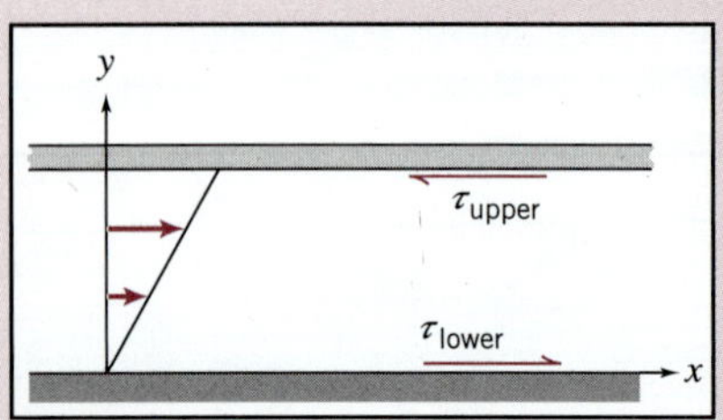

{위쪽 평판은 음의 면 y이므로, 양의 τ_{yx}가 음의 x방향으로 작용한다.}

{아래쪽 평판은 양의 면 y이므로, 양의 τ_{yx}가 양의 x방향으로 작용한다.}

(e)

전단응력은 (c)에 의해서 다음 성질을 갖는다:

- 속도분포가 선형일 때 간극에서 전단응력은 일정하다.
- (뉴턴 유체의 선형성 때문에) 전단응력은 위쪽 평판의 속도에 정비례한다.
- 전단응력은 평판들 사이의 간격에 반비례한다.

이런 문제에서 전단응력에 평판의 면적을 곱하면 운동을 유지하는 데 필요한 힘이 계산됨에 주목하라.

비뉴턴 유체

전단응력이 변형률에 정비례하지 않는 유체가 비뉴턴 유체이다. 이 교재에서 이러한 유체에 대해 많이 다루지 않지만, 흔히 볼 수 있는 많은 유체가 비뉴턴 유체의 거동을 보인다. 두 가지 친숙한 예가 치약과 루사이트 페인트(Lucite paint)이다. 후자는 통 속에 있을 때는 매우 '진하지만(thick)' 칠하면서 전단력을 받으면 '묽어진다(thin).' 치약은 짜서 튜브에서 나오면 '유체'로 거동한다. 그러나 뚜껑을 열어도 치약이 저절로 흘러나오지 않는다. 어떤 값 이하에서는 치약이 고체로 거동하는 문턱 또는 항복 응력이 존재한다. 엄격하게 말하면, 유체에 대한 우리의 정의는 항복응력이 0인 물질에 대해서만 유효하다. 비뉴턴 유체는 보통 시간 독립적 거동을 보이는 것과 시간 종속적 거동을 보이는 것으로 분류한다. 시간 독립적 거동을 보이는 예들이 그림 2.10의 유변학 선도에 보인다.

시간 독립적 유체들에 대하여 관측된 τ_{yx}와 du/dy 사이의 관계들을 모델링하는 많은 경험식이 제안되었다[3, 4]. 이 식들은 많은 공학적 문제에서 멱법칙 모델(power law model)로 적절하게 표현되는데, 1차원 유동에 대해서는 다음과 같이 된다.

$$\tau_{yx} = k\left(\frac{du}{dy}\right)^n \tag{2.16}$$

여기서 지수 n은 유동거동 지수, 상수 k는 일관성 지수라고 한다. 이 식은 $n = 1$이고 $k = \mu$일 때 뉴턴의 점성법칙이 된다.

τ_{yx}가 du/dy와 같은 부호를 갖도록 보장하기 위하여 식 (2.16)을 다음 형태로 다시 써보자.

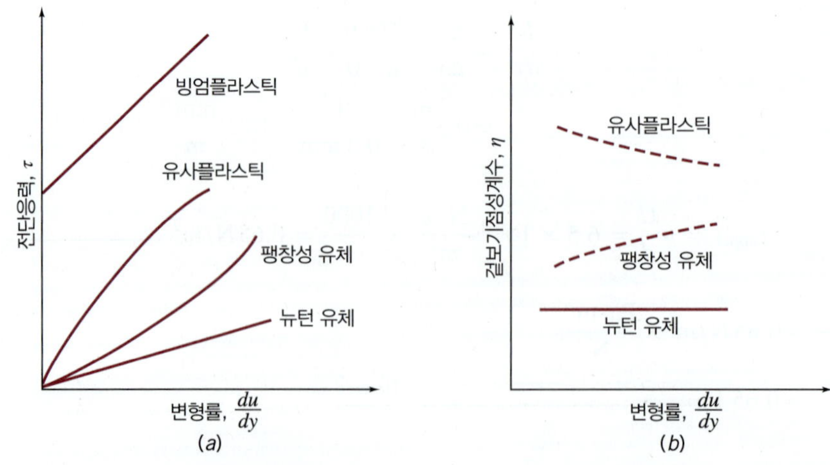

그림 2.10 여러 가지 비뉴턴 유체의 1차원 유동에 대하여 변형률의 함수로 나타낸 (a) 전단응력 τ, (b) 겉보기점성계수 η.

$$\tau_{yx} = k\left|\frac{du}{dy}\right|^{n-1}\frac{du}{dy} = \eta\frac{du}{dy} \tag{2.17}$$

여기서 $\eta = k|du/dy|^{n-1}$을 **겉보기점성계수**(*apparent viscosity*)라고 부른다. 식 (2.17)의 아이디어는 뉴턴의 점성계수 μ를 사용한 식 (2.15)와 같은 형태를 갖도록 공식에서 점성계수 η로 마무리한 것이다. 큰 차이는 μ가 (온도의 영향을 제외하면) 일정한 반면, η는 전단율에 의존한다는 것이다. 대부분의 비뉴턴 유체는 물의 점성계수보다 상대적으로 높은 겉보기점성계수를 갖는다.

변형률이 증가함에 따라 겉보기점성계수가 감소하는 유체($n < 1$)를 **유사플라스틱**(*pseudoplastic*) 또는 전단박화(shear thining) 유체라 한다. 대부분의 비뉴턴 유체는 이 범주에 속한다. 예로서 폴리머 용액, 콜로이드 현탁액, 물속의 종이 펄프 등이 있다. 만약 변형률이 증가함에 따라 겉보기점성계수가 증가한다면($n > 1$) **팽창성**(*dilatant*) 또는 전단농화(shear thickening) 유체라 한다. 전분 또는 모래의 현탁액이 팽창성 유체의 예이다.

최소항복응력 τ_y 이하에서는 고체처럼 거동하지만 초과한 이후에는 응력과 변형률 사이에 선형적인 관계를 나타내는 '유체'를 이상소성(ideal plastic) 또는 **빙엄플라스틱**(*Bingham plastic*) 유체라 한다. 여기에 해당하는 전단응력 모델은 다음과 같다.

$$\tau_{yx} = \tau_y + \mu_p\frac{du}{dy} \tag{2.18}$$

점토 현탁액, 진흙 반죽, 치약이 이러한 거동을 나타내는 물질의 예이다.

비뉴턴 유체에 대한 연구는 겉보기점성계수가 시간 종속적일 수 있다는 사실 때문에 더욱 복잡하다. **틱소트로픽**(*thixotropic*) 유체는 일정한 전단응력하에서 η가 시간에 따라 감소한다. 많은 페인트가 여기에 속한다. **리오펙틱**(*rheopectic*) 유체는 시간에 따라 η가 증가한다. 어떤 유체들은 변형된 후 가해진 응력을 제거할 때 부분적으로 원래 형태로 돌아간다. 이러한 유체를 **점탄성**(*viscoelastic*) 유체라 한다. 생체유체 상당수가 이러한 거동을 보인다.

2.5 표면장력

아마도 우비 위에 떨어진 빗방울은 대개 작은 물방울만 남지만 다른 표면에서는 평평하게 펴짐을 관찰한 적이 있을 것이다. 이 두 경우가 그림 2.11에 보인다. **접촉각** $\theta < 90°$일 때 액체가 표면을 '적신다(wetting)'고 정의한다. 이것은 **표면장력**으로 인해 발생한다. 어떤 액체가 다른 액체나 기체 또는 이 경우처럼 기체/고체 표면과 접촉할 때는 언제나 팽팽하게 당겨진 탄성막과 같은 작용을 하는 경계면이 형성되고 표면장력을 생성한다. 이 막의 두 가지 특성은 접촉각 θ와 표면장력(또는 표면장력계수)의 크기 σ (N/m 또는 lbf/ft)이다. 이들 둘 다 액체의 유형과 그 액체와 경계를 공유하는 고체면의 유형에 의존한다. 접촉각에 영향을 주는 인자들 중에는 표면의 청결도와 액체의 순도가 포함된다.

부록 A에 공기나 물과 접촉하는 흔한 액체들에 대하여 표면장력과 접촉각 자료가 수록되어 있다.

경계면 일부에서 힘의 평형을 살펴보면, 경계면이 곡면일 때는 언제나 가상적인 탄성막을 가로지르는 압력도약이 있음을 보여준다. 공기 중에 있는 물방울의 경우, 물의 내부 압력이 주위 압력보다 높다. 액체

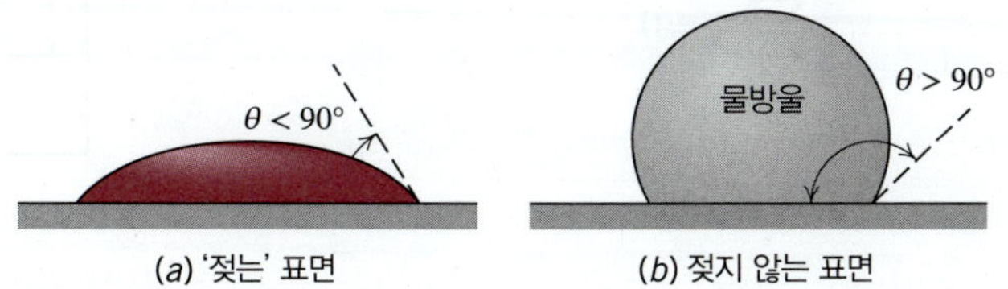

그림 2.11 물방울에서의 표면장력 효과.

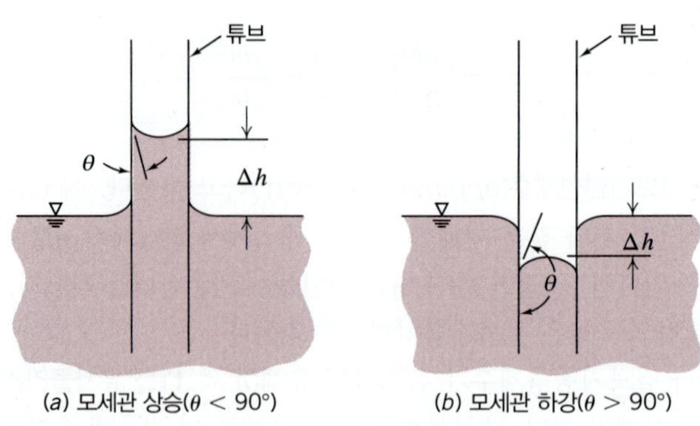

그림 2.12 원형튜브의 내부와 외부에서 모세관 상승과 하강.

속에 있는 기포도 마찬가지다. 공기 중에 있는 비눗방울의 경우, 비눗방울의 곡면을 따라 비누막과 공기 사이의 내부와 외부 경계면 둘 다에 표면장력이 작용한다. 또한 표면장력은 액체 표면에서 모세관 파동[5]과 예제 2.3에서 설명한 모세관 상승 또는 하강 현상을 일으킨다.

공학에서 표면장력의 가장 중요한 효과는 아마도 그림 2.12에 보인 것과 같은 액주계나 기압계에서 나타나는 곡면 **메니스커스**의 생성일 것이고, 이로 인해 **모세관 상승** 또는 하강이 일어난다. 예제 2.3에 보인 것처럼 모세관 상승은 액체가 직경이 작은 튜브나 좁은 간극 속에 있으면 확연해진다. 예제 2.3의 간단한 해석은 튜브 직경이 2.54 mm 미만일 때만 적절한 결과를 예측한다[6]. 2.54 mm $< D <$ 27.94 mm의 직경 범위에서는 물-공기 계면의 모세관 상승을 실험 데이터로 $\Delta h = 0.400/e^{4.37D}$의 실험적 상관식으로 나타낼 수 있다. 액주계와 기압계의 눈금은 표면장력의 영향을 최소화하기 위해 메니스커스의 중간 높이에서 읽어야 한다.

액체의 불순도, 고체 표면의 불결도, 표면의 경사도 등은 불분명한 메니스커스의 원인이 된다. 계면활성제(surfactant) 화합물을 물에 첨가하면 표면장력이 현저하게 감소하며[7], 이들은 상업적으로 널리 응용된다. 대부분의 합성세제는 계면활성제를 포함하고 있어서 물이 쉽게 침투하여 표면으로부터 때를 빼도록 한다. 자동차 유리에 계면활성제를 적용하면 와이퍼를 사용하지 않아도 빗방울이 잘 흘러내린다.

예제 2.3 튜브 내 모세관 현상의 해석

물과 수은 액주 각각의 모세관 상승 또는 하강을 튜브 직경 D의 함수로 보이는 그래프를 그리라. 높이의 크기가 1 mm 미만이 되게 하는 데 필요한 각 액주의 최소직경을 구하라.

주어진 자료: 그림 2.12와 같이 액체 속에 담긴 튜브

찾는 자료: D의 함수로 Δh를 나타내는 일반식

풀이: 자유물체도 해석을 적용하여 수직 방향 힘들을 합친다.

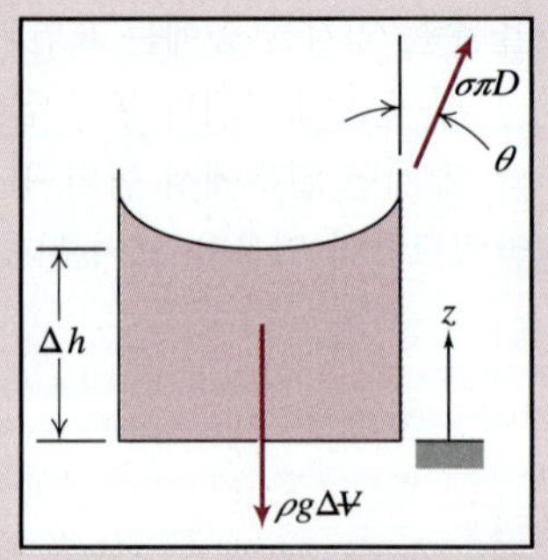

지배방정식:

$$\sum F_z = 0$$

가정: 1 메니스커스의 중앙에서 측정한다.

2 메니스커스 영역의 체적은 무시한다.

z방향 힘들을 모두 합하면 다음과 같다.

$$\sum F_z = \sigma\pi D\cos\theta - \rho g\Delta\forall = 0 \tag{1}$$

메니스커스의 체적을 무시하면 다음과 같다.

$$\Delta\forall \approx \frac{\pi D^2}{4}\Delta h$$

식 (1)에 대입하고 Δh에 대하여 풀면 다음과 같다.

$$\Delta h = \frac{4\sigma\cos\theta}{\rho g D} \longleftarrow \Delta h$$

물은 $\sigma = 72.8$ mN/m, $\theta \approx 0°$이고, 수은은 $\sigma = 484$ mN/m, $\theta = 140°$(표 A.4)이다. 그래프는 다음 그림과 같다.

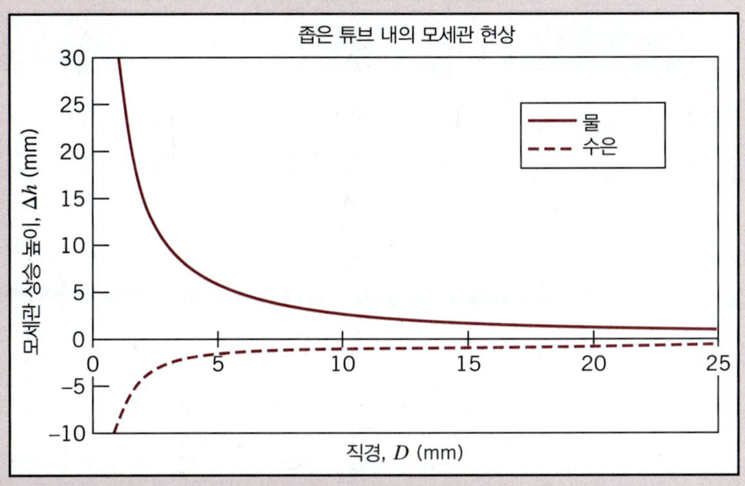

위 식을 사용하여 $\Delta h = 1$ mm에 대하여 D_{min}을 계산하면, 수은과 물에 대하여 다음과 같다.

$$D_{M\min} = 11.2 \text{ mm 그리고 } D_{W\min} = 30 \text{ mm}$$

주의:

- 이 문제는 자유물체도 방법을 사용하는 것에 대한 복습이다.
- 메니스커스 영역의 체적을 무시하는 것은 Δh가 D에 비하여 클 때에만 무시할 수 있는 것으로 판명되었다. 그러나 이 문제에서 D가 11.2 mm(또는 30 mm)일 때 Δh가 약 1 mm라는 결과를 얻었으므로, 결과들이 매우 근사적일 수밖에 없다.

2.6 유체운동의 기술과 분류

유체역학은 초음속 항공기의 공기역학에서부터 관절활액에 의한 인체 관절의 윤활에 이르기까지 모든 것을 망라한다. 유체역학을 관리 가능한 부분들로 나누는 것이 필요하다. 유체역학 해석의 가장 어려운 두 가지 측면은 (1) 유체의 점성 성질과 (2) 유체의 압축성을 다루는 것임을 알게 되었다. 약 250년 전 처음으로 크게 발전하게 된 유체역학 이론분야는 마찰이 없는 비압축성 유체를 다루는 것이었다. 이 이론은 한편으로 극도로 정교하지만, d'Alembert의 역설이라고 부르는 유명한 결과로 이어졌다. 이것은 모든 물체가 그런 유체 속에서 움직일 때 항력을 받지 않는다는 것으로 어떤 실제 거동과도 정확히 들어맞지는 않는 결과이다! 유체의 점성을 본격적으로 연구한 최초의 시도는 1900년대 초반에 시작되어 이를 계기로 점성 효과와 압축성 효과의 유무에 기초하여 유체유동을 분류하고 있다(그림 2.13). 또한 유동이 층류인가 난류인가, 그리고 내부유동인가 외부유동인가에 따른 분류도 있다. 이제 이들 각각에 대해 논의해 보자.

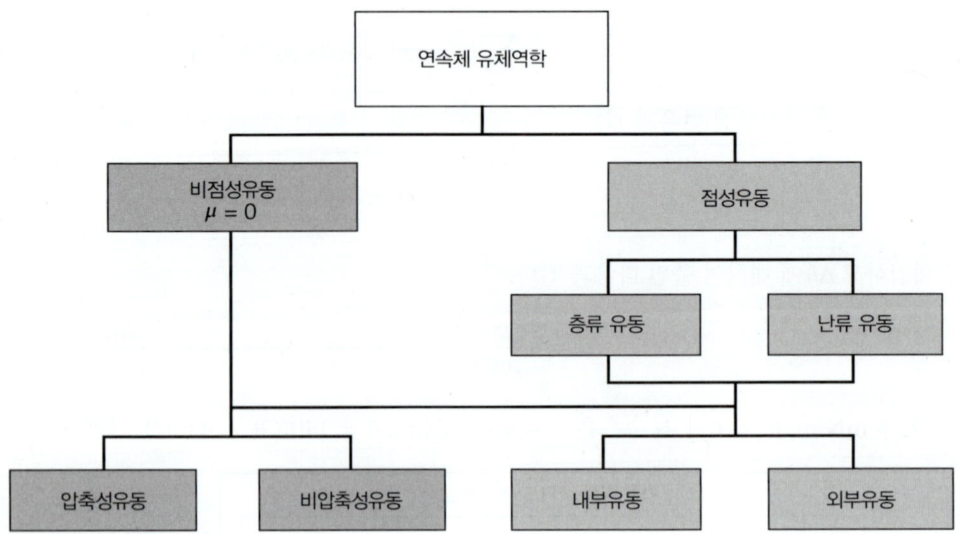

그림 2.13 연속체 유체역학의 분류 예.

점성유동과 비점성유동

어떤 물체가 유체 속에서 움직이며 중력과 더불어 공기역학적 항력을 경험한다. 이 힘은 일부는 점성 마찰로 인한 것이며, 일부는 물체 진행으로 밀려나는 유체로 발생하는 압력차에 의한 것이다. 압력 힘과는 달리, 점성력을 무시할 수 있는지 여부는 간단히 Reynolds 수

$$Re = \rho\frac{VL}{\mu}$$

을 계산함으로써 예측할 수 있음이 밝혀졌다. 여기서 ρ와 μ는 각각 유체의 밀도와 점성계수이며, V와 L은 각각 유동의 대표적인 또는 '특성적인' 속도와 크기 스케일이다. 만약 Reynolds 수가 '크면', 적어도 대부분의 유동에서는 점성효과를 무시할 수 있다. 만약 Reynolds 수가 작으면 점성효과가 지배적이다. 마지막으로, 만약 Reynolds 수가 크지도 작지도 않다면 두 경우 모두 중요하다.

이 강력한 아이디어를 설명하기 위하여 두 가지 간단한 예를 고려해 보자. 첫째로 축구공(직경 = 22.2 cm)을 차서 공이 97 km/hr로 움직인다고 하자. 이 경우에 대한 Reynolds 수는 약 400,000이다. 아무리 생각해 보아도 큰 값이다. 그러므로 축구공에 작용하는 항력은 거의 전적으로 그 앞쪽에서의 압력상승 때문이다. 둘째 예로 중력 아래에서 1 cm/s의 종속도로 떨어지는 먼지입자를 고려하자. 이 경우 $Re \approx 0.7$이며, 꽤 작은 값이다. 따라서 항력은 대부분 공기의 마찰 때문이다. 물론, 이 예들 둘 다에서 항력을 **구하기**를 바란다면 상당히 더 많은 해석을 해야 할 것이다.

이 예들은 중요한 점을 예시한다. 그것은 유동에서 마찰이 지배적인가 (또는 아닌가) 하는 것은 유체의 점도만이 아니라, 전체 유동 시스템을 기반으로 고려해야 한다는 것이다. 이 예들에서 공기유동은 축구공에 대해서 낮은 마찰이었지만 먼지입자에 대해서는 높은 마찰이었다.

잠깐 동안 **비점성유동**(*inviscid flow*)이라 부르는, 마찰 없는 유동의 이상적 개념으로 돌아가 보자. 이것은 그림 2.13의 왼쪽에 보인 부류이다. 이 부류는 대부분의 공기역학을 아우르는 것인데, 그중에서도 예를 들면 왜 아음속과 초음속 비행기의 형상이 다른가, 날개는 어떻게 양력을 발생하는가와 같은 것들을 설명한다. 만일 이 이론을 공기 중을 날아가는 공에 적용한다면, 그림 2.14a에 보인 것과 같은 유선들을 예측한다.

유선들은 앞뒤로 대칭이다. 임의의 두 유선 사이의 질량유량이 일정하기 때문에 유선이 벌어지는 곳에서 속도가 감소해야 하며 그 역도 성립한다. 따라서 점 A와 C 근처의 속도가 상대적으로 느리고, 점 B에서는 빠를 것이다. 사실은 점 A와 C에서 공기가 정지하게 된다. 이 점들은 **정체점**(*stagnation point*)이라고

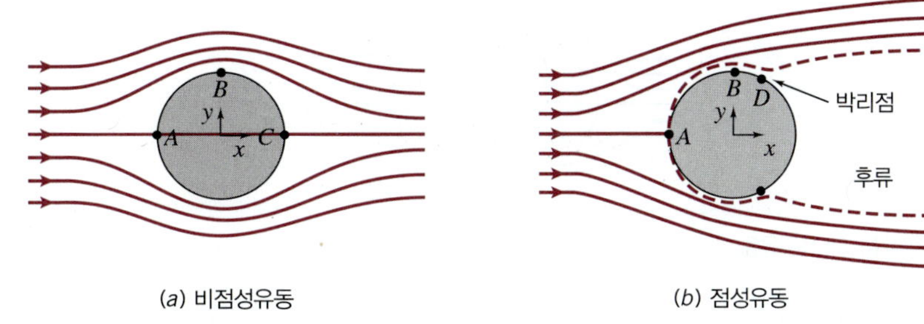

그림 2.14 구를 지나는 비압축성유동에 대한 정성적 그림.

한다. 이 유동에서 압력은 속도가 느린 곳에서 높고, 그 역도 성립한다는 것이 밝혀졌다. 따라서 점 A와 C는 상대적으로 높은 압력을 가지며, 점 B는 압력이 낮은 점이다. 사실은 구 표면의 압력분포가 앞뒤로 대칭이고, 압력으로 인한 순 항력이 없다. 비점성유동을 가정했기 때문에 마찰로 인한 순 항력도 없다. 따라서 '공이 항력을 받지 않는다!'고 하는 1752년의 d'Alembert 역설에 이르게 된다!

이것은 분명히 비현실적이다. 역설이 처음 나온 후, 1904년에 Prandtl에 의해 답이 얻어지기까지 약 150년이 걸렸다. 점착조건 때문에 구 표면의 모든 점에서 속도가 0이어야 하지만, 비점성 이론에 의하면 점 B에서 속도가 빠르다. Prandtl은, 비록 Reynolds 수가 높은 유동에서 일반적으로 마찰을 무시할 수 있음에도 불구하고, 항상 얇은 **경계층**(*boundary layer*)이 존재하여 그 내부에서는 마찰이 중요하고, 경계층 두께를 가로질러서 속도가 (표면에서의) 영으로부터 비점성 이론이 예측하는 경계층의 바깥 가장자리에서의 속도까지 급격히 증가한다고 주장하였다. 이것을 그림 2.14b의 점 A에서 점 B까지, 그리고 그림 2.15에서 더 상세하게 보였다.

경계층은 즉시 이론과 실험이 조화되도록 해 준다. 경계층 내에 마찰이 있으면 항력이 있을 것이다. 그러나 경계층에는 또 따른 중요한 결과가 있다. 경계층은 그림 2.14b의 점 D의 후방에서 볼 수 있는 것처럼 물체에 **후류**(*wake*)를 발생시킨다. 점 D가 **박리점**(*separation point*)인데, 여기서 유체입자들이 물체로부터 떨어져 나와 후류가 발달하도록 한다. 한 번 더 원래의 비점성유동을 고려해 보자(그림 2.14a). 한 입자가 점 B에서 점 C로 표면을 따라 움직일 때, 유체는 압력이 낮은 곳에서 높은 곳으로 이동한다. 이 **역압력구배**(*adverse pressure gradient*; 유체운동에 반대 방향의 압력 변화)는 유체입자들이 구의 후방을 따라 움직일 때 속도가 느려지게 한다. 만일 이러한 현상에 역시 유체를 느려지게 하는 마찰이 있는 경계층 내에서 유체들이 움직인다는 사실이 더해진다면, 입자들은 마침내 정지하게 되고 뒤따르는 입자들에 의해 구에서 떨어져 나가 후류를 형성하게 된다. 후류에서는 항상 압력이 상대적으로 낮지만, 구의 앞쪽은 여전히 압력이 상대적으로 높다. 따라서 구는 꽤 큰 **압력항력**(*pressure drag*) 또는 **형상항력**(*form drag*)을 가지게 된다.

이제 물체의 **유선형화**(*streamlining*)가 어떻게 작용하는지 또한 알아보기로 하자. 대부분의 공기역학적 항력은 압력이 낮은 후류에 기인한다. 만일 후류를 감소시키거나 제거할 수 있다면 항력이 크게 감소할 것이다. 왜 박리가 생겼는지를 한 번 더 생각해 보면, 두 가지 특징이 생각날 것이다. 경계층 마찰이 입자들을 느려지게 하지만, 역압력기울기 역시 그렇게 한다. 유선 간격이 아주 급격히 넓어지기 때문에, 그림 2.14a의 구의 후반부를 지나면서 압력이 매우 급격히 증가한다. 만일 구를 그림 2.16에 있는 것처럼 눈물

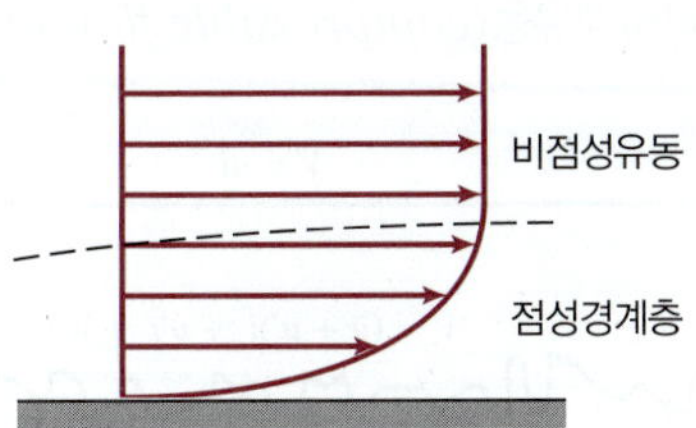

그림 2.15 경계층의 개략도.

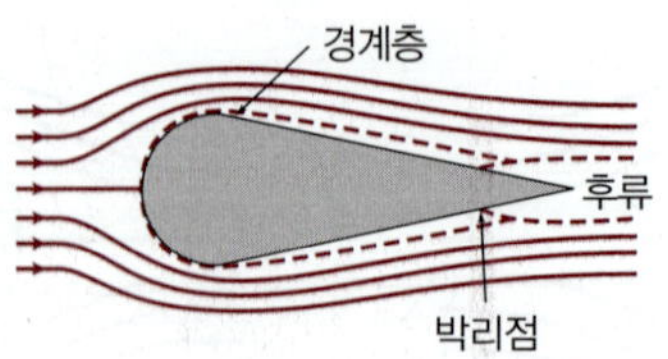

그림 2.16 유선형 물체를 지나는 유동.

방울 모양으로 만든다면 유선 간격이 점진적으로 넓어지고, 그에 따라 압력이 느리게 증가하여 보는 바와 같이 유체입자들이 물체의 거의 끝에 도달할 때까지 물체로부터 떨어져 나가지 않을 정도가 될 것이다. 후류는 훨씬 작아지고 훨씬 작은 압력항력을 일으킨다. 이 유선형화의 유일한 부정적 측면은 마찰이 발생하는 총 표면적이 넓어져서 마찰로 인한 항력 역시 약간 증가한다는 것이다. 이 설명은 비점성유동($\mu = 0$)과 점성을 무시할 수 있지만 0은 아닌 유동($\mu \to 0$) 사이의 매우 현저한 차이점을 예시한다.

층류 유동과 난류 유동

만일 수도꼭지를 아주 낮은 유량으로 튼다면, 물이 거의 유리처럼 보이도록 아주 매끄럽게 흘러나올 것이다. 만일 유량을 증가시키면 물은 무질서하게 뒤섞이면서 쏟아져 나올 것이다. 이 현상들은 점성유동이 어떻게 각각 층류 또는 난류로 될 수 있는지 보여주는 예들이다. **층류 유동**(*laminar* flow)은 유체입자들이 매끈한 층상 또는 판상으로 이동하는 유동이다. **난류 유동**(*turbulent* flow)은 유체입자들이 이동하면서 무작위한 3차원 속도변동으로 인하여 급격히 섞이는 유동이다. 이들 각각에 대한 유적선들의 전형적인 예들을 그림 2.17에 나타냈는데, 이를 1차원 유동으로 보여준다. 대부분의 유체역학 문제들, 예컨대 파이프 내 물의 유동에서 난류는 더 많은 유동저항을 일으키기 때문에 원하지 않지만 피할 수 없는 흔한 현상이다. 다른 문제들, 예컨대 혈관을 통한 혈액의 유동에서는 난류가 바람직한데, 그 이유는 무질서한 혼합이 모든 혈액세포들과 혈관 벽의 접촉을 통하여 산소와 다른 영양분들을 교환시키기 때문이다.

층류 유동의 속도는 간단히 u로 표현되지만, 난류 유동의 속도는 평균속도 $\bar{u}$에 무작위로 변동하는 세 성분 u', v', w'을 더해야 한다. 비록 관심 있는 많은 난류 유동들이 평균적으로는 정상유동이지만, 무작위적인 고주파 속도 변동의 존재는 난류 유동의 해석을 극도로 어렵게 만든다. 1차원 층류 유동에서는 전단응력과 속도기울기의 관계가 다음과 같이 간단한 식으로 주어진다.

$$\tau_{yx} = \mu \frac{du}{dy} \tag{2.15}$$

평균 속도장이 1차원인 난류 유동에서는 그런 간단한 관계가 성립하지 않는다. 무작위의 3차원 속도변동들(u', v', w')은 평균유동의 유선을 횡단하고 운동량을 수송하여 유효전단응력을 증가시킨다. 결론적으로 난류 유동에서는 응력장과 평균 속도장 사이에 성립하는 일반 관계식이 없다. 따라서 난류 유동에서는 반경험적 이론과 실험데이터에 심하게 의존해야 한다.

압축성유동과 비압축성유동

밀도의 변화를 무시할 수 있는 유동을 **비압축성유동**(*incompressible flow*)이라 하고, 유동 내에서 밀도 변화를 무시할 수 없을 때 그 유동을 **압축성유동**(*compressible flow*)이라 부른다. 가장 흔한 압축성유동의

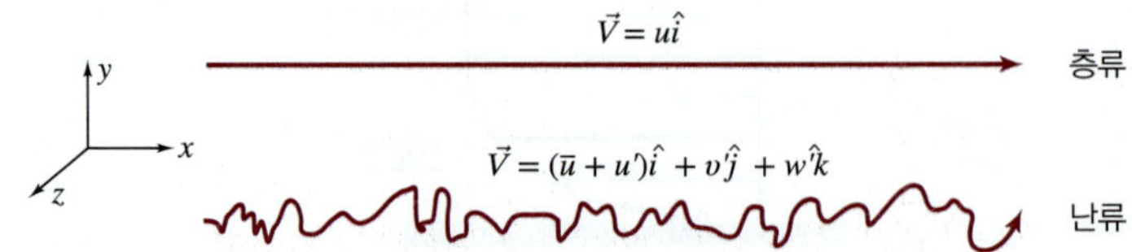

그림 2.17 1차원 층류 유동과 난류 유동의 입자 유적선.

예는 기체의 유동에 관한 것인 반면에, 액체의 유동은 흔히 비압축성유동으로 다룬다.

많은 액체에서 밀도는 온도에 약하게 의존한다. 보통의 압력에서는 액체를 비압축성으로 고려할 수 있다. 그러나 높은 압력에서는 액체의 압축성 효과가 중요해질 수 있다. 액체에서 압력 변화와 밀도 변화는 **체적압축성계수**(*bulk compressibility modulus*) 또는 체적탄성계수(bulk modulus of elasticity)

$$E_v \equiv \frac{dp}{(d\rho/\rho)} \tag{2.19}$$

에 의해 연관된다. 만일 체적탄성계수가 온도와 무관하다면, 밀도는 압력만의 함수이다. 이러한 유체를 **바로트로픽**(*barotropic*) 유체라 한다. 몇 가지 흔한 유체에 대한 체적탄성계수 자료가 부록 A에 수록되어 있다.

수격작용과 공동현상은 액체유동에서 압축성 효과가 중요한 예들이다. **수격작용**(*water hammer*)은, 예를 들어 밸브를 급격하게 닫을 때와 같이, 갇혀 있는 액체 속에서 음향파가 전파되고 반사되는 것으로 인해 생긴다. 그 결과 생기는 소음은 파이프를 '망치질하는 것'과 비슷한데, 이러한 이유로 이 용어가 생겨났다.

공동현상(*cavitation*)은 국소 압력(예를 들면, 보트의 프로펠러 날개 끝에서)이 낮아지기 때문에 액체유동 속에서 증기포켓들이 형성될 때 생긴다. 액체 내 용해되지 않은 기체나 공기의 매우 작은 포켓이 서로 달라붙어 생긴 기포입자들의 수와 분포에 따라 공동현상이 시작되는 국소 압력은 액체의 증기압과 같거나 더 낮을 수 있다. 이 입자들은 기화를 일으키는 핵비등 위치들로 작용한다.

액체의 **증기압**(*vapor pressure*)은 주어진 온도에서 포화액체와 접촉하고 있는 증기의 분압이다. 액체의 압력이 증기압 아래로 내려갈 때, 액체는 갑자기 상변화를 일으키고 증기가 '발생'한다. 액체유동 속의 증기포켓들은 유동장의 기하학적 구조를 현저하게 바꿀 수 있다. 표면에 인접해 있을 때, 증기기포들의 성장과 붕괴는 표면 재료를 침식함으로써 심각한 손상을 일으킬 수 있다. 매우 순수한 액체는 액체 상태가 '붕괴'되어 기화가 일어날 때까지 큰 부압, 예컨대 증류수의 경우 −60 기압까지 견딜 수 있다. 용해되지 않은 공기는 항상 물이나 해수의 자유표면 근처에 존재하므로, 국소 전압력이 증기압에 상당히 근접한 곳에서 공동현상이 발생한다.

열전달을 무시할 수 있는 기체유동도 유동속도가 음속에 비하여 작다면 비압축성으로 볼 수 있다. 유동속도 V와 기체 내 국소 음속 c의 비를 Mach 수

$$M \equiv \frac{V}{c}$$

로 정의한다. $M < 0.3$인 경우 최대 밀도 변화는 5% 미만이다. 따라서 $M < 0.3$인 기체유동은 비압축성으로 다룰 수 있다. 표준조건(STP)의 공기 중에서 $M = 0.3$은 약 100 m/s의 속력에 해당한다. 다소 직관과 다를 수 있겠지만, 예컨대 자동차를 100 km/hr로 운전할 때 자동차 주위를 흐르는 공기의 밀도 변화는 무시할 수 있다. 12장에서 알아보겠지만, 이상기체 내의 음속은 $c = \sqrt{kRT}$로 주어진다. 여기서 k는 비열비, R은 기체상수, T는 절대온도이다.

압축성유동은 공학 응용분야에서 자주 나타난다. 흔한 예를 들면, 공장의 공구와 치과용 드릴을 가동하는 데 쓰이는 압축공기 시스템, 파이프라인을 통한 고압가스의 전송, 공기압 또는 유압을 이용하는 제어계측 시스템 등이 있다. 압축성 효과는 현대의 고속항공기와 미사일, 발전소, 송풍기, 압축기 등을 설계할 때 매우 중요하다.

내부유동과 외부유동

고체 표면들로 완전히 둘러싸인 유동을 **내부유동**(*internal flow*) 또는 **덕트유동**(*duct flow*)이라 한다. 무한 유체 속에 잠긴 물체 주위의 유동을 **외부유동**(*external flow*)이라 한다. 내부유동과 외부유동은 둘 다 층류유동이나 난류 유동, 압축성유동이나 비압축성유동이 될 수 있다.

파이프 내를 흐르는 물은 내부유동의 한 예이다. 파이프 유동에 대한 Reynolds 수는 $Re = \rho \bar{V} D/\mu$로 정

의하는데, 여기서 $\overline{V}$는 평균유속이고 D는 파이프 직경이다. 이 Reynolds 수로 파이프 유동이 층류인지 난류인지 알 수 있다. 파이프 유동은 일반적으로 $Re \leq 2300$에서 층류가 되고, 더 큰 값에서는 난류가 된다. 직경이 일정한 파이프 내의 유동은 전체적으로 층류가 되든지 아니면 전체적으로 난류가 된다. 내부유동에 대해서는 8장에서 상세히 알아볼 것이다.

구(그림 2.14b)와 유선형 물체(그림 2.16)를 지나는 유동을 설명할 때 이미 외부유동의 몇 가지 예를 보았다. 이 유동도 층류나 난류가 될 수 있다. 경계층 유동 역시 층류 또는 난류가 될 수 있다. 9장에서 외부유동을 다룰 때 평판에 대하여 전체 Reynolds 수인 $Re_L = \rho U_\infty L/\mu$로 점성력의 상대적 중요성을 가늠할 수 있음을 학습할 것이다. $Re_x = \rho U_\infty x/\mu \leq 5 \times 10^5$이면 경계층이 층류이며 더 큰 값에서는 난류가 됨도 학습할 예정이다. 경계층은 층류로 시작하며, 평판의 길이가 충분하다면 경계층이 난류로 천이된다.

지금쯤이면 Reynolds 수를 계산하는 것이 흔히 내부유동과 외부유동 둘 다에 매우 중요한 정보를 준다는 것이 분명해졌을 것이다. 이것과 다른 중요한 **무차원수**에 대해서는 7장에서 설명할 것이다.

유체기계를 통과하는 내부유동은 10장에서 다룬다. 각운동량 원리를 적용하여 유체기계에 대한 기본식들을 유도한다. 유체 흐름에 에너지를 가하는 펌프, 팬, 송풍기, 압축기, 프로펠러와 더불어 에너지를 뽑아내는 터빈과 풍차를 고려한다. 그 장에는 유체 시스템의 운용에 대한 상세한 설명도 마련되어 있다.

대기에 노출된 자유표면이 있는 액체의 내부유동을 **개수로 유동**(*open-channel* flow)이라 한다. 개수로 유동의 흔한 예로 강, 관개수로, 송수로에서의 유동을 들 수 있다. 개수로 유동은 11장에서 다룰 것이다.

내부유동과 외부유동 둘 다 압축성유동 또는 비압축성유동이 될 수 있다. 압축성유동은 아음속과 초음속 영역으로 나눌 수 있다. 12장에서 압축성유동을 공부할 것인데, 그중에서도 **초음속유동**(*supersonic flow*; $M > 1$)이 **아음속유동**(*subsonic flow*; $M < 1$)과 매우 다르게 거동하는 것을 알게 될 것이다. 그 예로 초음속유동을 위한 노즐은 아음속유동의 경우와 형상이 다르다. 노즐을 통과하는 공기유동에 유량의 최댓값이 존재함도 학습할 것이다. 초음속유동에는 유동장에 상당한 영향을 주는 충격파도 발생할 수 있다.

2.7 요약과 유용한 식

이 장에서는 앞으로 유체역학을 공부하면서 유용하게 사용할 몇 가지 기본개념을 검토하였다. 포함된 내용은 다음과 같다.

- ✓ 유동을 기술하는 방법(시간선, 유적선, 유선, 유맥선)
- ✓ 힘(표면력과 체적력)과 응력(전단응력, 수직응력)
- ✓ 유체의 종류(뉴턴 유체, 비뉴턴 유체: 팽창성 유체, 유사플라스틱 유체, 틱소트로픽 유체, 리오펙틱 유체, 빙엄플라스틱 유체)와 점성계수(동점성계수, 절대점성계수, 겉보기점성계수)
- ✓ 유동의 종류(점성/비점성유동, 층류/난류 유동, 압축성/비압축성유동, 내부/외부유동)

또한 표면장력, 경계층, 후류, 유선형화와 같은 몇 가지 흥미로운 현상에 대해서도 간략히 설명하였다. 마지막으로 매우 유용한 두 개의 무차원수로 Reynolds 수와 Mach 수를 소개하였다.

주의: 아래 표의 유용한 식 대부분은 몇 가지 제약이나 한계가 있다. 자세한 사항은 반드시 해당 식을 참고하라.

유용한 식

비중의 정의	$SG = \frac{\rho}{\rho_{H_2O}}$	**(2.3)**
비중량의 정의	$\gamma = \frac{mg}{\forall} \rightarrow \gamma = \rho g$	**(2.4)**
유선의 정의(2차원)	$\left.\frac{dy}{dx}\right)_{\text{streamline}} = \frac{v(x,y)}{u(x,y)}$	**(2.8)**
유적선의 정의(2차원)	$\left.\frac{dx}{dt}\right)_{\text{particle}} = u(x,y,t) \quad \left.\frac{dy}{dt}\right)_{\text{particle}} = v(x,y,t)$	**(2.9)**
유맥선의 정의(2차원)	$x_{\text{streakline}}(t_0) = x(t,x_0,y_0,t_0) \quad y_{\text{streakline}}(t_0) = y(t,x_0,y_0,t_0)$	**(2.10)**
뉴턴의 점성법칙(1차원 유동)	$\tau_{yx} = \mu \frac{du}{dy}$	**(2.15)**
비뉴턴 유체에 대한 전단응력(1차원 유동)	$\tau_{yx} = k\left\|\frac{du}{dy}\right\|^{n-1}\frac{du}{dy} = \eta\frac{du}{dy}$	**(2.17)**

참고문헌

1. Vincenti, W. G., and C. H. Kruger, Jr., *Introduction to Physical Gas Dynamics*, New York: Wiley, 1965.

2. Merzkirch, W., *Flow Visualization*, 2nd ed., New York: Academic Press, 1987.

3. Tanner, R. I., *Engineering Rheology,* Oxford: Clarendon Press, 1985.

4. Macosko, C. W., *Rheology: Principles, Measurements, and Applications*, New York: VCH Publishers, 1994.

5. Loh, W. H. T.,"Theory of the Hydraulic Analogy for Steady and Unsteady Gas Dynamics," in *Modern Developme-nts in Gas Dynamics*, W. H. T. Loh, ed., New York: Plenum, 1969.

6. Folsom, R. G., "Manometer Errors due to Capillarity," *Instruments*, 9, 1, 1937, pp. 36-37.

7. Waugh, J. G., and G. W. Stubstad, *Hydroballistics Modeling*, San Diego: Naval Undersea Center, ca., 1972.

연습문제

속도장

2.1 점성액체가 두 평행한 원판 사이에서 전단변형되고 있다. 위쪽 원판은 회전하고 아래쪽 원판은 고정되어 있다. 원판들 사이에서 속도장은 $\vec{V} = \hat{e}_\theta r\omega z/h$로 주어진다. (좌표들의 원점은 아래쪽 원판의 중심에 위치하고, 위쪽 원판은 $z = h$에 위치한다.) 이 속도장은 몇 차원인가? 이 속도장은 적절한 물리적 경계조건들을 만족하는가? 그 경계조건들은 무엇인가?

2.2 $\vec{V} = Ax^2y\hat{i} + Bxy^2\hat{j}$인 속도장에서 $A = 2\ \text{m}^{-2}\text{s}^{-1}$, $B = -1\ \text{m}^{-2}\text{s}^{-1}$이며, 좌표의 단위는 미터이다. 이 유동의 유선에 대한 식을 구하라. 몇 개의 유선들을 제1사분면에 그리라.

2.3 속도장 $\vec{V} = Ax\hat{i} - Ay\hat{j}$는 모서리에서의 유동을 나타내는 것으로 볼 수 있다. 여기서 $A = 2\ \text{s}^{-1}$이다. 이 유동의 유선에 대한 식을 구하라. A의 타당성을 설명하라. 점 $(x, y) = (0, 0)$을 지나는 유선을 포함하여 몇 개의 유선을 제1사분면에 그리라.

2.4 속도장이 $\vec{V} = axy\hat{i} + by^2\hat{j}$로 주어지는데, 여기서 $a = 2\ \text{m}^{-1}\text{s}^{-1}$, $b = -6\ \text{m}^{-1}\text{s}^{-1}$이고 좌표의 단위는 미터이다. 이 유동장은 1차원인가, 2차원인가, 3차원인가? 왜 그런가? 점 (2, ½)에서 속도성분들을 계산하라. 이 점을 지나는 유선의 식을 구하라. 점 (2, ½)을 지나는 유선을 포함하여 몇 개의 유선들을 제1사분면에 그리라.

2.5 속도장이 $\vec{V} = ax\hat{i} - bty\hat{j}$로 주어지는데, 여기서 $a = 1\ \text{s}^{-1}$, $b = 1\ \text{s}^{-2}$이다. 임의 시간 t에서 유선들의 식을 구하라. $t = 0$ s, $t = 1$ s, $t = 20$ s일 때 몇 개의 유선을 제1사분면에 그리라.

2.6 속도장이 $u = 3y^2$, $v = 5x$, $w = 0$으로 정의된다. 점 (2, 4, 0)에서 다음을 계산하라:

(a) 속도

(b) 국소가속도

(c) 대류가속도

2.7 유동이 속도장 $\vec{V}=(Ax+B)\hat{i}+(-Ay)\hat{j}$로 기술되는데, 여기서 A = 3 m/s/m이고 B = 6 m/s이다. 점 (x, y) = (0.3, 0.6)을 지나는 것을 포함하여 몇 개의 유선을 평면 xy에 그리라.

2.8 평면 xy 내 정상 비압축성유동의 속도장이 $\vec{V}=\hat{i}A/x+\hat{j}Ay/x^2$로 주어지는데, A = 3 m²/s이고 좌표의 단위는 미터이다. 점 (x, y) = (2, 6)을 지나는 유선의 식을 구하라. 이 유동장에서 유체입자가 x = 1 m에서 x = 3 m로 움직이는 데 걸리는 시간을 계산하라.

2.9 대기의 유동에 대한 유동장이 다음과 같이 주어진다.

$$\vec{V}=-\frac{My}{2\pi}\hat{i}+\frac{Mx}{2\pi}\hat{j}$$

여기서 M = 1 s⁻¹이고, x와 y의 좌표는 국소 위도와 경도와 평행하다. x축, y축, 그리고 직선 $y = x$를 따라서 속도의 크기를 그리고, 이 세 축들에 대한 속도의 방향에 대하여 논하라. 각 그림에서 x와 y는 0 km와 1 km 사이의 영역을 사용하라. 유선들에 대한 식을 구하고 그중 몇 개를 스케치하라. 이 유동장은 어떤 유동에 대한 모델인가?

2.10 유동장이 다음과 같이 주어진다.

$$\vec{V}=-\frac{qx}{2\pi(x^2+y^2)}\hat{i}-\frac{qy}{2\pi(x^2+y^2)}\hat{j}$$

여기서 $q = 5\times10^4$ m²/s이다. x축, y축, 그리고 직선 $y = x$를 따라서 속도의 크기를 그리고, 이 세 축들에 대한 속도의 방향에 대하여 논하라. 각 그림에서 x와 y는 −1 km와 1 km 사이의 영역을 사용하되, $|x| < 100$ m 또는 $|y| < 100$ m인 영역은 제외하라. 유선에 대한 식을 구하고 그중 몇 개를 스케치하라. 이 유동장은 어떤 유동에 대한 모델인가?

2.11 문제 2.3의 속도장에서 입자운동에 대한 매개방정식이 $x_p = c_1e^{At}$, $y_p = c_2e^{-At}$로 주어지는 것을 보이라. t = 0인 순간에 점 (x, y) = (2, 2)에 위치한 입자의 유적선에 대한 식을 구하라. 이 유적선을 같은 점을 지나는 유선과 비교하라.

2.12 유동장이 $\vec{V}=Ax\hat{i}+2Ay\hat{j}$로 주어지는데, 여기서 A = 2 s⁻¹이다. 입자운동에 대한 매개방정식이 $x_p = c_1e^{At}$와 $y_p = c_2e^{2At}$로 주어지는 것을 증명하라. t = 0인 순간에 점 (x, y) = (2, 2)에 위치한 입자의 유적선에 대한 식을 구하라. 이 유적선을 같은 점을 지나는 유선과 비교하라.

2.13 공기가 무한히 넓은 수평 평판을 향하여 아래로 흐른다. 속도장은 $\vec{V}=(ax\hat{i}-ay\hat{j})(2+\cos\omega t)$로 주어진다. 여기서 a = 5 s⁻¹, $\omega = 2\pi$ s⁻¹이며, x와 y (미터 단위로 측정됨)는 각각 수평 방향과 수직 상방향이며, t는 s 단위이다. t = 0일 때 유선에 대한 대수식을 구하라. 이 순간에 점 (x, y) = (3, 3)을 지나는 유선을 그려라. 이 유선이 시간에 따라 변하는지 간단히 설명하라. 같은 지점과 같은 순간에 속도벡터를 그린 그림 위에 나타내라. 속도벡터가 유선에 접하는지 설명하라.

2.14 속도장 $\vec{V}=A(1+Bt)\hat{i}+Cty\hat{j}$로 기술되는 유동을 고려하자. 여기서 A = 1 m/s, B = 1 s⁻¹, C = 1 s⁻²이다. 좌표들은 미터 단위이다. 시간 t = 0일 때 점 (1,1)을 통과하는 입자가 그리는 유적선을 그리라. t = 0, 1, 2 s인 순간에 같은 점을 통과하면서 그려지는 유선들과 비교하라.

2.15 액적의 직경이 0.06 cm일 때 20°C의 물 액적 안팎의 압력차를 계산하라.

2.16 Euler 기술방법을 사용하면 식 $\vec{V}=A\hat{i}-Bt\hat{j}$로 주어지는 유동장을 고려하자. 여기서 A = 2 m/s, B = 0.6 m/s²이고, 좌표들의 단위는 미터이다. t = 0인 순간에 점 (x, y) = (1, 1)에 있었던 유체입자에 대한 Lagrange 위치함수를 유도하라. 이 입자가 따라가는 유적선에 대한 대수식을 구하라. 유적선을 그리고, t = 0, 1, 2 s인 순간에 같은 점을 지나면서 그려지는 유선들과 비교하라.

2.17 속도장 $V = ax\hat{i}+by(1+ct)\hat{j}$를 고려하자. 여기서 $a = b$ = 2 s⁻¹이고 c = 0.4 s⁻¹이다. 좌표들의 단위는 미터이다. 시간 t = 0인 순간에 점 (x, y) = (1, 1)을 지나는 입자에 대하여, t = 0부터 t = 1.5 s가 될 때까지 유적선을 그리라. 이 유적선을 t = 0, 1, 1.5 s인 순간에 같은 점을 지나면서 그려지는 유선들과 비교하라.

2.18 Euler 기술방법을 사용하면 식 $\vec{V}=ax\hat{i}+byt\hat{j}$로 주어지는 유동장을 고려하자. 여기서 a = 0.2 s⁻¹, b = 0.04 s⁻²이고, 좌표들의 단위는 미터이다. t = 0인 순간에 점 (x, y) = (1, 1)에 있었던 유체입자에 대한 Lagrange 위치함수를 유도하라. 이 입자가 따라가는 유적선에 대한 대수식을 구하라. 유적선을 그리고, t = 0, 10, 20 s인 순간에 같은 점을 지나면서 그려지는 유선들과 비교하라.

2.19 유동장 $\vec{V}=axt\hat{i}+b\hat{j}$를 고려하자. 여기서 a = 0.1 s⁻², b = 4 m/s이고, 좌표들의 단위는 미터이다. t = 0인 순간에 점 (x, y) = (3, 1)을 통과하는 유체입자에 대하여 t = 0부터 3 s까지 경과하는 동안의 유적선을 그리라. 이 유적선을 t = 1, 2, 3 s인 순간에 같은 점을 지나면서 그려지는 유선들과 비교하라.

2.20 그림 2.5의 정원용 호스를 고려하자. 속도장이 $\vec{V}=u_0\hat{i}+v_0\sin[\omega(t-x/u_0)]\hat{j}$로 주어진다고 하자. 여기서 x방향은 수평 방향이고 원점이 호스의 중간 지점에 있으며, u_0 = 10 m/s, v_0 = 2 m/s, ω = 5 cycle/s이다. 시간 t = 0 s, 0.05 s, 0.1 s, 0.15 s일 때 원점을 지나는 순간적 유선들을 구하여 같은 그래프 위에 그리라. 또 같은 네 시간에 원점을 떠난 입자들의 유적선들을 구하여 한 그래프 위에 그리라.

2.21 유동장 $\vec{V}=axt\hat{i}+b\hat{j}$로 주어지는 유동장을 고려하자. 여기서 a = 1/4 s⁻², b = 1/3 m/s이고, 좌표들의 단위는 미터이다. t = 0인 순간에 점 (x, y) = (1, 2)를 통과하는 입자에 대하여 t = 0부터 3 s까지 경과하는 동안의 유적선을 그리라. 이 유적선을 t = 3 s인 순간에 같은 점을 지나는 유맥선과 비교하라.

2.22 유동이 속도장 $\vec{V}=ay^2\hat{i}+b\hat{j}$로 기술되는데, 여기서 a = 2 m⁻¹ s⁻¹, b = 3 m/s이고, 좌표들의 단위는 미터이다. 점 (8, 8)을 지나는 유선의 식을 구하라. t = 0에 점 (1, 6)을 지난 입자의 t = 2 s일 때의 좌표들을 구하라. 2 s 전에 (−4, 0)을 지난 입자의 t = 4 s일 때의 좌표들을 구하라. 이 유동에서 유적선, 유선, 유맥선이 일치함을 보이라.

2.23 유동이 속도장 $\vec{V}=a\hat{i}+bx\hat{j}$로 기술되는데, 여기서 a = 2 m/s, b = 1 s⁻¹이고, 좌표들의 단위는 미터이다. 점 (2, 5)를 지나는 유선의 식을 구하라. t = 0에 점 (0, 4)를 지난 입자의 t = 2 s일 때의 좌표들을 구하라. 2 s 전에 (1, 4.25)를 지난 입자의 t = 3 s일 때의 좌표들을 구하라. 이 유동에서 유적선, 유선, 유맥선에 대하여 어떤 결론을 이끌

어낼 수 있는가?

2.24 유동이 속도장 $\vec{V} = ay\hat{i} + bt\hat{j}$로 기술되는데, 여기서 $a = 0.2$ s^{-1}, $b = 0.4$ m/s^2이다. $t = 0$에 점 (1, 2)를 지난 입자의 $t = 2$ s일 때의 좌표들을 구하라. $t = 2$ s에 점 (1, 2)를 지난 입자의 $t = 3$ s일 때의 좌표들을 구하라. 점 (1, 2)를 지나는 유적선과 유맥선을 그리라. 또 $t = 0, 1, 2, 3$ s인 순간에 이 점을 지나는 유선들을 그리라.

2.25 직경 60 cm의 램이 60.085 cm의 원통 속에서 미끄러지는 유압승강기 내부에 장착되었다. 유압승강기의 환형 공간은 동점성계수가 0.045 cm^2/s이고 비중이 0.95인 오일로 채워졌다. 램은 10.15 m/min의 속도로 움직인다. 원통 내부 램의 길이가 4.25 m일 마찰저항은 얼마인가?

점성

2.26 공기 점성계수의 온도에 따른 변화는 다음의 Sutherland 실험식으로 잘 표현할 수 있다.

$$\mu = \frac{bT^{1/2}}{1+S/T}$$

b와 S의 최적맞춤 값들이 부록 A에 주어져 있다. 대기압의 공기에 대하여 동점성계수 대 온도 관계식을 SI 단위로 유도하라. 이상기체 거동으로 가정하라. 이 식을 이용하여 0°C와 100°C에서 공기의 동점성계수를 계산한 후 부록 10(표 A.10)의 자료와 비교하고 검토하라. 식과 표 A.10의 자료를 이용하여 0°C와 100°C 사이의 온도 범위에 대하여 동점성계수를 그래프로 나타내라.

2.27 직경 0.085 m의 수직 원통이 내경 0.086 m의 드럼 속에 동심으로 설치되었다. 오일이 이들 사이의 공간에 0.4 m의 깊이로 채워졌다. 드럼 속 원통이 회전속도 8.5 rev/s로 회전하는 데 필요한 토크가 6 N·m이다. 끝부분의 효과를 무시할 수 있다고 가정하여 오일의 점성계수를 계산하라.

2.28 평행평판 사이의 층류유동에 대한 속도분포가 다음 식으로 주어진다.

$$\frac{u}{u_{\max}} = 1 - \left(\frac{2y}{h}\right)^2$$

여기서 h는 평판들이 떨어진 거리이고 원점은 평판들 사이의 중간에 있다. $u_{\max} = 0.20$ m/s이고 $h = 0.2$ mm인 경우에 20°C 물의 유동을 고려한다. 위쪽 판에 작용하는 전단응력을 계산하고 그 방향을 제시하라. 유로 전체에서 전단응력의 변화를 스케치하라.

2.29 아이스 스케이트와 얼음 표면이 어떻게 상호작용하는지 설명하라. 스케이트와 얼음 사이의 미끄럼마찰을 줄이기 위하여 어떤 메커니즘이 작용하는가?

2.30 비중 SG = 0.85이고 점성계수 $\mu = 0.1$ N·s/m^2인 원유가 수평 아래쪽으로 $\theta = 45°$만큼 기울어진 표면을 따라 두께 $h = 2.5$ mm의 막을 이루면서 정상상태로 흘러내린다. 속도분포는 다음과 같이 주어진다.

$$u = \frac{\rho g}{\mu}\left(hy - \frac{y^2}{2}\right)\sin\theta$$

(좌표 x는 표면 방향이고 y는 표면에 수직 방향이다.) 속도분포를 그리라. 표면에 작용하는 전단응력의 크기와 방향을 구하라.

2.31 체중이 450 N인 여자 프리스타일 아이스 스케이트 선수가 스케이트를 타고 $V = 6$ m/s의 속도로 미끄러져 나간다. 이 선수의 체중은 스케이트 날의 압력에 의해 얼음에서 녹은 액체 물의 얇은 막이 받쳐준다. 스케이트 날의 길이는 $L = 0.3$ m이고, 폭은 $w = 3$ mm이며, 수막의 두께는 $h = 0.0015$ mm라 가정하자. 끝단의 효과를 무시할 때, 수막에서의 점성전단으로 인하여 생기는 스케이트 선수의 감속도를 계산하라.

2.32 무게가 45 N이고 각 변의 치수가 250 mm인 블록을 37°C의 SAE 10W 오일막이 있는 경사면을 따라 당겨 올린다. 블록의 속도가 0.6 m/s이고 오일막의 두께가 0.025 mm일 때, 블록을 당기는 데 필요한 힘을 구하라. 오일막 내의 속도분포가 선형이라 가정하라. 표면은 수평으로부터 25°의 각도로 경사져 있다.

2.33 질량이 10 kg이고 각 변이 250 mm인 블록을 −1.1°C의 SAE 10W-30 오일막(오일막의 두께는 0.025 mm이다)이 형성되어 있는 경사면을 따라 당겨 올린다. 블록을 놓을 경우 블록의 정상 속력을 구하라. 경사면 위로 블록을 당겨 올릴 때 75 N의 힘이 가해진다면 블록의 정상 속력은 얼마인가? 이 힘으로 블록을 경사면 아래로 밀어 내린다면 블록의 정상 속력은 얼마인가? 오일막 내의 속도분포가 선형이라 가정하라. 표면은 수평으로부터 30°의 각도로 경사져 있다.

2.34 테이프를 좁은 틈새 사이로 잡아당기면서 양면에 접착제를 피복하려고 한다. 테이프의 두께는 0.38 mm이고, 폭은 25 mm이다. 테이프는 양면에 0.3 mm의 간극이 유지되도록 틈새의 중앙에 위치한다. 점성계수가 $\mu = 1$ N·s/m^2인 접착제는 테이프와 틈새 사이의 공간을 완전히 채운다. 테이프가 110 N의 최대 인장력에 견딜 수 있다고 할 때, 틈새를 통하여 테이프를 1 m/s 속도로 당길 수 있는 최대 틈새 영역을 계산하라.

2.35 직경이 75 mm이고 길이가 120 mm인 알루미늄(SG = 2.64) 피스톤이 25°C의 SAE 10W-30 오일로 채워진 내경 78 mm의 정지된 강철 튜브 속에 들어 있다. $m = 5$ kg인 질량체가 피스톤의 자유단에 매달린다. 지탱해 주는 줄을 끊으면 피스톤이 움직이게 된다. 질량 m의 종속도는 얼마인가? 오일 내부에서 선형 속도분포를 가정하라.

2.36 문제 2.35의 피스톤이 종속도로 이동하고 있다. 이제 질량 m이 피스톤에서 분리된다. 피스톤 속력 대 시간의 그래프를 그리라. 피스톤이 자신의 새 종속도의 1% 이내에 도달하려면 시간이 얼마나 걸리는가?

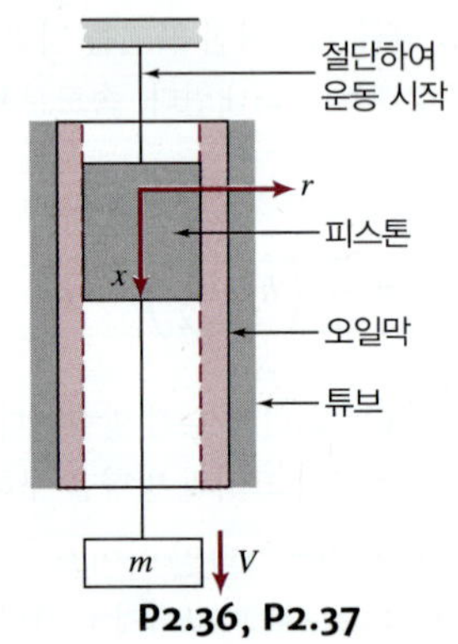

P2.36, P2.37

2.37 강체 판 위를 지나서 흐르는 점성액체(역학적 점성계수 μ = 0.8 N·s/m^2)의 속도분포가 $u = 0.78y - y^2$ (u는 m/s 단위의 속도이고, y는 판으로부터 거리로서 m 단위이다). 판의 표면과 y = 0.39 m에서의 전단응력은 얼마인가?

2.38 한 변이 0.1 m이고 질량이 5 kg인 정사각형 블록이 수평 아래로 30° 경사지고, 20°C의 SAE 30 오일막이 0.20 mm 두께로 덮여있는 매끄러운 면을 미끄러져 내려간다. 만일 블록을 t = 0일 때 정지상태로부터 놓는다면, 그 초기 가속도는 얼마인가? 블록의 속력을 시간의 함수로 나타내는 식을 유도하라. $V(t)$의 그래프를 그리라. 0.1 s 후의 속력을 구하라. 만일 이 시간에 블록이 0.3 m/s 속도에 도달하기를 바란다면, 우리가 사용해야 할 오일의 점성계수 μ는 얼마인가?

2.39 한 변이 a mm인 정사각형 블록이 평판 위 얇은 오일막 위로 미끄러진다. 오일의 점성계수는 μ이고, 막의 두께는 h mm이다. 질량이 M인 블록이 일정한 힘 F의 영향을 받으면서 정상속력 U로 움직인다. 블록 밑바닥과 평판에 작용하는 전단응력의 크기와 방향을 나타내라. 힘을 갑자기 제거하여 블록이 느려지기 시작할 때, 블록에 대하여 결과적으로 얻어지는 속도 대 시간의 그래프를 그리라. 블록이 초기 속도의 85%만큼 속도가 느려지는 데 걸리는 시간을 나타내는 식을 구하라.

2.40 마그넷선을 직경 1.0 mm의 원형 다이를 통과하여 잡아당김으로써 절연용 니스를 피복하려고 한다. 선의 직경은 0.9 mm이고 다이의 중심선상에 위치한다. 니스(μ = 20 cP)는 선과 다이 사이의 공간을 50 mm 길이로 완전히 채운다. 선은 50 m/s 속도로 다이를 통과하여 잡아당긴다. 선을 잡아당기는 데 필요한 힘을 구하라.

2.41 무게가 2.0 kN이고 표면적이 0.2 m^{2}인 정사각형 블록이 20°의 경사면을 미끄러져 내려간다. 경사면은 오일막으로 덮여있다. 오일막으로 형성되는 블록과 경사면 사이의 간격은 2×10^{-6} m이다. 정상상태에서 블록의 속력은 얼마인가? 오일 내 속도분포가 선형이고 오일 전체가 정상상태 아래에 있다고 가정하라. 오일의 동점성계수는 5×10^{-5} m^2/s이다.

2.42 점성계수가 μ_1 = 0.2 N·s/m^2, μ_2 = 0.25 N·s/m^{2}인 유체들이 두 평판(각 평판의 면적은 2 m^{2}이다) 사이에 들어있다. 두께는 각각 h_1 = 1.0 mm, h_2 = 0.8 mm이다. 위쪽 평판을 2 m/s 속도로 움직이게 만드는 힘 F를 구하라. 두 유체의 경계에서 유체 속도는 얼마인가?

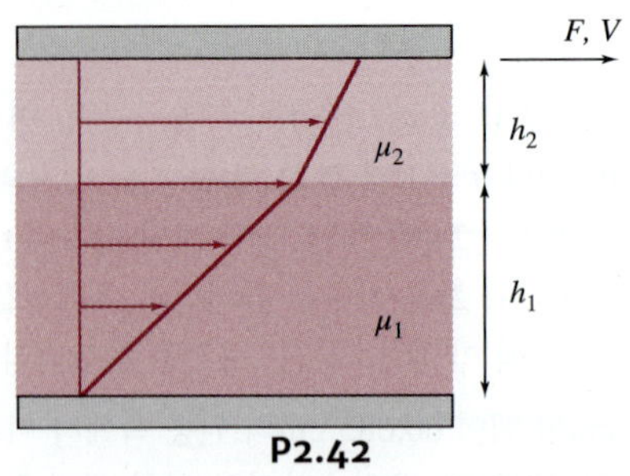

P2.42

2.43 점도가 μ_1 = 0.15 N·s/m^2, μ_2 = 0.5 N·s/m^2, μ_3 = 0.2 N·s/m^{2}인 유체들이 두 평판(각 평판의 면적은 1 m^{2}이다) 사이에 들어있다. 두께는 각각 h_1 = 0.5 mm, h_2 = 0.25 mm, h_3 = 0.2 mm이다. 힘 F = 100 N이 작용할 때, 위쪽 평판의 정상속도 V와 각 유체 경계에서의 속도들을 구하라. 속도분포를 그리라.

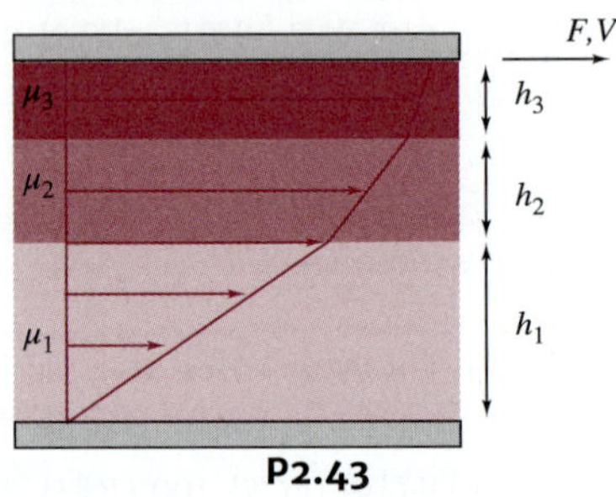

P2.43

2.44 매우 근접하게 맞추어진 한 쌍의 원통에서 안쪽 것을 회전시킴으로써 동심원통 점도계를 만들 수 있다. 환상 간극은 작기 때문에 시험용 액체 내에는 선형 속도분포가 형성될 것이다. 안쪽 원통의 직경이 100 mm, 높이가 200 mm, 간극의 폭이 0.025 mm이며, 32°C의 피마자유가 채워져 있는 점도계를 고려하자. 안쪽 원통을 400 rpm으로 회전시키는 데 필요한 토크를 구하라.

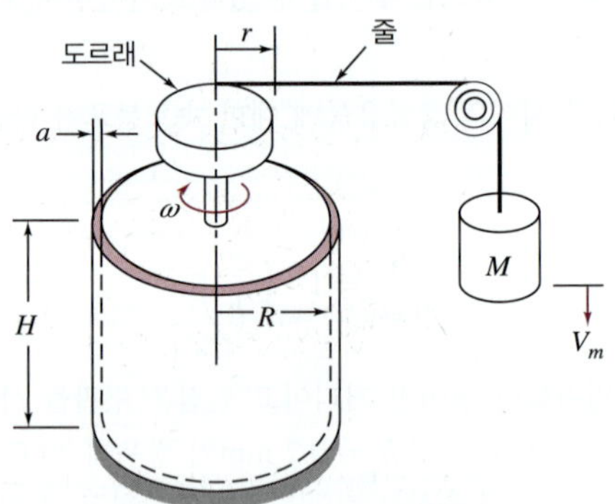

P2.44, P2.45, P2.46, P2.47

2.45 매우 근접하게 맞추어진 한 쌍의 원통에서 안쪽 것을 회전시킴으로써 동심원통 점도계를 만들 수 있다. 간극이 작은 경우, 환상 간극에 채워진 액체 내 속도분포를 선형이라 가정할 수 있다. 점도계 안쪽 원통의 직경이 75 mm, 높이가 150 mm, 간극의 폭이 0.02 mm이다. 안쪽 원통을 100 rpm으로 회전시키는 데 0.021 N·m의 토크가 필요하다. 점도계의 간극 속에 들어 있는 액체의 점성계수를 구하라.

2.46 그림에 보인 것처럼, 동심원통 점도계가 줄과 도르래에 의해 안쪽 원통에 연결된 낙하하는 질량 M에 의해 구동된다. 시험용 액체는 폭 a, 높이 H인 환상 간극을 채운다. 짧은 시작과도기가 지난 후, 질량은 일정한 속도 V_m으로 낙하한다. 장치 내 액체의 점도를 M, g, V_m, r, R, a, H의 항으로 나타내는 대수식을 유도하라. 다음 자료를 사용하여 액체의 점성계수를 계산하라.

$$M = 0.20\ \text{kg} \qquad r = 50\ \text{mm}$$
$$R = 100\ \text{mm} \qquad a = 0.40\ \text{mm}$$
$$H = 160\ \text{mm} \qquad V_m = 60\ \text{mm/s}$$

2.47 문제 2.46의 점도계가 점성계수 $\mu = 0.1\ \text{N} \cdot \text{s/m}^2$인 특정 유체의 점도를 확인하기 위해 사용되고 있다. 불행하게도 실험하는 동안에 줄이 툭 끊어졌다. 원통 속도의 99%가 줄어드는 데 걸리는 시간은 얼마인가? 원통/도르래 장치의 관성모멘트는 $0.0273\ \text{kg} \cdot \text{m}^2$이다.

2.48 외경 20 mm인 축이 길이가 80 mm인 고정된 저널베어링 내부에서 초당 40번 회전한다. 두께 0.4 mm의 얇은 오일막이 축과 저널 사이의 동심 환상 공간을 채우고 있다. 축을 돌리는 데 필요한 토크는 $0.0040\ \text{N} \cdot \text{m}$이다. 간극을 채우고 있는 오일의 점성계수를 계산하라.

2.49 작은 휴대용 동심원통 점도계의 얇은 바깥쪽 원통(질량 m_2, 반경 R)이 줄에 달린 낙하하는 질량 m_1에 의하여 구동된다. 안쪽 원통은 정지해 있고, 원통들 사이의 간극은 a이다. 베어링 마찰, 공기저항, 점도계 내 액체의 질량은 무시한다. 각속도가 ω일 때 원통에 작용하는 점성전단으로 인한 토크에 대한 대수식을 구하라. 바깥쪽 원통의 각속도에 대한 미분방정식을 시간의 함수로 유도하고 풀라. 원통의 최대 각속도에 대한 식을 구하라.

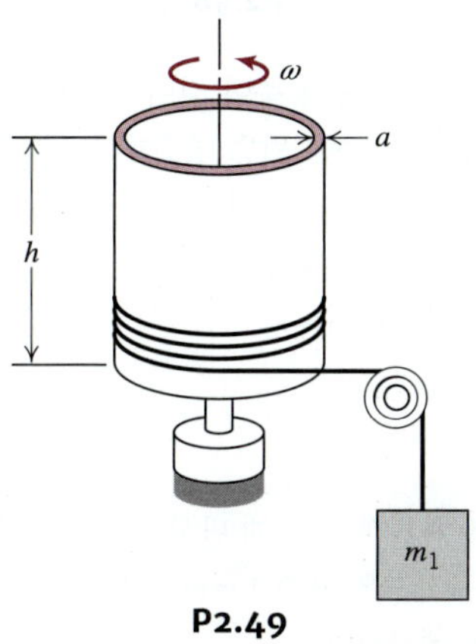

P2.49

2.50 저동력 기계 구동장치용 무충격 커플링을 한 쌍의 동심원통으로 만들려고 한다. 원통들 사이의 환상 공간은 오일로 채워진다. 구동장치는 $\mathcal{P} = 15\ \text{W}$의 동력을 전달해야 한다. 다른 치수들과 성질들은 그림과 같다. 베어링 마찰과 끝단 효과는 무시한다. 장치에 대한 최소 실제 여유 간극 δ는 $\delta = 0.30\ \text{mm}$라고 가정한다. Dow사는 10^6 cP 정도까지 점성계수가 매우 높은 실리콘 유체를 제조한다. 이 장치의 요구조건을 만족한다고 확인할 수 있는 점성계수를 구하라.

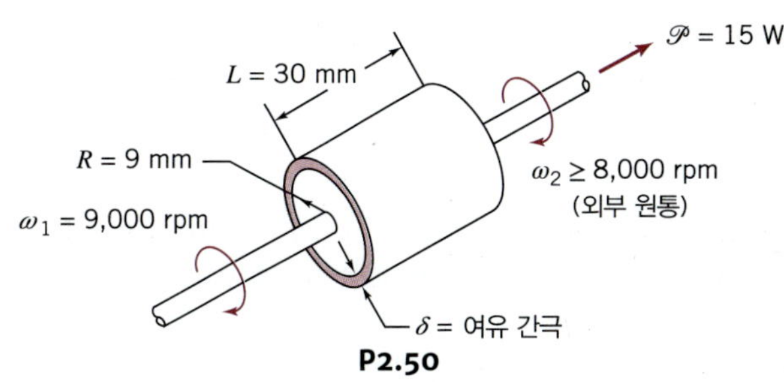

P2.50

2.51 축받이 상자에 장치된 원형 알루미늄 축이 그림에 보인다. 축과 상자 사이의 대칭 여유 간극에는 $T = 30°\text{C}$인 SAE 10W-30 오일이 채워져 있다. 축은 연결된 질량과 줄로 인해 돌아가게 된다. 축의 각속도를 시간의 함수로 구하는 미분방정식을 세우고 풀어라. 축의 최대 각속도와 이 속도의 95%에 도달하는 데 걸리는 시간을 계산하라.

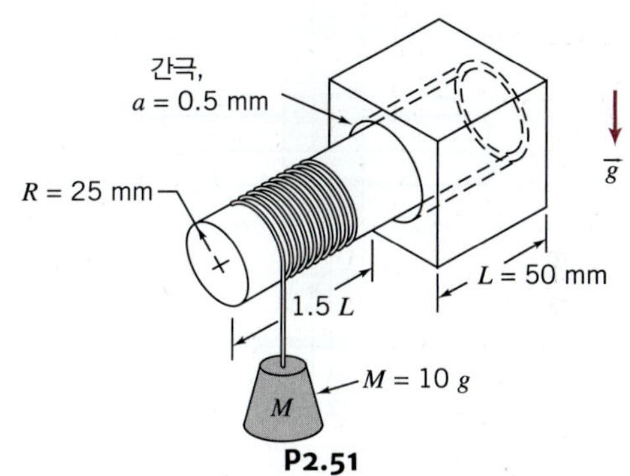

P2.51

2.52 그림과 같은 원추-평판 점도계는 비뉴턴 유체의 특성을 알아내기 위하여 흔히 사용되는 장치이다. 장치는 평판과 큰 둔각(보통 θ는 0.5° 미만)을 갖는 회전하는 원추로 이루어진다. 원추의 정점은 평판에 살짝 닿으며, 시험용 액체는 원추와 평판에 의하여 형성되는 좁은 간극에 채워진다. 간극에 차 있는 액체의 전단율을 장치의 기하학적 형상의 항으로 나타내는 식을 유도하라. 구동 원추에 작용하는 토크를 전단응력과 장치의 기하학적 형상의 항으로 나타내라.

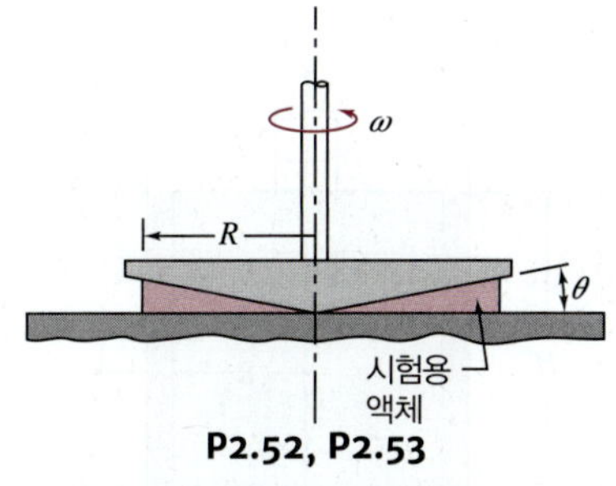

P2.52, P2.53

2.53 치수 3 m × 3 m의 판이 고정된 다른 판으로부터 0.37 mm 떨어져 있다. 판을 45 cm/s의 속도로 움직이는 데 2 N의 힘이 필요하다. 판들 사이에 들어있는 유체의 점성계수를 구하라.

2.54 절연재료 회사가 공동형상 속으로 압출하기 위한 새로운 재료를 시험하고 있다. 주어진 전단응력이 작용할 때, 고정된 아래쪽 판으로부터 1 mm 두께의 재료 샘플만큼 떨어진 위쪽 판의 속도 U에 대한 실험데이터가 아래에 주어져 있다. 재료의 종류를 결정하라. 250 Pa의

최소항복응력을 갖는 교체 재료가 필요하다고 할 때, 전단응력 450 Pa에서 현재 재료와 동일한 거동을 하는 데 필요한 재료의 점성계수는 얼마인가?

τ (Pa)	50	100	150	163	171	170	202	246	349	444
U (m/s)	0	0	0	0.005	0.01	0.025	0.05	0.1	0.2	0.3

2.55 점성클러치는 얇은 점성액체 층을 둘러싸는, 사이가 매우 근접한 한 쌍의 평행 원판으로 만들어진다. 원판 쌍에 의해 전달되는 토크와 동력을 액체 점성계수 μ, 원판의 반경 R, 원판 사이의 거리 a, 각속도들, 즉 구동 원판의 ω_i, 종동 원판의 각속도 ω_o의 항으로 나타내는 대수식을 유도하라. 또한 미끄럼비 $s = \Delta\omega/\omega_i$를 ω_i와 전달토크의 항으로 나타내는 식을 유도하라. 효율 η를 미끄럼비의 항으로 나타내라.

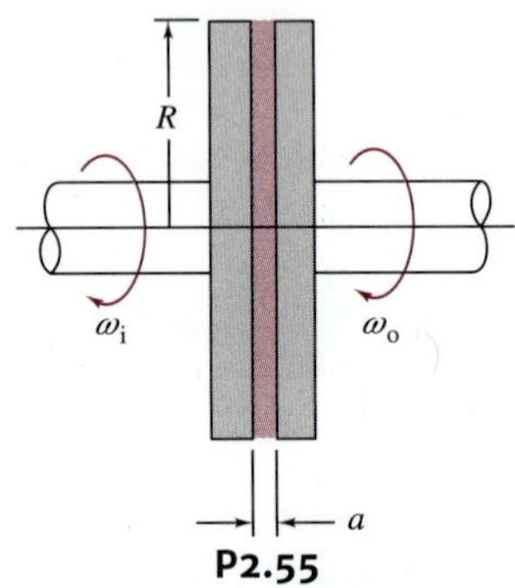

P2.55

2.56 그림은 동심원통 점도계를 보여준다. 점성토크는 안쪽 원통 주위의 환상 간극에 의해 발생한다. 정지해 있는 바깥쪽 원통의 평면바닥 위에서 안쪽 원통이 회전하기 때문에, 안쪽 원통의 평면바닥에서도 부가적으로 점성토크가 발생한다. 폭이 a인 환상 간극 내부의 유동으로 인한 점성토크에 대한 대수식을 구하라. 높이가 b인 바닥의 여유 간극 내부의 유동으로 인한 점성토크에 대한 대수식을 구하라. 바닥 토크를 환상 토크의 1% 이하로 유지하는 데 필요한 비 b/a와 다른 기하학적 변수들의 관계를 보여주는 그림을 그려라. 설계가 함축하는 것은 무엇인가? 설계를 수정하도록 추천할 사항은 무엇인가?

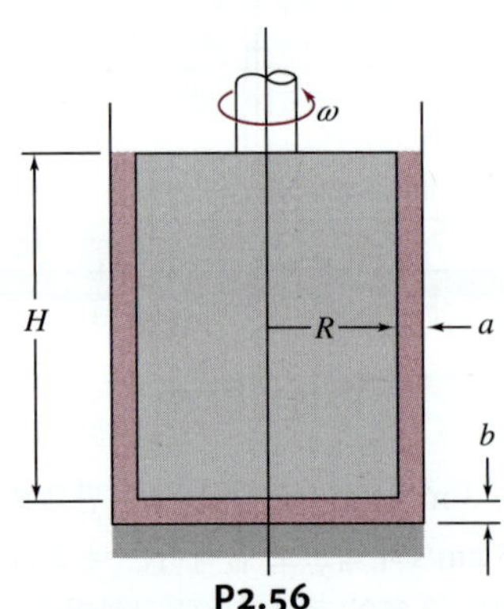

P2.56

2.57 그림과 같이 원추형 베어링 안에서 회전하는 원추형 선단을 갖는 축으로 만들어진 점도계가 있다. 축과 베어링 사이의 간극은 시험하려는 오일의 샘플로 채운다. 오일의 점성계수 μ를 점도계의 기하학적 형상 (H, a, θ), 회전속도 ω, 작용토크 T의 함수로 나타내는 대수식을 구하라. 주어진 데이터에 대하여 부록 A의 그림 A.2를 참고하여 작용토크 0.325 N · m에 해당하는 오일의 종류를 알아내라. 오일의 온도는 20°C이다. 힌트: 먼저 원추형 축의 표면에 작용하는 전단응력을 z의 함수로 나타내는 식을 구하라.

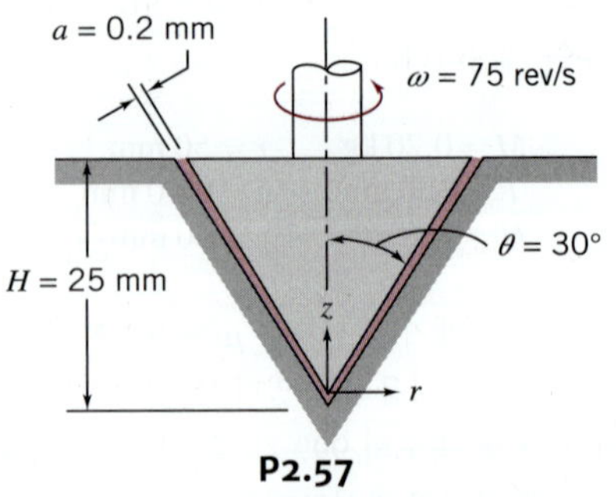

P2.57

2.58 그림에 구형 스러스트 베어링이 보인다. 구형 부재와 하우징 사이의 간극은 폭이 h로 일정하다. 구형 부재에 작용하는 무차원 토크에 대한 대수식을 각도 α의 함수로 구하고 그림으로 나타내라.

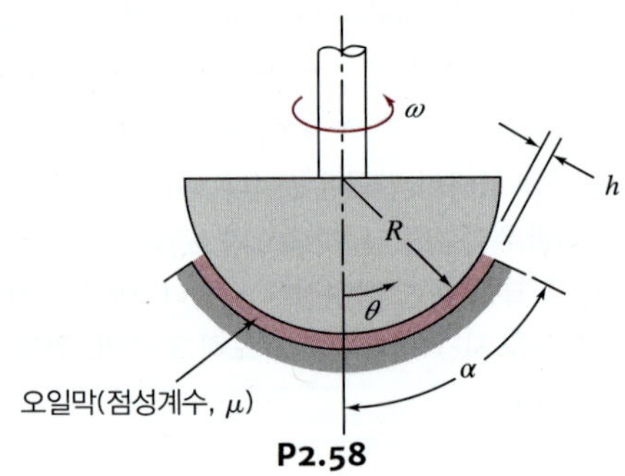

P2.58

2.59 직경 100 mm의 원통형 축이 길이 55 cm, 내경 110 mm의 원통형 튜브 속에 고정된다. 축은 원통 내부에서 수직축 주위로 회전하고 있다. 튜브와 축 사이의 공간은 동점성계수 3.0 poise의 오일로 채워졌다. 축이 290 rpm의 속도로 회전하고 있을 때, 점성저항을 극복하기 위해 필요한 동력을 계산하라.

표면장력

2.60 탄산음료 병이나 캔을 열 때 탄산음료 속에서 작은 기포들이 형성된다. 기포의 평균직경은 약 0.2 mm이다. 그러한 기포의 내부와 외부 사이의 압력차를 계산하라.

2.61 큰 탱크 내 물의 자유표면에 몇 개의 강철 바늘을 조심스럽게 올려놓으려 한다. 바늘의 길이는 두 종류로서 몇 개는 6 cm이고, 몇 개는 12 cm이다. 각 길이의 바늘의 직경은 2 mm, 3.5 mm, 6 mm 중 하나이다. 만일 뜰 수 있다면, 어느 바늘들이 뜰 수 있는지 예측하라.

2.62 Folsom [6]에 따르면, 튜브 내 물-공기 경계의 모세관 상승높이 Δh (mm)는 다음 실험식과 같은 상관관계를 갖는다.

$$\Delta h = Ae^{-b \cdot D}$$

여기서 D (mm)는 튜브의 직경이고, $A = 0.400$, $b = 4.37$이다. Δh 대 D를 측정하는 실험을 통하여 다음 자료를 얻었다.

D (mm)	2.5	5.0	7.5	10.0	12.5	15.0	17.5	20.0	22.5	25.0	27.5
Δh (mm)	5.8	4.6	2.25	1.48	1.30	0.83	0.43	0.25	0.15	0.1	0.08

*Excel*의 *Trendline* 추세선 방법을 사용할 때, 이 자료와 가장 잘 맞는 A와 b의 값은 얼마인가? 이들은 Folsom의 값과 일치하는가? 자료는 얼마나 잘 맞는가?

2.63 유리잔에 가능한 최대 높이까지 천천히 물로 채우라. 물의 높이를 면밀히 관찰하라. 물의 높이가 어떻게 유리잔의 테두리보다 더 높아질 수 있는지 설명하라.

2.64 물과 비슷한 액체의 표면장력을 측정하기 위한 실험을 계획하라. 아이디어를 얻기 위해 필요하다면 NCFMF 비디오 *Surface Tension*을 검토하라. 학부 실험에 사용하려면 어느 방법이 가장 적당하겠는가? 기대되는 실험 정밀도는 얼마인가?

유체운동의 기술과 분류

2.65 정압 변화를 계산할 때 물은 보통 비압축성이라 가정한다. 실제로 물의 압축성은 강철의 100배 이상이다. 물의 체적탄성계수가 일정하다고 가정하여, 계기압력이 10 MPa로 올라갈 때 물의 밀도에 대한 백분율 변화를 계산하라. 물 밀도의 백분율 변화를, 콘크리트나 다른 복합재료의 고속절단용 물 제트에 사용하는 대략적인 압력인 350 MPa까지 p/p_{atm}의 함수로 그리라. 절단용 제트의 공학적 계산을 위해 밀도가 일정하다는 가정이 타당한가?

2.66 그림 2.15에 보인 점성 경계층의 속도분포는 다음 포물선 식으로 근사할 수 있다.

$$u(y) = a + b\left(\frac{y}{\delta}\right) + c\left(\frac{y}{\delta}\right)^2$$

경계층의 가장자리(점성마찰이 0인 지점)에서의 경계조건은 $u = U$(자유유동 속도)이다. a, b, c의 값을 구하라.

2.67 자동차가 최소 얼마의 속도(km/hr)로 달려야 압축성 효과가 중요해지는가? 국소 공기온도는 15.5°C로 가정하라.

2.68 직경 5 mm의 튜브를 통하여 0.30 m/s로 흐르는 30°C 물의 Reynolds 수는 얼마인가? 만일 파이프를 가열한다면, 물의 평균온도가 얼마일 때 유동이 난류로 천이하는가? 유동속도는 일정하다고 가정하라.

2.69 초음속 비행기가 30 km 고도에서 2,800 km/hr로 비행한다. 비행기의 Mach 수는 얼마인가? 비행기 날개의 전연으로부터 측정하여 대략 어떤 거리에서 경계층이 층류에서 난류로 바뀌는가?

2.70 110°C의 SAE 30 오일이 직경 14 mm의 스테인리스강 튜브를 통하여 흐른다. 오일의 비중과 비중량은 얼마인가? 튜브로부터 배출된 오일이 110 mL 눈금이 매겨진 원통을 10초 만에 채운다면, 유동은 층류인가, 난류인가?

2.71 수상비행기가 7°C의 공기 중을 160 km/h로 날아가고 있다. 동체 하부의 전연으로부터 얼마의 거리에서 경계층이 난류로 천이하는가? 착륙하는 동안에 동체의 하부가 물과 접촉할 때 경계층 천이는 어떻게 변하는가? 물의 온도도 7°C로 가정하라.

2.72 비행기 날개는 어떻게 양력을 발생시키는가?

CHAPTER 3

유체 정역학

Fluid Statics

사례연구

네덜란드에서는 바다와 국토를 지나는 유럽 3대강 중 하나에 의해 국토의 삼분의 이가 침수될 수 있어 홍수 관리가 필수적이다. 지난 몇 세기 동안 일련의 운하, 제방, 댐 체계가 심각한 홍수를 성공적으로 막아왔다. 하지만 최근의 해수면 상승으로 인해 국토를 지킬 방법을 찾는 것이 더 필수적으로 되었다.

삼각주 계획(Delta Works)은 제방, 댐, 수문 체계에 폭풍해일방벽을 도입하는 최근의 종합적 대책이다. 사진의 이스턴 셸드 방벽(Eastern Scheldt Storm Surge Barrier)은 이런 폭풍해일방벽에 중요한 구성요소이다. 길이가 8 km인 이 방벽은 62개의 대형 미닫이식 수문으로 구성되어 있어 일상 상황에서는 수문이 열려 조수의 흐름이 허용된다. 이 때문에 댐 뒤에서 해양생물이 보호되어 전통 어업과 굴 수확이 가능해진다. 하지만 폭풍해일 상황에서는 수문이 75분 내로 닫힐 수 있어 방벽 내의 땅이 높아진 바다로 침수되는 것을 막는다.

인간 운영자가 댐을 통제하기는 하지만 이게 실패하면 대응할 전자 보안시스템이 있다. 네덜란드 법에 따라 수문이 완전히 닫히려면 해수면이 3 m 이상이어야 한다. 댐이 완공된 1986년 이래 해수면 수위가 3 m 이상 또는 그렇게 예상되는 사유로 댐은 27번 닫혔다. 댐 건설비용은 25억 유로이고 연간 운영비용은 1천7백만 유로에 달하지만 향후 200년간은 댐이 네덜란드의 국토를 지킬 것으로 예상한다.

Will tilroe-otte/Adobe Stock Photo

네덜란드 댐의 폭풍해일방벽

학습 목표

이 장의 학습을 마치면 다음을 할 수 있어야 한다.

- 정지유체에서 절대압력과 계기압력을 계산할 수 있다.
- 표준대기에서 고도에 따른 압력 변화를 설명할 수 있다.
- 마노미터를 읽어 유체압력을 계산할 수 있다.
- 잠긴 평면 또는 곡면에 작용하는 정수력을 계산할 수 있다.
- 유체에 잠긴 물체에 작용하는 부력을 계산할 수 있다.

1장에서 유체를 전단응력을 받을 때 흐르는 연속적으로 변형하는 임의의 물질로 정의했다. 따라서 정지유체에서는(또는 '강체'운동을 하는 유체에서는) 오직 수직응력만이, 즉 압력만이 존재한다. 이 장에서 학습할 주제는 유체 정역학이다.

비록 유체 정역학 문제가 유체역학 문제들 중에서 가장 간단한 분야이기는 하지만 꼭 이 때문에 공부하는 것은 아니다. 정지유체 내에 생겨나는 압력은 많은 실제 상황에서 중요한 현상이다. 유체 정역학의 원리를 이용하면 잠긴 물체에 작용하는 힘을 계산하고, 압력 측정장치를 개발하며, 대기와 해양의 성질을 알아볼 수 있다. 유체 정역학의 원리는 산업용 프레스나 자동차 브레이크 같은 데 응용되는 유압시스템에서 생기는 힘을 구하는 데에도 역시 이용될 수 있다.

정지된 균일유체 또는 강체운동을 하는 유체 내에서 유체입자는 언제나 그 모양을 일정하게 유지하며, 유체요소도 변형되지 않는다. 뉴턴의 제2법칙을 적용하면 유체입자에 작용하는 힘을 구할 수 있다.

3.1 유체 정역학의 기본방정식

이 장의 첫째 목표는 정지유체 내의 압력장을 계산하기 위한 관계식을 얻는 것이다. 이를 통하여 일상적인 경험으로부터 이미 알고 있는 것처럼 압력은 깊이에 따라 증가한다는 점을 보이려 한다. 이를 위하여 그림 3.1에 보이는 것처럼 dx, dy, dz를 각 변으로 하는 질량 $dm = \rho\, d\forall$인 미소 유체요소에 뉴턴의 제2법칙을 적용한다. 유체요소는 그림에 보이는 정지 직각 좌표계를 기준으로 움직이지 않는다.

앞에서 설명했던 것처럼 유체에는 두 가지 일반적 형태의 힘인 체적력과 표면력이 작용한다는 것을 상기하자. 대부분의 공학문제에서 고려해야 하는 유일한 체적력은 중력에 의한 힘이다. 어떤 상황에서는 전기장 또는 자기장에 의해 야기되는 체적력이 존재하기도 하지만, 이 교과서에서 이런 힘들은 고려하지 않는다.

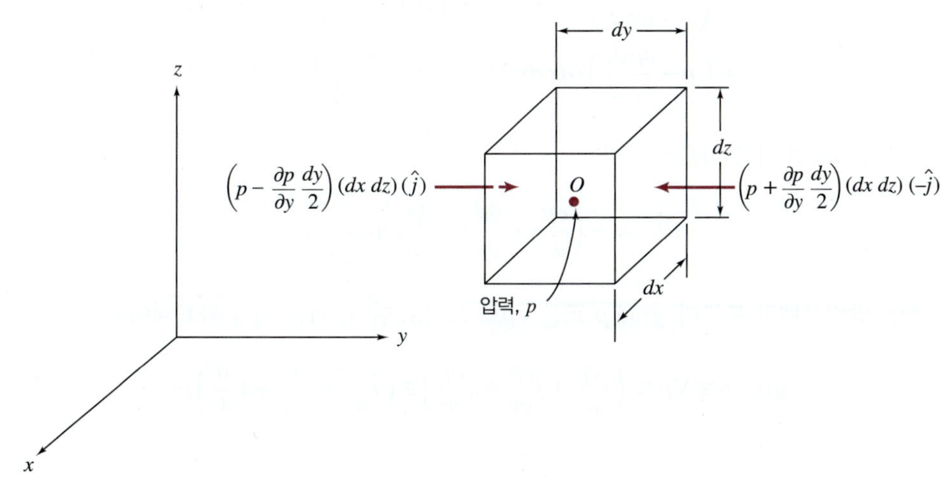

그림 3.1 미소 유체요소와 y방향 압력힘.

미소 유체요소에 대하여 체적력은

$$d\vec{F}_B = \vec{g}\,dm = \vec{g}\,\rho\,d\mathcal{V}$$

이며, 여기서 $\vec{g}$는 국소 중력벡터, ρ는 밀도, $d\mathcal{V}$는 요소의 체적이다. 직각 좌표계에서 $d\mathcal{V} = dxdydz$이므로

$$d\vec{F}_B = \rho\vec{g}\;dx\,dy\,dz$$

가 된다.

정지유체 내에는 전단응력이 없으므로 유일한 표면력은 압력힘이다. 압력은 스칼라장으로 $p = p(x, y, z)$로 표현되며, 일반적으로 압력은 유체 내에서의 위치에 따라 변할 것으로 예상된다. 이 압력 변화의 결과로 생기는 압력힘은 유체요소의 여섯 면에 작용하는 힘을 합하여 알아낼 수 있다.

요소의 중심 O에서의 압력을 p라고 하자. 요소의 여섯 면 각각에서의 압력을 구하기 위하여 점 O에서의 압력에 대하여 Taylor 급수전개를 사용한다. 미소 요소의 왼쪽 면에서의 압력은

$$p_L = p + \frac{\partial p}{\partial y}(y_L - y) = p + \frac{\partial p}{\partial y}\left(-\frac{dy}{2}\right) = p - \frac{\partial p}{\partial y}\frac{dy}{2}$$

이다. 고차 항들은 극한을 취하는 후속과정에서 사라지기 때문에 생략하였다. 미소 요소의 오른쪽 면에서의 압력은

$$p_R = p + \frac{\partial p}{\partial y}(y_R - y) = p + \frac{\partial p}{\partial y}\frac{dy}{2}$$

이다.

미소 요소의 두 y면에 작용하는 **압력힘**(*pressure force*)들은 그림 3.1에 나타나 있다. 각 압력힘은 세 가지 인자의 곱이다. 첫째는 압력의 크기이다. 압력힘의 크기를 구하기 위하여 이 압력의 크기에 해당 면의 면적을 곱하고, 방향을 나타내기 위하여 단위벡터를 도입한다. 아울러 그림 3.1에서 보는 바처럼 각 면에 작용하는 압력힘은 해당 면을 **향해서** 작용함에 유의하라. 양의 압력은 **압축성** 수직응력에 해당한다.

요소의 다른 면들에 작용하는 압력힘들도 같은 방법으로 구하여, 이 힘들을 모두 조합하면 다음과 같은 요소에 작용하는 정미 표면력을 구할 수 있다.

$$\begin{aligned} d\vec{F}_S = &\left(p - \frac{\partial p}{\partial x}\frac{dx}{2}\right)(dy\,dz)(\hat{i}) + \left(p + \frac{\partial p}{\partial x}\frac{dx}{2}\right)(dy\,dz)(-\hat{i}) \\ &+ \left(p - \frac{\partial p}{\partial y}\frac{dy}{2}\right)(dx\,dz)(\hat{j}) + \left(p + \frac{\partial p}{\partial y}\frac{dy}{2}\right)(dx\,dz)(-\hat{j}) \\ &+ \left(p - \frac{\partial p}{\partial z}\frac{dz}{2}\right)(dx\,dy)(\hat{k}) + \left(p + \frac{\partial p}{\partial z}\frac{dz}{2}\right)(dx\,dy)(-\hat{k}) \end{aligned}$$

항들을 모으고 소거하면 다음 식을 얻는다.

$$d\vec{F}_S = -\left(\frac{\partial p}{\partial x}\hat{i} + \frac{\partial p}{\partial y}\hat{j} + \frac{\partial p}{\partial z}\hat{k}\right)dx\,dy\,dz \qquad (3.1a)$$

괄호 안의 항은 압력구배라 부르며, grad p 또는 ∇p로 쓰기도 한다. 이는 직각 좌표계에서

$$\text{grad}\,p \equiv \nabla p \equiv \left(\hat{i}\frac{\partial p}{\partial x} + \hat{j}\frac{\partial p}{\partial y} + \hat{k}\frac{\partial p}{\partial z}\right) \equiv \left(\hat{i}\frac{\partial}{\partial x} + \hat{j}\frac{\partial}{\partial y} + \hat{k}\frac{\partial}{\partial z}\right)p$$

로 표현된다. 구배(gradient)는 벡터 연산자로 취급되며, 스칼라장에 구배를 취하면 벡터장을 얻는다. 구배 표시를 사용하면 식 (3.1a)를

$$d\vec{F}_S = -\operatorname{grad} p(dx\,dy\,dz) = -\nabla p\,dx\,dy\,dz \tag{3.1b}$$

로 쓸 수 있다. 물리적으로 압력구배는 압력에 의한 단위체적당 표면력에 음수를 취한 것이다. 압력 크기 자체는 정미 압력힘을 계산하는 것과 무관하며, 대신에 중요한 것은 거리에 따른 압력의 변화율인 **압력구배**이다. 앞으로 유체역학을 공부하는 동안 이러한 용어를 자주 만나게 된다.

표면력과 체적력에 대한 표현식을 조합하면 유체요소에 작용하는 전체 힘을 다음과 같이 유도할 수 있다.

$$d\vec{F} = d\vec{F}_S + d\vec{F}_B = (-\nabla p + \rho\vec{g})\,dx\,dy\,dz = (-\nabla p + \rho\vec{g})\,d\forall$$

또는 단위체적 기준으로는 다음과 같다.

$$\frac{d\vec{F}}{d\forall} = -\nabla p + \rho\vec{g} \tag{3.2}$$

유체입자에 대하여 뉴턴의 제2법칙을 적용하면 $\vec{F} = \vec{a}\ dm = \vec{a}\,\rho d\forall$이다. 정지유체에 대하여 $\vec{a} = \vec{0}$이기 때문에

$$\frac{d\vec{F}}{d\forall} = \rho\vec{a} = \vec{0}$$

이다. 식 (3.2)에 $d\vec{F}/d\forall = \vec{0}$을 대입하면 다음 식을 얻는다.

$$-\nabla p + \rho\vec{g} = \vec{0} \tag{3.3}$$

이 식을 간략하게 살펴보면, 각 항의 물리적 의미는 다음과 같다.

$$\begin{matrix} -\nabla p & + & \rho\vec{g} & = \vec{0} \\ \left\{\begin{matrix}\text{한 점에서의}\\ \text{단위체적당}\\ \text{정미 압력힘}\end{matrix}\right\} & + & \left\{\begin{matrix}\text{한 점에서의}\\ \text{단위체적당}\\ \text{체적력}\end{matrix}\right\} & = \vec{0}\end{matrix}$$

위의 식은 벡터 식이며, 이 벡터 식은 개별적으로 만족되어야 하는 다음의 세 성분식을 모두 포함하고 있음을 의미한다. 이 성분식들은 다음과 같다.

$$\left.\begin{aligned} -\frac{\partial p}{\partial x} + \rho g_x = 0 \quad & x\text{방향} \\ -\frac{\partial p}{\partial y} + \rho g_y = 0 \quad & y\text{방향} \\ -\frac{\partial p}{\partial z} + \rho g_z = 0 \quad & z\text{방향} \end{aligned}\right\} \tag{3.4}$$

식 (3.4)는 정지유체 내에서 세 좌표 방향 각각에 대한 압력 변화를 기술한다. 중력벡터가 좌표축 중 하나와 나란하도록 좌표계를 선택하는 게 편리하다. 그림 3.1에 보이는 것처럼 z축을 수직 위 방향으로 향하는 좌표계로 선택한다면, $g_x = 0$, $g_y = 0$, $g_z = -g$가 된다. 이런 조건 아래서는 성분식들이

$$\frac{\partial p}{\partial x} = 0, \quad \frac{\partial p}{\partial y} = 0, \quad \frac{\partial p}{\partial z} = -\rho g \tag{3.5}$$

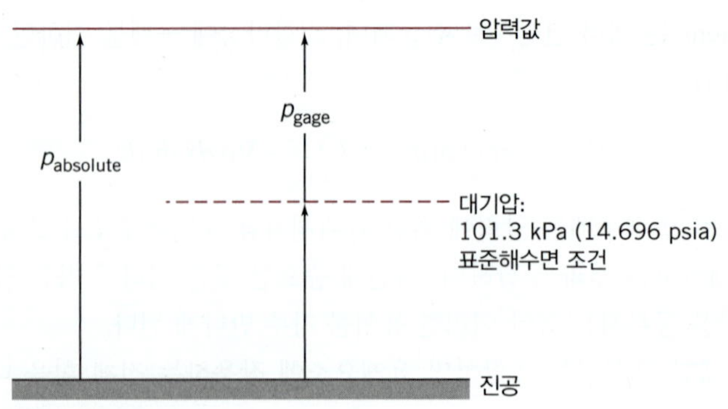

그림 3.2 기준값과 비교한 절대압력과 계기압력.

로 된다. 도입한 가정 아래서 식 (3.5)는 압력이 x 또는 y좌표와 무관하고 오직 z에만 의존한다는 것을 나타낸다. 따라서 p가 한 개 변수의 함수이기 때문에 편미분 대신에 전미분을 사용할 수 있다. 이러한 단순화에 따라서 식 (3.5)는 다음과 같이 간략화된다.

$$\frac{dp}{dz} = -\rho g \equiv -\gamma \tag{3.6}$$

제한조건: **1** 정지유체
2 중력이 유일한 체적력
3 z축이 수직이고 위 방향

식 (3.6)이 유체 정역학의 기본이 되는 압력-높이 관계식이 된다. 이 식은 위의 제한조건을 전제로 함에 주의한다. 따라서 이 식은 이 제한조건들이 합리적으로 성립되는 물리적 상황에 대해서만 적용해야 한다. 정지유체 내에서 압력분포를 구하려면 식 (3.6)을 적분하고 적절한 경계조건을 적용하면 된다.

이 식을 특정한 상황에 적용하는 것을 고려하기에 앞서, 압력값들이 어떤 기준값에 대하여 상대적으로 표현된다는 사실을 기억하는 것이 중요하다. 그림 3.2에 보이는 것처럼 그 기준값이 진공일 때의 압력을 **절대압력**(*absolute pressure*)이라고 한다.

대부분의 압력계는 **압력차**, 즉 측정 압력과 주위 압력(보통은 대기압)과의 차이를 나타낸다. 대기압에 대하여 상대적으로 측정되는 압력값을 **계기압력**(*gage pressure*)이라고 부른다. 따라서 다음이 성립한다.

$$p_{\text{gage}} = p_{\text{absolute}} - p_{\text{atmosphere}}$$

예를 들어 타이어 압력게이지가 207 kPa을 가리킨다면, 절대압력은 대략 308 kPa이다. 이상기체 상태방정식 또는 다른 상태방정식을 사용하는 모든 계산에는 절대압력을 사용해야 한다.

3.2 표준대기

과학자들과 엔지니어들은, 예를 들어 지구 온난화의 영향과 같은 연구에서 기후 변화를 모사하기 위하여 지구의 대기에 대한 수치적 또는 해석적 모델을 필요로 한다. 아직 통일된 하나의 표준모델은 없지만, 미국에서는 미국표준대기[3]가 일반적 기준이 된다. 또한 많은 국가에서는 국제표준대기(ISA)[4]를 사용한다.

미국표준대기의 온도분포가 그림 3.3에 보인다. 추가적인 물리량 값들은 높이의 함수로 부록 A의 표로 정리되어 있다. 미국표준대기의 해수면 조건들은 표 3.1에 요약되어 있다.

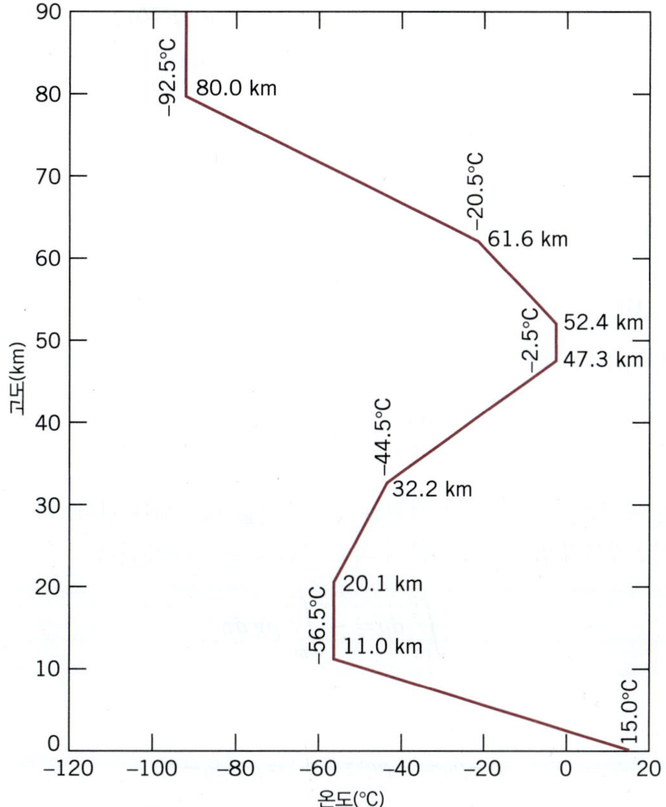

그림 3.3 미국표준대기의 고도에 따른 온도 변화.

표 3.1
미국표준대기의 해수면 조건

물리량	기호	SI	English
온도	T	15°C	59°F
압력	P	101.3 kPa (abs)	14.696 psia
밀도	ρ	1.225 kg/m^3	0.002377 slug/ft^3
비중량	γ	—	0.07651 lbf/ft^3
점도	μ	1.789×10^{-5} kg/(m · s) 또는 Pa · s	3.737×10^{-7} lbf · s/ft^2

3.3 정지유체 내 압력 변화

정지된 유체 내에서의 압력 변화는 다음과 같은 압력–높이의 기본 관계식으로 표현됨을 이전에 증명하였다.

$$\frac{dp}{dz} = -\rho g \tag{3.6}$$

여기서 ρg가 비중량 γ로 정의될 수는 있지만, 식 (3.6)에는 ρ와 g 양쪽이 모두 고려해야 할 변수라는 것을 강조하기 위하여 ρg라고 썼다. 이제 식 (3.6)을 적분하여 압력 변화를 구하기 위해서는 ρ와 g 양쪽의 변화에 대한 정보가 필요하다.

대부분의 실제 공학문제에서 g의 변화는 무시할 만하다. 높이차가 큰 영역에서 압력 변화를 매우 정확하게 계산하는 것과 같은 목적 이외에는 g의 변화를 고려할 필요가 없다. 다른 언급이 없다면 어떤 위치에서도 g가 높이에 따라 변하지 않는 것으로 가정한다.

비압축성 액체: 마노미터

비압축성 유체에 대해서 ρ는 일정하다. 따라서 중력가속도가 일정하면,

$$\frac{dp}{dz} = -\rho g = \text{일정}$$

압력 변화를 구하려면 이 적분을 수행하고 적절한 경계조건을 적용해야 한다. 기준높이 z_0에서의 압력을 p_0로 나타낸다면, 높이 z에서의 압력 p는 적분에 의해 다음과 같이 구해진다.

$$\int_{p_0}^{p} dp = -\int_{z_0}^{z} \rho g \, dz$$

또는

$$p - p_0 = -\rho g(z - z_0) = \rho g(z_0 - z)$$

액체에 대해서는 보통 좌표계의 원점을 자유표면(기준높이)으로 잡고, 그림 3.4와 같이 자유표면으로부터 아래쪽이 양의 방향이 되도록 거리를 측정하는 게 편리하다.

아래쪽이 양의 방향이 되도록 측정한 거리가 h라고 하면

$$z_0 - z = h$$

이며,

$$p - p_0 = \Delta p = \rho g h \tag{3.7}$$

을 얻는다. 식 (3.7)은 정지된 비압축성 유체 내 두 지점의 압력차를 두 지점 사이의 높이차를 측정하여 구할 수 있음을 보여준다. 이러한 목적을 위하여 사용되는 장치들을 마노미터(*manometer*) 또는 액주계라고 한다. 마노미터에 대하여 식 (3.7)을 사용함을 예제 3.1에서 예시한다.

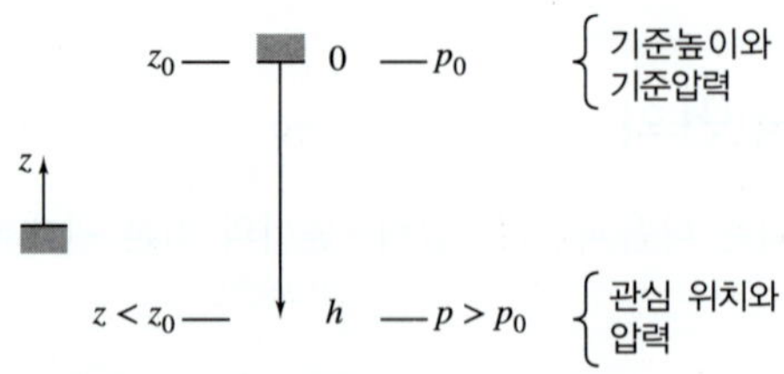

그림 3.4 z와 h 좌표 사용 예.

예제 3.1 수축 및 이완 압력

사람의 정상 혈압은 120/80 mm Hg이다. 혈압계가 U자관 마노미터라고 모델링하여 이 압력들을 kPa 단위의 계기압력으로 변환하라.

주어진 자료: 120 및 80 mm Hg의 계기압력

찾는 자료: kPa 단위의 해당 압력

풀이: 지점 A, A', B에 정수력학 관계식을 적용한다.

지배방정식:

$$p - p_0 = \Delta p = \rho g h \qquad (3.7)$$

혈압
공기
B
h
A
A'
Hg

가정: 1 정지유체
2 비압축성 유체
3 공기밀도 무시(수은 밀도보다 매우 작음)

지점 A'와 B 사이에 지배방정식을 적용하면 다음과 같다(p_B가 대기압이기 때문에 계기압력이 0이란 사실도 이용).

$$p_{A'} = p_B + \rho_{\mathrm{Hg}} g h = SG_{\mathrm{Hg}} \rho_{\mathrm{H_2O}} g h$$

또한 지점 A'에서 마노미터 아래로 바닥까지 내려감에 따라 압력이 증가하고, 왼쪽 튜브의 지점 A까지 위로 다시 올라오면 같은 양만큼 압력이 감소한다. 이는 지점 A와 A'가 같은 압력을 갖는다는 것을 의미하므로, 결과적으로

$$p_A = p_{A'} = SG_{\mathrm{Hg}} \rho_{\mathrm{H_2O}} g h$$

이 된다. 부록 A.1로부터 $SG_{Hg} = 13.6$과 $\rho_{\mathrm{H_2O}} = 1000\ \mathrm{kg/m^3}$를 찾아 대입하면 수축기 혈압($h = 120$ mm Hg)에 대하여

$$p_{\text{systolic}} = p_A = 13.6 \times 1000 \frac{\mathrm{kg}}{\mathrm{m^3}} \times 9.81 \frac{\mathrm{m}}{\mathrm{s^2}} \times 120 \frac{\mathrm{m}}{100} \times \frac{\mathrm{N \cdot s^2}}{\mathrm{kg \cdot m}}$$

$$= 16{,}000 \frac{\mathrm{N}}{\mathrm{m^2}} = 16\ \mathrm{kPa} \longleftarrow p_{\text{systolic}}$$

을 얻는다. 비슷한 과정에 의해서 이완기 혈압($h = 80$ mm Hg)은

$$p_{\text{diastolic}} = 10.67\ \mathrm{kPa} \longleftarrow p_{\text{diastolic}}$$

이다.

> 주의:
> - 연속된 단일 유체 내에서 같은 높이에 있는 두 지점에서는 압력이 같다.
> - 마노미터 문제에서 기체 깊이에 따른 압력의 변화는 무시한다: $\rho_{gas} \ll \rho_{liquid}$
> - 이 문제는 식 (3.7)을 이용하여 mm Hg의 압력을 kPa 단위로 변환하는 것을 보여준다. 120 mm Hg는 대략 16 kPa에 해당한다. 일반적으로 1 atm = 101 kPa = 760 mm Hg 이다.

마노미터는 압력 측정에 자주 사용되는 간단하고 저렴한 장치이다. 압력차가 작을 때에는 액체 수위 변화가 작기 때문에 U자관 마노미터에서 이를 정확하게 읽기가 어려울 수 있다. 마노미터의 **민감도**는 물을 채운 단순한 U자관 마노미터에 비하여 해당 장치가 얼마나 민감한지를 나타내는 척도이다. 명확하게 표현하면, 이는 가해진 동일 압력차 Δp로 인하여 생기는 해당 마노미터의 변위와 물을 채운 U자관 마노미터 변위의 비를 말한다. 이 민감도는 마노미터 디자인을 변경하거나 밀도가 약간 다른 섞이지 않는 두 액체를 사용하여 높일 수 있다. 경사관 마노미터에 대한 해석이 예제 3.2에 예시되어 있다.

예제 3.2 경사관 마노미터의 해석

저수조와 연결된 경사관 마노미터가 아래 그림에 보인다. 가해진 압력차 Δp에 의한 경사관 내 액체의 변위 L에 대한 일반적 표현식을 유도하라. 또 마노미터 민감도에 대한 표현식을 구하고, D, d, θ, SG가 민감도에 미치는 영향에 대하여 설명하라.

주어진 자료: 저수조와 연결된 경사관 마노미터

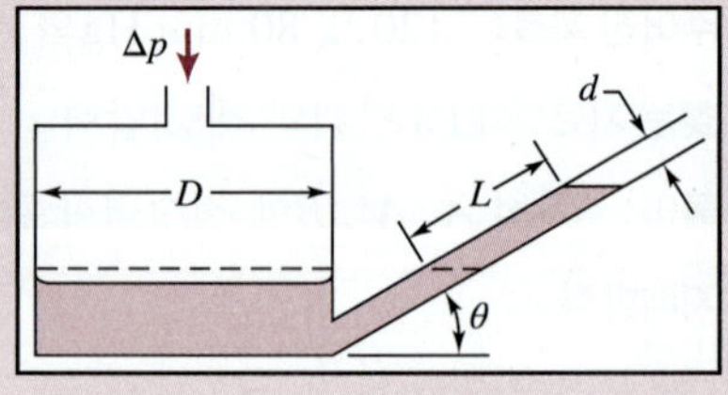

찾는 자료: Δp와 연관된 L의 관계식

마노미터 민감도에 대한 일반적 표현식

민감도에 미치는 파라미터 값들의 영향

풀이: 평형 액체 높이를 기준점으로 사용한다.

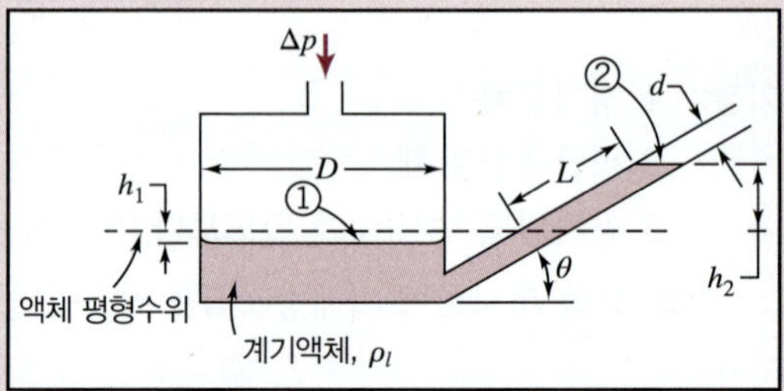

지배방정식:

$$p - p_0 = \Delta p = \rho g h \quad SG = \frac{\rho}{\rho_{H_2O}}$$

가정: **1** 정지유체

2 비압축성 유체

지점 *1*과 *2* 사이에 다음의 지배방정식을 적용한다.

$$p_1 - p_2 = \Delta p = \rho_l g(h_1 + h_2) \tag{1}$$

여기서 h_1을 소거하는데 마노미터 액체의 체적이 일정하다는 사실을 주목한다. 저수조에서 밀려난 체적이 튜브 내로 올라간 체적과 같으므로

$$\frac{\pi D^2}{4} h_1 = \frac{\pi d^2}{4} L \text{ 또는 } h_1 = L\left(\frac{d}{D}\right)^2$$

이다. 또한 마노미터의 기하학적 형상으로부터 $h_2 = L \sin\theta$이다. 이를 식 (1)에 대입하면

$$\Delta p = \rho_l g\left[L \sin\theta + L\left(\frac{d}{D}\right)^2\right] = \rho_l g L\left[\sin\theta + \left(\frac{d}{D}\right)^2\right]$$

이며, 이를 정리하면

$$L = \frac{\Delta p}{\rho_l g\left[\sin\theta + \left(\frac{d}{D}\right)^2\right]} \longleftarrow L$$

이 얻어진다. 추가적으로 마노미터의 민감도를 구하기 위하여 이 식과 물(밀도 ρ)을 사용하는 단순 U자관 마노미터에서 생겨나는 변위 h

$$h = \frac{\Delta p}{\rho g}$$

를 비교할 필요가 있다. 따라서 민감도 s는

$$s = \frac{L}{h} = \frac{1}{SG_l\left[\sin\theta + \left(\frac{d}{D}\right)^2\right]} \longleftarrow s$$

가 된다. 여기서 $SG_l = \rho_l/\rho$이다. 이 결과를 보면 민감도를 높이기 위해서는 SG_l, $\sin\theta$, d/D 각각을 가능하면 작게 해야 함을 알 수 있다. 따라서 설계자가 디자인을 완성하려면 아래 설명처럼 계기액체와 두 기하학적 파라미터를 선정하여야 한다.

계기액체

민감도를 높이기 위해서 계기액체는 가능하면 작은 비중을 가져야 한다. 또한 계기액체는 (독성증기나 인화성이 없이) 안전하고, 측정 대상 유체와 섞이지 않고, 증발로 인한 손실이 적으며, 메니스커스가 명확히 형성되어야 한다. 따라서 계기액체는 표면장력이 상대적으로 낮아야 하고, 가시도를 높일 수 있도록 염료와 잘 혼합되어야 한다.

표 A.1, A.2, A.4를 살펴보면 탄화수소 계열의 액체가 이러한 조건을 대체로 잘 만족한다. 가장 낮은 비중이 0.8 정도로서 물에 비하면 마노미터 민감도가 25% 높아진다.

직경비

아래 그래프는 비중 1인 계기액체가 채워지고 수조에 수직으로 연결된 마노미터에 대하여 직경비가 민감도에 미치는 영향을 보여준다. $d/D = 1$이면 보통의 U자관 마노미터에 해당한다는 것에 주목하라. 이 경우, 총 변위가 h이면 양쪽의 각 변위가 $h/2$이므로 $L = h/2$가 되기 때문에 민감도는 0.5이다. d/D가 0에 접근함에 따라 대부분의 측정 수위 변화가 관 내에서 일어나기 때문에 민감도는 두 배인 1이 된다.

지나친 모세관 효과를 피하려면 튜브의 최소 직경 d는 약 6 mm보다는 커야 한다. 최대 수조 직경 D는 마노미터 전체 크기에 의해 제한된다. 만약 D가 60 mm로 설정된다면 d/D가 0.1이며, 따라서 $(d/D)^2 = 0.01$이며, 민감도는 얻을 수 있는 최댓값 1에 매우 가까운 0.99로 증가한다.

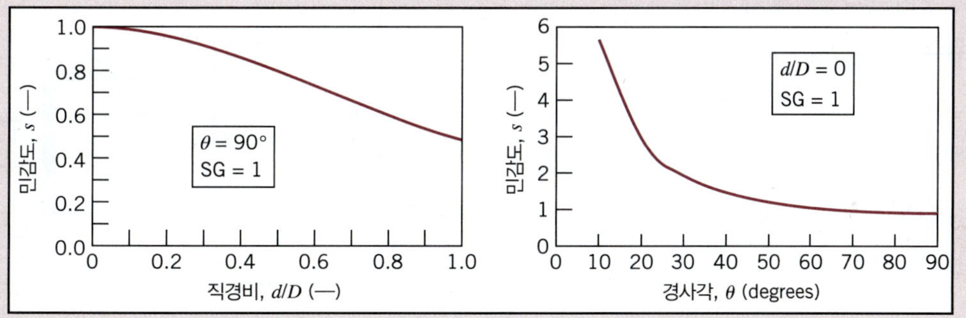

경사각

두 번째 그래프는 $d/D = 0$에 대하여 경사각이 민감도에 미치는 영향을 보여준다. 경사각이 30도 아래로 내려가면 민감도가 급격하게 증가하는데, 약 10도에서 실제 한계에 도달한다. 더 작은 각도에서는 메니스커스가 불분명해지므로 높이를 읽기가 어려워진다.

요약

최선의 파라미터 값들(SG = 0.8, $d/D = 0.1$, $\theta = 10$도)을 조합하면 마노미터 민감도는 6.81이 된다. 물리적으로 이 값은 관측되는 계기액체의 변위와 이에 대응하는 물기둥 높이의 비이다. 따라서 경사관 내 변위는 수직 물기둥에 비하여 6.81배 증폭된다. 민감도가 개선되면 물을 이용한 보통의 마노미터를 사용하는 것보다 더 정확하게 작은 압력차를 읽을 수 있거나 같은 정확도로 더 작은 압력차를 읽을 수 있다.

학생들은 종종 다중액체를 사용하는 마노미터 문제에서는 이를 해석하는 데 어려움을 겪는다. 이때 다음의 일반 지침이 유용하게 사용될 수 있다.

1 같은 액체로 이어진 영역 내에서 높이가 같은 임의의 두 지점에서의 압력은 같다.
2 액체 기둥에서 아래로 내려감에 따라 압력이 증가한다.

다수 개의 유체 층 사이의 두 지점에서의 압력차 Δp를 구하기 위하여 식 (3.1)을 변형한 다음 관계식을 사용할 수 있다.

$$\Delta p = g\sum_i \rho_i h_i \tag{3.8}$$

여기서 ρ_i와 h_i는 각각 유체의 밀도와 깊이를 나타낸다. 깊이 h_i에 부호를 적용할 때 주의해야 하는데, 아래로 내려갈 때는 양이고, 위로 올라갈 때는 음이다. 예제 3.3은 압력차를 측정하는데 다중액체 마노미터를 사용하는 예를 보여준다.

예제 3.3 다중액체 마노미터

물이 흐르는 파이프 A와 B가 있다. 역U자관의 위쪽에 윤활유가 채워져 있다. 마노미터 굴곡부의 바닥에는 수은이 있다. 압력차 $p_A - p_B$를 kPa 단위로 구하라.

주어진 자료: 그림에 보이는 다중액체 마노미터

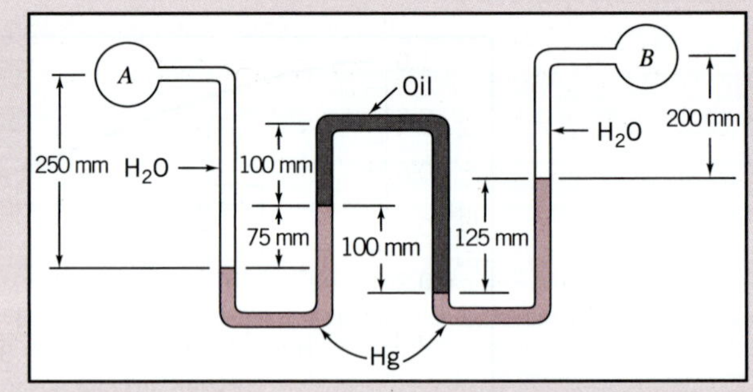

찾는 자료: kPa 단위의 압력차 $p_A - p_B$

풀이:

지배방정식:

$$\Delta p = g\sum_i \rho_i h_i \qquad SG = \frac{\rho}{\rho_{H_2O}}$$

가정: 1 정지유체

2 비압축성 유체

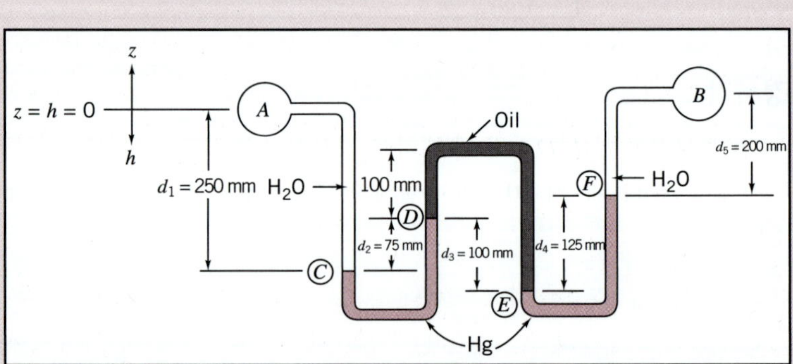

지배방정식을 지점 B에서 시작하여 지점 A까지 적용하면 다음과 같다.

$$p_A - p_B = \Delta p = g(\rho_{H_2O}d_5 + \rho_{Hg}d_4 - \rho_{oil}d_3 + \rho_{Hg}d_2 - \rho_{H_2O}d_1) \tag{1}$$

이 식은 식 (3.1)을 다음 형태로 반복 사용하여 유도할 수도 있다.

$$p_2 - p_1 = \rho g(h_2 - h_1)$$

지점 A에서 시작하여 마노미터를 따라 연속된 점들 사이에 식을 적용하면

$$p_C - p_A = +\rho_{H_2O}gd_1$$
$$p_D - p_C = -\rho_{Hg}gd_2$$
$$p_E - p_D = +\rho_{oil}gd_3$$

$$p_F - p_E = -\rho_{\text{Hg}} g d_4$$
$$p_B - p_F = -\rho_{\text{H}_2\text{O}} g d_5$$

을 얻는다. 각 식에 -1을 곱하여 더하면 식 (1)을 얻는다.

$$p_A - p_B = (p_A - p_C) + (p_C - p_D) + (p_D - p_E) + (p_E - p_F) + (p_F - p_B)$$
$$= -\rho_{\text{H}_2\text{O}} g d_1 + \rho_{\text{Hg}} g d_2 - \rho_{\text{oil}} g d_3 + \rho_{\text{Hg}} g d_4 + \rho_{\text{H}_2\text{O}} g d_5$$

표 A.2에서 찾은 $SG_{\text{Hg}} = 13.6$, $SG_{\text{oil}} = 0.88$과 $\rho = SG\rho_{\text{H}_2\text{O}}$을 대입하면 다음을 얻는다.

$$p_A - p_B = g(-\rho_{\text{H}_2\text{O}} d_1 + 13.6\rho_{\text{H}_2\text{O}} d_2 - 0.88\rho_{\text{H}_2\text{O}} d_3 + 13.6\rho_{\text{H}_2\text{O}} d_4 + \rho_{\text{H}_2\text{O}} d_5)$$
$$= g\rho_{\text{H}_2\text{O}}(-d_1 + 13.6 d_2 - 0.88 d_3 + 13.6 d_4 + d_5)$$
$$p_A - p_B = g\rho_{\text{H}_2\text{O}}(-250 + 1020 - 88 + 1700 + 200)\text{mm}$$
$$p_A - p_B = g\rho_{\text{H}_2\text{O}} \times 2582\ \text{mm}$$
$$= 9.81\frac{\text{m}}{\text{s}^2} \times 1000\frac{\text{kg}}{\text{m}^3} \times 2582\ \frac{\text{m}}{1000} \times \frac{\text{N}\cdot\text{s}^2}{\text{kg}\cdot\text{m}}$$
$$p_A - p_B = 25.33\ \text{kPa} \longleftarrow \underline{\qquad p_A - p_B \qquad}$$

이 예제는 식 (3.1)과 (3.8)의 사용 예를 모두 보여준다. 어느 식을 사용하느냐는 개인적인 선택의 문제이다.

대기압은 수은 기둥의 높이를 측정하는 **기압계**(*barometer*)로 얻는다. 측정된 높이는 식 (3.1)과 부록 A에 주어진 수은의 비중 데이터를 이용하여 압력으로 변환할 수 있다. 수은의 증기압은 무시할 만하지만, 정확한 측정을 위해서 측정되는 높이에 대한 온도 및 고도 보정을 해야 하며 표면장력 효과도 고려해야 한다. 표면장력에 의해 야기되는 튜브 내 모세관 효과는 예제 2.3에서 예시하였다.

기체

많은 실제 공학문제에서 밀도가 고도에 따라 현저하게 변하므로, 정확한 결과를 얻으려면 이 변화에 대한 고려가 필요하다. 만약 밀도를 p 또는 z의 함수로 표현할 수 있다면, 식 (3.6)을 적분하여 압축성 유체 내에서의 압력 변화를 구하는 것이 가능하다. 필요한 밀도 관계식을 얻기 위하여 물리량 정보나 상태방정식을 사용할 수 있다. 몇 가지 형태의 물리량 변화에 대한 해석이 예제 3.4에 나타나 있다.

기체의 밀도는 일반적으로 압력과 온도에 의존한다. 이상기체 상태방정식은 다음과 같이 표현된다.

$$p = \rho RT \tag{1.1}$$

여기서 R은 기체상수(부록 A 참조)이며 T는 절대온도이다. 이 상태방정식은 공학적 조건하의 대부분 기체들의 거동을 정확하게 모델링한다. 하지만 식 (1.1)을 사용하면 기체온도가 추가적 변수로 도입된다. 그러므로 식 (3.6)을 적분하기에 앞서 온도 변화에 대한 추가적인 가정을 해야만 한다.

미국표준대기에서 고도 11.0 km까지는 온도가 고도에 따라서 선형적으로 감소한다. 고도에 따라 온도가 선형관계식 $T = T_0 - mz$로 주어지는 경우, 식 (3.6)으로부터

$$dp = -\rho g\, dz = -\frac{pg}{RT}dz = -\frac{pg}{R(T_0 - mz)}dz$$

을 얻는다. 변수분리 후에 $p = p_0$인 $z = 0$으로부터 압력이 p인 높이 z까지 적분하면 다음과 같다.

$$\int_{p_0}^{p}\frac{dp}{p} = -\int_0^z \frac{g\,dz}{R(T_0 - mz)}$$

그 다음에 이를 정리하면

$$\ln\frac{p}{p_0}=\frac{g}{mR}\ln\left(\frac{T_0-mz}{T_0}\right)=\frac{g}{mR}\ln\left(1-\frac{mz}{T_0}\right)$$

이 되므로, 고도에 따라 온도가 선형적으로 변하는 기체 내에서의 압력 변화는 다음 식으로 주어진다.

$$p=p_0\left(1-\frac{mz}{T_0}\right)^{g/mR}=p_0\left(\frac{T}{T_0}\right)^{g/mR} \tag{3.9}$$

예제 3.4 대기에서의 압력과 밀도의 변화

높은 고도에서는 공기밀도가 감소하고 그에 따라 공기의 질량유량이 감소하기 때문에 가솔린이나 디젤 엔진의 최대출력 성능도 감소한다. 현지 온도와 기압이 각각 27°C와 630 mm인 어느 날, 트럭이 덴버(Denver, 고도 1610 m)에서 출발한다고 하자. 트럭은 온도가 17°C인 베일 패스(Vail Pass, 고도 3230 m)를 지나간다. 베일 패스에서의 국소 대기압과 공기밀도 변화 백분율을 구하라.

주어진 자료: 트럭이 덴버에서 베일 패스까지 이동한다.

덴버: $z=1610\text{ m}$, $p=630\text{ mm Hg}$, $T=27°\text{C}$　　베일 패스: $z=3230\text{ m}$, $T=17°\text{C}$

찾는 자료: 베일 패스에서의 대기압

덴버와 베일 패스 사이의 공기밀도의 변화 백분율

풀이:

지배방정식: $\dfrac{dp}{dz}=-\rho g \qquad p=\rho RT$

가정: **1** 정지유체

2 공기는 이상기체로 거동한다.

고도에 따른 물리량 변화에 대한 다음 네 가지 가정을 고려하여 해석하려 한다.

(a) 만약 온도가 고도에 따라 선형적으로 변한다고 가정한다면, 다음처럼 식 (3.9)를 이용한다.

$$\frac{p}{p_0}=\left(\frac{T}{T_0}\right)^{g/mR}$$

여기서 상수 m을 계산하면

$$m=\frac{T_0-T}{z-z_0}=\frac{(27-17)°\text{C}}{(3230-1610)\text{m}}=6.17\times10^{-3}°\text{C/m}$$

이며

$$\frac{g}{mR}=9.81\frac{\text{m}}{\text{s}^2}\times\frac{1}{6.17\times10^{-3}}\times\frac{1}{286.9\text{ J/kg}\cdot\text{K}}\times\frac{\text{N}\cdot\text{s}^2}{\text{kg}\cdot\text{m}}\times\frac{\text{J}}{\text{N}\cdot\text{m}}=5.54$$

이다. 따라서

$$\frac{p}{p_0}=\left(\frac{T}{T_0}\right)^{g/mR}=\left(\frac{273+17}{273+27}\right)^{5.54}=(0.967)^{5.54}=0.829$$

이고

$$p = 0.829\,p_0 = (0.829)630 \text{ mm Hg} = 522.3 \text{ mm Hg} = 69.6 \text{ kPa} \longleftarrow p$$

이다. 이상기체 상태방정식에서는 온도가 절대온도로 표현되어야 한다는 사실에 주의해야 한다.

공기밀도 변화 백분율은 다음과 같이 주어진다.

$$\frac{\rho-\rho_0}{\rho_0} = \frac{\rho}{\rho_0} - 1 = \frac{p}{p_0}\frac{T_0}{T} - 1 = \frac{0.830}{0.967} - 1 = -0.142 \quad \text{or} \quad -14.2\% \longleftarrow \frac{\Delta\rho}{\rho_0}$$

(b) 밀도 ρ가 ρ_0로 일정하다고 가정하면

$$p = p_0 - \rho_0 g(z-z_0) = p_0 - \frac{p_0 g(z-z_0)}{RT_0} = p_0\left[1 - \frac{g(z-z_0)}{RT_0}\right]$$

$$p = 513.3 \text{ mm Hg} = 68.4 \text{ kPa} \quad \text{그리고} \quad \frac{\Delta\rho}{\rho_0} = 0 \longleftarrow p, \frac{\Delta\rho}{\rho_0}$$

(c) 온도가 일정하다고 가정한다면

$$dp = -\rho g\,dz = -\frac{p}{RT} g\,dz$$

그리고

$$\int_{p_0}^{p} \frac{dp}{p} = -\int_{z_0}^{z} \frac{g}{RT} dz$$

$$p = p_0 \exp\left[\frac{-g(z-z_0)}{RT}\right]$$

이다. T = 일정 = T_0을 적용하면

$$p = 523.8 \text{ mm Hg} = 69.8 \text{ kPa} \quad \text{그리고} \quad \frac{\Delta\rho}{\rho_0} = -16.9\% \longleftarrow p, \frac{\Delta\rho}{\rho_0}$$

(d) p/ρ^k = 일정인 단열 대기에서는

$$p = p_0\left(\frac{T}{T_0}\right)^{k/k-1} = 559.5 \text{ mm Hg} = 74.6 \text{ kPa} \quad \text{그리고} \quad \frac{\Delta\rho}{\rho_0} = -8.2\% \longleftarrow p, \frac{\Delta\rho}{\rho_0}$$

어느 정도의 고도 변화에 대해서는 예측된 압력이 어떠한 물리량 변화 가정을 도입함에 의존성이 강하게 나타나지 않고 있다. 네 가지 다른 가정하에서 계산된 값들은 최대 9% 정도 차이에 그치고 있다. 하지만 예측된 밀도 변화 백분율의 경우에는 상당히 더 큰 차이가 나타났다. 이 중에서 고도에 따른 선형적 온도 변화 가정이 가장 합리적인 가정이다.

이 예제는 대기에 대한 여러 가정 하에서 기본적인 압력-높이 관계와 더불어 이상기체식을 사용하여 고도에 따른 대기 내 압력의 변화를 구하는 예를 보여준다.

3.4 잠긴 면에 작용하는 정수력

정지유체 내에서 압력이 어떻게 변하는지 알아내었는데, 이제 액체 속에 잠긴 면에 작용하는 힘을 조사할 수 있다.

잠긴 면에 작용하는 합력을 완전히 표현하기 위해서는 다음 사항들이 정해져야 한다.

1 힘의 크기
2 힘의 방향
3 힘의 작용선

여기서 잠긴 면에 대해서는 평면과 곡면 모두를 고려하려 한다.

잠긴 평면에 작용하는 정수력

그림 3.5에 윗면에 작용하는 정수력의 합력을 구하고자 하는 잠긴 평면이 나타나 있다. 좌표계 설정이 중요한데, 좌표계는 xy 평면에 해당 면이 자리 잡고, 원점 O가 평면(또는 그 연장)과 자유표면이 교차하는 지점에 존재하도록 설정되어 있다. 힘 F_R뿐만 아니라 이 힘이 작용하는 지점의 위치(좌표 x', y')도 구하고자 한다.

정지유체 내에는 전단응력이 없기 때문에 면의 임의 요소에 작용하는 정수력은 면에 수직하게 작용한다. 윗면의 요소 $dA = dx\,dy$에 작용하는 압력힘은

$$dF = p\,dA$$

로 표현된다. 이 면에 작용하는 합력(*resultant force*)은 미소 힘을 전체 면에 대해 합하여 구하면 된다.

보통 힘의 합을 구할 때는 벡터 개념에 의해 합을 구해야 한다. 하지만 이 경우에는 모든 미소 힘들이 평면에 수직 방향이므로 합력 역시 수직 방향이다. 합력의 크기는 다음처럼 구해진다.

$$F_R = \int_A p\,dA \tag{3.10a}$$

식 (3.10a)의 적분을 계산하기 위해서는 압력 p와 면적요소 dA를 같은 변수로 나타내야 한다.

압력 p를 깊이 h로 나타내기 위해 식 (3.7)을 사용하면

$$p = p_0 + \rho g h$$

이 된다. 이 표현식에서 p_0는 자유표면($h = 0$)에서의 압력이다.

또한 시스템에 대한 기하학적 형상을 고려하면 $h = y \sin\theta$이다. 이 표현식과 위의 압력에 대한 표현식

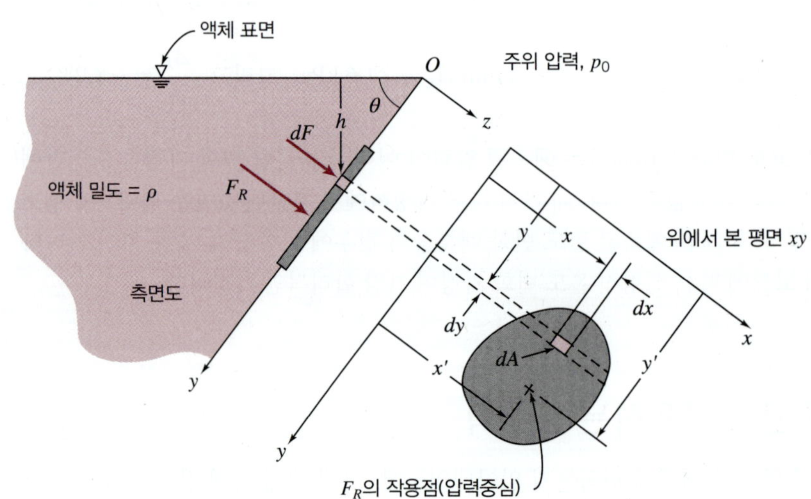

그림 3.5 잠긴 평면.

을 사용하면 식 (3.10a)는

$$F_R = \int_A p\,dA = \int_A (p_0 + \rho g h)dA = \int_A (p_0 + \rho g y \sin\theta)dA$$
$$F_R = p_0 \int_A dA + \rho g \sin\theta \int_A y\,dA = p_0 A + \rho g \sin\theta \int_A y\,dA$$

이 된다. 위 식에서 적분은 x축에 대한 면의 1차 면적모멘트를 나타내며, 다음과 같이 쓸 수 있다.

$$\int_A y\,dA = y_c A$$

여기서 y_c는 면적 A의 도심(*centroid*)의 y 좌표이다. 따라서 합력은

$$F_R = p_0 A + \rho g \sin\theta\, y_c A = (p_0 + \rho g h_c)A$$

또는

$$F_R = p_c A \tag{3.10b}$$

이다. 여기서 p_c는 면적 A의 도심 위치에서의 액체 내 절대압력이다. 식 (3.10b)는 잠겨진 평면의 한쪽 면에 작용하는 액체에 의한 힘(주위 압력 p_0를 포함)을 계산한다. 이 식에서 평면의 반대쪽 면에 어떤 압력 또는 힘의 분포가 작용하는지는 고려하지 않았다. 하지만 그림 3.6에 나타난 것처럼, 액체의 자유표면에 작용하는 것과 동일한 압력 p_0가 이 면에 작용한다면 F_R에 미치는 효과는 상쇄된다. 만약 면에 작용하는 유효 힘을 구하고자 한다면, 식 (3.10b)에서 p_c를 절대압력이 아니라 계기압력으로 나타내어야 한다.

F_R을 계산할 때 식 (3.10a)를 이용하여 적분을 하거나 또는 그 결과인 식 (3.10b)를 사용해도 된다. 여기서 평판 중심에서의 압력을 사용하여 힘을 계산할 수 있기는 하지만, 이 지점이 힘의 작용점이 통과하는 점은 아님에 주의해야 한다.

다음 단계는 합력이 작용하는 위치(x', y')를 구하는 것이다. 먼저 x축에 관한 합력의 모멘트가 분포된 압력힘에 의한 모멘트와 같아야 한다는 사실로부터 y'을 구한다. x축에 관한 미소힘 dF의 모멘트의 합 또는 적분을 구하면 다음 식을 얻는다.

$$y' F_R = \int_A yp\,dA \tag{3.11a}$$

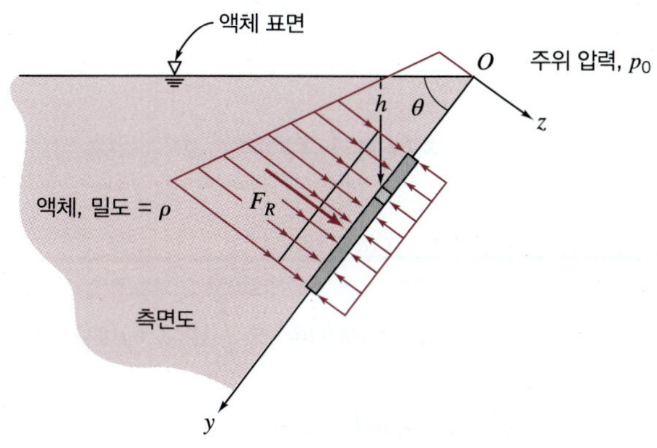

그림 3.6 잠긴 평면에 작용하는 압력분포.

앞서와 마찬가지로 p를 y의 함수로 나타내면 이 식을 적분할 수 있다.

$$y'F_R = \int_A yp\, dA = \int_A y(p_0 + \rho gh)dA = \int_A (p_0 y + \rho g y^2 \sin\theta)dA$$
$$= p_0 \int_A y\, dA + \rho g \sin\theta \int_A y^2 dA$$

첫 번째 적분은 얼마 전 등장한 $y_c A$이다. 두 번째 적분인 $\int_A y^2 dA$는 x축에 관한 2차 면적모멘트 I_{xx}이다. 평행축 정리 $I_{xx} = I_{\hat{x}\hat{x}} + Ay_c^2$을 사용하면 I_{xx}를 도심을 지나는 $\hat{x}$축에 대한 표준 2차 면적모멘트로 치환할 수 있다. 이 모든 것을 종합하면 다음과 같다.

$$y'F_R = p_0 y_c A + \rho g \sin\theta (I_{\hat{x}\hat{x}} + Ay_c^2) = y_c(p_0 + \rho g y_c \sin\theta)A + \rho g \sin\theta\, I_{\hat{x}\hat{x}}$$
$$= y_c(p_0 + \rho g h_c)A + \rho g \sin\theta I_{\hat{x}\hat{x}} = y_c F_R + \rho g \sin\theta I_{\hat{x}\hat{x}}$$

결과적으로 y'에 대한 다음 표현식을 얻는다.

$$y' = y_c + \frac{\rho g \sin\theta\, I_{\hat{x}\hat{x}}}{F_R} \tag{3.11b}$$

식 (3.11b)는 주위 압력 p_0가 작용하고 있을 때 잠긴 면에 작용하는 힘의 작용점 y'을 계산하는 데 편리하다. 만약 면의 반대쪽에 동일한 주위 압력이 작용한다면 식 (3.10b)에서 p_0를 제외하고 유효 힘을 계산할 수 있다.

$$F_R = p_{c_{\text{gage}}} A = \rho g h_c A = \rho g y_c \sin\theta\, A$$

또한 식 (3.11b)는 다음과 같이 표현된다.

$$y' = y_c + \frac{I_{\hat{x}\hat{x}}}{Ay_c} \tag{3.11c}$$

식 (3.11a)는 합력의 작용점 y'을 계산하기 위한 적분 형태의 식이며, 식 (3.11b)는 잠긴 면에 작용하는 합력으로 y'을 계산하는 데 유용한 대수식이다. 한편 식 (3.11c)는 자유표면과 잠긴 면의 반대편 표면에 동일한 압력 p_0가 작용할 때 y'을 구하기 위한 식이다. 반대쪽의 압력이 p_0가 아닌 문제에서는 면의 양쪽을 각각 해석하거나 두 압력분포를 하나의 유효 압력분포로 바꾸어 사실상 p_c를 계기압력으로 표현한 식 (3.10b)를 이용하여 해석하면 된다.

어떤 경우에도 $y' > y_c$이며, 힘의 작용점 높이가 항상 평판의 도심보다 낮다는 점에 유의한다. 이는 그림 3.6이 보이는 바처럼 아래쪽의 압력이 항상 더 높기에 합력이 평면의 아래쪽으로 이동하기 때문이다.

평판에 걸리는 힘의 작용점에 대한 x 좌표인 x' 역시 유사한 방법으로 계산할 수 있다. y축에 관한 미소 힘 dF의 모멘트 합을 취하면

$$x'F_R = \int_A x\, p\, dA \tag{3.12a}$$

을 얻는다. 앞서와 마찬가지로 p를 y의 함수로 표현하면

$$x'F_R = \int_A xp\, dA = \int_A x(p_0 + \rho gh)dA = \int_A (p_0 x + \rho g xy \sin\theta)dA$$
$$= p_0 \int_A x\, dA + \rho g \sin\theta \int_A xy\, dA$$

첫 번째 적분은 x_cA가 되며, 여기서 x_c는 y축에서 도심까지의 거리이다. 두 번째 적분은 $\int_A xy\,dA = I_{xy}$이다. 평행축 정리 $I_{xy} = I_{\hat{x}\hat{y}} + Ax_c\,yc$를 사용하면 다음과 같다.

$$x'F_R = p_0x_cA + \rho g\sin\theta(I_{\hat{x}\hat{y}} + Ax_cy_c) = x_c(p_0 + \rho g y_c\sin\theta)A + \rho g\sin\theta\, I_{\hat{x}\hat{y}}$$
$$= x_c(p_0 + \rho g h_c)A + \rho g\sin\theta\, I_{\hat{x}\hat{y}} = x_cF_R + \rho g\sin\theta\, I_{\hat{x}\hat{y}}$$

결과적으로 x'에 대한 다음의 표현식을 얻게 된다.

$$x' = x_c + \frac{\rho\, g\sin\theta\, I_{\hat{x}\hat{y}}}{F_R} \tag{3.12b}$$

식 (3.12b)는 주위 압력 p_0를 고려하여 x'을 계산할 때 편리하다. 만약 면의 반대쪽에도 주위 압력이 작용한다면 p_0를 제외한 식 (3.10b)를 사용하여 힘을 계산할 수 있다. 이 경우에 식 (3.12b)는 다음과 같이 표현된다.

$$x' = x_c + \frac{I_{\hat{x}\hat{y}}}{Ay_c} \tag{3.12c}$$

식 (3.12a)는 합력의 작용점 x'을 계산하기 위한 적분 형태의 식이며, 식 (3.12b)는 잠긴 쪽 면에 작용하는 합력으로부터 x'을 계산하기에 유용하다. 한편 식 (3.12c)는 자유표면과 잠긴 면의 반대편 표면에 동일한 압력 p_0가 작용할 때 x'을 구하기 위한 식이다.

요약하면, 식 (3.10a)에서 (3.12c)까지를 이용하면 임의의 잠긴 평면에 작용하는 정수압에 의한 힘의 크기와 작용점을 계산할 수 있다. 힘의 방향은 항상 평면에 들어가는 쪽으로 수직하다.

다음의 예제에서 이 식들의 사용 예를 볼 수 있다. 예제 3.5에서는 적분식과 대수식을 모두 사용하며, 예제 3.6에서는 대수식만을 사용한다.

예제 3.5 잠긴 경사 평면에 작용하는 합력

아래 보이는 경사면의 폭은 5 m이며, 모서리 A를 따라 힌지되었다. 경사면에 작용하는 물과 공기에 의한 합력 F_R을 구하라.

주어진 자료: A를 따라 힌지된 직사각형 수문, w = 5 m

찾는 자료: 수문에 작용하는 물과 공기에 의한 합력 F_R

풀이: F_R을 완전하게 표현하기 위해서는 힘의 (a) 크기와 (b) 작용점(힘의 방향은 면에 수직)을 구해야 한다. 이 문제를 (i) 직접 적분과 (ii) 대수식을 이용하여 풀려 한다.

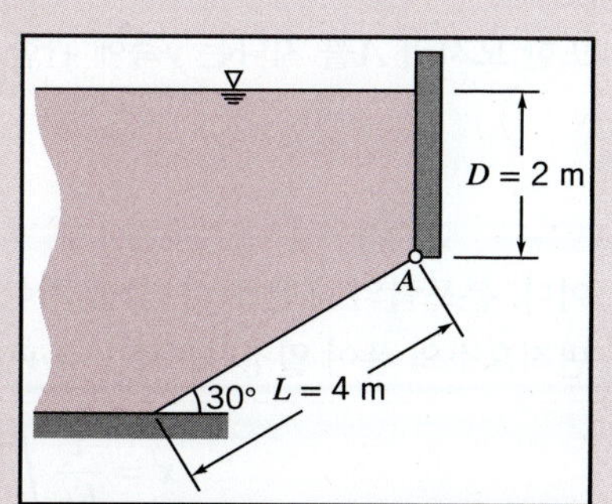

직접 적분

지배방정식:

$$p = p_0 + \rho g h \quad F_R = \int_A p\,dA \quad \eta' F_R = \int_A \eta p\,dA \quad x'F_R = \int_A xp\,dA$$

대기압 p_0가 평판의 양쪽에 작용하므로 그 효과는 상쇄되며, 계기압력($p = \rho gh$)을 이용하여 계산하면 된다. 또한 변수 y를 사용하여 적분할 수도 있겠지만, 여기서는 그림에서 보는 것처럼 변수 η를 정의하여 사용하는 게 더 편리하다.

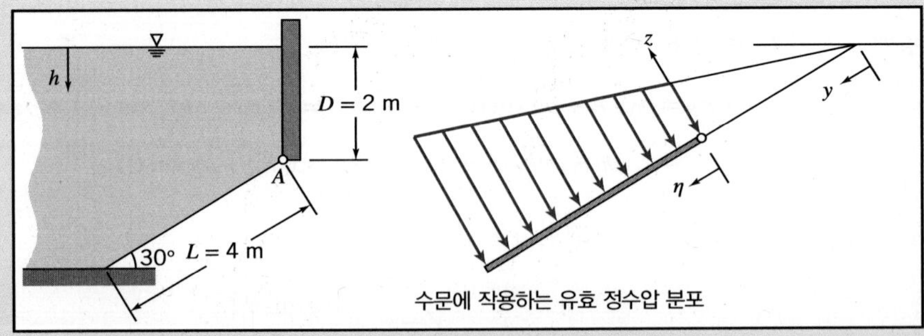

η를 사용하여 h와 dA를 표현하면

$$h = D + \eta \sin 30^\circ \text{ 그리고 } dA = w\,d\eta$$

이다. 이 식들을 합력을 구하기 위한 지배방정식에 적용하면 다음과 같다.

$$\begin{aligned} F_R &= \int_A p dA = \int_0^L \rho g(D + \eta \sin 30^\circ) w\,d\eta \\ &= \rho g w \left[D\eta + \frac{\eta^2}{2} \sin 30^\circ \right]_0^L = \rho g w \left[DL + \frac{L^2}{2} \sin 30^\circ \right] \\ &= 999 \frac{\text{kg}}{\text{m}^3} \times 9.81 \frac{\text{m}}{\text{s}^2} \times 5\text{m} \left[2\,\text{m} \times 4\,\text{m} + \frac{16\,\text{m}^2}{2} \times \frac{1}{2} \right] \frac{\text{N} \cdot \text{s}^2}{\text{kg} \cdot \text{m}} \end{aligned}$$

$$F_R = 588\,\text{kN} \longleftarrow F_R$$

힘의 작용점 위치인 η'(평판의 위쪽 모서리에서부터의 거리)을 구하기 위해서

$$\eta' F_R = \int_A \eta p\,dA$$

을 이용한다. 그러면 다음의 결과를 얻는다.

$$\begin{aligned} \eta' &= \frac{1}{F_R} \int_A \eta p dA = \frac{1}{F_R} \int_0^L \eta p w\,d\eta = \frac{\rho g w}{F_R} \int_0^L \eta(D + \eta \sin 30^\circ) d\eta \\ &= \frac{\rho g w}{F_R} \left[\frac{D\eta^2}{2} + \frac{\eta^3}{3} \sin 30^\circ \right]_0^L = \frac{\rho g w}{F_R} \left[\frac{DL^2}{2} + \frac{L^3}{3} \sin 30^\circ \right] \\ &= 999 \frac{\text{kg}}{\text{m}^3} \times 9.81 \frac{\text{m}}{\text{s}^2} \times \frac{5\,\text{m}}{5.88 \times 10^5\,\text{N}} \left[\frac{2\,\text{m} \times 16\,\text{m}^2}{2} + \frac{64\,\text{m}^3}{3} \times \frac{1}{2} \right] \frac{\text{N} \cdot \text{s}^2}{\text{kg} \cdot \text{m}} \end{aligned}$$

$$\eta' = 2.22\,\text{m} \text{ 그리고 } y' = \frac{D}{\sin 30^\circ} + \eta' = \frac{2\,\text{m}}{\sin 30^\circ} + 2.22\,\text{m} = 6.22\,\text{m} \longleftarrow y'$$

또한 모서리 A를 지나는 y축에 관한 모멘트를 고려하면

$$x' = \frac{1}{F_R} \int_A xp\,dA$$

이다. 분포력의 모멘트(우변)를 계산할 때 이미 정역학을 통하여 아는 바처럼 x 대신에 면적요소의 도심을 사용해야 함을 상기하라. 면적요소의 폭이 일정하므로 $x = w/2$이며

$$x' = \frac{1}{F_R} \int_A \frac{w}{2} p\,dA = \frac{w}{2F_R} \int_A p\,dA = \frac{w}{2} = 2.5\,\text{m} \longleftarrow x'$$

이 된다.

대수식

대수식을 사용할 때는 상황에 맞는 적절한 수식을 고르는 데 주의를 기울여야 한다. 이 문제에서는 평판의 양쪽에서 $p_0 = p_{\text{atm}}$이므로 유효 힘을 구하기 위하여 p_c를 계기압력으로 놓은 식 (3.10b)를 사용한다.

$$F_R = p_c A = \rho g h_c A = \rho g \left(D + \frac{L}{2} \sin 30^\circ \right) Lw$$

$$F_R = \rho g w \left[DL + \frac{L^2}{2} \sin 30^\circ \right]$$

이 결과는 직접 적분에 의해 구한 것과 동일한 표현식이다.

압력중심의 y 좌표는 식 (3.11c)로 구한다.

$$y' = y_c + \frac{I_{\hat{x}\hat{x}}}{A y_c} \tag{3.11c}$$

경사진 직사각형 수문에 대하여

$$y_c = \frac{D}{\sin 30^\circ} + \frac{L}{2} = \frac{2\text{ m}}{\sin 30^\circ} + \frac{4\text{ m}}{2} = 6\text{ m}$$

$$A = Lw = 4\text{ m} \times 5\text{ m} = 20\text{ m}^2$$

$$I_{\hat{x}\hat{x}} = \frac{1}{12} wL^3 = \frac{1}{12} \times 5\text{ m} \times (4\text{ m})^3 = 26.7\text{ m}^2$$

$$y' = y_c + \frac{I_{\hat{x}\hat{x}}}{A y_c} = 6\text{ m} + 26.7\text{ m}^4 \times \frac{1}{20\text{ m}^2} \times \frac{1}{6\text{ m}} = 6.22\text{ m} \longleftarrow y'$$

이다. 압력중심의 x 좌표는 식 (3.12c)로 구한다.

$$x' = x_c + \frac{I_{\hat{x}\hat{y}}}{A y_c} \tag{3.12c}$$

직사각형 수문에 대해서 $I_{\hat{x}\hat{y}} = 0$ 이므로 $x' = x_c = 2.5\text{ m} \longleftarrow x'$

이 예제는 다음을 알아보았다.
- 적분식과 대수식의 사용
- 유효 힘을 계산하기 위한 대수식의 사용

예제 3.6 자유표면의 계기압력이 0이 아닐 때 잠긴 수직 평면이 받는 힘

그림에 나타난 탱크 측면의 문이 그 밑변을 따라 힌지되어 있다. 4790 Pa (gage)의 압력이 액체의 자유표면에 작용한다. 이 문을 닫은 상태로 유지하는 데 필요한 힘 F_t를 구하라.

주어진 자료: 그림에 보이는 문

찾는 자료: 문을 닫은 상태로 유지하는 데 필요한 힘

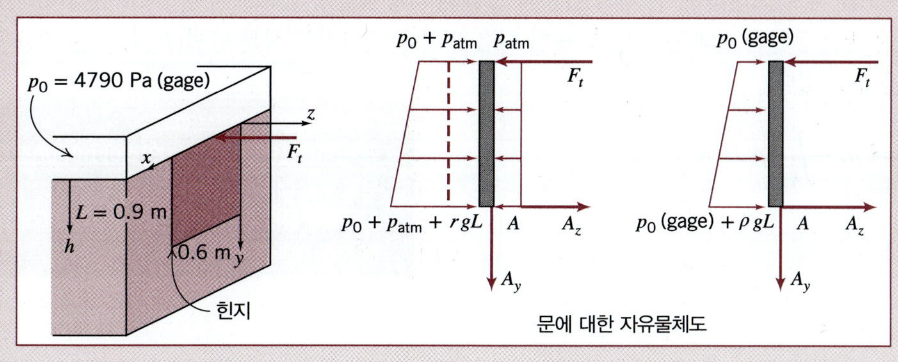

문에 대한 자유물체도

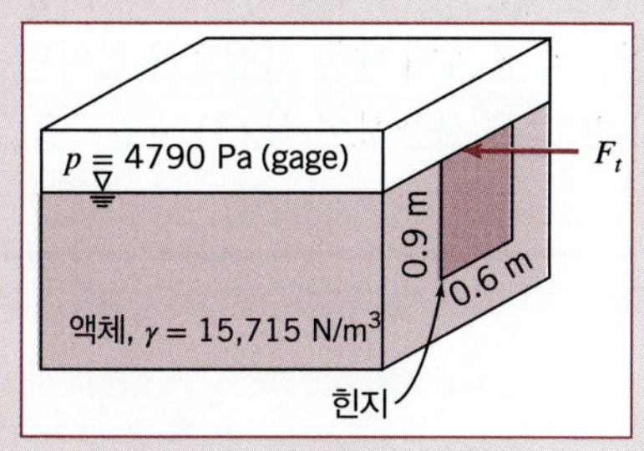

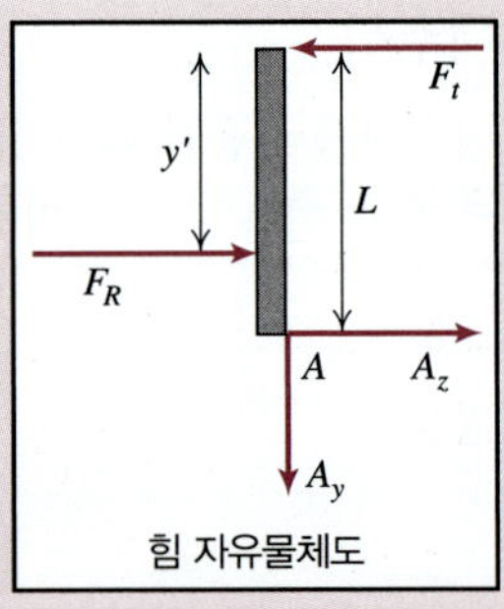

힘 자유물체도

풀이: 이 문제에서는 문에 대한 자유물체도(FBD)가 필요하다. 문의 안쪽과 바깥쪽에 분포된 압력으로 인해 문이 유효 힘을 받으며 FBD에도 표현(위치와 함께)되었다. 합력과 그 작용점을 계산하기 위한 식을 선택할 때 주의가 필요하다. 절대압력을 사용(왼쪽 FBD)하여 두 힘(양쪽 면에 작용)을 계산하든지 아니면 계기압력으로 하나의 힘을 계산(오른쪽 FBD)하면 된다. 여기서는 간편한 계산을 위하여 계기압력을 사용한다. 오른쪽 FBD에서 식 (3.10b)와 (3.11b)를 사용해야 함을 명료하게 알 수 있다. 이 식들은 주위 압력(p_0)의 영향을 포함하고자 하는 문제, 여기서는 자유표면에 0이 아닌 계기압력이 작용하는 문제를 위하여 유도되었다. 힌지로 인한 힘의 성분들은 A_y와 A_z이다. 힘 F_t는 점 A(힌지)에 대한 모멘트를 취함으로써 알아낼 수 있다.

지배방정식:

$$F_R = p_c A \qquad y' = y_c + \frac{\rho g \sin\theta \, I_{\hat{x}\hat{x}}}{F_R} \qquad \sum M_A = 0$$

합력과 그 작용점은 다음과 같다.

$$F_R = (p_0 + \rho g h_c)A = \left(p_0 + \gamma \frac{L}{2}\right) bL \tag{1}$$

$$y' = y_c + \frac{\rho g \sin 90^\circ \, I_{\hat{x}\hat{x}}}{F_R} = \frac{L}{2} + \frac{\gamma b L^3/12}{\left(p_0 + \gamma \frac{L}{2}\right) bL} = \frac{L}{2} + \frac{\gamma L^2/12}{\left(p_0 + \gamma \frac{L}{2}\right)} \tag{2}$$

점 A에 대하여 모멘트를 취하면

$$\sum M_A = F_t L - F_R(L - y') = 0 \text{ 또는 } F_t = F_R\left(1 - \frac{y'}{L}\right)$$

이다. 식 (1)과 (2)를 위의 식에 사용하면 다음의 결과가 나온다.

$$F_t = \left(p_0 + \gamma \frac{L}{2}\right) bL \left[1 - \frac{1}{2} - \frac{\gamma L^2/12}{\left(p_0 + \gamma \frac{L}{2}\right)}\right]$$

$$\begin{aligned} F_t &= \left(p_0 + \gamma \frac{L}{2}\right) \frac{bL}{2} + \gamma \frac{bL^2}{12} = \frac{p_0 bL}{2} + \frac{\gamma b L^2}{6} \\ &= 4790 \frac{\text{N}}{\text{m}^2} \times 0.6\,\text{m} \times 0.9\,\text{m} \times \frac{1}{2} + 15715 \frac{\text{N}}{\text{m}^3} \times 0.6\,\text{m} \times 0.81\,\text{m}^2 \times \frac{1}{6} \\ F_t &= 2566\,\text{N} \end{aligned} \tag{3}$$

$\longleftarrow F_t$

이 문제는 문 양쪽에 작용하는 두 압력분포를 따로 고려하여 두 개의 합력과 그들의 작용점을 구함으로써 풀 수도 있었다. 이러한 힘들의 점 A에 대한 모멘트를 합하면 F_t에 대한 동일한 결과를 얻는다. 또한 다음과 같은 직접적인 적분 방법(F_R와 y'을 따로 구하지 않고)을 사용하여 식 (3)의 결과를 얻을 수도 있다.

$$\sum M_A = F_t L - \int_A y\, p\, dA = 0$$

이 예제는 다음을 알아보았다.

- 액체 자유표면에서의 계기압력이 0이 아닌 경우를 위한 대수식 사용
- 작용해야 하는 힘 계산을 위한 정역학의 모멘트 식 사용

잠긴 곡면에 작용하는 정수력

곡면에 대해서도 작용하는 합력은 표면에서의 압력분포를 적분하면 해당 표현식을 얻을 수 있다. 하지만 평면과 달리 좀 더 복잡한 문제가 된다. 압력힘은 면의 어느 점에서도 직각으로 작용하지만, 여기서 면적의 미소 요소는 면의 곡률로 인해 그 방향이 변한다. 따라서 요소 dA에 대해 적분하는 대신에 벡터요소 $d\vec{A}$에 대해서 적분해야 한다. 이렇게 하면 처음에는 더 복잡한 해석이 전개되지만, 궁극적으로는 간단한 풀이 방법을 얻을 수 있다.

그림 3.7에 보이는 곡면을 고려해 보자. 면적요소 $d\vec{A}$에 작용하는 압력힘은

$$d\vec{F} = -p\,d\vec{A}$$

이다. 여기서 음수 부호는 힘이 면에 대한 수직과 반대방향으로 작용함을 의미한다. 합력은

$$\vec{F}_R = -\int_A p\,d\vec{A} \tag{3.13}$$

이 된다. 여기서

$$\vec{F}_R = \hat{i}F_{R_x} + \hat{j}F_{R_y} + \hat{k}F_{R_z}$$

인데, F_{Rx}, F_{Ry}, F_{Rz}는 각각 $\vec{F}_R$에 대한 양의 x, y, z방향 힘 성분이다.

주어진 방향의 힘 성분을 구하기 위하여 힘과 주어진 방향 단위벡터의 내적을 취한다. 예를 들어 식 (3.13)의 양변에 단위벡터 $\hat{i}$와의 내적을 취하면

$$F_{R_x} = \vec{F}_R \cdot \hat{i} = \int d\vec{F} \cdot \hat{i} = -\int_A p\,d\vec{A} \cdot \hat{i} = -\int_{A_x} p\,dA_x$$

가 된다. 여기서 dA_x는 x축과 직교하는 평면으로 $d\vec{A}$를 투영한 것이고(그림 3.7 참조), 음수부호는 힘의 x 성분이 음의 x방향이라는 것을 알려준다.

어떤 문제에서도 힘 성분의 방향은 직관에 의해 구할 수 있기 때문에 벡터를 반드시 사용해야 하는 것은 아니다. 일반적으로 합력의 l방향 성분은

$$F_{R_l} = \int_{A_l} p\,dA_l \tag{3.14}$$

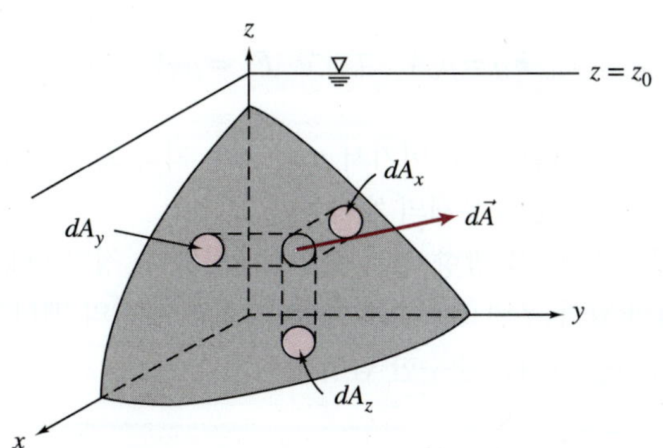

그림 3.7 잠긴 곡면.

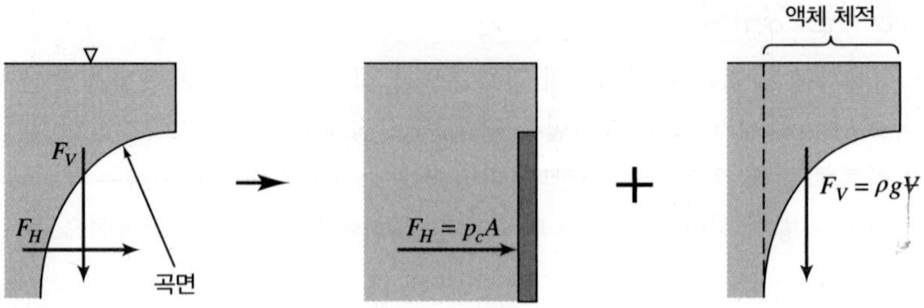

그림 3.8 잠긴 곡면에 작용하는 힘.

이다. 여기서 dA_l은 l방향과 직교하는 평면으로 면적요소 dA를 투영한 것이다. 합력의 각 성분에 대한 작용선을 구할 때는 주어진 축에 대한 합력 성분의 모멘트가 동일 축에 대한 해당 분포 힘 성분의 모멘트와 같다는 사실을 이용하면 된다.

식 (3.14)를 사용하면 수평력 F_{R_x}와 F_{R_y}를 구할 수 있다. **수평력과 그 작용점은 곡면을 투사한 가상적인 수직 평면에 작용하는 결과와 동일하다**는 흥미로운 결과를 얻는다. 이는 그림 3.8에서 볼 수 있고, 그림에서 F_H는 수평력이다.

그림 3.8에는 힘의 수직성분을 계산하는 방법에 대해서도 설명되었다. 자유표면과 곡면의 반대쪽에 대기압이 작용할 때 **수직력은 곡면 위에 있는 유체의 무게와 같다.** 이는 식 (3.14)를 적용하여 합력의 수직성분을 구해보면 알 수 있다. 즉,

$$F_{R_z} = F_V = \int p\, dA_z$$

이고, $p = \rho g h$이므로

$$F_V = \int \rho g h\, dA_z = \int \rho g\, d\forall$$

이다. 여기서 $\rho g h\, dA_z = \rho g\, d\forall$는 면적요소 dA_z 위에서 곡면으로부터 자유표면까지의 거리 h만큼의 미소 액체 기둥의 무게이다. 합력의 수직성분은 잠긴 전체 표면에 대해서 이를 다음처럼 적분하여 구한다.

$$F_V = \int_{A_z} \rho g h\, dA_z = \int_{\forall} \rho g\, d\forall = \rho g \forall$$

정리하면, 곡면에 대하여 유체로 인해 받는 힘의 수평 및 수직성분을 구하려면

$$F_H = p_c A \quad \text{그리고} \quad F_V = \rho g \forall \tag{3.15}$$

와 같은 두 개의 간단한 식을 사용하면 된다. 여기서 p_c와 A는 각각 곡면을 투영한 수직 평면의 도심에서의 압력과 면적이며, $\forall$는 곡면 위에 있는 유체의 체적이다.

지금까지 곡면에 작용하는 정수력을 방향 성분으로 표현하였다. 정역학에서 배운 바를 상기하면 힘의 합력은 한 점에 작용하는 힘의 합과 우력으로 표현하였다. 힘과 우력의 벡터가 직교한다면 2차원 곡면의 경우처럼 합력은 하나의 작용선을 가지는 순수한 힘이 된다.

예제 3.7 잠긴 곡면에 작용하는 힘의 성분

그림의 수문은 점 O에서 힌지되었으며, 그 폭은 $w = 5$ m로 일정하다. 곡면의 식은 $x = y^2/a$인데, 여기서 $a = 4$ m이다. 수문 오른편의 물 깊이는 $D = 4$ m이다. 수문의 무게를 무시할 때 수문이 평형을 유지하는 데 필요한, 그림에 표시된 힘 F_a의 크기를 구하라.

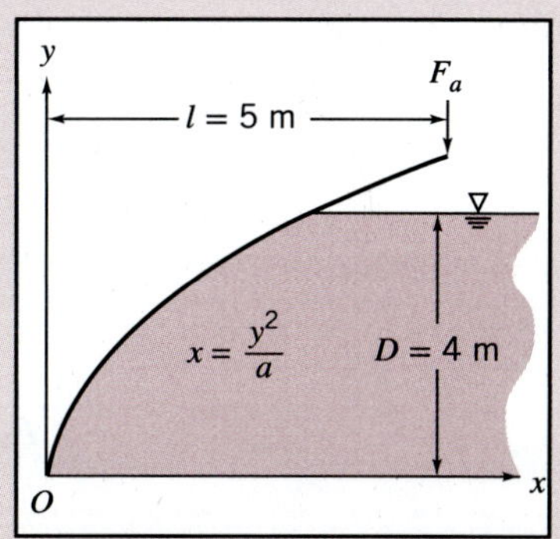

주어진 자료: 폭이 $w = 5$ m로 일정한 수문

xy 평면에서 곡면의 식은 $x = y^2/a$이며 $a = 4$ m

수문 오른편에는 물이 $D = 4$ m 깊이로 차 있음

그림에 보인 것처럼 힘 F_a를 가하며, 수문의 무게는 무시함(편의상 O에서의 반력은 나타내지 않았음에 주목)

찾는 자료: 수문이 평형을 유지하는 데 필요한 힘 F_a

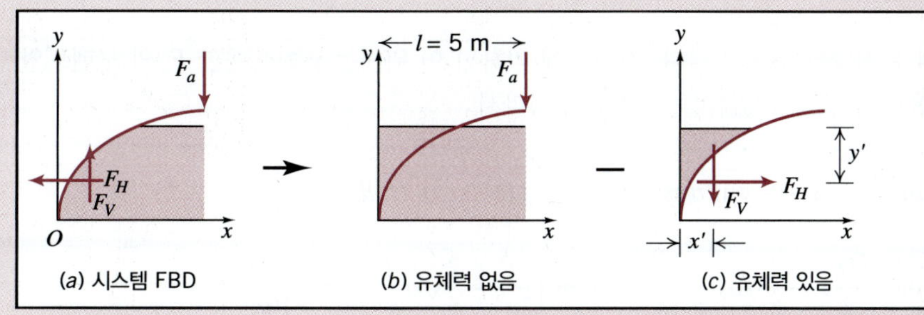

풀이: 물에 의한 수평력과 수직력의 크기와 작용점을 구한 다음에 점 O에 대한 모멘트를 취하려 한다. 시스템의 자유물체도를 그림 (a)에 나타냈다. 유체력의 수직성분 F_V를 계산하려면 수문의 양쪽에 물이 있는 시스템(유체력 없음)에서 수문 위에만 물이 있는 시스템(유체력 생겨남)을 빼주도록 하면 된다. 이 논리는 위 그림에 설명되어 있는데, [시스템의 FBD(a)] = [유체력이 없는 FBD(b)] − [유체력이 있는 FBD(c)]. 따라서 시스템 FBD(a)에 작용하는 유체의 수평력 및 수직력은 FBD(c)에 작용하는 힘들과 크기는 같고 방향이 반대이다. 정리하면, 수직력 F_V의 크기와 작용점은 수문 '위' 유체의 무게 및 도심의 위치와 같다. 수평력 F_H의 크기와 작용점은 대등한 수직 평면에 작용하는 힘의 크기 및 작용점과 같다.

지배방정식:

$$F_H = p_c A \qquad y' = y_c + \frac{I_{\hat{x}\hat{x}}}{A y_c} \qquad F_V = \rho g \forall \qquad x' = \text{물의 무게중심}$$

F_H를 구하기 위한 도심, 면적, 대등한 수직 평면의 2차 모멘트는 각각 $y_c = h_c = D/2$, $A = D_w$, $I_{\hat{x}\hat{x}} = wD^3/12$로 주어진다. 따라서 수평력은

$$\begin{aligned} F_H &= p_c A = \rho g h_c A \\ &= \rho g \frac{D}{2} D w = \rho g \frac{D^2}{2} w = 999 \frac{\text{kg}}{\text{m}^3} \times 9.81 \frac{\text{m}}{\text{s}^2} \times \frac{(4\ \text{m}^2)}{2} \times 5\ \text{m} \times \frac{\text{N}\cdot\text{s}^2}{\text{kg}\cdot\text{m}} \\ F_H &= 392\ \text{kN} \end{aligned} \tag{1}$$

이며, 그 작용점은 다음과 같다.

$$y' = y_c + \frac{I_{\hat{x}\hat{x}}}{A y_c}$$

$$
\begin{aligned}
&= \frac{D}{2} + \frac{wD^3/12}{wDD/2} = \frac{D}{2} + \frac{D}{6} \\
y' &= \frac{2}{3}D = \frac{2}{3} \times 4\ \text{m} = 2.67\ \text{m}
\end{aligned} \tag{2}
$$

F_V를 구하려면 수문 '위' 물의 무게를 계산해야 한다. 이를 위해 체적이 $(D - y)w\,dx$인 미소 기둥을 정의하고 다음과 같이 적분한다.

$$
\begin{aligned}
F_V &= \rho g \forall = \rho g \int_0^{D^{2/a}} (D-y)w\,dx = \rho g w \int_0^{D^{2/a}} (D - \sqrt{a}x^{1/2})dx \\
&= \rho g w \left[Dx - \frac{2}{3}\sqrt{a}x^{3/2} \right]_0^{D^{3/a}} = \rho g w \left[\frac{D^3}{a} - \frac{2}{3}\sqrt{a}\frac{D^3}{a^{3/2}} \right] = \frac{\rho g w D^3}{3a} \\
F_V &= 999\frac{\text{kg}}{\text{m}^3} \times 9.81\frac{\text{m}}{\text{s}^2} \times 5\ \text{m} \times \frac{(4)^3\text{m}^3}{3} \times \frac{1}{4\ \text{m}} \times \frac{\text{N} \cdot \text{s}^2}{\text{kg} \cdot \text{m}} = 261\ \text{kN}
\end{aligned} \tag{3}
$$

이 힘의 작용점 x'는 수문 '위' 물의 무게중심 위치와 같다. 정역학에 의하면 이 위치는 y축에 대한 F_V의 모멘트와 미소 무게의 모멘트 합이 같아야 한다는 사실을 이용하여 구할 수 있음을 상기하라. 따라서

$$
\begin{aligned}
x'F_V &= \rho g \int_0^{D^{2/a}} x(D-y)w\,dx = \rho g w \int_0^{D^{2/a}} (D - \sqrt{a}x^{3/2})dx \\
x'F_V &= \rho g w \left[\frac{D}{2}x^2 - \frac{2}{5}\sqrt{a}x^{5/2} \right]_0^{D^{2/a}} = \rho g w \left[\frac{D^5}{2a^2} - \frac{2}{5}\sqrt{a}\frac{D^5}{a^{5/2}} \right] = \frac{\rho g w D^5}{10a^2} \\
x' &= \frac{\rho g w D^5}{10a^2 F_V} = \frac{3D^2}{10a} = \frac{3}{10} \times \frac{(4)^2\ \text{m}^2}{4\ \text{m}} = 1.2\ \text{m}
\end{aligned} \tag{4}
$$

이다. 이제 유체힘들을 구했으므로, 식 (1)부터 (4)까지의 결과를 이용하여 마지막으로 (적절한 부호를 사용하도록 주의하면서) 점 O에 대한 모멘트를 다음과 같이 취할 수 있다.

$$
\begin{aligned}
\sum M_O &= -lF_a + x'F_V + (D-y')F_H = 0 \\
F_a &= \frac{1}{l}[x'F_V + (D-y')F_H] \\
&= \frac{1}{5\ \text{m}}[1.2\ \text{m} \times 261\ \text{kN} + (4-2.67)\text{m} \times 392\ \text{kN}] \\
F_a &= 167\ \text{kN} \longleftarrow F_a
\end{aligned}
$$

이 예제는 다음을 알아보았다.

- 곡면에 작용하는 수평력을 구하기 위해서는 수직 평면에 관한 식을 사용하고, 수직력을 구하기 위해서는 유체무게에 관한 식을 사용한다.
- 곡면 아래쪽에 유체가 있는 문제는 이를 유체가 위에 있는 문제로 바꾸기 위한 '사고실험'을 사용한다.

3.5 부력과 안정성

물체가 액체 속에 잠기거나 액체 표면에 떠 있을 때 액체 압력으로 인하여 물체가 받는 수직력을 **부력** (*buoyancy*)이라 한다. 그림 3.9에 보인 것처럼 정지액체 속에 완전히 잠긴 물체를 고려해 보자.

정수압으로 인해 물체에 작용하는 수직력은 그림 3.9에 보이는 바처럼 기둥 모양 체적요소를 고려하면 매우 쉽게 구할 수 있다.

액체 내 깊이 h에서의 압력 p는 식 (3.7)을 이용하여 다음과 같이 계산됨을 공부한 적이 있다.

$$
p = p_0 + \rho g h
$$

이에 따라 요소에 작용하는 유효 수직력은

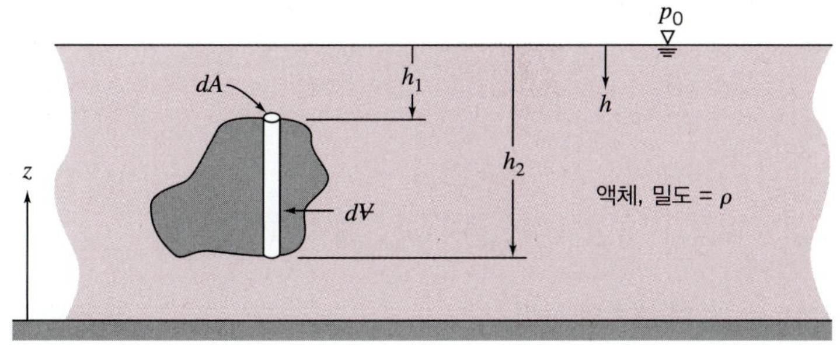

그림 3.9 정지액체 속에 잠긴 물체.

$$dF_z = (p_0 + \rho g h_2)dA - (p_0 + \rho g h_1)dA = \rho g(h_2 - h_1)dA$$

이다. 여기서 요소의 체적은 $(h_2 - h_1)dA = d\forall$이므로

$$F_z = \int dF_z = \int_{\forall} \rho g d\forall = \rho g \forall$$

이다. 이 식에서 $\forall$는 물체의 체적이다. 따라서 잠긴 물체에 대한 유체의 부력은 배제된 유체의 무게와 같다는 결론을 얻는다.

$$F_{\text{buoyancy}} = \rho g \forall \tag{3.16}$$

이 관계식은 기원전 220년에 아르키메데스가 히에론 2세 왕의 왕관에 들어 있는 금의 함유량을 구하기 위하여 사용했다고 한다. 이에 따라 이 관계식을 흔히 '아르키메데스의 원리'라고 부른다. 현대의 기술 응용분야에서도 식 (3.16)은 선박, 부양장치, 잠수정 등을 설계하는 데 사용되고 있다[1].

부력이 생기는 데 잠긴 물체가 꼭 고체일 필요는 없다. 물속에서 유맥선(streakline)과 시간선(timeline)을 가시화하기 위하여 사용되는 수소기포는 양의 부력을 받는다. 기포들은 유동을 따라 쓸려가면서 천천히 떠오른다. 반대로 기름 속의 물방울들은 음의 부력을 받아서 가라앉는 경향을 보인다.

비행선이나 기구는 '공기보다 가벼운' 비행체라 부른다. 이상기체의 밀도는 분자량에 비례하므로 수소와 헬륨은 동일 온도와 압력에서의 공기보다 밀도가 낮다. 수소($M_m = 2$)는 헬륨($M_m = 4$)보다 밀도가 낮기는 하지만 가연성이 매우 높다. 이에 비해 헬륨은 불활성이다. 수소는 1937년 독일의 여객비행선인 힌덴부르크(*Hindenburg*)호의 폭발참사 이후 더 이상 상업용으로 사용되지 않는다. 양력 생성을 위한 부력의 이용이 예제 3.8에 예시되었다.

예제 3.8 열기구의 부력

열기구(직경 15 m의 구로 간소화)가 하중이 2670 N인 바구니를 들어 올리려 한다. 이륙에 성공하려면 공기를 어느 온도까지 가열해야 하는가?

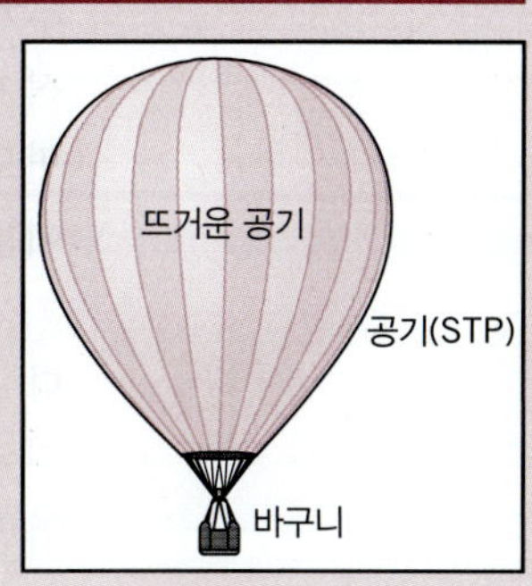

주어진 자료: 표준(STP) 대기, 기구의 직경 $d = 15$ m, 하중 $W_{\text{load}} = 2670$ N

찾는 자료: 이륙 성공에 필요한 열기구 공기의 온도

풀이: 부력 식을 적용하여 대기에 의하여 생성되는 양력을 구하고, 수직력에 대한 평형식을 적용하여 열기구 공기의 밀도를 구한다. 그 다음 이상기체 관계식을 사용하여 열기구 공기의 온도를 구한다.

지배방정식:

$$F_{\text{buoyancy}} = \rho g \forall \qquad \sum F_y = 0 \qquad p = \rho RT$$

가정: 1 이상기체

2 대기압

수직력을 다음과 같이 합한다.

$$\sum F_y = F_{\text{buoyancy}} - W_{\text{hot air}} - W_{\text{load}} = \rho_{\text{atm}} g\forall - \rho_{\text{hot air}} g\forall - W_{\text{load}} = 0$$

이를 재정리하고 (부록 A의 데이터를 사용하여) $\rho_{\text{hot air}}$에 대하여 풀면

$$\begin{aligned}\rho_{\text{hot air}} &= \rho_{\text{atm}} - \frac{W_{\text{load}}}{g\forall} = \rho_{\text{atm}} - \frac{6W_{\text{load}}}{\pi d^3 g}\\ &= 1.227\frac{\text{kg}}{\text{m}^3} - 6\times\frac{2670\ \text{N}}{\pi(15)^3\ \text{m}^3}\times\frac{\text{s}^2}{0.81\ \text{m}}\times\frac{\text{kg}\cdot\text{m}}{\text{N}\cdot\text{s}^2}\\ \rho_{\text{hot air}} &= (1.227-0.154)\frac{\text{kg}}{\text{m}^3} = 1.073\frac{\text{kg}}{\text{m}^3}\end{aligned}$$

이다. 마지막으로 열기구 공기의 온도를 구하기 위해서 다음과 같은 형태로 이상기체 식을 사용한다.

$$\frac{p_{\text{hot air}}}{\rho_{\text{hot air}} R T_{\text{hot air}}} = \frac{p_{\text{atm}}}{\rho_{\text{atm}} R T_{\text{atm}}}$$

그리고 $\rho_{\text{hot air}} = \rho_{\text{atm}}$이다. 따라서

$$T_{\text{hot air}} = T_{\text{atm}}\frac{\rho_{\text{atm}}}{\rho_{\text{hot air}}} = (273+15)\ \text{K}\times\frac{1.227}{1.073} = 329\ \text{K}$$

$$T_{\text{hot air}} = 56°\text{C} \longleftarrow T_{\text{hot air}}$$

이다.

주의:
- 이상기체 식에는 항상 절대압력과 절대온도를 사용해야 한다.
- 이 문제는 공기보다 가벼운 비행체에서 부력이 비행체 무게보다 큼을, 즉 배제된 유체(공기)의 무게가 비행체 무게보다 크다는 것을 보여준다.

식 (3.16)은 단일 액체 속에 완전히 잠긴 물체에 작용하는 압력힘의 수직력을 구하는 식이다. 물체의 일부만 잠긴 경우를 보면, 떠 있는 물체는 자신의 무게만큼의 액체를 떠 있는 곳에서 밀어낸다.

부력의 작용선은 3.4절의 방법을 이용하여 알아낼 수 있는데, 배제된 체적의 도심을 통과한다. 떠 있는 물체에 대해서 물체의 무게와 부력이 평형을 이루기 때문에, 그림 3.10에서 보는 것처럼 부력 작용선의 위치가 안정성을 결정한다.

물체의 무게는 무게중심(CG)을 따라 작용한다. 그림 3.10a의 경우는 부력과 무게의 작용선이 서로 어긋나며 배를 바로 세우는 우력이 생겨나도록 되어 있다. 그림 3.10b에서는 우력이 배가 뒤집히도록 생겨난다.

배의 롤링 안정성을 확보하기 위해서 바닥짐(ballast)이 유용할 수 있다. 예전의 목조 전함은 상갑판의 무거운 대포 무게로 인한 불안정성을 상쇄하기 위하여 아래쪽 선체에 바닥짐으로 돌을 싣고 다녔다. 현대식 배 또한 안정성 문제를 갖는다. 과적된 페리선의 경우, 상갑판의 한쪽에 모든 승객들이 모이면 CG가 측면으로 이동하여 배가 뒤집힐 수도 있다. 컨테이너선의 갑판에 컨테이너를 높이 쌓을 때, 그림 3.10b에 보이는 것과 같은 불안정한 조건에 도달하는 높이까지 무게중심이 올라가지 않도록 주의해야 한다.

그림 3.10a와 같이 상대적으로 바닥이 납작한 배에서는 롤링 각도가 커짐에 따라 복원모멘트가 증가한다. 일반적으로 갑판 가장자리가 수면 아래로 내려가는 어떤 각도에서 복원모멘트가 절정이 되고 감소하기 시작한다. 안정성 소실각도로 알려진 어떤 큰 롤링 각도에서 모멘트는 0이 된다. 롤링이 이 각도를 넘어가면 배가 뒤집힌다.

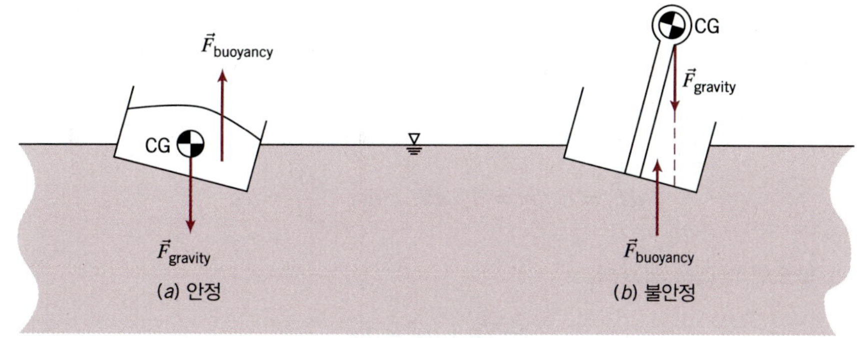

그림 3.10 부유 물체의 안정성.

배의 복원모멘트 곡선의 실제 모양은 선체 모양에 의존한다. 폭이 넓은 보는 부력의 작용선을 측면으로 크게 이동시키므로 큰 복원모멘트를 일으킨다. 흘수선 위로 건현이 높으면 모멘트가 절정이 되는 각도가 증가하지만, 이 이상의 각도에서 모멘트가 급격히 감소할 수 있다.

범선에는 돛에 바람이 불면서 커다란 측면 힘이 작용한다(세찬 바람을 맞으면서 항해하는 범선은 일반적으로 상당한 롤링 각도에서 운행된다). 바람에 의하여 측면에 작용하는 힘은 선체 바닥 밑으로 연장된 매우 무거운 용골로 상쇄해 주어야 한다. 작은 범선에서는 배가 뒤집히는 것을 막기 위하여 승무원들이 현측 너머까지 몸을 기울여 추가 복원모멘트를 확보하기도 한다[2].

수면을 운항하는 배의 부력은 배가 물속에서 더 높게 또는 더 낮게 뜨면서 어느 정도 범위 내에서는 자동적으로 조정된다. 그러나 완전히 잠겨서 운항하는 배는 중립 부양을 유지하기 위하여 부력과 무게를 능동적으로 조정해야 한다. 잠수함에서는 과도한 부력을 줄이기 위하여 탱크에 물을 채우거나, 부력을 증가시키기 위하여 압축공기를 탱크에 불어 넣는다[1]. 비행선은 하강을 위하여 가스를 배출하거나 상승하기 위하여 바닥짐을 떨어뜨린다. 열기구의 부력은 기낭 속 공기온도를 변화시켜서 조정한다.

깊은 바닷속을 잠수할 때 압축공기를 사용하는 것은 높은 압력 때문에 비현실적이다. 부력을 제공하기 위하여 바닷물 속에서 뜨는 휘발유 같은 액체를 사용할 수 있다. 그러나 휘발유가 물보다 압축성이 높기 때문에 더 깊이 잠수함에 따라 부력은 감소한다. 그러므로 수면으로 돌아올 때 양의 부력을 확보하기 위하여 바닥짐을 싣고 가서 버리는 것이 필요하다.

구조적으로 가장 효율적인 비행선과 잠수함의 선체 모양은 단면이 원형이다. 부력은 원의 중심을 통과한다. 그러므로 롤링 안정성을 위해서는 CG가 선체 중심선보다 아래쪽에 있어야 한다.

3.6 강체운동을 하는 유체

유체 정역학 이론을 이용하여 유체운동을 학습할 분야가 하나 있는데 바로 강체운동이다. 강체운동에서는 유체 전체가 하나의 강체처럼 움직이며 각 유체입자는 운동하더라도 변형되지 않는다. 이는 정지유체 경우처럼 전단응력이 없다는 것을 의미한다. 여기서는 일정 가속도 경우(예제 3.9)와 일정 회전 경우(예제 3.10)만을 취급할 예정이다. 정지유체 경우와 마찬가지로 뉴턴의 운동 제2법칙을 이용하여 특정한 강체운동으로 야기되는 압력장을 구할 수 있다.

3.1절에서 체적 $d\forall$의 유체입자에 작용하는 압력과 중력에 의한 힘의 관계식을 다음과 같이 표현하였다.

$$d\vec{F} = (-\nabla p + \rho\vec{g})d\forall$$

또는

$$\frac{d\vec{F}}{d\forall} = -\nabla p + \rho \vec{g} \tag{3.2}$$

뉴턴의 제2법칙은 다음과 같으므로

$$d\vec{F} = \vec{a}\, dm = \vec{a}\rho\, d\forall \quad \text{or} \quad \frac{d\vec{F}}{\forall} = \rho \vec{a}$$

이를 식 (3.2)에 넣으면 다음을 얻는다.

$$-\nabla p + \rho \vec{g} = \rho \vec{a} \tag{3.17}$$

가속도 $\vec{a}$가 일정하다면 가속도를 $\vec{g}$와 결합하여 $\vec{g}_{eff} = \vec{g} - \vec{a}$의 유효 '중력가속도'를 도입한 다음, 식 (3.17)을 정지유체 대상 압력분포 방정식인 식 (3.3)과 동일 형태로 표현할 수 있다.

$$-\nabla p + \rho \vec{g}_{eff} = \vec{0} \quad [-\nabla p + \rho \vec{g} = \vec{0}\,(3.3)\text{과 비교한다}]$$

이는 $\vec{g}$ 대신에 $\vec{g}_{eff}$를 이용하면 이 장 해당 절의 결과를 이용할 수 있다는 의미이다. 예를 들어 일정한 가속도를 겪는 액체에서 깊이에 따라 압력은 $\vec{g}_{eff}$의 방향으로 증가하며, 압력 증가율은 ρg_{eff}가 된다. 여기서 g_{eff}는 $\vec{g}_{eff}$의 크기이다. 등압선은 $\vec{g}_{eff}$의 방향과 수직이 될 것이다. 식 (3.17)의 물리적 의미는 다음과 같다.

$$\underset{\left\{\begin{matrix}\text{한 점에서의}\\ \text{단위체적당}\\ \text{정미 압력힘}\end{matrix}\right\}}{-\nabla p} + \underset{\left\{\begin{matrix}\text{한 점에서의}\\ \text{단위체적당}\\ \text{체적력}\end{matrix}\right\}}{\rho \vec{g}} = \underset{\left\{\begin{matrix}\text{단위체적당}\\ \text{질량}\end{matrix}\right\} \times \left\{\begin{matrix}\text{유체입자의}\\ \text{가속도}\end{matrix}\right\}}{\rho \vec{a}}$$

이 벡터 식은 개별적으로 만족해야 하는 세 성분식으로 구성된다. 직교 좌표계에서는 이 성분식이 다음과 같다.

$$\left.\begin{aligned} -\frac{\partial p}{\partial x} + \rho g_x &= \rho a_x \quad x\text{방향} \\ -\frac{\partial p}{\partial y} + \rho g_y &= \rho a_y \quad y\text{방향} \\ -\frac{\partial p}{\partial z} + \rho g_z &= \rho a_z \quad z\text{방향} \end{aligned}\right\} \tag{3.18}$$

다른 좌표계에 대한 성분식은 ∇p에 대한 적절한 표현식을 이용하여 표기할 수 있다. 원통좌표계의 경우에는 벡터 연산자 ∇가 다음과 같이 주어진다.

$$\nabla = \hat{e}_r \frac{\partial}{\partial r} + \hat{e}_\theta \frac{1}{r}\frac{\partial}{\partial \theta} + \hat{k}\frac{\partial}{\partial z} \tag{3.19}$$

여기서 $\hat{e}_r$과 $\hat{e}_\theta$는 각각 r과 θ 방향의 단위벡터이다. 따라서

$$\nabla p = \hat{e}_r \frac{\partial p}{\partial r} + \hat{e}_\theta \frac{1}{r}\frac{\partial p}{\partial \theta} + \hat{k}\frac{\partial p}{\partial z} \tag{3.20}$$

예제 3.9 선형가속에 놓인 액체의 강체운동

당신이 직장에서 승진해서 현재 지역에서 이사한다고 하자. 어항을 미니밴 뒤에 실어 옮겨야 한다. 어항의 크기는 30 cm × 60 cm × 30 cm이다. 어항에 물을 얼마나 남겨 놓아야 이동 중에 물이 쏟아지지 않을 것인가?

주어진 자료: 30 cm × 60 cm × 30 cm 크기의 어항에 물을 일부 채워서 자동차로 이동 중이다.

찾는 자료: 이동 중에 쏟아지지 않도록 합리적으로 확신할 물의 허용 깊이

풀이: 풀이의 첫 단계로 문제의 일반적 서술을 특정 문제로 변환하여 문제를 공식화한다.

자동차가 움직일 때 도로의 과속방지턱을 지나거나 코너를 돌면 물 표면에 움직임이 있음을 안다. 하지만 물 표면에 미치는 주요 영향은 자동차의 선형가속(또는 감속)에 의한다고 가정한다. 즉 물의 출렁거림은 무시한다.

이제 이 문제를 선형가속이 자유표면에 미치는 영향에 관한 문제로 한정한다. 아직은 운동 방향에 대한 탱크의 방향은 결정하지 못했다. 운동 방향으로 x 좌표를 정한다면 탱크는 탱크의 긴 쪽을 운동 방향에 어떻게 해야, 즉 수평으로 또는 수직으로 맞추어야 하는가?

물 내에 상대적 움직임이 없다면 a_x의 일정 가속도만을 다루면 된다. 이런 상황에서 자유표면의 형상은 어떻게 되는가? 간소화된 해답을 찾기 위해서 물리현상을 이상화하여 원래 문제를 재편해 보자.

주어진 자료: 탱크에는 깊이 d로 물이 채워져 있으며 일정 가속도 a_x가 작용한다. 탱크 높이는 30 cm, 운동 방향 쪽의 탱크 길이는 b이다. 운동 방향에 수직인 폭은 c이다.

찾는 자료: (a) 가속도 a_x에 따른 자유표면의 형상

(b) 탱크 방향과 a_x에 따른 허용 물 깊이 d

(c) 바람직한 탱크 방향과 권장되는 물 깊이

풀이:

지배방정식: $-\nabla p + \rho\vec{g} = \rho\vec{a}$

$$-\left(\hat{i}\frac{\partial p}{\partial x} + \hat{j}\frac{\partial p}{\partial y} + \hat{k}\frac{\partial p}{\partial z}\right) + \rho(\hat{i}g_x + \hat{j}g_y + \hat{k}g_z) = \rho(\hat{i}a_x + \hat{j}a_y + \hat{k}a_z)$$

여기서 p는 z의 함수가 아니므로 $\partial p/\partial z = 0$이다. 또한 $g_x = 0$, $g_y = -g$, $g_z = 0$, 그리고 $a_y = a_z = 0$.

$$\therefore -\hat{i}\frac{\partial p}{\partial x} - \hat{j}\frac{\partial p}{\partial y} - \hat{j}\rho g = \hat{i}\rho a_x$$

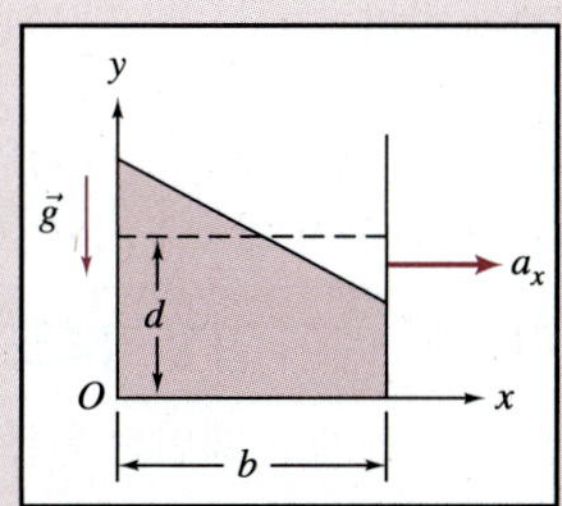

성분식은 다음과 같다:

$$\frac{\partial p}{\partial x} = -\rho a_x \qquad \frac{\partial p}{\partial y} = -\rho g$$

편미분에서는 미분할 때 다른 변수는 일정하다고 취급함을 기억한다.

이제 $p = p(x,y)$의 표현식을 찾는 문제가 되었다. 그렇게 해서 자유표면에 대한 관계식을 찾을 수도 있지만 아마도 그럴 필요가 없을 수 있다.

압력이 $p = p(x,y)$이므로 (x,y)와 $(x + dx, y + dy)$의 두 지점 사이 압력차는 다음과 같다.

$$dp = \frac{\partial p}{\partial x}dx + \frac{\partial p}{\partial y}dy$$

자유표면은 등압선의 일종이므로 자유표면을 따라서 $dp = 0$이 된다. 그러므로

$$0=\frac{\partial p}{\partial x}dx+\frac{\partial p}{\partial y}dy=-\rho a_x\,dx-\rho g\,dy$$

따라서

$$\left.\frac{dy}{dx}\right)_{\text{free surface}}=-\frac{a_x}{g} \longleftarrow \text{\{자유표면은 평면이다.\}}$$

수식 (3.17)을 유효 '중력가속도'로 변환하면 위의 결과를 좀 더 직접적으로 얻을 수 있다.

$$-\nabla p+\rho\vec{g}_{eff}=0$$

여기서 $\vec{g}_{eff}=\vec{g}-\hat{i}a_x=\hat{i}a_x-\hat{i}g$이다. 자유표면을 포함한 등압선은 $\vec{g}_{eff}$의 방향에 수직으로 형성되며 등압선의 기울기는 $-1/(g/a_x)=-a_x/g$이 된다.

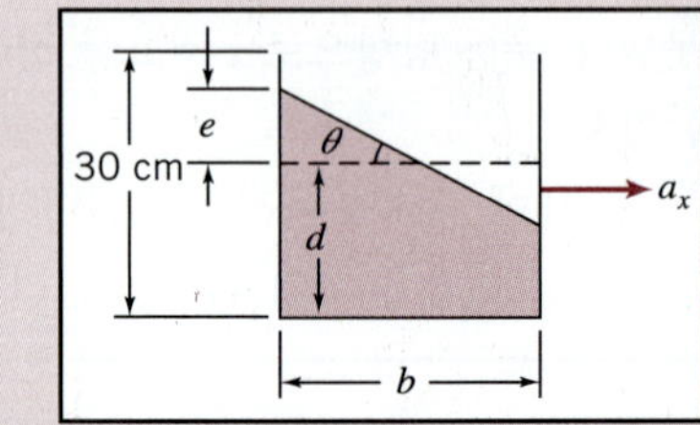

$d=$ 원래 깊이

$e=$ 원래 깊이 위의 높이

$b=$ 운동 방향으로 수평한 탱크 길이

$$e=\frac{b}{2}\tan\theta=\frac{b}{2}\left(-\frac{dy}{dx}\right)_{\text{free surface}}=\frac{b}{2}\frac{a_x}{g}\quad\left\{\begin{array}{l}\text{자유표면이 탱크 앞면에서}\\ \text{바닥 또는 그 위에 있을 때만 성립한다.}\end{array}\right\}$$

주어진 a_x에 대하여 e가 가장 작아져야 하므로 탱크는 b가 가장 작도록 배치되어야 한다. 여기서는 탱크의 긴 면이 운동 방향에 수직하게 되어야 한다. 따라서 $b=30$ cm가 되어야 한다. ← b

$b=30$ cm일 때,

$$e=15\frac{a_x}{g}(\text{cm})$$

e의 최대 허용 값은 $e=30-d$ (cm)가 된다. 따라서

$$30-d=15\frac{a_x}{g}\quad\text{and}\quad d_{\max}=30-15\frac{a_x}{g}$$

a_x의 최댓값이 $^2/_3\,g$라고 한다면 d의 허용값은 20 cm가 된다.

안전범위를 고려한다면 $d=15$ cm로 함이 좋을 것이다. ← d

이 문제는 정상 가속을 가정함에 유의한다. 자동차를 조심스럽고 부드럽게 운전해야 한다.

이 예제는 다음을 알아보았다:
- 공학문제는 언제나 명확히 정의되지 않으며 언제나 특정 답이 존재하는 것은 아니다.
- 일정한 선형가속도 경우에는 사실상 유체 정역학의 문제가 되며 '중력가속도'는 가속도와 실제 중력의 벡터 합으로 재정립할 수 있다.

예제 3.10 일정 각속도에 놓인 액체의 강체운동

일부만 액체로 채워진 원통 용기가 일정 각속도 ω로 그림과 같이 축을 중심으로 회전한다. 약간 시간이 지난 후에 상대적 운동이 없어지며 액체는 원통 내에서 강체처럼 회전한다. 자유표면의 형상을 구하라.

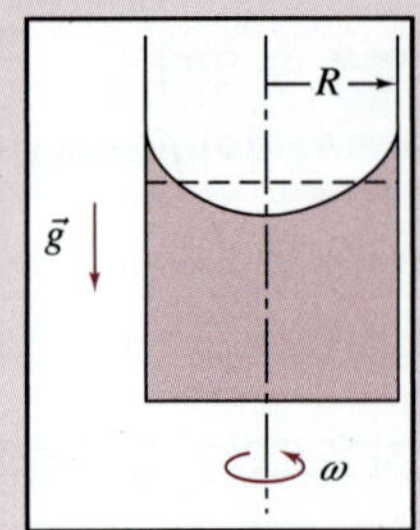

주어진 자료: 원통 내 액체가 축을 중심으로 각속도 ω의 강체 회전운동을 한다.

찾는 자료: 자유표면의 형상

풀이:

지배방정식:

$$-\nabla p+\rho\vec{g}=\rho\vec{a}$$

여기서는 원통좌표계 r, θ, z를 사용하는 게 편하다. $g_r = g_\theta = 0$, $g_z = -g$이므로

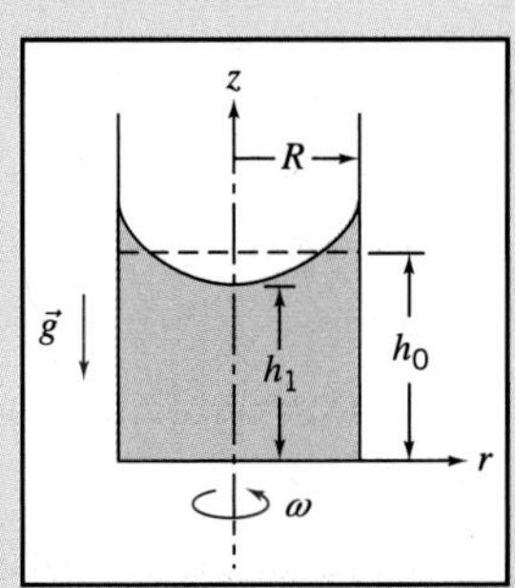

$$-\left(\hat{e}_r\frac{\partial p}{\partial r}+\hat{e}_\theta\frac{1}{r}\frac{\partial p}{\partial \theta}+\hat{k}\frac{\partial p}{\partial z}\right)-\hat{k}\rho g=\rho(\hat{e}_r a_r+\hat{e}_\theta a_\theta+\hat{k}a_z)$$

또한 $a_\theta = a_z = 0$, $a_r = -\omega^2 r$이므로

$$\therefore -\left(\hat{e}_r\frac{\partial p}{\partial r}+\hat{e}_\theta\frac{1}{r}\frac{\partial p}{\partial \theta}+\hat{k}\frac{\partial p}{\partial z}\right)=-\hat{e}_r\rho\omega^2 r+\hat{k}\rho g$$

성분식은 다음과 같다.

$$\frac{\partial p}{\partial r}=\rho\omega^2 r \qquad \frac{\partial p}{\partial \theta}=0 \qquad \frac{\partial p}{\partial z}=-\rho g$$

성분식에서 압력은 θ의 함수가 아니고 r과 z만의 함수임을 알 수 있다.
$p = p(r,z)$이므로 (r, θ, z)와 $(r + dr, \theta, z + dz)$ 좌표의 두 지점 사이 미소 변화 dp는

$$dp=\left.\frac{\partial p}{\partial r}\right)_z dr+\left.\frac{\partial p}{\partial z}\right)_r dz$$

따라서

$$dp=\rho\omega^2 r dr-\rho g dz$$

압력이 p_1인 기준점 (r_1,z_1)과 압력이 p인 임의점 (r,z) 사이의 압력차를 구하려면 적분하면 된다.

$$\int_{p_1}^{p} dp=\int_{r_1}^{r}\rho\omega^2 r\,dr-\int_{z_1}^{z}\rho g\,dz$$

$$p-p_1=\frac{\rho\omega^2}{2}(r^2-r_1^2)-\rho g(z-z_1)$$

자유표면의 원통 축 위치에 기준점을 잡으면

$$p_1=p_{\text{atm}} \qquad r_1=0 \qquad z_1=h_1$$

따라서

$$p-p_{\text{atm}}=\frac{\rho\omega^2 r^2}{2}-\rho g(z-h_1)$$

자유표면은 $(p = p_{\text{atm}})$의 일정 압력 표면이므로 자유표면 관계식은 다음과 같다.

$$0=\frac{\rho\omega^2 r^2}{2}-\rho g(z-h_1)$$

또는

$$z=h_1+\frac{(\omega r)^2}{2g}$$

자유표면 관계식은 회전 포물면이며 꼭짓점이 축 상의 $z = h_1$ 지점이다.

회전 때의 높이 h_1을 회전이 없는 원래 표면 높이 h_0로 표현할 수 있다. 이를 위해서는 액체 체적은 일정하게 유지되는 사실을 이용하면 된다. 회전이 없을 때는

$$\forall = \pi R^2 h_0$$

회전이 있을 때는

$$\forall = \int_0^R \int_0^z 2\pi r\, dz\, dr = \int_0^R 2\pi z r\, dr = \int_0^R 2\pi\left(h_1 + \frac{\omega^2 r^2}{2g}\right) r\, dr$$

$$\forall = 2\pi\left[h_1 \frac{r^2}{2} + \frac{\omega^2 r^4}{8g}\right]_0^R = \pi\left[h_1 R^2 + \frac{\omega^2 R^4}{4g}\right]$$

따라서

$$\pi R^2 h_0 = \pi\left[h_1 R^2 + \frac{\omega^2 R^4}{4g}\right] \quad \text{따라서} \quad h_1 = h_0 - \frac{(\omega R)^2}{4g}$$

마지막으로

$$z = h_0 - \frac{(\omega R)^2}{4g} + \frac{(\omega r)^2}{2g} = h_0 - \frac{(\omega R)^2}{2g}\left[\frac{1}{2} - \left(\frac{r}{R}\right)^2\right] \longleftarrow z(r)$$

여기서 z에 대한 관계식은 $h_1 > 0$일 때만 유효하다. 이에 따른 ω의 최고값은 $\omega_{max} = 2\sqrt{gh_0}/R$로 구할 수 있다.

이 예제는 다음을 알아보았다:
- 구심가속도가 일정 압력선(등압선)에 미치는 영향
- 정수력에 의한 압력 변화와 회전에 의한 압력 변화가 각각 유체 밀도에 비례하므로 자유표면 형상은 유체 밀도와는 상관없다.

3.7 요약과 유용한 식

이 장에서 다음과 같은 내용의 유체 정역학 기본개념을 살펴보았다.

✓ 유체 정역학의 기본 식을 벡터 형태로 유도하기

✓ 이 식을 적용하여 정지유체 내 압력 변화 계산하기
- 비압축성 유체: 압력이 깊이에 대하여 균일하게 증가한다.
- 기체: 압력이 높이에 대하여 불균일하게 감소한다(다른 열역학적 성질에 의존한다).

✓ 다음에 대한 학습
- 계기압력과 절대압력
- 마노미터와 기압계의 사용

✓ 잠긴 물체에 작용하는 유체힘의 크기와 작용점에 대한 해석
- 평면
- 곡면

✓ 부력에 관한 아르키메데스 원리의 유도 및 사용

✓ 유체의 강체운동 해석

주의: 아래 표의 유용한 식 대부분은 몇 가지 구속이나 제한이 있다. 자세한 사항은 반드시 해당 페이지를 참고하기 바란다!

유용한 식

정수압 변화	$\frac{dp}{dz} = -\rho g \equiv -\gamma$	**(3.6)**
정수압 변화(비압축성 유체)	$p - p_0 = \Delta p = \rho g h$	**(3.7)**
정수압 변화(다수의 비압축성 유체)	$\Delta p = g \sum_i \rho_i h_i$	**(3.8)**
잠긴 평면이 받는 정수력(적분형)	$F_R = \int_A p\, dA$	**(3.10a)**
잠긴 평면이 받는 정수력	$F_R = p_c A$	**(3.10b)**
잠긴 평면이 받는 정수력의 작용점 y'(적분식)	$y' F_R = \int_A yp\, dA$	**(3.11a)**
잠긴 평면이 받는 정수력의 작용점 y'(대수식)	$y' = y_c + \frac{\rho g \sin\theta\, I_{\hat{x}\hat{x}}}{F_R}$	**(3.11b)**
잠긴 평면이 받는 정수력의 작용점 y'(p_0 무시)	$y' = y_c + \frac{I_{\hat{x}\hat{x}}}{A y_c}$	**(3.11c)**
잠긴 평면이 받는 정수력의 작용점 x'(적분식)	$x' F_R = \int_A x\, p\, dA$	**(3.12a)**
잠긴 평면이 받는 정수력의 작용점 x'(대수식)	$x' = x_c + \frac{\rho g \sin\theta\, I_{\hat{x}\hat{y}}}{F_R}$	**(3.12b)**
잠긴 평면이 받는 정수력의 작용점 x'(p_0 무시)	$x' = x_c + \frac{I_{\hat{x}\hat{y}}}{A\, y_c}$	**(3.12c)**
잠긴 곡면이 받는 수평 및 수직 방향 정수력	$F_H = p_c A$ and $F_V = \rho g \forall$	**(3.15)**
잠긴 물체가 받는 부력	$F_{\text{buoyancy}} = \rho g \forall$	**(3.16)**

이제 유체역학의 기본개념 및 유체 정역학의 기본개념에 대한 소개를 마쳤다. 다음 장에서 운동하는 유체에 대한 학습을 시작할 것이다.

참고문헌

1. Burcher, R., and L. Rydill, *Concepts in Submarine Design*. Cambridge, UK: Cambridge University Press, 1994.

2. Marchaj, C. A., *Aero-Hydrodynamics of Sailing*, rev. ed. Camden, ME: International Marine Publishing, 1988.

3. The U.S. Standard Atmosphere, Washington, DC: U.S. Government Printing Office, 1976.

4. International Organization for Standardization, Standard Atmosphere, ISO 2533:1975, 1975.

연습문제

3.1 압축질소(63.5 kg)가 온도 25°C로 직경 D = 0.75 m의 구 모양 탱크에 저장되어 있다. 탱크 내 압력은 얼마인가? 탱크 벽의 최대 허용 응력이 210 MPa이라 할 때 탱크 벽의 이론적인 최소 두께를 구하라.

표준대기

3.2 산에 올라가서 물을 끓일 때 물의 온도가 90°C임을 알았다. 이 위치의 고도는 대략 얼마인가? 다음 날은 물이 85°C일 때, 끓는 곳에

있었다. 이 두 날 동안 올라간 높이는 얼마인가? 미국표준대기로 가정하라.

정지유체 내 압력 변화

3.3 관 내에 유체가 45 l/s의 유량으로 흐르고 있다. 관의 단면 A와 B에서의 관 직경은 각각 25 cm와 15 cm이다. 단면 A는 기준선 이상 7 m에 있으며 단면 B는 기준선 이상 3 m에 있다. 단면 A의 압력은 6 bar이다. 단면 B의 압력을 구하라.

3.4 그림과 같이 튜브에 20°C의 수은이 채워져 있다. 피스톤에 가해진 힘을 계산하라.

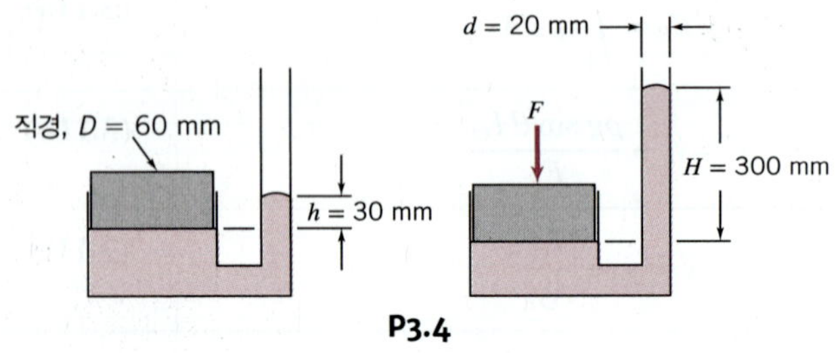

P3.4

3.5 다음과 같은 압력과 온도 측정 데이터가 낮은 대기 속에서 떠오르는 기상관측용 기구에 의하여 받아졌다.

p (in 10^3 Pa)	101.4	100.8	100.2	99.6	99.0	98.4	97.8	97.2	96.6	96.0	95.4
T (in °C)	12.0	11.1	10.5	10.2	10.1	10.0	10.3	10.8	11.6	12.2	12.1

첫 번째 값(표의 맨 앞의 값)은 지면에서의 값이다. 이상기체 식[$p = \rho RT$, $R = 287\ \mathrm{m^2/(s^2 \cdot K)}$]을 이용하여 높이에 따른 공기밀도($\mathrm{kg/m^3}$ 단위)의 변화를 계산하고 그래프로 나타내라.

3.6 한 변이 200 mm이며 속이 빈 금속 정육면체가 물과 SAE 10W 오일 유체층의 경계면에 걸쳐 떠 있으며, 이 정육면체의 부피의 10%는 기름 쪽에 잠겨 있다. 정육면체의 위쪽과 아래쪽 수평면 사이의 압력차는 얼마인가? 이 정육면체의 평균밀도는 얼마인가?

3.7 압력계가 높이 3,500 m인 산 위에서 차가운 타이어 내 압력이 0.25 MPa (gage)임을 가리킨다. 절대압력은 얼마인가? 해수면 높이로 운전해 내려왔을 때 타이어가 따뜻해져서 25°C가 되었다. 이제 압력계가 어떤 압력을 가리키는가? 미국표준대기로 가정하라.

3.8 직경이 8 mm인 공기 기포가 해수면의 30 m 아래에서 헤엄치는 스쿠버다이버의 호흡기에서 방출된다.(물의 온도는 30°C이다.) 수면에 도달하기 직전의 기포 직경을 구하라.

3.9 한 변이 150 mm인 정육면체가 유체 속에서 가는 선에 매달려 있다. 정육면체의 윗면은 수평이고 자유표면보다 203 mm 아래에 있다. 정육면체의 질량이 29 kg이며 가는 선에 작용하는 장력이 T = 226 N일 때 유체의 비중을 계산하고, 이로부터 어떤 유체인지 알아내라. 정육면체의 위쪽과 아래쪽 수평면에서의 계기압력은 얼마인가?

3.10 해양 연구용 잠수정들이 해수면 아래 10 km로 내려간 적이 있다. 이러한 극한 깊이에서는 바닷물의 압축성이 중요할 수 있다. 바닷물의 체적 탄성계수가 일정하게 유지된다고 가정하여 바닷물의 거동을 모델링할 수 있다. 이러한 가정을 이용하여 바닷물 깊이 h가 10 km인 곳에서 밀도와 압력을 구하고, 비압축성으로 가정하여 계산한 값들과 비교하여 편차를 구하라. 답을 백분율로 나타내라. 결과를 $0 \le h \le$ 11 km 범위에 대하여 그래프로 표현하라.

3.11 뒤집힌 원통 용기를 물이 채워진 연못의 표면 아래로 천천히 내린다. 정수압이 증가함에 따라 용기 속에 갇힌 공기가 등온 압축된다. 용기 내 물의 높이 y를 용기 높이 H와 잠수 깊이 h로 나타내는 식을 유도하라. y/H를 h/H에 대하여 그래프로 나타내라.

3.12 빨대의 꼭대기를 엄지손가락으로 막고 콜라가 담긴 유리잔으로부터 들어 올린다. 수직 상태를 유지할 때 빨대의 전체 길이가 45 cm이고, 빨대 속에 남은 콜라는 아래쪽 15 cm에 있다. 빨대 속 엄지손가락 바로 아래의 압력은 얼마인가? 표면장력 효과는 무시하라.

3.13 물이 5 m 깊이로 채워진 물탱크의 바닥에 플라스틱 브래킷으로 유지되는 검사용 덮개(2.5 cm × 2.5 cm)가 있다. 브래킷은 40 N의 하중을 유지할 수 있다. 브래킷은 충분히 강한가? 만약 그렇다면 브래킷이 부서지는 물의 깊이는 얼마인가?

3.14 직경이 각각 d_1 = 39.5 mm와 d_2 = 12.7 mm인 두 개의 수직 원형 튜브가 연결된 용기에 수은이 부분적으로 차 있다. 액체의 평형 수위는 왼쪽 그림에 보인 것과 같다. 오른쪽 그림에 보이는 것처럼 황동 재질의 원통형 물체를 큰 쪽 튜브에 넣어서 뜨게 하였다. 물체의 직경은 D = 37.5 mm이며, 높이는 H = 76.2 mm이다. 물체를 띄우는데 필요한 아랫면에서의 압력을 계산하라. 황동 원통이 놓였을 때 수은의 새로운 평형 수위 h를 구하라.

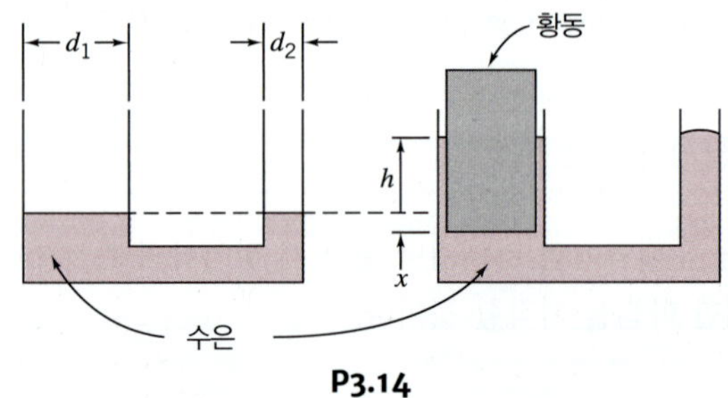

P3.14

3.15 그림과 같이 칸막이가 된 탱크에 물과 수은이 들어 있다. 왼쪽 공간에 갇힌 공기의 계기압력은 얼마인가? 물과 수은의 수위가 같아지기 위하여 왼쪽에 있는 공기에 펌프로 가해야 하는 압력은 얼마인가?

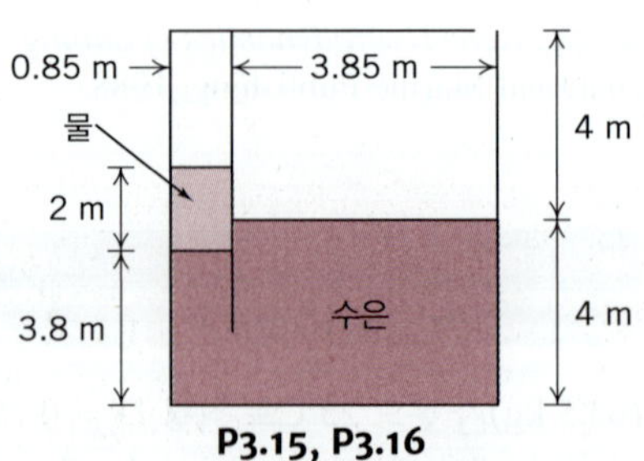

P3.15, P3.16

3.16 그림과 같은 이중유체 마노미터를 고려한다. 가해진 압력차를 계산하라.

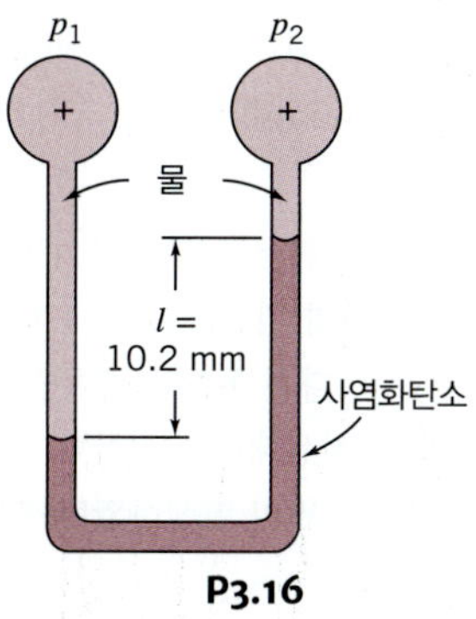

P3.16

3.17 그림과 같이 내부 직경이 $D = 6.35$ mm로 균일한 유리관으로 마노미터를 만들었다. U자관에 먼저 물을 부분적으로 채웠다. 그 다음 $\forall = 3.25$ cm^{3}만큼의 메리엄 레드 오일(Meriam red oil)을 왼쪽에 넣었다. U자관의 양쪽 튜브가 대기에 노출되었을 때 평형 높이 H를 계산하라.

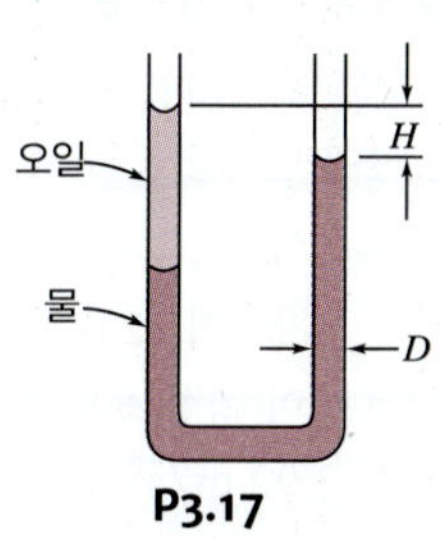

P3.17

3.18 그림의 마노미터에 물과 등유가 들어 있다. 양쪽 튜브가 대기에 노출되어 있을 때 자유표면 높이차는 $H_0 = 20.0$ mm이다. 오른쪽 튜브에 98.0 Pa (gage)의 압력이 가해질 때 높이차를 구하라.

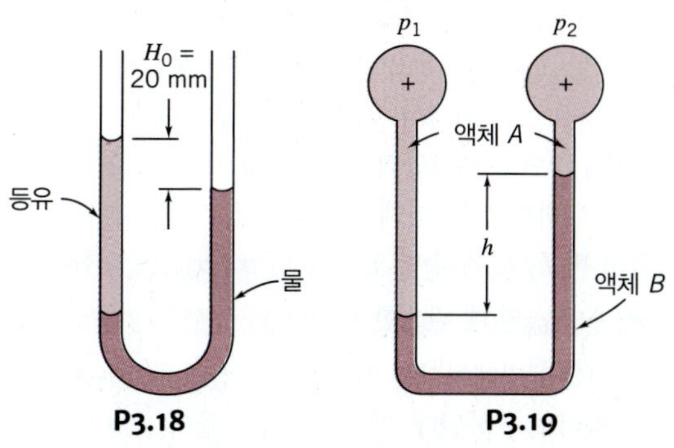

P3.18 **P3.19**

3.19 그림의 마노미터에는 두 액체가 들어 있다. 액체 A는 SG = 0.88이며, 액체 B는 SG = 2.95이다. 압력차 $p_1 - p_2 = 860$ Pa이 가해질 때 높이차 h를 계산하라.

3.20 어떤 엔지니어링 연구 회사에서는 두 대형 물 저장탱크의 수위차를 정교한 $80,000짜리 레이저 시스템을 이용하여 측정하고 있다. 당신은 $200짜리 액주계를 설치하여 같은 작업을 할 수 있다고 제안한다. 물보다 밀도가 작은 오일을 사용하여 액주의 운동을 눈에 띠게 증폭할 수 있다. 탱크 사이의 작은 수위차로 인해 그보다 훨씬 큰 액주계 오일 표면 높이차가 유발된다. 메리엄 레드 오일을 사용하는 장치를 준비하는 경우, 이 액주계 장치에서 얻어지는 증폭비를 구하라.

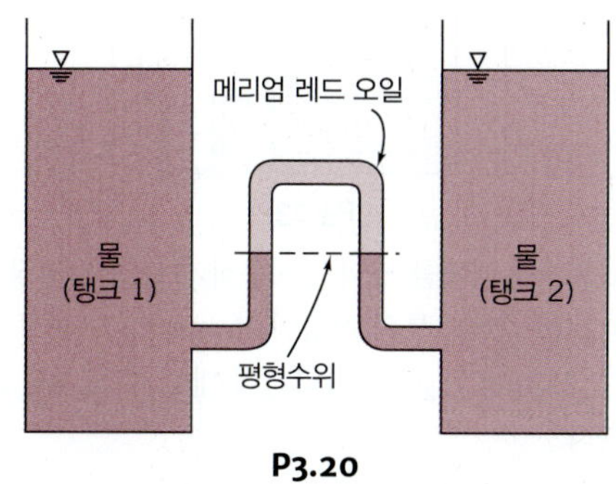

P3.20

3.21 그림에 보인 것처럼 수평 아래쪽으로 30° 기울어진 파이프를 따라 물이 흘러내린다. 압력차 $p_A - p_B$는 일부는 중력, 일부는 마찰 때문이다. 압력차에 대한 대수적 표현을 유도하라. $L = 1.5$ m, $h = 150$ mm일 때 압력차를 계산하라.

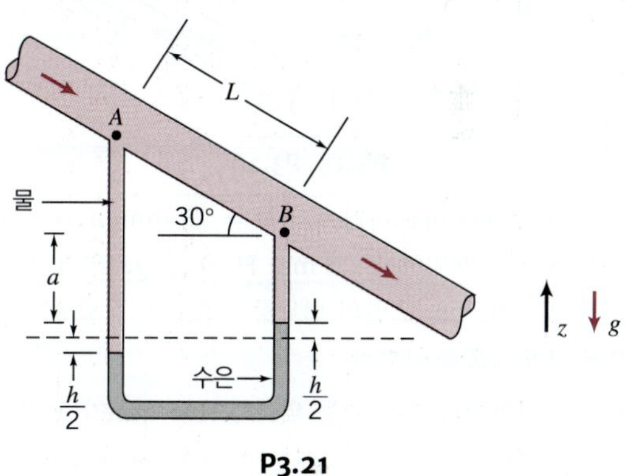

P3.21

3.22 그림에서 보는 것처럼 탱크에 수은, 물, 벤젠, 공기가 들어 있다. 공기압력(계기압력)을 구하라. 탱크 꼭대기에 구멍을 낸다면, 마노미터에서 수은의 평형 높이를 구하라.

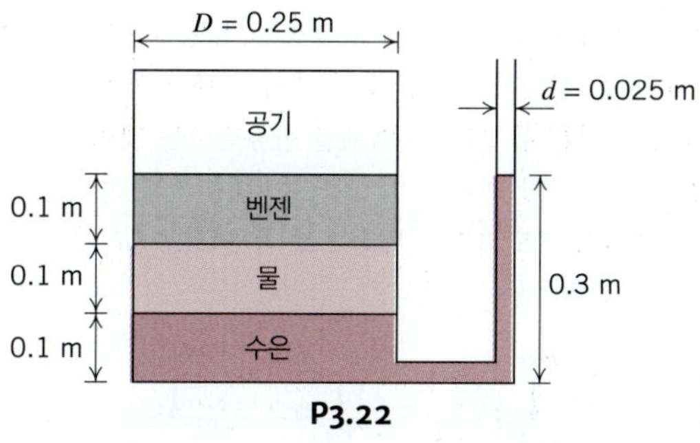

P3.22

3.23 그림과 같이 대기에 열린 직각형 탱크에 물이 2.7 m 깊이로 채워졌다. U자관 마노미터가 탱크 바닥보다 0.9 m 높은 위치에 연결되었다. 메리엄 블루 마노미터(Meriam blue manometer) 유체의 영(0)점 높이가 연결부보다 0.3 m 아래라고 할 때, 마노미터가 연결되고 연결다리로부터 모든 공기가 제거되고 난 후의 높이차 l을 구하라.

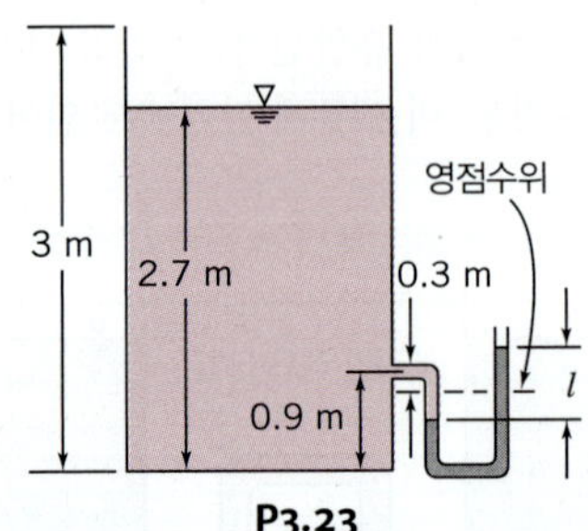

P3.23

3.24 비중 0.827인 액체를 넣어서 사용하기 위하여 저장통 마노미터에 눈금을 매기려고 한다. 통의 직경이 16 mm이고, 수직 튜브의 직경이 5 mm이다. 25 mm H_2O의 압력차에 대한 수직 눈금 표시 사이의 거리를 계산하라.

3.25 경사관 마노미터에서 $D = 96$ mm, $d = 8$ mm이다. 정규 U자관 마노미터에서의 총 변위에 비하여 5:1로 액체 변위 L을 증가시키는 데 필요한 각도 θ를 구하라. 이 경사관 마노미터의 민감도를 구하라.

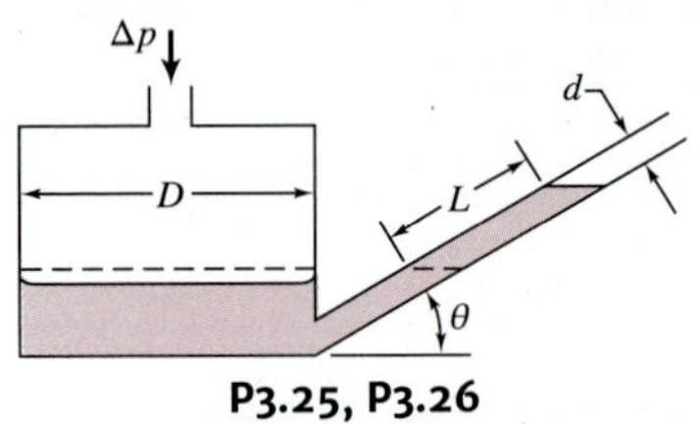

P3.25, P3.26

3.26 그림의 경사관 마노미터에서 $D = 76$ mm, $d = 8$ mm이며, 메리엄 레드 오일로 채워졌다. 25 mm H_2O (gage)의 압력이 가해질 때 경사관을 따라 15 cm 오일의 변위를 일으키는 각도 θ를 계산하라. 이 마노미터의 민감도를 구하라.

3.27 사고로 기압계의 수은 기둥 위로 물 165 mm가 들어가게 되었다(그래서 기압계 꼭대기에 진공 대신에 수증기가 존재한다). 온도가 21°C인 날 (열팽창을 보정한) 수은 기둥의 높이가 720 mm이다. 기압을 Pa로 구하라. 만약 주위 온도가 29°C로 올라가고 기압이 변하지 않는다면 수은 기둥은 더 길어지는가, 더 짧아지는가, 아니면 같은 길이를 유지하는가? 답을 고른 이유도 설명하라.

3.28 한 학생이 물이 채워진 일정 직경 U자관보다 더 좋은 민감도를 갖는 마노미터를 설계하려고 한다. 학생이 고안한 개념은 그림에 보인 것처럼 직경이 다른 튜브와 두 액체를 사용한다는 것이다. 압력차 $\Delta p = 250\ \text{N/m}^2$를 가할 때 마노미터의 변위 h를 계산하고, 마노미터의 민감도를 구하라. 마노미터의 민감도를 직경비 d_2/d_1의 함수로 하여 그래프로 도시하라.

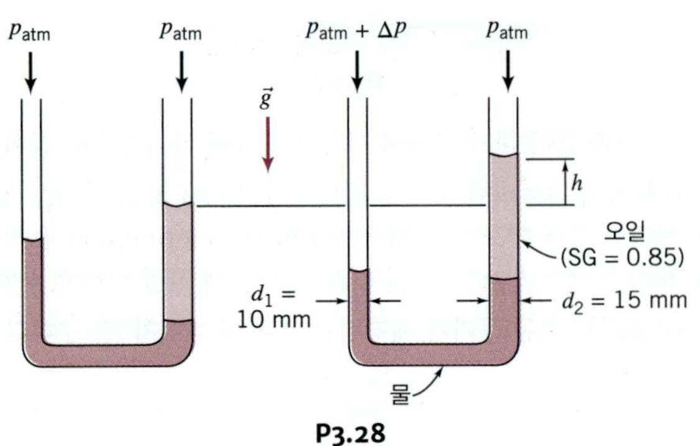

P3.28

3.29 밀도가 다르고 섞이지 않는 두 유체의 경계면을 수직 관통하여 삽입된 직경이 작고 끝이 열린 튜브를 고려한다. 튜브 안쪽과 바깥쪽의 경계면의 높이차 Δh를 튜브 직경 D, 두 유체의 밀도 ρ_1과 ρ_2, 표면장력 σ, 두 유체 경계면의 각도 θ로 표현하는 식을 유도하라. 두 유체가 물과 수은이며 튜브 직경이 40 mil (1 mil = 0.0254 mm)일 때 높이 차를 구하라.

3.30 내부 직경 1.25 cm인 튜브로 구성된 마노미터가 있다. 마노미터의 한쪽에는 수은과 10 cc의 기름(SG = 1.4), 그리고 기름 속에 3 cc의 공기 기포가 들어 있고, 다른 쪽에는 수은만 들어 있다. 양쪽 튜브는 대기에 노출되어 있고 정지상태를 유지한다. 3 cc의 기름과 공기 기포가 한쪽 튜브에서 제거되는 일이 발생하였다. 이제 수은 높이는 얼마나 바뀌는가?

3.31 300 mm × 300 mm 크기의 두 수직 유리판을 물이 들어 있는 열린 탱크 속에 놓았다. 한쪽 끝에서 판 사이의 간격은 0.1 mm이고 다른 쪽은 2 mm이다. 짝을 이루는 한쪽 끝에서부터 다른 쪽까지 판 사이에서의 물 높이 곡선을 그림으로 나타내라.

3.32 어느 고요한 날에 기상의 가벼운 역전현상으로 인해 해수면과 고도 5,000 m 사이의 대기온도가 30°C로 일정하게 유지된다. 이러한 조건에서 (a) 공기압력이 3% 감소하는 높이 변화, (b) 밀도의 5% 감소가 생겨나는 데 필요한 높이 변화를 각각 구하라. (c) p_2/p_1과 ρ_2/ρ_1을 Δz의 함수로 그래프를 도시하라.

3.33 화성의 대기는 평균 분자량이 32.0이며 온도는 200 K으로 일정한 이상기체처럼 거동한다. 이 행성 표면의 대기밀도는 $\rho = 0.015\ \text{kg/m}^3$이며, 화성의 중력은 $3.92\ \text{m/s}^2$이다. 표면 위로 높이 $z = 20$ km에서 화성 대기의 밀도를 계산하라. 높이에 따른 밀도를 표면 밀도에 대한 비로 도시하라. 이 결과를 지구 대기에서의 데이터와 비교하라.

3.34 폭 1 m, 높이 1.5 m인 문이 물탱크의 수직 평면 벽에 위치한다. 문은 수면 아래 1 m에 위치한 위쪽 모서리를 따라서 힌지되었다. 문의 바깥 면에는 대기압이 작용한다. (a) 수면에서의 압력이 대기압이라면 문이 열리는 것을 막기 위하여 문의 아래쪽 모서리에 가해야 하는 힘은 얼마인가? (b) 수면의 계기압력이 0.5 atm으로 올라간다면 문이 열리는 것을 막기 위하여 문의 아래쪽 모서리에 가해야 하는 힘은 얼마인가? (c) 힘의 비 F/F_0을 수면 압력의 비 p_s/p_{atm}에 대한 함수로 구하라.(F_0는 $p_s = p_{atm}$일 때 필요한 힘이다.)

3.35 유공압식 엘리베이터는 엘리베이터 칸을 들어 올리는 피스톤-실린더 어셈블리로 구성된다. 엘리베이터를 들어 올릴 때는 공기에 의하여 가압된 축압기 탱크에 저장된 유압 오일이 밸브로 조절되면서 피스톤에 연결된다. 엘리베이터가 내려갈 때 오일은 축압기에 회수된다. 시스템 요구사항을 만족하는 가장 저가의 축압기를 설계하라. 들어 올리는 높이가 3층이고, 최대하중이 승객 10명이며, 최대 시스템 압력이 800 kPa (gage)이라고 가정하라. 기둥의 굽힘 강도를 위하여 피스톤 직경은 최소 150 mm가 되어야 한다. 구매할 엘리베이터 칸과 피스톤의 총 질량은 3,000 kg이다. 피스톤 직경, 축압기 체적과 직경, 벽 두께를 시스템 작동압력의 함수로 정의하는 데 필요한 해석을 수행하라. 완전한 엘리베이터 시스템을 위하여 규정해야 하는 안전 특성에 대하

여 논하라. 전적으로 공압 설계를 하는 것과 전적으로 유압 설계를 하는 것 중 어느 쪽을 사용하는 것이 더 좋은가? 왜 그런가?

3.36 그림에 보이는 점 A, B, C와 두 공기실에서의 압력을 구하라.

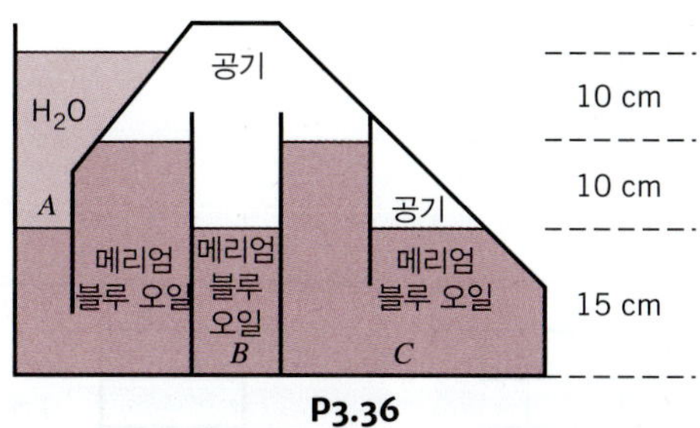

P3.36

잠긴 면에 작용하는 정수력

3.37 액체 콘크리트가 담긴 거푸집의 측면에 삼각형의 통로가 설치되어야 한다. 그림에 보이는 좌표와 치수를 사용하여 통로에 작용하는 합력과 그 작용점을 구하라.

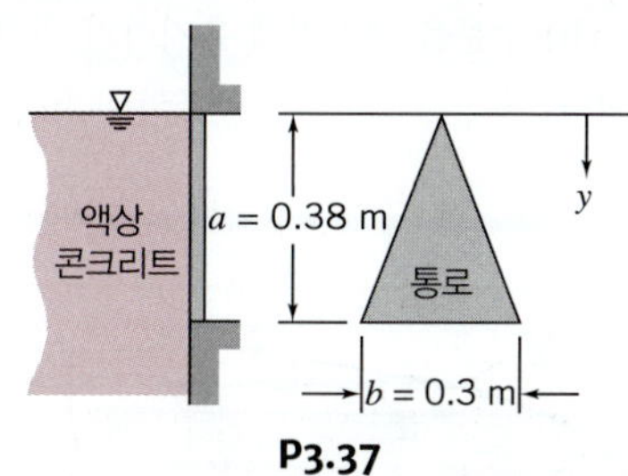

P3.37

3.38 그림과 같이 두께가 균일한 평면 수문이 어떤 깊이의 물을 막는다. 수문이 닫힌 채로 유지하기 위해 필요한 수문의 최소무게를 구하라.

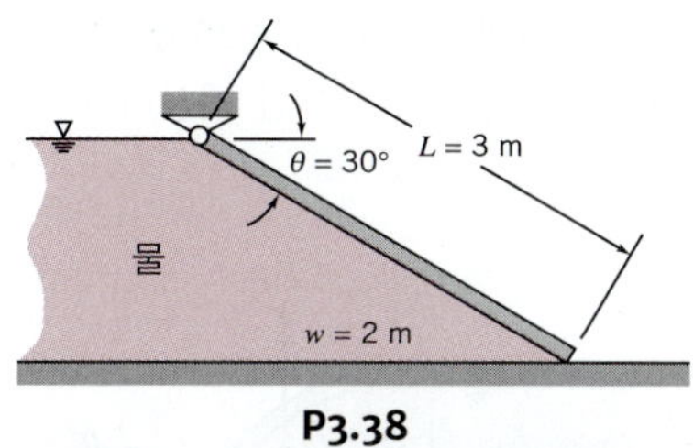

P3.38

3.39 반경 R, 길이 L인 반원통 모양의 물통을 고려한다. 물통의 일부가 물로 채워지고 대기에 노출되었을 때, 한쪽 끝 면에 작용하는 정수력의 크기와 작용선에 대한 일반적인 표현을 유도하라. 물 깊이 $0 \le d/R \le 1$의 범위에 대하여 결과(무차원 형태)를 그래프로 도시하라.

3.40 머그 찻잔(직경 65 mm)을 대칭이 되도록 수직 평면에 의하여 반으로 자르는 것을 상상해 보자. 각 반쪽이 80 mm 깊이의 찻물로 인하여 받게 되는 힘을 구하라.

3.41 거푸집에 레미콘을 부어서 수직 벽의 한 구간을 건설하려고 한다. 벽은 높이가 3 m, 두께가 0.25 m, 폭이 5 m이다. 레미콘에 의하여 거푸집에 작용하는 힘을 계산하라. 힘의 작용선을 구하라.

3.42 압력을 두 개로 분리하는 방법으로 예제 3.6을 다시 풀어라. 분산된 힘을 균일한 계기압력에 의한 힘 F_1과 액체에 기인한 힘 F_2의 합으로 간주한다. 각 힘의 크기와 작용선을 구하라. 그 다음 힌지 축에 작용하는 모멘트를 합하여 F_t를 계산하라.

3.43 그림에 보이는 바처럼 물이 담겨 있는 개방형 대형탱크가 직경 2 m의 수로에 연결되어 있다. 원형 마개가 수로를 막고 있다. 이 마개에 작용하는 정수력의 크기, 방향 그리고 작용점을 구하라.

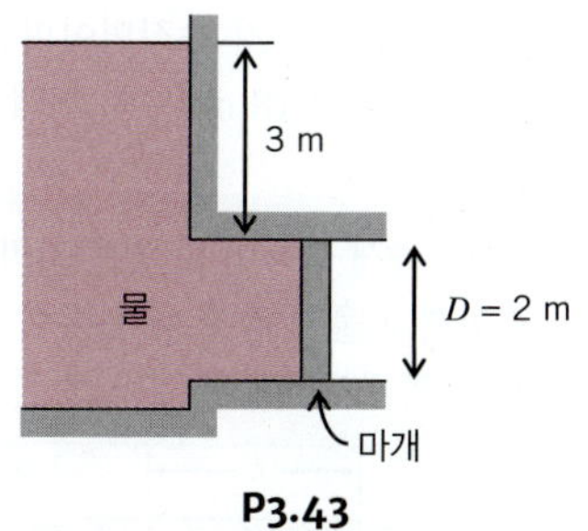

P3.43

3.44 무엇이 고무 타이어 위에서 차를 떠받칠까? 대부분의 사람들은 그것이 타이어 내부의 공기압력이라고 말할 것이다. 그러나 공기압력은 허브(안쪽 휠) 전체를 돌아가면서 같고, 따라서 타이어 내부의 공기압력은 아래에서 위로 미는 것만큼 위에서 아래로 밀기 때문에 허브에 유효 효과를 미치지 않는다. 지면으로부터 차가 떨어지도록 유지하는 힘이 어디에 걸리는지 설명함으로써 이 역설을 해결하라.

3.45 급수탑의 측면에 있는 원형의 통로는 직경이 0.6 m이며, 원주를 따라 균일 간격으로 배치된 8개의 볼트에 의하여 고정된다. 급수탑 직경이 7 m이고 통로 중심이 물의 자유표면으로부터 12 m 아래에 있을 때, (a) 통로에 작용하는 힘과 (b) 적정한 볼트 직경을 구하라.

3.46 그림에서 직사각형 수문의 왼쪽에 있는 물이 차 올라가면 수문이 자동으로 열린다. 힌지 위 어떤 깊이에서 이렇게 되는가? 수문의 질량은 무시한다.

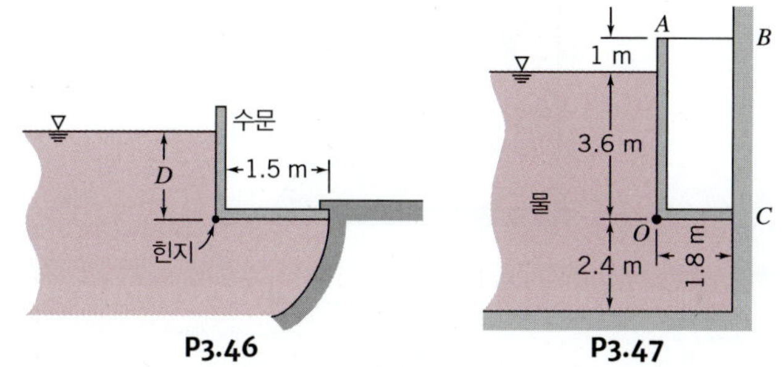

P3.46 P3.47

3.47 그림에 보이는 수문 AOC는 폭이 1.8 m이며 O를 따라서 힌지되었다. 수문의 무게를 무시하여 막대 AB에 걸리는 힘을 구하라. 수문은 C에서 닫혀있다.

3.48 그림에 보이는 수문은 폭이 3 m이며, 해석에서는 질량이 없다고 가정한다. 물의 깊이가 얼마일 때 이 직사각형 수문이 그림처럼 평형을 이루는가?

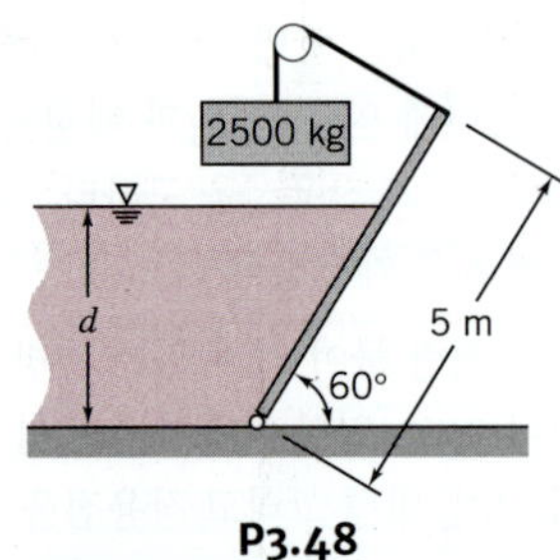

P3.48

3.49 댐의 측면은 물 밑 8.5 m까지 수직면이며 그 다음은 수직에 45° 각도의 사면이다. 물의 깊이가 18 m일 때, 전체 면에 미치는 합력을 단위 폭당으로 구하라.

3.50 정사각형 단면의 긴 목재 블록이 한 변을 따라서 피벗(pivot)되었다. 그림에 보이는 깊이까지 물에 잠길 때 블록이 평형을 이룬다. 피벗의 마찰을 무시할 때, 이 목재의 비중을 구하라.

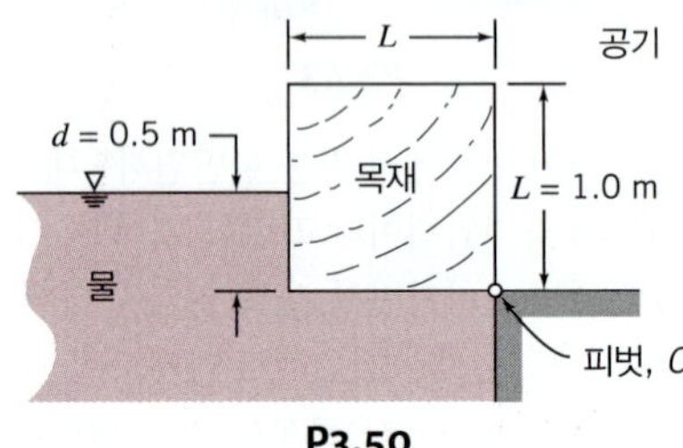

P3.50

3.51 깊이 D의 물을 막기 위하여 콘크리트로 꽉 찬 댐을 세우려고 한다. 건설의 편의상 댐의 벽들은 평면이어야 한다. 감독관이 당신에게 다음과 같은 댐 단면들을 고려할 것을 요청한다: 직사각형, 빗변이 물에 닿는 직각삼각형, 수직변이 물에 닿는 직각삼각형. 감독관은 이 중 어느 것이 가장 적은 양의 콘크리트를 필요로 하는지 알고자 한다. 당신은 어떤 보고서를 작성할 것인가? 또 하나의 가능성으로 그림과 같이 직각이 아닌 삼각형도 고려하기로 한다. 단면적 A를 α의 함수로 표현하는 식을 유도하고 도시하라. 또한 최소 단면적도 구하라.

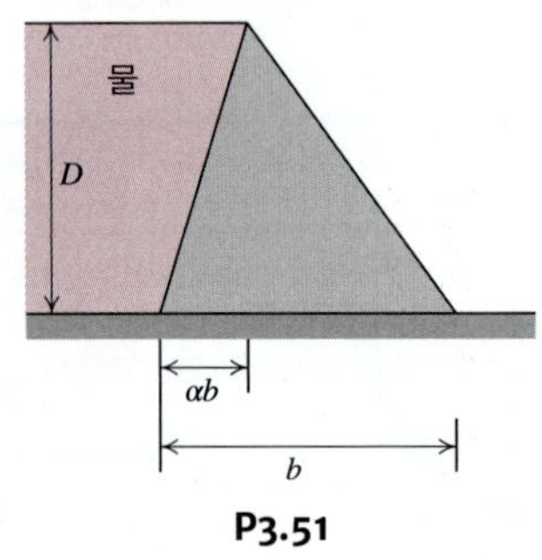

P3.51

3.52 그림의 기하학적 형상과 같은 댐에 작용하는 수직력은 얼마인가? 계단은 높이 0.5 m, 깊이 0.5 m, 폭 3 m이다.

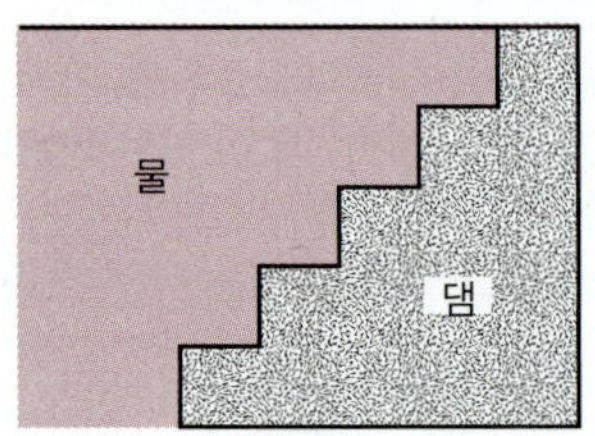

P3.52

3.53 그림과 같은 댐에서 물에 의하여 댐에 작용하는 수직력은 얼마인가?

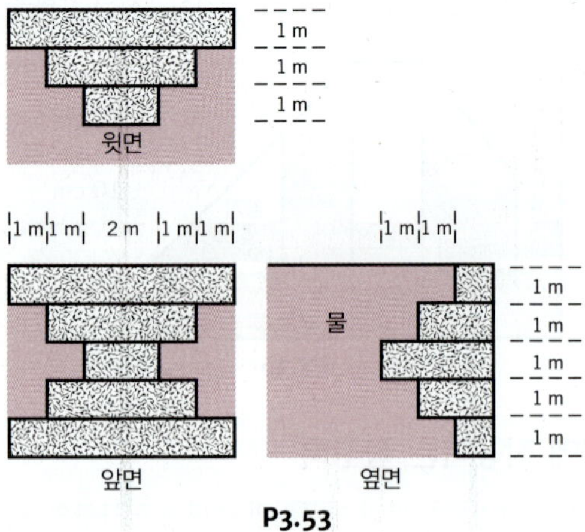

P3.53

3.54 그림의 수문은 폭이 1.5 m이고 O에서 피벗되었다. $a = 1.0$ m^{-2}, $D = 1.20$ m, $H = 1.40$ m. (a) 힘의 수직성분 크기와 O에 관한 모멘트, 그리고 (b) 수문을 제자리에 유지하기 위하여 A에 가해야 하는 수평력을 구하라.

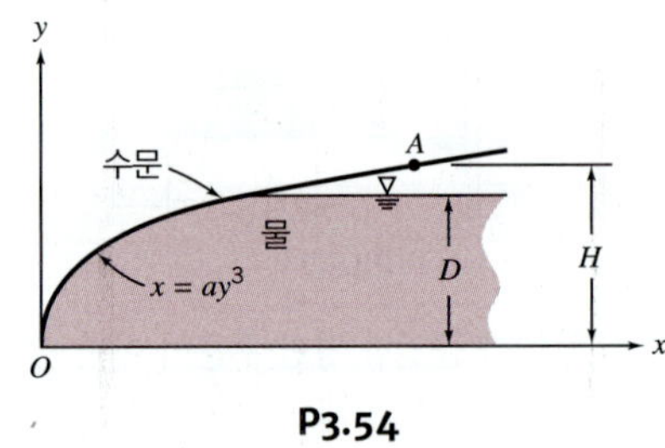

P3.54

3.55 액상 콘크리트를 그림과 같은 거푸집($R = 0.313$ m)에 붓는다. 도면에 수직한 거푸집의 폭은 $w = 4.25$ m이다. 콘크리트에 의하여 거푸집에 가해지는 수직력의 크기를 계산하고 그 작용선도 결정하라.

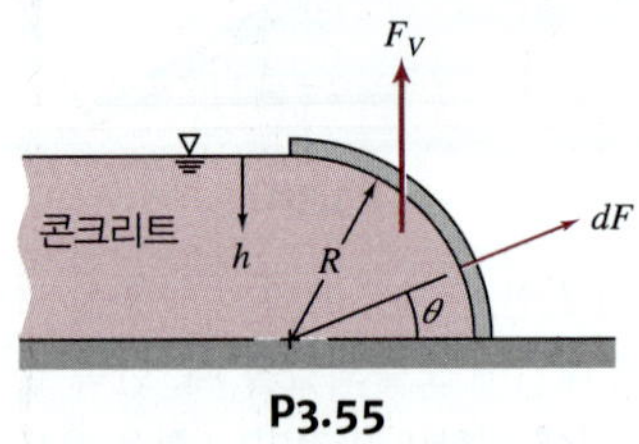

P3.55

3.56 대기에 열려진 탱크에 그림과 같은 깊이로 물이 차 있다. 탱크의 바깥 면에는 대기압이 작용한다. 물에 의해 탱크 바닥의 곡면부에 작용하는 힘의 수직성분 크기와 작용선을 구하라.

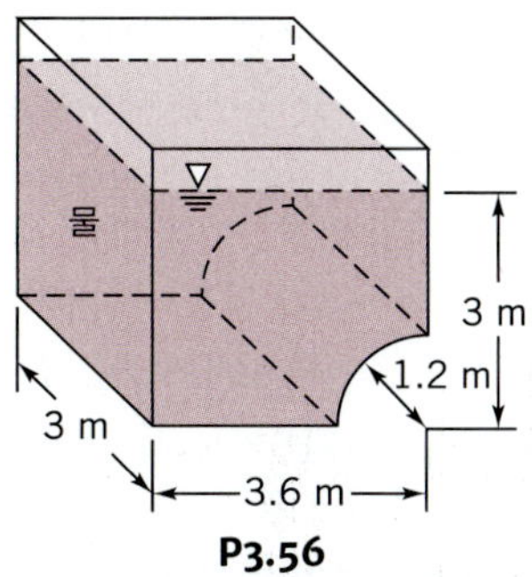

P3.56

3.57 원호 모양으로 만들어진 배수로 수문의 폭이 w m이다. 유체로 인하여 수문에 작용하는 힘의 수직성분 크기와 작용선을 구하라.

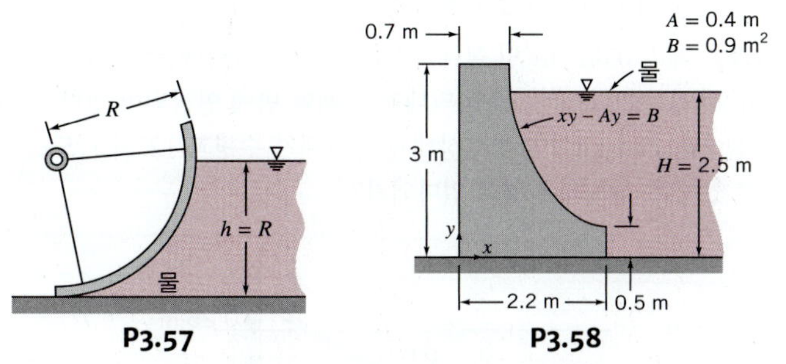

P3.57　　P3.58

3.58 그림에 보이는 단면을 가지는 댐을 건설하려 한다. 댐의 폭 $w = 50$ m라고 가정한다. $H = 2.5$ m의 물 깊이에 대하여 물에 의해서 댐의 표면에 작용하는 수직력의 크기와 작용선을 계산하라. 물의 힘에 의하여 이 댐이 뒤집힐 가능성이 있는가? 어떤 상황에서 그럴 수 있는가?

3.59 그림은 오하이오 강의 유니온타운 댐으로부터 오는 물의 흐름을 조절하는 테인터 수문(Tainter gate)을 나타낸다. 수문 폭은 $w = 35$ m이다. 물이 수문에 가하는 힘의 크기, 방향, 작용선을 구하라.

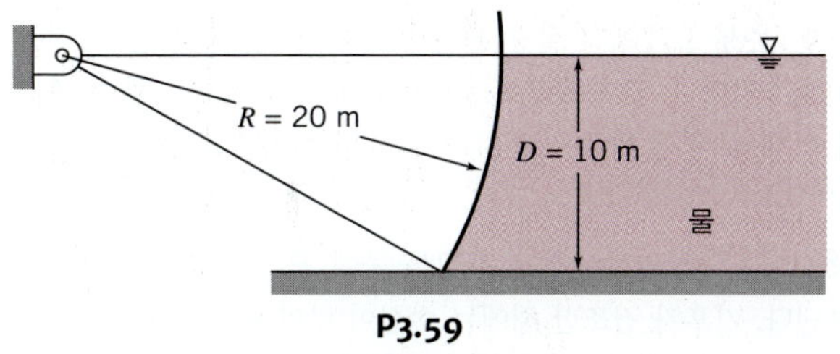

P3.59

3.60 직경이 3 m이고 길이가 6 m인 원통형 위어를 고려하라. 왼쪽 유체의 비중이 1.6이며 오른쪽 유체의 비중이 0.8이라고 할 때, 위어에 작용하는 힘의 크기와 방향을 구하라.

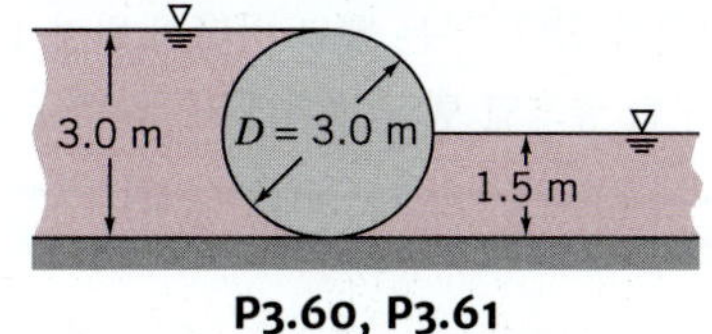

P3.60, P3.61

3.61 원통형 위어의 직경은 3 m이며 길이는 6 m이다. 물로 인해 위어에 작용하는 합력의 크기와 방향을 구하라.

3.62 직경 D인 원통형 통나무가 댐의 꼭대기에 접촉해 있다. 물은 통나무 꼭대기와 높이가 같고 통나무의 중심은 댐의 꼭대기와 높이가 같다. (a) 단위길이당 통나무의 질량과 (b) 통나무와 댐 사이의 단위길이당 접촉력에 대한 식을 구하라.

3.63 그림과 같이 곡면이 $R = 0.75$ m인 원의 4분의 1 곡선으로 되어 있다. 곡면의 폭은 $w = 3.55$ m이다. 물이 곡면 오른쪽에 깊이 $H = 0.650$ m까지 올라와 있다. 곡면에 작용하는 정수력의 수직성분을 계산하라. 이 힘의 작용선을 구하라. 곡면에 작용하는 수평력의 크기와 작용선을 구하라.

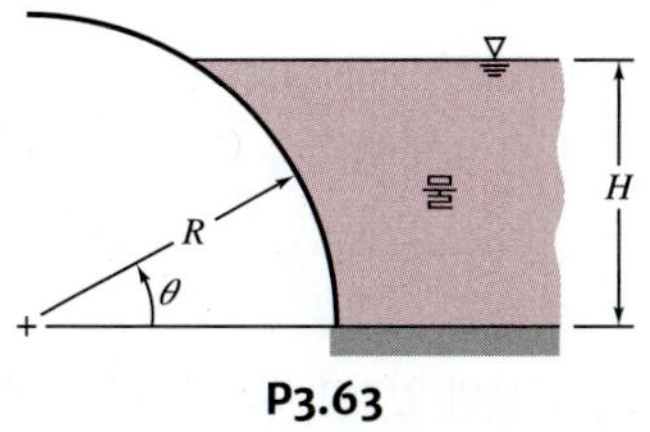

P3.63

부력과 안정성

3.64 그림과 같이 반경 $R = 0.3$ m인 원형실린더의 4분의 1 형상에 해당하는 잠긴 거푸집 곡면을 고려한다. 이 거푸집은 수직 방향으로 최대 1.6 kN까지의 힘을 파괴되지 않고 지탱할 수 있다. 폭은 $w = 1.25$ m이다. 이 거푸집을 채울 수 있는 최대깊이 H를 계산하라. 이 조건에서의 수직력의 작용선을 구하라. 깊이 $0 \le H \le R$ 범위의 콘크리트 깊이에 대하여 결과를 도시하라.

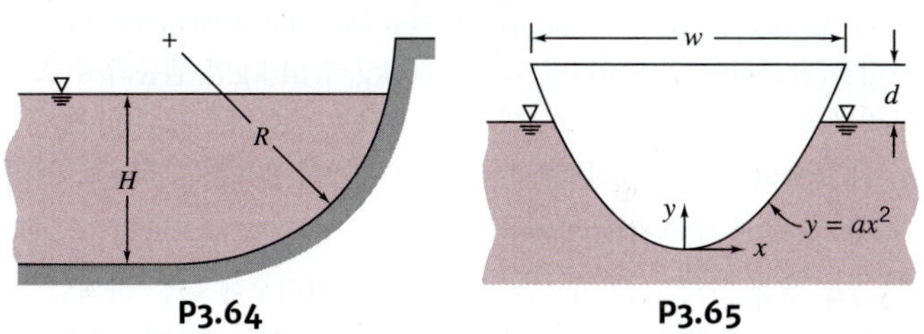

P3.64　　P3.65

3.65 카누의 단면 형상을 곡선 $y = ax^2$으로 모델링하였다. 여기서 $a = 3.89\ \text{m}^{-1}$이며 좌표값들은 미터 단위다. 전체 길이 $L = 5.25$ m에 대해 카누의 폭은 $w = 0.6$ m로 일정하다고 가정한다. 카누와 적재물의 전체 질량과 수면과 떠 있는 카누의 뱃전 윗부분 사이의 거리 d의 일반적인 대수 관계식을 유도하라. 카누에 물이 들어오지 않도록 허용되는 최대 총 질량을 계산하라.

3.66 카누를 $R = 0.35$ m, $L = 5.25$ m인 반원통으로 나타낸다고 하자. 카누는 깊이 $d = 0.245$ m인 물속에 떠 있다. 뜰 수 있는 최대 총 질량(카누와 적재물)에 대한 일반적인 대수식을 깊이의 함수로 유도하라. 주어진 조건들을 검토하여, 결과를 물 깊이 $0 \le d \le R$의 영역에 대하여 도시하라.

3.67 수족관 바닥의 모퉁이에 유리로 된 관측실을 설치하려고 한다. 수족관에는 바닷물이 10 m 깊이로 차 있다. 유리는 반경 1.5 m인 구의 일부이며 모퉁이에 대칭으로 설치된다. 유리 구조물에 작용하는 힘의 크기와 방향을 계산하라.

***3.68** 그림과 같은 구의 체적이 0.025 m^{3}라 할 때 그 비중량을 구하라. 모든 가정을 기술하라. 추를 제거할 때 구의 평형 위치는 어디인가?

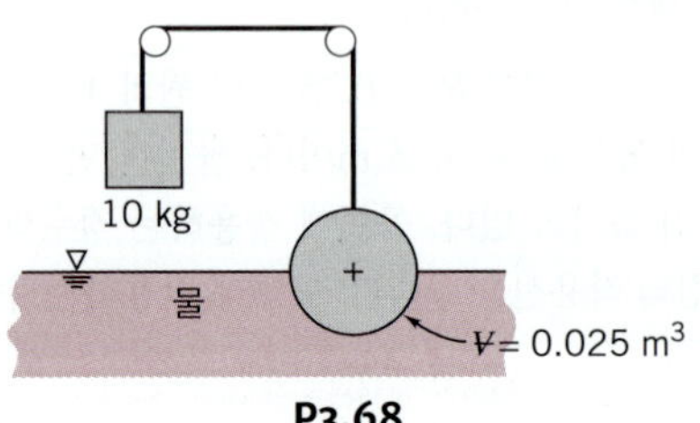

P3.68

***3.69** 사람 지방 대 근육의 비는 비중을 측정하여 구할 수 있다. 측정은 몸을 물탱크 속에 담그고 체중을 재면 된다. 사람의 비중을 공기 속 체중과 물속에서의 체중, 그리고 물의 비중 SG = $f(T)$로 나타내는 식으로 유도하라.

***3.70** "(바다에서) 빙산의 일각만 보인다"는 서술을 정량적으로 설명하라.

***3.71** 히에론 왕의 왕관 속에 있는 물질의 함량을 밝히기 위하여 아르키메데스가 수행한 실험을 정량적으로 설명하라. 공기 속에서의 왕관 무게 W_a와 물속에서의 무게 W_w를 측정할 수 있다고 가정한다. 왕관의 비중을 이 측정값들의 함수로 표현하라.

***3.72** 잠수한 스쿠버다이버의 호흡기로부터 기포가 빠져나온다. 기포들이 바닷물 속을 통과하면서 무슨 일이 일어나는가? 설명하라.

***3.73** 열기구는 인기 있는 스포츠이다. 최근 기사에 따르면 "주위보다 65°C 높게 가열된 공기는 입방미터당 0.29 kg에 해당하는 정도의 부력을 발생하여 입방미터당 각각 1.06 kg, 1.14 kg인 헬륨과 수소의 부력보다 작기 때문에 열기구의 체적이 커져야 한다." 해수면 조건에서 이 서술의 정당성을 점검하라. 가열된 공기의 온도를 주위보다 최대 121°C 높일 때의 효과를 계산하라.

***3.74** 유동 가시화(*Flow Visualization*) 비디오에 나온 바처럼 물 흐름에 대한 유맥선의 가시화를 위하여 수소기포가 사용된다. 전형적인 수소기포의 직경은 d = 0.025 mm이다. 부력 때문에 기포들은 물속에서 천천히 떠오르게 되고, 결국에는 물에 대한 상대 종단속력에 도달한다. 물이 기포에 가하는 항력은 $F_D = 3\pi\mu Vd$로 주어지는데, 여기서 μ는 물의 점성계수, V는 물에 대한 기포의 상대속도다. 물속에 잠긴 수소기포에 작용하는 부력을 구하라. 물속에서 상승하는 기포의 종단속력을 계산하라.

***3.75** 공기온도가 9°C인 여름 아침시간에 체적 9,060 m^{3}의 열기구에 탑승하고자 한다. 열기구 내의 공기를 토치로 데워 온도가 70°C가 된다. 열기구 내외의 기압은 '표준 대기압'인 101.3 kPa이다. 열기구가 공기 중에 중립 부양 상태로 유지된다고 가정하면, 열기구가 운반할 수 있는 총 질량(바스켓, 연료, 승객, 개인 소지품 그리고 열기구 자체)은 얼마인가? 수직 방향 상승 가속도가 0.75 m/s^{2}일 경우 열기구가 운반할 수 있는 질량은 얼마인가? 이 계산을 위하여 열기구와 내부 공기와 함께 주변 공기도(기구에 상승할 공간을 내주기 위하여) 가속되어야 한다고 생각하라. 우선적으로 가속도가 열기구, 모든 부속품 및 열기구 내부 공기 부피의 2배에 해당하는 공기를 합한 질량에 작용한다고 가정한다. 비행 도중 열기구의 체적이 일정하게 유지된다면, 하강하기 위하여 열기구 조종사는 어떤 조치를 취해야 하는가?

***3.76** 주위와 압력 평형 상태로 작동하는 과학용 풍선기구는 기상 관측기기를 극히 높은 고도까지 올리는 데 사용한다. 두께가 0.013 mm인 폴리에스테르 외피로 제작된 직경 120 m의 기구 하나에 헬륨을 채워 230 kg의 화물을 띄운다. 외피의 비중은 1.28이다. 기구가 떠오를 수 있는 고도를 구하라. 기구 속의 헬륨은 외기 온도와 열적 평형을 이루고, 기구는 완벽한 구형으로 가정하라.

***3.77** 체적 0.025 m^{3}인 물체가 그림과 같이 물속에 잠겨 있다. 길이 5 m, 단면적 20 cm^{2}인 원형 막대가 물체와 벽에 연결되어 있다. 막대의 질량은 1.25 kg이며 평형상태에서 막대가 수평과 12°의 각도를 이루고 있다면, 물체의 질량은 얼마인가?

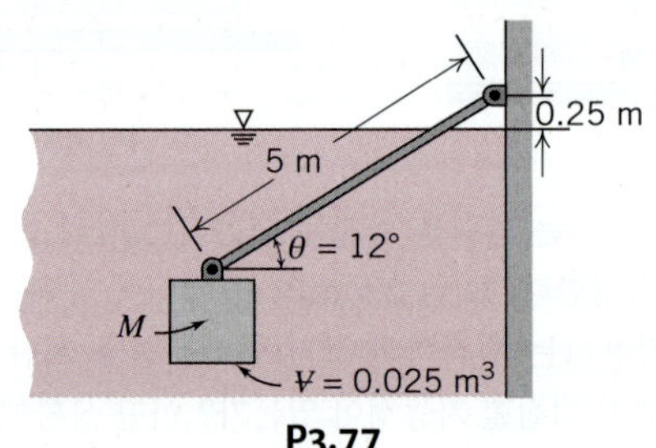

P3.77

***3.78** 비중 측정에 사용되는 유리 비중계의 관 직경은 7 mm이다. 비중이 0.2만큼 증가할 때 표시점 사이의 거리는 3 mm이다. 비중계를 등유에 띄울 때 표면장력 때문에 생기는 오차의 크기와 방향을 계산하라(등유와 유리 사이의 접촉각은 0°로 가정하라).

***3.79** 문제 3.77에서 질량 M을 막대에서 떼어낸다면, 막대는 평형 상태에서 얼마나 잠겨 있겠는가? 막대기를 물 밖으로 들어 올리기 위하여 막대 끝에서 위쪽으로 가해야 하는 수직력의 최소 크기는 얼마인가?

***3.80** 벌목 작업장에서는 목재를 물에 띄워 하류의 목재소까지 내려 보낸다. 기후가 건조한 해에는 수심이 낮아 어떤 곳에서는 60 cm까지도 내려간다. 이런 방식으로 수송할 수 있는 통나무의 최대 직경은 얼마인가(통나무와 강바닥 사이에 최소 5 cm의 간극을 남겨야 한다)? 나무는 비중이 SG = 0.8이다.

***3.81** 비중이 SG = 0.95인 재질로 만들어진 반경 25 mm의 구가 물탱크 속에 가라앉아 있다. 구는 탱크 바닥의 반경 1.88 mm인 구멍 위에 놓여 있다. 구를 놓으면 탱크 바닥에 머무는가, 표면으로 떠오르는가?

*이 문제들은 교재 내용의 연속성을 잃지 않으면서 생략 가능한 절들의 내용을 필요로 한다.

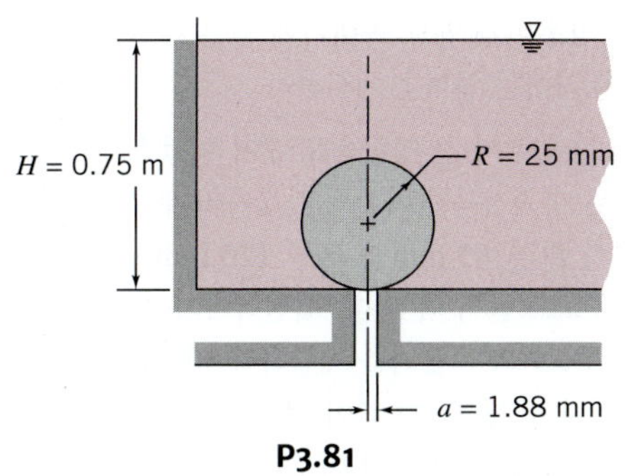

P3.81

***3.82** D = 0.3 m이며 L = 4 m인 원통형 목재의 하단에 무게를 달아서 바닷물 속에 3 m가 잠겨 수직으로 뜨게 하였다. 평형 위치로부터 수직 방향으로 움직인 다음에 놓으면 목재가 수직 방향으로 진동한다('오르내린다'). 이 오르내림 모드의 진동 주파수를 평가하라. 점성효과와 물의 운동은 무시하라.

***3.83** 배 옆으로 기포가 버섯구름 모양으로 분출(거품과 비슷한 큰 질량의 공기 기포)되는 것을 볼 때, 당신은 버뮤다 삼각지에 있는 것이다. 당신은 여기에 다가가서 그 속으로 들어가고 싶은가? 오른쪽 그림에서 보트를 가라앉게 하는 물과 공기 기포의 유효 밀도는 얼마인가? 당신의 배는 길이가 3 m이고, 양쪽 경우에 무게는 같다.

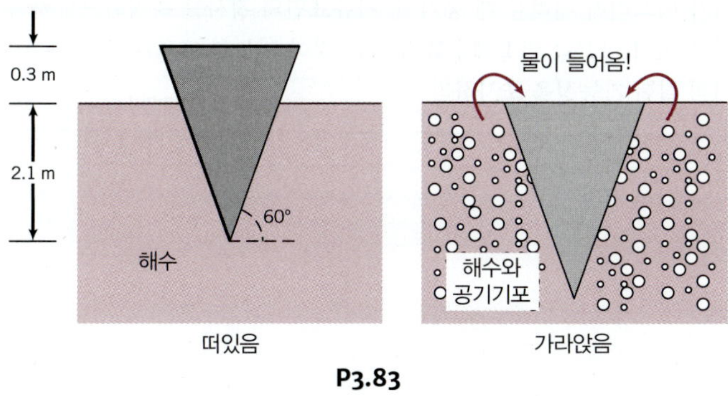

P3.83

***3.84** 그릇이 대칭적으로 뒤집혀서 비중 SG = 15.6인 고밀도 유체 속에서 그릇 중심선을 따라 그릇 가장자리로부터 측정한 깊이가 200 mm인 위치에 유지된다. 그릇 높이는 80 mm이며, 그릇 속에서 유체가 올라간 높이는 20 mm이다. 그릇 바닥의 내부 직경이 100 mm이며, 비중 SG = 6.1인 찰흙으로 만들어졌다. 그릇의 체적은 약 0.9 L이다. 그릇을 그 자리에 유지하기 위하여 필요한 힘은 얼마인가?

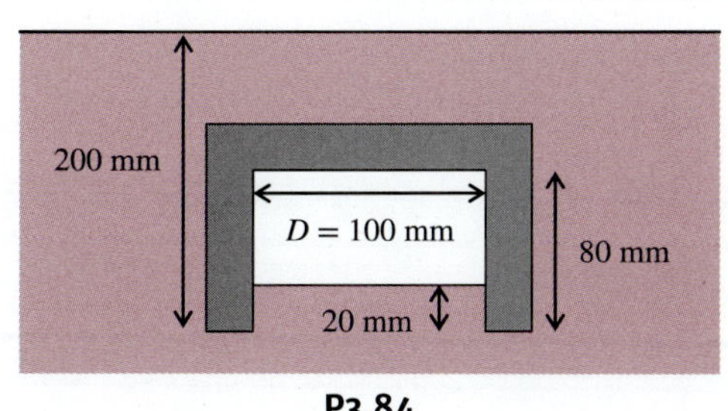

P3.84

***3.85** 어린이 장난감인 '데카르트의 자맥질 인형(Cartesian diver)'에서 작은 '자맥질 인형'이 액체 기둥 속에 잠긴다. 액체 기둥 꼭대기에 있는 막을 아래로 밀면 잠수인형이 바닥까지 가라앉는다. 막을 놓을 때 잠수인형이 다시 올라온다. 이 장난감이 어떻게 작동하는지 설명하라.

***3.86** 위아래가 뒤집힌 채로 물이 든 용기 속에서 천천히 잠기는 원뿔 모양의 깔때기를 고려해 보자. 주둥이가 대기 쪽으로 열려 있을 때 깔때기를 잠기게 하는 데 필요한 힘에 대하여 설명하라. 주둥이를 고무마개로 막았을 때 깔때기를 잠기게 하는 데 필요한 힘과 비교하라.

***3.87** 해난인양 방법의 하나로 바다 밑에 있는 난파선 안쪽과 주위에 설치된 여러 '에어백'에 공기를 펌프로 불어넣는 방법이 제안되었다. 결론을 뒷받침하는 해석결과를 가지고, 이 안의 실용성에 대하여 의견을 제시하라.

강체운동을 하는 유체

***3.88** 예제 3.10(Web에서 학습)에서 해석한 바와 유사한 원통형 용기가 축에 대하여 2 Hz의 일정한 각속도로 회전한다. 원통은 직경이 0.5 m이며 처음에는 깊이 0.3 m로 물을 담고 있다. 액체 자유표면이 탱크 바닥에 살짝 닿기 전까지 용기가 회전할 수 있는 최대속도를 구하라. 답이 액체의 밀도에 의존하는가? 설명하라.

***3.89** 그림과 같이 액체를 채운 U자관으로 간단한 가속도계를 만들 수 있다. 가속도 $\vec{a}$로 생겨나는 액체 높이차 h를 관의 모양, 유체 상태량들로 나타내는 식을 유도하라.

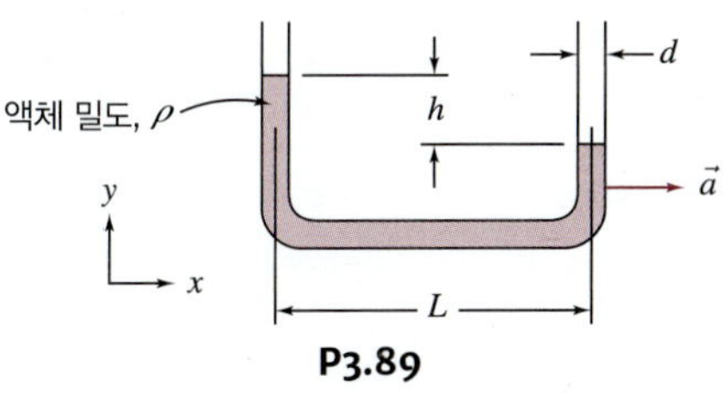

P3.89

***3.90** 그림에 보이는 U자관은 20°C의 물로 채워져 있다. 점 A은 밀봉되어 있고 점 D은 대기로 개방되어 있다. 튜브는 수직축 AB를 중심으로 1,600 rpm으로 회전하고 있다. 그림에 보이는 치수로 튜브 내에 캐비테이션이 일어나는가?

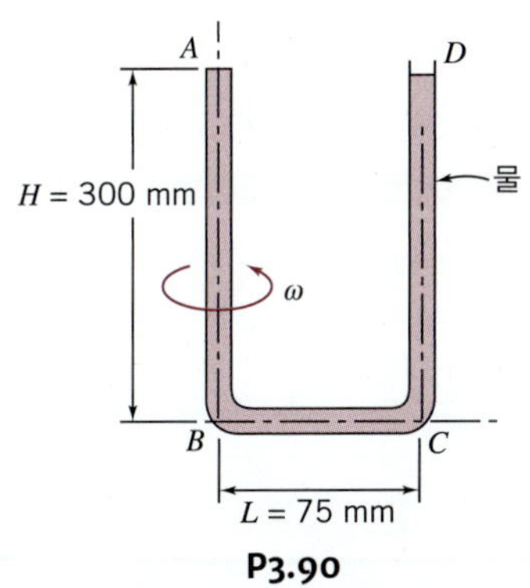

P3.90

***3.91** 원심 마이크로마노미터는 정확한 측정 작업을 위하여 공기 속에서 작고 정확한 차압을 만들어내는 데 사용된다. 장치는 반경 방향 압력차를 발생하기 위하여 회전하는 한 쌍의 평행 원판으로 이루어진

*이 문제들은 교재 내용의 연속성을 잃지 않으면서 생략 가능한 절들의 내용을 필요로 한다.

다. 원판 사이에는 유동이 없다. 압력차를 회전속도, 반경, 공기밀도로 나타내는 식을 구하라. 반경 50 mm인 장치를 사용하여 8 μm H_2O의 차압을 발생시키는 데 필요한 회전속도를 계산하라.

***3.92** 바닥 크기가 0.4 m × 0.2 m이며 높이가 0.4 m인 직육면체 용기에 깊이 0.2 m로 물이 차 있다. 빈 용기의 질량은 10 kg이다. 수평선에 대하여 30° 기울어진 평면에 용기를 놓았다. 용기와 평면 사이의 미끄럼 마찰계수가 0.3일 때, 수평선에 대한 물 표면의 각도를 구하라.

***3.93** 오일(SG = 0.80)로 절반이 채워지고 한 변이 80 cm인 정육면체 상자에 한 변과 나란하게 0.25 g의 일정한 수평 가속도가 가해진다. 자유표면의 기울기와 상자 수평 바닥을 따라서의 압력을 구하라.

***3.94** 핵 연료봉에 들어갈 농축 우라늄을 생산하기 위한 공정에 가스 원심분리기가 사용된다. 가스 원심분리기의 최대 원주 속도는 응력을 고려하여 약 300 m/s로 제한된다. 분자량이 M_m = 352이며, 이상기체 거동을 보이는 우라늄 헥사플로라이드 가스가 담긴 가스 원심분리기를 가정한다. 최대압력과 원심분리기 축에서의 압력에 대한 압력비에 대한 식을 유도하라. 가스 온도가 325°C일 때 압력비를 계산하라.

***3.95** 직경이 400 mm, 깊이가 400 mm이며 무게가 15 N인 양동이에 200 mm의 물이 들어 있다. 양동이는 줄에 묶여 수직원 궤도로 반경 1 m 위치에서 5 m/s의 속도로 회전한다. 물은 강체로 움직인다고 가정한다. 양동이가 궤도 꼭대기에 있는 순간에 줄의 장력과 물이 양동이 바닥에 가하는 압력을 계산하라.

***3.96** 내용물 일부가 찬 청량음료 캔이 회전축으로부터 R = 1.5 m에 위치한 어린이 회전목마 바깥쪽 가장자리 부분에 놓였다. 캔의 직경과 높이는 각각 D = 65 mm와 H = 120 mm이다. 캔은 비중 SG = 1.05인 탄산음료로 반이 차 있다. 회전목마가 20 rpm으로 회전할 때 캔 속에서 액체표면의 기울기를 계산하라. 캔 바닥과 회전목마 사이에 미끄러짐이 없다고 가정하여 캔이 넘치게 되는 회전속도를 계산하라. 캔이 넘치는 것과 회전목마에서 미끄러져 나가는 것 중에서 어느 쪽이 더 가능성이 높은가?

***3.97** 주철 혹은 강철용 거푸집이 수평 회전축에 장착되어 라이너나 튜브와 같은 관 모양의 주물을 제조하는 데 사용된다. 회전하는 거푸집에 용융된 금속이 부어진다. 반경 방향 가속도로 인하여 주물단면의 두께가 거의 일정해진다. 길이 L = 2 m, 외경 r_o = 0.15 m, 내경 r_i = 0.1 m인 강철 라이너를 이 공정으로 만들고자 한다. 두께를 거의 일정하게 만들기 위하여 회전 수는 최소한 300 rpm이 되어야 한다. 이때 (a) 라이너 안쪽 표면에서의 반경 방향 가속도와 (b) 거푸집 표면에서의 최대 및 최소 압력을 구하라.

***3.98** 문제 3.92의 해석에 따르면 경사면을 따라 액체가 채워진 용기가 미끄러져 내려갈 때 용기 속 자유표면의 경사를 측정함으로써 두 면 사이의 미끄럼 마찰계수를 구하는 것이 가능할 수 있다. 이 아이디어의 실현 가능성을 조사하라.

*이 문제들은 교재 내용의 연속성을 잃지 않으면서 생략 가능한 절들의 내용을 필요로 한다.

CHAPTER 4

검사체적에 대한 적분형 기본방정식

Basic Equations in Integral Form for a Control Volume

사례연구

미국에서 사용되는 총 에너지의 약 15퍼센트가 장거리 운송 연료로 사용된다. 전통적인 트렉터–트레일러 조합은 유선화가 되어 있지 않고 큰 공기저항을 받는다. 9장에서 학습하게 될 항력계수는 공기저항에 대한 상대 측정값이다. 저항을 감소시키는 장치가 전혀 없는 전통적인 트렉터–트레일러 조합의 저항계수는 0.8에서 1.0 수준이다. 운전실 상단의 디플렉터(deflector), 트레일러 옆면의 바람막이(skirts), 트레일러 끝단의 후류감소 패널(panel) 등을 사용한 유선화는 항력계수를 0.4에서 0.5 범위로 감소시킨다. 고속도로의 속도에서는, 공기역학적 항력이 연료 사용의 85퍼센트를 차지한다.

그림에 표시된 완전 전기 Tesla 트럭은 저항을 유발시키는 요소를 제거하거나 개조하기 위하여 집중적으로 연구되었다. 결과는 0.36의 저항계수, 즉 개조되지 않은 트럭의 항력계수의 약 3분의 1이다. 이는 상당한 연료 에너지 절감과 소유자에게 상당한 비용 절감을 한다. 그 결과 순수 전기 트럭의 경우 1.25 kWh/km의 연료 비용이 발생한다. 이것은 고속도로 속도의 Tesla 트럭의 경우 7.65 km/l에 해당하는 것이고 현재 일반 트럭들의 평균인 약 2.55 km/l와 비교된다. 연간 예상 연료 절감액은 $200,000이다.

전기 트럭은 뒤 차축에 4개의 독립적인 모터, 500에서 800 km의 주행거리, 5퍼센트 경사도에서 100 km/hr의 속도를 갖는다. 충돌방지를 돕기 위한 탐지 시스템도 구비하고 있다. 운전자는 운전실의 중앙에 앉아 최대의 가시성과 제어를 갖는다. 전기 트럭은 낮은 무게중심을 갖고 있어서 전복 보호를 제공한다. 공기역학적인 유선화와 함께 이러한 모든 기능들로 인해 이 스타일의 트럭은 장거리 운송 산업을 변화시킬 잠재력을 제공한다.

유선화된 고속도로 트렉터–트레일러

학습 목표

이 장의 학습을 마치면 다음을 할 수 있어야 한다.

- 기본법칙을 사용하여 어떤 시스템을 포함하는 문제를 푼다.
- Reynolds 수송 방정식의 각 항의 물리적인 의미를 설명한다.
- 질량보존법칙의 검사체적 공식을 사용하여 유동 문제를 푼다.
- 운동량법칙의 검사체적 공식을 사용하여 유동 문제를 푼다.
- 각운동량법칙의 검사체적 공식을 사용하여 유동 문제를 푼다.
- 에너지보존법칙의 검사체적 공식을 사용하여 유동 문제를 푼다.

지금부터는 운동하고 있는 유체를 공부한다. 따라서 유동하는 유체를 어떻게 고찰할 것인지 결정해야 한다. 1장에서 검토한 바와 같이 이러한 고찰을 위해서는 이용할 수 있는 두 가지 선택이 있다.

1 **개별적인 유체입자 또는 입자군**이 공간을 통해 움직일 때 이들의 운동을 공부할 수 있다. 이것은 **시스템**(*system*) 접근법이라 하고, 뉴턴 제2법칙과 같이 물리적 법칙들이 물질에 적용되어 직접 시스템에 적용되는 장점이 있다. 한 가지 단점은 실제로 이 접근법에서 사용되는 수학이 다소 복잡해진다는 점이고, 보통은 편미분 방정식으로 된다. 이 접근법에 대해서는 5장에서 상세히 살펴볼 것이다. 시스템 접근법은 시간에 따른 입자의 궤적을 알아야 할 때 필요하다.

2 유체가 흐르는 **공간 영역**을 공부할 수도 있으며, 이것을 **검사체적**(*control volume*) 접근법이라 한다. 이 방법은 폭넓은 실제 적용이 가능하기 때문에 자주 사용되는 방법으로, 예를 들어 공기역학에서 통상 개개 유체입자에 어떤 일이 생기는지보다 날개에서의 항력 및 양력에 관심이 있다. 이 접근법의 단점은 물리적 법칙이 물질에 적용되고 공간 영역에 직접적으로 적용되지 않기 때문에, 물리적 법칙을 시스템에 대한 수식화로부터 검사체적에 대한 수식화로 변환하기 위한 수학적 처리를 해야만 한다.

이 장에서는 검사체적 접근법을 고찰한다. 이 장에서는 **적분형**이란 단어를, 5장에서는 **미분형**이란 단어를 사용한다는 사실을 알게 될 것이다. 이것은 중요한 구분으로, 이 장에서는 유한한 영역을, 5장에서는 미소 영역을 가지는 입자의 운동을 공부한다는 사실을 나타낸다. 이 장에서는 시스템에 적용되는 물리적 법칙들을 살펴보고(4.1절), 시스템으로부터 검사체적 공식으로 변환하는 수학적 처리방법을 전개하며(4.2절), 4.1절 및 4.2절의 결과를 결합하여 검사체적 해석을 위한 물리적 법칙에 대한 식을 얻게 된다.

4.1 시스템에 대한 기본법칙

적용할 기본법칙은 질량보존, 뉴턴 제2법칙, 각운동량 원리 및 열역학 제1법칙과 제2법칙이다. 이들 시스템에 대한 방정식을 검사체적에 대한 식으로 변환하기 위해서는 시스템 성질(예, 질량)로 표현된 법칙들을 유입 및 유출(률)의 비율로 표현해야 한다. 이러한 방정식을 **비율 방정식**이라고 한다.

질량보존

시스템(정의에 의하면 선택된 고정된 양의 물질, M)에서는 단순하게 M = 일정이다. 이러한 질량보존법칙을 시간 변화율을 포함한 방정식으로 쓰면

$$\left.\frac{dM}{dt}\right)_{\text{system}} = 0 \tag{4.1a}$$

이고, 여기서

$$M_{\text{system}} = \int_{M(\text{system})} dm = \int_{\forall(\text{system})} \rho \, d\forall \tag{4.1b}$$

이다.

뉴턴 제2법칙

관성 좌표계에서 운동하는 시스템에 대해 뉴턴 제2법칙을 적용하면 시스템에 작용하는 모든 외부 힘의 합은 시스템의 선형 운동량의 변화율과 같다.

$$\vec{F} = \left.\frac{d\vec{P}}{dt}\right)_{\text{system}} \tag{4.2a}$$

여기서 시스템의 선운동량은 다음과 같이 주어진다.

$$\vec{P}_{\text{system}} = \int_{M(\text{system})} \vec{V} \, dm = \int_{\forall(\text{system})} \vec{V} \rho \, d\forall \tag{4.2b}$$

각운동량 원리

시스템에 대해 각운동량 원리를 적용하면 각운동량의 변화율은 시스템에 작용하는 모든 토크의 합과 같다.

$$\vec{T} = \left.\frac{d\vec{H}}{dt}\right)_{\text{system}} \tag{4.3a}$$

여기서 시스템의 각운동량은 다음과 같이 주어진다.

$$\vec{H}_{\text{system}} = \int_{M(\text{system})} \vec{r} \times \vec{V} \, dm = \int_{\forall(\text{system})} \vec{r} \times \vec{V} \rho \, d\forall \tag{4.3b}$$

토크는 표면력과 체적력(여기서는 중력), 그리고 시스템 경계를 가로지르는 축에 의해 생성된다.

$$\vec{T} = \vec{r} \times \vec{F}_s + \int_{M(\text{system})} \vec{r} \times \vec{g} \, dm + \vec{T}_{\text{shaft}} \tag{4.3c}$$

열역학 제1법칙

열역학 제1법칙은 시스템에 대한 에너지보존을 서술한 것이다.

$$\delta Q - \delta W = dE$$

이 식을 시간 변화율로 쓰면 다음과 같다.

$$\dot{Q} - \dot{W} = \left.\frac{dE}{dt}\right)_{\text{system}} \tag{4.4a}$$

여기서 시스템의 총 에너지는 다음과 같다.

$$E_{\text{system}} = \int_{M(\text{system})} e \, dm = \int_{\forall(\text{system})} e \, \rho \, d\forall \tag{4.4b}$$

그리고

$$e = u + \frac{V^2}{2} + gz \tag{4.4c}$$

이다. 식 (4.4a)에서 $\dot{Q}$(열전달률)는 주위에서 시스템으로 열이 가해질 때 양이고, $\dot{W}$(일률)는 시스템이 주위에 대하여 일을 할 때 양으로 한다. 식 (4.4c)에서 u는 질량 dm인 물질의 입자가 가지는 비내부에너지, V는 속도이고, z는 높이(보편적인 기준으로부터의)이다.

열역학 제2법칙

열량 δQ가 온도 T인 시스템으로 전달되면, 열역학 제 2법칙으로부터 시스템의 엔트로피 변화 dS는

$$dS \geq \frac{\delta Q}{T}$$

를 만족한다. 그리고 이를 시간 변화율로 표시하면

$$\left.\frac{dS}{dt}\right)_{\text{system}} \geq \frac{1}{T}\dot{Q} \tag{4.5a}$$

이 되고, 시스템의 총 엔트로피는 다음과 같다.

$$S_{\text{system}} = \int_{M(\text{system})} s\, dm = \int_{\forall(\text{system})} s\, \rho\, d\forall \tag{4.5b}$$

4.2 시스템 도함수와 검사체적 식과의 관계

앞 절에서 시스템에 대한 시간 변화율 방정식으로 표현된 다섯 가지 기본법칙을 얻었다. 이 절에서는 시스템에 대한 시간 변화율 방정식을 그에 상응하는 검사체적 방정식으로 변환하기 위한 일반적인 표현을 유도하려고 한다. M, $\vec{P}$, $\vec{H}$, E 및 S[식 (4.1a), (4.2a), (4.3a), (4.4a) 및 (4.5a)]의 변화율에 대한 방정식을 하나씩 변환하는 대신 이것들 모두를 기호 N으로 나타내기로 한다. 따라서 N은 시스템에 대한 질량, 운동량, 각운동량, 에너지 및 엔트로피를 나타낸다. 이러한 종량성질(extensive property)에 대응하여 단위질량에 대한 강도성질(intensive property) η를 필요로 한다. 그러면

$$N_{\text{system}} = \int_{M(\text{system})} \eta\, dm = \int_{\forall(\text{system})} \eta\, \rho\, d\forall \tag{4.6}$$

이 되고, 식 (4.1b), (4.2b), (4.3b), (4.4b) 및 (4.5b)를 식 (4.6)과 비교해 보면 다음과 같이 됨을 알 수 있다.

$N = M$ 이면 $\eta = 1$
$N = \vec{P}$ 이면 $\eta = \vec{V}$
$N = \vec{H}$ 이면 $\eta = \vec{r} \times \vec{V}$
$N = E$ 이면 $\eta = e$
$N = S$ 이면 $\eta = s$

먼저 일반적인 용어로 유체 흐름에 대한 시스템 설명에서 검사체적 설명을 유도하는 방법을 설명하고자 한다. 그림 4.1a와 같이, 어떤 시간 t_0에서 유동하는 유체의 일부를 선정한다. 이 유체의 일부를 물감으로, 이를 테면 푸른색으로 물들인다고 생각한다. 유체시스템의 이 초기 형태를 좌표축 xyz에 대해 공간상에 고정된 검사체적으로 선택한다. 미소 시간 Δt 후에 시스템은 그림 4.1b와 같이 새로운 위치로 움직일 것이다. 앞에서 검토한 법칙들은 이 유체의 일부에 적용한다. 예를 들어 그 일부의 질량은 일정하다[식 (4.1a)]. $t = t_0$와 $t = t_0 + \Delta t$에서 시스템과 검사체적의 기하학적 구조를 고찰함으로써 검사체적에 대한

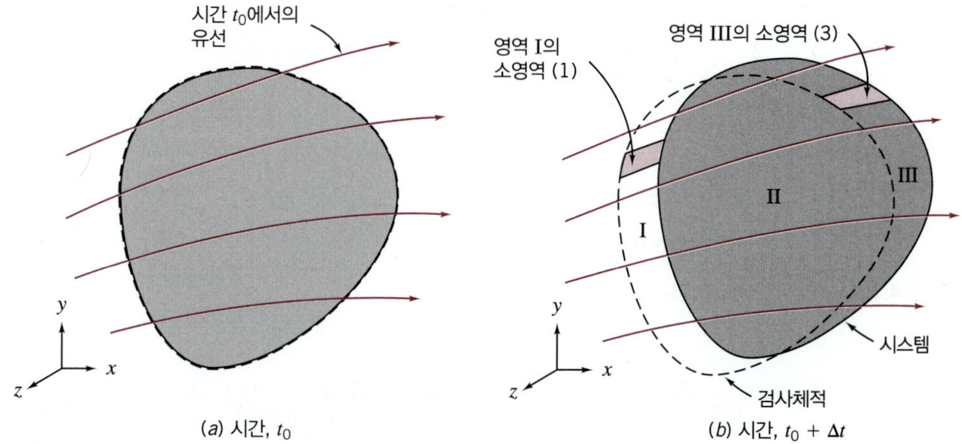

그림 4.1 시스템과 검사체적의 구성도.

기본법칙의 식을 얻게 된다.

식의 유도

그림 4.1로부터 시간 t_0에서 완전하게 검사체적 내에 있던 시스템이 시간 $t_0 + \Delta t$에서 부분적으로 검사체적을 벗어남을 볼 수 있다. 이들은 세 영역으로 구분될 수 있다. 즉, 검사체적을 구성하는 영역 I 및 II와 시간 $t_0 + \Delta t$에서 영역 II와 함께 시스템을 구성하는 영역 III이다.

여기서는 시스템에 대한 임의의 종량성질 N의 시간 변화율과 검사체적에 대한 시간 변화율과의 관계식을 유도하는 것이 목적이다. 도함수 정의로부터 N_{system}의 변화율은 다음과 같이 주어진다.

$$\left.\frac{dN}{dt}\right)_{\text{system}} \equiv \lim_{\Delta t\to 0}\frac{\left.N_s\right)_{t_0+\Delta t} - \left.N_s\right)_{t_0}}{\Delta t} \tag{4.7}$$

도함수 정의인 식 (4.7)에 사용된 하첨자 s는 시스템을 표시하기 위해 편의상 사용하였다.

그림 4.1의 기하학적 형태로부터

$$\left.N_s\right)_{t_0+\Delta t} = (N_{\text{II}} + N_{\text{III}})_{t_0+\Delta t} = (N_{\text{CV}} - N_{\text{I}} + N_{\text{III}})_{t_0+\Delta t}$$

및

$$\left.N_s\right)_{t_0} = (N_{\text{CV}})_{t_0}$$

로 되며, 시스템의 도함수에 대한 정의 식인 식 (4.7)에 대입하면 다음과 같이 된다.

$$\left.\frac{dN}{dt}\right)_s = \lim_{\Delta t\to 0}\frac{(N_{\text{CV}} - N_{\text{I}} + N_{\text{III}})_{t_0+\Delta t} - (N_{\text{CV}})_{t_0}}{\Delta t}$$

그런데 합의 극한은 극한들의 합과 같으므로 다음과 같이 표시할 수 있다.

$$\left.\frac{dN}{dt}\right)_s = \underbrace{\lim_{\Delta t\to 0}\frac{\left.N_{\text{CV}}\right)_{t_0+\Delta t} - \left.N_{\text{CV}}\right)_{t_0}}{\Delta t}}_{①} + \underbrace{\lim_{\Delta t\to 0}\frac{\left.N_{\text{III}}\right)_{t_0+\Delta t}}{\Delta t}}_{②} - \underbrace{\lim_{\Delta t\to 0}\frac{\left.N_{\text{I}}\right)_{t_0+\Delta t}}{\Delta t}}_{③} \tag{4.8}$$

이제는 식 (4.8)의 3개 항 각각을 검토해야 한다.

먼저 식 (4.8)의 ①항은 다음과 같이 간단하게 표현된다.

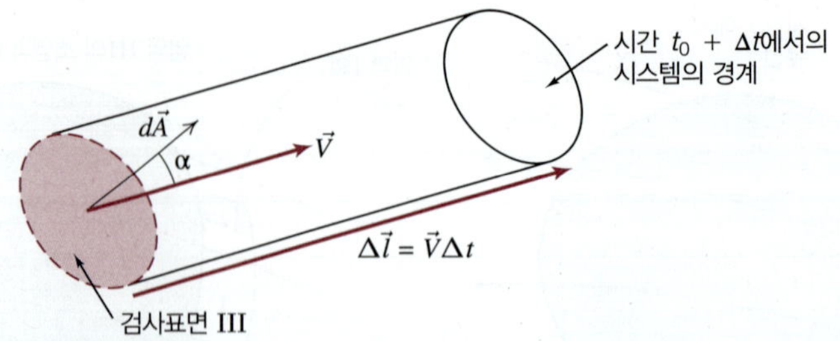

그림 4.2 그림 4.1에서 소영역 (3)의 확대도.

$$\lim_{\Delta t \to 0} \frac{N_{CV})_{t_0+\Delta t} - N_{CV})_{t_0}}{\Delta t} = \frac{\partial N_{CV}}{\partial t} = \frac{\partial}{\partial t}\int_{CV} \eta\,\rho\,d\forall \tag{4.9a}$$

다음으로 ②항을 검토하기 위해 먼저 그림 4.2에 보인 영역 III의 소영역(영역 (3))을 확대한 그림을 관찰함으로써 $N_{III})_{t_0+\Delta t}$에 대한 식을 유도한다. 검사표면의 면적벡터 $d\vec{A}$는 크기 dA를 가지며, 방향은 검사표면의 미소면적에 수직 **외향**이다. 일반적으로 속도벡터 $\vec{V}$는 $d\vec{A}$에 대해 α의 각을 가진다.

따라서 소영역에서

$$dN_{III})_{t_0+\Delta t} = (\eta\,\rho\,d\forall)_{t_0+\Delta t}$$

와 같이 표현된다. 원통형 요소의 체적 $d\forall$에 대한 표현이 필요하다. 원통의 벡터 길이는 $\Delta\vec{l} = \vec{V}\Delta t$이다. 면적 $d\vec{A}$가 길이 $\Delta\vec{l}$과 각 α를 갖는 프리즘 형태의 원통 체적은 $d\forall = \Delta l\,dA\cos\alpha = \Delta\vec{l}\cdot d\vec{A} = \vec{V}\cdot d\vec{A}\Delta t$이다. 따라서 소영역 (3)에 대해 다음과 같이 표현된다.

$$dN_{III})_{t_0+\Delta t} = \eta\,\rho\vec{V}\cdot d\vec{A}\Delta t$$

영역 III의 전체에 대해 적분함으로써 식 (4.8)의 ②항에 대해 다음 식을 얻을 수 있다.

$$\lim_{\Delta t \to 0} \frac{N_{III})_{t_0+\Delta t}}{\Delta t} = \lim_{\Delta t \to 0} \frac{\int_{CS_{III}} dN_{III})_{t_0+\Delta t}}{\Delta t} = \lim_{\Delta t \to 0} \frac{\int_{CS_{III}} \eta\,\rho\vec{V}\cdot d\vec{A}\Delta t}{\Delta t} = \int_{CS_{III}} \eta\,\rho\vec{V}\cdot d\vec{A} \tag{4.9b}$$

영역 I의 소영역 (1)에 대해 동일한 해석을 수행함으로써 식 (4.8)의 ③에 대해 다음 식을 얻을 수 있다.

$$\lim_{\Delta t \to 0} \frac{N_{I})_{t_0+\Delta t}}{\Delta t} = -\int_{CS_I} \eta\,\rho\vec{V}\cdot d\vec{A} \tag{4.9c}$$

소영역 (1)에 대해 속도벡터는 검사체적 **안쪽으로** 작용하지만, 면적벡터(규약에 따라) **항상** 바깥쪽(각도 $\alpha > \pi/2$)을 향하므로 식 (4.9c)의 스칼라적은 음이다. 따라서 영역 I에서의 물질에 대해 양의 값을 얻기 위해(음의 물질은 없기 때문에) 식 (4.9c)에서 음의 부호가 필요하다.

이 스칼라적의 부호에 대한 개념을 그림 4.3에 (a) 일반적인 입구와 출구, (b) 표면에 직각 방향과 평행한 출구속도, (c) 표면에 직각 방향과 평행한 입구속도에 대해 그림으로 나타냈다. 그림 4.3의 (b)와 (c)는 (a)를 분명하고도 쉽게 표현하고 있다; (a)에서 코사인 값은 입구나 출구의 정확한 부호를 자동으로 생성한다.

최종적으로 식 (4.8)에 식 (4.9a), (4.9b) 및 (4.9c)를 사용함으로써 다음 식이 얻어지며,

$$\left.\frac{dN}{dt}\right)_{system} = \frac{\partial}{\partial t}\int_{CV} \eta\,\rho\,d\forall + \int_{CS_I} \eta\,\rho\vec{V}\cdot d\vec{A} + \int_{CS_{III}} \eta\,\rho\vec{V}\cdot d\vec{A}$$

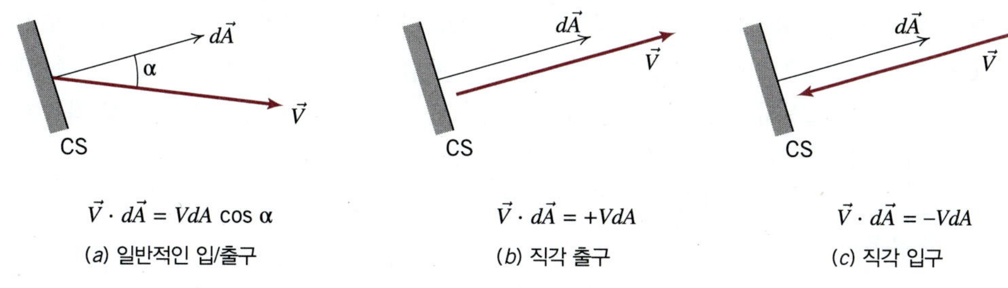

그림 4.3 스칼라적의 평가.

우변 마지막 2개의 적분은 CS_I 및 CS_{III}가 검사체적 전체를 구성하므로 다음과 같이 결합될 수 있다.

$$\left.\frac{dN}{dt}\right)_{\text{system}} = \frac{\partial}{\partial t}\int_{CV} \eta\, \rho\, d\forall + \int_{CS} \eta\, \rho \vec{V} \cdot d\vec{A} \tag{4.10}$$

식 (4.10)이 구하려던 최종 관계식이다. 이 식이 시스템에서의 종량성질 N의 변화율과 검사체적에서의 이 성질의 변화에 대한 기본관계식이다. 어떤 책에서는 식 (4.10)을 *Reynolds* 수송이론이라 부른다.

물리적 해석

지금까지 시스템에서의 종량성질 N의 변화율을 검사체적에 대한 식으로 변환할 수 있는 식 (4.10)을 유도했다. 이제는 여러 가지 물리법칙에 대한 기본 방정식[식 (4.1a), (4.2a), (4.3a), (4.4a) 및 (4.5a)]의 시스템에 대한 미분식으로부터 검사체적에 대한 식으로 전환하기 위해 식 (4.10)을 사용하여 N 대신에 $M, \vec{P}, \vec{H}, E$ 및 S (η에 해당하는 변수도 함께)를 대입한다. 이 식 자체가 '기초'가 되기 때문에 다시 한번 적어서 그 중요성을 강조한다.

$$\left.\frac{dN}{dt}\right)_{\text{system}} = \frac{\partial}{\partial t}\int_{CV} \eta\, \rho\, d\forall + \int_{CS} \eta\, \rho \vec{V} \cdot d\vec{A} \tag{4.10}$$

여기서 시스템은 물질이기 때문에 선택된 검사체적을 선택된 순간에 통과할 수 있다는 점을 분명히 할 필요가 있다. 예를 들어 비행기 날개와 그를 둘러싼 가상적인 직사각형 경계를 검사체적으로 선택한다면 시스템은 직사각형과 비행기 날개 사이에 순간적으로 들어 있는 공기의 질량이 된다. 식 (4.10)에 물리 법칙을 적용하기 전에 각 항에 대한 의미를 설명한다.

$\left.\frac{dN}{dt}\right)_{\text{system}}$ 은 시스템이 가지는 종량성질 N의 변화율이다. 예를 들어 $N=\vec{P}$라면, 운동량 변화율이 된다.

$\frac{\partial}{\partial t}\int_{CV} \eta\, \rho\, d\forall$ 은 검사체적 내에서 종량성질 N의 변화율이다. $\int_{CV} \vec{V}\rho d\forall$는 검사체적 내의 N의 순간적인 값을 계산하면 $\int_{CV} \vec{V}\rho d\forall$는 검사체적 내의 순간적인 질량이 된다. 예를 들어 $N=\vec{P}$라면 $\eta=\vec{V}$이고, $\int_{CV} \vec{V}\rho d\forall$는 검사체적 내의 순간적인 운동량을 계산한다.

$\int_{CS} \eta\, \rho \vec{V} \cdot d\vec{A}$ 은 성질 N이 검사표면을 나가는 유동률이다. $\rho\vec{V}\cdot d\vec{A}$은 검사표면 면적요소 $d\vec{A}$를 통하여 흘러나가는 질량 전달률을 나타내고, η가 곱해지면 검사표면을 통과하는 성질 N의 유동률이 된다. 그리고 적분을 하면 검사체적을 빠져 나가는 N의 유효 유동률이 계산된다. 예를 들어 $N=\vec{P}$라면 $\eta=\vec{V}$이고, $\int_{CS}\vec{V}\rho\vec{V}\cdot d\vec{A}$는 검사표면을 통하여 흘러나가는 운동량의 유동률이다.

식 (4.10)의 속도 $\vec{V}$에 대한 두 가지의 검토 사항은 다음과 같다. 첫째, 그림 4.3에서 검토한 바와 같이 스칼라적을 수행할 때 주의가 필요하다. 즉, $\vec{A}$는 항상 바깥쪽으로 향해 있기 때문에 스칼라적은 속도 $\vec{V}$가 바깥쪽으로 향하면 양이고 안쪽으로 향하면 음이 된다. 둘째, $\vec{V}$는 검사체적에 대하여 상대적으로 측정된다. 즉, 검사체적 좌표계 xyz가 고정되어 있든지 일정한 선형속도로 움직인다면 검사체적은 관성 좌표계를 구성하고, 따라서 앞에서 기술한 물리적 법칙은 그대로 적용된다.

이와 같은 검토를 바탕으로 물리법칙[식 (4.1a), (4.2a), (4.3a), (4.4a) 및 (4.5a)]과 식 (4.10)으로부터 검사체적에 대한 유용한 식을 얻는다.

4.3 질량보존

시스템으로부터 검사체적 식으로 변환시키기 위해 적용하는 첫 번째 물리적 원리는 질량보존 원리이다. 즉, 시스템의 질량은 일정하다.

$$\left.\frac{dM}{dt}\right)_{\text{system}} = 0 \tag{4.1a}$$

여기서

$$M_{\text{system}} = \int_{M(\text{system})} dm = \int_{\forall(\text{system})} \rho \, d\forall \tag{4.1b}$$

시스템과 검사체적 식은 식 (4.10)으로 연관되어 있다.

$$\left.\frac{dN}{dt}\right)_{\text{system}} = \frac{\partial}{\partial t}\int_{\text{CV}} \eta\,\rho\, d\forall + \int_{\text{CS}} \eta\,\rho \vec{V}\cdot d\vec{A} \tag{4.10}$$

여기서

$$N_{\text{system}} = \int_{M(\text{system})} \eta\, dm = \int_{\forall(\text{system})} \eta\,\rho\, d\forall \tag{4.6}$$

질량보존에 대한 검사체적 식을 유도하기 위하여

$$N = M \quad \text{및} \quad \eta = 1$$

이라 놓는다. 이를 대입하면

$$\left.\frac{dM}{dt}\right)_{\text{system}} = \frac{\partial}{\partial t}\int_{\text{CV}} \rho\, d\forall + \int_{\text{CS}} \rho \vec{V}\cdot d\vec{A} \tag{4.11}$$

을 얻는다. 식 (4.1a)와 (4.11)을 비교하면 다음과 같은 질량보존에 대한 검사체적 식을 얻는다.

$$\frac{\partial}{\partial t}\int_{\text{CV}} \rho\, d\forall + \int_{\text{CS}} \rho \vec{V}\cdot d\vec{A} = 0 \tag{4.12}$$

식 (4.12)에서 첫째 항은 검사체적 내의 질량 변화율을 나타내며, 둘째 항은 검사표면을 통하여 흘러나가는 질량유동률을 나타낸다. 식 (4.12)는 질량보존은 검사체적 내의 질량 변화율과 검사표면을 통하여 흘러나가는 유동률의 합이 0임을 나타낸다. 또한 질량보존 방정식은 연속방정식(*continuity* equation)이라 부른다. 상식적인 의미로 표현하면 검사체적의 질량 증가율은 다음과 같이 질량의 유입률에 기인한다.

CV에서의 질량 증가율 = 질량의 유입률

$$\frac{\partial}{\partial t}\int_{\mathrm{CV}} \rho d\maltese \;=\; -\int_{\mathrm{CS}} \rho \vec{V}\cdot d\vec{A}$$

식 (4.12)를 사용하는 데 있어서 스칼라적 $\vec{V}\cdot d\vec{A} = VdA\cos\alpha$를 계산하는 데 다시 한번 주의가 필요하다. 이 값은 양(유출, $\alpha < \pi/2$)일 수도 있고, 음(유입, $\alpha > \pi/2$)일 수도 있으며, 0 ($\alpha = \pi/2$)일 수도 있다. 그림 4.3에서 단순히 $\alpha = 0$ 및 $\alpha = \pi$인 일반적인 경우를 상기하기 바란다.

특별한 경우

특별한 경우는 식 (4.12)를 간단하게 할 수 있다. 첫째로 비압축성 유체인 경우에 밀도는 일정하다. ρ가 일정하면 시간과 공간의 함수가 아니다. 결과적으로 **비압축성 유체**에 대해서는 식 (4.12)는 다음과 같이 된다.

$$\rho\frac{\partial}{\partial t}\int_{\mathrm{CV}} d\maltese + \rho\int_{\mathrm{CS}} \vec{V}\cdot d\vec{A} = 0$$

검사체적 전체에 대한 $d\maltese$의 적분은 단순히 검사체적의 체적이 된다. 따라서 양변을 ρ로 나누면 다음과 같이 된다.

$$\frac{\partial\maltese}{\partial t} + \int_{\mathrm{CS}} \vec{V}\cdot d\vec{A} = 0$$

크기와 형상이 고정되고 변형이 없는 검사체적에서는 $\maltese$ = 일정이다. 고정된 검사체적을 통하여 유동하는 비압축성유동에 대한 질량보존은 다음과 같이 된다.

$$\int_{\mathrm{CS}} \vec{V}\cdot d\vec{A} = 0 \tag{4.13a}$$

입구와 출구에서 속도가 균일(또는 근사적으로)한 경우는 특수한 경우로 유용하다. 이 경우 식 (4.13a)는 다음과 같이 단순한 형태로 된다.

$$\sum_{\mathrm{CS}} \vec{V}\cdot\vec{A} = 0 \tag{4.13b}$$

식 (4.12)를 식 (4.13a) 및 (4.13b)로 줄이는 과정에서 정상유동이라는 가정을 하지 않고, 오직 비압축성유동이라는 가정만 하였다. 따라서 식 (4.13a) 및 (4.13b)는 정상유동이나 비정상유동에 관계없이 비압축성 유동에 대한 질량보존을 말하고 있다.

식 (4.13a)의 피적분인가가 가지는 차원은 L^3/t이다. 검사표면의 한 단면에 대한 $\vec{V}\cdot d\vec{A}$의 적분은 일반적으로 **체적유량**(*volume flow rate*) 또는 **유동의 체적 유동률**(*volume rate of flow*)이라 부른다. 따라서 비압축성유동에서 고정된 검사체적 안으로 유입하는 체적유량과 검사체적 밖으로 유출하는 체적유량은 같다. 면적 A인 검사표면 일부분을 통과하는 체적유량 Q는 다음과 같이 된다.

$$Q = \int_A \vec{V}\cdot d\vec{A} \tag{4.14a}$$

속도벡터와 수직인 면적 A에서 평균속도의 크기(평균속력) $\bar{V}$는 다음과 같이 정의된다.

$$\bar{V} = \frac{Q}{A} = \frac{1}{A}\int_A \vec{V}\cdot d\vec{A} \tag{4.14b}$$

이제는 일반적인 경우로 고정된 검사체적을 통과하는 **정상**, **비압축성유동**을 생각하자. 정상유동이기 때문에 $\rho = \rho\,(x, y, z)$이다. 정의에 의하면, 정상유동에서는 유체의 성질이 시간에 따라 변하지 않으므로 식 (4.12)의 첫째 항은 0이며, 결과적으로 정상유동에 대한 질량보존의 표현은 다음과 같이 줄어든다.

$$\int_{\mathrm{CS}} \rho \vec{V} \cdot d\vec{A} = 0 \tag{4.15a}$$

입구와 출구에서 속도가 균일(또는 근사적으로)한 경우는 특수한 경우로 유용하다. 이 경우 식 (4.15a)는 다음과 같이 단순한 형태로 된다.

$$\sum_{\mathrm{CS}} \rho \vec{V} \cdot \vec{A} = 0 \tag{4.15b}$$

따라서 정상유동인 경우, 검사체적 안으로 유입되는 질량유량은 검사체적 밖으로 유출되는 질량유량과 같다.

다음에는 세 개의 예제를 통해 검사체적에 대한 질량보존 방정식의 여러 가지 형태를 보인다. 예제 4.1은 각 단면에서 균일유동인 문제, 예제 4.2는 균일유동이 아닌 문제, 그리고 예제 4.3은 비정상유동 문제이다.

예제 4.1 파이프 연결부에서의 질량유동

그림과 같은 파이프 연결부에서 물이 정상유동을 하고 있다. 면적은 $A_1 = 0.2\ \mathrm{m}^2$, $A_2 = 0.2\ \mathrm{m}^2$이고, $A_3 = 0.15\ \mathrm{m}^2$이다. ④의 구멍에서 누설되는 물이 체적유량 $0.1\ \mathrm{m}^3/\mathrm{s}$로 측정된다. 단면 ①과 ③에서의 평균속도는 각각 $V_1 = 5\ \mathrm{m/s}$ 및 $V_3 = 12\ \mathrm{m/s}$이다. 단면 ②에서의 속도를 구하라.

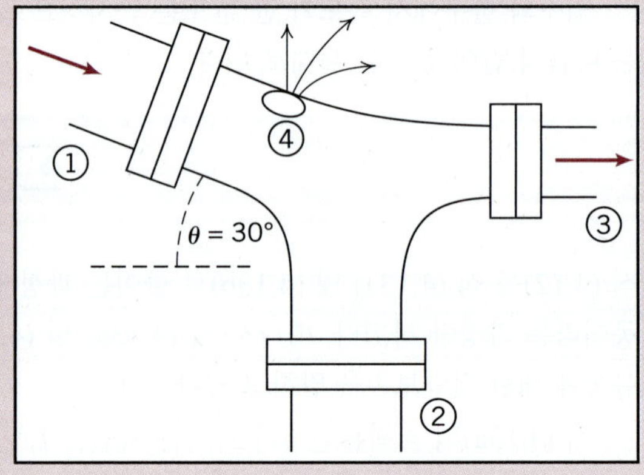

주어진 자료: 연결부를 통하는 물은 정상유동

$A_1 = 0.2\ \mathrm{m}^2$ $A_2 = 0.2\ \mathrm{m}^2$ $A_3 = 0.15\ \mathrm{m}^2$

$V_1 = 5\ \mathrm{m/s}$ $V_3 = 12\ \mathrm{m/s}$ $\rho = 999\ \mathrm{kg/m}^3$

단면 ④에서 체적유량 $= 0.1\ \mathrm{m}^3/\mathrm{s}$

찾는 자료: 단면 ②에서의 속도

풀이: 그림과 같은 고정된 검사체적을 선택한다. 단면 ②에서의 유동이 바깥쪽으로 향한다(물이 유출된다)고 가정하고 그림상에 나타낸다. 만일 이 가정이 틀리면 최종 결과를 통해 알 수 있다.

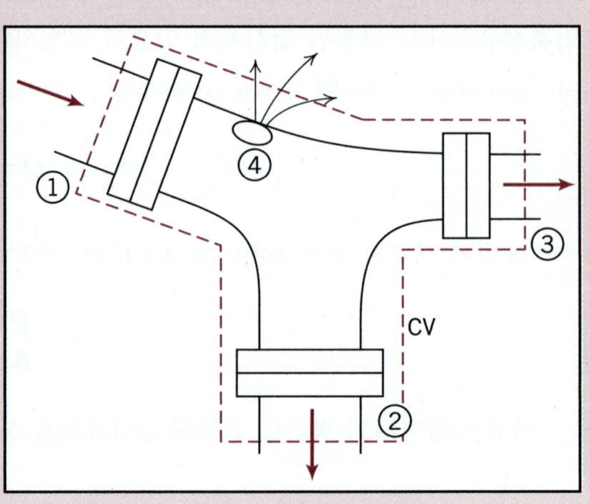

지배방정식: 일반적인 검사체적에 대한 방정식은 식 (4.12)이나, 아래의 가정 (2)와 (3) 때문에 식 (4.13b)를 바로 사용할 수 있다.

$$\sum_{\mathrm{CS}} \vec{V} \cdot \vec{A} = 0$$

가 정: 1 정상유동(주어짐)
2 비압축성유동
3 각 단면에서 균일한 성질

따라서

$$\vec{V}_1 \cdot \vec{A}_1 + \vec{V}_2 \cdot \vec{A}_2 + \vec{V}_3 \cdot \vec{A}_3 + Q_4 = 0 \tag{1}$$

이 되며, 여기서 Q_4는 누설되는 유량이다.

그림 4.3과 속도벡터의 방향에 대한 설명에 비추어 식 (1)의 처음 3항을 검토한다.

$\vec{V}_1 \cdot \vec{A}_1 = -V_1 A_1$

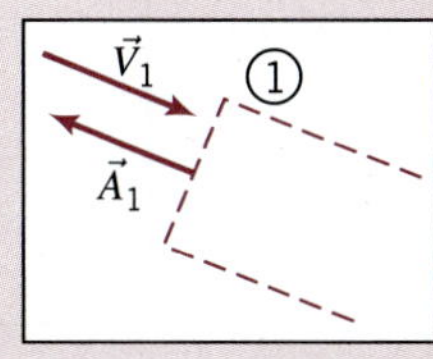

$\left\{ \begin{array}{l} \vec{V}_1 \cdot \vec{A}_1\text{의 부호는} \\ \text{단면 ①에서 음이다.} \end{array} \right\}$

$\vec{V}_2 \cdot \vec{A}_2 = +V_2 A_2$

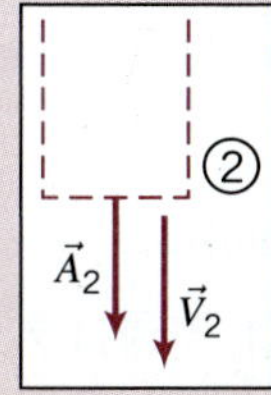

$\left\{ \begin{array}{l} \vec{V}_2 \cdot \vec{A}_2\text{의 부호는} \\ \text{단면 ②에서 양이다.} \end{array} \right\}$

$\vec{V}_3 \cdot \vec{A}_3 = +V_3 A_3$

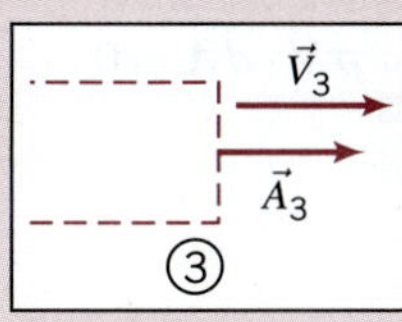

$\left\{ \begin{array}{l} \vec{V}_3 \cdot \vec{A}_3\text{의 부호는} \\ \text{단면 ③에서 양이다.} \end{array} \right\}$

식 (1)에 이들 결과를 사용하면

$$-V_1A_1 + V_2A_2 + V_3A_3 + Q_4 = 0$$

으로 되고, 따라서

$$V_2 = \frac{V_1A_1 - V_3A_3 - Q_4}{A_2} = \frac{5\dfrac{\text{m}}{\text{s}} \times 0.2\ \text{m}^2 - 12\dfrac{\text{m}}{\text{s}} \times 0.15\ \text{m}^2 - \dfrac{0.1\ \text{m}^3}{\text{s}}}{0.2\ \text{m}^2} = -4.5\ \text{m/s} \leftarrow V_2$$

V_2는 속도의 크기를 나타내며, 검사체적으로부터 바깥으로 유출되는 것으로 가정했음을 상기하라. V_2가 음수라는 사실은 단면 ②에서 유동이 **안쪽으로 향한다**(물이 유입된다)는 것으로, 초기 가정이 틀렸음을 의미한다.

이 문제는 $\int_A \vec{V} \cdot d\vec{A}$ 또는 $\Sigma_{CS} \vec{V} \cdot \vec{A}$를 평가하기 위한 부호규약 사용법을 설명하고 있다. 특히 면적에 수직한(법선) 벡터는 *항상* 검사표면으로부터 *바깥쪽을 향해* 그려진다.

예제 4.2 경계층 내의 질량유량

정지하고 있는 고체 경계면에 직접 접촉된 유체의 속도는 0이다. 즉, 경계에서 미끄럼이 없다. 따라서 그림에서 보는 것처럼 평판 위의 유동은 평면에 점착하여 흐르고 경계층을 형성한다. 평판 전방의 유동은 $\vec{V} = U\hat{i}$, $U = 30$ m/s로 균일하다. 단면 cd에서 경계층 내($0 \le y \le \delta$)의 속도분포는 근사적으로 $u/U = 2(y/\delta) - (y/\delta)^2$이다.

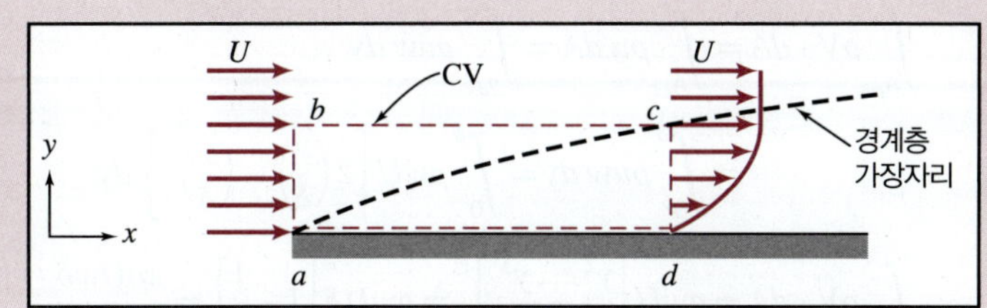

위치 d에서 경계층의 두께는 $\delta = 5$ mm이고, 유체밀도 $\rho = 1.24$ kg/m^{3}인 공기이다. 평판의 폭을 $w = 0.6$ m로 가정할

때, 검사체적 $abcd$의 면 bc를 통과하는 질량유량을 계산하라.

주어진 자료: 평판 위의 정상 및 비압축성유동 $\rho = 1.24 \text{ kg/m}^3$, 평판의 폭 $w = 0.6$ m. 평판 전방의 속도는 균일, 즉 $\vec{V} = U\hat{i}$, $U = 30$ m/s

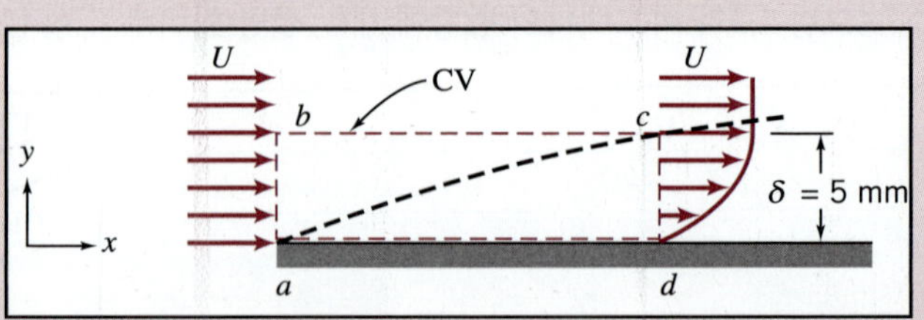

$$x = x_d\text{에서}$$
$$\delta = 5 \text{ mm}$$
$$\frac{u}{U} = 2\left(\frac{y}{\delta}\right) - \left(\frac{y}{\delta}\right)^2$$

찾는 자료: 면 bc를 통과하는 질량유량

풀이: 그림에서 점선으로 표시된 부분을 고정 검사체적으로 택한다.

지배방정식: 일반적인 검사체적에 대한 방정식은 식 (4.12)이나, 아래의 가정 (1) 때문에 식 (4.15a)를 바로 사용할 수 있다.

$$\int_{\text{CS}} \rho \vec{V} \cdot d\vec{A} = 0$$

가정: **1** 정상유동(주어짐)

2 비압축성유동(주어짐)

3 2차원 유동이고, 주어진 성질들은 z방향과 무관하다.

z방향으로 유동이 없다고 가정하면 다음과 같다.

$$\int_{A_{ab}} \rho\vec{V}\cdot d\vec{A} + \int_{A_{bc}} \rho\vec{V}\cdot d\vec{A} + \int_{A_{cd}} \rho\vec{V}\cdot d\vec{A} + \underbrace{\int_{A_{da}} \rho\vec{V}\cdot d\vec{A}}_{\left(da\text{를 횡단하는 유동은 없음}\right)} = 0 \tag{1}$$

$$\therefore \dot{m}_{bc} = \int_{A_{bc}} \rho\vec{V}\cdot d\vec{A} = -\int_{A_{ab}} \rho\vec{V}\cdot d\vec{A} - \int_{A_{cd}} \rho\vec{V}\cdot d\vec{A}$$

식 우변의 적분을 해야 한다.

z방향의 깊이 w에 대해 다음과 같은 식을 얻을 수 있다.

$$\int_{A_{ab}} \rho\vec{V}\cdot d\vec{A} = -\int_{A_{ab}} \rho u\, dA = -\int_{y_a}^{y_b} \rho uw\, dy$$
$$= -\int_0^{\delta} \rho uw\, dy = -\int_0^{\delta} \rho Uw\, dy$$

$\left\{\vec{V}\cdot d\vec{A}\text{는 음이고, } dA = w dy\text{이다.}\right\}$
$\{\text{단면 } ab\text{에서 } u = U\}$

$$\int_{A_{ab}} \rho\vec{V}\cdot d\vec{A} = -[\rho Uwy]_0^{\delta} = -\rho Uw\delta$$

$$\int_{A_{cd}} \rho\vec{V}\cdot d\vec{A} = \int_{A_{cd}} \rho u\, dA = \int_{y_d}^{y_c} \rho uw\, dy$$
$$= \int_0^{\delta} \rho uw\, dy = \int_0^{\delta} \rho wU\left[2\left(\frac{y}{\delta}\right) - \left(\frac{y}{\delta}\right)^2\right] dy$$

$\left\{\vec{V}\cdot d\vec{A}\text{는 양이고, } dA = w dy\text{이다.}\right\}$

$$\int_{A_{cd}} \rho\vec{V}\cdot d\vec{A} = \rho wU\left[\frac{y^2}{\delta} - \frac{y^3}{3\delta^2}\right]_0^{\delta} = \rho wU\delta\left[1 - \frac{1}{3}\right] = \frac{2\rho Uw\delta}{3}$$

식 (1)에 대입하면 다음과 같이 된다.

$$\therefore \dot{m}_{bc} = \rho U w \delta - \frac{2\rho U w \delta}{3} = \frac{\rho U w \delta}{3}$$

$$= \frac{1}{3} \times 1.24 \frac{\text{kg}}{\text{m}^3} \times 30 \frac{\text{m}}{\text{s}} \times 0.6\ \text{m} \times 5\ \text{mm} \times \frac{\text{m}}{1000\ \text{mm}}$$

$\dot{m}_{bc} = 0.0372$ kg/s { 양의 부호는 면 bc를 통하여 유출됨을 나타낸다. } $\dot{m}_b$

이 문제는 어느 단면에서 비균일유동인 경우에 대한 질량보존 방정식의 사용법을 설명하고 있다.

예제 4.3 배출되는 탱크 내의 밀도 변화

체적 0.05 m^{3}인 탱크 안에 절대압력이 800 kPa이고, 온도가 15°C인 공기가 들어 있다. $t = 0$에서 유동면적 65 mm^{2}인 밸브를 통하여 공기가 흘러나온다. 밸브를 통과하는 공기의 속도는 300 m/s이고, 밀도는 6 kg/m^{3}이다. $t = 0$에서 탱크 속에서의 밀도의 순간적 변화율을 구하라.

주어진 자료: 체적 $\forall = 0.05$ m^{3}인 탱크에 $p = 800$ kPa(절대), $T = 15$°C의 공기가 채워져 있다. $t = 0$에서 면적 $A = 65$ mm^{2}인 밸브를 통하여 속도 $V = 300$ m/s로 밀도 $\rho = 6$ kg/m^{3}인 공기가 유출된다.

찾는 자료: 시간 $t = 0$에서 탱크 내 공기밀도의 변화율

풀이: 그림에 점선으로 표시된 부분을 고정 검사체적으로 택한다.

지배방정식:

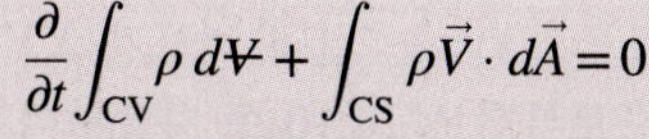

$$\frac{\partial}{\partial t}\int_{CV} \rho\, d\forall + \int_{CS} \rho \vec{V} \cdot d\vec{A} = 0$$

가정: **1** 탱크 속의 공기성질들은 균일하나, 시간에 따라 변화한다.

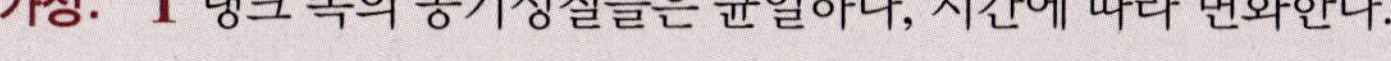

2 단면 ①에서 균일속도이다.

어떤 순간에도 탱크 속의 성질들은 균일하다고 가정했으므로, 첫 항의 ρ를 적분기호 밖으로 끌어낼 수 있다.

$$\frac{\partial}{\partial t}\left[\rho_{CV}\int_{CV} d\forall\right] + \int_{CS} \rho \vec{V} \cdot d\vec{A} = 0$$

여기서 $\int_{CV} d\forall = \forall$이므로 다음과 같이 된다.

$$\frac{\partial}{\partial t}(\rho\forall)_{CV} + \int_{CS} \rho \vec{V} \cdot d\vec{A} = 0$$

질량이 검사체적 경계를 가로지르는 곳은 단면 ①뿐이다. 따라서

$$\int_{CS} \rho \vec{V} \cdot d\vec{A} = \int_{A_1} \rho \vec{V} \cdot d\vec{A} \quad \text{및} \quad \frac{\partial}{\partial t}(\rho\forall) + \int_{A_1} \rho \vec{V} \cdot d\vec{A} = 0$$

단면 ①에서 $\rho \vec{V} \cdot d\vec{A}$의 부호는 양이므로

$$\frac{\partial}{\partial t}(\rho\forall) + \int_{A_1} \rho V\, dA = 0$$

이 되고, 유체성질들이 단면 ①에서 균일하다고 가정했으므로 다음과 같이 된다.

$$\frac{\partial}{\partial t}(\rho V\!\!\!/) + \rho_1 V_1 A_1 = 0 \quad \text{또는} \quad \frac{\partial}{\partial t}(\rho V\!\!\!/) = -\rho_1 V_1 A_1$$

탱크의 체적 $V\!\!\!/$는 시간의 함수가 아니므로

$$V\!\!\!/ \frac{\partial \rho}{\partial t} = -\rho_1 V_1 A_1$$

및

$$\frac{\partial \rho}{\partial t} = -\frac{\rho_1 V_1 A_1}{V\!\!\!/}$$

이며, $t = 0$에서 다음과 같다.

$$\frac{\partial \rho}{\partial t} = -6\frac{\text{kg}}{\text{m}^3} \times 300\frac{\text{m}}{\text{s}} \times 65\ \text{mm}^3 \times \frac{1}{0.05\ \text{m}^3} \times \frac{\text{m}^2}{10^6\ \text{mm}^2}$$

$$\frac{\partial \rho}{\partial t} = -2.34(\text{kg/m}^3)/\text{s} \longleftarrow \left\{ \text{밀도는 감소한다.} \right\} \ \frac{\partial \rho}{\partial t}$$

이 문제는 비정상유동인 경우에 질량보존 방정식의 사용법을 설명하고 있다.

4.4 관성 검사체적에 대한 운동량 방정식

여기서는 뉴턴의 운동 제2법칙의 검사체적에 대한 형태를 구한다. 질량보존에서 이용한 것과 같은 절차를 사용하지만, 한 가지 주의할 점이 있다. 검사체적에서 사용되는 좌표계(속도 측정에서 사용되는 좌표계와 함께)가 관성 좌표계, 즉 좌표계 xyz는 '절대' 좌표계 XYZ에 대하여 정지되어 있든지 일정한 속도로 움직인다. 시스템에 대한 수식으로부터 식 (4.10)을 사용하여 검사체적에 대한 수학적 표현을 얻는다.

관성 좌표계에 대하여 상대적으로 운동하고 있는 시스템에 대한 뉴턴의 운동 제2법칙은 식 (4.2a)와 같음을 안다.

$$\vec{F} = \left.\frac{d\vec{P}}{dt}\right)_{\text{system}} \tag{4.2a}$$

여기서 시스템의 선형 운동량은

$$\vec{P}_{\text{system}} = \int_{M(\text{system})} \vec{V}\, dm = \int_{V\!\!\!/(\text{system})} \vec{V}\, \rho\, dV\!\!\!/ \tag{4.2b}$$

이며, 합력 $\vec{F}$는 시스템에 작용하는 모든 표면력과 체적력의 합이다.

$$\vec{F} = \vec{F}_S + \vec{F}_B$$

시스템과 검사체적 식은 다음과 같이 식 (4.10)에 의해 연결된다.

$$\left.\frac{dN}{dt}\right)_{\text{system}} = \frac{\partial}{\partial t}\int_{\text{CV}} \eta\, \rho\, dV\!\!\!/ + \int_{\text{CS}} \eta\, \rho \vec{V} \cdot d\vec{A} \tag{4.10}$$

뉴턴 제2법칙의 검사체적에 대한 식을 유도하기 위하여

$$N = \vec{P} \qquad \text{및} \qquad \eta = \vec{V}$$

로 놓는다. 이것을 식 (4.10)에 대입하면 다음과 같은 식을 얻는다.

$$\left.\frac{d\vec{P}}{dt}\right)_{\text{system}} = \frac{\partial}{\partial t}\int_{\text{CV}} \vec{V}\,\rho\, d\forall + \int_{\text{CS}} \vec{V}\rho\vec{V}\cdot d\vec{A} \tag{4.16}$$

식 (4.2a)로부터

$$\left.\frac{d\vec{P}}{dt}\right)_{\text{system}} = \vec{F})_{\text{on system}} \tag{4.2a}$$

식 (4.10)을 유도할 때 시스템과 검사체적은 시간 t_0일 때 일치하므로

$$\vec{F})_{\text{on system}} = \vec{F})_{\text{on control volume}}$$

이 된다. 식 (4.2a)와 (4.16)을 결합하면 가속되지 않는 검사체적에 대한 뉴턴의 운동 제2법칙의 검사체적에 대한 식을 얻는다.

$$\vec{F} = \vec{F}_S + \vec{F}_B = \frac{\partial}{\partial t}\int_{\text{CV}} \vec{V}\,\rho d\forall + \int_{\text{CS}} \vec{V}\,\rho\vec{V}\cdot d\vec{A} \tag{4.17a}$$

또한 각각의 입구 및 출구에서 균일유동인 경우에는 다음과 같이 된다.

$$\vec{F} = \vec{F}_S + \vec{F}_B = \frac{\partial}{\partial t}\int_{\text{CV}} \vec{V}\,\rho d\forall + \sum_{\text{CS}} \vec{V}\,\rho\vec{V}\cdot\vec{A} \tag{4.17b}$$

식 (4.17a) 및 (4.17b)는 뉴턴의 운동 제2법칙의 검사체적(가속이 안 된 경우) 형태로, 이 식들은 검사체적에 작용하는 모든 힘(표면력과 체적력)의 합은 검사체적 내부의 운동량 변화율(체적적분)과 검사표면을 통하여 유출되는 운동량 유동률이 일어나게 한다.

식 (4.17a)를 적용하는 데 있어 다소 주의가 필요하다. 첫 번째 단계는 검사체적과 그 검사표면을 주의 깊게 선택해서 체적적분과 면적적분을 구할 수 있어야 한다. 유체역학에서 체적력은 통상 중력이므로,

$$\vec{F}_B = \int_{\text{CV}} \rho\vec{g}\, d\forall = \vec{W}_{\text{CV}} = M\vec{g}$$

로 된다. 여기서 $\vec{g}$는 중력가속도이고, $\vec{W}_{\text{CV}}$는 검사체적 전체의 순간적인 무게이다. 또한 많은 응용분야에서 표면력은 압력힘에 의한 것이다.

$$\vec{F}_S = \int_A -p d\vec{A}$$

음의 부호는 압력힘을 계산할 때 검사표면을 향해서($d\vec{A}$는 검사체적에서 밖으로 향하도록 선택한 벡터임) 작용한다는 것을 의미한다. 주의할 점은 유출되는 표면상의 한 점이라 할지라도 압력힘은 검사체적을 향해서 작용한다.

또한 식 (4.17)에서 $\int_{\text{CS}}\vec{V}\rho\vec{V}\cdot d\vec{A}$ 또는 $\Sigma_{\text{CS}}\vec{V}\rho\vec{V}\cdot\vec{A}$[이 식들은 괄호를 사용해서 $\int_{\text{CS}}\vec{V}\rho(\vec{V}\cdot d\vec{A})$ 또는 $\Sigma_{\text{CS}}\vec{V}\rho(\vec{V}\cdot\vec{A})$로 쓰는 것이 편할 수도 있다]를 계산하는 데 있어서도 주의를 요한다. 속도 $\vec{V}$는 검사체적의 좌표계 xyz에 대해서 성분 u, v 및 w와 함께 측정된 것이고, 스칼라적은 유출에서는 양이고 유입에서는 음이 됨을 상기하라(그림 4.3 참조).

운동량 방정식[식 (4.17)]은 벡터식이다. 일반적으로 검사체적의 xyz 좌표계에서처럼 세 개의 스칼라 성분으로

$$F_x = F_{S_x} + F_{B_x} = \frac{\partial}{\partial t}\int_{\mathrm{CV}} u\,\rho\,d\mathcal{V} + \int_{\mathrm{CS}} u\,\rho\vec{V}\cdot d\vec{A} \qquad (4.18a)$$

$$F_y = F_{S_y} + F_{B_y} = \frac{\partial}{\partial t}\int_{\mathrm{CV}} v\,\rho\,d\mathcal{V} + \int_{\mathrm{CS}} v\,\rho\vec{V}\cdot d\vec{A} \qquad (4.18b)$$

$$F_z = F_{S_z} + F_{B_z} = \frac{\partial}{\partial t}\int_{\mathrm{CV}} w\,\rho\,d\mathcal{V} + \int_{\mathrm{CS}} w\,\rho\vec{V}\cdot d\vec{A} \qquad (4.18c)$$

와 같이 쓸 수 있고, 모든 입구 및 출구에서 균일유동인 경우에는 다음과 같다.

$$F_x = F_{S_x} + F_{B_x} = \frac{\partial}{\partial t}\int_{\mathrm{CV}} u\,\rho\,d\mathcal{V} + \sum_{CS} u\,\rho\vec{V}\cdot\vec{A} \qquad (4.18d)$$

$$F_y = F_{S_y} + F_{B_y} = \frac{\partial}{\partial t}\int_{\mathrm{CV}} v\,\rho\,d\mathcal{V} + \sum_{CS} v\,\rho\vec{V}\cdot\vec{A} \qquad (4.18e)$$

$$F_z = F_{S_z} + F_{B_z} = \frac{\partial}{\partial t}\int_{\mathrm{CV}} w\,\rho\,d\mathcal{V} + \sum_{CS} w\,\rho\vec{V}\cdot\vec{A} \qquad (4.18f)$$

참고로 질량보존 방정식[식 (4.12)]에서와 같이, 정상유동에서는 식 (4.17) 및 (4.18)에서 우변의 첫 번째 항은 0이 된다.

다음에는 다섯 개의 예제를 통해 검사체적에 대한 운동량 방정식의 여러 가지 형태를 보인다. 예제 4.4는 적절한 검사체적 선택이 문제의 해석을 얼마나 단순화시켜주는지를 보여주며, 예제 4.5는 체적력의 중요성을 보여주고, 예제 4.6은 계기압을 사용하면 표면력을 얼마나 쉽게 계산할 수 있는가를 설명한다. 예제 4.7은 표면력이 균일하지 않은 문제를, 예제 4.8에서는 비정상유동 문제를 다룬다.

예제 4.4 운동량 해석을 위한 검사체적 선택

그림에서처럼 정지되어 있는 노즐로부터 물이 평판에 분사된다. 노즐을 떠나는 물의 속도는 15 m/s이고, 노즐의 면적은 0.01 m^2이다. 물은 평판에 수직 방향이고 평판을 따라 흐른다고 가정할 때, 평판을 지지하기 위해 필요한 수평력을 구하라.

주어진 자료: 정지된 노즐로부터 물이 평판에 수직 방향으로 분사된다. 그 후 물은 평판에 평행하게 흐른다.

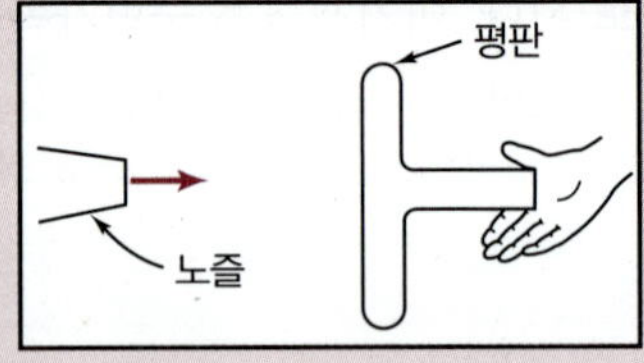

$$\text{분출속도}, \vec{V} = 15\hat{i}\ \mathrm{m/s}$$

$$\text{노즐면적}, A_n = 0.01\ \mathrm{m^2}$$

찾는 자료: 손에 느끼는 수평력

풀이: 위 문제를 정의하기 위해 좌표계를 선택한다. 그다음 적당한 검사체적을 선택해야 한다. 2개의 선택 가능한 검사체적을 아래 그림에서 점선으로 표시했다.

이 두 가지 경우 모두 노즐로부터 물이 면적 A_1(노즐의 면적이 동일하다고 가정한다)인 검사표면을 통과한 후, 평판에 접선 방향인 $+y$나 $-y$방향으로 검사체적을 떠난다고 가정한다. 여기서 사용할 가장 '적절한' 검사체적을 선택하기 전에 지배방정식을 써 본다.

$$\vec{F} = \vec{F}_S + \vec{F}_B = \frac{\partial}{\partial t}\int_{CV} \vec{V}\rho d\forall + \int_{CS} \vec{V}\rho\vec{V}\cdot d\vec{A} \quad \text{및} \quad \frac{\partial}{\partial t}\int_{CV} \rho\, d\forall + \int_{CS} \rho\vec{V}\cdot d\vec{A} = 0$$

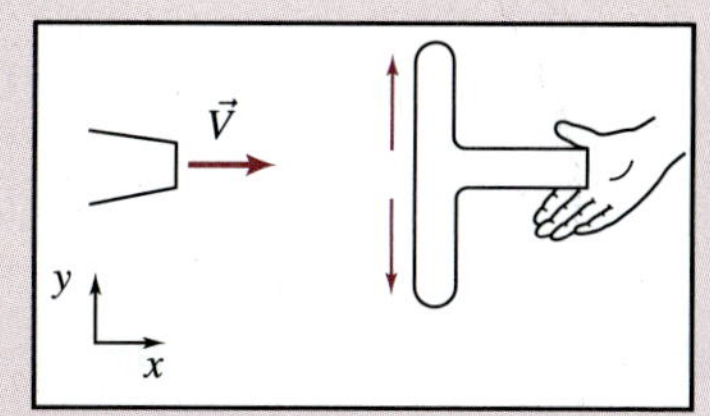

가정: 1 정상유동

2 비압축성유동

3 유체가 검사체적 경계를 횡단하는 각 단면에서 균일한 속도

검사체적 선택과 무관하게 가정 (1), (2) 및 (3)으로부터 지배방정식은 다음과 같이 된다.

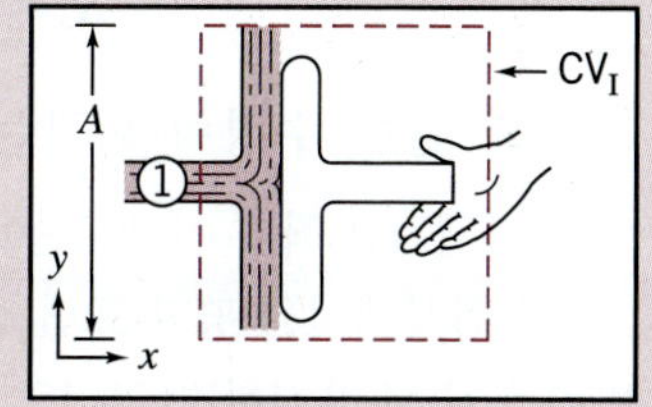

$$\vec{F} = \vec{F}_S + \vec{F}_B = \sum_{CS} \vec{V}\rho\vec{V}\cdot\vec{A} \quad \text{및} \quad \sum_{CS} \rho\vec{V}\cdot\vec{A} = 0$$

운동량 플럭스 항을 계산하면 두 검사체적에 대하여 동일한 결과가 나오겠지만, 힘을 가장 쉽게 계산할 수 있는 검사체적을 선택해야 한다.

운동량 방정식을 적용할 때 힘 $\vec{F}$는 검사체적에 작용하는 모든 힘을 나타낸다는 사실을 상기하고, 각각의 검사체적을 사용하여 문제를 풀어 보자.

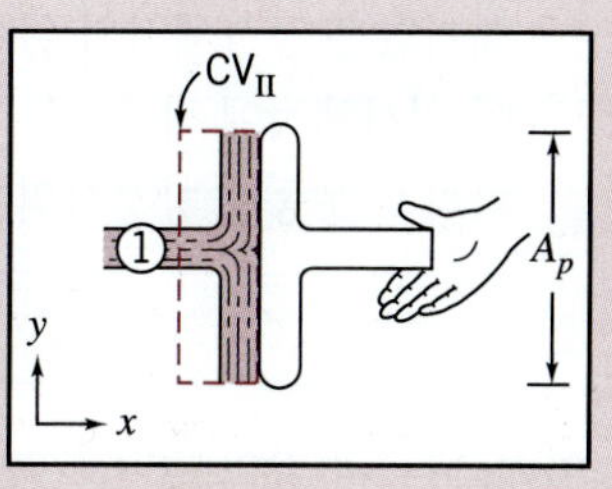

CV$_I$

이 검사체적은 왼쪽 검사표면과 오른쪽 검사표면의 면적이 동일하도록 선택하였다. 이 면적을 A로 표시한다.

이 검사체적은 손을 가로지른다. 검사체적에 작용하는 손으로부터의 반력의 성분을 R_x와 R_y로 표시하고, 둘 다 양으로 가정한다. 손에 느껴지는 검사체적으로부터의 힘은 R_x, R_y와 크기가 같고 방향이 반대이다.

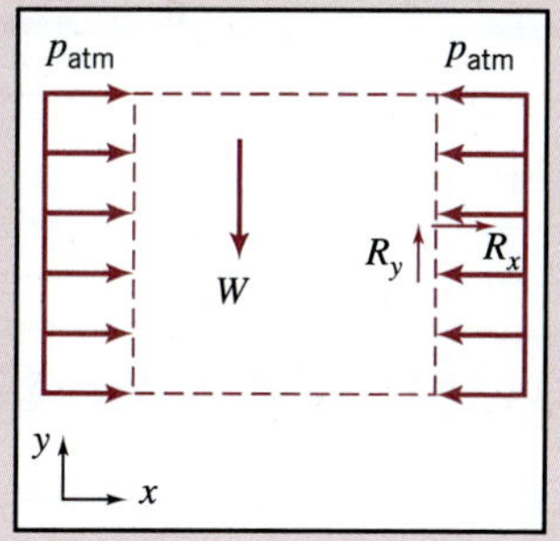

대기압은 검사체적의 모든 표면에 작용한다. 자유제트 내의 압력은 주위와 같으며, 이 경우에는 대기압이다. 그림에는 수직면에 대해서만 대기압으로 인해 분포된 힘을 나타내었다.

검사체적에 작용하는 체적력은 W로 표시한다.

수평력을 구해야 하므로, 정상유동에 대한 운동량 방정식의 x성분을 쓰면 다음과 같다.

$$F_{S_x} + F_{B_x} = \sum_{CS} u\,\rho\vec{V}\cdot\vec{A}$$

x방향으로 체적력이 작용하지 않으므로 $F_{B_x} = 0$이 된다. 따라서

$$F_{S_x} = \sum_{CS} u\,\rho\vec{V}\cdot\vec{A}$$

이 된다. F_{S_x}를 계산하기 위하여 다음과 같이 검사체적에 작용하는 모든 힘을 포함시켜야 한다.

$F_{S_x} =$	$p_{atm}A$	$-$	$p_{atm}A$	$+$	R_x
	왼쪽 면에 오른쪽 (양의 방향)으로 작용하는 대기압에 의한 힘		오른쪽 면에 왼쪽 (음의 방향)으로 작용하는 대기압에 의한 힘		여러분의 손목이 검사체적에 작용하는 힘(양으로 가정)

결과적으로 $F_{S_x} = R_x$이다. 따라서

$$R_x = \sum_{CS} u\,\rho\vec{V}\cdot\vec{A} = u\,\rho\vec{V}\cdot\vec{A}\big|_1$$ {위쪽과 아래쪽 표면에서는 $u = 0$}

$$R_x = -u_1\,\rho V_1 A_1$$ {단면 ①에서 $\vec{V}_1$과 $\vec{A}_1$의 방향이 서로 180°이므로 $\rho\vec{V}_1\cdot\vec{A}_1 = \rho(-V_1A_1)$이다. $u_1 = V_1$임을 상기하라.}

$$R_x = -15\frac{\text{m}}{\text{s}} \times 999\frac{\text{kg}}{\text{m}^3} \times 15\frac{\text{m}}{\text{s}} \times 0.01\ \text{m}^2 \times \frac{\text{N}\cdot\text{s}^2}{\text{kg}\cdot\text{m}} \qquad \{u_1 = 15\ \text{m/s}\}$$

$$R_x = -2.25\ \text{kN} \qquad \{R_x\text{는 가정한 양의 방향에 대하여 반대로 작용한다.}\}$$

여러분의 손에 작용하는 힘은

$$K_x = -R_x = 2.25\ \text{kN} \qquad \{\text{손에 작용하는 힘은 오른쪽으로 작용한다.}\} \quad K_x$$

그림과 같은 수평력을 갖는 CV_{II}

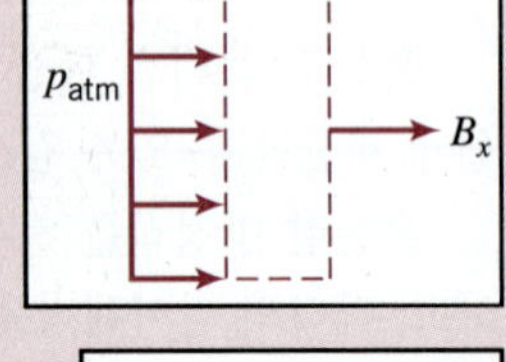

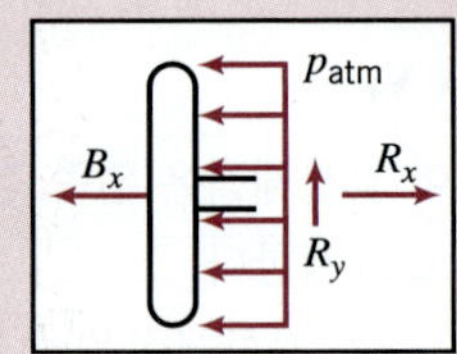

이 검사체적은 좌우 검사표면이 평판의 면적과 동일하도록 선택하고, 이 면적을 A_p로 표시한다.

이 검사체적은 평판 표면 전체에 걸쳐 평판과 접촉해 있다. 평판으로부터 검사체적에 작용하는 수평 반력을 B_x로 표시하자(그리고 그 방향을 양으로 가정하자).

대기압은 검사체적의 왼쪽 면에 작용한다(그리고 두 수평면 위에도).

이 검사체적에 작용하는 체적력의 x방향 성분은 없다.

따라서 운동량 방정식의 x성분은

$$F_{S_x} = \sum_{CS} u\rho\vec{V}\cdot\vec{A}$$

이며, 다음과 같이 된다.

$$F_{S_x} = p_{atm}A_p + B_x = u\,\rho\vec{V}\cdot\vec{A}\big|_1 = -u_1V_1A_1 = -2.25\ \text{kN}$$

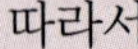
따라서

$$B_x = -p_{atm}A_p - 2.25\ \text{kN}$$

이 된다. 평판에 작용하는 힘을 구하기 위하여 평판에 대한 자유물체도가 필요하다.

$$\sum F_x = 0 = -B_x - p_{atm}A_p + R_x$$

$$R_x = p_{atm}A_p + B_x$$

$$R_x = p_{atm}A_p + (-p_{atm}A_p - 2.25\ \text{kN}) = -2.25\ \text{kN}$$

따라서 손에 작용하는 수평력은 $K_x = -R_x = 2.25$ kN이다.

이로써 CV_{II}로 선택하면 자유물체도가 추가로 필요하게 됨을 의미하며, 일반적으로 구하려는 힘이 검사체적에 분명하게 작용하도록 검사체적을 선택하는 것이 가장 적절하다.

주의:
- 이 문제는 검사체적의 신중한 선택이 운동량 방정식 사용을 상당히 단순하게 할 수 있음을 입증하고 있다.
- 계기압력으로 작업하면 해석이 크게 단순해진다 (예제 4.6 참조).
- 이 문제에서 생성된 힘은 전적으로 제트의 수평 운동량을 흡수하는 평판에 의한 것이다.

예제 4.5 저울 위의 용기: 체적력

높이가 0.61 m이고, 내부 단면적이 0.09 m²이며, 비어 있을 때의 중량이 22.2 N인 금속 용기가 있다. 이 용기는 저울 위에 놓여 있고 상부의 구멍을 통해 물이 흘러 들어가고 옆에 있는 단면적이 같은 두 개의 구멍을 통해 흘러나간다. 정상유동인 경우에 탱크 내의 물의 높이는 $h = 0.58$ m이다.

$$A_1 = 0.009\ \text{m}^2$$

$$\vec{V}_1 = -3\hat{j}\ \text{m/s}$$

$$A_2 = A_3 = 0.009\ \text{m}^2$$

상사가 저울은 용기 무게와 용기 내 물 무게의 합을 표시할 것이라고 주장한다. 다시 말해, 이 문제를 단순한 정역학 문제로 다룰 수 있다고 주장한다. 독자는 동의하지 않고, 유체유동에 대한 해석이 필요하다고 한다. 누가 옳으며 또한 저울의 눈금은 얼마인가?

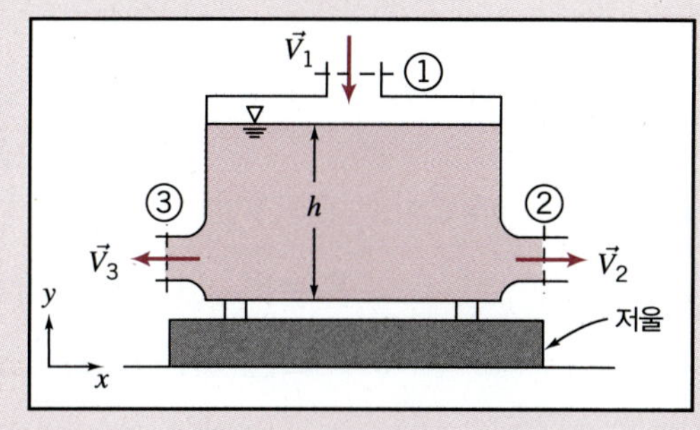

주어진 자료: 높이가 0.61 m, 단면적 $A = 0.09\ \text{m}^2$, 빈 용기의 무게가 22.2 N인 금속 용기가 저울 위에 놓여 있다. 정상유동인 경우에 물의 깊이 $h = 0.58$ m이다. 물이 단면 ①에 수직하게 유입되고 단면 ②와 ③을 통하여 수평 방향으로 유출된다.

$$A_1 = 0.009\ \text{m}^2$$
$$\vec{V}_1 = -3\hat{j}\ \text{m/s}$$
$$A_2 = A_3 = 0.009\ \text{m}^2$$

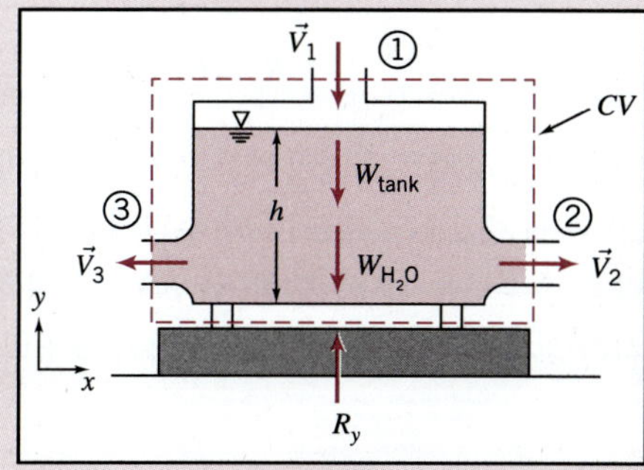

찾는 자료: 저울의 눈금 읽음

풀이: 그림과 같이 검사체적을 선택한다. R_y는 저울이 받침대를 통해 검사체적에 작용하는 힘이고, 그 값은 양인 것으로 가정한다.

용기의 무게를 W_{tank}로 표시하고, 용기 내 물의 무게를 $W_{\text{H}_2\text{O}}$로 표시한다.

검사체적의 모든 면에는 대기압이 균일하게 작용하므로, 이 대기압은 검사체적에 아무런 영향을 미치지 않는다. 따라서 이 압력 분포를 검사체적상에 표시하지 않았다.

지배방정식: 운동량 및 질량보존에 대한 일반적 검사체적형 방정식은 각각 식 (4.17) 및 (4.12)이다.

$$\vec{F}_S + \vec{F}_B = \overbrace{\frac{\partial}{\partial t}\int_{\text{CV}} \vec{V}\rho\, d\mathcal{V}}^{=0(1)} + \int_{\text{CS}} \vec{V}\rho\vec{V}\cdot d\vec{A}$$

$$\overbrace{\frac{\partial}{\partial t}\int_{\text{CV}} \rho\, d\mathcal{V}}^{=0(1)} + \int_{\text{CS}} \rho\vec{V}\cdot d\vec{A} = 0$$

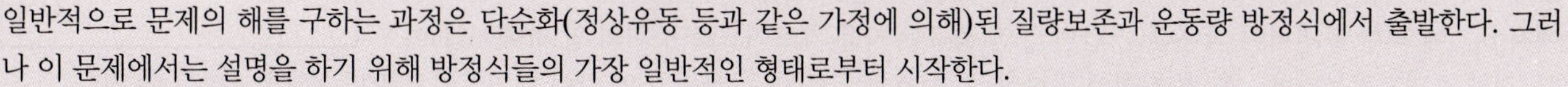

일반적으로 문제의 해를 구하는 과정은 단순화(정상유동 등과 같은 가정에 의해)된 질량보존과 운동량 방정식에서 출발한다. 그러나 이 문제에서는 설명을 하기 위해 방정식들의 가장 일반적인 형태로부터 시작한다.

가정: **1** 정상유동(주어진 조건)
2 비압축성유동
3 유체가 지나가는 검사체적 경계의 각 단면에서 균일유동

이 문제의 경우 운동량 방정식의 y성분만 고려하면 된다.

$$F_{S_y} + F_{B_y} = \int_{\text{CS}} v\rho\vec{V}\cdot d\vec{A}$$

$$F_{S_y} = R_y \qquad \{\text{대기압에 의한 힘은 없다.}\} \qquad (1)$$

$$F_{B_y} = -W_{\text{tank}} - W_{\text{H}_2\text{O}} \qquad \{\text{두 체적력은 음의 } y\text{방향으로 작용한다.}\}$$

$$W_{\text{H}_2\text{O}} = \rho g\mathcal{V} = \gamma A h$$

$$\int_{\text{CS}} v\,\rho\vec{V}\cdot d\vec{A} = \int_{A_1} v\,\rho\vec{V}\cdot d\vec{A} = \int_{A_1} v(-\rho V_1 dA_1) \qquad \left\{\begin{array}{l}\text{단면 ①에서 } \vec{V}\cdot d\vec{A}\text{는 음이고,}\\ \text{단면 ②와 ③에서 } v = 0\text{이다.}\end{array}\right\}$$

$$= v_1(-\rho V_1 A_1) \qquad \left\{\begin{array}{l}\text{단면 ①에서 성질들은 균일하다}\\ \text{고 가정하고 있다.}\end{array}\right\}$$

식 (1)에 이들 결과를 대입하면 다음과 같다.

$$R_y - W_{\text{tank}} - \gamma A h = v_1(-\rho V_1 A_1)$$

v_1이 속도의 y성분이고, 속도 $\vec{V}_1$의 크기 $V_1 = 3$ m/s인 것을 상기하면 $v_1 = -V_1$이다. 따라서 R_y에 대해 풀면

$$\begin{aligned} R_y &= W_{\text{tank}} + \gamma A h + \rho V_1^2 A_1 \\ &= 22.2\ \text{N} + 9800\frac{\text{N}}{\text{m}^3} \times 0.09\ \text{m}^2 \times 0.58\ \text{m} + 1000\frac{\text{kg}}{\text{m}^3} \times 9\frac{\text{m}^2}{\text{s}^2} \times 0.009\ \text{m}^2 \times \frac{\text{N}\cdot\text{s}^2}{\text{kg}\cdot\text{m}} \\ &= 22.2\ \text{N} + 511.6\ \text{N} + 81\ \text{N} \\ R_y &= 614.8\ \text{N} \end{aligned}$$

R_y

이것이 검사체적에 작용하는 저울로부터의 힘으로, 저울의 눈금이기도 하다. 저울 눈금은 탱크 무게(22.2 N), 탱크 내의 순간적인 물의 무게(511.6 N) 및 단면 ①에서 유체가 하방 운동량을 흡수하는 데 따른 힘(81 N)에 의한 것임을 알 수 있다. 따라서 운동량에 의한 것을 무시하였기 때문에 약 13%의 오차가 생겼다.

이 문제는 체적력의 영향이 큰 경우에 대한 운동량 방정식의 사용을 설명한다.

예제 4.6 엘보를 흐르는 유동: 계기압력 사용

그림에서처럼 90°의 수축 엘보를 통하여 물이 정상유동하고 있다. 엘보 입구에서 절대압력은 220 kPa이고 단면적은 0.01 m^{2}이다. 출구에서 단면적은 0.0025 m^{2}이고, 속도는 16 m/s이다. 엘보를 통해 물이 대기 중으로 배출되고 있다. 엘보를 지지하는 데 필요한 힘을 구하라.

주어진 자료: 90° 수축 엘보를 통과하는 물의 정상유동

$$p_1 = 220\ \text{kPa (abs)} \quad A_1 = 0.01\ \text{m}^2 \quad \vec{V}_2 = -16\hat{j}\ \text{m/s} \quad A_2 = 0.0025\ \text{m}^2$$

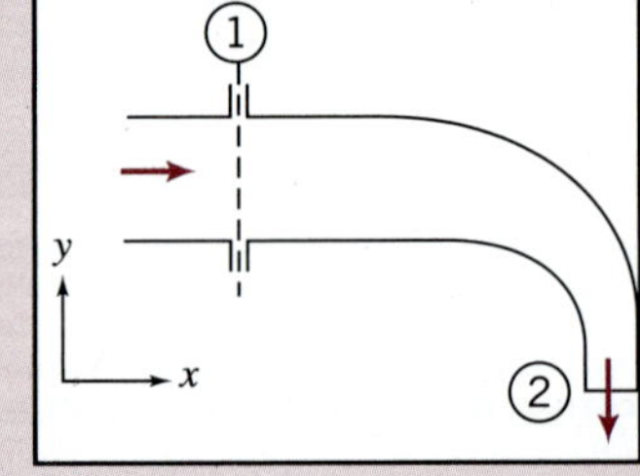

찾는 자료: 엘보를 지지하는 데 필요한 힘

풀이: 그림과 같이 점선으로 나타낸 검사체적을 택한다. 면적 A_1에서는 p_1 및 그 외의 모든 표면에서 p_{atm}에 의한 표면력이 작용한다. 단면 ②인 출구는 자유 제트이므로 주위의 압력(대기압)이다. 전체 표면으로부터 p_{atm}을 빼면(힘에 관한 한 무효 효과) 그림에 나타낸 바와 같이 계기압력으로 단순하게 계산할 수 있다.

참고로 엘보가 공급 파이프에 고정되어 있으므로, 그림에 나타낸 반력 R_x 및 R_y와 함께 반력모멘트(나타내지 않음)도 존재한다.

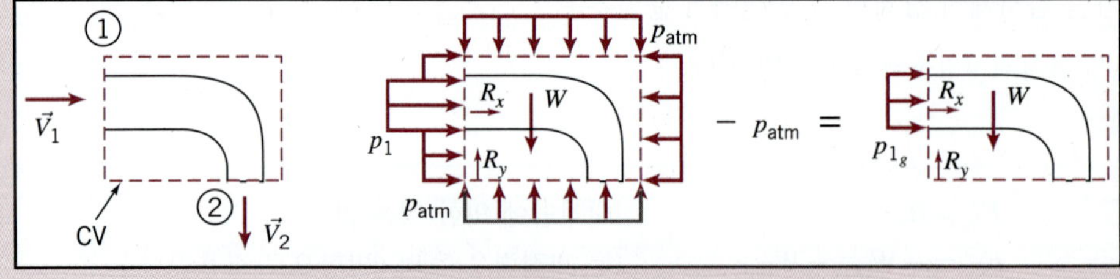

지배방정식:

$$\vec{F} = \vec{F}_S + \vec{F}_B = \overbrace{\frac{\partial}{\partial t}\int_{\text{CV}} \vec{V}\rho\, d\forall}^{=0(4)} + \int_{\text{CS}} \vec{V}\rho\vec{V}\cdot d\vec{A}$$

$$\overbrace{\frac{\partial}{\partial t}\int_{\text{CV}} \rho\, d\forall}^{=0(4)} + \int_{\text{CS}} \rho\vec{V}\cdot d\vec{A} = 0$$

가정: 1 각 단면에서 균일유동
2 대기압, $p_{\text{atm}} = 101$ kPa (abs)
3 비압축성유동
4 정상유동(주어짐)
5 엘보 무게와 엘보 속에 있는 물의 무게는 무시

여기서도 (꼭 필요하지는 않지만) 가장 일반적인 지배방정식으로부터 시작한다. 운동량 방정식의 x성분을 쓰면 다음과 같다.

$$F_{S_x} = \int_{\text{CS}} u\rho\vec{V}\cdot d\vec{A} = \int_{A_1} u\rho\vec{V}\cdot d\vec{A} \qquad \{F_{B_x}=0 \quad \text{및} \quad u_2=0\}$$

$$p_{1_g}A_1 + R_x = \int_{A_1} u\,\rho\vec{V}\cdot d\vec{A}$$

따라서

$$\begin{aligned} R_x &= -p_{1_g}A_1 + \int_{A_1} u\,\rho\vec{V}\cdot d\vec{A} \\ &= -p_{1_g}A_1 + u_1(-\rho V_1 A_1) \\ R_x &= -p_{1_g}A_1 - \rho V_1^2 A_1 \end{aligned}$$

u_1이 속도의 x성분이므로 $u_1 = V_1$이며, V_1를 구하기 위하여 연속방정식을 이용한다.

$$\int_{\text{CS}} \rho\vec{V}\cdot d\vec{A} = \int_{A_1} \rho\vec{V}\cdot d\vec{A} + \int_{A_2} \rho\vec{V}\cdot d\vec{A} = 0$$

$$\therefore (-\rho V_1 A_1) + (\rho V_2 A_2) = 0$$

따라서

$$V_1 = V_2\frac{A_2}{A_1} = 16\frac{\text{m}}{\text{s}} \times \frac{0.0025}{0.01} = 4\text{ m/s}$$

이고, R_x는 다음과 같이 계산된다.

$$\begin{aligned} R_x &= -p_{1_g}A_1 - \rho V_1^2 A_1 \\ &= -1.19\times10^5\frac{\text{N}}{\text{m}^2}\times 0.01\text{ m}^2 - 999\frac{\text{kg}}{\text{m}^3}\times 16\frac{\text{m}^2}{\text{s}^2}\times 0.01\text{ m}^2 \times \frac{\text{N}\cdot\text{s}^2}{\text{kg}\cdot\text{m}} \\ R_x &= -1.35\text{ kN} \end{aligned}$$

R_x

운동량 방정식의 y성분을 쓰면 다음과 같다.

$$F_{S_y} + F_{B_y} = R_y + F_{B_y} = \int_{\text{CS}} v\,\rho\vec{V}\cdot d\vec{A} = \int_{A_2} v\,\rho\vec{V}\cdot d\vec{A} \qquad \{v_1 = 0\}$$

또는

$$\begin{aligned} R_y &= -F_{B_y} + \int_{A_2} v\,\rho\vec{V}\cdot d\vec{A} \\ &= -F_{B_y} + v_2(\rho V_2 A_2) \\ R_y &= -F_{B_y} - \rho V_2^2 A_2 \end{aligned}$$

v_2가 속도의 y성분이므로 $v_2 = -V_2$이며, 여기서 V_2는 출구속도의 크기이다.

수치들을 대입하면 다음과 같다.

$$R_y = -F_{B_y} + -\rho V_2^2 A_2$$

$$= -F_{B_y} - 999\frac{\text{kg}}{\text{m}^3} \times (16)^2 \frac{\text{m}^2}{\text{s}^2} \times 0.0025\,\text{m}^2 \times \frac{\text{N}\cdot\text{s}^2}{\text{kg}\cdot\text{m}}$$

$$= -F_{B_y} - 639\,\text{N} \quad \longleftarrow R_y$$

F_{B_y}를 무시하면 다음과 같다.

$$R_y = -639\,\text{N} \quad \longleftarrow R_y$$

이 문제는 계기압력 사용이 운동량 방정식에서의 표면력 계산을 크게 단순화시킬 수 있음을 제시한 예이다.

예제 4.7 수문 아래의 유동: 정수력

그림과 같이 개수로에서 물이 수문에 의해 조절되고 있다. 수문이 (a) 닫혀 있을 때와 (b) 열려 있을 때(그림과 같이 정상유동을 가정) 물이 수문에 가하는 수평력을 비교하라. 단면 ①과 ②에서 유동은 비압축성이고 균일하며, 유선들이 근본적으로 직선이므로 압력분포는 정수력학적이라고 가정한다.

주어진 자료: 수문 아래의 유동. 폭 = w

찾는 자료: 개폐된 수문에 작용하는 단위폭당 수평력

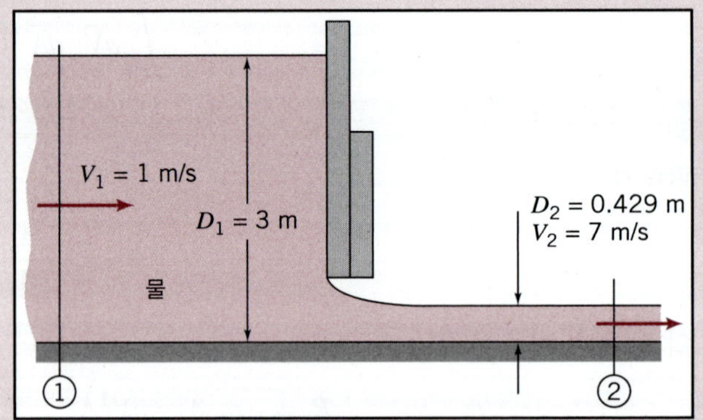

풀이: 열린 문에 대한 해석을 하기 위하여 그림에서처럼 검사체적을 선택한다. 참고로 이 문제는 예제 4.6에서와 같이 계기압력을 사용하여 계산하면 훨씬 간단해진다.

이 검사체적에 작용하는 힘들은 다음과 같다.

- 중력의 힘 W
- 마찰력 F_f
- 수문으로부터 반력의 성분 R_x와 R_y
- 수직면에 작용하는 정수압 분포, 가정 (6)
- 바닥면에서의 압력분포 $p_b(x)$(나타내지 않음)

운동량 방정식의 x성분식을 적용한다.

지배방정식:

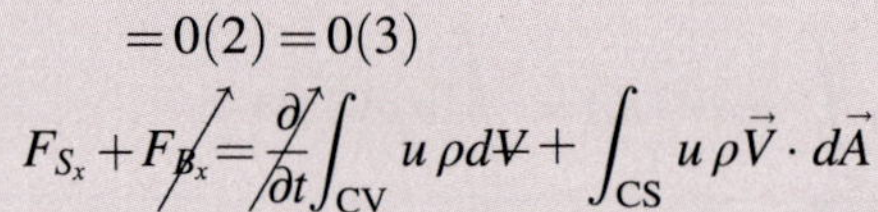

$$F_{S_x} + \cancel{F_{B_x}} = \cancel{\frac{\partial}{\partial t}\int_{\text{CV}} u\,\rho\,d\mathcal{V}} + \int_{\text{CS}} u\,\rho\vec{V}\cdot d\vec{A}$$

$= 0(2) = 0(3)$

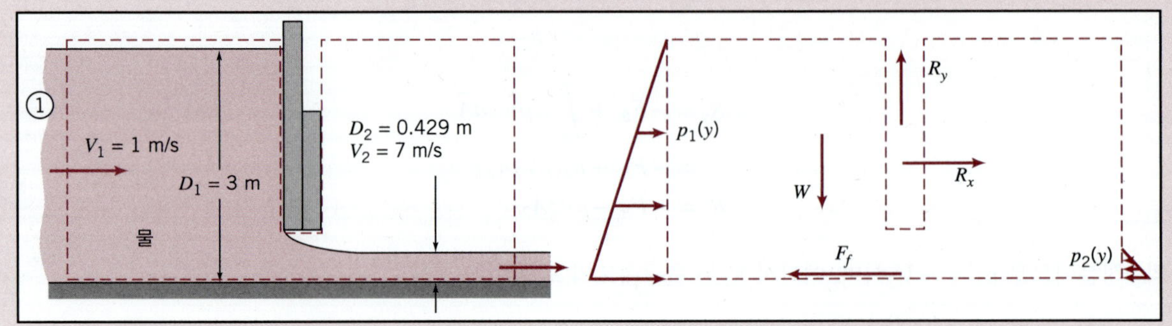

가정: 1 F_f 는 무시한다(수로 바닥에 작용하는 마찰은 무시).

2 $F_{B_x} = 0$

3 정상유동

4 비압축성유동(주어짐)

5 각 단면에서 균일유동(주어짐)

6 단면 ①, ②에서 정수압 분포(주어짐)

위 가정을 식에 적용하면,

$$F_{S_x} = F_{R_1} + F_{R_2} + R_x = u_1(-\rho V_1 w D_1) + u_2(\rho V_2 w D_2)$$

검사체적에 작용하는 표면력은 압력에 의한 힘과 반력 R_x이다. 가정 (6)으로부터 각 단면에서의 정수력 F_{R_1} 및 F_{R_2}를 계산하기 위해 각 단면에서의 계기압력분포를 다음과 같이 적분할 수 있다.

$$F_{R_1} = \int_0^{D_1} p_1\, dA = w\int_0^{D_1} \rho g y\, dy = \rho g w \frac{y^2}{2}\bigg|_0^{D_1} = \frac{1}{2}\rho g w D_1^2$$

위 식에서 y는 위치 ①의 자유표면으로부터 아래 방향으로 측정된다. 또한

$$F_{R_2} = \int_0^{D_2} p_2\, dA = w\int_0^{D_2} \rho g y\, dy = \rho g w \frac{y^2}{2}\bigg|_0^{D_2} = \frac{1}{2}\rho g w D_2^2$$

위 식에서 y는 위치 ②의 자유표면으로부터 아래 방향으로 측정된다. [참고로 이들 힘을 직접 구하기 위해 정수력학적 힘에 대한 방정식인 식 (3.10b)를 사용할 수도 있다.]

F_{S_x}를 계산하면 다음과 같이 된다.

$$F_{S_x} = R_x + \frac{\rho g w}{2}(D_1^2 - D_2^2)$$

이 결과를 $u_1 = V_1$과 $u_2 = V_2$와 함께 운동량 방정식에 대입하면 다음과 같다.

$$R_x + \frac{\rho g w}{2}(D_1^2 - D_2^2) = -\rho V_1^2 w D_1 + \rho V_2^2 w D_2$$

또는

$$R_x = \rho w(V_2^2 D_2 - V_1^2 D_1) - \frac{\rho g w}{2}(D_1^2 - D_2^2)$$

우변의 두 번째 항은 수문에 작용하는 정수력이고; 첫 번째 항은 수문이 열릴 경우에 이것을 '수정'한다. 이 '수정'은 무엇을 의미하는가? 수문으로부터 양쪽 방향으로 멀리 떨어진 곳에서 유체의 압력은 정수압이지만, 수문에 가까운 곳에서의 유동을 생각해 보자: 이곳에서는 속도의 변화(크기와 방향)가 크기 때문에, 압력분포가 정수압으로부터 상당히 벗어나 있다—예를 들어 유체가 수문 아래에서 가속될 때, 수문의 왼쪽 아래 부분에서 상당한 압력손실이 있게 된다. 이 압력장을 유도하는 것은 매우 어려운 작업이나, CV를 신중하게 선택하면 이 어려움을 피할 수 있다!

단위폭당 수평력을 계산하면 다음과 같다.

$$\frac{R_x}{w}=\rho(V_2^2D_2-V_1^2D_1)-\frac{\rho g}{2}(D_1^2-D_2^2)$$
$$=999\frac{\text{kg}}{\text{m}^3}\times[(7)^2(0.429)-(1)^2(3)]\frac{\text{m}^2}{\text{s}^2}\text{m}\times\frac{\text{N}\cdot\text{s}^2}{\text{kg}\cdot\text{m}}$$
$$-\frac{1}{2}\times999\frac{\text{kg}}{\text{m}^3}\times9.81\frac{\text{m}}{\text{s}^2}\times[(3)^2-(0.429)^2]\text{m}^2\times\frac{\text{N}\cdot\text{s}^2}{\text{kg}\cdot\text{m}}$$
$$\frac{R_x}{w}=18.0\ \text{kN/m}-43.2\ \text{kN/m}$$
$$\frac{R_x}{w}=-25.2\ \text{kN/m}$$

R_x는 검사체적에 작용하는 외력으로, 수문이 검사체적에 작용하는 힘이다. 따라서 유체가 수문에 작용하는 힘 K_x는 $K_x = -R_x$이므로 다음과 같다.

$$\frac{K_x}{w}=-\frac{R_x}{w}=25.2\ \text{kN/m} \leftarrow \frac{K_x}{w}$$

이 힘은 수문이 닫혔을 때의 힘 44.1 kN(수문이 닫혔을 때는 수문 우측에 유체가 없기 때문에 $D_2 = 0$과 함께 위 식의 두 번째 항으로부터 얻어진다)과 비교될 수 있다. 즉, 수문이 열렸을 때의 힘은 물이 수문 아래로 가속되어 흐르게 되어 상당히 작아진다.

이 문제는 검사표면에 비균일한 압력을 갖는 검사체적에 운동량 방정식의 적용을 설명한 예이다.

예제 4.8 컨베이어 벨트로 이송: 검사체적 내에서 운동량 변화율

속도 0.9 m/s로 움직이는 수평 컨베이어 벨트가 호퍼로부터 모래를 받는다. 호퍼에서 벨트에 수직으로 떨어지는 모래의 속도는 1.5 m/s이고, 질량유량은 225 kg/s(모래의 밀도는 약 1,580 kg/m³)이다. 컨베이어 벨트는 처음에는 텅 비어 있으나 차츰 모래로 채워지기 시작한다. 운전장치와 롤러들의 마찰을 무시한다면, 컨베이어가 채워지고 있는 동안 벨트를 당기기 위한 장력을 구하라.

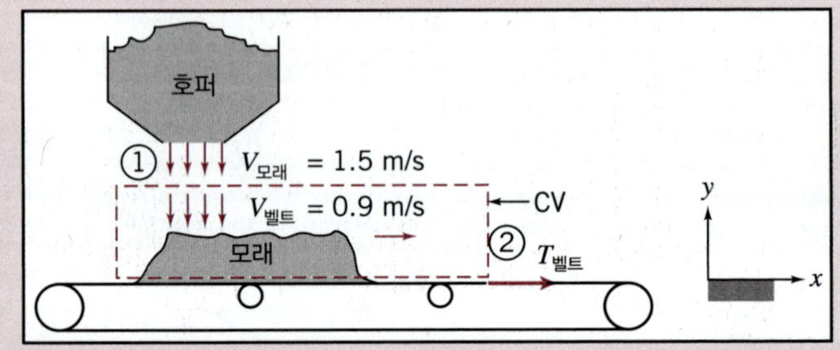

주어진 자료: 컨베이어와 호퍼의 개략도

찾는 자료: 개략도에 나타낸 순간의 장력 $T_{벨트}$

풀이: 그림에서처럼 검사체적과 좌표계를 설정하여 x성분의 운동량 방정식을 적용한다.

지배방정식:

$$F_{S_x}+\underbrace{F_{B_x}}_{=0(2)}=\frac{\partial}{\partial t}\int_{\text{CV}}u\,\rho d\forall+\int_{\text{CS}}u\,\rho\vec{V}\cdot d\vec{A} \qquad \frac{\partial}{\partial t}\int_{\text{CV}}\rho d\forall+\int_{\text{CS}}\rho\vec{V}\cdot d\vec{A}=0$$

가정: 1 $F_{S_x} = T_{벨트} = T$

2 $F_{B_x}=0$

3 단면 ①에서 균일유동

4 벨트상의 모든 모래는 $V_{벨트} = V_b$로 이동

따라서

$$T = \frac{\partial}{\partial t}\int_{CV} u\rho\, d\forall + u_1(-\rho V_1 A_1) + u_2(\rho V_2 A_2)$$

$u_1 = 0$이고, 단면 ②에서 유동이 없으므로

$$T = \frac{\partial}{\partial t}\int_{CV} u\rho\, d\forall$$

가정 (4)로부터 검사체적 내부의 속도는 $u = V_b$ = 일정이므로

$$T = V_b \frac{\partial}{\partial t}\int_{CV} \rho\, d\forall = V_b \frac{\partial M_s}{\partial t}$$

이 되고, 여기서 M_s는 벨트 위에 있는 모래(검사체적 내부에 있는)의 질량이다. 이 결과는 그다지 놀랍지 않은데, 이것은 벨트의 장력이 검사체적 내의 운동량을 증가시키는 데 요구되는 힘으로, 즉 벨트의 장력이 CV 내부의 운동량을 증가(CV 내의 질량이 가지는 속도는 일정하지만 질량은 그렇지 않기 때문에 증가한다)시키는 데 필요한 힘이다. 연속방정식으로부터 다음과 같이 된다.

$$\frac{\partial}{\partial t}\int_{CV} \rho\, d\forall = \frac{\partial}{\partial t} M_s = -\int_{CS} \rho \vec{V} \cdot d\vec{A} = \dot{m}_s = 225\ \text{kg/s}$$

따라서

$$T = V_b \dot{m}_s = 0.9 \frac{\text{m}}{\text{s}} \times 225 \frac{\text{kg}}{\text{s}} \times \frac{\text{N} \cdot \text{s}^2}{\text{kg} \cdot \text{m}}$$

$$T = 202.5\ \text{N} \longleftarrow T$$

이 문제는 운동량이 변하는 검사체적에 운동량 방정식을 적용하는 예이다.

미소 검사체적 해석

검사체적 접근은 앞의 예제들에서 본 바와 같이 유한한 영역에 대해 접근하였을 때 유용한 결과를 준다.

이를 미소 검사체적에 대해 적용하면 유동장을 표현하는 미분방정식을 얻는다. 이 절에서는 정상, 비압축성, 마찰이 없는 유동에서 질량보존 및 운동량 방정식을 미소 검사체적에 적용하여 유동을 표현하는 간단한 미분방정식을 얻고, 이를 유선을 따라 적분하여 유명한 Bernoulli 방정식을 얻는다.

그림 4.4에서 보는 것처럼 마찰이 없는 정상, 비압축성유동에 연속방정식과 운동량 방정식을 적용해 보자. 선택된 검사체적은 공간에 고정되어 있고, 경계는 유선으로 이루어져서 유관의 일부이다. 검사체적의 길이는 ds이다.

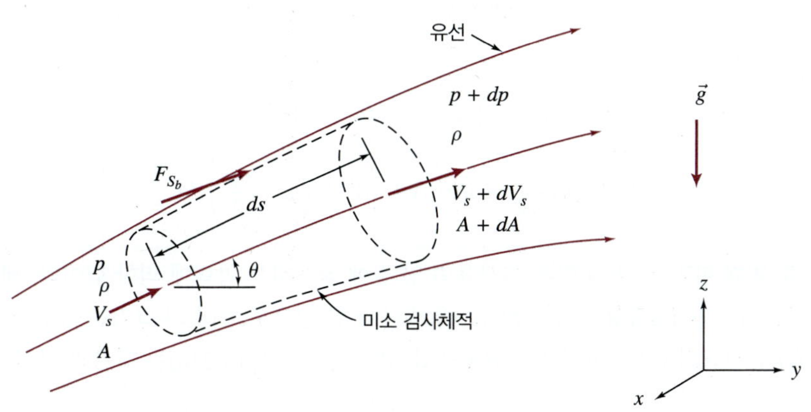

그림 4.4 유관을 통해 흐르는 유동의 운동량 해석을 위한 미소 검사체적.

검사체적의 경계가 유관으로 이루어져 있으므로 단면을 가로지르는 유동은 양 단면에서만 일어난다. 이 양 단면은 중심 유선을 따라 측정된 좌표 s와 $s + ds$에 위치한다.

입구단면에서의 성질들은 임의 기호로 표시하고, 출구단면에서의 성질들은 미소량만큼 증가한다고 가정한다. 따라서 $s + ds$에서 유동속도는 $V_s + dV_s$로 되고, 다른 성질들도 비슷하다. 미소 변화량 dp, dV_s, dA는 모두 양으로 가정한다. 정역학이나 동역학의 자유물체도 해석처럼 각 미소 변화량의 실제 대수 부호는 해석결과에 따라 결정된다.

이제 연속방정식과 운동량방정식의 s성분을 그림 4.4의 검사체적에 적용해 보자.

a. 연속방정식

기본방정식:

$$\overset{=0(1)}{\cancel{\frac{\partial}{\partial t}}\int_{\text{CV}} \rho\, d\mathcal{V}} + \int_{\text{CS}} \rho \vec{V} \cdot d\vec{A} = 0 \tag{4.12}$$

가정: **1** 정상유동

2 경계인 유선을 가로지르는 유동은 없다.

3 비압축성유동, 즉 $\rho =$ 일정

따라서

$$(-\rho V_s A) + \{\rho(V_s + dV_s)(A + dA)\} = 0$$

이 되고

$$\rho(V_s + dV_s)(A + dA) = \rho V_s A \tag{4.19a}$$

좌변을 전개하고 간단하게 하면 다음 식을 얻을 수 있다.

$$V_s\, dA + A\, dV_s + dA\, dV_s = 0$$

$dA\, dV_s$는 미소량의 곱이므로 $V_s dA$ 또는 $A\, dV_s$와 비교하여 무시될 수 있다.

$$V_s\, dA + A\, dV_s = 0 \tag{4.19b}$$

b. 운동량 방정식의 유선 방향 성분

기본방정식:

$$F_{S_s} + F_{B_s} = \overset{=0(1)}{\cancel{\frac{\partial}{\partial t}}\int_{\text{CV}} u_s\, \rho\, d\mathcal{V}} + \int_{\text{CS}} u_s\, \rho \vec{V} \cdot d\vec{A} \tag{4.20}$$

가정: **4** 마찰은 없다. 따라서 F_{S_b}는 오직 압력으로 인한 힘이다.

표면력(오직 압력으로 인한)은 다음과 같이 3개의 항을 갖는다.

$$F_{S_s} = pA - (p + dp)(A + dA) + \left(p + \frac{dp}{2}\right) dA \tag{4.21a}$$

식 (4.21a)에서 첫 번째 항과 두 번째 항은 검사표면 양 끝에 작용하는 압력에 의한 힘이다. 세 번째 항 F_{S_b}는 검사체적의 경계인 유선면에 s방향으로 작용하는 압력에 의한 힘으로, 이것의 크기는 유선면에 작용하는 평균압력 $p + \frac{1}{2}dp$와 유선면의 s방향 면적 성분 dA의 곱이다. 따라서 식 (4.21a)는 다음과 같이 단순화된다.

$$F_{S_s} = -A\,dp - \frac{1}{2}dp\,dA \tag{4.21b}$$

체적력의 s방향 성분은

$$F_{B_s} = \rho g_s\,d\forall = \rho(-g\sin\theta)\left(A + \frac{dA}{2}\right)ds$$

이고, $\sin\theta\,ds = dz$이므로 이 식은 다음과 같다.

$$F_{B_s} = -\rho g\left(A + \frac{dA}{2}\right)dz \tag{4.21c}$$

유선면을 횡단하는 질량유동이 없기 때문에, 운동량 유동은 다음과 같이 될 것이다.

$$\int_{\mathrm{CS}} u_s\,\rho\vec{V}\cdot d\vec{A} = V_s(-\rho V_s A) + (V_s + dV_s)\{\rho(V_s + dV_s)(A + dA)\}$$

중괄호 내의 항들은 연속방정식 식 (4.19a)로부터 다음과 같이 된다.

$$\int_{\mathrm{CS}} u_s\,\rho\vec{V}\cdot d\vec{A} = V_s(-\rho V_s A) + (V_s + dV_s)(\rho V_s A) = \rho V_s A\,dV_s \tag{4.22}$$

식 (4.21b), (4.21c), (4.22)를 식 (4.20)(운동량 방정식)에 대입하면 다음과 같다.

$$-A\,dp - \frac{1}{2}dp\,dA - \rho g A\,dz - \frac{1}{2}\rho g\,dA\,dz = \rho V_s A\,dV_s$$

양변을 ρA로 나누고, 미분의 곱은 나머지 항과 비교할 때 무시될 수 있으므로 다음과 같은 식이 얻어진다.

$$-\frac{dp}{\rho} - g\,dz = V_s\,dV_s = d\left(\frac{V_s^2}{2}\right)$$

혹은

$$\frac{dp}{\rho} + d\left(\frac{V_s^2}{2}\right) + g\,dz = 0 \tag{4.23}$$

유동이 비압축성이므로 이 방정식을 적분하면

$$\frac{p}{\rho} + \frac{V_s^2}{2} + gz = \text{일정} \tag{4.24}$$

이 되고, 하첨자 s를 소거하면 다음 식이 얻어진다.

$$\frac{p}{\rho} + \frac{V_s^2}{2} + gz = \text{일정} \tag{4.24}$$

이 식에는 다음과 같은 제한조건이 있다.

1 정상유동
2 마찰이 없는 유동
3 유선을 따르는 유동
4 비압축성유동

유체역학에서 가장 유명한(잘못 사용된) 식의 한 형태인 Bernoulli 방정식을 얻었다. 이 식은 적어도 합리적인 정확성을 가지기 위해서는 위에 제시한 네 가지 제한 조건이 적용될 때에만 사용이 가능하다! 실제 유동에서 이들 조건(특히 두 번째)을 만족하는 유동은 없지만, 식 (4.24)와 근사적인 거동을 보이는 유동은 많다.

예를 들어 이 식은 공기역학 유동에서 압력과 속도와의 관계를 알기 위해 널리 사용되고 있다(일례로 이것이 아음속 날개의 양력을 설명한다). 이 식은 또한 예제 4.6에서 수축 엘보의 입구압력을 계산할 때나, 예제 4.7에서 수문을 통하여 유출하는 물의 속도를 구할 때 사용할 수 있다(두 유동 모두 대략적으로 4가지 제한조건을 만족하고 있다). 이에 반해 식 (4.24)는 파이프 유동에서 물의 압력 변화를 정확하게 기술하지 못한다. 이 식을 따르면 일정한 직경을 가진 수평의 원형 파이프에서 압력은 일정하게 되나, 실제로 압력은 파이프를 따라 상당히 떨어진다.

Bernoulli 방정식 및 사용상의 제한조건은 매우 중요하기 때문에, 6장에서 다시 유도하고 제한에 대하여 상세히 논의한다. 예제 4.9에서 모든 제한이 적용되는 상황에 Bernoulli 방정식의 사용을 보여준다.

예제 4.9 노즐유동: Bernoulli 방정식의 응용

수평 노즐을 통해 물이 정상유동으로 대기 중에 분출된다. 노즐 입구의 직경은 D_1이고, 노즐 출구의 직경은 D_2이다. 체적유량 Q를 얻기 위하여 노즐 입구에서 요구되는 최소 계기압력에 대한 식을 구하라. $D_1 = 75$ mm이고 $D_2 = 25$ mm이며 체적유량이 0.02 m^3/s이기 위해 입구에서 필요한 계기압력을 계산하라.

주어진 자료: 물이 수평 노즐을 통하여 정상유동으로 대기로 배출된다.

$$D_1 = 75\text{ mm} \quad D_2 = 25\text{ mm} \quad p_2 = p_{\text{atm}}$$

찾는 자료: (a) 체적유량 Q의 함수로 p_{1g}의 식

(b) $Q = 0.02\text{ m}^3/\text{s}$인 경우 p_{1g}의 값

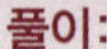

풀이:

지배방정식:

$$\frac{p_1}{\rho} + \frac{V_1^2}{2} + gz_1 = \frac{p_2}{\rho} + \frac{V_2^2}{2} + gz_2$$

$$= 0(1)$$
$$\frac{\partial}{\partial t}\int_{\text{CV}} \rho\, d\forall + \int_{\text{CS}} \rho \vec{V} \cdot d\vec{A} = 0$$

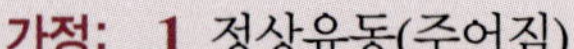

가정: 1 정상유동(주어짐)
2 비압축성유동
3 마찰 없는 유동
4 유선을 따라 유동함
5 $z_1 = z_2$
6 단면 ①과 ②에서 균일유동

p_1을 구하기 위하여 점 ①과 ② 사이에서 하나의 유선을 따라 Bernoulli 방정식을 적용하면

$$p_{1g} = p_1 - p_{\text{atm}} = p_1 - p_2 = \frac{\rho}{2}(V_2^2 - V_1^2) = \frac{\rho}{2}V_1^2\left[\left(\frac{V_2}{V_1}\right)^2 - 1\right]$$

이 되고, 연속방정식을 적용하면

$$(-\rho V_1 A_1) + (\rho V_2 A_2) = 0 \quad \text{또는} \quad V_1 A_1 = V_2 A_2 = Q$$

이 된다. 따라서

$$\frac{V_2}{V_1} = \frac{A_1}{A_2} \quad \text{및} \quad V_1 = \frac{Q}{A_1}$$

이므로

$$p_{1_g} = \frac{\rho Q^2}{2A_1^2}\left[\left(\frac{A_1}{A_2}\right)^2 - 1\right]$$

$A = \pi D^2/4$이므로, 대입하면 다음 식이 얻어진다.

$$p_{1_g} = \frac{8\rho Q^2}{\pi^2 D_1^4}\left[\left(\frac{D_1}{D_2}\right)^4 - 1\right] \longleftarrow p_{1_g}$$

주어진 노즐에 대해 필요한 압력은 체적유량의 제곱에 비례하고 있다. 이것은 사용된 식 (4.24)가 $p \sim V^2 \sim Q^2$을 보여주기 때문에 놀라운 결과는 아니다. $D_1 = 75$ mm, $D_2 = 25$ mm 및 $\rho = 1000\ \text{kg/m}^3$이므로

$$p_{1_g} = \frac{8}{\pi^2} \times 1000 \frac{\text{kg}}{\text{m}^3} \times \frac{1}{(0.075)^4 \text{m}^4} \times Q^2[(3.0)^4 - 1] \frac{\text{N} \cdot \text{s}^2}{\text{kg} \cdot \text{m}} \times \frac{\text{Pa} \cdot \text{m}^2}{\text{N}^2}$$

$$p_{1_g} = 2049.44 \times 10^6 Q^2 \frac{\text{N} \cdot \text{s}^2}{\text{m}^8} \times \frac{\text{Pa} \cdot \text{m}^2}{\text{N}}$$

이 되며, $Q = 0.02\ \text{m}^3/\text{s}$이므로

$$p_1 = 819{,}776\ \text{kPa} \longleftarrow p_{1_g}$$

이 문제는 한 유선을 따라 정상, 비압축성, 마찰 없는 유동이라는 제한 조건이 있는 유동에 대해 Bernoulli 방정식의 적용이 타당하다는 것을 보여준다.

일정 속도로 이동하는 검사체적

지금까지의 문제에서는 운동량 방정식을 관성 검사체적에 적용하였으며, 정지된 검사체적만을 고려하였다. 검사체적이 일정한 속도로 움직인다고 가정하자. 그러면 XYZ, '절대' 또는 고정(관성) 좌표계와 검사체적 위에 고정된 xyz 좌표계의 2개의 좌표계가 설정된다.

식 (4.10)은 시스템 도함수를 검사체적 변수로 표현한 식이지만, 검사체적 좌표계 xyz가 임의의 운동을 하는 경우에 대해서도 모든 속도를 검사체적에 대해 **상대적으로** 표현한다면 적용이 가능하다. 이러한 점을 강조하기 위하여 식 (4.10)을 다시 쓴다.

$$\left.\frac{dN}{dt}\right)_{\text{system}} = \frac{\partial}{\partial t}\int_{CV} \eta\, \rho\, d\forall + \int_{CS} \eta\, \rho\, \vec{V}_{xyz} \cdot d\vec{A} \qquad (4.25)$$

모든 속도는 검사체적에 상대적으로 표현되어야 하기 때문에, 이 식을 이용하여 운동량 방정식의 시스템 식으로부터 검사체적 식을 얻으려면 다음과 같이 놓아야 한다.

$$N = \vec{P}_{xyz} \quad \text{및} \quad \eta = \vec{V}_{xyz}$$

그러면 검사체적 식은 다음과 같이 된다.

$$\vec{F} = \vec{F}_S + \vec{F}_B = \frac{\partial}{\partial t}\int_{\text{CV}} \vec{V}_{xyz}\,\rho\, d\forall + \int_{\text{CS}} \vec{V}_{xyz}\,\rho\,\vec{V}_{xyz}\cdot d\vec{A} \tag{4.26}$$

식 (4.26)은 뉴턴 제2법칙의 모든 검사체적(정지되어 있거나 일정한 속도로 움직이는)에 적용한 식이 된다. 이 식은 속도가 검사체적에 상대적임을 표현하기 위해 하첨자 xyz을 붙인 것 이외에는 식 (4.17a)와 동일하다. 이것은 검사체적과 함께 움직이는 관측자가 바라본 속도이다. 예제 4.10은 일정한 속도로 움직이는 검사체적에 식 (4.26)을 사용한 예이다.

예제 4.10 일정 속도로 움직이는 깃

그림에서처럼 60°로 휘어지는 깃이 있다. 이 깃은 일정 속도 $U = 10$ m/s로 이동하며, $V = 30$ m/s의 속도로 고정 노즐을 떠난 물 제트를 받는다. 이 노즐의 출구면적은 0.003 m²이다. 깃에 작용하는 힘의 성분들을 구하라.

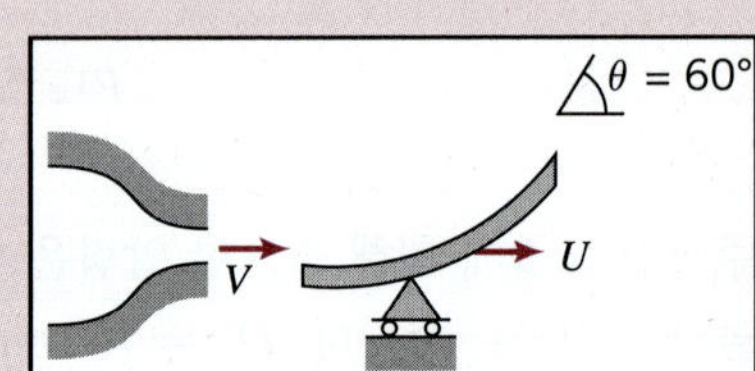

주어진 자료: $\theta = 60°$로 휘어지는 깃이 일정 속도 $\vec{U} = 10\hat{i}$ m/s로 움직인다. 일정 면적 $A = 0.003$ m²인 노즐로부터 물이 $\vec{V} = 30\hat{i}$ m/s의 속도로 깃 위로 흐른다.

찾는 자료: 깃에 작용하는 힘의 성분

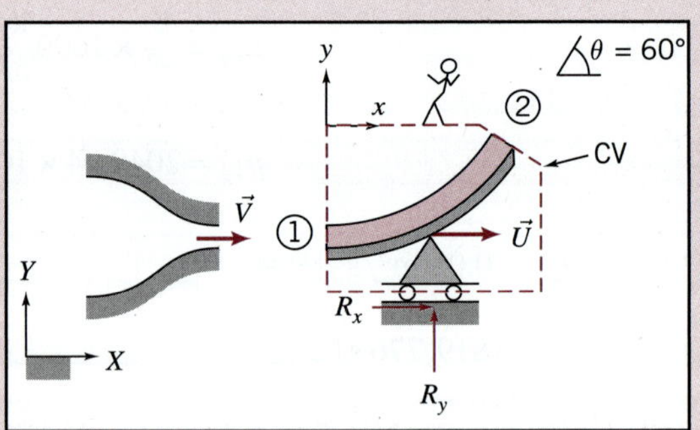

풀이: 그림에서 점선으로 표시된 것처럼 일정 속도 $\vec{U}$로 깃과 같이 움직이는 검사체적을 선택하자. R_x와 R_y는 검사체적의 속도를 $10\hat{i}$ m/s로 유지하는 데 필요한 힘의 성분이다.

검사체적은 가속되지 않으므로(U = 일정) 관성 검사체적이다. 따라서 기본방정식을 적용할 때 모든 속도는 검사체적에 상대적으로 표현되어야 한다.

지배방정식:

$$\vec{F}_S + \vec{F}_B = \frac{\partial}{\partial t}\int_{\text{CV}} \vec{V}_{xyz}\rho\, d\forall + \int_{\text{CS}} \vec{V}_{xyz}\,\rho\,\vec{V}_{xyz}\cdot d\vec{A}$$

$$\frac{\partial}{\partial t}\int_{\text{CV}} \rho\, d\forall + \int_{\text{CS}} \rho\vec{V}_{xyz}\cdot d\vec{A} = 0$$

가정: 1 유동은 깃에 대하여 정상유동
2 깃을 따라 상대속도의 크기는 일정하다. 즉, $|\vec{V}_1| = |\vec{V}_2| = V - U$
3 단면 ①과 ②에서의 유동성질은 균일하다.
4 $F_{B_x} = 0$
5 비압축성유동

운동량 방정식의 x성분은

$$F_{S_x} + \cancel{F_{B_x}}^{=0(4)} = \cancel{\frac{\partial}{\partial t}\int_{\text{CV}} u_{xyz}\,\rho\, d\forall}^{=0(1)} + \int_{\text{CS}} u_{xyz}\,\rho\,\vec{V}_{xyz}\cdot d\vec{A}$$

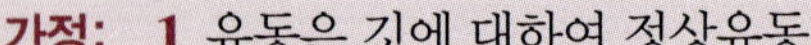

이다. p_{atm}은 CV의 모든 표면에 작용하므로 압력힘은 없다. 따라서

$$R_x = \int_{A_1} u(-\rho V dA) + \int_{A_2} u(\rho V dA) = +u_1(-\rho V_1 A_1) + u_2(\rho V_2 A_2)$$

연속방정식으로부터

$$\int_{A_1}(-\rho VdA)+\int_{A_2}(\rho VdA)=(-\rho V_1A_1)+(\rho V_2A_2)=0$$

또는

$$\rho V_1A_1=\rho V_2A_2$$

이 되므로

$$R_x=(u_2-u_1)(\rho V_1A_1)$$

모든 속도는 검사체적에 대하여 상대적으로 표현되어야 하므로,

$$V_1=V-U \qquad V_2=V-U$$
$$u_1=V-U \qquad u_2=(V-U)\cos\theta$$

이들을 대입하면 다음과 같다.

$$R_x=[(V-U)\cos\theta-(V-U)](\rho(V-U)A_1)=(V-U)(\cos\theta-1)\{\rho(V-U)A_1\}$$
$$=(30-10)\frac{\text{m}}{\text{s}}\times(0.50-1)\times\left(999\frac{\text{kg}}{\text{m}^3}(30-10)\frac{\text{m}}{\text{s}}\times0.003\ \text{m}^2\right)\times\frac{\text{N}\cdot\text{s}^2}{\text{kg}\cdot\text{m}}$$
$$R_x=-599\ \text{N} \qquad \{\text{왼쪽으로}\}$$

따라서 깃에 작용하는 x 방향 힘 성분 K_x는,

$$K_x=-R_x=599\ \text{N} \qquad \{\text{오른쪽으로}\}$$

운동량 방정식의 y성분을 쓰면 다음과 같다.

$$F_{S_y}+F_{B_y}=\overset{=0(1)}{\cancel{\frac{\partial}{\partial t}\int_{\text{CV}} v_{xyz}\rho\, d\forall}}+\int_{\text{CS}} v_{xyz}\rho\,\vec{V}_{xyz}\cdot d\vec{A}$$

검사체적의 질량을 M으로 표시하면 다음과 같다.

$$R_y-Mg=\int_{\text{CS}} v\rho\vec{V}\cdot d\vec{A}=\int_{A_2} v\rho\vec{V}\cdot d\vec{A} \qquad \{v_1=0\}$$

{모든 속도는 xyz에 상대적으로 측정된다.}

$$=\int_{A_2} v(\rho VdA)=v_2(\rho V_2A_2)=v_2(\rho V_1A_1)$$

{$\rho V_2A_2=\rho V_1A_1$임을 상기하라.}

$$=(V-U)\sin\theta\{\rho(V-U)A_1\}$$
$$=(30-10)\frac{\text{m}}{\text{s}}\times(0.866)\times\left((999)\frac{\text{kg}}{\text{m}^3}(30-10)\frac{\text{m}}{\text{s}}\times0.003\text{m}^2\right)\times\frac{\text{N}\cdot\text{s}^2}{\text{kg}\cdot\text{m}}$$
$$R_y-Mg=1.04\ \text{kN} \qquad \{\text{위쪽으로}\}$$

따라서 수직력은

$$R_y=1.04\ \text{kN}+Mg \qquad \{\text{위쪽으로}\}$$

따라서 깃에 작용하는 y 방향 힘 성분 K_y는,

$$K_y=-R_y=-1.04\ \text{kN}-Mg \qquad \{\text{아래쪽으로}\}$$

결과적으로 깃에 작용하는 힘은 깃의 무게와 CV 내 물의 무게를 무시하면 다음과 같다.

$$\vec{k}=-\vec{R}=0.599\hat{i}-1.04\hat{j}\ \text{kN} \longleftarrow \vec{R}$$

이 문제는 일정한 속도로 움직이는 검사체적(관성 검사체적)에 운동량 방정식을 적용할 때, 모든 속도는 검사체적에 대하여 상대적으로 표현되어야 한다는 점을 설명하고 있다.

4.5 직선가속도를 갖는 검사체적에 대한 운동량 방정식

관성 검사체적에 대한 뉴턴 제2법칙의 적절한 식은 식 (4.26)과 같다.

$$\vec{F} = \vec{F}_S + \vec{F}_B = \frac{\partial}{\partial t}\int_{CV} \vec{V}_{xyz}\,\rho\, d\forall + \int_{CS} \vec{V}_{xyz}\,\rho \vec{V}_{xyz}\cdot d\vec{A} \tag{4.26}$$

모든 검사체적이 다 관성 검사체적인 것은 아니다. 예를 들면, 로켓은 지면으로부터 발사될 때 가속되어야 한다. 관성 좌표계에서 가속하는 검사체적에 대한 해석을 하기 위해 식 (4.26)이 가속되는 검사체적에 사용될 수 있는지 없는지 의문을 갖는 것은 당연하다. 이 질문에 답하기 위하여 식 (4.26)을 유도할 때 사용한 두 가지 중요한 관점들에 대해 간략히 다시 살펴보자.

첫째, 시스템 도함수들을 검사체적 식[식 (4.25) 또는 (4.10)]에 연관시킬 때, 유동장 $\vec{V}(x, y, z, t)$는 검사체적의 좌표계 x, y 및 z에 대하여 상대적으로 명기되었으며, xyz 기준축의 이동에 대해서는 어떤 제한도 두지 않았다. 결과적으로 식 (4.25)[혹은 식 (4.10)]는 식 중의 모든 속도를 검사체적에 대한 상대속도로 표현한다면 좌표계 x, y 및 z의 모든 운동에 대해 모든 순간에 적용된다.

둘째, 시스템 식

$$\vec{F} = \left.\frac{d\vec{P}}{dt}\right)_{\text{system}} \tag{4.2a}$$

에서 시스템의 선형 운동량

$$\vec{P}_{\text{system}} = \int_{M(\text{system})} \vec{V}\,dm = \int_{\forall(\text{system})} \vec{V}\,\rho\, d\forall \tag{4.2b}$$

은 속도가 관성 좌표계에서 표현될 때 타당하다. 따라서 관성 좌표계를 XYZ로 표시한다면, 뉴턴 제2법칙은 다음과 같이 된다.

$$\vec{F} = \left.\frac{d\vec{P}_{XYZ}}{dt}\right)_{\text{system}} \tag{4.27}$$

$\vec{P}_{XYZ}$와 $\vec{P}_{xyz}$의 시간도함수들이 검사체적 좌표계 xyz가 관성 좌표계에 대해 가속될 때는 서로 같지 않기 때문에, 식 (4.26)은 가속되는 검사체적에 적용할 수 없다.

선형적으로 가속되는 검사체적에 대한 운동량 방정식을 유도하기 위하여 시스템의 $\vec{P}_{XYZ}$와 시스템의 $\vec{P}_{xyz}$ 의 관계를 알아야 한다. 그러면 시스템 도함수 $d\vec{P}_{xyz}/dt$는 식 (4.25)를 통해 검사체적 변수들과 관련지을 수 있다. 따라서 가속도가 XYZ으로 표시된 관성 좌표계에서 표현된 것임을 상기하면서 뉴턴 제2법칙을 적으면 다음과 같다.

$$\vec{F} = \left.\frac{d\vec{P}_{XYZ}}{dt}\right)_{\text{system}} = \frac{d}{dt}\int_{M(\text{system})} \vec{V}_{XYZ}\,dm = \int_{M(\text{system})} \frac{d\vec{V}_{XYZ}}{dt}\,dm \tag{4.28}$$

관성 좌표계(XYZ)에서의 속도와 검사체적 좌표계(xyz)에서의 속도는 다음과 같은 관계가 있다.

$$\vec{V}_{XYZ} = \vec{V}_{xyz} + \vec{V}_{rf} \tag{4.29}$$

여기서 $\vec{V}_{rf}$는 '절대' 정지 좌표계 XYZ에 대한 검사체적 좌표계 xyz의 속도이다.

xyz의 운동이 관성 좌표계 XYZ에 대해 회전이 없는 순수한 병진이동으로 가정되므로

$$\frac{d\vec{V}_{XYZ}}{dt} = \vec{a}_{XYZ} = \frac{d\vec{V}_{xyz}}{dt} + \frac{d\vec{V}_{rf}}{dt} = \vec{a}_{xyz} + \vec{a}_{rf} \tag{4.30}$$

과 같이 쓸 수 있다. 여기서

$\vec{a}_{XYZ}$는 관성 좌표계 XYZ에 대한 시스템의 직선가속도이고,
$\vec{a}_{xyz}$는 비관성 좌표계 xyz(즉, 검사체적 좌표계)에 대한 시스템의 직선가속도이며,
$\vec{a}_{rf}$는 관성 좌표계 XYZ에 대한 비관성 좌표계 xyz(즉, 검사체적)의 직선가속도이다.

식 (4.30)을 식 (4.28)에 대입하면,

$$\vec{F} = \int_{M(\text{system})} \vec{a}_{rf}\, dm + \int_{M(\text{system})} \frac{d\vec{V}_{xyz}}{dt} dm$$

또는

$$\vec{F} - \int_{M(\text{system})} \vec{a}_{rf}\, dm = \left.\frac{d\vec{P}_{xyz}}{dt}\right)_{\text{system}} \tag{4.31a}$$

여기서 시스템의 선형 운동량은

$$\vec{P}_{xyz}\big)_{\text{system}} = \int_{M(\text{system})} \vec{V}_{xyz} dm = \int_{V\!\!\!\!-(\text{system})} \vec{V}_{xyz} \rho\, dV\!\!\!\!- \tag{4.31b}$$

이 되며, 힘 $\vec{F}$는 시스템에 작용하는 모든 표면력과 체적력을 포함한다.

뉴턴 제2법칙에 대한 검사체적 식을 유도하기 위하여 다음과 같이 놓자.

$$N = \vec{P}_{xyz} \quad \text{및} \quad \eta = \vec{V}_{xyz}$$

이 관계를 식 (4.25)에 대입하면

$$\left.\frac{d\vec{P}_{xyz}}{dt}\right)_{\text{system}} = \frac{\partial}{\partial t}\int_{\text{CV}} \vec{V}_{xyz} \rho\, dV\!\!\!\!- + \int_{\text{CS}} \vec{V}_{xyz} \rho \vec{V}_{xyz} \cdot d\vec{A} \tag{4.32}$$

식 (4.31a)(시스템에서의 선형 운동량 방정식)와 식 (4.32)(시스템–검사체적 변환)를 고려하고 시간 t_0에서 시스템과 검사체적이 일치한다는 것을 인식하면, 관성 좌표계에서 회전이 없이 가속하는 검사체적에 대한 뉴턴 제2법칙은 다음과 같이 된다.

$$\vec{F} - \int_{\text{CV}} \vec{a}_{rf}\, \rho\, dV\!\!\!\!- = \frac{\partial}{\partial t}\int_{\text{CV}} \vec{V}_{xyz}\, \rho\, dV\!\!\!\!- + \int_{\text{CS}} \vec{V}_{xyz}\, \rho \vec{V}_{xyz} \cdot d\vec{A}$$

$\vec{F} = \vec{F}_S + \vec{F}_B$이므로, 이 식은 다음과 같이 된다.

$$\vec{F}_S + \vec{F}_B - \int_{\text{CV}} \vec{a}_{rf}\, \rho\, dV\!\!\!\!- = \frac{\partial}{\partial t}\int_{\text{CV}} \vec{V}_{xyz}\, \rho\, dV\!\!\!\!- + \int_{\text{CS}} \vec{V}_{xyz}\, \rho \vec{V}_{xyz} \cdot d\vec{A} \tag{4.33}$$

선형가속도를 갖는 검사체적에 대한 이러한 운동량 방정식과 가속도가 없는 검사체적에 대한 운동량 방정식 식 (4.26)을 비교해 보면, 유일한 차이점이 식 (4.33)에 추가된 항이 하나 있음을 안다. 검사체적이 관성 좌표계 XYZ에 대하여 가속하지 않으면 $\vec{a}_{rf} = 0$이고, 식 (4.33)은 식 (4.26)과 같아진다.

식 (4.26)의 사용에 관한 주의사항은 식 (4.33)에도 역시 적용된다. 어떤 식이든 적용을 시도하기 전에 먼저 검사체적의 경계를 그리고 적절한 좌표 방향을 지정해야 한다. 가속하는 검사체적에 대해서는 2개

의 좌표계를 지정해야 하는데, 하나는 검사체적 위의 좌표계(xyz)이고, 다른 하나는 관성 좌표계(XYZ)이다.

식 (4.33)에서 $\vec{F}_S$는 검사체적에 작용하는 모든 표면력을 나타낸다. 검사체적 내의 질량은 시간에 따라 변할 수 있기 때문에 좌변의 나머지 두 항은 시간의 함수일 수도 있다. 더욱이 좌표계 xyz의 관성 좌표계에 대한 가속도 $\vec{a}_{rf}$는 일반적으로 시간의 함수일 것이다.

식 (4.33)의 모든 속도는 검사체적에 상대적인 것이다. 검사표면의 면적요소 $d\vec{A}$를 통과하는 운동량 플럭스 $\vec{V}_{xyz}\rho\vec{V}_{xyz}\cdot d\vec{A}$는 벡터이다. 또한 가속되지 않는 검사체적에서와 같이 내적 $\rho\vec{V}_{xyz}\cdot d\vec{A}$의 부호는 면적벡터 $d\vec{A}$에 대한 속도벡터 $\vec{V}_{xyz}$의 방향에 따라 정해진다.

운동량 방정식은 벡터방정식이다. 따라서 이 식은 모든 벡터방정식과 마찬가지로 3개의 스칼라 성분방정식으로 쓸 수 있다. 식 (4.33)의 스칼라 성분식들은 다음과 같다.

$$F_{S_x}+F_{B_x}-\int_{CV} a_{rf_x}\,\rho d\forall=\frac{\partial}{\partial t}\int_{CV} u_{xyz}\,\rho d\forall+\int_{CS} u_{xyz}\,\rho\vec{V}_{xyz}\cdot d\vec{A} \tag{4.34a}$$

$$F_{S_y}+F_{B_y}-\int_{CV} a_{rf_y}\,\rho d\forall=\frac{\partial}{\partial t}\int_{CV} v_{xyz}\,\rho d\forall+\int_{CS} v_{xyz}\,\rho\vec{V}_{xyz}\cdot d\vec{A} \tag{4.34b}$$

$$F_{S_z}+F_{B_z}-\int_{CV} a_{rf_z}\,\rho d\forall=\frac{\partial}{\partial t}\int_{CV} w_{xyz}\,\rho d\forall+\int_{CS} w_{xyz}\,\rho\vec{V}_{xyz}\cdot d\vec{A} \tag{4.34c}$$

여기서 선형적으로 가속하는 검사체적의 두 가지 적용 예를 살펴본다. 예제 4.11에서는 검사체적 내의 질량이 일정하게 유지된 채 가속하는 검사체적을 해석하고, 예제 4.12에서는 검사체적 내의 질량도 시간과 함께 변하면서 가속하는 검사체적을 해석한다.

예제 4.11 직선가속도로 이동하는 깃

만곡각이 $\theta = 60°$인 깃이 카트에 붙어 있다. 질량 $M = 75$ kg인 카트와 깃은 수평 트랙 위를 굴러간다. 마찰과 공기저항은 무시된다. 깃은 $V = 35$ m/s의 속도로 정지 노즐에서 분출되는 물제트를 받는다. 노즐의 출구면적은 $A = 0.003$ m^{2}이다. 카트의 속도를 시간의 함수로 구하고 결과를 그림으로 나타내라.

주어진 자료: $M = 75$ kg인 카트와 깃

찾는 자료: $U(t)$와 결과 그림

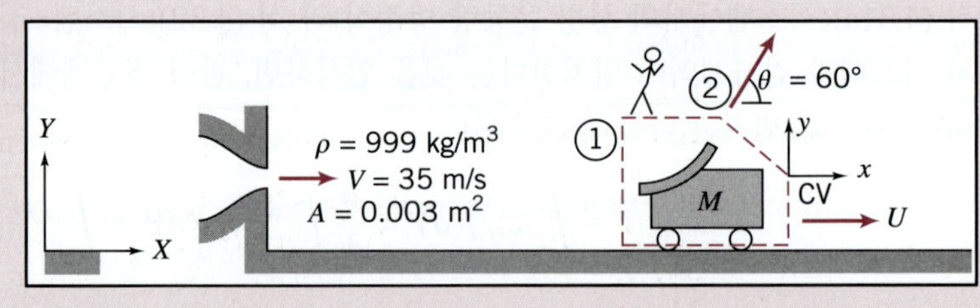

풀이: 해석을 위하여 검사체적과 좌표계를 그림과 같이 선택한다. XY는 고정축인 반면, 좌표축 xy는 카트와 함께 이동한다. 운동량 방정식의 x성분을 적용한다.

지배방정식:

$$\underbrace{F_{S_x}}_{=0(1)}+\underbrace{F_{B_x}}_{=0(2)}-\int_{CV} a_{rfx}\,\rho\, d\forall=\underbrace{\frac{\partial}{\partial t}\int_{CV} u_{xyz}\rho\, d\forall}_{\simeq 0(4)}+\int_{CS} u_{xyz}\rho\vec{V}_{xyz}\cdot d\vec{A}$$

가정: 1 $F_{S_x} = 0$, 저항이 없으므로

2 $F_{B_x} = 0$

3 물의 질량은 카트의 질량에 비해 무시한다.

4 검사체적 내부 액체의 운동량 변화율은 무시한다.

$$\frac{\partial}{\partial t}\int_{\mathrm{CV}} u_{xyz}\,\rho\, d\forall \simeq 0$$

5 단면 ① 및 ②에서 균일유동

6 깃 위의 마찰은 있지만 이로 인한 물의 속도는 감속되지 않는다. 즉, $|\vec{V}_{xyz_1}| = |\vec{V}_{xyz_2}|$이다.

7 $A_2 = A_1 = A$

간단히 표현하기 위해 rf와 xyz을 생략하면(그렇지만 모든 속도는 검사체적의 움직이는 좌표계에 대한 것이라는 것을 기억해야 한다),

$$\begin{aligned} -\int_{\mathrm{CV}} a_x\,\rho\, d\forall &= u_1(-\rho V_1 A_1) + u_2(\rho V_2 A_2) \\ &= (V-U)\{-\rho(V-U)A\} + (V-U)\cos\theta\{\rho(V-U)A\} \\ &= -\rho(V-U)^2 A + \rho(V-U)^2 A\cos\theta \end{aligned}$$

이 식의 왼쪽 항은

$$-\int_{\mathrm{CV}} a_x\,\rho\, d\forall = -a_x M_{CV} = -a_x M = -\frac{dU}{dt}M$$

와 같이 되므로 위 식은

$$-M\frac{dU}{dt} = -\rho(V-U)^2 A + \rho(V-U)^2 A\cos\theta$$

또는

$$M\frac{dU}{dt} = (1-\cos\theta)\rho(V-U)^2 A$$

변수분리하면 다음 식이 얻어진다.

$$\frac{dU}{(V-U)^2} = \frac{(1-\cos\theta)\rho A}{M}dt = b\,dt \quad \text{여기서} \quad b = \frac{(1-\cos\theta)\rho A}{M}$$

V는 일정하므로 $dU = -d(V-U)$이다. $t=0$일 때 $U=0$, $t=t$일 때 $U=U$이므로 이 구간에서 적분하면 다음과 같다.

$$\int_0^U \frac{dU}{(V-U)^2} = \int_0^U \frac{-d(V-U)}{(V-U)^2} = \frac{1}{(V-U)}\Bigg]_0^U = \int_0^t b\,dt = bt$$

또는

$$\frac{1}{(V-U)} - \frac{1}{V} = \frac{U}{V(V-U)} = bt$$

U에 대하여 풀면 다음과 같은 식이 얻어진다.

$$\frac{U}{V} = \frac{Vbt}{1+Vbt}$$

Vb항을 계산하면 다음과 같다.

$$Vb = V\frac{(1-\cos\theta)\rho A}{M}$$

$$Vb = 35\frac{\text{m}}{\text{s}} \times \frac{(1-0.5)}{75\text{ kg}} \times 999\frac{\text{kg}}{\text{m}^3} \times 0.003\text{ m}^2 = 0.699\text{ s}^{-1}$$

따라서

$$\frac{U}{V} = \frac{0.699t}{1+0.699t} \quad (t\text{는 초 단위}) \quad U(t)$$

그림:

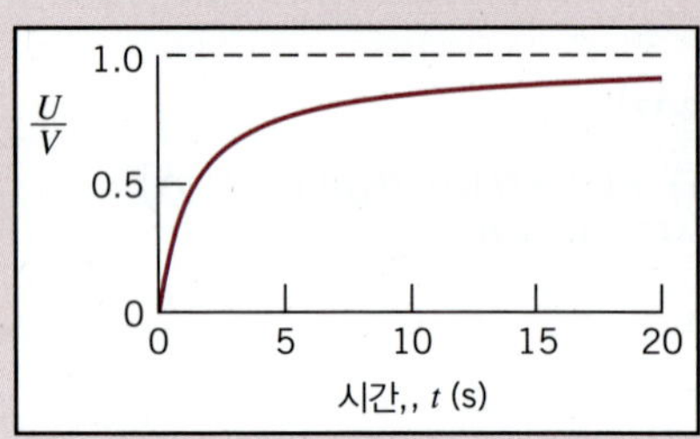

예제 4.12 수직으로 발사된 로켓

초기질량이 400 kg인 작은 로켓이 수직으로 발사된다. 점화 이후에 로켓은 5 kg/s로 연료를 소모하고, 연소가스를 로켓에 상대적으로 3,500 m/s의 속도로 대기압으로 배출한다. 공기저항이 무시된다면, 로켓의 초기 가속도와 10초 후 로켓의 속도를 구하라.

주어진 자료: 정지되어 있던 작은 로켓이 수직 방향으로 가속된다.
초기질량 $M_0 = 400$ kg
공기저항은 무시된다.
연료 소모율, $\dot{m}_e = 5$ kg/s
배기가스 속도는 로켓에 상대적으로 $V_e = 3500$ m/s로 대기압으로 배출된다.

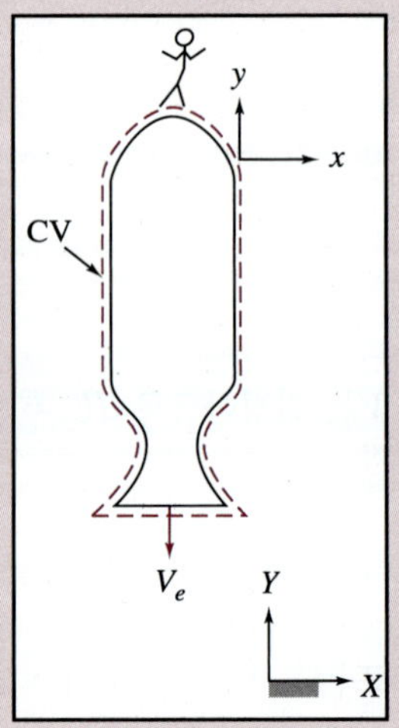

찾는 자료: (a) 로켓의 초기 가속도
(b) 10초 후 로켓의 속도

풀이: 그림에서처럼 점선으로 표시된 부분을 검사체적으로 선택한다. 검사체적이 가속되고 있으므로, 관성 좌표계 XY와 CV에 부착된 좌표계 xy를 정의해야 한다. 운동방정식의 y성분을 적용한다.

지배방정식:

$$F_{S_y} + F_{B_y} - \int_{CV} a_{rf_y}\,\rho\, d\forall = \frac{\partial}{\partial t}\int_{CV} v_{xyz}\,\rho\, d\forall + \int_{CV} v_{xyz}\,\rho \vec{V}_{xyz}\cdot d\vec{A}$$

가정: 1 검사체적의 모든 표면에서 대기압이 작용하며, 공기저항은 무시되므로 $F_{S_y} = 0$이다.
2 체적력은 중력뿐이고, g는 일정하다.
3 로켓을 떠나는 유동은 균일하며, V_e는 일정하다.

이러한 가정하에서 운동량 방정식은 다음과 같이 간단하게 된다.

$$F_{B_y} - \int_{CV} a_{rf_y}\,\rho\, d\forall = \frac{\partial}{\partial t}\int_{CV} v_{xyz}\,\rho\, d\forall + \int_{CS} v_{xyz}\,\rho \vec{V}_{xyz}\cdot d\vec{A} \qquad (1)$$

Ⓐ Ⓑ Ⓒ Ⓓ

이 방정식의 각 항을 살펴보자.

Ⓐ $F_{B_y} = -\int_{CV} g\,\rho\, d\forall = -g\int_{CV}\rho\, d\forall = -gM_{CV}$ {g는 일정하므로}

질량이 $\dot{m}_e$ 율로 검사체적을 떠나기 때문에 검사체적의 질량은 시간의 함수이다. M_{CV}를 시간의 함수로 구하기 위하여 질량보존법칙을 사용한다.

$$\frac{\partial}{\partial t}\int_{CV}\rho\, d\forall + \int_{CS}\rho\vec{V}\cdot d\vec{A} = 0$$

따라서

$$\frac{\partial}{\partial t}\int_{CV}\rho\, d\forall = -\int_{CS}\rho\vec{V}\cdot d\vec{A} = -\int_{CS}(\rho V_{xyz} dA) = -\dot{m}_e$$

음의 부호는 검사체적의 질량이 시간에 따라 감소하고 있다는 것을 의미한다. 검사체적의 질량이 시간만의 함수이므로 다음과 같이 쓸 수 있다.

$$\frac{dM_{CV}}{dt} = -\dot{m}_e$$

임의 시간 t에서 검사체적의 질량을 구하기 위하여 적분하면 다음과 같이 된다.

$$\int_{M_0}^{M} dM_{CV} = \int_0^t \dot{m}_e\, dt$$ 여기서 $t = 0$일 때 $M_{CV} = M_0$이고, $t = t$일 때 $M_{CV} = M$이다.

따라서 $M - M_0 = \dot{m}_e t$ 또는 $M = M_0\, \dot{m}_e t$이다.

M에 대한 식을 Ⓑ항에 대입하면 다음 식을 얻는다.

$$F_{B_y} = -\int_{CV} g\,\rho\, d\forall = -gM_{CV} = -g(M_0 - \dot{m}_e t)$$

Ⓑ $-\int_{CV} a_{rf_y}\,\rho\, d\forall$

검사체적의 가속도 a_{rf_y}는 XY 좌표계상의 관측자에 의해 관측되는 값이다. 따라서 a_{rf_y}는 좌표 xyz의 함수가 아니다.

$$-\int_{CV} a_{rf_y}\,\rho\, d\forall = -a_{rf_y}\int_{CV}\rho\, d\forall = -a_{rf_y} M_{CV} = -a_{rf_y}(M_0 - \dot{m}_e t)$$

Ⓒ $\frac{\partial}{\partial t}\int_{CV} v_{xyz}\,\rho\, d\forall$

이 항은 검사체적에 대해 상대적인 값으로 검사체적 내 유체의 y방향 운동량의 시간 변화율이다.

CV에 대해 상대적인, 검사체적 내부의 유체의 y방향 운동량이 비록 큰 값이라 할지라도 시간에 따른 변화는 크지 않다. 이러한 사실은 다음과 같은 사항을 고려함으로써 명백하게 된다.

1 미연소 연료와 로켓 구조물은 로켓에 대하여 상대적인 운동량을 갖지 않는다.

2 노즐 출구에서 가스의 속도는 노즐 안의 여러 점에서의 속도와 같이 시간이 경과해도 일정하게 유지된다.

결과적으로 다음과 같이 가정하는 것이 타당하다.

$$\frac{\partial}{\partial t}\int_{\mathrm{CV}} v_{xyz}\,\rho\, d\forall \approx 0$$

Ⓓ $$\int_{\mathrm{CS}} v_{xyz}\,\rho \vec{V}_{xyz}\cdot d\vec{A} = \int_{\mathrm{CS}} v_{xyz}(\rho V_{xyz}\, dA) = -V_e \int_{\mathrm{CS}} (\rho V_{xyz}\, dA)$$

v_{xyz}는 (검사체적에 상대적인) $-V_e$(음의 y방향)이고, 일정하므로 적분기호 밖으로 놓았다. 남은 적분은 단순히 출구에서의 질량유동률(유동이 검사체적 밖으로 흐르므로 양의 값을 가짐)이다.

$$\int_{\mathrm{CS}} (\rho V_{xyz} dA) = \dot{m}_e$$

따라서

$$\int_{\mathrm{CS}} v_{xyz}\,\rho \vec{V}_{xyz}\cdot d\vec{A} = -V_e \dot{m}_e$$

Ⓐ에서 Ⓓ까지의 항을 식 (1)에 대입하면 다음과 같은 식이 된다.

$$-g(M_0 - \dot{m}_e t) - a_{rf_y}(M_0 - \dot{m}_e t) = -V_e \dot{m}_e$$

또는

$$a_{rf_y} = \frac{V_e \dot{m}_e}{M_0 - \dot{m}_e t} - g \tag{2}$$

시간 $t = 0$일 때

$$a_{rf_y})_{t=0} = \frac{V_e \dot{m}_e}{M_0} - g = 3500\,\frac{\mathrm{m}}{\mathrm{s}} \times 5\,\frac{\mathrm{kg}}{\mathrm{s}} \times \frac{1}{400\,\mathrm{kg}} - 9.81\,\frac{\mathrm{m}}{\mathrm{s}^2}$$

$$a_{rf_y})_{t=0} = 33.9\ \mathrm{m/s^2} \longleftarrow a_{rf_y})_{t=0}$$

검사체적의 가속도는 다음과 같이 정의되므로

$$a_{rf_y} = \frac{dV_{\mathrm{CV}}}{dt}$$

식 (2)를 대입하면

$$\frac{dV_{\mathrm{CV}}}{dt} = \frac{V_e \dot{m}_e}{M_0 - \dot{m}_e t} - g$$

이 되고, 변수분리하여 적분하면 다음과 같다.

$$V_{\mathrm{CV}} = \int_0^{V_{\mathrm{CV}}} dV_{\mathrm{CV}} = \int_0^t \frac{V_e \dot{m}_e dt}{M_0 - \dot{m}_e t} - \int_0^t g dt = -V_e \ln\left[\frac{M_0 - \dot{m}_e t}{M_0}\right] - gt$$

시간 $t = 10$ s일 때

$$V_{\mathrm{CV}} = -3500\frac{\mathrm{m}}{\mathrm{s}} \times \ln\left[\frac{350\,\mathrm{kg}}{400\,\mathrm{kg}}\right] - 9.81\frac{\mathrm{m}}{\mathrm{s}^2} \times 10\,\mathrm{s}$$

$$V_{\mathrm{CV}} = 369\ \mathrm{m/s} \longleftarrow V_{\mathrm{CV}})_{t=10\,\mathrm{s}}$$

4.6 임의 가속도를 갖는 검사체적에 대한 운동량 방정식

4.5절에서는 직선가속도를 갖는 검사체적에 대한 운동량 방정식을 유도하였다. 이 절의 목적은 검사체적의 병진이동과 직선가속도에 회전과 각가속도를 포함시켜서 공식을 확장하는 것이다.

먼저 임의의 비관성 좌표계에서 Newton의 제2법칙의 식을 유도한다. 그 다음 식 (4.25)를 사용하여 검사체적에 대한 공식을 완성하기로 한다. 관성 좌표계에 상대적으로 움직이는 시스템에 대한 Newton의 제2법칙은 다음과 같이 주어진다.

$$\vec{F} = \left.\frac{d\vec{P}_{XYZ}}{dt}\right)_{\text{system}} \tag{4.27}$$

여기서 XYZ는 4.5절에서처럼 관성(정지해 있는)기준 좌표계이다.

$$\vec{P}_{XYZ}\Big)_{\text{system}} = \int_{M(\text{system})} \vec{V}_{XYZ}\, dm$$

이고 M(시스템)은 상수이므로, 다음과 같은 식을 얻을 수 있다.

$$\vec{F} = \frac{d}{dt}\int_{M(\text{system})} \vec{V}_{XYZ}\, dm = \int_{M(\text{system})} \frac{d\vec{V}_{XYZ}}{dt}\, dm$$

또는

$$\vec{F} = \int_{M(\text{system})} \vec{a}_{XYZ}\, dm \tag{4.35}$$

기본적인 문제는 $\vec{a}_{XYZ}$를 비관성 좌표계에 상대적으로 측정된 가속도 $\vec{a}_{xyz}$와 연관시키는 것이다. 이러한 목적을 위하여 그림 4.5와 같은 비관성기준 좌표계 xyz를 고려하여 보자.

비관성 좌표계 xyz는 고정 좌표계 XYZ에 대하여 위치벡터 $\vec{R}$ 만큼의 위치에 있다. 비관성 좌표계는 각속도 $\vec{\omega}$로 회전한다. 입자는 움직이는 좌표에 대하여 위치벡터 $\vec{r} = \hat{i}x + \hat{j}y + \hat{k}z$ 만큼의 위치에 있다. 관성 좌표계 XYZ에 대한 입자의 위치는 위치벡터 $\vec{X}$로 표시된다. 그림의 형상으로부터, $\vec{X} = \vec{R} + \vec{r}$이다.

XYZ 좌표계에 있는 관측자에게 상대적인 입자의 속도는 다음과 같다.

$$\vec{V}_{XYZ} = \frac{d\vec{X}}{dt} = \frac{d\vec{R}}{dt} + \frac{d\vec{r}}{dt} = \vec{V}_{rf} + \frac{d\vec{r}}{dt} \tag{4.36}$$

여기서 $\vec{V}_{rf}$는 이전 절과 마찬가지로, 관성 기준 좌표계 XYZ에 상대적인 검사체적의 순간 속도이다.

크기 $|\vec{r}|$와 단위벡터 $\hat{i}$, $\hat{j}$, $\hat{k}$의 방향은 시간의 함수이므로 $d\vec{r}/dt$를 계산할 때 주의를 기울여야 한다.

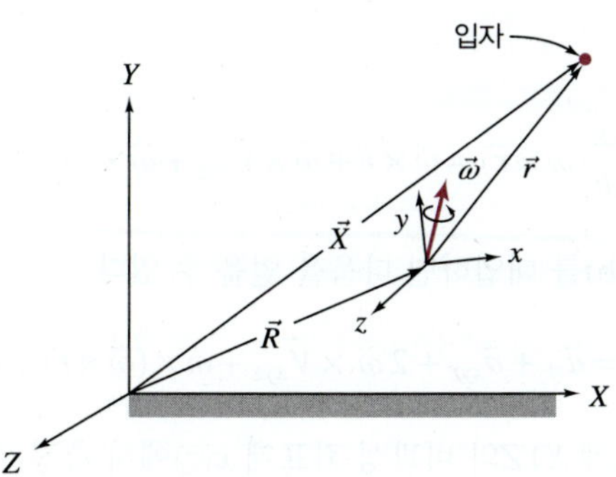

그림 4.5 관성(XYZ)과 비관성(xyz) 기준 좌표계에서의 한 입자의 위치.

$$\frac{d\vec{r}}{dt}=\frac{d}{dt}(x\hat{i}+y\hat{j}+z\hat{k})=\hat{i}\frac{dx}{dt}+x\frac{d\hat{i}}{dt}+\hat{j}\frac{dy}{dt}+y\frac{d\hat{j}}{dt}+\hat{k}\frac{dz}{dt}+z\frac{d\hat{k}}{dt} \tag{4.37a}$$

dx/dt, dy/dt, dz/dt 항은 xyz에 대한 상대적인 입자의 속도성분이므로 다음과 같이 된다.

$$\vec{V}_{xyz}=\hat{i}\frac{dx}{dt}+\hat{j}\frac{dy}{dt}+\hat{k}\frac{dz}{dt} \tag{4.37b}$$

여러분은 다음과 같은 회전좌표계에 대한 식을 동역학으로부터 기억해 낼 수 있을 것이다.

$$\vec{\omega}\times\vec{r}=x\frac{d\hat{i}}{dt}+y\frac{d\hat{j}}{dt}+z\frac{d\hat{k}}{dt} \tag{4.37c}$$

식 (4.37a), (4.37b), (4.37c)를 결합하면 다음을 얻을 수 있다.

$$\frac{d\vec{r}}{dt}=\vec{V}_{xyz}+\vec{\omega}\times\vec{r} \tag{4.37d}$$

이 식을 식 (4.36)에 대입하면 다음이 얻어진다.

$$\vec{V}_{XYZ}=\vec{V}_{rf}+\vec{V}_{xyz}+\vec{\omega}\times\vec{r} \tag{4.38}$$

따라서 XYZ 좌표계에 상대적인 입자의 가속도는 다음과 같은 식이 된다.

$$\vec{a}_{XYZ}=\frac{d\vec{V}_{XYZ}}{dt}=\left.\frac{d\vec{V}_{rf}}{dt}+\frac{d\vec{V}_{xyz}}{dt}\right)_{XYZ}+\frac{d}{dt}(\vec{\omega}\times\vec{r})$$

또는

$$\vec{a}_{XYZ}=\vec{a}_{rf}+\left.\frac{d\vec{V}_{xyz}}{dt}\right)_{XYZ}+\frac{d}{dt}(\vec{\omega}\times\vec{r}) \tag{4.39}$$

$\vec{V}_{xyz}$와 $\vec{r}$은 둘 다 xyz에 상대적으로 측정된 것이므로, 식 (4.37d)를 유도할 때와 동일한 주의를 기울이면 다음과 같이 된다.

$$\left.\frac{d\vec{V}_{xyz}}{dt}\right)_{XYZ}=\hat{i}\frac{du}{dt}+\hat{j}\frac{dv}{dt}+\hat{k}\frac{dw}{dt}+\vec{\omega}\times\vec{V}_{xyz}=\vec{a}_{xyz}+\vec{\omega}\times\vec{V}_{xyz} \tag{4.40a}$$

와

$$\begin{aligned}\frac{d}{dt}(\vec{\omega}\times\vec{r})&=\frac{d\vec{\omega}}{dt}\times\vec{r}+\vec{\omega}\times\frac{d\vec{r}}{dt}\\&=\dot{\vec{\omega}}\times\vec{r}+\vec{\omega}\times(\vec{V}_{xyz}+\vec{\omega}\times\vec{r})\end{aligned}$$

또는

$$\frac{d}{dt}(\vec{\omega}\times\vec{r})=\dot{\vec{\omega}}\times\vec{r}+\vec{\omega}\times\vec{V}_{xyz}+\vec{\omega}\times(\vec{\omega}\times\vec{r}) \tag{4.40b}$$

식 (4.39)에 식 (4.40a), 식 (4.40b)를 대입하면 다음을 얻을 수 있다.

$$\vec{a}_{XYZ}=\vec{a}_{rf}+\vec{a}_{xyz}+2\,\vec{\omega}\times\vec{V}_{xyz}+\vec{\omega}\times(\vec{\omega}\times\vec{r})+\dot{\vec{\omega}}\times\vec{r} \tag{4.41}$$

식 (4.41)은 두 좌표계(관성 좌표계 XYZ와 비관성 좌표계 xyz)에서 측정된 입자의 가속도를 연결시켜준다. 식 (4.41)의 항들의 물리적인 의미는 다음과 같다.

$\vec{a}_{XYZ}$: 고정기준 좌표계 XYZ에 대한 입자의 절대직선가속도
$\vec{a}_{rf}$: 고정기준 좌표계 XYZ에 대하여 상대적으로 움직이는 좌표계 xyz의 원점의 절대직선가속도
$\vec{a}_{xyz}$: 움직이는 기준 좌표계 xyz에 **상대적인** 입자의 직선가속도(이 가속도는 움직이는 기준 좌표계 xyz 상에 있는 관찰자에게 '보이는' 가속도; $\vec{a}_{xyz} = d\vec{V}_{xyz}/dt\ _{xyz}$).
$2\vec{\omega} \times \vec{V}_{xyz}$: 움직이는 기준 좌표계 xyz 내에서 입자의 운동에 대한 Coriolis 가속도
$\vec{\omega} \times (\vec{\omega} \times \vec{r})$: 움직이는 기준 좌표계 xyz의 회전에 의한 구심가속도(centripetal acceleration)
$\dot{\vec{\omega}} \times \vec{r}$: 움직이는 기준 좌표계 xyz의 각가속도에 의한 접선가속도(tangential acceleration)

식 (4.41)로 주어진 $\vec{a}_{XYZ}$를 식 (4.35)에 대입하면 다음의 식을 얻을 수 있다.

$$\vec{F}_{\text{system}} = \int_{M(\text{system})} [\vec{a}_{rf} + \vec{a}_{xyz} + 2\vec{\omega} \times \vec{V}_{xyz} + \vec{\omega} \times (\vec{\omega} \times \vec{r}) + \dot{\vec{\omega}} \times \vec{r}]dm$$

또는

$$\vec{F} - \int_{M(\text{system})} [\vec{a}_{rf} + 2\vec{\omega} \times \vec{V}_{xyz} + \vec{\omega} \times (\vec{\omega} \times \vec{r}) + \dot{\vec{\omega}} \times \vec{r}]dm = \int_{M(\text{system})} \vec{a}_{xyz} dm \tag{4.42a}$$

그러나,

$$\int_{M(\text{system})} \vec{a}_{xyz}\, dm = \int_{M(\text{system})} \left.\frac{d\vec{V}_{xyz}}{dt}\right)_{xyz} dm = \frac{d}{dt}\left(\int_{M(\text{system})} \vec{V}_{xyz}\, dm\right)_{xyz} = \left.\frac{d\vec{P}_{xyz}}{dt}\right)_{\text{system}} \tag{4.42b}$$

식 (4.42a)와 식 (4.42b)를 결합하면 다음 식을 얻는다.

$$\vec{F} - \int_{M(\text{system})} \left[\vec{a}_{rf} + 2\vec{\omega} \times \vec{V}_{xyz} + \vec{\omega} \times (\vec{\omega} \times \vec{r}) + \dot{\vec{\omega}} \times \vec{r}\right] dm = \left.\frac{d\vec{P}_{xyz}}{dt}\right)_{\text{system}}$$

또는

$$\vec{F}_S + \vec{F}_B - \int_{V(\text{system})} \left[\vec{a}_{rf} + 2\vec{\omega} \times \vec{V}_{xyz} + \vec{\omega} \times (\vec{\omega} \times \vec{r}) + \dot{\vec{\omega}} \times \vec{r}\right] \rho d\forall = \left.\frac{d\vec{P}_{xyz}}{dt}\right)_{\text{system}} \tag{4.43}$$

식 (4.43)은 시스템에 대한 Newton의 제2법칙이다. 시스템 도함수 $d\vec{P}_{xyz}/dt$는 xyz 좌표계에 있는 관찰자에게 보이는 것과 같이, xyz 좌표계에 상대적으로 측정된 시스템의 운동량 $\vec{P}_{xyz}$의 시간변화율을 나타낸다. 이러한 시스템 도함수는 다음의 식 (4.25)를 통해 검사체적의 변수들과 연관시킬 수 있다.

$$\left.\frac{dN}{dt}\right)_{\text{system}} = \frac{\partial}{\partial t}\int_{\text{CV}} \eta\, \rho\, d\forall + \int_{\text{CS}} \eta\, \rho\, \vec{V}_{xyz} \cdot d\vec{A} \tag{4.25}$$

검사체적 공식을 얻기 위하여 $N = \vec{P}_{xyz}$, $\eta = \vec{V}_{xyz}$라 놓고, 식 (4.25)와 식 (4.43)을 결합하면 다음과 같은 식이 된다.

$$\begin{aligned}\vec{F}_S + \vec{F}_B - \int_{\text{CV}} &\left[\vec{a}_{rf} + 2\vec{\omega} \times \vec{V}_{xyz} + \vec{\omega} \times (\vec{\omega} \times \vec{r}) + \dot{\vec{\omega}} \times \vec{r}\right] \rho\, d\forall \\ &= \frac{\partial}{\partial t}\int_{\text{CV}} \vec{V}_{xyz}\, \rho\, d\forall + \int_{\text{CS}} \vec{V}_{xyz} \rho\, \vec{V}_{xyz} \cdot d\vec{A}\end{aligned} \tag{4.44}$$

식 (4.44)는 Newton의 제2법칙에 대한 가장 일반적인 검사체적 공식이다. 임의의 가속도로 움직이는 검사체적에 대한 운동량방정식인 식 (4.44)와, 직선가속도로 움직이는 검사체적에 대한 식 (4.33)을 비교

해 보면, 유일한 차이점은 식 (4.44)의 좌변에 3개의 항이 추가되어 있다는 것이다. 이 추가항들은 비관성 좌표계 xyz의 **각운동**으로 인해 생겨난 항들이다. 동역학에서는 비관성 xyz 좌표계를 사용할 때 관성효과에 의해 발생하는 '가상'의 힘이라고 언급하곤 한다. 이러한 힘들은 xyz 좌표계 내에서 입자의 움직임에 의해 발생하는 Coriolis 힘, xyz 좌표계의 회전 움직임에 의해 발생하는 구심력과 접선력 등이다. 일반적인 공식인 식 (4.44)는 각운동항이 영이면 직선가속도 공식인 식 (4.33)으로 줄며, 검사체적의 움직임에 관한 모든 항($\vec{a}_{rf}$, $\vec{\omega}$, $\dot{\vec{\omega}}$)이 영이면 관성 검사체적 공식 식 (4.26)으로 줄게 된다.

식 (4.26)과 (4.33)의 사용에 대한 주의 사항들은 식 (4.44)의 사용에도 적용된다. 이 방정식의 적용을 시도하기 전에, 검사체적에 대한 경계를 그리고 적절한 좌표방향을 지정해야 한다. 임의의 가속도로 움직이는 검사체적에 대해서는 검사체적상의 좌표계 xyz와 관성기준 좌표계 XYZ 모두를 지정해야 한다. 예제 4.13은 입자의 절대속도가 움직이는 기준 좌표계에 대해 어떻게 구해지는지를 보여준다.

예제 4.13 고정된 기준 좌표계와 비관성 기준 좌표계에서의 속도

어떤 기준 좌표계 xyz는 고정된 좌표계 XYZ에 대하여 임의로 움직인다. 한 입자가 좌표계 xyz에 상대적인 속도 $\vec{V}_{xyz} = (dx/dt)\hat{i} + (dy/dt)\hat{j} + (dy/dt)\hat{k}$로 움직인다. 이때, 입자의 절대속도가 다음과 같이 주어짐을 보여라.

$$\vec{V}_{XYZ} = \vec{V}_{rf} + \vec{V}_{xyz} + \vec{\omega} \times \vec{r}$$

주어진 자료: 그림과 같이 주어진 고정된 좌표계와 비관성 좌표계

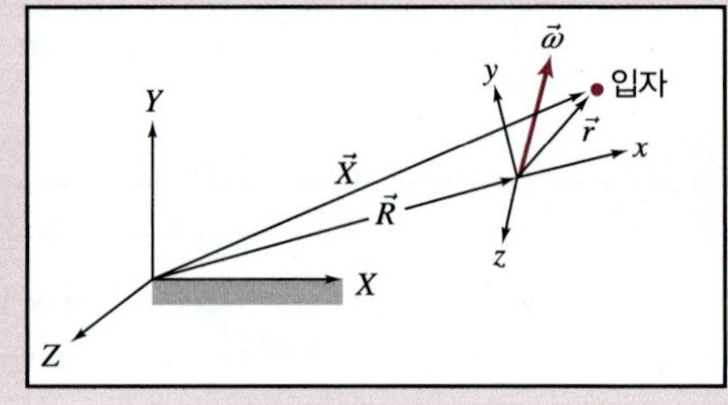

찾는 자료: $\vec{V}_{XYZ}$를 $\vec{V}_{xyz}$, $\vec{\omega}$, $\vec{r}$, $\vec{V}_{rf}$ 항으로 표시

풀이: 그림의 기하학적인 관계로부터, $\vec{X} = \vec{R} + \vec{r}$ 이므로

$$\vec{V}_{XYZ} = \frac{d\vec{X}}{dt} = \frac{d\vec{R}}{dt} + \frac{d\vec{r}}{dt} = \vec{V}_{rf} + \frac{d\vec{r}}{dt}$$

이기 때문에

$$\vec{r} = x\hat{i} + y\hat{j} + x\hat{k}$$

다음과 같이 된다.

$$\frac{d\vec{r}}{dt} = \frac{dx}{dt}\hat{i} + \frac{dy}{dt}\hat{j} + \frac{dz}{dt}\hat{k} + x\frac{d\hat{i}}{dt} + y\frac{d\hat{j}}{dt} + z\frac{d\hat{k}}{dt}$$

또는

$$\frac{d\vec{r}}{dt} = \vec{V}_{xyz} + x\frac{d\hat{i}}{dt} + y\frac{d\hat{j}}{dt} + z\frac{d\hat{k}}{dt}$$

이 된다. 문제는 이제 좌표계 xyz의 각운동으로 인한 $d\hat{i}/dt$, $d\hat{j}/dt$, $d\hat{k}/dt$를 구하는 것으로 되었다. 이들 도함수를 계산하기 위하여 좌표계 xyz의 각속도 $\vec{\omega}$의 3개의 속도성분들로 인한 각 단위벡터의 회전을 고려해야 한다.

단위벡터 $\hat{i}$는 ω_z로 인하여 xy 평면에서 다음과 같이 회전할 것이다:

그림으로부터 다음 관계식을 구할 수 있다.

$$\hat{i}(t+\Delta t)-\hat{i}(t)=(1)\sin\Delta\theta\hat{j}+(1)(1-\cos\Delta\theta)(-\hat{i})$$

각이 작을 때 $\cos\Delta\theta \approx 1-[(\Delta\theta)^2/2]$이고 $\sin\Delta\theta \approx \Delta\theta$이기 때문에

$$\hat{i}(t+\Delta t)-\hat{i}(t)=(1)\Delta\theta\hat{j}+(1)\frac{(\Delta\theta)^2}{2}(-\hat{i})=(1)\Delta\theta\left[\hat{j}-\frac{\Delta\theta}{2}\hat{i}\right]$$

이 된다. $\Delta t \to 0$으로 극한을 취하면 $\Delta\theta=\omega_z\Delta_t$ 이므로

$$\left.\frac{d\hat{i}}{dt}\right]_{\text{due to }\omega_z}\lim_{\Delta t\to 0}=0\left[\frac{\hat{i}(t+\Delta t)-\hat{i}(t)}{\Delta t}\right]=\lim_{\Delta t\to 0}\left[\frac{(1)\omega_z\Delta t\left[\hat{j}-\frac{\omega_z\Delta t}{2}\hat{i}\right]}{\Delta t}\right]$$

$$\left.\frac{d\hat{i}}{dt}\right]_{\text{due to }\omega_z}=\hat{j}\omega_z$$

이 된다. 비슷하게 $\hat{i}$는 ω_y로 인하여 xz 평면에서 다음과 같이 회전할 것이다:

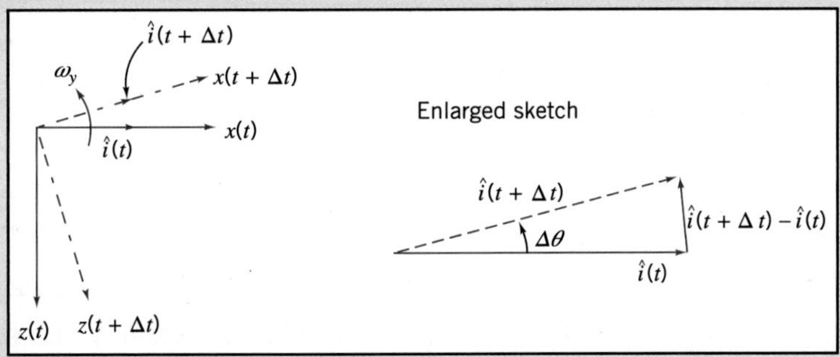

그림으로부터 다음 관계식을 구할 수 있다.

$$\hat{i}(t+\Delta t)-\hat{i}(t)=(1)\sin\Delta\theta(-\hat{k})+(1)(1-\cos\Delta\theta)(-\hat{i})$$

각도가 작을 때

$$\hat{i}(t+\Delta t)-\hat{i}(t)=(1)\Delta\theta(-\hat{k})+(1)\frac{(\Delta\theta)^2}{2}(-\hat{i})=(1)\Delta\theta\left(-k-\frac{\Delta\theta}{2}\hat{i}\right)$$

이 되고, $\Delta t \to 0$으로 극한을 취하면 $\Delta\theta=\omega_y\,\Delta t$가 되므로

$$\left.\frac{d\hat{i}}{dt}\right]_{\text{due to }\omega_y}=\lim_{\Delta t\to 0}\left[\frac{\hat{i}(t+\Delta t)-\hat{i}(t)}{\Delta t}\right]=\lim_{\Delta t\to 0}\left[\frac{(1)\omega_y\left[-\hat{k}-\frac{\omega_y\Delta t}{2}\hat{i}\right]}{\Delta t}\right]$$

$$\left.\frac{d\hat{i}}{dt}\right]_{\text{due to }\omega_y}=-\hat{k}\omega_y$$

이 된다. ω_x로 인한 yz 평면에서의 회전은 $\hat{i}$에 영향을 주지 않는다. 항들을 결합하면

$$\frac{d\hat{i}}{dt}=\omega_z\hat{j}-\omega_y\hat{k}$$

이 된다. 동일한 논법으로 $d\hat{j}/dt$와 $d\hat{k}/dt$를 구하면 다음과 같다.

$$\frac{d\hat{j}}{dt} = \omega_x \hat{k} - \omega_z \hat{i} \quad \text{그리고} \quad \frac{d\hat{k}}{dt} = \omega_y \hat{i} - \omega_x \hat{j}$$

종합하면

$$x\frac{d\hat{i}}{dt} + y\frac{d\hat{j}}{dt} + z\frac{d\hat{k}}{dt} = (z\omega_y - y\omega_z)\hat{i} + (x\omega_z - z\omega_x)\hat{j} + (y\omega_x - x\omega_y)\hat{k}$$

이 된다. 그러나,

$$\vec{\omega} \times \vec{r} = \begin{vmatrix} \hat{i} & \hat{j} & \hat{k} \\ \omega_x & \omega_y & \omega_z \\ x & y & z \end{vmatrix} = (z\omega_y - y\omega_z)\hat{i} + (x\omega_z - z\omega_x)\hat{j} + (y\omega_x - x\omega_y)\hat{k}$$

결과를 모두 결합하면 다음의 식을 얻을 수 있다.

$$\vec{V}_{XYZ} = \vec{V}_{rf} + \vec{V}_{xyz} + \vec{\omega} \times r \longleftarrow \vec{V}_{XYZ}$$

4.7 각운동량 원리

이 절에서는 각운동량 원리에 대한 검사체적 식을 유도한다. 각운동량 원리를 표현하기 위해서는 두 가지 접근법이 있다. 그것은 관성(고정) XYZ 검사체적과 회전하는 xyz 검사체적이다. 접근하는 방법은 먼저 시스템 형태의 원리(식 (4.3a))로부터 시작하여, 시스템의 각운동량을 XYZ 또는 xyz 좌표계로 표현하고, 마지막으로 식 (4.10)(또는 조금 다른 형태인 식 (4.25))을 사용하여 시스템 식으로부터 검사체적 식으로 변환한다. 이 두 접근법이 같다는 것을 입증하기 위해 동일한 문제를 각각의 접근법을 이용하여 예제 4.14와 4.15에서 푼다.

이 절의 내용을 배우는 데는 두 가지 이유가 있다. 즉, 4.2절의 기본 물리법칙에 대한 검사체적 식을 구하고, 그 결과를 회전하는 기계를 설명하는 10장에서 사용하기 위한 것이다.

고정된 검사체적에 대한 방정식

관성 좌표계에서 시스템에 대한 각운동량 원리는

$$\vec{T} = \left.\frac{d\vec{H}}{dt}\right)_{\text{system}} \tag{4.3a}$$

이고, 여기서

$\vec{T}$ = 주위로부터 시스템에 작용되는 총 토크이고,
$\vec{H}$ = 시스템의 각운동량이다.

$$\vec{H} = \int_{M(\text{system})} \vec{r} \times \vec{V}\, dm = \int_{\forall(\text{system})} \vec{r} \times \vec{V} \rho\, d\forall \tag{4.3b}$$

시스템 식에 포함된 모든 양은 관성 좌표계에서 표현되어야 한다. 정지상태에 있거나 일정한 속도로 병진운동하는 좌표계는 관성 좌표계이고, 식 (4.12)를 사용하면 검사체적에 대한 각운동량 방정식을 직접적으로 구할 수 있다.

위치벡터 $\vec{r}$은 좌표계에서 질량요소나 체적요소의 위치를 나타낸다. 시스템에 작용하는 토크 $\vec{T}$는 다음과 같다.

$$\vec{T} = \vec{r} \times \vec{F}_s + \int_{M(\text{system})} \vec{r} \times \vec{g}\, dm + \vec{T}_{\text{shaft}} \tag{4.3c}$$

여기서 $\vec{F}_s$는 시스템에 작용하는 표면력이다.

시스템과 고정된 검사체적 식 사이의 관계는 다음과 같다.

$$\left.\frac{dN}{dt}\right)_{\text{system}} = \frac{\partial}{\partial t}\int_{\text{CV}} \eta\, \rho\, d\forall + \int_{\text{CS}} \eta\, \rho \vec{V} \cdot d\vec{A} \tag{4.10}$$

여기서

$$N_{\text{system}} = \int_{M(\text{system})} \eta\, d\text{m}$$

이다. 만일 $N = \vec{H}$ 로 놓으면, $\eta = \vec{r} \times \vec{V}$ 이고

$$\left.\frac{d\vec{H}}{dt}\right)_{\text{system}} = \frac{\partial}{\partial t}\int_{\text{CV}} \vec{r} \times \vec{V}\, \rho\, d\forall + \int_{\text{CS}} \vec{r} \times \vec{V}\, \rho \vec{V} \cdot d\vec{A} \tag{4.45}$$

이 된다. 식 (4.3a), (4.20) 및 (4.45)를 결합하면 다음 식이 얻어진다.

$$\vec{r} \times \vec{F}_s + \int_{M(\text{system})} \vec{r} \times \vec{g}\, dm + \vec{T}_{\text{shaft}} = \frac{\partial}{\partial t}\int_{\text{CV}} \vec{r} \times \vec{V}\, \rho\, d\forall + \int_{\text{CS}} \vec{r} \times \vec{V}\, \rho \vec{V} \cdot d\vec{A}$$

시간 t_0일 때 시스템과 검사체적이 일치하므로

$$\vec{T} = \vec{T}_{\text{CV}}$$

이며, 다음과 같은 식이 얻어진다.

$$\vec{r} \times \vec{F}_s + \int_{\text{CV}} \vec{r} \times \vec{g}\, \rho\, d\forall + \vec{T}_{\text{shaft}} = \frac{\partial}{\partial t}\int_{\text{CV}} \vec{r} \times \vec{V}\, \rho\, d\forall + \int_{\text{CS}} \vec{r} \times \vec{V}\, \rho \vec{V} \cdot d\vec{A} \tag{4.46}$$

식 (4.46)은 관성 검사체적에 대한 각운동량 원리의 일반적인 식이다. 방정식의 좌변은 검사체적에 작용하는 모든 토크를 표현한 것이고, 우변은 검사체적 내부의 각운동량 변화율과 검사체적으로부터의 각운동량 유동률을 표현한 것이다. 식 (4.46)에서 모든 속도는 고정된 검사체적에 대해 표현된 것이다.

회전하는 기계에 대한 해석을 위해 식 (4.46)은 회전축을 따르는 방향의 성분만을 고려하는 스칼라형의 식으로 종종 사용된다. 이러한 응용은 10장에서 설명한다.

간단한 잔디용 스프링클러 문제 해석에 식 (4.46)을 응용한 예를 예제 4.14에서 설명한다. 동일한 문제를 회전하는 검사체적에 적용하는 것은 예제 4.15에 나와 있다.

예제 4.14 잔디용 스프링클러: 고정된 검사체적을 이용한 해석

그림과 같은 작은 잔디용 스프링클러의 입구 계기압력은 20 kPa이고, 스프링클러를 통과하는 물의 총 체적유량은 분당 7.5리터이며 30 rpm으로 회전한다. 제트의 직경은 4 mm이다. 각 스프링클러의 노즐에 상대적인 제트의 속도를 계산하라. 스프링클러의 선회축인 피벗에서의 마찰토크를 구하라.

주어진 자료: 그림과 같은 작은 잔디용 스프링클러

찾는 자료: (a) 각 노즐에 상대적인 제트의 속도

(b) 피벗에서의 마찰토크

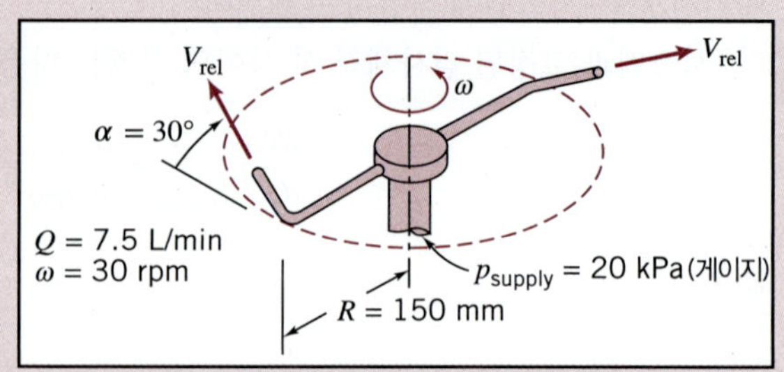

풀이: 스프링클러 암을 둘러싸는 고정된 검사체적을 사용하여 연속방정식과 각운동량 방정식을 적용한다.

지배방정식:

$$\overbrace{\frac{\partial}{\partial t}\int_{CV}\rho d\forall}^{=0(1)} + \int_{CS}\rho\vec{V}\cdot d\vec{A} = 0$$

$$\vec{r}\times\vec{F}_s + \int_{CV}\vec{r}\times\vec{g}\rho d\forall + \vec{T}_{shaft} = \frac{\partial}{\partial t}\int_{CV}\vec{r}\times\vec{V}\rho d\forall + \int_{CS}\vec{r}\times\vec{V}\rho\vec{V}\cdot d\vec{A} \qquad (1)$$

여기서 모든 속도들은 관성 좌표계 XYZ에 대해 표현된다.

가정: **1** 비압축성유동

2 단면에서 균일유동

3 $\vec{\omega}$ = 일정

연속방정식으로부터 노즐에 상대적인 제트 속도는 다음과 같이 구해진다.

$$V_{rel} = \frac{Q}{2A_{jet}} = \frac{Q}{2}\frac{4}{\pi D_{jet}^2}$$

$$= \frac{1}{2}\times 7.5\frac{\text{L}}{\text{min}}\times\frac{4}{\pi}\frac{1}{(4)^2\,\text{mm}^2}\times\frac{\text{m}^3}{1000\,\text{L}}\times 10^6\frac{\text{mm}^2}{\text{m}^2}\times\frac{\text{min}}{60\,\text{s}}$$

$$V_{rel} = 4.97\ \text{m/s} \longleftarrow V_{rel}$$

각운동량 방정식의 항들을 분리하여 고려하자. 대기압이 전 검사표면에 작용하고, 입구에서의 압력힘에 의한 점 O에 대한 모멘트는 없으므로 $\vec{r}\times\vec{F}_s = 0$이다. 두 개의 암의 체적력(즉, 중력)에 의한 모멘트는 크기가 같고 방향이 반대이므로, 방정식의 좌변 둘째 항은 0이다. 검사체적에 작용하는 유일한 외부 토크는 피벗에서의 마찰뿐이며, 그것은 운동의 반대방향으로 작용한다. 따라서

$$\vec{T}_{shaft} = -T_f\hat{K} \qquad (2)$$

다음으로 식 (1) 우변의 두 개의 각운동량을 구해야 한다. 비정상 항은 검사체적 내의 각운동량 변화율이다. 비록 유체입자의 위치 $\vec{r}$와 유체입자의 속도 $\vec{V}$가 XYZ 좌표계에서 시간의 함수이지만, 스프링클러가 일정한 속도로 회전하기 때문에 검사체적 각운동량은 XYZ 좌표계에서 일정하다. 따라서 이 항은 0임이 분명하다. 그러나 벡터량에 대한 계산을 연습하는 의미에서 이 결과를 유도해 본다. 검사체적 적분을 하기 전에, 검사체적 내 유체의 각 요소에 대한 위치벡터 $\vec{r}$과 속도벡터 $\vec{V}$(고정된 좌표계 XYZ에 표현)에 대한 식을 유도할 필요가 있다. OA는 평면 XY에 놓여 있고, AB는 평면 XY으로 각 α만큼 기울어져 있으며, 점 B'는 평면 XY에 점 B를 투영시킨 것이다.

끝부분 AB의 길이 L은 수평 암 OA의 길이 R에 비하여 미소하다고 가정한다. 따라서 양 끝부분 유체의 각운동량은 수평 암에서의 각운동량에 비하여 무시할 수 있다.

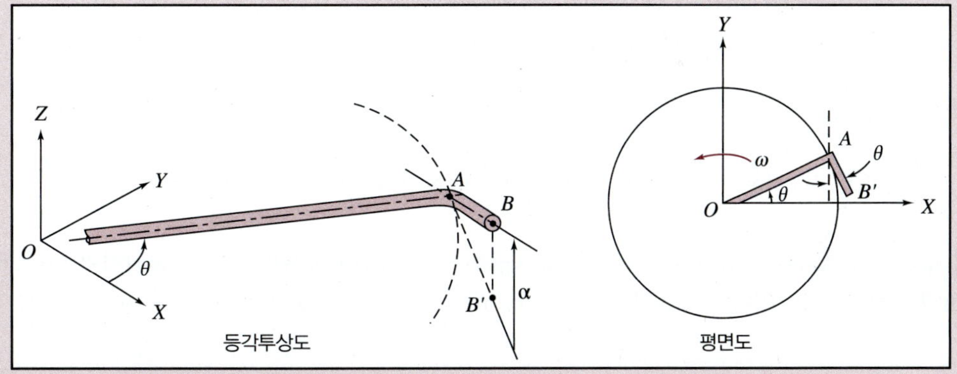

길이 R인 수평튜브 OA 내의 유동을 고려해 보자. O로부터 반경 방향 거리를 r로 나타낸다. 튜브 내 임의의 점에서 고정된 좌표계 XYZ에 대한 상대적인 속도는 튜브에 대한 상대적인 속도 $\vec{V}_t$와 접선속도 $\vec{\omega} \times \vec{r}$의 합이다. 따라서

$$\vec{V} = \hat{I}(V_t \cos\theta - r\omega \sin\theta) + \hat{J}(V_t \sin\theta + r\omega\cos\theta)$$

θ가 시간의 함수임에 유의하라. 위치벡터는

$$\vec{r} = \hat{I} r\cos\theta + \hat{J} r\sin\theta$$

이고,

$$\vec{r} \times \vec{V} = \hat{K}(r^2\omega\cos^2\theta + r^2\omega\sin^2\theta) = \hat{K}r^2\omega$$

이므로

$$\int_{\forall_{OA}} \vec{r} \times \vec{V}\,\rho\, d\forall = \int_O^R \hat{K} r^2 \omega\rho A\, dr = \hat{K}\frac{R^3\omega}{3}\rho A$$

및

$$\frac{\partial}{\partial t}\int_{\forall_{OA}} \vec{r} \times \vec{V}\rho\, d\forall = \frac{\partial}{\partial t}\left[\hat{K}\frac{R^3\omega}{3}\rho A\right] = 0 \tag{3}$$

이 된다. 여기서 A는 수평 튜브의 단면적이다. 검사체적 내의 다른 수평 튜브에 대해서도 동일한 결과가 얻어진다. 이로써 검사체적 내의 각운동량이 시간과 함께 변하지 않는다는 것이 확인되었다.

다음으로 우변 두 번째 항인 검사표면을 통과하는 각운동량 유동을 계산한다. 질량이 통과되어 운동량 유동이 있는 세 개의 표면, 즉 공급선($\vec{r} = 0$이므로 $\vec{r} \times \vec{V} = 0$)과 두 개의 노즐이 있다. 브렌치 OAB의 끝에 있는 노즐을 고려한다. $L \ll R$인 경우 다음과 같다.

$$\vec{r}_{\text{jet}} = \vec{r}_B \approx \vec{r}\,|_{r=R} = (\hat{I}r\cos\theta + \hat{J}r\sin\theta)|_{r=R} = \hat{I}R\cos\theta + \hat{J}R\sin\theta$$

그리고 순간적인 제트 속도 $\vec{V}_j$에 대해 다음 식들이 구해진다.

$$\vec{V}_j = \vec{V}_{\text{rel}} + \vec{V}_{\text{tip}} = \hat{I}V_{\text{rel}}\cos\alpha\sin\theta - \hat{J}V_{\text{rel}}\cos\alpha\cos\theta + \hat{K}V_{\text{rel}}\sin\alpha - \hat{I}\omega R\sin\theta + \hat{J}\omega R\cos\theta$$

$$\vec{V}_j = \hat{I}(V_{\text{rel}}\cos\alpha - \omega R)\sin\theta - \hat{J}(V_{\text{rel}}\cos\alpha - \omega R)\cos\theta + \hat{K}V_{\text{rel}}\sin\alpha$$

$$\vec{r}_B \times \vec{V}_j = \hat{I}RV_{\text{rel}}\sin\alpha\sin\theta - \vec{J}RV_{\text{rel}}\sin\alpha\cos\theta - \hat{K}R(V_{\text{rel}}\cos\alpha - \omega R)(\sin^2\theta + \cos^2\theta)$$

$$\vec{r}_B \times \vec{V}_j = \hat{I}RV_{\text{rel}}\sin\alpha\sin\theta - \vec{J}RV_{\text{rel}}\sin\alpha\cos\theta - \hat{K}R(V_{\text{rel}}\cos\alpha - \omega R)$$

위치 B에서 검사표면을 통과하는 유동에 대한 유동항 적분은 다음과 같다.

$$\int_{\text{CS}} \vec{r} \times \vec{V}_j\,\rho\vec{V}\cdot d\vec{A} = \left[\hat{I}RV_{\text{rel}}\sin\alpha\sin\theta - \hat{J}RV_{\text{rel}}\sin\alpha\cos\theta - \hat{K}R(V_{\text{rel}}\cos\alpha - \omega R)\right]\rho\frac{Q}{2}$$

좌측 암 내의 유동에 대한 속도벡터와 반경벡터도 우측 암에 사용한 것과 동일한 단위벡터로 기술되어야 한다. 좌측 암에서 벡터곱의 $\hat{I}$과 $\hat{J}$성분들은 $\sin(\theta+\pi) = -\sin(\theta)$이고, $\cos(\theta-\pi) = -\cos(\theta)$이기 때문에 부호가 서로 반대이다. 따라서 전체 검사체적에 대하여 다음 식이 된다.

$$\int_{\text{CS}} \vec{r} \times \vec{V}_j\,\rho\vec{V}\cdot d\vec{A} = -\hat{K}R(V_{\text{rel}}\cos\alpha - \omega R)\rho Q \qquad (4)$$

식 (2), (3) 및 (4)를 식 (1)에 대입하면 다음 식을 얻을 수 있다.

$$-T_f\hat{K} = -\hat{K}R(V_{\text{rel}}\cos\alpha - \omega R)\rho Q$$

또는

$$T_f = R(V_{\text{rel}}\cos\alpha - \omega R)\rho Q$$

이 식은 스프링클러가 일정 속도로 회전하고 있을 때, 스프링클러 피벗에서의 마찰토크가 두 제트의 각운동량에 의해 생성된 토크와 균형을 이루고 있음을 나타내고 있다.

주어진 데이터로부터

$$\omega R = 30\frac{\text{rev}}{\text{min}} \times 150\text{ mm} \times 2\pi\frac{\text{rad}}{\text{rev}} \times \frac{\text{min}}{60\text{ s}} \times \frac{\text{m}}{1000\text{ mm}} = 0.471\text{ m/s}$$

이 되고, 위 식에 대입하면 다음과 같다.

$$T_f = 150\text{ mm} \times \left(4.97\frac{\text{m}}{\text{s}} \times \cos 30° - 0.471\frac{\text{m}}{\text{s}}\right)999\frac{\text{kg}}{\text{m}^3} \times 7.5\frac{\text{L}}{\text{min}}$$

$$\times \frac{\text{m}^3}{1000\text{ L}} \times \frac{\text{min}}{60\text{ s}} \times \frac{\text{N}\cdot\text{s}^2}{\text{kg}\cdot\text{m}} \times \frac{\text{m}}{1000\text{ mm}}$$

$$T_f = 0.0718\text{ N}\cdot\text{m} \longleftarrow T_f$$

이 문제는 관성 검사체적에 대한 각운동량 원리의 사용에 대하여 설명하고 있다. 이 문제에서 유체입자의 위치벡터 $\vec{r}$ 및 속도벡터 $\vec{V}$는 XYZ 좌표계에서 (θ를 통해) 시간에 의존함에 주의하기 바란다. 이 예제는 예제 4.15에서 비관성(회전) xyz 좌표계를 사용하여 다시 다룰 것이다.

회전하는 검사체적에 대한 방정식

예제 4.14의 회전하는 스프링클러와 같이 회전요소를 많이 포함하는 문제에서는 모든 유속들의 회전요소에 상대적으로 표현하는 것이 편리할 때가 많다. 가장 편리한 검사체적은 회전요소와 함께 회전하는 비관성 검사체적이다. 이 절에서는 공간에 고정된 축에 대하여 회전하는 비관성 검사체적에 대한 각운동량 공식을 유도한다.

관성과 비관성기준 좌표계의 연결은 4.6절에서 다루었다. 그림 4.5는 사용된 표기법을 보여준다. 관성

좌표계의 시스템에 대하여

$$\vec{T}_{\text{system}} = \left.\frac{d\vec{H}}{dt}\right)_{\text{system}} \tag{4.3a}$$

이다. 일반적인 운동 중에 있는 시스템의 각운동량은 관성기준 좌표계에 상대적으로 결정되어야 한다. 그림 4.5의 표기법을 사용하면 다음 식을 얻을 수 있다.

$$\vec{H}_{\text{system}} = \int_{M(\text{system})} (\vec{R}+\vec{r}) \times \vec{V}_{XYZ}\, dm = \int_{\forall(\text{system})} (\vec{R}+\vec{r}) \times \vec{V}_{XYZ}\, \rho d\forall$$

$\vec{R} = 0$이고, xyz 좌표계는 XYZ 좌표계에 대하여 회전만으로 제한되어 있을 때 각운동량 방정식은

$$\vec{H}_{\text{system}} = \int_{M(\text{system})} \vec{r} \times \vec{V}_{XYZ}\, dm = \int_{\forall(\text{system})} \vec{r} \times \vec{V}_{XYZ}\, \rho d\forall$$

이기 때문에

$$\vec{T}_{\text{system}} = \frac{d}{dt}\int_{M(\text{system})} \vec{r} \times \vec{V}_{XYZ}\, dm$$

이 된다. 시스템의 질량은 일정하므로

$$\vec{T}_{\text{system}} = \int_{M(\text{system})} \frac{d}{dt}(\vec{r} \times \vec{V}_{XYZ}) dm$$

또는

$$\vec{T}_{\text{system}} = \int_{M(\text{system})} \left(\frac{d\vec{r}}{dt} \times \vec{V}_{XYZ} + \vec{r} \times \frac{d\vec{V}_{XYZ}}{dt}\right) dm \tag{4.47}$$

4.6절의 해석으로부터

$$\vec{V}_{XYZ} = \vec{V}_{rf} + \frac{d\vec{r}}{dt} \tag{4.36}$$

이므로, 기준 좌표계 xyz가 순수 회전만으로 제한되기 때문에 $\vec{V}_{rf} = \vec{0}$이다. 따라서 식 (4.47)의 우변의 적분 속에 있는 첫째 항은

$$\frac{d\vec{r}}{dt} \times \frac{d\vec{r}}{dt} = \vec{0}$$

이므로, 식 (4.47)은 다음과 같이 줄어든다.

$$\vec{T}_{\text{system}} = \int_{M(\text{system})} \vec{r} \times \frac{d\vec{V}_{XYZ}}{dt} dm = \int_{M(\text{system})} \vec{r} \times \vec{a}_{XYZ}\, dm \tag{4.48}$$

식 (4.41)에서 $\vec{a}_{rf} = \vec{0}$ (xyz가 병진하지 않으므로)으로 놓으면

$$\vec{a}_{XYZ} = \vec{a}_{xyz} + 2\vec{\omega} \times \vec{V}_{xyz} + \vec{\omega} \times (\vec{\omega} \times \vec{r}) + \dot{\vec{\omega}} \times \vec{r}$$

이 되고, 식 (4.48)에 대입하면

$$\vec{T}_{\text{system}} = \int_{M(\text{system})} \vec{r} \times \left[\vec{a}_{xyz} + 2\,\vec{\omega} \times \vec{V}_{xyz} + \vec{\omega} \times (\vec{\omega} \times \vec{r}) + \dot{\vec{\omega}} \times \vec{r}\right] dm$$

또는

$$\vec{T}_{\text{system}} - \int_{M(\text{system})} \vec{r}\times\left[2\vec{\omega}\times\vec{V}_{xyz} + \vec{\omega}\times(\vec{\omega}\times\vec{r}) + \dot{\vec{\omega}}\times\vec{r}\right]dm$$
$$= \int_{M(\text{system})} \vec{r}\times\vec{a}_{xyz}\,dm = \int_{M(\text{system})} \vec{r}\times\left.\frac{d\vec{V}_{xyz}}{dt}\right)_{xyz} dm \tag{4.49}$$

이 된다. 마지막 항은 다음과 같이 쓸 수 있다.

$$\int_{M(\text{system})} \vec{r}\times\left.\frac{d\vec{V}_{xyz}}{dt}\right)_{xyz} dm = \frac{d}{dt}\left(\int_{M(\text{system})} \vec{r}\times\vec{V}_{xyz}\,dm\right)xyz = \left.\frac{d\vec{H}_{xyz}}{dt}\right)_{\text{system}} \tag{4.50}$$

시스템에 작용하는 토크는 다음과 같이 주어진다.

$$\vec{T}_{\text{system}} = \vec{r}\times\vec{F}_s + \int_{M(\text{system})} \vec{r}\times\vec{g}\,dm + \vec{T}_{\text{shaft}} \tag{4.3c}$$

시스템의 공식과 검사체적의 공식 사이의 관계는

$$\left.\frac{dN}{dt}\right)_{\text{system}} = \frac{\partial}{\partial t}\int_{\text{CV}} \eta\,\rho\,d\forall + \int_{\text{CS}} \eta\,\rho\vec{V}_{xyz}\cdot d\vec{A} \tag{4.25}$$

이다. 여기서

$$N_{\text{system}} = \int_{M(\text{system})} \eta\,dm$$

이다. $N = \vec{H}_{xyz})_{\text{system}}$, $\eta = \vec{r}\times\vec{V}_{xyz}$이라 놓으면,

$$\left.\frac{d\vec{H}_{xyz}}{dt}\right)_{\text{system}} = \frac{\partial}{\partial t}\int_{\text{CV}} \vec{r}\times\vec{V}_{xyz}\,\rho\,d\forall + \int_{\text{CS}} \vec{r}\times\vec{V}_{xyz}\,\rho\vec{V}_{xyz}\cdot d\vec{A} \tag{4.51}$$

을 얻고, 식 (4.49), (4.50), (4.51) 및 식 (4.3c)를 결합하면

$$\vec{r}\times\vec{F}_s + \int_{M(\text{system})} \vec{r}\times\vec{g}\,dm + \vec{T}_{\text{shaft}}$$
$$- \int_{\text{M(system)}} \vec{r}\times\left[2\vec{\omega}\times\vec{V}_{xyz} + \vec{\omega}\times(\vec{\omega}\times\vec{r}) + \dot{\vec{\omega}}\times\vec{r}\right]dm$$
$$= \frac{\partial}{\partial t}\int_{\text{CV}} \vec{r}\times\vec{V}_{xyz}\rho d\forall + \int_{\text{CS}} \vec{r}\times\vec{V}_{xyz}\rho\vec{V}_{xyz}\cdot d\vec{A}$$

이 된다. 시간 t_0에서 시스템과 검사체적이 일치하므로 다음과 같은 최종 식을 얻을 수 있다.

$$\vec{r}\times\vec{F}_s + \int_{\text{CV}} \vec{r}\times\vec{g}\,\rho\,d\forall + \vec{T}_{\text{shaft}}$$
$$- \int_{\text{CV}} \vec{r}\times\left[2\vec{\omega}\times\vec{V}_{xyz} + \vec{\omega}\times(\vec{\omega}\times\vec{r}) + \dot{\vec{\omega}}\times\vec{r}\right]\rho\,d\forall \tag{4.52}$$
$$= \frac{\partial}{\partial t}\int_{\text{CV}} \vec{r}\times\vec{V}_{xyz}\rho d\forall + \int_{\text{CS}} \vec{r}\times\vec{V}_{xyz}\rho\vec{V}_{xyz}\cdot d\vec{A}$$

식 (4.52)는 공간에 고정된 축에 대하여 회전하는 비관성 검사체적에 대한 각운동량 원리의 공식이다. 식 (4.52)의 모든 유체속도와 시간변화율은 검사체적에 상대적으로 계산되어야 한다. 식 (4.52)를 식 (4.46) (관성 *XYZ* 좌표계에 관한)과 비교하면, 회전하는 비관성 *xyz* 좌표계는 좌변에 3개의 요소를 포함하는 추가의 '모멘트' 항이 있다. 식 (4.44) 뒤에 논의되었듯이 이 요소들은 '가상'의 힘에 의해 생겨난다: *xyz* 좌표계 내에서 입자의 움직임에 의해 발생하는 Coriolis 힘, *xyz* 좌표계의 회전 움직임에 의해 발생하는 구심력과 접선력. 식 (4.52)는 검사체적이 움직이지 않을 때($\vec{\omega}$와 $\dot{\vec{\omega}}$가 영일 때) 식 (4.46)으로 줄어든다. 비록 추가 항을 계산해야 하지만, 때로는 식 (4.52)가 식 (4.44)보다 사용하기 간단할 수 있다. 왜냐하면, 예제 4.15에서 볼 수 있듯이, *XYZ* 좌표계에서는 비정상 문제이지만 *xyz* 좌표계에서는 정상 문제로 변하기 때문이다.

예제 4.15 잔디용 스프링클러: 회전하는 검사체적의 해석

그림처럼 작은 잔디용 스프링클러의 입구 계기압력은 20 kPa이고, 스프링클러를 통과하는 물의 총체적유량은 분당 7.5 liter이며, 30 rpm으로 회전한다. 각 제트의 지름은 4 mm이다. 각 스프링클러 노즐에 상대적인 제트속도를 구하라. 스프링클러 피벗(pivot)에 걸리는 마찰토크를 계산하라.

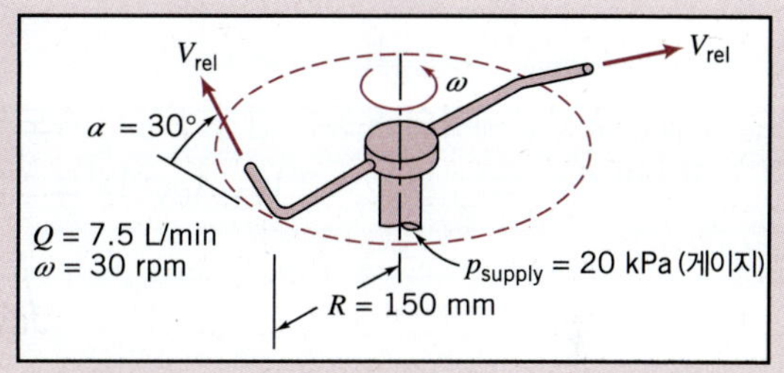

주어진 자료: 그림과 같은 작은 잔디용 스프링클러

찾는 자료: (a) 각 노즐에 상대적인 제트속도
(b) 피벗에서의 마찰토크

풀이: 스프링클러 암을 둘러싼 회전하는 검사체적을 사용하여 연속방정식과 각운동량 방정식을 적용한다.

지배방정식:

$$\overbrace{\frac{\partial}{\partial t}\int_{\mathrm{CV}}\rho\, d\forall}^{=0(1)} + \int_{\mathrm{CS}}\rho\vec{V}_{xyz}\cdot d\vec{A} = 0$$

$$\vec{r}\times\vec{F}_S + \int_{\mathrm{CV}}\vec{r}\times\vec{g}\rho\, d\forall + \vec{T}_{\mathrm{shaft}} - \int_{\mathrm{CV}}\vec{r}\times\left[2\vec{\omega}\times\vec{V}_{xyz} + \vec{\omega}\times(\vec{\omega}\times\vec{r}) + \overbrace{\dot{\vec{\omega}}\times\vec{r}}^{=0(3)}\right]\rho\, d\forall$$
$$= \overbrace{\frac{\partial}{\partial t}\int_{\mathrm{CV}}\vec{r}\times\vec{V}_{xyz}\rho\, d\forall}^{=0(1)} + \int_{\mathrm{CV}}\vec{r}\times\vec{V}_{xyz}\rho\vec{V}_{xyz}\cdot d\vec{A} \qquad (4.52)$$

가정:

1 회전하는 CV에 상대적인 정상유동
2 각 단면에서의 균일유동
3 ω = 일정

연속방정식으로부터 노즐에 상대적인 제트속도를 구하면 다음과 같다.

$$V_{\mathrm{rel}} = \frac{Q}{2A_{\mathrm{jet}}} = \frac{Q}{2}\frac{4}{\pi D_{\mathrm{jet}}^2}$$

$$= \frac{1}{2}\times 7.5\frac{\mathrm{L}}{\mathrm{min}}\times\frac{4}{\pi}\frac{1}{(4)^2\mathrm{mm}^2}\times\frac{\mathrm{m}^3}{1000\,\mathrm{L}}\times 10^6\frac{\mathrm{mm}^2}{\mathrm{m}^2}\times\frac{\mathrm{min}}{60\,\mathrm{s}}$$

$$V_{\mathrm{rel}} = 4.97\ \mathrm{m/s} \longleftarrow V_{\mathrm{rel}}$$

각운동량 방정식의 각 항들을 분리하여 고려한다. 예제 4.13과 같이 CV에 작용하는 외부토크는 피벗 내의 마찰뿐이며, 운동의 반대방향으로 작용한다.

$$\vec{T}_{\text{shaft}} = -T_f\hat{k} \tag{1}$$

식 (4.52)의 좌변의 두 번째 적분은 CV 내부에 있는 유동에 대하여 계산된다. 스프링클러관 내부의 속도와 면적을 각각 V_{CV}와 A_{CV}라 하자. 그러면 한쪽 관에 대한 첫 번째 항(Coriolis 효과)은 다음과 같다.

$$\begin{aligned}\int_{\text{CV}} \vec{r}\times[2\vec{\omega}\times\vec{V}_{xyz}]\rho\, d\forall &= \int_0^R r\hat{e}_r\times[2\omega\hat{k}\times V_{\text{CV}}\hat{e}_r]\rho A_{\text{CV}}\, dr\\ &= \int_0^R r\hat{e}_r\times 2\omega V_{\text{CV}}\hat{e}_\theta\rho A_{\text{CV}}\, dr\\ &= \int_0^R 2\omega V_{\text{CV}}\,\rho A_{\text{CV}} r\, dr\hat{k} = \omega R^2\rho V_{\text{CV}}A_{\text{CV}}\hat{k} \quad \{\text{한쪽 관}\}\end{aligned}$$

관이 굽은 끝부분에서의 유동은 반경 방향의 속도성분이 없으므로 적분에 기여하지 않는다.

연속방정식으로부터 $Q = 2\, V_{\text{CV}}\, A_{\text{CV}}$이므로, 양쪽 관에 대한 적분은 다음과 같다.

$$\int_{\text{CV}} \vec{r}\times[2\vec{\omega}\times\vec{V}_{xyz}]\rho\, d\forall = \omega R^2\rho\, Q\hat{k} \tag{2}$$

적분의 두 번째 항(구심가속도에 의해 생성되는 모멘트)은

$$\begin{aligned}\int_{\text{CV}} \vec{r}\times[\vec{\omega}\times(\vec{\omega}\times\vec{r})]\rho d\forall &= \int_{\text{CV}} r\hat{e}_r\times[\omega\hat{k}\times(\omega\hat{k}\times r\hat{e}_r)]\rho d\forall\\ &= \int_{\text{CV}} r\hat{e}_r\times[\omega\hat{k}\times\omega r\hat{e}_\theta]\rho d\forall = \int_{\text{CV}} r\hat{e}_r\times\omega^2 r(-\hat{e}_r)\rho d\forall = 0\end{aligned}$$

으로 계산되므로, 토크에 영향을 미치지 않는다. 구심가속도에 의해 생성되는 힘은 반경 방향이므로 모멘트를 생성하지 않는다.

식 (4.52)의 우변의 적분은 검사체적을 통과하는 유동에 대하여 계산된다. 스프링클러 오른쪽 암에 대하여 적분을 계산하면 다음과 같다.

$$\begin{aligned}\int_{\text{CS}} \vec{r}\times\vec{V}_{xyz}\rho\vec{V}_{xyz}\cdot d\vec{A} &= R\hat{e}_r\times V_{\text{rel}}[\cos\alpha(-\hat{e}_\theta)+\sin\alpha\hat{k}]\{+\rho V_{\text{rel}}A_{\text{jet}}\}\\ &= RV_{\text{rel}}[\cos\alpha(-\hat{k})+\sin\alpha(-\hat{e}_\theta)]\rho\frac{Q}{2}\end{aligned}$$

왼쪽 암의 유동에 대한 속도와 반지름벡터는 오른쪽 암에 대하여 사용된 동일한 벡터의 항으로 기술되어야 한다. 왼쪽의 스프링클러 암에서 θ 성분은 동일한 크기를 가지나 방향이 반대이므로 서로 상쇄된다. 전체 CV에 대하여

$$\int_{\text{CV}} \vec{r}\times\vec{V}_{xyz}\,\rho\,\vec{V}_{xyz}\cdot d\vec{A} = -RV_{rel}\cos\alpha\,\rho Q\hat{k} \tag{3}$$

이 된다. (1), (2), (3) 항들을 결합하면 다음과 같이 된다.

$$-T_f\hat{k}-\omega R^2\rho\, Q\hat{k} = -RV_{\text{rel}}\cos\alpha\,\rho Q\hat{k}$$

또는

$$T_f = R(V_{\text{rel}}\cos\alpha-\omega R)\rho Q$$

주어진 데이터로부터,

$$\omega R = 30\frac{\text{rev}}{\text{min}} \times 150\text{ mm} \times 2\pi\frac{\text{rad}}{\text{rev}} \times \frac{\text{min}}{60\text{ s}} \times \frac{\text{m}}{1000\text{ mm}} = 0.471\text{ m/s}$$

이 되므로, 대입하면 다음을 얻을 수 있다.

$$T_f = 150\text{ mm}\left(4.97\frac{\text{m}}{\text{s}} \times \cos 30° - 0.471\frac{\text{m}}{\text{s}}\right)999\frac{\text{kg}}{\text{m}^3} \times 7.5\frac{\text{L}}{\text{min}} \times \frac{\text{m}^3}{1000\text{ L}} \times \frac{\text{min}}{60\text{ s}} \times \frac{\text{N}\cdot\text{s}^2}{\text{kg}\cdot\text{m}} \times \frac{\text{m}}{1000\text{ mm}}$$

$$T_f = 0.0718\text{ N}\cdot\text{m} \longleftarrow T_f$$

이 문제는 비관성(회전) 검사체적에 대한 각운동량 방정식 사용을 설명하고 있다. 예제 4.14와는 다르게, 이러한 풀이 방법에서 유체입자의 위치벡터 $\vec{r}$과 속도벡터 $\vec{V}$가 시간의 함수가 *아니라는* 것을 주시해야 한다. 당연하게 기대하는 것처럼, 관성 검사체적이든 비관성 검사체적이든 어느 것을 사용해도 결과가 같다.

4.8 열역학 제1법칙과 제2법칙

열역학 제1법칙은 에너지보존을 말하는 것이다. 열역학 제1법칙에 대한 시스템 식은

$$\dot{Q} - \dot{W} = \left.\frac{dE}{dt}\right)_{\text{system}} \tag{4.4a}$$

시스템의 총 에너지는 다음 식으로 주어진다.

$$E_{\text{system}} = \int_{M(\text{system})} e\,dm = \int_{\forall(\text{system})} e\,\rho\,d\forall \tag{4.4b}$$

여기서

$$e = u + \frac{V^2}{2} + gz$$

식 (4.4a)에서 열전달률 $\dot{Q}$는 주위로부터 시스템으로 열이 더해질 때는 양이고, 일률 $\dot{W}$는 시스템으로부터 주위에 일을 할 때 양이다(텍스트에 따라서는 일에 대한 부호를 반대로 하는 경우도 있다).

열역학 제1법칙에 대한 검사체적 식을 유도하기 위하여 다음과 같이 놓는다.

$$N = E \quad \text{및} \quad \eta = e$$

식 (4.10)에 이 관계를 대입하면 다음 식이 얻어진다.

$$\left.\frac{dE}{dt}\right)_{\text{system}} = \frac{\partial}{\partial t}\int_{\text{CV}} e\,\rho\,d\forall + \int_{\text{CS}} e\,\rho\vec{V}\cdot d\vec{A} \tag{4.53}$$

시스템과 검사체적은 t_0일 때 일치하므로,

$$[\dot{Q} - \dot{W}]_{\text{system}} = [\dot{Q} - \dot{W}]_{\text{control volume}}$$

따라서 식 (4.4a)와 (4.53)으로부터 열역학 제1법칙에 대한 검사체적 식이 얻어진다.

$$\dot{Q} - \dot{W} = \frac{\partial}{\partial t}\int_{\text{CV}} e\,\rho\,d\forall + \int_{\text{CS}} e\,\rho\vec{V}\cdot d\vec{A} \tag{4.54}$$

여기서

$$e = u + \frac{V^2}{2} + gz$$

정상유동인 경우 식 (4.54)의 우변 첫째 항은 0이다.

식 (4.54)는 검사체적 문제에 적용하는 열역학 제1법칙에 사용되는 형식과 완전히 동일하지는 않다. 문제 해결을 위한 적당하고 편리한 식을 얻기 위해 일률 $\dot{W}$에 대해 주의 깊게 살펴보자.

검사체적이 행한 일률

식 (4.54)에서 $\dot{W}$는 일이 검사체적에 의하여 주위로 행해질 때 양의 값을 갖는다. 따라서 검사체적에 행한 일률은 검사체적이 행한 일률과 부호가 서로 반대이다.

검사체적이 행한 일률은 편의상 네 가지로 분류한다.

$$\dot{W} = \dot{W}_s + \dot{W}_{\text{normal}} + \dot{W}_{\text{shear}} + \dot{W}_{\text{other}}$$

이 일들을 하나하나 고려해 보자.

1. 축일

축일을 W_s로 표시하면, 축일에 의하여 검사표면을 통해 밖으로 전달되는 일률은 $\dot{W}_s$로 표시된다. 축일의 예로는 발전소의 스팀 터빈에 의해 생기는 일(양의 축일) 및 냉동기의 압축기를 작동시키기 위해 요구되는 일(음의 축일)이 있다.

2. 검사표면에서 수직응력에 의한 일

일을 하기 위해서는 임의 거리만큼 움직일 수 있는 힘이 필요하다. 따라서 임의 미소 거리 $d\vec{s}$만큼 움직이는 힘 $\vec{F}$가 있다면, 한 일은 다음 식으로 주어진다.

$$\delta W = \vec{F} \cdot d\vec{s}$$

힘에 의하여 행해진 일률을 구하기 위해 시간증분 Δt로 나누고 $\Delta t \to 0$과 같이 극한을 취하면, 힘 $\vec{F}$에 의하여 행해진 일률은 다음과 같이 된다.

$$\dot{W} = \lim_{\Delta t \to 0} \frac{\delta W}{\Delta t} = \lim_{\Delta t \to 0} \frac{F \cdot d\vec{s}}{\Delta t} \quad \text{또는} \quad \dot{W} = \vec{F} \cdot \vec{V}$$

이 식으로부터 수직 및 전단응력에 의해 행해진 일률을 계산할 수 있다. 그림 4.6에 나타낸 일부분의 검사표면에서 면적요소 $d\vec{A}$에 대해 수직응력에 의한 힘은 $d\vec{F}_{\text{normal}}$로 쓸 수 있으며, 이것은 수직응력 σ_{nn}에 (검사표면에 수직한) 벡터 면적요소 $d\vec{A}$를 곱한 것이다.

따라서 면적요소에 행해진 일률은 다음과 같다.

$$d\vec{F}_{\text{normal}} \cdot \vec{V} = \sigma_{nn}\, d\vec{A} \cdot \vec{V}$$

검사체적의 경계면을 횡단하여 외부로 한 일은 검사체적에 행한 일과 부호가 바뀌므로, 수직응력으로 인하여 검사체적 밖으로 한 총 일률은 다음과 같이 주어진다.

$$\dot{W}_{\text{normal}} = -\int_{\text{CS}} \sigma_{nn}\, d\vec{A} \cdot \vec{V} = -\int_{\text{CS}} \sigma_{nn} \vec{V} \cdot d\vec{A}$$

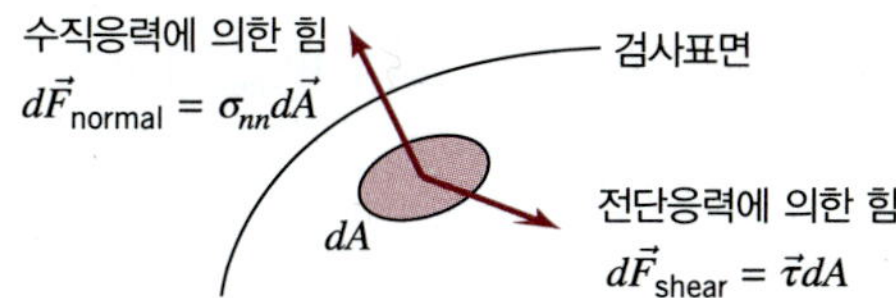

그림 4.6 수직 및 전단응력에 의한 힘.

3. 검사표면에서 전단응력에 의한 일

수직응력이 검사체적 경계면에서 일을 하는 것과 마찬가지로 전단응력도 일을 한다.

그림 4.6에 나타낸 바와 같이 검사표면의 면적요소에 작용하는 전단응력은 다음과 같다.

$$d\vec{F}_{\text{shear}} = \vec{\tau}\, dA$$

여기서 전단응력 벡터는 평면 dA 내의 어떤 방향으로 작용하는 전단응력이다.

전단응력이 전 검사표면에 행한 일률은 다음 식과 같다.

$$\int_{\text{CS}} \vec{\tau}\, dA \cdot \vec{V} = \int_{\text{CS}} \vec{\tau} \cdot \vec{V} dA$$

검사체적의 경계면을 횡단하여 외부로 한 일은 검사체적에 행한 일과 부호가 반대이므로, 전단응력으로 인하여 검사체적 밖으로 한 총 일률은 다음과 같이 주어진다.

$$\dot{W}_{\text{shear}} = -\int_{\text{CS}} \vec{\tau} \cdot \vec{V}\, dA$$

이 적분을 다음과 같은 세 개의 항으로 표현하는 것이 더 좋다.

$$\begin{aligned}\dot{W}_{\text{shear}} &= -\int_{\text{CS}} \vec{\tau} \cdot \vec{V}\, dA \\ &= -\int_{A(\text{shafts})} \vec{\tau} \cdot \vec{V}\, dA - \int_{A(\text{solid surface})} \vec{\tau} \cdot \vec{V}\, dA - \int_{A(\text{ports})} \vec{\tau} \cdot \vec{V}\, dA\end{aligned}$$

첫 항은 앞의 축일 $\dot{W}_s$에서 이미 고려되었다. 고체 표면에서는 $\vec{V} = 0$이므로, 두 번째 항은 0(고정된 검사체적의 경우)이다. 그러므로

$$\dot{W}_{\text{shear}} = -\int_{A(\text{ports})} \vec{\tau} \cdot \vec{V}\, dA$$

이 마지막 항도 검사표면의 적절한 선택에 의해 0으로 만들 수 있다. 검사표면을 유동에 직각이 되도록 각 단면을 가로질러서 선택한다면 $d\vec{A}$와 $\vec{V}$는 평행하게 되며, 이때 $\vec{\tau}$는 dA면 위에 작용하므로 $\vec{\tau}$는 $\vec{V}$와 직각이 된다. 따라서 $\vec{V}$에 직교하는 검사표면에 대하여 다음과 같다.

$$\vec{\tau} \cdot \vec{V} = 0 \quad \text{및} \quad \dot{W}_{\text{shear}} = 0$$

4. 기타 일

전기적 에너지가 검사체적에 가해질 수 있고, 레이더나 레이저빔과 같은 전자기적 에너지도 흡수될 수 있다. 대부분의 문제에서는 이러한 에너지가 영향을 미치지 않지만, 일반적인 식에서는 이것들을 포함시키는 것이 좋다.

$\dot{W}$에 모든 일률을 포함하면 다음 식이 얻어진다.

$$\dot{W} = \dot{W}_s - \int_{CS} \sigma_{nn}\vec{V}\cdot d\vec{A} + \dot{W}_{shear} + \dot{W}_{other} \tag{4.55}$$

검사체적 방정식

식 (4.55)의 $\dot{W}$에 대한 식을 식 (4.54)에 대입하면

$$\dot{Q} - \dot{W}_s + \int_{CS} \sigma_{nn}\vec{V}\cdot d\vec{A} - \dot{W}_{shear} - \dot{W}_{other} = \frac{\partial}{\partial t}\int_{CV} e\,\rho\, d\forall + \int_{CS} e\,\rho\vec{V}\cdot d\vec{A}$$

이 식을 정리하면

$$\dot{Q} - \dot{W}_s - \dot{W}_{shear} - \dot{W}_{other} = \frac{\partial}{\partial t}\int_{CV} e\,\rho\, d\forall + \int_{CS} e\,\rho\vec{V}\cdot d\vec{A} - \int_{CS} \sigma_{nn}\vec{V}\cdot d\vec{A}$$

$\rho = 1/v$(여기서 v는 비체적이다)이므로

$$\int_{CS} \sigma_{nn}\vec{V}\cdot d\vec{A} = \int_{CS} \sigma_{nn}\, v\,\rho\vec{V}\cdot d\vec{A}$$

그러므로 다음 식을 얻을 수 있다.

$$\dot{Q} - \dot{W}_s - \dot{W}_{shear} - \dot{W}_{other} = \frac{\partial}{\partial t}\int_{CV} e\,\rho\, d\forall + \int_{CS} (e - \sigma_{nn}v)\rho\vec{V}\cdot d\vec{A}$$

점성의 영향은 수직응력 σ_{nn}을 발생시킬 수가 있고, 이것은 음의 열역학적 압력 $-p$와 다르다. 그러나 대부분의 유동에서 $\sigma_{nn} \simeq -p$이다. 따라서

$$\dot{Q} - \dot{W}_s - \dot{W}_{shear} - \dot{W}_{other} = \frac{\partial}{\partial t}\int_{CV} e\,\rho\, d\forall + \int_{CS} (e + pv)\rho\vec{V}\cdot d\vec{A}$$

끝으로 마지막 항에 $e = u + V^2/2 + gz$을 대입하면 다음과 같은 검사체적에 대한 열역학 제1법칙의 친숙한 식을 얻게 된다.

$$\dot{Q} - \dot{W}_s - \dot{W}_{shear} - \dot{W}_{other} = \frac{\partial}{\partial t}\int_{CV} e\,\rho\, d\forall + \int_{CS} \left(u + pv + \frac{V^2}{2} + gz\right)\rho\vec{V}\cdot d\vec{A} \tag{4.56}$$

식 (4.56)의 각 일 항은 검사체적이 주위에 행한 일률을 나타낸다. 참고로 열역학에서는 편의상 $u + pv$(유체의 내부에너지와 종종 '유동일'로 불리는 것의 합)을 통상적으로 엔탈피 $h \equiv u + pv$로 대치한다. 예제 4.16은 정상유동에 대한 제1법칙의 응용을 보여주고, 예제 4.17은 비정상인 유동시스템에 제1법칙을 어떻게 적용하는지를 보여주고 있다.

예제 4.16 압축기: 열역학 제1법칙 해석

101 kPa, 21°C의 공기가 무시할 수 있을 정도의 속도로 압축기에 들어가서 344 kPa, 38°C로 면적 0.09 m²의 파이프를 통하여 흘러나온다. 유량은 9 kg/s이다. 압축기에 공급하는 동력이 447 kW일 때 열전달률을 구하라.

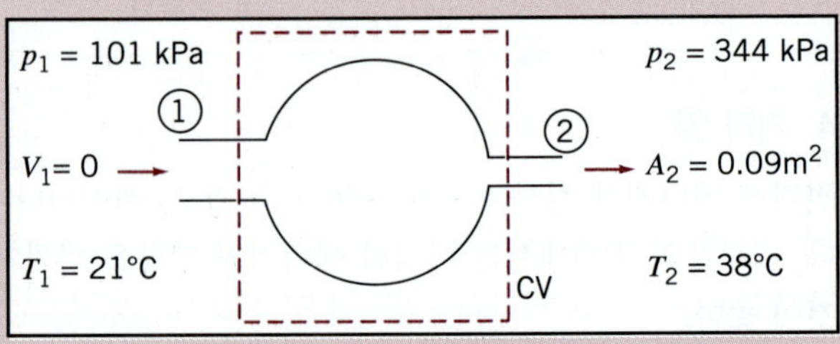

주어진 자료: 그림과 같은 조건으로 공기가 단면 ①에서 압축기로 들어가서 단면 ②로 나간다. 공기 유량은 9 kg/s이고, 압축기에 공급되는 동력은 447 kW이다.

찾는 자료: 열전달률

풀이:

지배방정식:

$$\overbrace{\frac{\partial}{\partial t}\int_{\mathrm{CV}} \rho\, d\forall}^{=0(1)} + \int_{\mathrm{CS}} \rho \vec{V} \cdot d\vec{A} = 0$$

$$\dot{Q} - \dot{W}_s - \overbrace{\dot{W}_{\text{shear}}}^{=0(4)} = \overbrace{\frac{\partial}{\partial t}\int_{\mathrm{CV}} e\,\rho\, d\forall}^{=0(1)} + \int_{\mathrm{CS}} \left(u + pv + \frac{V^2}{2} + gz\right) \rho \vec{V} \cdot d\vec{A}$$

가정: **1** 정상유동

2 성질은 압축기의 입구 및 출구에서 균일하다.

3 공기는 이상기체로 취급한다. $p = \rho RT$

4 단면 ①, ②에서 검사체적의 면적은 속도에 수직하다. 따라서 $\dot{W}_{\text{shear}} = 0$이다.

5 $z_1 = z_2$

6 입구 운동에너지는 무시된다.

열거된 가정하에서 열역학 제1법칙은 다음과 같다.

$$\dot{Q} - \dot{W}_s = \int_{\mathrm{CV}} \left(u + pv + \frac{V^2}{2} + gz\right) \rho \vec{V} \cdot d\vec{A}$$

$$\dot{Q} - \dot{W}_s = \int_{\mathrm{CS}} \left(h + \frac{V^2}{2} + gz\right) \rho \vec{V} \cdot d\vec{A}$$

또는

$$\dot{Q} = \dot{W}_s + \int_{\mathrm{CS}} \left(h + \frac{V^2}{2} + gz\right) \rho \vec{V} \cdot d\vec{A}$$

균일한 성질[가정 (2)]이므로 다음과 같이 된다.

$$\dot{Q} = \dot{W}_s + \left(h_1 + \overbrace{\frac{V_1^2}{2}}^{\approx 0(6)} + gz_1\right)(-\rho_1 V_1 A_1) + \left(h_2 + \frac{V_2^2}{2} + gz_2\right)(\rho_2 V_2 A_2)$$

정상유동에 대한 질량보존법칙은

$$\int_{\mathrm{CS}} \rho \vec{V} \cdot d\vec{A} = 0$$

그러므로 $-(\rho_1 V_1 A_1) + (\rho_2 V_2 A_2) = 0$ 또는 $\rho_1 V_1 A_1 = \rho_2 V_2 A_2 = \dot{m}$이 된다. 따라서 다음과 같이 쓸 수 있다.

$$\dot{Q} = \dot{W}_s + \dot{m}\left[(h_2 - h_1) + \frac{V_2^2}{2} + g\,\overbrace{(z_2 - z_1)}^{=0(5)}\right]$$

공기를 일정한 c_p를 갖는 이상기체로 가정하면 $h_2 - h_1 = c_p(T_2 = T_1)$이고,

$$\dot{Q} = \dot{W}_s + \dot{m}\left[c_p(T_2 - T_1) + \frac{V_2^2}{2}\right]$$

연속방정식으로부터 $V_2 = \dot{m}/\rho_2 A_2$이고 $p_2 = \rho_2 R T_2$이므로 다음과 같이 된다.

$$V_2 = \frac{\dot{m}}{A_2}\frac{RT_2}{p_2} = \frac{9\text{ kg}}{\text{s}} \times \frac{1}{0.09\text{ m}^2} \times 287\frac{\text{J}}{\text{kg}\cdot{}^\circ\text{K}} \times (38+273)^\circ\text{K} \times \frac{1}{344,000\text{ Pa}} \times \frac{\text{Pa}\cdot\text{m}^2}{\text{N}} \times \frac{\text{N}\cdot\text{m}}{\text{J}}$$

$$V_2 = 25.9\text{ m/s}$$

CV로 공급되는 동력이 $\dot{W}_s = -447\text{ kW}$이므로

$$\dot{Q} = \dot{W}_s + \dot{m}c_p(T_2 - T_1) + \dot{m}\frac{V_2^2}{2}$$

$$\dot{Q} = -447,000\text{ W} \times 9\frac{\text{kg}}{\text{s}} \times 1005\frac{\text{J}}{\text{kg}\cdot{}^\circ\text{K}} \times [(273+38)-(273+21)]^\circ\text{K} \times \frac{\text{W}\cdot\text{s}}{\text{J}}$$

$$+9\frac{\text{kg}}{\text{s}} \times \frac{(25.9)^2}{2}\frac{\text{m}^2}{\text{s}^2} \times \frac{\text{N}\cdot\text{s}^2}{\text{kg}\cdot\text{m}} \times \frac{\text{W}\cdot\text{s}^2}{\text{N}\cdot\text{m}}$$

$$\dot{Q} = -290.2\text{ kW} \quad \leftarrow \{\text{열 제거}\}\dot{Q}$$

이 문제는 검사체적에서 열역학 제1법칙의 사용을 설명한 것이다. 또한 질량, 에너지 및 동력에 대한 단위를 변환할 때 주의해야 한다는 예를 보여주고 있다.

예제 4.17 탱크 충전: 열역학 제1법칙의 해석

체적 0.1 m^{3}인 탱크가 고압의 공기 파이프와 연결되어 있다. 파이프와 탱크는 둘 다 초기에 20°C의 균일온도이다. 탱크의 초기 계기압력은 100 kPa이다. 파이프의 절대압력은 2.0 MPa이고, 파이프는 온도와 압력이 일정하다고 가정할 수 있을 만큼 충분히 크다. 탱크의 온도는 응답이 빠른 열전대에 의하여 감지된다. 밸브가 열리는 순간부터 탱크 안의 온도는 0.05°C/s로 올라간다. 열전달을 무시한다면, 탱크 안으로 들어가는 공기의 순간 유량을 구하라.

주어진 자료: 그림과 같은 공기 공급 파이프와 탱크. $t = 0^+$에서 $\partial T/\partial t = 0.05°\text{C/s}$

찾는 자료: $t = 0^+$에서 $\dot{m}$

풀이: 그림처럼 검사체적을 선택하고 에너지 방정식을 적용한다.

지배방정식:

$$\underset{=0(1)}{\dot{Q}} - \underset{=0(2)}{\dot{W}_s} - \underset{=0(3)}{\dot{W}_{shear}} - \underset{=0(4)}{\dot{W}_{other}} = \frac{\partial}{\partial t}\int_{CV} e\,\rho\,dV + \int_{CS}(e + pv)\rho\vec{V}\cdot d\vec{A}$$

$$\simeq 0(5) \simeq 0(6)$$

$$e = u + \frac{V^2}{2} + gz$$

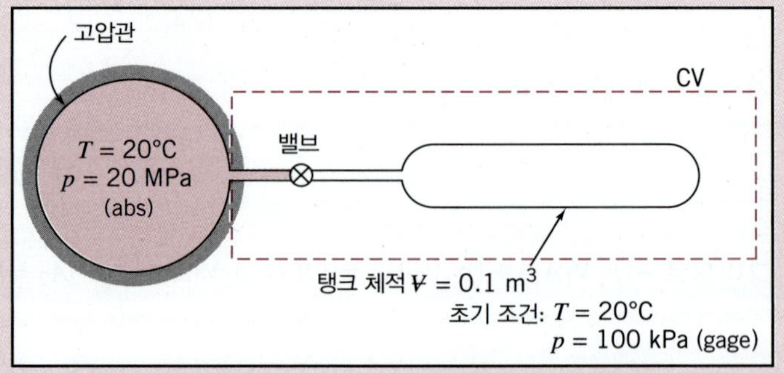

가정: 1 $\dot{Q} = 0$(주어짐)

2 $\dot{W}_s = 0$

3 $\dot{W}_{shear} = 0$

4 $\dot{W}_{\text{other}} = 0$

5 파이프와 탱크 내의 속도는 작다.

6 위치에너지는 무시한다.

7 탱크 입구에서 균일유동이다.

8 성질은 탱크 내에서 균일하다.

9 이상기체이다. 즉, $p = \rho RT$, $du = c_v dT$

따라서

$$\frac{\partial}{\partial t}\int_{\text{CV}} u_{\text{tank}}\rho\, d\forall + (u+pv)|_{\text{line}}(-\rho VA) = 0$$

이 식은 탱크 내의 에너지 증가가 파이프로부터의 에너지 유입(엔탈피 $h = u + pv$ 형태로)에 의한 것임을 표현하고 있다. 초기의 상태에서는 20°C일 때 T가 균일하므로 내부에너지는 $u_{\text{tank}} = u_{\text{line}} = u$이고, 또한 $pv_{\text{line}} = RT_{\text{line}} = RT$이다. 따라서

$$\frac{\partial}{\partial t}\int_{\text{CV}} u\,\rho\, d\forall + (u+RT)(-\rho VA) = 0$$

탱크 내에서는 성질이 균일하므로 $\partial/\partial t$는 d/dt로 바꾸어 쓸 수 있다.

$$\frac{d}{dt}(uM) = (u+RT)\dot{m}$$

여기서 M은 탱크 내의 순간적인 질량이고, $\dot{m} = \rho VA$는 질량유량이다. 또는

$$u\frac{dM}{dt} + M\frac{du}{dt} = u\dot{m} + RT\dot{m} \tag{1}$$

dM/dt 항은 연속방정식으로부터 계산될 수 있다.

지배방정식:

$$\frac{\partial}{\partial t}\int_{\text{CV}} \rho d\forall + \int_{\text{CS}} \rho\vec{V}\cdot d\vec{A} = 0$$

$$\frac{dM}{dt} + (-\rho VA) = 0 \quad \text{또는} \quad \frac{dM}{dt} = \dot{m}$$

식 (1)에 대입하면

$$u\dot{m} + Mc_v\frac{dT}{dt} = u\dot{m} + RT\dot{m}$$

또는

$$\dot{m} = \frac{Mc_v(dT/dt)}{RT} = \frac{\rho\forall c_v(dT/dt)}{RT} \tag{2}$$

그러나 $t = 0$일 때 $p_{\text{tank}} = 100$ kPa (gage)이므로

$$\rho = \rho_{\text{tank}} = \frac{p_{\text{tank}}}{RT} = (1.00 + 1.01)10^5\frac{\text{N}}{\text{m}^2} \times \frac{\text{kg}\cdot\text{K}}{287\ \text{N}\cdot\text{m}} \times \frac{1}{293\ \text{K}}$$
$$= 2.39\ \text{kg/m}^3$$

이 값을 식 (2)에 대입하면 다음과 같은 값을 얻는다.

$$\dot{m} = 2.39\frac{\text{kg}}{\text{m}^3} \times 0.1\ \text{m}^3 \times 717\frac{\text{N}\cdot\text{m}}{\text{kg}\cdot\text{K}} \times 0.05\frac{\text{K}}{\text{s}}$$

$$\times \frac{\text{kg}\cdot\text{K}}{287\ \text{N}\cdot\text{m}} \times \frac{1}{293\ \text{K}} \times 1000\frac{\text{g}}{\text{kg}}$$

$$\dot{m} = 0.102\ \text{g/s} \longleftarrow \dot{m}$$

이 문제는 검사체적에서 열역학 제1법칙의 사용을 설명한 것이다. 또한 질량, 에너지 및 동력에 대한 단위를 변환할 때 주의해야 한다는 예를 보여주고 있다.

모든 유체시스템에 열역학 제2법칙을 적용하고, 제2법칙의 식을 다시 쓰면

$$\left.\frac{dS}{dt}\right)_{\text{system}} \geq \frac{1}{T}\dot{Q} \tag{4.5a}$$

여기서 시스템의 총 엔트로피는 다음 식으로 주어진다.

$$S_{\text{system}} = \int_{M(\text{system})} s\, dm = \int_{\forall(\text{system})} s\,\rho\, d\forall \tag{4.5b}$$

열역학 제2법칙의 검사체적 식을 유도하기 위하여 식 (4.10)에서

$$N = S \qquad \text{및} \qquad \eta = s$$

와 같이 놓으면

$$\left.\frac{dS}{dt}\right)_{\text{system}} = \frac{\partial}{\partial t}\int_{\text{CV}} s\,\rho\, d\forall + \int_{\text{CS}} s\,\rho\vec{V}\cdot d\vec{A} \tag{4.57}$$

시스템과 검사체적이 t_0일 때 일치하므로 식 (4.5a)로부터

$$\frac{1}{T}\dot{Q})_{\text{system}} = \frac{1}{T}\dot{Q})_{\text{CV}} = \int_{\text{CS}} \frac{1}{T}\left(\frac{\dot{Q}}{A}\right) dA$$

이러한 관계와 식 (4.5a) 및 (4.57)로부터 열역학 제2법칙의 검사체적 식이 다음과 같이 유도된다.

$$\frac{\partial}{\partial t}\int_{\text{CV}} s\,\rho\, d\forall + \int_{\text{CS}} s\,\rho\vec{V}\cdot d\vec{A} \geq \int_{\text{CS}} \frac{1}{T}\left(\frac{\dot{Q}}{A}\right) dA \tag{4.58}$$

식 (4.58)에서 $(\dot{Q}/A)$는 면적요소 dA를 통하여 검사체적 안으로 들어오는 단위면적당 열유동을 의미한다. 다음 항을 계산하기 위해

$$\int_{\text{CS}} \frac{1}{T}\left(\frac{\dot{Q}}{A}\right) dA$$

국소 열유동$(\dot{Q}/A)$과 국소 온도 T 양쪽 모두 검사표면의 면적요소에 대해 각각 알고 있어야 한다.

4.9 요약과 유용한 식

이 장에서는 시스템에 대해 기본법칙들, 즉 질량보존(또는 연속방정식), 뉴턴 제2법칙, 각운동량 방정식, 열역학 제1법칙 및 열역학 제2법칙을 정리하였다. 그런 다음 시스템 식을 검사체적 식과 연관시키는 식(Reynolds 수송이론이라 함)을 유도하였다. 이 식을 사용하여 다음과 같은 검사체적 식을 유도하였다.

- ✓ 질량보존방정식(연속방정식으로 불림)
- ✓ 다음 각각에 대한 뉴턴 제2법칙(다른 말로 운동량 방정식)
  - 관성 검사체적
  - 직선가속도를 갖는 검사체적
  - 임의 가속도를 갖는 검사체적
- ✓ 다음 각각에 대한 각운동량 방정식
  - 고정된 검사체적
  - 회전하는 검사체적
- ✓ 열역학 제1법칙(또는 에너지 방정식)
- ✓ 열역학 제2법칙

이 장에서는 이들 검사체적 방정식에 나타나는 각 항의 물리적 의미를 고찰하였고, 다양한 유동문제 해결을 위해 방정식들을 사용하였다. 특히 유체역학에서 유명한 식인 Bernoulli 방정식을 유도하기 위해 미소 검사체적을 사용했으며, 문제를 해결하기 위한 사용상의 제한조건에 관해서도 배웠다.

주의: 아래 표에 있는 대부분의 식은 다수의 제한조건을 가지고 있다. 자세히 알기 위해 각각의 페이지를 확인하라!

유용한 식

비압축성 유체에서의 연속(질량보존)	$\int_{\text{CS}} \vec{V} \cdot d\vec{A} = 0$	**(4.13a)**
비압축성 유체, 균일유동에서의 연속(질량보존)	$\sum_{\text{CS}} \vec{V} \cdot \vec{A} = 0$	**(4.13b)**
정상유동에서의 연속(질량보존)	$\int_{\text{CS}} \rho \vec{V} \cdot d\vec{A} = 0$	**(4.15a)**
정상, 균일유동에서의 연속(질량보존)	$\sum_{\text{CS}} \rho \vec{V} \cdot \vec{A} = 0$	**(4.15b)**
운동량(뉴턴 제2법칙)	$\vec{F} = \vec{F}_S + \vec{F}_B = \frac{\partial}{\partial t}\int_{\text{CV}} \vec{V}\,\rho\, d\mathbf{V} + \int_{\text{CS}} \vec{V}\,\rho \vec{V} \cdot d\vec{A}$	**(4.17a)**
균일유동에 대한 운동량(뉴턴 제2법칙)	$\vec{F} = \vec{F}_S + \vec{F}_B = \frac{\partial}{\partial t}\int_{\text{CV}} \vec{V}\,\rho\, d\mathbf{V} + \sum_{\text{CS}} \vec{V} \rho \vec{V} \cdot \vec{A}$	**(4.17b)**
운동량(뉴턴 제2법칙)의 스칼라 성분식	$F_x = F_{S_x} + F_{B_x} = \frac{\partial}{\partial t}\int_{\text{CV}} u\,\rho\, d\mathbf{V} + \int_{\text{CS}} u\,\rho \vec{V} \cdot d\vec{A}$ $F_y = F_{S_y} + F_{B_y} = \frac{\partial}{\partial t}\int_{\text{CV}} v\,\rho\, d\mathbf{V} + \int_{\text{CS}} v\,\rho \vec{V} \cdot d\vec{A}$ $F_z = F_{S_z} + F_{B_z} = \frac{\partial}{\partial t}\int_{\text{CV}} w\,\rho\, d\mathbf{V} + \int_{\text{CS}} w\,\rho \vec{V} \cdot d\vec{A}$	**(4.18a)** **(4.18b)** **(4.18c)**
균일유동에서의 운동량(뉴턴 제2법칙)의 스칼라 성분식	$F_x = F_{S_x} + F_{B_x} = \frac{\partial}{\partial t}\int_{\text{CV}} u\,\rho\, d\mathbf{V} + \sum_{\text{CS}} u\,\rho \vec{V} \cdot \vec{A}$ $F_y = F_{S_y} + F_{B_y} = \frac{\partial}{\partial t}\int_{\text{CV}} v\rho\, d\mathbf{V} + \sum_{\text{CS}} v\,\rho \vec{V} \cdot \vec{A}$ $F_z = F_{S_z} + F_{B_z} = \frac{\partial}{\partial t}\int_{\text{CV}} w\,\rho\, d\mathbf{V} + \sum_{\text{CS}} w\,\rho \vec{V} \cdot \vec{A}$	**(4.18d)** **(4.18e)** **(4.18f)**

(계속)

유용한 식 (계속)

Bernoulli 방정식(정상, 비압축성, 무마찰, 유선을 따르는 유동)	$\frac{p}{\rho}+\frac{V^2}{2}+gz=\text{일정}$	(4.24)
관성 검사체적(고정 또는 일정 속도)의 운동량(뉴턴 제2법칙)	$\vec{F}=\vec{F}_S+\vec{F}_B=\frac{\partial}{\partial t}\int_{CV}\vec{V}_{xyz}\,\rho\,d\forall+\int_{CS}\vec{V}_{xyz}\,\rho\,\vec{V}_{xyz}\cdot d\vec{A}$	(4.26)
직선가속도 운동하는 검사체적의 운동량(뉴턴 제2법칙)	$\vec{F_S}+\vec{F_B}-\int_{CV}\vec{a}_{rf}\,\rho\,d\forall=\frac{\partial}{\partial t}\int_{CV}\vec{V}_{xyz}\,\rho\,d\forall\int_{CS}\vec{V}_{xyz}\,\rho\vec{V}_{xyz}\cdot d\vec{A}$	(4.33)
각운동량 원리	$\vec{r}\times\vec{F}_s+\int_{CV}\vec{r}\times\vec{g}\,\rho\,d\forall+\vec{T}_{\text{shaft}}=\frac{\partial}{\partial t}\int_{CV}\vec{r}\times\vec{V}\,\rho\,d\forall+\int_{CS}\vec{r}\times\vec{V}\,\rho\vec{V}\cdot d\vec{A}$	(4.46)
열역학 제1법칙	$\dot{Q}-\dot{W}_s-\dot{W}_{\text{shear}}-\dot{W}_{\text{other}}=\frac{\partial}{\partial t}\int_{CV}e\,\rho\,d\forall+\int_{CS}\left(u+pv+\frac{V^2}{2}+gz\right)\rho\vec{V}\cdot d\vec{A}$	(4.56)
열역학 제2법칙	$\frac{\partial}{\partial t}\int_{CV}s\,\rho\,d\forall+\int_{CS}s\,\rho\vec{V}\cdot d\vec{A}\geq\int_{CS}\frac{1}{T}(\dot{Q}A)dA$	(4.58)

연습문제

시스템에 관한 기본법칙

4.1 2.27 kg의 질량을 지면에 부착된 강성이 365 kg/s^{2}인 스프링에 접촉하여 놓는다. 스프링은 최대 얼마나 압축되는가? 이 값을 질량이 압축된 스프링에 놓았을 때의 변위와 비교하라. 질량을 스프링 위 1.5 m 거리에서 자유낙하시킬 때 스프링은 최대 얼마나 압축되는가?

4.2 20°C 신선한 물이 270 mL 들어 있는 아이스박스가 −7°C인 냉동기 안에 놓여 있다. 물이 얼었을 때 물의 내부에너지(kJ) 및 엔트로피(kJ/K) 변화를 구하라.

4.3 반경 r = 1 mm인 작은 강철 볼이 외부 반경 R = 50 mm인 수평의 원형 파이프 정상에 놓여 있다가 중력의 영향으로 굴러내리기 시작한다. 구름저항과 공기저항은 무시할 수 있다고 가정한다. 볼의 속력이 증가함에 따라 결국 원형 파이프 표면을 벗어나 투사될 것이다. 볼이 파이프 표면을 이탈할 때의 속도와 위치를 구하라.

4.4 35 m/s의 속도로 터빈에 들어오는 스팀은 엔탈피 h_1 = 3,548 kJ/kg를 가지고 있다. 스팀은 액체와 증기의 형태로 70 m/s의 속도로 터빈을 떠난다. 혼합물의 엔탈피는 2,780 kJ/kg이다. 터빈을 지나는 유동은 단열유동이고, 고도의 차이는 무시한다. 통과하는 유동의 스팀의 단위질량당 출력을 계산하라.

4.5 타이어 자국에 대한 경찰의 조사결과 수평 직선로를 따라 달리던 승용차는 브레이크를 밟은 후 정지하기까지 50 m 미끄러진다는 것을 알았다. 타이어와 포장도로 사이의 마찰계수는 μ = 0.6으로 추정된다. 브레이크를 밟을 때 예상되는 차의 최저속도는 얼마인가? 또한 승용차는 얼마 동안 미끄러지는가?

4.6 48 km/h로 달리던 자동차가 커브 길을 만났다. 도로 커브의 반경은 30 m이다. 마른 도로와 젖은 도로에서의 마찰계수가 각각 μ_{dry} = 0.7 및 μ_{wet} = 0.3일 때, 자동차가 견인력(traction)을 잃어버리기 전의 최대속력(km/h)을 구하라.

4.7 온도가 25°C이고 절대압력이 101.3 kPa인 공기가 피스톤–실린더 장치에서 마찰 없이 절대압력 415.3 kPa까지 단열적으로 압축된다. 이때의 일(MJ)을 계산하라.

4.8 청량음료가 들어 있는 캔을 4°C 냉장고에서 초기온도 24°C에서 10°C로 냉각시키는 데 3시간이 걸렸다. 캔을 냉장고에서 꺼내 20°C의 방 안에 놓는다면, 이 캔이 15°C에 도달하는 데 시간이 얼마나 걸리는가? 두 과정 모두에 대해 캔으로부터의 열전달률은 $\dot{Q}\approx k(T-T_{\text{amb}})$로 가정할 수 있으며, 여기서 T는 캔의 온도, T_{amb}는 주위 온도이고, k는 열전달 계수이다.

4.9 질량 8 kg인 구리 블록이 80°C로 가열된 후 20°C의 물 5 L가 들어 있는 단열된 컨테이너 안에 들어간다. 시스템의 최종 온도를 구하라. 구리 및 물의 비열은 각각 390 J/kg · K 및 4200 J/kg · K이다.

4.10 일을 활동적으로 하지 않을 때, 한 사람이 주위로 빼앗기는 평균 열손실률은 약 85 W이다. 6,000명을 수용하는 체적이 약 3.5 × 10^5 m^{3}인 강당의 통풍장치가 고장났다고 가정하자. 통풍장치가 고장난 후 처음 15분 동안 강당 공기의 내부에너지는 얼마나 증가하는가? 강당과 사람들을 하나의 시스템으로 고려하고 주위로 열전달이 없다

고 가정한다면, 그 시스템의 내부에너지 변화는 얼마인가? 공기의 온도가 증가하는 사실을 어떻게 설명할 수 있는가? 이러한 조건하에서 온도 상승률을 예측하라.

질량보존

4.11 그림에 나타낸 음영 부분의 면적은 속도장이 $\vec{V} = ax\hat{i} + by\hat{j}$ ($a = b = 1\ \text{s}^{-1}$)로 주어지는 유동장 내에 있으며, 좌표들은 m 단위이다. 음영면적을 통과하는 체적유량과 운동량 유동률을 구하라($\rho = 1\ \text{kg/m}^3$).

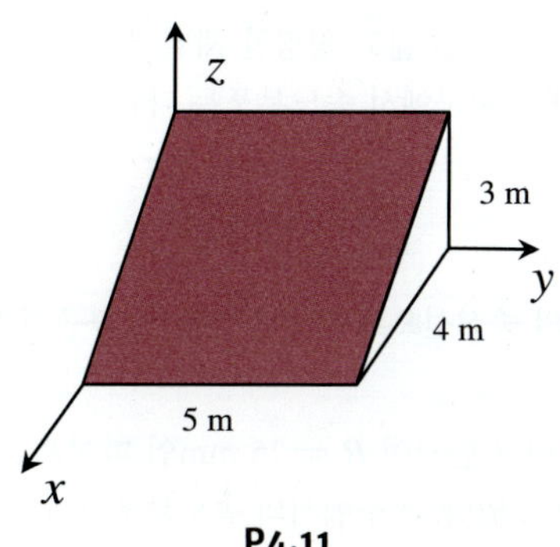

P4.11

4.12 그림에 나타낸 음영면적이 유동 내에 있다. 여기서 유동장은 $\vec{V} = ax\hat{i} + by\hat{j} + c\hat{k}$로 주어지고, $a = b = 2\ \text{s}^{-1}$, $c = 1$ m/s이다. 음영 면적 벡터식을 써라. 또한 음영면적에 대하여 적분 $\int_A \vec{V} \cdot dA$와 $\int_A \vec{V}(\vec{V} \cdot d\vec{A})$을 계산하라.

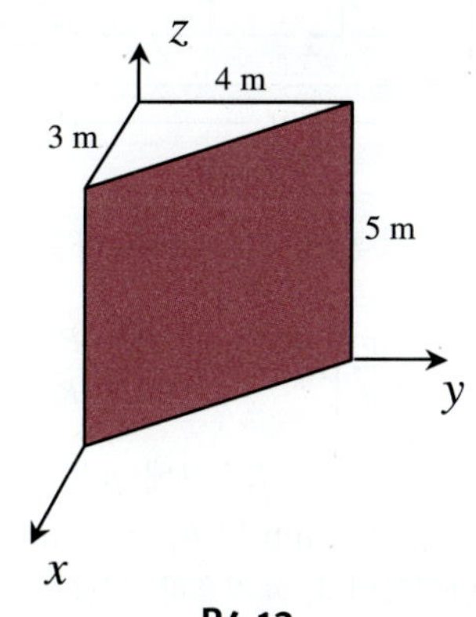

P4.12

4.13 그림에 나타낸 검사체적의 단면 ①을 통과하는 체적유량과 운동량 유동률에 대한 표현식을 구하라.

P4.13

4.14 반경 R인 긴 원형 파이프 내의 층류에 대한 속도분포는 다음과 같이 1차원으로 주어진다.

$$\vec{V} = u\hat{i} = u_{\max}\left[1 - \left(\frac{r}{R}\right)^2\right]\hat{i}$$

이 속도분포로부터 파이프 축에 수직인 단면을 통과하는 체적유량과 운동량 유동률을 식으로 구하라.

4.15 내경 19.05 mm인 물 파이프에 연결된 샤워기 캡은 내경 0.79 mm인 50개의 노즐 구멍이 나 있다. 유량을 $1.39 \times 10^{-4}\ \text{m}^3/\text{s}$로 가정할 때, 물제트의 출구속도는 몇 m/s인가? 또한 물 파이프의 평균속도는 몇 m/s인가?

4.16 농부가 5 m/s의 평균 출구속도로 내경 5 mm인 20개의 노즐을 통해 액체를 분무하고 있다. 내경 35 mm인 주 공급 파이프 평균속도는 얼마인가? 시스템의 유량은 몇 L/m인가?

4.17 내경 3 m, 높이 3 m인 원통형 물탱크에 직경 10 cm인 입구, 직경 8 cm인 출구 및 배수구가 각각 하나씩 있다. 탱크는 초기에 비어 있으며, 입구의 펌프를 작동시키면 입구 속도가 5 m/s로 된다. 탱크의 수위가 0.7 m에 도달할 때, 출구 펌프가 켜져 3 m/s의 평균 출구속도로 출구를 통해 물을 배출한다. 물 수위가 2 m에 도달할 때, 수위를 2 m로 유지하기 위해 배수구가 열린다. (a) 출구 펌프가 켜지는 시간, (b) 배수구가 열리는 시간, (c) 배구수를 통하는 유량(m^3/min)을 각각 구하라.

4.18 습식 냉각탑은 온수를 강제 건공기 유동 속으로 분사하여 물을 냉각시킨다. 물의 일부는 공기 중에서 증발하여 냉각탑 밖의 대기 중으로 나온다. 즉, 증발로 인해 남은 물방울들이 냉각되어 냉각탑의 출구 파이프(150 mm ID)에 모인다. 온수의 질량유량은 31.5 kg/s이고, 냉수(21°C)는 출구 파이프에서 1.7 m/s의 평균속도로 흐르는 것으로 측정되었다. 습공기 밀도는 $1.06\ \text{kg/m}^3$이다. (a) 냉수의 체적유량(L/min) 및 질량유량(kg/s), (b) 습공기의 질량유량(kg/s), (c) 건공기의 질량유량(kg/s)을 각각 구하라. 힌트: 관련되는 습공기 및 건공기 밀도에 관한 정보는 Google 'density of moist air' 참조할 것!

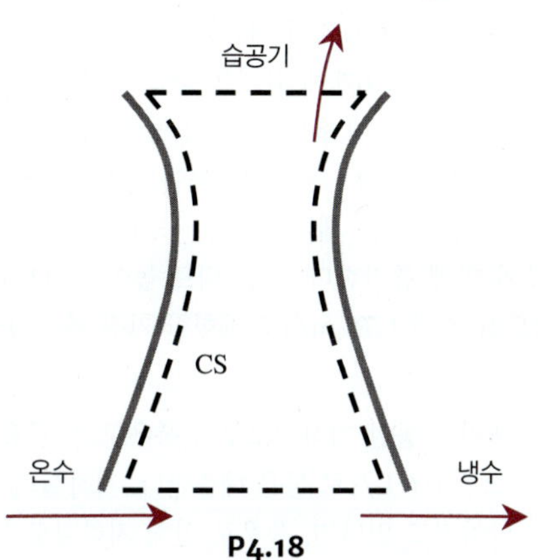

P4.18

4.19 밀도가 $1{,}040\ \text{kg/m}^3$인 유체가 그림과 같은 직각 박스를 통하여 정상유동하고 있다. 주어진 데이터가 다음과 같을 때 속도 $\vec{V}_3$를 구하라. $A_1 = 0.046\ \text{m}^2$, $A_2 = 0.009\ \text{m}^2$, $A_3 = 0.056\ \text{m}^2$, $\vec{V}_1 = 3\hat{i}$m/s, $\vec{V}_2 = 6\hat{j}$m/s

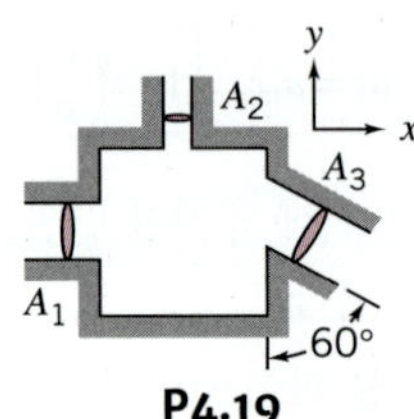

P4.19

4.20 그림에서와 같은 장치를 통하여 흐르는 정상 비압축성유동을 고려하자. 포트 3을 통과하는 체적유량의 크기와 방향을 결정하라.

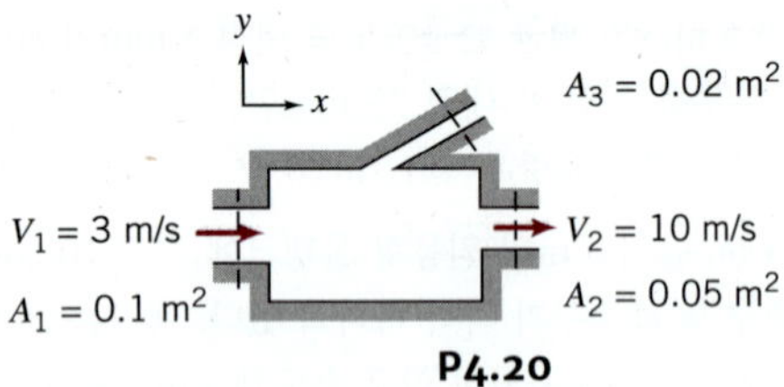

P4.20

4.21 벼농사를 짓는 농부가 125 m × 300 m인 논에 한 시간당 9 cm 깊이로 물을 채워야 한다. 각 공급관에서 평균속도가 2 m/s 이하여야 한다면, 직경 45 cm인 공급관 몇 개가 필요한가?

4.22 여러분이 맥주를 만들려고 한다. 첫 번째 단계는 액체 맥아즙(wort)을 유리 카보이(carboy)에 채우는 것이다. 내경이 37.5 cm인 카보이를 깊이 0.6 m까지 채우고 싶다. 만일 맥아즙을 11.36 L/min으로 흐르는 사이폰 공정을 사용하여 주전자로부터 뽑아낸다면, 유리 카보이를 채우는 데 얼마의 시간이 걸리는가?

4.23 부엌의 싱크대 싱크는 가로 0.6 m, 세로 45.7 cm, 깊이 30.5 cm로 만들어져 있다. 그곳에 $252 \times 10^{-6}\ \mathrm{m^3/s}$로 물을 채우려고 한다. 싱크의 절반을 채우는 데 몇 분이 걸리는가? 이후 수도꼭지를 잠그고 배수구를 살짝 열면 물은 $63 \times 10^{-6}\ \mathrm{m^3/s}$로 배수되기 시작한다. 이때 물 수위가 줄어드는 속도는 몇 m/s인가?

4.24 교실에 대한 환기 규정은 적어도 8.0 L/s의 신선한 공기가 방 안에 있는 사람(학생과 선생)에게 제공될 것을 요구하고 있다. 20명의 학생을 수용할 수 있는 방 6개에 환기를 공급할 시스템 설계가 필요하다. 공기는 중앙 덕트를 통해 유입되어, 각 방에 만들어진 짧은 분배구를 통해 각 방으로 분배된다. 분배구의 높이는 200 mm이고 폭은 500 mm이다. 각 방에 들어오는 체적유량 및 공기속도를 구하라. 환기 소음은 공기속도와 함께 증가한다. 공급 덕트 높이가 500 mm로 주어졌을 때, 공기속도를 최대 1.75 m/s로 제한할 가장 좁은 공급 덕트를 구하라.

4.25 폭우가 내리는 동안 지하실로부터 폭우로 찬 물을 펌프로 배출하려고 한다. 펌프는 0.6 L/s로 물을 배출한다. 지하실의 수위가 약 0.4 mm/min으로 낮아지고 있다면, 폭우로 인해 지하실로 들어오는 물의 유입량은 몇 L/s인가? 지하실 바닥은 7.6 m × 6 m이다.

4.26 정상상태 유동에서 하류에서의 밀도는 $1\ \mathrm{kg/m^3}$, 속도는 1,000 m/s이고 면적은 $0.1\ \mathrm{m^2}$이다. 상류에서의 속도가 1,500 m/s이고 면적이 $0.25\ \mathrm{m^2}$일 때, 상류에서의 밀도는 얼마인가?

4.27 그림과 같이 기름이 경사진 평면을 따라 얇은 층을 이루며 정상상태로 유동하여 내려가고 있다. 속도분포는 아래 식과 같다.

$$u = \frac{\rho g \sin\theta}{\mu}\left[hy - \frac{y^2}{2}\right]$$

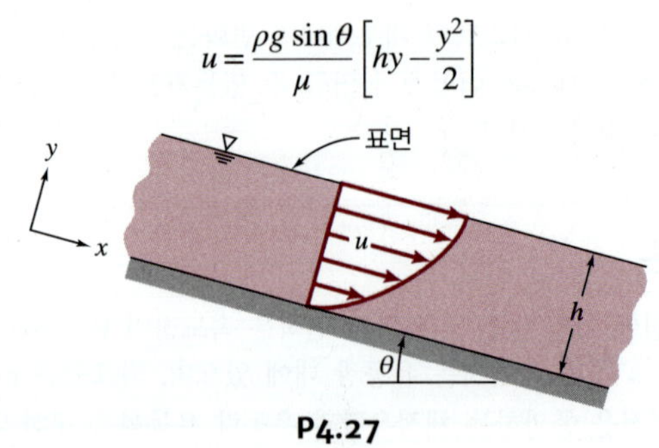

P4.27

단위폭당 질량유량에 대한 식을 ρ, μ, g, θ와 h으로 구하라.

4.28 물이 높이가 $3h$인 넓고 평평한 채널에 균일한 속도 2.5 m/s로 흘러 들어간다. 채널 출구에서 속도분포는 다음 식으로 주어진다.

$$\frac{u}{u_{\max}} = 1 - \left(\frac{y}{h}\right)^2$$

여기서 y는 채널의 중심선으로부터 측정된다. 출구 중심선에서의 속도 $u_{\max}$를 구하라.

4.29 길이가 L이고 반경이 R = 75 mm인 파이프를 통하여 물이 정상적인 유동을 하고 있다. 출구에서의 속도분포가

$$u = u_{\max}\left[1 - \frac{r^2}{R^2}\right]$$

이고 $u_{\max}$ = 3 m/s로 주어진다. 균일한 입구속도 U를 계산하라.

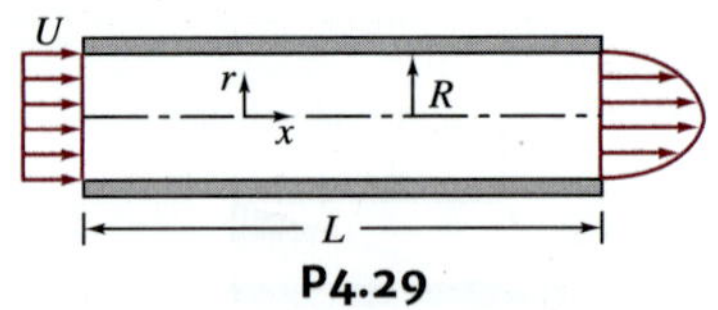

P4.29

4.30 환형 파이프에서 층류에 대한 속도는 다음 식과 같다.

$$u(r) = -\frac{\Delta p}{4\mu L}\left[R_o^2 - r^2 + \frac{R_o^2 - R_i^2}{\ln(R_i/R_o)}\ln\frac{R_o}{r}\right]$$

여기서 $\Delta p/L = -10$ kPa/m는 압력구배, μ은 점성계수(20°C에서의 SAE 10 오일)이고, R_o = 5 mm 및 R_i = 1 mm는 그림에서와 같이 각각 바깥 및 안쪽 반지름이다. 체적유량, 평균속도 및 최대속도를 구하라. 속도분포에 대한 그림을 그려라.

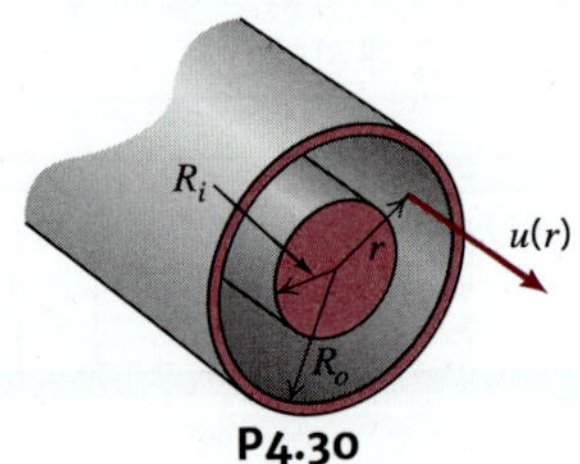

P4.30

4.31 어떤 2차원 수축벤드는 단면 ①에서 선형 속도분포이고, 단면 ②와 ③에서는 균일하다. 유체는 비압축성이고 유동은 정상상태이다. 단면 ①에서 최대속도 $V_{1,\max}$를 구하라.

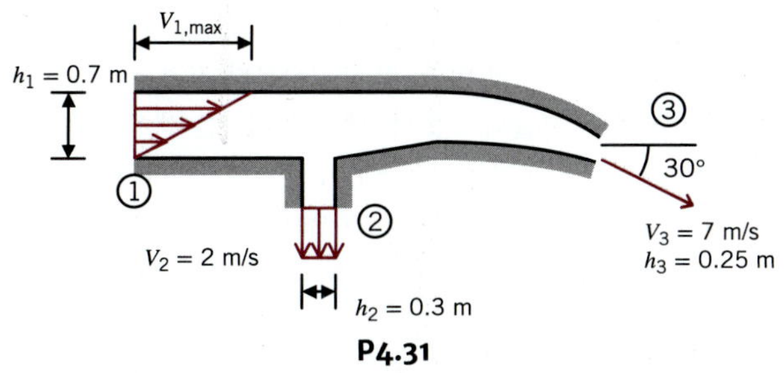

P4.31

4.32 폭이 h = 75.5 mm로 일정한 2차원 정사각형 채널에 물이 균일 속도 U로 흘러 들어간다. 그림과 같이 채널 출구에서 $V_{max} = 2\ V_{min}$인 선형속도 형상을 발생시키기 위하여 유동을 왜곡시키는 90° 벤드를 만들었다. U = 7.5 m/s일 때 V_{min}을 계산하라.

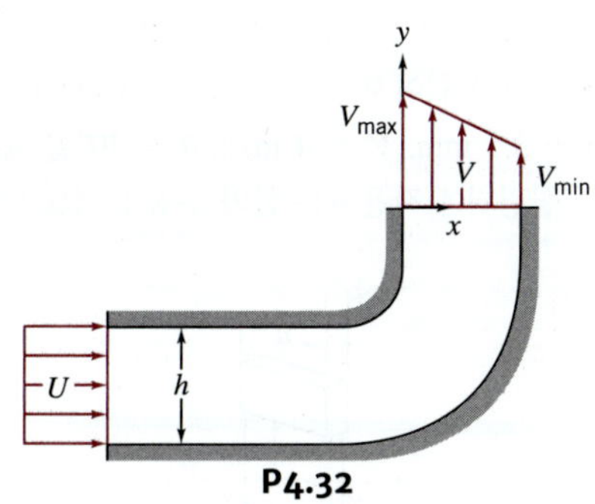

P4.32

4.33 직경 D = 60 mm인 다공질의 원형 튜브로 물을 운반한다. 입구의 속도는 V_1 = 7.0 m/s로 균일하다. 물은 다음과 같은 속도분포로 다공성 벽을 통하여 외부로 반경 방향과 축대칭으로 흐른다.

$$\nu = V_0\left[1-\left(\frac{x}{L}\right)^2\right]$$

여기서 V_0 = 0.03 m/s이고, L = 0.95 m이다. $x = L$에서 튜브 내부의 질량유량을 구하라.

4.34 유압 어큐뮬레이터는 유압기계 공구장치 내의 압력진동을 줄이기 위하여 설계된다. 그림과 같은 어느 순간에 어큐뮬레이터가 유압유를 취득 또는 손실되는 정도를 구하라.

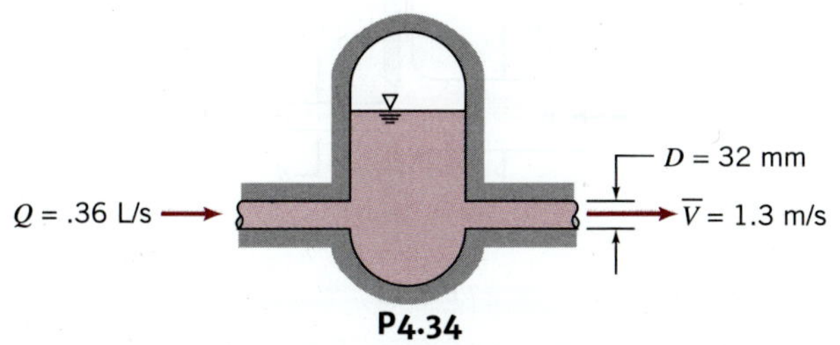

P4.34

4.35 직경이 0.5 m인 원형 탱크가 밑바닥에 있는 원형 구멍을 통하여 물을 배출한다. 물의 깊이가 0.8 m인 순간에 탱크로부터 배출되는 질량 유량은 6 kg/s이다. 이 순간에 탱크 수위의 변화율을 구하라.

4.36 체적이 0.4 m^3인 탱크가 압축공기를 담고 있다. 밸브가 열리고 공기가 개구면적 100 mm^2 밸브를 통하여 250 m/s 속도로 빠져나간다. 밸브의 개구를 통과하는 공기의 온도는 −20°C이고, 절대압력은 300 kPa이다. 이 순간 탱크 내에 있는 공기의 밀도 변화율을 구하라.

4.37 밀도가 15.5 kg/m^3인 공기가 4.6 m/s의 속도로 0.018 m^2의 면적을 통하여 탱크에 들어간다. 탱크를 떠나는 공기는 밀도가 동일하고 속도는 1.5 m/s이다. 탱크 내부 공기의 초기밀도는 10.3 kg/m^3이고, 탱크의 전체 체적은 0.6 m^3이며, 출구면적은 0.04 m^2이다. 탱크 안의 초기밀도 변화율을 구하라.

4.38 최근 TV 뉴스에 의하면 인디애나 주 Monticello 근처의 Shafer 호수의 수위가 낮아진다고 한다. 그 호수의 물을 막고 있는 댐을 통한 방수량 증가가 원인인데, 댐의 유동에 대한 정보는 다음과 같다.

정상 유량	8.2 m^3/s
호숫물을 방수할 때의 유량	57 m^3/s

(방수할 때의 유량은 60.5 m^3/s에 해당한다고 알려져 있다.) 아나운서의 보도에 의하면 호수 수위가 8시간마다 0.3 m의 율로 낮아지는 것으로 예상된다고 한다. 방수하는 동안의 실제 유량을 m^3/s 단위로 계산하라. 호수의 표면적을 추정하라.

4.39 직경 D = 50 mm인 원통형 탱크가 밑바닥에 있는 직경 d = 5 mm 개구를 통하여 물을 배출한다. 탱크를 떠나는 액체의 속도는 대략 $V = \sqrt{2gy}$로 나타낼 수 있다. 여기서 y는 탱크 바닥에서 자유표면까지의 높이이다. 탱크가 초기 깊이 y_0 = 0.4 m까지 물로 채워져 있다면, t = 60 s, t = 120 s 및 t = 180 s일 때 물의 깊이를 각각 구하라. 첫 번째 180 s 동안 y (m)는 t이다.

4.40 문제 4.39의 조건하에서 초기높이로부터 y = 0.3 m까지(0.1 m의 깊이 변화) 및 y = 0.3 m로부터 y = 0.2 m까지(0.1 m의 깊이 변화) 탱크에서 배출되는 데 필요한 시간을 각각 계산하라. 이들 시간의 차이에 대해 설명할 수 있는가? 개구부 직경 d = 2.5 mm부터 d = 12.5 mm까지의 범위에 대해 개구부 직경의 함수로 깊이 y = 0.1 m까지 배출되는 시간 t에 대한 그림을 그려라.

4.41 최대직경이 D = 70 mm이며, 반각이 θ = 15°인 원추형 깔때기는 그 밑바닥 구멍(직경 d = 3.12 mm)을 통하여 액체를 배출한다. 깔때기를 떠나는 액체의 속도는 대략 $V = \sqrt{2gy}$이다. 여기서 y는 구멍에서 액체 자유표면까지 높이이다. $y = H/2$인 순간에 깔때기 내 표면 수위의 변화율을 구하라.

4.42 그림과 같은 다공성 표면 위에 형성된 경계층 내에서 표준공기의 비압축성 정상유동을 고려해 보자. 그 평판의 하류 끝 지점에서 경계층은 근사적으로 포물선형 속도분포 $u/U_\infty = 2(y/\delta) - (y/\delta)^2$를 갖는다. 그림에서 나타내고 있는 것처럼 다공성 표면을 따라 균일한 흡입력이 작용된다. 표면 cd를 횡단하는 체적유량, 다공성 표면을 통과하는 체적유량 및 표면 bc를 횡단하는 체적유량을 계산하라.

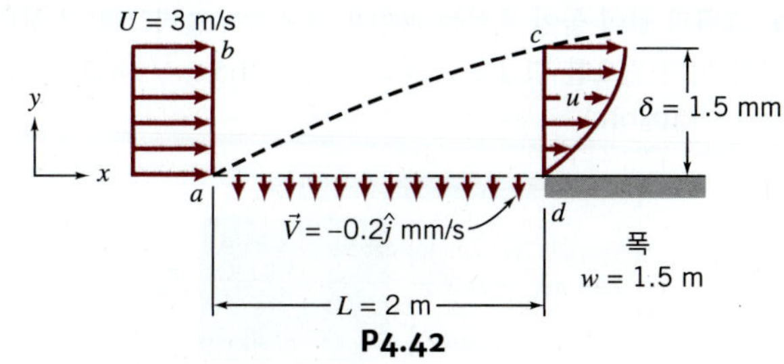

P4.42

4.43 반각이 $\theta = 30°$인 원추형 깔때기가 정점에서 직경 $d = 6.25$ mm인 작은 구멍을 통하여 액체를 배출한다. 깔때기를 떠나는 액체의 속도는 대략 $V = \sqrt{2gy}$이다. 여기서 y는 그 구멍으로부터 액체 자유표면까지의 높이이다. 깔때기는 처음에 높이 $y_0 = 300$ mm까지 액체가 채워져 있다. 깔때기 안을 비우는 데 필요한 시간 t에 대한 식을 구하라. 높이 300 mm부터 150 mm까지(150 mm의 깊이 변화) 및 $y = 150$ mm부터 완전히 비우기(또한 150 mm의 깊이 변화)까지 걸리는 배출 시간을 각각 구하라. 이들 걸린 시간의 차이에 대해 설명할 수 있는가? 개구부 직경 $d = 6.25$ mm부터 $d = 12.5$ mm까지의 범위에 대해 개구부 직경의 함수로 배출되는 시간 t에 대한 그림을 그려라.

4.44 문제 4.43의 깔때기 문제에서 초기깊이 $y_0 = 30$ cm로부터 1분 안에 모두 배출하기 위해 요구되는 직경 d를 구하라. 이때 초깃값이 $y_0 = 30$ cm이다. 초기높이 $y_0 = 2.5$ cm부터 60 cm까지의 범위에 대해 초기깊이 y_0의 함수로 1분 안에 모두 배출하기 위해 요구되는 직경 d에 대한 그림을 그려라.

4.45 고압 자전거 타이어의 고무에 생긴 작은 구멍을 통하여 공기가 장시간에 걸쳐 새어나간다. 이때 타이어의 압력 손실률은 '하루에 6.9 kPa'이라고 보통 말하지만, 사실 압력 감소율은 일정하지 않다. 대신에 순간누설 질량유량은 타이어 속에 있는 공기의 밀도와 계기압력에 비례한다. 즉, $\dot{m} \propto \rho p$이다. 공기의 누설이 느리기 때문에 타이어 안의 공기는 거의 등온상태이다. 타이어가 초기에 0.7 MPa (gage)로 팽창되어 있다고 생각하자. 초기 압력 손실률은 1일당 6.9 kPa이라 가정한다. 압력이 500 kPa까지 떨어지는 데 걸리는 시간을 추정하라. 30일 후 타이어에 남아있는 압력을 계산하라. 또한 30일 동안 '하루에 6.9 kPa'이라는 말은 얼마나 정확성이 있는가? 압력을 30일에 걸친 시간의 함수로 그려 나타내라. 비교할 수 있도록 경험적 결과를 제시하라.

관성 검사체적에 대한 운동량 방정식

4.46 문제 4.28의 조건하에서, 채널 출구에서 x방향 운동량 유동률을 입구에서의 값에 대한 비로 계산하라.

4.47 문제 4.29의 조건하에서, 파이프 출구에서 x방향 운동량 유동률을 입구에서의 값에 대한 비로 계산하라.

4.48 문제 4.32의 채널을 통과하는 운동량 유동률을 계산하라. 출구압력이 입구압력보다 높을까, 낮을까, 동일할까? 왜 그런가?

4.49 물제트가 금속 절단공정에 더 빈번하게 사용되고 있다. 펌프가 직경 0.254 mm를 가지는 오리피스를 통해 63×10^{-6} m^3/s의 유량을 발생시킨다면, 제트의 평균속도는 얼마인가? 충돌 후 물이 옆쪽으로 퍼져나간다고 가정할 때, 충돌 시 제트가 얼마의 힘(N)을 발생시키는가?

4.50 그림과 같이 물이 흐르는 파이프 출구에서 플러그를 그 상태로 유지하기 위해 필요한 힘 F를 구하라. 유량은 1.5 m^3/s이고, 상류 측 압력은 3.5 MPa이다.

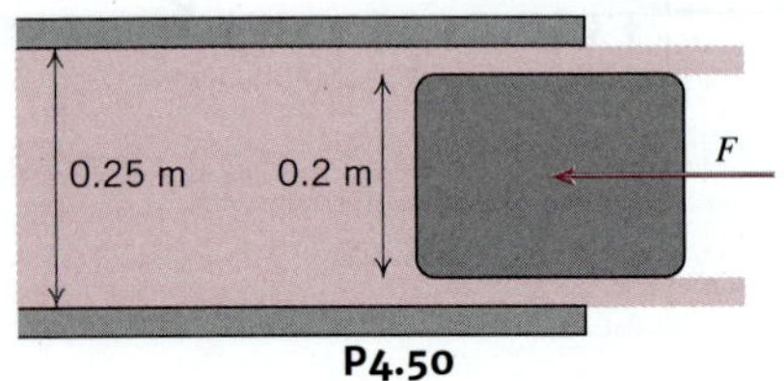

P4.50

4.51 높이가 $h = 1$ m이고 직경이 $D = 0.75$ m인 큰 물탱크가 그림과 같이 수차에 고정되어 있다. 이 탱크로부터 직경 $d = 15$ mm인 노즐을 통하여 물이 분출되고 있다. 탱크를 떠나는 액체의 속도는 약 $V = \sqrt{2gy}$이며, y는 노즐에서 자유표면까지의 높이이다. $y = 0.9$ m일 때 와이어에 작용하는 장력을 구하라. 와이어의 장력을 물 깊이의 함수로 $0 \le y \le 0.9$ m 범위 내에서 그림으로 그려라.

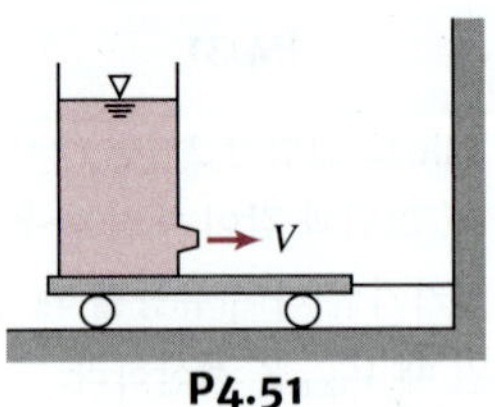

P4.51

4.52 그림에서처럼 흐르는 물의 흐름을 가로질러 원형 실린더를 삽입하면 흐름을 각 θ만큼 휘어지게 한다(이것을 'Coanda 효과'라 한다). $a = 14$ mm, $b = 3.5$ mm, $V = 4$ m/s, $\theta = 30°$일 때, 흐르는 물로 인하여 발생되는 실린더에 작용하는 힘의 수평 분력을 구하라.

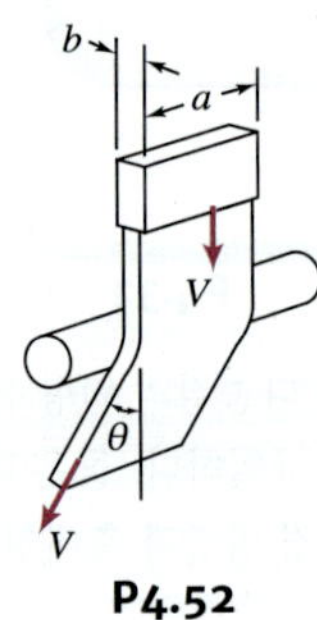

P4.52

4.53 어떤 수직 평판 중심에 끝이 날카로운 오리피스가 설치되어 있다. 속도 V인 물제트가 그 판에 동심원 형태로 부딪힌다. 오리피스를 통과하는 제트의 속도가 V라면, 평판을 그 위치에 유지시키는 데 필요한 힘을 구하는 식을 유도하라. $V = 4.6$ m/s, $D = 100$ mm, $d = 25$ mm일 때 힘을 계산하라. 필요한 힘을 오리피스의 직경 d의 적당한 범위에 대하여 직경비의 함수로 그려라.

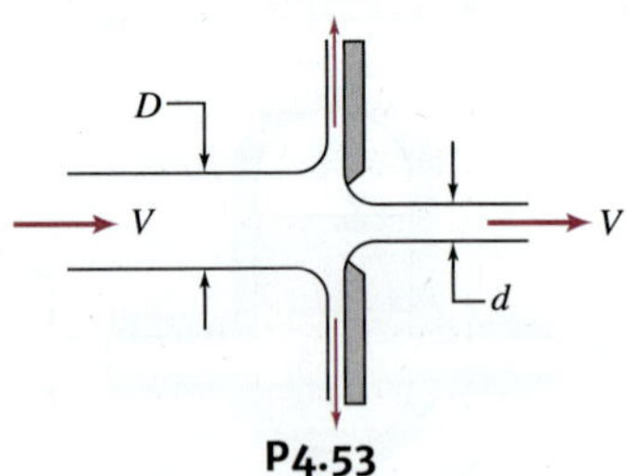

P4.53

4.54 물탱크가 그림과 같이 마찰 없는 바퀴를 가진 카트에 놓여 있다. 카트는 질량 $M = 10$ kg의 사각형 블록에 케이블로 묶여 있으며, 지면에 대한 블록의 정지 마찰계수는 $\mu = 0.55$이다. 탱크 출구를 막고 있던 문을 제거한다면, 이때 생기는 출구유동은 탱크를 움직이게 하는 데 충분한가? (물유동은 마찰이 없으며, 제트 속도는 $V = \sqrt{2gy}$로 가정하라. 여기서 $h = 2$ m는 물 깊이이다.) 탱크를 그 자리에 유지하기에 충분한 최소질량 M을 구하라.

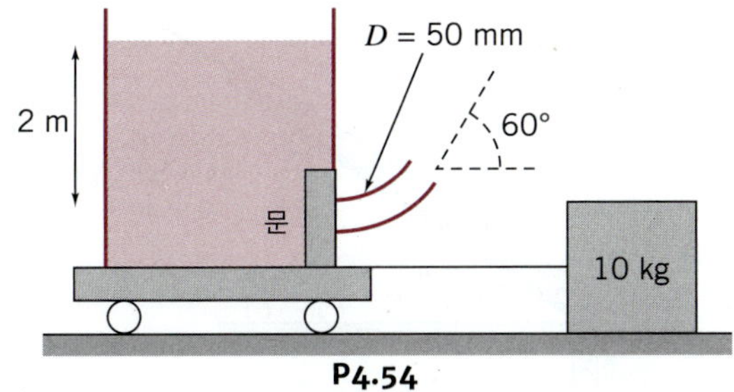

P4.54

4.55 폭 2 m, 높이 2.4 m인 수문이 바닥에 힌지로 연결되어 있다. 수문의 한쪽 면은 2 m 깊이의 물로 채워져 있고, 다른 쪽은 직경 5 cm의 물제트가 2 m 높이에서 수문에 부딪히고 있다. 수문을 수직하게 유지하기 위해 필요한 제트의 속도 V는 얼마인가? 1.0 m 깊이로 낮게 물이 채워져 있다면 요구되는 속도는 어떻게 되는가? 물 깊이가 0.25 m로 낮게 채워져 있다면 요구되는 속도는 어떻게 되는가?

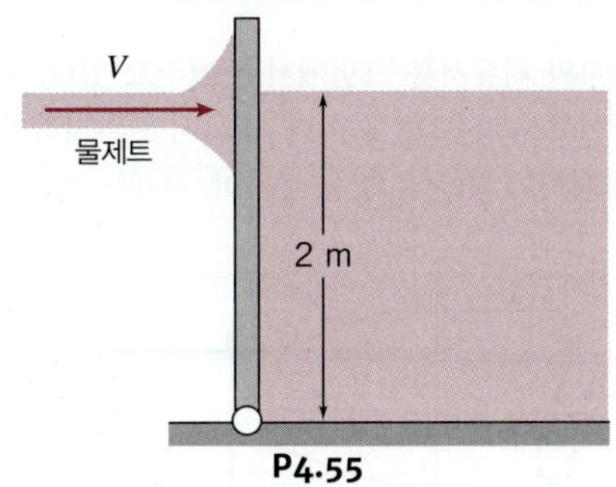

P4.55

4.56 농부가 지방 협동조합으로부터 675 kg의 곡물을 구입한다. 곡물은 출구직경이 0.3 m인 호퍼로부터 픽업트럭에 적재되고, 적재 담당자는 저울이 가리키는 트럭의 총 질량을 시간의 함수로 관측하여 유료하중을 결정한다. 호퍼로부터 곡물유동($\dot{m} = 40$ kg/s)은 저울의 눈금이 원하는 총 질량에 도달했을 때 중지된다. 곡물의 밀도가 600 kg/m^{3}이라면, 실제의 유료하중을 구하라.

4.57 노즐이 붙어 있는 정원용 호스는 20갈론의 통을 채우는 데 사용된다. 호스의 내부 직경이 4 cm이고, 노즐 출구에서는 0.9 cm로 줄어든다. 통에 물을 다 채우는 데 60 s가 걸린다면, 다음을 구하라.

(a) 호스를 통한 체적 유량률과 질량 유량률

(b) 노즐 출구에서의 평균 속도

4.58 얇은 원형 접시 중심에 날카로운 오리피스가 설치되어 있다. 속도 V인 물제트가 접시에 동심원 형태로 부딪힌다. 오리피스로부터 유출하는 제트가 속도 V를 가질 때, 접시를 그 위치에 지지하는 데 필요한 외력에 대한 식을 구하라. $V = 5$ m/s, $D = 100$ mm, $d = 25$ mm일 때 힘을 계산하라. 필요한 힘을 직경비를 매개변수로 하여 θ의 함수로 d의 적당한 범위와 $0 \leq \theta \leq 90°$인 범위에 대하여 그림으로 그려라.

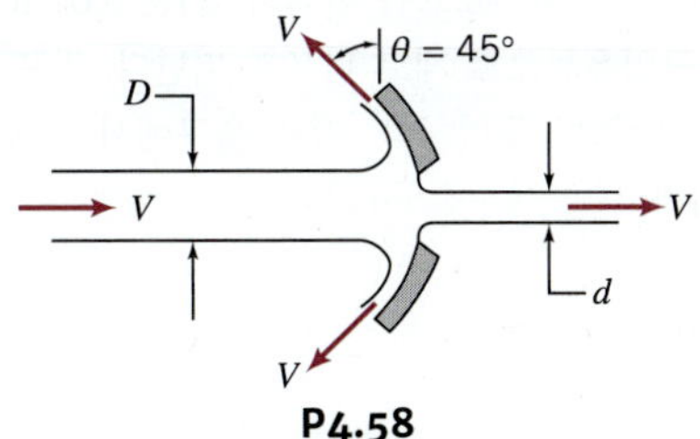

P4.58

4.59 180° 엘보에서 직경이 0.2 m인 입구에서 0.8 m/s의 평균속도 및 350 kPa (gage)의 압력으로 물이 들어온다. 출구압력은 75 kPa이고, 직경은 0.04 m이다. 엘보를 그대로 유지하기 위해 요구되는 힘을 구하라.

4.60 그림과 같이 180° 엘보를 통하여 물이 정상적으로 유동하고 있다. 엘보 입구의 계기압력은 103 kPa이고, 물은 대기압으로 방출된다. 입구 및 출구 단면의 유동성질은 균일하고, $A_1 = 2{,}500$ mm^2, $A_2 = 650$ mm^2 및 $V_1 = 3$ m/s이다. 엘보를 그 위치에 지지하는 데 필요한 힘을 구하라.

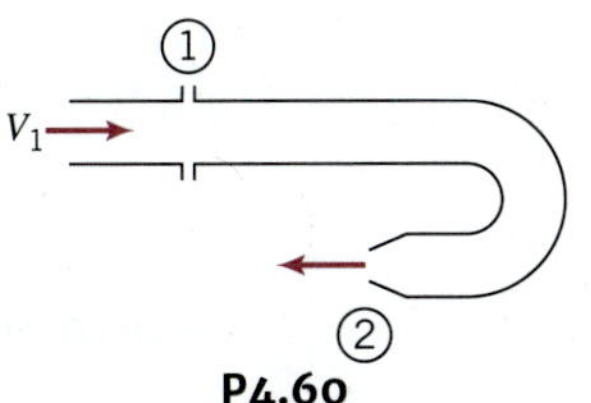

P4.60

4.61 그림과 같이 물이 노즐을 통하여 정상유동하여 대기 중에 방출된다. 플랜지 이음 연결부에 작용하는 힘의 수평 분력을 구하라. 연결부가 인장력을 받는지 압축력을 받는지 나타내라.

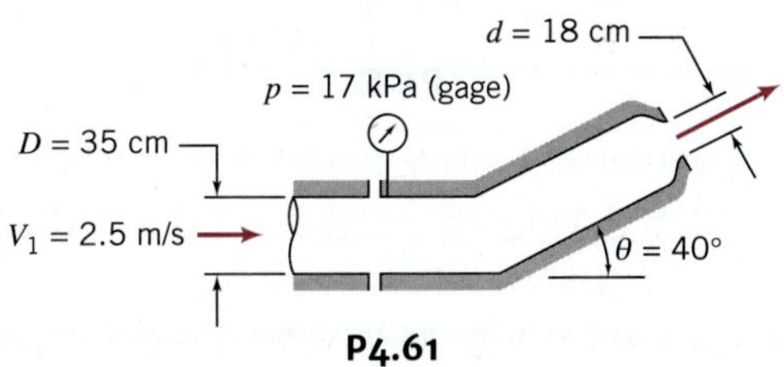

P4.61

4.62 한 분무장치를 그림에서 보여준다. 물은 면적 $A = 1{,}900$ mm^{2}인 플랜지 이음의 구멍을 통하여 $p = 10$ kPa (gage)로 공급되며, 대기압 상태에서 정상 자유제트로 유출된다. 제트면적과 속도는 각각 $a = 650$ mm^{2}와 $V = 4.6$ m/s이다. 이 분무장치의 질량은 0.09 kg이고, $\forall = 196$ cm^{3}의 물을 담고 있다. 분무장치에 의해 급수 파이프에 작용되는 힘을 구하라.

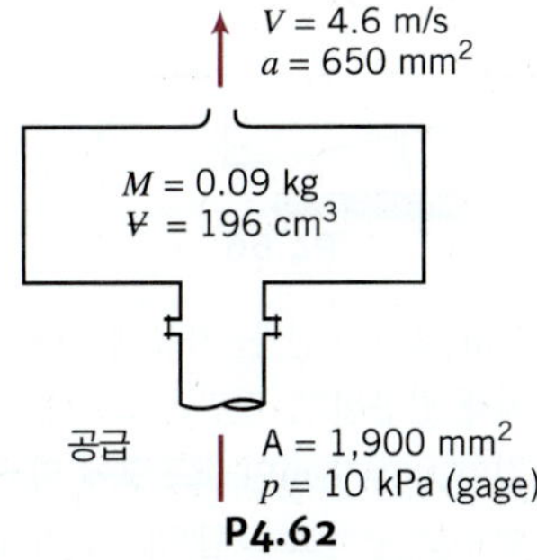

P4.62

4.63 50 mm 직경의 평판 오리피스가 직경 100 mm인 파이프 끝에 설치되어 있다. 물은 파이프와 오리피스를 통하여 0.57 m^3/s 율로 유동한다. 오리피스 하류의 물제트 직경은 38 mm이다. 오리피스를 그 장소에 지지하는 데 필요한 외부의 힘을 계산하라. 파이프 벽에서의 마찰은 무시한다.

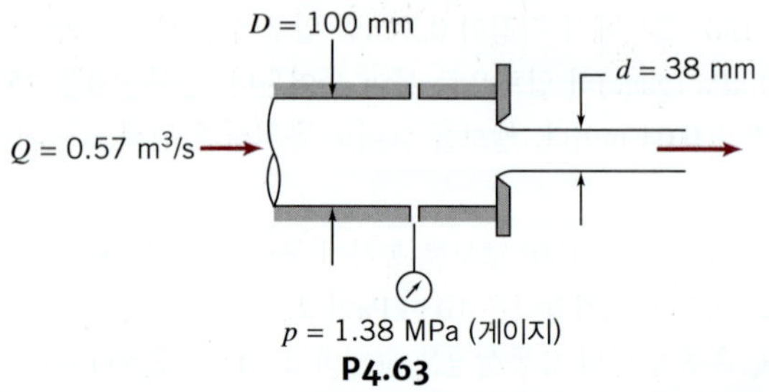

P4.63

4.64 그림과 같이 노즐은 180° 부채꼴로 얇은 물줄기를 토출한다. 물의 속도는 15 m/s이고, 급수 파이프 중심선으로부터 반경 0.3 m 거리에 있는 제트의 두께는 30 mm이다. (a) 제트 시트에서 물의 체적유량, (b) 노즐을 그 위치에 지지하는 데 필요한 힘의 y 성분을 구하라.

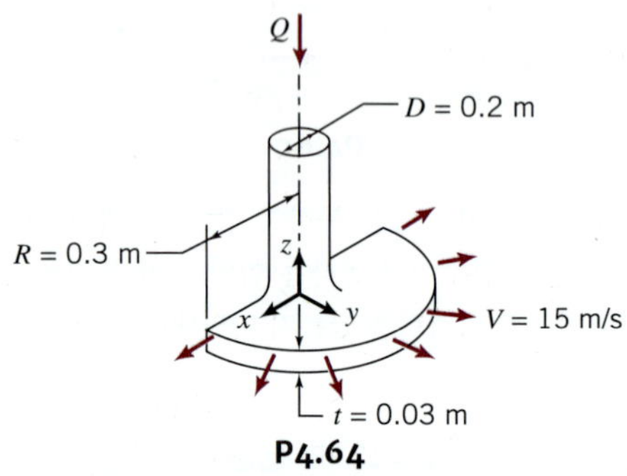

P4.64

4.65 한 액체연료용 로켓 모터가 정격추력을 낼 때 산화제로 질산 60 kg/s, 연료로 아닐린 30 kg/s을 소모한다. 유동은 105 kPa 압력에서 160 m/s의 노즐에 상대적인 속도로 축 방향으로 유출된다. 노즐 출구 직경은 $D = 0.4$ m이다. 표준 해수면 압력에서 실험장치의 로켓 모터가 발생시키는 추력을 계산하라.

4.66 한 대표적인 엔진 시험장치를 실험자료와 함께 그림에 보여준다. 연료는 엔진의 꼭대기에서 수직 방향으로 유입공기의 2%로 공급된다. 주어진 조건하에서 엔진을 통과하는 공기유량을 계산하고 추력을 구하라.

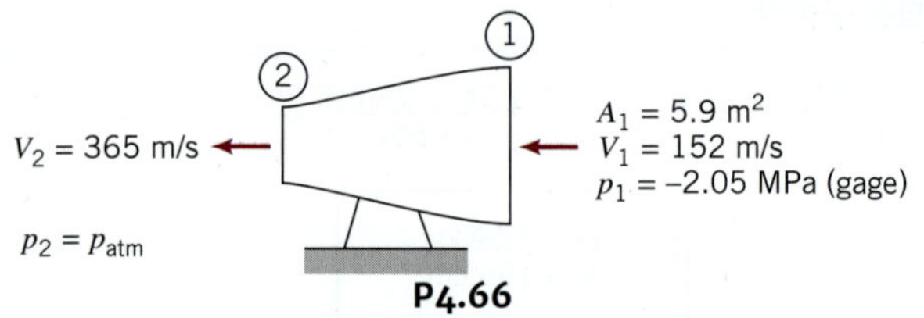

P4.66

4.67 다면적이 0.01 m^{2}로 일정한 물 자유제트가 그림과 같이 힌지된 길이 2 m의 평판에 의해 편향된다. 평판은 스프링상수 $k = 500$ N/m이고 압축되지 않은 길이 $x_0 = 1$ m인 스프링에 의해 지지된다. 편향각 θ를 제트 속도 V의 함수로 구하고 그림으로 그려라. $\theta = 5°$의 편향을 가질 때 제트 속도는 얼마인가?

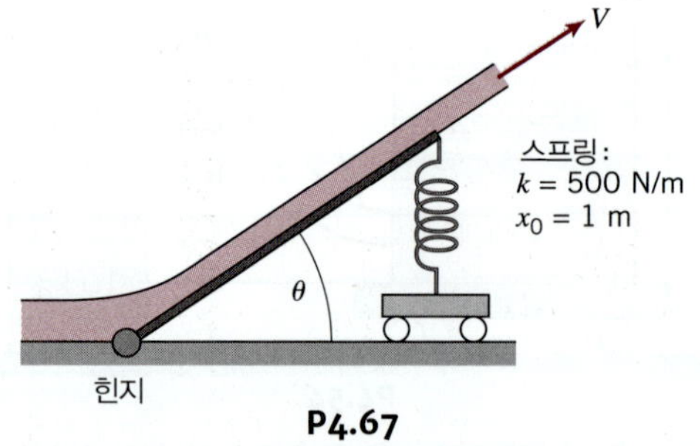

P4.67

4.68 항공기가 981 km/hr의 속도로 비행하고 있다. 제트엔진에 들어오는 공기의 밀도가 0.846 kg/m^{3}이고, 제트엔진의 정면 흡입구 면적은 0.90 m^{2}이다. 엔진의 배기가스가 제트엔진으로부터 1,070 km/hr의 속도로 배출되고 있다. 배기가스의 밀도는 0.615 kg/m^{3}이고, 엔진의 배출구의 면적은 0.665 m^{2}이다. 엔진에 들어오는 연료의 질량 유량률을 kg/s로 구하라.

4.69 배관장치의 리듀서를 그림에서 보여주고 있다. 리듀서의 내부 체적은 0.2 m^{3}이고 질량은 25 kg이다. 리듀서를 지지하기 위하여 주위의 파이프가 지탱해야 하는 총 힘을 구하라. 유체는 휘발유이다.

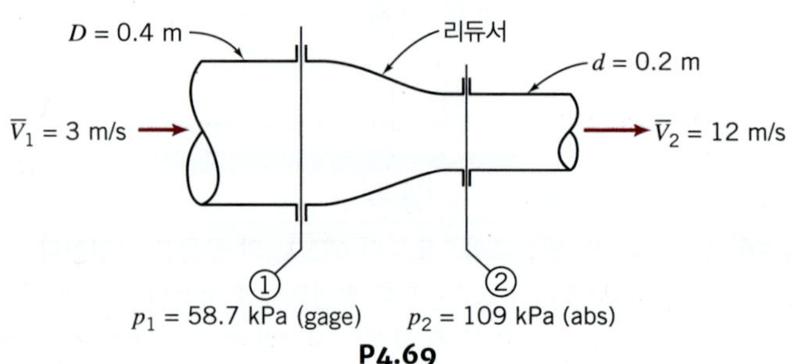

P4.69

4.70 그림과 같이 대기로 배출하는 휘어진 노즐장치가 있다. 노즐의 무게는 4.5 kg이고, 내부 체적은 0.002 m^{3}이다. 유체는 물이다. 노즐이 입구 파이프의 커플링에 작용하는 반력을 구하라.

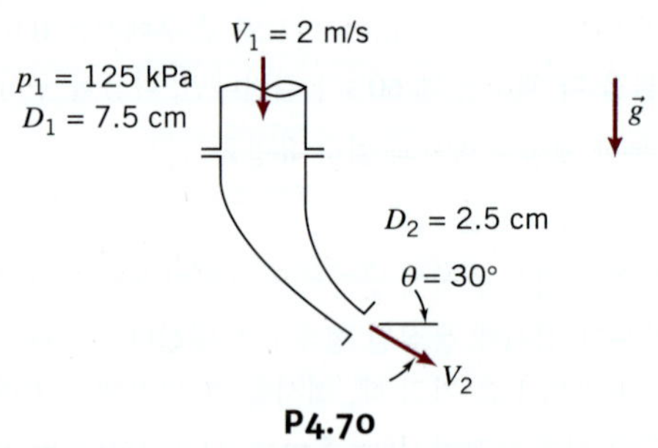

P4.70

4.71 물제트 펌프의 제트면적은 0.009 m^{2}이고, 제트 속도는 30.5 m/s이다. 제트는 속도 $V_s = 3$ m/s인 제2의 물 흐름 속에 있다. 파이프의 총 면적(제트면적과 제2흐름 면적의 합)은 0.07 m^{2}이다. 물은 완전히 혼합되어 균일유동으로 제트 펌프를 떠난다. 펌프 입구에서는 제트와 제2흐름의 압력이 동일하다. 펌프 출구에서의 속도와 압력상승 $p_2 - p_1$을 구하라.

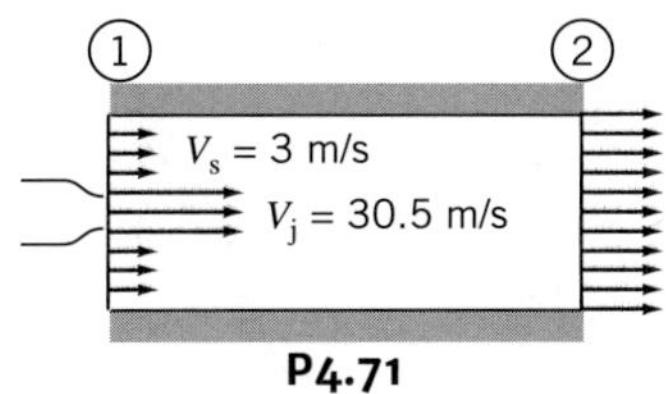

P4.71

4.72 단면적이 0.05 m^2인 긴 직선 파이프를 통과하는 공기의 정상 단열 유동을 고려하자. 공기는 입구에서 200 kPa (gage), 60°C이며, 150 m/s 속도를 가진다. 또 출구에서는 80 kPa이고, 300 m/s 속도를 가진다. 파이프에 작용하는 공기의 축 방향 힘을 구하라(방향을 명시하라).

4.73 어느 단관(monotube)형 보일러는 내경이 9.5 mm이고, 길이가 6 m인 하나의 파이프로 구성되어 있다. 물은 3.45 MPa (abs)의 압력과 0.135 kg/s의 율로 들어가고, 증기는 12.4 kg/m^3의 밀도와 2.76 MPa (gage)의 압력으로 나간다. 유동하는 유체가 파이프에 작용하는 힘의 크기와 방향을 구하라.

4.74 기체가 단면적이 0.15 m^2로 일정한 가열된 다공질 파이프를 통하여 정상유동하고 있다. 파이프 입구에서의 절대압력은 400 kPa이고, 밀도는 6 kg/m^3이며, 평균속도는 170 m/s이다. 다공질 벽을 통과하는 유체는 파이프의 축 방향에 수직한 방향으로 나가고, 이 벽을 통과하는 총 유량은 20 kg/s이다. 파이프 출구에서 절대압력은 300 kPa이고, 밀도는 2.75 kg/m^3이다. 파이프에 작용하는 유체의 축 방향 힘을 구하라.

4.75 직경이 250 mm인 파이프 벽에 뚫린 좁고 긴 구멍으로부터 물이 배출되며, 배출되는 유량은 0.4 m^3/s이다. 구멍으로 나오는 수평 2차원 물제트는 길이가 1.5 m이고 두께가 30 mm이며, 비균일 속도이다. 즉, 위치 ②에서의 속도가 위치 ①에서의 속도의 2배이다. 입구단면에서 압력은 60 kPa (gage)이다. (a) 파이프 내 및 위치 ①과 위치 ②에서의 속도, (b) 물을 분사하는 파이프를 그 위치에서 지지하기 위하여 커플링에 요구되는 힘을 구하라. 단 파이프와 파이프 속에 담긴 물의 질량은 무시한다.

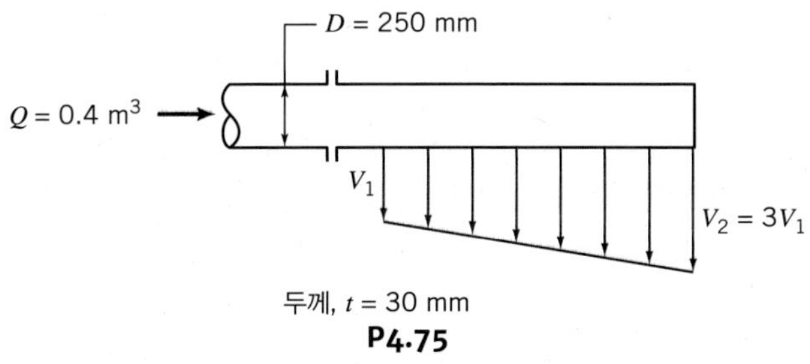

P4.75

4.76 문제 4.32의 정사각형 벤드를 통하여 물이 정상상태로 유동한다. 입구에서의 유동압력은 p_1 = 185 kPa (abs)이다. 출구에서의 유동은 균일하지 않고 수직하며 대기압이다. 채널 구조물의 질량은 M_c = 2.05 kg이고, 채널 내부의 체적은 V = 0.00355 m^3이다. 이 채널장치가 급수 파이프에 작용하는 힘을 계산하라.

4.77 한 작은 원형 물체가 직경 0.75 m인 풍동 속에서 시험된다. 단면 ①과 ②의 압력은 균일하다. 상류의 압력은 30 mm H_2O (gage)이고 하류의 압력은 15 mm H_2O (gage)이며, 평균 공기속도는 12.5 m/s이다. 단면 ②에서 속도 형상은 선형이다. 즉, 풍동 중심선에서 0이고 벽에서 최대로 변화한다. (a) 풍동 내의 질량유량, (b) 단면 ②에서 최대속도, (c) 물체와 물체를 지지하는 깃의 항력을 각각 구하라. 단, 풍동 벽에서의 점성저항은 무시한다.

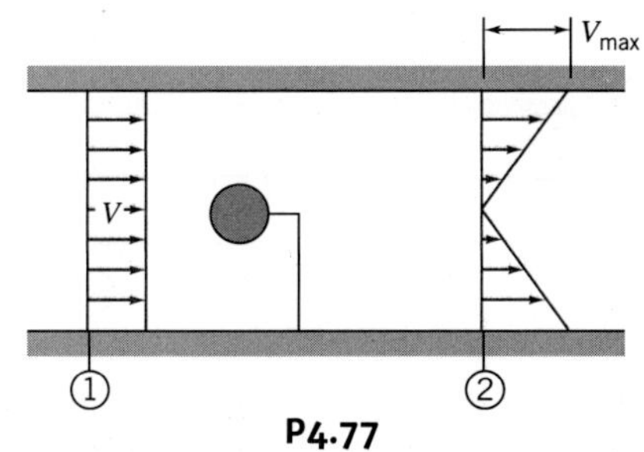

P4.77

4.78 높이가 $2h$ = 100 mm이고, 폭 w = 25 mm인 2차원 채널의 입구 영역에서 비압축성 유체가 정상적으로 유동한다. 유량 Q = 0.025 m^3/s이다. 채널 입구에서의 균일속도 U_1을 구하라. 하류단면에서의 속도분포는

$$\frac{u}{u_{max}} = 1 - \left(\frac{y}{h}\right)^2$$

이다. 하류단면에서 최대속도를 계산하라. 벽에서의 점성저항이 무시될 수 있다면, 채널 내에 존재하는 압력강하를 계산하라.

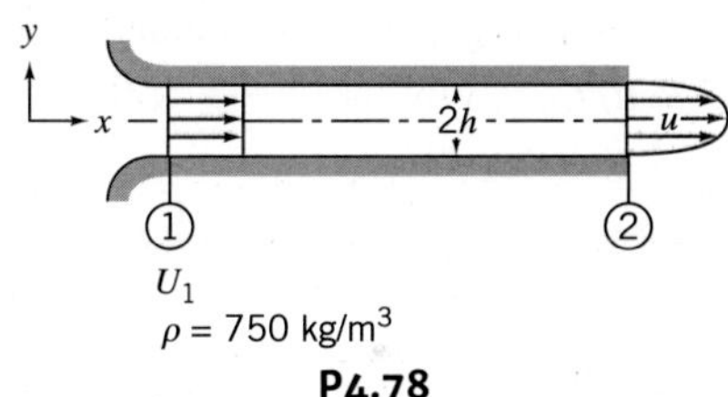

P4.78

4.79 반경 R = 75 mm인 원형파이프의 입구 영역 안에서 비압축성 유체가 정상상태로 유동한다. 유량 Q = 0.01 m^3/s이다. 파이프 입구에서의 균일속도 U_1을 구하라. 하류단면에서의 속도분포는

$$\frac{u}{u_{max}} = 1 - \left(\frac{r}{R}\right)^2$$

이다. 하류단면에서 최대속도를 계산하라. 만일 벽에서의 점성마찰이 무시될 수 있다면, 파이프 속에 존재할 수 있는 압력강하를 계산하라.

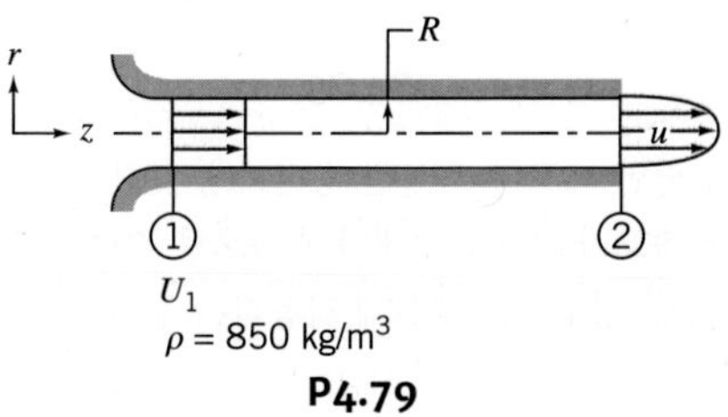

P4.79

4.80 공기가 균일속도 U_1 = 0.870 m/s로 잘 다듬어진 입구를 통하여 직경 D = 25.0 mm인 파이프로 들어간다. L = 2.25 m 거리에 있는 하류단면에서 완전 발달된 속도분포는 다음과 같이 주어진다.

$$\frac{u(r)}{U_c}=1-\left(\frac{r}{R}\right)^2$$

이들 단면 사이의 압력강하는 $p_1 - p_2 = 1.92\ \mathrm{N/m^2}$이다. 파이프가 공기에 작용하는 총 마찰력을 구하라.

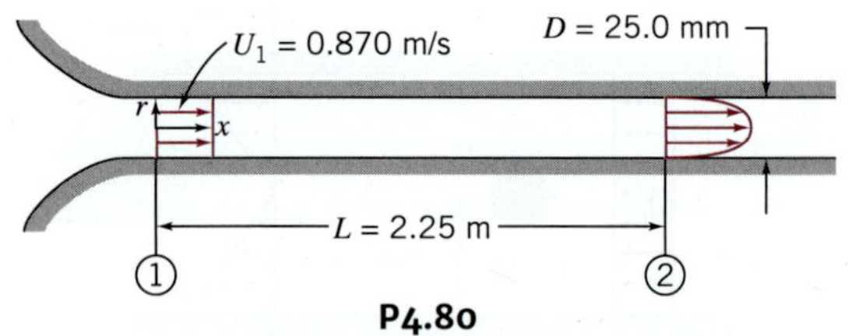

P4.80

4.81 밀도 $\rho = 750\ \mathrm{kg/m^3}$인 유체가 폭 1 m인 평판을 따라 유동한다. 교란되지 않은 자유흐름속도는 $U_0 = 10$ m/s이고, 평판 선단으로부터 $L = 1$ m 거리만큼 떨어진 하류에서의 경계층 두께는 $\delta = 5$ mm이다. 이 위치에서의 속도분포는

$$\frac{u}{U_0}=\frac{3}{2}\frac{y}{\delta}-\frac{1}{2}\left(\frac{y}{\delta}\right)^3$$

이다. 속도분포를 그림으로 나타내라. 평판을 정지상태로 지지하는 데 필요한 단위폭당 힘의 수평 분력을 계산하라.

4.82 표준조건의 공기가 평판을 따라 유동한다. 교란되지 않은 자유유동의 속도는 $U_0 = 20$ m/s이다. 평면 선단으로부터 $L = 0.4$ m만큼 떨어진 하류에서의 경계층 두께는 $\delta = 2$ mm이다. 이 위치의 속도분포는 근사적으로 $u/U_0 = y/\delta$이다. 평판을 정지상태로 지지하는 데 필요한 단위폭당 수평 분력을 구하라.

4.83 흐르는 물의 평탄한 흐름 속에 끝이 날카로운 스플리터 판을 삽입하여 그림과 같은 유동 형태를 만들었다. 이 유동을 해석하여 θ를 α의 함수로 계산하라. 여기서 α는 $0 \le \alpha < 0.5$이다. 스플리터 판을 그 위치에 지지하는 데 필요한 힘을 계산하라(물유동과 스플리터 판 사이의 마찰력은 모두 무시한다). θ와 R_x를 α의 함수로 그림으로 그려 나타내라.

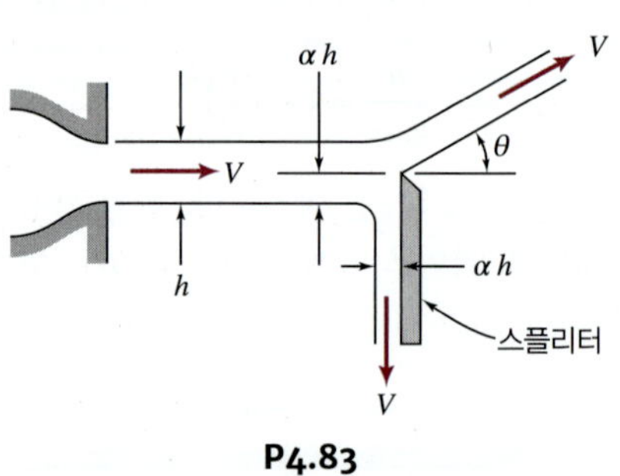

P4.83

4.84 액체의 평면 제트가 경사진 평면에 부딪칠 때, 액체 제트는 두께는 다르지만 속도가 동일한 2개의 흐름으로 갈라진다. 마찰을 무시할 수 있는 유동인 경우에는 평판에 작용하는 전단력은 존재하지 않는다. 이 가정을 사용하여 h_2/h에 대한 식을 평판각 θ의 함수로 유도하라. 결과를 그림으로 나타내고, $\theta = 0$과 $\theta = 90°$인 극한적인 경우에 대하여 설명하라.

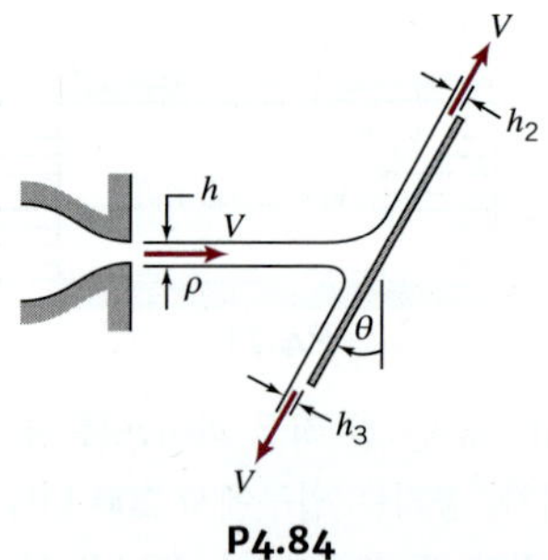

P4.84

***4.85** 13 mm 직경을 가진 수평 축대칭 공기제트가 직경 203 mm의 정지하고 있는 수직 원판을 때린다. 노즐 출구에서 제트의 속도는 69 m/s이다. 원판 중심에 마노미터가 연결되어 있다. 마노미터 액체가 SG = 1.75라면, (a) 편위 h, (b) 제트에 의해 원판에 작용하는 힘을 각각 계산하라.

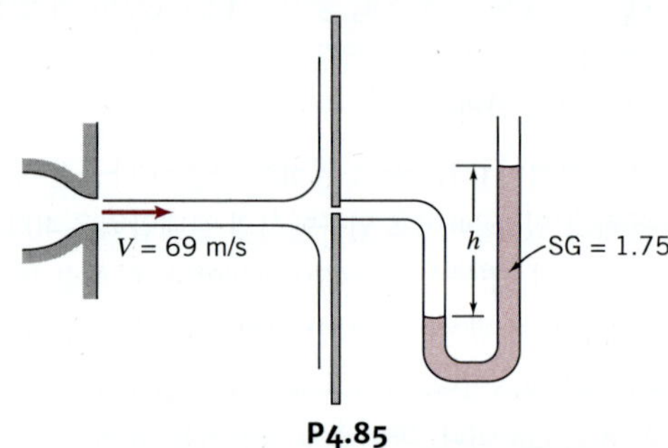

P4.85

***4.86** 학생들이 캠퍼스 잔디밭에서 물호스를 가지고 놀고 있다. 호스를 똑바로 위로 향하였을 때, 물제트는 높이 12 m인 Pritchard 교수 사무실 창문까지 도달한다. 호스 직경이 0.8 cm일 때 물의 유량(L/min)을 계산하라. Pritchard 교수가 마침 나타나 그의 손을 호스 바로 위에 놓아 제트가 축대칭적으로 측면으로 분사되도록 하였다. 그가 느끼는 최대압력 및 전체 힘을 계산하라. 다음 날 학생들은 다시 잔디밭에서 물호스를 가지고 놀면서, 이번에는 높이 17 m인 Fox 교수 사무실 창문을 목표로 하였다. 당연히 Fox 교수가 나타나 Pritchard 교수와 같이 물을 차단했을 때, 유량(L/min) 및 그가 느끼는 최대압력과 전체 힘을 계산하라.

***4.87** 균일한 물제트가 15 mm 직경의 노즐로 부터 아래쪽으로 흐른다. 노즐 출구면에서 제트의 속도는 2.5 m/s이다. 제트는 수평 원판에 충돌한 후 얇은 판형시트 형상으로 되어 반경 외향으로 유동한다. 액체 흐름이 원판 높이에 도달할 때 얻게 되는 속도에 대한 일반식을 구하라. 원판과 물 시트의 질량을 무시할 때, 원판을 정지상태로 지지하는 데 필요한 힘에 대한 식을 유도하라. $h = 3$ m에 대하여 계산하라.

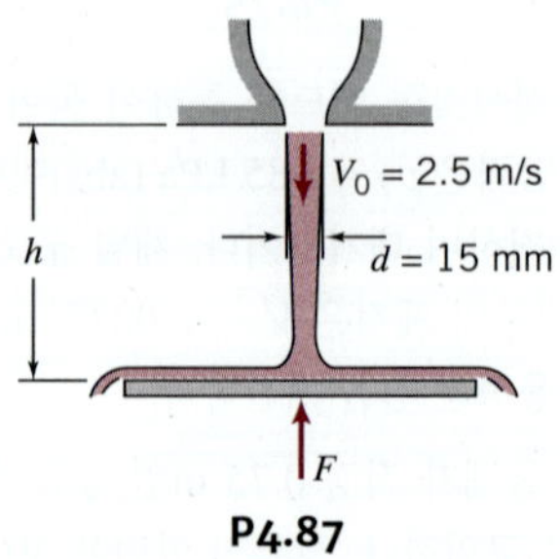

P4.87

*이 문제들은 교재 내용의 연속성을 잃지 않으면서 생략할 수 있었던 절의 내용들을 필요로 한다.

***4.88** 질량 3 kg인 원판이 수평 방향으로는 움직일 수 없으나, 수직 방향으로는 자유롭게 움직인다. 원판 아래로부터 분사되는 수직 물제트가 원판을 때린다. 노즐 출구에서 물제트의 속도와 직경은 15 m/s와 35 mm이다. 물제트의 속도에 대한 일반식을 높이 h의 함수로 구하라. 원판이 상승하여 정지하게 되는 높이를 계산하라.

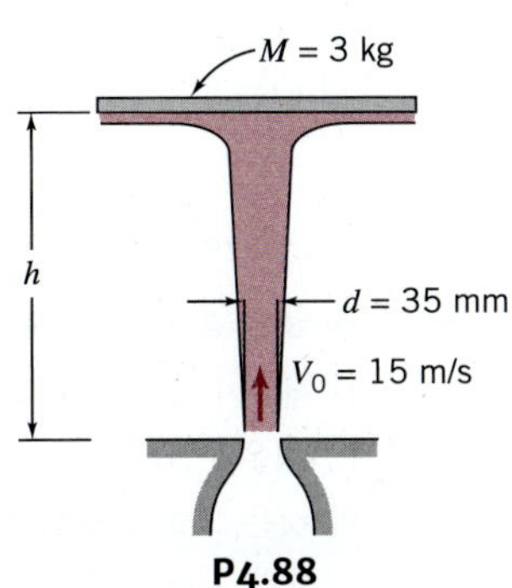

P4.88

***4.89** 그림에서처럼 원추형 물체를 지지하기 위하여 직경 D인 제트로부터 나오는 물이 사용된다. 물제트에 의하여 지지될 수 있는 원추와 물의 결합된 질량 M에 대한 식을 적절히 선택된 검사체적에 관련된 변수들의 항으로 유도하라. $V_0 = 10$ m/s, $H = 1$ m, $h = 0.8$ m, $D = 50$ mm, $\theta = 30°$일 때 유도된 식을 이용하여 M을 계산하라. 검사체적 내 물의 질량을 계산하라.

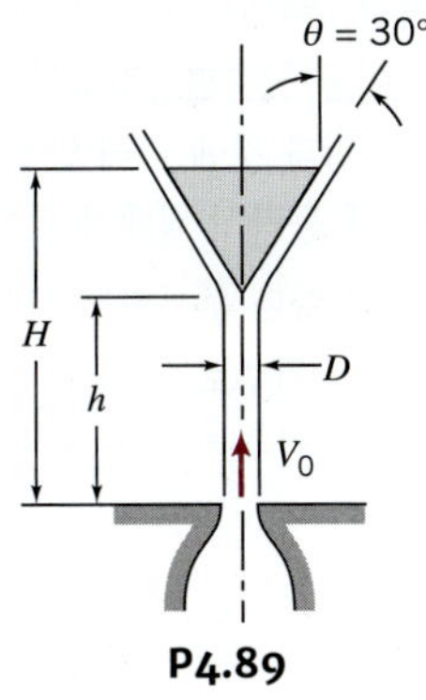

P4.89

***4.90** 직경 60 mm의 노즐로부터 분사되는 표준조건 상태인 공기의 흐름이 그림과 같이 곡선 깃을 때린다. 물이 채워진 U자형 마노미터에 연결된 정체압 튜브가 노즐 출구면에 설치되어 있다. 노즐을 지나가는 공기의 속도를 계산하라. 제트가 깃에 작용하는 힘의 수평 분력을 계산하라. 이 문제를 풀기 위하여 사용한 각 가정에 대하여 언급하라.

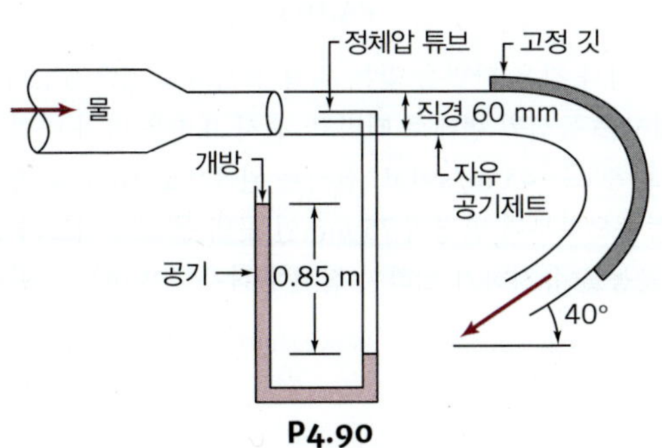

P4.90

***4.91** 물 파이프에 설치된 벤투리 미터는 수축부, 일정한 면적을 갖는 목 및 확대부로 구성되어 있다. 파이프 직경 $D = 100$ mm이고, 목 직경 $d = 50$ mm이다. 파이프의 물 압력이 200 kPa (gage)이고 유량이 1,000 L/min일 때, 수축부에 작용하는 힘을 구하라. 이 해석을 할 때 점성의 영향은 무시하라.

***4.92** 부엌 수도꼭지를 살짝 틀어 매우 가느다란 물줄기를 싱크로 흐르게 하니, 물줄기가 유리같이 매끄럽고(층류) 처음 50 mm를 하강하는 동안 더 좁아지나 매끄러움을 유지하는 것이 관찰되었다. 유동을 측정하니 1 L 병을 채우는 데 3분 걸리고, 물줄기가 초기에 직경 5 mm인 것으로 추정되었다. 모든 단면에서 속도가 균일하고 점성효과를 무시할 수 있다고 가정하여, z의 함수로 물줄기 속도 및 직경 변화를 그림으로 나타내라(꼭지 출구를 좌표 원점으로 택하라). 50 mm 하강한 지점에서의 물줄기 속도 및 직경을 구하라.

***4.93** 저속으로 운동하는 비압축성 액체의 흐름이 아래쪽으로 향한 노즐을 통하여 흐른다. 어떤 단면에서도 속도는 균일하다고 가정하며, 점성의 영향은 무시한다. 노즐 출구에서 제트의 속도와 면적은 각각 V_0와 A_0이다. 유동 방향으로 길이가 dz인 미소 검사체적에 질량보존법칙과 운동량 방정식을 적용하여 제트 속도와 면적의 변화에 대한 식을 z의 함수로 유도하라. 제트의 면적이 원래 값의 절반이 되는 거리를 계산하라(노즐 출구를 좌표의 원점으로 택하라).

***4.94** 점성을 무시할 수 있는 비압축성 액체가 그림과 같이 총 체적유량 Q로 2개의 구멍을 통하여 평행판 사이의 좁은 공간 속으로 공급된다. 구멍으로부터 멀리 떨어진 액체유동은 반경 방향으로만 운동한다. 모든 수직단면에서 유동은 균일하고, $r = R$에서 대기압으로 방출한다고 가정하자. 압력 변화에 대한 식을 반경의 함수로 구하라. **힌트:** 반경 r 위치에서 두께 dr의 미소 검사체적에 질량보존법칙과 운동량 방정식을 적용하라.

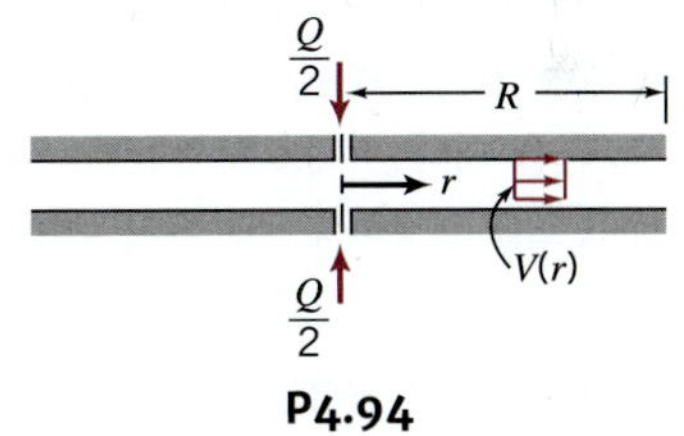

P4.94

***4.95** 액체가 폭이 b인 짧고 수평인 직사각형 개수로 안으로 수직하게 떨어진다. 총 체적유량 Q는 면적 bL 전체에 균일하게 분포되어 있다. 점성효과를 무시할 때, h_1에 대한 식을 h_2, Q, b의 항으로 구하라. **힌트:** $x = L$의 위치에 외부 경계를 가지는 검사체적을 선택하라. 표면 형상 $h(x)$를 그려라. **힌트:** 폭이 dx인 미소 검사체적을 사용하라.

*이 문제들은 교재 내용의 연속성을 잃지 않으면서 생략할 수 있었던 절의 내용들을 필요로 한다.

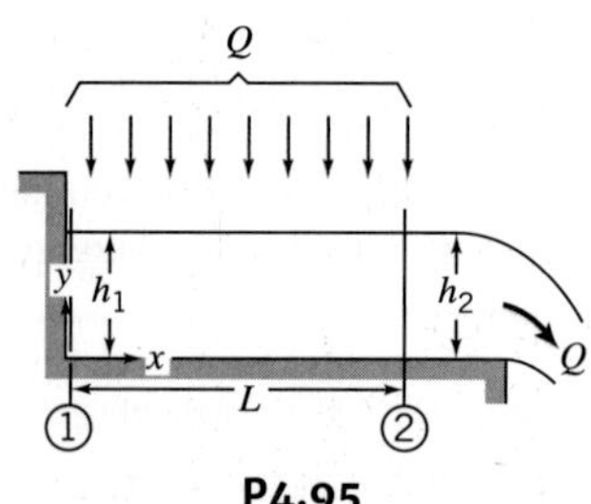

P4.95

4.96 물제트가 어떤 깃에 분사된다. 그 깃은 터빈의 깃(blade)이 될 수 있고, 어떤 다른 수력기계의 부품이 될 수 있다. 물은 25 m/s 속도로 직경 40 mm의 정지 노즐을 떠나서 점 A의 표면에 접선 방향으로 깃에 들어간다. 점 B에서 깃의 내부 표면은 x방향과 $\theta = 150°$의 각을 이룬다. $U = 5$ m/s의 일정 깃 속도를 유지하기 위해 작용되어야 하는 힘을 계산하라.

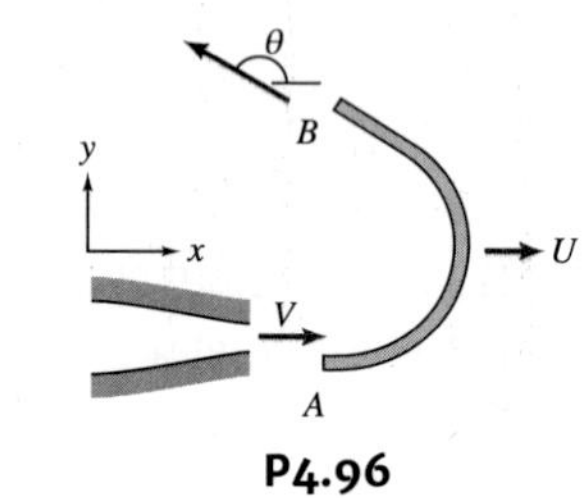

P4.96

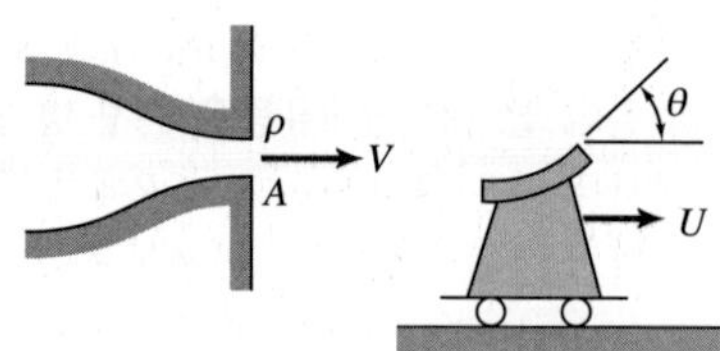

P4.97, P4.100, P4.102, P4.109

4.97 정지 노즐에서 나온 물이 $\theta = 120°$의 편향각을 가진 이동깃에 부딪힌다. 깃은 일정 속도 $U = 20$ m/s로 노즐에서 멀어져 가면서, $V = 50$ m/s 속도로 노즐을 떠나는 제트를 받는다. 노즐의 출구면적은 0.008 m^2이다. 깃의 속도를 일정하게 유지하기 위해 작용되어야 하는 힘을 구하라.

4.98 그림과 같은 단면을 가진 원형 접시의 외경은 0.20 m이다. 속도 35 m/s의 물제트가 동심원적으로 접시에 부딪힌다. 접시는 15 m/s로 좌측으로 이동한다. 제트의 직경은 20 mm이다. 접시 중심에 구멍이 있어서 직경 10 mm의 물 흐름을 저항 없이 통과하도록 한다. 분사된 제트의 나머지 물은 방향을 바꾸어 접시를 따라 유동한다. 접시의 유동을 유지시키는 데 필요한 힘을 계산하라.

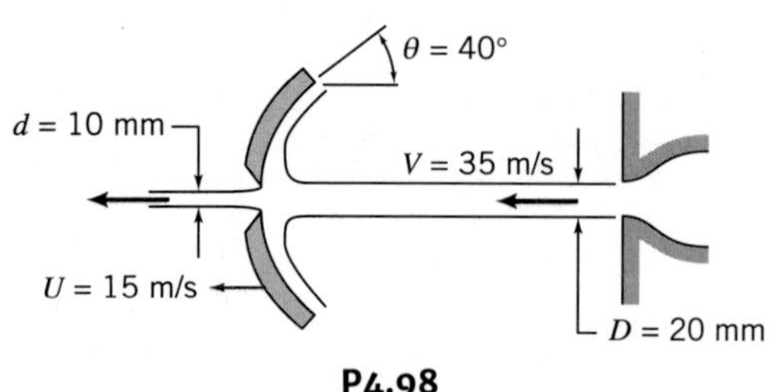

P4.98

4.99 제트 보트는 물에서 측면의 벤트를 통해 물을 유입하여 직경 $D = 80$ mm인 노즐을 통해 V_j의 속도로 배출한다. 보트에 걸리는 항력은 $F_{\text{drag}} \propto kV^2$으로 주어지며, 여기서 V는 보트속도이다. 정상속도 V에 대한 표현식을 물의 밀도 ρ, 시스템을 통한 체적유량 Q, 상수 k 및 제트 속도 V_j의 항으로 구하라. 제트 속도 $V_j = 20$ m/s가 $V = 15$ m/s의 보트속도를 만들어낸다.

(a) 이들 조건에서 새로운 유량 Q는 얼마인가?

(b) 상수 k값을 구하라.

(c) 제트 속도가 $V_j = 30$ m/s로 증가하면, 보트속도 V는 얼마인가?

(d) (c)의 조건하에서 새로운 유량은 얼마인가?

4.100 어떤 기름(SG = 0.8) 제트가 유체의 유동 방향을 180°로 바꾸는 곡선깃에 부딪힌다. 제트면적은 1,200 mm^2이고, 정지 노즐에 대한 상대속도는 20 m/s이다. 이 깃은 노즐을 향하여 10 m/s로 움직인다. 깃의 속도를 일정하게 유지하기 위해 작용되어야 하는 힘을 결정하라.

4.101 Canadair CL-215T 수륙양용 항공기는 소방용으로 특별히 설계된 것이다. 이 항공기는 호수나 강이나 바다로부터 12초에 6,120리터의 물을 퍼올릴 수 있는 유일한 생산기종이다. 타당한 속도 범위에 대하여 물을 퍼올리는 동안 요구되는 추가적인 추력을 항공기 속도의 함수로 구하라.

4.102 문제 4.97에서처럼 충돌되는 물제트의 영향으로 인하여 수평방향으로 일정 속도 U로 이동하는 편향각 θ인 단일 깃을 고려해 보자. 제트의 절대속도는 V이다. 힘과 깃에 의해 발생되는 동력에 대한 일반식을 구하라. $U = V/3$일 때 동력이 최대가 됨을 증명하라.

4.103 우측으로 30 m/s 속도로 분사되는 직경 100 mm인 물제트는 좌측으로 14 m/s로 이동하는 원추로 인하여 편향된다. (a) 반경이 230 mm인 곳의 물제트 두께, (b) 원추를 이동하는 데 필요한 수평 외력을 각각 구하라.

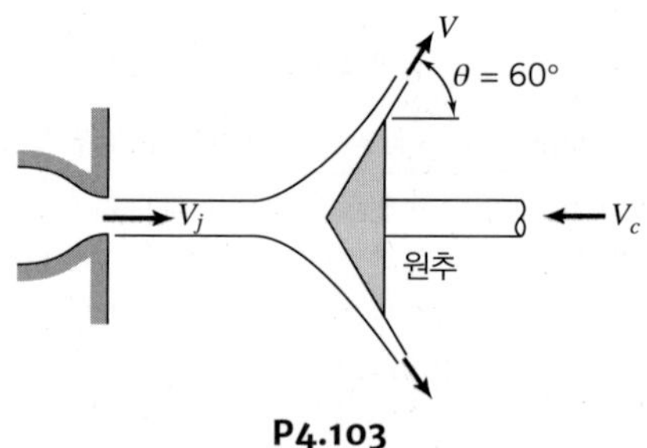

P4.103

4.104 그림과 같은 단면을 갖는 원형 접시의 외경은 0.15 m이다. 물제트는 접시를 동심원 형태로 때리고, 접시 표면을 따라 바깥쪽으로 흐른다. 제트 속도는 45 m/s이고, 접시는 왼쪽으로 10 m/s 속도로 이동한다. 제트축으로부터 반경이 75 mm인 곳의 물제트 시트의 두께를 구하라. 이 운동을 유지하기 위하여 접시에 작용해야 하는 수평력은 얼마인가?

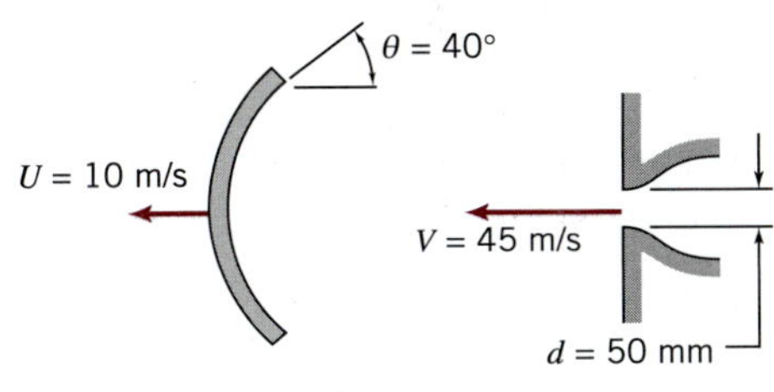

P4.104

4.105 그림과 같이 수평 트랙을 따라 작은 수레를 추진시키기 위하여 정상유동하는 물제트가 사용된다. 수레의 운동에 대한 총 저항은 $F_D = kU^2$으로 주어진다. 여기서 $k = 1.02\ \mathrm{N \cdot s^2/m^2}$이다. 수레의 속도가 $U = 12\ \mathrm{m/s}$되는 순간에 수레의 가속도를 계산하라.

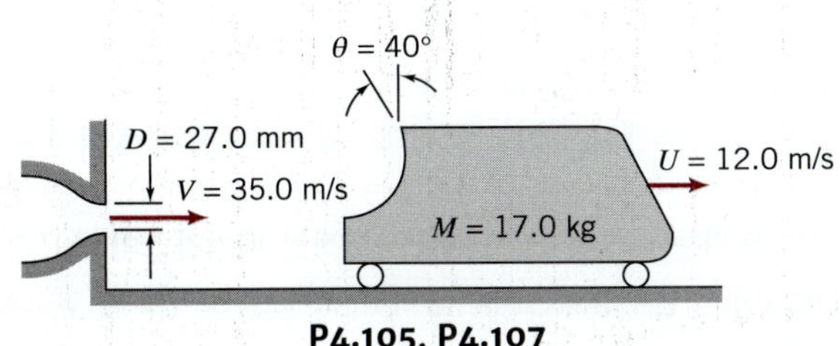

P4.105, P4.107

4.106 그림에 나타낸 것처럼 2차원 평면 물제트가 스플리터 깃을 때리고 2개의 평면유동으로 나뉜다. 스플리터 깃에 작용하는 유효 수직력을 0으로 만드는 데 필요한 질량유량비 $\dot{m}_2/\dot{m}_3$를 구하라. 스플리터 깃에 16 N의 저항력이 작용될 때 깃의 정상속도 U를 구하라.

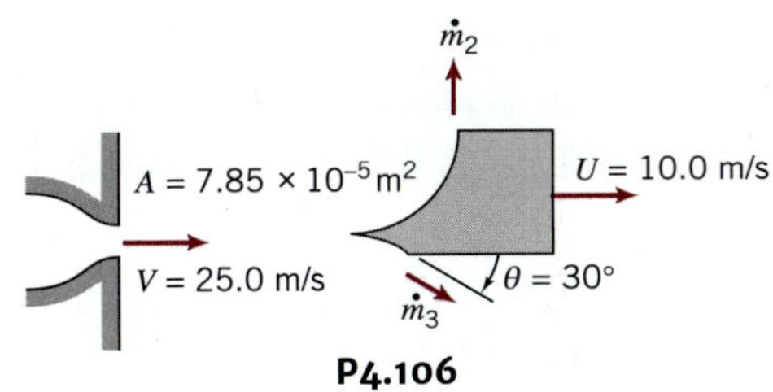

P4.106

직선가속도를 갖는 검사체적에 대한 운동량 방정식

4.107 문제 4.105의 수압식 캐터펄트는 곡선깃에 부딪히는 물제트에 의하여 가속된다. 그 카트는 저항이 없는 수평 트랙을 따라 움직인다. 어느 순간 카트의 속도는 U이다. 정지상태로부터 $U = V/3$까지 가속시키는 데 걸리는 시간을 계산하라.

4.108 그림과 같이 탱크로부터 수평으로 분사되는 액체 제트에 의하여 카트가 추진된다. 트랙은 수평이고, 운동에 대한 저항은 무시될 수 있다. 탱크는 가압되어 있으므로 제트의 속도는 일정하다고 생각할 수 있다. 정지상태로부터 가속될 때 카트의 속도에 대한 일반식을 구하라. $M_0 = 100\ \mathrm{kg}$, $\rho = 999\ \mathrm{kg/m^3}$ 및 $A = 0.005\ \mathrm{m^2}$라면, 30초 후에 수레가 1.5 m/s 속도에 도달하기 위한 제트 속도 V를 구하라. 이 조건에 대해 카트 속도 U를 시간의 함수로 그림으로 그려라. 30초 후 카트의 속도를 제트 속도의 함수로 그림으로 그려라.

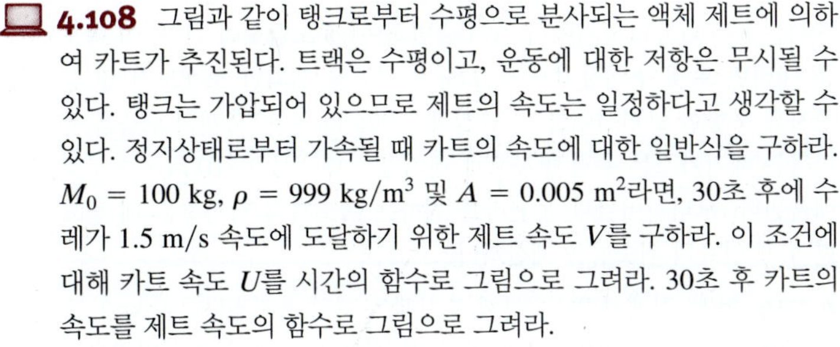

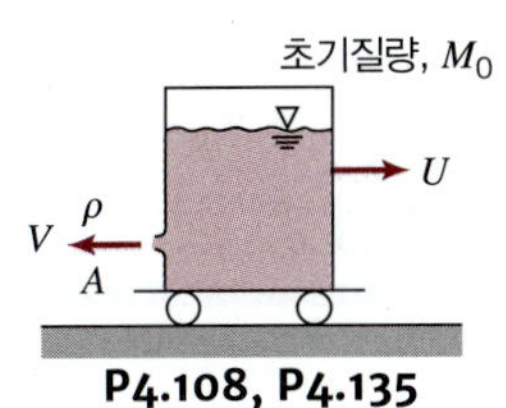

P4.108, P4.135

4.109 문제 4.97의 깃/카트 장치의 가속도는 정지상태로부터 가속될 때 깃의 각 θ의 변화에 의하여 조절된다. 일정 가속도 $a = 1.5\ \mathrm{m/s^2}$가 요구된다. 물제트는 속도 $V = 15\ \mathrm{m/s}$로 면적이 $A = 0.025\ \mathrm{m^2}$인 노즐을 떠난다. 깃/카트의 질량은 55 kg이고, 마찰은 무시하라. $t = 5\ \mathrm{s}$일 때 θ를 구하라. 주어진 일정 가속도에 대하여 t의 적절한 범위 내에서 $\theta(t)$를 도시하라.

4.110 무게가 44,500 N이고 이동속도가 960 km/h인 로켓썰매를 물홈통 속으로 스쿠프를 내려서 제동시키려고 한다. 스쿠프의 폭은 150 mm이다. 썰매의 속도가 32 km/h로 감속되는 데 필요한 시간(물속에 75 mm 깊이로 스쿠프를 내린 후)을 구하라. 썰매 속도를 시간의 함수로 그림으로 그려라.

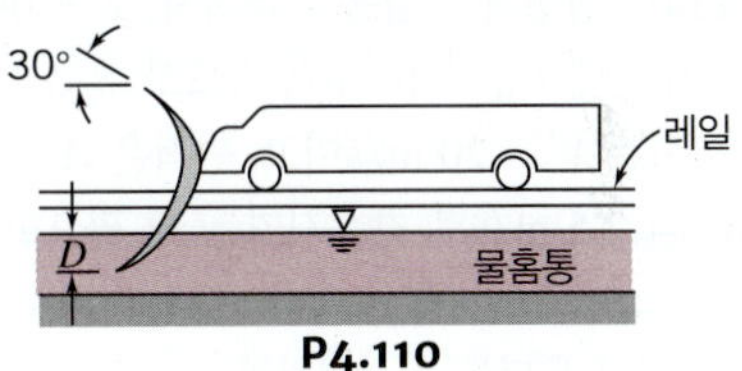

P4.110

4.111 정지상태로부터 출발하는 그림과 같은 카트는 수압식 캐터펄트(액체 제트)에 의하여 추진된다. 제트는 곡면에 부딪힌 후 180° 방향을 바꾸어 수평으로 나간다. 공기저항과 구름저항은 무시될 수 있다. 카트의 질량이 100 kg이고 물제트가 35 m/s 속도로 노즐(0.001 $\mathrm{m^2}$의 면적)을 떠난다면, 제트가 카트에 분사된 지 5초 후에 카트의 속도를 구하라. 카트의 속도를 시간에 대한 함수로 하여 그림으로 나타내라.

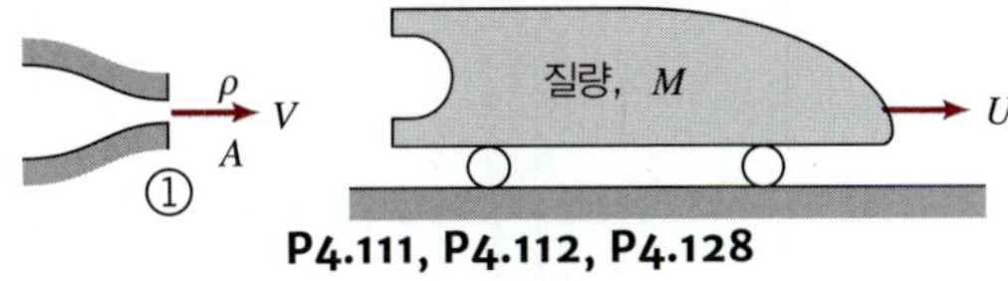

P4.111, P4.112, P4.128

4.112 문제 4.111의 제트와 카트 문제를 고려하지만, 카트 속도의 제곱에 비례하는 공기역학적 항력($F_D = kU^2$)을 포함한다. 여기서 $k = 2.0\ \mathrm{N \cdot s^2/m^2}$이다. 카트의 가속도에 대한 식을 카트의 속도와 다른 주어진 변수들로 표현하라. $U = 10\ \mathrm{m/s}$일 때 카트의 가속도를 계산하라. 이 카트 속도의 종속도에 대한 비는 얼마인가?

4.113 단일 편향깃이 달린 작은 카트가 수평 트랙 위로 굴러간다. 카트의 질량은 $M = 5\ \mathrm{kg}$이며, 초기속도는 $U_0 = 5\ \mathrm{m/s}$이다. $t = 0$일 때 깃은 그림과 같이 반대 방향의 물제트에 부딪힌다. 공기저항이나 주행저항으로 인한 어떤 외부의 힘도 무시한다. (a) 1초, (b) 2초 안에 카트를 정지시키기 위한 물제트 속도 V를 각각 구하라. 또한 각 경우에 대한 이동거리를 구하라.

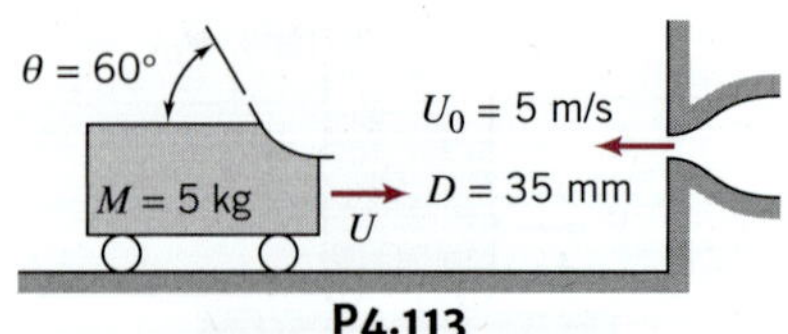

P4.113

4.114 수직면이 있는 질량 M의 직사각형 블록이 그림과 같이 방향이 반대인 2개 제트 사이의 수평면 위를 굴러간다. $t = 0$일 때 블록은 속도 U_0로 운동을 시작한다. 그 후에 $U(t)$ 속도로 제트축과 평행하게 마찰 없이 운동한다. 블록에 붙는 어떠한 액체의 질량도 질량 M과 비교하면 무시할 수 있다. 블록의 가속도 $a(t)$와 블록의 속도 $U(t)$에 대한 일반식을 구하라.

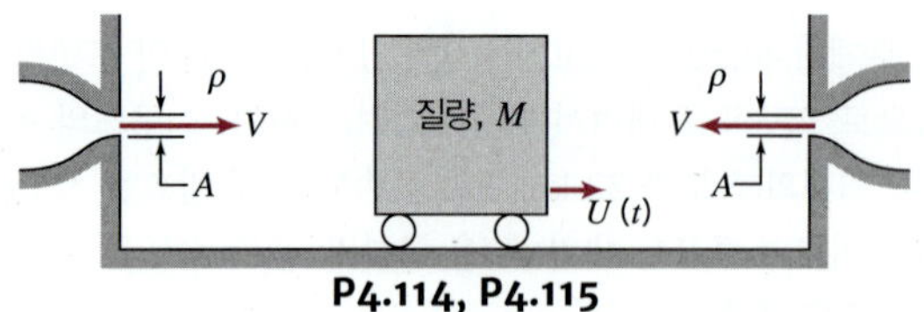

P4.114, P4.115

4.115 문제 4.114의 설명과 그림을 고려하자. $x = 0$에 있던 $M = 5$ kg인 블록을 $t = 0$일 때 $U_0 = 10$ m/s 속도로 우측으로 움직이게 하였다. 물제트의 속도는 $V = 20$ m/s이고, 면적은 $A = 100$ mm^{2}이다. 블록의 속도를 $U = 2.5$ m/s로 감속시키는 데 필요한 시간을 계산하라. 시간에 따른 블록의 위치 x를 그려라. 블록의 최종 정지 위치를 구하라. 블록이 왜 정지하게 되는지 설명하라.

***4.116** 그림에서처럼 물의 수직 제트가 수평 원판에 충돌한다. 원판의 질량은 40 kg이고, 원판이 노즐 출구 위 4 m 높이에 있을 때, 원판은 $U = 8$ m/s로 위쪽 방향으로 이동하고 있다. 이 순간에 원판의 수직 가속도를 계산하라.

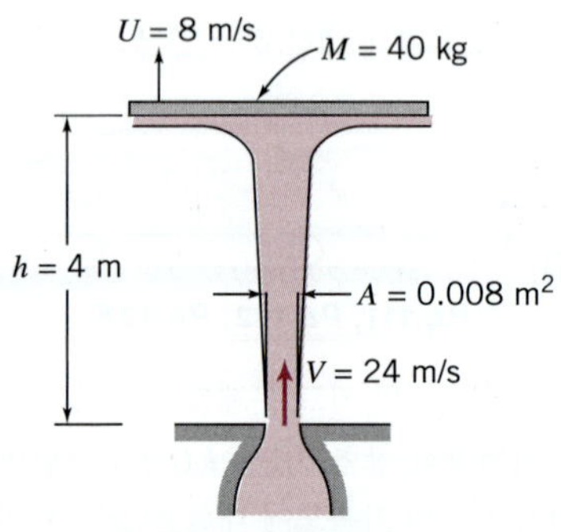

P4.116, P4.117

4.117 수직 물제트가 75 mm 직경의 노즐을 떠난다. 제트는 수평 원판에 충돌한다(문제 4.116 참조). 이 원판은 수평 방향으로는 구속되어 있지만 수직 방향으로는 운동이 자유롭다. 원판의 질량은 35 kg이다. 이 원판을 제트 출구면 위쪽 3 m 높이에 떠 있도록 하는 데 필요한 유량을 구하기 위하여 원판 질량과 유량의 관계를 그림으로 나타내라.

4.118 유인 우주캡슐은 초기속도 $U_0 = 8.00$ km/s로 지구의 대기권 밖에서 궤도비행한다. 캡슐은 대기권 재돌입을 준비하는 과정에서 역추진로켓에 의하여 $U = 5.00$ km/s로 감속된다. 캡슐의 초기질량은 $M_0 = 1{,}600$ kg이다. 로켓은 $m = 8.0$ kg/s로 연료를 소비하며, 배기가스는 캡슐에 대하여 상대적인 속도 $V_e = 3{,}000$ m/s와 거의 무시할 수 있는 압력상태로 분사된다. 이를 위해 필요한 역추진로켓의 작동시간을 추정하라. 역추진로켓이 점화되는 시간의 ±10% 범위에 대한 최종 속도를 작동시간의 함수로 그림으로 그려라.

4.119 공기저항과 주행저항을 무시할 수 있는 로켓썰매가 수평 트랙 위에서 정지상태로부터 가속된다. 썰매의 초기질량은 $M_0 = 600$ kg이다. 로켓은 초기에 150 kg의 연료를 담고 있다. 로켓모터는 연료를 일정률 $\dot{m} = 15$ kg/s로 소비한다. 배기가스는 균일하게 로켓 노즐을 떠나며, 노즐에 상대적인 속도는 축 방향으로 $V_e = 2{,}900$ m/s이고, 압력은 대기압이다. 로켓썰매가 도달할 수 있는 최대속도를 구하라. 달리는 동안 썰매의 최대 가속도를 구하라.

4.120 로켓썰매는 연료 1,000 kg을 포함하여 5,000 kg의 초기질량을 가지고 있다. 썰매가 달리는 트랙에서의 운동저항과 공기저항은 모두 kU로 나타낼 수 있으며, 여기서 k는 50 N · s/m이고, U는 썰매의 속도이며, 단위는 m/s이다. 로켓에 상대적인 배기가스의 출구속도는 1,750 m/s이고, 출구압력은 대기압이며, 50 kg/s로 연료를 연소한다.

(a) 썰매의 속도를 시간의 함수로 그려라.

(b) 최대속도를 구하라.

(c) k를 10% 감소시키면 최대속도는 몇 % 증가하는가?

4.121 초기질량이 800 kg인 로켓썰매가 수평 트랙 위에서 가속된다. 로켓의 모터는 $\dot{m} = 14.5$ kg/s로 일정하게 연료를 연소한다. 로켓의 배기유동은 균일하며 축 방향이다. 가스는 노즐에 상대적인 2,850 m/s로 노즐을 떠나며, 압력은 대기압이다. 연소가 끝나기 전에 썰매를 275 m/s 속도로 추진하는 데 필요한 로켓 연료의 최소질량을 구하라. 저항력은 무시된다고 가정하라.

4.122 로켓모터가 운동에너지 무기를 수평 비행에서 5,600 km/h 속도로 가속시키기 위하여 사용된다. 노즐 출구유동은 축 방향이며, 로켓에 상대적인 속도 9,600 km/h와 대기압 상태로 노즐 출구를 떠난다. $U_0 = 960$ km/h로 수평 비행하는 비행기로부터 로켓 무기가 투하되면 로켓모터는 점화한다. 공기저항을 무시할 때, 무기가 궤도비행에서 도달하는 속도에 대한 대수식을 구하라. 원하는 가속을 얻기 위해 연소되어야 하는 최소연료를 무기의 초기질량에 대한 비로 구하라.

4.123 세계에서 가장 긴 거리의 모터사이클 점프 기록을 시도하는 무모한 모험가가 자문을 청해 왔다고 하자. 새로운 기록을 수립하기 위해서는 875 km/h(평지에서 서서 출발하여)에 도달해야 한다. 이 속도를 내려면 로켓 추진장치가 필요하다. 연료를 제외한 로켓모터 및 운전자를 포함한 모터사이클의 총 질량은 375 kg이다. 로켓의 노즐을 통과하는 배기가스는 수평 방향으로 대기압 상태에서 2,510 m/s 속도로 배출된다. 모터사이클과 운전자를 원하는 속도까지 가속하는 데 필요한 로켓 연료의 최소량을 계산하라.

4.124 어떤 '집에서 만든' 고체 추진제 로켓의 초기질량은 9 kg이고, 이 중 6.8 kg은 연료이다. 이 로켓은 정지상태로부터 수직 상방향으로 발사되며, 연료를 0.225 kg/s의 일정률로 연소하고, 또한 로켓에 대한

*이 문제들은 교재 내용의 연속성을 잃지 않으면서 생략할 수 있었던 절의 내용들을 필요로 한다.

상대적인 속도 1,980 m/s로 연소가스를 배출한다. 출구압력은 대기압이고, 공기저항은 무시할 수 있다고 가정한다. 20초 후 로켓의 속도와 20초 동안 날아간 거리를 구하라. 로켓의 속도와 이동한 거리를 시간의 함수로 그려라.

4.125 질량이 30,000 kg으로 큰 2단 액체연료 로켓이 해면 고도의 발사대에서 발사된다. 주 엔진은 화학양론적 혼합(stoichiometric mixture)한 액체수소와 액체산소를 2,450 kg/s 율로 연소한다. 추력노즐의 출구 직경은 2.6 m이다. 배기가스는 2,270 m/s의 속도와 절대압력 66 kPa의 출구 압력으로 노즐을 빠져나간다. 이륙할 때 로켓의 가속도를 계산하라. 공기저항을 무시할 때 속도에 대한 식을 시간의 함수로 구하라.

4.126 장난감 풍선에 공기를 채운 후 그냥 놓아 두면, 방 안 이리저리로 휙휙 날아다니는 것을 볼 수 있다. 보이는 현상의 원인이 무엇인지 설명하라.

4.127 문제 4.97에서 다룬 질량 $M = 30$ kg인 깃/카트가 물제트에 의하여 구동된다. 면적 $A = 0.02\ \text{m}^2$인 정지 노즐을 떠나는 물의 속도는 20 m/s이다. 장치와 표면 사이의 운동 마찰계수는 0.10이다. $0 \le \theta \le \pi/2$ 범위 내에서 그 장치의 종말속도를 깃의 편향각 θ의 함수로 도시하라. 정지 마찰계수가 0.15라면, 어떤 각도에서 그 장치가 움직이기 시작할까?

4.128 문제 4.111에서 본 차량을 고려하자. 이 차는 수력 캐터펄트(액체 제트)에 의해 추진되어 정지상태로부터 출발한다. 제트는 곡선 표면을 때린 후 180°로 방향을 바꾸어 수평 방향으로 나간다. 공기와 구름 저항은 무시할 수 있다. 그림에 나타낸 표기법을 사용하여 임의 시간에서의 차량의 가속도에 대한 식을 구하고, 차량이 $U = V/2$에 도달하는 데 필요한 시간을 구하라.

4.129 그림과 같은 탱크가 수평 트랙을 따라 저항 없이 굴러간다. 탱크는 깃에 부딪힌 후, 탱크 속으로 흘러들어 가는 액체 제트에 의하여 정지상태로부터 가속된다. 탱크의 초기질량은 M_0이다. 연속방정식과 운동량 방정식을 사용하여, 어떤 순간에 차량과 적재 액체의 질량이 $M = M_0V/(V - U)$가 됨을 증명하라. U/V의 시간에 대한 함수의 일반식을 구하라.

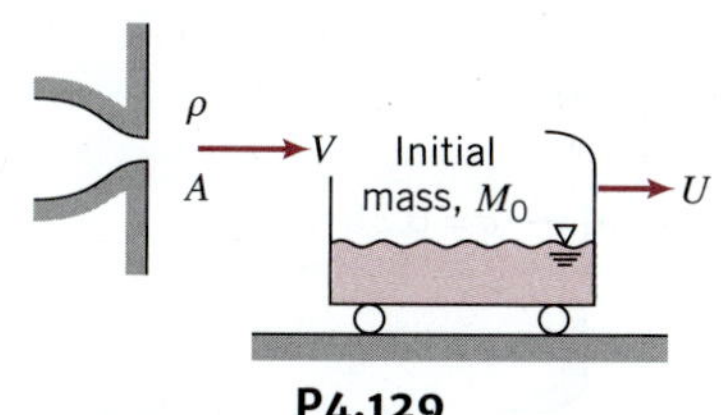

P4.129

4.130 어떤 모형 고체 추진제 로켓의 질량은 69.6 g이고, 이 중 연료는 12.5 g이다. 이 로켓은 1.7초 동안에 5.75 N의 추력을 발생한다. 이 조건하에서 공기의 저항이 없을 때 얻을 수 있는 최대속도와 고도를 계산하라. 로켓의 속도와 이동한 거리를 시간의 함수로 그려라.

4.131 어떤 작은 로켓모터는 단 한 명의 우주비행사를 달 표면 위로 띄우기 위한 '제트팩(jet pack)'이라는 장치의 동력원으로 사용된다. 로켓모터는 일정 속도 $V_e = 3{,}000$ m/s인 균일한 배기제트를 배출하며, 추력은 제트 크기에 따라 변한다. 우주비행사와 제트팩의 총 초기질량은 $M_0 = 200$ kg이다. 이 중 100 kg은 로켓모터의 연료 및 산소이다. (a) 초기에 제트팩을 띄우기 위한 배기가스의 질량유량, (b) 연료와 산소가 모두 사용되는 순간의 배기가스의 질량유량, (c) 최대로 기대되는 비행시간을 각각 구하라. 달의 중력은 지구 중력의 약 17%임에 주의하라.

***4.132** 질량 M의 원판은 수평 방향으로는 제한되어 있으나 수직 방향으로는 자유로이 움직일 수 있다. 아래에서 분사된 물제트가 원판을 때린다. 제트는 초기속도 V_0로 노즐을 떠난다. 원판을 제트 출구면으로부터 H만큼 높은 위치에서 놓았을 때, 원판의 높이 $h(t)$에 대한 미분방정식을 구하라. [이 미분방정식(ODE)은 매우 비선형적이라 풀 수 없을 것이다!] 원판이 평형상태에 도달했을 때, 제트 출구면으로부터의 높이는 h_0로 가정하라.

(a) $t = 0$일 때 $H > h_0$로부터 원판을 놓았을 때 $h(t)$를 스케치하라.

(b) 그린 스케치의 이유를 설명하라.

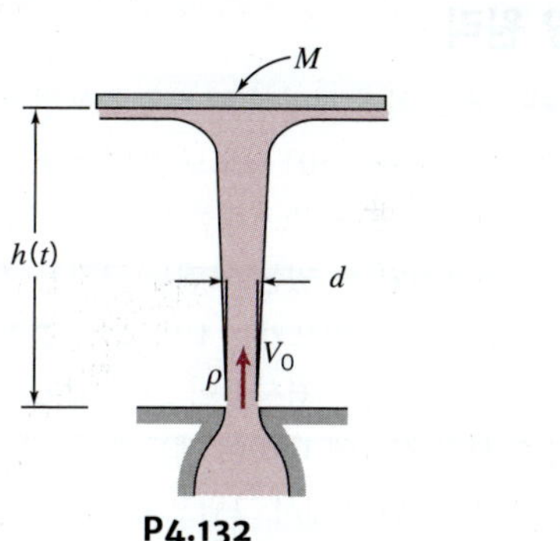

P4.132

4.133 한 작은 고체연료 로켓모터가 시험대에서 점화된다. 연소실은 직경 100 mm인 원형으로 되어 있고, 밀도가 1,660 kg/m^{3}인 연료가 12.7 mm/s의 율로 균일하게 연소된다. 측정결과에 의하면 배기가스는 대기압에서 2,750 m/s의 속도로 로켓을 떠난다. 연소실 내의 절대압력과 온도는 각각 7.0 MPa과 3,610 K이다. 연소 생성물은 분자량이 25.8인 이상기체로 취급한다. 모터 내부의 질량 변화율과 선형 운동량 변화율을 계산하라. 모터 내부의 선형 운동량 변화율을 모터 추력의 퍼센트로 나타내라.

***4.134** 수평상태의 직선 공기트랙 위로 이동하는 카트에서 물-제트 추진장치를 이용하여 교실에서 선형 운동량의 실증실험을 하기로 계획을 세웠다. 트랙의 길이는 5 m이며, 카트의 질량은 155 g이다. 밀도가 0.0819 g/cm^{3}인 얇은 플라스틱 판으로 만들어진 개방된 원통형 물탱크에 담긴 물 1 L를 이용하여 최상의 성능을 얻는 것이 이 설계의 목적이다. 안정성을 위하여 물탱크의 최대높이는 0.5 m를 초과할 수 없다. 매끈하게 다듬어진 물제트의 직경은 탱크 직경의 10%를 초과할 수 없다. 장치의 성능을 모델링하여 탱크와 물제트에 가장 적합한 치수를 결정하라. Euler 방법(5.5절 참조)과 같은 수치해석 방법을 사용하여 가속도, 속도, 거리를 시간의 함수로 도시하라. 물탱크의 크기와 제트가 나오는 탱크의 구멍에 대한 최적 치수를 구하라. 이 해석에 대한 제한 사항을 설명하라. 그 가정들이 추정된 카트의 성능에 어떠한 영향을

*이 문제들은 교재 내용의 연속성을 잃지 않으면서 생략할 수 있었던 절의 내용들을 필요로 한다.

주는지 설명하라. 수차의 실제 성능은 추정된 성능보다 더 좋을까 또는 나쁠까? 왜 그런가? 그러한 차이를 일으키는 인자는 무엇인가?

***4.135** 카트 위에 실려 운반되고 있는 개방된 원통형 탱크로부터 중력으로 인해 배출되는 물제트에 의해 수평 트랙을 따라 추진되는 카트의 설계를 해석하고, 그 성능을 최적화하라(물제트로 추진되는 카트는 문제 4.108의 그림에 있다). 가속되는 동안 탱크 내 액체의 자유표면 기울기 변화는 무시하라. 카트는 정지상태로부터 출발하며 물이 그 제트로부터 흐르기 시작할 때 가속되기 시작한다고 가정하여, 수평 트랙을 따라 이동하는 카트의 운동을 해석하라. 카트의 가속도와 속도를 시간의 함수로 대수식을 유도하거나 수치적으로 풀라. 탱크의 질량은 무시하고, 가속도와 속도 대 시간의 관계를 그림으로 그려 그 결과를 나타내라. 수평 트랙을 따라 정지상태로부터 정해진 시간 내에 지정된 속도까지 카트를 가속시키는 데 필요한 최소질량을 위한 카트의 치수를 결정하라.

각운동량 원리

***4.136** 카트에 설치된 커다란 관개용 스프링클러 장치는 40 m/s 속도의 물을 수평에 대하여 30° 각도로 뿜어낸다. 직경 50 mm의 노즐은 지면 위 3 m 높이에 있다. 스프링클러와 카트의 질량은 M = 350 kg이다. 카트를 전복시킬 수 있는 모멘트 크기를 계산하라. 임펜딩 모션(impending motion)을 일으키는 V의 값은 얼마인가? 임펜딩 모션의 본질은 무엇인가? 제트의 경사각이 그 결과에 미치는 영향은 무엇일까? 임펜딩 모션의 경우에 대하여 제트의 속도를 제트 경사 각도의 함수로 적절한 각도 범위 내에서 그림으로 그려라.

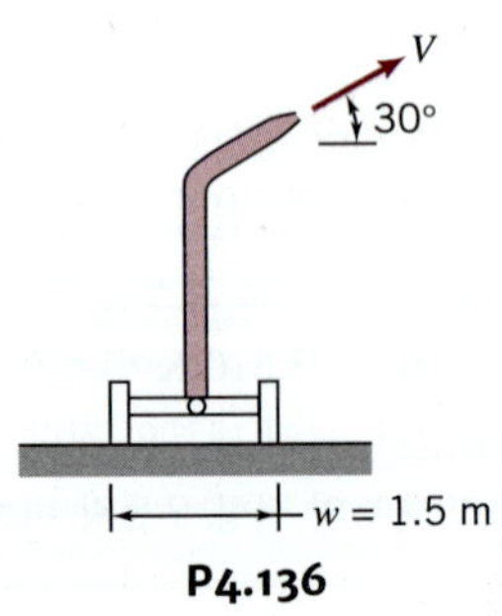

P4.136

***4.137** 유조선 도크(tanker dock)로부터 원유(SG = 0.95)가 그림과 같은 형상으로 직경 0.25 m의 파이프를 흐른다. 유량은 0.58 m³/s이고, 계기압력은 그림에 있다. 배관장치가 지지대에 미치는 힘과 토크를 구하라.

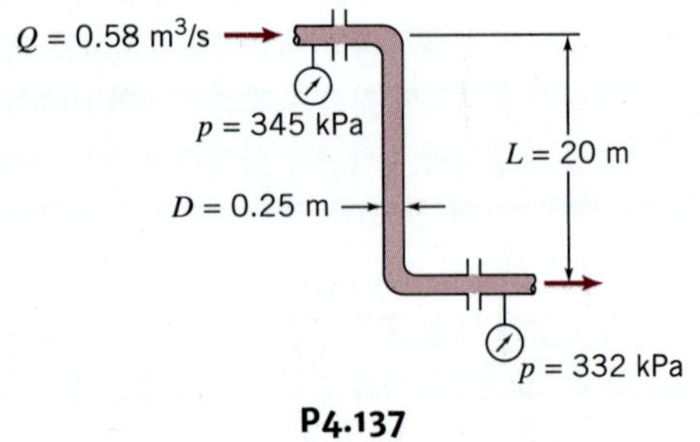

P4.137

***4.138** 회전하는 잔디 스프링클러에 1,200 ml/s의 일정한 율로 물이 들어오고 있다. 두 스프링클러의 각각의 노즐 출구 면적은 25 mm²이다. 아래 세 조건에 대해 각 노즐을 떠나는 물의 평균 속도를 구하라.

(a) 회전하는 스프링클러의 헤드가 움직이고 있지 않을 때

(b) 스프링클러의 헤드가 70 rpm으로 회전하고 있을 때

(c) 스프링클러의 헤드가 0에서 700 rpm으로 가속할 때

***4.139** 그림에 나타낸 것과 같이 물이 회전 스프레이 시스템의 2.5 mm의 좁고 긴 슬롯으로 균일하게 흘러나온다. 유량은 3 L/s이다. (a) 시스템을 정지상태로 유지하기 위한 토크, (b) 시스템을 풀어 놓은 후 일정한 회전속도를 각각 구하라.

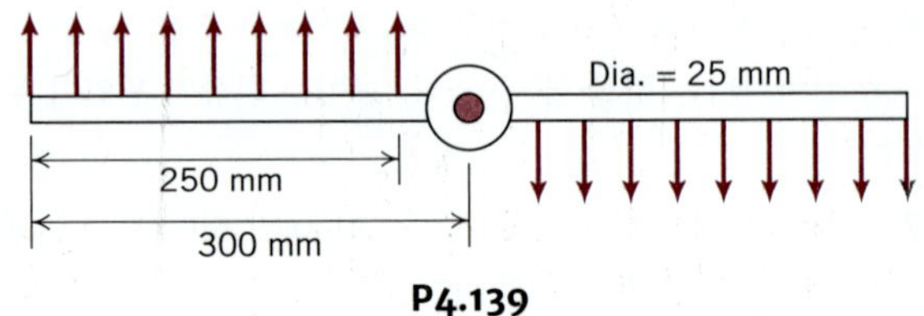

P4.139

***4.140** 그림과 같이 물이 흐르는 1개의 튜브가 일정한 각속도로 회전한다. 물은 Q = 13.8 L/min의 체적유량으로 튜브를 통하여 공급된다. 다음의 두 가지 해석방법을 사용하여 튜브가 일정한 회전을 유지하기 위해 작용되어야 하는 토크를 구하라: (a) 회전하는 검사체적, (b) 고정된 검사체적

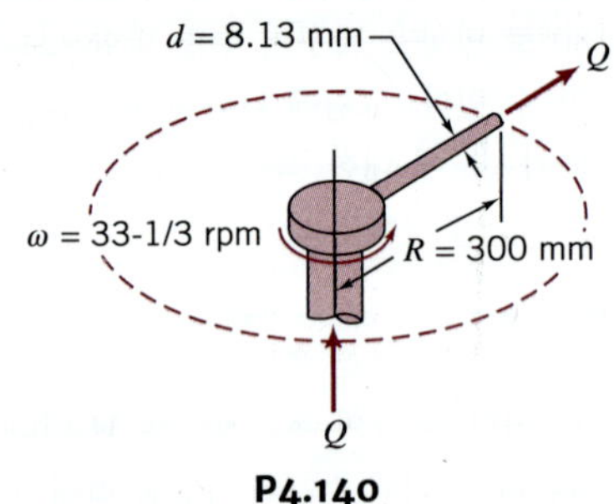

P4.140

***4.141** 그림과 같은 잔디용 스프링클러는 물을 68 L/min의 율로 공급받는다. 피벗의 마찰을 무시할 때 θ = 30°일 때 스프링클러의 정상상태 각속도를 계산하고, $0 \le \theta \le 90°$인 경우의 스프링클러의 정상상태 각속도를 그림으로 나타내라.

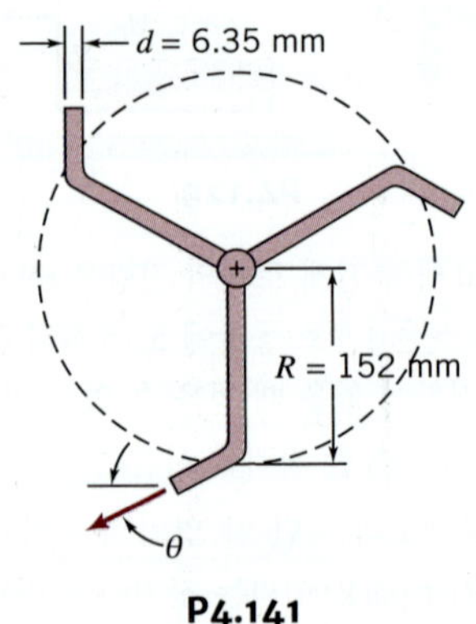

P4.141

*이 문제들은 교재 내용의 연속성을 잃지 않으면서 생략할 수 있었던 절의 내용들을 필요로 한다.

***4.142** 작은 잔디용 스프링클러가 그림에 제시되어 있다. 이 스프링클러는 계기압력 140 kPa에서 작동한다. 스프링클러를 통과하는 총 체적유량은 4 L/min이다. 각 제트는 수평면 위쪽으로 30° 경사진 방향으로 17 m/s(스프링클러 암에 상대적) 속도로 분사한다. 스프링클러는 수직축을 중심으로 회전한다. 베어링에서의 마찰로 인하여 0.18 N · m의 토크가 회전을 반대하는 방향으로 생긴다. 스프링클러를 정지상태로 잡고 있는 데 필요한 토크를 계산하라.

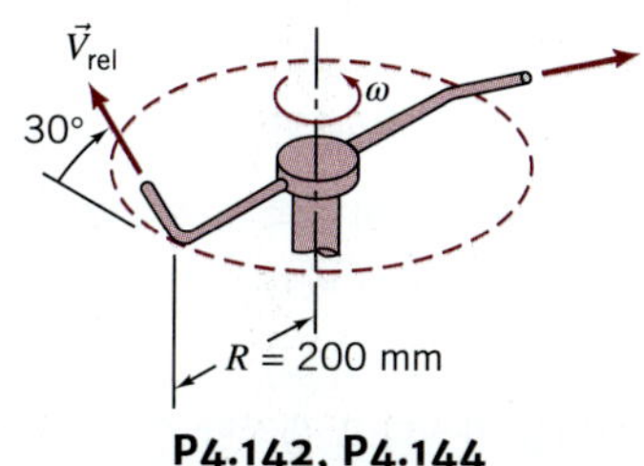

P4.142, P4.144

***4.143** 회전하는 잔디 스프링클러에 1,200 ml/s의 일정한 율로 물이 들어오고 있다. 스프링클러 노즐의 출구 면적은 접선 방향에 놓여 있다. 회전축으로부터 각 노즐의 중심선까지의 반경은 250 mm이다. 다음을 구하라.

(a) 스프링클러의 헤드를 움직이지 않도록 잡기 위해 필요한 저항 토크

(b) 스프링클러가 600 rpm으로 회전할 때, 그때의 저항 토크

(c) 저항 토크가 없을 때, 스프링클러의 속력

***4.144** 작은 잔디용 스프링클러가 그림에 나타나 있다(문제 4.143). 스프링클러는 입구 계기압력이 140 kPa인 상태로 작동한다. 스프링클러를 통과하는 물의 총 유량은 4.0 L/min이다. 각 제트는 수평 위로 30°만큼 기울어진 방향으로 물을 17 m/s(스프링클러 암에 상대적)로 분출한다. 스프링클러는 수직축을 중심으로 회전하며, 베어링 마찰은 0.18 N · m의 토크를 회전과 반대 방향으로 일으킨다. 스프링클러의 정상회전 속도와 분출된 물의 스프레이가 덮는 근사적인 면적을 계산하라.

***4.145** 정원용 호스로 버킷에 물을 채울 때 버킷 내 물은 소용돌이 운동을 일으킨다. 이러한 현상은 왜 일어나는가? 소용돌이의 총량은 근사적으로 어떻게 계산되는가?

***4.146** 30 rpm으로 일정하게 회전하는 노즐을 통하여 물이 0.15 m^3/s로 유동한다. 암과 노즐의 질량은 내부에 있는 물과 비교하면 무시할 수 있다. 이 장치를 구동하는 데 필요한 토크와 플랜지에서의 반동토크를 구하라.

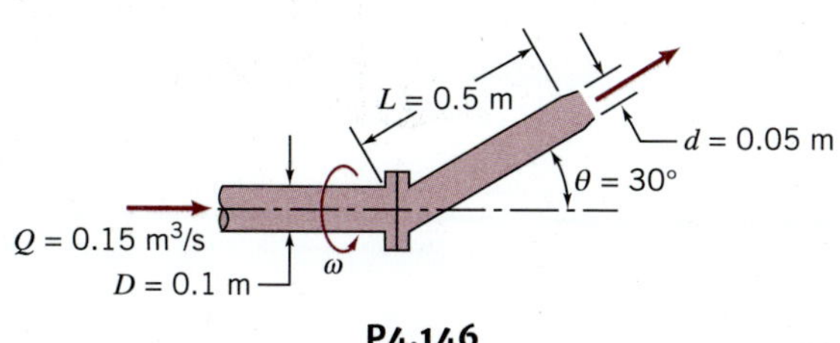

P4.146

***4.147** 800 mm의 직경을 갖는 파이프는 수두 40 m하에서 5 m/s의 속도로 물을 배송한다. 물위 주배관은 수평과 85°를 이루는 관과 연결되어 있다(즉, 휘어진 곳에서의 내각은 115°이다). 휘어진 곳에서의 결과력을 구하고, 그것이 수평과 이루는 각도를 구하라.

***4.148** 폭이 w, 두께가 h인 얇은 시트형 액체가 슬롯으로부터 흘러나와 그림과 같이 정지된 경사 평판을 때린다. 실험에 의하면 작용하는 액체 제트 합력이 제트의 중심선과 평판과 만나는 교점인 점 O에 작용하지 않는다. 합력의 크기와 작용선을 θ의 함수로 구하라. 합력이 점 O에서 작용할 때의 평판의 평형 각도를 계산하라. 점성의 영향은 무시한다.

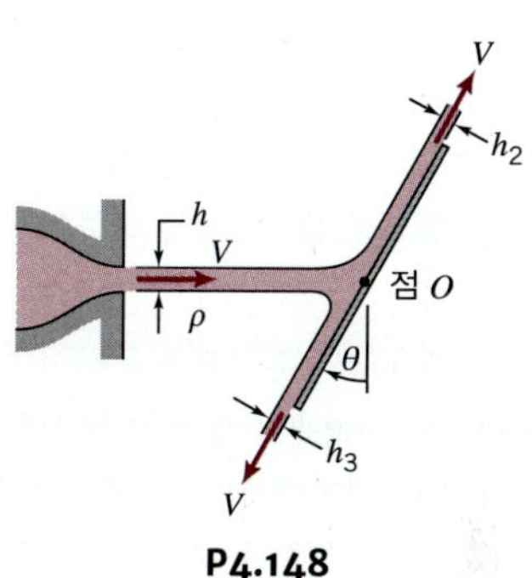

P4.148

***4.149** 예제 4.14의 회전 스프링클러에서 최대 회전속도를 낼 수 있는 각 α는 얼마인가? 분출된 물의 스프레이에 의하여 덮이는 면적이 최대로 되는 각도는 얼마인가? 노즐을 떠나는 물제트의 절대속도를 나타내는 속도선도(r, θ, z 좌표계를 사용하여)를 그려라. 무엇이 스프링클러의 정상회전 속도를 지배하는가? 스프링클러의 회전속도가 스프레이가 덮는 면적에 영향을 주는가? 그 면적은 어떻게 예측하는가? α가 고정되어 있다면, 스프레이에 의해 덮이는 면적을 어떻게 하면 증가 또는 감소시킬 수 있을까?

열역학 제1법칙

4.150 표준상태의 공기가 75 m/s로 압축기에 들어와서 200 kPa과 345 K의 절대압력과 온도 및 V = 125 m/s의 속도로 압축기를 나간다. 유량은 1 kg/s이다. 압축기 주변을 순환하는 냉각수는 공기 1 kg당 18 kJ의 열을 제거한다. 압축기가 필요로 하는 동력을 구하라.

4.151 체적 110 L인 압력용기에 600 kPa, 25°C인 압축공기가 저장된다. 어떤 순간에 밸브가 열리며 용기로부터 $\dot{m}$ = 0.02 kg/s의 질량이 흘러나온다. 이 순간에 용기 내의 온도 변화율을 구하라.

4.152 입구의 직경이 0.1 m이고 송출 파이프의 직경도 0.1 m인 원심펌프의 유량이 0.02 m^3/s이다. 입구압력은 0.2 m Hg 진공이고, 출구압력은 240 kPa이며, 입구와 출구의 단면은 같은 높이이다. 측정된 입력동력은 6.75 kW이다. 펌프의 효율을 결정하라.

4.153 어떤 터빈이 직경 0.3 m인 파이프로부터 물을 0.6 m^3/s로 공급받는다. 송출관의 직경은 0.4 m이다. 출력이 60 kW일 때 터빈을 가로질러 압력강하를 결정하라.

*이 문제들은 교재 내용의 연속성을 잃지 않으면서 생략할 수 있었던 절의 내용들을 필요로 한다.

4.154 96 kPa, 27°C의 공기가 무시할 수 있는 속도로 압축기에 들어와서 480 kPa, 260°C 및 152 m/s의 속도로 압축기로부터 배출된다. 입력동력이 2.39 MW이고 유량이 9 kg/s일 때 열전달률을 구하라.

4.155 공기가 대기로부터 터보기계로 유입된다. 출구에서 공기의 조건들은 550 kPa (gage)과 140°C이다. 출구속도는 110 m/s이고, 질량유량은 1.2 kg/s이다. 정상유동이고 열전달이 없다. 주위와 상호작용하는 축일을 계산하라.

4.156 모든 주요 항구에는 배의 화재를 진화하기 위해 소방선이 배치되어 있다. 직경 75 mm의 호스가 각 보트에 장착된 11 kW용 펌프의 배출구에 부착되어 있다. 호스 끝에 부착된 노즐의 직경은 25 mm이다. 노즐의 배출구가 수면 위 3 m 높이에 고정되어 있다면, 노즐을 통과하는 체적유량과 물이 올라갈 수 있는 최대높이를 구하라. 물제트가 선미를 넘어 수평 방향으로 분사된다면 보트에 작용하는 힘는 각각 얼마인가?

4.157 펌프가 직경 150 mm의 흡입관을 통하여 수조로부터 물을 끌어들이고, 직경 75 mm의 송출관을 통하여 토출한다. 흡입관의 끝은 수조의 자유표면 아래 2 m 깊이에 있다. 송출관(수조 표면 위 2 m)의 압력계 읽음은 170 kPa이다. 송출관 내의 평균속도는 3 m/s이다. 펌프의 효율이 75%일 때, 펌프를 가동시키는 데 필요한 동력을 구하라.

4.158 그림과 같은 헬리콥터형 항공기의 총 질량은 1,000 kg이다. 출구에서 공기압력은 대기압이다. 유동은 1차원 정상유동으로 가정한다. 공기는 표준조건이고 비압축성으로 취급한다. 헬리콥터가 공중정지를 하기 위해 항공기를 떠나는 공기의 속도 및 프로펠러가 공기에 전달해야 하는 최소동력을 각각 계산하라.

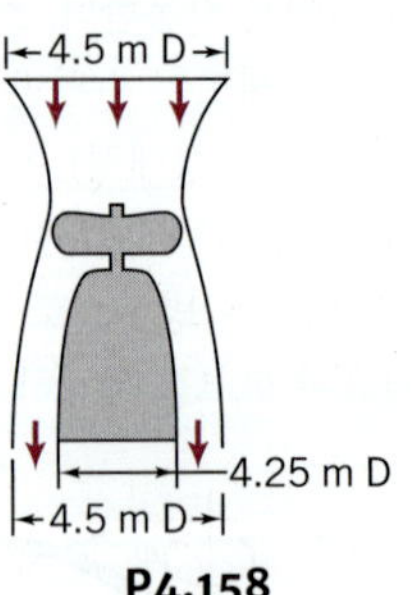

P4.158

4.159 그림과 같이 넓고 수평인 개수로에서 큰 속도로 유동하는 액체는 어떤 조건하에서 수력도약이 발생할 수 있다. 적절히 선택된 검사체적에 대하여 수력도약으로 들어가고 나가는 유동은 균일하며, 정수압분포(예제 4.7 참조)를 가진다고 생각할 수 있다. 깊이가 $D_1 = 0.6$ m이고, 속도가 $V_1 = 5$ m/s이며, 폭이 w인 수로를 생각하자. 일반적으로 $D_2 = D_1\left[\sqrt{1+8V_1^2/gD_1}-1\right]/2$임을 증명하라.

수력도약을 통한 기계적 에너지의 변화를 계산하라. 주위로의 열전달을 무시할 수 있다면, 수력도약을 통한 물 온도의 변화를 계산하라.

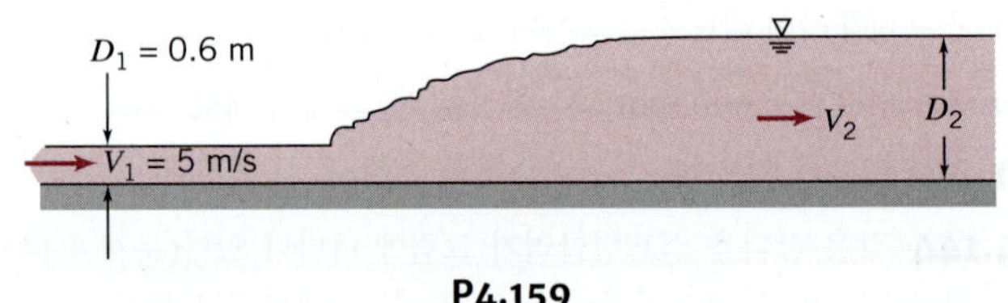

P4.159

CHAPTER **5**

유체운동의 미분해석 소개

Introduction to Differential Analysis of Fluid Motion

사례연구

전산유체역학(CFD)은 지난 수십 년 동안 유체역학 분야에서 가장 중요한 발전 중 하나이다. CFD에서는 유체의 유동을 지배하는 방정식은 수치적으로 공식화되고 소프트웨어로 프로그래밍 된다. 그런 다음 CFD 기술을 사용하면 해석적으로 풀기가 너무 어렵거나 실험적으로 연구하기에는 너무 많은 비용이 드는 많은 문제의 해를 구할 수 있다. CFD 소프트웨어는 기본적으로 그림에 표시된 픽업 트럭의 경우와 같이 물체 위로 흐르는 유체에 대한 자세한 사진을 제공하는 비디오 카메라와 같은 도구를 제공한다. CFD는 파이프 밸브를 통한 물 흐름의 압력강하에서 날개 위로 흐르는 공기에 의해 유도되는 양력에 이르기까지 광범위한 엔지니어링 연구에서 광범위하게 사용되어왔다. 기류에서 미립자의 분산과 같은 기초 과학 연구도 CFD를 사용하여 연구되어왔다.

CFD 프로그램을 공식화하는 기본 접근 방식은 유체를 여러 개의 작은 셀로 나누는 것이다; 일반적인 문제에는 백만 개의 셀이 있을 수 있다. 그런 다음, 이 장에서 공부할 기본 방정식은 수치적 공식으로 변환되고 프로그래밍 된다. 방정식은 해석적으로 풀기 어렵거나 불가능하며, 심지어 수치적 공식화조차 어렵다. 이러한 방정식을 풀 수 있었던 것은 지난 몇 년 동안 계산 능력(computational power)의 발전을 통해서만 가능했다.

모든 컴퓨터 프로그램과 마찬가지로 수치해석 결과를 실제와 비교하여 검증하는 것이 필수적이다. 픽업 트럭 위의 공기유동의 경우, 풍동에서 축척 모델 테스트를 수행하고 그 결과를 이 그림과 비교할 수 있다. 결과가 잘 일치하면 픽업 제조사는 소프트웨어를 수정하여 운전실 상단에 디플렉터(deflector)를 설치하거나 운전 중 테일게이트(tailgate)를 열면 공기 흐름이 더 원활해지고 연비가 향상되는지 여부와 같은 다양한 대안을 연구할 수 있다.

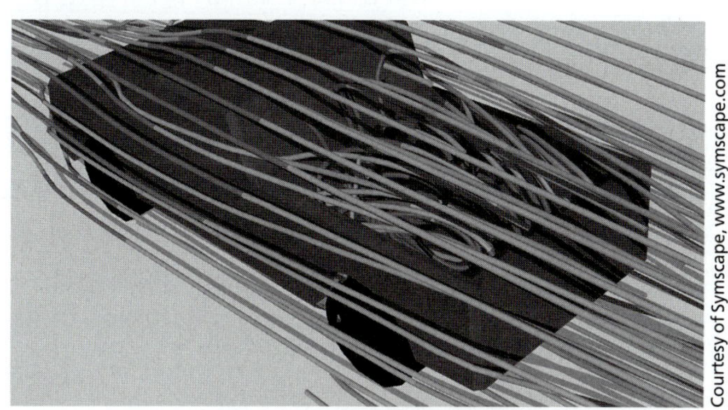

Courtesy of Symscape, www.symscape.com

픽업 트럭 주위의 공기유동에 대한 **CFD** 해

학습 목표

이 장의 학습을 마치면 다음을 할 수 있어야 한다.

- 미분 연속방정식(질량보존)을 사용하여 어떤 유동 문제를 푼다.
- 어떤 유동 문제에서 유동함수와 유량을 구한다.
- 어떤 유동 문제에서 유체입자의 운동을 구한다.
- 미분 운동량 방정식(Navier-Stokes 방정식)을 사용하여 어떤 유동 문제를 푼다.

4장에서는 검사체적에 대한 적분형 기본방정식을 유도하였다. 적분방정식은 유동장의 전체적 거동이나 여러 가지 장치에 미치는 효과에 대하여 관심이 있을 때 유용하다. 그러나 적분형 접근은 유동장 내의 한 점, 한 점에 대한 상세한 지식을 얻고자 할 때는 부적합하다. 예를 들어 적분형 접근은 날개에 의해 생성되는 양력에 관한 정보를 제공할 수 있으나, 날개에 양력을 만드는 압력분포를 구하는 데는 사용될 수 없다.

유동에서 생기는 이러한 상세한 정보를 얻기 위해서는 미분형 운동방정식을 적용해야 한다. 이 장에서는 질량보존과 뉴턴의 제2법칙에 대한 미분방정식을 유도한다. 여기서는 미분방정식을 유도하는 데 관심이 있으므로, 미소 시스템과 미소 검사체적의 해석이 필요하다. 참고문헌 1과 2 또한 미분방정식 유도의 세부 사항을 제공한다.

5.1 질량보존

2장에서 유체성질을 필드에 대해 표현하였다. 유체성질의 필드는 공간좌표와 시간의 연속적인 함수로 정의된다. 밀도와 속도장들은 4장[식 (4.12)]에서 질량보존을 통해 연관되었다. 여기서는 직각 좌표계와 원통 좌표계에서의 질량보존에 대한 미분방정식을 유도할 것이다. 두 경우 모두 미분방정식은 질량보존을 미소 검사체적에 적용하여 유도한다.

직각 좌표계

직각 좌표계에서 선택된 검사체적은 그림 5.1과 같이 한 변의 길이가 dx, dy, dz인 미소 육면체이다. 검사체적의 중심 점 O에서의 밀도는 ρ이고, 속도는 $\vec{V} = \hat{i}u + \hat{j}v + \hat{k}w$라고 한다.

여섯 개의 검사표면 각각에서의 성질들을 계산하기 위하여 점 O에 관한 Taylor 급수를 전개한다. 예를 들면, 오른쪽 면에서는 다음과 같다.

$$\rho)_{x+dx/2} = \rho + \left(\frac{\partial \rho}{\partial x}\right)\frac{dx}{2} + \left(\frac{\partial^2 \rho}{\partial x^2}\right)\frac{1}{2!}\left(\frac{dx}{2}\right)^2 + \cdots$$

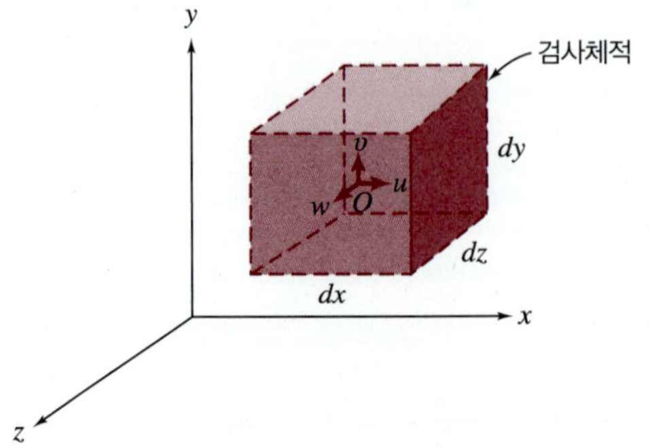

그림 5.1 직각 좌표계에서의 미소 검사체적.

여기서 고차항을 무시하면 다음과 같다.

$$\rho)_{x+dx/2} = \rho + \left(\frac{\partial \rho}{\partial x}\right)\frac{dx}{2}$$

그리고

$$u)_{x+dx/2} = u + \left(\frac{\partial u}{\partial x}\right)\frac{dx}{2}$$

여기서 ρ, u, $\partial\rho/\partial x$와 $\partial u/\partial x$는 모두 점 O에서 계산된다. 마찬가지로 왼쪽 면에 해당하는 항들은 다음과 같다.

$$\rho)_{x-dx/2} = \rho + \left(\frac{\partial \rho}{\partial x}\right)\left(-\frac{dx}{2}\right) = \rho - \left(\frac{\partial \rho}{\partial x}\right)\frac{dx}{2}$$

$$u)_{x-dx/2} = u + \left(\frac{\partial u}{\partial x}\right)\left(-\frac{dx}{2}\right) = u - \left(\frac{\partial u}{\partial x}\right)\frac{dx}{2}$$

미소 입방체적 $dx\,dy\,dz$의 앞쪽과 뒤쪽 면에 대해 ρ와 v, 그리고 아래쪽과 위쪽 면에 대해 ρ와 w에 대해 유사하게 표현한다. 이 식들은 식 (4.12)의 표면적분을 계산하는 데 사용된다($\int_{CS}\rho\vec{V}\cdot d\vec{A}$는 검사체적의 유효 질량유량 유동률을 상기하라).

$$\frac{\partial}{\partial t}\int_{CV}\rho d\forall + \int_{CS}\rho\vec{V}\cdot d\vec{A} = 0 \tag{4.12}$$

표 5.1은 이 계산과정을 상세하게 보여준다. 속도성분 u, v 및 w가 각각 x, y 및 z방향으로 양이라고 가정하고, 면적에 수직한 벡터는 규약에 의해 입방체 밖으로 향할 때 양이며, 고차항[예를 들어 $(dx)^2$]은 dx, dy

표 5.1

직각 미소 검사체적의 검사표면을 통과하는 질량유동률

표면	$\int \rho\vec{V}\cdot d\vec{A}$의 계산
왼쪽 $(-x)$	$= -\left[\rho - \left(\frac{\partial \rho}{\partial x}\right)\frac{dx}{2}\right]\left[u - \left(\frac{\partial u}{\partial x}\right)\frac{dx}{2}\right]dy\,dz = -\rho u\,dy\,dz + \frac{1}{2}\left[u\left(\frac{\partial \rho}{\partial x}\right) + \rho\left(\frac{\partial u}{\partial x}\right)\right]dx\,dy\,dz$
오른쪽 $(+x)$	$= \left[\rho + \left(\frac{\partial \rho}{\partial x}\right)\frac{dx}{2}\right]\left[u + \left(\frac{\partial u}{\partial x}\right)\frac{dx}{2}\right]dy\,dz = \rho u\,dy\,dz + \frac{1}{2}\left[u\left(\frac{\partial \rho}{\partial x}\right) + \rho\left(\frac{\partial u}{\partial x}\right)\right]dx\,dy\,dz$
아래쪽 $(-y)$	$= -\left[\rho - \left(\frac{\partial \rho}{\partial y}\right)\frac{dy}{2}\right]\left[v - \left(\frac{\partial v}{\partial y}\right)\frac{dy}{2}\right]dx\,dz = -\rho v\,dx\,dz + \frac{1}{2}\left[v\left(\frac{\partial \rho}{\partial y}\right) + \rho\left(\frac{\partial v}{\partial y}\right)\right]dx\,dy\,dz$
위쪽 $(+y)$	$= \left[\rho + \left(\frac{\partial \rho}{\partial y}\right)\frac{dy}{2}\right]\left[v + \left(\frac{\partial v}{\partial y}\right)\frac{dy}{2}\right]dx\,dz = \rho v\,dx\,dz + \frac{1}{2}\left[v\left(\frac{\partial \rho}{\partial y}\right) + \rho\left(\frac{\partial v}{\partial y}\right)\right]dx\,dy\,dz$
뒤쪽 $(-z)$	$= -\left[\rho - \left(\frac{\partial \rho}{\partial z}\right)\frac{dz}{2}\right]\left[w - \left(\frac{\partial w}{\partial z}\right)\frac{dz}{2}\right]dx\,dy = -\rho w\,dx\,dy + \frac{1}{2}\left[w\left(\frac{\partial \rho}{\partial z}\right) + \rho\left(\frac{\partial w}{\partial z}\right)\right]dx\,dy\,dz$
앞쪽 $(+z)$	$= \left[\rho + \left(\frac{\partial \rho}{\partial z}\right)\frac{dz}{2}\right]\left[w + \left(\frac{\partial w}{\partial z}\right)\frac{dz}{2}\right]dx\,dy = \rho w\,dx\,dy + \frac{1}{2}\left[w\left(\frac{\partial \rho}{\partial z}\right) + \rho\left(\frac{\partial w}{\partial z}\right)\right]dx\,dy\,dz$

6개의 면 전체에 대한 결과를 더하면,

$$\int_{CS}\rho\vec{V}\cdot d\vec{A} = \left[\left\{u\left(\frac{\partial \rho}{\partial x}\right) + \rho\left(\frac{\partial u}{\partial x}\right)\right\} + \left\{v\left(\frac{\partial \rho}{\partial y}\right) + \rho\left(\frac{\partial v}{\partial y}\right)\right\} + \left\{w\left(\frac{\partial \rho}{\partial z}\right) + \rho\left(\frac{\partial w}{\partial z}\right)\right\}\right]dx\,dy\,dz$$

또는

$$\int_{CS}\rho\vec{V}\cdot d\vec{A} = \left[\frac{\partial \rho u}{\partial x} + \frac{\partial \rho v}{\partial y} + \frac{\partial \rho w}{\partial z}\right]dx\,dy\,dz$$

및 $dz \to 0$인 극한에 의해 무시된다.

이 모든 작업의 결과는 다음과 같다.

$$\left[\frac{\partial \rho u}{\partial x} + \frac{\partial \rho v}{\partial x} + \frac{\partial \rho w}{\partial x}\right] dx\, dy\, dz$$

이 표현이 미분 입방체에 대한 표면적분 계산결과이다. 식 (4.12)를 완성시키기 위해 체적적분을 계산해야 한다($\partial/\partial t \int_{CV} \rho d\forall$는 검사체적의 질량 변화율임을 상기하라).

$$\frac{\partial}{\partial t}\int_{CV} \rho d\forall \to \frac{\partial}{\partial t}[\rho dx\, dy\, dz] = \frac{\partial \rho}{\partial t} dx\, dy\, dz$$

따라서 식 (4.12)로부터 ($dx\ dy\ dz$를 소거한 후) 다음과 같은 질량보존법칙의 미분 형태를 얻는다.

$$\frac{\partial \rho u}{\partial x} + \frac{\partial \rho v}{\partial y} + \frac{\partial \rho w}{\partial z} + \frac{\partial \rho}{\partial t} = 0 \tag{5.1a}$$

식 (5.1a)를 **연속방정식**(*continuity equation*)이라 부른다.

직각 좌표계에서 벡터 연산자 ∇은

$$\nabla = \hat{i}\frac{\partial}{\partial x} + \hat{j}\frac{\partial}{\partial y} + \hat{k}\frac{\partial}{\partial z}$$

이므로, 식 (5.1a)는 다음과 같이 된다.

$$\frac{\partial \rho u}{\partial x} + \frac{\partial \rho v}{\partial y} + \frac{\partial \rho w}{\partial z} = \nabla \cdot \rho \vec{V}$$

위 식에서 델(del) 연산자 ∇은 ρ와 $\vec{V}$에 작용하고 있다. 이를 $\nabla \cdot (\rho \vec{V})$으로 생각하면, 결과적으로 질량보존은 다음과 같이 된다.

$$\nabla \cdot \rho \vec{V} + \frac{\partial \rho}{\partial t} = 0 \tag{5.1b}$$

미분형 연속방정식이 단순화될 수 있는 두 가지의 중요한 경우가 있다.

비압축성 유체에서는 $\rho =$ 일정, 즉 밀도는 공간 좌표의 함수도 아니며 시간의 함수도 아니다. 비압축성 유체에서 연속방정식은 다음과 같이 단순해진다.

$$\frac{\partial u}{\partial x} + \frac{\partial v}{\partial y} + \frac{\partial w}{\partial z} = \nabla \cdot \vec{V} = 0 \tag{5.1c}$$

그러므로 비압축성유동의 속도장 $\vec{V}(x, y, z, t)$는 $\nabla \cdot \vec{V} = 0$을 만족해야 한다.

정상유동인 경우에는 정의에 의하여 모든 유체성질이 시간에 무관해야 한다. 그러므로 $\partial\rho/\partial t = 0$이고 $\rho = \rho(x, y, z)$이다. 정상유동에서 연속방정식은 다음과 같이 쓸 수 있다.

$$\frac{\partial \rho u}{\partial x} + \frac{\partial \rho v}{\partial y} + \frac{\partial \rho w}{\partial z} = \nabla \cdot \rho \vec{V} = 0 \tag{5.1d}$$

델 연산자 ∇은 ρ와 $\vec{V}$에 작용한다. 예제 5.1에서는 비압축성유동에 대한 연속방정식의 적분을 보여주고, 예제 5.2는 압축성 비점성유동에 대한 응용을 보여준다.

예제 5.1 2차원 미분형 연속방정식의 적분

평면 xy에서의 2차원 유동에 대하여 속도의 x성분은 $u = Ax$로 주어진다. 비압축성유동에 대하여 가능한 y성분을 구하라. 얼마나 많은 y성분이 존재할 수 있는가?

주어진 자료: 속도 $u = Ax$를 갖는 평면 xy에서의 2차원 유동

찾는 자료: (a) 비압축성유동에서 존재 가능한 속도의 y성분

(b) 가능한 y성분 속도의 수

풀이:

지배방정식: $\nabla \cdot \rho \vec{V} + \dfrac{\partial \rho}{\partial t} = 0$

비압축성유동에서 이 식은 $\nabla \cdot \vec{V} = 0$으로 단순화된다. 그러므로 직각 좌표계에서

$$\frac{\partial u}{\partial x} + \frac{\partial v}{\partial y} + \frac{\partial w}{\partial z} = 0$$

평면 xy에서의 2차원 유동에 대하여 $\vec{V} = \vec{V}(x, y)$이다. 그리고 z에 관한 편도함수는 0이고,

$$\frac{\partial u}{\partial x} + \frac{\partial v}{\partial y} = 0$$

따라서

$$\frac{\partial v}{\partial y} = -\frac{\partial u}{\partial x} = -A$$

위 식은 x를 고정시킨 상태에서 v의 변화율을 나타낸다. 이 식을 적분하면 v에 대한 식을 얻는다.

$$v = \int \frac{\partial v}{\partial y} dy + f(x,t) = -Ay + f(x,t) \quad \longleftarrow \quad v$$

y에 관한 v의 편도함수였기 때문에 x와 t의 함수가 나타난다.

$\partial/\partial y\ f(x, t) = 0$이므로, 임의의 함수 $f(x, t)$가 허용된다. 따라서 v에 대한 어떠한 식들도 주어진 조건 아래에서 미분형 연속방정식을 만족할 수 있다. v에 대한 가장 간단한 표현은 $f(x, t) = 0$일 것이다. 이때 $v = -Ay$가 되며, 최종적으로 다음 식을 얻을 수 있다.

$$\vec{V} = Ax\hat{i} - Ay\hat{j} \quad \longleftarrow \quad \vec{V}$$

이 문제는
- *유동장에 관한 정보를 얻기 위해 미분형 연속방정식의 사용을 보여준다.*
- *편미분의 적분법을 소개하고 있다.*
- *예제 2.1에서 설명하였던 유동이 비압축성유동임을 입증하고 있다.*

예제 5.2 비정상 미분형 연속방정식

자동차의 현가장치에서 기체로 채워진 공기압 지주(pneumatic strut)는 피스톤–실린더처럼 작동한다. 피스톤이 실린더의 밀폐된 끝부분으로부터 $L = 0.15$ m 거리에 떨어져 있을 때 기체의 밀도는 $\rho = 18$ kg/m^{3}로 균일하고, 피스톤은 $V = 12$ m/s의 속도로 밀폐된 끝부분으로부터 멀어지는 방향으로 움직이기 시작한다. 기체의 운동은 1차원이고, 속도는 막힌 끝부분으로부터의 거리에 비례하여 증가한다. 즉, 기체의 속도는 막힌 끝에서의 0으로부터 피스톤에서 $u = V$가 될 때까지 선형적으로 변한다. 이 순간에 기체의 밀도 변화율을 계산하라. 평균밀도에 대한 식을 시간의 함수로 구하라.

주어진 자료: 그림과 같은 피스톤–실린더 장치

찾는 자료: (a) 밀도의 변화율

(b) $\rho(t)$

풀이:

지배방정식: $\nabla\cdot\rho\vec{V}+\frac{\partial\rho}{\partial t}=0$

직각 좌표계에서 $\frac{\partial\rho u}{\partial x}+\frac{\partial\rho v}{\partial y}+\frac{\partial\rho w}{\partial z}+\frac{\partial\rho}{\partial t}=0$

$u = u(x)$이므로, y와 z에 대한 편도함수는 0이다. 그러므로 다음과 같이 된다.

$$\frac{\partial\rho u}{\partial x}+\frac{\partial\rho}{\partial t}=0$$

그러면

$$\frac{\partial\rho}{\partial t}=-\frac{\partial\rho u}{\partial x}=-\rho\frac{\partial u}{\partial x}-u\frac{\partial\rho}{\partial x}$$

ρ는 체적 내에서 균일하다고 가정했으므로 $\frac{\partial\rho}{\partial x}=0$ 이고, $\frac{\partial\rho}{\partial t}=\frac{d\rho}{dt}=-\rho\frac{\partial u}{\partial x}$이다.

$u=V\frac{x}{L}$이고 $\frac{\partial u}{\partial x}=\frac{V}{L}$ 이므로 $\frac{d\rho}{dt}=-\rho\frac{V}{L}$ 이다. 그러나 여기서 $L = L_0 + V_t$임에 주의하라.

변수분리하고 적분하면,

$$\int_{\rho_0}^{\rho}\frac{d\rho}{\rho}=-\int_0^t\frac{V}{L}dt=-\int_0^t\frac{V\,dt}{L_0+Vt}$$

$$\ln\frac{\rho}{\rho_0}=\ln\frac{L_0}{L_0+Vt} \quad \text{및} \quad \rho(t)=\rho_0\left[\frac{1}{1+Vt/L_0}\right] \longleftarrow \rho(t)$$

$t = 0$일 때

$$\frac{\partial\rho}{\partial t}=-\rho_0\frac{V}{L}=-18\frac{\mathrm{kg}}{\mathrm{m^3}}\times12\frac{\mathrm{m}}{\mathrm{s}}\times\frac{1}{0.15\ \mathrm{m}}=-1440\ \mathrm{kg/(m^3\cdot s)} \longleftarrow \frac{\partial\rho}{\partial t}$$

이 문제는 비정상유동에서 시간에 대한 밀도의 변화를 계산하는 데 미분형 연속방정식의 사용을 설명한다.

원통 좌표계

원통 좌표계에 대한 적절한 미소 검사체적은 그림 5.2에 있다. 검사체적의 중심 점 O에서의 밀도는 ρ이고, 그곳의 속도는 $\vec{V}=\hat{e}_rV_r+\hat{e}_\theta V_\theta+\hat{k}V_z$이다. 여기서 $\hat{e}_r$, $\hat{e}_\theta$, $\hat{k}$는 각각 r, θ, z방향의 단위벡터들이며, V_r, V_θ, V_z는 각각 r, θ, z방향의 속도성분들이다. $\int_{\mathrm{CS}}\rho\vec{V}\cdot d\vec{A}$를 계산하기 위해서는 검사표면의 여섯 개 면을 통과하는 질량유동률을 각각 고려해야 한다. 각 검사표면에서 성질들은 점 O에 대하여 Taylor 급수전개로부터 구할 수 있다. 표 5.2에 질량유동률의 계산과정을 상세히 나타내었다. 속도성분들 V_r, V_θ, V_z는 모두 양의 방향으로 가정되며, 면적에 수직한 벡터는 규약에 의해 입방체 밖으로 향할 때 양이며, 고차항들은 무시되었다.

검사표면을 통과해 나가는 유효 질량유동률[식 (4.12)에서 $\int_{\mathrm{CS}}\rho\vec{V}\cdot d\vec{A}$]은 다음과 같다.

$$\left[\rho V_r+r\frac{\partial\rho V_r}{\partial r}+\frac{\partial\rho V_\theta}{\partial\theta}+r\frac{\partial\rho V_z}{\partial z}\right]dr\,d\theta\,dz$$

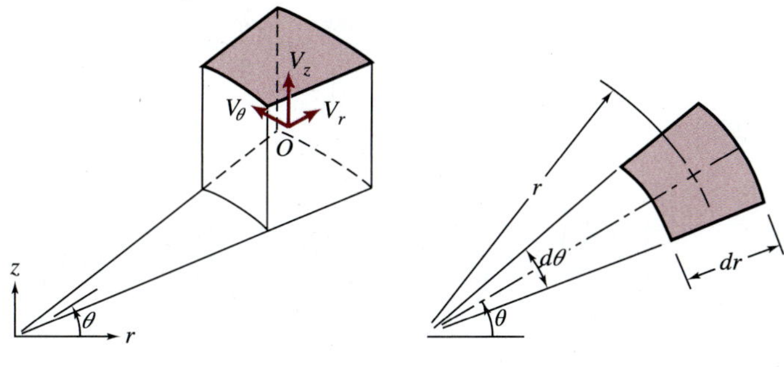

(a) 등각투상도

(b) $r\theta$ 평면에 투영

그림 5.2 원통 좌표의 미소 검사체적.

어떤 순간에 검사체적 내부의 질량은 단위체적당 질량 ρ와 체적 $r\, d\theta\, dr\, dz$의 곱이다. 그러므로 검사체적 내부의 질량 변화율[식 (4.12)에서 $\partial/\partial t \int_{\text{CV}} \rho d\forall$]은 다음과 같다.

$$\frac{\partial\rho}{\partial t} r\, d\theta\, dr\, dz$$

따라서 원통 좌표계에서 질량보존에 대한 미분방정식은 다음과 같다.

$$\rho V_r + r\frac{\partial \rho V_r}{\partial r} + \frac{\partial \rho V_\theta}{\partial \theta} + r\frac{\partial \rho V_z}{\partial z} + r\frac{\partial \rho}{\partial t} = 0$$

또는

표 5.2

원통형 미소 검사체적의 검사표면을 통과하는 질량유동률

표면		$\int \rho\vec{V}\cdot d\vec{A}$ 의 계산
내부 $(-r)$	$= -\left[\rho - \left(\frac{\partial \rho}{\partial r}\right)\frac{dr}{2}\right]\left[V_r - \left(\frac{\partial V_r}{\partial r}\right)\frac{dr}{2}\right]\left(r - \frac{dr}{2}\right)d\theta\, dz$	$= -\rho V_r\, r d\theta\, dz + \rho V_r \frac{dr}{2} d\theta\, dz + \rho\left(\frac{\partial V_r}{\partial r}\right) r\frac{dr}{2} d\theta\, dz + V_r\left(\frac{\partial \rho}{\partial r}\right) r\frac{dr}{2} d\theta\, dz$
바깥 $(+r)$	$= \left[\rho + \left(\frac{\partial \rho}{\partial r}\right)\frac{dr}{2}\right]\left[V_r + \left(\frac{\partial V_r}{\partial r}\right)\frac{dr}{2}\right]\left(r + \frac{dr}{2}\right)d\theta\, dz$	$= \rho V_r\, r d\theta dz + \rho V_r \frac{dr}{2} d\theta\, dz + \rho\left(\frac{\partial V_r}{\partial r}\right) r\frac{dr}{2} d\theta\, dz + V_r\left(\frac{\partial \rho}{\partial r}\right) r\frac{dr}{2} d\theta\, dz$
전 $(-\theta)$	$= -\left[\rho - \left(\frac{\partial \rho}{\partial \theta}\right)\frac{d\theta}{2}\right]\left[V_\theta - \left(\frac{\partial V_\theta}{\partial \theta}\right)\frac{d\theta}{2}\right] dr\, dz$	$= -\rho V_\theta\, dr\, dz + \rho\left(\frac{\partial V_\theta}{\partial \theta}\right)\frac{d\theta}{2} dr\, dz + V_\theta\left(\frac{\partial \rho}{\partial \theta}\right)\frac{d\theta}{2} dr\, dz$
후 $(+\theta)$	$= \left[\rho + \left(\frac{\partial \rho}{\partial \theta}\right)\frac{d\theta}{2}\right]\left[V_\theta + \left(\frac{\partial V_\theta}{\partial \theta}\right)\frac{d\theta}{2}\right] dr\, dz$	$= \rho V_\theta\, dr\, dz + \rho\left(\frac{\partial V_\theta}{\partial \theta}\right)\frac{d\theta}{2} dr\, dz + V_\theta\left(\frac{\partial \rho}{\partial \theta}\right)\frac{d\theta}{2} dr\, dz$
바닥 $(-z)$	$= -\left[\rho - \left(\frac{\partial \rho}{\partial z}\right)\frac{dz}{2}\right]\left[V_z - \left(\frac{\partial V_z}{\partial z}\right)\frac{dz}{2}\right] r d\theta\, dr$	$= -\rho V_z r d\theta\, dr + \rho\left(\frac{\partial V_z}{\partial z}\right)\frac{dz}{2} r d\theta\, dr + V_z\left(\frac{\partial \rho}{\partial z}\right)\frac{dz}{2} r d\theta\, dr$
꼭대기 $(+z)$	$= \left[\rho + \left(\frac{\partial \rho}{\partial z}\right)\frac{dz}{2}\right]\left[V_z + \left(\frac{\partial V_z}{\partial z}\right)\frac{dz}{2}\right] r d\theta\, dr$	$= \rho V_z r\, d\theta\, dr + \rho\left(\frac{\partial V_z}{\partial z}\right)\frac{dz}{2} r d\theta\, dr + V_z\left(\frac{\partial \rho}{\partial z}\right)\frac{dz}{2} r d\theta\, dr$

6면에 대한 결과를 더하면,

$$\int_{\text{CS}} \rho\vec{V}\cdot d\vec{A} = \left[\rho V_r + r\left\{\rho\left(\frac{\partial V_r}{\partial r}\right) + V_r\left(\frac{\partial \rho}{\partial r}\right)\right\} + \left\{\rho\left(\frac{\partial V_\theta}{\partial \theta}\right) + V_\theta\left(\frac{\partial \rho}{\partial \theta}\right)\right\} + r\left\{\rho\left(\frac{\partial V_z}{\partial z}\right) + V_z\left(\frac{\partial \rho}{\partial z}\right)\right\}\right] dr\, d\theta\, dz$$

또는

$$\int_{\text{CS}} \rho\vec{V}\cdot d\vec{A} = \left[\rho V_r + r\frac{\partial \rho V_r}{\partial r} + \frac{\partial \rho V_\theta}{\partial \theta} + r\frac{\partial \rho V_z}{\partial z}\right] dr\, d\theta\, dz$$

$$\frac{\partial(r\rho V_r)}{\partial r}+\frac{\partial \rho V_\theta}{\partial \theta}+r\frac{\partial \rho V_z}{\partial z}+r\frac{\partial \rho}{\partial t}=0$$

r로 나누면 다음과 같이 된다.

$$\frac{1}{r}\frac{\partial(r\rho V_r)}{\partial r}+\frac{1}{r}\frac{\partial(\rho V_\theta)}{\partial \theta}+\frac{\partial(\rho V_z)}{\partial z}+\frac{\partial \rho}{\partial t}=0 \tag{5.2a}$$

원통 좌표계에서 벡터 연산자 ∇은 다음과 같다.

$$\nabla=\hat{e}_r\frac{\partial}{\partial r}+\hat{e}_\theta\frac{1}{r}\frac{\partial}{\partial \theta}+\hat{k}\frac{\partial}{\partial z} \tag{3.19}$$

여기서

$$\frac{\partial \hat{e}_r}{\partial \theta}=\hat{e}_\theta \quad \text{및} \quad \frac{\partial \hat{e}_\theta}{\partial \theta}=-\hat{e}_r$$

이다. 식 (5.2a)를 벡터 표기법으로 나타내면 다음과 같다.

$$\nabla\cdot\rho\vec{V}+\frac{\partial \rho}{\partial t}=0 \tag{5.1b}$$

비압축성 유체에서는 $\rho =$ 일정이므로, 식 (5.2a)는 다음과 같이 간단하게 된다.

$$\frac{1}{r}\frac{\partial(rV_r)}{\partial r}+\frac{1}{r}\frac{\partial V_\theta}{\partial \theta}+\frac{\partial V_z}{\partial z}=\nabla\cdot\vec{V}=0 \tag{5.2b}$$

그러므로 비압축성유동에 대한 속도장 $\vec{V}(x, y, z, t)$는 $\nabla\cdot\vec{V} = 0$을 만족해야 한다. **정상유동**에 대하여 식 (5.2a)는 다음과 같이 된다.

$$\frac{1}{r}\frac{\partial(r\rho V_r)}{\partial r}+\frac{1}{r}\frac{\partial(\rho V_\theta)}{\partial \theta}+\frac{\partial(\rho V_z)}{\partial z}=\nabla\cdot\rho\vec{V}=0 \tag{5.2c}$$

벡터형으로 표기할 때, 미분형 연속방정식(질량보존에 대한 수학적 표현)인 식 (5.1b)는 어떠한 좌표계에 대해서도 적용된다. 단순히 벡터 연산자 ∇에 대한 표현을 적절하게 대입하면 된다. 생각해 보면, 질량은 좌표계의 선택과 무관하게 보존되어야 하므로 당연한 결과이다. 예제 5.3은 원통 좌표계에서 미분형 연속방정식의 적용을 보여준다.

예제 5.3 원통 좌표계에서 미분형 연속방정식

평면 $r\theta$에서 $V_r = f(r)$ 및 $V_\theta = 0$으로 되는 1차원 반경 방향 유동을 고려한다. 유동이 비압축성유동을 만족시키기 위해 필요한 $f(r)$에 대한 조건을 구하라.

주어진 자료: 평면 $r\theta$에서의 1차원 반경 방향 유동: $V_r = f(r)$, $V_\theta = 0$

찾는 자료: 비압축성유동에 맞는 $f(r)$의 조건

풀이:

지배방정식: $\nabla \cdot \rho \vec{V} + \dfrac{\partial \rho}{\partial t} = 0$

비압축성유동에서 원통 좌표계에서의 식 (5.2b)는 다음과 같이 된다.

$$\frac{1}{r}\frac{\partial}{\partial r}(rV_r) + \frac{1}{r}\frac{\partial}{\partial \theta}V_\theta + \frac{\partial V_z}{\partial z} = 0$$

주어진 속도장에서는 $\vec{V} = \vec{V}(r)$, $V_\theta = 0$이고, z에 대한 편도함수도 0이므로

$$\frac{1}{r}\frac{\partial}{\partial r}(rV_r) = 0$$

r에 대하여 적분하면 다음과 같다.

$$rV_r = \text{일정}$$

그러므로 연속방정식은 비압축성 유체의 1차원 반경 방향 유동에 대하여 반경 방향 속도가 $V_r = f(r) = C/r$가 되어야 함을 보여주고 있다. 이것은 놀라운 결과가 아니다. 즉, 유체가 중심으로부터 바깥쪽으로 움직일 때, 반경 r에서 체적유량(z방향으로 단위깊이이다) $Q = 2\pi rV$는 일정하다.

5.2 2차원 비압축성유동의 유동함수

유선을 2장에서 간단히 설명하였으며, 어떤 순간에 유동의 속도벡터와 접하는 선이라 하였다.

$$\left.\frac{dy}{dx}\right|_{\text{streamline}} = \frac{v}{u} \tag{2.8}$$

여기서는 **유동함수**(*stream function*) ψ를 소개함으로써 유선에 대한 보다 정확한 정의를 유도한다. 이것은 2개의 독립적인 양, 즉 2차원 비압축성유동에서의 속도성분 $u(x, y, t)$와 $v(x, y, t)$를 하나의 함수 $\psi(x, y, t)$로 나타낼 수 있게 한다.

유동함수를 정의하는 여러 가지 방법이 있으나, 여기서는 비압축성유동에 대한 연속방정식[식 (5.1c)]의 2차원적 형태로부터 시작한다.

$$\frac{\partial u}{\partial x} + \frac{\partial v}{\partial y} = 0 \tag{5.3}$$

먼저 순수하게 수학적인 표현만을 사용(나중에 물리적 의미를 보일 것임)하여 유동함수를

$$u \equiv \frac{\partial \psi}{\partial y} \quad \text{및} \quad v \equiv -\frac{\partial \psi}{\partial x} \tag{5.4}$$

와 같이 정의하면 식 (5.3)은 선택된 **모든** $\psi(x, y, t)$에 대해 **자동적으로** 만족한다! 이를 확인하기 위해 식 (5.3)에 식 (5.4)를 대입하면 다음과 같다.

$$\frac{\partial u}{\partial x} + \frac{\partial v}{\partial y} = \frac{\partial^2 \psi}{\partial x \partial y} - \frac{\partial^2 \psi}{\partial y \partial x} = 0$$

식 (2.8)을 사용하여 유선을 따라서만 성립하는 다음 식을 얻을 수 있으며,

$$udy - vdx = 0$$

또는 유동함수의 정의를 사용하면

$$\frac{\partial\psi}{\partial x}dx + \frac{\partial\psi}{\partial y}dy = 0 \tag{5.5}$$

한편, 엄밀한 수학적 관점으로부터 시간 t의 어떤 순간에 공간 (x, y)에서 함수 $\psi(x, y, t)$의 변화는 다음과 같이 주어진다.

$$d\psi = \frac{\partial\psi}{\partial x}dx + \frac{\partial\psi}{\partial y}dy \tag{5.6}$$

식 (5.5)와 (5.6)을 비교해 보면, 순간적인 유선을 따라 $d\psi = 0$, 다른 말로 표현하면 ψ는 유선을 따라 일정함을 알 수 있다. 따라서 각각의 유선을 $\psi = 0, 1, 2$ 등과 같이 유동함수의 값들로 구분할 수 있다. ψ값의 중요성은 유동함수 값들이 두 유선 사이의 체적유량을 구하는 데 사용될 수 있다는 점이다. 그림 5.3에 나타낸 유선을 고려해 보자. 유선 ψ_1과 ψ_2 사이의 체적유량을 선분 AB, BC, DE 또는 EF를 사용해서 계산할 수 있다(유선의 정의로부터 유선을 횡단하는 유동은 없다는 사실을 상기하라).

선분 AB를 사용하여 유량을 계산하고, 선분 BC에 대해서도 계산해 보자. 이들은 모두 같아야 한다!

AB를 횡단하는 단위깊이(평면 xy에 수직한)당 유량은 다음과 같다.

$$Q = \int_{y_1}^{y_2} u\,dy = \int_{y_1}^{y_2} \frac{\partial\psi}{\partial y}dy$$

그러나 AB를 따라 x = 일정이고, 식 (5.6)으로부터 $d\psi = \partial\psi/\partial y\ dy$이다. 그러므로

$$Q = \int_{y_1}^{y_2} \frac{\partial\psi}{\partial y}dy = \int_{\psi_1}^{\psi_2} d\psi = \psi_2 - \psi_1$$

이다. BC를 횡단하는 단위깊이당 유량은

$$Q = \int_{x_1}^{x_2} vdx = -\int_{x_1}^{x_2} \frac{\partial\psi}{\partial x}dx$$

이다. BC를 따라 y = 일정이고, $d\psi = \partial\psi/\partial x\ dy$[식 (5.6)으로부터]이다. 그러므로

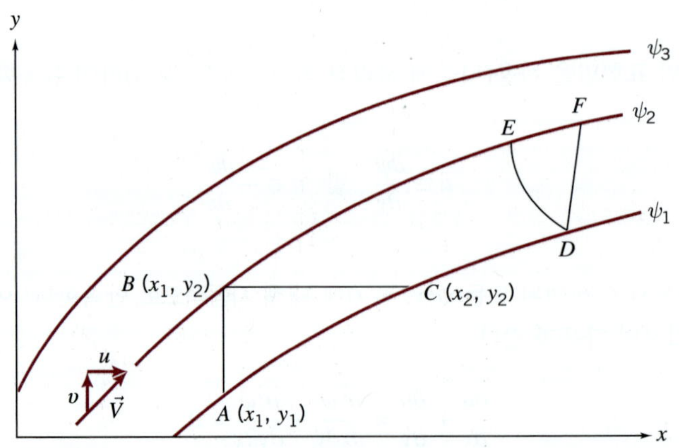

그림 5.3 2차원 유동장 내의 순간유선들.

$$Q = -\int_{x_1}^{x_2} \frac{\partial \psi}{\partial x} dx = -\int_{\psi_2}^{\psi_1} d\psi = \psi_2 - \psi_1$$

이 된다. 따라서 선분 AB, BC(또는 선분 DE 또는 DF) 중 어느 것을 사용하더라도 임의의 두 유선 사이의 (단위깊이당) 체적유량은 그 두 유선들을 정의하는 두 유동함수의 값들의 차이임을 알 수 있다.

평면 xy에서 2차원 정상 압축성유동에 대한 유동함수 ψ는 다음과 같이 정의된다.

$$\rho u \equiv \frac{\partial \psi}{\partial y} \quad \text{및} \quad \rho v \equiv -\frac{\partial \psi}{\partial x}$$

두 유선을 정의하는 ψ의 일정한 값들 사이의 차이는 두 유선 간의 질량유량(단위깊이당)이다.

만일 원점을 통과하는 유선을 $\psi = 0$으로 나타내면, 임의의 다른 유선에 대한 ψ값은 원점과 그 유선 사이의 유동을 나타낸다. 유동함수는 미분식 (5.3)으로 정의되어 있고, 또한 유동률은 항상 ψ값의 차이로 주어지기 때문에 어떤 유선을 0의 값을 갖는 유선으로 선택해도 무방하다. 임의의 두 유선 사이의 체적유량은 일정하기 때문에, 유선들이 서로 가깝게 있는 곳에서는 속도가 상대적으로 높고, 유선들이 멀리 떨어져 있는 곳에서는 상대적으로 속도가 낮다.

평면 $r\theta$ 내의 2차원 비압축성유동에 대하여, 질량보존 식 (5.2b)는 다음과 같이 쓸 수 있다.

$$\frac{\partial (rV_r)}{\partial r} + \frac{\partial V_\theta}{\partial \theta} = 0 \tag{5.7}$$

식 (5.4)에 사용한 것과 유사한 논리를 사용하여, 유동함수 $\psi(r, \theta, t)$는 다음과 같이 정의된다.

$$V_r \equiv \frac{1}{r}\frac{\partial \psi}{\partial \theta} \quad \text{및} \quad V_\theta \equiv -\frac{\partial \psi}{\partial r} \tag{5.8}$$

식 (5.8)과 같이 정의된 ψ는 연속방정식 식 (5.7)을 정확히 만족한다.

예제 5.4 코너유동에 대한 유동함수

예제 2.1에서 주어진 코너에서의 정상, 비압축성유동에 대한 속도장은 $\vec{V} = Ax\hat{i} - Ay\hat{j}$이며, 여기서 $A = 0.3\ \text{s}^{-1}$이다. 이 속도장이 되는 유동함수를 구하라. 평면 xy의 제1상한과 제2상한에 그 유선 패턴을 그리고 설명하라.

주어진 자료: 속도장 $\vec{V} = Ax\hat{i} - Ay\hat{j}$, $A = 0.3\ \text{s}^{-1}$

찾는 자료: 유동함수 ψ를 구하고, 제1상한과 제2상한에 그린 후 그 결과를 설명하라.

풀이: 비압축성유동이므로 유동함수는 식 (5.4)를 만족한다.

식 (5.4)로부터 $u = \frac{\partial \psi}{\partial y}$이고, $v = -\frac{\partial \psi}{\partial y}$이다. 주어진 속도장에서

$$u = Ax = \frac{\partial \psi}{\partial y}$$

y에 관해 적분하면

$$\psi = \int \frac{\partial \psi}{\partial y} dy + f(x) = Axy + f(x) \tag{1}$$

여기서 $f(x)$는 임의의 함수이다. $f(x)$는 v에 대한 식을 사용하여 계산할 수 있다. 그러므로 식 (1)로부터

$$v = -\frac{\partial \psi}{\partial x} = -Ay - \frac{df}{dx} \tag{2}$$

주어진 속도장으로부터 $v = -Ay$이다. 이것을 식 (2)와 비교하면 $\frac{df}{dx} = 0$ 또는 $f(x)$ = 일정이 된다. 그러므로 식 (1)은 다음과 같이 나타난다.

$$\psi = Axy + c \longleftarrow \psi$$

ψ가 상수인 선들은 유동장 내에서 유선들을 나타낸다. 상수 c는 그림의 목적에 따라 임의로 편리하게 택할 수 있다. 원점을 통과하는 유선을 $\psi = \psi_1 = 0$이 되도록 하기 위하여 상수 c는 0으로 택한다. 그러면 다른 어떤 유선에 대한 값은 원점과 그 유선 사이에서의 유동을 나타낸다. $c = 0$과 $A = 0.3\ \text{s}^{-1}$을 대입하면 다음과 같다.

$$\psi = 0.3xy \quad (\text{m}^3/\text{s}/\text{m})$$

이 유선의 방정식은 예제 2.1에서 얻은 결과(xy = 일정)와 동일하다.

제1상한과 제2상한의 유선들에 대한 그림을 분리하여 나타내면 위의 그림과 같다. 제1상한에서는 $u > 0$이므로, ψ의 값은 양이다. 제2상한에서는 $u < 0$이므로 ψ의 값은 음이다.

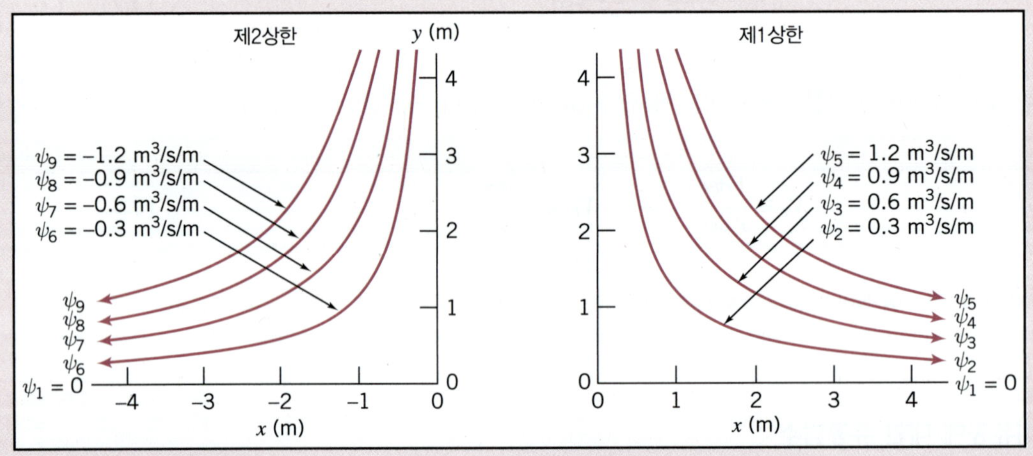

제1상한에서는 $u > 0$과 $v < 0$이므로, 유동은 왼쪽에서 오른쪽 아래 방향으로 흐른다. 원점을 통과하는 유선 $\psi = \psi_1$과 유선 $\psi = \psi_2$ 사이의 체적유량은 다음과 같다.

$$Q_{12} = \psi_2 - \psi_1 = 0.3\ \text{m}^3/\text{s}/\text{m}$$

제2상한에서는 $u < 0$이고 $v < 0$이므로, 유동은 오른쪽에서 왼쪽 아래 방향으로 흐른다. 유선 ψ_7과 ψ_9 사이의 체적유량은 다음과 같다.

$$Q_{79} = \psi_9 - \psi_7 = [-1.2 - (-0.6)]\text{m}^3/\text{s}/\text{m} = -0.6\ \text{m}^3/\text{s}/\text{m}$$

음의 부호는 유동이 오른쪽에서 왼쪽으로, 즉 $u < 0$인 유동과 일치한다.

그래프에서 유선 간격과 $\vec{V}$에 대한 식이 나타내듯이 속도는 원점('코너') 부근에서 가장 작다.

5.3 유체입자의 운동(운동학)

그림 5.4에는 유한한 크기의 유체요소를 보이고, 이 요소 내에 시간 t에서 질량 dm과 초기체적 $dx\ dy\ dz$를 갖는 미소입자를 선택하고, dt 후에 변형되는 모습을 보인다. 유한한 요소는 이동하였으며 형상과 위치가 변하였다. 미소 요소는 매우 뒤틀리지만, 미소입자의 모양의 변화를 요소 측면의 신장/축소와 회전으로 국한시킨다. 그것은 미소한 시간의 간격과 측면이 일직선으로 유지되는 것으로 고려하기 때문이다. 미소입자에 대한 조사는 결과적으로 점에 대한 결과를 얻기 위한 것이다. 이 입자의 운동을 네 가지, 입자가 한 점에서 다른 점으로 움직이는 **병진**(*translation*), x나 y 또는 z축의 일부 또는 전부의 축에 대한 입자의 **회전**(*rotation*), 입자 측면의 신장 또는 수축에 따르는 **선형변형**(*linear deformation*), 그리고 측면 사이의 각(처음에는 90°)이 변하는 **각변형**(*angular deformation*)으로 나눌 수 있다.

그림 5.4에 의하면 미소 유체입자의 회전과 각변형을 구별하기가 어렵다. 그러나 각변형과 달리 순수한 회전은 변형이 없으며, 5장에서 배운 바와 같이 유체의 변형은 전단응력을 유발하기 때문에 이 둘을 구별하는 것은 중요하다. 그림 5.5는 위에서 구분한 네 가지를 평면 xy상의 운동으로 보여준 것이고, 이들 각각에 대해 차례대로 조사하면 회전과 각변형을 구별할 수 있다.

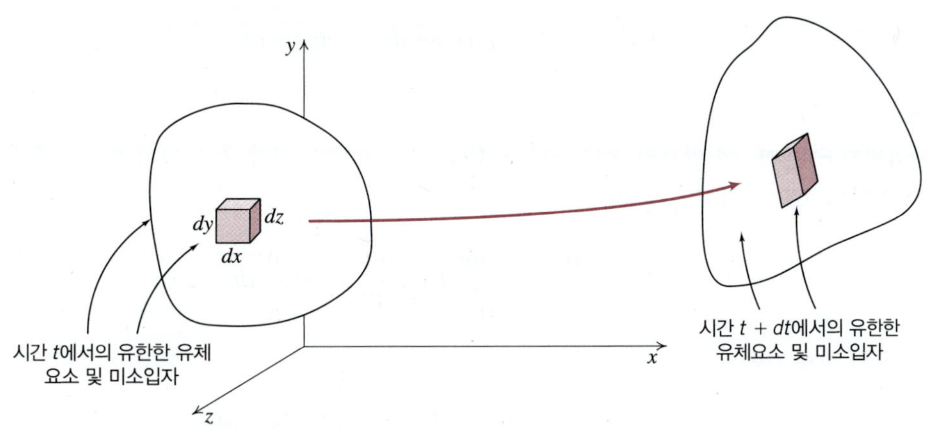

그림 5.4 시간 t 및 $t + dt$에서의 유한한 유체요소 및 미소입자.

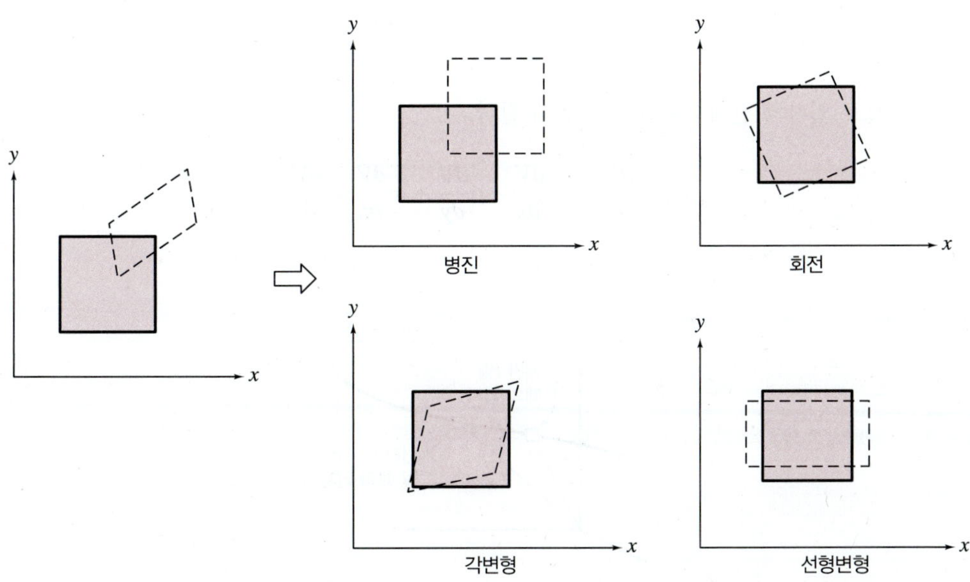

그림 5.5 그림으로 표시한 유체운동의 성분들.

유체의 병진운동: 속도장 내에서 유체입자의 가속도

유체입자의 병진운동은 2.2절에서 설명했던 속도장 $\vec{V} = \vec{V}(x, y, z, t)$와 명확하게 연관되어 있다. 뉴턴 제2법칙을 사용하기 위해서는 유체입자의 가속도가 필요하며, 이것을 단순하게 $\vec{a} = \partial\vec{V}/\partial t$로 계산할 수 있을 듯이 여겨진다. 그러나 이것은 $\vec{V}$가 개개의 입자의 운동만을 기술하지 않고 전체 유동을 기술하는 **필드**이기 때문에 틀리다. 이와 같은 계산방법이 틀렸다는 것은 예제 5.4를 보면 알 수 있다. 예제에서는 유체입자들이 분명히 가속 및 감속되고 그래서 $\vec{a} \neq \vec{0}$이지만, $\partial\vec{V}/\partial t = \vec{0}$이다.

그러면 문제는 유체의 성질에 대하여 필드기술법을 그대로 유지하면서 어떤 유동장 내에서 움직이는 유체입자 가속도에 대한 하나의 표현식을 얻으면 된다.

속도장 내에서 움직이는 한 입자를 고려하자. 시간 t일 때 입자는 위치 x, y, z에 있고, 그 순간 공간상의 그 점의 속도에 해당하는 속도를 가진다.

$$\left.\vec{V}_p\right]_t = \vec{V}(x,y,z,t)$$

$t + dt$일 때 이 입자는 좌표 $x + dx, y + dy, z + dz$인 새로운 위치로 이동했으며, 다음과 같은 속도를 갖는다.

$$\left.\vec{V}_p\right]_{t+dt} = \vec{V}(x+dx, y+dy, z+dz, t+dt)$$

그림 5.6은 이것을 보여주고 있다.

시간 t(위치 $\vec{r}$)일 때, 이 입자의 속도는 $\vec{V}_p = \vec{V}(x, y, z, t)$이다. 시간 dt 동안에 위치 $\vec{r}$에서 $\vec{r} + d\vec{r}$로 움직이는 입자의 속도 변화 $d\vec{V}_p$는 다음과 같다.

$$d\vec{V}_p = \frac{\partial\vec{V}}{\partial x}dx_p + \frac{\partial\vec{V}}{\partial y}dy_p + \frac{\partial\vec{V}}{\partial z}dz_p + \frac{\partial\vec{V}}{\partial t}dt$$

따라서 입자의 전체 가속도는

$$\vec{a}_p = \frac{d\vec{V}_p}{dt} = \frac{\partial\vec{V}}{\partial x}\frac{dx_p}{dt} + \frac{\partial\vec{V}}{\partial y}\frac{dy_p}{dt} + \frac{\partial\vec{V}}{\partial z}\frac{dz_p}{dt} + \frac{\partial\vec{V}}{\partial t}$$

그런데

$$\frac{dx_p}{dt} = u, \quad \frac{dy_p}{dt} = v \quad \text{및} \quad \frac{dz_p}{dt} = w$$

이므로, 결과적으로 입자의 전체 가속도는 다음과 같다.

$$\vec{a}_p = \frac{d\vec{V}_p}{dt} = u\frac{\partial\vec{V}}{\partial x} + v\frac{\partial\vec{V}}{\partial y} + w\frac{\partial\vec{V}}{\partial z} + \frac{\partial\vec{V}}{\partial t}$$

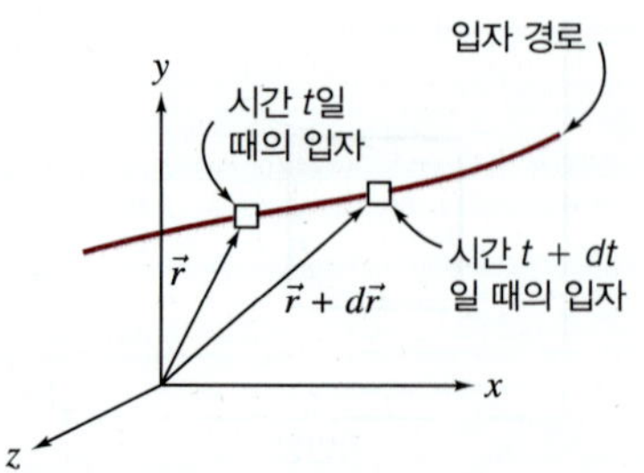

그림 5.6 유동장 내 입자의 운동.

속도장 내에서 유체입자의 가속도를 계산하려면 특별한 미분이 필요하다는 것을 강조하기 위하여 기호 $D\vec{V}/Dt$가 이용된다. 따라서

$$\frac{D\vec{V}}{Dt} \equiv \vec{a}_p = u\frac{\partial \vec{V}}{\partial x} + v\frac{\partial \vec{V}}{\partial y} + w\frac{\partial \vec{V}}{\partial z} + \frac{\partial \vec{V}}{\partial t} \tag{5.9}$$

식 (5.9)로 정의된 미분 $D\vec{V}/Dt$는 보통 **본질미분**(*substantial derivative*)이라 부르는데, 이는 미분이 입자 '본질'에 대한 것임을 강조하기 위해서이다. 이는 **물질미분**(*material derivatire*) 또는 **입자미분**(*particle derivatire*)이라고도 부른다.

식 (5.9)의 각 항들이 갖는 물리적 중요성은 다음과 같다.

$$\vec{a}_p = \underset{\text{입자의 총 가속도}}{\frac{D\vec{V}}{Dt}} = \underbrace{u\frac{\partial \vec{V}}{\partial x} + v\frac{\partial \vec{V}}{\partial y} + w\frac{\partial \vec{V}}{\partial z}}_{\text{대류가속도}} + \underset{\text{국소가속도}}{\frac{\partial \vec{V}}{\partial t}}$$

식 (5.9)로부터 알 수 있듯이 유동장 내에서 운동하는 유체입자는 두 가지 원인 중 어느 한 가지의 원인으로 가속될 수 있다. 그 예로는 예제 5.4를 참조하기 바란다. 이것은 유체입자들이 저속영역('코너' 근방)으로 **대류되고** 다시 고속영역으로 흘러가는 정상유동이다. 만일 유동장이 비정상이라면 속도장은 시간의 함수이기 때문에 유체입자는 **국소가속도**를 추가로 받게 된다.

대류가속도는 구배 연산자 ∇을 사용하여 하나의 벡터로 표현된다. 즉,

$$u\frac{\partial \vec{V}}{\partial x} + v\frac{\partial \vec{V}}{\partial y} + w\frac{\partial \vec{V}}{\partial z} = (\vec{V}\cdot\nabla)\vec{V}$$

그러므로 식 (5.9)는 아래와 같이 쓸 수 있다.

$$\frac{D\vec{V}}{Dt} \equiv \vec{a}_p = (\vec{V}\cdot\nabla)\vec{V} + \frac{\partial \vec{V}}{\partial t} \tag{5.10}$$

2차원 유동, 즉 $\vec{V} = \vec{V}(x, y, t)$인 경우, 식 (5.9)는 다음과 같이 줄어든다.

$$\frac{D\vec{V}}{Dt} = u\frac{\partial \vec{V}}{\partial x} + v\frac{\partial \vec{V}}{\partial y} + \frac{\partial \vec{V}}{\partial t}$$

1차원 유동, 즉 $\vec{V} = \vec{V}(x, t)$인 경우, 식 (5.9)는 다음과 같이 된다.

$$\frac{D\vec{V}}{Dt} = u\frac{\partial \vec{V}}{\partial x} + \frac{\partial \vec{V}}{\partial t}$$

마지막으로 ***3차원 정상유동***인 경우, 식 (5.9)는

$$\frac{D\vec{V}}{Dt} = u\frac{\partial \vec{V}}{\partial x} + v\frac{\partial \vec{V}}{\partial y} + w\frac{\partial \vec{V}}{\partial z}$$

와 같이 되며, 유동이 정상이라도 가속도가 반드시 0이 되는 것은 아니다. 그래서 유체입자는 정상 속도장 내에서도 운동으로 인하여 대류가속도를 가질 수 있다.

식 (5.9)는 벡터식이며, 모든 벡터식과 마찬가지로 스칼라 성분식으로 쓸 수 있다. *xyz* 좌표계에 상대적으로 식 (5.9)의 스칼라 성분식들은 다음과 같다.

$$a_{x_p} = \frac{Du}{Dt} = u\frac{\partial u}{\partial x} + v\frac{\partial u}{\partial y} + w\frac{\partial u}{\partial z} + \frac{\partial u}{\partial t} \tag{5.11a}$$

$$a_{y_p} = \frac{Dv}{Dt} = u\frac{\partial v}{\partial x} + v\frac{\partial v}{\partial y} + w\frac{\partial v}{\partial z} + \frac{\partial v}{\partial t} \tag{5.11b}$$

$$a_{z_p} = \frac{Dw}{Dt} = u\frac{\partial w}{\partial x} + v\frac{\partial w}{\partial y} + w\frac{\partial w}{\partial z} + \frac{\partial w}{\partial t} \tag{5.11c}$$

원통 좌표계에서의 가속도에 대한 성분식들은 식 (5.10)의 속도 $\vec{V}$를 원통 좌표계로 표현하고(5.1절), 벡터 연산자 ∇에 대한 적절한 표현[Web상의 식 (3.19)]을 사용하면 구해진다. 따라서

$$a_{r_p} = V_r\frac{\partial V_r}{\partial r} + \frac{V_\theta}{r}\frac{\partial V_r}{\partial \theta} - \frac{V_\theta^2}{r} + V_z\frac{\partial V_r}{\partial z} + \frac{\partial V_r}{\partial t} \tag{5.12a}$$

$$a_{\theta_p} = V_r\frac{\partial V_\theta}{\partial r} + \frac{V_\theta}{r}\frac{\partial V_\theta}{\partial \theta} + \frac{V_r V_\theta}{r} + V_z\frac{\partial V_\theta}{\partial z} + \frac{\partial V_\theta}{\partial t} \tag{5.12b}$$

$$a_{z_p} = V_r\frac{\partial V_z}{\partial r} + \frac{V_\theta}{r}\frac{\partial V_z}{\partial \theta} + V_z\frac{\partial V_z}{\partial z} + \frac{\partial V_z}{\partial t} \tag{5.12c}$$

식 (5.9), (5.11) 및 (5.12)는 유체입자가 유동장(x, y, z 및 t의 함수) 내 어느 위치에 있든 그 입자의 가속도를 구하는 데 유용한 식들이다. 즉, 이는 유체역학에서 가장 많이 사용되는 유동 기술법인 *Euler* 기술법이다.

다른 유동 기술법으로 종종 *Lagrange* 기술법을 사용하는데, 이 경우 입자의 운동(위치, 속도, 가속도)이 시간의 함수만으로 표기된다. Euler 및 Lagrange 기술법은 예제 5.5에서 설명된다.

예제 5.5 입자의 가속도에 대한 Euler 및 Lagrange 기술법

그림처럼 축소되는 평면의 채널 사이를 흐르는 2차원, 정상, 비압축성유동을 고려한다. 수평의 중심선(x축)상의 속도는 $\vec{V} = V_1[1 + (x/L)]\hat{i}$로 주어진다. 그 중심선을 따라 운동하는 입자의 가속도를 (a) Euler 기술법, (b) Lagrange 기술법을 사용하여 구하라. 입자가 채널의 시작과 끝에 있을 때 가속도를 계산하라.

주어진 자료: 그림과 같이 수축 채널을 통과하는 정상, 2차원, 비압축성유동

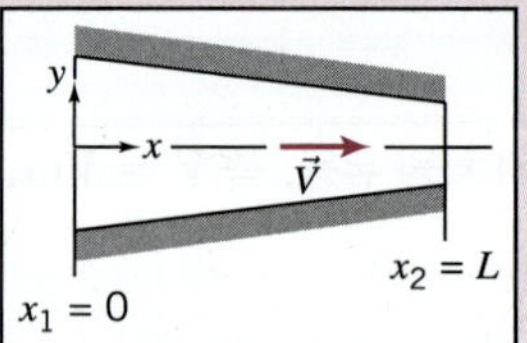

$$\vec{V} = V_1\left(1 + \frac{x}{L}\right)\hat{i} \qquad (x\text{축상에서})$$

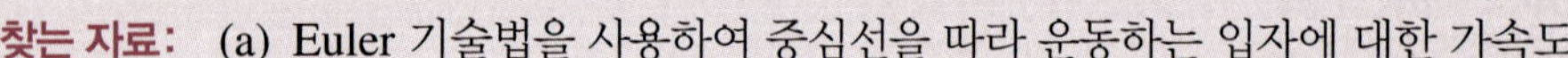

찾는 자료: (a) Euler 기술법을 사용하여 중심선을 따라 운동하는 입자에 대한 가속도

(b) Lagrange 기술법을 사용하여 중심선을 따라 운동하는 입자에 대한 가속도

(c) 입자가 채널의 시작과 끝에 있을 때의 가속도

풀이:

(a) Euler 기술법

유체입자의 가속도에 대한 지배방정식은 식 (5.9)이다.

$$\vec{a}_p(x,y,z,t) = \frac{D\vec{V}}{Dt} = u\frac{\partial \vec{V}}{\partial x} + v\frac{\partial \vec{V}}{\partial y} + w\frac{\partial \vec{V}}{\partial z} + \frac{\partial \vec{V}}{\partial t}$$

이 경우 식 (5.11a)인 가속도의 x성분에 관심이 있으므로,

$$a_{x_p}(x,y,z,t)=\frac{Du}{Dt}=u\frac{\partial u}{\partial x}+v\frac{\partial u}{\partial y}+w\frac{\partial u}{\partial z}+\frac{\partial u}{\partial t} \tag{5.11a}$$

x축상에서 $v = w = 0$이고 $u=V_1\left(1+\frac{x}{L}\right)$이므로, 정상유동에 대해 다음 식이 얻어진다.

$$a_{x_p}(x)=\frac{Du}{Dt}=u\frac{\partial u}{\partial x}=V_1\left(1+\frac{x}{L}\right)\frac{V_1}{L}$$

또는

$$a_{x_p}(x)=\frac{V_1^2}{L}\left(1+\frac{x}{L}\right) \longleftarrow a_{x_p}(x)$$

이 표현식이 어떤 순간에 점 x에 있는 입자의 가속도에 대한 식이다.

(b) Lagrange 기술법

이 기술법에서 입자역학에서와 같이 유체입자의 운동을 구해야 한다. 즉, 위치벡터 $\vec{x}_p(t)$가 필요하며, 이것으로부터 속도 $\vec{V}_p(t) = d\vec{x}p/dt$ 및 가속도 $\vec{a}_p(t) = d\vec{V}_p/dt$를 구할 수 있다. 실제로 x축을 따라 움직이는 유동에 관심이 있으므로 $x_p(t)$, $u_p(t) = dx_p/dt$ 및 $a_{xp}(t) = du_p/dt$를 구한다. $x_p(t)$에 대해 주어져 있지 않으나 다음 관계식을 얻는다.

$$u_p=\frac{dx_p}{dt}=V_1\left(1+\frac{x_p}{L}\right)$$

변수분리하고, $x_p(t = 0) = 0$ 및 $x_p(t = t) = x_p$ 값을 사용하여 다음 식을 얻는다.

$$\int_0^{x_p}\frac{dx_p}{\left(1+\frac{x_p}{L}\right)}=\int_0^t V_1 dt \quad \text{및} \quad L\ln\left(1+\frac{x_p}{L}\right)=V_1 t \tag{1}$$

위 식을 $x_p(t)$에 대해 풀면

$$x_p(t)=L(e^{V_1 t/L}-1)$$

이 구해지고, 속도 및 가속도는 다음과 같이 된다.

$$u_p(t)=\frac{dx_p}{dt}=V_1 e^{V_1 t/L}$$

및

$$a_{x_p}(t)=\frac{du_p}{dt}=\frac{V_1^2}{L}e^{V_1 t/L} \longleftarrow a_{x_p}(t)$$

이 표현식이 초기에 $x = 0$에 있던 입자의 임의 시간 t에서의 가속도를 준다.

(c) 입자가 $x = 0$ 및 $x = L$에 있을 때의 가속도를 계산하자. Euler 기술법에서 이것은 간단히 구한다.

$$a_{x_p}(x=0)=\frac{V_1^2}{L},\quad a_{x_p}(x=L)=2\frac{V_1^2}{L} \longleftarrow a_{x_p}$$

Lagrange 기술법에서는 $x = 0$과 $x = L$에서의 시간을 구해야 한다. 이것은 식 (1)을 사용하면

$$t(x_p=0)=\frac{L}{V_1}\ln(1)=0,\quad t(x_p=L)=\frac{L}{V_1}\ln(2)$$

따라서 식 (5.1)로부터

$$a_{x_p}(t=0)=\frac{V_1^2}{L} \quad \text{및}$$
$$a_{x_p}\left(t=\frac{L}{V_1}\ln(2)\right)=\frac{V_1^2}{L}e^{\ln(2)}=2\frac{V_1^2}{L} \leftarrow a_{x_p}$$

당연한 결과지만, 두 가지 접근법에서 같은 가속도가 얻어졌다.

이 문제는 유체입자의 운동에 대한 Euler 기술법과 Lagrange 기술법을 설명한다.

유체의 회전

일반적인 3차원 유동장 내에서 운동하는 입자는 세 좌표축 모두에 대해 회전한다. 그러므로 입자의 회전은 벡터량이며, 일반적으로

$$\vec{\omega}=\hat{i}\omega_x+\hat{j}\omega_y+\hat{k}\omega_z$$

이고 ω_x는 x축에 대한 회전, ω_y는 y축에 대한 회전, ω_z는 z축에 대한 회전이다. 회전의 방향이 양이라는 것은 오른손법칙에 따른다.

여기서 입자운동의 회전성분을 어떻게 추출하는지 알아보자. 시간 t에서 평면 xy상에서의 입자 모습을 고려해 보자. 입자의 왼쪽 및 아래쪽 면은 그림 5.7a에 보인 것처럼 각각 길이 Δx 및 Δy의 2개의 서로 수직한 선분 oa 및 ob로 주어진다. 일반적으로 간격 Δt 후에 입자는 새로운 위치로 병진운동하고 또한 회전 및 변형을 한다. 시간 $t+\Delta t$에서 이 두 선분들의 가능한 순간적인 방향과 위치는 그림 5.7b와 같다.

여기서 각도의 기호에 대한 주의가 필요하다. 즉, 오른손법칙에 따라 **시계 반대방향의 회전이 양**이므로 그림에 각도 $\Delta\alpha$만큼 시계 반대방향으로 회전하는 측면 oa를 나타냈으나, 테두리 ob는 **시계 방향으로** 각도 $\Delta\beta$만큼 회전하는 것으로 나타낸 것에 주의할 필요가 있다. 양 각도는 명확히 임의적이나 $\Delta\alpha=6°$ 및 $\Delta\beta=4°$와 같이 각도에 숫자값을 대입하는 것이 설명을 가시화하는 데 도움이 된다.

입자 회전의 크기를 $\Delta\alpha$ 및 $\Delta\beta$로부터 어떻게 추출해낼 수 있는가? 답은 $\Delta\alpha$ 및 $\Delta\beta$의 평균값을 취하는 것으로, 입자의 강체가 반시계 방향으로의 회전은 그림 5.7c에 보인 것처럼 $\frac{1}{2}(\Delta\alpha-\Delta\beta)$이다. 음의 부호는 ob의 **반시계 방향** 회전이 $-\Delta\beta$이기 때문에 필요하다. 대입한 값들을 사용하면 입자의 회전은 $\frac{1}{2}(6°-4°)=1°$이다.

여기서 그림 5.7d에 보인 것처럼 입자의 각변형의 크기는 $\Delta\alpha$ 및 $\Delta\beta$로부터 구할 수 있다. 그림 5.7d에서 oa의 변형은 그림 5.7b와 5.7c를 이용하여 구한다. 즉, 그림 5.7c에 보인 입자의 회전 $\frac{1}{2}(\Delta\alpha-\Delta\beta)$를 그림 5.7b에서 oa의 실제 회전 $\Delta\alpha$로부터 빼면 남는 것은 순수한 변형이다[그림 5.7d에서 $\Delta\alpha-\frac{1}{2}(\Delta\alpha-\Delta\beta)=\frac{1}{2}(\Delta\alpha+\Delta\beta)$]. 주어진 값을 대입하면 oa의 변형은 $6°-\frac{1}{2}(6°-4°)=5°$이다. 동일한 절차를 밟으면 ob의 변형은 $-\Delta\beta-\frac{1}{2}(\Delta\alpha-\Delta\beta)=-\frac{1}{2}(\Delta\alpha-\Delta\beta)$, 즉 그림 5.7d에 보인 것과 같이 **시계 방향**으로의 변형 $\frac{1}{2}(\Delta\alpha+\Delta\beta)$이 얻어

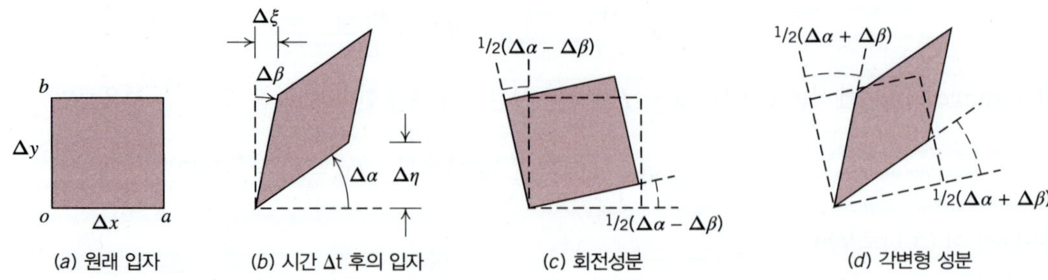

그림 5.7 2차원 유동에서 수직한 두 선분의 회전 및 각변형.

진다. 입자의 전체 변형은 측면 변형들의 합, 즉 $(\Delta\alpha + \Delta\beta)$(예로 든 숫자값으로 10°)이다. 이것이 입자 변형에 대해 정확한 값인가를 확인하자. 즉, 2.4절에서 변형은 90° 각으로부터의 변화로 측정됨을 상기하면, 이 각은 그림 5.7a에서 각 aob이고, 그림 5.7d에서 이 각의 전체 변화가 $\frac{1}{2}(\Delta\alpha+\Delta\beta)+\frac{1}{2}(\Delta\alpha+\Delta\beta)=(\Delta\alpha+\Delta\beta)$임을 알게 된다.

이들 각의 변화를 유동장으로부터 얻어야 한다. 이를 위해 $\Delta\alpha = \Delta\eta/\Delta x$ 및 $\Delta\beta = \Delta\xi/\Delta y$(각이 작은 경우에)가 됨을 알 수 있다. 그러나 $\Delta\xi$는 간격 Δt인 동안 점 o가 수평적으로 거리 $u\Delta t$만큼 움직이고, 점 b는 거리 $(u + [\partial u/\partial y]\Delta y)\Delta t$ (Taylor 급수전개)만큼 움직이기 때문에 생긴다. 마찬가지로, $\Delta\eta$는 간격 Δt 동안 점 o가 수직적으로 거리 $v\Delta t$만큼 움직이고, 점 a는 거리 $(v + [\partial v/\partial x]\Delta x)\Delta t$만큼 움직이기 때문에 생긴다. 따라서

$$\Delta\xi = \left(u + \frac{\partial u}{\partial y}\Delta y\right)\Delta t - u\Delta t = \frac{\partial u}{\partial y}\Delta y\Delta t$$

및

$$\Delta\eta = \left(v + \frac{\partial v}{\partial x}\Delta x\right)\Delta t - v\Delta t = \frac{\partial v}{\partial x}\Delta x\Delta t$$

이러한 결과로부터 z축에 대한 입자의 각속도 ω_z는 다음과 같이 계산된다.

$$\omega_z = \lim_{\Delta t\to 0}\frac{\frac{1}{2}(\Delta\alpha - \Delta\beta)}{\Delta t} = \lim_{\Delta t\to 0}\frac{\frac{1}{2}\left(\frac{\Delta\eta}{\Delta x} - \frac{\Delta\xi}{\Delta y}\right)}{\Delta t} = \lim_{\Delta t\to 0}\frac{\frac{1}{2}\left(\frac{\partial v}{\partial x}\frac{\Delta x}{\Delta x}\Delta t - \frac{\partial u}{\partial y}\frac{\Delta y}{\Delta y}\Delta t\right)}{\Delta t}$$

$$\omega_z = \frac{1}{2}\left(\frac{\partial v}{\partial x} - \frac{\partial u}{\partial y}\right)$$

평면 yz와 xz에 직교하는 두 선에 대한 회전은 동일한 방법으로 다음과 같이 구할 수 있다.

$$\omega_x = \frac{1}{2}\left(\frac{\partial w}{\partial y} - \frac{\partial v}{\partial z}\right) \quad \text{및} \quad \omega_y = \frac{1}{2}\left(\frac{\partial u}{\partial z} - \frac{\partial w}{\partial x}\right)$$

그러면 $\vec{\omega} = \hat{i}\omega_x + \hat{j}\omega_y + \hat{k}\omega_z$는 다음과 같이 된다.

$$\vec{\omega} = \frac{1}{2}\left[\hat{i}\left(\frac{\partial w}{\partial y} - \frac{\partial v}{\partial z}\right) + \hat{j}\left(\frac{\partial u}{\partial z} - \frac{\partial w}{\partial x}\right) + \hat{k}\left(\frac{\partial v}{\partial x} - \frac{\partial u}{\partial y}\right)\right] \tag{5.13}$$

중괄호 안의 항을 다음과 같이 나타낼 수 있으며,

$$\text{curl}\,\vec{V} = \nabla \times \vec{V}$$

이것을 벡터식으로 표시하면 다음과 같다.

$$\vec{\omega} = \frac{1}{2}\nabla \times \vec{V} \tag{5.14}$$

여기서 유체입자의 회전과 원형의 유선으로 구성되는 유동인 와류(*vortex flow*)를 혼동하지 않아야 한다. 예제 5.6에서 보게 되듯이 그러한 와류에서 입자들이 원형운동으로 움직일 때 회전할 수 있으나 반드시 그렇지만은 않다.

예제 5.6 자유와류과 강제와류

순수하게 접선운동(원형 유선을 갖는)을 하는 유동장을 고려하자. 즉, $V_r = 0$과 $V_\theta = f(r)$이다. 강체 회전, 즉 강제와류(*forced vortex*)에 대한 회전, 와도, 순환을 계산하라. 그리고 유동이 비회전이 되도록, 즉 자유와류(*free vortex*)가 생성되도록 $f(r)$을 선택하는 것이 가능함을 보여라.

주어진 자료: 접선운동을 하는 유동장 $V_r = 0$ 및 $V_\theta = f(r)$

찾는 자료: (a) 강체운동(강제와류)에 대한 회전, 와도 및 순환

(b) 비회전운동(자유와류)을 위한 $V_\theta = f(r)$

풀이:

지배방정식:

$$\vec{\zeta} = 2\vec{\omega} = \nabla \times \vec{V} \tag{5.15}$$

평면 $r\theta$에서의 운동에서 회전과 와도의 유일한 성분은 z방향 성분이다.

$$\zeta_z = 2\omega_z = \frac{1}{r}\frac{\partial rV_\theta}{\partial r} - \frac{1}{r}\frac{\partial V_r}{\partial \theta}$$

이 유동장의 모든 점에서 $V_r = 0$이기 때문에, 위 식은 다음과 같이 줄어든다.

$$\zeta_z = 2\omega_z = \frac{1}{r}\frac{\partial rV_\theta}{\partial r}$$

(a) 강체 회전에서 $V_\theta = \omega r$ 이다.

그래서 $\omega_z = \frac{1}{2}\frac{1}{r}\frac{\partial rV_\theta}{\partial r} = \frac{1}{2}\frac{1}{r}\frac{\partial}{\partial r}\omega r^2 = \frac{1}{2r}(2\omega r) = \omega$ 및 $\zeta_z = 2\omega.$

순환은

$$\Gamma = \oint_c \vec{V}\cdot d\vec{s} = \int_A 2\omega_z dA. \tag{18}$$

$\omega_z = \omega =$ 일정이므로, 모든 폐곡선에 대한 순환은 $\Gamma = 2\omega A$이고, 여기서 A는 곡선으로 둘러싸인 면적이다. 따라서 강체운동(강제와류)에서 회전과 와도는 일정하고, 순환은 윤곽선에 의해 둘러싸인 면적에 의존한다.

(b) 비회전유동에서 $\omega_z = \frac{1}{r}\frac{\partial}{\partial r} rV_\theta = 0$이다. 적분하면 다음과 같다.

$$rV_\theta = \text{일정} \qquad \text{또는} \qquad V_\theta = f(r) = \frac{C}{r}$$

이 유동에서 원점은 특이점이며, 그곳에서 $V_\theta \to \infty$이다. 원점을 둘러싸는 임의의 폐곡선에 대한 순환은 다음과 같다.

$$\Gamma = \oint_c \vec{V}\cdot d\vec{s} = \int_0^{2\pi} \frac{C}{r} r\, d\theta = 2\pi C$$

원점의 특이점을 둘러싸지 않는 임의의 폐곡선 주위의 순환은 0이다. 두 가지 와류에 대한 유선을 초기에 12시 위치에 있던 유체에 표시했던 십자 기호의 다른 순간들에서의 위치 및 방향과 함께 옆 그림에 나타냈다. 강체운동인 경우 십자 기호는 원형운동을 하면서 회전하고, 또한 유선들은 원점으로부터 떨어져 움직일 때 더욱 가깝게 밀집한다. 반면 비회전운동인 경우에는 원형운동을 할 때 십자 기호가 회전하지 않으며, 또한 유선들은 원점으로부터 떨어져 움직일 때 더 멀리 떨어져 있다.

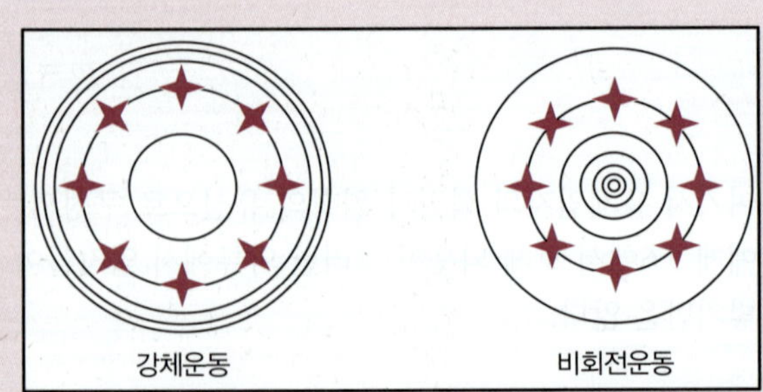

유동 중에 입자들이 회전($\vec{\omega} \neq 0$)하는 경우는 언제인가? 하나의 가능성은 유동 중의 입자들이 이미 회전을 가지고(어떤 이유에서건) 있는 경우이다. 반면에, 입자가 초기에 회전하지 않았다면 입자는 표면 전단응력에 의해 토크를 받는 경우에 회전하게 될 것이고, 입자의 체적력과 수직력(압력)은 입자를 가속시키고 변형시킬 것이나 토크를 발생시키지는 않는다. 따라서 유체입자의 회전은 전단응력을 가지는 유동에서만 발생할 수 있다고 결론지을 수 있다. 그런데 2장에서 이미 전단응력은 각변형(전단)이 있는 점성유체에서는 항상 존재한다는 것을 배웠다. 따라서 예제 3.10에서와 같이 입자들이 초기에 회전하지 않는 한 점성유동에서만 입자의 회전이 발생할 수 있다는 결론을 얻는다.

입자의 회전이 발생하지 않는 유동을 **비회전유동**(*irrotational* flow)이라 부른다. 실제로 비회전인 유동은 없지만(모든 유체는 점성이 있다), 점성의 영향이 때로는 무시되기 때문에 유동을 비점성과 비회전으로 가정하여 성공적으로 연구한 경우가 많다. 1장에서 설명하였고 6장에서 다시 설명하지만, 공기역학적 이론들이 비점성유동으로 가정된다. 그러나 어떤 유동에서든 점성효과가 무시될 수 없는 영역(일례로 날개 주위의 유동에 대한 경계층)이 항상 있다는 사실에 유의할 필요가 있다.

식 (5.14)에 붙어 있는 계수 $\frac{1}{2}$은 회전의 2배인 **와도**(*vorticity*) $\vec{\zeta}$를 정의하면 소거된다.

$$\vec{\zeta} \equiv 2\vec{\omega} = \nabla \times \vec{V} \tag{5.15}$$

와도란 유동장 내에서 운동하는 유체요소의 회전에 대한 척도이다. 원통 좌표계에서 와도는 다음과 같다.

$$\nabla \times \vec{V} = \hat{e}_r\left(\frac{1}{r}\frac{\partial V_z}{\partial \theta} - \frac{\partial V_\theta}{\partial z}\right) + \hat{e}_\theta\left(\frac{\partial V_r}{\partial z} - \frac{\partial V_z}{\partial r}\right) + \hat{k}\left(\frac{1}{r}\frac{\partial r V_\theta}{\partial r} - \frac{1}{r}\frac{\partial V_r}{\partial \theta}\right) \tag{5.16}$$

순환(*circulation*) Γ(예제 6.12에서 다시 만나게 됨)는 유동장 내에 고정된 폐곡선에 대한 접선 속도성분의 선적분으로 정의된다.

$$\Gamma = \oint_c \vec{V} \cdot d\vec{s} \tag{5.17}$$

여기서 $d\vec{s}$는 길이가 ds인 곡선에 접선 방향의 요소벡터이다. 양의 방향은 곡선 주위를 반시계 방향으로 경로에 따라 적분하는 것을 의미한다. 순환과 와도의 관계는 그림 5.8에 보인 사각형 회로를 고려하면 알 수 있다. 그림에서 o에서의 속도성분들은 (u, v)로 가정되었고, 선분 bc 및 ac를 따르는 속도들은 Taylor 급수전개를 사용하여 유도된다.

폐곡선 $oacb$에 대하여,

$$\Delta\Gamma = u\Delta x + \left(v + \frac{\partial v}{\partial x}\Delta x\right)\Delta y - \left(u + \frac{\partial u}{\partial y}\Delta y\right)\Delta x - v\,\Delta y$$

$$\Delta\Gamma = \left(\frac{\partial v}{\partial x} - \frac{\partial u}{\partial y}\right)\Delta x \Delta y$$

$$\Delta\Gamma = 2\omega_z \Delta x \Delta y$$

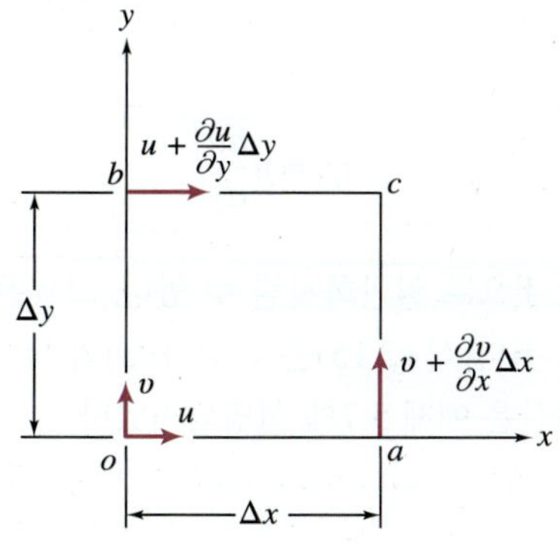

그림 5.8 유체요소 경계면상에서의 속도성분.

따라서

$$\Gamma = \oint_c \vec{V} \cdot d\vec{s} = \int_A 2\omega_z \, dA = \int_A (\nabla \times \vec{V})_z \, dA \tag{5.18}$$

식 (5.18)은 2차원 Stokes 정리이다. 따라서 폐곡선 주위의 순환은 그 폐곡선 안에 둘러싸인 와도의 합과 동일하다.

유체의 변형

a. 각변형

앞에서 설명한 것과(그림 5.7d 참조) 같이 입자의 각변형(*angular deformation*)은 두 각변형의 합으로 $(\Delta\alpha + \Delta\beta)$이다.

또한 $\Delta\alpha = \Delta\eta/\Delta x$, $\Delta\beta = \Delta\xi/\Delta y$ 및 $\Delta\xi$와 $\Delta\eta$는

$$\Delta\xi = \left(u + \frac{\partial u}{\partial y}\Delta y\right)\Delta t - u\Delta t = \frac{\partial u}{\partial y}\Delta y \Delta t$$

및

$$\Delta\eta = \left(v + \frac{\partial v}{\partial x}\Delta x\right)\Delta t - v\Delta t = \frac{\partial v}{\partial x}\Delta x \Delta t$$

와 같음을 알고 있다. 이들로부터 평면 xy에서의 입자의 각변형률은 다음과 같이 계산된다.

$$\text{평면 } xy\text{에서의 각변형률} = \lim_{\Delta t \to 0} \frac{(\Delta\alpha + \Delta\beta)}{\Delta t} = \lim_{\Delta t \to 0} \frac{\left(\dfrac{\Delta\eta}{\Delta x} + \dfrac{\Delta\xi}{\Delta y}\right)}{\Delta t}$$

$$\text{평면 } xy\text{에서의 각변형률} = \lim_{\Delta t \to 0} \frac{\left(\dfrac{\partial v}{\partial x}\dfrac{\Delta x}{\Delta x}\Delta t + \dfrac{\partial u}{\partial y}\dfrac{\Delta y}{\Delta y}\Delta t\right)}{\Delta t} = \left(\frac{\partial v}{\partial x} + \frac{\partial u}{\partial y}\right) \tag{5.19a}$$

yz 및 zx 평면에서의 입자의 각변형률도 유사한 방법에 의해 다음과 같이 된다.

$$yz \text{ 평면에서의 각변형률} = \left(\frac{\partial w}{\partial y} + \frac{\partial v}{\partial z}\right) \tag{5.19b}$$

$$zx \text{ 평면에서의 각변형률} = \left(\frac{\partial w}{\partial x} + \frac{\partial u}{\partial z}\right) \tag{5.19c}$$

2장에서 1차원 층류 뉴턴 유동에서 전단응력이 다음과 같이 유체입자의 변형률(du/dy)로 주어지는 것을 보았다.

$$\tau_{yx} = \mu \frac{du}{dy} \tag{2.15}$$

식 (2.15)는 3차원 층류유동에 대한 것으로 일반화시킬 수 있다. 그것은 위에 주어진 3개의 각변형률과 함께 3차원 전단응력들에 대한 표현이 된다[식 (2.15)는 식 (5.19a)의 특별한 경우이다].

단순한 유동장에 대한 각변형 계산은 예제 5.7에 설명되어있다.

예제 5.7 점도계 유동의 회전

평행한 큰 평판 사이 좁은 틈새에서의 점도계 유동이 그림에 있다. 좁은 틈새의 속도장은 $\vec{V} = U(y/h)\hat{i}$이고, U = 4 mm/s, h = 4 mm이다. t = 0일 때 유체 내에 두 선분 ac와 bd를 그림과 같이 십자가 되도록 표시한다. t = 1.5 s일 때 표시된 점들의 위치를 계산하고 비교를 위해 스케치하라. 이 유동장 내에 있는 유체입자의 각변형률과 회전율을 계산하라. 계산된 결과에 대하여 평가하라.

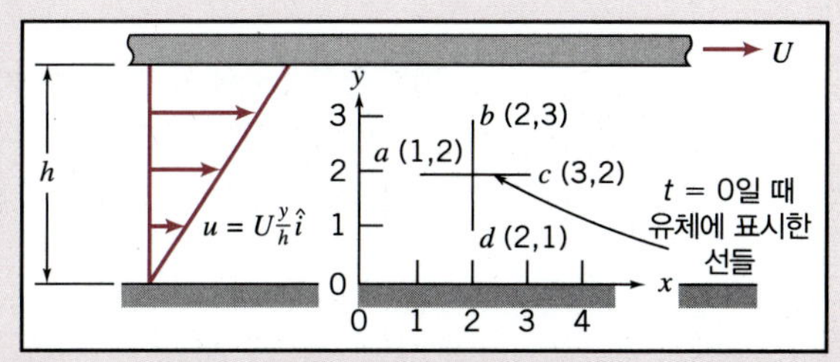

주어진 자료: 속도장 $\vec{V} = U(y/h)\hat{i}$, U = 4 mm/s, h = 4 mm. t = 0일 때 유체입자들이 그림과 같이 십자형을 이루도록 표시하였다.

찾는 자료: (a) t = 1.5 s일 때 점 a', b', c', d'들의 위치를 계산하고 도시하라.
(b) 각변형률
(c) 유체입자의 회전율
(d) 이 결과의 의미

풀이: 주어진 유동장에 대하여 v = 0이므로 수직 방향의 운동은 없다. 각 점의 속도는 일정하므로 각 점에 대하여 $\Delta x = u\Delta t$이다. 점 b에서 u = 3 mm/s이므로,

$$\Delta x_b = 3\frac{\text{mm}}{\text{s}} \times 1.5\text{ s} = 4.5\text{ mm}$$

마찬가지로 점 a와 점 c는 각각 3 mm만큼 움직이고, 점 d는 1.5 mm만큼 움직인다. 따라서 t = 1.5 s일 때 그림은 아래와 같다.

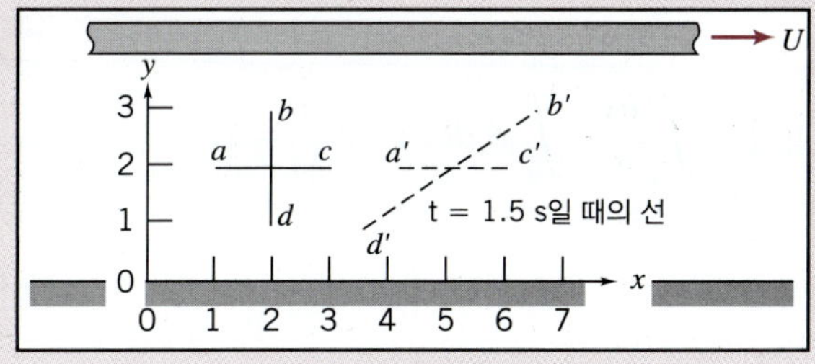

각변형률은 다음과 같이 계산된다.

$$\frac{\partial u}{\partial y} + \frac{\partial v}{\partial x} = U\frac{1}{h} + 0 = \frac{U}{h} = 4\frac{\text{mm}}{\text{s}} \times \frac{1}{4\text{ mm}} = 1\text{ s}^{-1}$$

회전율은

$$\omega_z = \frac{1}{2}\left(\frac{\partial v}{\partial x} - \frac{\partial u}{\partial y}\right) = \frac{1}{2}\left(0 - \frac{U}{h}\right) = -\frac{1}{2} \times 4\frac{\text{mm}}{\text{s}} \times \frac{1}{4\text{ mm}} = -0.5\text{ s}^{-1} \quad \omega_z$$

이 유동은 점성유동이므로 각변형과 입자의 회전이 모두 예상된다.

b. 선형변형

선형변형을 하는 동안 꼭짓점에서의 각으로 표현된 유체요소의 형상은 직각이 그대로 유지되기 때문에 변하지 않는다(그림 5.5 참조). 요소는 $\partial u/\partial x$가 0이 아닐 때에만 길이가 x방향으로 변한다. 마찬가지로, y방향의 변화는 $\partial u/\partial y$가 0이 아닐 때, 그리고 z방향의 변화는 $\partial w/\partial z$가 0이 아닐 때 일어난다. 이 양들은 각각 x, y, z방향의 길이 방향 변형률이다.

변의 길이 변화는 그 요소의 체적 변화를 가져온다. 국소 순간 **체적 팽창률**(*volume dilation rate*)은 다음과 같다.

$$\text{체적 팽창률} = \frac{\partial u}{\partial x} + \frac{\partial v}{\partial y} + \frac{\partial w}{\partial z} = \nabla \cdot \vec{V} \tag{5.20}$$

비압축성유동에서 체적 팽창률은 0이다[식 (5.1c)].

이 절에서는 속도장이 유동장 내 유체입자에 대한 가속도, 회전, 각변형 및 선변형을 구하는 데 사용됨을 보여주고 있다. 코너에서 유동에 대한 변형률 시험은 예제 5.8에 설명되어 있다.

예제 5.8 코너에서 유동에 대한 변형률

속도장 $\vec{V} = Ax\hat{i} - Ay\hat{j}$는 예제 5.4에서 보인 '코너'에서의 유동이다. $A = 0.3\ \text{s}^{-1}$이고, 좌표들은 미터 단위이다. $t = 0$일 때 그림과 같이 정사각형을 유체 내에 표시한다. 점 a가 τ초 후에 $x = \frac{3}{2}$ m까지 이동했을 때, 네 코너점들의 새로운 위치를 계산하라. x와 y 방향의 선형 변형률을 계산하라. $t = \tau$일 때의 면적 $a'b'c'd'$를 $t = 0$ 때의 면적 $abcd$와 비교하라. 결과의 의미를 평가하라.

주어진 자료: $\vec{V} = Ax\hat{i} - Ay\hat{j}$, $A = 0.3\ \text{s}^{-1}$ (x와 y의 단위는 미터)

찾는 자료: (a) a가 τ초 후에 $x = \frac{3}{2}$ m인 a'에 있을 때의 정사각형 위치

(b) 선형 변형률

(c) 면적 $a'b'c'd'$를 면적 $abcd$와 비교

(d) 그 결과의 의미

풀이: 먼저 τ를 찾아야 하기 때문에 Lagrange 기술법을 사용하여 유체입자를 추적해야 한다.

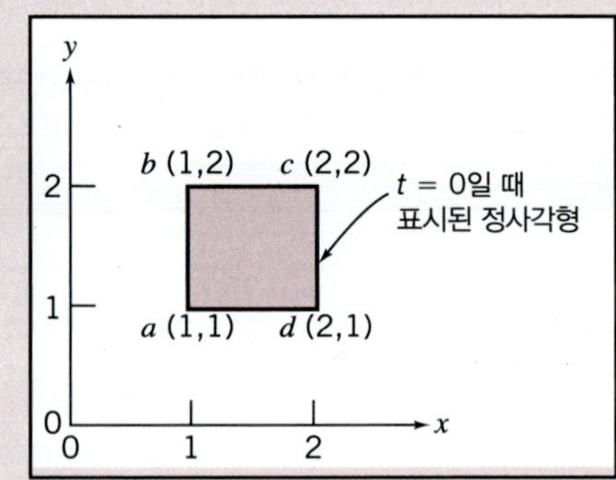

$$u = \frac{dx_p}{dt} = Ax_p, \quad \frac{dx}{x} = A\,dt, \ \text{따라서} \int_{x_0}^{x} \frac{dx}{x} = \int_0^{\tau} A\,dt \ \text{및} \ \ln\frac{x}{x_0} = A\tau$$

$$\tau = \frac{\ln x/x_0}{A} = \frac{\ln\left(\frac{3}{2}\right)}{0.3\ \text{s}^{-1}} = 1.35\ \text{s}$$

y방향에서

$$v = \frac{dy_p}{dt} = -Ay_p \qquad \frac{dy}{y} = -A\,dt \qquad \frac{y}{y_0} = e^{-A\tau}$$

τ일 때 점들의 좌표:

점	$t = 0$	$t = \tau$
a	(1,1)	$\left(\frac{3}{2}, \frac{2}{3}\right)$
b	(1,2)	$\left(\frac{3}{2}, \frac{4}{3}\right)$
c	(2,2)	$\left(3, \frac{4}{3}\right)$
d	(2,1)	$\left(3, \frac{2}{3}\right)$

그림은:

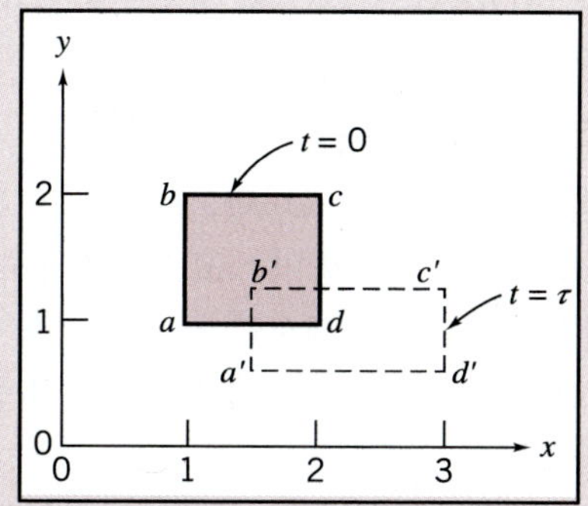

선형 변형률은 다음과 같다.

$$\frac{\partial u}{\partial x}=\frac{\partial}{\partial x}Ax=A=0.3\ \mathrm{s}^{-1} \qquad (x\text{방향})$$

$$\frac{\partial v}{\partial y}=\frac{\partial}{\partial y}(-Ay)=-A=-0.3\ \mathrm{s}^{-1} \qquad (y\text{방향})$$

체적 팽창률은

$$\nabla\cdot\vec{V}=\frac{\partial u}{\partial x}+\frac{\partial v}{\partial y}=A-A=0$$

면적 $abcd$은 $1\ \mathrm{m}^2$이고, 면적 $a'b'c'd'$은 $=\left(3-\frac{3}{2}\right)\left(\frac{4}{3}-\frac{2}{3}\right)=1\ \mathrm{m}^2$이다.

주의:

- 평행한 평면들은 평행을 유지한다. 즉, 선형 변형은 일어나지만 각변형은 일어나지 않는다.
- 유동은 비회전($\partial v/\partial x-\partial u/\partial y=0$)이다.
- 2개의 선형 변형률 크기가 같고 방향이 반대이기 때문에 체적은 보존된다.
- NCFMF 비디오 *Flow Visualization*(이 필름의 무료 온라인 주소는 http://web.mit.edu/fluids/www/Shapiro/ncfmf.html)에서는 2차원 비압축성유동에서 표시된 정사각형 유체의 면적이 변하지 않고 보존된다는 사실을 수소기포를 이용한 시간–유맥(time-streak)선으로부터 실험적으로 증명하였다.

5.4 운동량 방정식

유체운동을 기술하는 역학적 방정식은 뉴턴 제2법칙을 입자에 적용하면 구할 수 있다. 운동량 방정식의 미분 형태를 얻기 위해 질량 dm인 미소 유체입자에 뉴턴 제2법칙을 적용한다.

유한한 시스템에 대한 뉴턴 제2법칙이 다음과 같음을 상기하자.

$$\vec{F}=\left.\frac{d\vec{P}}{dt}\right)_{\text{system}} \tag{4.2a}$$

여기서 시스템의 선형 운동량 $\vec{P}$는 다음과 같다.

$$\vec{P}_{\text{system}}=\int_{\text{mass (system)}}\vec{V}\,dm \tag{4.2b}$$

그러면 질량 dm인 미소한 시스템에 대한 뉴턴 제2법칙은 다음과 같다.

$$d\vec{F}=dm\left.\frac{d\vec{V}}{dt}\right)_{\text{system}} \tag{5.21}$$

어떤 속도장에서 운동하는 질량 dm인 유체요소의 가속도는 이미 얻어졌으므로[식 (5.9)], 뉴턴 제2법칙은 다음과 같은 벡터식으로 표현된다.

$$d\vec{F}=dm\frac{D\vec{V}}{Dt}=dm\left[u\frac{\partial\vec{V}}{\partial x}+v\frac{\partial\vec{V}}{\partial y}+w\frac{\partial\vec{V}}{\partial z}+\frac{\partial\vec{V}}{\partial t}\right] \tag{5.22}$$

이제 그 요소에 작용하는 힘 $d\vec{F}$ 또는 그 힘의 성분들 dF_x, dF_y, dF_z에 대한 적절한 식을 얻어야 한다.

유체입자에 작용하는 힘

유체요소에 작용하는 힘들은 체적력과 표면력으로 나뉘고, 표면력에는 수직력과 접선(전단)력이 있다.

질량 dm이고 체적 $d\forall = dx\,dy\,dz$인 미소 요소에 작용하는 힘의 x성분을 고려해 보자. x방향으로 작용하는 응력들만이 x방향의 표면력을 발생시킨다. 미소 요소 중심에서의 응력들을 σ_{xx}, τ_{yx}, τ_{zx}라고 한다면, 요소의 모든 표면에서 x방향으로 작용하는 응력들(요소의 중심에 대해 Taylor 급수를 전개하여 얻는다)은 그림 5.9에 나타낸 것과 같다.

x방향의 표면력 dF_{S_x}를 구하기 위해서는 x방향의 힘들을 전부 합해야 한다.

$$\begin{aligned} dF_{S_x} = &\left(\sigma_{xx} + \frac{\partial \sigma_{xx}}{\partial x}\frac{dx}{2}\right)dy\,dz - \left(\sigma_{xx} - \frac{\partial \sigma_{xx}}{\partial x}\frac{dx}{2}\right)dy\,dz \\ &+ \left(\tau_{yx} + \frac{\partial \tau_{yx}}{\partial y}\frac{dy}{2}\right)dx\,dz - \left(\tau_{yx} - \frac{\partial \tau_{yx}}{\partial y}\frac{dy}{2}\right)dx\,dz \\ &+ \left(\tau_{zx} + \frac{\partial \tau_{zx}}{\partial z}\frac{dz}{2}\right)dx\,dy - \left(\tau_{zx} - \frac{\partial \tau_{zx}}{\partial z}\frac{dz}{2}\right)dx\,dy \end{aligned}$$

정리하면, 다음과 같다.

$$dF_{S_x} = \left(\frac{\partial \sigma_{xx}}{\partial x} + \frac{\partial \tau_{yx}}{\partial y} + \frac{\partial \tau_{zx}}{\partial z}\right)dx\,dy\,dz$$

중력만이 유일하게 작용하는 체적력일 때, 단위질량당 체적력은 $\vec{g}$이다. x방향의 힘 dF_x는 다음과 같다.

$$dF_x = dF_{B_x} + dF_{S_x} = \left(\rho g_x + \frac{\partial \sigma_{xx}}{\partial x} + \frac{\partial \tau_{yx}}{\partial y} + \frac{\partial \tau_{zx}}{\partial z}\right)dx\,dy\,dz \quad (5.23a)$$

같은 방법으로 y와 z방향 힘의 성분들도 유도된다.

$$dF_y = dF_{B_y} + dF_{S_y} = \left(\rho g_y + \frac{\partial \tau_{xy}}{\partial x} + \frac{\partial \sigma_{yy}}{\partial y} + \frac{\partial \tau_{zy}}{\partial z}\right)dx\,dy\,dz \quad (5.23b)$$

$$dF_z = dF_{B_z} + dF_{S_z} = \left(\rho g_z + \frac{\partial \tau_{xz}}{\partial x} + \frac{\partial \tau_{yz}}{\partial y} + \frac{\partial \sigma_{zz}}{\partial z}\right)dx\,dy\,dz \quad (5.23c)$$

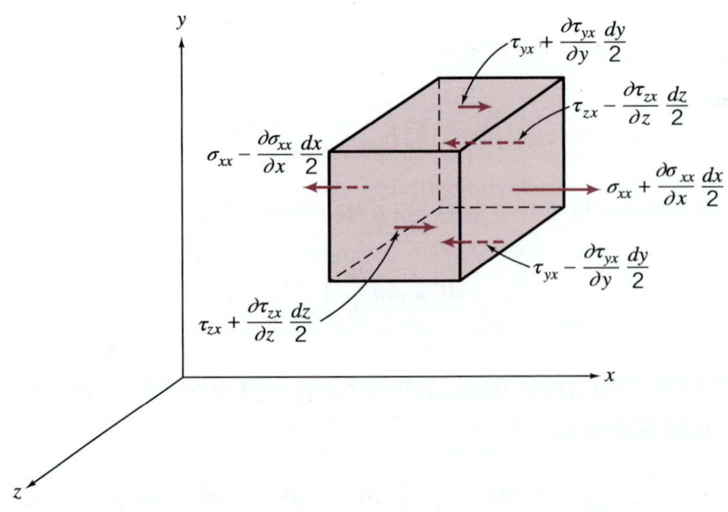

그림 5.9 유체요소에 작용하는 x방향 응력들.

미분형 운동량 방정식

지금까지 질량 dm인 요소에 작용하는 힘 $d\vec{F}$의 성분 dF_x, dF_y, dF_z에 대한 식을 유도했다. 이 성분에 대한 식[식 (5.23)]들을 식 (5.22)의 x, y, z성분에 대입하면 다음과 같은 미분형 운동방정식이 얻어진다.

$$\rho g_x + \frac{\partial \sigma_{xx}}{\partial x} + \frac{\partial \tau_{yx}}{\partial y} + \frac{\partial \tau_{zx}}{\partial z} = \rho\left(\frac{\partial u}{\partial t} + u\frac{\partial u}{\partial x} + v\frac{\partial u}{\partial y} + w\frac{\partial u}{\partial z}\right) \tag{5.24a}$$

$$\rho g_y + \frac{\partial \tau_{xy}}{\partial x} + \frac{\partial \sigma_{yy}}{\partial y} + \frac{\partial \tau_{zy}}{\partial z} = \rho\left(\frac{\partial v}{\partial t} + u\frac{\partial v}{\partial x} + v\frac{\partial v}{\partial y} + w\frac{\partial v}{\partial z}\right) \tag{5.24b}$$

$$\rho g_z + \frac{\partial \tau_{xz}}{\partial x} + \frac{\partial \tau_{yz}}{\partial y} + \frac{\partial \sigma_{zz}}{\partial z} = \rho\left(\frac{\partial w}{\partial t} + u\frac{\partial w}{\partial x} + v\frac{\partial w}{\partial y} + w\frac{\partial w}{\partial z}\right) \tag{5.24c}$$

식 (5.24)는 연속체 가정을 만족하는 모든 유체에 대한 미분형 운동방정식이다. 이 식들이 u, v, w에 대한 해를 구하기 위해 사용되려면, 응력들을 속도장과 압력장으로 표현해야 한다.

뉴턴 유체: Navier-Stokes 방정식

뉴턴 유체에서 점성응력은 전단 변형률(각변형률)에 비례한다. 2장에 의하면 1차원 층류 뉴턴 유동에서 전단응력은 각변형률 $\tau_{yx} = du/dy$[식 (2.15)]에 비례한다. 3차원 유동에서는 사정이 다소 복잡하다[즉, 식 (5.19)와 같은 더 복잡한 형태의 각변형률을 사용할 필요가 있다]. 직각 좌표계에서 이러한 응력들은 속도 구배와 유체성질로 표현된다.

$$\tau_{xy} = \tau_{yx} = \mu\left(\frac{\partial v}{\partial x} + \frac{\partial u}{\partial y}\right) \tag{5.25a}$$

$$\tau_{yz} = \tau_{zy} = \mu\left(\frac{\partial w}{\partial y} + \frac{\partial v}{\partial z}\right) \tag{5.25b}$$

$$\tau_{zx} = \tau_{xz} = \mu\left(\frac{\partial u}{\partial z} + \frac{\partial w}{\partial x}\right) \tag{5.25c}$$

$$\sigma_{xx} = -p - \frac{2}{3}\mu\nabla\cdot\vec{V} + 2\mu\frac{\partial u}{\partial x} \tag{5.25d}$$

$$\sigma_{yy} = -p - \frac{2}{3}\mu\nabla\cdot\vec{V} + 2\mu\frac{\partial v}{\partial y} \tag{5.25e}$$

$$\sigma_{zz} = -p - \frac{2}{3}\mu\nabla\cdot\vec{V} + 2\mu\frac{\partial w}{\partial z} \tag{5.25f}$$

여기서 p는 국소 열역학적 압력이다. 열역학적 압력은 열역학 관계식인 상태방정식에 의해 밀도 및 온도와 연관되어 있다.

응력에 관한 이 식들을 미분형 운동방정식[식 (5.24)]에 대입하면 다음과 같다.

$$\rho\frac{Du}{Dt} = \rho g_x - \frac{\partial p}{\partial x} + \frac{\partial}{\partial x}\left[\mu\left(2\frac{\partial u}{\partial x} - \frac{2}{3}\nabla\cdot\vec{V}\right)\right] + \frac{\partial}{\partial y}\left[\mu\left(\frac{\partial u}{\partial y} + \frac{\partial v}{\partial x}\right)\right] + \frac{\partial}{\partial z}\left[\mu\left(\frac{\partial w}{\partial x} + \frac{\partial u}{\partial z}\right)\right] \tag{5.26a}$$

$$\rho\frac{Dv}{Dt}=\rho g_y-\frac{\partial p}{\partial y}+\frac{\partial}{\partial x}\left[\mu\left(\frac{\partial u}{\partial y}+\frac{\partial v}{\partial x}\right)\right]+\frac{\partial}{\partial y}\left[\mu\left(2\frac{\partial v}{\partial y}-\frac{2}{3}\nabla\cdot\vec{V}\right)\right]+\frac{\partial}{\partial z}\left[\mu\left(\frac{\partial v}{\partial z}+\frac{\partial w}{\partial y}\right)\right] \tag{5.26b}$$

$$\rho\frac{Dw}{Dt}=\rho g_z-\frac{\partial p}{\partial z}+\frac{\partial}{\partial x}\left[\mu\left(\frac{\partial w}{\partial x}+\frac{\partial u}{\partial z}\right)\right]+\frac{\partial}{\partial y}\left[\mu\left(\frac{\partial w}{\partial z}+\frac{\partial w}{\partial y}\right)\right]+\frac{\partial}{\partial z}\left[\mu\left(2\frac{\partial w}{\partial z}-\frac{2}{3}\nabla\cdot\vec{V}\right)\right] \tag{5.26c}$$

이 운동방정식들을 *Navier-Stokes* 방정식이라 부른다. 점성계수가 일정한 비압축성유동에 이 식들을 적용하면 아래와 같이 아주 간단하게 된다.

$$\rho\left(\frac{\partial u}{\partial t}+u\frac{\partial u}{\partial x}+v\frac{\partial u}{\partial y}+w\frac{\partial u}{\partial z}\right)=\rho g_x-\frac{\partial p}{\partial x}+\mu\left(\frac{\partial^2 u}{\partial x^2}+\frac{\partial^2 u}{\partial y^2}+\frac{\partial^2 u}{\partial z^2}\right) \tag{5.27a}$$

$$\rho\left(\frac{\partial v}{\partial t}+u\frac{\partial v}{\partial x}+v\frac{\partial v}{\partial y}+w\frac{\partial v}{\partial z}\right)=\rho g_y-\frac{\partial p}{\partial y}+\mu\left(\frac{\partial^2 v}{\partial x^2}+\frac{\partial^2 v}{\partial y^2}+\frac{\partial^2 v}{\partial z^2}\right) \tag{5.27b}$$

$$\rho\left(\frac{\partial w}{\partial t}+u\frac{\partial w}{\partial x}+v\frac{\partial w}{\partial y}+w\frac{\partial w}{\partial z}\right)=\rho g_z-\frac{\partial p}{\partial z}+\mu\left(\frac{\partial^2 w}{\partial x^2}+\frac{\partial^2 w}{\partial y^2}+\frac{\partial^2 w}{\partial z^2}\right) \tag{5.27c}$$

이 형태의 Navier-Stokes 방정식은 아마도 유체역학에서 가장 유명한 식이고 널리 연구되어 왔다. 이 식들은 연속방정식[식 (5.1c)]과 함께 u, v, w 및 p를 구하기 위한 네 개의 편미분 방정식이다. 원칙적으로 이 네 개의 방정식은 많은 일반적인 유동을 기술하고 있고, 유일한 제한 사항으로는 유체가 뉴턴 유체(점성계수가 일정)이고 비압축성 유체라는 점이다. 예를 들어 윤활이론, 파이프 유동과 커피를 저을 때 커피의 움직임마저도 이 식들로 설명될 수 있다. 불행히도 이 식들은 단순한 경계와 초기 또는 경계조건을 가지는 아주 기본적인 경우[1]를 제외하고는 해석적으로 푸는 것이 불가능하다! 예제 5.9에서 그런 단순한 문제에 대한 방정식을 푼다.

예제 5.9 경사진 평면을 흘러 내려가는 완전 발달된 층류 유동의 해석

액체가 경사면을 따라 완전 발달된 층류막 두께 h를 유지하면서 정상유동으로 흘러 내려가고 있다. 이 유동장의 모형에 맞게 연속방정식과 Navier-Stokes 방정식을 단순화하라. 이 액체의 속도분포, 전단응력 분포, 체적유량 및 평균속도에 대한 식을 각각 구하라. 액체막 두께와 이 유동에 수직면으로 단위폭당 체적유량을 관련시켜라. 수평과 $\theta = 15°$ 경사진 폭 $b = 1$ m인 표면 위를 막 두께 $h = 1$ mm로 유동하는 물의 체적유량을 계산하라.

주어진 자료: 액체가 경사진 평면 위를 정상적으로 완전 발달된 층류막 두께 h를 유지하면서 흘러 내려간다.

찾는 자료: (a) 이 유동장의 모형에 맞도록 연속방정식과 Navier-Stokes 방정식의 단순화
(b) 속도분포
(c) 전단응력 분포
(d) 그림과 수직면으로 단위폭당 체적유량
(e) 평균 유동속도
(f) 그림과 수직으로 단위폭당 체적유량으로 표시되는 막 두께

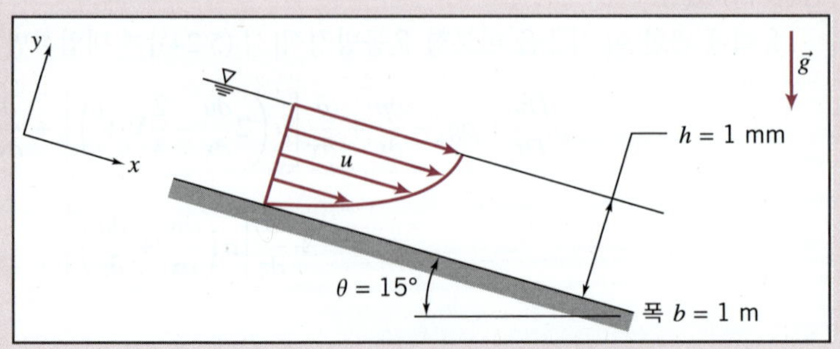

(g) 수평과 15° 경사진 폭 1 m의 표면 위를 수막이 1 mm 두께로 유동할 때의 체적유량

풀이: 이 유동장을 모형화하기 위해 사용되는 기하학적 형상과 좌표계는 그림과 같다. 좌표 중 하나를 평면을 따르는 유동 방향과 동일하게 잡으면 편리하다.

비압축성이고 점성계수가 일정한 유동에 대한 지배방정식은 다음과 같다.

$$\cancelto{4}{\frac{\partial u}{\partial x}}+\frac{\partial v}{\partial y}+\cancelto{3}{\frac{\partial w}{\partial z}}=0 \tag{5.1c}$$

$$\rho\left(\cancelto{1}{\frac{\partial u}{\partial t}}+u\cancelto{4}{\frac{\partial u}{\partial x}}+v\cancelto{5}{\frac{\partial u}{\partial y}}+w\cancelto{3}{\frac{\partial u}{\partial z}}\right)=\rho g_x-\cancelto{4}{\frac{\partial p}{\partial x}}+\mu\left(\cancelto{4}{\frac{\partial^2 u}{\partial x^2}}+\frac{\partial^2 u}{\partial y^2}+\cancelto{3}{\frac{\partial^2 u}{\partial z^2}}\right) \tag{5.27a}$$

$$\rho\left(\cancelto{1}{\frac{\partial v}{\partial t}}+u\cancelto{4}{\frac{\partial v}{\partial x}}+v\cancelto{5}{\frac{\partial v}{\partial y}}+w\cancelto{3}{\frac{\partial v}{\partial z}}\right)=\rho g_y-\frac{\partial p}{\partial y}+\mu\left(\cancelto{4}{\frac{\partial^2 v}{\partial x^2}}+\cancelto{5}{\frac{\partial^2 v}{\partial y^2}}+\cancelto{3}{\frac{\partial^2 v}{\partial z^2}}\right) \tag{5.27b}$$

$$\rho\left(\cancelto{1}{\frac{\partial w}{\partial t}}+u\cancelto{3}{\frac{\partial w}{\partial x}}+v\cancelto{3}{\frac{\partial w}{\partial y}}+w\cancelto{3}{\frac{\partial w}{\partial z}}\right)=\cancelto{3}{\rho g_z}-\frac{\partial p}{\partial z}+\mu\left(\cancelto{3}{\frac{\partial^2 w}{\partial x^2}}+\cancelto{3}{\frac{\partial^2 w}{\partial y^2}}+\cancelto{3}{\frac{\partial^2 w}{\partial z^2}}\right) \tag{5.27c}$$

기본방정식을 간단하게 줄이기 위하여 삭제되는 항들은 아래 열거된 가정들의 번호를 달아 놓았다. 또한 각 가정들은 방정식을 간단하게 줄일 때 적용되는 순서대로 설명되어 있다.

가정: **1** 정상유동(주어짐)
2 비압축성유동, ρ = 일정
3 z방향으로 유동이나 성질의 변화가 없다. $w = 0$과 $\partial/\partial z = 0$
4 완전 발달된 유동, 따라서 x방향으로 성질의 변화가 없다. $\partial/\partial x = 0$

가정 **1**은 유체성질의 시간에 따른 변화를 소거한다.

가정 **2**는 밀도의 공간에 따른 변화를 소거한다.

가정 **3**은 속도의 z성분이 없고, z방향의 성질 변화도 없다는 것을 기술하고 있다. 따라서 Navier-Stokes 방정식의 모든 z성분들이 지워진다.

가정 **4**가 적용된 후 연속방정식은 $\partial v/\partial y = 0$으로 줄어든다. 가정 (3)과 (4)는 또한 $\partial v/\partial z = 0$과 $\partial v/\partial x = 0$을 나타낸다. 그러므로 v는 일정해야 된다. 또한 v는 고체 표면에서는 0이 되어야 하기 때문에, 결과적으로 모든 곳에서 0이 되어야 한다.

$v = 0$이라는 사실은 식 (5.27a) 및 (5.27b)에 (5)로 표시한 것과 같이 Navier-Stokes 방정식을 더욱 간단하게 해준다. 최종적으로 단순화된 방정식은 다음과 같다.

$$0=\rho g_x+\mu\frac{\partial^2 u}{\partial y^2} \tag{1}$$

$$0=\rho g_y-\frac{\partial p}{\partial y} \tag{2}$$

$\partial u/\partial z = 0$(가정 3)과 $\partial u/\partial x = 0$(가정 4)이므로 u는 y만의 함수가 되며, 따라서 $\partial^2 u/\partial y^2 = d^2u/dy^2$이 된다. 따라서 식 (1)은

$$\frac{d^2u}{dy^2}=-\frac{\rho g_x}{\mu}=-\rho g\frac{\sin\theta}{\mu}$$

이 식을 적분하면

$$\frac{du}{dy} = -\rho g \frac{\sin\theta}{\mu} y + c_1 \tag{3}$$

이 되고, 다시 적분하면

$$u = -\rho g \frac{\sin\theta\, y^2}{\mu \quad 2} + c_1 y + c_2 \tag{4}$$

로 된다. 상수값을 구하기 위하여 필요한 경계조건들은 고체 표면에서의 점착조건($y = 0$에서 $u = 0$)과 액체 자유표면에서의 전단응력이 0인 조건($y = h$에서 $du/dy = 0$)이다.

$y = 0$에서 식 (4)를 계산하면 $c_2 = 0$이며, $y = h$에서 식 (3)으로부터

$$0 = -\rho g \frac{\sin\theta}{\mu} h + c_1$$

또는

$$c_1 = \rho g \frac{\sin\theta}{\mu} h$$

이것을 식 (4)에 대입하면 다음과 같은 속도분포가 얻어진다.

$$u = -\rho g \frac{\sin\theta}{\mu} \frac{y^2}{2} + \rho g \frac{\sin\theta}{\mu} hy$$

또는

$$u = \rho g \frac{\sin\theta}{\mu} \left(hy - \frac{y^2}{2} \right) \longleftarrow u(y)$$

전단응력 분포는 [$\partial v/\partial x = 0$으로 놓은 후에 식 (5.25a)로부터, 또는 1차원 유동에 대한 식 (2.15)로부터] 다음과 같이 구해진다.

$$\tau_{yx} = \mu \frac{du}{dy} = \rho g \sin\theta\,(h - y) \longleftarrow \tau_{yx}(y)$$

유체에서의 전단응력은 벽($y = 0$)에서 최댓값에 도달하며, 예상대로 자유표면($y = h$)에서 0이다. 벽에서 전단응력 τ_{yx}는 양이나 유체에 대해 수직한 표면은 음의 y방향이므로 전단력은 음의 x방향으로 작용하고, 유체에 작용하는 체적력의 x방향 성분과 균형을 이루고 있다. 체적유량은

$$Q = \int_A u\, dA = \int_0^h u\, bdy$$

여기서 b는 z방향으로의 표면 폭이다. 대입하면

$$Q = \int_0^h \frac{\rho g \sin\theta}{\mu} \left(hy - \frac{y^2}{2} \right) b\, dy = \rho g \frac{\sin\theta\, b}{\mu} \left[\frac{hy^2}{2} - \frac{y^3}{6} \right]_0^h$$

$$Q = \frac{\rho g \sin\theta\, b}{\mu} \frac{h^3}{3} \longleftarrow Q \tag{5}$$

평균 유동속도는 $\vec{V} = Q/A = Q/bh$이다. 따라서

$$\vec{V} = \frac{Q}{bh} = \frac{\rho g \sin\theta}{\mu} \frac{h^2}{3} \longleftarrow \vec{V}$$

액막 두께에 대하여 풀면 다음과 같다.

$$h = \left[\frac{3\mu Q}{\rho g \sin\theta\, b}\right]^{1/3} \longleftarrow h \qquad (6)$$

평면 위의 액막 두께 $h = 1$ mm, 폭 $b = 1$ m, 경사각 $\theta = 15°$인 경우, 운반할 수 있는 체적유량은 다음과 같다.

$$Q = 999\frac{\text{kg}}{\text{m}^3} \times 9.81\frac{\text{m}}{\text{s}^2} \times \sin(15°) \times 1\,\text{m} \times \frac{\text{m}\cdot\text{s}}{1.00\times10^{-3}\,\text{kg}}$$

$$\times \frac{(0.001)^3\,\text{m}^3}{3} \times 1000\frac{\text{L}}{\text{m}^3}$$

$$Q = 0.846\,\text{L/s} \longleftarrow Q$$

주의:

- 이 문제는 일반적인 Navier-Stokes 방정식[식(5.27a~5.27c)]이 때로는 풀릴 수 있는 식들[이 문제에서 식(1) 및 (2)]로 단순화될 수 있음을 제시하고 있다.
- 단순화된 식들을 적분한 후에 경계(또는 초기) 조건들이 해를 구하기 위해 사용된다.
- 일단 속도장이 구해지면 전단응력, 체적유량과 같은 다른 유용한 양들을 얻을 수 있다.
- 식 (5)와 (6)은 매우 단순한 문제에서도 결과는 꽤 복잡해질 수 있음을 보여준다. 즉, 유동의 깊이는 유량과 비선형 형태($h \propto Q^{1/3}$)로 의존하고 있다.

원통 좌표계에 있어서 밀도와 점성계수가 일정한 경우에 대한 Navier-Stokes 방정식은 예제 5.10에 수록되었고, 구 좌표계에 대해서도 유도되어 있다[1, 2]. 예제 5.10을 풀기 위해 원통 좌표계에 대한 식을 사용한다.

예제 5.10 동축 원통 사이의 층류 점성유동에 대한 해석

수직 동심원통 사이의 환상 틈새에 점성 액체가 차 있다. 내부 원통은 정지해 있고, 외부 원통은 일정 속도로 회전한다. 이 유동은 층류이다. 이 유동 모형에 맞게 연속방정식, Navier-Stokes 방정식 및 접선 방향 전단응력 방정식을 단순화하라. 이 액체의 속도 형상과 전단응력 분포에 대한 식을 구하라. 내부 원통 표면에 작용하는 전단응력과 환상 틈새를 평면으로 '펼쳐 놓은' 것으로 생각하고, 틈새를 가로질러 선형인 속도분포가 있다고 가정하여 얻은 평면 근사로 구한 전단응력을 비교하라. 평면 근사로 구한 전단응력이 내부 원통 표면에서 구한 전단응력의 1% 이내로 정확히 예측할 수 있는 원통 반경의 비를 구하라.

주어진 자료: 수직 동심원통 사이의 환상 틈새 내 액체의 층류 점성유동. 내부 원통은 정지해 있고, 외부 원통은 일정한 속도로 회전한다.

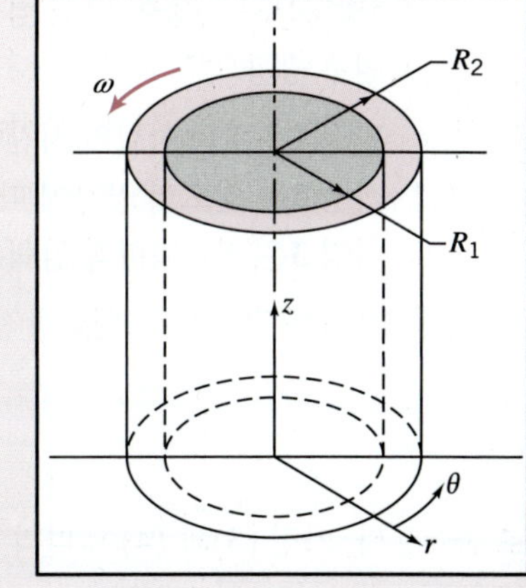

찾는 자료: (a) 이 유동 모형에 맞도록 단순화시킨 연속방정식과 Navier-Stokes 방정식
(b) 환상 틈새 내 속도분포
(c) 환상 틈새 내 전단응력 분포
(d) 내부 원통 표면에서의 전단응력
(e) 원통 사이 좁은 틈새 내에서의 일정한 전단응력의 '평면' 근사에 의한 결과와 비교
(f) 평면 근사에 의해 구한 전단응력이 정확한 값의 1% 이내에 있기 위한 원통 반경의 비

풀이: 이 유동장의 모형화에 사용한 기하학적 형태와 좌표계는 그림과 같다. z 좌표는 수직 상방향으로 향한다. 따라서 $g_r = g_\theta = 0$과 $g_z = -g$이다.

점성계수가 일정한 비압축성유동에 대한 연속방정식, Navier-Stokes 방정식 및 접선 방향 전단응력 식은 다음과 같다.

$$\frac{1}{r}\frac{\partial}{\partial r}(rv_r)+\frac{1}{r}\overset{4}{\cancel{\frac{\partial}{\partial\theta}}}(v_\theta)+\frac{\partial}{\partial z}\overset{3}{\cancel{(v_z)}}=0 \qquad (1)$$

r성분:

$$\rho\left(\overset{1}{\cancel{\frac{\partial v_r}{\partial t}}}+v_r\overset{5}{\cancel{\frac{\partial v_r}{\partial r}}}+\frac{v_\theta}{r}\overset{4}{\cancel{\frac{\partial v_r}{\partial\theta}}}-\frac{v_\theta^2}{r}+v_z\overset{3}{\cancel{\frac{\partial v_r}{\partial z}}}\right)$$
$$=\rho\overset{0}{\cancel{g_r}}-\frac{\partial p}{\partial r}+\mu\left\{\frac{\partial}{\partial r}\left(\frac{1}{r}\frac{\partial}{\partial r}\left[r\overset{5}{\cancel{v_r}}\right]\right)+\frac{1}{r^2}\overset{4}{\cancel{\frac{\partial^2 v_r}{\partial\theta^2}}}-\frac{2}{r^2}\overset{4}{\cancel{\frac{\partial v_\theta}{\partial\theta}}}+\overset{3}{\cancel{\frac{\partial^2 v_r}{\partial z^2}}}\right\}$$

θ성분:

$$\rho\left(\overset{1}{\cancel{\frac{\partial v_\theta}{\partial t}}}+\overset{5}{\cancel{v_r}}\frac{\partial v_\theta}{\partial r}+\frac{v_\theta}{r}\overset{4}{\cancel{\frac{\partial v_\theta}{\partial\theta}}}+\overset{5}{\cancel{\frac{v_r v_\theta}{r}}}+v_z\overset{3}{\cancel{\frac{\partial v_\theta}{\partial z}}}\right)$$
$$=\rho\overset{0}{\cancel{g_\theta}}-\frac{1}{r}\overset{4}{\cancel{\frac{\partial p}{\partial\theta}}}+\mu\left\{\frac{\partial}{\partial r}\left(\frac{1}{r}\frac{\partial}{\partial r}[rv_\theta]\right)+\frac{1}{r^2}\overset{4}{\cancel{\frac{\partial^2 v_\theta}{\partial\theta^2}}}+\frac{2}{r^2}\overset{4}{\cancel{\frac{\partial v_r}{\partial\theta}}}+\overset{3}{\cancel{\frac{\partial^2 v_\theta}{\partial z^2}}}\right\}$$

z성분:

$$\rho\left(\overset{1}{\cancel{\frac{\partial v_z}{\partial t}}}+\overset{5}{\cancel{v_r}}\frac{\partial v_z}{\partial r}+\frac{v_\theta}{r}\overset{4}{\cancel{\frac{\partial v_z}{\partial\theta}}}+v_z\overset{3}{\cancel{\frac{\partial v_z}{\partial z}}}\right)=\rho g_z-\frac{\partial p}{\partial z}+\mu\left\{\frac{1}{r}\frac{\partial}{\partial r}\left(r\overset{3}{\cancel{\frac{\partial v_z}{\partial r}}}\right)+\frac{1}{r^2}\overset{3}{\cancel{\frac{\partial^2 v_z}{\partial\theta^2}}}+\overset{3}{\cancel{\frac{\partial^2 v_z}{\partial z^2}}}\right\}$$

$$\tau_{r\theta}=\mu\left[r\frac{\partial}{\partial r}\left(\frac{v_\theta}{r}\right)+\frac{1}{r}\overset{4}{\cancel{\frac{\partial v_r}{\partial\theta}}}\right]$$

기본방정식을 단순화시키기 위하여 소거된 항들은 아래 열거된 가정들의 번호를 달아 놓았다. 또한 각 가정들은 방정식을 간단하게 줄일 때 적용되는 순서대로 설명되어 있다.

가정:
1. 정상유동; 외부 원통의 각속도는 일정하다.
2. 비압축성유동; ρ = 일정
3. z방향으로 유동이 없고 성질의 변화도 없다; $v_z = 0$과 $\partial/\partial z = 0$이다.
4. 원주 방향으로 대칭유동, 그래서 θ의 변화에 따라 성질들의 변화가 없으며; $\partial/\partial\theta = 0$이다.

가정 **1**은 유체성질의 시간에 따른 변화를 소거한다.

가정 **2**는 밀도의 공간에 따른 변화를 소거한다.

가정 **3**은 정수력학적 압력분포를 제외하고 Navier-Stokes 방정식의 z성분의 모든 항을 소거한다.

가정 3과 4를 적용한 후 연속방정식은

$$\frac{1}{r}\frac{\partial}{\partial r}(rv_r)=0$$

로 줄어든다. 가정 (3)과 (4)에 따라 $\partial/\partial\theta = 0$과 $\partial/\partial z = 0$이므로 $\frac{\partial}{\partial r}\rightarrow\frac{d}{dr}$ 로 되고, 식을 적분하면

$$rv_r = \text{일정}$$

이다. v_r은 각 원통의 고체 표면에서는 0이므로 모든 곳에서 v_r은 0이 되어야 한다.

$v_r = 0$라는 사실은 Navier-Stokes 방정식을 더 간단하게 만든다. r과 θ 성분 방정식은 다음과 같이 간단하게 된다.

$$-\rho\frac{v_\theta^2}{r}=-\frac{\partial p}{\partial r}$$

$$0=\mu\left\{\frac{\partial}{\partial r}\left(\frac{1}{r}\frac{\partial}{\partial r}[rv_\theta]\right)\right\}$$

그러나 가정 (3)과 (4)에 따라 $\partial/\partial\theta = 0$과 $\partial/\partial z = 0$이므로 v_θ는 반경만의 함수이다. 따라서 다음과 같이 된다.

$$\frac{d}{dr}\left(\frac{1}{r}\frac{d}{dr}[rv_\theta]\right)=0$$

한 번 적분하면

$$\frac{1}{r}\frac{d}{dr}[rv_\theta]=c_1$$

또는

$$\frac{d}{dr}[rv_\theta]=c_1 r$$

다시 한번 적분하면

$$rv_\theta=c_1\frac{r^2}{2}+c_2 \qquad \text{또는} \qquad v_\theta=c_1\frac{r}{2}+c_2\frac{1}{r}$$

상수 c_1과 c_2를 구하려면 두 개의 경계조건이 필요하다. 경계조건들은 다음과 같다.

$$v_\theta=\omega R_2 \quad \text{에서} \quad r=R_2$$
$$v_\theta=0 \quad \text{에서} \quad r=R_1$$

대입하면

$$\omega R_2=c_1\frac{R_2}{2}+c_2\frac{1}{R_2}$$
$$0=c_1\frac{R_1}{2}+c_2\frac{1}{R_1}$$

대수 계산의 결과는

$$c_1=\frac{2\omega}{1-\left(\frac{R_1}{R_2}\right)^2} \qquad \text{및} \qquad c_2=\frac{-\omega R_1^2}{1-\left(\frac{R_1}{R_2}\right)^2}$$

v_θ의 식에 대입하면 다음과 같다.

$$v_\theta=\frac{\omega r}{1-\left(\frac{R_1}{R_2}\right)^2}-\frac{\omega R_1^2/r}{1-\left(\frac{R_1}{R_2}\right)^2}=\frac{\omega R_1}{1-\left(\frac{R_1}{R_2}\right)^2}\left[\frac{r}{R_1}-\frac{R_1}{r}\right] \longleftarrow v_\theta(r)$$

전단응력 분포는 가정 (4)를 사용한 후에 다음과 같이 구해진다.

$$\tau_{r\theta}=\mu r\frac{d}{dr}\left(\frac{v_\theta}{r}\right)=\mu r\frac{d}{dr}\left\{\frac{\omega R_1}{1-\left(\frac{R_1}{R_2}\right)^2}\left[\frac{1}{R_1}-\frac{R_1}{r^2}\right]\right\}=\mu r\frac{\omega R_1}{1-\left(\frac{R_1}{R_2}\right)^2}(-2)\left(-\frac{R_1}{r^3}\right)$$

$$\tau_{r\theta}=\mu\frac{2\omega R_1^2}{1-\left(\frac{R_1}{R_2}\right)^2}\frac{1}{r^2} \longleftarrow \tau_{r\theta}$$

내부 원통 표면 $r = R_1$에서

$$\tau_{\text{surface}} = \mu \frac{2\omega}{1-\left(\frac{R_1}{R_2}\right)^2} \longleftarrow \tau_{\text{surface}}$$

'평면' 틈새로 생각하면

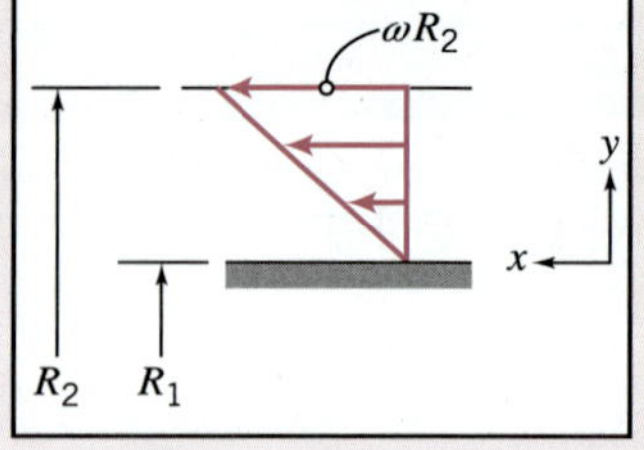

$$\tau_{\text{planar}} = \mu \frac{\Delta v}{\Delta y} = \mu \frac{\omega R_2}{R_2 - R_1}$$

또는

$$\tau_{\text{planar}} = \mu \frac{\omega}{1-\frac{R_1}{R_2}} \longleftarrow \tau_{\text{planar}}$$

표면에서의 전단응력에 대한 정확한 식의 분모를 인수분해하면

$$\tau_{\text{surface}} = \mu \frac{2\omega}{\left(1-\frac{R_1}{R_2}\right)\left(1+\frac{R_1}{R_2}\right)} = \mu \frac{\omega}{1-\frac{R_1}{R_2}} \cdot \frac{2}{1+\frac{R_1}{R_2}}$$

따라서

$$\frac{\tau_{\text{surface}}}{\tau_{\text{planar}}} = \frac{2}{1+\frac{R_1}{R_2}}$$

1% 정확성은

$$1.01 = \frac{2}{1+\frac{R_1}{R_2}}$$

또는

$$\frac{R_1}{R_2} = \frac{1}{1.01}(2-1.01) = 0.980 \longleftarrow \frac{R_1}{R_2}$$

정확도의 한계는 틈새의 폭이 원통 직경의 2% 미만일 때이다.

주의:
- 이 문제는 원통 좌표계로 나타낸 일반적인 Navier-Stokes 방정식[식 (1)부터 (5)]이 때로는 어떻게 풀릴 수 있는 식들로 단순화될 수 있는지를 제시하고 있다.
- 예제 5.9에서와 같이 단순화된 식들을 적분한 후에 경계(또는 초기) 조건들이 해를 구하기 위해 사용된다.
- 일단 속도장이 구해지면 다른 유용한 양들(이 문제에서는 전단응력)을 얻을 수 있다.

5.5 요약과 유용한 식

이 장에서 다음과 같은 내용을 공부하였다.

- ✓ 질량보존(연속)방정식의 미분 형태를 벡터 형태로 유도하였고 또한 직각 및 원통 좌표에 대해서 유도하였다.
- ✓ *2차원 비압축성유동에 대하여 유동함수 ψ를 정의하였고, 속도장으로부터 유동함수를 구하는 방법은 물론 유동함수로부터 속도장을 어떻게 구하는지 배웠다.
- ✓ 속도장으로부터 유체입자의 총 가속도, 대류가속도 및 국소가속도를 구하는 방법을 배웠다.
- ✓ 유체입자에서의 병진운동, 회전 및 선형변형, 각변형의 예를 제시하였다.
- ✓ 유동의 와도 및 순환을 정의하였다.
- ✓ Navier-Stokes 방정식을 유도하고, 간단한 경우에 대해 풀고, 각 항의 물리적 의미를 검토하였다.

또한 속도장을 사용하여 유동이 비압축성인지 여부를 결정하는 방법 및 2차원 비압축성유동장의 한 속도성분이 주어진 경우 다른 속도성분을 어떻게 유도하는지에 대한 개념을 조사하였다.

이 장에서 유체입자의 변형 및 회전에 미치는 점성응력의 영향을 공부했으며, 다음 장에서는 점성효과가 무시되는 유동장을 조사한다.

주의: 아래 표의 유용한 식 대부분은 몇 가지 제한이나 구속이 있다. 자세한 사항은 반드시 해당 식을 참고하기 바란다!

유용한 식

연속방정식(일반식, 직각 좌표계)	$\frac{\partial \rho u}{\partial x}+\frac{\partial \rho v}{\partial y}+\frac{\partial \rho w}{\partial z}+\frac{\partial \rho}{\partial t}=0$ $\nabla \cdot \rho\vec{V}+\frac{\partial \rho}{\partial t}=0$	**(5.1a)** **(5.1b)**
연속방정식(비압축성, 직각 좌표계)	$\frac{\partial u}{\partial x}+\frac{\partial v}{\partial y}+\frac{\partial w}{\partial z}=\nabla \cdot \vec{V}=0$	**(5.1c)**
연속방정식(정상, 직각 좌표계)	$\frac{\partial \rho u}{\partial x}+\frac{\partial \rho v}{\partial y}+\frac{\partial \rho w}{\partial z}=\nabla \cdot \rho\vec{V}=0$	**(5.1d)**
연속방정식(일반식, 원통 좌표계)	$\frac{1}{r}\frac{\partial(r\rho V_r)}{\partial r}+\frac{1}{r}\frac{\partial(\rho V_\theta)}{\partial \theta}+\frac{\partial(\rho V_z)}{\partial z}+\frac{\partial \rho}{\partial t}=0$ $\nabla \cdot \rho\vec{V}+\frac{\partial \rho}{\partial t}=0$	**(5.2a)** **(5.1b)**
연속방정식(비압축성, 원통 좌표계)	$\frac{1}{r}\frac{\partial(rV_r)}{\partial r}+\frac{1}{r}\frac{\partial V_\theta}{\partial \theta}+\frac{\partial V_z}{\partial z}=\nabla \cdot \vec{V}=0$	**(5.2b)**
연속방정식(정상, 원통 좌표계)	$\frac{1}{r}\frac{\partial(r\rho V_r)}{\partial r}+\frac{1}{r}\frac{\partial(\rho V_\theta)}{\partial \theta}+\frac{\partial(\rho V_z)}{\partial z}=\nabla \cdot \rho\vec{V}=0$	**(5.2c)**
연속방정식(2D, 비압축성, 직각 좌표계)	$\frac{\partial u}{\partial x}+\frac{\partial v}{\partial y}=0$	**(5.3)**
유동함수(2D, 비압축성, 직각 좌표계)	$u \equiv \frac{\partial \psi}{\partial y}$ and $v \equiv -\frac{\partial \psi}{\partial x}$	**(5.4)**
연속방정식(2D, 비압축성, 원통 좌표계)	$\frac{\partial(rV_r)}{\partial r}+\frac{\partial V_\theta}{\partial \theta}=0$	**(5.7)**
유동함수(2D, 비압축성, 원통 좌표계)	$V_r \equiv \frac{1}{r}\frac{\partial \psi}{\partial \theta}$ and $V_\theta \equiv -\frac{\partial \psi}{\partial r}$	**(5.8)**
입자가속도(직각 좌표계)	$\frac{D\vec{V}}{Dt} \equiv \vec{a}_p = u\frac{\partial \vec{V}}{\partial x}+v\frac{\partial \vec{V}}{\partial y}+w\frac{\partial \vec{V}}{\partial z}+\frac{\partial \vec{V}}{\partial t}$	**(5.9)**
직각 좌표계에서 입자가속도성분식	$a_{x_p}=\frac{Du}{Dt}=u\frac{\partial u}{\partial x}+v\frac{\partial u}{\partial y}+w\frac{\partial u}{\partial z}+\frac{\partial u}{\partial t}$ $a_{y_p}=\frac{Dv}{Dt}=u\frac{\partial v}{\partial x}+v\frac{\partial v}{\partial y}+w\frac{\partial v}{\partial z}+\frac{\partial v}{\partial t}$ $a_{z_p}=\frac{Dw}{Dt}=u\frac{\partial w}{\partial x}+v\frac{\partial w}{\partial y}+w\frac{\partial w}{\partial z}+\frac{\partial w}{\partial t}$	**(5.11a)** **(5.11b)** **(5.11c)**

(계속)

유용한 식 (계속)

원통 좌표계에서 입자가속도성분식	$a_{r_p} = V_r \frac{\partial V_r}{\partial r} + \frac{V_\theta}{r}\frac{\partial V_r}{\partial \theta} - \frac{V_\theta^2}{r} + V_z \frac{\partial V_r}{\partial z} + \frac{\partial V_r}{\partial t}$	**(5.12a)**
	$a_{\theta_p} = V_r \frac{\partial V_\theta}{\partial r} + \frac{V_\theta}{r}\frac{\partial V_\theta}{\partial \theta} + \frac{V_r V_\theta}{r} + V_z \frac{\partial V_\theta}{\partial z} + \frac{\partial V_\theta}{\partial t}$	**(5.12b)**
	$a_{z_p} = V_r \frac{\partial V_z}{\partial r} + \frac{V_\theta}{r}\frac{\partial V_z}{\partial \theta} + V_z \frac{\partial V_z}{\partial z} + \frac{\partial V_z}{\partial t}$	**(5.12c)**
Navier-Stokes 방정식(비압축성, 일정한 점성계수)	$\rho\left(\frac{\partial u}{\partial t} + u\frac{\partial u}{\partial x} + v\frac{\partial u}{\partial y} + w\frac{\partial u}{\partial z}\right) = \rho g_x - \frac{\partial p}{\partial x} + \mu\left(\frac{\partial^2 u}{\partial x^2} + \frac{\partial^2 u}{\partial y^2} + \frac{\partial^2 u}{\partial z^2}\right)$	**(5.27a)**
	$\rho\left(\frac{\partial v}{\partial t} + u\frac{\partial v}{\partial x} + v\frac{\partial v}{\partial y} + w\frac{\partial v}{\partial z}\right) = \rho g_y - \frac{\partial p}{\partial y} + \mu\left(\frac{\partial^2 v}{\partial x^2} + \frac{\partial^2 v}{\partial y^2} + \frac{\partial^2 v}{\partial z^2}\right)$	**(5.27b)**
	$\rho\left(\frac{\partial w}{\partial t} + u\frac{\partial w}{\partial x} + v\frac{\partial w}{\partial y} + w\frac{\partial w}{\partial z}\right) = \rho g_z - \frac{\partial p}{\partial z} + \mu\left(\frac{\partial^2 w}{\partial x^2} + \frac{\partial^2 w}{\partial y^2} + \frac{\partial^2 w}{\partial z^2}\right)$	**(5.27c)**

참고문헌

1. Schlichting, H., and K. Gersten, *Boundary-Layer Theory*, 9th ed. Springer-Verlag, Berlin, Heidelberg, 2017, ISBN 978-3-662-52917-1.

2. Gerhart, P. M., A. L. Gerhart, and J. I. Hochstein, Munson's Fluid Mechanics, John Wiley & Sons, Inc., Hoboken, NJ 07030, 2017, ISBN: 978-1-119-24898-9.

연습문제

질량보존

5.1 다음 중 2차원 비압축성유동에 대한 것은 어느 것인가?

(a) $u = 2x^2 + y^2 - x^2 y; v = x^3 + x(y^2 - 4y)$

(b) $u = 2xy - x^2 y; v = 2xy - y^2 + x^2$

(c) $u = x^2 t + 2y; v = xt^2 - yt$

(d) $u = (2x + 4y)xt; v = 3(x + y)yt$

5.2 다음 중 3차원 비압축성유동에 대한 것은 어느 것인가?

(a) $u = 4y^2 + 4xz; v = -4yz + 10x^2 yz; w = 3x^2 z^2 + x^3 y^4$

(b) $u = x^2 yzt; v = -xy^2 zt^2; w = z^2(xt^2 - yt)$

(c) $u = x^3 + 3y; v = 2x - 4y; w = -4xz + 2y^3 + 3z$

5.3 평면 xy상의 유동에서 속도의 x성분이 $u = Ax(y - B)$이다. 여기서 $A = 3.3\ \text{m}^{-1}\cdot\text{s}^{-1}$, $B = 1.8$ m이고, x와 y는 미터 단위이다. 정상, 비압축성유동에 대하여 가능한 y성분을 구하라. 그것이 비압축성, 비정상유동에서도 타당한가? 그 이유는 무엇인가? 가능한 y성분은 몇 개 있는가?

5.4 다음 중 3차원 비압축성유동에 대한 것은 어느 것인가?

(a) $u = 5x^2 + 5xyz; v = -4xy + 10x^3 y^3 z^3; w = x^2 y^5 + z^3$

(b) $u = x^2 y^2 z^2 t^2; v = -3xyzt^2; w = 5z^3 xt^4 - 5z^3 yt^4$

(c) $u = 6x^2 + 10xy; v = -xz^2 + 2xyz + x^3 y^3 z^3; w = x^2 z^3 + 10xyz + 8z^3$

(d) $u = x^2 + 2y + z^2; v = x - 2y + z; w = -2xz + y^2 + 2z$

5.5 평면 xy상의 유동에서 속도의 x성분이 $u = 3x^2 y - y^3$이다. 정상, 비압축성유동에 대하여 가능한 y성분을 구하라. 그것이 비압축성, 비정상유동에서도 타당한가? 그 이유는 무엇인가? 가능한 y성분은 몇 개 있는가?

5.6 평면 xy에서 비압축성, 정상유동장에서 속도의 x성분은 $u = B/x$이며, 여기서 $B = 3\ \text{m}^2/\text{s}$이고, x의 단위는 미터이다. 이 유동장에 대

한 가장 간단한 y성분 속도를 구하라.

5.7 평면 xy 내에서 유동에 대한 속도의 y성분이 $v = Axy(x^2 - y^2)$이다. 여기서 $A = 3\ \text{m}^{-3}\cdot\text{s}^{-1}$이고, x와 y의 단위는 미터이다. 이 유동장에 대한 가장 간단한 x성분 속도를 찾아라.

5.8 평면 xy에서 정상 비압축성유동장의 x방향 속도성분은 $u = Ae^{x/b}\cos(y/b)$이며, 여기서 $A = 10$ m/s, $b = 5$ m이고, x 및 y의 단위는 미터이다. 이 유동장에 대한 가장 간단한 y방향 성분을 구하라.

5.9 비압축성, 층류 경계층 내의 x성분 속도에 대한 유용한 근사식은 $u = 0$인 표면($y = 0$)으로부터 자유유동 속도 U인 경계층 가장자리($y = \delta$)까지 포물선형으로 변하는 것이다. 속도분포는 $u/U = 2(y/\delta) - (y/\delta)^2$이며, $\delta = cx^{1/2}$이고, c는 상수이다. 가장 간단한 y성분의 속도가

$$\frac{v}{U} = \frac{\delta}{x}\left[\frac{1}{2}\left(\frac{y}{\delta}\right)^2 - \frac{1}{3}\left(\frac{y}{\delta}\right)^3\right]$$

임을 증명하라. v/U의 최댓값 위치를 구하기 위해 v/U와 y/δ의 관계를 그래프로 나타내라. $x = 0.5$ m, $\delta = 5$ mm인 곳에서 y/U의 최댓값을 계산하라.

5.10 비압축성 층류 경계층 내의 x성분 속도에 대한 유용한 근사식은 $u = 0$인 표면($y = 0$)으로부터 자유유동 속도 U인 경계층 가장자리($y = \delta$)까지 사인 함수로 변하는 것이다. 속도분포식은 $u = U\sin(\pi y/2\delta)$이며, $\delta = cx^{1/2}$이고 c는 상수이다. 가장 간단한 y성분 속도가

$$\frac{v}{U} = \frac{1}{\pi}\frac{\delta}{x}\left[\cos\left(\frac{\pi y}{2\delta}\right) + \left(\frac{\pi y}{2\delta}\right)\sin\left(\frac{\pi y}{2\delta}\right) - 1\right]$$

임을 증명하라. y/δ에 대한 u/U 및 v/U를 그림으로 나타내고, v/U의 최댓값 위치를 구하라. $x = 0.5$ m, $\delta = 5$ mm인 곳에서 v/U의 최댓값을 계산하라.

5.11 평면 xy상의 유동에서 x성분 속도가 $u = Ax^2y^2$이고, $A = 0.3\ \text{m}^{-3}\cdot\text{s}^{-1}$이며, x 및 y의 단위는 미터이다. 정상, 비압축성유동에 대하여 가능한 y성분 속도를 구하라. 이 유동은 비압축성, 비정상유동에 대해서도 타당한가? 왜 그런가? 가능한 y성분 속도가 몇 개 있는가? 그 속도벡터의 가장 간단한 y성분 속도에 대한 유선방정식을 결정하라. 점 (1, 4)와 (2, 4)를 통과하는 유선들을 그림으로 그려라.

5.12 평면 xy 내의 정상, 비압축성유동장에 대한 y성분 속도는 $v = -Bxy^3$이고, $B = 0.2\ \text{m}^{-3}\cdot\text{s}^{-1}$이며, x 및 y의 단위는 미터이다. 이 유동장에 대하여 가장 간단한 x성분 속도를 구하라. 이 유동장에 대한 유선방정식을 구하라. 점 (1, 4)와 (2, 4)를 통과하는 유선들을 그림으로 그려라.

5.13 물이 진동하는 잔디밭용 스프링클러 제트로부터 분사된다. 해당 유적선과 유맥선을 기술하라.

5.14 직각 좌표계에서 질량보존의 미분형 식을 밀도와 속도성분의 곱 ρu, ρv 및 ρw를 한 점 O에 대하여 Taylor 급수전개하여 구하라. 그 결과가 식 (5.1a)와 동일함을 보여라.

5.15 다음 중 비압축성유동이 가능한 식은 어느 것인가?

(a) $V_r = -K/r;\ V_\theta = 0$

(b) $V_r = 0;\ V_\theta = K/r$

(c) $V_r = -K\cos\theta/r^2;\ V_\theta = -K\sin\theta/r^2$

5.16 평면 $r\theta$상의 비압축성유동에서 속도의 r성분이 $V_r = U\cos\theta$로 주어진다.

(a) 가능한 θ 속도성분을 구하라.

(b) 가능한 θ 속도성분은 몇 개인가?

5.17 평면 $r\theta$상의 비압축성유동에서 속도의 r성분이 $V_r = -\Lambda\cos\theta/r^2$로 주어진다. 가능한 θ 속도성분을 구하라. 가능한 θ 속도성분은 몇 개나 있는가?

5.18 $\nabla\cdot\rho\vec{V}$를 원통 좌표계에 대한 식으로 나타내라. 이 계산은 원통 좌표계에 대한 ∇의 정의를 사용하고, 속도벡터를 대입한 후 152면의 각주 1을 이용하여 연산을 수행하라. 항들을 선택하고 간략화하여 식 (5.2c)와 같음을 증명하라.

2차원, 비압축성유동의 유동함수

***5.19** 원통 좌표계에서 속도장이 $\vec{V} = \hat{e}_r A/r + \hat{e}_\theta B/r$로 주어진다. 여기서 A 및 B는 m^2/s 차원을 갖는 상수이다. 이 속도장은 비압축성유동이 가능한가? $A = B = 1\ \text{m}^2/\text{s}$, $A = 1\ \text{m}^2/\text{s}$ 및 $B = 0$, 그리고 $B = 1\ \text{m}^2/\text{s}$ 및 $A = 0$인 세 가지 경우에 대해 $r_0 = 1$ m, $\theta = 90°$인 점을 통과하는 유선을 그림으로 나타내라.

***5.20** 예제 5.7의 점도계 유동에 대한 속도장은 $\vec{V} = U(y/h)\hat{i}$이다. 이 유동의 유동함수를 찾아라. 또 전체 유량을 두 개의 똑같은 부분으로 나누는 유선의 위치를 지정하라.

***5.21** 어떤 비압축성유동장의 유동함수가 $\psi = -Ur\sin\theta + q\theta/2\pi$로 주어진다. 이 속도장에 대한 식을 구하라. $|\vec{V}| = 0$인 정체점들을 찾고, 그곳이 $\psi = 0$인 곳임을 증명하라.

***5.22** 속도성분들이 $u = z(3x^2 - z^2)$, $v = 0$ 및 $w = x(x^2 - 3z^2)$인 유동을 고려하자.

(a) 이 유동은 몇 차원 유동인가?

(b) 이 유동이 비압축성인지 압축성인지 판별하라.

(c) 가능하다면 이 유동에 대한 유동함수를 유도하라.

***5.23** 마찰이 없는 어떤 비압축성유동장이 유동함수 $\psi = -5Ax - 2Ay$로 주어진다. 여기서 $A = 2$ m/s이고, x와 y 좌표의 단위는 미터이다.

(a) 유선 $\psi = 0$과 $\psi = 5$를 스케치하고, 점 (0, 0)에서 속도벡터의 방향을 표시하라.

(b) 점 (2, 2)와 (4, 1)을 통과하는 유선 사이의 유량을 결정하라.

***5.24** 문제 5.9의 비압축성 층류 경계층 유동을 모형화하기 위해 선형 속도분포가 사용되었다. 이 유동장의 유동함수를 구하라. 그리고 경계층에서 전체 체적유량의 1/2, 1/4이 되는 유선들의 위치를 구하라.

***5.25** 문제 5.10의 경계층 유동에 대한 x성분 속도를 모형화하기 위

*이 문제들은 교재 내용의 연속성을 잃지 않으면서 생략할 수 있었던 절의 내용들을 필요로 한다.

해 사용된 사인함수의 근사식을 나타내는 유동함수를 구하라. 그리고 경계층에서 전체 체적유량의 1/2, 1/4이 되는 유선들의 위치를 구하라.

***5.26** 예제 5.6에서 강체운동이 속도장 $\vec{V} = r\omega\hat{e}_\theta$로 모형화되었다. 이 유동에 대한 유동함수를 구하라. 또 $\omega = 0.5$ rad/s일 때, $r_1 = 0.10$ m와 $r_2 = 0.12$ m 사이의 단위깊이당 체적유량을 계산하라. 일정한 θ의 선을 따라 속도 형상을 스케치하라. 유동함수로부터 계산된 유량을 이 선을 따라 속도분포를 적분하여 검산하라.

5.27 2차원 면에서 x축과 40°의 각도로 7 m/s의 속도로 일정한 유동이 흐르고 있다. 유동함수 방정식과 속도포텐셜을 구하라.

***5.28** 예제 5.6은 평면 $r\theta$상의 자유와류에 대한 속도장이 $\vec{V} = \hat{e}_\theta C/r$임을 보여준다. 이 유동에 대한 유동함수를 구하라. $C = 0.3$ m^2/s일 때, $r_1 = 0.20$ m와 $r_2 = 0.24$ m 사이의 단위깊이당 체적유량을 계산하라. θ가 일정한 선을 따라 속도분포 형상을 스케치하라. 유동함수로부터 계산된 유량을 이 선을 따라 속도분포를 적분하여 검산하라.

유체입자의 운동(운동학)

5.29 $\vec{V} = xy^3\hat{i} - \frac{1}{4}y^4\hat{j} + xy\hat{k}$로 주어진 유동장을 고려하자. (a) 유동의 차원 수, (b) 비압축성유동이 가능한지 여부, (c) 점 $(x, y, z) = (2, 3, 4)$에서 유체입자의 가속도를 구하라.

5.30 평면 xy상에서 속도장 $\vec{V} = A(x^4 - 6x^2y^2 + y^4)\hat{i} + A(4xy^3 - 4x^3y)\hat{i}$이고, $A = 0.25$ m$^{-3}\cdot$s^{-1}이며, 좌표는 미터로 측정되는 속도장을 고려하자. 이 속도장은 비압축성유동장이 가능할까? 점 $(x, y) = (2, 1)$에서 유체입자의 가속도를 계산하라.

5.31 $\vec{V} = ax^3y\hat{i} - by\hat{j} + cz^3\hat{k}$로 주어진 유동장을 고려하자. 여기서 $a = 3$ m$^{-2}\cdot$s^{-1}, $b = 3$ s^{-1}, $c = 2$ m$^{-1}\cdot$s^{-1}이다. (a) 유동의 차원 수, (b) 비압축성유동이 가능한지 여부, (c) 점 $(x, y, z) = (3, 2, 1)$에서 유체입자의 가속도를 구하라.

5.32 평면 xy상의 정상, 비압축성유동에서 속도의 x성분은 $u = A(x^5 - 10x^3y^2 + 5xy^4)$이다. 여기서 $A = 2$ m$^{-4}\cdot$ s^{-1}이고, x의 단위는 미터이다. 이 유동장에서 가장 간단한 y성분 속도를 구하라. 점 $(x, y) = (1, 3)$에서 유체입자의 가속도를 계산하라.

5.33 층류 경계층 내의 속도장이 다음과 같이 주어진다.

$$\vec{V} = \frac{AUy}{x^{1/2}}\hat{i} + \frac{AUy^2}{4x^{3/2}}\hat{j}$$

여기서 $A = 151$ m$^{-1/2}$이고, $U = 0.360$ m/s이다. 이 속도장은 비압축성유동이 가능함을 보여라. 점 $(x, y) = (0.8$ m, 8 mm$)$에서 유체입자의 가속도를 구하라. 그 점을 통과하는 유선의 기울기를 구하라.

5.34 고체 표면에 부딪히는 비압축성의 파 유동(wave flow)은 사인파 패턴을 따른다. 유동은 x축은 표면에 직각이고 y축은 표면을 따르는 2차원이다. 유동의 x성분은 다음 패턴을 따른다.

$$u = Ax\sin\left(\frac{2\pi t}{T}\right)$$

유동의 y성분, 즉 v를 구하고, 가속도 벡터의 대류 및 국소 성분을 구하라.

5.35 평면 xy상에서 $\vec{V} = Ax/(x^2 + y^2)\hat{i} + Ay/(x^2 + y^2)\hat{j}$인 속도장이 있다. 여기서 $A = 10$ m^2/s이고, x 및 y의 단위는 미터이다. 이 유동장은 비압축성유동장인가? 유체입자의 가속도를 유도하라. x축, y축 및 $y = x$인 선을 따른 속도와 가속도를 구하라. 이 유동장으로부터 어떤 결론을 얻을 수 있는가?

5.36 점성계수를 무시할 수 있는 어떤 비압축성 액체가 직경이 일정한 수평 파이프를 통하여 정상유동하고 있다. 길이 $L = 0.3$ m의 다공성 구간에서 액체가 단위길이당 일정률로 제거된다. 따라서 파이프내 축방향 속도는 균일하게 $u(x) = U(1 - x/2L)$이며, $U = 5$ m/s이다. 다공성 구간 중심선을 따라 이동하는 유체입자의 가속도에 대한 식을 유도하라.

5.37 점성이 무시되는 어떤 비압축성 액체가 수평파이프를 통하여 정상유동하고 있다. 파이프의 직경은 길이 2 m에 걸쳐 10 cm로부터 2.5 cm로 직선적으로 변한다. 파이프의 중심선을 따라 이동하는 유체입자의 가속도에 대한 식을 유도하라. 입구 중심속도가 1 m/s일 때, 파이프 길이에 따른 위치에서의 중심속도 및 가속도를 나타내는 그림을 그려라.

5.38 유동의 속도장이 $V = 3tx^2\mathrm{i} - t^3yj - 5xyk$로 주어졌다.

(a) 이 유동은 정상 혹은 비정상유동인가?

(b) 이 유동을 2차원 유동으로 단순화할 수 있는가?

(c) 이 속도장의 가속도장을 구하라.

5.39 문제 4.94을 풀어 좁은 틈새 내의 반경 방향 속도가 $V_r = Q/2\pi rh$임을 증명하라. 틈새 내에 있는 유체입자의 가속도에 대한 식을 유도하라.

5.40 오염연구에 대한 일환으로 모델 농도 c가 위치 x의 함수로 다음과 같이 되었다.

$$c(x) = A\left(e^{-x/2a} - e^{-x/a}\right)$$

여기서 $A = 3 \times 10^{-5}$ ppm (parts per million)이고 $a = 1$ m이다. $x = 0$부터 $x = 10$ m까지의 이 농도를 그래프로 나타내라. 오염센서가 장착된 자동차가 $u = U$ ($U = 20$ m/s)로 대기 중에서 움직일 때, 시간에 따른 측정된 농도 c의 변화율에 대한 표현식을 구하고 주어진 데이터를 사용하여 그림으로 나타내라.

(a) 어떤 위치에서 센서는 가장 빠른 변화율을 나타내는가?

(b) 이 변화율 값은 얼마인가?

5.41 비가 온 후 강의 어떤 지점에서 침전물의 농도는 시간당 100 ppm으로 증가한다. 이와 함께 침전물은 지류로부터 유입되기 때문에 침전 농도는 하류로 갈수록 증가한다. 이 증가율은 km당 30 ppm이다. 이 지점에서 강물은 0.8 km/h로 흐른다. 어떤 배가 침전 농도 조사를 위해 사용되는데, 배에 타고 있는 검사자가 상류로 이동할 때, 강물을 따라 표류할 때, 하류로 이동할 때 측정된 침전 농도 변화율은 세 가지

*이 문제들은 교재 내용의 연속성을 잃지 않으면서 생략할 수 있었던 절의 내용들을 필요로 한다.

경우에 따라 각각 다르다는 것을 발견하고 놀랐다. 왜 다른 변화율들이 관찰되는지 물리적으로 설명하라. 배의 속도가 4 km/h일 때 세 가지 경우의 변화율을 계산하라.

5.42 항공기가 한랭전선을 통과하여 비행함에 따라, 비행기에 장착된 계기는 외부 온도가 분당 0.28°C의 율로 떨어짐을 가리킨다. 또 다른 계기는 공기속도가 154 m/s이고, 고도 상승률이 18 m/s임을 가리킨다. 한랭전선은 정지되어 있고 수직 방향으로 균일하다. 한랭전선을 통과하는 수평거리에 대한 온도의 변화율을 계산하라.

5.43 항공기가 대지속도(ground speed) 480 km/h로 정북 쪽으로 날고 있다. 고도 상승률은 15 m/s이고, 수직 온도구배는 고도 1 km당 −5.6°C이다. 대지온도는 한랭전선을 통과하는 동안 위치에 따라 1 km당 0.345°C의 율로 떨어진다. 항공기 내에 장착된 기록계가 지시하는 온도 변화율을 계산하라.

5.44 속도벡터를 직접 대입하여 직각 좌표계에 대한 $(\vec{V}\cdot\nabla)\vec{V}$를 전개함으로써 유체입자의 대류가속도를 구하고, 식 (5.11)로 주어진 결과들을 입증하라.

5.45 정상 2차원 속도장이 $\vec{V} = Ax\hat{i} - Ay\hat{j}$로 주어진다. 여기서 $A = 1\ \mathrm{s}^{-1}$이다. 이 유동의 유선들이 직각 쌍곡선 $xy = C$임을 보여라. 이 유동장에 있는 유체입자의 가속도에 대한 일반식을 구하라. 점 $(x, y) = (1/2, 2), (1, 1), (2, 1/2)$에서 유체입자의 가속도를 구하라. x와 y는 미터로 측정된다. $C = 0, 1, 2\ \mathrm{m}^2$에 해당하는 유선들을 그리고, 유선 그림 위에 가속도 벡터를 나타내라.

5.46 $\vec{V} = (Ax - B)\hat{i} - Ay\hat{j}$로 표현되는 유동장이 있다. 여기서 $A = 0.2\ \mathrm{s}^{-1}$, $B = 0.6\ \mathrm{m\cdot s}^{-1}$이며, 좌표들의 단위는 미터이다. 이 유동장 내 유체입자의 가속도에 대한 일반식을 구하라. 점 $(x, y) = (0, 4/3), (1, 2), (2, 4)$에서 유체입자들의 가속도를 계산하라. 평면 xy 내에 몇 개의 유선들을 그려라. 유선 그림 위에 가속도 벡터를 나타내라.

5.47 문제 5.10에서 평판 위의 비압축성 층류 경계층 유동을 모형화하기 위해 포물선 속도분포가 사용되었다. 이 분포에서 경계층 내부 유체입자의 x방향 가속도성분 a_x를 구하라. $U = 6$ m/s인 유동에 대하여 $x = 0.8$ m인 위치(그곳에서 $\delta = 1.2$ mm)에서 a_x에 대한 그림을 그리고, 주어진 x 위치에 대하여 a_x의 최댓값을 구하라.

5.48 문제 5.11에서 평판 위의 비압축성, 층류 경계층 유동을 모형화하기 위해 사인함수의 속도분포가 사용되었다. 이 속도분포에서 경계층 내부 유체입자의 x 및 y방향 가속도성분 a_x 및 a_y를 구하라. $U = 5$ m/s인 유동에 대하여 $x = 1$ m인 위치(그곳에서 $\delta = 1$ mm)에서 a_x 및 a_y에 대한 그림을 그리고, 주어진 위치 x에 대하여 a_x의 최댓값을 구하라.

5.49 그림과 같이 높이가 h인 평행 원판 사이의 좁은 틈새 안으로 공기가 다공성 표면을 통해 유입된다. 위치 r이 외부 표면이 되는 검사체적을 사용하여, r방향의 균일속도가 $V = v_0r/2h$임을 보여라. z방향($v_0 \ll V$)의 속도성분에 대한 식을 유도하라. 틈새에서의 유체입자 가속도성분들을 구하라.

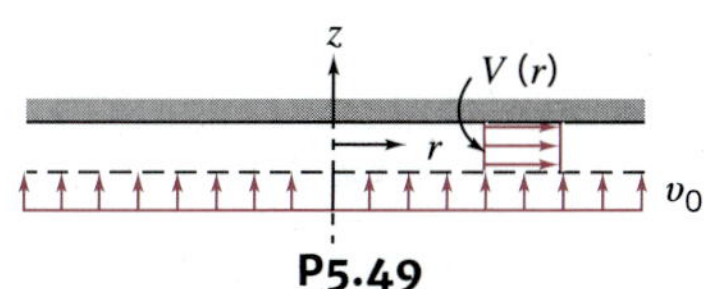

P5.49

5.50 그림과 같이 높이가 h인 평행 평판 사이의 좁은 틈새 안으로 공기가 다공성 표면을 통해 유입된다. 위치 x가 외부 표면이 되는 검사체적을 사용하여, x방향의 균일속도가 $u = v_0x/h$임을 보여라. y방향의 속도성분에 대한 식을 유도하라. 틈새에서의 유체입자 가속도를 구하라.

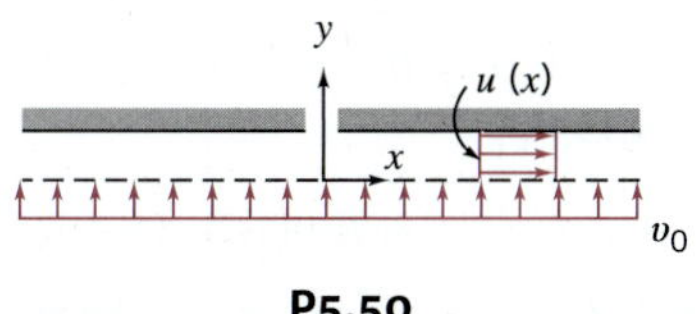

P5.50

5.51 그림과 같이 노즐을 통과하는 비압축성 유체유동을 고려하자. 노즐의 면적은 $A = A_0(1 - bx)$이고, 입구의 속도는 $U = U_0(0.5 + 0.5\cos\omega t)$에 따라 변한다. 여기서 $A_0 = 0.5\ \mathrm{m}^2$, $L = 5$ m, $b = 0.1\ \mathrm{m}^{-1}$, $\omega = 0.16$ rad/s 및 $U_0 = 5$ m/s이다. 유동은 1차원으로 가정한다. 중심선상에서의 가속도를 시간의 함수로 구하고 또한 그림상에 나타내라.

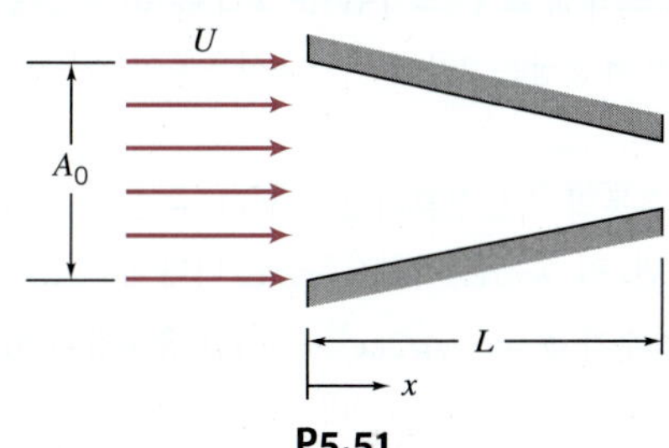

P5.51

5.52 속도 필드가 $V = x^9 - 35x^7y^4 + 45x^2y^8 - 9xy^6\hat{i} + 9x^8y - 40x^5y^4 + 35x^3y^7 - y^9\hat{j}$인 유동에 대해, (a) 비압축성유동인지 (b) 비회전유동인지를 결정하라.

5.53 다음 유동장 중 비회전 유동장이 있다면 어느 것인가?

(a) $u = 2x^2 + y^2 - x^2y;\ v = x^3 + (y^2 - 2y)$

(b) $u = 2xy - x^2 + y;\ v = 2xy - y^2 + x^2$

(c) $u = xt + 2y;\ v = xt^2 - yt$

(d) $u = (x + 2y)xt;\ v = -(2x + y)yt$

5.54 원통 좌표계에 대한 $(\vec{V}\cdot\nabla)\vec{V}$를 속도벡터를 직접 대입하고 전개함으로써 유체입자에 대한 대류가속도를 구하라(190쪽에 있는 각주를 참고하라). 식 (5.12)에 주어진 결과식을 입증하라.

5.55 문제 5.11의 경계층에 대한 x방향 속도성분을 모형화하기 위하여 사용한 사인함수 속도분포를 다시 고려하자. 속도의 수직성분은 무시한다. $x = 0.4$ m, $x = 0.6$ m, $y = 0$, $y = 8$ mm로 둘러싸인 윤곽선 주위의 순환을 계산하라. 0.2 m만큼 하류에서 계산한다면 그 결과는 어떻게 되는가? $U = 0.5$ m/s로 가정하라.

5.56 예제 5.8에서처럼 $\vec{V} = Ax^2\hat{i} - Ay^2\hat{j}$이고 $A = 0.16\ \text{s}^{-1}$로 주어지는 '코너' 유동에 대한 속도장을 고려하라. 예제 5.8의 단위크기의 정사각형 주위에 대한 순환을 계산하라.

5.57 속도장이 $\vec{V} = (x^7 - 21x^5y^2 + 35x^3y^4 - 7xy^6)\hat{i} + (7x^6y - 35x^4y^3 + 21x^2y^5 - y^7)\hat{j}$로 주어지는 유동이 있다. 이 유동장은 (a) 비압축성유동인지, (b) 비회전유동인지 결정하라.

5.58 $u = Ax^2$, $v = Bxy$인 2차원 비압축성유동장을 고려하자. 여기서 $A = 1.6\ m^{-1}\cdot\text{s}^{-1}$, $B = -3.3\ \text{m}^{-1}\cdot\text{s}^{-1}$이고, 좌표들은 미터 단위이다. 속도장이 비압축성유동임을 보여라. 점 $(x, y) = (0.3, 0.3)$에서의 회전을 구하라. $y = 0$, $x = 0.3$, $y = 0.3$, $x = 0$으로 둘러싸인 '곡선' 주위의 순환을 계산하라.

5.59 $u = Axy$, $y = By^2$인 2차원 비압축성유동장을 고려하자. 여기서 $A = 1\ \text{m}^{-1}\cdot\text{s}^{-1}$, $B = -\frac{1}{2}\ \text{m}^{-1}\cdot\text{s}^{-1}$이고, 좌표들은 미터 단위이다. 속도장이 비압축성유동임을 보여라. 점 $(x, y) = (1, 1)$에서의 회전을 구하라. $y = 0$, $x = 1$, $y = 1$, $x = 0$으로 둘러싸인 '곡선' 주위의 순환을 계산하라.

***5.60** 유동함수가 $\psi = 4x^5y - 20x^3y^3 + 4xy^5$로 표현되는 유동장이 있다. 이 유동장은 2차원 비압축성유동이 가능한가? 또 유동은 비회전유동인가?

***5.61** 유동함수가 $\psi = x^6 - 15x^4y^2 + 15x^2y^4 - y^6$로 표현되는 유동장이 있다. 이 유동장은 2차원 비압축성유동이 가능한가? 또 유동은 비회전유동인가?

5.62 2차원 유동의 속도성분이 $\psi = y^3/3 + 2x - x^2y$, $v = xy^2 - 2y - x^3/3$이라면, 이 성분은 비회전유동을 나타내고 있는가?

***5.63** 유동함수가 $\psi = -A/2(x^2 + y^2)$인 유동장이 있다. 여기서 A는 일정하다. 이 유동장은 2차원 비압축성유동이 가능한가? 또 유동은 비회전유동인가?

***5.64** 유동함수가 $\psi = Axy + Ay^2$인 유동장을 고려하자. 여기서 $A = 1$ s21이다. 이 유동장이 비압축성유동장임을 증명하라. 이 유동의 회전을 계산하라. 상부 반평면상에 몇 개의 유선을 그려라.

***5.65** 유동함수가 $\psi = x^2 - y^2$인 유동장이 있다. 이 유동장에 대한 속도장을 구하라. 이 유동장이 비회전임을 보여라. 몇 개의 유선을 그려 속도장을 설명하라.

***5.66** $\vec{V} = Ax^2\hat{i} + Bxy\hat{j}$로 주어진 속도장을 고려하자. 여기서 $A = 3.3\ \text{m}^{-1}\cdot\text{s}^{-1}$, $B = -6.6\ \text{m}^{-1}\cdot\text{s}^{-1}$이고, 좌표들은 미터 단위이다.

(a) 유체의 회전을 구하라.

(b) $y = 0$, $x = 0.3$, $y = 0.3$, $x = 0$으로 둘러싸인 '곡선'에 대한 순환을 계산하라.

(c) 유동함수를 유도하라.

(d) 제1상한에 몇 개의 유선을 그려라.

***5.67** 속도장이 $\vec{V} = (Ay + B)\hat{i} + Ax\hat{j}$인 유동을 고려하자. 여기서 $A = 10\ \text{s}^{-1}$, $B = 3$ m/s이며 좌표계는 미터 단위이다.

(a) 유동함수에 대한 표현식을 구하라.

(b) 제1상한에 (정체점 유선을 포함하여) 몇 개의 유선을 그려라.

(c) $y = 0$, $x = 1$, $y = 1$, $x = 0$으로 둘러싸인 '곡선'에 대한 순환을 계산하라.

5.68 거리 b만큼 떨어져 있는 정지된 평판 사이에서 압력으로 구동되는 유동을 고려하자. y 좌표는 바닥 평판으로부터 측정된다. 속도장은 $u = U(y/b)[1 - (y/b)]$로 주어진다. 높이 h, 길이 L인 폐윤곽선 주위의 순환에 대한 식을 구하라. $h = b/2$일 때와 $h = b$일 때, 각각의 순환을 계산하라. 이 결과들이 Stokes 정리[식 (5.18)]의 면적적분으로부터 얻은 결과와 동일함을 보여라.

***5.69** 태풍의 핵 근처 속도장은 다음과 같이 근사적으로 표시된다.

$$\vec{V} = -\frac{q}{2\pi r}\hat{e}_r + \frac{K}{2\pi r}\hat{e}_\theta$$

이것은 비회전 유동장인가? 이 유동에 대한 유동함수를 구하라.

5.70 원형파이프 내의 완전 발달된 유동의 속도분포는 $V_z = V_{\max}[1 - (r/R)^2]$이다. 이 유동의 선형 변형률 및 각변형률을 계산하라. 와도 벡터 $\vec{\zeta}$에 대한 식을 유도하라.

5.71 10 m/s의 속도로 흐르는 바닷물을 거슬러 20 m/s의 속도로 배가 움직이고 있다. 배에 있는 엔진은 펌프를 사용하여 전면에서 $A_{\text{in}} = 0.4\ \text{m}^2$의 면적으로 물을 빨아들이고, 뒷면에서 $A_{\text{out}} = 0.06\ \text{m}^2$의 면적으로 물을 배출하고 있다. 배에서 배출되는 물의 절대속도가 80 m/s이다. 배에 들어오는 물과 배출되는 물의 상대속도는 각각 얼마이며, 펌프율은 얼마인가?

운동량 방정식

5.72 예제 5.9에서 액체막은 등온이 아니고, 다음과 같은 분포를 가진다.

$$T(y) = T_0 + (T_w - T_0)\left(1 - \frac{y}{h}\right)$$

여기서 T_0 및 T_w는 각각 주위 및 벽면 온도이다. 유체 점성계수는 온도의 증가와 함께 감소하며, 다음 식으로 표현된다고 가정한다.

$$\mu = \frac{\mu_0}{1 + a(T - T_0)}$$

여기서 $a > 0$이다. 예제 5.9와 유사한 방법으로 속도분포를 유도하라.

5.73 물에서 층류 경계층의 x방향 속도성분은 $u = U\sin(\pi y/2\delta)$로 근사적으로 표현된다. 여기서 $U = 3$ m/s이고, $d = 2$ mm이다. 속도의 y성분은 u보다 훨씬 작다. 유체요소에 작용하는 x방향의 단위체적당 전단력에 대한 식을 구하라. 이 유동에 대한 전단응력의 최댓값을 계산하라.

5.74 그림과 같이 폭이 h인 마이크로 채널(x방향으로 매우 길고 양쪽 단면이 개방되어 있는)이 있다. 원점이 마이크로 채널의 원점에 위치한 직각 좌표계를 사용한다. 마이크로 채널은 약한 전도성 용액으로 채워져 있다. 두 전도성 벽면을 가로질러 전류가 흐르면, 용액을 통하는 전류 밀도 $\vec{J}$는 y축에 평행하게 전달된다. 전체 장치가 그림에서 보

*이 문제들은 교재 내용의 연속성을 잃지 않으면서 생략할 수 있었던 절의 내용들을 필요로 한다.

는 바와 같이 평면으로부터 바깥쪽(z방향)으로 향하는 일정한 자기장 $\vec{B}$ 속에 놓여 있다. 전류 밀도와 자기장 간의 상호작용이 밀도 $\vec{J} \times \vec{B}$의 *Lorentz* 힘을 야기한다. 전도성 용액이 비압축성이고, 샘플 체적이 랩온어칩(역자주: 손톱만 한 크기의 칩에서 실험실에서 할 수 있는 연구를 가능하게 만든 장치) 적용에 있어 매우 작기 때문에 중력은 무시된다고 가정한다. 정상상태에서 Lorentz 힘에 의해 구동되는 유동은 식 (5.1a)의 연속방정식 및 x, y, z방향의 속도성분들이 오른쪽으로 추가적인 Lorentz 힘 성분을 가진다는 것을 제외하고는 식 (5.27)의 Navier-Stokes 방정식에 의해 기술된다. 유동이 완전 발달된 상태이고 속도장 $\vec{V}$가 y만의 함수라고 가정할 때, 속도의 세 성분을 구하라.

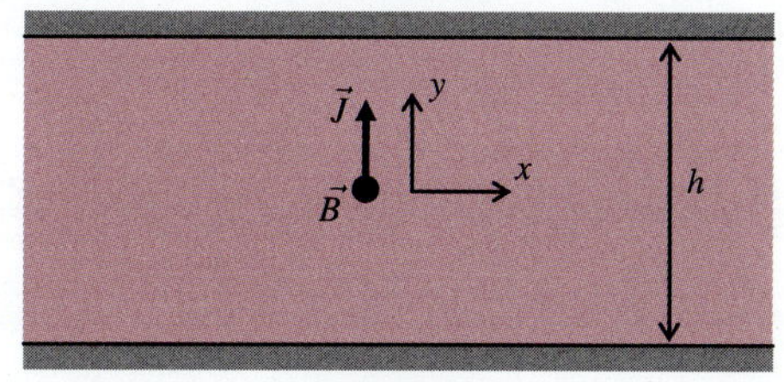

P5.74

5.75 전기 삼투효과 유동(electro-osmotic flow; EOF)은 대전된 모세관 또는 마이크로 채널을 가로질러 적용된 전기장에 의해 야기된다. 채널 벽면은 음으로 대전되고, 양이온 숫자가 음이온 숫자보다 훨씬 큰 전기 이중층(electric double layer; EDL)이라고 불리는 얇은 층이 채널 벽면 근방에 형성된다고 가정한다. 그러면 EDL에서 양으로 대전된 이온들이 전해질 용액을 끌어당겨 유체가 음극(cathode) 쪽으로 유동하게 한다. EDL의 두께는 보통 10 nm 수준이다. 채널 크기가 EDL 두께보다 훨씬 클 때, 채널 벽면상에서 슬립속도 $y-\frac{\varepsilon\zeta}{\mu}\vec{E}$가 생긴다. 여기서 ε은 유체 유전율(fluid permittivity), ζ는 음의 표면 전기 포텐셜, $\vec{E}$는 전기장 강도, 그리고 μ는 유체 동점성 계수이다. 2개의 평행 평판으로 만들어진 마이크로 채널을 고려하자. 채널 벽면은 음의 표면 전기 포텐셜 ζ를 가진다. 마이크로 채널은 전해질 용액으로 가득 채워져 있으며, 채널 양 끝단은 x방향을 따라 균일한 전기장 강도 E를 발생시키는 전기 포텐셜 차이에 지배된다. 채널에서의 압력기울기는 영(0)이다. 완전 발달된 정상 전기 삼투효과 유동의 속도분포를 유도하라. EOF의 속도분포를 압력으로 구동되는 유동의 속도분포와 비교하라. $\varepsilon = 7.08 \times 10^{-10}\ \mathrm{C \cdot V^{-1}m^{-1}}$, $\zeta = -0.1$ V, $\mu = 10^{-3}$ Pa·s 및 $E = 1000$ V/m를 사용하여 EOF 속도를 계산하라.

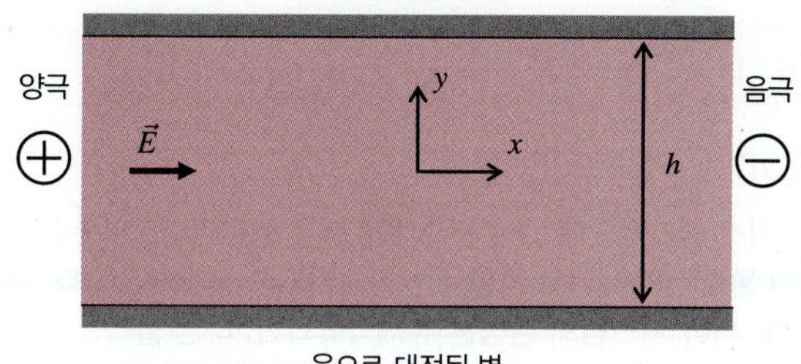

P5.75

CHAPTER 6

비압축성 비점성유동

Incompressible Inviscid Flow

사례연구

라스베이거스 벨라지오 분수

라스베이거스 벨라지오에 있는 분수대는 매우 장관이다. 이 분수대는 음악에 맞춰 물줄기의 세기와 방향을 변화시키도록 설계되어 있다. 분수대의 배관 및 제어 시스템의 완성은 유체역학의 또 다른 놀라운 성취인데 WET Design Company가 대단한 비주얼을 구현하는 시스템의 설계 및 제작을 담당하였다.

WET사는 분수대를 만들기 위해서 많은 창의적인 아이디어를 개발하였다. 전통적인 분수대는 펌프와 배관들을 사용하여 최적의 유량을 조성하는데, WET사에서 설계한 상당수의 분수들은 물 펌프 대신에 압축 공기를 사용하기 때문에 에너지가 지속적으로 생성되고 축적되어 즉시 물을 뿜을 수 있다. 벨라지오의 분수대가 비실용적이고 비싸지만 이러한 혁신적인 압축 공기의 사용은 좀 더 현실감 있는 분수대를 만들게 해주었다. 예를 들어, 분수대가 비싸고 크고 시끄러운 물 펌프 없이 73.2 m의 물 높이를 얻기는 어려울 것이다. WET사에서 개발한 'Shooter'는 배관 속으로 압축된 큰 공기 방울을 만들어 주는 원리로 작동되며, 노즐을 통해 배관 안에 있는 물을 고압으로 분사시켜 준다. 벨라지오에 설치된 'Shooter'들은 약 283.9 L의 물을 공중으로 73.2 m 넘게 쏘아 올릴 수 있다. 이러한 경이로운 효과 외에도, 동일한 효과를 내기 위해서 전통적인 물 펌프에서 소요되는 에너지의 약 1/10 정도만 에너지를 필요로 한다. 다른 공기 구동 장치들은 물 높이를 최대 38.1 m 정도까지 올릴 수 있다. 이 외에도 이러한 혁신들은 에너지 비용을 80% 이상 절감하고 전통적인 배관과 펌프로 구성된 분수대보다 약 50% 이상의 적은 건설 비용을 필요로 한다.

벨라지오와 같은 분수들은 배관 내 마찰에 의한 물 흐름 관계를 사용하여 설계되었으며, 펌핑 동력, 장비 비용 및 원하는 분수 효과 사이의 절충은 이 장에서 소개된 기술을 사용한다.

Mitch Diamond/Getty Images

라스베이거스 벨라지오 분수

학습 목표

이 장의 학습을 마치면 다음을 할 수 있어야 한다.

- Euler 방정식을 사용한 비압축성, 비점성유동 문제 풀이
- Bernoulli 방정식을 사용한 정상, 비압축성, 마찰이 없는 유동 문제 풀이
- 에너지 방정식이 Bernoulli 방정식으로 전환되는 조건 이해
- 유동 문제에 대한 에너지구배선과 수력구배선 결정
- 유동 문제에 대한 유동함수, 포텐셜 함수 및 순환의 이해

5장에서는 연속성을 만족하면서 유체의 운동을 표현하는 미분형 방정식[식 (5.24)]을 유도하는 데 많은 노력을 기울였다. 이 식이 어떻게 특별한 형태로 축소되는가를 보았으며, 그중에서 비압축성이고 점성계수가 일정한 유체의 경우에는 잘 알려진 Navier-Stokes 방정식[식 (5.27)]으로 됨을 보았다. 식 (5.27)이 일반적인 유체(예를 들어 물, 공기, 윤활유)의 넓은 범위의 문제에 대한 거동을 표현하기는 하지만, 5장에서 설명한 바와 같이 가장 단순한 형태의 유동을 제외하고는 해석적으로는 풀리지 않는다. 예를 들면, 이 식을 사용하여 천천히 젓는 커피잔 안의 유동을 예측한다 하더라도 보다 진보된 전산유체역학을 이용한 컴퓨터의 응용이 필요하고, 계산하는 데 걸리는 시간은 실제 젓는 시간보다 훨씬 많은 시간이 걸린다. 이 장에서는 Navier-Stokes 방정식 대신에 비점성유체에 적용하는 Euler 방정식에 대하여 공부한다. 비록 비점성유체가 존재하지는 않지만, 많은 유동 문제들은 특히 공기역학 $\mu = 0$이라는 조건에 의해 성공적으로 해석된다.

6.1 마찰이 없는 유동에 대한 운동량 방정식: Euler 방정식

Euler 방정식[식 (5.27)에서 점성항을 무시하면 얻어진다]은 다음과 같다.

$$\rho \frac{D\vec{V}}{Dt} = \rho \vec{g} - \nabla p \tag{6.1}$$

이 방정식은 비점성유체에 있어서 유체입자의 운동량 변화는 중력(중력만 작용한다는 가정에서)과 압력힘에 의한 것을 말한다. 입자의 가속도는 다음과 같다.

$$\frac{D\vec{V}}{Dt} = \frac{\partial \vec{V}}{\partial t} + (\vec{V} \cdot \nabla)\vec{V} \tag{5.10}$$

이 장에서는 식 (6.1)을 적용하여 비압축성, 비점성유동 문제에 대한 해를 구한다. 식 (6.1)과 함께, 비압축성유동의 질량보존식은 다음과 같다.

$$\nabla \cdot \vec{V} = 0 \tag{5.1c}$$

직각 좌표계에서 식 (6.1)은 다음과 같다.

$$\rho\left(\frac{\partial u}{\partial t} + u\frac{\partial u}{\partial x} + v\frac{\partial u}{\partial y} + w\frac{\partial u}{\partial z}\right) = \rho g_x - \frac{\partial p}{\partial x} \tag{6.2a}$$

$$\rho\left(\frac{\partial v}{\partial t} + u\frac{\partial v}{\partial x} + v\frac{\partial v}{\partial y} + w\frac{\partial v}{\partial z}\right) = \rho g_y - \frac{\partial p}{\partial y} \tag{6.2b}$$

$$\rho\left(\frac{\partial w}{\partial t} + u\frac{\partial w}{\partial x} + v\frac{\partial w}{\partial y} + w\frac{\partial w}{\partial z}\right) = \rho g_z - \frac{\partial p}{\partial z} \tag{6.2c}$$

z축이 수직축이라면, $g_x = 0$, $g_y = 0$, $g_z = -g$이고 $\vec{g} = -g\hat{k}$이다.

원통 좌표계에서는 중력만이 유일한 체적력인 경우, 성분별 방정식은 다음과 같다.

$$\rho a_r = \rho\left(\frac{\partial V_r}{\partial t} + V_r\frac{\partial V_r}{\partial r} + \frac{V_\theta}{r}\frac{\partial V_r}{\partial \theta} + V_z\frac{\partial V_r}{\partial z} - \frac{V_\theta^2}{r}\right) = \rho g_r - \frac{\partial p}{\partial r} \tag{6.3a}$$

$$\rho a_\theta = \rho\left(\frac{\partial V_\theta}{\partial t} + V_r\frac{\partial V_\theta}{\partial r} + \frac{V_\theta}{r}\frac{\partial V_\theta}{\partial \theta} + V_z\frac{\partial V_\theta}{\partial z} + \frac{V_r V_\theta}{r}\right) = \rho g_\theta - \frac{1}{r}\frac{\partial p}{\partial \theta} \tag{6.3b}$$

$$\rho a_z = \rho\left(\frac{\partial V_z}{\partial t} + V_r\frac{\partial V_z}{\partial r} + \frac{V_\theta}{r}\frac{\partial V_z}{\partial \theta} + V_z\frac{\partial V_z}{\partial z}\right) = \rho g_z - \frac{\partial p}{\partial z} \tag{6.3c}$$

만일 z축이 수직 상방향이면, $g_r = g_\theta = 0$이고 $g_z = -g$이다.

식 (6.1), (6.2) 및 (6.3)은 점성력이 없는 문제에 적용된다. 이 장의 주 내용을 시작하기 전에 점성응력이 없는, 즉 비점성유동, $\mu = 0$인 경우를 고려해 보자. 앞에서의 설명을 되새겨 보면, 일반적으로 유체가 변형되면 점성응력이 존재한다. 유체가 변형이 없다면, 즉 **강체운동**을 한다면 $\mu \neq 0$이라 할지라도 점성응력이 발생하지 않는다. 따라서 Euler 방정식은 비점성유동뿐만 아니라 강체운동에도 적용된다. 강체운동은 유체정역학의 특별한 경우로 3.6절에서 상세히 설명하였다.

2장과 5장에서 유선, 유동장 내의 모든 점에서 속도 벡터에 접선이 되도록 연결한 선이 그림으로 표현하기에 편리하다고 하였다. 정상유동인 경우, 유선은 유적선과 일치하기 때문에 유체입자는 유선을 따라 움직인다. 따라서 정상유동에서 유체입자의 운동을 표현하는 데 있어서 직교 좌표계인 x, y, z 이외에도 유선을 따른 거리가 운동방정식을 쓰는 데 사용하기에 논리적인 좌표계가 된다. '유선 좌표계'는 비정상유동에서도 사용할 수 있다. 비정상유동에서의 유선은 순간속도를 그림으로 나타낸다.

간단한 예로서, 그림 6.1에서 보여진 면 yz상의 유동을 고려해 보자. 운동방정식을 유선을 따른 거리인 좌표 s와 그 유선에 수직한 거리인 좌표 n으로 표시하고자 한다. 유체요소 중심에서의 압력은 p이다. 만일 유체 체적요소 $ds\,dn\,dx$에 유선 방향(s)으로 뉴턴 제2법칙을 적용하고, 점성력을 무시하면 아래와 같은 식을 얻는다.

$$\left(p - \frac{\partial p}{\partial s}\frac{ds}{2}\right)dn\,dx - \left(p + \frac{\partial p}{\partial s}\frac{ds}{2}\right)dn\,dx - \rho g \sin\beta\,ds\,dn\,dx = \rho a_s\,ds\,dn\,dx$$

여기서 β는 유선의 접선이 수평선과 이루는 각이고, a_s는 유선을 따른 유체입자의 가속도이다. 이 식을 간단히 하면

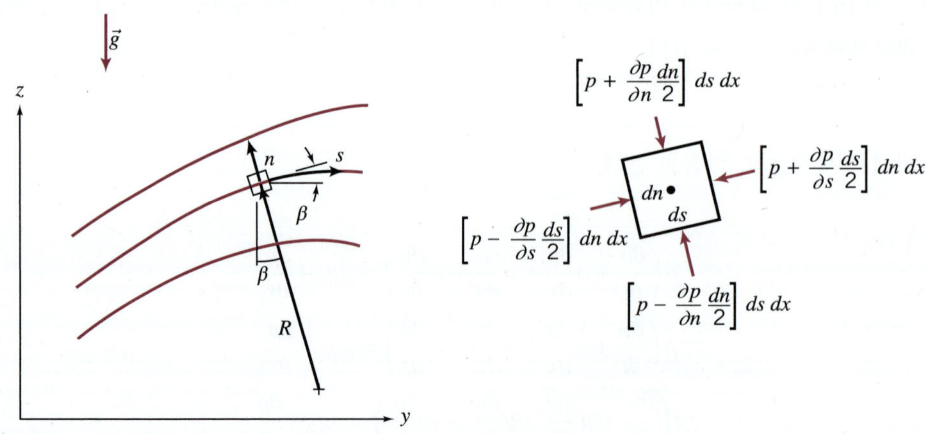

그림 6.1 유선을 따라 운동하는 유체입자.

$$-\frac{\partial p}{\partial s}-\rho g \sin\beta=\rho a_s$$

$\sin\beta=\partial z/\partial s$이므로

$$-\frac{1}{\rho}\frac{\partial p}{\partial s}-g\frac{\partial z}{\partial s}=a_s$$

유선을 따라 $V = V(s, t)$이고, 유선 방향을 따른 유체입자의 물질 또는 총 가속도는 다음과 같다.

$$a_s=\frac{DV}{Dt}=\frac{\partial V}{\partial t}+V\frac{\partial V}{\partial s}$$

z축을 수직 상방향이라 할 때, 유선 방향 Euler 방정식은 다음과 같다.

$$-\frac{1}{\rho}\frac{\partial p}{\partial s}-g\frac{\partial z}{\partial s}=\frac{\partial V}{\partial t}+V\frac{\partial V}{\partial s} \qquad (6.4a)$$

정상유동일 경우, 유선 방향 Euler 방정식은 다음과 같이 된다.

$$\frac{1}{\rho}\frac{\partial p}{\partial s}=-g\frac{\partial z}{\partial s}-V\frac{\partial V}{\partial s} \qquad (6.4b)$$

식 (6.4b)는 유선을 따라서 압력이 중력과 속도에 의해서 영향을 받는 것을 보여준다. 첫 번째 효과는 3장에서 학습한 정수압 효과로, 속도가 없을 때 압력은 고도의 변화에 따라 증가함을 보여준다. 중력의 영향을 받지 않는 xy 평면에서의 유동에 Euler 방정식을 적용하면 식 (6.4b)는 다음과 같이 된다.

$$\frac{1}{\rho}\frac{\partial p}{\partial s}=-V\frac{\partial V}{\partial s} \qquad (6.4c)$$

이 식은 비압축성, 비점성유동에서 속도의 감소는 압력의 증가를 수반하며 그 역도 성립한다는 것을 나타낸다. 유체입자에 작용하는 유일한 힘은 압력에 의한 힘뿐이므로, 유체입자는 압력이 낮은 영역으로 가면서 가속되고 높은 쪽으로 가면 감속된다.

유선에 수직한 방향의 Euler 방정식을 얻기 위해 유체요소에 n방향으로 뉴턴 제2법칙을 적용한다. 다시 점성력을 무시하면 다음 식을 얻는다.

$$\left(p-\frac{\partial p}{\partial n}\frac{dn}{2}\right)ds\,dx-\left(p+\frac{\partial p}{\partial n}\frac{dn}{2}\right)ds\,dx-\rho g\cos\beta\,dn\,dx\,ds=\rho a_n dn\,dx\,ds$$

여기서 β는 n방향과 수직선 사이의 각이고, a_n은 유체입자의 n방향 가속도이다. 이 식을 간단히 하면

$$-\frac{\partial p}{\partial n}-\rho g\cos\beta=\rho a_n$$

이 된다. $\cos\beta=\partial z/\partial n$이므로 다음과 같이 된다.

$$-\frac{1}{\rho}\frac{\partial p}{\partial n}-g\frac{\partial z}{\partial n}=a_n$$

유체요소의 법선가속도는 유선 곡률의 중심 방향, 즉 $-n$방향이다. 따라서 그림 6.1의 좌표계에서 익숙한 구심가속도는 정상유동인 경우에

$$a_n=-\frac{V^2}{R}$$

와 같이 되며, 여기서 R은 유선의 곡률 반경이다. 따라서 유선에 수직한 Euler 방정식은 정상유동에 대하여 다음과 같이 된다.

$$\frac{1}{\rho}\frac{\partial p}{\partial n}+g\frac{\partial z}{\partial n}=\frac{V^2}{R} \tag{6.5a}$$

수평면상의 정상유동에 대하여 유선에 수직한 Euler 방정식은 다음과 같이 된다.

$$\frac{1}{\rho}\frac{\partial p}{\partial n}=\frac{V^2}{R} \tag{6.5b}$$

식 (6.5b)는 **유선의 곡률중심으로부터 바깥 방향으로 압력이 증가한다는 것**을 나타낸다. 이것은 입자가 받는 유일한 힘은 압력에 의한 힘이므로, 압력으로 인해 구심가속도를 발생시키기 때문이다. 유선이 직선인 영역에서는 곡률 반경 R이 무한대이고, **따라서 유선에 수직인 방향으로의 압력 변화는 없다.** 예제 6.1 위 문단 맨 끝에 이어서 '예제 6.1은 식 (6.5.b)가 수직 방향의 압력구배로부터 유속을 어떻게 구할 수 있는지를 보여준다.'

예제 6.1 벤드 내의 유동

평면 덕트 내를 흐르는 표준 공기의 유량을 벤드를 가로질러 압력 탭을 설치하여 구하려 한다. 덕트는 깊이가 0.3 m이고 폭이 0.1 m이다. 벤드의 곡률 반경은 0.25 m이다. 탭 사이의 측정된 압력차가 수주로 40 mm일 때 유량을 계산하라.

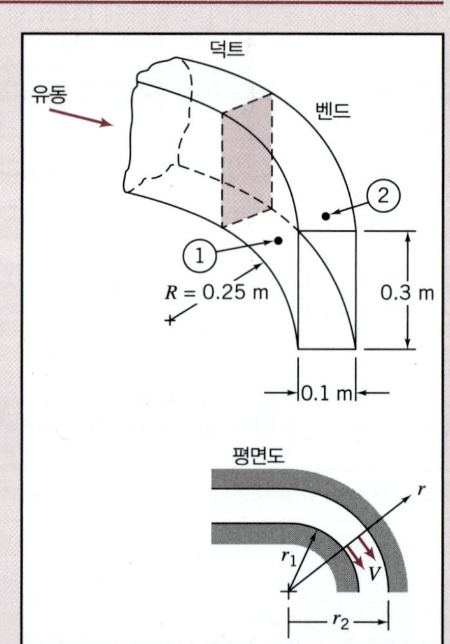

주어진 자료: 그림과 같은 덕트 벤드를 통과하는 유동

$$p_2-p_1=\rho_{H_2O}g\,\Delta h$$

여기서 Δh = 40 mm H_2O, 공기는 STP(표준상태)

찾는 자료: 체적유량 Q

풀이: 흐르는 유선을 횡단하여 Euler의 n성분 방정식을 적용한다.

지배방정식: $\dfrac{\partial p}{\partial r}=\dfrac{\rho V^2}{r}$

가정: 1 마찰이 없는 유동
2 비압축성유동
3 측정 단면에서 균일유동

이 유동에서 $p = p(r)$이므로

$$\frac{\partial p}{\partial r}=\frac{dp}{dr}=\frac{\rho V^2}{r}$$

또는

$$dp=\rho V^2\frac{dr}{r}$$

적분하면 다음과 같다.

$$p_2-p_1=\rho V^2 \ln r\Big]_{r_1}^{r_2}=\rho V^2 \ln\frac{r_2}{r_1}$$

따라서

$$V = \left[\frac{p_2 - p_1}{\rho \ln(r_2/r_1)}\right]^{1/2}$$

그러나 $\Delta p = p_2 - p_1 = \rho_{H_2O} g \Delta h$, 따라서 $V = \left[\frac{\rho_{H_2O} g \Delta h}{\rho \ln(r_2/r_1)}\right]^{1/2}$

수치를 대입하면 다음과 같다.

$$V = \left[999 \frac{kg}{m^3} \times 9.81 \frac{m}{s^2} \times 0.04\,m \times \frac{m^3}{1.23\,kg} \times \frac{1}{\ln(0.35\,m/0.25\,m)}\right]^{1/2}$$
$$= 30.8\,m/s$$

균일유동이므로

$$Q = VA = 30.8 \frac{m}{s} \times 0.1\,m \times 0.3\,m$$

$$Q = 0.924\,m^3/s \longleftarrow Q$$

이 된다.

이 문제에서는 단면상의 속도는 균일하다고 가정하였다. 실제로는 곡관부에서의 속도는 'V = 일정' 대신에 '$V \propto 1/r$' (r은 반경)의 분포를 가진 자유와류(비회전) 유동으로 가정한다. 따라서 이 유동 측정장치는 유량의 근사치를 측정하는 데에만 사용할 수 있다(연습문제 6.7 참조).

6.2 Bernoulli 방정식: 정상유동에서 유선을 따라 Euler 방정식을 적분

점성유동과 비교해 볼 때, 비압축성, 비점성유동에 대한 운동량 또는 Euler 방정식[식 (6.1)]은 수학적으로 비교적 단순하지만, 풀이[질량보존 방정식, 식 (5.1c)와 관련지으면]는 단순한 유동장을 제외하고는 여전히 많은 어려움이 있다. 정상유동에 대한 쉬운 접근법 중의 하나는 Euler 방정식을 유선을 따라 적분하는 것이다. 다음에는 두 가지의 다른 수학적 접근을 사용하여 이러한 적분을 할 것이고, 그 결과로 Bernoulli 방정식을 얻는다. 4.4절에서 미분형 검사체적으로 Bernoulli 방정식을 유도하였고, 이 두 접근을 통하여 Bernoulli 방정식 적용에 있어서 제약조건을 알 수 있다.

유선 좌표계를 이용한 유도

정상유동에서 유선을 따르는 Euler 방정식[식 (6.4a)로부터]은 다음과 같다.

$$-\frac{1}{\rho}\frac{\partial p}{\partial s} - g\frac{\partial z}{\partial s} = V\frac{\partial V}{\partial s} \tag{6.6}$$

만일 한 유체입자가 유선을 따라 거리 ds만큼 이동한다면

$$\frac{\partial p}{\partial s}ds = dp \quad (s\text{를 따른 압력 변화})$$
$$\frac{\partial z}{\partial s}ds = dz \quad (s\text{를 따른 고도 변화})$$
$$\frac{\partial V}{\partial s}ds = dV \quad (s\text{를 따른 속도 변화})$$

따라서 식 (6.6)에 ds를 곱한 후 정리하면 다음과 같다.

$$-\frac{dp}{\rho} - g\,dz = V\,dV \qquad \text{또는} \qquad \frac{dp}{\rho} + V\,dV + g\,dz = 0 \quad (s\text{를 따라})$$

이 식을 적분하면

$$\int \frac{dp}{\rho} + \frac{V^2}{2} + gz = \text{일정} \qquad (s\text{를 따라}) \tag{6.7}$$

식 (6.7)을 적용하기 전에 먼저 압력과 밀도와의 관계를 밝혀야 한다. 특별한 경우인 비압축성유동에는 ρ = 일정이고, 식 (6.7)은 Bernoulli 방정식이 된다.

$$\frac{p}{\rho} + \frac{V^2}{2} + gz = \text{일정} \tag{6.8}$$

제한조건: **1** 정상유동
2 비압축성유동
3 마찰이 없는 유동
4 유선을 따른 유동

Bernoulli 방정식은 유체역학의 모든 분야에서 가장 널리 알려지고 많이 사용되는 방정식이다. 이 식은 압력, 속도와 고도를 연관시키는 간단한 대수 방정식이기 때문에 항상 이용하고 싶다. 예를 들면, 이 방정식은 날개의 양력을 설명하는 데 사용된다: 공기역학에서 중력항은 대개 무시되고, 따라서 식 (6.8)에 의하면 속도가 상대적으로 높은(예를 들면, 날개 상부면) 곳에서는 압력이 상대적으로 낮으며, 역으로 속도가 상대적으로 낮은 곳(예를 들면, 날개의 하부면)에서는 압력이 상대적으로 높을 수밖에 없고 상당한 양력이 발생된다. 식 (6.8)은 일반적으로, 유체입자가 높은 곳으로 이동하거나($z\uparrow$) 압력이 높은 영역으로 이동하면($p\uparrow$) 속도는 감소($V\downarrow$)한다는 것을 나타낸다; 이는 운동량의 관점으로 보면 합당하다(이 방정식은 운동량으로부터 유도되었음을 상기하자). 이러한 검토는 제시된 네 가지 제약조건이 적용될 때만 적합하다. 예를 들면, 식 (6.8)은 수평의 직경이 일정한 파이프 유동에서 압력강하를 설명하는 데 사용될 수는 없다: 그 식에 의하면 z = 일정과 V = 일정이면 p = 일정으로 된다. *Bernoulli* **방정식을 사용하려고 생각할 때는 제약조건을 확실하게 지켜야 한다는 생각을 반드시 가져야 한다!**

직각좌표를 이용한 식의 유도

Euler 방정식인 식 (6.1)의 벡터형은 유선을 따라 적분될 수도 있다. 정상유동에 한해서 유도하기 때문에 그 결과는 식 (6.7)이 되어야 한다.

정상유동에서 직각좌표로 나타낸 Euler 방정식은 다음과 같다.

$$\frac{D\vec{V}}{Dt} = u\frac{\partial \vec{V}}{\partial x} + v\frac{\partial \vec{V}}{\partial y} + w\frac{\partial \vec{V}}{\partial z} = (\vec{V}\cdot\nabla)\vec{V} = -\frac{1}{\rho}\nabla p - g\hat{k} \tag{6.9}$$

정상유동에서 속도장은 $\vec{V} = \vec{V}(x, y, z)$이다. 유선은 유동장 내의 모든 점에서 속도 벡터에 접선이 되도록 그은 선이다. 정상유동에서 유선, 유적선, 유맥선은 모두 일치한다는 사실을 다시 한번 상기하자. 유선을 따르는 입자는 식 (6.9)의 지배를 받는다. 시간간격 dt 동안에 그 입자는 유선을 따라 변위벡터 $d\vec{s}$만큼 움직인다.

만일 식 (6.9)의 항들을 유선을 따르는 변위 $d\vec{s}$와 내적을 취하면, 유선을 따라 압력 p, 속도 V 및 높이 z가 서로 연관된 식을 얻는다. $d\vec{s}$와 식 (6.9)를 내적을 취하면

$$(\vec{V}\cdot\nabla)\vec{V}\cdot d\vec{s} = -\frac{1}{\rho}\nabla p\cdot d\vec{s} - g\hat{k}\cdot d\vec{s} \tag{6.10}$$

여기서

$$d\vec{s} = dx\hat{i} + dy\hat{j} + dz\hat{k} \quad (s\text{를 따라})$$

이제 식 (6.10)의 세 항을 각각 계산하면

$$-\frac{1}{\rho}\nabla p \cdot d\vec{s} = -\frac{1}{\rho}\left[\hat{i}\frac{\partial p}{\partial x} + \hat{j}\frac{\partial p}{\partial y} + \hat{k}\frac{\partial p}{\partial z}\right] \cdot [dx\hat{i} + dy\hat{j} + dz\hat{k}]$$

$$= -\frac{1}{\rho}\left[\frac{\partial p}{\partial x}dx + \frac{\partial p}{\partial y}dy + \frac{\partial p}{\partial z}dz\right] \quad (s\text{를 따라})$$

$$-\frac{1}{\rho}\nabla p \cdot d\vec{s} = -\frac{1}{\rho}dp \quad (s\text{를 따라})$$

그리고

$$-g\hat{k} \cdot d\vec{s} = -g\hat{k} \cdot [dx\hat{i} + dy\hat{j} + dz\hat{k}]$$

$$= -g\,dz \quad (s\text{를 따라})$$

벡터 항등식을 사용하면, 세 번째 항이 다음과 같이 된다.

$$(\vec{V} \cdot \nabla)\vec{V} \cdot d\vec{s} = \left[\frac{1}{2}\nabla(\vec{V} \cdot \vec{V}) - \vec{V} \times (\nabla \times \vec{V})\right] \cdot d\vec{s}$$

$$= \left\{\frac{1}{2}\nabla(\vec{V} \cdot \vec{V})\right\} \cdot d\vec{s} - \left\{\vec{V} \times (\nabla \times \vec{V})\right\} \cdot d\vec{s}$$

$\vec{V}$와 $d\vec{s}$는 평행하므로, 이 식의 우변 끝항은 $\vec{V} \times (\nabla \times \vec{V}) \cdot d\vec{s} = -(\nabla \times \vec{V}) \times \vec{V} \cdot d\vec{s} = -(\nabla \times \vec{V}) \cdot \vec{V} \times d\vec{s}$이다. 결과적으로

$$(\vec{V} \cdot \nabla)\vec{V} \cdot d\vec{s} = \frac{1}{2}\nabla(\vec{V} \cdot \vec{V}) \cdot d\vec{s} = \frac{1}{2}\nabla(V^2) \cdot d\vec{s} \qquad (s\text{를 따라})$$

$$= \frac{1}{2}\left[\hat{i}\frac{\partial V^2}{\partial x} + \hat{j}\frac{\partial V^2}{\partial y} + \hat{k}\frac{\partial V^2}{\partial z}\right] \cdot [dx\hat{i} + dy\hat{j} + dz\hat{k}]$$

$$= \frac{1}{2}\left[\frac{\partial V^2}{\partial x}dx + \frac{\partial V^2}{\partial y}dy + \frac{\partial V^2}{\partial z}dz\right]$$

$$(\vec{V} \cdot \nabla)\vec{V} \cdot d\vec{s} = \frac{1}{2}d(V^2) \qquad (s\text{를 따라})$$

이들 세 항을 식 (6.10)에 대입하면 다음 식을 얻는다.

$$\frac{dp}{\rho} + \frac{1}{2}d(V^2) + g\,dz = 0 \qquad (s\text{를 따라})$$

이 식을 다시 적분하면

$$\int \frac{dp}{\rho} + \frac{V^2}{2} + gz = \text{일정} \quad (\text{s를 따라})$$

만일 밀도가 일정하면, Bernoulli 방정식을 얻는다.

$$\frac{p}{\rho} + \frac{V^2}{2} + gz = \text{일정}$$

예상했던 바와 같이, 마지막 두 식은 앞에서 유선 좌표계를 이용하여 유도한 식 (6.7) 및 (6.8)과 동일하다. 직각 좌표계를 이용하여 유도된 Bernoulli 방정식도 여전히 네 가지 조건(1. 정상유동, 2. 비압축성유동, 3. 무마찰 유동, 4. 유선을 따른 유동)의 제약조건을 따름을 알 수 있다.

정압, 정체압, 동압

Bernoulli 방정식 식 (6.8)을 유도할 때 사용한 압력 p는 열역학적 압력이다. 이 압력을 보통 **정압**이라 부른다. 정압은 관측자가 유체에 올라타 같이 이동하면서 측정하는 압력이다. 이어서 설명하겠지만 이외에 정체압과 동압이 있다. 운동 중인 유체에서 압력을 어떻게 측정할까?

6.1절에서 직선인 유선에 수직 방향으로는 압력 변화가 없다는 것을 알았다. 이러한 사실은 유동 중에 있는 유체의 정압 측정을 가능하게 하는데, 그림 6.2a에서 볼 수 있는 것과 같이 유선이 직선인 곳의 벽에 수직으로 압력 '탭(tap)'을 설치하여 압력을 측정하고 있음을 알 수 있다. 이 압력 탭은 구멍의 중심축이 벽 표면에 수직이 되도록 정밀하게 뚫은 작은 구멍이다. 만일 그 구멍이 덕트의 벽에 수직이고 구멍을 뚫을 때 거친 부분이 없다면, 탭에 적절한 압력 측정기구를 연결시키며 정확한 정압을 측정할 수 있다[1].

벽에서 멀리 떨어진 유체의 흐름이나 유선이 곡선인 흐름에서의 압력을 정확하게 측정하려면 그림 6.2b와 같은 탐침(probe)을 주의 깊게 사용해야 한다. 그러한 탐침들은 측정결과에 오차를 피할 수 있도록 측정 구멍들이 탐침 끝(tip)과 스템(stem)에 정확하게 위치하도록 설계되어야 한다[2]. 사용할 때 측정부가 국소 유동 방향과 일치하도록 정렬해야 한다. 그림 6.2b와 같은 정압 탐침과 여러 가지 형태의 탐침들은 직경 1.5 mm 정도의 작은 크기까지도 시중에서 구매 가능하다[3].

정체압(*stagnation pressure*)은 마찰 없이 흐르는 유체의 속도가 0으로 감속될 때 얻어지는 압력이다. 비압축성유동에서, Bernoulli 방정식은 그러한 마찰이 없는 과정에서 유선을 따라 속도와 압력의 변화를 연관시키는 식이다. 높이 변화를 무시하면, 식 (6.8)은

$$\frac{p}{\rho}+\frac{V^2}{2}=\text{일정}$$

만일 유동장 내 속도가 V인 점에서 정압력이 p라면, 정체속도 V_0가 0인 곳의 정체압 p_0는 다음 식으로부터 계산된다.

$$\frac{P_0}{\rho}+\overbrace{\cancel{\frac{V_0^2}{2}}}^{=0}=\frac{P}{\rho}+\frac{V^2}{2}$$

또는

$$p_0=p+\frac{1}{2}\rho V^2 \tag{6.11}$$

식 (6.11)은 정체압의 정의에 대해 수학적으로 표현한 것이고, 비압축성유동에서 성립하는 식이다. $\frac{1}{2}\rho V^2$를 보통 **동압**(*dynamic pressure*)이라 한다. 식 (6.11)은 정체압(또는 **전압**)은 정압과 동압의 합이 됨을 말한다. 이들 세 가지의 압력을 쉽게 이해하기 위해 일정하게 불고 있는 바람 속에 서서 손바닥을 바람을 향해 들고 있다고 상상해 보자: 정압은 대기압이고; 손바닥의 중심에서 느끼는 좀 더 큰 압력은 정체압이며;

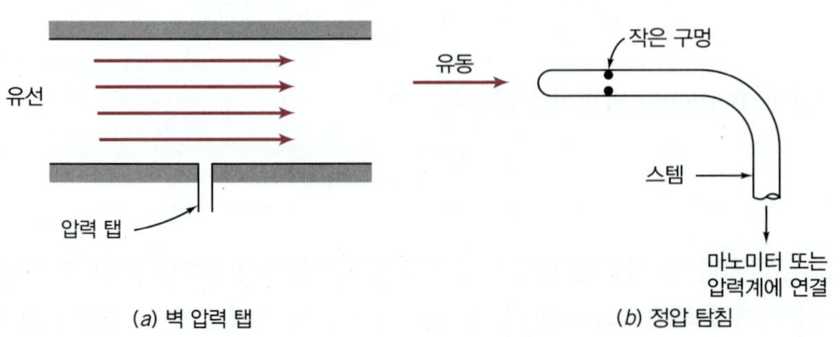

그림 6.2 정압의 측정.

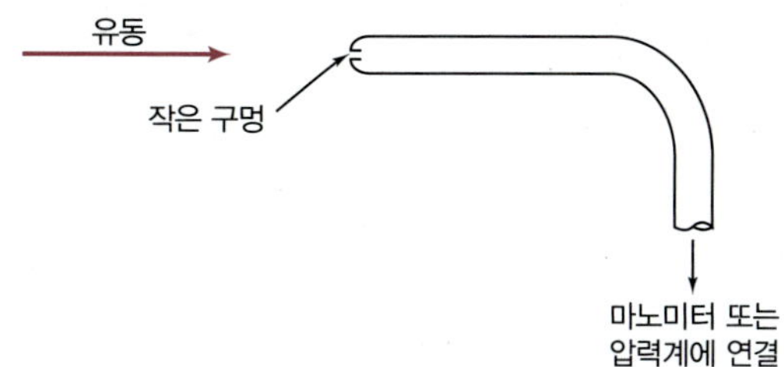

그림 6.3 정체압의 측정.

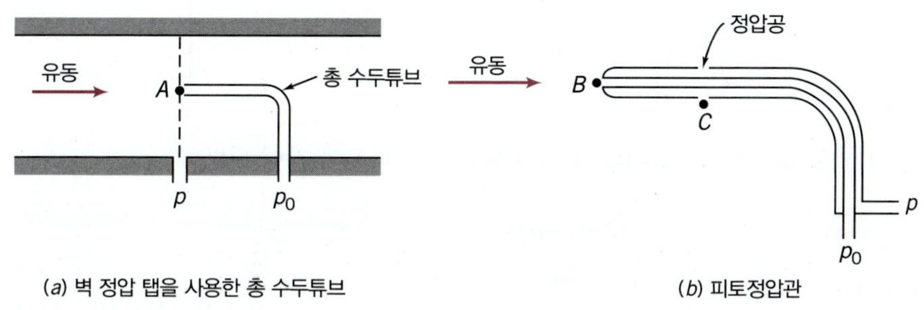

(*a*) 벽 정압 탭을 사용한 총 수두튜브 (*b*) 피토정압관

그림 6.4 정체압과 정압의 동시 측정.

이 증가된 압력(정체압과 정압의 차이)이 동압이다. 식 (6.11)을 속도에 대하여 풀면 다음과 같이 된다.

$$V = \sqrt{\frac{2(p_0 - p)}{\rho}} \tag{6.12}$$

따라서 한 점에서 정체압과 정압이 측정된다면, 식 (6.12)로부터 국소 유동속도를 구할 수 있다.

정체압은 실험실에서 그림 6.3처럼 탐침을 사용하여 구멍을 상류 쪽을 향하도록 하면 측정된다. 그와 같은 탐침을 정체압 탐침 또는 피토관(pitot tube)이라 한다. 반드시 측정부가 유동 방향과 일직선이 되도록 맞추어져야 한다.

한 점에서의 정압은 정압 탭이나 탐침(그림 6.2)으로 측정될 수 있음을 알았다. 만일 동일한 점에서의 정체압도 안다면, 유동속도는 식 (6.12)로부터 계산될 수 있다. 그림 6.4에서는 두 가지의 가능한 측정장치를 보여주고 있다.

그림 6.4a에서 점 A의 정압에 해당하는 압력은 벽의 정압 탭으로부터 측정되고, 정체압은 그림에서 보는 바와 같이 총 수두튜브에 의해 A에서 직접 측정된다. 총 수두튜브의 지지대는 유동의 교란을 최소화하기 위해 측정 지점으로부터 하류에 설치한다. 예제 6.2는 정체압과 정압을 이용하여 유속을 구하는 방법을 보여준다.

예제 6.2 피토관

유동속도를 측정하기 위해 공기유동(표준상태) 중에 피토관을 삽입한다. 튜브는 유동의 상류 쪽을 향하도록 삽입하고 감지되는 압력은 정체압이다. 정압은 유동장 내 동일한 위치에서 벽 압력 탭을 이용하여 측정한다. 압력차가 수은주 높이로 30 mm일 때 유동속도를 구하라.

주어진 자료: 유동장에 삽입된 피토관. 유동유체는 공기이고, 액주계의 액체는 수은이다.

찾는 자료: 유동속도

풀이:

지배방정식: $\frac{p}{\rho}+\frac{V^2}{2}+gz=$ 일정

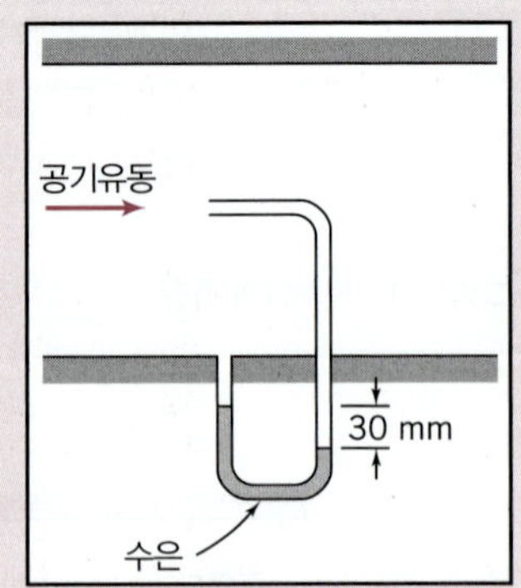

가정: 1 정상유동

2 비압축성유동

3 유선을 따르는 유동

4 정체유선을 따라 마찰이 없이 감속

정체유선을 따라 Bernoulli 방정식($\Delta z = 0$)을 쓰면 다음과 같다.

$$\frac{p_0}{\rho}=\frac{p}{\rho}+\frac{V^2}{2}$$

p_0는 마찰 없이 속도가 0으로 감소된 튜브 입구에서의 정체압이다. V에 대하여 풀면 다음과 같이 된다.

$$V=\sqrt{\frac{2(p_0-p)}{\rho_{\text{air}}}}$$

그림으로부터

$$p_0-p=\rho_{\text{Hg}}gh=\rho_{\text{H}_2\text{O}}gh\text{SG}_{\text{Hg}}$$

정리하면 다음과 같다.

$$V=\sqrt{\frac{2\rho_{\text{H}_2\text{O}}gh\text{SG}_{\text{Hg}}}{\rho_{\text{air}}}}$$

$$=\sqrt{2\times 1000\frac{\text{kg}}{\text{m}^3}\times 9.81\frac{\text{m}}{\text{s}^2}\times 30\text{ mm}\times 13.6\times\frac{\text{m}^3}{1.23\text{ kg}}\times\frac{1\text{ m}}{1000\text{ mm}}}$$

$$V=80.8\text{ m/s} \longleftarrow V$$

T = 20°C일 때, 공기 중의 음속은 343 m/s이다. 따라서 M = 0.236이 되므로 비압축성유동의 가정은 타당하다.

이 문제는 한 점에서의 속도를 구하기 위하여 피토튜브를 사용한 예이다. 피토관은 항공기와 공기의 상대속도를 알기 위해 항공기 외부에 설치된다.

그림 6.4b의 피토정압관(pitot-static tube)은 2개의 탐침이 결합되어 있다. 안쪽 튜브는 점 B의 정체압을 측정하는 데 사용되고, 점 C에서 정압은 바깥쪽의 작은 구멍에 의하여 측정된다. 유선 방향으로 정압의 변화가 작은 유동장에서, 점 B의 속도는 피토정압관을 사용하여 $p_B = p_C$로 가정하고 식 (6.12)를 이용하여 측정한다($p_B \neq p_C$로 하면, 이 과정에 의한 결과는 오차가 포함됨에 유의하라).

Bernoulli 방정식은 비압축성유동에만 적용된다고 하였다(Mach 수 $M \leq 0.3$). 압축성유동에 대한 정체압의 정의와 계산은 12.3절에서 설명한다.

응용

Bernoulli 방정식은 세 가지 제한조건들이 만족된다는 가정하에서 한 유선상에서 임의의 두 점 간에 적용된다. 그 결과는

$$\frac{p_1}{\rho}+\frac{V_1^2}{2}+gz_1=\frac{p_2}{\rho}+\frac{V_2^2}{2}+gz_2 \tag{6.13}$$

여기서 하첨자 1과 2는 동일 유선상의 두 점을 나타낸다. 식 (6.8)과 (6.13)의 전형적인 유동에 대한 적용 예가 예제 6.3부터 6.5에 설명되어 있다. 경우에 따라서는, 한 좌표계에서 비정상이던 유동이 유동과 함께 이동하는 다른 좌표계에서는 정상유동이 되는 경우가 있다. Bernoulli 방정식은 유체의 입자에 대해 뉴턴의 제2법칙을 적분하여 유도되었기 때문에, 그 방정식은 어떠한 관성기준 좌표계에서도 적용될 수 있다. 이에 관한 예는 예제 6.6에서 설명된다.

예제 6.3 노즐 유동

공기가 수평 노즐(정의에 의하면 유동을 가속시키는 장치)을 통하여 낮은 속도로 대기 중에 정상적으로 유출되고 있다. 노즐의 입구면적은 0.1 m^{2}이고, 출구면적은 0.02 m^{2}이다. 출구속도가 50 m/s로 되기 위해 노즐 입구에서 요구되는 계기압력을 구하라.

주어진 자료: 그림과 같이 노즐을 통과하는 유동

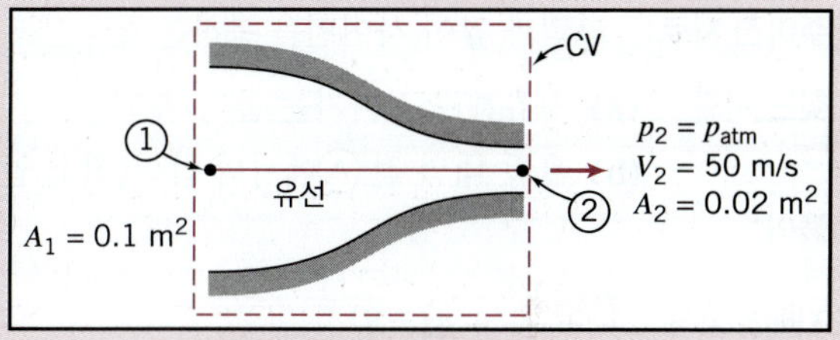

찾는 자료: $p_1 - p_{atm}$

풀이:

지배방정식:

$$\frac{p_1}{\rho}+\frac{V_1^2}{2}+gz_1=\frac{p_2}{\rho}+\frac{V_2^2}{2}+gz_2 \qquad (6.13)$$

CV

①

유선

②

$A_1 = 0.1\ \text{m}^2$

$p_2 = p_{atm}$

$V_2 = 50$ m/s

$A_2 = 0.02\ \text{m}^2$

비압축성 균일유동에 대한 연속방정식:

$$\sum_{CS}\vec{V}\cdot\vec{A}=0 \qquad (4.13b)$$

가정:
1 정상유동
2 비압축성유동
3 마찰이 없는 유동
4 유선을 따르는 유동
5 $z_1 = z_2$
6 단면 ①과 ②에서 균일유동

최대속도 50 m/s는 표준대기 중의 Mach 수 $M \approx 0.3$에 해당하는 속도인 100 m/s보다 훨씬 작다. 그러므로 이 유동은 비압축성으로 취급해도 된다.

p_1을 계산하기 위해 점 ①과 ② 사이의 유선을 따라 Bernoulli 방정식을 적용한다.

$$p_1 - p_{atm} = p_1 - p_2 = \frac{\rho}{2}(V_2^2 - V_1^2)$$

V_1을 구하기 위해 연속방정식을 적용한다.

$$(-\rho V_1 A_1)+(\rho V_2 A_2)=0 \qquad \text{또는} \qquad V_1A_1 = V_2A_2$$

그래서

$$V_1 = V_2\frac{A_2}{A_1} = 50\ \frac{\text{m}}{\text{s}} \times \frac{0.02\ \text{m}^2}{0.1\ \text{m}^2} = 10\ \text{m/s}$$

표준 공기는 $\rho = 1.23\ \text{kg/m}^3$이므로 다음과 같다.

$$p_1 - p_{atm} = \frac{\rho}{2}(V_2^2 - V_1^2)$$

$$= \frac{1}{2} \times 1.23 \frac{kg}{m^3}\left[(50)^2 \frac{m^2}{s^2} - (10)^2 \frac{m^2}{s^2}\right]\frac{N \cdot s^2}{kg \cdot m}$$

$$p_1 - p_{atm} = 1.48 \text{ kPa} \longleftarrow p_1 - p_{atm}$$

주의:
- 이 문제는 Bernoulli 방정식의 전형적인 적용을 보여준다.
- 입구와 출구에서 균일한 압력이 되려면 유선은 직선이라야 한다.

예제 6.4 사이펀을 통하는 유동

U튜브를 물의 사이펀으로 이동한다. 그 튜브의 벤드는 수면 위 1 m 높이에 있고, 튜브의 출구는 수면보다 7 m 아래에 있다. 물은 사이펀의 밑바닥에서 대기압 상태인 자유제트로 나간다. 자유제트의 속도와 벤드에서 물의 최소 절대압력을 구하라.

주어진 자료: 그림과 같이 사이펀을 통하는 물

찾는 자료: **(a)** 자유제트로 나가는 물의 속도

(b) 유동 내의 점 Ⓐ에서의 압력(최소 압력 지점)

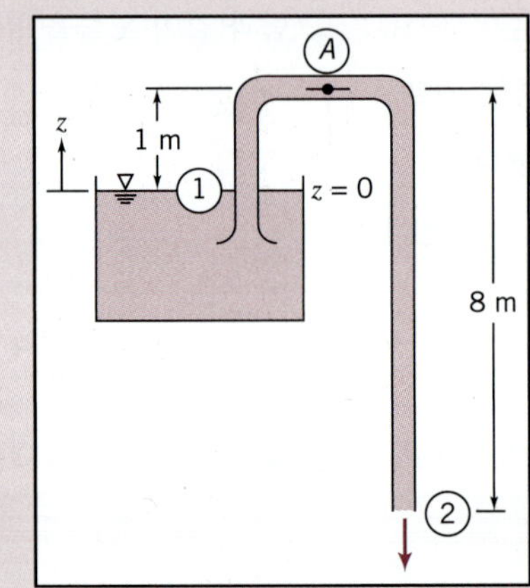

풀이:

지배방정식: $\frac{p}{\rho} + \frac{V^2}{2} + gz = $일정

가정:
1 마찰 무시
2 정상유동
3 비압축성유동
4 유선을 따르는 유동
5 저수조는 튜브에 비해 매우 크다.

점 ①과 ② 사이에 Bernoulli 방정식을 적용한다.

$$\frac{p_1}{\rho} + \frac{V_1^2}{2} + gz_1 = \frac{p_2}{\rho} + \frac{V_2^2}{2} + gz_2$$

저수조 면적 ≫ 튜브 면적이므로, $V_1 \approx 0$. 또한 $p_1 = p_2 = p_{atm}$이므로

$$gz_1 = \frac{V_2^2}{2} + gz_2 \quad \text{그리고} \quad V_2^2 = 2g(z_1 - z_2)$$

$$V_2 = \sqrt{2g(z_1 - z_2)} = \sqrt{2 \times 9.81 \frac{m}{s^2} \times 7\ m}$$

$$= 11.7\ m/s \longleftarrow V_2$$

위치 Ⓐ의 압력을 구하기 위하여, ①과 ② 사이에 Bernoulli 방정식을 적용한다.

$$\frac{p_1}{\rho} + \frac{V_1^2}{2} + gz_1 = \frac{p_A}{\rho} + \frac{V_A^2}{2} + gz_A$$

다시 $V_1 \approx 0$이고 질량보존으로부터 $V_A = V_2$이므로 다음과 같다.

$$\frac{p_A}{\rho}=\frac{p_1}{\rho}+gz_1-\frac{V_2^2}{2}-gz_A=\frac{p_1}{\rho}+g(z_1-z_A)-\frac{V_2^2}{2}$$

$$p_A=p_1+\rho g(z_1-z_A)-\rho\frac{V_2^2}{2}$$

$$=1.01\times10^5\frac{\text{N}}{\text{m}^2}+999\frac{\text{kg}}{\text{m}^3}\times9.81\frac{\text{m}}{\text{s}^2}\times(-1\text{ m})\frac{\text{N}\cdot\text{s}^2}{\text{kg}\cdot\text{m}}$$

$$-\frac{1}{2}\times999\frac{\text{kg}}{\text{m}^3}\times(11.7)^2\frac{\text{m}^2}{\text{s}^2}\times\frac{\text{N}\cdot\text{s}^2}{\text{kg}\cdot\text{m}}$$

$p_A=22.8\text{ kPa (abs)}$ 또는 -78.5 kPa (gage) ← p_A

주의:
- 이 문제는 높이 변화가 있는 경우에 대한 Bernoulli 방정식의 적용을 보여준다.
- 저수조와 저수조 수면으로부터 h만큼 아래에 있는 자유제트 사이에 Bernoulli 방정식을 적용하면, 제트의 속도는 $V=\sqrt{2gh}$이고; 이 속도는 저수조와 같은 높이에서 마찰 없이 h만큼 자유 낙하하는 물방울의 속도와 같다는 점은 흥미롭다.
- 어떠한 내부유동에 있어서도 마찰을 무시할 때는 주의를 요한다. 이 문제에서, 파이프가 매끄러운 표면이고 상대적으로 짧다면 마찰을 무시하는 것은 합당하다. 8장에서는 내부유동에서 마찰의 영향에 대해 학습한다.

예제 6.5 수문 아래의 유동

용수로 입구에 바닥이 수평인 수문 아래로 물이 흐른다. 수문 상류에서 물의 깊이는 0.45 m이고 속도는 무시할 수 있다. 수문 하류의 축소류(vena contracta)에서는 유선이 직선이고 깊이는 50 mm이다. 각 단면에서는 정수력학적 압력분포와 균일유동으로 가정할 수 있으며 마찰은 무시한다. 수문 하류의 유동속도를 구하고 m^3/s 단위의 유량을 단위깊이 폭에 대해 구하라.

주어진 자료: 수문 아래에서 물의 유동

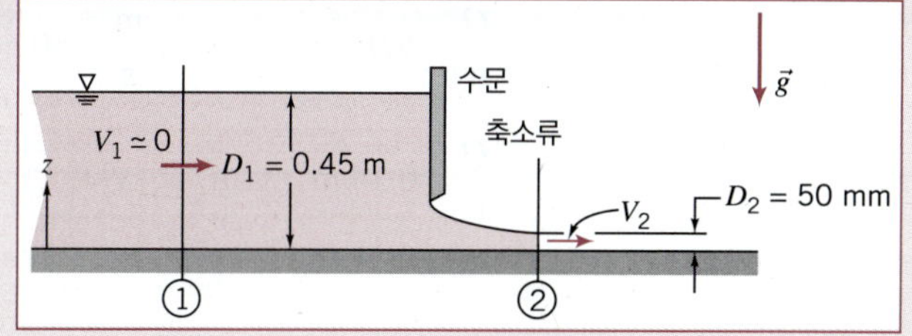

찾는 자료: (a) V_2
(b) Q 단위 폭당 $\text{m}^3/\text{s/m}$

풀이: 아래에 열거한 가정에 의하면, 유동은 Bernoulli 공식을 적용하기에 필요한 모든 조건들을 만족한다. 문제는 어떤 유선을 사용하는가이다.

지배방정식: $$\frac{p_1}{\rho}+\frac{V_1^2}{2}+gz_1=\frac{p_2}{\rho}+\frac{V_2^2}{2}+gz_2$$

가정:
1. 정상유동
2. 비압축성유동
3. 마찰이 없는 유동
4. 유선을 따르는 유동
5. 각 단면에서의 균일유동
6. 정수력학적 압력분포(각 지점에서, 압력은 깊이에 따라 선형적으로 증가한다)

채널의 바닥을 흐르는 유선($z=0$)을 생각하면, 가정 (6)으로부터 ①과 ②에서의 압력은

$$p_1=p_{\text{atm}}+\rho gD_1 \quad \text{그리고} \quad p_2=p_{\text{atm}}+\rho gD_2$$

따라서 이 유선에 대한 Bernoulli 방정식은

$$\frac{(p_{\text{atm}}+\rho gD_1)}{\rho}+\frac{V_1^2}{2}=\frac{(p_{\text{atm}}+\rho gD_2)}{\rho}+\frac{V_2^2}{2}$$

또는

$$\frac{V_1^2}{2}+gD_1=\frac{V_2^2}{2}+gD_2 \tag{1}$$

한편, 수문 양쪽의 자유표면과 수문 내부면을 흐르는 유선을 고려하면 다음 식이 성립된다.

$$\frac{p_{\text{atm}}}{\rho}+\frac{V_1^2}{2}+gD_1=\frac{p_{\text{atm}}}{\rho}+\frac{V_2^2}{2}+gD_2$$

또는

$$\frac{V_1^2}{2}+gD_1=\frac{V_2^2}{2}+gD_2 \qquad (1)$$

바닥의 유선과 자유표면의 유선이 같은 식[식 (1)]으로 되었고, Bernoulli 상수가 두 유선에서 같음을 의미한다. 이 유동은 6.5절에서 설명하게 될 경우와 같은 종류이다. V_2에 대하여 풀면 다음과 같다.

$$V_2=\sqrt{2g(D_1-D_2)+V_1^2}$$

그러나 $V_1^2 \approx 0$이므로 다음과 같이 된다.

$$V_2=\sqrt{2g(D_1-D_2)}=\sqrt{2\times 9.81\frac{\text{m}}{\text{s}^2}\times\left(0.45\text{ m}-50\text{ mm}\times\frac{\text{m}}{1000\text{ mm}}\right)}$$

$$V_2=2.8\text{ m/s} \longleftarrow V_2$$

균일유동인 경우, $Q = VA = VDw$이므로 다음과 같이 된다.

$$\frac{Q}{w}=VD=V_2D_2=2.8\frac{\text{m}}{\text{s}}+50\text{ mm}\times\frac{\text{m}}{1000\text{ mm}}=0.14\text{ m}^2/\text{s}$$

$$\frac{Q}{w}=0.14\text{ m}^3/\text{s/m/}\,(\text{단위폭 당 유량}) \longleftarrow \frac{Q}{w}$$

예제 6.6 이동하는 기준 좌표계의 Bernoulli 방정식

경비행기가 고도 1,000 m의 표준대기 중에서 150 km/h로 날고 있다. 날개 전연에서의 정체압을 구하라. 날개와 가까운 한 점에서 날개에 상대적인 공기속도는 60 m/s이다. 이 점에서의 압력을 계산하라.

주어진 자료: 표준 공기 중의 고도 1,000 m에서 150 km/h로 날고 있는 비행기

찾는 자료: 점 A에서의 정체압 p_{0A}와 점 B에서의 정압 p_B

$V_{\text{air}} = 0$
1000 m 높이의 p_{air}
V_B = 60 m/s (날개에 상대적인)
관찰자
V_w = 150 km/hr

풀이:

고정된 좌표축, 즉 지상의 관찰자에 의해 관찰되었을 때 이 유동은 비정상 상태이다. 그러나 날개 위에 있는 관찰자에게는 다음과 같이 정상유동으로 보인다.

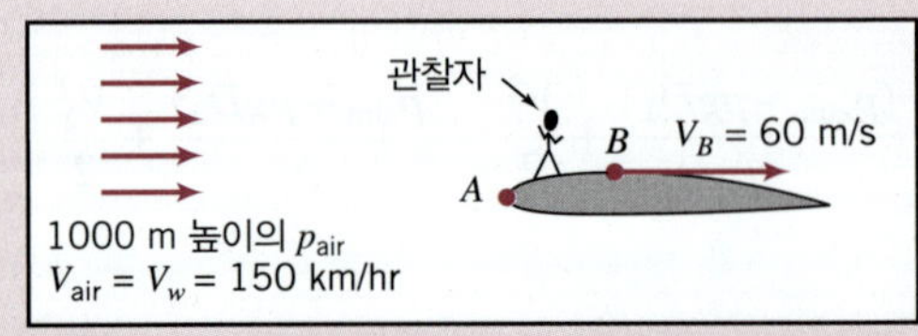

표준대기 중에서 z = 1,000 m 고도에 온도는 281 K이고 음속은 336 m/s이므로, B점에서 $M_B = V_{B/C} = 0.178$이다. 이 값은 0.3보다 작으므로, 이 유동은 비압축성유동으로 취급될 수 있다. 그래서 운동하는 관찰자의 관성좌표계 내의 한 유선을 따라

Bernoulli 방정식이 적용될 수 있다.

지배방정식:

$$\frac{p_{air}}{\rho}+\frac{V_{air}^2}{2}+gz_{air}=\frac{p_A}{\rho}+\frac{V_A^2}{2}+gz_A=\frac{p_B}{\rho}+\frac{V_B^2}{2}+gz_B$$

가정: **1** 정상유동
2 비압축성유동($V<100$ m/s)
3 마찰이 없는 유동
4 유선을 따르는 유동
5 Δ_z는 무시

압력과 밀도에 관한 값들은 표 A.3에서 찾을 수 있다. 따라서 1,000 m에서 $p/p_{SL}=0.8870$, 그리고 $\rho/\rho_{SL}=0.9075$이므로 다음과 같이 된다.

$$p=0.8870p_{SL}=0.8870\times1.01\times10^5\frac{\text{N}}{\text{m}^2}=8.96\times10^4\ \text{N/m}^2$$

그리고

$$\rho=0.9075\rho_{SL}=0.9075\times1.23\frac{\text{kg}}{\text{m}^3}=1.12\ \text{kg/m}^3$$

정체점에서의 속도는 $V_A=0$이므로,

$$p_{0_A}=p_{air}+\frac{1}{2}\rho V_{air}^2$$

$$=8.96\times10^4\frac{\text{N}}{\text{m}^2}+\frac{1}{2}\times1.12\frac{\text{kg}}{\text{m}^3}\left(150\frac{\text{km}}{\text{hr}}\times1000\frac{\text{m}}{\text{km}}\times\frac{\text{hr}}{3600\ \text{s}}\right)^2\times\frac{\text{N}\cdot\text{s}^2}{\text{kg}\cdot\text{m}}$$

$$p_{0_A}=90.6\ \text{kPa (abs)}\longleftarrow p_{0_A}$$

점 B에서 정압에 대하여 풀면 다음과 같다.

$$p_B=p_{air}+\frac{1}{2}\rho(V_{air}^2-V_B^2)$$

$$p_B=8.96\times10^4\frac{\text{N}}{\text{m}^2}+\frac{1}{2}\times1.12\frac{\text{kg}}{\text{m}^3}\left[\left(150\frac{\text{km}}{\text{hr}}\times1000\frac{\text{m}}{\text{km}}\times\frac{\text{hr}}{3600\ \text{s}}\right)^2-(60)^2\frac{\text{m}^2}{\text{s}^2}\right]\times\frac{\text{N}\cdot\text{s}^2}{\text{kg}\cdot\text{m}}$$

$$p_B=88.6\ \text{kPa (abs)}\longleftarrow p_B$$

이 문제는 날개가 어떻게 양력을 발생하는가에 대한 힌트를 준다. 공기의 속도 $V_{air}=150$ km/hr $=41.7$ m/s이고, 상부 표면에서는 60 m/s로 *가속된다*. 이는 Bernoulli 방정식을 통하여 1 kPa의 압력*강하*(89.6 kPa에서 88.6 kPa로)를 유발한다. 또한 날개 하부 표면에서 *감속되어* 약 1 kPa의 압력상승을 유발한다. 결국 날개는 전체 2 kPa의 상부로의 압력힘을 받게 된다.

Bernoulli 방정식 사용에 있어서 유의할 점

예제 6.3~6.7을 통하여 Bernoulli 방정식이 적용될 수 있는 여러 경우를 살펴보았는데, 이들은 Bernoulli 방정식 사용상의 제한조건들에 합당한 유동 모형들이기 때문이다. 그러나 제한조건들이 만족되지 않지만 Bernoulli 방정식 적용을 시도하는 경우가 종종 있다. 이 절에서는 제한조건을 위배하는 몇 가지 민감한 경우에 대하여 이 절에서 짧게 설명한다.

예제 6.3에서는 노즐 내에서의 유동을 보았다. **아음속 노즐**(축소부)에서는 압력이 떨어지고 유동은 가속된다. 압력이 떨어지고 노즐의 벽이 축소되기 때문에, 벽으로부터의 박리는 발생하지 않고 경계층은 얇게 유지된다. 게다가 노즐은 보통 상대적으로 짧기 때문에 마찰의 영향은 심각하지 않다. 이러한 이유로 인해 아음속 노즐에서 Bernoulli 방정식을 사용할 수 있다.

때로는 유동을 감속시킬 필요가 있다. 이는 아음속 디퓨저(예를 들면, 축소부) 또는 급격확대관(예를 들면, 파이프에서 저수조로의 유입)을 이용하면 된다. 이들 장치에서는 역압력구배로 인하여 속도가 감소하게 된다. 2.6절에서 설명한 바와 같이 역압력구배는 경계층의 급격한 성장과 박리를 유발시킨다. 따라서 이러한 경우에는 Bernoulli 방정식을 적용할 때 주의가 필요하고 잘해야 근사적인 결과를 얻는다. 경계층 성장에 따른 단면적 폐색효과로 인하여 실제 디퓨저에서 압력상승은 비점성 1차원 유동에 대한 예측치보다 항상 적다.

Bernoulli 방정식은 예제 6.4의 사이펀에 대해서는 타당한 모형이었다. 입구는 둥글게 잘 가공되었고 벤드는 서서히 이루어졌으며, 전체 길이는 짧다. 유동 박리는 날카로운 모서리 입구나 급격한 벤드에서 일어날 수 있고, 그 유동을 1차원 유동 모형과 Bernoulli 방정식으로 예측된 결과로부터 벗어나게 하는 원인이 된다. 파이프의 길이가 길다면 마찰의 영향은 무시할 수 없을 것이다.

예제 6.5는 개수로 유동에 대한 것으로 노즐에서의 유동과 비슷하고 Bernoulli 방정식을 적용하기에 좋은 모델이다. 수력도약은 개수로 유동이 역압력구배를 갖는 하나의 예이다. 수력도약을 통과하는 유동은 격렬하게 혼합되고, 유선들을 구분하기가 불가능하다. 그래서 Bernoulli 방정식은 수력도약을 통과하는 유동에서는 사용될 수 없다. 개수로 유동에 대해서는 11장에서 상세하게 다룬다.

Bernoulli 방정식은 프로펠러, 펌프, 터빈 혹은 풍차와 같은 유체기계를 통과하는 유동에는 적용될 수 없다. Bernoulli 방정식은 날개와 깃과 같이 운동하는 표면이 없는 유동장에서 하나의 유관(4.4절)이나 하나의 유선(6.2절)을 따라 적분하여 유도되었다. 기계를 통과하여 유동하는 동안에 국소적으로 정상유동을 유지한다거나 유선을 구분하는 것은 불가능하다. 따라서 Bernoulli 방정식은 기계의 이전의 두 점 사이나 이후의 두 점 사이에서는 적용되지만(제한조건이 만족된다는 가정하에), 기계를 통과하면서는 적용할 수가 없다. 실제로, 기계는 Bernoulli 상수를 변화시킨다.

마지막으로, 기체유동에 대해서는 압축성이 고려되어야 한다. 운동으로 인한 동역학적 압축 때문에 발생하는 밀도의 변화는, 예제 6.4와 6.7에서 지적한 것처럼 국소 Mach 수가 약 $M \approx 0.3$ 이하라면 공학적인 목적에서 무시할 수 있다. 온도의 변화는 비록 저속도 유동일지라도 기체의 밀도를 크게 변화시킬 수 있다. 따라서 Bernoulli 방정식은 온도의 변화가 크게 일어나는 가열장치(예를 들면, 손으로 잡는 헤어드라이어)를 통과하는 공기유동에 적용할 수 없다.

6.3 열역학 제1법칙과 Bernoulli 방정식 사이의 관계

Bernoulli 방정식, 식 (6.8)은 정상, 비압축성, 마찰이 없는 유동에 대해 Euler 방정식을 유선에 따라 적분하여 구했다. 따라서 식 (6.8)은 한 유체입자에 대한 운동량 방정식으로부터 유도된 것이다.

식 (6.8)과 동일한 형태의 방정식이 열역학 제1법칙으로부터 유도(제한조건이 매우 다르지만)될 수 있다. 이 절의 목적은 에너지 방정식을 식 (6.8)의 Bernoulli 방정식과 동일한 형태로 변형시키는 것이다. 유도가 끝난 후에, 식 (6.8)의 사용에 대한 제한조건들을 좀 더 분명하게 이해할 수 있도록 두 방정식에 대한 제한조건들을 서로 비교해 보기로 하자.

전단력이 없는 정상유동을 고려하자. 검사체적 주위의 경계가 유선으로 이루어진 검사체적을 선택한다. 그림 6.5에서 보는 것과 같은 검사체적을 흔히 유관(*stream tube*)이라 한다.

기본방정식:

$$\dot{Q} - \overset{=0(1)}{\cancel{\dot{W}_s}} - \overset{=0(2)}{\cancel{\dot{W}_{\text{shear}}}} - \overset{=0(3)}{\cancel{\dot{W}_{\text{other}}}} = \overset{=0(4)}{\cancel{\frac{\partial}{\partial t}}}\int_{\text{CV}} e\,\rho\, dV + \int_{\text{CS}} (e+pv)\,\rho \vec{V}\cdot d\vec{A} \qquad (4.56)$$

$$e = u + \frac{V^2}{2} + gz$$

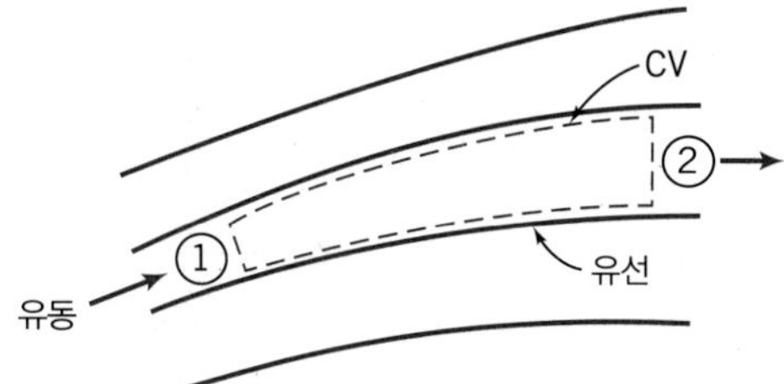

그림 6.5 유관을 통한 유동.

제한조건: **1** $\dot{W}_s = 0$

2 $\dot{W}_{\text{shear}} = 0$

3 $\dot{W}_{\text{other}} = 0$

4 정상유동

5 각 단면에서 균일유동 및 균일 상태량

이러한 조건하에서 식 (4.56)은 다음과 같이 된다.

$$\left(u_1 + p_1 v_1 + \frac{V_1^2}{2} + gz_1\right)(-\rho_1 V_1 A_1) + \left(u_2 + p_2 v_2 + \frac{V_2^2}{2} + gz_2\right)(\rho_2 V_2 A_2) - \dot{Q} = 0$$

연속방정식은 제한조건 (4)와 (5)로부터:

$$\sum_{\text{CS}} \rho \vec{V} \cdot \vec{A} = 0 \tag{4.15b}$$

또는

$$(-\rho_1 V_1 A_1) + (\rho_2 V_2 A_2) = 0$$

즉,

$$\dot{m} = \rho_1 V_1 A_1 = \rho_2 V_2 A_2$$

또한

$$\dot{Q} = \frac{\delta Q}{dt} = \frac{\delta Q}{dm}\frac{dm}{dt} = \frac{\delta Q}{dm}\dot{m}$$

따라서 에너지 방정식으로부터

$$\left[\left(p_2 v_2 + \frac{V_2^2}{2} + gz_2\right) - \left(p_1 v_1 + \frac{V_1^2}{2} + gz_1\right)\right]\dot{m} + \left(u_2 - u_1 - \frac{\delta Q}{dm}\right)\dot{m} = 0$$

또는

$$p_1 v_1 + \frac{V_1^2}{2} + gz_1 = p_2 v_2 + \frac{V_2^2}{2} + gz_2 + \left(u_2 - u_1 - \frac{\delta Q}{dm}\right)$$

추가적인 가정 (6)으로 비압축성유동이라 하면, $v_1 = v_2 = 1/\rho$이므로

$$\frac{p_1}{\rho} + \frac{V_1^2}{2} + gz_1 = \frac{p_2}{\rho} + \frac{V_2^2}{2} + gz_2 + \left(u_2 - u_1 - \frac{\delta Q}{dm}\right) \tag{6.14}$$

만일 괄호 안의 항이 0이라면, 식 (6.14)는 Bernoulli 방정식이 된다. 따라서 추가적인 제한조건

$$(7) \quad \left(u_2 - u_1 - \frac{\delta Q}{dm}\right) = 0$$

을 적용하면 에너지 방정식은 다음과 같이 된다.

$$\frac{p_1}{\rho} + \frac{V_1^2}{2} + gz_1 = \frac{p_2}{\rho} + \frac{V_2^2}{2} + gz_2$$

또는

$$\frac{p}{\rho} + \frac{V^2}{2} + gz = \text{일정} \qquad (6.15)$$

식 (6.15)는 Bernoulli 방정식, 식 (6.8)과 동일한 형태이다. Bernoulli 방정식은 운동량을 고려함으로써(뉴턴 제2법칙) 유도되었고, 한 유선을 따라 정상, 비압축성, 마찰이 없는 유동에 대한 것이다. 식 (6.15)는 유관을 검사체적으로 하여 위의 제한조건 1에서 7까지를 만족하도록 열역학 제1법칙을 적용하여 얻어졌다. 그래서 Bernoulli 방정식 식 (6.8)과 동일한 형태의 에너지 방정식[식 (6.15)]은 전혀 다른 모형, 전혀 다른 기본개념, 그리고 다른 제한조건에 의해 유도되었다.

최종적으로 에너지 방정식을 Bernoulli 방정식으로 변환하기 위해서 열전달과 내부 열에너지 변화 사이의 관계인 제한조건 (7)이 필요한 것처럼 보일 수 있다. 그러나 전단력이 없는 비압축성이고 마찰이 없는 유동의 열전달은 온도 변화만 발생시키고 압력이나 속도에는 영향을 미치지 않기 때문에 실제로 제한이 없다.

예제 6.7 마찰이 없고 비압축성유동에서 내부에너지와 열전달

마찰이 없고, 비압축성이고 열전달이 있는 유동에서 다음을 보여라.

$$u_2 - u_1 = \frac{\delta Q}{dm}$$

주어진 자료: 마찰이 없고 비압축성유동과 열전달

증명: $u_2 - u_1 = \dfrac{\delta Q}{dm}$.

풀이: 일반적으로, 내부에너지 u는 $u = u(T, v)$로 표시된다. 비압축성유동에 대해서는 v = 일정, $u = u(T)$이다. 따라서 이 유체의 열역학적 상태는 단일 열역학적 상태량 T에 의해 결정된다. 어떤 과정이든 내부에너지 변화, $u_2 - u_1$는 양 끝단 상태의 온도에 의해서만 결정된다.

모든 과정에서 순수물질에 대해 성립하는 Gibbs의 식 $Tds = du + \rho dv$으로부터, 비압축성유동인 경우 $dv = 0$이므로 다음 식을 얻는다.

$$Tds = du$$

주어진 끝 상태들 사이에서 내부에너지 변화 du는 과정에 무관하므로 가역과정으로 택할 수 있으며, $Tds = d(\delta Q/dm) = du$이다. 따라서

$$u_2 - u_1 = \frac{\delta Q}{dm}$$

이 예제는 비압축성 유체의 경우 열전달이 온도와 엔트로피만 변경시키고 다른 속성들은 변경시키지 않는다는 것을 보여준다.

정상, 마찰이 없는, 비압축성유동에 대해서는 열역학 제1법칙이 Bernoulli 방정식으로 되었다. 식 (6.15)의 각 항은 단위질량당 에너지의 차원을 지니고 있으며, 방정식의 3개 항은 단위질량당의 '압력'에너지, 운동에너지, 위치에너지라 한다. 방정식을 유도하면서 열역학 제1법칙을 적용했기 때문에 식 (6.15)의 각 항을 에너지라 하여도 놀랄 일은 아니다. 운동량 방정식으로부터 유도된 Bernoulli 방정식의 각 항을 에너지와 같은 것으로 처리했으며 운동량 방정식(힘의 항)을 유선(거리)을 따라 적분하였기 때문에, 일 또는 에너지(일은 힘과 거리의 곱으로 정의됨)가 얻어졌다는 점이다: 중력과 압력힘에 의한 일은 운동에너지의 변화(운동량을 거리로 적분함으로써 얻어짐)를 가져오게 된다. 이러한 관점에서 Bernoulli 방정식을 **기계적 에너지의 평형**으로, 즉 기계적 에너지('압력'에너지 + 위치에너지 + 운동에너지)가 일정하다고 생각할 수 있다. Bernoulli 방정식이 유선을 따라서 성립하기 위해서는 비압축성, 비점성 정상유동이어야 함을 명심해야 한다. 흐름의 두 가지 속성인 압축성과 마찰은 열역학적 에너지와 기계적 에너지를 '연결'시킨다. 유체가 압축성인 경우 흐름으로 인한 압력 변화는 유체를 압축하거나 팽창시켜 일을 하고 입자의 열에너지를 변경한다. 일상적인 경험에서 알 수 있듯이 마찰은 항상 기계적 에너지를 열에너지로 변환시킨다. 따라서 마찰이 없다면 기계적 에너지와 열역학적 에너지 사이의 연결을 끊고 서로가 독립적으로 된다.

요약하면, Bernoulli 방정식의 조건들이 만족되면 예제 6.8에서 보인 것처럼 유체입자의 기계적 에너지와 내부 열에너지를 분리해서 생각할 수 있고, 그 조건을 만족하지 않는다면 이들 에너지 간의 상호작용이 있게 되어 Bernoulli 방정식은 사용할 수 없게 되고 열역학 제1법칙을 적용해야 한다.

예제 6.8 열전달이 있고 마찰이 없는 유동

개방된 대형 저수조로부터 길이가 짧은 파이프와 단면적이 $A = 560\ \text{mm}^2$인 노즐을 통하여 물이 정상적으로 흐르고 있다. 절연이 잘된 10 kW의 히터가 파이프 주위를 둘러싸고 있다. 물의 온도상승을 구하라.

주어진 자료: 물이 큰 저수조로부터 그림과 같은 시스템을 통하여 흘러나와 대기압으로 방출된다. 히터는 10 kW이고, $A_4 = 560\ \text{mm}^2$이다.

찾는 자료: 점 ①과 점 ② 사이에서 유체의 온도상승

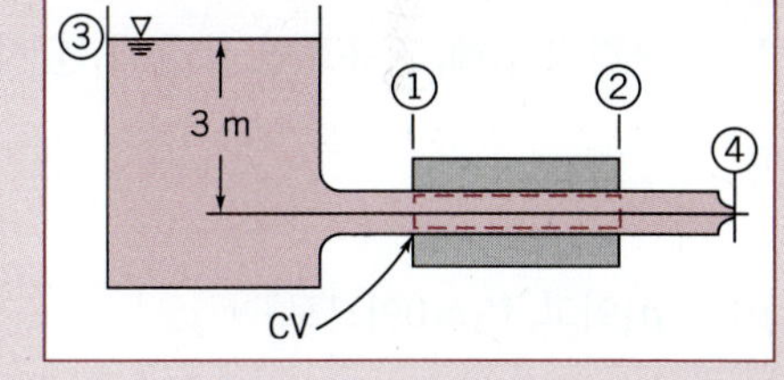

풀이:

지배방정식:

$$\frac{p}{\rho} + \frac{V^2}{2} + gz = \text{일정} \tag{6.8}$$

$$\sum_{CS} \vec{V} \cdot \vec{A} = 0 \tag{4.13b}$$

$$\dot{Q} - \underbrace{\dot{W}_s}_{=0(4)} - \underbrace{\dot{W}_{\text{shear}}}_{=0(4)} = \underbrace{\frac{\partial}{\partial t}\int_{CV} e\,\rho\, d\forall}_{=0(1)} + \int_{CS}\left(u + pv + \frac{V^2}{2} + gz\right)\rho \vec{V} \cdot d\vec{A} \tag{4.56}$$

가정:
1 정상유동
2 마찰이 없는 유동
3 비압축성유동
4 축 일과 전단 일(shear work)은 없다.
5 유선을 따르는 유동
6 각 단면에서 균일유동[가정 (2)의 결과에 해당]

이상의 가정하에서 그림과 같은 검사체적에 대한 열역학 제1법칙은 다음과 같다.

$$\dot{Q} = \int_{CS}\left(u + pv + \frac{V^2}{2} + gz\right)\rho\vec{V}\cdot d\vec{A}$$
$$= \int_{A_1}\left(u + pv + \frac{V^2}{2} + gz\right)\rho\vec{V}\cdot d\vec{A} + \int_{A_2}\left(u + pv + \frac{V^2}{2} + gz\right)\rho\vec{V}\cdot d\vec{A}$$

단면 ①과 ②에서 균일한 성질을 갖는다면,

$$\dot{Q} = -(\rho V_1 A_1)\left(u_1 + p_1 v + \frac{V_1^2}{2} + gz_1\right) + (\rho V_2 A_2)\left(u_2 + p_2 v + \frac{V_2^2}{2} + gz_2\right)$$

질량보존법칙으로부터 $\rho V_1 A_1 = \rho V_2 A_2 = \dot{m}$이므로,

$$\dot{Q} = \dot{m}\left[u_2 - u_1 + \left(\frac{p_2}{\rho} + \frac{V_2^2}{2} + gz_2\right) - \left(\frac{p_1}{\rho} + \frac{V_1^2}{2} + gz_1\right)\right]$$

한 유선을 따라 마찰이 없고, 비압축성, 정상유동인 경우

$$\frac{p}{\rho} + \frac{V^2}{2} + gz = \text{일정}$$

그러므로

$$\dot{Q} = \dot{m}(u_2 - u_1)$$

비압축성 유체에서는 $u_2 - u_1 = c(T_2 - T_1)$이므로

$$T_2 - T_1 = \frac{\dot{Q}}{\dot{m}c}$$

연속방정식으로부터

$$\dot{m} = \rho V_4 A_4$$

V_4를 구하기 위해, 자유표면 점 ③과 ④ 사이에 Bernoulli 방정식을 적용하면 다음과 같다.

$$\frac{p_3}{\rho} + \frac{V_3^2}{2} + gz_3 = \frac{p_4}{\rho} + \frac{V_4^2}{2} + gz_4$$

$p_3 = p_4$이고, $V_3 \approx 0$이므로

$$V_4 = \sqrt{2g(z_3 - z_4)} = \sqrt{2 \times 9.81\,\frac{\text{m}}{\text{s}^2} \times 3\text{ m}} = 7.7\text{ m/s}$$

그리고

$$\dot{m} = \rho V_4 A_4 = 1000\,\frac{\text{kg}}{\text{m}^3} \times 7.7\,\frac{\text{m}}{\text{s}} \times 560\text{ mm}^2 \times \frac{\text{m}^2}{10^6\text{ mm}^2} = 4.31\text{ kg/s}$$

주위로 열손실이 없다고 가정하면 다음과 같다.

$$T_2 - T_1 = \frac{\dot{Q}}{\dot{m}c} = \text{W} \times \frac{1}{4.31\text{ kg/s} \times 4179\text{ J/kg}\cdot\text{K}} \times \frac{\text{J}}{\text{W}\cdot\text{s}}$$

$$T_2 - T_1 = 0.995\text{ K} \longleftarrow T_2 - T_1$$

이 문제는 다음을 설명하고 있다:
- 일반적으로 열역학 제1법칙과 Bernoulli 방정식은 서로 독립된 방정식이다.
- 비압축성 비점성유동에 있어서 내부 열에너지는 열전달 과정에 의해서만 변화하고, 유체역학과는 무관하다.

6.4 에너지구배선과 수력구배선

정상, 비압축성, 마찰이 없는 유동에서, 운동량 방정식으로부터 유도된 Bernoulli 방정식 식 (6.8)을 사용할 수 있고 에너지 방정식으로부터 유도된 다음의 식 (6.15)도 사용할 수 있다는 것을 배웠다:

$$\frac{p}{\rho}+\frac{V^2}{2}+gz=\text{일정} \tag{6.15}$$

'압력'에너지, 운동에너지, 위치에너지로 구성된 3개 항이 유체의 단위질량당 총 기계적 에너지를 구성하고 있다. 식 (6.15)를 중력가속도 g로 나누면

$$\frac{p}{\rho g}+\frac{V^2}{2g}+z=H \tag{6.16a}$$

와 같은 다른 형태의 식을 얻는다. 여기서 H는 유동의 **총 수두**(*total head*)로, 미터 단위의 전체 기계적 에너지이다. 8장에서 배우게 되는 실제 마찰이 있는 유체에서는 이 수두가 일정하지 **않고** 기계적 에너지가 열에너지로 변환되는 양만큼 감소한다. 이어서 수두 H를 **에너지구배선**(*energy grade line*, EGL)으로 정의하면 매우 유용한 도식적 접근을 할 수 있다.

$$EGL=\frac{p}{\rho g}+\frac{V^2}{2g}+z \tag{6.16b}$$

이 식은 그림 6.3과 같이 피토(총 수두) 튜브를 이용하여 측정할 수 있다. 피토관을 유동장에 설치하면 전압 $p_0=p+\frac{1}{2}\rho V^2$이 측정되고, **동일 유체** 기둥의 높이를 $h=p_0/\rho g=p/\rho g+V^2/2g$만큼 상승시킨다. 피토관의 수직 위치가 기준위치(예로, 지면)로부터 z라면, **그 기준위치로부터 측정된** 유체 기둥의 높이는 $h+z=p/\rho g+V^2/2g+z=EGL=H$로 된다. 정리하면, 기준점으로부터 피토관의 기둥 높이는 바로 EGL을 나타낸다.

또한, **수력구배선**(*hydraulic grade line*, HGL)을 정의할 수 있다.

$$HGL=\frac{p}{\rho g}+z \tag{6.16c}$$

이는 그림 6.2a에서처럼 정압 탭을 이용하면 측정된다. 유동장에 이러한 튜브를 설치하면 정압 p가 측정되고, 이는 **동일 유체** 기둥의 높이를 $h=p/\rho g$ 높이만큼 상승시키게 된다. 탭의 수직 위치가 기준위치로부터 z에 있다면, **그 기준위치로부터 측정된** 유체의 기둥 높이는 $h+z=p/\rho g+z=HGL$이 된다. 따라서 기준위치로부터 정압 탭에 설치된 관 내의 유체 기둥 높이는 바로 HGL을 나타낸다.

식 (6.16b)와 (6.16c)로부터

$$EGL-HGL=\frac{V^2}{2g} \tag{6.16d}$$

를 얻고, 이 식은 EGL과 HGL과의 차이는 항상 동압이 됨을 말한다.

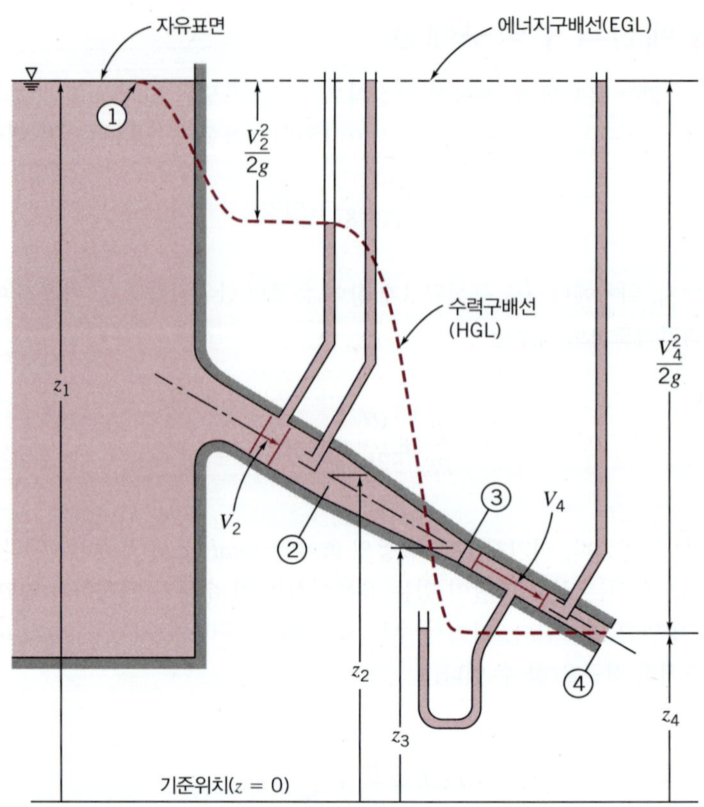

그림 6.6 마찰이 없는 유동에 대한 에너지구배선과 수력구배선.

EGL과 HGL을 도식적으로 보기 위해 그림 6.6과 같이 저수조로부터 축소된 파이프를 통해 흐르는 마찰이 없는 유동을 보자. 기계적 손실이 없으므로 모든 위치에서 EGL은 동일하다. 점 ①은 저수조에 있고, 여기서 EGL과 HGL은 자유표면이므로 일치한다. 자유표면에서는 식 (6.16b)와 (6.16c)에서 $p = 0$ (gage), $V = 0$, $z = z_1$이므로 $EGL_1 = HGL_1 = H = z_1$이 된다: 모든 기계적 에너지는 위치에너지이다.

점 ②에 피토(총 수두)튜브와 정압수두 탭이 설치되어 있다. 피토관의 유체 기둥 높이는 바로 EGL ($EGL_1 = EGL_2 = H$)을 나타내지만 두 점 간에 **바뀐** 것이 있다. 여기서는 운동에너지가 뚜렷하게 나타나 있지만 위치에너지의 일부는 잃어버린 상태이다. 식 (6.16d)에 의하면, HGL이 EGL보다 $V_2^2/2g$만큼 낮게 되어 있음을 알 수 있다; 점 ②에서의 HGL은 이것을 보여주고 있다.

점 ②에서 ③까지 직경이 감소되고, 따라서 연속방정식으로부터 $V_3 > V_2$가 되어야 하므로 EGL과 HGL 사이의 차이는 보는 것처럼 더 증가한다.

점 ④는 대기로 배출되는 곳이다. 이곳에서의 압력은 0 (gage)이므로 EGL은 순전히 운동에너지로 되어 있고, $HGL_4 = HGL_3$이다. EGL과 HGL 곡선을 그릴 때 두 가지 중요한 사항을 요약할 수 있다.

1. 동력장치가 없을 때 비압축성, 비점성유동에서 EGL은 일정하다. 8장에서 보지만 동력장치는 EGL을 증가 또는 감소시키지만, 마찰은 EGL을 항상 감소시킨다.
2. HGL은 EGL보다 항상 $V^2/2g$만큼 낮다. 속도 V의 값은 전체 시스템(예를 들어 저수조 높이, 파이프 직경 등)에 따라 결정되지만, 속도의 **변화**는 파이프의 직경에 의해서만 변화된다.

6.5 비정상 Bernoulli 방정식: 유선을 따라 Euler 방정식의 적분

Bernoulli 방정식의 적용을 정상유동으로 제한할 필요는 없다. 이 단원은 유선을 따라서 비정상유동에 대한 Bernoulli 방정식을 유도하고 그 사용에 대해서 설명하고자 한다.

마찰이 없는 유동에 대한 운동량 방정식인 식 (6.1)을 다음과 같이 쓸 수 있다(이때, $\vec{g}$는 음의 z방향)

$$\frac{D\vec{V}}{Dt} = -\frac{1}{\rho}\nabla p - g\hat{k} \tag{6.17}$$

벡터 방정식인 식 (6.17)을 유선을 따라서 거리의 요소인 $d\vec{s}$에 대해서 내적을 취하하면 스칼라 방정식으로 변환할 수 있다. 따라서

$$\frac{D\vec{V}}{Dt}\cdot d\vec{s} = \frac{DV}{Dt}ds = V\frac{\partial V}{\partial s}ds + \frac{\partial V}{\partial t}ds = -\frac{1}{\rho}\nabla p\cdot d\vec{s} - g\hat{k}\cdot d\vec{s} \tag{6.18}$$

식 (6.18)을 살펴보면,

$$\frac{\partial V}{\partial s}ds = dV \qquad (s\text{에 따른 } V\text{의 변화})$$

$$\nabla p\cdot d\vec{s} = dp \qquad (s\text{에 따른 압력의 변화})$$

$$\hat{j}\cdot d\vec{s} = dz \qquad (s\text{에 따른 } z\text{의 변화})$$

식 (6.18)에 대입하면 다음과 같다.

$$V\,dV + \frac{\partial V}{\partial t}ds = -\frac{dp}{\rho} - g\,dz \tag{6.19}$$

위치 1에서 위치 2까지 유선을 따라 적분하면

$$\int_1^2 \frac{dp}{\rho} + \frac{V_2^2 - V_1^2}{2} + g(z_2 - z_1) + \int_1^2 \frac{\partial V}{\partial t}ds = 0 \tag{6.20}$$

비압축성유동의 경우 밀도가 일정하므로, 이러한 특별한 경우는 식 (6.20)이 다음과 같이 된다.

$$\frac{p_1}{\rho} + \frac{V_1^2}{2} + gz_1 = \frac{p_2}{\rho} + \frac{V_2^2}{2} + gz_2 + \int_1^2 \frac{\partial V}{\partial t}ds \tag{6.21}$$

제한조건:

1 비압축성유동
2 마찰 없는 유동
3 유선을 따라 흐름

위 식은 비정상유동에 대한 Bernoulli 방정식이다. 이 식은 식 (6.8)에서 보여준 Bernoulli 방정식과 $\int_1^2 \partial V/\partial t\, ds$ 항만큼 다르다. 이 항은 V_1에서 V_2로의 속도 변화로 표현되는 거리에 따른 운동량의 변화에 상응하는 유선에서 시간 경과에 따른 유체의 운동량 증가율과 관련된 일로 해석할 수 있다. 예제 6.9는 이러한 해석을 설명해 준다. 식 (6.21)은 물리적 상황과 제한조건이 호환되는 모든 유동에 적용될 수 있다.

예제 6.9 비정상 Bernoulli 방정식

3 m 깊이의 물로 채워진 큰 저수지에 직경이 150 mm이고 길이가 6 m인 파이프가 연결되어 있다. 파이프 끝 단을 막고 있던 캡을 제거했을 때 파이프 출구로 흘러 나가는 흐름의 유속을 시간의 함수로 표시하라.

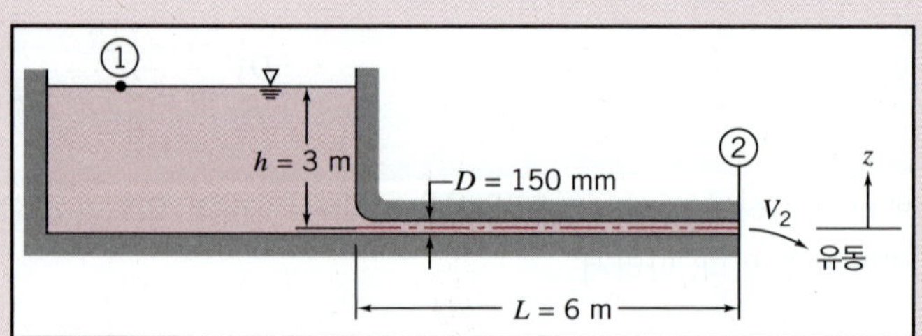

주어진 자료: 그림과 같이 파이프와 큰 저수지

찾는 자료: $V_2(t)$.

풀이: 점 ①과 점 ②를 지나는 유선을 따라서 비정상 Bernoulli 방정식을 적용

지배방정식:

$$\frac{\cancel{p_1}}{\rho}+\overset{\simeq 0(5)}{\frac{\cancel{V_1^2}}{2}}+gz_1=\frac{\cancel{p_2}}{\rho}+\frac{V_2^2}{2}+\overset{=0(6)}{g\cancel{z_2}}+\int_1^2\frac{\partial V}{\partial t}ds$$

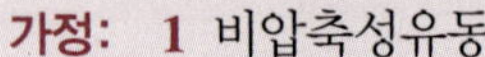

가정: **1** 비압축성유동

2 마찰 없는 유동

3 점 ①과 점 ②를 지나는 유선을 따른 유동

4 $p_1 = p_2 = p_{\text{atm}}$.

5 $V_1^2 \simeq 0$.

6 $z_2 = 0$.

7 $z_1 = h =$ 일정

8 파이프 입구 근처의 작은 영역을 제외한 저수지 내에서의 유속 무시

이때,

$$gz_1 = gh = \frac{V_2^2}{2}+\int_1^2\frac{\partial V}{\partial t}ds$$

가정 8에 의해서, 적분은 다음과 같이 된다.

$$\int_1^2\frac{\partial V}{\partial t}ds \approx \int_0^L\frac{\partial V}{\partial t}ds$$

파이프 내의 모든 위치에서 $V = V_2$이므로,

$$\int_0^L\frac{\partial V}{\partial t}ds = \int_0^L\frac{dV_2}{dt}ds = L\frac{dV_2}{dt}$$

위 식은 단위질량당 운동량의 시간에 따른 변화율을 의미하며, 궁극적으로 0에 접근한다. 대치하면,

$$gh = \frac{V_2^2}{2}+L\frac{dV_2}{dt}$$

변수 분리하면,

$$\frac{dV_2}{2gh - V_2^2} = \frac{dt}{2L}$$

$t = 0$일 때의 유속 $V = 0$부터 $t = t$일 때의 유속 V_2까지 적분을 하면,

$$\int_0^{V_2} \frac{dV}{2gh-V^2} = \left[\frac{1}{\sqrt{2gh}}\tanh^{-1}\left(\frac{V}{\sqrt{2gh}}\right)\right]_0^{V_2} = \frac{t}{2L}$$

$\tanh^{-1}(0) = 0$이므로,

$$\frac{1}{\sqrt{2gh}}\tanh^{-1}\left(\frac{V_2}{\sqrt{2gh}}\right) = \frac{t}{2L} \quad \text{또는} \quad \frac{V_2}{\sqrt{2gh}} = \tanh\left(\frac{1}{2L}\sqrt{2gh}\right) \longleftarrow V_2(t)$$

주어진 조건에서,

$$\sqrt{2gh} = \sqrt{2\times 9.81\frac{\text{m}}{\text{s}^2}\times 3\text{ m}} = 7.67\text{ m/s}$$

그리고,

$$\frac{t}{2L}\sqrt{2gh} = \frac{t}{2}\times\frac{1}{6\text{ m}}\times 7.67\frac{\text{m}}{\text{s}} = 0.639t$$

따라서 결과는 아래에서 보여 주듯이 $V_2 = 7.67\tanh(0.639t)$ m/s이다.

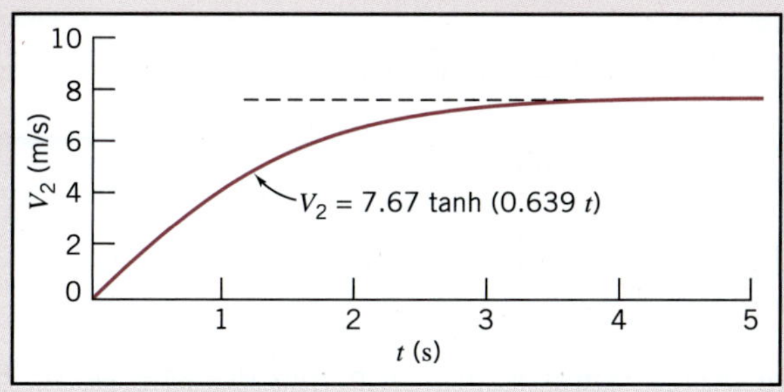

주의:
- 이 문제는 비정상 Bernoulli 방정식의 사용 예를 보여 준다.
- 사용 가능한 수두는 파이프의 유체를 가속하는 데 사용되며, 결국 수두의 차이가 없어진다.
- 실제로 마찰은 중요하고 유속을 크게 감소시키게 된다.

6.6 비회전유동

비회전유동에 대해서는 5.3절에서 이미 검토하였다. 그것은 유체입자가 회전하지 않는($\vec{\omega}=0$) 유동이다. 유체입자의 회전을 발생시키는 유일한 응력은 전단응력이었다. 따라서 유체입자들이 초기에 회전이 없는 한 비점성유동에서는(즉, 전단응력이 0인 유동) 비회전이다. 식 (5.14)를 이용하면

$$\nabla\times\vec{V} \tag{6.22}$$

와 같은 비회전 조건을 얻고 다음과 같이 된다.

$$\frac{\partial w}{\partial y}-\frac{\partial v}{\partial z} = \frac{\partial u}{\partial z}-\frac{\partial w}{\partial x} = \frac{\partial v}{\partial x}-\frac{\partial u}{\partial y} = 0 \tag{6.23}$$

원통 좌표계에 대해서는, 식 (5.16)으로부터 비회전 조건은 다음과 같이 된다.

$$\frac{1}{r}\frac{\partial V_z}{\partial\theta}-\frac{\partial V_\theta}{\partial z} = \frac{\partial V_r}{\partial z}-\frac{\partial V_z}{\partial r} = \frac{1}{r}\frac{\partial rV_\theta}{\partial r}-\frac{1}{r}\frac{\partial V_r}{\partial\theta} = 0 \tag{6.24}$$

비회전유동에 적용된 Bernoulli 방정식

6.2절에서 정상, 비압축성, 비점성유동에 대해 Euler 방정식을 유선에 따라 적분함으로써 Bernoulli 방정식을 얻었다.

$$\frac{p}{\rho} + \frac{V^2}{2} + gz = \text{일정} \tag{6.8}$$

식 (6.8)은 **동일** 유선상에서 임의의 두 점 사이에 적용될 수 있다. 일반적으로, 유선이 바뀌면 상수값은 바뀐다.

만일 비점성, 정상, 비압축성 조건 외에 유동장이 비회전(즉, 유체입자들은 초기부터 회전이 없다)이라면, $\nabla \times \vec{V} = 0$[식 (6.22)]가 되고, Bernoulli 방정식이 유동장 내의 모든 점에서 임의의 두 점 사이에 적용될 수 있음을 볼 수 있다. 이때는 식 (6.8)의 상수가 모든 유선에서 동일하다. 이 점을 설명하기 위해 벡터형의 Euler 방정식으로부터 시작한다.

$$(\vec{V} \cdot \nabla)\vec{V} = -\frac{1}{\rho}\nabla p - g\hat{k} \tag{6.9}$$

다음과 같은 벡터의 항등식을 이용하면

$$(\vec{V} \cdot \nabla)\vec{V} = \frac{1}{2}\nabla(\vec{V} \cdot \vec{V}) - \vec{V} \times (\nabla \times \vec{V})$$

비회전유동에 대해서는 $\nabla \times \vec{V} = 0$이므로

$$(\vec{V} \cdot \nabla)\vec{V} = \frac{1}{2}\nabla(\vec{V} \cdot \vec{V})$$

그리고 비회전유동에 대한 Euler 방정식은 다음과 같이 된다.

$$\frac{1}{2}\nabla(\vec{V} \cdot \vec{V}) = \frac{1}{2}\nabla(V^2) = -\frac{1}{\rho}\nabla p - g\hat{k} \tag{6.25}$$

유동장에서 위치 $\vec{r}$에서 $\vec{r} + d\vec{r}$까지의 변위를 고려하면, 거리 $d\vec{r}$은 어떤 방향에 대해서도 임의의 미소 이동량이며 반드시 유선을 따르는 것은 아니다. 식 (6.25)의 모든 항에 대하여 $d\vec{r} = dx\hat{i} + dy\hat{j} + dz\hat{k}$와 내적을 하면 다음 식이 된다.

$$\frac{1}{2}\nabla(V^2) \cdot d\vec{r} = -\frac{1}{\rho}\nabla p \cdot d\vec{r} - g\hat{k} \cdot d\vec{r}$$

따라서

$$\frac{1}{2}d(V^2) = -\frac{dp}{\rho} - gdz$$

또는

$$\frac{dp}{\rho} + \frac{1}{2}d(V^2) + gdz = 0$$

이 된다. 비압축성유동에 대해 이 방정식을 적분하면

$$\frac{p}{\rho} + \frac{V^2}{2} + gz = \text{일정} \tag{6.26}$$

$d\vec{r}$은 임의의 변위이므로 식 (6.26)은 정상, 비압축성, 비점성 및 비회전유동장 내 임의의 두 점 사이(유선을 따라갈 필요는 없음)에서도 적용된다(예제 6.5 참조).

속도포텐셜

5.2절에서 2차원 비압축성유동에 대한 유동함수 ψ를 도입해야 하는 필요한 배경을 소개하였다. 비회전유동에서는 이것과 함께 사용되는 함수로, 다음과 같이 정의되는 **포텐셜함수** ϕ를 소개한다.

$$\vec{V} = -\nabla\phi \tag{6.27}$$

왜 정의되는가? 이는 **모든** 연속적인 스칼라함수 $\phi(x, y, z, t)$가 기본적인 항등식을 만족하므로 비회전 조건 식 (6.22)를 **저절로** 만족하기 때문이다.

$$\nabla\times\vec{V} = -\nabla\times\nabla\phi = -\mathrm{curl}(\mathrm{grad}\,\phi) \equiv 0 \tag{6.28}$$

음의 부호는 ϕ가 유동 방향으로 감소하기 때문에 삽입된 것이다. 따라서,

$$u = -\frac{\partial\phi}{\partial x},\quad \upsilon = -\frac{\partial\phi}{\partial y},\qquad \text{그리고}\qquad w = -\frac{\partial\phi}{\partial z} \tag{6.29}$$

비회전 조건, 식 (6.22)와 같음을 검토해 보라.

원통형 좌표계에서는,

$$\nabla = \hat{e}_r\frac{\partial}{\partial r} + \hat{e}_\theta\frac{1}{r}\frac{\partial}{\partial\theta} + \hat{k}\frac{\partial}{\partial z} \tag{3.19}$$

식 (6.27)로부터 원통 좌표계에서는 다음과 같다.

$$V_r = -\frac{\partial\phi}{\partial r}\qquad V_\theta = -\frac{1}{r}\frac{\partial\phi}{\partial\theta}\qquad V_z = -\frac{\partial\phi}{\partial z} \tag{6.30}$$

모든 ϕ에 대하여 $\nabla\times\nabla\phi \equiv 0$이므로, 속도포텐셜은 반드시 비회전유동에서만 존재한다.

비회전성은 점성력을 무시해도 좋은 유동 영역에 대하여 타당한 가정이다. 비회전유동에 대한 이론은 점성계수가 0인 가상적인 이상유체로부터 시작되었다. 비회전유동에서 속도장은 포텐셜함수 ϕ에 의하여 정의될 수 있으므로, 이 이론을 때로는 포텐셜 유동이론(potential flow theory)이라 한다.

모든 실제 유체는 점성을 가지고 있는데, 비점성유동이라는 가정이 해석을 상당히 단순화시키고 동시에 의미 있는 결과를 제시하는 많은 사례가 있다. 상대적인 단순성과 수학적인 매력 때문에 포텐셜 유동은 광범위하게 연구되어 왔다[4],[5],[6].

2차원, 비회전, 비압축성유동에 대한 유동함수와 속도포텐셜: Laplace 방정식

2차원, 비회전, 비압축성유동에서 속도성분 u와 υ를 유동함수 ψ와 속도포텐셜 ϕ로 표현한 식이 다음과 같다.

$$u = \frac{\partial\psi}{\partial y}\qquad \upsilon = -\frac{\partial\psi}{\partial x} \tag{5.4}$$

$$u = -\frac{\partial\phi}{\partial x}\qquad \upsilon = -\frac{\partial\phi}{\partial y} \tag{6.29}$$

식 (5.4)의 u와 υ를 비회전 조건

$$\frac{\partial\upsilon}{\partial x} - \frac{\partial u}{\partial y} = 0 \tag{6.23}$$

에 대입하면 다음과 같은 식을 얻는다.

$$\frac{\partial^2 \psi}{\partial x^2} + \frac{\partial^2 \psi}{\partial y^2} = \nabla^2 \psi = 0 \tag{6.31}$$

식 (6.29)의 u와 v를 연속방정식

$$\frac{\partial u}{\partial x} + \frac{\partial v}{\partial y} = 0 \tag{5.3}$$

에 대입하면 다음 식을 얻는다.

$$\frac{\partial^2 \phi}{\partial x^2} + \frac{\partial^2 \phi}{\partial y^2} = \nabla^2 \phi = 0 \tag{6.32}$$

식 (6.31)과 (6.32)는 Laplace 방정식으로, 물리학 및 공학의 여러 분야에서 나오는 식이다. Laplace 방정식을 만족하는 함수 ψ나 ϕ는 2차원, 비압축성, 비회전이 가능한 유동장을 나타낸다.

표 6.1은 2차원 유동에 대한 유동함수와 속도포텐셜에 대한 설명을 요약하여 나타낸다.

비압축성과 비회전성을 적용하였을 때 유동함수와 속도포텐셜에 대한 이러한 규칙은 원통 좌표계에 있어서도 동일하다.

$$V_r = \frac{1}{r}\frac{\partial \psi}{\partial \theta} \quad \text{그리고} \quad V_\theta = -\frac{\partial \psi}{\partial r} \tag{5.8}$$

그리고

$$V_r = -\frac{\partial \phi}{\partial r} \quad \text{그리고} \quad V_\theta = -\frac{1}{r}\frac{\partial \phi}{\partial \theta} \tag{6.33}$$

5.2절에서 유동함수 ψ는 유선상에서 일정하다는 것을 알았다. ψ = 일정이면, $d\psi = 0$이고

$$d\psi = \frac{\partial \psi}{\partial x}\,dx + \frac{\partial \psi}{\partial y}\,dy = 0$$

표 6.1

ϕ, ψ의 정의와 Laplace 방정식을 만족시키기 위한 필요조건

정의	항상 충분…	Laplace 방정식을 만족… $\frac{\partial^2()}{\partial x^2} + \frac{\partial^2()}{\partial y^2} = \nabla^2() = 0$
유동함수 ψ $u = \frac{\partial \psi}{\partial y}$ $v = -\frac{\partial \psi}{\partial x}$	…비압축성 $\frac{\partial u}{\partial x} + \frac{\partial v}{\partial y} = \frac{\partial^2 \psi}{\partial x \partial y} - \frac{\partial^2 \psi}{\partial y \partial x} \equiv 0$	…비회전일 때만 $\frac{\partial v}{\partial x} - \frac{\partial u}{\partial y} = -\frac{\partial^2 \psi}{\partial x \partial x} - \frac{\partial^2 \psi}{\partial y \partial y} = 0$
속도포텐셜 ϕ $u = -\frac{\partial \phi}{\partial x}$ $v = -\frac{\partial \phi}{\partial y}$	…비회전성 $\frac{\partial v}{\partial x} - \frac{\partial u}{\partial y} = -\frac{\partial^2 \phi}{\partial x \partial y} - \frac{\partial^2 \phi}{\partial y \partial x} \equiv 0$	…비압축성일 때만 $\frac{\partial u}{\partial x} + \frac{\partial v}{\partial y} = -\frac{\partial^2 \phi}{\partial x \partial x} - \frac{\partial^2 \phi}{\partial y \partial y} = 0$

유선—ψ가 일정한 선—의 기울기는 다음과 같다.

$$\left.\frac{dy}{dx}\right)_\psi = -\frac{\partial\psi/dx}{\partial x/\partial y} = -\frac{-v}{u} = \frac{v}{u} \tag{6.34}$$

ϕ = 일정인 선을 따라 $d\phi = 0$이고

$$d\phi = \frac{\partial\phi}{\partial x}dx + \frac{\partial\phi}{\partial y}dy = 0$$

결과적으로, 포텐셜선— ϕ가 일정한 선—의 기울기는 다음과 같다.

$$\left.\frac{dy}{dx}\right)_\phi = -\frac{\partial\phi/\partial x}{\partial\phi/\partial y} = -\frac{u}{v} \tag{6.35}$$

식 (6.35)의 마지막 등식은 식 (6.29)를 이용한 결과이다.

식 (6.34)와 (6.35)를 비교해 보면, 임의의 점에서 ψ가 일정한 선의 기울기는 그 점에서 ϕ가 일정한 선의 기울기와 상호 음의 역수관계임을 알 수 있다. 즉, **ψ가 일정한 선과 ϕ가 일정한 선은 직교한다.** 이와 같은 포텐셜 선과 유선의 특성은 유동장의 도식적 해석에 유용하다. 예제 6.10은 유동함수로부터 속도포텐셜이 어떻게 구해지는지를 보여준다.

예제 6.10 속도포텐셜

$\psi = ax^2 - ay^2$으로 주어진 유동장이 있다. 여기서 $a = 3\ \text{s}^{-1}$이다. 이 유동이 비회전유동임을 보여라. 이 유동의 속도포텐셜을 구하라.

주어진 자료: $\psi = ax^2 - ay^2$인 비압축성유동장, 여기서 $a = 3\ \text{s}^{-1}$

찾는 자료: (a) 유동이 비회전인가, 아닌가?

(b) 유동에 대한 속도포텐셜

풀이:

유동이 비회전이라면, $\nabla^2\psi = 0$. 주어진 유동을 검토하면,

$$\nabla^2\psi = \frac{\partial^2}{\partial x^2}(ax^2 - ay^2) + \frac{\partial^2}{\partial y^2}(ax^2 - ay^2) = 2a - 2a = 0$$

따라서 유동은 비회전이다. 또 다른 증명으로 유체입자의 회전(평면 xy에서, 회전의 성분은 ω_z뿐이다)을 계산한다:

$$2\omega_z = \frac{\partial v}{\partial x} - \frac{\partial u}{\partial y} \qquad \text{그리고} \qquad u = \frac{\partial\psi}{\partial y} \quad v = -\frac{\partial\psi}{\partial x}$$

그러면

$$u = \frac{\partial}{\partial y}(ax^2 - ay^2) = -2ay \qquad \text{그리고} \qquad v = -\frac{\partial}{\partial x}(ax^2 - ay^2) = -2ax$$

그러므로

$$2\omega_z = \frac{\partial v}{\partial x} - \frac{\partial u}{\partial y} = \frac{\partial}{\partial x}(-2ax) - \frac{\partial}{\partial y}(-2ay) = -2a + 2a = 0 \longleftarrow \quad 2\omega_z$$

따라서 여기서도 이 유동은 비회전이라는 결론을 얻는다. 비회전이므로 ϕ가 존재한다.

$$u = -\frac{\partial \phi}{\partial x} \qquad \text{그리고} \qquad v = -\frac{\partial \phi}{\partial y}$$

결과적으로, $u = -\frac{\partial \phi}{\partial x} = -2ay$이고 $\frac{\partial \phi}{\partial x} = 2ay$이다. x에 대하여 적분하면 $\phi = 2axy + f(y)$가 되고, 여기서 $f(y)$는 y의 임의 함수이다. 또한

$$v = -2ax = -\frac{\partial \phi}{\partial y} = -\frac{\partial}{\partial x}[2axy + f(y)]$$

그러므로 $-2ax = -2ax - \frac{\partial f(y)}{\partial y} = -2ax - \frac{df}{dy}$, 따라서 $\frac{df}{dy} = 0$이고 $f =$ 일정이다. 따라서

$$\phi = 2axy + \text{일정} \longleftarrow \quad \phi$$

일정한 ϕ선과 일정한 ψ선은 서로 직교한다는 것을 보일 수 있다.

$$\psi = ax^2 - ay^2 \qquad \text{그리고} \qquad \phi = 2axy$$

$\psi =$ 일정이면, $d\psi = 0 = 2axdx - 2aydy$; 그러므로 $\left.\frac{dy}{dx}\right)_{\psi = c} = \frac{x}{y}$

$\phi =$ 일정이면, $d\phi = 0 = 2aydx + 2axdy$; 그러므로 $\left.\frac{dy}{dx}\right)_{\phi = c} = -\frac{y}{x}$

ϕ가 일정한 선과 ψ가 일정한 선의 기울기는 음의 역수관계이다. 그러므로 ϕ가 일정한 선은 ψ가 일정한 선에 직교한다.

이 문제는 유동함수, 속도포텐셜, 속도장 사이의 관계를 설명한다.

기본평면 유동

다섯 가지의 2차원 기본유동—균일유동, 소스, 싱크, 와류, 더블릿 유동—에 대한 ψ와 ϕ 함수를 표 6.2에 요약해 놓았다. ψ와 ϕ 함수는 그 유동의 속도장으로부터 구한다.

x축과 평행한 일정 속도의 **균일유동**(*uniform flow*)은 연속방정식과 비회전 조건을 동시에 만족한다. 표 6.2에 양의 x방향의 균일유동에 대한 ψ와 ϕ 함수가 있다.

크기가 V인 균일유동이 x축과 α의 각으로 경사진 경우,

$$\psi = (V \cos \alpha)y - (V \sin \alpha)x$$
$$\phi = -(V \sin \alpha)y - (V \cos \alpha)x$$

소스(*source*)는 평면 xy상의 유동 패턴으로 z축으로부터 반지름 방향의 대칭적인 모든 방향으로 흘러나간다. 소스의 강도(strength) q는 단위깊이당 체적유량이다. 소스로부터 반경 r인 위치에서의 접선속도 V_θ는 0이고; 반경 방향 속도 V_r은 단위깊이당 체적유량 q를 단위깊이당 유동면적 $2\pi r$로 나눈 것이다. 따라서 소스에서는 $V_r = q/2\pi r$이 된다. V_r과 V_θ을 알면 식 (5.8)과 (6.33)으로부터 ψ와 ϕ는 바로 구해진다.

싱크(*sink*)에서 유동은 반지름 방향의 안쪽이고; 싱크는 음의 소스이다. 싱크에 대한 ψ와 ϕ 함수는 표 6.2에 있고 소스에 대한 해당 함수의 음의 값이다.

싱크나 소스의 원점은 반경 방향의 속도가 원점에 접근함에 따라 무한대로 되기 때문에 특이점이다. 따라서 실제의 유동이 어떤 반지름 r에서 소스나 싱크와 닮을 수도 있지만, 물리적으로 정확한 소스나 싱크

표 6.2
기본평면 유동

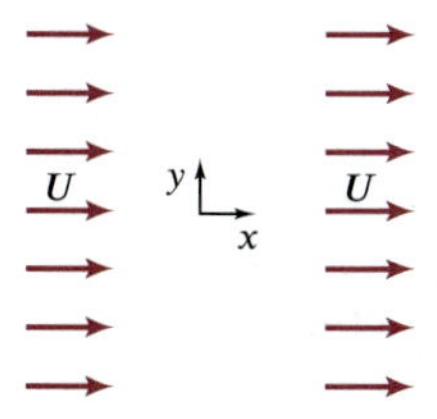

균일유동(양의 x방향)

$u = U \quad \psi = Uy$

$v = 0 \quad \phi = -Ux$

임의 폐곡선에 대해 $\Gamma = 0$.

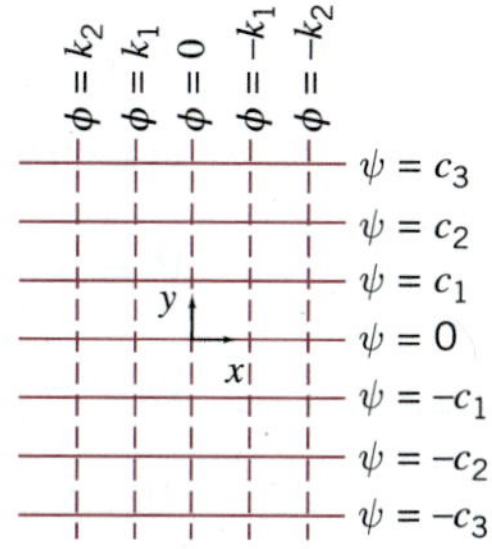

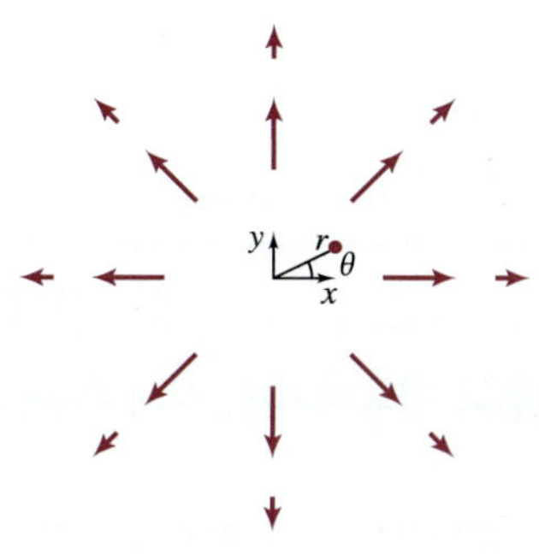

소스(원점에서)

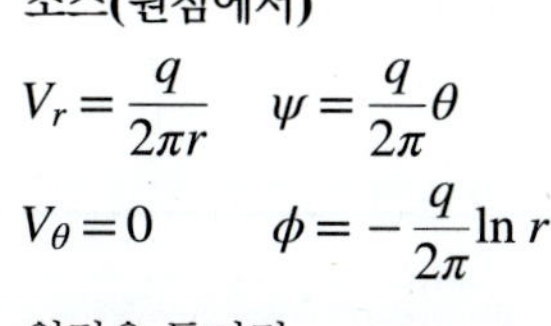

$V_r = \dfrac{q}{2\pi r} \quad \psi = \dfrac{q}{2\pi}\theta$

$V_\theta = 0 \quad \phi = -\dfrac{q}{2\pi}\ln r$

원점은 특이점.

q는 단위깊이당 체적유량.

임의 폐곡선에 대해 $\Gamma = 0$.

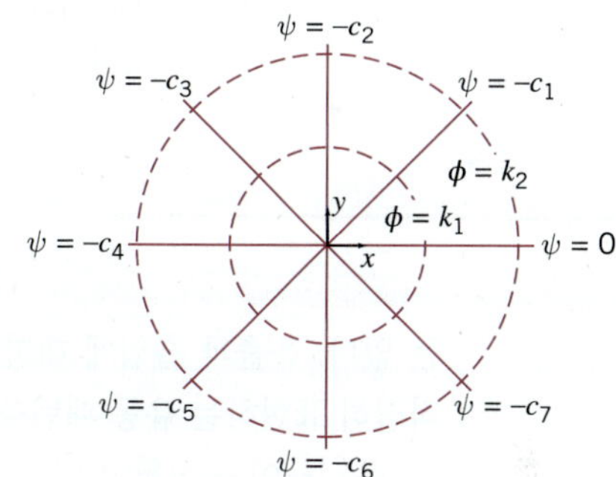

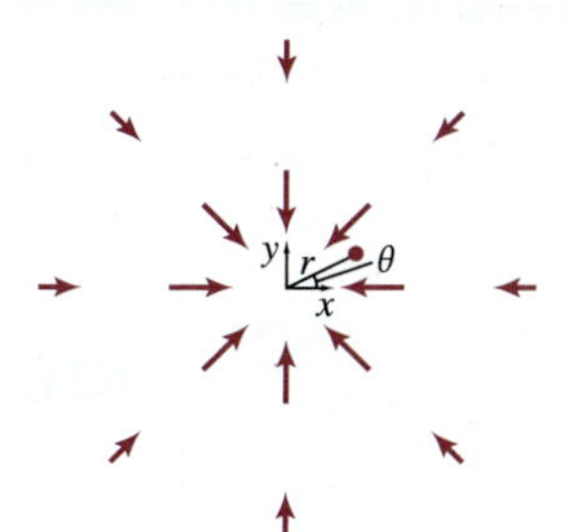

싱크(원점을 향해)

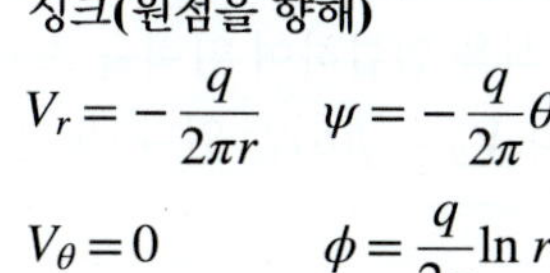

$V_r = -\dfrac{q}{2\pi r} \quad \psi = -\dfrac{q}{2\pi}\theta$

$V_\theta = 0 \quad \phi = \dfrac{q}{2\pi}\ln r$

원점은 특이점.

q는 단위깊이당 체적유량.

임의 폐곡선에 대해 $\Gamma = 0$.

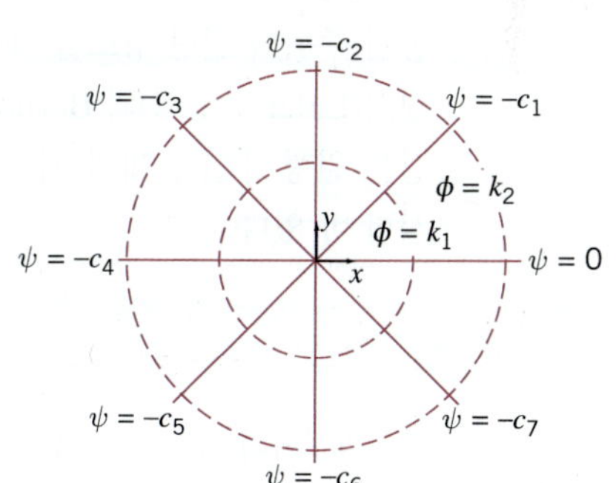

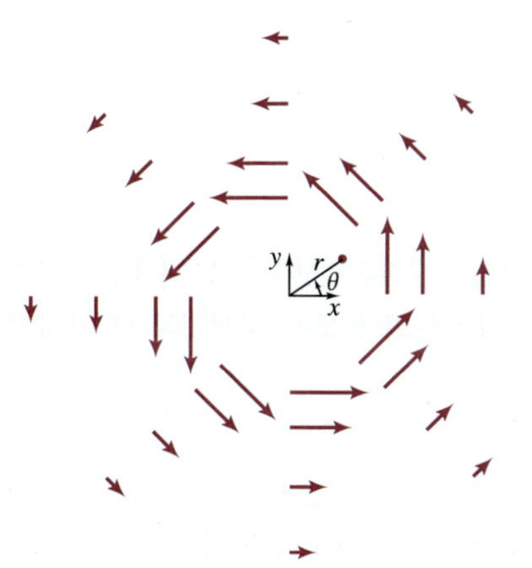

비회전 와류
(반시계 방향, 원점에 중심)

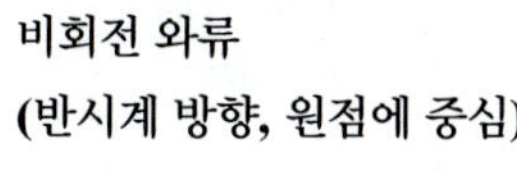

$V_r = 0 \quad \psi = -\dfrac{K}{2\pi}\ln r$

$V_\theta = \dfrac{K}{2\pi r} \quad \phi = -\dfrac{K}{2\pi}\theta$

원점은 특이점.

K는 와류의 강도.

원점을 에워싸는 임의 폐곡선에 대해 $\Gamma = K$.

원점을 에워싸지 않는 임의 폐곡선에 대해 $\Gamma = 0$.

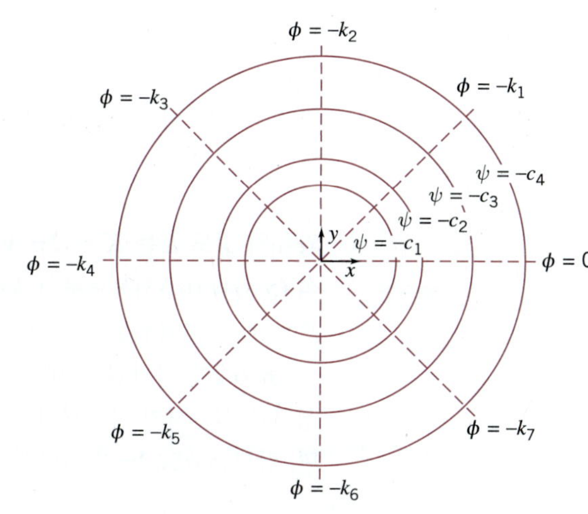

(계속)

표 6.2
기본평면 유동(계속)

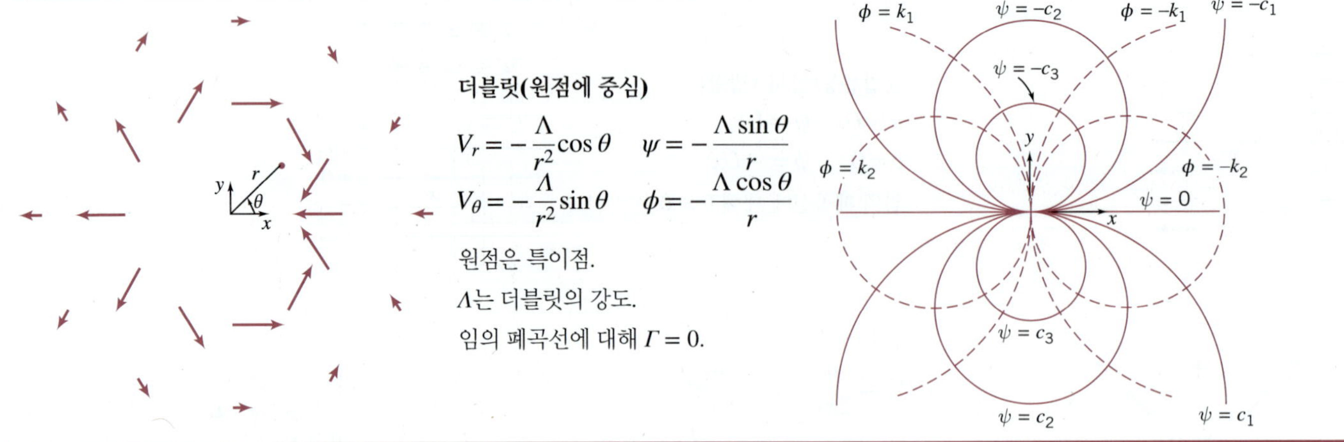

더블릿(원점에 중심)

$$V_r = -\frac{\Lambda}{r^2}\cos\theta \qquad \psi = -\frac{\Lambda \sin\theta}{r}$$

$$V_\theta = -\frac{\Lambda}{r^2}\sin\theta \qquad \phi = -\frac{\Lambda \cos\theta}{r}$$

원점은 특이점.

Λ는 더블릿의 강도.

임의 폐곡선에 대해 $\Gamma = 0$.

는 없다. 용출과 흡입에 대한 개념에서 가장 중요한 점은, 다른 기본 유동형들과 결합시키면, 실제 유동을 적절히 표현하는 유동 패턴을 만들 수 있다는 데 있다.

유선들이 동심원이 되는 유동 패턴을 와류(vortex)라 한다; 자유(비회전)와류에서는, 유체입자들이 와류 중심 주위의 원형 경로를 따라 병진할 때 회전하지 않는다. 속도장을 얻는 방법은 많다. 예를 들면, 운동방정식(Euler 방정식)과 Bernoulli 방정식을 연합하여 압력을 소거하면 속도장이 얻어진다. 그렇지만 와류와 같은 원형 유선에 대해서는, $V_r = 0$와 $V_\theta = f(\theta)$만 있다. 또한 원통형 좌표계에서 비회전 조건을 이미 제시한 바 있다.

$$\frac{1}{r}\frac{\partial r V_\theta}{\partial r} - \frac{1}{r}\frac{\partial V_r}{\partial \theta} = 0 \tag{6.24}$$

따라서, 이미 알고 있는 V_r과 V_θ로부터 다음 식을 얻고

$$\frac{1}{r}\frac{d(rV_\theta)}{dr} = 0$$

이 식을 적분하면 다음과 같다.

$$V_\theta r = \text{일정}$$

와류의 강도 K는 $K = 2\pi r V_\theta$로 정의되고, K의 차원은 L^2/t(단위깊이당 체적유량)이다. V_r과 V_θ을 알면 식 (5.8)과 (6.33)으로부터 ψ와 ϕ는 바로 구해진다. 비회전 와류는 토네이도의 유동을 해석하는 데 근사적으로 이용된다(원점은 특이점이므로 원점 영역은 제외).

표 6.2에 열거된 마지막 '기본'유동은 강도 Λ의 더블릿(*doublet*)이다. 이 유동은 강도가 동일한 소스와 싱크를 접근시켜 합류시키고 수학적으로 얻은 것이다. 소스와 싱크 사이의 거리 δs를 0이 되도록 접근시키면, 강도는 $q\delta s/2\pi$가 어떤 유한한 값 Λ에 도달하도록 증가한다. 이 Λ를 더블릿 강도라 한다.

기본평면 유동들의 중첩

앞에서 ψ와 ϕ는 둘 다 비압축성, 비회전유동에서 Laplace 방정식을 만족한다는 것을 알았다. Laplace 방정식은 선형, 동차 편미분 방정식이므로, 해들을 중첩(서로 더함)시켜서 보다 복잡하고 흥미로운 유동 패턴을 만들 수 있다. ψ_1과 ψ_2가 Laplace 방정식을 만족한다면, $\psi_3 = \psi_1 + \psi_2$도 Laplace 방정식을 만족한다. 따라서 기본평면 유동들은 중첩시키는 과정에서 건축용 블록과 같다. 유동함수에 대한 Laplace 방정식과 유동함수–속도장 방정식 식 (5.3)은 선형이지만, Bernoulli 방정식은 그렇지 않다는 점은 유의해야 한다; 따라서 중첩과정에서 $\psi_3 = \psi_1 + \psi_2$, $u_3 = u_1 + u_2$와 $v_3 = v_1 + v_2$를 얻게 되나 $p_3 \neq p_1 + p_2$이다. p_3를 구하기 위해서는 속도 V가 비선형인 Bernoulli 방정식을 사용해야 한다.

기본 유동들을 여러 방법으로 더해봐서 알 수 있는 유동 패턴을 생성시킬 수 있다. 가장 단순한 중첩법은 **직접법**(*direct method*)으로, 기본 유동들을 여러 가지로 중첩해서 어떤 유동 패턴이 생성되는지를 보는 것이다. 예로서, 표 6.3에 정리된 몇 가지 고전적인 예를 보라. 소스와 균일유동을 조합하면, 직관적으로 볼 때 소스는 부분적으로 균일유동을 상류 쪽으로 밀고, 소스 주변의 유동을 바꿀 것으로 예상된다. 소스, 싱크와 균일유동의 조합(Rankine 물체를 생성)도 놀랄 것 없다. 소스에서 나오는 전체 유동은 싱크를 향하여 유동하게 되어 닫힌 유선을 만든다. **어떤 유선도 교차하는 유동이 없으므로 고체 표면처럼 해석될 수 있다**; 그러므로 닫힌 유선을 고체를 표현하는 것으로 생각한다. 이러한 소스–싱크의 접근은 x축상을 따라 여러 개의 소스와 싱크를 분포시켜서 일반화할 수 있으며, 소스와 싱크의 강도의 합이 0이 되면, 물체 모양의 닫힌 유선이 생성될 것이다.

더블릿–균일유동(와류가 있거나 없거나)은 매우 흥미로운 결과, 즉 원주 주위의 유동을 만든다(순환이 있거나 없거나)! 먼저 순환이 없는 유동을 그림 2.12a에서 보았다. 시계 방향의 와류가 있는 유동은 위에서 아래로 비대칭을 이룬다. 그 이유는 원주 위의 영역에서 속도는 균일유동과 와류가 같은 방향이므로 높은 속도로 되고; 원주의 아래에서는 서로 반대방향이기 때문에 낮은 속도가 되기 때문이다. 이미 배운 것처럼 속도가 높으면 유선은 가깝게 되며, 그 반대의 경우 유선은 멀어지게 되는 것을 패턴이 보여주고 있다. 더욱 중요한 것은 Bernoulli 방정식으로부터 속도가 높으면 압력이 낮게 되고 반대의 경우 압력이 높게 되어, 결국은 순환이 있는 원주는 압력에 의해 위로 작용하는 힘(양력)을 받게 된다는 것을 예상할 수 있다. 유동 패턴을 살펴서 어느 영역이 속도가 높은지 낮은지에 따라 압력이 낮은지 높은지를 보는 이러한 접근법은 매우 유용하다. 이러한 두 유동은 예제 6.11과 6.12에서 다루게 된다.

표 6.3의 마지막 예인 와류 쌍은 벽에서 유동이 창출되는 것을 암시하는 것으로 벽이 존재하는 것처럼 보인다: y축이 유선이 되게(따라서 벽으로 간주) 하면, 양의 x사분면에 있는 어떤 유동(소스, 와류 등)은 음의 x사분면에 경상(mirror image)의 유동을 가지게 된다; 따라서 y축은 대칭선이 된다. 90° 코너에서의 유동 패턴에 있어서는 x축과 y축 양쪽 모두에 대하여 대칭이 되도록 기본유동 형태를 둘 필요가 있다. 각이 90°보다 작은(예, 30°) 코너의 유동에서는 기본유동 형태를 반경 방향에 대칭으로 두어야 한다.

표 6.3
기본평면 유동들의 중첩

소스와 균일유동[반체(half-body)를 지나는 유동]

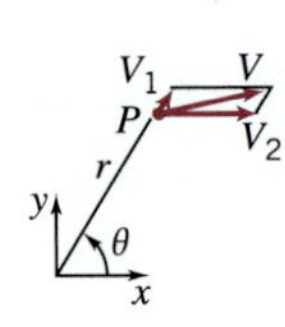

$$\psi = \psi_{so} + \psi_{uf} = \psi_1 + \psi_2 = \frac{q}{2\pi}\theta + Uy$$
$$\psi = \frac{q}{2\pi}\theta + Ur\sin\theta$$
$$\phi = \phi_{so} + \phi_{uf} = \phi_1 + \phi_2 = -\frac{q}{2\pi}\ln r - Ux$$
$$\phi = -\frac{q}{2\pi}\ln r - Ur\cos\theta$$

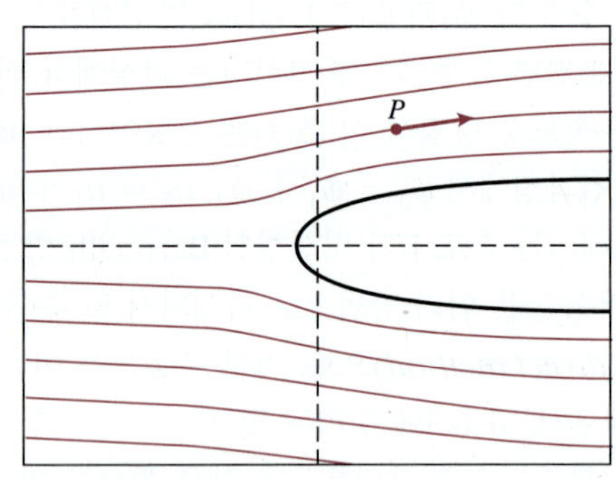

소스와 싱크(동일 강도, x축상의 거리 = 2a)

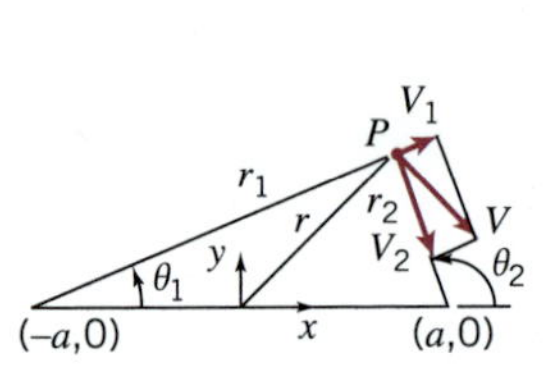

$$\psi = \psi_{so} + \psi_{si} = \psi_1 + \psi_2 = \frac{q}{2\pi}\theta_1 - \frac{q}{2\pi}\theta_2$$
$$\psi = \frac{q}{2\pi}(\theta_1 - \theta_2)$$
$$\phi = \phi_{so} + \phi_{si} = \phi_1 + \phi_2 = -\frac{q}{2\pi}\ln r_1 + \frac{q}{2\pi}\ln r_2$$
$$\phi = \frac{q}{2\pi}\ln\frac{r_2}{r_1}$$

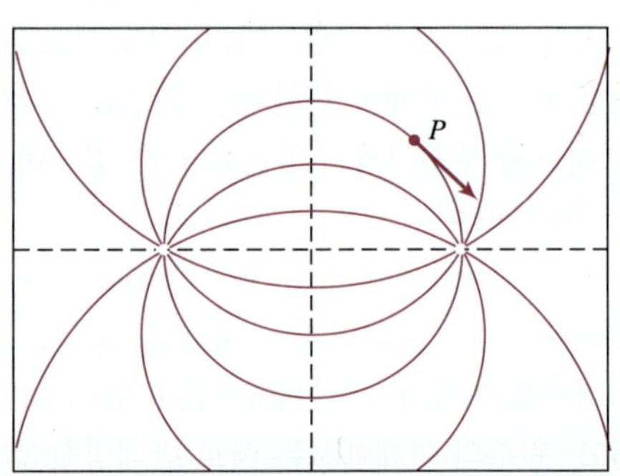

소스, 싱크 및 균일유동(Rankine체 주위를 지나는 유동)

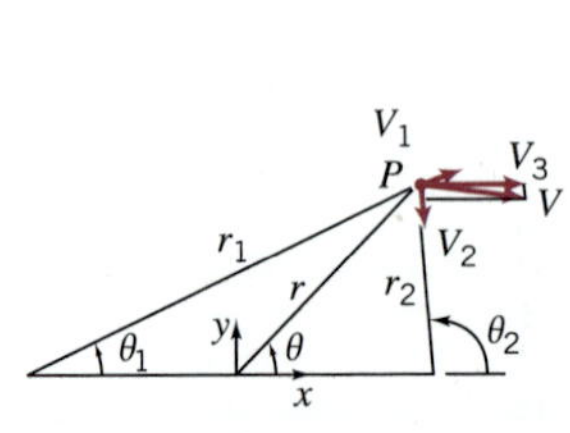

$$\psi = \psi_{so} + \psi_{si} + \psi_{uf} = \psi_1 + \psi_2 + \psi_3$$
$$= \frac{q}{2\pi}\theta_1 - \frac{q}{2\pi}\theta_2 + Uy$$
$$\psi = \frac{q}{2\pi}(\theta_1 - \theta_2) + Ur\sin\theta$$
$$\phi = \phi_{so} + \phi_{si} + \phi_{uf} = \phi_1 + \phi_2 + \phi_3$$
$$= -\frac{q}{2\pi}\ln r_1 + \frac{q}{2\pi}\ln r_2 - Ux$$
$$\phi = \frac{q}{2\pi}\ln\frac{r_2}{r_1} - Ur\cos\theta$$

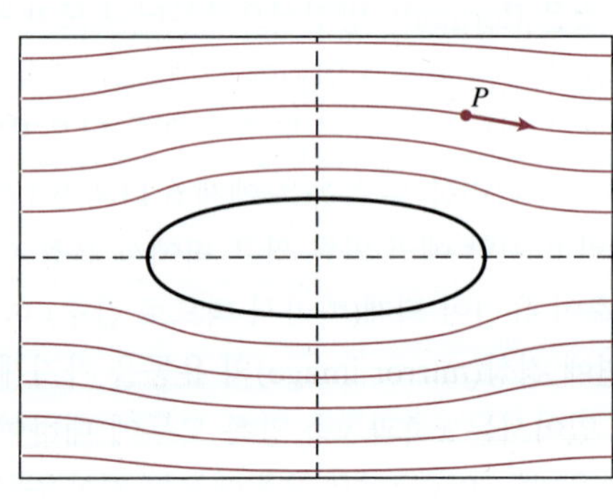

와류(시계 방향)와 균일유동

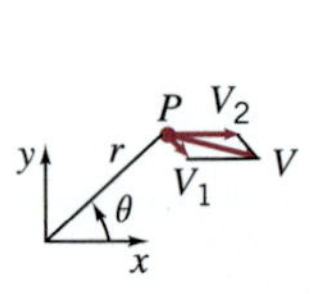

$$\psi = \psi_v + \psi_{uf} = \psi_1 + \psi_2 = \frac{K}{2\pi}\ln r + Uy$$
$$\psi = \frac{K}{2\pi}\ln r + Ur\sin\theta$$
$$\phi = \phi_v + \phi_{uf} = \phi_1 + \phi_2 = \frac{K}{2\pi}\theta - Ux$$
$$\phi = \frac{K}{2\pi}\theta - Ur\cos\theta$$

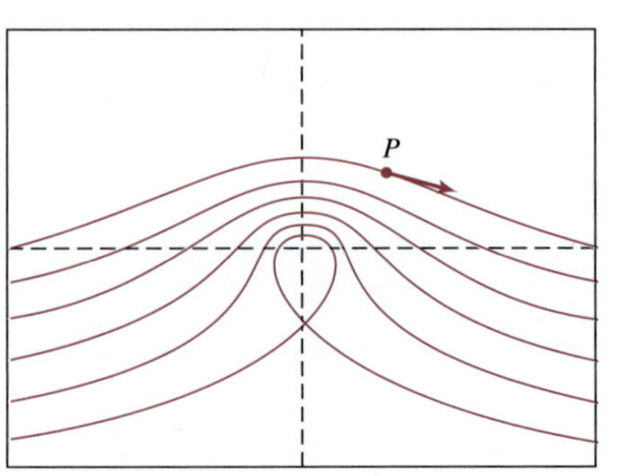

(계속)

표 6.3

기본평면 유동들의 중첩(계속)

더블릿과 균일유동(원주 주위를 지나는 유동)

$$\psi = \psi_d + \psi_{uf} = \psi_1 + \psi_2 = -\frac{\Lambda \sin\theta}{r} + Uy$$

$$= -\frac{\Lambda \sin\theta}{r} + Ur\sin\theta$$

$$\psi = U\left(r - \frac{\Lambda}{Ur}\right)\sin\theta$$

$$\psi = Ur\left(1 - \frac{a^2}{r^2}\right)\sin\theta \quad a = \sqrt{\frac{\Lambda}{U}}$$

$$\phi = \phi_d + \phi_{uf} = \phi_1 + \phi_2 = -\frac{\Lambda\cos\theta}{r} - Ux$$

$$= -\frac{\Lambda\cos\theta}{r} - Ur\cos\theta$$

$$\phi = -U\left(r + \frac{\Lambda}{Ur}\right)\cos\theta = -Ur\left(1 + \frac{a^2}{r^2}\right)\cos\theta$$

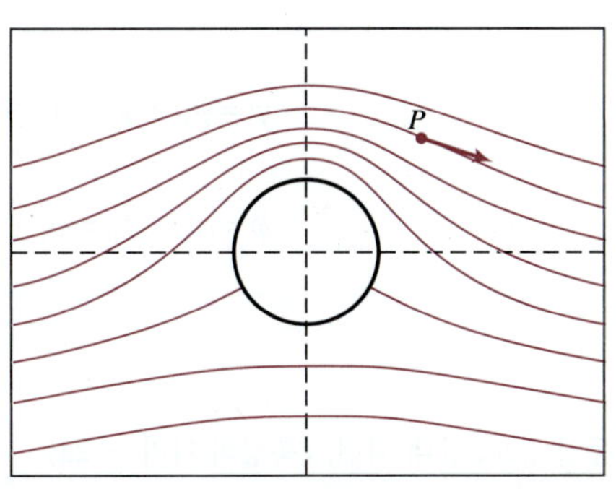

더블릿, 와류(시계 방향) 및 균일유동(순환을 가지고 원주를 지나는 유동)

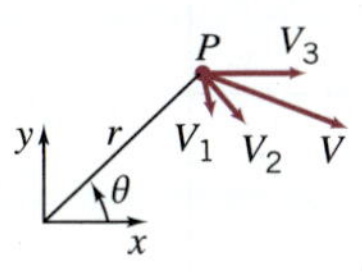

$$\psi = \psi_d + \psi_v + \psi_{uf} = \psi_1 + \psi_2 + \psi_3$$

$$= -\frac{\Lambda\sin\theta}{r} + \frac{K}{2\pi}\ln r + Uy$$

$$\psi = -\frac{\Lambda\sin\theta}{r} + \frac{K}{2\pi}\ln r + Ur\sin\theta$$

$$\psi = Ur\left(1 - \frac{a^2}{r^2}\right)\sin\theta + \frac{K}{2\pi}\ln r$$

$$\phi = \phi_d + \phi_v + \phi_{uf} = \phi_1 + \phi_2 + \phi_3$$

$$= -\frac{\Lambda\cos\theta}{r} + \frac{K}{2\pi}\theta - Ux$$

$a = \sqrt{\dfrac{\Lambda}{U}};\ K < 4\pi aU$

$$\phi = -\frac{\Lambda\cos\theta}{r} + \frac{K}{2\pi}\theta - Ur\cos\theta$$

$$\phi = -Ur\left(1 + \frac{a^2}{r^2}\right)\cos\theta + \frac{K}{2\pi}\theta$$

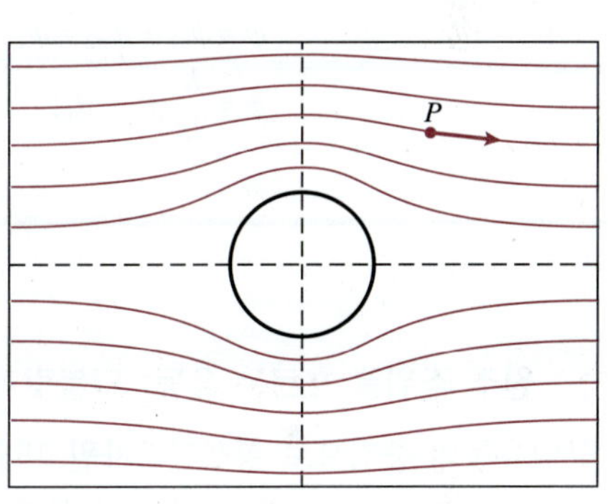

소스와 와류(나선형 와류)

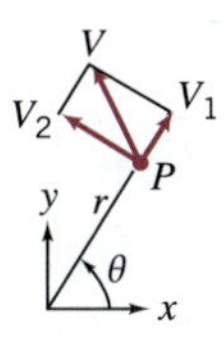

$$\psi = \psi_{so} + \psi_v = \psi_1 + \psi_2 = \frac{q}{2\pi}\theta - \frac{K}{2\pi}\ln r$$

$$\phi = \phi_{so} + \phi_v = \phi_1 + \phi_2 = -\frac{q}{2\pi}\ln r - \frac{K}{2\pi}\theta$$

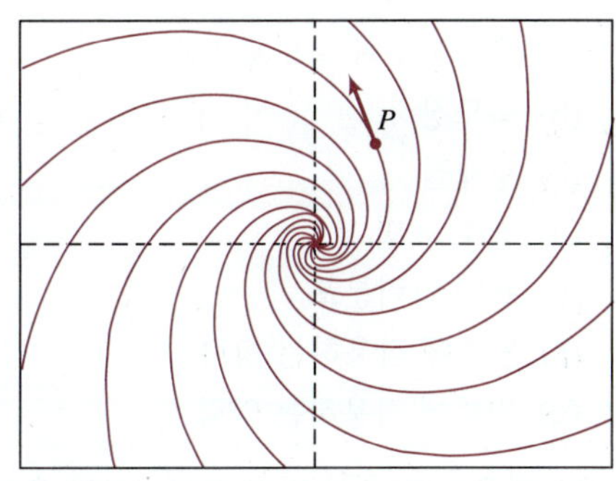

(계속)

표 6.3
기본평면 유동들의 중첩(계속)

싱크와 와류

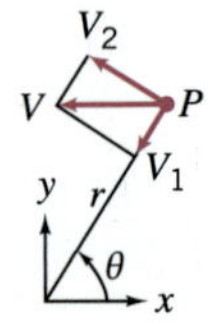

$$\psi = \psi_{si} + \psi_v = \psi_1 + \psi_2 = -\frac{q}{2\pi}\theta - \frac{K}{2\pi}\ln r$$

$$\phi = \phi_{si} + \phi_v = \phi_1 + \phi_2 = \frac{q}{2\pi}\ln r - \frac{K}{2\pi}\theta$$

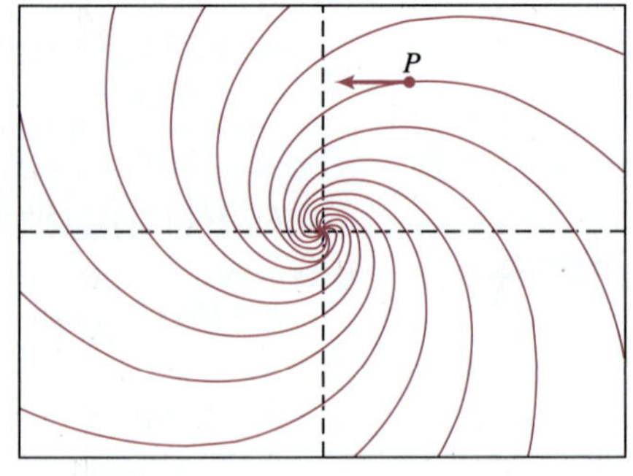

와류 쌍(동일 강도, 반대 회전, x축상의 거리 = **2a**)

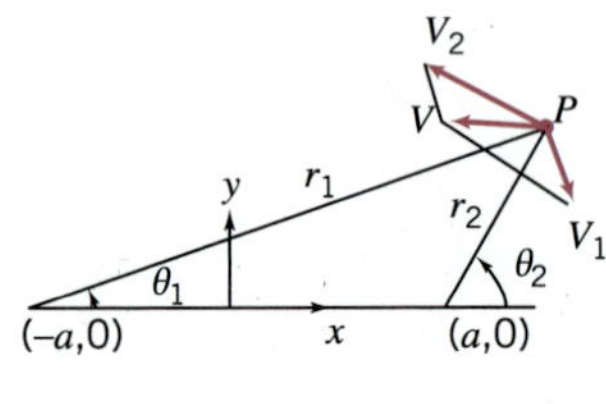

$$\psi = \psi_{v1} + \psi_{v2} = \psi_1 + \psi_2 = -\frac{K}{2\pi}\ln r_1 + \frac{K}{2\pi}\ln r_2$$

$$\psi = \frac{K}{2\pi}\ln\frac{r_2}{r_1}$$

$$\phi = \phi_{v1} + \phi_{v2} = \phi_1 + \phi_2 = -\frac{K}{2\pi}\theta_1 + \frac{K}{2\pi}\theta_2$$

$$\phi = \frac{K}{2\pi}(\theta_2 - \theta_1)$$

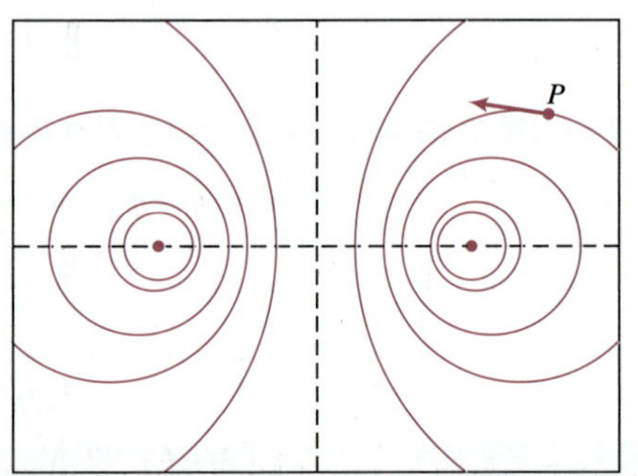

예제 6.11 원주 주위를 흐르는 유동: 더블릿과 균일유동의 중첩

더블릿과 균일유동의 중첩으로 형성된 2차원, 비압축성, 비회전유동은 원통 주위의 유동을 나타낸다. 이 유동에 대한 유동함수와 속도포텐셜을 구하라. 속도장, 정체점의 위치와 원주 표면을 찾고, 표면 압력분포를 구하라. 구한 압력분포를 적분하여 원통에 작용하는 항력과 양력을 구하라.

주어진 자료: 더블릿과 균일유동의 중첩으로 형성된 2차원, 비압축성, 비회전유동

찾는 자료: (a) 유동함수와 속도포텐셜
(b) 속도장
(c) 정체점
(d) 원주 표면
(e) 표면 압력분포
(f) 원주에 작용하는 항력
(g) 원주에 작용하는 양력

풀이: 이 유동장은 비압축성 및 비회전이므로 유동함수는 합할 수 있다. 표 6.2에서 두 유동으로 이루어진 유동함수와 속도포텐셜을 찾을 수 있다.

$$\psi = \psi_d + \psi_{uf} = -\frac{\Lambda \sin\theta}{r} + Ur\sin\theta \longleftarrow \psi$$

속도포텐셜은

$$\phi = \phi_d + \phi_{uf} = -\frac{\Lambda \cos\theta}{r} - Ur\cos\theta \leftarrow \phi$$

속도성분은 식 (6.30)을 사용하여 다음과 같이 구한다.

$$V_r = -\frac{\partial \phi}{\partial r} = -\frac{\Lambda \cos\theta}{r^2} + U\cos\theta$$

$$V_\theta = -\frac{1}{r}\frac{\partial \phi}{\partial \theta} = -\frac{\Lambda \sin\theta}{r^2} - U\sin\theta$$

따라서 속도장은 다음과 같이 표시된다.

$$\vec{V} = V_r\hat{e}_r + V_\theta\hat{e}_\theta = \left(-\frac{\Lambda\cos\theta}{r^2} + U\cos\theta\right)\hat{e}_r + \left(-\frac{\Lambda\sin\theta}{r^2} - U\sin\theta\right)\hat{e}_\theta \leftarrow \vec{V}$$

정체점들은 $\vec{V} = V_r\hat{e}_r + V_\theta\hat{e}_\theta = 0$이 되는 위치에 있다.

$$V_r = -\frac{\Lambda\cos\theta}{r^2} + U\cos\theta = \cos\theta\left(U - \frac{\Lambda}{r^2}\right)$$

따라서 $r = \sqrt{\frac{\Lambda}{U}} = a$일 때 $V_r = 0$이다. 마찬가지로

$$V_\theta = -\frac{\Lambda\sin\theta}{r^2} - U\sin\theta = -\sin\theta\left(U + \frac{\Lambda}{r^2}\right)$$

이므로 $\theta = 0, \pi$일 때 $V_\theta = 0$이다.

따라서 정체점들은 $(r, \theta) = (a, 0), (a, \pi)$이다. ← 정체점

$r = a$를 따라 $V_r = 0$이므로, 이것은 표 6.3에서 볼 수 있는 것처럼 원주 주위의 유동을 나타낸다. 유동은 비회전이므로 두 점 사이에 Bernoulli 방정식을 적용할 수 있다. 먼 상류의 한 점과 원주 표면상의 한 점 사이에 Bernoulli 방정식을 적용(높이차는 무시한다)하면 다음과 같다.

$$\frac{p_\infty}{\rho} + \frac{U^2}{2} = \frac{p}{\rho} + \frac{V^2}{2}$$

그래서

$$p - p_\infty = \frac{1}{2}\rho(U^2 - V^2)$$

$r = a$인 표면을 따라

$$V^2 = V_\theta^2 = \left(-\frac{\Lambda}{a^2} - U\right)^2 \sin^2\theta = 4U^2\sin^2\theta$$

또 $\Lambda = Ua^2$이므로 대입하면 다음과 같다.

$$p - p_\infty = \frac{1}{2}\rho(U^2 - 4U^2\sin^2\theta) = \frac{1}{2}\rho U^2(1 - 4\sin^2\theta)$$

또는

$$\frac{p - p_\infty}{\frac{1}{2}\rho U^2} = 1 - 4\sin^2\theta \leftarrow \text{압력분포}$$

항력은 자유유동 방향에 평행한 성분이다. 항력은 다음과 같이 주어진다.

$$F_D = \int_A -p\, dA \cos\theta = \int_0^{2\pi} -pa\, d\theta\, b \cos\theta$$

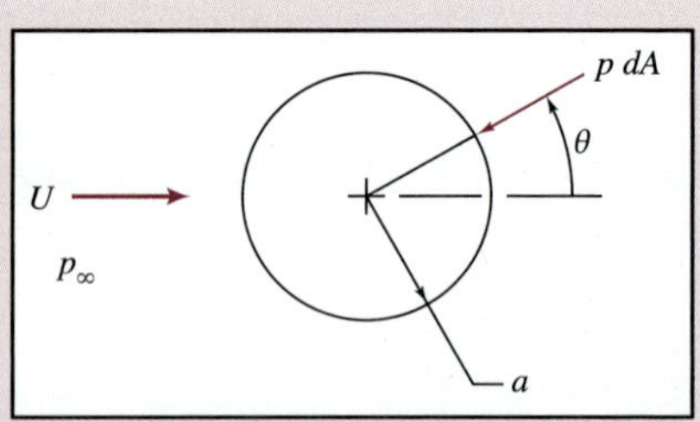

여기서 $dA = a\, d\theta\, b$이며, b는 그림에 수직인 원주의 길이이다.

$p = p_\infty + \frac{1}{2}\rho U^2(1-4\sin^2\theta)$를 대입하면

$$F_D = \int_0^{2\pi} -p_\infty ab \cos\theta\, d\theta + \int_0^{2\pi} -\frac{1}{2}\rho U^2(1-4\sin^2\theta)ab\cos\theta\, d\theta$$

$$= -p_\infty\, ab \sin\theta\Big]_0^{2\pi} - \frac{1}{2}\rho U^2 ab \sin\theta\Big]_0^{2\pi} + \frac{1}{2}\rho U^2 ab\frac{4}{3}\sin^3\theta\Big]_0^{2\pi}$$

$$F_D = 0 \xleftarrow{\hspace{10em}} F_D$$

양력은 자유유동 방향에 수직한 성분이다(부호규약에 따르면 양력은 위 방향일 때 양이다). 양력은 다음과 같이 주어진다.

$$F_L = \int_A p\, dA(-\sin\theta) = -\int_0^{2\pi} pa\, d\theta\, b \sin\theta$$

p에 대한 식을 대입하면

$$F_L = -\int_0^{2\pi} p_\infty ab \sin\theta\, d\theta - \int_0^{2\pi}\frac{1}{2}\rho U^2(1-4\sin^2\theta)ab\sin\theta\, d\theta$$

$$= p_\infty a\, b\cos\theta\Big]_0^{2\pi} + \frac{1}{2}\rho U^2 ab\cos\theta\Big]_0^{2\pi} + \frac{1}{2}\rho U^2 ab\left[\frac{4\cos^3\theta}{3} - 4\cos\theta\right]_0^{2\pi}$$

$$F_L = 0 \xleftarrow{\hspace{10em}} F_L$$

이 문제는 다음을 설명한다.

- 흥미롭고 유용한 유동 패턴을 만들기 위해 기본 유동들을 어떻게 조합하는가?
- d'Alembert의 역설로서, 물체 주위의 포텐셜 유동은 항력을 유발시키지 않는다.

예제 6.12 순환이 있는 원주 위의 유동: 더블릿, 균일유동, 시계 방향 자유와류의 중첩

2차원, 비압축성, 비회전유동에서 더블릿, 균일유동, 자유와류를 중첩하면 순환을 갖는 원주 주위의 유동을 나타낸다. 시계 방향의 자유와류를 사용하여 이 유동의 유동함수와 속도포텐셜을 구하라. 속도장, 정체점들의 위치 그리고 원주 표면을 구하고, 표면의 압력분포를 구하라. 이 압력분포를 적분하여 원주에 작용하는 항력과 양력을 구하라. 원주에 작용하는 양력과 자유와류의 순환과의 관계를 구하라.

주어진 자료: 더블릿, 균일유동, 시계 방향 자유와류의 중첩으로부터 형성된 2차원, 비압축성, 비회전유동

찾는 자료: (a) 유동함수와 속도포텐셜

(b) 속도장

(c) 정체점

(d) 원주 표면

(e) 표면 압력분포

(f) 원주에 작용하는 항력

(g) 원주에 작용하는 양력

(h) 자유와류 순환으로 표현된 양력

풀이: 유동장이 비압축성이고 비회전이기 때문에 유동함수들은 서로 합할 수 있다. 표 6.2에서 시계 방향의 자유와류에 대한 유동함수와 속도포텐셜은

$$\psi_{fv}=\frac{K}{2\pi}\ln r \qquad \phi_{fv}=\frac{K}{2\pi}\theta$$

예제 6.11의 결과를 사용하면, 조합한 유동의 유동함수는 다음과 같다.

$$\psi=\psi_d+\psi_{uf}+\psi_{fv}$$

$$\psi=-\frac{\Lambda\sin\theta}{r}+Ur\sin\theta+\frac{K}{2\pi}\ln r \longleftarrow \psi$$

속도포텐셜은 다음과 같다.

$$\phi=\phi_d+\phi_{uf}+\phi_{fv}$$

$$\phi=-\frac{\Lambda\cos\theta}{r}-Ur\cos\theta+\frac{K}{2\pi}\theta \longleftarrow \phi$$

식 (6.30)을 사용하면 속도성분은 다음과 같다.

$$V_r=-\frac{\partial\phi}{\partial r}=-\frac{\Lambda\cos\theta}{r^2}+U\cos\theta \tag{1}$$

$$V_\theta=-\frac{1}{r}\frac{\partial\phi}{\partial\theta}=-\frac{\Lambda\sin\theta}{r^2}-U\sin\theta-\frac{K}{2\pi r} \tag{2}$$

속도장

$$\vec{V}=V_r\,\hat{e}_r+V_\theta\,\hat{e}_\theta$$

$$\vec{V}=\left(-\frac{\Lambda\cos\theta}{r^2}+U\cos\theta\right)\hat{e}_r+\left(-\frac{\Lambda\sin\theta}{r}-U\sin\theta-\frac{K}{2\pi r}\right)\hat{e}_\theta \longleftarrow \vec{V}$$

정체점들은 $\vec{V}=V_r\,\hat{e}_r+V_\theta\,\hat{e}_\theta=0$인 곳에 놓여 있다. 식 (1)로부터

$$V_r=-\frac{\Lambda\cos\theta}{r^2}+U\cos\theta=\cos\theta\left(U-\frac{\Lambda}{r^2}\right)$$

그래서 $r=\sqrt{\Lambda/U}=a$일 때 $V_r=0$이 된다. ⟵ 원통 표면

정체점들은 $r=a$에 있다. $r=a$를 식 (2)에 대입하면 다음 식을 얻는다.

$$V_\theta=-\frac{\Lambda\sin\theta}{a^2}-U\sin\theta-\frac{K}{2\pi a}$$

$$=-\frac{\Lambda\sin\theta}{\Lambda/U}-U\sin\theta-\frac{K}{2\pi a}$$

$$V_\theta=-2U\sin\theta-\frac{K}{2\pi a}$$

$\sin\theta$ 또는 θ가 다음과 같을 때 $r=a$에서 $V_\theta=0$이 된다.

$$\sin\theta=-\frac{K}{4\pi Ua} \qquad \text{또는} \qquad \theta=\sin^{-1}\left[\frac{-K}{4\pi Ua}\right]$$

정체점들은 다음과 같다. $r=a \quad \theta=\sin^{-1}\left[\frac{-K}{4\pi Ua}\right]$ ⟵ 정체점

예제 6.11에서처럼 $r=a$일 때 $V_r=0$이므로, 이 유동장은 표 6.3에서 보는 것 같이 원주 주위의 유동을 다시 한번 나타낸다. 만일 $K=0$이면 그 해는 예제 6.11의 해와 동일하다.

자유와류가 있으면 $K>0$는 정체점들을 원주의 중심 아래로 이동시킨다. 그래서 자유와류는 그 유동장의 수직 대칭성을 변화

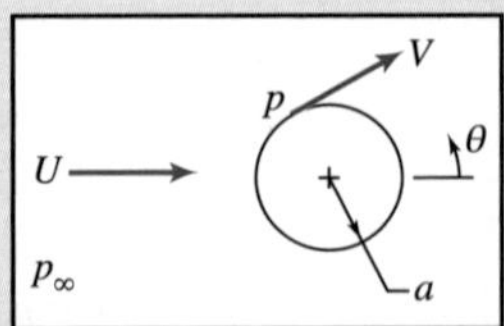

시킨다. 또 그 유동장은 와류강도 $K = 0$과 $K = 4\pi Ua$ 사이의 범위 내에서 2개의 정체점을 갖는다.

하나의 정체점은 $K = 4\pi Ua$일 때 $\theta = -\pi/2$에 위치한다.

자유와류가 있더라도 이 유동은 비회전유동이고, Bernoulli 방정식은 임의의 두 점 사이에서 적용된다. Bernoulli 방정식을 상류의 먼 지점과 원통 표면의 한 점 사이에 적용하면 다음과 같다.

$$\frac{p_\infty}{\rho} + \frac{U^2}{2} + g\,z = \frac{p}{\rho} + \frac{V^2}{2} + gz$$

높이차를 무시하고 정리하면

$$p - p_\infty = \frac{1}{2}\rho(U^2 - V^2) = \frac{1}{2}\rho U^2\left[1 - \left(\frac{V}{U}\right)^2\right]$$

표면인 $r = a$를 따라 $V_r = 0$이므로

$$V^2 = V_\theta^2 = \left(-2U\sin\theta - \frac{K}{2\pi a}\right)^2$$

그리고

$$\left(\frac{V}{U}\right)^2 = 4\sin^2\theta + \frac{2K}{\pi Ua}\sin\theta + \frac{K^2}{4\pi^2U^2a^2}$$

따라서

$$p = p_\infty + \frac{1}{2}\rho U^2\left(1 - 4\sin^2\theta - \frac{2K}{\pi Ua}\sin\theta - \frac{K^2}{4\pi^2U^2a^2}\right) \longleftarrow p(\theta)$$

항력은 자유유동 방향에 평행한 성분이다. 예제 6.11에서처럼 항력은 다음과 같다.

$$F_D = \int_A -p\,dA\cos\theta = \int_0^{2\pi} -pa\,d\theta b\cos\theta$$

$dA = a\,d\theta\,b$이며, b는 그림과 수직한 방향으로 원주의 길이이다.

압력분포들을 비교하면, 자유와류는 계수 K가 포함된 항에만 기여함을 알 수 있다. 이 항들의 항력에 대한 기여는

$$\frac{F_{D_{fv}}}{\frac{1}{2}\rho U^2} = \int_0^{2\pi}\left(\frac{2K}{\pi Ua}\sin\theta + \frac{K^2}{4\pi^2U^2a^2}\right)ab\cos\theta\,d\theta \tag{3}$$

$$\frac{F_{D_{fv}}}{\frac{1}{2}\rho U^2} = \frac{2K}{\pi Ua}ab\left.\frac{\sin^2\theta}{2}\right]_0^{2\pi} + \left.\frac{K^2}{4\pi^2U^2a^2}ab\sin\theta\right]_0^{2\pi} = 0 \longleftarrow F_D$$

양력은 자유유동 방향에 수직한 성분이다(위 방향 힘은 양의 양력이다). 그 양력은 다음과 같다.

$$F_L = \int_A -p\,dA\sin\theta = \int_0^{2\pi} -pa\,d\theta\,b\sin\theta$$

압력분포들을 비교하면 자유와류는 계수 K가 포함된 항에만 기여함을 알 수 있다. 이 항들의 양력에 대한 기여는 다음과 같다.

$$\frac{F_{L_{fv}}}{\frac{1}{2}\rho U^2} = \int_0^{2\pi}\left(\frac{2K}{\pi Ua}\sin\theta + \frac{K^2}{4\pi^2U^2a^2}\right)ab\sin\theta\,d\theta$$

$$= \frac{2K}{\pi Ua}\int_0^{2\pi} ab\sin^2\theta d\theta + \frac{K^2}{4\pi^2U^2a^2}\int_0^{2\pi} ab\sin\theta\,d\theta$$

$$= \frac{2Kb}{\pi U}\left[\frac{\theta}{2} - \frac{\sin^2\theta}{4}\right]_0^{2\pi} - \frac{K^2 b}{4\pi^2 U^2 a}\cos\theta\Big]_0^{2\pi}$$

$$\frac{F_{L_{f\upsilon}}}{\frac{1}{2}\rho U^2} = \frac{2Kb}{\pi U}\left[\frac{2\pi}{2}\right] = \frac{2Kb}{U}$$

그러면 $F_{L_{f\upsilon}} = \rho UKb \leftarrow$ F_L

순환은 식 (5.18)에서 다음과 같이 정의되었다.

$$\Gamma \equiv \oint \vec{V} \cdot d\vec{s}$$

원주 표면 $r = a$에서 $\vec{V} = V_\theta\,\hat{e}_\theta$이므로

$$\Gamma = \int_0^{2\pi} \left(-2U\sin\theta - \frac{K}{2\pi a}\right)\hat{e}_\theta \cdot a\,d\theta\,\hat{e}_\theta$$

$$= -\int_0^{2\pi} 2Ua\sin\theta\,d\theta - \int_0^{2\pi}\frac{K}{2\pi}\,d\theta$$

$$\Gamma = -K \leftarrow \text{순환}$$

이를 양력에 대한 식에 대입하면

$$F_L = \rho UKb = \rho U(-\Gamma)b = -\rho U\Gamma b$$

원주의 단위길이당 양력은 다음과 같다.

$$\frac{F_L}{b} = -\rho U\Gamma \leftarrow \frac{F_L}{b}$$

이 문제는 다음을 설명한다:

- d'Alembert의 역설로서 포텐셜 유동은 물체에 항력을 발생시키지 않는다.
- 단위길이당 양력은 $-\rho U\Gamma$이다. 이 식은 물체의 형상과는 상관없이 이상유체유동에서는 모두 같다.

Laplace 방정식은 공학과 물리의 여러 응용분야에 나타나기에 많은 연구가 있어 왔다. 해석적인 해로서 한 가지 방법은 복소수의 등각사상을 이용하는 것이다. 연속인 임의의 복소함수 $f(z)$ ($z = x + iy$, 그리고 $i = \sqrt{-1}$)는 Laplace 방정식의 해이므로, 속도포텐셜 ϕ와 유동함수 ψ를 모두 나타낼 수 있다. 이러한 접근으로 많은 훌륭한 수학적 결과가 도출되었다[4~7]. 두 가지만 언급한다: 하나는 원이론으로, 어떤 주어진 유동[임의의 점 (a, b)에 있는 소스 등]을 원점에 놓여진 원주 주변의 유동으로 쉽게 변환될 수 있게 한다; 또 하나는 Schwarz-Christoffel 이론으로, 주어진 유동을 계단상의 무한한 경계주변 유동으로 변환시킨다(예를 들면, 건물 윤곽을 x축상에 놓는 경우).

이와 같은 해석적인 연구의 상당 부분은 수 세기 전에 이루어졌고, 그때는 포텐셜이론 대신에 '이론유체역학(hydrodynamics)'이라 불렀다. 유명한 연구자로는 Bernoulli, Lagrange, d'Alembert, Cauchy, Rankine 및 Euler [8] 등이 있다. 2.6절에서 설명한 바와 같이, 그러한 이론은 바로 어려움에 직면하였다. 이상유체유동에서는 어떤 물체도 항력을 받지 않는다—1752년의 d'Alembert의 역설—고 하지만 경험과는 완전히 반대의 결과이다. 1904년에 Prandtl은 실제 유동이 근본적으로 거의 모든 곳에서 비점성이라 하더라도 물체에 인접한 곳에서는 '경계층'이 항상 존재함을 설명함으로써 이러한 불일치를 해결하였다. 이러한 층 내부에는 점성의 영향이 크게 작용하며, 벽면에서는 점착 조건을 만족한다. 포텐셜 유동 이론에서는 점착조건을 만족하지 않는다. 9장에서 경계층에 대하여 보다 상세하게 공부하게 되며, 경계층의 존재로 물체에 항력이 발생하며 물체의 양력에도 영향을 미침을 알게 된다.

또 다른 중첩 접근법은 역산법(*inverse method*)으로 소스, 싱크 그리고 와류와 같은 유동의 분포를 이

용하여 물체의 형상을 만든다[9]. 역산이라 하는 것은 필요한 압력분포를 기초로 하여 물체의 형상을 추정하기 때문이다. 3차원 공간의 경우까지를 포함하여 직접법과 역산법 모두 Computational Fluid Dynamics software에 의하여 대부분 해석되고 있다.

6.7 요약과 유용한 식

이 장에서는 다음에 대하여 학습하였다.

- ✓ Euler 방정식을 (a) 벡터형, (b) 직각 좌표계, (c) 원통 좌표계, (d) 유선 좌표계에서 각각 유도하였다.
- ✓ Euler 방정식을 정상유동이고 유선을 따라 적분하여 Bernoulli 방정식을 얻었고, 그 제한조건에 대해 설명하였다. 또한 유관을 통하는 정상, 비압축성유동에 대해서 열역학 제1법칙이 제한조건하에서 어떻게 Bernoulli 방정식으로 되는가를 보았다.
- ✓ 정압, 동압, 정체압(전압)을 정의하였다.
- ✓ 에너지구배선과 수력구배선을 정의하였다.
- ✓ *비정상유동에 대한 Bernoulli 방정식을 유도하였고, 그 제한조건을 설명하였다.
- ✓ *정상, 비압축성이고 비회전유동에 대해 관찰하였고, Bernoulli 방정식이 유동의 임의의 두 점 사이에 적용됨을 보았다.
- ✓ *속도포텐셜 ϕ를 정의하였고 그 제한조건을 설명하였다.

또한 2차원, 비압축, 비회전 유동에 대하여 상세하게 공부하였고, 이들 유동에 대하여 유동함수 ψ와 속도포텐셜 ϕ는 Laplace 방정식을 만족함을 알았다. ψ와 ϕ는 속도성분으로부터 유도될 수 있으며, 반대로 속도성분으로부터 ψ와 ϕ를 구할 수 있음을 알았다. 그리고 유동함수 ψ와 속도포텐셜 ϕ의 등고선은 서로 직각임을 알았다. 이들 기본 포텐셜 유동 패턴들이 다양한 유동 패턴을 만드는 데 어떻게 조합되는지에 대해서도 알았으며, 원주 형태에 대하여 압력분포와 양력과 항력을 어떻게 결정하는지에 대해서도 알게 되었다.

주의: 아래 표의 유용한 식 대부분은 몇 가지 구속이나 제한이 있다. 자세한 사항은 반드시 해당 페이지를 참고하기 바란다!

유용한 식

비압축 비점성유동을 위한 Euler 방정식	$\rho \dfrac{D\vec{V}}{Dt} = \rho\vec{g} - \nabla p$	**(6.1)**
Euler 방정식(직각 좌표계)	$\rho\left(\dfrac{\partial u}{\partial t} + u\dfrac{\partial u}{\partial x} + v\dfrac{\partial u}{\partial y} + w\dfrac{\partial u}{\partial z}\right) = \rho g_x - \dfrac{\partial p}{\partial x}$	**(6.2a)**
	$\rho\left(\dfrac{\partial v}{\partial t} + u\dfrac{\partial v}{\partial x} + v\dfrac{\partial v}{\partial y} + w\dfrac{\partial v}{\partial z}\right) = \rho g_y - \dfrac{\partial p}{\partial y}$	**(6.2b)**
	$\rho\left(\dfrac{\partial w}{\partial t} + u\dfrac{\partial w}{\partial x} + v\dfrac{\partial w}{\partial y} + w\dfrac{\partial w}{\partial z}\right) = \rho g_z - \dfrac{\partial p}{\partial z}$	**(6.2c)**

(계속)

유용한 식 (계속)

Euler 방정식(원통 좌표계)	$\rho a_r = \rho\left(\frac{\partial V_r}{\partial t} + V_r\frac{\partial V_r}{\partial r} + \frac{V_\theta}{r}\frac{\partial V_r}{\partial \theta} + V_z\frac{\partial V_r}{\partial z} - \frac{V_\theta^2}{r}\right) = \rho g_r - \frac{\partial p}{\partial r}$	**(6.3a)**
	$\rho a_\theta = \rho\left(\frac{\partial V_\theta}{\partial t} + V_r\frac{\partial V_\theta}{\partial r} + \frac{V_\theta}{r}\frac{\partial V_\theta}{\partial \theta} + V_z\frac{\partial V_\theta}{\partial z} + \frac{V_r V_\theta}{r}\right) = \rho g_\theta - \frac{1}{r}\frac{\partial p}{\partial \theta}$	**(6.3b)**
	$\rho a_z = \rho\left(\frac{\partial V_z}{\partial t} + V_r\frac{\partial V_z}{\partial r} + \frac{V_\theta}{r}\frac{\partial V_z}{\partial \theta} + V_z\frac{\partial V_z}{\partial z}\right) = \rho g_z - \frac{\partial p}{\partial z}$	**(6.3c)**
Bernoulli 방정식(정상, 비압축성, 비점성, 유선 따라)	$\frac{p}{\rho} + \frac{V^2}{2} + gz = $ 일정	**(6.8)**
유동의 총 수두에 대한 정의	$\frac{p}{\rho g} + \frac{V^2}{2g} + z = H$	**(6.16a)**
에너지구배선(EGL)의 정의	$EGL = \frac{p}{\rho g} + \frac{V^2}{2g} + z$	**(6.16b)**
수력구배선(HGL)의 정의	$HGL = \frac{p}{\rho g} + z$	**(6.16c)**
EGL, HGL, 동압과의 관계	$EGL - HGL = \frac{V^2}{2g}$	**(6.16d)**
유동함수의 정의 (2차원, 비압축성유동)	$u = \frac{\partial \psi}{\partial y} \quad v = -\frac{\partial \psi}{\partial x}$	**(5.4)**
속도포텐셜의 정의 (2차원 비회전 유동)	$u = -\frac{\partial \phi}{\partial x} \quad v = -\frac{\partial \phi}{\partial y}$	**(6.29)**
유동함수의 정의(2차원, 비압축성유동, 원통 좌표계)	$V_r = \frac{1}{r}\frac{\partial \psi}{\partial \theta}$ 그리고 $V_\theta = -\frac{\partial \psi}{\partial r}$	**(5.8)**
속도포텐셜의 정의(2차원 비회전 유동, 원통 좌표계)	$V_r = -\frac{\partial \phi}{\partial r}$ 그리고 $V_\theta = -\frac{1}{r}\frac{\partial \phi}{\partial \theta}$	**(6.33)**

참고문헌

1. Shaw, R., "The Influence of Hole Dimensions on Static Pressure Measurements," *J. Fluid Mech.*, 7, Part 4, April 1960, pp. 550-564.
2. Chue, S. H., "Pressure Probes for Fluid Measurement," *Progress in Aerospace Science*, 16, 2, 1975, pp. 147-223.
3. United Sensor Corporation, 3 Northern Blvd., Amherst, NH 03031.
4. Lamb, H., *Hydrodynamics*. New York: Dover, 1945.
5. Milne-Thomson, L. M., *Theoretical Hydrodynamics*, 4th ed. New York: Macmillan, 1960.
6. Karamcheti, K., *Principles of Ideal-Fluid Aerodynamics*. New York: Wiley, 1966.
7. Kirchhoff, R. H., *Potential Flows: Computer Graphic Solutions*. New York: Marcel Dekker, 1985.
8. Rouse, H., and S. Ince, *History of Hydraulics*. New York: Dover, 1957.
9. Kuethe, A. M., and C.-Y. Chow, *Foundations of Aerodynamics: Bases of Aerodynamic Design*, 4th ed. New York: Wiley, 1986.

연습문제

Euler 방정식

6.1 어떤 비압축성유동장이 $\vec{V} = [A(y^2 - x^2) - Bx]\hat{i} + [2Axy + By]\hat{j}$이다. 여기서 $A = 3.28\ \text{m}^{-1}\cdot\text{s}^{-1}$, $B = 3.28\ \text{m}^{-1}\cdot\text{s}^{-1}$이고, 좌표의 단위는 미터이다. 밀도는 $1,030\ \text{kg/m}^3$이고, 중력은 음의 y방향으로 작용한다. 점 $(x, y) = (0.3, 0.3)$에 있는 유체입자의 가속도와 압력구배를 계산하라.

6.2 비압축성 마찰이 없는 유동장이 $\vec{V} = (Ax + By)\hat{i} + (Bx - Ay)\hat{j}$이다. 여기서 $A = 2\ \text{s}^{-1}$, $B = 5\ \text{s}^{-1}$이고, 좌표는 미터 단위로 측정된다. 점 $(x, y) = (4, 6)$에 있는 유체입자 가속도의 크기와 방향을 구하라. 유체가 물이고 $\vec{g} = -g\hat{j}$일 때 같은 점에서 압력구배를 구하라.

6.3 물의 수평유동에 대한 속도장이 $\vec{V} = (-Ax + Bt)\hat{i} + (Ay + Bt)\hat{j}$인 유동장을 고려하자. 여기서 $A = 3.28\ \text{m}^{-1}\cdot\text{s}^{-1}$, $B = 1\ \text{s}^{-1}$이며, 좌표는 미터 단위이다. 밀도가 $1,030\ \text{kg/m}^3$이고, 중력은 음의 y방향으로 작용한다. 점 $(x, y) = (1, 1)$에서 유체입자의 가속도와 압력구배를 구하라.

6.4 속도가 $\vec{V} = [A(x^2 - y^2) - 3Bx]\hat{i} - [2Axy - 3By]\hat{j}$로 주어진다. $A = 2\ \text{s}^{-2}$, $B = 1\ \text{s}^{-2}$이며, x와 y는 미터 단위이고, t는 초 단위이다. 체적력을 무시한다. 점 $(x, y) = (1, 1)$에서 $t = 1$ s일 때 Δp를 계산하라.

6.5 x방향의 속도성분은 $u = Ax$이다. 여기서 $A = 3\ \text{s}^{-1}$이고, 좌표계는 미터 단위이다. 점 $(x, y) = (1, 1)$에서 압력은 $p_0 = 200$ kPa (gage)이다. 밀도는 $\rho = 1.80\ \text{kg/m}^3$이고, z축은 수직이다. 가능한 가장 간단한 y방향 속도성분을 구하라. $(x, y) = (3, 2)$에서 가속도와 압력구배를 계산하라. 양의 x축을 따라 압력분포를 구하라.

6.6 속도가 $\vec{V} = Ax\sin(2\pi\omega t)\hat{i} - Ay\sin(2\pi\omega t)\hat{j}$인 유동장이 있다. 여기서 $A = 2\ \text{s}^{-1}$, $\omega = 1\ \text{s}^{-1}$이다. 유체밀도는 $2\ \text{kg/m}^3$이다. 국소 가속도, 대류 가속도, 총 가속도를 구하라. $t = 0$, 0.5 및 1초일 때 점 (1,1)에서의 이들을 계산하라. 같은 시간에 같은 점에서 ∇p를 구하라.

6.7 평면 xy에서 2차원, 정상유동장의 속도분포는 $\vec{V} = (Ax - B)\hat{i} + (C - Ay)\hat{j}$이다. 여기서 $A = 2\ \text{s}^{-1}$, $B = 5\ \text{m}\cdot\text{s}^{-1}$, $C = 3\ \text{m}\cdot\text{s}^{-1}$ 이다. 좌표는 미터 단위이고, 체적력은 $\vec{g} = -g\hat{k}$이다. 속도장은 비압축성유동을 나타내는가? 정체점을 찾아라. 압력구배에 대한 식을 구하라. 밀도가 $1.2\ \text{kg/m}^3$일 때, 점 $(x, y) = (1, 3)$과 원점 사이의 압력차를 구하라.

6.8 2차원 마찰이 없고, 비압축성($\rho = 1600\ \text{kg/m}^3$) 유동에서, m/s 단위의 속도장이 $\vec{V} = (Ax + By)\hat{i} + (Bx - Ay)\hat{j}$이다. 좌표는 미터 단위이고, $A = 6\ \text{s}^{-1}$, $B = 3\ \text{s}^{-1}$이다. 점 $(x, y) = (0, 0)$에서 압력이 $p_0 = 400$ kPa이다. 압력장 $p(x, y)$를 p_0, A, B의 함수로 나타내고, 점 $(x, y) = (1, 1)$에서의 압력을 구하라.

6.9 밀도가 $1,250\ \text{kg/m}^3$이고 점성을 무시할 수 있는 비압축성 액체가 직경이 일정한 수평파이프를 통하여 정상유동하고 있다. $L = 5$ m인 다공질 구간에서 액체는 단위길이당 일정한 율로 제거된다. 그래서 파이프 내의 균일한 축 방향 속도는 $u(x) = U(1 - x/L)$이고, $U = 15$ m/s이다. 중심선을 따른 압력구배의 식을 유도하고 도시하라. 다공질 구간 입구에서의 압력이 100 kPa (gage)일 때 출구압력을 계산하라.

6.10 문제 4.94의 유동에서, 균일한 반경 방향 속도가 $V_r = Q/2\pi rh$임을 보여라. 틈새에 있는 유체입자에 대한 가속도의 r방향 성분을 구하고, 중심 구멍으로부터 반경 방향 거리의 함수로 압력 변화를 구하라.

6.11 비압축성유동에서 x축 방향의 속도성분이 $u = x^2y^2 + 2xy$일 때 속도 장을 구하고, 점 $(x, y) = (2, 2)$에서 가속도를 구하라.

6.12 비압축성, 비점성 유체가 다공질 벽을 통해 수평의 원형 튜브로 흘러 들어간다. 튜브의 왼쪽 끝은 닫혀 있고, 오른쪽 끝에서 대기로 유동이 배출된다. 간단하게 하기 위해 튜브 내 속도의 x성분은 각 단면에서 균일하다. 유체의 밀도는 ρ이고, 튜브의 직경과 길이는 각각 D와 L이며, 균일한 유입속도는 v_0이다. 유동은 정상유동이다. x위치에 있는 유체 입자가 가지는 가속도의 x에 대한 대수식을 v_0, x, D의 함수로 구하라. x위치에서 압력구배 $\partial p/\partial x$에 대한 식을 구하라. 적분하여 $x = 0$인 점에서 계기압력에 대한 식을 구하라.

6.13 점성을 무시할 수 있고 밀도 $\rho = 850\ \text{kg/m}^3$인 비압축성 액체가 수평 파이프을 통하여 정상유동하고 있다. 파이프의 단면적이 2 m 길이에 걸쳐 $100\ \text{cm}^2$에서 $25\ \text{cm}^2$까지 선형적으로 변한다. 파이프 길이를 따라 압력구배와 파이프의 위치에 따른 압력을 구하고 도식화하라. 단, 입구에서의 중심 속도는 1 m/s이고 입구압력은 250 kPa이다. 출구에서의 압력은 얼마인가? **힌트**: 아래 관계식을 사용하라.

$$u\frac{\partial u}{\partial x} = \frac{1}{2}\frac{\partial}{\partial x}(u^2)$$

6.14 점성을 무시할 수 있고 밀도 $\rho = 1,250\ \text{kg/m}^3$인 비압축성 액체가 길이 5 m인 수축-확대 관을 통하여 정상으로 흐르고 있다. 파이프의 단면적 변화는

$$A(x) = A_0(1 + e^{-x/a} - e^{-x/2a})$$

로 되며, 여기서 $A_0 = 0.25\ \text{m}^2$, $a = 1.5$ m이다. 5 m까지의 면적을 도시하라. 5 m까지의 파이프의 길이에 따른 압력구배와 압력을 유도하고 도시하라. 단, 입구에서의 중심속도는 10 m/s이고 압력은 300 kPa이다. **힌트**: 아래 식을 사용하라.

$$u\frac{\partial u}{\partial x} = \frac{1}{2}\frac{\partial}{\partial x}(u^2)$$

6.15 밀도 $r = 1,000\ \text{kg/m}^3$인 비압축성 비점성 유체가 흐르는 디퓨저는 단면이 커지는 파이프이다. 입구 직경 $D_i = 0.25$ m, 출구 직경 $D_o = 0.75$ m이다. 디퓨저 길이는 $L = 1$ m이고, 직경은 디퓨저를 따르는 거리 x에 선형적으로 증가한다. 입구속도가 $V_i = 5$ m/s이고 각 단면에서 균일유동이라 가정하여, 유체입자의 가속도 식을 유도하고 도시하라. 디퓨저에서의 압력구배를 도식화하고 최댓값을 찾아라. 압력구배가 25 kPa/m보다 크지 않아야 한다면 노즐 길이는 얼마가 되어야 하는가?

6.16 문제 5.50의 유동장을 다시 고려하자. 유동은 밀도가 $\rho = 1.23$

kg/m^{3}인 비압축성유동이고 마찰은 무시된다고 가정한다. 또한 공기의 수직 유동속도 v_0 = 15 mm/s이고, 공동(cavity)의 반폭은 L = 22 mm이며, 높이는 h = 1.2 mm로 가정한다. $(x, y) = (L, h)$에서 압력구배를 계산하라. 공동 내에서 유동에 대한 유선의 방정식을 구하라.

6.17 직사각형 컴퓨터 칩이 다공질 표면 위 h = 0.5 mm 두께의 얇은 공기층 위에 떠 있다. 칩의 폭은 b = 40 mm이며, 그림에서 수직 방향으로 놓인 길이 L은 매우 길고 z방향의 유동은 없다. 칩 아래에 있는 틈새에서 x방향의 유동은 균일하다고 가정한다. 유동은 비압축성이고 마찰의 영향은 무시된다. 적절한 검사체적을 사용하여 틈새에서 $U(x) = qx/h$임을 보여라. 틈새의 유체입자에 대한 가속도 식(2D)을 q, h, x, y의 함수로 구하라. 압력구배 $\partial p/\partial x$의 식을 구하라. 칩 윗면에 대기압이 작용한다고 하고, 칩에 작용하는 압력힘을 구하라; 칩이 위로 움직이는지 아래로 움직이는지 설명하라. 칩의 단위길이당 질량이 0.005 kg/m일 때 요구되는 유량 q (m^3/s/m^2)와 최대속도를 구하라. 힘이 작용하는 방향을 설명할 때 압력분포도를 함께 도시하라.

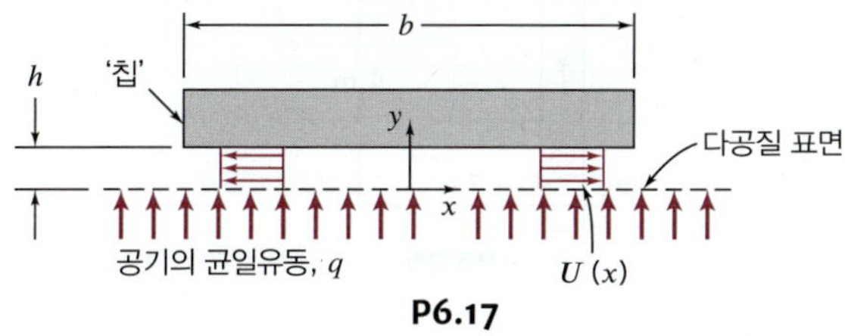

P6.17

6.18 $\vec{V} = [Ax^3 + Bxy^2]\hat{i} + [Ay^3 + Bx^2y]\hat{j}$인 속도장이 있다. 여기서 $A = 0.2\ \text{m}^{-2}\cdot\text{s}^{-1}$이고 B는 상수이며, 좌표의 단위는 미터이다. 이 속도장이 비압축성일 경우 B의 단위와 값을 구하라. 점 $(x, y) = (2, 1)$을 통과하는 유체입자의 가속도를 계산하라. 이 점에서 입자 가속도의 속도벡터에 수직한 성분을 계산하라.

6.19 $\vec{V} = A[x^4 - 6x^2y^2 + y^4]\hat{i} + B\,[x^3y - xy^3]\hat{j}$인 속도장을 고려하자. 여기서 $A = 2\ \text{m}^{-3}\cdot\text{s}^{-1}$이며, B는 상수이다. 좌표의 단위는 미터이다. 비압축성유동이 되기 위한 B를 구하라. 점 $(x, y) = (1, 2)$를 통과하는 유선에 대한 방정식을 구하라. 유체입자의 가속도에 대한 대수식을 유도하라. 점 $(x, y) = (1, 2)$에서 유선의 곡률 반경을 계산하라.

6.20 표 6.2에 평면 더블릿의 속도장이 주어져 있다. 점 (r, θ)에서의 압력구배 식을 구하라.

6.21 반경이 a인 정지된 원 주위를 흐르는 공기 유동은 정상, 마찰이 없고 비압축성유동이고 오른쪽에서 왼쪽으로 흐른다고 모형화시킬 때 속도장은 다음과 같다.

$$\vec{V} = U\left[\left(\frac{a}{r}\right)^2 - 1\right]\cos\theta\,\hat{e}_r + U\left[\left(\frac{a}{r}\right)^2 + 1\right]\sin\theta\,\hat{e}_\theta$$

$r = a$인 원주 표면을 형성하는 유선을 따르는 유동을 고려하자. θ방향으로의 압력구배 식을 나타내라. 실린더 표면에서의 압력(gage)의 변화를 구하라. U = 75 m/s이고 a = 150 mm인 경우에, 압력(gage)분포를 그리고 설명하라. 또한 최소압력을 찾아라. $r > a$에서 $\theta = \pi/2$의 반경선상을 따른 속도 V를 r의 함수로 나타내라.

6.22 압력이 138 kPa (abs)이고 온도가 38°C인 공기가 디퓨저를 향해 입구의 부드럽게 만들어진 코너 주위를 흐른다. 이 공기의 속도는 46 m/s이고, 유선의 곡률 반경은 75 mm이다. 곡률진 코너를 흐르는 유체입자의 구심 가속도 크기를 구하라. 구한 답을 중력가속도(g)의 배수로 구하라. 압력구배 $\partial p/\partial r$를 계산하라.

6.23 예제 6.1의 반복으로, 보다 현실적인 가정으로 유동을 그림과 같이 $V_\theta = c/r$(여기서 c는 상수)인 자유와류(비회전유동)이라 하자. 이럴 경우 유량이 $Q = k\sqrt{\Delta p}$로 주어짐을 증명하라.

$$k = w\ln\left(\frac{r_2}{r_1}\right)\sqrt{\frac{2r_2^2r_1^2}{\rho(r_2^2 - r_1^2)}}$$

여기서 k는 다음 식으로 표시되고, w는 벤드 깊이이다.

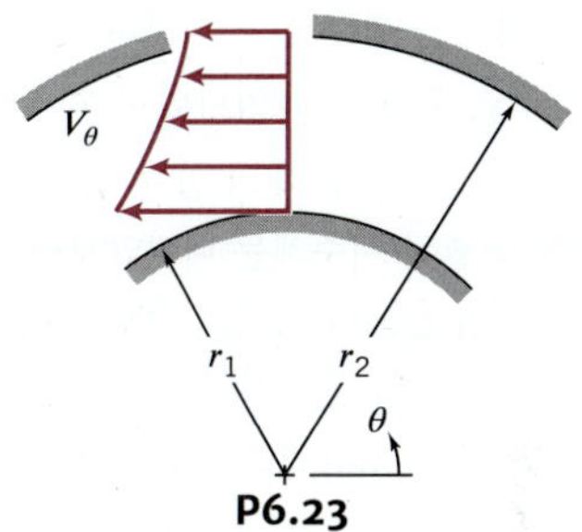

P6.23

6.24 2차원, 정상, 비점성유동장에서 수평인 평면 xy상의 $\vec{V} = (Ax + B)\hat{i} - Ay\hat{j}$이다. 여기서 $A = 1\ \text{s}^{-1}$과 B = 2 m/s이며, x와 y는 미터 단위이다. 이 유동에서 유선이 $(x + B/A)y$ = 일정임을 증명하라. 점 (x, y) = (1, 1), (1, 2), (2, 2)를 통과하는 유선들을 도시하라. 점 (x, y) = (1, 2)에서 가속도 벡터와 속도벡터를 계산하고 도시하라. 동일한 점에서 그 유선 방향의 가속도 성분을 구하라. 가속도를 벡터로 나타내라. 유체가 공기일 때, 동일한 점에서의 유선을 따르는 압력구배를 계산하라. 점 (1, 1)과 (2, 2)에서 압력의 상댓값에 대하여 할 수 있는 설명은 무엇인가?

6.25 2차원, 비압축성유동에서 속도의 x성분이 $u = Ax^2$로 주어진다. 여기서 좌표들의 단위는 미터이며, $A = 3.28\ \text{m}^{-1}\cdot\text{s}^{-1}$이다. z방향의 속도성분이나 속도 변화는 없다. 점 (x, y) = (0.3, 0.6)에서 유체입자의 가속도를 계산하라. 이 점을 통과하는 유선의 곡률 반경을 계산하라. 유선을 그리고 그 그림 위에 속도벡터와 가속도 벡터를 도시하라 (속도의 y성분을 가장 간단한 형태로 하라).

6.26 2차원, 비압축성유동에서 속도의 x성분이 $u = -\Lambda(x^2 - y^2)/(x^2 + y^2)^2$로 주어지고, u의 단위는 m/s, 좌표들의 단위는 미터이며, $\Lambda = 2\ \text{m}^3\cdot\text{s}^{-1}$이다. 가장 간단한 y방향 속도성분이 $v = -2\Lambda xy/(x^2 + y^2)^2$임을 보여라. z방향의 속도성분이나 속도 변화는 없다. 점 (x, y) = (0, 1), (0, 2), (0, 3)에서 유체입자의 가속도를 계산하라. 이들 점을 통과하는 유선의 곡률 반경을 계산하라. 이들 세 점과 이들로 구성되는 곡률 반경 간의 관계는 그 유동장에 대하여 무엇을 제시하는가? 이들 유선을 도시하여 증명하라[힌트: 적분인자를 사용해야 한다].

6.27 2차원, 비압축성유동에서 속도의 x성분은 $u = Axy$로 주어진다. 여기서 좌표들의 단위는 미터이며, $A = 2\ \text{m}^{-1}\cdot\text{s}^{-1}$이다. z방향의 속도성분이나 속도 변화는 없다. 점 (x, y) = (2, 1)에서 유체입자의 가속도를 계산하라. 이 점을 통과하는 유선의 곡률 반경을 계산하라. 유

선을 그리고 그 그림 위에 속도벡터와 가속도 벡터를 도시하라(속도의 y성분을 가장 간단한 형태로 하라).

Bernoulli 방정식

6.28 물이 3 m/s의 속도로 흐르고 있다. 이때 동압을 수은주 높이(inch Hg)로 답하라.

6.29 표준공기의 100 km/h 속도에 상당하는 동압을 계산하라. 이 압력을 수주 mm (mm H_2O)로 표현하라.

6.30 자동차 창문 밖으로 공기유동에 수직으로 손을 펼친다. 손바닥 앞면에 걸리는 공기압을 정체압으로 (자동생각차 좌표계를 사용) 생각하고, 뒷면의 표면 압력을 대기압으로 생각하여, (a) 48 km/h, (b) 96 km/h로 달릴 때 손바닥이 느끼는 힘을 계산하라. 그 결과는 경험과 유사한가? 단순화한 결과는 힘을 과대 아니면 과소 평가하는가?

6.31 노즐로부터 공기제트가 두 개의 압력 탭이 설치된 벽에 수직하게 분사된다. 그 탭에 연결된 액주계는 대기압보다 27 mm Hg만큼 높은 수를 나타낸다. 공기의 온도와 압력이 각각 −12°C와 220 kPa이라면, 노즐에서 분출되는 공기의 근사적인 속도를 구하라. 두 번째 압력 탭의 수은주는 대기압보다 8 mm Hg 높다. 이곳에서의 공기속도는 얼마인지 추정하라.

6.32 유동장 내의 한 점에서 표준조건의 공기속도를 측정하기 위하여 피토정압관을 사용한다. 유동을 비압축성이라 가정해도 공학적인 정확도가 유지되도록 속도를 100 m/s 이하로 유지시킨다. 최대속도가 되기 위한 액주계 높이를 수주 mm로 구하라.

6.33 그림에 실험실 풍동의 입구 수축부와 시험단면을 보인다. 시험단면에서의 공기속도는 $U = 70$ m/s이다. 상류 쪽을 향한 총 수두 액주계는 시험단면 중심선의 정체압이 대기압보다 수주로 12 mm (mm H_2O)만큼 낮음을 나타내고 있다. 실험실은 대기압 상태를 유지하며 기온은 −7°C이다. 풍동 시험단면 중심선의 동압을 계산하라. 동일점에서의 정압을 계산하라. 풍동 벽에서의 정압과 중심선에서의 정압을 정성적으로 비교하라. 왜 이 두 정압이 동일하지 않은지 설명하라.

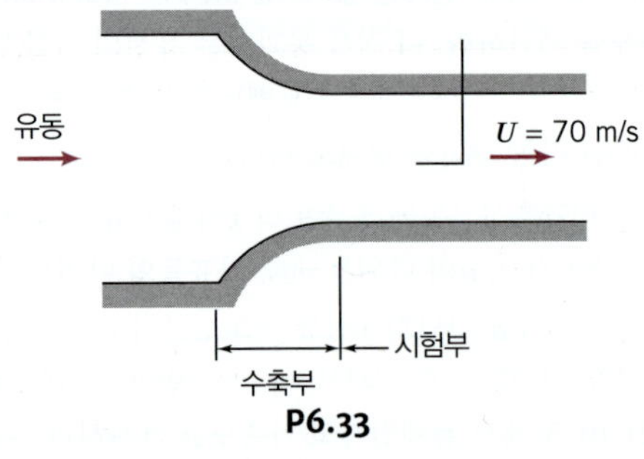

P6.33

6.34 고압용 유압장치의 보수작업에는 특별한 주의를 기울여야 한다. 아무리 적은 누수라 할지라도 유압 유체가 고속으로 분사되면 피부에 심한 상처를 입힐 수 있다(그러므로 수리 기술자는 누수를 조사할 때 종이조각이나 판지를 조심스럽게 사용해야지 손가락을 사용하면 안된다). 누수 분사 속도와 장치의 압력과의 관계를 최대 40 Mpa (gage)까지의 압력에 대해서 계산하고 그림으로 나타내라. 유압 유체의 고속 제트가 어떻게 해서 상처를 줄 수 있는지 설명해 보라.

6.35 개방회로 풍동은 윤곽이 잘 만들어진 노즐을 통하여 대기로부터 공기를 끌어들인다. 시험단면에서는 유동이 직선이고 거의 균일하며, 정압 탭이 풍동 벽에 뚫려 있다. 탭에 연결된 액주계는 풍동 내부의 정압이 대기압보다 55 mm H_2O만큼 낮음을 보여주고 있다. 공기는 비압축성이고, 30°C 및 120 kPa (abs)로 가정한다. 풍동 시험단면에서의 공기속도를 계산하라.

6.36 물이 직경 0.1 m인 수직파이프를 정상유동으로 상승하여 직경 0.05 m인 노즐 밖의 대기로 정상 유출하고 있다. 노즐 출구에서의 유동속도는 20 m/s이다. 단면 ①에서 요구되는 최소 계기압력을 계산하라. 또한 이 장치가 거꾸로 되었다면, 노즐 출구속도가 20 m/s로 유지되기 위해 단면 ①에서의 최소압력은 얼마인가?

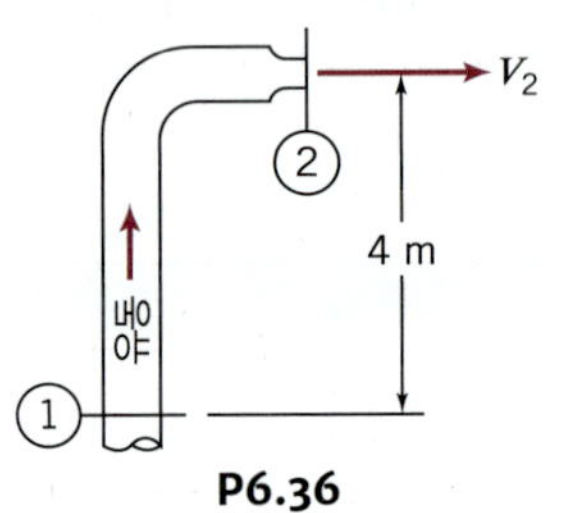

P6.36

6.37 물이 원형 덕트로 흐른다. 직경이 0.3 m인 한 단면에서 정압은 260 kPa (gage)이고, 속도는 3 m/s이며, 위치는 지상 10 m 위에 있다. 지면상에 위치한 하류의 단면에서 덕트의 직경은 0.15 m이다. 마찰의 영향이 무시된다면, 하류단면에서의 계기압력을 구하라.

6.38 어느 날 휘발유가 예상치 않게 바닥이 났다. 다른 차로부터 연료를 사이폰으로 퍼올려 공급하고자 한다. 사이폰을 위한 높이 차가 150 mm이다. 호스의 직경은 25 mm이다. 휘발유의 유량은 얼마인가?

6.39 어떤 사람(합법적으로 술을 마실 수 있는 젊은 연령)이 집에서 맥주를 제조하고자 한다. 제조과정 중에 내경 5 mm 튜브를 이용하여 맥아즙(바닥에 앙금이 있는 발효 맥주)을 깨끗한 탱크로 옮겨야 한다. 젊은 공학자로서 맥주 생산에 대한 호기심이 있다. 유량 Q (L/min)와 맥아즙 자유표면과 튜브 출구 위치의 차이인 높이차 h (mm)와의 관계식을 구하고 도시하라. 유량 $Q = 2$ L/min일 때 높이차 h를 구하라.

6.40 70 kPa (gage) 압력의 탱크에 작은 구멍의 파열이 생겨 벤젠이 대기 속으로 분출되고 있다. 손실을 무시할 때 벤젠이 올라가는 얼마인가?

6.41 콜라 캔(다이어트 콜라인지 일반 콜라인지는 알 수 없다)에 작은 구멍이 생겨서 누설된다. 콜라는 공기 중 수직으로 0.5 m 높이로 분무된다. 콜라 캔의 내부 압력은 얼마인가? (두 가지 콜라에 대해 모두 계산하라.)

6.42 사이펀을 통하는 물의 유량은 6 L/s이고, 온도는 25°C이며, 관의 직경은 30 mm이다. 점 A의 압력이 물의 증기압보다 높게 유지되기 위해 허용할 수 있는 최대높이 h를 계산하라(유동은 마찰이 없다고 가정하라).

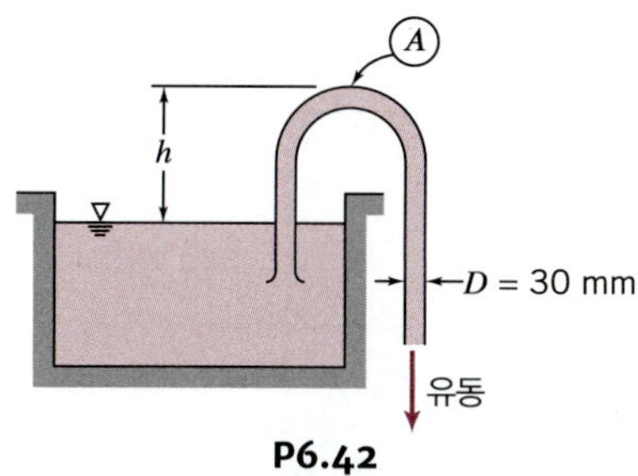

P6.42

6.43 느린 속도로 움직이는 액체 흐름이 아래로 향해 있는 노즐을 떠난다. 속도는 노즐 출구단면에서 균일하다고 가정되고, 마찰의 영향도 무시된다. 노즐 출구의 높이는 z_0이고, 제트 속도와 면적은 각각 V_0와 A_0이다. 높이 변화에 따르는 제트 면적의 변화를 구하라.

6.44 물이 대단히 큰 탱크로부터 6 cm 직경의 튜브를 통해 흐른다. 액주계 내의 검은 액체는 수은이다. 파이프 내의 속도와 탱크로부터 배출되는 유량을 계산하라(마찰이 없는 유동으로 가정한다).

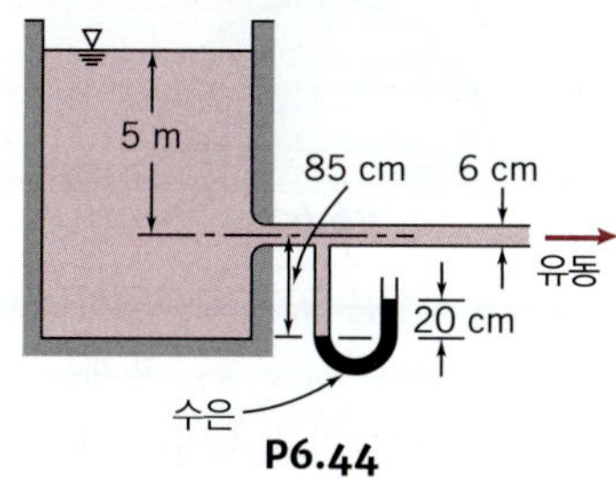

P6.44

6.45 실험실에서 물이 평행 원판 사이를 통해 외향 반경 방향으로 유동하는 것을 실험한다. 원판 주위는 대기에 노출되어 있다. 직경은 D = 150 mm이며, 원판 사이의 공간은 h = 0.8 mm이다. 측정된 질량유량은 $\dot{m}$ = 305 g/s이다. 원판 사이에서의 유동은 마찰이 없는 것으로 가정하여, 반경 r = 50 mm에서의 이론 정압을 계산하라. 약간의 마찰이 존재하는 실험 환경이라면, 동일 위치에서 측정된 압력은 이론적인 값보다 클 것인가, 혹은 작을 것인가? 이유는 무엇인가?

6.46 마찰력이 없는 비압축성 공기가 200 km/h 속도로 비행하고 있는 항공기 날개 위를 흐르고 있다. 날개로 불어오는 공기는 78 kPa에 −13°C이다. 날개 위 임의의 점에서 압력이 75 kPa일 때, 날개에 대한 공기의 상대속도와 절대속도를 구하라.

6.47 수중익이 장착된 고속정이 호수에서 20 m/s로 항해하고 있다. 각 수중익은 수면에서 3 m 아래에 있다. 마찰력이 없고 비압축성유동이라 가정하여, 수중익 전면에 작용하는 정체압력(gage)을 구하라. 수중익 표면 위 한 점에서, 압력이 275 kPa(gage)이다. 이 점에서 수중익에 상대적인 물의 속도와 절대적인 물 속도를 구하라.

6.48 소방용 노즐이 내경 D = 75 mm인 호스 끝에 연결되어 있다. 노즐 내부는 매끈하고 출구 외경은 d = 25 mm이다. 노즐의 설계 입구압력은 p_1 = 690 kPa(gage)이다. 노즐이 유출할 수 있는 최대유량을 계산하라.

6.49 한 경주용 자동차가 직선로를 따라 98.3 m/s로 달리고 있다. 팀 기술자는 운전석 냉각용 공기를 위하여 차체에 공기흡입구를 설치하려 한다. 차체 표면의 공기속도가 25.5 m/s 되는 곳에 흡입구를 설치할 계획이다. 이곳의 정압을 계산하라. 주변보다 높아진 압력을 자유유동의 동압력에 대한 비로 표현하라.

6.50 반경이 a인 정지된 원주 위를 왼쪽에서 오른쪽으로 정상, 마찰이 없고, 비압축성유동의 속도장이 다음과 같다.

$$\vec{V} = U\left[1-\left(\frac{a}{r}\right)^2\right]\cos\theta\,\hat{e}_r - U\left[1+\left(\frac{a}{r}\right)^2\right]\sin\theta\,\hat{e}_\theta$$

r = a인 원주 표면으로 형성된 유선을 따라 압력분포를 구하라. 원주 위의 정압이 자유유동의 정압과 동일한 위치를 구하라.

6.51 평면 더블릿에 대한 속도장이 표 6.2에 있다. Λ = 3 $m^{-3}\cdot s^{-1}$이고, 유체밀도가 ρ = 1.5 kg/m^3이고, 무한 지점의 압력이 100 kPa이라 할 때, x축을 따라 x = −2.0 m에서 x = −0.5 m까지, 그리고 x = 0.5 m에서 x = 2.0 m까지 압력을 도시하라.

6.52 평평한 덕트 속을 흐르는 표준대기조건에서의 공기의 양을 계산하기 위해서 굽은 면을 가로질러 압력 탭을 장착하였다. 덕트의 깊이는 0.5 m이고, 폭이 0.2 m이며, 굽은 면의 안쪽 반경은 0.25 m이다. 두 곳의 압력 탭에서 측정한 압력 차이가 물 기둥 높이로 60 mm일 때 덕트 속을 흐르는 공기 유량을 구하라.

6.53 소방용 노즐이 내경 D = 75 mm의 호스 끝에 연결되어 있다. 노즐 내부 윤곽은 매끈하고, 출구직경은 d = 25 mm이다. 입구수압이 700 kPa (gage)에서 작동하도록 설계되어 있다. 노즐의 설계유량을 구하라(L/s 단위로 표시하라). 노즐을 그 위치에서 잡고 있는 데 필요한 축 방향 힘을 계산하라. 호스 커플링이 인장력을 받는지 압축력을 받는지 나타내라.

6.54 물이 직경 82 mm인 파이프와 직경 32 mm인 노즐을 통해 대기로 정상적으로 배출되고 있다. 유량은 93 L/min이다. 유량을 위해 파이프에 필요한 최소정압을 구하라. 파이프 플랜지에 연결된 노즐장치에 작용하는 축 방향 힘을 구하라.

6.55 물이 그림과 같은 수축 엘보를 통하여 정상유동하고 있다. 엘보는 매끈하고 짧으며, 유동이 가속되므로 마찰의 영향은 적다. 체적유량은 Q = 2.5 L/s이다. 엘보는 수평면에 있다. 단면 ①에서의 계기압력을 계산하라. 수축 엘보에 의해 공급 파이프에 작용되는 힘의 x성분을 계산하라.

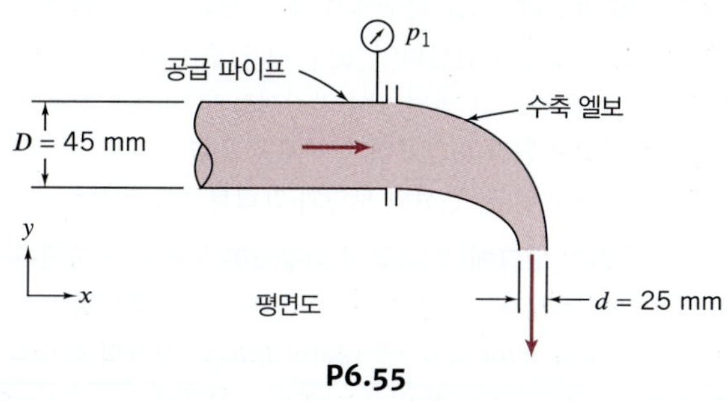

P6.55

6.56 혈관의 분지관이 그림과 같다. 주 혈관 내를 140 mm Hg의 압력의 혈액이 4.5 L/min로 흐르고 있다. 혈관을 단단한 파이프로 생각하고, 유동은 마찰이 없으며, 그리고 혈관은 수평면상에 놓여 있다고 가정하여 각 분지관에서의 혈압을 계산하라. 혈액에 의해 각 분지관에

작용하는 힘은 얼마인가? 혈액의 밀도는 근사적으로 1,060 kg/m^{3}라 할 수 있다.

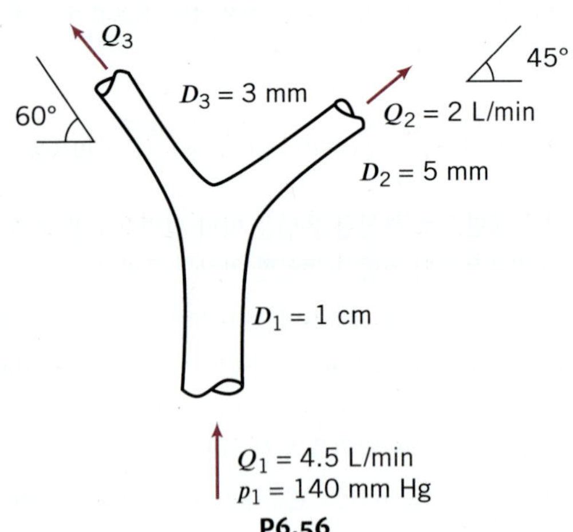

P6.56

6.57 하부가 수평한 평면으로 된 물체가 문제 4.62의 스프레이로부터 분사되는 제트를 향해 U = 1.5 m/s 속도로 하강한다. 스프레이로부터 떠나는 제트의 속도가 V = 4.6 m/s를 유지하는 데 필요한 최소 공급압력을 구하라. 물체가 제트 출구 위 h = 0.46 m 위치에 있을 때, 액체 제트가 평판에 작용하는 최대압력을 계산하라. 평평한 물체에 작용하는 물제트에 의한 힘을 계산하라.

6.58 물제트가 잘 설계된 면적 A_1 = 600 mm^{2}인 노즐로부터 위로 분사된다. 출구 제트속도는 V_1 = 6.3 m/s이다. 유동은 정상류이고 흐트러지지 않는다. 점 ②는 노즐 출구면보다 H = 1.55 m 높은 곳에 있다. 점 ②에서의 교란되지 않은 물제트의 속도를 구하라. 그 점에 놓인 정체압력튜브에서 측정되는 압력을 계산하라. 점 ②에서 유동에 수직하게 놓인 평판에 작용하는 힘을 계산하라. 평판상의 압력분포를 도시하라.

6.59 오래된 마술에서 하나의 빈 실패와 한 장의 카드를 이용한다. 실패 바닥에 카드를 놓은 다음 실패의 가운데에 있는 구멍에 입을 대고 바람을 불어넣으면, 일반적인 기대와는 달리 그 카드는 날아가 버리지 않고 오히려 실패 쪽으로 빨려 들어온다. 이를 설명하라.

6.60 직경 10 mm인 수평, 축대칭 공기제트가 직경 190 mm의 정지된 수직 원판을 때린다. 노즐 출구에서 제트 속도는 69 m/s이다. 수직 원판 중심에 한 액주계가 연결되어 있다. 이 액주계 액체의 비중이 SG = 1.75라면, (a) 액주계의 변위, (b) 공기제트가 원판에 작용하는 힘, 그리고 (c) 정체압이 원판의 앞표면 전체에 작용할 때 원판에 작용하는 힘을 구하라. 원판 표면 위 유선의 모양과 압력분포를 도시하라.

6.61 직경이 D인 탱크에 잘 가공된 직경 d인 노즐이 부착되어 있다. t = 0일 때 수위는 h_0이다. 임의 시간이 지난 후 무차원 수위 h/h_0에 대한 식을 유도하라. D/d = 10에 대하여 h/h_0를 시간의 함수로 매개변수 h_0가 $0.1 \le h_0 \le 1$ m 범위에 대해서 도시하라. h_0 = 1 m일 때, h/h_0를 시간의 함수로 매개변수 D/d가 $2 \le D/d \le 10$ 범위에 대해서 도시하라.

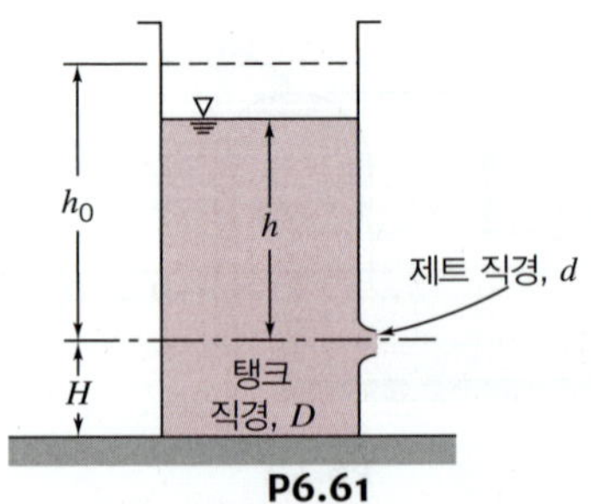

P6.61

6.62 퀀셋 막사 주위의 유동에 대한 속도분포는 $0 \le \theta \le \pi$ 사이에서 문제 6.50의 식과 같이 근사적으로 나타낼 수 있다. 폭풍이 불 때 풍속은 100 km/h에 달하며, 외부 온도는 5°C이다. 숙소 내부의 기압계는 수은주 720 mm을 나타내고, 압력 p_∞도 역시 수은주 720 mm이다. 숙소의 직경은 6 m이고, 길이는 18 m이다. 바닥면으로부터 막사를 들어 올리려는 양력을 구하라.

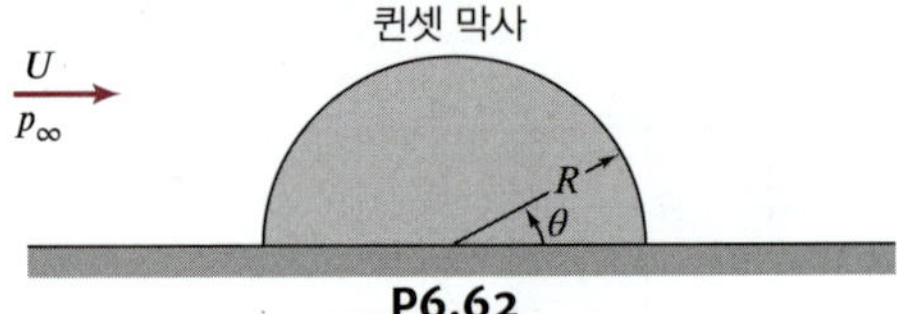

P6.62

6.63 많은 레크리에이션 시설은 '공기'로 부풀리는 비닐을 설치한다. 4개의 테니스 코트를 덮는 테니스장용 둥근 덮개는 대략 반원주형 모양으로 생겼다. 덮개 직경은 30 m이고, 길이는 70 m이다. 송풍기를 이용하여 구조물을 부풀리고, 덮개의 내부 공기 압력을 주위 압력보다 수주로 10 mm만큼 높도록 유지한다. 덮개는 반원통 축에 수직한 방향으로 60 km/h 속도로 부는 바람을 받고 있다. θ는 바람이 부는 상류측 지면으로부터 구조물을 따라 측정되는 각도이며, 이 각도를 갖는 극좌표를 사용하여 압력분포 식을 표현하면 다음과 같다.

$$\frac{p - p_\infty}{\frac{1}{2}\rho V_\infty^2} = 1 - 4\sin^2\theta$$

여기서 p는 표면의 압력이고, p_∞는 대기압이며, V_w는 풍속이다. 구조물에 작용하는 수직력을 구하라.

6.64 고압의 공기가 탱크에 설치된 면적 A인 작은 원형 오리피스를 통해 물을 흘러가게 한다. 압력이 아주 높으므로 지구 중력은 무시할 수 있다. 공기는 서서히 팽창하므로 등온팽창으로 볼 수 있다. 탱크에 있는 공기의 초기체적은 $V\!\!\!\!-_0$이다. 어떤 순간에 공기의 체적은 $V\!\!\!\!-(t)$이고, 탱크의 전체 체적은 $V\!\!\!\!-_t$이다. 탱크에서 흘러나가는 물의 질량유량에 대한 대수식을 구하라. 탱크 내에 있는 물의 질량 변화율에 대한 대수식을 구하라. 임의 순간에 탱크 내에 있는 물의 질량에 대한 상미분방정식을 유도하고 해를 구하라. $V\!\!\!\!-_0$ = 5 m^3, $V\!\!\!\!-_t$ = 10 m^3, A = 25 mm^2, p_0 = 1 MPa일 때, 초기 40분 동안 탱크 내부 물의 질량 대 시간을 도시하라.

6.65 내경 50 mm의 원형 튜브를 통해 물이 느린 속도로 유동한다. 물을 대기로 배출하는 튜브의 끝에 직경 38 mm의 매끄럽게 가공된 물체가 설치되어 있다. 마찰 영향을 무시하고 각 단면에서 균일한 속도 형상이라 가정한다. 계기로 측정되는 압력과 물체를 유지하는 데 요구

되는 힘을 구하라.

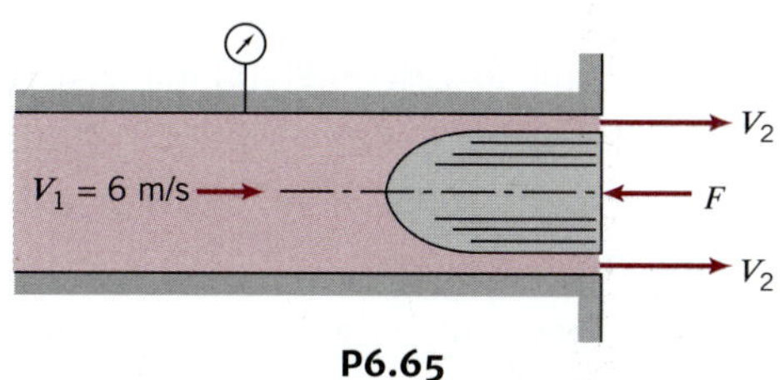

P6.65

6.66 공기의 팽창이 급격히 일어나서 단열과정으로 취급할 수 있다고 가정하고 문제 6.64를 다시 풀라.

6.67 일정하게 부는 공기 속에 있는 고층빌딩 외부의 압력분포를 기술하라. 건물 외부의 최대압력과 최소압력 위치를 찾아라. 외부 공기가 건물 안으로 스며드는 데 대한 이 압력들의 영향에 대하여 설명하라.

6.68 그림과 같이 *Borda mouthpiece*라 불리는 **삽입관**(*reentrant*) 오리피스가 달린 수조가 있다. 유체는 비점성, 비압축성이다. 삽입관 오리피스는 근본적으로 수조 벽을 따르는 유동을 제거시키므로, 그곳의 압력은 거의 정수력학적 압력이다. **수축계수** $C_c = A_j/A_0$를 계산하라. **힌트**: 비평형 정수력학적 압력에 의한 힘과 제트의 운동량 플럭스는 같다고 생각하라.

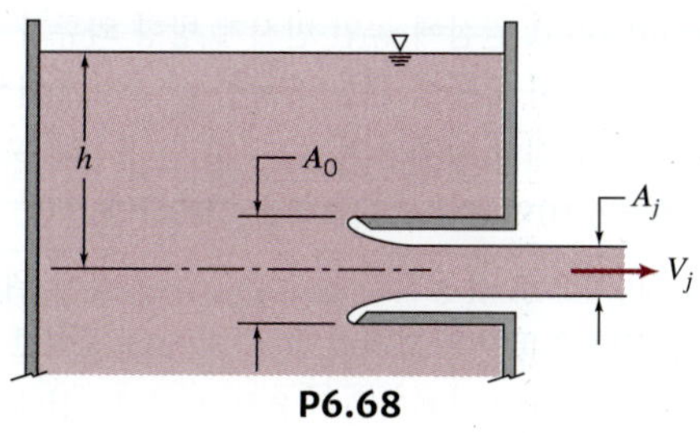

P6.68

비정상 Bernoulli 방정식

***6.69** 압축공기가 튜브로부터 나오는 물을 가속시키기 위하여 사용된다. 저장용기 내의 속도는 무시하고 튜브 속의 유동은 각 단면에서 균일하다고 가정한다. 어느 순간에 V = 1.8 m/s와 dV/dt = 2.3 m/s^{2}임을 알게 되었다. 튜브의 단면적은 A = 20,645 mm^{2}이다. 이 순간에 탱크 내의 압력을 구하라.

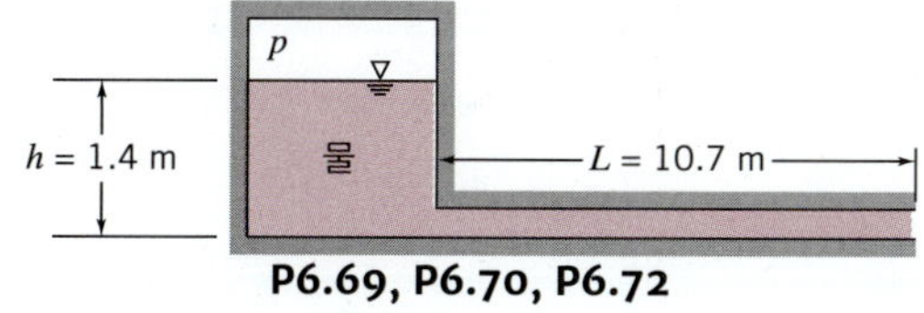

P6.69, P6.70, P6.72

***6.70** 문제 6.69에서 초기에 파이프 내의 물이 정지되어 있고 공기압력이 21 kPa (gage)일 때, 파이프 내 물의 초기 가속도는 얼마인가?

***6.71** 수위가 일정하게 유지되는 저장용기와 원판 유동장치를 고려해 보자. 원판 사이의 유동은 t = 0일 때 정지상태로부터 시작된다. t = 0에서 r_1 = 50 mm일 때 체적유량의 변화율을 계산하라.

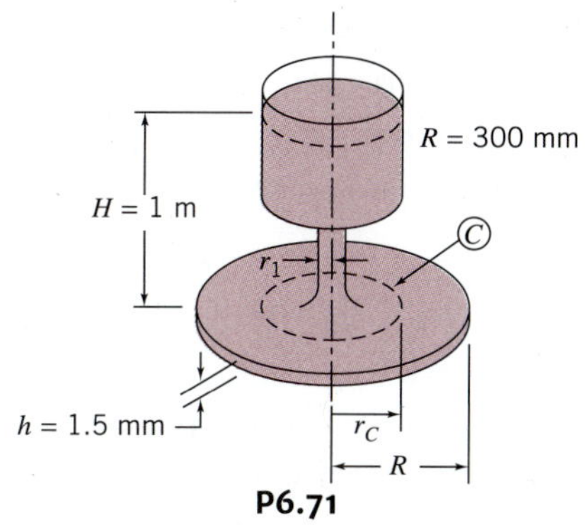

P6.71

***6.72** 문제 6.69에서 초기에 파이프 내의 물이 정지되어 있고 공기압력이 10.3 kPa (gage)로 유지될 때, 파이프 내의 속도 V를 시간의 함수로 된 미분방정식을 유도하고 적분해서 t = 0에서 5 s까지 t에 대한 V를 도시하라.

***6.73** 문제 4.39의 탱크를 고려하자. 한 유선을 따라 비정상유동에 대한 Bernoulli 방정식을 사용하여 탱크로부터 유출되는 유동이 준정상이라는 가정이 성립되기 위해 필요한 최소 직경비 D/d를 계산하라.

에너지구배선과 수력구배선

6.74 그림 6.6에서 파이프가 수평(즉, 출구가 저장 탱크의 바닥에 있다)이고, 수차(에너지를 추출)가 점 ② 또는 ③에 설치될 때, 에너지구배선(EGL)와 수력구배선(HGL)을 세심하게 도시하라. 8장에서 내부유동의 마찰 영향에 대하여 조사하게 된다. 이들 두 가지 경우에 있어서 EGL과 HGL에 대한 마찰의 영향을 추정하고 도시할 수 있는가?

비회전유동

***6.75** 와류 유동장 (a) $\vec{V} = \omega r \hat{e}_\theta$와 (b) $\vec{V} = \hat{e}_\theta K/2\pi r$에 대하여 반경이 다른 두 지점에 Bernoulli 방정식을 적용할 수 있는지 결정하라.

***6.76** 유동함수 $\psi = Ax^2y$로 표현되는 유동을 고려하자. 여기서 A는 2.5 m$^{-1}\cdot$s^{-1}인 차원이 있는 상수이다. 밀도는 1,200 kg/m^{3}이다. 이 유동은 회전유동인가? 점 (x, y) = (1, 4)와 (2, 1) 사이의 압력차가 계산될 수 있는가? 계산될 수 있다면 압력차를 계산하고, 계산될 수 없다면 그 이유를 설명하라.

***6.77** 표 6.2를 사용하여, 90° 코너 근처에 강도가 q인 평면 소스에 대한 유동함수와 속도포텐셜을 구하라. 소스는 코너를 구성하는 무한의 두 벽면으로부터 h만큼씩 떨어져 있다. 무한 위치에서 $p = p_0$로 하였을 때, 각 면을 따라 속도분포를 구하라. 적절한 q와 h를 선정하여 유선과 등속도포텐셜 선을 도시하라(**힌트**: 예제 6.10의 *Excel* 워크북을 참조하라).

***6.78** 표 6.2를 사용하여, 90° 코너 근처에 K의 강도가 있는 평면 와류에 대해 유동함수와 속도포텐셜을 구하라. 와류는 코너를 구성하는 수직 무한의 두 벽면으로부터 h만큼씩 떨어져 있다. 무한 위치에서 $p = p_0$로 하였을 때, 면 중의 하나를 따라 속도분포를 구하라. 적절한 K

*이 문제들은 교재 내용의 연속성을 잃지 않으면서 생략할 수 있었던 절의 내용들을 필요로 한다.

와 h를 선정하여 유선과 등속도포텐셜 선을 도시하라(힌트: 예제 6.10의 *Excel* 워크북을 참조하라).

***6.79** 어떤 유동장은 유동함수가 $\psi = x^5 - 10x^3y^2 + 5xy^4$이다. 속도장을 구하라. 이 유동장이 비회전임을 보이고, 포텐셜함수를 구하라.

***6.80** 유동함수가 $\psi = Ax^3 + B(xy^2 + x^2 - y^2)$인 유동장이 있다. 여기서 ψ, x, y, A, B 모두 무차원이다. 비회전유동이 되기 위한 A, B의 관계를 구하라. 속도포텐셜을 구하라.

***6.81** 유동함수가 $\psi = x^5 - 15x^4y^2 + 15x^2y^4 - y^6$인 유동장이 있다. 속도장을 구하라. 주어진 유동장이 비회전임을 보이고 속도포텐셜을 구하라.

***6.82** 포텐셜함수 $\phi = Ax^2 + Bxy - Ay^2$로 표시되는 유동장을 고려하자. 이 유동장이 비압축성유동임을 증명하고 유동함수를 구하라.

***6.83** 포텐셜함수 $\phi = x^6 - 4x^4y^2 + 15x^2y^4 - y^6$로 표시되는 유동장을 고려하자. 이 유동장이 비압축성유동임을 증명하고, 유동함수를 구하라.

***6.84** $f = z^6$(여기서 z는 복소수 $z = x + iy$)를 전개하고 실수와 허수를 모아서 $f = z^6$가 비회전, 비압축성유동에 대한 속도포텐셜(f의 실수부)과 유동함수(f 허수부의 음 부호)를 나타냄을 보여라. 또한 df/dz의 실수와 허수 부분이 각각 $-u$와 v가 됨을 보여라.

***6.85** 복소수 $z = x + iy$의 미분 가능한 함수 $f(z)$이 비회전, 비압축성유동에서는 속도포텐셜(f의 실수부)과 유동함수(f의 허수부의 음 부호)로 나타남을 보여라. 그리하여 연쇄법칙을 사용하여 $f(z)$가 자동적으로 Laplace 방정식을 만족함을 입증하라. 그러고 나서 $df/dz = -u + iv$임을 보여라.

***6.86** 속도포텐셜 함수가 $\varphi = Ay^3 - Bx^2y$인 유동장이 있다. 여기서 $A = 1/3\ \mathrm{m^{-1}\cdot s^{-1}}$, $B = 1\ \mathrm{m^{-1}}\cdot s^{-1}$이며, 좌표는 미터 단위이다. 속도벡터의 크기를 구하라. 유동함수를 구하라. 유선과 속도포텐셜 선들을 그리고, 시각적으로 서로 직교함을 보여라(힌트: 예제 6.10의 *Excel* 워크북을 참조하라).

***6.87** 어떤 비압축성유동장의 유동함수가 $\psi = 3Ax^2y - Ay^3$이고, 여기서 $A = 1\ \mathrm{m^{-1}\cdot s^{-1}}$이다. 이 유동장이 비회전임을 보여라. 유동에 대한 속도포텐셜을 유도하라. 유선과 속도포텐셜 곡선들을 그리고, 이들이 직교함을 보여라(힌트: 예제 6.10의 *Excel* 워크북을 참조하라).

***6.88** 평면 xy 내에서 비회전유동장의 유동함수가 $\psi = Bxy$이고, 여기서 $B = 0.25\ \mathrm{s^{-1}}$이며, 좌표계는 미터단위이다. 좌표 $(x, y) = (2, 2)$와 $(3, 3)$ 사이에서의 유량을 구하라. 이 유동에 대한 속도포텐셜을 구하라. 유선과 포텐셜 선을 그리고 이들이 직교함을 보여라(힌트: 예제 6.10의 *Excel* 워크북을 참조하라).

***6.89** 원주 주위에 왼쪽에서 오른쪽으로 흐르는 자유 유동과 반시계 방향의 자유와류가 있다. 원주에 작용하는 양력이 예제 6.12에서 설명한 것처럼 $F_L = -\rho U\Gamma$로 표현될 수 있음을 증명하라.

***6.90** 예제 6.11과 같이, 반경 a인 원주 주위를 지나는 유동이 있다. $(r, \theta) = (r, \pm\pi/2)$인 선을 따라 $V_r = 0$임을 증명하라. $(r, \theta) = (r, \pi/2)$인 선을 따라 반경 $r \geq a$에 대하여 V_θ/U 관계를 도시하라. 원주의 영향이 U의 1% 이하가 되는 거리를 구하라.

***6.91** 토네이도의 간단한 모형은 강도 $q = 2{,}800\ \mathrm{m^2/s}$의 싱크와 강도 $K = 5{,}600\ \mathrm{m^2/s}$의 와류를 결합함으로써 형성된다. 이 유동장에 대한 유동함수와 속도포텐셜을 구하라. 그 반경을 넘어설 때 이 유동을 비압축성으로 취급할 수 있는 반경을 계산하라. 그 반경에서 계기압력을 구하라.

***6.92** 양의 x방향으로 $U = 10$ m/s의 속도를 갖는 균일유동과 강도는 $K = 16\pi\ \mathrm{m^2/s}$이고 원점에 놓인 반시계 방향 와류가 결합하여 형성된 유동장이 있다. 이 유동에 대한 유동함수, 속도포텐셜 및 속도장을 구하라. 이 유동에 대한 정체점(들)을 구하라. 유선과 포텐셜선을 도시하라(힌트: 예제 6.10의 *Excel* 워크북을 참조하라).

***6.93** 양의 x방향으로 유동하는 균일유동과 원점에 위치한 싱크의 결합에 의해 형성된 유동장을 고려하자. $U = 50$ m/s이고 $q = 90\ \mathrm{m^2/s}$이다. 적절하게 선택한 검사체적을 사용하여 정체유선에 의해 형성된 형상이 그 위치에 유지되기 위해 필요한 단위깊이당 힘을 계산하라.

***6.94** 양의 x방향 균일유동과 원점에 위치한 싱크의 결합에 의해 형성된 한 유동장을 고려하자. $U = 30$ m/s이고, $q = 150\ \mathrm{m^2/s}$이다. 정체유선을 따라 국소적인 속도의 자유유동 속도에 대한 비를 θ의 함수로 도시하라. 속도가 최댓값에 도달하는 정체유선상의 점들을 결정하라. 유체의 밀도가 1.2 kg/m^{3}일 경우, 그곳에서의 계기압력을 구하라.

*이 문제들은 교재 내용의 연속성을 잃지 않으면서 생략할 수 있었던 절의 내용들을 필요로 한다.

CHAPTER 7

차원해석과 상사성

Dimensional Analysis and Similitude

사례연구

투르 드 프랑스 같은 자전거 경주의 성적은 자전거의 성능과 선수의 기량 양쪽에 모두 영향받는다. 선수는 바람의 공기역학적인 저항력 및 타이어와 베어링에 작용하는 마찰력을 이겨내야 하는데, 자전거 경주처럼 빠른 속력에서는 공기 저항이 가장 크다. 자전거의 공기 저항을 개선하고자 하는 많은 노력을 기울여 왔다. 사진에서 보는 것처럼, 공기 저항을 줄이기 위한 노력으로 자전거와 선수 모두 유선형 형상 및 자세를 취하고 있다.

자전거의 설계 수정이 저항에 미치는 영향을 평가하기 위한 한 가지 방법은 실물 크기의 자전거와 선수를 풍동에 설치하고 시험을 수행하는 것이다. 이를 위해서는 풍동 벽면의 공기역학적인 간섭을 받지 않고 자전거와 선수를 내부에 수용할 수 있을 정도로 시험 시설의 크기가 커져야 한다. 이번 장에서 공부할 것처럼, 자전거의 축소 모형에 대하여 시험을 수행하고 그 결과를 실물 크기로 확장할 수도 있다. *차원해석* 방법을 사용하면 축소모형 시험을 수행하여 그 결과를 확장, 자전거 설계의 변화가 저항에 미치는 영향을 정확하게 예측할 수 있게 된다.

자전거에 많은 종류의 개선이 이루어져서 보다 적은 힘을 들이고 더욱 빨리 탈 수 있게 되었다. 손잡이를 앞쪽으로 이동시키고, 가로막대를 없애는가 하면, 안장 받침대 및 다른 튜브들의 단면 앞쪽 끝을 납작하게 만들고 바퀴살을 둥근 막대에서 칼날처럼 넓적하게 바꾼 것이 이에 해당한다. 뒷바퀴의 바퀴살을 없애고 원반형으로 만들면 공기저항은 크게 줄어들지만, 옆바람이 불 때 불안정해진다. 또한 사진에서 보는 것처럼, 헬멧을 유선형으로 만들어 선수 뒤편의 후류 영역 및 난류를 줄일 수 있다. 선수가 혼자 주행하는 시간 계측 경기에서는 주변 선수로 인한 저항 감소 이득을 얻지는 못한다. 현재 투르 드 프랑스 경기에서의 시간 계측 기록은 7.6 km (4.7마일) 코스에서 시속 58.9 km(시속 36.6마일)이다.

Maridav/Adobe Stock Photo

유선형의 자전거 형상과 선수 탑승 자세

학습 목표

이 장의 학습을 마치면 다음을 할 수 있어야 한다.

- 미분방정식에 대한 무차원 그룹을 결정한다.
- Buckingham 파이 정리를 사용하여 무차원 그룹을 결정한다.
- 유체역학에서 사용되는 중요한 무차원 그룹의 의미를 설명한다.
- 차원해석 방법을 사용하여 한 가지 유동 상태에서의 결과를 다른 상태에서의 결과로 확장한다.

대부분의 유체역학 현상들은 형상과 유동 변수들에 복잡한 방식으로 영향받는다. 예를 들어, 일정한 유속의 흐름 속에 잠긴 매끈한 구에 작용하는 항력을 생각해 보자. 구에 작용하는 항력을 결정하려면 어떤 실험을 수행해야 하는가? 이 문제에 답하기 위해서는 항력을 결정하는 데에 어떤 변수가 중요한가를 지정해야 한다. 분명히, 항력은 구의 크기(직경 D), 유속 V, 유체의 점성계수 μ에 의존한다. 또한, 유체의 밀도 ρ 역시 중요할 것이다. 항력을 F로 표기한다면 이는 다음과 같은 수식으로 나타낼 수 있다.

$$F = f(D, V, \rho, \mu)$$

항력에 영향을 주는 표면거칠기 같은 인자를 무시했을지 모르지만, 멈춰 있는 구의 항력을 실험실에서 조절 및 측정 가능한 물리량으로 결정하는 문제를 설정한 것이다.

이에 따라 F가 V, D, ρ 및 μ에 어떻게 의존하는가를 찾아내는 실험적인 절차를 설정할 수 있다. 항력 F가 유속 V에 어떻게 영향받는지를 조사하기 위하여 구를 풍동 속에 설치하고 유속을 일정 범위에서 변화시키면서 F를 측정할 수 있다. 서로 다른 직경의 구를 사용하면 항력 F에 미치는 D의 영향을 조사할 수 있다. 벌써 많은 양의 데이터가 생성되고 있다. 풍동의 유속을 10가지로 바꾸고 그때마다 10가지 크기의 구를 바꾸면 100개의 데이터가 만들어질 것이다. 각각의 직경에 대하여 하나씩 F 대 V의 그래프를 총 10개 그릴 수 있지만, 데이터를 모으는 작업은 시간을 소모한다. ρ 및 μ 값의 변화에 대해서는 원리적으로는 다른 유체를 사용하는 방안을 찾아야 할 것이다. 그 경우 데이터의 의미를 해석해야 한다. 예를 들면 D, ρ 및 μ가 모두 변하는 상황에서 항력 F 대 V의 그래프를 어떻게 그릴 수 있겠는가? 겉보기에 단순한 구의 항력 문제라 할지라도 이는 버거운 일이다!

다행히 우리는 이 모든 일을 할 필요는 없다. 예제 7.1에서 볼 것처럼, 차원해석을 사용하면 매끈한 구에 작용하는 항력 데이터는 다음과 같은 형식의 두 가지 무차원 매개변수 사이의 관계식으로 정리될 수 있다.

$$\frac{F}{\rho V^2 D^2} = f\left(\frac{\rho V D}{\mu}\right)$$

함수 f의 구체적 형태는 여전히 실험을 통해 결정되어야 하지만, 중요한 점은 모든 구, 모든 유체에서 대부분의 유속에 대해 실험 데이터는 동일한 곡선 위에 위치한다는 것이다. 4가지의 변수를 변화시키면서 10^4가지의 실험을 수행하기보다는, 단지 10가지 실험만으로 이 함수의 모습을 정확히 결정할 수 있다. 분명히 10^4가지 실험보다는 10가지 실험 쪽이 시간을 절약할 수 있다. 더욱 중요한 것은 실험 수행 상의 편리함이다. 밀도나 점성계수 값을 10가지로 바꾸기 위한 유체를 더 이상 찾을 필요가 없다. 직경이 다른 10개의 구 또한 사용할 필요가 없다. 그 대신, 단지 $\rho VD/\mu$만 바꾸면 된다. 구는 하나만 쓰고(즉 하나의 직경), 유체도 한 가지로 하면서(예를 들면 공기), 유속만 바꾸면 된다.

그림 7.1은 구 주위 유동에 대한 고전적인 데이터를 보여주고 있다. 좌측 수직축 상의 변수의 분모에 계수 $\frac{1}{2}$과 $\pi/4$를 추가하여 흔히 사용하는 무차원 그룹인 항력계수 C_D를 만들었는데, 9장에서 자세히 설명할 예정이다. 앞서 설명한 실험을 수행한다면 그 측정값은 여기에 그려진 곡선 위에 실험 오차 범위 이내에 찍힐 것이다. 이 그림에 찍힌 점들은 몇 가지 다른 유체 및 구에 대하여 여러 실험자들이 획득한 결과 값을 나타내고 있다. 이런 방식으로 매우 넓은 범위의 구/유체 조합에 대하여 항력을 얻을 수 있는 하나의 곡선

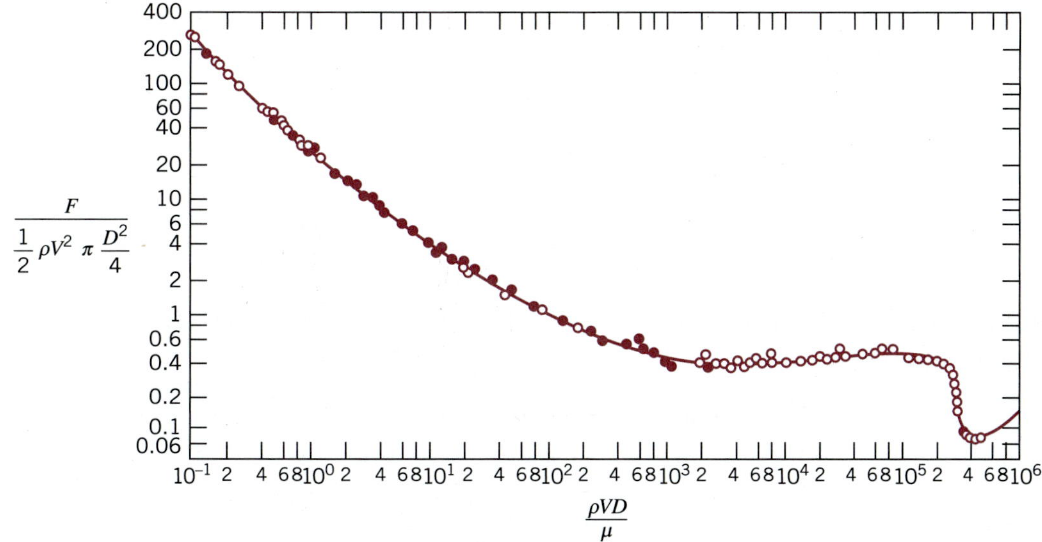

그림 7.1 무차원 변수들 사이의 관계를 실험적으로 구한 곡선[3], [15], [16].

이 만들어짐을 주목하라. 예를 들면, 옆바람이 불 때 구형 열기구에 작용하는 항력이나 대동맥 내를 흐르는 적혈구에 작용하는 항력을 구할 수 있다. 어느 경우든, 주어진 유체(ρ 및 μ) 및 유속 V 및 직경 D에 대하여 $\rho VD/\mu$를 계산하고 이 값에 대응하는 C_D를 읽은 다음 결국 항력 F를 구하게 된다.

7.1절에서는, 무차원 그룹에 대하여 무엇을 배울 수 있을지를 살펴보기 위하여 지배 미분방정식을 검토한다. 이들 방정식은 상황의 물리적 특성을 포함하고 있기 때문에 중요한 정보의 원천이 된다. 그 다음 7.2절에서는 주어진 유체역학 혹은 공학적 문제에 적절한 무차원 그룹을 추론하기 위한 정형화된 절차인 *Buckingham* 파이 정리를 소개한다. 7.2절을 읽은 다음 예제 7.1, 7.2, 7.3을 공부하고 나서 다시 이 절을 복습하기를 권고한다. Buckingham 파이 정리는 차원 변수 관점로 표현된 함수와 무차원 변수로 표현된 관련 함수 사이의 관계에 대한 서술이다. Buckingham 파이 정리를 사용하면 중요한 무차원 변수를 빠르고 쉽게 만들어낼 수 있다.

7.1 기본 미분형 방정식의 무차원화

차원해석을 검토하기 전에 앞서 배웠던 유체유동의 해석적 기술방법으로부터 무엇을 배울 수 있는지 보자. 예를 들어 점성이 일정한 뉴턴 유체의 정상 비압축성 2차원 유동에 대하여 고려해 보자. 질량보존 방정식 [식 (5.1c)]은 다음과 같다.

$$\frac{\partial u}{\partial x} + \frac{\partial v}{\partial y} = 0 \tag{7.1}$$

그리고 Navier-Stokes 방정식[식 (5.27)]은 다음과 같이 된다.

$$\rho\left(u\frac{\partial u}{\partial x} + v\frac{\partial u}{\partial y}\right) = -\frac{\partial p}{\partial x} + \mu\left(\frac{\partial^2 u}{\partial x^2} + \frac{\partial^2 u}{\partial y^2}\right) \tag{7.2}$$

그리고

$$\rho\left(u\frac{\partial v}{\partial x} + v\frac{\partial v}{\partial y}\right) = -\rho g - \frac{\partial p}{\partial y} + \mu\left(\frac{\partial^2 v}{\partial x^2} + \frac{\partial^2 v}{\partial y^2}\right) \tag{7.3}$$

5.4절에서 설명한 것처럼, 이들 방정식은 u, v 및 p에 대한 비선형 편미분 방정식이고, 대부분의 유동에 대

해 풀기가 어렵다. 식 (7.1)은 1/시간의 차원을 갖고, 식 (7.2)와 (7.3)은 힘/체적의 차원을 갖는다. 이들을 무차원으로 변환할 때 어떻게 되는지 살펴보자.

이들 식을 무차원화하기 위해서는 모든 길이를 기준길이 L로 나누고 모든 속도를 기준속도 V_∞로 나누는데, 이 속도는 일반적으로 자유유동 속도를 택한다. 압력은 ρV^2_∞(자유유동 동압의 2배)으로 나누어 무차원화한다. *로 무차원 양을 표시하면 다음과 같다.

$$x^* = \frac{x}{L},\ \ y^* = \frac{y}{L},\ \ u^* = \frac{u}{V_\infty},\ \ v^* = \frac{v}{V_\infty},\ \ \text{그리고}\ \ p^* = \frac{p}{\rho V_\infty^2} \tag{7.4}$$

그러면 $x = x^*L$, $y = y^*L$, $u = u^*V_\infty$ 등과 같이 된다. 이들을 식 (7.1)부터 (7.3)까지에 대입한다. 다음 두 식에 대입하는 예를 보인다.

$$u\frac{\partial u}{\partial x} = u^* V_\infty \frac{\partial(u^* V_\infty)}{\partial(x^* L)} = \frac{V_\infty^2}{L} u^* \frac{\partial u^*}{\partial x^*}$$

그리고

$$\frac{\partial^2 u}{\partial x^2} = \frac{\partial(u^* V_\infty)}{\partial(x^* L)^2} = \frac{V_\infty}{L^2}\frac{\partial^2 u^*}{\partial x^{*2}}$$

이러한 절차를 이용하여 지배방정식은 다음과 같이 된다.

$$\frac{V_\infty}{L}\frac{\partial u^*}{\partial x^*} + \frac{V_\infty}{L}\frac{\partial v^*}{\partial y^*} = 0 \tag{7.5}$$

$$\frac{\rho V_\infty^2}{L}\left(u^*\frac{\partial u^*}{\partial x^*} + v^*\frac{\partial u^*}{\partial y^*}\right) = -\frac{\rho V_\infty^2}{L}\frac{\partial p^*}{\partial x^*} + \frac{\mu V_\infty}{L^2}\left(\frac{\partial^2 u^*}{\partial x^{*2}} + \frac{\partial^2 u^*}{\partial y^{*2}}\right) \tag{7.6}$$

$$\frac{\rho V_\infty^2}{L}\left(u^*\frac{\partial v^*}{\partial x^*} + v^*\frac{\partial v^*}{\partial y^*}\right) = -\rho g - \frac{\rho V_\infty^2}{L}\frac{\partial p^*}{\partial y^*} + \frac{\mu V_\infty}{L^2}\left(\frac{\partial^2 v^*}{\partial x^{*2}} + \frac{\partial^2 v^*}{\partial y^{*2}}\right) \tag{7.7}$$

식 (7.5)를 V_∞/L로 나누고 식 (7.6)과 (7.7)을 $\rho V^2_\infty/L$로 나누면 다음과 같이 된다.

$$\frac{\partial u^*}{\partial x^*} + \frac{\partial v^*}{\partial y^*} = 0 \tag{7.8}$$

$$u^*\frac{\partial u^*}{\partial x^*} + v^*\frac{\partial u^*}{\partial y^*} = -\frac{\partial p^*}{\partial x^*} + \frac{\mu}{\rho V_\infty L}\left(\frac{\partial^2 u^*}{\partial x^{*2}} + \frac{\partial^2 u^*}{\partial y^{*2}}\right) \tag{7.9}$$

$$u^*\frac{\partial v^*}{\partial x^*} + v^*\frac{\partial v^*}{\partial y^*} = -\frac{gL}{V_\infty^2} - \frac{\partial p^*}{\partial y^*} + \frac{\mu}{\rho V_\infty L}\left(\frac{\partial^2 v^*}{\partial x^{*2}} + \frac{\partial^2 v^*}{\partial y^{*2}}\right) \tag{7.10}$$

식 (7.8), (7.9), (7.10)은 원래의 식[식 (7.1), (7.2), (7.3)]의 무차원 형태이다. 이와 같이 해서, 응용수학에서 연습문제로서 이들의 해(적절한 경계조건을 취하여)를 생각할 수 있다. 식 (7.9)에는 2계 미분항(점성항) 앞에 무차원 계수 $\mu/\rho V_\infty L$ (Reynolds 수의 역수)가 있고; 식 (7.10)에는 이 계수와 중력항 앞에 또 다른 무차원 계수 gL/V_∞^2가 포함되어 있다. 편미분 방정식 이론에 의하면, 이러한 식에 대한 해의 수학적 형태는 방정식에 있는 계수의 값에 매우 민감하다.

이들 방정식은 그 해와, 따라서 그 해가 나타내는 실제의 유동 패턴이 2개의 계수의 값에 의존한다는 것을 말한다. 예를 들어, $\mu/\rho V_\infty L$이 매우 작으면(매우 큰 Reynolds 수), 적어도 점성력을 나타내는 2차 미분항이 대부분 유동의 경우에 무시되고, 결국 Euler 방정식 형태[식 (6.2)]로 된다. 이 경우에 대한 실제 유동을 이미 공부했고 점성의 효과가 매우 큰 경계층이 있기 때문에 '대부분의 유동'이라고 하였다. 게다가 수학적 관점에서 볼 때 고차의 미분항을 그 계수가 작다고 하더라도 무시한다는 것은 항상 위험하다. 왜냐하면 저차의 미분방정식으로 축소한다는 것은 경계조건을 잃는 것이기 때문이다(특히 점착조건).

$\mu/\rho V_\infty L$이 크거나 작으면 점성력이 중요해지거나 그렇지 않다는 것을 예견할 수 있고; gL/V_∞^2이 크거나 작으면 중력이 중요해지거나 그렇지 않다는 것을 예견할 수 있다. 이처럼 미분방정식의 해를 구하기 전에 간파할 수 있다. 완벽을 기하기 위해 문제의 경계조건에 동일한 방식으로 무차원화 과정을 적용해야 하고, 이를 통해 또 다른 무차원 계수를 접하게 된다.

지배방정식을 무차원 형태로 쓴다는 것은, 문제에 깔려 있는 물리적인 현상을 간파하고 어떤 힘이 지배적인지를 나타나게 한다. 식 (7.8), (7.9) 및 (7.10)을 만족하면서 기하학적으로 유사하나 크기가 다른 유동(모형과 원형과 같이)에서, 그 유동에 대한 계수가 같다면(중력, 점성력, 그리고 관성력의 상대적인 중력이 같다면) 방정식은 동일한 수학적 결과를 보인다. 또한 방정식의 이러한 무차원 형태는 해를 구함에 있어서 자주 이용되고 있는 수치적 방법의 시작에 해당한다. 문제의 지배방정식으로부터의 더 이상의 유도과정이나 상사성 확립에 관한 사례는 참고문헌 [1]과 [2]에 나와 있다.

이제 물리적 매개변수들에 대한 적절한 무차원군을 찾는 데 있어서 위에 보인 절차 대신에 차원해석법을 어떻게 사용하는가를 보게 된다. 언급한 바와 같이, 무차원군은 실험 측정에 있어서 매우 유용하고, 다음 두 절에서는 식 (7.1), (7.2), (7.3)과 같은 지배방정식이 없을 때도 무차원군을 얻을 수 있음을 보게 된다.

7.2 Buckingham 파이 정리

이전 절에서 구에 작용하는 항력이 구의 직경 D, 유체밀도 ρ, 점성계수 μ, 그리고 유체속도 V에 어떻게 의존하는가 또는

$$F = F(D, \rho, \mu, V)$$

에 대해 설명하였고, 함수 f의 특성을 알기 위해 이론이나 실험이 필요하다는 것을 설명하였다. 다르게 표현하면 다음과 같다.

$$g(F, D, \rho, \mu, V) = 0$$

여기서 g는 정의되지 않은 함수이며 f와 다르다. Buckingham 파이 정리에서는[4] n개의 변수로 된

$$g(q_1, q_2, \ldots, q_n) = 0$$

과 같은 관계를 다음과 같은 $n - m$개의 독립 무차원 Π 변수의 관계로 변환할 수 있다.

$$G(\Pi_1, \Pi_2, \ldots, \Pi_{n-m}) = 0$$

또는

$$\Pi_1 = G_1(\Pi_2, \ldots, \Pi_{n-m})$$

여기서 m은 **보통** 모든 변수 $q_1, q_2, \ldots, q_n$들의 차원을 정의하는 데 필요한 독립된 변수(예를 들어 질량, 길이, 시간)의 수 r의 최소 수이다. 예를 들면, 구의 문제(예제 7.1)에서 보듯이

$$g(F, D, \rho, \mu, V) = 0 \quad \text{또는} \quad F = F(D, \rho, \mu, V)$$

이고 다음과 같이 된다.

$$G\left(\frac{F}{\rho V^2 D^2}, \frac{\mu}{\rho V D}\right) = 0 \quad \text{또는} \quad \frac{F}{\rho V^2 D^2} = G_1\left(\frac{\mu}{\rho V D}\right)$$

이 정리는 G나 G_1의 함수 형태를 예측하지는 않는다. 독립된 무차원 Π 사이의 함수적 관계는 실험적으로 결정되어야 한다.

이러한 절차를 거쳐 얻어진 $n - m$개의 무차원 Π 변수는 독립적이다. 만약 1개 이상의 다른 Π 변수의 조합으로 Π가 만들어진다면 이 Π 변수는 독립적이지 않다. 예를 들어, 만약

$$\Pi_5 = \frac{2\Pi_1}{\Pi_2\Pi_3} \quad \text{또는} \quad \Pi_6 = \frac{\Pi_1^{3/4}}{\Pi_3^2}$$

이라면 Π_5나 Π_6는 모두 다른 무차원 변수와는 독립적이지 못하다.

무차원 변수를 구하기 위한 방법은 여러 가지가 있다. 자세한 과정은 이 절의 나머지 부분에 기술되어 있다.

무차원 변수들을 구하기 위해 이용되는 방법이 어떻든 간에 주어진 유동현상에 영향을 미친다고 알고(믿는) 있는 모든 변수를 열거하면서 시작된다. 이 같은 변수들의 열거에는 경험이 도움되기도 한다. 이런 경험을 갖고 있지 않은 학생들은 수많은 변수 중에서 공학적인 판단을 내릴 때 어려움을 겪는다. 그러나 변수들을 충분히 선택한다 하더라도 잘못되지는 않을 것이다.

만일 어떤 현상이 어떤 변수에 의존될 것 같다는 생각이 들면 그 변수를 포함시키도록 한다. 그 생각이 맞다면 타당한 결과를 얻기 위하여 그 변수가 포함되어야 한다는 사실을 실험결과가 증명해줄 것이다. 만일 그 변수가 관계없다면 여분의 Π 변수가 만들어지겠지만, 실험결과들은 그 변수가 대상에서 제외되어도 된다는 것을 보여줄 것이다. 그러므로 중요하다고 여겨지는 모든 변수를 포함시키는 것을 두려워할 필요는 없다.

아래에 열거된 6단계는 Π 변수를 구하기 위해 추천되는 절차의 개요이다.

제1단계 **관계되는 모든 차원 변수들을 열거하라.** n을 변수들의 수라고 하자. 만일 적절한 모든 변수들이 포함되지 않았다면 어떤 관계식이 얻어지겠지만 그 관계식이 완벽하지는 않다. 만일 물리적 현상에 실제적으로 영향이 없는 변수들이 포함되었다면, 차원해석 과정에서 이 변수들이 구하는 관계식에 들어가지 않는다는 것이 증명되거나 실험과정에서 몇 개의 무차원군이 여분이라는 것을 보여준다.

제2단계 **기본차원, 즉 *MLt* 또는 *FLt*를 선택하라.** 열전달 문제에서는 온도를 위해 T가 필요할 것이고, 전기기계에서는 전하를 위해 q가 필요할 것이다.

제3단계 **모든 변수들의 차원을 기본차원으로 열거하라.** r을 기본차원의 수라고 하자. 힘이나 질량은 어느 것을 기본차원으로 선택해도 된다.

제4단계 **모든 기본차원을 포함하는 r개의 차원 변수를 선택한다.** 이들 변수들은 한 번에 하나씩 나머지 변수들과 조합을 이룰 것이기 때문에 반복변수라 부른다. 반복변수 중 어떤 것도 다른 반복변수 차원의 멱수가 되지 않아야 한다; 예를 들면, 반복변수에 면적(L^2)과 단면 2차모멘트(L^4)가 둘 다 포함되서는 안 된다. 선택된 반복변수들은 얻어진 모든 무차원군에 나타날 수도 있다: 결론적으로, **이 단계에서 선택된 변수들 중에 종속변수가 포함되어서는 안 된다.**

제5단계 **무차원군들을 구성하기 위해 4단계에서 선택한 변수들과 선택하지 않은 변수 중의 하나씩으로 구성된 차원방정식들을 세워라.**($n - m$개의 방정식이 된다.) 이 차원 방정식을 풀어서 $n - m$개의 무차원군을 얻어라.

제6단계 **얻어진 각 변수군이 무차원인가를 확인하라.** 처음에 질량을 기본차원으로 선택했다면, 힘을 기본차원으로 사용하여 그 무차원군을 검산하는 것이 현명하다. 그 반대도 마찬가지이다.

Π 변수들 간의 함수관계는 실험적으로 구해야 한다. 무차원 Π 변수를 구하기 위한 상세한 절차는 예제 7.1과 7.2에 설명되어 있다.

예제 7.1 매끈한 구에 작용하는 항력

7.2절에서 설명한 것처럼 매끈한 구에 작용하는 항력 F는 상대속력(relative velocity) V, 구의 직경 D, 유체의 밀도 ρ, 유체의 점성계수 μ에 의존한다. 실험자료들의 상관관계를 만들기 위하여 사용될 수 있는 무차원군의 집합을 구하라.

주어진 자료: 구에 대하여 $F = f(\rho, V, D, \mu)$

찾는 자료: 적절한 무차원군의 집합

풀이: (원 속의 숫자는 무차원 Π 변수를 구하기 위한 각 단계의 순서를 의미한다.)

① $F \quad V \quad D \quad \rho \quad \mu$ $\qquad$ $n = 5$개의 변수

② 기본차원으로 M, L, t를 선택한다.

③ $F \quad V \quad D \quad \rho \quad \mu$

$\frac{ML}{t^2} \quad \frac{L}{t} \quad L \quad \frac{M}{L^3} \quad \frac{M}{Lt}$ $\qquad$ $r = 3$ 기본차원

④ ρ, V, D를 반복변수로 선택한다. $\qquad$ $m = r = 3$ 반복변수

⑤ $n - m = 2$, 즉 2개의 무차원군을 얻게 될 것이다. 무차원 방정식을 세우면 다음과 같다.

$$\Pi_1 = \rho^a V^b D^c F \quad \text{그리고} \quad \left(\frac{M}{L^3}\right)^a \left(\frac{L}{t}\right)^b (L)^c \left(\frac{ML}{t^2}\right) = M^0 L^0 t^0$$

M, L, t의 지수를 계산하면 다음과 같다.

$$\left.\begin{array}{lcc} M: & a+1=0 & a=-1 \\ L: & -3a+b+c+1=0 & c=-2 \\ t: & -b-2=0 & b=-2 \end{array}\right\} \quad \text{그러므로} \quad \Pi_1 = \frac{F}{\rho V^2 D^2}$$

동일한 방법으로

$$\Pi_2 = \rho^d V^e D^f \mu \quad \text{그리고} \quad \left(\frac{M}{L^3}\right)^d \left(\frac{L}{t}\right)^e (L)^f \left(\frac{M}{Lt}\right) = M^0 L^0 t^0$$

$$\left.\begin{array}{lcc} M: & d+1=0 & d=-1 \\ L: & -3d+e+f-1=0 & f=-1 \\ t: & -e-1=0 & e=-1 \end{array}\right\} \quad \text{그러므로} \quad \Pi_2 = \frac{\mu}{\rho V D}$$

⑥ F, L, t 차원을 사용하여 확인하면 다음과 같다.

$$[\Pi_1] = \left[\frac{F}{\rho V^2 D^2}\right] \quad \text{그리고} \quad F\frac{L^4}{Ft^2}\left(\frac{t}{L}\right)^2 \frac{1}{L^2} = 1$$

여기서 [ ]은 '~의 차원을 갖는다'라는 의미이다.

$$[\Pi_2] = \left[\frac{\mu}{\rho V D}\right] \quad \text{그리고} \quad \frac{Ft}{L^2}\frac{L^4}{Ft^2}\frac{t}{L}\frac{1}{L} = 1$$

함수관계는 앞에서와 같이 $\Pi_1 = f(\Pi_2)$ 혹은

$$\frac{F}{\rho V^2 D^2} = f\left(\frac{\mu}{\rho V D}\right)$$

이 된다. 함수의 형태 f는 실험적으로 결정되어야 한다(그림 7.1 참조).

주의:
이 예제는 Pi 정리를 사용하여 문제에 대한 무차원 그룹을 만들어내는 방법을 설명한다.

예제 7.2 관 내 유동의 압력강하

수평 직선관을 통과하는 비압축성, 정상, 점성유동에 대한 압력강하 Δp는 관의 길이 l, 평균속도 $\overline{V}$, 유체의 점성계수 μ, 관의 직경 D, 유체의 밀도 ρ, 평균 '조도' 높이 e에 의존한다. 자료들의 상관관계를 만들기 위하여 사용될 수 있는 무차원군의 집합을 구하라.

주어진 자료: 원형 파이프 내의 유동에 대한 $\Delta p = f(\rho, \overline{V}, D, l, \mu, e)$

찾는 자료: 무차원군들

풀이: (원 속의 숫자는 무차원 Π 변수를 구하기 위한 순서의 각 단계를 의미한다.)

① $\Delta p \quad \rho \quad \mu \quad \overline{V} \quad l \quad D \quad e$ $\qquad n = 7$개의 변수

② M, L, t를 기본차원으로 선택한다.

③ $\Delta p \quad \rho \quad \mu \quad \overline{V} \quad l \quad D \quad e$

$\dfrac{M}{Lt^2} \quad \dfrac{M}{L^3} \quad \dfrac{M}{Lt} \quad \dfrac{L}{t} \quad L \quad L \quad L$ $\qquad r = 3$개의 기본차원

④ $\rho, \overline{V}, D$를 반복변수로 선택한다. $\qquad m = r = 3$개의 반복변수

⑤ $n - m = 4$개의 무차원군을 얻게 될 것이다. 차원방정식을 세워서 다음 결과를 얻는다.

$$\Pi_1 = \rho^a \overline{V}^b D^c \Delta p \quad \text{그리고}$$

$$\left(\frac{M}{L^3}\right)^a \left(\frac{L}{t}\right)^b (L)^c \left(\frac{M}{Lt^2}\right) = M^0 L^0 t^0$$

$$\left.\begin{aligned} M:&\quad 0 = a + 1 \\ L:&\quad 0 = -3a + b + c - 1 \\ t:&\quad 0 = -b - 2 \end{aligned}\right\} \quad \begin{aligned} a &= -1 \\ b &= -2 \\ c &= 0 \end{aligned}$$

그러므로 $\Pi_1 = \rho^{-1} \overline{V}^{-2} D^0 \Delta p = \dfrac{\Delta p}{\rho \overline{V}^2}$

$$\Pi_3 = \rho^g \overline{V}^h D^i l \quad \text{그리고}$$

$$\left(\frac{M}{L^3}\right)^g \left(\frac{L}{t}\right)^h (L)^i L = M^0 L^0 t^0$$

$$\left.\begin{aligned} M:&\quad 0 = g \\ L:&\quad 0 = -3g + h + i + 1 \\ t:&\quad 0 = -h \end{aligned}\right\} \quad \begin{aligned} g &= 0 \\ h &= 0 \\ i &= -1 \end{aligned}$$

그러므로 $\Pi_3 = \frac{l}{D}$

$$\Pi_2 = \rho^d \overline{V}^e D^f \mu \quad \text{그리고}$$

$$\left(\frac{M}{L^3}\right)^d \left(\frac{L}{t}\right)^e (L)^f \frac{M}{Lt} = M^0 L^0 t^0$$

$$\left.\begin{aligned} M:&\quad 0 = d + 1 \\ L:&\quad 0 = -3d + e + f - 1 \\ t:&\quad 0 = -e - 1 \end{aligned}\right\} \quad \begin{aligned} d &= -1 \\ e &= -1 \\ f &= -1 \end{aligned}$$

그러므로 $\Pi_2 = \dfrac{\mu}{\rho \overline{V} D}$

$$\Pi_4 = \rho^j \overline{V}^k D^l e \quad \text{그리고}$$

$$\left(\frac{M}{L^3}\right)^j \left(\frac{L}{t}\right)^k (L)^l L = M^0 L^0 t^0$$

$$\left.\begin{aligned} M:&\quad 0 = j \\ L:&\quad 0 = -3j + k + l + 1 \\ t:&\quad 0 = -k \end{aligned}\right\} \quad \begin{aligned} j &= 0 \\ k &= 0 \\ l &= -1 \end{aligned}$$

그러므로 $\Pi_4 = \dfrac{e}{D}$

⑥ F, L, t 차원을 사용하여 확인한다.

$[\Pi_1] = \left[\dfrac{\Delta p}{\rho \overline{V}^2}\right]$ 그리고 $\dfrac{F}{L^2} \dfrac{L^4}{Ft^2} \dfrac{t^2}{L^2} = 1$ $\qquad [\Pi_3] = \left[\dfrac{l}{D}\right]$ 그리고 $\dfrac{L}{L} = 1$

$[\Pi_2] = \left[\dfrac{\mu}{\rho \overline{V} D}\right]$ 그리고 $\dfrac{Ft}{L^2} \dfrac{L^4}{Ft^2} \dfrac{t}{L} \dfrac{1}{L} = 1$ $\qquad [\Pi_4] = \left[\dfrac{e}{D}\right]$ 그리고 $\dfrac{L}{L} = 1$

결국 함수관계는 다음과 같다.

$$\Pi_1 = f(\Pi_2, \Pi_3, \Pi_4)$$

혹은

$$\frac{\Delta p}{\rho \overline{V}^2} = f\left(\frac{\mu}{\rho \overline{V} D}, \frac{l}{D}, \frac{e}{D}\right)$$

주의:

- 8장에서 관 유동에 대해 상세하게 공부할 때 알게 되듯이, 이 관계는 실험자료와 잘 연관됨이 증명되었다.
- 각 Π군은 유일하다(예를 들어 $\mu, \rho, \overline{V}, D$로 무차원화 가능한 군은 *하나*뿐이다).
- 면밀한 관찰을 통하여 Π군을 유추할 수 있다. 예를 들면, l/D는 $\rho, \overline{V}, D$와 l의 결합이 유일함을 확실하게 알 수 있다.

위에서 요약한 절차는, m은 r(포함된 모든 변수들의 차원을 표시하는 데 필요한 최소 독립차원의 수)과 같게 취하고, 거의 모든 경우에 정확한 무차원 Π 변수의 수를 만든다. 아주 드물게는, 변수를 다른 차원(예를 들면, MLt 또는 FLt)으로 표현할 때 기본차원의 수가 달라서 문제가 발생하는 경우도 있다. m의 값은 차원행렬의 계수를 결정함으로써 확실하게 정해진다. 즉, 계수는 m이다. 모든 응용문제에 필요하지는 않지만, 완전성을 기하기 위해 이 절차에 대한 예는 예제 7.3에서 설명한다.

예제 7.3 모세관 효과: 차원행렬의 사용

작은 튜브를 물 웅덩이에 꽂으면 표면장력으로 인해 자유표면에 메니스커스가 형성되고, 자유표면은 액체-고체-기체 경계면에서 접촉 각에 따라 올라가거나 내려간다. 실험에 의하면 이 모세관 효과 Δh의 크기는 튜브의 직경 D와 액체의 비중량 γ 및 표면장력 σ의 함수이다. 만들어질 수 있는 독립적인 Π 변수들의 수를 구하고 무차원군을 구하라.

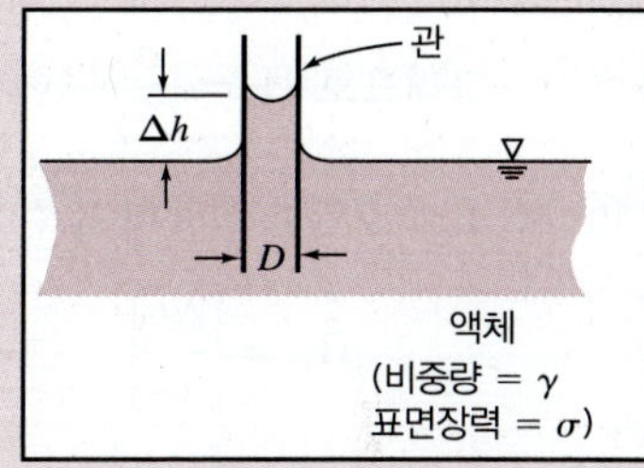

주어진 자료: $\Delta h = f(D, \gamma, \sigma)$

찾는 자료: (a) 독립적인 Π 변수들의 수

(b) Π 변수들

풀이: 원 속의 숫자는 무차원 Π 변수를 구하기 위한 절차상의 단계를 의미한다.

① $\Delta h \quad D \quad \gamma \quad \sigma \qquad n = 4$개의 변수들

② 기본차원을 선택한다(m를 구하기 위하여 M, L, t와 F, L, t 차원을 둘 다 사용한다).

③ (a) M, L, t

$$\begin{array}{cccc} \Delta h & D & \gamma & \sigma \\ L & L & \dfrac{M}{L^2t^2} & \dfrac{M}{t^2} \end{array}$$

$r = 3$ 기본차원

(b) F, L, t

$$\begin{array}{cccc} \Delta h & D & \gamma & \sigma \\ L & L & \dfrac{F}{L^3} & \dfrac{F}{L} \end{array}$$

$r = 2$ 기본차원

두 가지의 기본차원에 대해서 'm은 r과 같은가?'라고 생각해 보자. 이 답을 알기 위해 차원행렬을 검토해 보자. 차원행렬은 다음과 같다.

	Δh	D	γ	σ
M	0	0	1	1
L	1	1	−2	0
t	0	0	−2	−2

	Δh	D	γ	σ
F	0	0	1	1
L	1	1	−3	−1

한 행렬의 계수는 0이 아닌 최대 행렬식의 차수와 동일하다.

(a)

$$\begin{vmatrix} 0 & 1 & 1 \\ 1 & -2 & 0 \\ 0 & -2 & -2 \end{vmatrix} = 0-(1)(-2)+(1)(-2)=0$$

$$\begin{vmatrix} -2 & 0 \\ -2 & -2 \end{vmatrix} = 4 \neq 0 \qquad \therefore m=2, \quad m \neq r$$

④ $m = 2$. 반복변수로 D와 γ를 택한다.

⑤ $n - m = 2$개의 무차원군이 나올 것이다.

$$\Pi_1 = D^a \gamma^b \Delta h \quad \text{그리고}$$

$$(L)^a \left(\frac{M}{L^2t^2}\right)^b (L) = M^0L^0t^0$$

(b)

$$\begin{vmatrix} 1 & 1 \\ -3 & -1 \end{vmatrix} = -1+3=2 \neq 0$$

$$\therefore m=2, \quad m=r$$

$m = 2$. 반복변수로 D와 γ를 택한다.

$n - m = 2$개의 무차원군이 나올 것이다.

$$\Pi_1 = D^e \gamma^f \Delta h \quad \text{그리고}$$

$$(L)^e \left(\frac{F}{L^3}\right)^f L = F^0L^0t^0$$

$$\begin{aligned} M:&\quad b+0=0 \\ L:&\quad a-2b+1=0 \\ t:&\quad -2b+0=0 \end{aligned}\Bigg\}\quad \begin{aligned} b&=0\\ a&=-1\end{aligned}$$

그러므로 $\Pi_1 = \dfrac{\Delta h}{D}$

$$\Pi_2 = D^c\gamma^d\sigma \text{ 그리고}$$

$$(L)^c\left(\frac{M}{L^2t^2}\right)^d\frac{M}{t^2} = M^0L^0t^0$$

$$\begin{aligned} M:&\quad d+1=0 \\ L:&\quad c-2d=0 \\ t:&\quad -2d-2=0 \end{aligned}\Bigg\}\quad \begin{aligned} d&=-1\\ c&=-2\end{aligned}$$

그러므로 $\Pi_2 = \dfrac{\sigma}{D^2\gamma}$

⑥ M, L, t 차원을 이용하여 검산하면

$$[\Pi_1] = \left[\frac{\Delta h}{D}\right] \quad \text{그리고} \quad \frac{L}{L} = 1$$

$$[\Pi_2] = \left[\frac{\sigma}{D^2\gamma}\right] \quad \text{그리고} \quad \frac{M}{t^2}\frac{1}{L^2}\frac{L^2t^2}{M} = 1$$

$$\begin{aligned} F:&\quad f=0 \\ L:&\quad e-3f+1=0 \end{aligned}\Big\}\quad e=-1$$

그러므로 $\Pi_1 = \dfrac{\Delta h}{D}$

$$\Pi_2 = D^g\gamma^h\sigma \text{ 그리고}$$

$$(L)^g\left(\frac{F}{L^3}\right)^h\frac{F}{L} = F^0L^0t^0$$

$$\begin{aligned} F:&\quad h+1=0 \\ L:&\quad g-3h-1=0 \end{aligned}\Big\}\quad \begin{aligned} h&=-1\\ g&=-2\end{aligned}$$

그러므로 $\Pi_2 = \dfrac{\sigma}{D^2\lambda}$

F, L, t 차원을 이용하여 검산하면

$$[\Pi_1] = \left[\frac{\Delta h}{D}\right] \quad \text{그리고} \quad \frac{L}{L} = 1$$

$$[\Pi_2] = \left[\frac{\sigma}{D^2\gamma}\right] \quad \text{그리고} \quad \frac{F}{L}\frac{1}{L^2}\frac{L^3}{F} = 1$$

그러므로 두 차원계는 동일한 무차원 Π 변수들을 얻게 한다. 예측되는 함수 관계식은 다음과 같다.

$$\Pi_1 = f(\Pi_2) \quad \text{또는} \quad \frac{\Delta h}{D} = f\left(\frac{\sigma}{D^2\gamma}\right)$$

주의:
- 이 결과는 물리적 관점에서 타당하다. 정지 유체 때문에 시간은 중요한 차원이 아니라는 것을 예측할 수 있다.
- 이 문제를 예제 2.3에서 해석했으며, 여기서 $\Delta h = 4\sigma\cos(\theta)/\rho gD$ (θ는 접촉각)이다. 따라서 $\Delta h/D$는 직접 $\sigma/D^2\gamma$에 비례한다.
- 이 문제의 목적은 필요한 반복변수의 수를 구하기 위하여 차원행렬식의 사용을 설명하는 것이다.

주어진 절차에서 얻어진 $n-m$개의 무차원군은 독립적이지만 유일하지는 않다. 만일 반복변수를 다르게 택한다면 무차원군이 달라진다. 반복변수들은 모든 얻어진 무차원군에 나타나기 때문에 붙여진 이름이다. 경험에 의하면 점성계수는 단 하나의 무차원 변수에만 있어야 한다. 그러므로 점성계수 μ를 반복변수로 선택해서는 안 된다.

선택할 때는, 일반적으로 밀도 ρ (MLt 시스템에서의 M/L^3 차원), 속도 V (L/t 차원) 및 특성 길이 L (L 차원)를 반복변수로 선택하는 것이 가장 좋다. 경험에 의하면 이 변수들로부터 실험 데이터의 넓은 범위에 걸쳐서 연관시키기에 적절한 무차원 변수들을 만들 수 있고, 게다가 ρ, V, L이 일반적으로 측정하거나 또는 얻기가 매우 쉽다. 이러한 반복변수들을 이용하여 구해진 무차원 변수들의 값은 여러 종류의 유체 힘(예를 들어, 점성력)의 관성력에 대한 상대적 크기('전형적인' 것들에 대해서는 간단히 설명할 것임)를 효과적으로 보여주는 현실적인 의미를 항상 지니고 있다.

또한 강조할 만한 것으로, 조합할 변수가 주어지면 검사에 의해 고유의 무차원 변수를 구할 수 있다. 예를 들면, 반복변수 ρ, V, L이 주어져 있고 이들과 물체의 전면면적을 나타내는 변수 A_f를 조합할 때, A_f/L^2만이 무차원이라는 점은 명백하다; 경험이 있는 유체공학자라면 ρV^2은 응력의 차원이라는 것을 알고 있으며, 응력이나 힘의 변수가 보이면 언제든지 ρV^2이나 ρV^2L^2으로 나누면 무차원량을 만들게 된다는 점을 안다.

뉴턴의 제2법칙 $F = ma$로부터 유체 관성력의 크기 척도를 아는 것은 유용하다. 관성력 차원은 MLt^{-2}이다. "ma"의 차원을 만들기 위하여 ρ, V, L을 사용하면 ρV^2L^2이 유일한 조합이다.

만일 $n - m = 1$이면, 하나의 무차원 Π 변수가 얻어진다. 이 경우에 Buckingham 파이 정리는 단일 Π 변수는 상수여야 함을 나타낸다.

7.3 유체역학에서 중요한 무차원군

오랜 세월 동안 공학분야에서는 중요한 무차원군 수백 개 정도가 정의되어 왔다. 전통적으로 그러한 무차원군에는 유명한 과학자나 기술자의 이름—보통은 처음 사용한 사람의 이름—을 붙였다. 몇 가지는 유체역학에서 아주 중요하고 그리고 자주 쓰이므로 이들의 정의에 대하여 공부하는 데 시간을 할애할 필요가 있다. 이들의 물리적 중요성을 이해하는 것 자체로부터도 접하는 물리현상에 대한 통찰력을 얻을 수 있다.

흐르는 유체가 받는 힘들은 관성, 점성, 압력, 중력, 표면장력 그리고 압축성에 의한 것들이다. 임의의 두 힘의 비는 무차원이 된다. 관성력은 ρV^2L^2에 비례함을 이미 공부한 바 있다.

유체에 작용하는 관성력에 대한 여러 가지 힘들의 상대적 크기를 비교해 보면 다음과 같다.

$$\text{점성력} \sim \quad \tau A = \mu\frac{du}{dy}A \propto \mu\frac{V}{L}L^2 = \mu VL \quad \text{따라서} \quad \frac{\text{점성}}{\text{관성}} \sim \frac{\mu VL}{\rho V^2L^2} = \frac{\mu}{\rho VL}$$

$$\text{압력힘} \sim \quad \Delta pA \propto \Delta pL^2 \quad \text{따라서} \quad \frac{\text{압력}}{\text{관성}} \sim \frac{\Delta pL^2}{\rho V^2L^2} = \frac{\Delta p}{\rho V^2}$$

$$\text{중력힘} \sim \quad mg \propto g\rho L^3 \quad \text{따라서} \quad \frac{\text{중력}}{\text{관성}} \sim \frac{g\rho L^3}{\rho V^2L^2} = \frac{gL}{V^2}$$

$$\text{표면장력} \sim \quad \sigma L \quad \text{따라서} \quad \frac{\text{표면장력}}{\text{관성}} \sim \frac{\sigma L}{\rho V^2L^2} = \frac{\sigma}{\rho V^2L}$$

$$\text{압축력 힘} \sim \quad E_vA \propto E_vL^2 \quad \text{따라서} \quad \frac{\text{압축성 힘}}{\text{관성}} \sim \frac{E_vL^2}{\rho V^2L^2} = \frac{E_v}{\rho V^2}$$

위에 나열된 모든 무차원 변수는 자주 접하게 되며 여러 가지 유체힘의 상대적 강도를 예측하는 데 매우 유용하기 때문에 그들은 별도로 구분하기 위한 이름이 부여되어 있다.

첫 번째 변수 $\mu/\rho VL$는 전통에 의해 $\rho VL/\mu$의 형태로 역수를 취하고, 사실상 차원해석과는 별도로 튜브에서 층류와 난류 영역 사이의 천이를 연구한 영국 공학자인 Reynolds에 의하여 1880년대에 탐구되었다. 그는 이 변수

$$Re = \frac{\rho\overline{V}D}{\mu} = \frac{\overline{V}D}{\nu}$$

가 유동 영역을 결정하는 판정 기준임을 발견하였다. 그 이후의 실험에서 *Reynolds* 수는 다른 유동의 경우에 있어서도 핵심 변수라는 것을 보였다. 따라서 일반적으로

$$Re = \frac{\rho VL}{\mu} = \frac{VL}{\nu} \tag{7.11}$$

로 표시되며, 여기서 L은 유동장의 구조를 나타내는 특성 길이이다. Reynolds 수는 관성력의 점성력에 대한 비이다. Reynolds 수가 '큰' 유동은 일반적으로 난류이다. 관성력이 점성력에 비하여 '작은' 유동은 층류의 특성을 갖는다.

공기역학이나 다른 모형실험에서, 두 번째 변수인 $\Delta p/\rho V^2$의 분모에 1/2이라는 인자를 넣어서 동압을 나타내도록 하면 매우 편리한 형태가 된다. 그 비는

$$Eu = \frac{\Delta p}{\frac{1}{2}\rho V^2} \tag{7.12a}$$

로 된다. 여기서 Δp는 국소 압력에서 자유유동의 압력을 뺀 것이며, ρ와 V는 자유유동의 성질이다. 이 비에는 일찍이 유체역학에 관하여 해석적인 연구를 많이 한 스위스 수학자인 Leonhard Euler의 이름이 붙게 되었다. Euler는 유체운동에서 압력의 역할을 최초로 알아낸 사람으로 평가되고 있다. 6장의 Euler 방정식은 이 압력의 역할을 실증하고 있다. *Euler* 수는 압력힘의 관성력에 대한 비이다. Euler 수는 **압력계수** Cp 라고도 불린다.

8장과 9장에서 접하게 될 항력과 양력계수도 Euler 수와 유사하다. 압력 대신 항력과 양력을 사용하여 정의된다. 항력계수는 다음과 같이 정의된다.

$$C_D = \frac{F_D}{\frac{1}{2}\rho V^2 L^2} \tag{7.12b}$$

그리고 양력계수는 다음과 같이 정의된다.

$$C_L = \frac{F_L}{\frac{1}{2}\rho V^2 L^2} \tag{7.12c}$$

공동 현상에 대한 연구에서 압력차 Δp는 $\Delta p = p - p_v$로 취하며, 여기서 p는 액체유동에서의 압력이고 p_v는 실험온도에서의 액체 증기압이다. 이들을 유동의 ρ 및 V와 결합하면 **캐비테이션 수**(*cavitation number*)라는 무차원 변수를 얻게 된다.

$$Ca = \frac{p - p_v}{\frac{1}{2}\rho V^2} \tag{7.13}$$

캐비테이션 수가 작을수록 공동현상이 쉽게 발생할 수가 있다. 이는 별로 바람직하지 않은 현상이다.

William Froude는 영국 해군의 조선기술자였다. 그는 아들 Robert Edmund Froude와 함께 자유표면의 영향을 받는 유동에서 중요한 변수를 발견하였다.

$$Fr = \frac{V}{\sqrt{gL}} \tag{7.14}$$

이 *Froude* 수를 제곱하면

$$Fr^2 = \frac{V^2}{gL}$$

이 되고, 이 식은 관성력의 중력에 대한 비로 해석된다(위에서 설명한 세 번째 힘의 비 V^2/gL의 역수에 해당한다). 길이 L은 그 유동장을 표현하는 특성 길이이다. 개수로 유동에서는 그 특성 길이가 수심이 되고; 1보다 작은 Froude 수는 아임계유동을 나타내고, 1보다 큰 값은 초임계유동을 나타낸다. 이에 대해서는 11장에서 보다 상세히 설명될 것이다.

관례상, 위에서 검토했던 네 번째 힘의 비 $\sigma/\rho V^2 L$의 역수는 *Weber* 수라 부르고; 표면장력에 대한 관성력의 비를 나타낸다.

$$We = \frac{\rho V^2 L}{\sigma} \tag{7.15}$$

Weber 수의 값은 자유표면에서의 표면장력파의 존재 여부와 주파수를 나타낸다.

1870년대, 오스트리아 물리학자인 Ernst Mach는 변수

$$M = \frac{V}{c} \tag{7.16}$$

를 소개하였고, 여기서 V는 유동속도이고, c는 국부 음속이다. *Mach* 수는 어떤 유동에서 압축성의 영향의 특징을 묘사하는 데 핵심적인 변수라는 것을 여러 해석과 실험이 보여주고 있다. Mach 수는

$$M = \frac{V}{c} = \frac{V}{\sqrt{\dfrac{dp}{d\rho}}} = \frac{V}{\sqrt{\dfrac{E_v}{\rho}}} \quad \text{또한} \quad M^2 = \frac{\rho V^2 L^2}{E_v L^2} = \frac{\rho V^2}{E_v}$$

로 나타낼 수 있고, 이것은 마지막 힘의 비 $E_v/\rho V^2$의 역수는 압축성 힘에 대한 관성력의 비로 해석된다. 실제로 비압축성유동에서 $c = \infty$이므로 $M = 0$이다.

식 (7.11)에서 (7.16)까지는 유체역학에서 가장 많이 사용되는 무차원군들이다. 왜냐하면 어떤 유동 패턴에서든지 이 식들은 관성, 점성, 압력, 중력, 표면장력, 압축성의 상대적 중요성을 직접적으로 나타내기 때문이다.

7.4 유동 상사와 모형연구

모형실험이 실용적이기 위해서는 실제 크기의 원형에 존재하는 힘과 모멘트 및 동적 하중 등을 얻을 수 있도록 변환할 수 있는 모형실험 데이터가 도출되어야 한다. 모형과 원형 유동 사이의 상사성이 보장되려면 어떤 조건이 만족되어야 하는가?

가장 분명하게 필요한 조건은 모형과 원형이 기하학적으로 상사를 이루어야 한다. **기하학적 상사**는 모형과 원형이 같은 모양이라야 하고, 모형의 모든 길이가 이에 대응하는 원형의 길이들과 동일한 축척비를 가져야 한다.

두 번째 조건은 모형과 원형 유동은 **운동학적으로 상사**를 이루어야 한다. 두 유동은 서로 대응하는 점들에서 속도들이 동일한 방향이고, 그 크기만 일정한 축척계수로 다르면 운동학적으로 상사이다. 운동학적으로 상사인 두 유동은 또한 축척비가 일정한 유선 패턴을 갖는다. 물체의 경계들은 경계유선을 형성하므로, 운동학적으로 상사인 유동은 반드시 기하학적으로도 상사이다.

물체가 받는 항력에 대한 데이터를 얻기 위한 무한히 넓은 유동장에 대한 실험의 모형을 만들려면 원칙적으로 운동학적 상사라야 하고, 따라서 무한히 넓은 단면을 가지는 풍동을 사용해야 한다. 실제로는 이러한 제한조건은 상당히 완화되어야 하고, 합리적인 크기의 장치가 사용된다.

운동학적 상사는 모형과 원형이 동일한 유동 형상을 가져야 한다. 만일 유동의 질적인 패턴까지도 바꿀 수 있는 압축성이나 공동현상과 같은 영향이 원형 유동에는 존재하지 않는다면, 모형유동에서도 그와 같은 영향은 배제되어야 한다.

두 유동의 모든 대응점에서 분포된 힘들이 동일 종류가 같은 방향이고 축척비가 같으면, 그 유동은 **역학적 상사**이다.

역학적 상사의 조건은 가장 제한적이다. 운동학적 상사는 기하학적 상사가 필요하지만, 이 운동학적 상사는 역학적 상사의 조건에 대한 필요조건이지 충분조건은 아니다.

완전한 역학적 상사를 위한 조건들을 설정하기 위해서는, 그 유동환경에서 중요한 모든 힘들이 고려되

어야 한다. 따라서 점성력, 압력힘, 표면장력 등의 영향이 고려되어야 한다. 모형과 원형 사이에서 모든 힘들에 대한 축적비가 일정하도록 실험조건들이 설정되어야 한다. 역학적 상사가 이루어지면, 모형에서 측정된 데이터는 원형의 조건에 정량적으로 연관된다. 그러면 모형과 원형 유동 사이의 역학적 상사가 보장되기 위해 어떤 조건들이 있는가?

Buckingham 파이 정리는 유동현상을 지배하는 무차원군을 얻는 데 사용된다; 기하학적으로 상사인 유동 사이에 역학적 상사를 만족하기 위해서는 독립된 무차원군들이 각각 모형과 원형에서 동일하게 되도록 해야 한다. 그러면 힘의 상대적인 중요성이 같아질 뿐만 아니라 무차원 종속변수도 모형과 원형에서 같아진다.

예를 들면, 예제 7.1에서 구에 작용하는 항력을 생각할 때 다음 식으로부터 시작하였다.

$$F = f(D, V, \rho, \mu)$$

Buckingham 파이 정리는 다음과 같은 함수관계를 예측하였다.

$$\frac{F}{\rho V^2 D^2} = f_1\left(\frac{\rho V D}{\mu}\right)$$

7.3절에서 무차원 변수들을 힘들의 비로 생각할 수 있음을 보았다. 따라서 구에 대한 모형유동과 원형 유동이 기하학적으로 상사일 때 모형과 원형 사이에서 독립변수 $\rho VD/\mu$가 동일하면 그 유동은 동역학적 상사가 된다. 즉,

$$\left(\frac{\rho V D}{\mu}\right)_{\text{model}} = \left(\frac{\rho V D}{\mu}\right)_{\text{prototype}}$$

달리 표현하면,

$$Re_{\text{model}} = Re_{\text{prototype}}$$

이면 함수관계에서 종속변수 $F/\rho V^2 D^2$의 값이 모형과 원형에서 동일할 것이다. 즉,

$$\left(\frac{F}{\rho V^2 D^2}\right)_{\text{model}} = \left(\frac{F}{\rho V^2 D^2}\right)_{\text{prototype}}$$

이고 모형연구로부터 구해진 결과들은 실제 크기의 원형에 작용하는 항력을 예측하는 데 이용된다.

유체에 의해 물체에 작용하는 실제 힘은 두 경우에서 모형과 원형에서 동일하지 않지만, 그 무차원군의 값은 같다. Reynolds 수가 일치되는 한 필요한 경우 두 가지 실험을 다른 유체를 사용하여 수행할 수도 있다. 실험의 편리성을 위해 실험 데이터는 공기를 이용한 풍동에서 얻고 그 결과를 예제 7.4에서 설명하는 것처럼 물에서의 항력을 예측하는 데 사용할 수 있다.

예제 7.4 상사성: 음파탐지기의 항력

음파탐지기의 항력을 풍동실험 데이터로부터 예측하려 한다. 직경이 30.5 cm인 구의 원형을 5 knots로 4.4°C의 해수 속에서 끌고 있다. 모형은 직경이 152 mm이다. 공기 중에서 실험할 속도를 구하라. 이 실험에서 모형의 항력이 2.67 N일 때, 원형의 항력을 계산하라.

주어진 자료: 풍동에서 실험되는 음파탐지기

찾는 자료: (a) V_m

(b) F_p

D_p = 30.5 cm
V_p = 5 knots
F_p
4.4°C 해수
D_m = 152 mm
V_m
F_m = 2.67 N
공기

풀이: 원형은 4.4°C 해수에서 사용되고 모형실험은 공기 중에서 수행되므로 원형에서는 공동현상의 영향이 없고, 모형실험에서는 압축성 영향이 없을 때만 유용한 결과를 기대할 수 있다. 이러한 조건하에서

$$\frac{F}{\rho V^2 D^2} = f\left(\frac{\rho V D}{\mu}\right)$$

이고 역학적 상사가 보장되려면 모형실험이

$$Re_{\text{model}} = Re_{\text{prototype}}$$

에서 수행되어야 한다. 4.4°C의 해수는 밀도 $\rho = 1025\ \text{kg/m}^3$이고, 동점성 계수는 $\nu \approx 1.57 \times 10^{-6}\ \text{m}^2/\text{s}$이다. 원형에서의 조건은

$$V_p = 5\frac{\text{nmi}}{\text{hr}} \times 1852\frac{\text{m}}{\text{nmi}} \times \frac{\text{hr}}{3600\ \text{s}} = 2.57\ \text{m/s} \quad (\text{여기에서 } 1\ \text{nmi} = 1\ \text{해리} = 1{,}852\ \text{m})$$

$$Re_p = \frac{V_p D_p}{\nu_p} = 2.57\frac{\text{m}}{\text{s}} \times 0.3\ \text{m} \times \frac{1}{1.57 \times 10^{-6}\ \text{m}^2/\text{s}} = 4.99 \times 10^5$$

이고, 실험 조건은 Reynolds 수가 동일해야 한다. 따라서

$$Re_m = \frac{V_m D_m}{\nu_m} = 4.99 \times 10^5$$

표준공기에서 밀도 $\rho = 1.23\ \text{kg/m}^3$이고, 동점성 계수는 $\nu = 1.46 \times 10^{-5}\ \text{m}^2/\text{s}$이다. 풍동은 다음과 같은 조건으로 작동되어야 한다.

$$V_m = Re_m \frac{\nu_m}{D_m} = 4.99 \times 10^5 \times 1.46 \times 10^{-5}\frac{\text{m}^2}{\text{s}} \times \frac{1}{0.152\ \text{m}}$$

$$V_m = 47.8\ \text{m/s} \longleftarrow V_m$$

이 속도는 압축성 효과를 무시할 수 있을 만큼 충분히 낮다.

이러한 조건에서 모형과 원형 유동은 역학적으로 상사이다.

$$\left.\frac{F}{\rho V^2 D^2}\right)_m = \left.\frac{F}{\rho V^2 D^2}\right)_p$$

그리고

$$F_p = F_m \frac{\rho_p}{\rho_m}\frac{V_p^2}{V_m^2}\frac{D_p^2}{D_m^2} = 2.67\ \text{N} \times \frac{1025}{1.23} \times \frac{(2.57)^2}{(47.8)^2} \times \frac{(305)^2}{(152)^2}$$

$$F_p = 25.9\ \text{N} \longleftarrow F_p$$

공동현상이 예상되는 경우, 즉 음파탐지기가 해수의 자유표면 근처에서 고속으로 작동되는 경우라면, 공기에서의 모형실험으로부터 유용한 결과를 얻을 수 없을 것이다.

이 문제는:

- 모형실험 데이터로부터 원형에 대한 값의 계산을 보여 준다.
- '시간 낭비이다': 매끈한 구에 작용하는 항력은 매우 잘 알려져 있다. 따라서 모형실험을 할 필요는 없고, 대신 그림 7.1의 그래프에서 Reynolds 수 4.99×10^5에 해당하는 $C_D = F_p/(\frac{1}{2}\rho V_p^2 \frac{\pi}{4} D_p^2) \approx 0.1$을 쉽게 찾아낼 수 있다. 따라서 $F_p = 24.7\ \text{N}$으로 쉽게 계산된다. 항력 계수에 대해서는 9장에서 보다 상세히 다룬다.

불완전한 상사

기하학적으로 상사인 유동들이 완전한 동역학적 상사를 이루기 위해서는 독립적인 무차원군을 일치시키는 것이 필수적이며, 그렇게 해서 종속변수도 일치된다는 사실을 알았다.

예제 7.4에서와 같은 단순화된 경우는 모형과 원형 사이에 Reynolds 수를 일치시키면 역학적으로 상사한 유동이 보장되었다. 공기 중에서 행한 실험에서 Reynolds 수가 정확히 일치하였다. 구에 작용하는 항력은 실제로 경계층 유동의 특성에 따라 결정된다. 그러므로 기하학적 상사성을 만족하려면 모형과 원형의 표면 상대조도도 동일해야 한다. 이것은 상대조도 역시 모형과 원형 사이에 일치되어야 하는 변수라는 의미이다. 만일 모형이 정교하게 제작되었다면, 모형실험으로부터 측정된 항력은 원형의 조건에 대한 항력이 예측되도록 변환된다.

많은 모형연구에서 역학적 상사를 위해서는 여러 개의 무차원군들이 일치되어야 한다. 어떤 경우는 모형과 원형 사이에 완전한 역학적 상사를 이룰 수 없을 수도 있다. 바다 위의 배가 받는 항력(저항)을 구하는 것은 그러한 경우의 한 예이다. 배에 작용하는 저항은 선체에 작용하는 표면 마찰(점성력)과 표면 조파저항(중력힘) 때문에 발생한다. 완전한 역학적 상사를 이루려면 모형과 원형 사이에 Reynolds 수와 Froude 수가 둘 다 일치되어야 한다.

일반적으로 조파저항을 해석적으로 예측하는 것은 불가능하기 때문에 모형을 만들어야 한다. 역학적 상사인 표면 조파 패턴을 얻으려면

$$Fr_m = \frac{V_m}{(gL_m)^{1/2}} = Fr_p = \frac{V_p}{(gL_p)^{1/2}}$$

와 같이 모형과 원형 사이에 Froude 수가 일치되어야 하고, 그러므로 동역학적으로 유사한 표면파 형태를 만들어내기 위하여 다음과 같은 속도비를 만족해야 한다.

$$\frac{V_m}{V_p} = \left(\frac{L_m}{L_p}\right)^{1/2}$$

이런 이유로 어떤 모형의 길이 비(length scale)에 대해 Froude 수를 일치시키면 속도비가 결정된다. Reynolds 수를 일치시키기 위해서는 동점성 계수만 변화시키면 된다. 따라서

$$Re_m = \frac{V_m L_m}{\nu_m} = Re_p = \frac{V_p L_p}{\nu_p}$$

가 되고, 다음과 같은 조건이 얻어진다.

$$\frac{\nu_m}{\nu_p} = \frac{V_m}{V_p}\frac{L_m}{L_P}$$

Froude 수를 일치시켜서 얻어진 속도비를 사용한다면, Reynolds 수를 동일하게 하기 위해 다음과 같은 동점성 계수비를 얻게 된다.

$$\frac{\nu_m}{\nu_p} = \left(\frac{L_m}{L_p}\right)^{1/2}\frac{L_m}{L_p} = \left(\frac{L_m}{L_p}\right)^{3/2}$$

$L_m/L_p = 1/100$(배 모형실험의 대표적인 길이 비)라면, ν_m/ν_p는 1/1000이 되어야 한다. 그림 A.3은 수은이 동점성계수가 물보다 작은 유일한 액체라는 것을 보여준다. 그러나 수은의 동점성 계수는 10배수 이상으로만 작기 때문에, Reynolds 수를 일치시키기 위한 동점성 계수의 비는 얻어질 수 없다.

여기서 문제가 있음을 알 수 있다. 모형/원형의 축척비가 1/100에서 Reynolds 수와 Froude 수를 사실상 모두 만족시키기는 불가능하며, 잘해야 둘 중의 하나만 만족시킬 수 있다. 게다가 대부분의 자유표면 유동 모형실험을 위한 실용성이 있는 유체는 물뿐이다. 그래서 완전한 역학적 상사를 얻기 위해서는 실제 크기로 실험을 해야 한다. 그러나 모형연구는 완전한 상사를 얻지 못하여도 유용한 정보를 준다. 예로서, 그림 7.2는 미국 해군사관학교 수력학 실험실에서 수행한 길이 비 1: 80인 배의 모형실험에서 나온 데이터를 보여준다. 그림은 Froude 수에 대한 '저항계수'를 보여준다. 정사각형 점들은 실험에서 측정된 총 저항값이다. 얻고자 하는 것은 완전한 크기의 원형이 받는 총 저항곡선이다.

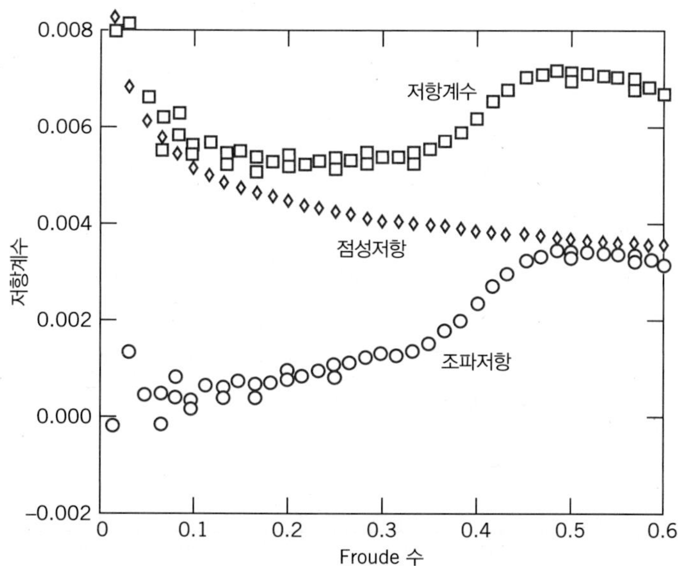

그림 7.2 미국 해군의 유도 미사일 프리깃(frigate)함 *Oliver Hazard Perry* (FFG-7)에 대한 축척비 1: 80인 모형실험 자료 (Bruce Johnson 교수의 배려로 미 해군사관학교 수력학 연구실로부터 제공받은 자료).

이것에 대하여 생각해 보면, 총 저항(정사각형 점)만을 측정할 수 있다. 총 저항은 조파저항(Froude 수에 의존)과 마찰저항(Reynolds 수에 의존)에 의한 것이고, 각각이 기여하는 부분을 실험적으로 구하는 것은 불가능하다. 그림 7.2의 총 저항곡선은 사용할 수가 없다. 그 이유는 앞에서 설명한 바와 같이, 모형 조건을 Reynolds 수와 Froude 수가 완전한 크기의 배와 일치되도록 설정할 수가 없기 때문이다. 그럼에도 불구하고, 그림 7.2로부터 완전한 크기의 배에 대한 총 저항곡선을 얻어내고자 한다. 많은 실험에서 해를 찾기 위하여 창의적인 '트릭'을 사용할 필요가 있다. 이 경우, 실험자들은 모형의 점성저항 부분(그림 7.2에 다이아몬드로 표시)을 예측하기 위해 경계층 이론(9장에서 설명됨)을 사용하였다; 그리고 나서 조파저항(이론으로 얻을 수 없다)은 실험으로 얻은 총 저항에서 이론적 점성저항을 간단히 빼서 한 점씩(그림 7.2에 원으로 표시) 예측하였다.

이와 같은 방법을 사용하여, 그림 7.2는 모델의 조파저항을 Froude 수의 함수로 나타냈다. 이처럼 조파저항은 Froude 수에만 의존하기 때문에 실제 크기의 배에 대해서도 적용될 수 있다! 이제 실제 크기의 배에 대해 그림 7.2와 유사한 저항곡선을 만들 수 있다: 단순히 경계층 이론으로부터 실제 크기 배의 점성저항을 계산하고, 그러고 나서 방금 모형실험에서 구했던 조파저항 값을 하나씩(Froude 수별로) 더한다. 그 결과가 그림 7.3에 나타나 있다. 조파저항은 그림 7.2의 값과 동일하다; 점성저항은 이론에서 계산되었고 그리하여 실제 크기의 배에 대한 총 저항의 예측 곡선을 얻게 되었다.

이 사례에서 불완전한 모델링은 해석적인 계산을 사용해서 극복되었다; 모형실험은 Froude 수로 맞춘 것이고, Reynolds 수로 맞춘 것은 아니다.

선박의 모형실험에서 Reynolds 수를 맞출 수가 없기 때문에 경계층 거동은 모형과 원형에서 동일하지 않다. 모형의 Reynolds 수는 원형의 값보다 단지 $(L_m/L_p)^{3/2}$만큼 크고, 따라서 모형에 형성되는 경계층에서 층류의 범위는 해당 인수만큼 너무 크게 된다. 지금까지 설명한 방법은 경계층 거동이 축소나 확대할 수 있다고 가정한 것이다. 이러한 방법이 가능하려면, 모형 경계층이 원형 크기의 선박의 대응하는 점에서의 거동이 난류가 되도록 '자극되어야' 한다. 그림 7.2의 모형시험 결과는 경계층을 자극하기 위하여 '스터드'를 사용하였다.

모형실험 데이터로부터 계산된 완전한 크기의 계수들에 수정을 가하기도 한다. 이 수정은 모형에서보다는 완전한 크기의 배에 더욱 현저하게 나타나는 표면조도, 흔들림, 불균형 등의 영향을 고려한다. 모형실험으로부터 예측한 값들과 실제 크기의 원형에서 측정한 실험값들을 비교하면 오차가 전체적으로 ±5% 이내의 정확성을 나타낸다[5].

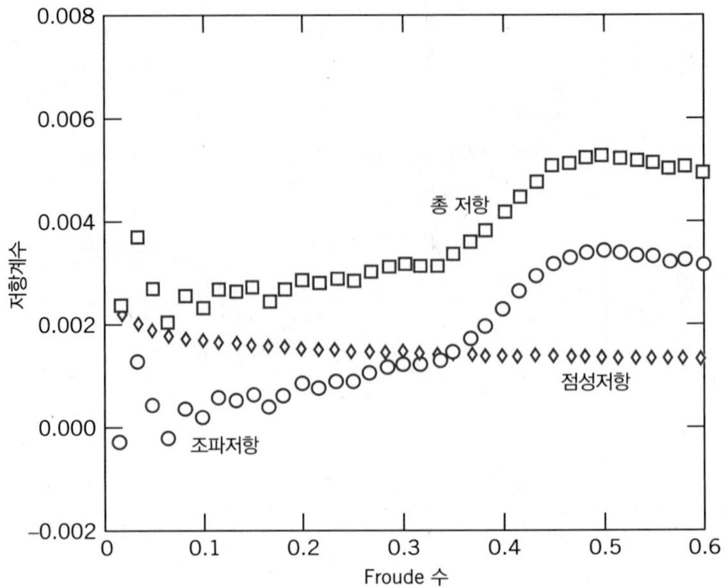

그림 7.3 모형실험 결과로부터 예측된 실물 배의 저항(Bruce Johnson 교수의 배려로 미 해군사관학교 수력학 연구실로부터 제공받은 자료).

11장에서 설명하겠지만, Froude 수는 강과 항구들에 대한 모형화에서 중요한 변수이다. 여기서 완전한 상사를 얻는다는 것은 불가능하다. 타당성 있는 모형 크기를 사용하면 수심이 매우 작게 되고, 그래서 모형 유동에서의 점성력과 표면장력은 원형에서보다 상대적으로 훨씬 큰 영향을 주게 된다. 그렇기 때문에 수직 방향 및 수평 방향에 대해 서로 다른 길이 축척비가 사용된다. 수심이 깊은 모형유동에서의 점성력은 인공조도를 사용하여 증가시킨다.

연료절약의 강조는 승용차, 트럭 및 버스에 작용하는 공기역학적 항력의 감소를 가져왔다. 항력이 작은 형상 개발을 위한 대부분의 연구는 모형실험을 통하여 수행된다. 전통적으로, 자동차 모형은 축척비가 3/8인 크기로 제작되며, 이때 실물 자동차의 모형은 전면면적이 약 0.3 m^2이다. 따라서 실험은 실험 단면적이 6 m^2이거나 그 이상인 크기의 풍동 속에서 한다. 축척비 3/8이면, 원형 자동차가 법적인 속도로 달리는 데 필요한 모형에서의 속도는 약 240 km/h이다. 따라서 압축성 영향에 대한 문제점은 없으나, 축척된 모형은 매우 비싸고 만드는 데도 많은 시간이 소요된다.

미국 제너럴 모터스사에서는 완전한 크기의 자동차로 고속도로에서의 주행속도를 실험하기 위해 대형 풍동장치(실험단면의 치수는 높이 5.4 m, 폭 10.4 m, 길이 21.3 m이며, 풍동이 비어 있을 때 최대 공기속도가 250 km/h이다)를 사용한다. 실험단면이 크면 생산되는 자동차나 새로이 제안된 자동차의 점토로 된 실물 크기의 모형을 실험에 사용할 수 있다. 다른 많은 자동차 제작회사들도 비슷한 장치를 사용하고 있다. 그림 7.4는 실물 크기의 세단을 볼보사의 풍동에서 실험 중인 모습이다. 속도가 비교적 낮으면 가는 실이나 '연기'를 이용해 유동 가시화를 할 수 있다. 실물 크기 '모형'을 사용하는 스타일리스트와 엔지니어들은 최적의 결과를 얻기 위해 함께 일한다.

트럭이나 버스의 실험에서는 역학적 상사를 얻기가 더 어렵다; 모형을 자동차의 경우보다 더 적게 만들어야 하기 때문이다. 트럭이나 버스에 대한 축척비는 큰 경우 1: 8이다. 이 축척비에서 Reynolds 수를 맞추어 완전한 역학적 상사를 얻기 위해서는 704 km/h의 실험속도가 필요하게 된다. 이렇게 속도가 높아지면 압축성 효과와 같은 원치 않는 영향이 발생하게 되고, 모형과 원형 유동은 운동학적으로 상사를 이루지 않을 것이다. 다행히 트럭과 버스들은 '뭉툭한' 물체들이다. 실험에 의하면 어떤 Reynolds 수 이상에서, 이러한 물체의 무차원 항력은 Reynolds 수에 무관하며 일정하다[6]. (실제로 그림 7.1은 구인 경우를 보여주며 무차원 항력은 $2000 < Re < 2 \times 10^5$에서 거의 일정하다.) 비록 상사가 완전하지는 않지만, 측정된 실험 데이터로부터 원형의 항력을 예측할 수 있다. 이 과정은 예제 7.5에 설명되어 있다.

그림 7.4 유동 가시화를 위해 연기 유맥선을 사용하는 볼보(Volvo)사의 풍동 속에서 실험 중에 있는 실물 크기의 자동차(북미 Volvo 자동차 회사 제공).

예제 7.5 불완전 상사: 버스에 작용하는 공기역학적 항력

축척비 1: 16인 버스 모형으로부터 얻은 풍동실험의 데이터가 다음과 같다.

공기속도(m/s)	18.0	21.8	26.0	30.1	35.0	38.5	40.9	44.1	46.7
항력(N)	3.10	4.41	6.09	7.97	10.7	12.9	14.7	16.9	18.9

표준 공기의 성질을 사용하여, 무차원 공기역학적 항력계수

$$C_D = \frac{F_D}{\frac{1}{2}\rho V^2 A}$$

와 Reynolds 수 $Re = \rho V w/\mu$를 계산하고 이 관계를 그림으로 나타내라. 여기서 w는 모형의 폭이다. C_D가 일정하게 유지되는 최소 실험속도를 구하라. 100 km/h의 원형 차량의 공기역학적 항력과 필요 동력을 계산하라(실물의 폭과 전면면적은 각각 2.44 m와 7.8 m^2이다).

주어진 자료: 모형 버스의 풍동실험으로부터 얻은 데이터. 원형의 폭은 2.44 m이고 전면면적은 7.8 m^2이다. 모형의 축척비는 1:16이다. 실험 유체는 표준공기이다.

찾는 자료: (a) 공기역학적 항력계수 $C_D = F_D/1/2\rho V^2 A$와 Reynolds 수 $Re = \rho V w/\mu$를 계산하고 그림으로 그려라.

(b) C_D가 일정하게 되는 최소 속도를 구하라.

(c) 100 km/h 속도의 실물 차량에 대한 공기역학적 항력과 필요 동력을 계산하라.

풀이: 모형의 폭은

$$w_m = \frac{1}{16} w_p = \frac{1}{16} \times 2.44\ \text{m} = 0.152\ \text{m}$$

모형의 면적은

$$A_m = \left(\frac{1}{16}\right)^2 A_p = \left(\frac{1}{16}\right)^2 \times 7.8\ \mathrm{m}^2 = 0.0305\ \mathrm{m}^2$$

따라서 공기역학적 항력계수는 다음과 같이 계산된다.

$$C_D = \frac{F_D}{\frac{1}{2}\rho V^2 A}$$

$$= 2 \times F_D(\mathrm{N}) \times \frac{\mathrm{m}^3}{1.23\ \mathrm{kg}} \times \frac{\mathrm{s}^2}{(V)^2\ \mathrm{m}^2} \times \frac{1}{0.0305\ \mathrm{m}^2} \times \frac{\mathrm{kg \cdot m}}{\mathrm{N \cdot s}^2}$$

$$C_D = \frac{53.3\ F_D(\mathrm{N})}{[V(\mathrm{m/s})]^2}$$

Reynolds 수는 다음과 같이 계산된다.

$$Re = \frac{\rho V w}{\mu} = \frac{V w}{\nu} = V \frac{\mathrm{m}}{\mathrm{s}} \times 0.152\ \mathrm{m} \times \frac{\mathrm{s}}{1.46 \times 10^{-5}\ \mathrm{m}^2}$$

$$Re = 1.04 \times 10^4\ V(\mathrm{m/s})$$

계산된 값들은 다음 그림에 도시되어 있다.

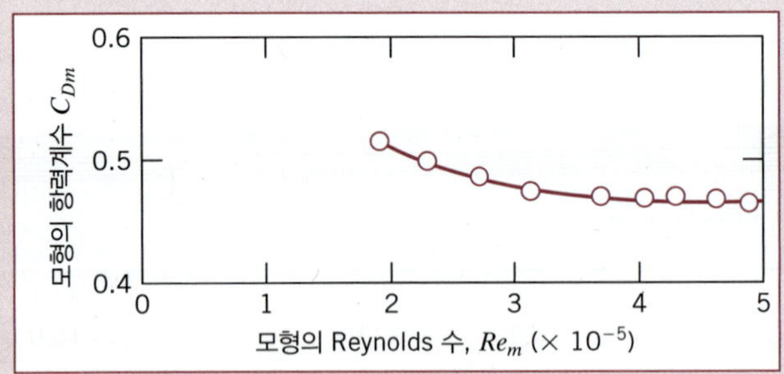

C_{Dm} 대 Re_m

이 그림은 모형의 항력계수가 $Re_m = 4 \times 10^5$ 이상에서 $C_{Dm} \approx 0.46$으로 일정함을 보여주고 있고, 여기에 해당하는 공기속도는 약 40 m/s이다. $Re \approx 4 \times 10^5$ 이상에서는 항력계수가 Reynolds 수에 독립적이므로, 원형 차량($Re \approx 4.5 \times 10^6$)에 대해서는 $C_D \approx 0.46$이다. 실물 차량의 항력은 다음과 같다.

$$F_{D_p} = C_D \frac{1}{2} \rho V_p^2 A_p$$

$$= \frac{0.46}{2} \times 1.23 \frac{\mathrm{kg}}{\mathrm{m}^3} \left(100 \frac{\mathrm{km}}{\mathrm{h}} \times 1000 \frac{\mathrm{m}}{\mathrm{km}} \times \frac{\mathrm{h}}{3600\ \mathrm{s}}\right)^2 \times 7.8\ \mathrm{m}^2 \times \frac{\mathrm{N \cdot s}^2}{\mathrm{kg \cdot m}}$$

$$F_{D_p} = 1.71\ \mathrm{kN}$$

F_{Dp}

공기역학적 항력을 이겨내는 데 필요한 동력은 다음과 같다.

$$\mathscr{P}_p = F_{D_p} V_p$$

$$= 1.71 \times 10^3\ \mathrm{N} \times 100 \frac{\mathrm{km}}{\mathrm{h}} \times 1000 \frac{\mathrm{m}}{\mathrm{km}} \times \frac{\mathrm{h}}{3600\ \mathrm{s}} \times \frac{\mathrm{W \cdot s}}{\mathrm{N \cdot m}}$$

$$\mathscr{P}_p = 47.5\ \mathrm{kW}$$

$\mathscr{P}_p$

이 예제는 공기역학에서의 일반적인 현상을 보여준다: 어떤 최소 Reynolds 수 이상에서 물체의 항력계수는 보통 일정한 값에 접근한다—즉, Reynolds 수와 무관하게 된다. 따라서 이와 같은 경우에는 같은 항력계수를 얻기 위해 모형과 원형의 Reynolds 수를 일치시키지 않아도 된다—이는 매우 유용하다. 그러나 *SAE Recommended Practices* [8]에서는 트럭과 버스에 대해 $Re \geq 2 \times 10^6$을 추천하고 있다.

차원해석 기법과 응용에 관하여 좀 더 상세하게 알기를 원한다면 참고문헌 [7~10]를 참조하기 바란다.

종속변수가 여럿인 경우의 스케일링

실질적으로 중요한 의미를 가지는 유동 중에는 종속변수가 한 개보다 많다. 그러한 경우, 무차원군은 각각 독립적으로 형성된다.

한 예로 원심펌프를 고려해 보자. 펌프 내부의 세부적인 유동 패턴은 체적유량과 속도에 따라 변한다; 이러한 변화는 펌프의 성능에 영향을 준다. 관심이 되는 성능변수들에는 발생된 압력(혹은 수두)상승, 요구되는 입력동력, 그리고 작동 조건하에서 측정된 효율이 있다. 성능곡선들은 체적유량과 같은 독립변수의 변화에 따라 생성된다. 따라서 독립변수는 체적유량, 각속도, 임펠러 직경 및 유체성질이 있다. 종속변수들은 관심 대상이 되는 여러 가지 성능을 나타내는 양들이다.

다음과 같이 수두 h(단위질량당 에너지, L^2/t^2)와 동력 $\mathcal{P}$의 다른 독립변수에 대한 영향을 찾기 위해 다음의 기호방정식으로부터 시작하여 무차원 변수들을 찾아보자.

$$h = g_1(Q, \rho, \omega, D, \mu)$$

그리고

$$\mathcal{P} = g_2(Q, \rho, \omega, D, \mu)$$

파이 정리를 직접 사용하여 구한 무차원 **수두계수**(*head coefficient*)와 **동력계수**(*power coefficient*)는 다음과 같다.

$$\frac{h}{\omega^2 D^2} = f_1\left(\frac{Q}{\omega D^3}, \frac{\rho\omega D^2}{\mu}\right) \tag{7.17}$$

그리고

$$\frac{\mathcal{P}}{\rho\omega^3 D^5} = f_2\left(\frac{Q}{\omega D^3}, \frac{\rho\omega D^2}{\mu}\right) \tag{7.18}$$

이 방정식의 무차원 변수 $Q/\omega D^3$은 **유동계수**(*flow coefficient*)라 한다. 무차원 변수 $\rho\omega D^2/\mu$ ($\propto \rho VD/\mu$)는 Reynolds 수의 형태이다.

펌프에서 수두와 동력은 관성력에 의해 발생한다. 펌프 내부의 유동 패턴과 펌프의 성능은 체적유량과 회전속도에 따라 변한다. 성능은 펌프의 설계점 외에서는 해석적으로 예측하기가 어렵고, 그래서 실험적으로 측정된다. 일정 속도로 운전 중인 원심펌프에 대해 실험적인 데이터로부터 체적유량의 함수로 구한 대표적인 특성곡선이 그림 7.5에 있다. 그림 7.5에서 수두, 동력, 그리고 효율곡선들은 측정된 데이터를 근거

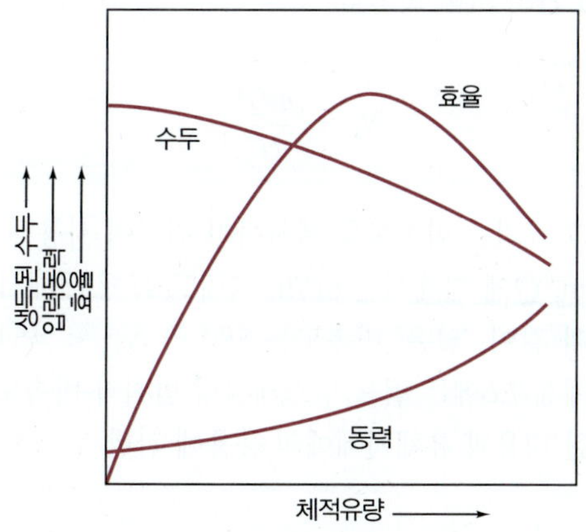

그림 7.5 일정 속도에서 실험된 원심펌프에 대한 대표적 특성곡선.

로 하여 점 사이에 부드럽게 한 것이다. 최고효율은 대개 설계점에서 나타난다.

펌프성능 실험에서 완전한 상사가 되려면 유량계수와 Reynolds 수가 동일해야 한다. 실질적으로, 기하학적으로 상사인 두 기계가 '상사'인 유동조건하에서 운전될 때 점성의 영향은 상대적으로 중요하지 않은 것으로 발표되어 있다. 그래서 식 (7.17)과 (7.18)로부터,

$$\frac{Q_1}{\omega_1 D_1^3} = \frac{Q_2}{\omega_2 D_2^3} \tag{7.19}$$

일 때,

$$\frac{h_1}{\omega_1^2 D_1^2} = \frac{h_2}{\omega_2^2 D_2^2} \tag{7.20}$$

그리고

$$\frac{\mathscr{P}_1}{\rho_1 \omega_1^3 D_1^5} = \frac{\mathscr{P}_2}{\rho_2 \omega_2^3 D_2^5} \tag{7.21}$$

의 관계식이 성립한다.

유동조건이 상사일 때 점성의 영향이 중요하지 않다는 경험으로부터 속도나 직경이 바뀌는 것과 같은 다른 운전 조건에 대한 성능 특성을 알기 위해 식 (7.19)부터 (7.21)을 사용할 수 있다. 이와 같은 유용한 스케일링 관계는 '펌프법칙' 혹은 '팬법칙'으로 알려져 있다. 한 기계에 대한 운전조건이 알려진다면, 기하학적으로 상사인 다른 기계의 운전조건은 식 (7.19)부터 (7.21)에 의해 D와 ω를 변화시키면 찾을 수 있다. 유체기계에 대한 차원해석, 설계, 성능곡선에 관해서는 10장에서 상세하게 다루어진다.

또 다른 유용한 펌프변수는 식 (7.19)와 (7.20)에서 기계의 직경을 소거하면 얻어진다. 만약 $\Pi_1 = Q/\omega D^3$과 $\Pi_2 = h/\omega^2 D^2$를 정의하면, 그 비 $\Pi_1^{1/2}/\Pi_2^{3/4}$는 또 다른 무차원 변수가 되고; 이를 **비속도**(*specific speed*) N_s라 한다.

$$N_s = \frac{\omega Q^{1/2}}{h^{3/4}} \tag{7.22a}$$

식 (7.22a)로 정의된 비속도는 무차원 변수이다(수두 h가 단위질량당 에너지로 표시). 비속도는 단위체적 유량에서 단위수두를 발생하기 위한 속도로 생각할 수 있다. 일정한 비속도는 상사 유동조건을 가지고 기하학적으로 상사인 기계의 모든 운전조건들을 표현한다.

비록 비속도가 무차원 변수지만, 보편적인 실용성이 있고 사용하기에 편리하다. 그러나 식 (7.22a)에서 변수 ω와 Q를 사용할 때 단위의 일관성이 없고, 그리고 단위질량당 에너지 h 대신 단위중량당 에너지 H를 사용하는 것이 실용적이다. 이와 같이 하면 비속도

$$N_{s_{cu}} = \frac{\omega Q^{1/2}}{H^{3/4}} \tag{7.22b}$$

는 단위가 없는 변수가 아니고 그 크기는 비속도를 계산하기 위하여 사용된 단위에 따라 다르다. 미터법 단위체계에서는 ω에 대해서는 rpm, Q에 대해서는 m^3/h, 그리고 H에 대해서는 m(단위중량당 에너지)이다. 10장의 그림 10.9에 보이는 바와 같이, '낮은' 비속도는 $580 < N_{s_{cu}} < 4645$이고, '높은' 비속도는 $11{,}615 < N_{s_{cu}} < 17{,}420$를 의미한다. 예제 7.6에는 펌프의 스케일링 법칙과 비속도 변수의 사용이 설명되어 있다. 비속도 계산에 대한 좀 더 상세한 내용과 유체기계에의 응용에 관한 추가적인 예들은 10장에 주어져 있다.

예제 7.6 펌프 '법칙'

어떤 원심펌프는 설계점 비속도 2323 (rpm, m^3/h, feet)에서 80%의 효율을 갖는다. 임펠러 직경은 200 mm이다. 설계점 유동 조건에서 1170 rpm일 때 물의 체적유량은 68 m^3/h이다. 더 큰 체적유량을 얻기 위해 펌프를 1750 rpm의 모터에 연결시킨다. 펌프'법칙'을 사용하여 보다 빠른 속도로 운전되는 펌프의 설계점 성능 특성들을 구하라. 비속도가 고속의 운전 속도에 대해서도 일정하게 유지됨을 증명하라. 필요한 모터 크기를 구하라.

주어진 자료: 설계점 비속도가 2323 (rpm, m^3/h, feet)인 원심펌프. 임펠러 직경 $D = 200$ mm 펌프의 설계점에서 $\omega = 1170$ rpm, $Q = 68\ m^3/h$의 물

찾는 자료: 1750 rpm의 상사인 유동조건에 대한
(a) 성능 특성
(b) 비속도
(c) 필요한 모터 크기

풀이: 펌프'법칙'으로부터 $Q/\omega D^3$ = 일정이므로

$$Q_2 = Q_1 \frac{\omega_2}{\omega_1}\left(\frac{D_2}{D_1}\right)^3 = 68\,\frac{m^3}{h}\left(\frac{1750}{1170}\right)(1)^3 = 101.7\,\frac{m^3}{h} \longleftarrow Q_2$$

펌프의 수두는 $\omega_1 = 1170$ rpm에서 주어지지 않았지만, 비속도 $N_{s_{cu}} = 2323$으로부터 계산될 수 있다. 주어진 단위와 $N_{s_{cu}}$의 정의를 사용하여

$$N_{s_{cu}} = \frac{\omega Q^{1/2}}{H^{3/4}} \quad \text{이므로} \quad H_1 = \left(\frac{\omega_1 Q_1^{1/2}}{N_{s_{cu}}}\right)^{4/3} = 6.68\ \text{m}$$

또한 $H/\omega^2 D^2$ = 일정이므로

$$H_2 = H_1\left(\frac{\omega_2}{\omega_1}\right)^2\left(\frac{D_2}{D_1}\right)^2 = 6.68\,\text{m}\left(\frac{1750}{1170}\right)^2(1)^2 = 14.94\ \text{m} \longleftarrow H_2$$

펌프 출력동력은 $\mathscr{P}_1 = \rho g Q_1 H_1$이다. 그래서 $\omega_1 = 1170$ rpm에서

$$\mathscr{P}_1 = 1000\,\frac{kg}{m^3}\times 9.81\,\frac{m}{s^2}\times 68\,\frac{m^3}{h}\times 6.68\,\text{m}\times\frac{h}{3600\,s}$$
$$\mathscr{P}_1 = 1.24\ \text{kW}$$

그러나 $\mathscr{P}/\rho\omega^3 D^5$ = 일정이기 때문에

$$\mathscr{P}_2 = \mathscr{P}_1\left(\frac{\rho_2}{\rho_1}\right)\left(\frac{\omega_2}{\omega_1}\right)^3\left(\frac{D_2}{D_1}\right)^5 = 1.24\,\text{kW}(1)\left(\frac{1750}{1170}\right)^3(1)^5 = 4.15\ \text{kW} \longleftarrow \mathscr{P}_2$$

요구되는 입력동력은 다음과 같이 계산될 수 있다.

$$\mathscr{P}_{in} = \frac{\mathscr{P}_2}{\eta} = \frac{4.15\,\text{kW}}{0.80} = 5.19\ \text{kW} \longleftarrow \mathscr{P}_{in}$$

따라서 7.5-hp 모터(다음 단계의 표준형 크기)로 정하는 것이 좋다.
$\omega_2 = 1750$ rpm에서 비속도는

$$N_{s_{cu}} = \frac{\omega Q^{1/2}}{H^{3/4}} = \frac{1750\,(101.7)^{1/2}}{(14.94)^{3/4}} = 2323 \longleftarrow N_{s_{cu}}$$

이 문제는 펌프'법칙'과 비속도를 성능데이터의 스케일링을 위한 비속도의 적용에 대한 예를 설명하고 있다. 펌프와 팬의 '법칙'들은 기계에 대한 응용에서 단일 성능곡선으로부터 동종의 기계들에 대한 성능곡선을 결정하거나 구동속도와 동력을 정하기 위하여 산업체에서 널리 이용하고 있다.

모형실험에 대한 주석

모형실험에 대한 절차들을 설명하는 동안 모형실험을 수행한다는 것이 쉽게 설명되고 정확하며, 완벽한 결과를 자동으로 얻을 수 있는 단순한 작업으로 여겨지지 않도록 노력했다. 모든 실험작업에서처럼 좋은 결과를 얻기 위해서는 신중한 계획과 시행이 필요하다. 모형들은 신중하고 정확하게 제작되어야 하며, 측정될 현상의 중요한 부분이 자세하게 고려되어야 한다. 공기역학적 힘을 측정하는 저울들이나 다른 힘의 측정장치들은 신중하게 설치되어야 하며 정확하게 보정되어야 한다. 적절한 견고성과 모형 운동이 가능하도록 설치하고, 측정과정이 방해받지 않아야 한다. 참고문헌 [11~13]은 풍동실험 기술의 세부사항들에 대한 표준으로 인식되는 책들이다. 물의 충돌실험에 대한 더욱 전문적인 기술들은 Waugh and Stubstad [14]에 기술되어 있다.

실험장치들은 신중하게 설계되고 제작되어야 한다. 풍동 내의 유동의 질은 기록을 해두어야 한다. 실험단면 내의 유동은 가능한 한 거의 균일해야 하며(대기 경계층과 같은 특별한 분포가 필요하지 않는 한), 각속도가 없어야 하고, 선회류가 거의 없어야 한다. 만일 그러한 것들이 측정을 방해한다면, 풍동 벽 위의 경계층들을 벽에서 빨아들이거나 강제로 불어 내어야 한다. 풍동시험 단면의 압력구배는 유동 방향으로 압력 변화로 인해 항력 측정에 오차를 일으킬 수 있다.

7.5 요약과 유용한 식

이 장에서는 다음에 대하여 학습하였다.

- ✓ 지배 미분방정식의 무차원화로 구한 무차원 변수
- ✓ Buckingham 파이 정리에 대하여 언급하였고, 문제의 물리적 변수들로부터 독립 및 종속 무차원 변수를 구하는 데 사용하였다.
- ✓ 몇 개의 중요한 무차원군, Reynolds 수, Euler 수, 캐비테이션 수, Froude 수, Weber 수 그리고 Mach 수에 대하여 정의했으며, 이들의 물리적 중요성에 대하여 검토하였다.

모델링을 통하여 기하학적, 운동학적 그리고 역학적 상사, 불완전한 모델링, 그리고 모형실험으로부터 원형 예측을 조사하였다.

주의: 아래 표의 유용한 식 대부분은 몇 가지 제한이나 구속이 있다. 자세한 사항은 반드시 해당 식을 참고하기 바란다!

유용한 식

Reynolds 수(점성력에 대한 관성력 비)	$Re = \frac{\rho VL}{\mu} = \frac{VL}{\nu}$	**(7.11)**
Euler 수(관성력에 대한 압력비)	$Eu = \frac{\Delta p}{\frac{1}{2}\rho V^2}$	**(7.12a)**
합력계수	$C_D = \frac{F_D}{\frac{1}{2}\rho V^2 L^2}$	**(7.12b)**
양력계수	$C_L = \frac{F_L}{\frac{1}{2}\rho V^2 L^2}$	**(7.12c)**
캐비테이션 수	$Ca = \frac{p - p_v}{\frac{1}{2}\rho V^2}$	**(7.13)**

(계속)

유용한 식 (계속)

Froude 수(중력에 대한 관성력 비)	$Fr = \frac{V}{\sqrt{gL}}$	**(7.14)**
Weber 수(표면장력에 대한 관성력 비)	$We = \frac{\rho V^2 L}{\sigma}$	**(7.15)**
Mach 수(압축성에 대한 관성력 비)	$M = \frac{V}{c}$	**(7.16)**
원심펌프 비속도(수두 h 기준)	$N_s = \frac{\omega Q^{1/2}}{h^{3/4}}$	**(7.22a)**
원심펌프 비속도(수두 H 기준)	$N_{s_{cu}} = \frac{\omega Q^{1/2}}{H^{3/4}}$	**(7.22b)**

참고문헌

1. Kline, S. J., *Similitude and Approximation Theory*. New York: McGraw-Hill, 1965.
2. Hansen, A. G., *Similarity Analysis of Boundary-Value Problems in Engineering*. Englewood Cliffs, NJ: Prentice-Hall, 1964.
3. Schlichting, H., *Boundary Layer Theory*, 7th ed. New York: McGraw-Hill, 1979.
4. Buckingham, E., "On Physically Similar Systems: Illustrations of the Use of Dimensional Equations," *Physical Review, 4*, 4, 1914, pp. 345-376.
5. Todd, L. H., "Resistance and Propulsion," in *Principles of Naval Architecture*, J. P. Comstock, ed. New York: Society of Naval Architects and Marine Engineers, 1967.
6. "SAE Wind Tunnel Test Procedure for Trucks and Buses," *Recommended Practice* SAE J1252, Warrendale, PA: Society of Automotive Engineers, 1981.
7. Sedov, L. I., *Similarity and Dimensional Methods in Mechanics*. New York: Academic Press, 1959.
8. Birkhoff, G., *Hydrodynamics—A Study in Logic, Fact, and Similitude*, 2nd ed. Princeton, NJ: Princeton University Press, 1960.
9. Ipsen, D. C., *Units, Dimensions, and Dimensionless Numbers*. New York: McGraw-Hill, 1960.
10. Yalin, M. S., *Theory of Hydraulic Models*. New York: Macmillan, 1971.
11. Pankhurst, R. C., and D. W. Holder, *Wind-Tunnel Technique*. London: Pitman, 1965.
12. Rae, W. H., and A. Pope, *Low-Speed Wind Tunnel Testing*, 2nd ed. New York: Wiley-Interscience, 1984.
13. Pope, A., and K. L. Goin, *High-Speed Wind Tunnel Testing*. New York: Krieger, 1978.
14. Waugh, J. G., and G. W. Stubstad, *Hydroballistics Modeling*. San Diego, CA: U.S. Naval Undersea Center, ca. 1965.
15. L. Prandtl, *Ergebnisse der aerodynamischen, Veersuchsanstalt su Gottingen*, Vol II, 1923.
16. H. Brauer and D. Sucker, "Umstromung von Platten, Zylindern und Kugeln," *Chemie Ingenieur Technik*, 48. Jahrgang, No. 8, 1976, pp. 655-671. Copyright Wiley-VCH Verlag GmbH&Co. KGaA. Reproduced with permission.

연습문제

기본 미분형 방정식과 무차원화

이 장의 많은 문제들은 한 문제의 특성에 맞는 Π군을 얻는 데 있다. 예제 7.1에 사용된 *Excel* 워크북은 관련된 문제의 계산을 하는 데 유용하다. 불필요한 중복을 피하기 위해 문제 옆의 컴퓨터 표시는 **추가적인** 이점이 있을 때에만 해 두었다.

7.1 균일한 깊이에서 진폭이 작은 표면파의 전파속도는 다음 식으로 주어진다.

$$c^2 = \left(\frac{\sigma}{\rho}\frac{2\pi}{\lambda} + \frac{g\lambda}{2\pi}\right)\tanh\frac{2\pi h}{\lambda}$$

여기서 h는 교란되기 전의 액체 깊이이고 λ는 파장이다. L을 특성길이로, V_0를 특성속도로 해서 방정식의 특징을 나타내는 무차원군을 구하라.

7.2 빔의 작은 진폭의 진동을 나타내는 방정식은 다음과 같다.

$$\rho A\frac{\partial^2 y}{\partial t^2} + EI\frac{\partial^4 y}{\partial x^4} = 0$$

여기서 y는 위치 x와 시간 t에서의 빔 변위이고, ρ와 E는 각각 빔 재료의 밀도와 탄성계수이며, A와 I는 각각 빔의 단면적과 2차 면적모멘트를 나타낸다. 빔의 길이 L과 진동 수 ω를 사용하여 이 방정식을 무차원화하라. 방정식의 특징을 나타내는 무차원군을 구하라.

7.3 얇은 액체층의 1차원 유동에서 정상파의 자유표면 기울기는 다음 방정식으로 기술된다.

$$\frac{\partial u}{\partial t} + u\frac{\partial u}{\partial x} = -g\frac{\partial h}{\partial x}$$

길이 L과 속도 V_0를 사용하여 이 식을 무차원화하라. 이 유동의 특징을 나타내는 무차원군을 구하라.

7.4 점성 액체에서 2차원 정상유동은 다음 방정식으로 표시된다.

$$u\frac{\partial u}{\partial x} = -g\frac{\partial h}{\partial x} + \frac{\mu}{\rho}\left(\frac{\partial^2 u}{\partial x^2} + \frac{\partial^2 u}{\partial y^2}\right)$$

대표길이 L과 속도 V_0를 사용하여 이 식을 무차원화하라. 이 유동의 특징을 나타내는 무차원군을 구하라.

7.5 차수 해석을 이용하여, 연속방정식과 Navier-Stokes 방정식은 Prandtl의 경계층 방정식으로 단순화될 수 있다. 정상, 비압축성, 2차원 유동이며 중력을 무시하면 결과는 다음과 같다.

$$\frac{\partial u}{\partial x} + \frac{\partial v}{\partial y} = 0$$

$$u\frac{\partial u}{\partial x} + v\frac{\partial u}{\partial y} = -\frac{1}{\rho}\frac{\partial p}{\partial x} + \nu\frac{\partial^2 u}{\partial y^2}$$

대표길이 L과 대표속도 V_0를 사용해서 이들 방정식을 무차원화하고, 그 결과에 대한 상사변수를 검토하라.

7.6 작용하는 압력구배에 의해 이동하는 유체가 정지상태에서 출발할 때의 방정식은 다음식과 같다.

$$\frac{\partial u}{\partial t} = -\frac{1}{\rho}\frac{\partial p}{\partial x} + \nu\left(\frac{\partial^2 u}{\partial r^2} + \frac{1}{r}\frac{\partial u}{\partial r}\right)$$

평균속도 $\overline{V}$와 압력강하 Δp와 관 길이 L, 그리고 관 직경 D를 사용하여 이 식을 무차원화하라. 이 유동의 특징을 나타내는 무차원군을 구하라.

Π군의 결정

7.7 실험에 의하면 직경 D인 파이프에 설치된 직경 d의 오리피스 판을 통한 압력강하는 $\Delta p = p_1 - p_2 = f(\rho, \mu, \overline{V}, d, D)$로 표현될 수 있다. 실험데이터를 정리해야 된다. 무차원 변수를 구하라.

7.8 비교적 높은 속도에서 물체 항력은 유체 점성과 무관하다. 따라서 자동차의 공기역학적 항력 F는 속도 V, 공기밀도 ρ, 그리고 자동차의 전면면적 A인 크기의 함수이다. 차원해석을 이용하여 항력 F가 속도 V에 따라 어떻게 변하는지를 구하라.

7.9 국제 우주정거장에 작용하는 항력은 분자 간의 평균 자유경로 λ(길이), 밀도 ρ, 특성길이 L, 공기분자의 평균음속 c에 의존한다. 이 함수관계를 무차원 식으로 구하라.

7.10 어떤 물체가 초음속으로 움직일 때, 물체에 작용하는 공기역학적 항력 F는 물체의 속도 V, 공기밀도 ρ, 물체의 크기(편의상 기준면적 A로 잡는다), 그리고 음속 c(아음속으로 움직이던 것을 c로 생각하는 것 말고는 모든 변수가 문제 7.8과 동일하다)의 함수이다. 이 문제에 적합한 무차원 변수들의 함수관계를 구하라.

7.11 경계층 내 벽면 전단응력 τ_w는 물체 앞전으로부터의 거리 x, 유체의 밀도 ρ, 점성계수 μ 및 자유유동 속도 U에 의존한다. 무차원군을 구하고 그들 사이를 함수관계로 표현하라.

7.12 압력구배가 없는 비압축성유동에서 매끄러운 평판 위의 경계층 두께 δ는 자유유동 속도 U, 유체밀도 ρ, 유체의 점성 μ 및 평판 앞전으로부터의 거리 x에 따라 결정된다. 이들 변수들을 무차원 형태로 표현하라.

7.13 어떤 물체가 표면장력에 의해 유체표면에 지지될 만큼 가볍다. 이러한 현상을 조사하기 위하여 실험이 수행된다. 지지될 수 있는 무게 W는 물체의 주변길이 p, 유체밀도 ρ, 표면장력 σ 및 중력 g에 의존한다. 이 문제의 특징을 나타내는 무차원 변수를 구하라.

7.14 파이프나 경계층 내에서 난류의 평균속도 $\bar{u}$는 벽면 전단응력 τ_w, 벽면으로부터의 거리 y, 유체의 성질 ρ와 μ에 따른다. 차원해석을 사용하여 실험데이터를 체계적으로 정리할 수 있도록 $\bar{u}$가 포함된 무차원 변수 하나와 y가 포함된 무차원 변수 하나를 구하라. 그 결과를

$$\frac{\bar{u}}{u_*} = f\left(\frac{yu_*}{\upsilon}\right)$$

로 표현할 수 있음을 보여라. 여기서 $u_* = (\tau_w/\rho)^{1/2}$은 **마찰속도**이다.

7.15 폭발 시 발생하는 에너지 E는 폭발 후 시간 t, 시간 t에서의 폭발 반경 R, 주위의 압력 p, 그리고 밀도 ρ의 함수이다. 차원해석을 이용하여 E를 다른 변수들로 표현되는 일반적인 형태를 구하라.

7.16 표면장력파들은 표면장력으로 인해 액체의 자유표면에 형성된다. 그 파장은 짧다. 표면장력파의 속도는 표면장력 σ, 파장 λ 및 액체 밀도 ρ에 의존한다. 차원해석을 사용하여 파의 속도를 이들 변수들의 함수로 표현하라.

7.17 휴대용 자동차 완충기의 토크 T는 회전속도 ω와 가해진 수직력 F, 자동차 표면거칠기 e, 연마제 점성 μ 및 표면장력 σ의 함수이다. 이 문제의 특성을 나타내는 무차원 변수를 구하라.

7.18 진공청소기에 사용되는 동력 $\mathcal{P}$는 흡입량(실내 공기압으로부터의 압력강하 Δp로 표시된다)과 관계된다. 이는 또한 임펠러 직경 D, 폭 d, 모터속도 ω, 공기밀도 ρ, 청소기 입구 및 출구 폭인 d_i 및 d_o에 의존한다. 이 문제의 특성을 나타내는 무차원 변수를 결정하라.

7.19 점성계수 교정용 용기로부터 기름이 흘러나오는 시간 t는 유체 점성 μ, 밀도 ρ, 오리피스 직경 d와 중력 g에 의존한다. 차원해석을 사용하여 t의 다른 변수에 대한 함수관계를 구하라. t의 가능한 가장 간단한 형태를 표현하라.

7.20 음파에 의해 전달된 단위단면적당 동력 E는 파의 속도 V, 매체의 밀도 ρ, 파의 진폭 r 및 파의 진동수 n의 함수이다. 차원해석을 이용하여 E를 다른 변수들에 의한 일반적인 표현을 구하라.

7.21 점성 액체의 욕조에서 수직 방향의 연속적인 운동을 하는 벨트

가 그 벨트에 따라 형성된 두께 h인 액체층을 끌어올린다. 액체의 체적 유량 Q는 μ, ρ, g, h 및 V에 따른다고 가정된다. 여기서 V는 벨트의 속도이다. 차원해석을 적용하여 다른 변수들에 의한 Q의 의존성을 예측하라.

7.22 한 유체역학 연구실 실험에서 직경 D이고 초기수위가 h_0인 수조에서 액체가 배출된다. 매끈하게 원형 가공된 배출구는 직경 d이다. 수조로부터 배출되는 질량유량은 h, D, d, g, ρ, μ의 함수로 가정한다. 여기서 g는 중력가속도이고, ρ와 μ는 유체의 성질들이다. 측정된 데이터로 무차원으로 관계지으려 한다. 찾을 무차원 변수의 수를 구하라. 무차원 변수를 구하기 위해 선택해야 하는 반복변수의 수를 정하라. 점성계수가 포함된 Π 변수를 구하라.

7.23 높은 건물 옥상에는 원주형 물탱크가 있는 것이 흔히 발견된다. 물탱크에 물이 가득 차 있을 때, 탱크의 바닥면은 물의 하중으로 인해 처지게 된다. 이때 처짐 δ는 탱크의 직경 D, 물의 높이 h,탱크 바닥의 두께 d, 물의 비중량 γ, 그리고 탱크 재료의 탄성계수 E의 함수이다. 무차원군을 사용하여 이 변수들의 함수관계를 구하라.

7.24 작은 액체 방울은 분무기에서 액체 제트가 뿜어져나올 때와 연료의 분사 과정에서 생성된다. 생성된 액체 방울 직경 d는 액체밀도, 점성계수, 표면장력, 그리고 분사속도 V와 직경 D에 따를 것으로 생각된다. 이 과정의 특성을 나타내려면 몇 개의 무차원 비가 필요한가? 이들의 비를 구하라.

7.25 잉크젯 프린터에서 만들어지는 점의 직경 d는 잉크의 점성계수 μ, 밀도 ρ, 표면장력 σ, 노즐 직경 D, 종이 표면에서 노즐 사이의 거리 L, 잉크젯 속도 V에 의존한다. 차원해석을 사용하여 잉크젯 거동의 특성을 나타내는 Π 변수를 구하라.

7.26 기울어진 공기층(경사면에 수많은 구멍을 통해 분출되는 공기)을 미끄러져서 선적되는 상자의 최종 속도 V는 상자 질량 m, 바닥면적 A, 중력 g, 경사각 θ, 공기 점성계수 μ와 공기층 두께 δ에 의존한다. 차원해석을 이용하여 이 현상의 특성을 나타내는 Π 변수를 찾아라.

7.27 에어포일 후류의 길이 w는 유동의 속도 V, 코드 길이 L, 두께 t, 유체의 밀도 ρ 그리고 점성계수 μ의 함수이다. 이 현상의 특성을 나타내는 무차원 변수를 구하라.

7.28 세척기의 교반기를 설계하고자 한다. 교반기의 동력 $\mathcal{P}$를 사용되는 물의 양(물의 깊이 H로 표시)과 상관시키고자 한다. 동력은 또한 교반기 직경 D와 높이 h, 최대 회전속도 ω_{max}, 진동주파수 f, 물의 밀도 ρ, 점성 μ에 의존한다. 이 문제의 특성을 나타내는 무차원 변수를 결정하라.

7.29 질식 유동 노즐은 파이프 유동에서 기체의 유량을 측정하는 데 자주 사용된다. 기체의 유량은 노즐면적 A, 압력 p, 유량계 상류의 온도 T, 그리고 기체상수 R에 의존한다. 이 문제에서 몇 개의 독립적인 Π 매개변수가 만들어지는지 구하라. 질량유량을 이들 무차원 변수의 함수로 표현하라.

7.30 관성모멘트 I를 가진 플라이휠이 정지상태에서부터 각속도 ω에 도달하는 시간 t는 작용된 토크 T와 플라이휠 베어링의 물성치, 기름 점성계수 μ, 베어링 틈새 δ, 직경 D와 길이 L에 따른다. 차원해석을 이용하여 이 현상의 특성을 나타내는 Π 변수를 찾아라.

7.31 압력을 받고 있는 큰 탱크는 매끈하게 윤곽이 다듬어진 단면적 A인 노즐을 통하여 액체를 배출시킨다. 질량유량은 노즐면적 A, 액체의 밀도 ρ, 액체 면과 노즐 사이의 높이차 h, 탱크의 게이지압력 Δp 및 중력가속도 g에 의존하는 것으로 생각된다. 이 문제에서 몇 개의 독립 Π 변수들이 형성되는지 구하라. 무차원 변수들을 찾아라. 질량유량을 무차원 변수의 함수로 구하라.

7.32 크루즈선의 클럽하우스의 환기장치는 담배연기를 없애는 데 충분하지 않다(이 선박은 아직 완전하게 금연이 아님). 보다 배출이 큰 팬이 제대로 역할을 하는지 보기 위하여 실험이 수행되고 있다. 연기의 농도 c(입방체적당 입자 개수)는 흡연하는 사람 수 N, 팬에 의하여 생성되는 압력강하 Δp, 팬의 직경 D, 모터속도 ω, 입자와 공기의 밀도 ρ_p 및 ρ와 중력 g, 점성 μ에 의존한다. 이 문제의 특성을 나타내는 무차원 변수를 결정하라.

7.33 가연성 기체의 질량 연소율 $\dot{m}$은 화염의 두께 δ, 열확산 계수 α, 기체의 밀도 ρ, 그리고 확산율 D의 함수이다. 차원해석을 이용하여, 무차원 변수의 함수관계식을 구하라. 여기서 α와 D의 차원은 L^2/t이다.

7.34 팬이 달린 컨벡션오븐 안에서 굽기 위한 열전달률 $\dot{Q}$(단위시간당 에너지)는 공기의 비열 c_p, 온도차 Θ, 길이 스케일 L, 공기밀도 ρ, 공기 점성계수 μ 및 공기속도 V에 의존하는 것으로 생각된다. 이 변수들 중에는 기본차원이 몇 개나 들어 있는가? 이 오븐 문제의 특성을 나타내기에 필요한 Π 변수들의 수를 구하라. Π 변수들을 구하라.

7.35 선박용 프로펠러의 추력을 여러 가지 각속도와 전진속도에 대해 '개방형 수조(open-water)'에서 측정하려고 한다. 추력 F_T는 물의 밀도 ρ, 프로펠러 직경 D, 전진속도 V, 중력가속도 g, 각속도 ω, 액체의 압력 p 및 액체의 점성계수 μ에 의존하는 것으로 생각된다. 프로펠러의 성능의 특성을 나타내는 무차원 변수들을 유도하라(결과 중의 하나인 gD/V^2는 *Froude* **전진속도**로 알려져 있다).

7.36 프로펠러를 구동시키기 위한 동력 $\mathcal{P}$는 자유유동 속도 V, 프로펠러 직경 D, 각속도 ω, 유체 점성계수 μ, 유체 밀도 ρ, 그리고 유체 속의 음속 c에 의존한다. 이 상황의 특성을 나타내기 위해 얼마나 많은 무차원군이 필요한가? 이 무차원군을 구하라.

7.37 경계층 내 임의 점에서의 유체속도 u는 표면으로부터의 거리 y, 자유유동 속도 U, 자유유동 속도구배 dU/dx, 유체 동점성 계수 ν, 그리고 경계층 두께 δ에 의존한다. 이 문제를 기술하는 데 필요한 무차원군은 몇 개인가?

(a) 검사에 의하여 2개의 Π군을 찾아라.

(b) 표준적인 유체역학이 되는 1개의 Π군을 찾아라.

(c) Buckingham 파이 정리를 사용하여 나머지 Π군을 구하라.

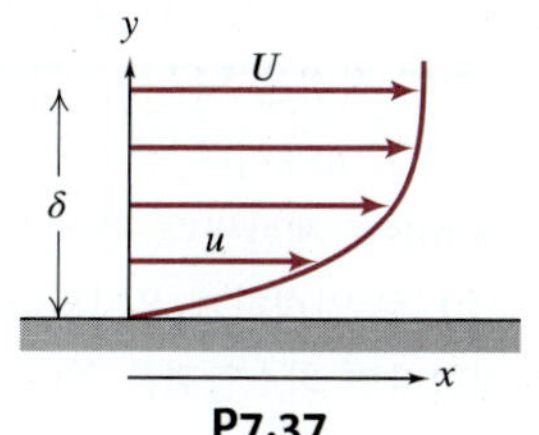

P7.37

유동 상사와 모형연구

7.38 계류형 오염 샘플링 대형 풍선의 설계자들은 예상되는 최대풍속(이때 공기의 온도는 20°C) 5 m/s에서 풍선에 작용하는 항력을 알고 싶어 한다. 20°C의 물에서 실험을 하기 위한 축척비 1/20 모형을 만든다. 원형을 모사하기 위한 물의 속도는 얼마로 해야 하는가? 이 속도에서 모델의 항력이 2 kN으로 측정된다면, 원형의 항력은 얼마인가?

7.39 어떤 비행선이 표준상태 공기 중에서 40 m/s로 운항하기로 되어 있다. 모형은 1/40의 축척비로 제작되고, 항력을 구하기 위해 동일한 공기온도에서 풍동실험을 수행하고자 한다. 역학적 상사를 얻기 위해 어떤 제한조건이 고려되어야 하는가? 모형이 75 m/s에서 실험된다면, 풍동에서 사용되는 압력은 얼마로 해야 하는가? 모형의 항력이 300 N이라면, 원형의 항력은 얼마가 되는가?

7.40 동일한 크기의 모형을 사용하여 공기와 물에서 Reynolds 수를 일치시키려면 어느 쪽 유동이 더 빨라야 하는가? 얼마나 빨라야 하는가?

7.41 대양을 항해하는 선박이 회전하는 원통에 의해 동력을 얻는다. 모형실험을 통하여 원형 실린더를 돌리는 데 필요한 동력을 계산하기로 계획을 세웠다. 모형실험 결과로부터 원형의 동력에 대한 척도비를 위해 차원해석이 필요하다. 이 차원해석에 포함되어야 하는 변수들을 열거하라. 차원해석을 수행하여 중요한 무차원군을 구하라.

7.42 어떤 모형 자동차의 항력을 깨끗한 물이 차 있는 예인 수조에서 측정한다. 모형 길이의 척도비는 원형의 1/5이다. 모형과 원형 사이에 역학적 상사를 이루기 위해 필요한 조건들을 정리하라. 역학적 상사를 만족하기 위해 해야 하는 물에서의 모형실험 속도와 공기 중에서의 원형 속도와의 비를 구하라. 여러 가지 속도에 대한 측정결과들은 무차원 힘의 비가 $V_m = 4$ m/s 이상의 모형실험 속도에서 일정하다는 것을 보여주고 있다. 이 속도에서 실험 중 측정된 항력은 $F_{D_m} = 182$ N이다. 공기 중에서 90 km/h로 운행하는 원형 차량에서 예상되는 항력을 계산하라.

7.43 크루즈 선의 승객들은 프로펠러로부터 나오는 소음(프로펠러와 선박 사이의 난류 영향일 수 있음)으로 불평을 한다. 여러분이 이 소음원을 찾도록 고용되었다고 하자. 프로펠러 주위의 유동패턴을 연구하게 되고, 축척비 1:10의 수조탱크를 사용하기로 한다. 실제 배의 프로펠러가 120 rpm으로 회전한다면,

(a) Froude 수 또는

(b) Reynolds 수를 지배적인 무차원군이라 할 때 모형 프로펠러의 회전속도를 구하라. 어느 것이 가장 잘 된 모델링으로 판단되는가?

7.44 축척비 1/7인 모형 어뢰의 항력을 구하기 위해 풍동실험을 한다. 물에서 움직이는 원형의 직경은 547 mm이고 길이는 7.1 m이다. 원하는 원형의 운항속도는 32 m/s이다. 풍동에서 압축성 효과를 피하기 위해 최대속도는 115 m/s로 제한된다. 그러나 풍동 내의 압력은 변할 수 있지만 온도는 25°C로 일정하게 유지된다. 풍동이 역학적으로 상사가 유지되도록 운전한다면 최소압력은 얼마가 되어야 하는가? 역학적으로 상사인 조건에서, 모델의 항력은 628 N으로 측정되었다. 실물 크기의 어뢰에 예상되는 항력을 계산하라.

7.45 받음각이 0인 에어포일의 항력은 밀도, 점성계수 및 속도와 그리고 추가적으로 길이변수의 함수이다. 축척비가 1:5인 에어포일 모형은 속도 40 m/s, 온도 15°C, 압력 3,800 mm Hg인 풍동에서 시험되었다. 원형 에어포일은 길이가 1.8 m이고, 표준공기 속에서 날아간다. 모형 풍동 실험에서의 Reynolds 수를 구하고 같은 Reynolds 수에 대한 원형의 속도를 구하라.

7.46 직경 D인 매끄러운 구가 유체 속에서 속도 V로 움직인다고 생각한다. 공기 중에서 1.5 m/s로 움직이는 3 m 직경의 기상용 기구에 작용하는 항력을 실험데이터로부터 계산하려고 한다. 실험은 50 mm 직경의 모형을 사용하여 물에서 수행하려고 한다. 역학적으로 상사한 조건하에서 모형의 항력은 3.8 N으로 측정된다. 모형실험 속도와 실물 크기의 기구에서 예상되는 항력을 계산하라.

7.47 익현 길이 2 m와 익 폭 12 m인 항공기 날개가 10 m/s 속도로 표준공기 속을 비행하도록 설계하려고 한다. 축척비가 1/20인 날개 모형이 수동 속에서 실험된다. 역학적 상사를 만족하려면 수동에서 어떤 속도가 필요한가? 모형에서 측정된 힘과 원형에서의 힘의 비는 얼마인가?

7.48 골프공의 유체역학적 특성들을 풍동에서 모형을 사용하여 실험한다. 종속변수들은 골프공에 작용하는 항력 F_D와 양력 F_L이다. 독립변수들은 각속도 ω와 딤플 깊이 d가 포함되어야 한다. 적절한 무차원 변수들을 구하고 무차원 변수들 사이의 함수관계를 표현하라. 어떤 프로 골프 선수는 $V = 75$ m/s와 $\omega = 8{,}100$ rpm으로 공을 칠 수 있다. 최대속도가 25 m/s인 풍동 속에서 이와 같은 조건들을 모형화하기 위해, 사용해야 하는 모형의 직경은 얼마인가? 모형이 얼마나 빨리 회전해야 하는가? (골프공의 직경은 4.27 cm이다.)

7.49 임펠러 직경이 60 cm인 펌프가 750 rpm로 운전될 때 0.4 m^3/s의 물이 배출되도록 설계된다. 실험은 작동 유체를 공기(20°C)로 하고, 축척비 1:4인 모형은 2,400 rpm으로 운전된다고 한다. 상사 조건(Reynolds 수 효과는 무시)에서 모형의 유량은 얼마인가? 모형에서 75 W 동력이 소모되면, 원형에서는 얼마의 동력이 필요한가?

7.50 프리스비의 비행 특성을 알기 위해 모형실험을 한다. 종속변수들은 항력 F_D와 양력 F_L이다. 독립변수들은 각속도 ω와 조도 높이 h를 포함해야 한다. 적당한 무차원 변수들을 구하고, 이들 사이의 함수관계를 나타내라. 축척비 1:7인 모형 프리스비의 실험(공기 사용)은 기하학적, 운동학적 및 역학적으로 원형과 상사이다. 모형실험 조건은 $V_m = 42$ m/s와 $\omega_m = 5{,}000$ rpm이다. 대응되는 V_p과 ω_p는 얼마인가?

7.51 어떤 수중날개가 축척비 1:20으로 실험된다. 실험속도는 원형속도 30 m/s에 해당하는 Froude 수와 일치되도록 선택된다. 공동현상을 정확하게 모형화시키기 위해 캐비테이션 수도 일치되어야 한다. 실험 시에 주위의 압력은 얼마가 되어야 하는가? 모형 실험통 내의 물은 원형이 7°C인 데 비하여 54°C까지 가열될 수 있다.

7.52 25°C의 SAE 10W 기름이 직경 25 mm의 수평 파이프를 평균속도 1 m/s로 흘러서, 150 m 길이를 지나는 동안 450 kPa (gage)의 압력강하가 생긴다. 15°C의 물이 역학적으로 상사인 조건에서 동일한

파이프를 흐른다. 예제 7.2의 결과들을 사용하여 물의 평균속도와 대응하는 압력강하를 계산하라.

7.53 실선 잠수함의 속력이 12 m/s이다. 축척비 28:1로 잠수함의 모형을 제작하여 풍동에서 실험하고자 한다. 풍동 내 공기의 유속을 결정하라. 또한 잠수함 모형의 항력과 실선 잠수함 항력 사이의 비율을 계산하라. 해수의 동점성계수는 0.015 stokes이고 공기의 동점성계수는 0.018 stokes이다. 공기의 밀도는 1.35 kg/m^3, 해수의 밀도는 1,080 kg/m^{3}이다.

7.54 트랙터-트레일러 장비에 대한 축척비 1/8의 모형이 가압 풍동 내에서 실험된다. 장비의 폭, 높이 및 길이는 각각 $W = 0.305$ m, $H = 0.476$ m 및 $L = 2.48$ m이다. 풍속 $V = 75.0$ m/s에서 모형 항력은 $F_D = 128$ N이다(풍동 내 공기밀도는 $\rho = 3.23$ kg/m^{3}이다). 모형에 대한 공기역학적 항력계수를 계산하라. 모형실험에 대한 Reynolds 수와 88 km/h의 원형 차량에 대한 Reynolds 수를 비교하라. 16 km/h의 맞바람을 받으면서 주행속도 88 km/h로 달리는 원형 차량에 대한 공기역학적 항력을 계산하라.

7.55 크루즈 선박에서 승객들은 원통형 굴뚝 뒤에 질질 끌리는 연기를 보고 불평한다. 여러분이 이 굴뚝 주위의 유동패턴을 연구하도록 고용되어 4.75 m의 1:15 축척 모델을 사용하기로 했다. 선박의 속도가 6~12 m/s에서 발생한다면, 풍동의 속도 범위는 얼마로 하여야 하는가?

7.56 곤충의 공기역학적 거동을 조사하기 위해 축척비 1:8인 모형으로 풍동실험을 하려 한다. 그 곤충이 1.5 m/s로 날 때 1초당 60번 날개를 친다고 하고, 역학적 상사를 위해 풍동의 속도와 날개의 진동을 구하라. 이런 방법이 성공적이거나 날개의 양력을 쉽게 측정하게 하는 실용적인 모형이라고 예상하는가? 그렇지 않다면 보다 좋은 모델링을 위한 다른 유체(예, 물이나, 압력 또는 온도가 다른 공기)의 사용을 제안할 수 있는가?

7.57 트랙터-트레일러 장비에 대한 모형실험이 풍동 속에서 수행된다. 항력 F_D는 전면면적 A, 풍속 V, 공기밀도 ρ 및 공기 점성계수 μ에 의존하는 것으로 알려져 있다. 모형의 축척비는 1:4이다. 모형의 전면면적은 0.625 m^{2}이다. 모형실험 결과의 특성을 나타내기에 적합한 무차원 변수들을 구하라. 모형과 원형 유동 사이의 역학적 상사가 이루어지기 위해 요구되는 조건들을 설명하라. 실험을 풍속 $V = 89.6$ m/s인 표준공기에서 하였을 때, 모형에서 측정된 항력은 $F_D = 2.46$ kN이었다. 역학적 상사라고 가정하여 $V = 22.4$ m/s인 실물 크기의 차량에 작용하는 공기역학적 항력을 계산하라. 바람이 불지 않는다고 하고, 이 항력을 극복하는 데 필요한 동력을 계산하라.

7.58 보트의 1:10 축척 모형에 대하여 실험이 수행된다. 마찰과 조파저항 현상이 올바르게 모델링되려면 모형 유체의 동점성 계수는 얼마가 되어야 하는가? 원형 크기의 보트는 평균수온 10°C의 담수 호수에서 사용된다고 한다.

7.59 한 자동차가 96 km/h로 표준공기 중에서 주행한다. 압력분포를 구하기 위해, 축척비 1/3 모형이 물에서 실험된다. 이 실험에서 운동학적 상사를 이루려면 어떤 인자들이 고려되어야 하는가? 사용되어야 하는 물의 속도를 구하라. 원형과 모형에서 대응하는 항력비는 얼마인가? 표면상의 최저정압 위치에서 가장 작은 압력계수는 $C_P = -1.4$이다. 만일 공동현상 시작이 캐비테이션 수 0.5에서 일어난다면, 공동현상을 피하기 위하여 요구되는 최소 수동압력을 추정하라.

7.60 축척비가 1:50인 잠수함 모형이 예인 수조 내에서 두 가지 조건, 즉 수면에서의 운행과 수면 아래 잠수 운행 조건하에서 실험된다. 실험은 맑은 물속에서 수행된다. 그 잠수함은 수면에서 12 m/s로 운항한다. 역학적 상사를 이루려면 그 모형의 예인 속도는 얼마라야 하는가? 깊은 수중에서 그 잠수함은 0.18 m/s로 운항한다. 역학적 상사를 이루려면 그 모형의 예인 속도는 얼마라야 하는가? 두 경우에서 실물 잠수함의 항력을 구하기 위하여 모형의 항력에 얼마를 곱해야 하는가?

7.61 30 cm 길이인 실물 크기의 모형 로켓에 대한 공기역학을 연구하기 위해 풍동실험을 수행한다. 항력 계산을 위한 축척은 Reynolds 수를 기준으로 한다. 로켓의 최대속도는 190 km/h로 예상하고 있다. 이 속도에서의 Reynolds 수는 얼마인가? 대기온도는 20°C라고 가정하라. 풍동의 최대속도는 160 km/h이므로 Reynolds 수를 맞추기 위해 공기의 온도를 변화시켜야 한다. 공기의 온도가 5°C와 65°C일 때 풍동의 속도는 얼마인가? 공기 대신 이산화탄소를 사용한다면 더 빠른 풍동속도를 낼 수 있는가?

7.62 직경이 D이고 길이가 l인 원형 실린더 주위로 물이 흐른다. 항력은 기하학적 형상 이외에도 액체 속도 V, 밀도 ρ 및 점성계수 μ에 의존한다. 항력 F_D의 무차원 형태를 관련 변수들의 함수로 표현하라. 실험실에서 측정된 원형 실린더상의 정압분포는 무차원 압력계수로 표현된다; 최소 압력계수는 원통 표면의 최소정압 위치에서 $C_P = -2.8$이다. 만일 공동현상 시작이 캐비테이션 수 0.7에서 일어난다면, 원형 실린더가 공동현상의 발생 없이 대기압의 물에서 예인될 수 있는 최대 속도를 추정하라.

7.63 물이 부분적으로 채워진 원형 용기는 축을 중심으로 일정 각속도 ω로 회전한다. 회전이 시작된 후 시간 τ가 경과했을 때, 회전축으로부터 거리 r에서의 속도 V_θ는 t, τ 및 액체성질 등의 함수라는 것이 알려져 있다. 이 문제의 특성을 나타내는 무차원 변수들을 써라. 만일 다른 실험에서 벌꿀이 동일한 원통 내에서 동일한 각속도로 회전한다면, 벌꿀이 물과 같은 정도로 빨리 정상적인 운동에 도달할 것인지를 앞에서 구한 무차원 변수로부터 결정하라. 용기 내 액체의 정상상태의 운동에 대한 축척에서 왜 Reynolds 수가 중요한 무차원 변수가 되지 않는지 설명하라.

7.64 축척비가 1/9인 트렉터-트레일러 장비에 대한 모형이 풍동에서 실험된다. 모형의 전면면적은 $Am = 0.2$ m^{2}이다. 표준공기 중에서 $Vm = 85$ m/s로 실험했을 때, 측정된 항력은 $F_D = 350$ N이다. 주어진 모형조건에서 항력계수를 계산하라. 항력계수가 모형과 원형에서 동일하다고 가정하여, 100 km/h의 고속도에서 원형 장비에 작용하는 항력을 계산하라. 만일 원형의 속도가 90 km/h라면, 역학적으로 상사를 이루기 위한 모형실험에서의 공기속도를 구하라. 이 공기의 속도는 현실적인가? 왜 그런가? 혹은 왜 그렇지 않은가?

7.65 모형의 전면면적이 풍동 실험단면의 5% 미만이고 $Re = Vw/v > 2 \times 10^6$으로 할 것을 참고문헌 [8]에서 제안하고 있다. 여기

서 w는 모형의 폭이다. 뿐만 아니라 모형의 높이는 실험단면 높이의 30% 미만이어야 하고, 최대요각(yaw angle, 20°)에서 모형의 최대 투영폭은 실험단면 폭의 30% 미만이어야 한다. 최대 공기속도는 압축성 효과를 피하기 위하여 91 m/s 미만이어야 한다. 트랙터-트레일러 장비의 모형은 0.46 m 높이와 0.61 m 폭의 실험단면을 갖는 풍동 속에서 실험될 것이다. 실물 크기 장비의 높이, 폭, 길이는 각각 4.1 m, 2.4 m, 19.8 m이다. 제안된 기준들을 만족하는 가장 큰 모형의 축척비를 계산하라. 이 실험장치 내에서 적절한 Reynolds 수가 얻어질 수 있는지 평가하라.

7.66 팬을 구동하는 데 요구되는 동력 $\mathcal{P}$는 유체의 밀도 ρ, 체적유량 Q, 임펠러 직경 D와 각속도 ω에 의존하는 것으로 가정된다. $D_1 = 200$ mm인 팬이 $\omega_1 = 2{,}500$ rpm에서 $Q_1 = 0.4\ \text{m}^3/\text{s}$의 공기를 배출한다. 기하학적으로 그리고 동역학적으로 상사를 이룰 때, $\omega_2 = 1{,}800$ rpm에서 공기 송출량 $Q_2 = 2.38\ \text{m}^3/\text{s}$가 되도록 하려면 팬의 직경은 얼마가 되어야 하는가?

7.67 수조에서 1 m 길이의 선박 모형에 대해 실험을 시행한다. 실험 결과는 다음과 같다.

V (m/s)	3	6	9	12	15	18	20
D_{Wave} (N)	0	0.0125	0.5	1.5	3	4	5.5
D_{Friction} (N)	0.1	0.35	0.75	1.25	2	2.75	3.25

조파항력은 Froude 수를 사용하여 얻고 마찰항력은 Reynolds 수를 이용하여 얻는다고 가정한다. 실제 선박의 길이는 50 m이다. 담수호에서 이 선박이 7.7 m/s와 10.3 m/s로 항해할 때 총 항력을 추정하라.

7.68 $\omega = 800$ rpm으로 운전하고 있는 원심펌프는 다음과 같이 유량 Q와 압력수두 Δp의 특성을 보인다.

Q (m³/h)	0	100	150	200	250	300	325	350
Δp (kPa)	361	349	328	293	230	145	114	59

압력수두는 유량, 속도, 임펠러 직경 D 및 물의 밀도 ρ의 함수이다. 압력수두 대 유량의 곡선을 도시하라. 이 문제에 대해 2개의 Π 변수를 구하고, 위 데이터를 이용하여 두 변수에 대한 상관관계를 도시하라. *Excel* 프로그램을 이용하여 후자의 곡선에 대한 추세선 분석을 하고, 임펠러 속도 600 rpm과 1,200 rpm에 대해 각각 압력수두 대 유량의 곡선을 그려라.

7.69 양정 15 J/kg에서 0.75 m³/s의 물을 송출하기 위하여 축류 펌프가 필요하다. 로터의 직경은 0.25 m이고, 500 rpm으로 구동된다. 원형은 2.25 kW, 1,000 rpm의 동력공급원(power supply)을 가진 작은 실험장치로 모델링하려 한다. 원형과 모형이 비슷한 성능이라고 할 때 모형의 양정, 체적유량 및 직경을 계산하라.

7.70 기하학적으로 유사한 모형 여수로(spillway)에서의 단위길이당 배수량(수로를 흐르는 체적유량)이 1.5 m³/s로 측정되었다. 모형의 축척비는 1/30이다. 실제 여수로에서 단위길이당 배수량을 계산하라.

7.71 물방울은 $d_p = D(\text{We})^{-3/5}$ 패턴이라고 생각하는 방법에 의해 생성된다. 이 식에서 d_p는 물방울 크기이고, D는 길이 스케일에 비례하고, We는 Weber 수이다. 큰 모형의 특성 길이를 20배로 키우고 큰 모형의 속도를 인수 5로 줄이면, 물과 같이 동일한 물질일 때 물방울이 큰 것과 작은 것은 각각 어떻게 달라지는가?

7.72 폐회로 풍동은 개회로 풍동에 비해 동일한 입력동력으로 보다 높은 속도를 발생할 수 있다. 왜냐하면 에너지가 실험단면으로부터 하류에 있는 디퓨저에서 회복하기 때문이다. **운동에너지 비**는 실험단면 내의 운동에너지 유동의 구동력에 대한 비로 정의되는 성능지수이다. 333면에 소개된 NASA-Ames의 12.2 m × 24.4 m 풍동에 대한 운동에너지 비를 추정하라.

7.73 길이가 20 m인 트럭의 1: 16 모형이 속도 80 m/s인 풍동 속에서 실험되고, 축방향의 정압구배는 단위미터당 −11.17 N/m²이다. 실물의 전면면적은 9.9 m²이다. 이 상황에서, 수평 부력 수정량을 추정하라. $C_D = 0.85$일 때, 측정된 C_D의 배수로 수정량을 표현하라.

7.74 국기 게양대에 걸려 있는 국기가 펄럭이는 것을 자주 본다. 왜 이러한 현상이 일어나는지 설명하라.

7.75 어떤 버스의 1:16 모형이 표준공기 중에서 풍동실험된다. 모형은 폭이 154 mm이고, 높이가 204 mm이며, 길이가 768 mm이다. 26.5 m/s의 바람속도에서 측정된 항력은 6.18 N이다. 풍동 실험단면에서 길이 방향으로의 압력구배는 −12.4 N/m²/m이다. 실험단면 내에서 압력구배에 의하여 발생되는 수평 부력(horizontal buoyancy)을 수정하기 위해 측정된 항력에 필요한 수정량을 추정하라. 모형에 대한 항력계수를 계산하라. 조용한 날 120 km/h로 달리는 원형에 작용하는 공기역학적 항력을 계산하라.

CHAPTER 8

내부 비압축성 점성유동

Internal Incompressible Viscous Flow

사례연구

흡기 다기관(Intake Manifold)

가솔린 또는 디젤 엔진에서 발생하는 동력은 실린더 챔버로 들어가는 공기의 질량에 직접적으로 의존한다. 사진에서 보이는 4기통 자동차의 흡기 다기관은 대기 중의 공기를 각각의 실린더로 이송하는 데 사용되며 엔진 시스템의 중요한 부분이다. 그것의 형상은 중요하다. 짧은 유동 길이, 큰 직경, 매끄러운 표면 및 점진적인 굴곡은 마찰 손실을 줄이고 공기의 압력과 밀도가 대기와 비슷하게 유지되도록 한다.

챔버로 들어가는 공기의 압력에 영향을 미치는 형상의 두 번째 간접적인 효과가 있다. 흡기 밸브가 열리면 공기가 실린더로 흡입된다. 이 유동은 운동량을 가지고 있으며 흡기 밸브가 닫히면 유동이 멈춘다. 운동량의 갑작스러운 변화는 흡기 밸브에서 압력을 상승시키고, 이는 다기관을 따라 입구로 다시 이동하는 압력파를 형성한 다음 흡기 밸브 쪽으로 다시 반사된다. 압력파가 돌아올 때 바로 입구 밸브가 열리면 기압이 높아지고 더 많은 공기가 챔버로 유입되어 출력이 증가한다.

불행히도, 이렇게 *튜닝된 흡기 다기관*은 좁은 대역의 엔진 속도에서만 효과적이다. 이 대역 밖에서는 압력파가 밸브 입구의 압력을 증가시키는 시간에 도착하지 않는다. 압력파의 주파수와 엔진 회전수에 따라 저압파가 흡기 밸브에 도달하여 실제로 엔진으로 유입되는 공기압을 감소시켜 튜닝이 없을 때보다 출력을 감소시킬 수 있다.

이러한 압력파의 효과를 향상시키기 위해 흡기 다기관에 몇 가지 수정 사항이 이루어졌다. 흡기 파이프 길이가 짧은 다기관은 압력파가 입구 밸브가 열리는 사이 여러 번 앞뒤로 이동할 수 있게 하여 전체 속도 범위를 증가시킨다. 2개 이상의 유동 길이를 갖는 *가변 흡기 다기관*은 다른 엔진 속도에 대한 압력파 타이밍을 변경할 수 있다. 밸브 유동을 다른 길이를 갖는 유로로 흐르게 하는 데 사용된다. 추가적인 수정 사항은 엔진 속도에 따라 유동 길이를 연속적으로 변경하는 것이다. 입구 유로는 내부의 로터와 원형으로 배열된다. 공기 흡입구는 로터에 있고 로터는 유로 길이를 변경하기 위하여 엔진 속도와 동기화된다. 이러한 개선 사항들로 인하여 주어진 엔진 배기량보다 증가된 출력을 얻을 수 있다.

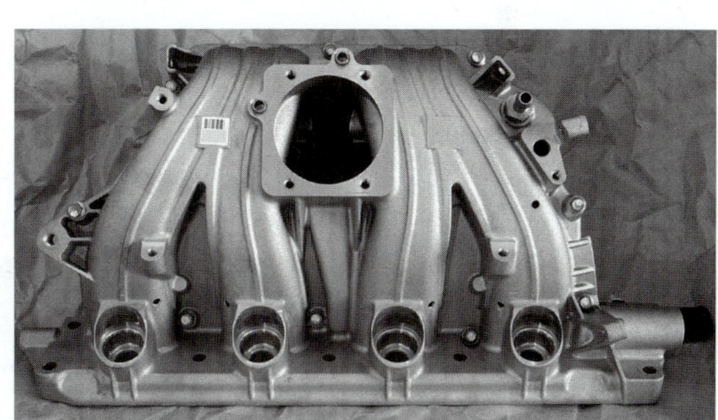
Cyril Lutsenko/Adobe Stock Photo

현대식 자동차 흡기 다기관

학습 목표

이 장의 학습을 마치면 다음을 할 수 있어야 한다.

- 층류 및 난류 유동이 입구 영역에서 유동에 어떻게 영향을 미치는지 설명할 수 있다.
- 운동량 방정식을 사용하여 평행 판과 원형 튜브를 통과하는 층류 문제를 풀 수 있다.
- 층류와 난류의 전단응력 분포에 대한 차이점을 설명할 수 있다.
- Reynolds 수가 난류 파이프 유동에 대한 완전 발달 속도분포에 미치는 영향을 설명할 수 있다.
- 운동에너지 계수와 그 사용법을 설명할 수 있다.
- 단일 및 다중 파이프 유동 문제에 대한 수두손실 및 압력강하를 계산할 수 있다.
- 교축 유량계의 측정값을 사용하여 유량을 계산할 수 있다.

고체 표면으로 완전히 둘러싸인 유동을 내부유동이라 한다. 따라서 내부유동은 파이프, 덕트, 노즐, 디퓨저, 급격 축소와 확대관, 밸브, 부속품을 통하는 유동이 포함된다.

내부유동은 층류 또는 난류일 수 있다. 층류의 몇 가지 경우는 해석적으로 풀 수 있다. 난류의 경우는 해석적인 해를 구할 수 없으므로 반경험적 이론이나 실험 데이터에 크게 의존해야 한다. 층류와 난류의 특성은 2.6절에서 설명하였다. 내부유동에서 유동 영역(층류 또는 난류)은 주로 Reynolds 수의 함수이다.

이 장에서는 비압축성유동만을 고려한다. 따라서 액체유동과 Mach 수 $M < 0.3$이면서 열전달을 무시할 수 있는 기체유동을 학습한다. 공기의 경우 $M = 0.3$의 값은 약 100 m/s의 속도에 해당한다. 이 장은 서론에 이어 아래와 같은 Part로 구성되어 있다.

Part A: 무한 평행 평판과 파이프 내에서 뉴턴 유체의 완전 발달된 층류를 설명한다. 이 두 경우는 해석적으로 분석할 수 있다.

Part B: 파이프와 덕트에서의 층류와 난류에 관한 내용이다. Part A에 이어 층류를 해석한다. 대부분의 유동인 난류의 경우 해석하기에는 너무 복잡하기 때문에, 해석과정에 실험 데이터가 사용된다.

Part C: 유동 계측방법에 대한 내용이다.

8.1 내부유동의 특성

층류와 난류

이미 2.6절에서 설명한 바와 같이, 파이프 내에서의 유동 영역(층류 또는 난류)은 Reynolds 수, $Re = \rho \overline{V} D/\mu$에 의해 결정된다. 고전적인 Reynolds 실험은 층류와 난류의 정성적인 차이를 보여준다. 이 실험에서는 물이 수조로부터 투명한 튜브를 흐른다. 유동의 가시화를 위해 튜브 입구에서 염료를 가늘게 주입한다. 유량이 적을 때(낮은 Reynolds 수) 주입된 염료는 튜브를 따라 하나의 가는 선을 이룬다. 즉, 유동이 층류이기 때문에 염료의 분산은 생기지 않는다. 층류는 유체가 층을 이루며 흐르는 유동이다. 즉, 바로 옆의 유체층과 규모가 큰 혼합은 생기지 않는다.

유량이 증가함에 따라 염료선은 결국 불안정하게 되고 분열되어 튜브 전체에 걸쳐 불규칙하게 흩어진다. 염료선은 늘어나면서 뒤틀려 복잡하게 얽힌 실처럼 꼬이면서 전체 유동 영역으로 분산된다. 이러한 난류는 그림 2.17에서 이미 나타낸 바와 같이, 난류의 평균유동에 진폭은 낮으면서 주파수는 높은 속도 변동이 중첩되면서 생기는 것이다. 즉, 인접 층에서 온 유체입자의 혼합으로 인해 염료는 빠르게 분산된다. 2장에서 층류와 난류의 차이를 보여주는, 일상에서 접할 수 있는 예로서 수도꼭지를 부드럽게(뒤섞임이 없게) 여는 경우를 설명하였다. 아주 낮은 유량에서는 물이 부드럽게(파이프 내의 층류가 됨) 나오지만; 유량이 높아지면 뒤섞인다(난류).

파이프 유동의 일상적인 조건에서, 파이프에서 난류로의 천이는 $Re \approx 2300$에서 일어난다. 물이 흐르는 25 mm 직경의 파이프라면, 평균속도는 0.092 m/s에 해당한다. 매우 주의 깊게 교란을 제거하고 표면

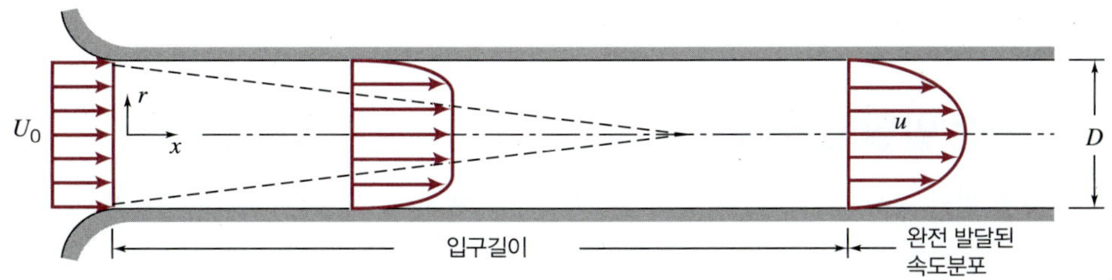

그림 8.1 파이프 입구 영역에서의 유동.

이 매끄러우면, 실험에서 파이프 내의 유동을 Reynolds 수가 약 100,000까지도 층류로 유지시킬 수 있다. 그러나 대부분의 공학적인 유동에서는 그렇게 주의 깊게 조절하지 않기 때문에, $Re \approx 2300$을 난류로의 천이가 일어나는 기준으로 삼는다. 다른 유동 상황에서의 천이 Reynolds 수는 예제에서 주어진다. 난류는 유체의 운동에서 불규칙적인 변동(예를 들면, 파이프 벽면의 조도에서 발생)을 유체의 점성력이 감쇠시키지 못할 때 일어나고 유동은 매우 혼란스러워진다. 예를 들면, 엔진오일같이 점성이 높은 유체는 물처럼 점성이 낮은 유체보다 변동을 훨씬 잘 감쇠시킬 수 있기 때문에 비교적 높은 유량에서도 층류를 유지한다. 반면에, 밀도가 높은 유체는 불규칙적 변동으로 인해 상당한 관성력이 생기기 때문에, 비교적 낮은 유량에서도 난류로 천이된다.

입구 영역

그림 8.1은 원형 파이프 입구 영역에서의 층류를 보여준다. 파이프 입구에서의 속도는 U_0로 균일하다. 벽에서의 점착조건으로, 벽에서의 속도는 파이프 전체 길이를 따라 0이어야 한다. 경계층(2.6절에서 소개)이 채널 벽을 따라 발달된다. 고체 표면은 유동에 방해하는 전단력을 미치고; 따라서 표면 주변에 있는 유체의 속도는 감소된다. 이러한 입구 영역에서 파이프를 따라가면서, 고체 표면의 영향은 유동으로 더 깊이 전달된다.

비압축성유동에서는 질량보존에 의해 벽 가까이 가면서 속도가 감소되면, 이를 보상하기 위해 파이프 중심의 마찰이 없는 영역에서의 속도가 약간 증가해야 한다.

파이프 입구에서 충분히 떨어진 위치에서는, 파이프 벽면에서 발달한 경계층이 파이프 중심선에 도달하고 유동은 전체적으로 점성유동이 된다. 그러면 속도분포의 형상은 비점성 코어가 사라진 후 조금 변한다. 속도분포 형상이 거리 x가 증가해도 더 이상 변하지 않으면, 유동은 **완전 발달되었다**(*fully developed*)고 한다. 입구부터 완전 발달된 유동이 시작하는 위치까지의 길이를 **입구길이**(*entrance length*)라 한다. 완전 발달된 속도분포의 실제 형상은 그 유동이 층류인지 난류인지에 따라 다르다. 그림 8.1에 정성적으로 보여준 분포는 층류에 대한 것이다.

층류에서 입구길이 L은 Reynolds 수의 함수이다.

$$\frac{L}{D} \simeq 0.06 \frac{\rho \overline{V} D}{\mu} \tag{8.1}$$

여기서 $\overline{V} \equiv Q/A$는 평균속도이다. 파이프 내의 층류에서는 Reynolds 수가 2300보다 작을 것이다. 따라서 파이프 내 층류에 대한 입구길이는

$$L \simeq 0.06\, ReD \leq (0.06)(2300)D = 138D$$

이거나 거의 파이프 직경의 140배 정도이다. 난류이면, 유체층 간의 혼합이 향상되어 경계층이 빠르게 성장된다. 실험에 의하면 평균속도분포는 입구로부터 파이프 직경의 25~40배가 되는 위치에서 완전 발달된다. 그러나 난류의 세밀한 특성은 파이프 직경의 80배 또는 그 이상에서도 완전 발달되지 않을 수도 있다. 앞으로 완전 발달된 층류 내부유동(Part A)과 파이프와 덕트에서의 층류와 난류(Part B)를 공부한다. 이를

위해 입구 영역 이후, 즉 완전 발달 유동에 대해 초점을 맞춘다.

Part A 완전 발달된 층류

이 절에서는 완전 발달 층류의 고전적인 예를 몇 가지 생각해 본다. 목표는 속도장에 대한 자세한 정보를 아는 것이고, 속도장을 알면 전단응력, 압력강하, 유량 등을 계산할 수 있다.

8.2 무한 평행 평판 사이의 완전 발달된 층류

평행 평판 사이의 유동은 기하학적 형태가 가장 단순하지만, 도대체 어떻게 유동이 생길 수 있을까? 유동은 평판과 평행하게 압력구배를 주거나, 다른 평판과 평행하게 한 평판을 움직이거나, 평판과 평행하게 체적힘(예를 들면, 중력)이 작용되거나, 또는 이런 구동 요인이 복합적으로 작용하면 발생한다. 이 모든 가능성을 고려한다.

고정된 두 평판

고압의 유압장치(자동차의 브레이크 시스템 같은) 내의 유체는 피스톤과 실린더 사이의 환형 틈새를 통해 종종 누설된다. 아주 작은 틈새(대개 0.005 mm 또는 그 이하)를 통해 흐르는 유동장은 그림 8.2에 나타낸 것과 같이 무한히 크고 평행한 두 판 사이의 유동으로 모델링할 수 있다. 누설 유량을 구하기 위해서는 먼저 속도장을 구해야 한다.

수평의 무한 평행 평판 사이의 완전 발달된 층류를 고려해 보자. 두 평판은 그림 8.3에 나타난 것과 같이 거리 a만큼 떨어져 있다. 평판은 z방향으로 무한하며, 이 방향으로 유체성질의 변화는 없다. 유동은 정상이고 비압축성유동으로 가정한다. 해석을 시작하기 전에, 유동장에 관하여 알고 있는 것은 무엇인가? 알고 있는 한 가지 사실은 x방향 속도성분이 벽면에서의 점착조건으로 인해 위와 아래의 두 평판에서 0이라야 한다. 그러면 경계조건은 다음과 같다.

$$y = 0\text{에서 } u = 0$$
$$y = a\text{에서 } u = 0$$

유동이 완전 발달되었기 때문에 속도는 x방향으로 변할 수 없으며, 따라서 y방향으로만 변하고 따라서 $u = u(y)$가 된다. 또한 y와 z방향 속도성분은 없다($v = w = 0$). 실제로 완전 발달된 유동에서 압력은 x방

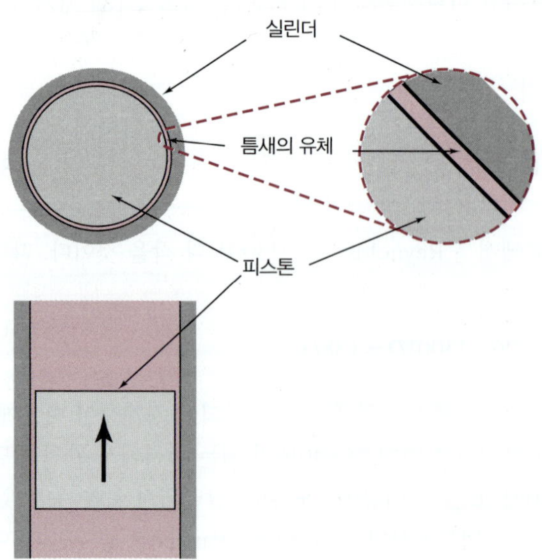

그림 8.2 평행 평판으로 근사되는 피스톤–실린더.

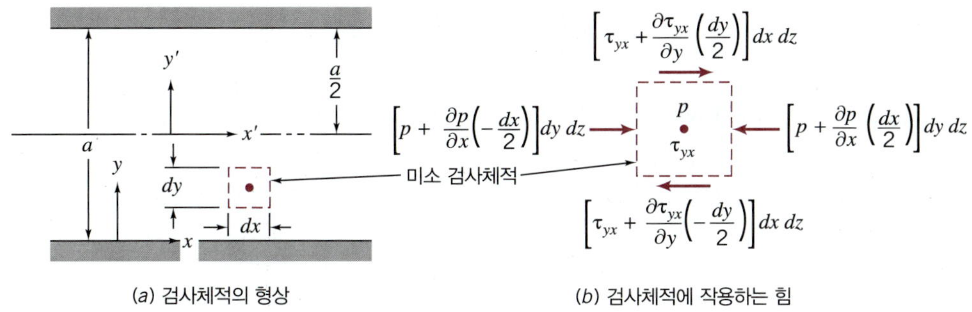

그림 8.3 고정된 무한 평행 평판 사이의 층류 해석을 위한 검사체적.

향으로만 변한다.

여기서는 유체역학의 중요한 몇 가지 특성을 끌어내기 위하여 미소 검사체적 방법을 이용한다.

해석을 위해 크기가 $dV\!\!\!/ = dx\,dy\,dz$인 미소 검사체적을 선택하고, x방향 운동량 방정식을 적용한다.

기본방정식:

$$F_{S_x} + \underbrace{F_{B_x}}_{=0(3)} = \underbrace{\frac{\partial}{\partial t}\int_{\text{CV}} u\,\rho\,dV\!\!\!/}_{=0(1)} + \int_{\text{CS}} u\,\rho\,\vec{V}\cdot d\vec{A} \tag{4.18a}$$

가정: **1** 정상유동(주어짐)

2 완전 발달된 유동(주어짐)

3 $F_{Bx} = 0$(주어짐)

완전 발달된 유동의 특징은 속도분포가 유동을 따라가면서 모든 위치에서 같다: 그러므로 운동량의 변화가 없다. 그러면 식 (4.18a)는 검사체적에 작용하는 표면력의 합이 0이라는 간단한 결과가 된다.

$$F_{S_x} = 0 \tag{8.2}$$

다음은 검사체적에 작용하는 x방향 힘을 합하는 것이다. 수직력(압력힘)은 왼쪽과 오른쪽 면에 작용하고 접선력(전단력)은 위와 아랫면에 작용한다.

요소 중앙에서의 압력이 p이면 왼쪽 면의 압력힘은

$$dF_L = \left(p - \frac{\partial p}{\partial x}\frac{dx}{2}\right)dy\,dz$$

오른쪽 면의 압력힘은

$$dF_R = -\left(p + \frac{\partial p}{\partial x}\frac{dx}{2}\right)dy\,dz$$

압력이 x만으로 변하기 때문에 편미분 대신 압력의 상미분을 사용하였다. 압력이 y에 대하여 변한다면 y방향의 유동이 있어야 한다. 하지만 완전 발달 영역의 모든 곳에서 $v = 0$이다.

요소 중앙에서의 전단응력이 τ_{yx}면 아랫면의 전단력은

$$dF_B = -\left(\tau_{yx} - \frac{d\tau_{yx}}{dy}\frac{dy}{2}\right)dx\,dz$$

윗면의 전단력은

$$dF_T = \left(\tau_{yx} + \frac{d\tau_{yx}}{dy}\frac{dy}{2}\right)dx\,dz$$

전단응력 τ_{yx}를 요소 중앙에서 Taylor 급수로 전개할 때 속도 $u = u(y)$이기 때문에 τ_{yx}도 y만의 함수가 되어 편미분이 아니라 상미분을 사용했음에 주목하라.

식 (8.2)에 네 가지 표면력 dF_L, dF_R, dF_B, dF_T을 대입하면 다음과 같이 단순해진다.

$$\frac{\partial p}{\partial x} = \frac{d\tau_{yx}}{dy} \tag{8.3}$$

이 식은 운동량 변화가 없기 때문에, 압력힘($-\partial p/\partial x$)이 마찰힘($-d\tau_{yx}/dy$)과 평형을 유지한다는 것을 나타낸다. 식 (8.3)은 흥미로운 특징이 있는데, 좌변은 x만의 함수(y방향 운동량 방정식에서 알 수 있다)이고, 우변은 y만의 함수이다(유동이 완전 발달되었고, 따라서 x에 따라 변하지 않는다). 따라서 양변의 모든 x, y에 대해 식이 성립되기 위한 유일한 방법은 상수가 되는 것이다.

$$\frac{d\tau_{yx}}{dy} = \frac{\partial p}{\partial x} = \text{일정}$$

이 식을 적분하면

$$\tau_{yx} = \left(\frac{\partial p}{\partial x}\right)y + c_1$$

이 되며, 전단응력이 y에 대해 선형적으로 변함을 나타낸다. 속도분포를 구해야 한다. 그러기 위해서는 전단응력과 속도장과의 관계가 필요하다. 뉴턴 유체에서 1차원 유동이기 때문에 식 (2.15)를 사용할 수 있다.

$$\tau_{yx} = \mu\frac{du}{dy} \tag{2.15}$$

따라서

$$\mu\frac{du}{dy} = \left(\frac{\partial p}{\partial x}\right)y + c_1$$

이며, 다시 적분하면

$$u = \frac{1}{2\mu}\left(\frac{\partial p}{\partial x}\right)y^2 + \frac{c_1}{\mu}y + c_2 \tag{8.4}$$

만일 미소 검사체적을 이용하는 대신 Navier-Stokes 방정식 (5.27)부터 시작한다면, 단지 두세 단계(단순화시키고 두 번 적분함)만에 식 (8.4)를 구할 수 있다는 것은 매우 흥미롭다. 상수 c_1과 c_2를 구하기 위해서는 경계조건을 적용한다. $y = 0$에서 $u = 0$이므로 $c_2 = 0$이다. $y = a$에서 $u = 0$이므로

$$0 = \frac{1}{2\mu}\left(\frac{\partial p}{\partial x}\right)a^2 + \frac{c_1}{\mu}a$$

이고

$$c_1 = -\frac{1}{2}\left(\frac{\partial p}{\partial x}\right)a$$

따라서

$$u = \frac{1}{2\mu}\left(\frac{\partial p}{\partial x}\right)y^2 - \frac{1}{2\mu}\left(\frac{\partial p}{\partial x}\right)ay = \frac{a^2}{2\mu}\left(\frac{\partial p}{\partial x}\right)\left[\left(\frac{y}{a}\right)^2 - \left(\frac{y}{a}\right)\right] \tag{8.5}$$

이와 같이 속도분포를 구했다. 이것은 다음에 설명할 다른 유동 성질들을 구하기 위한 핵심이 된다.

전단응력 분포

전단응력 분포는 다음과 같다.

$$\tau_{yx} = \left(\frac{\partial p}{\partial x}\right)y + c_1 = \left(\frac{\partial p}{\partial x}\right)y - \frac{1}{2}\left(\frac{\partial p}{\partial x}\right)a = a\left(\frac{\partial p}{\partial x}\right)\left[\frac{y}{a} - \frac{1}{2}\right] \tag{8.6a}$$

체적유량

체적유량은 다음과 같다.

$$Q = \int_A \vec{V} \cdot d\vec{A}$$

z방향으로 깊이가 l이면

$$Q = \int_0^a ul\,dy \qquad \text{또는} \qquad \frac{Q}{l} = \int_0^a \frac{1}{2\mu}\left(\frac{\partial p}{\partial x}\right)(y^2 - ay)dy$$

따라서 단위깊이당 체적유량은 다음과 같다.

$$\frac{Q}{l} = -\frac{1}{12\mu}\left(\frac{\partial p}{\partial x}\right)a^3 \tag{8.6b}$$

압력강하 함수로의 유량

$\partial p/\partial x$가 일정하므로, 압력은 x에 선형적으로 변하고

$$\frac{\partial p}{\partial x} = \frac{p_2 - p_1}{L} = \frac{-\Delta p}{L}$$

체적유량 관계식에 대입하면 다음과 같다.

$$\frac{Q}{l} = -\frac{1}{12\mu}\left[\frac{-\Delta p}{L}\right]a^3 = \frac{a^3 \Delta p}{12\mu L} \tag{8.6c}$$

평균속도

평균속도의 크기 $\overline{V}$는 다음과 같다.

$$\overline{V} = \frac{Q}{A} = -\frac{1}{12\mu}\left(\frac{\partial p}{\partial x}\right)\frac{a^3 l}{la} = -\frac{1}{12\mu}\left(\frac{\partial p}{\partial x}\right)a^2 \tag{8.6d}$$

최대속도점

최대속도점을 찾기 위해 du/dy를 0으로 놓고 y를 구한다. 식 (8.5)에서

$$\frac{du}{dy}=\frac{a^2}{2\mu}\left(\frac{\partial p}{\partial x}\right)\left[\frac{2y}{a^2}-\frac{1}{a}\right]$$

따라서

$$\frac{du}{dy}=0 \qquad \text{에서} \qquad y=\frac{a}{2}$$

이므로 최대속도점과 최대속도는 다음과 같다.

$$y=\frac{a}{2}, \qquad u=u_{\max}=-\frac{1}{8\mu}\left(\frac{\partial p}{\partial x}\right)a^2=\frac{3}{2}\overline{V} \tag{8.6c}$$

좌표의 변환

위의 식들을 유도할 때, 좌표의 원점 $y=0$은 아래 평판을 택했다. 채널 중심선을 원점으로 쉽게 택할 수도 있다. 채널 중심을 원점으로 택한 좌표를 x, y'로 표시하면 경계조건은 $y'=\pm a/2$에서 $u=0$이다.

x, y'로 속도분포를 구하기 위해, $y=y'+a/2$를 식 (8.5)에 대입하면 다음과 같다.

$$u=\frac{a^2}{2\mu}\left(\frac{\partial p}{\partial x}\right)\left[\left(\frac{y'}{a}\right)^2-\frac{1}{4}\right] \tag{8.7}$$

식 (8.7)은 정지된 평행 평판 사이 층류의 속도분포가 그림 8.4에 보이는 것과 같이 포물선임을 보여주고 있다.

뉴턴의 점성법칙에 의해 모든 응력은 속도구배와 관계되고, 난류 변동으로 야기되는 추가적인 응력들은 고려되지 않았기 때문에, **이 절에서 구한 모든 결과는 층류에서만 유효하다.** 실험에 의하면 정지된 평행 평판 사이의 층류는 Reynolds 수($Re=\rho\vec{V}a/\mu$로 정의됨)가 대략 1400보다 클 때 난류로 된다. 따라서 식 (8.6a-d)을 사용한 후에는 유효한 해인가를 확인하기 위해 Reynolds 수를 꼭 확인해 보아야 한다. 식 (8.6c)를 사용하여 유압 시스템에서 피스톤의 누설 계산은 예제 8.1에 나와 있다.

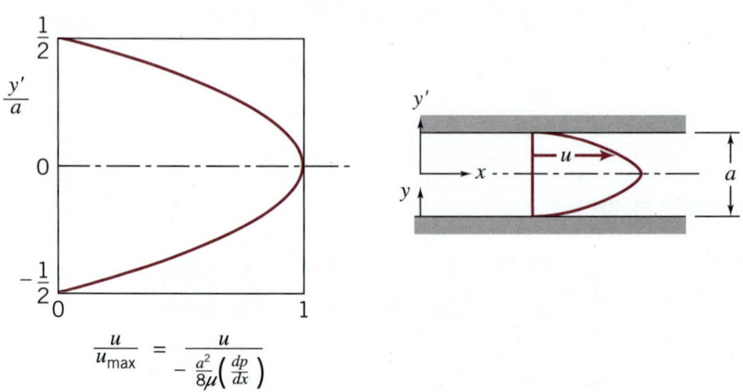

그림 8.4 무한 평행 평판 사이의 완전 발달 층류 유동에 대한 무차원 속도분포.

예제 8.1 피스톤에서의 누설

유압장치는 계기압력 20 MPa과 55°C에서 작동한다. 유압 유체는 SAE 10W이다. 제어밸브는 직경 25 mm인 피스톤이 평균 반경 틈새 0.005 mm로 실린더에 맞도록 구성되어 있다. 피스톤 저압면에서의 계기압력이 1.0 MPa일 때 누설되는 유량을 구하라(피스톤 길이는 15 mm이다).

주어진 자료: 유압유는 피스톤과 실린더 사이에서 흐른다. 유체는 55°C의 SAE 10W이다.

찾는 자료: 누설 유량 Q

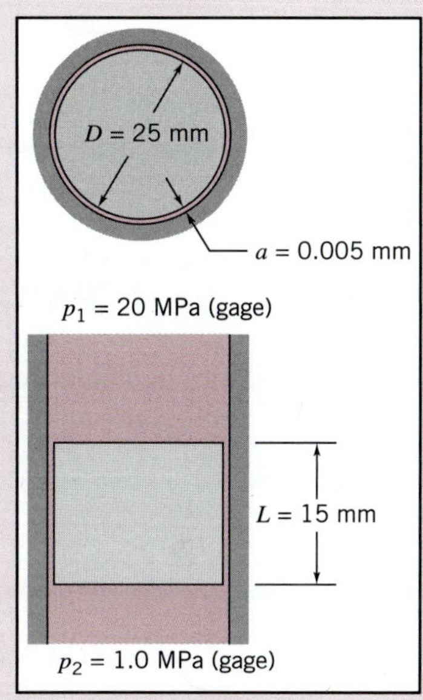

풀이: 틈새 폭이 매우 좁기 때문에, 유동은 평행 평판 사이의 유동으로 모델링할 수 있다. 식 (8.6c)를 적용할 수 있다.

지배방정식:

$$\frac{Q}{l} = \frac{a^3 \Delta p}{12\mu L} \tag{8.6c}$$

가정: **1** 층류
2 정상유동
3 비압축성유동
4 완전 발달 유동($L/a = 15/0.005 = 3000$이다!)

평판의 폭은 $l = \pi D$로 근사할 수 있으므로

$$Q = \frac{\pi D a^3 \Delta p}{12\mu L}$$

55°C의 SAE 10W의 점성계수는 부록 A, 그림 A.2에서 $\mu = 0.018\ \text{kg/m}\cdot\text{s}$이므로

$$Q = \frac{\pi}{12} \times 25\ \text{mm} \times (0.005)^3\ \text{mm}^3 \times (20-1)10^6\ \frac{\text{N}}{\text{m}^2} \times \frac{\text{m}\cdot\text{s}}{0.018\ \text{kg}} \times \frac{1}{15\ \text{mm}} \times \frac{\text{kg}\cdot\text{m}}{\text{N}\cdot\text{s}^2}$$

$$Q = 57.6\ \text{mm}^3/\text{s} \longleftarrow Q$$

층류임을 확인하기 위해 Reynolds 수를 계산하면

$$\overline{V} = \frac{Q}{A} = \frac{Q}{\pi D a} = 57.6\ \frac{\text{mm}^3}{\text{s}} \times \frac{1}{\pi} \times \frac{1}{25\ \text{mm}} \times \frac{1}{0.005\ \text{mm}} \times \frac{\text{m}}{10^3\ \text{mm}} = 0.147\ \text{m/s}$$

$$Re = \frac{\rho \overline{V} a}{\mu} = \frac{\text{SG}\rho_{\text{H}_2\text{O}} \overline{V} a}{\mu}$$

부록 A, 표 A.2에서 SAE 10W의 SG = 0.92이므로

$$Re = 0.92 \times 1000 \frac{\text{kg}}{\text{m}^3} \times 0.147 \frac{\text{m}}{\text{s}} \times 0.005\ \text{mm} \times \frac{\text{m}\cdot\text{s}}{0.018\ \text{kg}} \times \frac{\text{m}}{10^3\ \text{mm}} = 0.0375$$

가 되고, 따라서 이 유동은 $Re \ll 1400$이므로 확실히 층류이다.

상평판이 일정 속도 U로 움직이는 경우

무한 평행 평판 사이의 유동을 일으키는 두 번째 기본적인 방법은 한 평판을 다른 평판과 평행하게 움직이는 것이며, 압력구배는 있을 수도 있고 없을 수도 있다. 층류에 대해 이 문제를 해석해 보기로 하자.

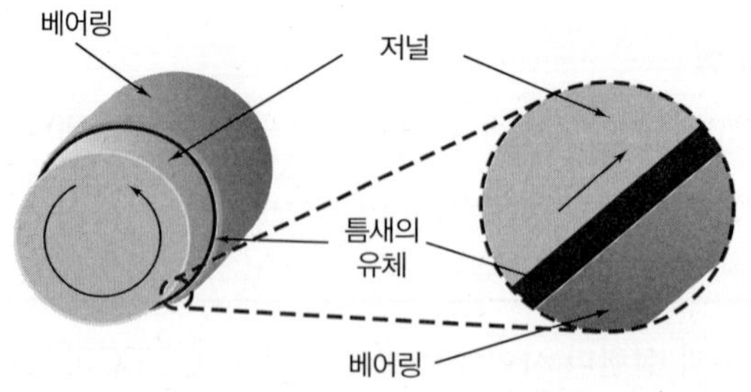

그림 8.5 평행 평판으로 근사되는 저널베어링.

이러한 유동은, 예를 들면 저널베어링(자동차 엔진의 크랭크축 베어링처럼 흔히 사용되는 베어링 종류)에서 흔하게 나타난다. 안쪽 실린더, 즉 저널은 정지된 바깥쪽 실린더의 안에서 회전한다. 부하가 작은 경우, 두 실린더의 중심은 본질적으로 일치하면서 작은 틈새는 대칭이 된다. 틈새가 작기 때문에, 베어링을 '펼쳐서' 그림 8.5에 나타낸 것처럼 유동을 무한 평행 평판 사이의 유동으로 본다.

상평판이 일정 속도 U로 오른쪽으로 움직이는 경우를 고려하자. 상평판이 움직이지 않을 때의 모든 해석이 움직이는 상평판에서는 경계조건의 하나를 바꾼다. 움직이는 평판에 대한 경계조건은

$$y = 0\text{에서} \quad u = 0$$
$$y = a\text{에서} \quad u = U$$

경계조건만 변화되었기 때문에, 앞 절의 해석을 전부 반복할 필요는 없다. 식 (8.4)를 구하는 해석은 움직이는 평판에서도 동일하다. 따라서 속도분포는

$$u = \frac{1}{2\mu}\left(\frac{\partial p}{\partial x}\right)y^2 + \frac{c_1}{\mu}y + c_2 \tag{8.4}$$

이고 남은 문제는 적절한 경계조건을 이용하여 상수 c_1과 c_2를 구하는 것이다.

$$y = 0\text{에서} \quad u = 0\text{이므로} \quad c_2 = 0$$
$$y = a\text{에서} \quad u = U\text{이므로}$$

$$U = \frac{1}{2\mu}\left(\frac{\partial p}{\partial x}\right)a^2 + \frac{c_1}{\mu}a \quad \text{이므로} \quad c_1 = \frac{U\mu}{a} - \frac{1}{2}\left(\frac{\partial p}{\partial x}\right)a$$

따라서

$$u = \frac{1}{2\mu}\left(\frac{\partial p}{\partial x}\right)y^2 + \frac{Uy}{a} - \frac{1}{2\mu}\left(\frac{\partial p}{\partial x}\right)ay = \frac{Uy}{a} + \frac{1}{2\mu}\left(\frac{\partial p}{\partial x}\right)(y^2 - ay)$$

$$u = \frac{Uy}{a} + \frac{a^2}{2\mu}\left(\frac{\partial p}{\partial x}\right)\left[\left(\frac{y}{a}\right)^2 - \left(\frac{y}{a}\right)\right] \tag{8.8}$$

식 (8.8)은 상평판이 움직이지 않는 경우($U = 0$으로 놓음)에 식 (8.5)가 됨을 확인할 수 있다. 식 (8.8)에서, 압력구배가 0인 경우($\partial p/\partial x = 0$) 속도는 y에 따라 선형적으로 변한다. 이 내용은 2장에서 이미 다루었고, 이러한 선형 속도분포를 19세기 물리학자 이름을 따서 *Couette* 유동이라고 부른다.

식 (8.8)의 속도분포로부터 유동의 다른 정보를 얻을 수 있다.

전단응력 분포

전단응력 분포는 $\tau_{yx} = \mu(du/dy)$에서 구해진다.

$$\tau_{yx} = \mu \frac{U}{a} + \frac{a^2}{2}\left(\frac{\partial p}{\partial x}\right)\left[\frac{2y}{a^2} - \frac{1}{a}\right] = \mu \frac{U}{a} + a\left(\frac{\partial p}{\partial x}\right)\left[\frac{y}{a} - \frac{1}{2}\right] \tag{8.9a}$$

체적유량

체적유량은 $Q = \int_A \vec{V} \cdot d\vec{A}$에서 구해지며, z방향으로 깊이가 l이면 다음과 같다.

$$Q = \int_0^a ul\,dy \quad \text{또는} \quad \frac{Q}{l} = \int_0^a \left[\frac{Uy}{a} + \frac{1}{2\mu}\left(\frac{\partial p}{\partial x}\right)(y^2 - ay)\right] dy$$

따라서 단위깊이당 체적유량은 다음과 같다.

$$\frac{Q}{l} = \frac{Ua}{2} - \frac{1}{12\mu}\left(\frac{\partial p}{\partial x}\right)a^3 \tag{8.9b}$$

평균속도

평균속도의 크기 $\overline{V}$는 다음과 같다.

$$\overline{V} = \frac{Q}{A} = l\left[\frac{Ua}{2} - \frac{1}{12\mu}\left(\frac{\partial p}{\partial x}\right)a^3\right] \Big/ la = \frac{U}{2} - \frac{1}{12\mu}\left(\frac{\partial p}{\partial x}\right)a^2 \tag{8.9c}$$

최대속도점

최대속도점을 찾기 위해 du/dy를 0으로 놓고 y를 구한다. 식 (8.8)에서

$$\frac{du}{dy} = \frac{U}{a} + \frac{a^2}{2\mu}\left(\frac{\partial p}{\partial x}\right)\left[\frac{2y}{a^2} - \frac{1}{a}\right] = \frac{U}{a} + \frac{a}{2\mu}\left(\frac{\partial p}{\partial x}\right)\left[2\left(\frac{y}{a}\right) - 1\right]$$

따라서

$$\frac{du}{dy} = 0 \quad \text{에서} \quad y = \frac{a}{2} - \frac{U/a}{(1/\mu)(\partial p/\partial x)}$$

이 유동에서는 최대속도 $u_{\max}$와 평균속도 $\overline{V}$의 관계는 간단하지 않다.

식 (8.8)은 속도분포가 선형과 포물선 속도분포가 합해진 것으로 생각할 수 있음을 보여주고 있다; 식 (8.8)의 마지막 항은 식 (8.5)와 같은 포물선 분포이다. 그 결과는 U와 $(1/\mu)(dp/dx)$에 따라 달라지는 속도분포들이고, 그림 8.6은 그중의 세 가지 분포를 보인 것이다. 그림 8.6에 보이듯이, $dp/dx > 0$인 경우 역류—유동이 음의 x방향—가 생길 수 있다.

다시 한번 강조하지만, 이 절에서 구한 모든 결과는 층류에서만 유효하다. 실험에 의하면 Reynolds 수가 약 1500에서 난류가 되고, 이 유동에서 $Re = \rho Ua/\mu$로 정의된다. 압력구배가 0이 아닌 경우에 대해서는 연구결과가 많지 않다. 예제 8.2에서, 저널베어링의 토크와 동력 특성은 평행 평판 모델을 사용하여 결정된다.

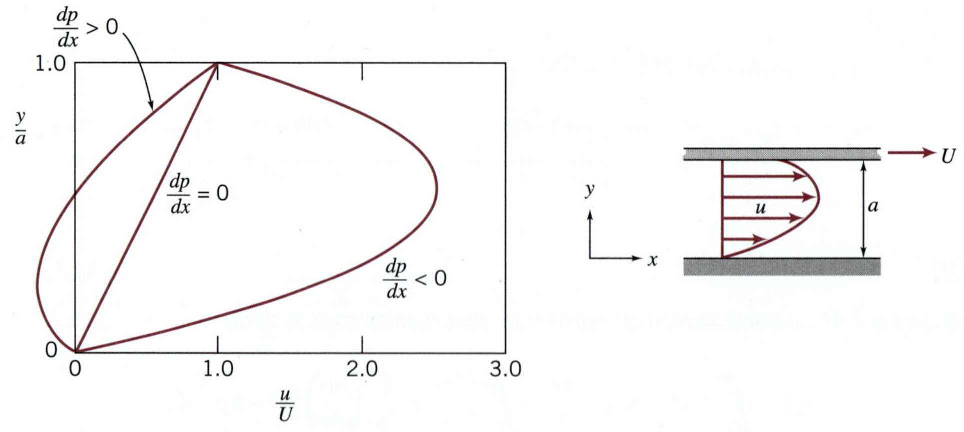

그림 8.6 무한 평행 평판 사이에서 완전 발달 층류의 무차원 속도분포: 일정 속도 U로 움직이는 상평판.

예제 8.2 저널베어링의 토크와 동력

자동차 엔진의 크랭크축 저널베어링이 99°C의 SAE 30로 윤활되고 있다. 베어링 직경은 76 mm, 직경 틈새는 0.0635 mm이고 축의 회전수는 3600 rpm이고 그 길이는 31.8 mm이다. 베어링의 부하는 없으므로 틈새는 대칭이다. 저널의 회전에 필요한 토크와 소비동력을 구하라.

주어진 자료: 그림과 같은 저널베어링. 틈새 폭 a는 직경 틈새의 1/2이다. 윤활유는 99°C의 SAE 30이다. 회전속도는 3600 rpm이다.

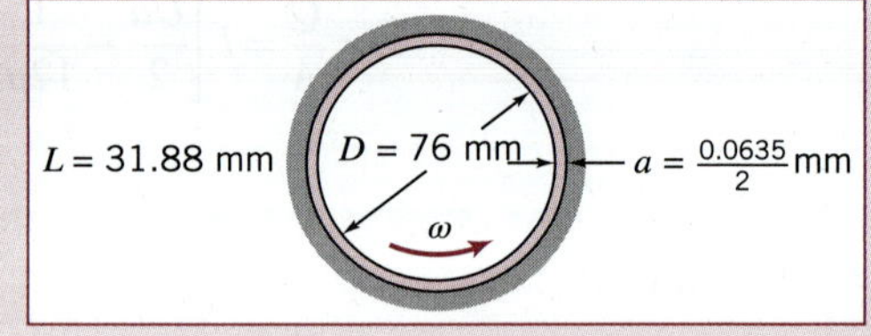

찾는 자료: (a) 토크 T

(b) 소비동력

풀이: 저널에 작용하는 토크는 유막의 점성 전단에 의해 발생한다. 틈새 폭이 좁기 때문에 유동은 무한 평행 평판 사이의 유동으로 모델링할 수 있다.

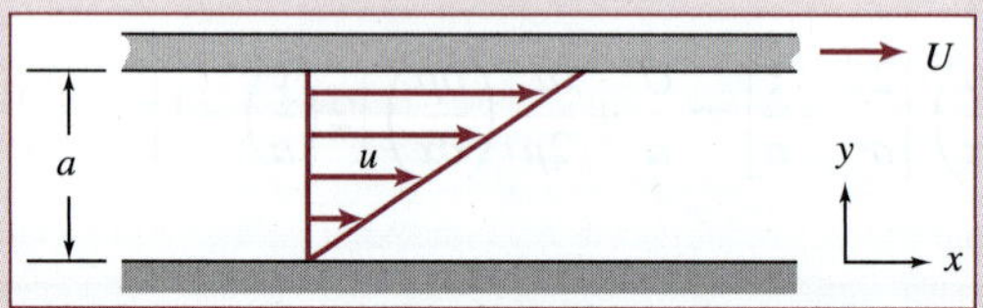

지배방정식:

$$\tau_{yx} = \mu \frac{U}{a} + a \overbrace{\left(\frac{\partial p}{\partial x} \right)}^{=0(6)} \left[\frac{y}{a} - \frac{1}{2} \right] \tag{8.9a}$$

가정: 1 층류

2 정상유동

3 비압축성유동

4 완전 발달 유동

5 무한한 폭(L/a = 31.8/0.03175 = 1000이므로 타당한 가정이다.)

6 $\partial p/\partial x = 0$(실제 무부하 베어링에서 유동은 대칭이다.)

그러면

$$\tau_{yx} = \mu \frac{U}{a} = \mu \frac{\omega R}{a} = \mu \frac{\omega D}{2a}$$

된다. 부록 A의 그림 A.2에서 99°C SAE 30의 점성계수 $\mu = 9.6 \times 10^{-3}$ N · s/m^{2}이므로

$$\tau_{yx} = 9.6 \times 10^{-3} \frac{\text{N.s}}{\text{m}^2} \times 3600\ \text{rpm} \times 2\pi \frac{\text{rad}}{\text{rev}} \times \frac{\text{min}}{60\ \text{s}} \times 76\ \text{mm} \times \frac{\text{m}}{1000\ \text{mm}} \times \frac{1}{2} \times \frac{1}{0.03175} \times \frac{1000\ \text{mm}}{\text{m}} \times \frac{\text{Pa.m}^2}{\text{N}}$$

$$\tau_{yx} = 4331.6\ \text{Pa}$$

전단력은 전단응력과 면적의 곱이다. 전단력은 저널의 표면에 작용하므로, 토크는

$$T = FR = \tau_{yx} \pi DLR = \frac{\pi}{2} \tau_{yx} D^2 L$$

$$= \frac{\pi}{2} \times 4331.6\ \text{Pa} \times (76)^2\ \text{mm}^2 \times 31.8\ \text{min} \times \frac{\text{N}}{\text{m}^2} \times \frac{\text{m}^2}{10^6\ \text{mm}^2} \times \frac{\text{m}}{1000\ \text{mm}}$$

$$T = 1.25\ \text{N} \cdot \text{m} \qquad T$$

소비동력은

$$\dot{W} = FU = FR\omega = T\omega$$

$$= 1.25\ \text{N} \cdot \text{m} \times 3600\ \text{rpm} \times \frac{\text{min}}{60\ \text{s}} 2\pi \frac{\text{rad}}{\text{rev}} \times \frac{\text{J}}{\text{N} \cdot \text{m}} \times \frac{\text{W}}{\text{J} \cdot \text{s}}$$

$$\dot{W} = 471\ \text{W} \qquad \dot{W}$$

층류임을 확인하기 위해 Reynolds 수를 계산하면

$$Re = \frac{\rho U a}{\mu} = \frac{SG \rho_{H_2O} U a}{\mu} = \frac{SG \rho_{H_2O} \omega R a}{\mu}$$

근사적으로 SAE 30의 비중이 SAE 10W와 같다고 가정한다. 부록 A의 표 A.2에서 SG = 0.92이므로,

$$Re = 0.92 \times 1000 \frac{\text{kg}}{\text{m}^3} \times \frac{(3600)2\pi}{60} \frac{\text{rad}}{\text{s}} \times 38\ \text{mm} \times 0.03175\ \text{mm} \times \frac{1}{9.6 \times 10^{-3}} \times \frac{\text{m}}{1000\ \text{mm}} \times \frac{\text{m}}{1000\ \text{mm}}$$

$$Re = 43.6$$

$Re \ll 1500$이므로 이 유동은 층류이다.

이 문제에서 작은 환형 틈새의 원형 유선을 무한 평행 평판 사이의 선형유동으로 근사하였다. 예제 5.10에서 알 수 있었듯이, 틈새 폭 a와 반경 R의 비 a/R의 값이 작으면(이 문제의 경우 < 1%), 전단응력의 오차는 이 비율의 약 $\frac{1}{2}$이다. 따라서 오차는 무시할 수 있을 정도이며, 기름의 점성계수의 측정에 수반되는 불확실성보다도 훨씬 더 작다.

지금까지 두 평판 사이에서 압력구배를 주거나, 한 평판을 움직이거나, 또는 두 가지가 함께하는 작용에 의해 정상, 1차원 층류 유동이 어떻게 생성되는지 살펴보았다. 이러한 유동에 대한 설명의 마지막으로, 예제 8.3에서는 수직 벽을 흘러내리는 정상, 1차원 층류와 같은 **중력에 의해 발생하는** 유동을 조사한다. 다시 한번, 직접적인 방법은 2차원 직각 좌표계의 Navier-Stokes 방정식[식 (5.27)]으로부터 시작하는 것이다; 여기서는 미소 검사체적을 사용한다.

예제 8.3 수직 벽 위의 층류막

점성, 비압축성, 뉴턴 유체가 수직 벽을 따라 정상, 층류유동으로 흘러내린다. 액막의 두께 δ는 일정하다. 액체의 자유표면이 대기압에 노출되어 있으므로 압력구배는 없다. 이러한 중력에 의한 유동에 대해, 액막에서 속도분포를 구하기 위해 미소 검사체적 $dx\,dy\,dz$에 운동량 방정식을 적용하라.

주어진 자료: 수직 벽을 따라 흘러내리는 비압축성, 뉴턴 유체의 완전 발달된 층류, 액막의 두께는 δ로 일정하고 $dp/dx = 0$이다.

찾는 자료: 액막에서의 속도분포

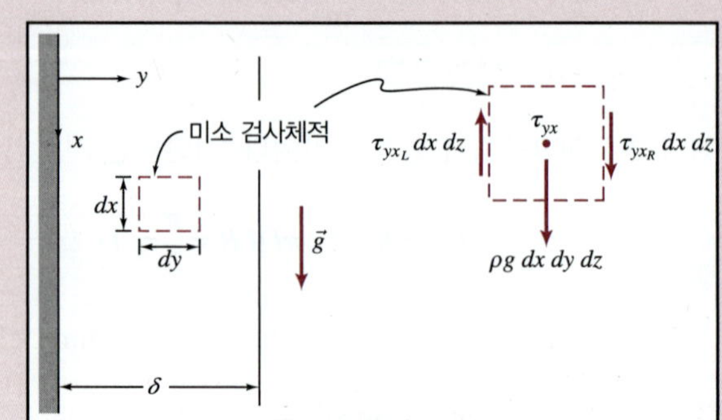

풀이: 검사체적에서 x성분 운동량 방정식은

$$F_{S_x} + F_{B_x} = \frac{\partial}{\partial t}\int_{\text{CV}} u\,\rho\,d\forall + \int_{\text{CS}} u\,\rho\vec{V}\cdot d\vec{A} \qquad (4.18\text{a})$$

주어진 조건에서 정상, 비압축성, 완전 발달된 층류 유동이다.

정상유동이면 $\dfrac{\partial}{\partial t}\displaystyle\int_{\text{CV}} u\,\rho\,d\forall = 0$

완전 발달된 유동이면 $\displaystyle\int_{\text{CS}} u\,\rho\vec{V}\cdot d\vec{A} = 0$

따라서 운동량 방정식은 다음과 같다.

$$F_{S_x} + F_{B_x} = 0$$

체적력은 $F_{B_x} = \rho g\,d\forall = \rho g\,dx\,dy\,dz$로 주어진다. 미소 검사체적에 작용하는 유일한 표면력은 수직면에서의 전단력이다. (유선이 직선인 자유표면 유동이기 때문에 압력은 전체적으로 대기압이고, 따라서 검사체적에 작용하는 압력힘은 없다.)

미소 검사체적 중앙에서의 전단응력을 τ_{yx}라 하면

$$\text{왼쪽 면에서의 전단응력은 } \tau_{yx_L} = \left(\tau_{yx} - \frac{d\tau_{yx}}{dy}\frac{dy}{2}\right)$$

$$\text{오른쪽 면에서의 전단응력은 } \tau_{yx_R} = \left(\tau_{yx} + \frac{d\tau_{yx}}{dy}\frac{dy}{2}\right)$$

전단응력 벡터의 방향은 2.3절의 부호 규약과 일치하도록 선택한다. 따라서 음의 y면인 왼쪽 면에서 τ_{yx_L}은 위로 작용하고, 양의 y면인 오른쪽 면에서 τ_{yx_L}은 아래로 작용한다.

표면력은 전단응력과 작용하는 면적을 곱해서 구하고, $F_{S_x} + F_{B_x} = 0$에 대입하면

$$-\tau_{yx_L}\,dx\,dz + \tau_{yx_R}\,dx\,dz + \rho g\,dx\,dy\,dz = 0$$

또는

$$-\left(\tau_{yx} - \frac{d\tau_{yx}}{dy}\frac{dy}{2}\right)dx\,dz + \left(\tau_{yx} + \frac{d\tau_{yx}}{dy}\frac{dy}{2}\right)dx\,dz + \rho g\,dx\,dy\,dz = 0$$

간단히 하면

$$\frac{d\tau_{yx}}{dy} + \rho g = 0 \quad \text{또는} \quad \frac{d\tau_{yx}}{dy} = -\rho g$$

이다.

$$\tau_{yx}=\mu\frac{du}{dy} \quad \text{이므로} \quad \mu\frac{d^2u}{dy^2}=-\rho g \quad \text{및} \quad \frac{d^2u}{dy^2}=-\frac{\rho g}{\mu}$$

이므로, y에 대해 적분하면

$$\frac{du}{dy}=-\frac{\rho g}{\mu}y+c_1$$

다시 적분하면

$$u=-\frac{\rho g}{\mu}\frac{y^2}{2}+c_1y+c_2$$

상수 c_1과 c_2를 구하기 위해 경계조건을 적용한다.

(i) $y=0$, $\theta=0$ (점착조건)

(ii) $y=\delta$, $\dfrac{du}{dy}=0$ (공기 저항은 무시, 즉 자유표면에서 전단응력은 0으로 가정)

경계조건 (i)에서 $c_2=0$

경계조건 (ii)에서 $0=-\dfrac{\rho g}{\mu}\delta+c_1$ 또는 $c_1=\dfrac{\rho g}{\mu}\delta$

따라서

$$u=-\frac{\rho g}{\mu}\frac{y^2}{2}+\frac{\rho g}{\mu}\delta y \quad \text{또는} \quad u=\frac{\rho g}{\mu}\delta^2\left[\left(\frac{y}{\delta}\right)-\frac{1}{2}\left(\frac{y}{\delta}\right)^2\right] \longleftarrow u(y)$$

속도분포를 이용하면

체적유량은 $Q/l=\dfrac{\rho g}{3\mu}\delta^3$

최대속도는 $U_{\max}=\dfrac{\rho g}{2\mu}\delta^2$

평균속도는 $\overline{V}=\dfrac{\rho g}{3\mu}\delta^2$

액막에서의 유동은 $Re=\overline{V}\delta/\nu\leq 1000$인 경우 층류로 생각할 수 있다[1].

주의:
- 이 문제는 예제 5.9에서 Navier-Stokes 방정식을 이용해서 풀었던 경사진 평판유동($\theta=90°$)의 특별한 경우이다.
- 이 문제와 예제 5.9는 미소 검사체적 접근이나 Navier-Stokes 방정식을 이용하는 방법이 같은 결과에 도달한다는 것을 보여주고 있다.

8.3 파이프 내 완전 발달된 층류

완전 발달된 층류의 마지막 예로, 파이프 내의 완전 발달된 층류를 고려해 보자. 이 유동은 축대칭이므로 원통 좌표계를 이용하는 것이 매우 편리하다. 이 예는 Navier-Stokes 방정식을 이용할 수 있는 또 하나의 경우이고, 이번에는 원통 좌표계의 식(예제 5.10 참조)이다. 이번에도 유체역학의 중요한 특징을 보기 위해 미소 검사체적을 이용하는 다소 번거로운 방법을 사용한다. 전개과정은 지난 절의 평행 평판 경우와 매우 비슷하다. 유동이 축대칭이므로, 그림 8.7에 보이는 바와 같이 검사체적은 미소한 환형이 된다. 검사체적의 길이는 dx, 두께는 dr이다.

완전 발달된 정상유동에서, x성분 운동량 방정식[식 (4.18a)]은 다음과 같다.

$$F_{S_x}=0$$

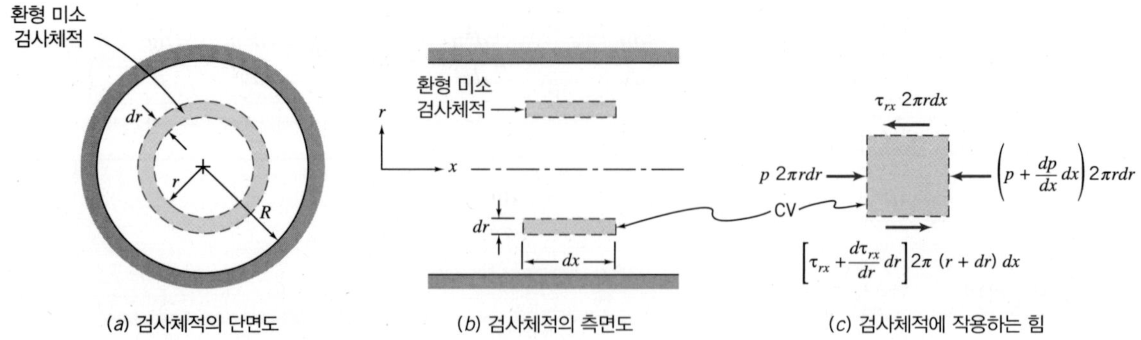

그림 8.7 파이프 내 완전 발달된 층류 유동 해석을 위한 미소 검사체적.

다음 단계는 검사체적에 작용하는 x방향 힘을 합한다. 수직력(압력힘)은 검사체적의 왼쪽 면과 오른쪽 면에 작용하고, 접선력(전단력)은 원주의 안쪽과 바깥쪽 면에 작용한다.

검사체적 왼쪽 면에서의 압력을 p라 하면, 왼쪽 면에 작용하는 압력힘은

$$dF_L = p2\pi r\,dr$$

이고, 오른쪽 면에 작용하는 압력힘은 다음과 같다.

$$dF_R = -\left(p + \frac{\partial p}{\partial x}\,dx\right)2\pi r\,dr$$

환형 검사체적 안쪽 면에서의 전단응력이 τ_{rx}이면, 원통 안쪽 면에 작용하는 전단력은

$$dF_I = -\tau_{rx}2\pi r\,dx$$

이며, 원통 바깥쪽 면에 작용하는 전단력은 다음과 같다.

$$dF_O = \left(\tau_{rx} + \frac{d\tau_{rx}}{dr}\,dr\right)2\pi(r+dr)dx$$

검사체적에 작용하는 x성분 힘 dF_L, dF_R, dF_I, dF_O의 합은 0이 되어야 하므로 다음과 같이 된다.

$$-\frac{\partial p}{\partial x}\,2\pi r\,dr\,dx + \tau_{rx}2\pi\,dr\,dx + \frac{d\tau_{rx}}{dr}\,2\pi r\,dr\,dx = 0$$

이 식을 $2\pi r\,dr\,dx$로 나누고, $\partial p/\partial x$에 대해 풀면

$$\frac{\partial p}{\partial x} = \frac{\tau_{rx}}{r} + \frac{d\tau_{rx}}{dr} = \frac{1}{r}\,\frac{d(r\tau_{rx})}{dr}$$

가 된다. 이 식과 평행 평판의 경우에 해당하는 식[식 (8.3)]을 비교해 보면, 원통형 좌표계를 사용하기 때문에 수학적으로 복잡해졌음을 알 수 있다. 식의 좌변은 x만의 함수이고(각 단면에서 압력은 균일하다), 우변은 기껏해야 r만의 함수(유동이 완전 발달되었기 때문에)이다. 따라서 식이 모든 x와 r에 대해 성립될 수 있는 유일한 방법은 상수가 되는 것이다.

$$\frac{1}{r}\,\frac{d(r\tau_{rx})}{dr} = \frac{\partial p}{\partial x} = \text{일정} \quad \text{또는} \quad \frac{d(r\tau_{rx})}{dr} = r\frac{\partial p}{\partial x}$$

해석이 아직 끝나지는 않았지만, 이미 중요한 결과를 얻었다. 즉, 일정 직경의 파이프에서 압력은 파이프 길이 방향에 따라 균일하게 감소한다(입구 영역은 제외).

이 식을 적분하면

$$r\tau_{rx} = \frac{r^2}{2}\left(\frac{\partial p}{\partial x}\right) + c_1$$

또는

$$\tau_{rx} = \frac{r}{2}\left(\frac{\partial p}{\partial x}\right) + \frac{c_1}{r} \tag{8.10}$$

이 된다. $\tau_{rx} = \mu du/dr$이므로

$$\mu\frac{du}{dr} = \frac{r}{2}\left(\frac{\partial p}{\partial x}\right) + \frac{c_1}{r}$$

그리고

$$u = \frac{r^2}{4\mu}\left(\frac{\partial p}{\partial x}\right) + \frac{c_1}{\mu}\ln r + c_2 \tag{8.11}$$

이다. 여기서 상수 c_1과 c_2를 구해야 한다. 그러나 경계조건은 $r = R$에서 $u = 0$이라는 하나만 알고 있다. 물리적으로 생각해 보면 $r = 0$에서 속도는 유한해야 함을 알 수 있다. 그렇게 되기 위한 유일한 방법은 $c_1 = 0$이 되어야 한다.

$$u = \frac{r^2}{4\mu}\left(\frac{\partial p}{\partial x}\right) + c_2$$

가 된다. 상수 c_2는 파이프 벽에서의 경계조건인 $r = R$에서 $u = 0$을 사용하면 구할 수 있다. 결과적으로

$$0 = \frac{R^2}{4\mu}\left(\frac{\partial p}{\partial x}\right) + c_2$$

이며

$$c_2 = -\frac{R^2}{4\mu}\left(\frac{\partial p}{\partial x}\right)$$

이므로 속도분포는 다음과 같다.

$$u = \frac{r^2}{4\mu}\left(\frac{\partial p}{\partial x}\right) - \frac{R^2}{4\mu}\left(\frac{\partial p}{\partial x}\right) = \frac{1}{4\mu}\left(\frac{\partial p}{\partial x}\right)(r^2 - R^2)$$

또는

$$u = -\frac{R^2}{4\mu}\left(\frac{\partial p}{\partial x}\right)\left[1 - \left(\frac{r}{R}\right)^2\right] \tag{8.12}$$

속도분포를 알고 있으므로, 유동의 다른 특성도 얻을 수 있다.

전단응력 분포

전단응력은 다음과 같다.

$$\tau_{rx} = \mu\frac{du}{dr} = \frac{r}{2}\left(\frac{\partial p}{\partial x}\right) \tag{8.13a}$$

전단응력은 유동을 가로질러 선형으로 변하며 벽에서 최댓값, 중심선에서 0이 된다.

체적유량

체적유량은 다음과 같다.

$$Q=\int_A \vec{V}\cdot d\vec{A}=\int_0^R u2\pi r\,dr=\int_0^R \frac{1}{4\mu}\left(\frac{\partial p}{\partial x}\right)(r^2-R^2)2\pi r\,dr$$

$$Q=-\frac{\pi R^4}{8\mu}\left(\frac{\partial p}{\partial x}\right) \tag{8.13b}$$

압력강하 함수로의 유량

완전 발달된 유동에서 압력구배 dp/dx는 일정함을 보였다. 그러므로 $dp/dx=(p_2-p_1)/L=-\Delta p/L$이다. 식 (8.13b)에 대입하면 수평 파이프의 층류에 대한 체적유량은 다음과 같다.

$$Q=-\frac{\pi R^4}{8\mu}\left[\frac{-\Delta p}{L}\right]=\frac{\pi\Delta pR^4}{8\mu L}=\frac{\pi\Delta pD^4}{128\mu L} \tag{8.13c}$$

$Q\sim D^4$에서 알 수 있듯이, 유량 Q는 직경 D에 민감하다. 즉, 직경 D를 2배하면 유량 Q는 16배 증가한다.

평균속도

평균속도의 크기 $\overline{V}$는 다음과 같다.

$$\overline{V}=\frac{Q}{A}=\frac{Q}{\pi R^2}=-\frac{R^2}{8\mu}\left(\frac{\partial p}{\partial x}\right) \tag{8.13d}$$

최대속도점

최대속도점을 찾기 위해 du/dr을 0으로 놓고 r을 구한다. 식 (8.12)에서

$$\frac{du}{dr}=\frac{1}{2\mu}\left(\frac{\partial p}{\partial x}\right)r$$

따라서

$$r=0\text{에서 }\frac{du}{dr}=0$$

$r=0$에서

$$u=u_{\max}=U=-\frac{R^2}{4\mu}\left(\frac{\partial p}{\partial x}\right)=2\overline{V} \tag{8.13e}$$

속도분포 식 (8.12)는 최대(중심)속도를 이용해서 쓸 수도 있다.

$$\frac{u}{U}=1-\left(\frac{r}{R}\right)^2 \tag{8.14}$$

식 (8.14)로 주어진 완전 발달 층류의 포물선 속도분포는 그림 8.1에 그려져 있다. 이러한 층류 결과는 예제 8.4의 점도계 설계에 적용된다.

예제 8.4 모세관 점도계

간단하면서도 정확한 점도계를 모세관으로 만들 수 있다. 유량과 압력강하가 측정되고 모세관의 형상을 알면, 식 (8.13c)로부터 뉴턴 액체의 점성계수를 계산할 수 있다. 모세관 점도계로 실험한 어떤 액체의 데이터는 다음과 같다.

유량:	880 mm^3/s	튜브의 길이:	1 m
튜브의 직경:	0.50 mm	압력강하:	1.0 MPa

액체의 점성계수를 구하라.

주어진 자료: 모세관 점도계에서의 유동,

유량 $Q = 880\ mm^3/s$

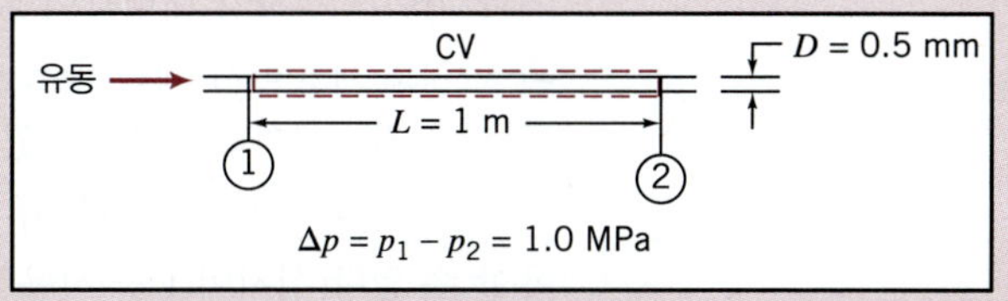

찾는 자료: 유체의 점성계수

풀이: 식 (8.13c)를 적용할 수 있다.

지배방정식:

$$Q = \frac{\pi \Delta p D^4}{128 \mu L} \tag{8.13c}$$

가정: 1 층류

2 정상유동

3 비압축성유동

4 완전 발달된 유동

5 수평 튜브

따라서

$$\mu = \frac{\pi \Delta p D^4}{128\, LQ} = \frac{\pi}{128} \times 1.0 \times 10^6 \frac{\text{N}}{\text{m}^2} \times (0.50)^4\ \text{mm}^4 \times \frac{\text{s}}{880\ \text{mm}^3} \times \frac{1}{1\ \text{m}} \times \frac{\text{m}}{10^3\ \text{mm}}$$

$$\mu = 1.74 \times 10^{-3}\ \text{N} \cdot \text{s/m}^2 \longleftarrow \mu$$

Reynolds 수를 확인하라. 유체의 밀도를 물과 비슷하게 999 kg/m^3로 가정하라. 그러면

$$\overline{V} = \frac{Q}{A} = \frac{4Q}{\pi D^2} = \frac{4}{\pi} \times 880 \frac{\text{mm}^3}{\text{s}} \times \frac{1}{(0.50)^2\ \text{mm}^2} \times \frac{\text{m}}{10^3\ \text{mm}} = 4.48\ \text{m/s}$$

그리고

$$Re = \frac{\rho \overline{V} D}{\mu} = 999 \frac{\text{kg}}{\text{m}^3} \times 4.48 \frac{\text{m}}{\text{s}} \times 0.50\ \text{mm} \times \frac{\text{m}^2}{1.74 \times 10^{-3}\ \text{N} \cdot \text{s}} \times \frac{\text{m}}{10^3\ \text{mm}} \times \frac{\text{N} \cdot \text{s}^2}{\text{kg} \cdot \text{m}}$$

$$Re = 1290$$

결과적으로 $Re < 2300$이므로 유동은 층류이다.

이 예제는 약간 지나치게 단순화되었다. 모세관 점도계를 설계하기 위해서는 입구길이, 액체 온도, 흐르는 액체의 운동에너지가 고려되어야 한다.

Part B 파이프와 덕트 유동

이 Part에서는 비압축성 유체가 파이프 또는 덕트를 흐를 때, 압력에 영향을 미치는 요인을 구한다. 마찰을 무시하면(또한 정상유동을 가정하고 유동의 유선을 고려하면), 6장의 Bernoulli 방정식은 다음과 같다.

$$\frac{p}{\rho} + \frac{V^2}{2} + gz = \text{일정} \tag{6.8}$$

이 식으로부터 마찰이 없는 유동에서 유선을 따라 **압력감소**가 일어나게 할 수 있는 것이 무엇인가를 알 수 있는데, 바로 **면적의 감소**(속도 V가 증가함) 또는 **오르막경사**(z가 증가함)이다. 반대로, 유동면적이 증가하거나 파이프 경사가 내리막이면 압력은 증가할 수 있다. 여기서 '할 수 있다'는 표현은 한 요인이 다른 요인과 반대로 작용하기 때문이다. 예를 들면, 내리막경사 파이프(압력을 증가시키려 함)와 함께 직경이 감소(압력을 감소시키려 함)될 수 있다.

실제로 파이프와 덕트에서의 유동은 상당한 마찰을 겪고, 종종 난류이기 때문에 Bernoulli 방정식을 적용할 수 없다(심지어 V를 사용하는 것이 타당하지 않고, 대신에 파이프를 따라 임의 단면에서의 평균속도를 의미하는 $\bar{V}$를 사용한다). 사실상 마찰의 영향은 식 (6.8)의 Bernoulli 상숫값을 지속적으로 감소시킴을 알게 된다. (이것은 기계적 에너지의 '손실'을 나타낸다.) Bernoulli 방정식과는 대조적으로, 층류에서 파이프가 수평이고 직경이 일정하여도 압력강하가 있다는 것을 이미 알고 있다. 이 절에서 난류에서는 압력강하가 훨씬 더 크다는 것을 알게 된다. Bernoulli 방정식을 마찰의 영향이 포함된 에너지 방정식으로 대체할 필요가 있다.

요약하면, 파이프 유동에서 압력을 감소시킬 수 있는 요인은 **세 가지**이다. 즉, 파이프 면적의 감소, 오르막경사, 마찰이다. 지금부터는 마찰에 의한 압력손실에 초점을 맞출 것이기 때문에 면적이 일정하고 수평한 파이프에 대해 해석한다.

이전 절에서 층류의 경우 압력강하를 도출하였다. 식 (8.13c)를 압력강하 Δp로 다시 정리하면

$$\Delta p = \frac{128\mu LQ}{\pi D^4}$$

이다. 난류에 대해서도 유사한 표현을 도출하고 싶지만, 해석적으로 가능하지 않다는 것을 알게 된다. 대신 이론과 실험적 접근의 결합을 기초로 한 표현을 도출한다.

원형 파이프는 공학적 응용에서 가장 보편적이므로, 원형 단면에 대해 기본적인 해석을 한다. 그 결과를 8.7절에서 다룰 수력 직경을 도입하여 다른 모습의 단면에 대해 확장한다.

일반적으로 마찰로 인한 손실을 두 가지 범주로 나눈다. **직관손실**은 일정한 면적을 가진 파이프에서의 마찰에 의한 손실이고 **부손실**은 벨브, 엘보 등으로 인한 손실이다(때로는 '직관' 손실보다 크다). 마찰 손실을 먼저 고려한다.

8.4 완전 발달된 파이프 유동의 전단응력 분포

수평의 원형 파이프에서 완전 발달된 유동을 다시 살펴보는데, 이제는 층류일 수도 있고 난류일 수도 있다. 8.3절에서 마찰력과 압력힘 사이의 힘 평형에 의해 식 (8.10)을 얻었다.

$$\tau_{rx} = \frac{r}{2}\left(\frac{\partial p}{\partial x}\right) + \frac{c_1}{r} \tag{8.10}$$

중심선에서 전단응력이 무한할 수 없으므로, 적분상수 c_1은 0이 되어야 하므로

$$\tau_{rx} = \frac{r}{2}\frac{\partial p}{\partial x} \tag{8.15}$$

식 (8.15)는 층류와 난류 모두의 경우에 완전 발달된 유동에서 전단응력은 중심에서의 0으로부터 파이프 벽에서의 최대까지 파이프를 가로질러 선형적으로 변한다는 것을 나타낸다. 벽에서의 전단응력 τ_w(벽에서의 유체에 대한 응력과는 크기가 같고 방향이 반대인)는 다음과 같다.

$$\tau_w = -[\tau_{rx}]_{r=R} = -\frac{R}{2}\frac{\partial p}{\partial x} \tag{8.16}$$

층류에서 궁극적인 층류 속도분포를 구하기 위해 식 (8.15)에서 친근한 응력식 $\tau_{rx} = \mu\, du/dr$를 이용했다. 이로부터 여러 유동 특성을 구할 수 있는 유용한 식 (8.13)들이 구해진다. 예를 들어 식 (8.13c)는 유량 Q에 관한 식인데, 이 결과는 1850년대에 프랑스의 물리학자 Jean Louis Poiseuille에 의해 처음으로 실험적인 방법에 의해 얻어졌고, 독일 공학자 Gotthilf H. L. Hagen에 의해서도 독립적으로 얻어졌다[2].

난류 유동의 응력에 관한 식은 층류 유동보다 더 복잡하고 실험에 크게 의존한다.

2.6절에서 설명하고 그림 2.17에 제시된 바와 같이 난류는 각 위치에서 시간평균속도 $\bar{u}$ (2차원 유동의 경우)에 불규칙적으로 변동하는 x와 y방향의 속도성분 u'과 v'을 더한 것이다. 이 성분은 유체의 인접 층 사이에서 계속적으로 운동량을 전달하면서 속도구배를 감소시키려 한다. 이 영향은 겉보기응력으로 보이는 것으로, Osborne Reynolds에 의해 처음으로 소개되어 ***Reynolds* 응력**이라고 한다. 이 응력이 $-\rho\overline{u'v'}$이며, 상단 막대는 시간평균을 나타낸다. 따라서 난류의 총 전단응력은 벽과의 거리에 대한 식으로 다음과 같이 쓸 수 있다.

$$\tau = \tau_{\text{lam}} + \tau_{\text{turb}} = \mu\frac{d\bar{u}}{dy} - \rho\overline{u'v'} \tag{8.17}$$

속도성분 u'과 v'이 음으로 상관되기 때문에 $\tau_{\text{turb}} = -\rho\overline{u'v'}$의 부호는 양이 된다. 그림 8.8은 중심속도에 기반한 두 Reynolds 수에서 완전 발달된 난류 파이프 유동에 대한 실험적으로 측정된 Reynolds 응력을 나타낸다. 난류 전단응력은 벽면 전단응력으로 무차원화되었다. 그림 8.8에서 벽에서 먼 Reynolds 응력은 거리에 따라 선형적으로 감소하고, 마찰은 거의 모두 Reynolds 응력에 기인한다. 벽 근처에서 Reynolds 응력은 0으로 떨어진다. 벽과 매우 가까운 영역인 **벽층**에서는 점성 전단력이 지배적이다. 벽층과 파이프의 중앙 부분 사이의 영역에서는 점성 전단력과 난류 전단력이 모두 중요하며 벽에서 멀리 떨어진 영역에서는 난류 마찰이 지배적이다.

8.5 완전 발달된 파이프 유동의 난류 속도분포

난류 및 난류 속도분포는 폭넓게 연구되었고[4], 내부유동에 대한 반경험적 관계식들이 개발되었다. 유용

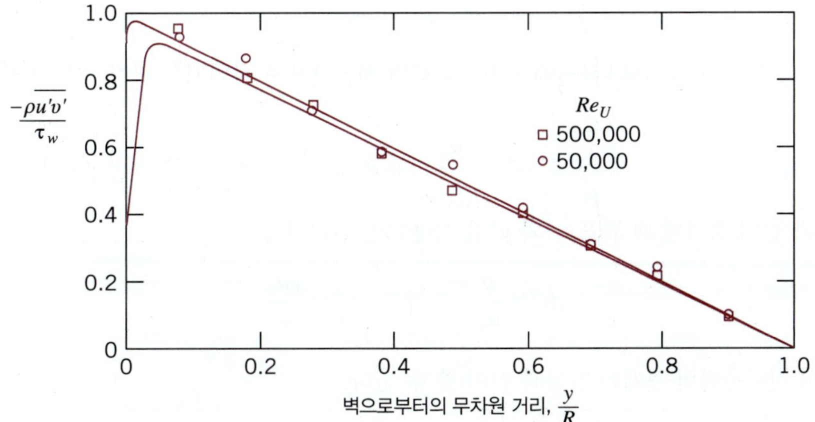

그림 8.8 파이프 내 완전 발달된 난류에 대한 난류 전단응력(Reynolds 응력)(Laufer의 데이터[3]).

하다고 입증된 난류 유동에 대한 몇 가지 간단한 공식을 소개한다. 식 (8.17)의 난류 유동의 총 응력에 대한 관계식으로 시작하여 그 식을 밀도로 나누어 더 편리한 형태를 얻을 수 있다.

$$\frac{\tau}{\rho} = \nu\frac{d\bar{u}}{dy} - \overline{u'v'} \tag{8.18}$$

Prandtl [25]은 유동에서 혼합을 기반으로 하여 난류 점성에 대한 모델을 제시하였다. 그는 평균속도 $\bar{u}$의 난류 변동은 작은 유체요소가 더 높은 속도 영역으로 작은 거리 ℓ만큼 위쪽으로 이동하는 결과라고 가정하였다. 변동 속도 u'은 음수이고 다음과 같이 주어진다.

$$u' = -\ell\frac{d\bar{u}}{dy}$$

ℓ은 **혼합길이**이다. 그는 작은 유체요소의 위쪽 방향 변동이 속도의 v성분에서 수직 변동에 의해 발생한다고 생각했다. 그러므로,

$$v' = \ell\frac{d\bar{v}}{dx}$$

균일한 난류에서 속도 변동 u'와 v'는 같고, 따라서 변동 v'의 v성분은 u 성분과 같다. 또한,

$$v' = u' = \ell\frac{d\bar{u}}{dy}$$

난류 전단응력은 다음과 같이 근사할 수 있다.

$$\frac{\tau_{turb}}{\rho} = \ell^2\left(\frac{d\bar{u}}{dy}\right)^2$$

또한, Prandtl은 혼합길이 ℓ이 벽으로부터의 거리에 따라 증가한다고 가정하였다.

$$\ell = ky$$

이러한 것들은 모두 매우 근사적이고 주로 난류 유동에서 운동량 전달의 메커니즘에 통찰력을 제공하기 위함에도 불구하고, 난류의 이해와 모델링에 매우 유용하다.

총 전단응력은 층류 및 난류 전단응력의 합이다. 벽에서 매우 가까운 곳에서는 층류 전단응력이 크다. 벽에서 매우 가까운 곳에서의 전단응력은 본질적으로 벽에서의 값과 같다. 이 벽층에서 전단응력은 다음과 같이 주어진다.

$$\frac{\tau}{\rho} \approx \frac{\tau_w}{\rho} = \nu\frac{d\bar{u}}{dy}$$

편리하게 다음과 같이 밀도로 나눈 벽면 전단응력의 제곱근으로 정의되는 마찰 속도 u_*를 도입한다.

$$u_* = \sqrt{\frac{\tau_w}{\rho}}$$

또한, 다음과 같이 정의된 벽 좌표 u^+와 y^+를 사용하면 편리하다.

$$u^+ = \frac{\bar{u}}{u_*} \quad \text{그리고} \quad y^+ = \frac{yu_*}{\nu}$$

벽 근처에서 전단응력의 관계는 다음과 같이 쓸 수 있다.

$$1 = \frac{du^+}{dy^+}$$

이것은 쉽게 적분하여 선형 속도분포를 만든다.

$$u^+ = y^+ \tag{8.19}$$

벽에서 더 떨어져 있지만 전체 전단응력이 벽의 값과 같을 정도로 충분히 가까운 흐름에서 층류 응력은 난류 응력보다 상당히 작다. 층류의 영향을 무시하면 다음과 같은 관계를 얻는다.

$$\frac{\tau}{\rho} \approx \frac{\tau_w}{\rho} = k^2 y^2 \left(\frac{d\bar{u}}{dy}\right)^2$$

벽 좌표 u^+와 y^+에 제급근을 취하면 다음과 같은 관계를 얻는다.

$$1 = ky^+ \frac{du^+}{dy^+}$$

이 관계를 적분하면 다음 식을 얻는다.

$$u^+ = \frac{1}{k} \ln y^+ + C$$

실험 결과를 이용하여 Karman 상수 k는 0.4, 그리고 C는 5.0으로 산정하였다. 이 영역에서 속도분포는 다음과 같이 주어진다.

$$u^+ = \frac{\bar{u}}{u_*} = 2.5 \ln \frac{yu_*}{\nu} + 5.0 \tag{8.20}$$

많은 연구자들부터의 난류 파이프 유동에 대한 속도분포 데이터를 그림 8.9에 반 로그 좌표로 표시하였다. **점성 저층**이라 불리는 점성 전단이 우세한 벽과 매우 가까운 영역에서 평균속도분포는 약 $y^+ = 5$까지 식 (8.19)와 같이 선형 관계를 따른다. 이 영역을 점성 저층이라 부르고 점성 마찰과 비교하여 난류 마찰이 무시된다. 점성 효과가 무시되는 영역에서 식 (8.20)은 약 $y^+ = 30$부터 전단응력이 벽으로부터 거리에 따라 일정하지 않은 영역까지 유효하다. 이 영역을 **로그층**이라 한다. $y^+ = 5$와 $y^+ = 30$ 사이에는 점도와 난류가 모두 전단응력에 기여하는 **완충층**이 있다. 놀랍게도 약 100년 전에 Prandtl이 제안한 모델은 난류 유동을 이해하고 분석하는 데 가치가 있음이 입증되었다.

식 (8.20)의 중심선($y = R$에서 $u = U$)에 대한 결과를 식 (8.20)으로부터 빼면 다음 식을 얻는다.

$$\frac{U - \bar{u}}{u_*} = 2.5 \ln \frac{R}{y} \tag{8.21}$$

U는 중심선에서의 속도이다. 식 (8.21)을 **결손법칙**(*defect law*)이라 하며, 속도결손이 오직 거리비의 함수이고 유체의 점성계수와 무관하다는 것을 보여준다.

매끈한 파이프에서의 난류에 대한 속도분포는 경험적인 **멱법칙**(*power-law*)으로 근사될 수도 있다.

$$\frac{\bar{u}}{U} = \left(\frac{y}{R}\right)^{1/n} = \left(1 - \frac{r}{R}\right)^{1/n} \tag{8.22}$$

지수 n은 Reynolds 수에 따라 변한다. 그림 8.10은 Laufer [3]의 데이터를 $\ln y/R$ 대 $\ln \bar{u}/U$로 그린 것이다. 만약 멱법칙이 데이터를 정확히 표현한다면, 모든 데이터는 기울기 n의 직선 위에 놓일 것이다. 분명하게 $Re_U = 5 \times 10^4$의 데이터는 벽 주변에서 잘 맞는 직선으로부터 벗어나 있다.

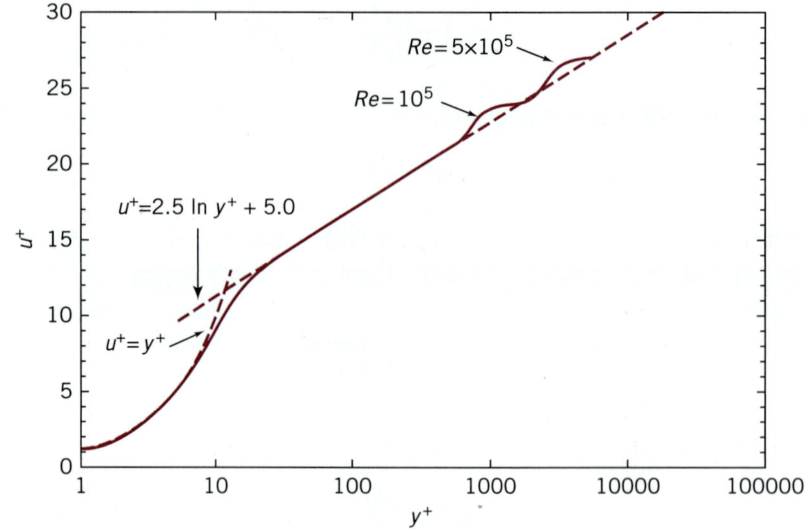

그림 8.9 파이프 내 완전 발달된 난류 유동에 대한 평균속도분포. Adapted from [24, 25].

따라서 멱법칙 분포는 벽과 가까운 영역($y/R < 0.04$)에서는 적용될 수 없다. 이 영역에서는 속도가 낮기 때문에 질량, 운동량, 에너지 유동 같은 적분량의 계산에서 오차가 비교적 작다. 멱법칙 분포는 벽에서의 속도구배가 무한대이고, 따라서 벽면 전단응력의 계산에는 사용될 수 없다. 비록 중심 주변에서 실험 데이터와 매우 일치하지만, 중심에서 기울기가 0이 되지는 않는다. 이러한 단점에도 불구하고, 멱법칙 분포는 많은 계산에서 적절한 결과를 제공하는 것으로 알려져 있다.

Hinze [5]의 데이터는 매끈한 파이프의 완전 발달된 유동에서 멱법칙의 지수 n의 변화를 Reynolds 수(파이프 직경 D와 중심속도 U에 기반)의 함수로, $Re_U > 2 \times 10^4$인 경우에 대해 다음과 같이 제안하고 있다.

$$n = -1.7 + 1.8 \log Re_U \tag{8.23}$$

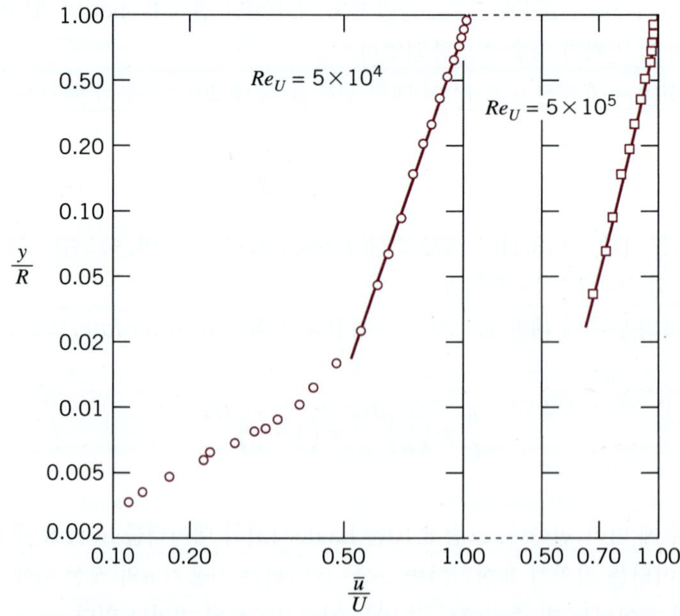

그림 8.10 매끈한 파이프 내 완전 발달된 난류 유동에 대한 멱법칙 속도분포(Laufer의 데이터[3]).

평균속도는 $\overline{V} = Q/A$이고

$$Q = \int_A \vec{V} \cdot d\vec{A}$$

이므로, 식 (8.22)의 멱법칙 속도분포가 벽부터 중심까지 유효하다고 가정하면 평균속도의 중심선속도에 대한 비를 계산할 수 있다.

$$\frac{\overline{V}}{U} = \frac{2n^2}{(n+1)(2n+1)} \tag{8.24}$$

식 (8.24)에서, Reynolds 수의 증가에 의해 n이 증가함에 따라 평균속도의 중심선속도에 대한 비도 증가한다. Reynolds 수가 증가함에 따라 속도분포는 점점 뭉툭해지거나 '가득 찬다'(n이 6일 때 $\overline{V}/U$는 0.79, n이 10일 때 $\overline{V}/U$는 0.87). 지수 n의 대표적인 값으로 7이 많이 사용되며, 이로 인해 완전 발달된 난류의 '1/7승근 멱분포'라는 용어가 만들어졌다.

$$\frac{\bar{u}}{U} = \left(\frac{y}{R}\right)^{1/7} = \left(1 - \frac{r}{R}\right)^{1/7}$$

지수 n이 6과 10인 경우의 속도분포가 그림 8.11에 보인다. 비교를 위해 완전 발달된 층류의 포물선 분포도 나타내었다. 난류 분포는 벽 가까이에서의 구배가 훨씬 급격한 것이 확실하다. 이것은 식 (8.17)에 이르기까지의 설명에서 변동 속도성분 u'과 v'이 유체의 인접 층 사이에서 계속적으로 운동량을 전달하면서 속도구배를 감소시키려 한다는 것과도 일치한다.

8.6 파이프 유동의 에너지 고찰

지금까지 점성유동에 대한 설명에서 검사체적 형태의 운동량과 질량보존 방정식을 사용하였다. 점성효과는 에너지 고찰에 명백히 중요한 영향을 미친다. 6.4절에서 다음 식과 같은 에너지구배선(EGL)에 대해 설명했고,

$$EGL = \frac{p}{\rho g} + \frac{V^2}{2g} + z \tag{6.16b}$$

이것이 유동에서의 전체 기계적 에너지(단위질량당 '압력', 운동, 위치에너지)임을 알았다. EGL이 일정(비

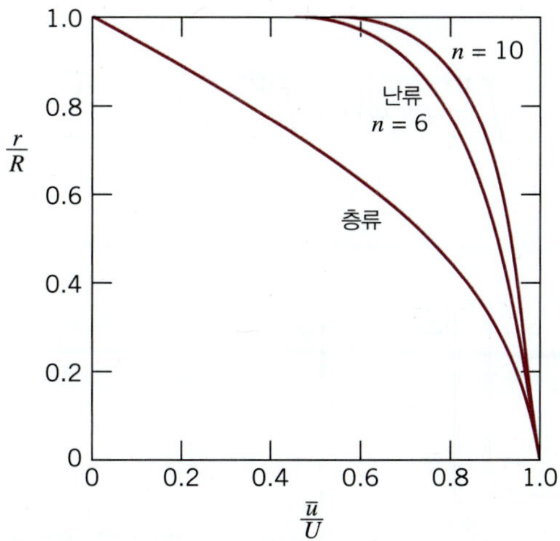

그림 8.11 완전 발달 파이프 유동의 속도분포.

점성유동인 경우)하지 않고 마찰이 기계적 에너지를 '소모하기' 때문에, 유동 방향으로 EGL은 계속적으로 감소할 것으로 예상된다. 이제는 마찰에 의한 영향을 알기 위해 에너지 방정식(열역학 제1법칙)을 고려한다.

예를 들어, 그림 8.12에 나타낸 단면적이 감소하는 엘보가 있는 파이프 시스템의 정상유동을 고려해 보자. 검사체적의 경계는 점선으로 표시되었다. 단면 ①과 ②에서는 유동에 수직이고, 다른 곳에서는 파이프 벽의 안쪽 표면에 일치한다.

기본방정식:

$$\dot{Q} - \underbrace{\dot{W}_s}_{=0(1)} - \underbrace{\dot{W}_{\text{shear}}}_{=0(2)} - \underbrace{\dot{W}_{\text{other}}}_{=0(1)} = \underbrace{\frac{\partial}{\partial t}\int_{\text{CV}} e\,\rho\, d\forall}_{=0(3)} + \int_{\text{CS}} (e + pv)\rho\, \vec{V} \cdot d\vec{A} \tag{4.56}$$

$$e = u + \frac{V^2}{2} + gz$$

가정: **1** $\dot{W}_s = 0, \dot{W}_{\text{other}} = 0$

2 $\dot{W}_{\text{shear}} = 0$(엘보 벽에서 전단응력이 존재하지만, 그곳에서 속도가 0이기 때문에 일은 없다.)

3 정상유동

4 비압축성유동

5 단면 ①과 ②에서 내부에너지와 압력은 균일

이러한 가정하에 에너지 방정식은 다음과 같이 단순화된다.

$$\dot{Q} = \dot{m}(u_2 - u_1) + \dot{m}\left(\frac{p_2}{\rho} - \frac{p_1}{\rho}\right) + \dot{m}g(z_2 - z_1) + \int_{A_2} \frac{V_2^2}{2}\rho V_2\, dA_2 - \int_{A_1} \frac{V_1^2}{2}\rho V_1\, dA_1 \tag{8.25}$$

점성유동에서의 단면에서 속도는 균일할 수 없기 때문에, 단면 ①과 ②에서의 속도가 균일하다고 가정하지 않았다. 하지만 식 (8.25)에서 평균속도를 도입하면 편리하며 적분기호를 없앨 수 있다. 이를 위해 속도의 변화가 유동의 운동에너지에 미치는 영향을 설명하기 위한 운동에너지 계수를 정의한다.

운동에너지 계수

운동에너지 계수(*kinetic energy coefficient*) α는 평균속도를 기반으로 한 운동에너지와 계수의 곱이 실제 운동에너지와 같도록 정의된다.

$$\int_A \frac{V^2}{2}\rho V\, dA = \alpha \int_A \frac{\overline{V}^2}{2}\rho V dA = \alpha \dot{m}\frac{\overline{V}^2}{2} \tag{8.26a}$$

또는

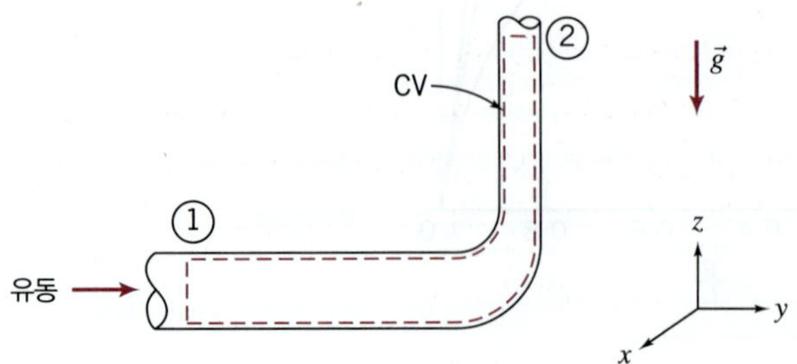

그림 8.12 90° 축소 엘보를 통한 유동의 에너지 해석을 위한 검사체적과 좌표계.

$$\alpha = \frac{\int_A \rho V^3 dA}{\dot{m}\overline{V}^2} \tag{8.26b}$$

α를 수정계수로 간주하면 단면에서의 운동에너지를 계산하기 위해 에너지 방정식에서 평균속도 $\overline{V}$를 사용할 수 있다.

파이프 내 층류[식 (8.12)로 주어진 속도분포]의 경우, $\alpha = 2.0$이다.

난류 파이프 유동에서, 속도분포는 그림 8.11에 보이는 것처럼 꽤 평평하다. α를 구하기 위해 식 (8.26b)를 식 (8.22) 및 (8.24)와 함께 사용한다. 식 (8.22)의 멱법칙 속도분포를 식 (8.26b)에 대입하면 다음과 같다.

$$\alpha = \left(\frac{U}{\overline{V}}\right)^3 \frac{2n^2}{(3+n)(3+2n)} \tag{8.27}$$

$\overline{V}/U$는 식 (8.24)에서 지수법칙의 지수 n의 함수로 주어져 있고, 이것과 식 (8.27)로부터 n으로 표현된 꽤 복잡한 식을 얻는다. 종합적인 결과는 n의 현실적인 범위인 $n = 6$에서 10으로 Reynolds 수가 높은 경우, α는 1.08에서 1.03으로 변한다. 1/7승근 멱분포($n = 7$)인 경우, $\alpha = 1.06$이다. α는 높은 Reynolds 수에서 1에 합리적으로 근접하고, 운동에너지의 변화가 에너지 방정식의 중요한 항들에 비하여 대개 작기 때문에 파이프 유동 계산에서 거의 대부분 $\alpha = 1$이라는 근사치를 사용한다.

수두손실

α를 사용하면 에너지 방정식[식 (8.25)]은 다음과 같이 된다.

$$\dot{Q} = \dot{m}(u_2 - u_1) + \dot{m}\left(\frac{p_2}{\rho} - \frac{p_1}{\rho}\right) + \dot{m}g(z_2 - z_1) + \dot{m}\left(\frac{\alpha_2 \overline{V}_2^2}{2} - \frac{\alpha_1 \overline{V}_1^2}{2}\right)$$

질량유량으로 나누면

$$\frac{\delta Q}{dm} = u_2 - u_1 + \frac{p_2}{\rho} - \frac{p_1}{\rho} + gz_2 - gz_1 + \frac{\alpha_2 \overline{V}_2^2}{2} - \frac{\alpha_1 \overline{V}_1^2}{2}$$

이 된다. 이 식을 정리하면

$$\left(\frac{p_1}{\rho} + \alpha_1 \frac{\overline{V}_1^2}{2} + gz_1\right) - \left(\frac{p_2}{\rho} + \alpha_2 \frac{\overline{V}_2^2}{2} + gz_2\right) = (u_2 - u_1) - \frac{\delta Q}{dm} \tag{8.28}$$

식 (8.28)에서

$$\left(\frac{p}{\rho} + \alpha \frac{\overline{V}^2}{2} + gz\right)$$

는 한 단면에서의 단위질량당 기계적 에너지를 나타낸다. 이 식과 이 절의 초반에서 언급하였던 '기계적' 에너지를 계산하기 위해 식 (6.16b)로 표현된 EGL를 비교해 보라. 그 차이점은 EGL에서는 미터 단위의 EGL을 얻기 위해 g로 나누고, $\alpha\overline{V}^2$은 파이프 유동이 균일유동이 아니라 속도분포를 가질 수 있다는 것이다.

$u_2 - u_1 - \delta Q/dm$은 단면 ①과 ② 사이에서 단위질량당 기계적 에너지의 차이와 같다. 이것은 단면 ①에서의 기계적 에너지가 원하지 않는 열에너지($u_2 - u_1$)와 열전달($-\delta Q/dm$)에 의한 에너지손실로 변환(비가역)되는 것을 나타낸다. 이 항들을 단위질량당 전체 에너지손실로 정하고 기호 h_{l_T}를 사용하여 나타낸다. 단위질량당 에너지의 차원인 FL/M은 L^2/t^2의 차원과 동일하다.

$$\left(\frac{p_1}{\rho}+\alpha_1\frac{\overline{V}_1^2}{2}+gz_1\right)-\left(\frac{p_2}{\rho}+\alpha_2\frac{\overline{V}_2^2}{2}+gz_2\right)=h_{l_T} \tag{8.29}$$

식 (8.29)는 유체역학에서 가장 중요하고 유용한 식들 중 하나이다. 이 식으로 파이프의 두 단면 사이에서 마찰에 의한 기계적 에너지손실을 계산할 수 있다. 이제 마찰이 있어서 식 (8.29)는 파이프의 단면적이 일정하고 수평한 경우에도 압력이 변할 수 있음을 나타내고, 기계적 에너지가 계속적으로 열에너지로 변화된다.

19세기에 경험적 과학인 수력학이 발전하면서, 에너지 식을 식 (8.29)처럼 단위질량당 에너지보다는 흐르는 액체(예를 들면, 물)의 단위중량당 에너지로 표현하는 것이 일반적 습관이 되었다. 식 (8.29)를 중력가속도 g로 나누면 다음 식을 얻는다.

$$\left(\frac{p_1}{\rho g}+\alpha_1\frac{\overline{V}_1^2}{2g}+z_1\right)-\left(\frac{p_2}{\rho g}+\alpha_2\frac{\overline{V}_2^2}{2g}+z_2\right)=\frac{h_{l_T}}{g}=H_{l_T} \tag{8.30}$$

식 (8.30)의 각 항의 차원은 흐르는 유체의 단위중량당 에너지이다. 그러면 $H_{lT}=h_{l_T}/g$의 차원은 $(L^2/t^2)(t^2/L)=L$ 또는 흐르는 액체의 미터이다. 수두손실이라는 용어가 보편적으로 사용되기 때문에, H_{l_T}(단위중량당 에너지 또는 길이의 차원)나 $h_{l_T}=gH_{l_T}$(단위질량당 에너지의 차원)를 나타낼 때 사용한다.

수두손실 h_{l_T}(또는 H_{l_T})을 구했다면, 식 (8.29) 또는 식 (8.30)을 이용하여 파이프 내 임의의 두 점 사이의 압력 차이가 계산된다. 다음 절에서 수두손실의 계산에 대해 설명한다.

8.7 수두손실의 계산

총 수두손실 h_{l_T}는 단면적이 일정한 튜브 내의 완전 발달된 유동에서 마찰의 영향에 의한 직관손실 h_l과 입구, 이음부품, 면적의 변화 등으로 인한 부손실 h_{lm}의 합으로 이루어진다. 따라서 직관손실과 부손실을 분리해서 생각한다.

직관손실: 마찰계수

식 (8.29)의 에너지 식으로부터 직관 수두손실을 계산할 수 있다. 단면적이 일정한 파이프 내의 완전 발달된 유동에서는 식 (8.29)는 다음과 같이 된다.

$$\frac{p_1-p_2}{\rho}=g(z_2-z_1)+h_l \tag{8.31}$$

파이프가 수평이면 $z_2=z_1$이므로

$$\frac{p_1-p_2}{\rho}=\frac{\Delta p}{\rho}=h_l \tag{8.32}$$

이 된다. 따라서 단면적이 일정한 수평 파이프의 완전 발달 유동에서 직관손실은 압력손실로 표현된다.

a. 층류

층류에서는, 8.3절에서 설명한 바와 같이 수평 파이프 내의 완전 발달된 유동에 대한 압력강하는 해석적인 방법으로 구할 수 있다. 따라서 식 (8.13c)로부터

$$\Delta p=\frac{128\mu LQ}{\pi D^4}=\frac{128\mu L\overline{V}(\pi D^2/4)}{\pi D^4}=32\frac{L}{D}\frac{\mu\overline{V}}{D}$$

식 (8.32)에 대입하면

$$h_l = 32\frac{L}{D}\frac{\mu\overline{V}}{\rho D} = \frac{L}{D}\frac{\overline{V}^2}{2}\left(64\frac{\mu}{\rho\overline{V}D}\right) = \left(\frac{64}{Re}\right)\frac{L}{D}\frac{\overline{V}^2}{2} \tag{8.33}$$

이 된다. h_l을 이와 같이 간단하게 표시한 이유는 곧 알게 된다.

b. 난류

난류에서는 압력강하를 해석적인 방법으로 구할 수 없기 때문에 실험적 결과와 이를 상관시키기는 차원해석의 사용에 의존해야 한다. 완전 발달된 난류 유동에서, 수평이고 단면적이 일정한 파이프 내의 마찰로 인한 압력강하 Δp는 파이프 직경 D, 파이프 길이 L, 파이프 조도 e, 평균속도 $\overline{V}$, 유체밀도 ρ, 유체 점성계수 μ에 따라 결정되는 것으로 알려져 있다. 함수 형식으로 나타내면

$$\Delta p = \Delta p(D, L, e, \overline{V}, \rho, \mu)$$

예제 7.2에서 이 문제에 대해 차원해석을 적용한 바 있다. 그 결과는 다음과 같은 상관관계식이다.

$$\frac{\Delta p}{\rho\overline{V}^2} = f\left(\frac{\mu}{\rho\overline{V}D}, \frac{L}{D}, \frac{e}{D}\right)$$

$\mu/\rho\overline{V}D = 1/Re$로 알고 있으므로, 다음과 같이 쓸 수 있다.

$$\frac{\Delta p}{\rho\overline{V}^2} = \phi\left(Re, \frac{L}{D}, \frac{e}{D}\right)$$

식 (8.32)에 대입하면 다음과 같이 된다.

$$\frac{h_l}{\overline{V}^2} = \phi\left(Re, \frac{L}{D}, \frac{e}{D}\right)$$

차원해석법은 함수관계를 예측할 뿐이므로, 실제 값은 실험적으로 구해야 한다. 실험에 의하면 무차원 수두손실은 L/D에 직접 비례한다. 그러므로

$$\frac{h_l}{\overline{V}^2} = \frac{L}{D}\phi_1\left(Re, \frac{e}{D}\right)$$

관례상 분모에 $\frac{1}{2}$이라는 숫자를 도입하면 좌변은 단위질량당 운동에너지에 대한 수두손실의 비가 된다. 그러면

$$\frac{h_l}{\frac{1}{2}\overline{V}^2} = \frac{L}{D}\phi_2\left(Re, \frac{e}{D}\right)$$

미지함수 $\phi_2(Re, e/D)$는 **마찰계수**(*fritction factor*) f로 정의된다.

$$f \equiv \phi_2\left(Re, \frac{e}{D}\right)$$

마찰계수를 사용하면,

$$h_l = f\frac{L}{D}\frac{\overline{V}^2}{2} \tag{8.34}$$

또는

$$H_l = f\frac{L}{D}\frac{\overline{V}^2}{2g} \tag{8.35}$$

마찰계수와 Reynolds 수 사이의 관계를 그림 8.13에 나타내었다. 그림 8.13은 이러한 방식으로 데이터를 처음 나타낸 L. F. Moody의 이름을 따서 Moody 선도로 알려져 있다[8]. 그림 8.13에 나타나 있는 마찰계수는 일반적으로 약 10%까지 정확한 것으로 간주된다. 식 (8.34)에 의해 정의된 마찰계수는 *Darcy* **마찰계수**이다. 그보다 덜 사용되는 *Fanning* **마찰계수**는 벽면 전단응력으로 정의된다. *Darcy* **마찰계수는** *Fanning* **마찰계수**의 4배이다.

주어진 조건에서 완전 발달된 유동에 대한 수두손실을 구하기 위해서는 먼저 Reynolds 수를 계산한다. 조도 e는 표 8.1에서 구한다. 그러면 마찰계수 f는 그림 8.13에서 아는 Reynolds 수와 e/D에 해당하는 곡선을 읽는다. 마지막으로, 수두손실은 식 (8.34) 또는 (8.35)를 이용하여 구한다.

표 8.1에 주어진 모든 e 값은 상태가 좋은 새 파이프의 것이다. 장기간 사용하면 부식이 발생하고, 특히 경수 지역에서는 파이프 벽에 석회 침전물과 녹이 발생한다. 침전물의 형성은 벽의 거칠기를 증가시키고 유효 직경을 감소시킨다. 이러한 요소들이 결합되어 오래된 파이프의 경우 e/D가 5~10배 증가된다. 그림 8.14에 예제가 있다.

그림 8.13의 여러 특징에 대해서는 몇 가지 설명이 필요하다. 층류에 대한 마찰계수는 식 (8.33)과 (8.34)를 비교하면 구할 수 있다.

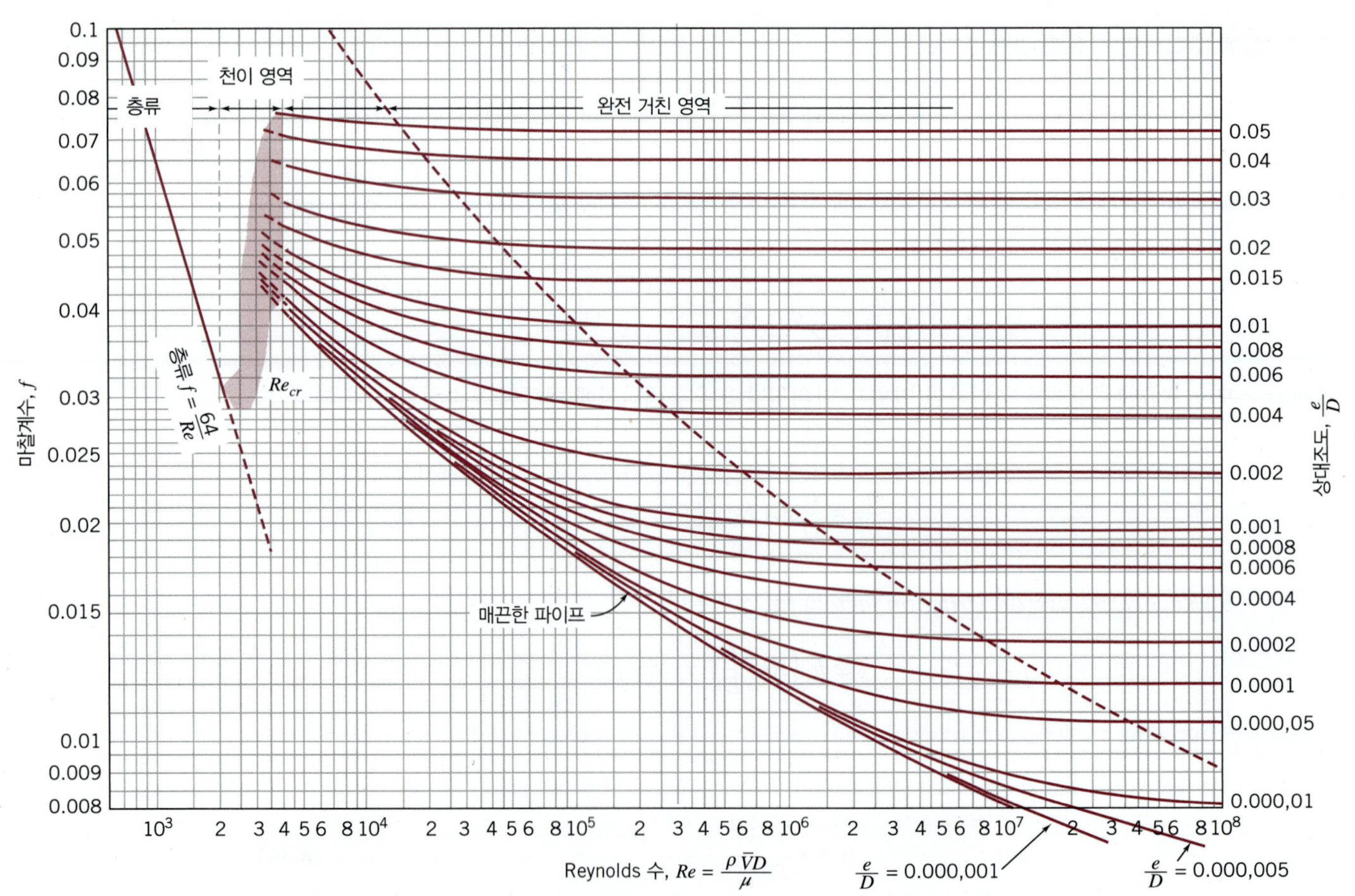

그림 8.13 원형 파이프 내 완전 발달된 유동에 대한 마찰계수(Moody가 제공된 데이터[6]).

표 8.1

일반적인 공업용 재료로 제작된 상용 파이프의 조도

파이프	조도, e (mm)
리벳 강	0.9~9
콘크리트	0.3~3
나무	0.2~0.9
주철	0.26
아연도금강	0.15
아스팔트 주철	0.12
상용강 또는 연철	0.046
인발관	0.0015

출처: Moody의 데이터[6]

$$h_l = \left(\frac{64}{Re}\right)\frac{L}{D}\frac{\overline{V}^2}{2} = f\,\frac{L}{D}\frac{\overline{V}^2}{2}$$

결과적으로, 층류에 대한 마찰계수는 다음과 같다.

$$f_{\text{laminar}} = \frac{64}{Re} \tag{8.36}$$

따라서 층류에서 마찰계수는 Reynolds 수만의 함수이고, 조도와는 무관하다. 식 (8.33)을 유도하면서 조도에는 주의하지 않았지만, 실험결과는 층류에서 마찰계수가 Reynolds 수만의 함수임을 증명해 주고 있다.

Reynolds 수가 천이값보다 커짐에 따라 속도분포는 8.5절에서 설명한 것처럼 점점 편평해진다. 상대조도가 $e/D \leq 0.001$일 때 처음에는 마찰계수가 매끈한 파이프 곡선을 따라가는 경향이 있고, 이 곡선을 따라서 마찰계수는 Reynolds 수만의 함수이다. 그러나 Reynolds 수가 증가함에 따라 속도분포는 더욱 평탄해진다. 튜브 벽 근처의 얇은 점성저층 두께는 감소한다. 조도의 일부가 이 점성저층을 돌출하기 시작하면서 조도의 영향은 중요해지고, 마찰계수는 Reynolds 수와 상대조도의 함수로 된다.

Reynolds 수가 매우 크면 튜브 벽에 있는 대부분의 조도의 요소들이 점성저층에서 돌출되고 항력, 그러므로 압력손실은 조도 요소의 크기에 의해서만 변한다. 이것을 '완전 거친' 유동 영역이라 하고, 이 영역에서의 마찰계수는 상대조도 e/D만의 함수이다.

이상의 설명을 요약하면, 유동이 층류를 유지하는 한 Reynolds 수가 증가할수록 마찰계수는 감소한다. 천이 영역에서 f는 급격히 증가한다. 난류 유동 영역에서 마찰계수는 Reynolds 수가 증가함에 따라 점진적으로 감소하고 상대 거칠기에 따라 일정한 값으로 평평해진다.

데이터를 사용하여 경험식을 만들었다. 가장 널리 사용되고 있는 식은 Colebrook [7]에 의한 식이다.

$$\frac{1}{\sqrt{f}} = -2.0\log\left(\frac{e/D}{3.7} + \frac{2.51}{Re\sqrt{f}}\right) \tag{8.37a}$$

식 (8.37a)는 f의 음함수이고 일반적으로 f를 찾기 위하여 방정식 풀이의 반복 계산이 필요하다. Haaland [27]는 Colebrook 방정식의 근사방법으로 다음과 같은 방정식을 개발했다.

$$\frac{1}{\sqrt{f}} = -1.8\log\left[\left(\frac{e/D}{3.7}\right)^{1.11} + \frac{6.9}{Re}\right] \tag{8.37b}$$

$Re > 3000$인 경우, 이 식은 반복계산 없이 Colebrook 식의 2% 이내의 결과를 낼 수 있다.

매끈한 파이프에서 난류 유동의 경우 $Re \leq 10^5$에서 유효한 Blasius 상관식은 다음과 같다.

$$f = \frac{0.316}{Re^{0.25}} \tag{8.38}$$

$Re > 10^5$에서 매끈한 파이프에 대한 정확한 관계식 아래와 같다([26]에서 변형).

$$f = \frac{0.184}{Re^{0.2}} \tag{8.39}$$

부손실

배관 시스템은 일반적으로 다양한 이음부품, 벤드 또는 갑작스런 면적의 변화 등을 가지고 있다. 주로 유동 박리의 결과로 추가적인 수두손실이 발생한다. 결국 박리 영역에서의 격렬한 혼합으로 에너지가 소실된다. 특히 짧은 파이프의 경우 파이프 마찰 손실보다 클 수 있지만 이것을 부손실이라 부른다. 부손실은 다음과 같이 계산할 수 있다.

$$h_{l_m} = K\frac{\overline{V}^2}{2} \tag{8.40}$$

여기서 **손실계수** K는 각각의 경우에 대해 일반적으로 실험이나 때로는 전산유체역학 소프트웨어를 이용하여 결정된다. 벤드나 이음부품을 지나는 유동에 대한 손실계수 K는 직선 파이프 유동의 마찰계수 f의 변화와 거의 동일하게 파이프 크기(직경)에 따라 변하는 것으로 알려져 있다. *ASHRAE Handbook—Fundamentals* [9] 및 The Engineering Toolbox [22]와 같은 웹사이트들은 손실계수에 대한 많은 데이터를 제공한다. 여기에 제시된 데이터는 일반적으로 발생하는 몇 가지 상황을 대표하는 것으로 간주해야 한다.

a. 입구와 출구

부실하게 설계된 파이프 입구는 상당한 수두손실을 유발한다. 입구가 날카로운 모서리이면, 모서리에서 유

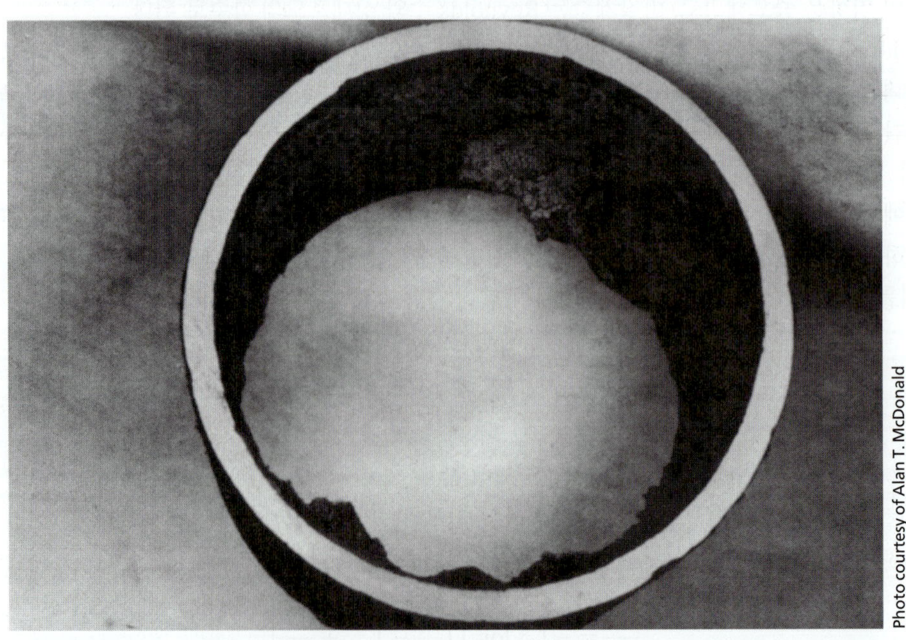

Photo courtesy of Alan T. McDonald

그림 8.14 40년간 수도관으로 사용한 파이프의 스케일 형성을 보여주는 단면.

표 8.2

파이프 입구의 부손실계수

입구 형상	부손실계수, K^a
삽입관	0.5–1.0 (파이프 입구의 길이에 따라)
각진 형상	0.5
둥근 형상	r/D: 0.02, 0.06, ≥ 0.15 / K: 0.3, 0.2, 0.04

[a] $h_{l_m} = K(\overline{V}^2/2)$을 기준으로 한 것이고, $\overline{V}$는 파이프의 평균속도.
출처: 참고문헌 [9]의 데이터

동박리가 일어나고 **축소류**(*vena contracta*)가 형성된다. 유체는 축소류의 감소된 유동면적을 지나면서 국소적으로 가속되어야 한다. 유동은 다시 파이프 전체를 채우기 위해 감속되면서 자유로운 혼합으로 인해 기계적 에너지의 손실이 생긴다. 표 8.2는 기본적인 입구 형태 세 가지를 보여주고 있다. 표로부터 입구를 조금만 둥글게 해도 손실계수가 많이 감소함이 분명하다. 완전히 둥근 입구($r/D \geq 0.15$)에서는 입구 손실계수를 거의 무시할 수 있다. 예제 8.9는 파이프 입구의 손실계수를 실험적으로 구하는 과정을 소개한다.

유동이 덕트에서 큰 저장소나 플레넘 체임버로 방출될 때 단위질량당 운동에너지는 혼합에 의해 완전히 소산된다. 이 경우는 $AR = 0$인 급격한 확대부를 통하는 유동에 해당된다(그림 8.15). 따라서 난류 유동에 대하여 손실계수는 1이다. 그러나 디퓨저를 추가하면 h_{l_m}를 상당히 감소시킬 수 있다(예제 8.10 참조).

b. 확대와 축소

원형 덕트의 급격한 확대와 급격한 축소에 대한 부손실계수를 그림 8.15에 보인다. 두 손실계수는 모두 더 큰 속도 값을 기준으로 하고 있다. 따라서 급격한 확대일 경우의 손실은 $\overline{V}_1^2/2$을, 축소일 경우는 $\overline{V}_2^2/2$을 기준으로 하고 있다.

면적 변화로 인한 손실은 연결되는 파이프 사이에 점진적인 디퓨저나 노즐을 설치하면 어느 정도 감소시킬 수 있다. 노즐에 대한 데이터는 표 8.3에 있다. 마지막 열 $\theta = 180°$인 경우는 그림 8.15의 데이터와 일치한다.

디퓨저에서의 손실은 여러 가지 기하학적 형상과 유동변수에 따라 결정된다. 디퓨저에 관한 데이터는 입구 동압에 대한 정압상승의 비로 정의되는 압력회복 계수 C_p로 제시되는 것이 일반적이다.

$$C_p \equiv \frac{p_2 - p_1}{\frac{1}{2}\rho\overline{V}_1^2} \tag{8.41}$$

이 식은 입구 운동에너지 중에서 어느 정도가 압력상승으로 바뀌었는지 보여준다. 이상적(마찰이 없는) 압력회복 계수는 다음과 같다.

$$C_{p_i} = 1 - \frac{1}{AR^2} \tag{8.42}$$

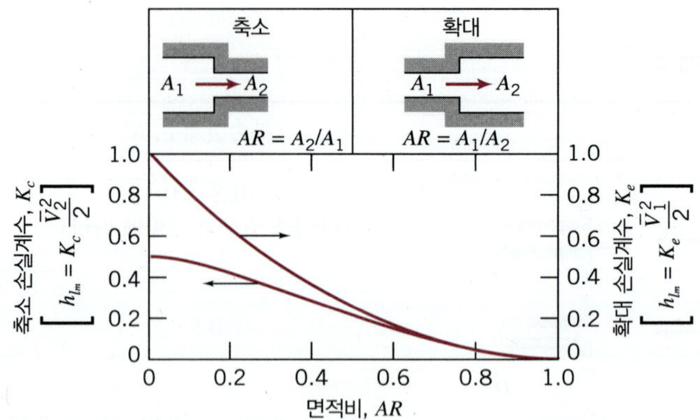

그림 8.15 급격한 면적 변화 유동에 대한 손실계수(Streeter의 데이터[1]).

AR은 면적비이다. 따라서 이상적 압력회복 계수는 단지 면적비만의 함수이다. 실제 상황에서 디퓨저는 대개 난류이고 유동 방향으로의 정압상승은 디퓨저가 잘못 설계되었다면 벽에서의 유동박리를 야기하며 심지어는 맥동현상도 생길 수 있다. 이러한 이유로 실제 C_p는 식 (8.42)에서 제시하는 값보다 다소 작다. 입구에서 완전 발달된 난류 파이프 유동일 때의 원추형 디퓨저에 대한 데이터가 기하학적 형상의 함수로 그림 8.16에 있다. 디퓨저의 경사가 완만해질수록(확대각 ϕ가 작거나, 무차원 길이 N/R_1이 큰 경우) C_p값이 이상적인 일정한 값으로 접근한다는 사실에 유의하라. C_p는 수두손실과 연관시킬 수 있다. 중력이 무시되고 $\alpha_1 = \alpha_2 = 1.0$이면, 수두손실 식인 식 (8.29)는 다음과 같이 된다.

$$\left[\frac{p_1}{\rho} + \frac{\overline{V}_1^2}{2}\right] - \left[\frac{p_2}{\rho} + \frac{\overline{V}_2^2}{2}\right] = h_{l_T} = h_{l_m}$$

따라서

$$h_{l_m} = \frac{\overline{V}_1^2}{2} - \frac{\overline{V}_2^2}{2} - \frac{p_2 - p_1}{\rho}$$

$$h_{l_m} = \frac{\overline{V}_1^2}{2}\left[\left(1 - \frac{\overline{V}_2^2}{\overline{V}_1^2}\right) - \frac{p_2 - p_1}{\frac{1}{2}\rho\overline{V}_1^2}\right] = \frac{\overline{V}_1^2}{2}\left[\left(1 - \frac{\overline{V}_2^2}{\overline{V}_1^2}\right) - C_p\right]$$

연속방정식에서 $A_1\overline{V}_1 = A_2\overline{V}_2$이므로

표 8.3
점진적으로 축소되는 원형과 사각형 덕트의 손실계수(K)

	끼인각, θ (°)						
A_2/A_1	10	15~40	50~60	90	120	150	180
0.50	0.05	0.05	0.06	0.12	0.18	0.24	0.26
0.25	0.05	0.04	0.07	0.17	0.27	0.35	0.41
0.10	0.05	0.05	0.08	0.19	0.29	0.37	0.43

주의: $h_{l_m} = K(\vec{V}_2^2/2)$에 기초한 계수.
출처: ASHRAE 데이터[12]

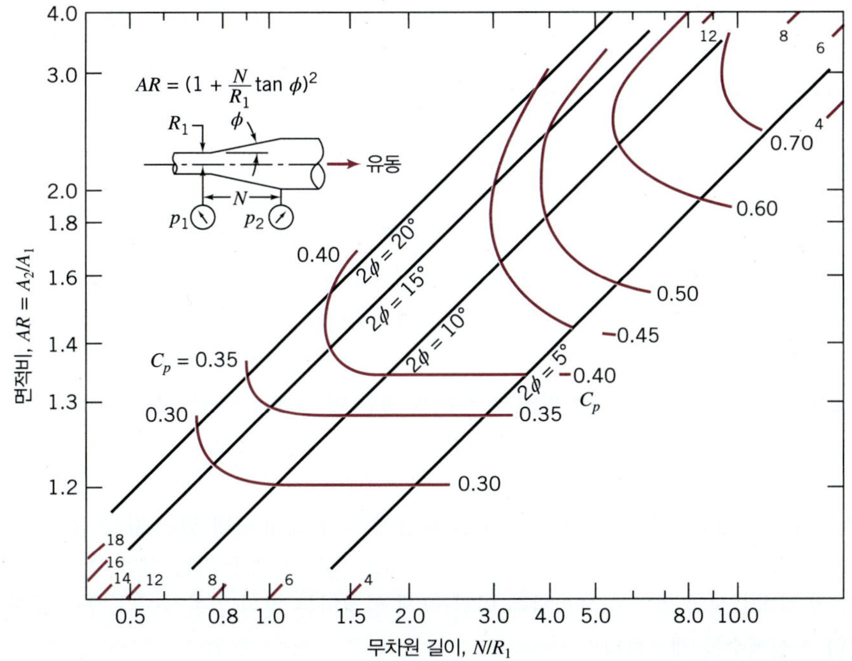

그림 8.16 입구에서 완전 발달 난류 파이프 유동인 원추형 디퓨저의 압력회복(Cocrell and Bradley의 데이터[10]).

$$h_{l_m} = \frac{\overline{V}_1^2}{2}\left[1 - \left(\frac{A_1}{A_2}\right)^2 - C_p\right]$$

또는

$$h_{l_m} = \frac{\overline{V}_1^2}{2}\left[\left(1 - \frac{1}{(AR)^2}\right) - C_p\right] \tag{8.43}$$

마찰이 없는 결과[식 (8.42)]는 식 (8.43)에서 $h_{l_m} = 0$이면 얻을 수 있다. 식 (8.42)와 (8.43)으로부터 수두손실을 실제와 이상적인 C_p로 표현할 수 있다.

$$h_{l_m} = (C_{p_i} - C_p)\frac{\overline{V}_1^2}{2} \tag{8.44}$$

디퓨저의 압력회복은 입구 Reynolds 수가 7.5×10^4보다 크면 본질적으로 Reynolds 수와는 무관하다[11]. 디퓨저의 압력회복은 입구에서 균일유동인 경우가 완전 발달된 유동인 경우보다 다소 더 좋다. 평면벽, 원추형, 환상형 디퓨저의 입구 유동 조건의 변화에 따른 성능곡선은 참고문헌 [12], [14], [15]에 있다.

디퓨저에서 정압은 유동 방향으로 상승하므로, 유동은 벽면으로부터 분리될 수 있다. 어떤 형상의 디퓨저에서는 출구유동이 비틀린다. 광각 디퓨저, 날개 또는 분할기가 실속을 억제하고 압력회복을 개선하기 위하여 사용될 수 있다[13].

c. 파이프 벤드

벤드의 수두손실은 같은 길이의 직관을 통과하는 완전 발달된 유동보다 더 크다. 추가되는 손실은 주로 2차 유동의 결과이다. 벤드의 손실계수에 대한 여러 가지 구조, 기하학, 그리고 각도 등이 표 8.4에 나와 있다. 마이터 벤드는 현장에서 설치하기에 용이하고 가격이 저렴하기 때문에 큰 파이프 시스템에서 많이 사용된다. 마이터 벤드는 종종 내부에 터닝 베인(turning vanes)이 설치되며, 표 8.4와 같이 손실은 크게 줄어든다. 파이프 시스템의 벤드와 이음부품에는 스레드, 플랜지, 용접 연결이 있을 수 있다. 작은 지름의 경우 스레드 조인트가 가장 일반적이고, 대형 파이프 시스템은 종종 플랜지 또는 용접 조인트를 갖는다.

d. 밸브와 이음부품

밸브와 이음부품에 대한 손실도 손실계수로 나타낼 수 있다. 일부 대표적인 데이터가 표 8.4에 있다.

완전히 개방된 밸브의 저항값은 작지만, 밸브가 부분적으로 개방되어 있으면 손실이 현저하게 증가한다. 밸브 설계는 제조회사마다 다르다. 정확한 결과가 필요하다면 가능한 한 밸브 제조회사가 제공하는 저항값을 사용해야 한다.

표 8.4의 값은 일반적이지만 주어진 파이프 이음에 대한 손실계수는 파이프 크기에 따라 달라진다. 일반적으로 더 큰 파이프 직경에 대한 손실계수는 더 작은 파이프에 대한 손실계수보다 작고 그 차이는 2배 정도이다. 유체의 속도의 영향은 작지만 일반적으로 손실계수는 낮은 속도보다 높은 속도에서 더 크다. 또한 이음 및 밸브의 손실계수는 시스템 제작 및 조립 과정에 따라 표에 나와 있는 값과 상당히 다를 수 있다. 배관 또는 덕트 시스템에 대해 주어진 수두손실에 맞는 펌프 또는 팬의 크기를 정할 때 파이프의 실제 값과 이음 손실계수의 불확실성과 변동을 고려하여 약간 크게 설정하는 것이 일반적이다. 참고문헌 [12]는 다양한 이음에 대한 손실계수를 제공한다.

유체시스템의 펌프, 팬, 송풍기

많은 실제적 유동 상황(예를 들면, 자동차 엔진의 냉각시스템, 빌딩의 공기조화 시스템)에서 마찰을 극복하면서 유동을 유지시키는 구동력은 펌프(액체), 팬이나 송풍기(기체)이다. 여기서는 펌프를 고려하지만, 결과는 팬이나 송풍기에도 똑같이 적용된다. 대개 열전달과 유체의 내부에너지 변화를 무시하고(나중에 이들을 포함하여 펌프효율을 정의한다), 펌프를 가로질러 열역학 제1법칙을 적용하면

$$\dot{W}_{\text{pump}} = \dot{m}\left[\left(\frac{p}{\rho}+\frac{\bar{V}^2}{2}+gz\right)_{\text{discharge}} - \left(\frac{p}{\rho}+\frac{\bar{V}^2}{2}+gz\right)_{\text{suction}}\right]$$

표 8.4

이음부품과 밸브에 대한 대표적인 손실계수

이음부품	기하학	K	이음부품	기하학	K
90도 엘보	플랜지 규칙적	0.3	글로브밸브	열림	10
	플랜지 긴 지름	0.2	앵글밸브	열림	5
	스레드 규칙적	1.5	게이트밸브	열림	0.20
	스레드 긴 지름	0.7		75% 열림	1.10
	마이터	1.30		50% 열림	3.6
	베인 있는 마이터	0.20		25% 열림	28.8
45도 엘보	스레드 규칙적	0.4	볼밸브	열림	0.5
	플랜지 긴 지름	0.2		1/3 닫힘	5.5
티, 직관 유동	스레드	0.9		2/3 닫힘	200
	플랜지	0.2	수량계		7
티, 브랜칭 유동	스레드	2.0	커플링		0.08
	플랜지	1.0			

출처: 참고문헌 [9], [21].

펌프에 의한 수두 Δh_{pump}(에너지/질량)도 계산할 수 있다.

$$\Delta h_{\text{pump}} = \frac{\dot{W}_{\text{pump}}}{\dot{m}} = \left(\frac{p}{\rho} + \frac{\overline{V}^2}{2} + gz\right)_{\text{discharge}} - \left(\frac{p}{\rho} + \frac{\overline{V}^2}{2} + gz\right)_{\text{suction}} \tag{8.45}$$

많은 경우 입구와 출구의 직경(따라서 속도)과 높이는 같거나 무시할 정도의 차이밖에 나지 않으므로, 식 (8.45)는 다음과 같이 단순해진다.

$$\Delta h_{\text{pump}} = \frac{\Delta p_{\text{pump}}}{\rho} \tag{8.46}$$

기본 아이디어는 펌프-파이프 시스템에서 펌프에 의해 발생된 수두[식 (8.45) 또는 (8.46)]는 파이프 시스템의 수두손실을 극복하는 데 필요하다는 것이다. 따라서 이러한 시스템에서의 유량은 펌프 특성과 파이프 시스템의 직관손실 그리고 부손실에 의해 결정된다. 10장에서 배우겠지만 주어진 펌프에 의해 발생되는 수두는 일정하지 않으며, 펌프를 통과하는 유량에 따라 변하기 때문에 원하는 유량을 얻기 위해서는 주어진 시스템에 '적합한' 펌프를 선정해야 한다.

식 (8.46)에 $\dot{m} = \rho Q$ (Q는 유량)를 곱하고 $\dot{m}\Delta h_{\text{pump}}$가 유체에 공급된 동력임을 상기하면, 다음과 같은 유용한 관계식을 구할 수 있다.

$$\dot{W}_{\text{pump}} = Q\Delta p_{\text{pump}} \tag{8.47}$$

또한 펌프효율이 다음과 같이 정의된다.

$$\eta = \frac{\dot{W}_{\text{pump}}}{\dot{W}_{\text{in}}} \tag{8.48}$$

$\dot{W}_{\text{pump}}$는 유체에 공급된 동력, $\dot{W}_{\text{in}}$는 펌프로 입력된 동력(보통은 전기동력)이다.

에너지 방정식 (8.29)를 적용할 때, 펌프가 시스템에 포함되게 한다. 이러한 경우에는 펌프 수두를 단순히 '음의 손실'로 생각한다. 왜냐하면 그것은 유동에 대해서는 양의 에너지 이득이기 때문이다.

$$\left(\frac{p_1}{\rho} + \alpha_1\frac{\overline{V}_1^2}{2} + gz_1\right) - \left(\frac{p_2}{\rho} + \alpha_2\frac{\overline{V}_2^2}{2} + gz_2\right) = h_{l_T} - \Delta h_{\text{pump}} \tag{8.49}$$

비원형 덕트

파이프 유동의 경험적 상관식은 단면적이 급격하게 확대되지 않는다면 비원형 덕트의 계산에도 사용할 수 있다.

난류 파이프 유동의 상관식은 직경 D 대신에

$$D_h \equiv \frac{4A}{P} \tag{8.50}$$

로 정의되는 **수력 직경**(*hydraulic diameter*)을 도입하여 비원형의 구조에도 확장한다. 식 (8.50)에서 A는 단면적, P는 임의 단면에 흐르는 유체와 접촉하는 벽의 길이인 **접수길이**(*wetted perimeter*)이다. 숫자 4는 원형 단면의 덕트인 경우 수력 직경이 직경과 같도록 하기 위하여 도입하였다. 원형 덕트에서 $A = \pi D^2/4$

이고, $P = \pi D$이므로

$$D_h = \frac{4A}{P} = \frac{4\left(\frac{\pi}{4}\right)D^2}{\pi D} = D$$

가 된다. 폭이 b이고 높이가 h인 직사각형 덕트에서는 $A = bh$이고, $P = 2(b + h)$이므로

$$D_h = \frac{4bh}{2(b+h)}$$

가 된다. 직사각형 덕트에서 **종횡비**(*aspect ratio*)는 $ar = h/b$로 정의되므로

$$D_h = \frac{2h}{1+ar}$$

이다. 정사각형 덕트에서는 $ar = 1$이고, $D_h = h$이다.

앞에서 알 수 있듯이, 수력 직경의 개념은 대략 $\frac{1}{4} < ar < 4$에서만 적용된다. 이러한 조건하에서 파이프 유동에 대한 상관식이 사각형 덕트에 대해서도 수용할 만큼 정확한 결과를 제공한다. 이러한 덕트는 철판으로 쉽고 싸게 만들 수 있기 때문에 공기조화, 난방, 환기 장치에 일상적으로 쓰인다. 공기유동의 손실에 대한 더 많은 데이터는 문헌을 참고하라(참고문헌 [9, 14] 참조).

2차 유동으로 인한 손실은 훨씬 더 극단적인 구조의 경우에 급속하게 증가하므로, 상관식은 폭이 넓고 납작한 덕트, 삼각형 덕트, 불규칙한 모양의 덕트에 대해서는 적용할 수 없다. 특별한 상황에서 정확한 설계 정보가 필요할 때는 실험적 데이터가 반드시 이용되어야 한다.

8.8 파이프 유동 문제의 해법

8.7절은 서로 다른 많은 파이프 문제를 푸는 데 있어서 완전한 해법을 제공해 준다. 편의상 계산에 필요한 관계식을 모아 보자.

단일유로 파이프 시스템에서 임의의 두 점 1과 2에서의 **에너지 방정식**은

$$\left(\frac{p_1}{\rho} + \alpha_1\frac{\overline{V}_1^2}{2} + gz_1\right) - \left(\frac{p_2}{\rho} + \alpha_2\frac{\overline{V}_2^2}{2} + gz_2\right) = h_{l_T} = \sum h_l + \sum h_{l_m} \tag{8.29}$$

이다. 이 식은 파이프에서 기계적 에너지('압력', 운동, 위치에너지)의 손실이 있다는 사실을 나타낸다. 난류의 경우 $\alpha \approx 1$이었다. 점 1과 점 2를 적절히 선택하면 전체 파이프 시스템에 대한 해석뿐만 아니라, 관심 있는 일부분에 대한 해석도 할 수 있음에 유의하라. **총 수두손실**은 직관손실과 부손실의 합이다. [점 1과 점 2 사이에 펌프가 있다면 '음의 손실'로 포함시킬 수 있음을 기억하라. 이 경우 관련되는 에너지 방정식은 식 (8.49)이다.]

각각의 **직관손실**은

$$h_l = f\frac{L}{D}\frac{\overline{V}^2}{2} \tag{8.34}$$

로 주어지며, 이때 **마찰계수**는

$$\text{층류인 경우}(Re < 2300) \qquad f = \frac{64}{Re} \tag{8.36}$$

또는

$$\text{난류인 경우}(Re \geq 2300) \qquad \frac{1}{\sqrt{f}} = -2.0\log\left(\frac{e/D}{3.7} + \frac{2.51}{Re\sqrt{f}}\right) \tag{8.37}$$

이고 식 (8.36)과 (8.37)은 그림 8.13에 Moody 선도로 나타나 있다.

각각의 부손실은

$$h_{l_m} = K\frac{\overline{V}^2}{2} \tag{8.40}$$

또한 파이프 단면에서 유량 Q는 평균속도 $\overline{V}$에 의해

$$Q = \pi\frac{D^2}{4}\overline{V}$$

와 같이 된다. 이 식들을 우선 단일유로 시스템에 적용해 보자.

단일유로 시스템

단일유로 파이프 문제에서 일반적으로 시스템의 구성(파이프 재질과 그에 따른 조도, 엘보의 개수와 형식, 밸브, 그리고 기타 이음부품 등등 및 높이 변화)뿐만 아니라 흐르는 유체(ρ와 μ)도 알고 있다. 가능성이 하나만 있는 것은 아니지만, 대개 목표는 다음 중 하나이다.

(a) 파이프(L과 D)와 유량 Q가 주어지고 압력강하 Δp를 구함.
(b) 압력강하 Δp, 파이프 직경 D, 유량 Q가 주어지고 파이프 길이 L을 구함.
(c) 파이프(L과 D)와 압력강하 Δp가 주어지고 유량 Q를 구함.
(d) 압력강하 Δp, 파이프 길이 L, 유량 Q가 주어지고 파이프 직경 D를 구함.

각각의 경우는 실제 상황에서 종종 일어난다. 예를 들면, 경우 (a)는 시스템에 원하는 유량을 유지하기 위하여 정확한 용량의 펌프를 선정할 때 필요한 단계로, 펌프는 특정 유량 Q에서 시스템에 Δp를 발생시킬 수 있어야 한다. 경우 (a)와 (b)는 계산적으로 간단하고, 경우 (c)와 (d)는 계산하기가 약간 힘들다는 것을 알게 될 것이다. 각 경우에 대해 설명하고 예제를 제시할 것이다.

예제들은 계산기를 사용하여 구한 해답을 제시하지만, 또한 각각을 위한 *Excel* 워크북도 있다. Web에는 Re와 e/D로부터 f를 자동으로 계산하는 *Excel* add-in 프로그램도 있음을 기억하라. 방정식 풀이 또는 스프레드시트와 같은 컴퓨터 응용 프로그램을 이용하는 장점은 마찰계수를 직접적으로 얻을 수 있고 반복계산을 효율적으로 수행할 수 있다는 것이다. 마지막으로, 펌프의 수두를 2배로 하면 주어진 시스템의 유량은 얼마나 증가할 것인가와 같은 '~한다면 어떻게 되는가'라는 질문을 할 수 있다.

a. L, D, Q가 주어지고 Δp를 구함

이 형태의 문제는 매우 간단하다. 에너지 방정식[식 (8.29)]에서 $\Delta p = (p_1 - p_2)$를 알고 있는 변수와 계산되는 변수로 정리하여 푼다. 유량에서 Reynolds 수가 구해지고, 유동의 마찰계수가 구해진다. 부손실계수는 표에 제시된 데이터를 이용한다. 그러면 에너지 방정식에서 직접 압력강하를 구할 수 있다. 예제 8.5가 이 형태의 문제를 보여준다.

b. Δp, D, Q가 주어지고 L을 구함

이 형태의 문제도 매우 간단하다. 에너지 방정식[식 (8.29)]에서 L을 알고 있는 변수와 계산되는 변수로 정리하여 푼다. 유량에서 Reynolds 수가 구해지고, 따라서 유동의 마찰계수가 구해진다. 부손실계수는 표에 제시된 데이터를 이용한다. 그러면 에너지 방정식을 다시 정리하여 파이프 길이를 직접 구할 수 있다. 예제 8.6이 이 형태의 문제를 보여준다.

c. Δp, L, D가 주어지고 Q를 구함

이 형태의 문제는 손으로 하는 반복작업이나 컴퓨터 응용 프로그램이 요구된다. Reynolds 수와 그에 따른 마찰계수를 구하기 위해서는 알지 못하는 유량이나 속도가 필요하다. 손으로 반복작업을 하기 위해 우선 에너지 방정식에서 $\overline{V}$를 알고 있는 변수와 마찰계수 f로 정리한다. 그러면 Reynolds 수가 계산되고 새로운 f가 구해진다. 수렴될 때까지 과정 $f \rightarrow \overline{V} \rightarrow Re \rightarrow f$를 반복한다(대개 2 내지 3회만 반복하면 된다). 예제 8.7이 이 형태의 문제를 보여준다.

d. Δp, L, Q가 주어지고 D를 구함

이 형태의 문제는, 예를 들면 펌프–파이프 시스템을 설계하면서 최적 파이프 직경을 선택하고 싶을 때 이용된다. 최적은 설계 유량을 송출할 수 있는 최소직경(최소 비용의 파이프)을 의미한다. 경우 c와 같이, 손으로 반복작업을 하거나 컴퓨터 응용 프로그램이 요구된다. Reynolds 수와 상대조도를 위해서는 알지 못하는 직경이 필요하고, 그런 다음 마찰계수가 구해진다. 손으로 해를 찾기 위해 에너지 방정식으로부터 구해지는 압력강하 Δp가 설계 Δp와 일치할 때까지 D를 연속적으로 가정한다. 이런 종류의 문제가 예제 8.8에 나와있다.

파이프 크기를 정할 때, 실제로 생산되는 상용 파이프 직경을 선택하는 것이 바람직하다. 파이프는 표준규격별로 생산된다. 표 8.5에는 파이프 표준규격의 일부가 주어져 있다. 두꺼운 파이프나 아주 두꺼운 파이프에 대해서는 편람을 참고하라[8, 22]. 공칭 직경 12 in.보다 큰 파이프는 36 in.까지 2 in. 배수로 생산된다. 그보다 큰 파이프는 6 in. 배수로 생산된다.

반복에 의해 예제 8.7과 8.8을 풀 수 있다. 마찰계수 대 Reynolds 수 다이어그램의 여러 특수화된 형태가 반복의 필요 없이 이러한 문제를 풀기 위해 도입되었다. 이러한 전문화된 다이어그램의 예는 Daily and Harleman [15]과 White [16]를 참조하라.

예제 8.9와 8.10은 부손실계수의 평가와 유동 시스템으로부터 출구 운동에너지를 감소시키기 위한 디퓨저의 적용을 보여준다.

표 8.5

탄소강, 합금강, 스테인리스강 파이프의 표준규격

공칭 파이프 크기(mm)	내경(mm)	공칭 파이프 크기(mm)	내경(mm)
3.175	6.832	63.500	62.712
6.350	9.245	76.200	77.927
3.525	12.522	101.600	102.260
12.700	15.798	127.00	128.193
19.050	20.929	152.400	154.051
25.400	26.644	203.200	202.717
38.100	40.894	254.000	254.508
50.500	52.501	304.800	304.800

예제 8.5 저수조로의 파이프 유동: 압력강하를 모름(CASE A)

길이가 100 m인 매끈한 수평 파이프가 큰 저수지에 연결되어 있다. 물을 유량 0.01 m^3/s로 저수지로 펌핑하기 위하여 파이프 끝에 펌프가 설치되어 있다. 이 유량을 위하여 펌프는 어느 정도의 압력(gage)을 발생시켜야 하는가? 매끈한 파이프의 내경은 75 mm이다.

주어진 자료: 물이 0.01 m^3/s의 유량으로 직경 75 mm, 길이 $L = 100$ m인 매끈한 파이프를 통하여 깊이 $d = 10$ m인 저수지로 펌핑된다.

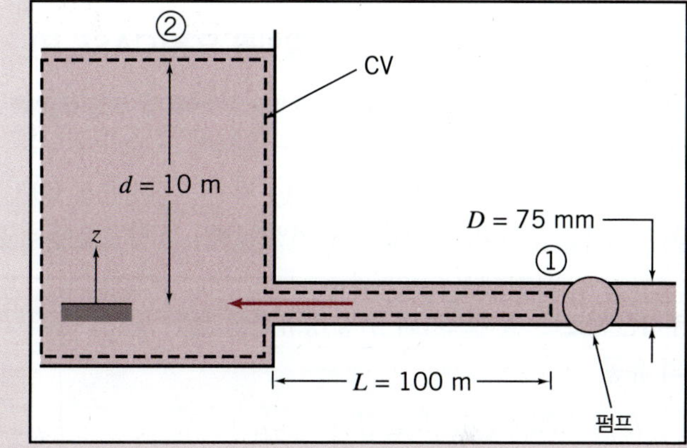

찾는 자료: 유동을 유지하기 위해 필요한 펌프 압력 p_1

풀이:

지배방정식:

$$\left(\frac{p_1}{\rho}+\alpha_1\frac{\overline{V}_1^2}{2}+gz_1\right)-\left(\frac{p_2}{\rho}+\alpha_2\frac{\overline{V}_2^2}{2}+gz_2\right)=h_{l_T}=h_l+h_{l_m} \quad (8.29)$$

여기서

$$h_l=f\frac{L}{D}\frac{\overline{V}^2}{2} \quad (8.34) \qquad \text{그리고} \qquad h_{l_m}=K\frac{\overline{V}^2}{2} \quad (8.40a)$$

주어진 문제에서 $p_1 = p_{pump}$이고 $p_2 = 0$ (gage)이므로, $\Delta p = p_1 - p_2 = p_{pump}$, $\overline{V}_1 = \overline{V}$, $\overline{V}_2 \approx 0$, K(출구 손실) = 1.0, $\alpha_1 \approx 1.0$이다. $z_1 = 0$으로 놓으면 $z_2 = d$이다. 식 (8.29)를 단순화하면

$$\frac{\Delta p}{\rho}+\frac{\overline{V}^2}{2}-gd=f\frac{L}{D}\frac{\overline{V}^2}{2}+\frac{\overline{V}^2}{2} \quad (1)$$

식의 좌변은 점 ①과 점 ② 사이의 기계적 에너지손실이며, 우변은 직관손실과 부손실이다. 압력강하 $\Delta p = p_{pump}$에 대해 풀면

$$p_{pump}=\Delta p=\rho\left(gd+f\frac{L}{D}\frac{\overline{V}^2}{2}\right)$$

식의 우변은 알고 있거나 바로 계산이 된다. 유량 Q에서 $\overline{V}$가 구해진다.

$$\overline{V}=\frac{Q}{A}=\frac{4Q}{\pi D^2}=\frac{4}{\pi}\times 0.01\frac{m^3}{s}\times\frac{1}{(0.075)^2\ m^2}=2.26\ m/s$$

이로부터 Reynolds 수가 구해진다[물은 20°C, $\rho = 999\ kg/m^3$, $\mu = 1.0 \times 10^{-3}\ kg/(m\cdot s)$로 가정한다].

$$Re=\frac{\rho\overline{V}D}{\mu}=999\frac{kg}{m^3}\times 2.26\frac{m}{s}\times 0.075\ m\times\frac{m\cdot s}{1.0\times 10^{-3}kg}=1.70\times 10^5$$

식 (8.37)에서 매끈한($e = 0$) 파이프의 난류이면, $f = 0.0162$이다. 그러면

$$p_{pump}=\Delta p=\rho\left(gd+f\frac{L}{D}\frac{\overline{V}^2}{2}\right)$$

$$=999\frac{kg}{m^3}\left(9.81\frac{m}{s^2}\times 10\ m+(0.0162)\times\frac{100\ m}{0.075\ m}\times\frac{(2.26)^2m^2}{2\ s^2}\right)\times\frac{N\cdot s^2}{kg\cdot m}$$

$$p_{pump}=1.53\times 10^5\ N/m^2(\text{gage})$$

따라서,

$$p_{\text{pump}} = 153 \text{ kPa gage} \longleftarrow p_{\text{pump}}$$

이 문제는 수작업으로 압력강하를 구하는 방법을 설명한다.

Excel 워크북은 주어진 데이터에서 자동으로 *Re* 수와 *f*를 계산한다. 그런 다음 압력강하를 구하기 위해 식 (1)을 처음에 양함수로 정리할 필요 없이 직접 푼다.

예제 8.6 송유관 내의 유동: 길이를 모름(CASE B)

알래스카에 있는 수평 송유관을 통해 2.944 m³/s의 원유를 수송한다. 파이프는 내경이 1.22 m이고, 조도는 아연도금된 철이다. 최대 허용압력은 8.27 MPa이고, 원유 용액에 포함되어 있는 가스를 용해된 상태로 유지하는 데 필요한 최소압력은 344.5 kPa이다. 원유의 비중은 SG = 0.93이고, 점성계수는 펌핑온도 60°C일 때, m = 0.0168 N·s/m²이다. 이 조건에서, 펌프장 사이의 가능한 최대간격을 구하라. 펌프효율이 85%일 때, 각 펌프장에서 공급되어야 하는 동력을 구하라.

주어진 자료: 알래스카의 수평 송유관을 통한 원유의 유동

D = 1.22 m(아연도금철의 조도),

SG = 0.93, m = 0.0168 N·s/m²

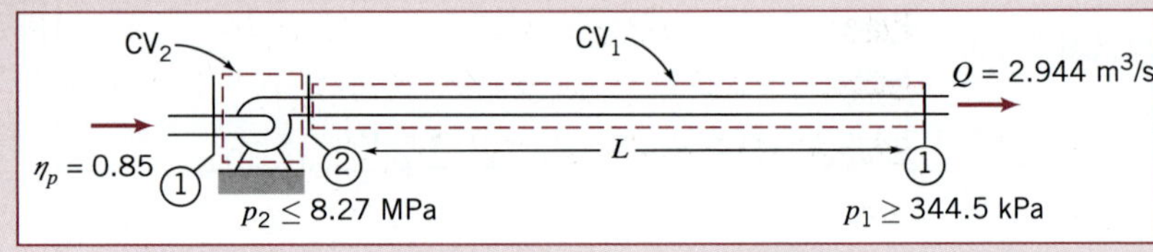

찾는 자료: (a) 최대간격 L

(b) 각 펌프장에서 필요한 동력

풀이: 그림과 같이, 알래스카 송유관은 펌프–파이프의 반복으로 구성된다고 가정한다. 2개의 검사체적으로, CV_1 파이프 유동(②에서 ①로)에 대한 것이고, CV_2는 펌프(①에서 ②로)에 대한 것이다.

우선 정상, 비압축성 파이프 유동에 대한 에너지방정식을 CV_1에 적용한다.

지배방정식:

$$\left(\frac{p_2}{\rho}+\alpha_2\frac{\bar{V}_2^2}{2}+gz_2\right)-\left(\frac{p_1}{\rho}+\alpha_1\frac{\bar{V}_1^2}{2}+gz_1\right)=h_{l_T}=h_l+h_{l_m} \tag{8.29}$$

여기서

$$h_l=f\frac{L}{D}\frac{\bar{V}^2}{2} \quad (8.34) \qquad \text{그리고} \qquad h_{l_m}=K\frac{\bar{V}^2}{2} \quad (8.40a)$$

가정: 1 $\alpha_1\bar{V}_1^2=\alpha_2\bar{V}_2^2$

2 수평 파이프, $z_1 = z_2$

3 부손실 무시

4 점도는 일정

그러면 CV_1을 이용해서

$$\Delta p=p_2-p_1=f\frac{L}{D}\rho\frac{\bar{V}^2}{2} \tag{1}$$

또는

$$L = \frac{2D}{f}\frac{\Delta p}{\rho \overline{V}^2} \text{ 여기서 } f = f(Re, e/D)$$

따라서

$$\overline{V} = \frac{Q}{A} = 2.944\frac{\text{m}^3}{\text{s}} \times \frac{4}{\pi(1.22)^2\text{m}^2} = 2.52 \text{ m/s}$$

$$Re = \frac{\rho \overline{V} D}{\mu} = 0.93 \times 1000\frac{\text{kg}}{\text{m}^3} \times 2.52\frac{\text{m}}{\text{s}} \times 1.22 \text{ m} \times \frac{1}{0.0168 \text{ N}\cdot\text{s/m}^2} \times \frac{\text{N}\cdot\text{s}^2}{\text{kg}\cdot\text{m}}$$

$$Re = 1.71 \times 10^5$$

표 8.1에서 $e = 0.0005$ ft이므로 $e/D = 0.00012$이다. 그러면 식 (8.37)로부터 $f = 0.017$이므로

$$L = \frac{2}{0.017} \times 1.22 \text{ m} \times \left(8.27 \times 10^6 - 3.445 \times 10^5\right) \text{Pa} \times \frac{1}{0.93 \times 1000 \times \text{kg/m}^3}$$

$$\times \frac{1}{(2.52)^2}\frac{\text{s}^2}{\text{m}^2} \times \frac{\text{N}}{\text{m}^2\cdot\text{Pa}} \times \frac{\text{kg}\cdot\text{m}}{\text{N}\cdot\text{s}^2} = 192,612 \text{ m}$$

$$L = 192,612 \text{ m} \longleftarrow L$$

펌프동력을 구하기 위해 CV_2에 열역학 제1법칙을 적용한다. 이 검사체적은 오직 펌프만으로 구성된 것으로, 8.7절에서 다음과 같이 단순화된다.

$$\dot{W}_{\text{pump}} = Q\Delta p_{\text{pump}} \tag{8.47}$$

펌프효율은

$$\eta = \frac{\dot{W}_{\text{pump}}}{\dot{W}_{\text{in}}} \tag{8.48}$$

$\dot{W}_{\text{pump}}$는 유체에 공급된 동력, $\dot{W}_{\text{in}}$은 입력동력이다. 반복되는 시스템이기 때문에 펌프를 통한 압력상승(①에서 ②로)은 파이프에서의 압력강하(②에서 ①로)와 같다.

$$\Delta p_{\text{pump}} = \Delta p$$

따라서

$$\dot{W}_{\text{pump}} = Q\Delta p_{\text{pump}} = 2.944\frac{\text{m}^3}{\text{s}} \times \left(8.27 \times 10^6 - 3.445 \times 10^5\right)\text{Pa}$$

$$\times \frac{\text{N}}{\text{m}^2\cdot\text{Pa}} \times \frac{\text{J}}{\text{N}\cdot\text{m}} \times \frac{\text{W}\cdot\text{s}}{\text{J}} \approx 23.13\text{MW}$$

요구되는 입력동력은

$$\dot{W}_{\text{in.}} = \frac{\dot{W}_{\text{pump}}}{\eta} = \frac{23.13}{0.85} = 27.21 \text{ MW} \longleftarrow \dot{W}_{\text{needed}}$$

이 문제는 수작업으로 파이프 길이 L을 구하는 방법을 설명한다.

Excel 워크북은 주어진 데이터에서 자동으로 Re 수와 f를 계산한다. 그런 다음에 파이프 길이를 구하기 위해 식 (1)을 처음에 양함수적으로 정리할 필요 없이 직접 푼다. 워크북은, 예를 들면 유량 Q가 L에 의해 어떻게 결정되는지를 알아보는 데 쉽게 이용할 수 있다. 또한 다른 경우 (b) 형태의 문제에 대해서도 쉽게 수정 적용될 수 있다.

예제 8.7 급수탑으로부터의 유동: 유량을 모름(CASE C)

화재방지계통은 24.4 m 높이의 급수탑과 수직파이프로부터 물을 공급받는다. 가장 긴 파이프는 182.9 m이고, 약 20년 된 주철로 만들어졌다. 파이프에는 1개의 게이트밸브가 있고, 그 밖의 부손실은 무시할 수 있다. 파이프 직경은 101.6 mm이다. 이 파이프를 통한 최대유량(m^3/s)을 구하라.

주어진 자료: 그림과 같은 화재방지계통

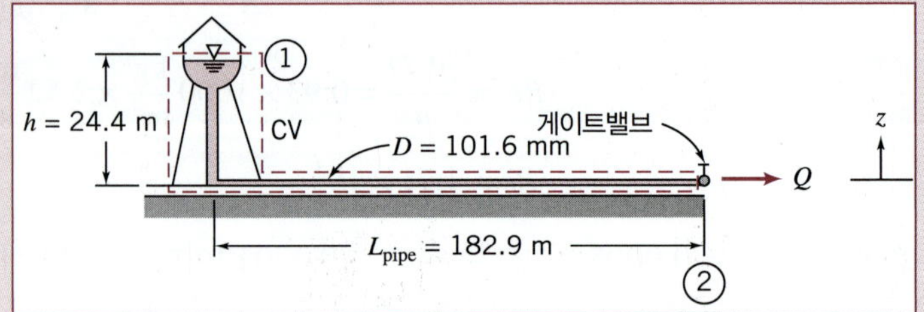

찾는 자료: Q, m^3/s

풀이:

지배방정식:

$$\left(\frac{p_1}{\rho}+\alpha_1\frac{\overline{V}_1^2}{2}+gz_1\right)-\left(\frac{p_2}{\rho}+\alpha_2\frac{\overline{V}_2^2}{2}+gz_2\right)=h_{l_T}=h_l+h_{l_m} \quad (8.29)$$

(1 표시된 항 p_1/ρ, p_2/ρ 소거; $\overline{V}_1^2/2 \approx 0(2)$)

여기서

$$h_l=f\frac{L}{D}\frac{\overline{V}^2}{2} \quad (8.34) \qquad \text{그리고} \qquad h_{l_m}=f\frac{L_e}{D}\frac{\overline{V}^2}{2} \quad (8.40b)$$

가정: **1** $p_1=p_2=p_{atm}$

2 $\overline{V}_1=0$, $\alpha_2\simeq 1.0$

그러면 식 (8.29)는 다음과 같이 된다.

$$g(z_1-z_2)-\frac{\overline{V}_2^2}{2}=h_{l_T}=f\left(\frac{L}{D}+\frac{L_e}{D}\right)\frac{\overline{V}_2^2}{2} \quad (1)$$

표 8.4에서 완전 개방된 게이트밸브의 $L_e/D=8$이므로

$$g(z_1-z_2)=\frac{\overline{V}_2^2}{2}\left[f\left(\frac{L}{D}+8\right)+1\right]$$

손으로 반복계산하기 위해 $\overline{V}_2$에 대해 풀면 다음과 같은 식을 얻는다.

$$\overline{V}_2=\left[\frac{2g(z_1-z_2)}{f(L/D+8)+1}\right]^{1/2} \quad (2)$$

수직 파이프의 직경을 수평 파이프의 직경과 같다고 가정하면

$$\frac{L}{D}=\frac{182.9\text{ m}+24.4\text{ m}}{101.6\text{ mm}}\times\frac{1000\text{ mm}}{\text{m}}=2040$$

또한

$$z_1-z_2=h=24.4\text{ m}$$

식 (2)를 수작업으로 풀기 위해서는 반복계산을 해야 한다. 우선 유동을 완전 난류(f는 일정)로 가정하고 f값을 추정한다. 이 값은 계산기를 사용해서 식 (8.37)을 풀거나, 그림 8.13에서 구할 수 있다. 큰 R_e 수(예를 들어, 10^8)와 조도 비 $e/D<0.005$(표 8.1에서 주철에 대한 $e=0.26$ mm이며, 파이프가 오래 되었으므로 2배로 한다)에서 $f\approx 0.03$이다. 따라서 식 (2)에서 $\overline{V}_2$에 대한 첫 번째 값은

$$\overline{V}_2=\left[2\times 9.81\frac{\text{m}}{\text{s}^2}\times 24.4\text{ m}\times\frac{1}{0.03(2040+8)+1}\right]^{1/2}=2.77\text{ m/s}$$

이제 f에 대한 새로운 값을 구한다.

$$Re = \frac{\rho \overline{V} D}{\mu} = \frac{\overline{V} D}{\nu} = 2.77 \frac{\text{m}}{\text{s}} \times 101.6\,\text{mm} \times \frac{\text{s}}{1.124 \times 10^{-6}\,\text{m}^2} \times \frac{\text{m}}{1000\,\text{mm}} = 2.50 \times 10^5$$

$e/D = 0.005$에 대해 식 (8.37)로부터 $f = 0.0308$이므로

$$\overline{V}_2 = \left[2 \times 9.81 \frac{\text{m}}{\text{s}^2} \times 24.4\,\text{m} \times \frac{1}{0.0308\,(2040 + 8) + 1} \right]^{1/2} = 2.73\,\text{m/s}$$

구해진 $\overline{V}_2$값(2.77과 2.73 m/s)의 차이는 수용 가능한 정확도 수준인 2% 이내이다. 만일 이 정확도에 도달하지 못했다면 이 수준 또는 다른 희망하는 정확도 수준에 도달하기까지 반복을 계속한다(대개 합리적인 정확도는 단지 1번 또는 많아야 2번 정도의 반복이면 된다). f값을 완전 거친 영역에서의 값으로 시작하지 않고 $\overline{V}_2$의 추정값, 예를 들면 0.3 m/s 또는 3 m/s에서 시작할 수도 있음에 유의하라. 유량은

$$Q = \overline{V}_2 A = \overline{V}_2 \frac{\pi D^2}{4} = 2.73 \frac{\text{m}}{\text{s}} \times \frac{\pi}{4} (100.6\,\text{mm})^2 \times \frac{\text{m}^2}{10^6\,\text{mm}^2}$$

$$Q = 0.022\,\text{m}^3/\text{s} \longleftarrow Q$$

이 문제는 유량을 계산하기 위해 수작업으로 반복계산하는 방법을 설명한다.

이 문제에서 *Excel* 워크북은 유량 Q를 구하기 위해 자동으로 반복한다. 처음에 $\overline{V}_2$(또는 Q)에 대한 양함수식[식 (2)]을 구할 필요가 없이, 식 (1)을 푼다. 워크북은 손으로 한다면 매우 많은 시간이 요구되는 '만일 ~한다면, 어떻게 되는가'라는 수많은 문제, 예를 들면 조도 e/D를 변화시키면 Q는 어떤 영향을 받는가를 해결하는 데 쉽게 사용될 수 있다. 즉, 오래된 주철파이프를 새 파이프($e/D \approx 0.0025$)로 교체하면, 유량은 0.0291 m^3/s에서 0.0244 m^3/s로 10% 증가한다는 사실을 알 수 있다! 또한 다른 경우 (c) 형태의 문제에 대해서도 쉽게 수정 적용될 수 있다.

예제 8.8 관개수로의 유동: 직경을 모름(CASE D)

물이 엔진으로 구동되는 펌프로부터 152.4 m 길이의 알루미늄 인발관을 통하여 농업 분무시스템의 분무헤드로 공급된다. 펌프의 가장 효율적인 작동 범위에서, 펌프의 송출압력이 448.2 kPa (gage)을 넘지 않으면서 송출량은 0.0946 m^3/s이다. 만족스러운 작동을 위해, 스프링클러는 206.8 kPa (gage) 또는 그 이상의 압력에서 작동해야 한다. 부손실과 높이의 변화는 무시할 수 있다. 사용할 수 있는 파이프의 최소 표준규격을 구하라.

주어진 자료: 그림과 같은 물공급 계통

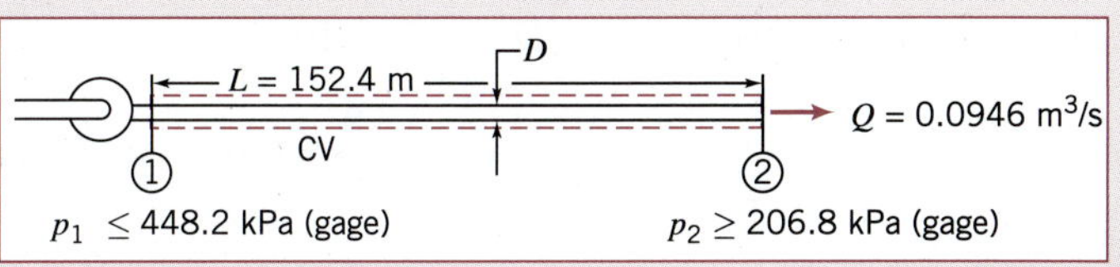

찾는 자료: 최소 표준 직경 D

풀이: Δp, L, Q는 주어져 있고 D를 모르므로, 주어진 유량에서 압력강하 조건을 만족시키는 최소 표준 직경을 구하기 위해 반복계산이 필요하다. 길이 L에 걸친 최대 허용 압력강하는

$$\Delta p_{\max} = p_{1_{\max}} - p_{2_{\min}} = (448.2 - 206.8)\,\text{kPa} = 241.4\,\text{kPa}$$

지배방정식:

$$\left(\frac{p_1}{\rho} + \alpha_1 \frac{\overline{V}_1^2}{2} + g z_1 \right) - \left(\frac{p_2}{\rho} + \alpha_2 \frac{\overline{V}_2^2}{2} + g z_2 \right) = h_{l_T} \qquad (8.29)$$

$$= 0(3)$$

$$h_{l_T} = h_l + h_{l_m} = f \frac{L}{D} \frac{\overline{V}_2^2}{2}$$

가정: **1** 정상유동

2 비압축성유동

3 $h_{l_T} = h_l$, 즉 $h_{l_m} = 0$

4 $z_1 = z_2$

5 $\overline{V}_1 = \overline{V}_2 = \overline{V}; \alpha_1 \simeq \alpha_2$

그러면

$$\Delta p = p_1 - p_2 = f\frac{L}{D}\frac{\rho\overline{V}^2}{2} \tag{1}$$

$\overline{V}$와 f가 D에 의해 결정되기 때문에 식 (1)에서 D를 구하는 것은 어렵다. 가장 좋은 방법은 D를 자동으로 구하기 위해 *Excel*과 같은 컴퓨터 응용 프로그램을 이용하는 것이다. 여기서는 수작업으로 하는 반복계산 절차를 제시한다. 첫 단계는 식 (1)과 Reynolds 수를 $\overline{V}$ 대신 Q로 표현하는 것이다(Q는 일정하지만 D에 따라 $\overline{V}$는 변한다). $\overline{V} = Q/A = 4Q/\pi D^2$이므로

$$\Delta p = f\frac{L}{D}\frac{\rho}{2}\left(\frac{4Q}{\pi D^2}\right)^2 = \frac{8fL\rho Q^2}{\pi^2 D^5} \tag{2}$$

Reynolds 수를 Q로 표현하면

$$Re = \frac{\rho\overline{V}D}{\mu} = \frac{\overline{V}D}{\nu} = \frac{4Q}{\pi D^2}\frac{D}{\nu} = \frac{4Q}{\pi\nu D}$$

처음 추정치로, 공칭 직경 100 mm(내경 102.3 mm)의 파이프를 선택하면

$$Re = \frac{4Q}{\pi\nu D} = \frac{4}{\pi}\times 0.094\,\frac{\text{m}^3}{\text{s}}\times\frac{\text{s}}{1.21\times10^{-6}\,\text{m}^2}\times\frac{1}{102.3\,\text{mm}}\times\frac{1000\,\text{mm}}{\text{m}} = 1.06\times10^6$$

인발관의 경우 $e = 0.0015$ mm(표 8.1)이므로 $e/D = 1.47\times10^{-5}$, 따라서 $f \simeq 0.012$[식 (8.37)]이며

$$\Delta p = \frac{8fL\rho Q^2}{\pi^2 D^5} = \frac{8}{\pi^2}\times0.012\times152.4\,\text{m}\times1000\,\frac{\text{kg}}{\text{m}^3}\times(0.0946)^2\,\frac{\text{m}^6}{\text{s}^2}\times\frac{1}{(102.3)^5\,\text{mm}^5}\times\frac{10^{15}\,\text{mm}^5}{\text{m}^5}\times\frac{\text{N}\cdot\text{s}^2}{\text{kg}\cdot\text{m}}\times\frac{\text{Pa}\cdot\text{m}^2}{\text{N}} = 1184\,\text{kPa}$$

$$\Delta p = 1184\,\text{kPa} > \Delta p_{\text{max}}$$

압력강하가 너무 크므로, D = 150 mm(실제 내경 154 mm)를 시도한다.

$$Re = \frac{4}{\pi}\times(0.0946)\frac{\text{m}^3}{\text{s}}\times\frac{\text{s}}{1.12\times10^{-6}\,\text{m}^2}\times\frac{1}{150\,\text{mm}}\times\frac{1000\,\text{mm}}{1\,\text{m}} = 7.17\times10^5$$

D = 150 mm 인발관의 경우 $e/D = 9.7\times10^{-6}$이므로, $f \simeq 0.0125$[식 (8.37)]이며

$$\begin{aligned}\Delta p &= \frac{8}{\pi^2}\times0.0125\times152.4\,\text{m}\times1000\,\text{kg/m}^3\times(0.0946)^2\,\frac{\text{m}^6}{\text{s}^2}\\ &\quad\times\frac{1}{(154)^5\,\text{mm}^5}\times\frac{10^{15}\,\text{mm}^5}{\text{m}^5}\times\frac{\text{N}\cdot\text{s}^2}{\text{kg}\cdot\text{m}}\times\frac{\text{Pa}\cdot\text{m}^2}{\text{N}}\end{aligned}$$

$$\Delta p = 159.5\,\text{kPa} < \Delta p_{\text{max}}$$

허용 압력강하보다 더 작으므로, 125 mm(공칭)에 대해 검토할 필요가 있다.

실제 내경 128 mm에 대하여

$$Re = \frac{4}{\pi}\times0.0946\times\frac{\text{s}}{1.12\times10^{-6}\,\text{m}^2}\times\frac{1}{128\,\text{mm}}\times\frac{1000\,\text{mm}}{1\,\text{m}} = 8.4\times10^5$$

D = 125 mm 인발관의 경우 $e/D = 1.17\times10^{-5}$이므로, $f \simeq 0.0125$[식 (8.37)]이며

$$\Delta p = \frac{8}{\pi^2} \times 0.0125 \times 152.4\,\text{m} \times 1000\frac{\text{kg}}{\text{m}^3} \times (0.0946)^2\,\frac{\text{m}^6}{\text{s}^2}$$

$$\times \frac{1}{(128)^5\,\text{mm}^5} \times \frac{10^{15}\text{mm}^5}{\text{m}^5} \times \frac{\text{N}\cdot\text{s}^2}{\text{kg}\cdot\text{m}} \times \frac{\text{Pa}\cdot\text{m}^2}{\text{N}}$$

$$\Delta p = 402.2\,\text{kPa} > \Delta p_{\max}$$

따라서 최소 공칭 직경이 150 mm인 파이프가 압력강하에 대한 기준을 만족시킨다. D

이 문제는 파이프 직경을 계산하기 위해 수작업으로 반복계산하는 방법을 설명한다.

이 문제에서 *Excel* 워크북은 식 (1)을 만족하는 정확한 파이프 직경 D를 구하기 위해 처음에 D에 대한 양함수식[식 (2)]을 구할 필요 없이 자동으로 반복한다. 그런 후 오직 할 일은 구한 값과 같거나 구한 값보다 큰 최소 공칭 직경을 선택하면 된다. 주어진 데이터에 의해 D = 142 mm이므로 적절한 파이프 크기는 150 mm이다. 워크북은 손으로 한다면 매우 많은 시간이 요구되는 '만일 ~한다면, 어떻게 되는가'라는 수많은 문제, 예를 들면, 파이프 길이 L을 변화시키면 필요한 D는 어떤 영향을 받는가를 푸는 데 사용될 수 있다. 즉, L을 76 m로 줄이면 호칭 직경 125 mm 파이프가 사용될 수 있다. 다른 경우 (d) 형태의 문제에 대해서도 수정 적용될 수 있다.

예제 8.9 입구 손실계수의 계산

Hamilton의 보고서[22]에는 저수지로부터 파이프로 유입되는 유동에서 파이프 입구의 라운딩을 여러 가지로 한 경우의 입구손실이 측정되어 있다. 실험에는 내부 직경이 38 mm이고 길이가 3 m인 동파이프가 사용되었다. 파이프는 유체를 대기로 배출시킨다. 각진 모서리 입구에서 저수지의 수면이 파이프 중심보다 25.9 m 위에 있을 때, 파이프에서의 배출량은 0.016 m³/s이다. 이 데이터로부터 각진 모서리 입구의 손실계수를 계산하라.

주어진 자료: 그림과 같이 저수지로부터 배출되는 각진 모서리 입구를 갖는 파이프

찾는 자료: K_{entrance}

풀이: 정상, 비압축성 파이프 유동에 대한 에너지방정식을 적용한다.

지배방정식:

$$\frac{p_1}{\rho} + \alpha_1\frac{\bar{V}_1^2}{2} + gz_1 = \frac{p_2}{\rho} + \alpha_2\frac{\bar{V}_2^2}{2} + gz_2 + h_{l_T}$$

(수식 위 표기: $\approx 0(2)$, $=0$)

$$h_{l_T} = f\frac{L}{D}\frac{\bar{V}_2^2}{2} + K_{\text{entrance}}\frac{\bar{V}_2^2}{2}$$

가정: **1** $p_1 = p_2 = p_{\text{atm}}$

2 $\bar{V}_1 \approx 0$

h_{l_T}를 대입하고 g로 나누면 $z_1 = h = \alpha_2\frac{\bar{V}_2^2}{2g} + f\frac{L}{D}\frac{\bar{V}_2^2}{2g} + K_{\text{entrance}}\frac{\bar{V}_2^2}{2g}$

또는

$$K_{\text{entrance}} = \frac{2gh}{\bar{V}_2^2} - f\frac{L}{D} - \alpha_2 \tag{1}$$

평균속도는

$$\bar{V}_2 = \frac{Q}{A} = \frac{4Q}{\pi D^2}$$

$$\bar{V}_2 = \frac{4}{\pi} \times 0.016\frac{\text{m}^3}{\text{s}} \times \frac{1}{(38)^2\,\text{mm}^2} \times \frac{10^6\,\text{mm}^2}{\text{m}^2} = 14.1\,\text{m/s}$$

$T = 21°\text{C}$라 가정하면, $\nu = 9.75 \times 10^{-7}\ \text{m}^2/\text{s}$(부록 A의 표 A.7)이므로

$$Re = \frac{\overline{V}D}{\nu} = 14.1\frac{\text{m}}{\text{s}} \times 38\ \text{mm} \times \frac{\text{m}}{1000\ \text{mm}} \times \frac{\text{s}}{9.75 \times 10^{-7}\ \text{m}^2}$$

인발관의 $e = 0.0015$ mm(표 8.1)이므로, $e/D = 0.00004$이고 $f = 0.0135$[식 (8.37)]이다.

식 (1)에서 K_{entrance}를 계산할 때 운동에너지 수정계수 α_2가 중요하기 때문에 이것을 계산할 때 주의해야 한다. 8.6절과 이전 예제들에서 대개 $\alpha \approx 1$로 가정했지만, 여기서는 식 (8.27)에서 이 값을 계산한다.

$$\alpha = \left(\frac{U}{\overline{V}}\right)^3 \frac{2n^2}{(3+n)(3+2n)} \tag{8.27}$$

이 식을 사용하기 위해서는 난류 멱법칙의 지수 n과 평균속도에 대한 중심속도의 비 $U/\overline{V}$의 값을 알아야 한다. n은 8.5절에서

$$n = -1.7 + 1.8\log(Re_U) \approx 8.63 \tag{8.23}$$

이며, $Re_U \approx Re_{\overline{V}}$라는 근사를 사용하였다. $\overline{V}/U$는

$$\frac{\overline{V}}{U} = \frac{2n^2}{(n+1)(2n+1)} = 0.847 \tag{8.24}$$

식 (8.27)에 이 결과들을 이용하면 $\alpha = 1.04$이다. 식 (1)에 대입하면

$$K_{\text{entrance}} = 2 \times 9.81\frac{\text{m}}{\text{s}^2} \times 25.9 \times \frac{\text{s}^2}{(14.1)^2\text{m}^2} - (0.0135)\frac{3\ \text{m}}{38\ \text{mm}} \times 1000\frac{\text{mm}}{\text{m}} - 1.04$$

$$K_{\text{entrance}} = 0.45 \longleftarrow K_{\text{entrance}}$$

이 계수는 표 8.2와 비교하면 잘 일치한다. 수력구배선과 에너지구배선은 아래 그림에 보인다. 각진 모서리 입구에서의 큰 손실은 주로 입구의 각진 모서리에서의 박리와 모서리 바로 하류에 형성되는 축소류 때문에 발생한다. 유효 유동면적은 축소류에서 최소가 되므로, 유동속도는 그 위치에서 최대가 된다. 축소류 뒤에는 유동이 다시 팽창되어 파이프를 채운다. 축소류 뒤의 불규칙한 팽창이 수두손실의 대부분의 원인이 된다(예제 8.12 참조).

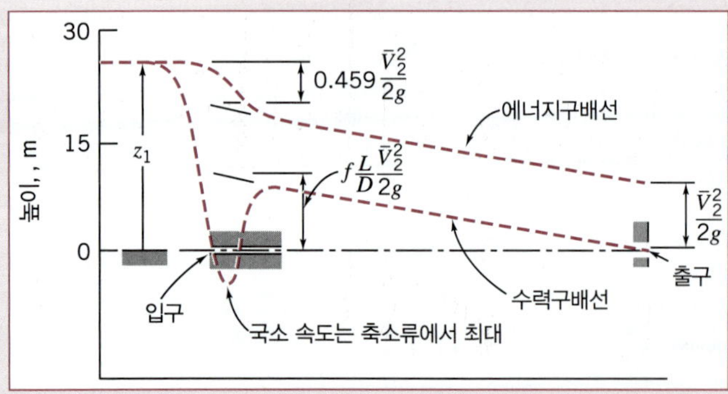

입구 모서리의 라운딩은 박리의 범위를 크게 감소시킨다. 라운딩은 축소류를 통과하는 속도 증가를 감소시키고, 결과적으로 입구에 의한 수두손실을 감소시킨다. 곡률이 잘 만들어진 경우에는 유동박리를 거의 없앨 수 있고, 유동 형태는 그림 8.1과 비슷하게 된다. 완전 발달된 유동과 비교하여 둥근 입구에서의 수두손실이 더 큰 것은 입구 길이에서 벽면 전단응력이 높기 때문에 나타나는 결과이다.

이 문제는:

- 실험데이터에서 부손실계수를 구하는 방법을 설명한다.
- 비점성유동에 대해 6.4절에서 처음 소개한 EGL과 HGL이 직관손실과 부손실이 있으면 어떻게 변화되는지를 보여준다. EGL은 기계적 에너지가 소비되면서 연속적으로 감소하고, 각진 모서리 입구손실과 같은 것이 있을 때는 매우 급격하게 감소한다. 각 위치에서의 HGL은 EGL보다 국소 속도 수두 $\overline{V}^2/2g$ 만큼 낮다. 또한 축소류에서 HGL은 크게 떨어진 후 다시 회복된다.

예제 8.10 유량을 증가시키기 위한 디퓨저의 사용

로마 황제는 모든 시민에게 공용의 급수 본관에 구경이 정해지고, 원형, 청동으로 된 튜브 모양의 노즐을 연결하도록 수도사용권을 부여하였다[17]. 일부 영리한 시민들은 간접적인 방법에 의해 유량을 조절하여 불공정한 이득을 취하였다. 그 사람들은 노즐 출구에 디퓨저를 설치하여 배출 유량을 증가시켰다. 급수 본관의 정압수두는 z_0 = 1.5 m, 노즐의 출구직경 D = 25 mm로 가정하라. (배출압력은 대기압이다.) $N/R_1 = 3.0$과 $AR = 2.0$인 디퓨저가 노즐 끝에 부착된 경우 증가되는 유량을 구하라.

주어진 자료: 그림과 같이 급수 본관에 부착된 노즐

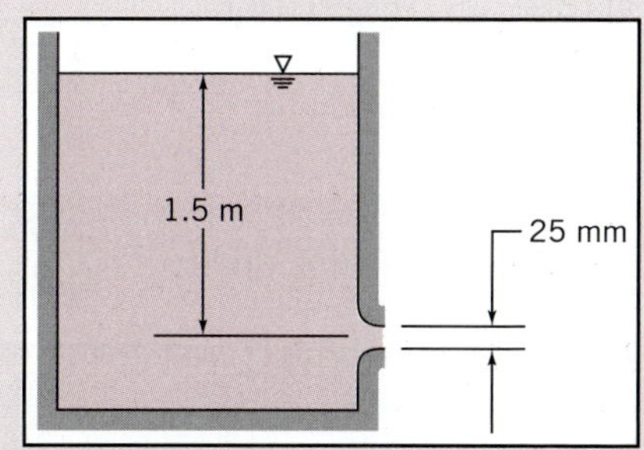

찾는 자료: $N/R_1 = 3.0$과 $AR = 2.0$인 디퓨저가 설치된 경우 증가되는 배출유량

풀이: 정상, 비압축성 파이프 유동에 대해 에너지 방정식을 적용한다.

지배방정식:

$$\frac{p_0}{\rho} + \alpha_0 \frac{\bar{V}_0^2}{2} + gz_0 = \frac{p_1}{\rho} + \alpha_1 \frac{\bar{V}_1^2}{2} + gz_1 + h_{l_T} \tag{8.29}$$

가정: **1** $\bar{V}_0 \approx 0$

2 $\alpha_1 \approx 1$

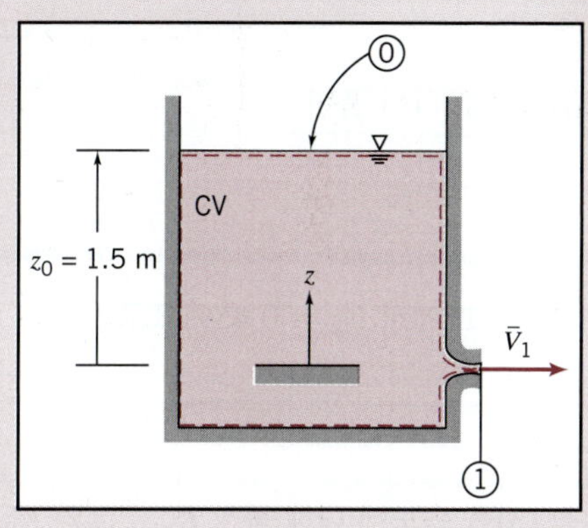

노즐만 있는 경우에 대해서는

$$\cancel{\frac{p_0}{\rho}} + \alpha_0 \cancel{\frac{\bar{V}_0^2}{2}}^{\approx 0(1)} + gz_0 = \cancel{\frac{p_1}{\rho}} + \cancel{\alpha_1}^{\approx 1(2)} \frac{\bar{V}_1^2}{2} + \cancel{gz_1}^{=0} + h_{l_T}$$

$$h_{l_T} = K_{\text{entrance}} \frac{\bar{V}_1^2}{2}$$

따라서

$$gz_0 = \frac{\bar{V}_1^2}{2} + K_{\text{entrance}} \frac{\bar{V}_1^2}{2} = (1 + K_{\text{entrance}}) \frac{\bar{V}_1^2}{2} \tag{1}$$

속도를 구하고 $K_{\text{entrance}} \approx 0.04$(표 8.2)를 대입하면

$$\bar{V}_1 = \sqrt{\frac{2gz_0}{1.04}} = \sqrt{\frac{2}{1.04} \times 9.81 \frac{\text{m}}{\text{s}^2} \times 1.5\ \text{m}} = 5.32\ \text{m/s}$$

$$Q = \bar{V}_1 A_1 = \bar{V}_1 \frac{\pi D_1^2}{4} = 5.32 \frac{\text{m}}{\text{s}} \times \frac{\pi}{4} \times (0.025)^2\ \text{m}^2 = 0.00261\ \text{m}^3/\text{s} \longleftarrow Q$$

디퓨저가 설치된 노즐에 대해서

$$\cancel{\frac{p_0}{\rho}} + \alpha_0 \cancel{\frac{\bar{V}_0^2}{2}}^{\approx 0(1)} + gz_0 = \cancel{\frac{p_2}{\rho}} + \cancel{\alpha_2}^{\approx 1(2)} \frac{\bar{V}_2^2}{2} + \cancel{gz_2}^{=0} + h_{l_T}$$

$$h_{l_T} = K_{\text{entrance}} \frac{\bar{V}_1^2}{2} + K_{\text{diffuser}} \frac{\bar{V}_1^2}{2}$$

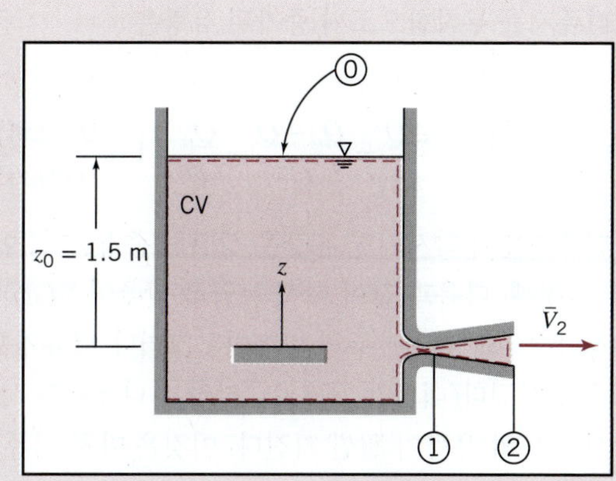

또는

$$gz_0 = \frac{\overline{V}_2^2}{2} + (K_{\text{entrance}} + K_{\text{diffuser}})\frac{\overline{V}_1^2}{2} \tag{2}$$

연속방정식 $\overline{V}_1 A_1 = \overline{V}_2 A_2$이므로

$$\overline{V}_2 = \overline{V}_1 \frac{A_1}{A_2} = \overline{V}_1 \frac{1}{AR}$$

식 (2)는 다음과 같이 된다.

$$gz_0 = \left[\frac{1}{(AR)^2} + K_{\text{entrance}} + K_{\text{diffuser}}\right]\frac{\overline{V}_1^2}{2} \tag{3}$$

그림 8.16은 디퓨저에 대한 $C_p = \dfrac{p_2 - p_1}{\frac{1}{2}\rho \overline{V}_1^2}$의 데이터이다.

K_{diffuser}를 구하기 위해 ①부터 ②까지 에너지 방정식을 적용하면

$$\frac{p_1}{\rho} + \alpha_1 \frac{\overline{V}_1^2}{2} + g\cancel{z_1} = \frac{p_2}{\rho} + \alpha_2 \frac{\overline{V}_2^2}{2} + g\cancel{z_2} + K_{\text{diffuser}}\frac{\overline{V}_1^2}{2}$$

$\alpha_2 \approx 1$로 하여 풀면

$$K_{\text{diffuser}} = 1 - -\frac{\overline{V}_2^2}{\overline{V}_1^2} - \frac{p_2 - p_1}{\frac{1}{2}\rho \overline{V}_1^2} = 1 - \left(\frac{A_1}{A_2}\right)^2 - C_p = 1 - \frac{1}{(AR)^2} - C_p$$

그림 8.16에서 $C_p = 0.45$이므로

$$K_{\text{diffuser}} = 1 - \frac{1}{(2.0)^2} - 0.45 = 0.75 - 0.45 = 0.3$$

식 (3)을 속도에 대해 풀고 K_{entrance}와 K_{diffuser}를 대입하면,

$$\overline{V}_1^2 = \frac{2gz_0}{0.25 + 0.04 + 0.3}$$

따라서

$$\overline{V}_1 = \sqrt{\frac{2gz_0}{0.59}} = \sqrt{\frac{2}{0.59} \times 9.81 \frac{\text{m}}{\text{s}^2} \times 1.5\,\text{m}} = 7.06\,\text{m/s}$$

그리고

$$Q_d = \overline{V}_1 A_1 = \overline{V}_1 \frac{\pi D_1^2}{4} = 7.06 \frac{\text{m}}{\text{s}} \times \frac{\pi}{4} \times (0.025)^2\,\text{m}^2 = 0.00347\,\text{m}^3/\text{s} \longleftarrow Q_d$$

디퓨저를 부착함으로써 증가된 유량은

$$\frac{\Delta Q}{Q} = \frac{Q_d - Q}{Q} = \frac{Q_d}{Q} - 1 = \frac{0.00347}{0.00261} - 1 = 0.330 \quad \text{또는} \quad 33\% \longleftarrow \frac{\Delta Q}{Q}$$

디퓨저를 부착시키면 유량은 상당히 증가한다! 이유는 두 가지로 설명할 수 있다.

첫째, 다음과 같이 대략 눈금을 맞추어 EGL과 HGL 곡선을 그린다. 두 유동 모두에서 출구의 HGL은 0이 되어야 한다(HGL은 정압수두와 위치수두의 합이다). 그러나 디퓨저를 통과하면서 압력은 증가하므로, 디퓨저 입구에서의 압력은 표시한 바와 같이 매우 낮아진다(대기압 아래로). 따라서 디퓨저를 사용하면, 이 노즐의 구동력 Δp는 노즐만 사용한 경우보다 훨씬 커서 노즐 출구면에서 속도와 유량이 훨씬 커진다. 이것은 마치 디퓨저가 노즐에 대해 흡입장치의 역할을 하는 것과 같다.

둘째, 두 유동에 대해 에너지 방정식을 검토할 수 있다[노즐만 사용한 경우는 식 (1), 디퓨저를 추가한 경우는 식 (3)]. 이 식들을 노즐 출구에서의 속도를 구하는 식으로 다시 쓴다.

$$\overline{V}_1 = \sqrt{\frac{2gz_0}{1+K_{\text{entrance}}}} \quad \text{(노즐만 사용)} \qquad \overline{V}_1 = \sqrt{\frac{2gz_0}{\dfrac{1}{(AR)^2}+K_{\text{diffuser}}+K_{\text{entrance}}}} \quad \text{(노즐 + 디퓨저)}$$

이 두 식을 비교하면 디퓨저는 분모에 항(손실계수 $K_{\text{diffuser}} = 0.3$)이 추가되면서 노즐속도를 감소시키려 하지만, 반면에 1(노즐만 사용한 경우 노즐의 운동에너지 손실을 나타냄)은 $1/(AR)^2 = 0.25$(디퓨저 출구면의 작은 운동에너지 손실을 나타냄)로 대체되었다. 최종 효과는 분모의 1이 $0.25 + 0.3 = 0.55$로 대체되었기 때문에 노즐 출구속도가 증가한다. 디퓨저를 추가함으로써 생긴 유동에 대한 저항은 장치 출구에서 '버려지는' 운동에너지가 훨씬 적기 때문에 이 이상이 보충된다(노즐만 사용한 경우 출구속도는 5.32 m/s, 디퓨저를 추가한 경우는 1.77 m/s이다).

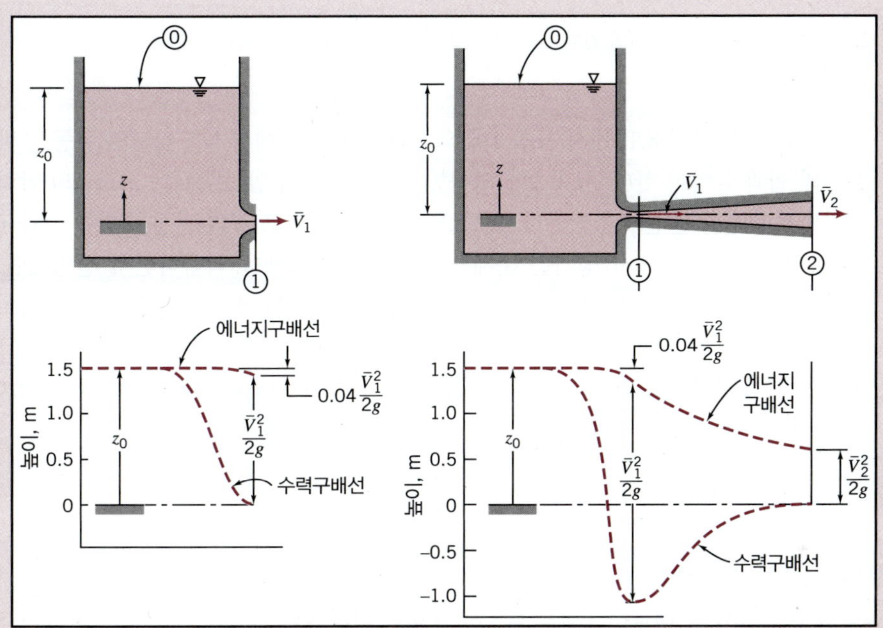

수도국장인 Frontinus는 서기 97년에 모든 로마인에게 조건을 표준화시켰다. 모든 수요자의 노즐에 부착되는 튜브는 공용 급수 본관으로부터 적어도 직선으로 15 m를 동일 직경으로 설치할 것을 요구하였다(연습문제 8.115 참조).

다중유로 시스템

실제 상황의 많은 파이프 시스템(예를 들면, 큰 빌딩의 아파트에 물을 공급하는 파이프 네트워크)은 다양한 직경의 파이프가 직렬이나 병렬로 복잡하게 연결된 네트워크를 이루고 있다. 예를 들어, 그림 8.17과 같은 시스템의 일부를 고려해 보자. 물이 다기관 점 1에서 어떤 압력으로 공급되고, 그림의 점 5에서 배수관으로 흐른다. 일부의 물은 A, B, C, D를 통해 흐르면서 **직렬** 파이프를 구성하고, 일부의 물은 A, E, F 또는 G, H, C, D 그리고 두 분기점 F와 G를 통해 흐르며 **병렬**로 구성된다. 이런 유형의 문제는 전기이론에서 직류 저항회로를 해석하는 것과 유사하게 해석한다. 질량보존법칙과 수두손실 방정식을 적용한다.

네트워크를 해석하기 위한 기본적인 규칙은 여러 가지이다. 그것들을 아래와 같이 나타낸다.

1 모든 노드(합류점)에서 유동은 0이다.

2 각 노드에서는 압력수두(HGL)가 하나뿐이다.

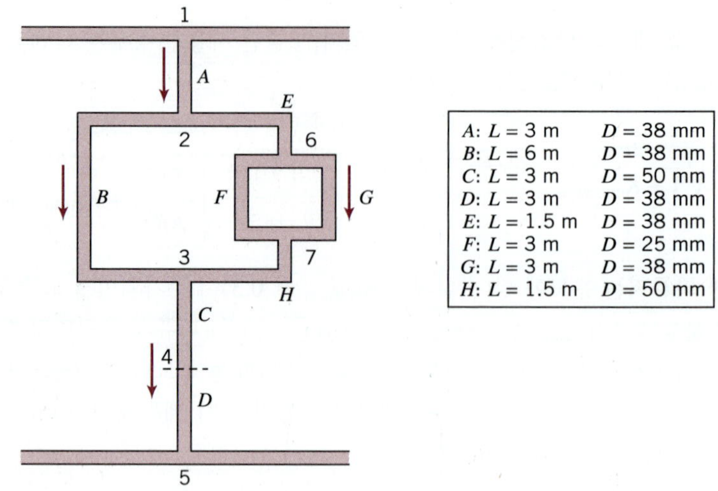

그림 8.17 파이프 네트워크의 일부.

예를 들어, 그림 8.17에서 규칙 1에 의하면 파이프 A에서 노드 2로의 유동은 파이프 B와 E로 나가는 유동의 합과 같아야 한다. 규칙 2에 의하면 노드 7에서의 압력수두는 노드 6의 압력에서 파이프 F나 G를 지나면서 발생한 손실보다 작거나, 노드 3의 수두에 파이프 H의 손실을 더한 것과 같다.

파이프 네트워크에서 생기는 문제는 단일유로 시스템을 학습하면서 설명했던 내용만큼 다양하지만, 가장 공통적인 점은 압력 차이가 주어졌을 때 각 파이프에 흐르는 유동을 찾는 것이다. 예제 8.11에 그 예를 보인다. 파이프 네트워크는 단일유로 문제보다는 분명하게 훨씬 더 어렵고, 시간도 많이 소요되고, 반복 계산이 거의 항상 필요하며, 실제적으로는 대개 소프트웨어를 이용해서만 풀 수 있다. 많은 공학 자문회사가 해석을 위한 독점적인 소프트웨어 응용 프로그램을 사용한다.

예제 8.11 파이프 네트워크에서의 유량

그림 8.17과 같은 물이 흐르는 주철 파이프 네트워크에서 점 1의 유용한 정압수두(gage)는 물 높이 30 m이고, 점 5는 배수점(대기압)이다. 각 파이프의 유량(L/min)을 구하라.

주어진 자료: 파이프 네트워크 전후에서의 압력수두 $h_{1-5} = 30$ m

찾는 자료: 각 파이프의 유량

풀이:

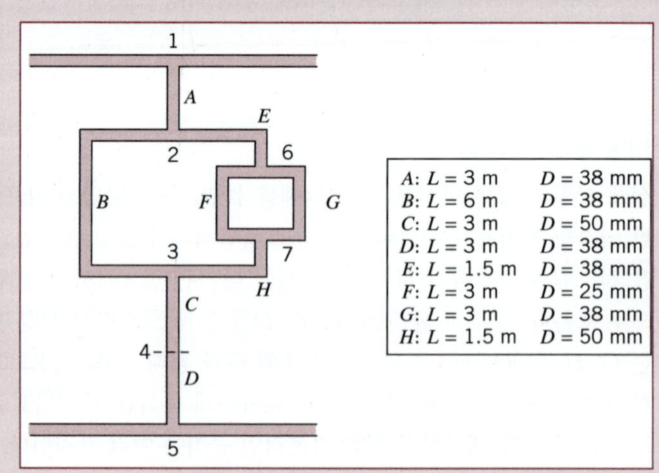

지배방정식: 각 파이프마다

$$\left(\frac{p_1}{\rho}+\alpha_1\frac{\bar{V}_1^2}{2}+g\cancelto{=0(1)}{z_1}\right)-\left(\frac{p_2}{\rho}+\alpha_2\frac{\bar{V}_2^2}{2}+g\cancelto{=0(1)}{z_2}\right)=h_{l_T}=h_l+\cancelto{=0(2)}{\Sigma h_{l_m}} \tag{8.29}$$

여기서

$$h_l = f\frac{L}{D}\frac{\overline{V}^2}{2} \tag{8.34}$$

f는 식 (8.36)(층류)이나 식 (8.37)(난류)에서 구해진다. 주철 파이프의 조도는 표 8.1에서 $e = 0.26$ mm이다.

가정: **1** 중력은 무시한다.
2 부손실은 무시한다.

가정 (2)는 해석을 명확하게 하기 위한 것으로, 부손실은 이후에 쉽게 포함시킬 수 있다.

여기에 더하여 기본규칙

1 모든 노드(합류점)에서 유동은 0이다.
2 각 노드에서는 압력수두(HGL)가 하나뿐이다.

을 수학적으로 표현한다. 기본규칙 1을 노드 2와 6에 적용하면

$$\text{노드 2:} \quad Q_A = Q_B + Q_E \tag{1}$$

$$\text{노드 6:} \quad Q_E = Q_F + Q_G \tag{2}$$

그리고 다음의 조건이 분명하다.

$$Q_A = Q_C \tag{3}$$
$$Q_A = Q_D \tag{4}$$
$$Q_E = Q_H \tag{5}$$

기본규칙 2를 적용하여 다음과 같은 압력강하에 대한 식을 얻는다.

$$h_{1-5}: \quad h = h_A + h_B + h_C + h_D \tag{6}$$
$$h_{2-3}: \quad h_B = h_E + h_F + h_H \tag{7}$$
$$h_{6-7}: \quad h_F = h_G \tag{8}$$

여덟 개의 식[마찬가지로 각 파이프에 대한 식 (8.29)와 (8.34)의 적용!]을 반복적으로 풀어야 한다. 수작업으로 반복계산을 해야 한다면 식 (3), (4), (5)를 사용하여 금방 미지수의 수를 쉽게 줄이고, 식을 다섯 개(Q_A, Q_B, Q_E, Q_F, Q_G)로 줄일 수 있다. 반복계산에는 여러 접근방법이 있으며, 그중 하나는 다음과 같다.

1 Q_A, Q_B, Q_F값을 추측한다.
2 식 (1)과 (2)에서 Q_E와 Q_G를 구한다.
3 마지막으로 식 (6), (7), (8)을 이용하여 규칙 2(각 노드에서 압력수두가 하나뿐)가 만족되는지를 확인한다.
4 식 (6), (7) 또는 (8) 중 어느 하나라도 만족되지 않으면, 파이프 유동에 대해 알고 있는 사실을 이용하여 Q_A, Q_B, Q_F값을 조정한다.
5 2단계부터 5단계까지를 수렴할 때까지 반복한다.

유량은

$$Q_A = Q_C = Q_D = 625.6 \text{ L/min}$$
$$Q_B = 272.0 \text{ L/min}$$
$$Q_E = Q_H = 353.6 \text{ L/min}$$
$$Q_F = 87.1 \text{ L/min}$$
$$Q_G = 266.5 \text{ L/min}$$

이 문제는 미지의 유량을 계산하기 위해 서로 결합되어 있고, 비선형인 연립방정식들을 풀기 위해 *Excel*을 사용하는 방법을 설명한다. 이 문제의 *Excel* 워크북은 다양한 유형의 다중 유로 시스템을 풀기 위해 수정될 수 있다.

Part C 유량의 측정

이 교재는 전반적으로 파이프에서의 유량 Q와 평균속도 $\bar{V}$에 대한 것이다. 그렇다면 '이 물리량을 어떻게 측정할 것인가'라는 질문이 제기된다. 다양한 형태의 유량계를 설명하면서 이 질문에 대해 답해 보자.

유량계의 선택은 요구되는 정확도, 측정 범위, 가격, 복잡성, 측정 또는 데이터 처리의 편의성, 장치의 수명의 영향을 받는다. 희망하는 정확도를 갖추면서도 취급하기 쉽고 값싼 장치가 선택되어야 할 것이다.

파이프의 유량을 측정하는 가장 확실한 방법은 **직접적 방법**이다. 즉, 고정된 시간 동안 용기에 저장된 유체의 양을 단순하게 측정한다! 탱크를 이용하여 알고 있는 시간간격 동안 모아진 액체의 체적 또는 질량을 측정함으로써 정상적인 액체유동에 대한 유량을 구한다. 만약 시간간격이 정확히 측정될 수 있도록 충분하게 길다면, 이 방법으로 유량을 정확하게 구할 수 있다.

기체유동의 체적을 측정할 때는 압축성이 고려되어야 한다. 기체의 밀도는 일반적으로 너무 작기 때문에 질량유량을 정확하게 직접 측정하는 것은 어렵다. 그러나 체적 샘플은 '벨'이나 거꾸로 세운 병의 물 위에서 배제된 공간으로 수집된다(평형추에 의해 압력이 일정하게 유지되는 경우에). 체적이나 질량이 주의 깊게 측정된다면, 어떠한 보정도 필요 없다. 이것이 직접적 방법의 큰 장점이다.

특별한 응용분야, 특히 원격이나 기록에 사용되는 **용적식 유량계**는 유체가 장치를 통과하면서 왕복피스톤 또는 진동판과 같은 요소를 움직인다. 흔한 예로서, 유량을 직접 읽을 수 있도록 보정되어 있는 가정용 수도계량기나 천연가스미터 또는 총 유량과 자동으로 가격을 계산하는 휘발유 계량펌프가 있다. 많은 용적식 유량계는 상품으로 나와 있는 것이 많다. 설계와 설치에 관한 상세한 내용은 생산자의 제품설명서나 참고문헌(예를 들면, [18])을 참조하라.

8.9 내부유동을 위한 교축 유량계

내부유동을 위한 대부분의 교축 유량계는 그림 8.18과 같이 임의의 형태를 가진 노즐을 통과하는 유체의 가속을 기초로 하고 있다. 속도의 변화는 압력의 변화를 가져온다는 개념이다. 이러한 Δp는 압력계(전자식이나 기계식)나 마노미터를 이용하여 측정되고, 유량은 이론적 해석이나 장치에 대한 실험적 상관식을 이용하여 유도된다.

가장 일반적으로 사용되는 교축 장치는 오리피스, 노즐 및 벤투리 튜브이다. 모두 유사한 유동 패턴을 가지며 노즐을 통한 유동은 장치의 동작을 설명하는 데 사용된다. 노즐 목의 날카로운 모서리 부분에서 발생하는 유동박리는 그림에서 노즐로부터 하류 쪽에 점선으로 나타낸 것과 같은 재순환 영역을 발생시킨다. 주류의 유동은 노즐 입구로부터 단면 ②의 **축류**의 형태까지 계속해서 가속된 후 다시 감속되어 덕트를 채운다. 축류에서 유동면적이 최소가 되고, 유선은 본질적으로 직선이며, 압력은 단면을 가로질러 균일하다.

이론적인 유량은 연속방정식과 Bernoulli 방정식을 적용하여 단면 ①과 ② 사이의 압력 차이와 연관시킬 수 있다. 그런 후 경험적인 수정계수를 적용하여 실제 유량을 구한다. 다음의 가정이 적용된다.

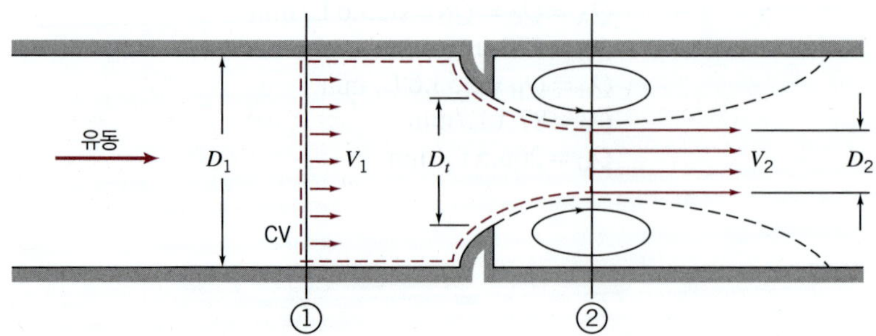

그림 8.18 일반적인 노즐을 통한 내부유동 해석에 사용되는 검사체적.

1 정상유동

2 비압축성유동

3 유선을 따르는 유동

4 마찰이 없음

5 단면 ①과 ②에서 균일한 속도

6 단면 ①과 ②에서 유선의 곡률이 없고, 압력은 단면을 가로질러 균일

7 $z_1 = z_2$

일정한 밀도를 갖는 유체에 대하여 질량보존법칙은 다음과 같다.

$$\sum_{CS} \vec{V} \cdot \vec{A} = 0 \tag{4.13b}$$

그리고 점성 마찰을 무시한다고 가정하면 Bernoulli 방정식은 다음과 같다.

$$\frac{p_1}{\rho} + \alpha_1 \frac{V_1^2}{2} + g\cancel{z_1} = \frac{p_2}{\rho} + \alpha_2 \frac{V_2^2}{2} + g\cancel{z_2} \tag{6.8}$$

그러면 Bernoulli 방정식에서

$$p_1 - p_2 = \frac{\rho}{2}(V_2^2 - V_1^2) = \frac{\rho V_2^2}{2}\left[1 - \left(\frac{V_1}{V_2}\right)^2\right]$$

연속방정식에서

$$(-\rho V_1 A_1) + (\rho V_2 A_2) = 0$$

또는

$$V_1 A_1 = V_2 A_2 \quad \text{따라서} \quad \left(\frac{V_1}{V_2}\right)^2 = \left(\frac{A_2}{A_1}\right)^2$$

대입하면

$$p_1 - p_2 = \frac{\rho V_2^2}{2}\left[1 - \left(\frac{A_2}{A_1}\right)^2\right]$$

이론속도 V_2에 대해 풀면

$$V_2 = \sqrt{\frac{2(p_1 - p_2)}{\rho[1 - (A_2/A_1)^2]}} \tag{8.51}$$

이론적인 질량유량은 다음과 같이 주어진다.

$$\dot{m}_{\text{theoretical}} = \rho V_2 A_2$$
$$= \rho \sqrt{\frac{2(p_1 - p_2)}{\rho[1 - (A_2/A_1)^2]}} A_2$$

또는

$$\dot{m}_{\text{theoretical}} = \frac{A_2}{\sqrt{1 - (A_2/A_1)^2}} \sqrt{2\rho(p_1 - p_2)} \tag{8.52}$$

식 (8.52)는 정해진 가정에서 유체(ρ)와 유량계의 구조(A_1과 A_2)가 정해지면, 유량이 계기 탭 사이의 압력 강하의 제곱근에 직접 비례한다는 것을 보여준다.

$$\dot{m}_{\text{theoretical}} \propto \sqrt{\Delta p}$$

이것이 이 장치의 기본적인 개념이다. 이 관계는 정확하게 측정할 수 있는 유량이 약 4:1 범위로 제한된다.

유량계를 통하는 실제 질량유량을 계산하는 데 있어서 식 (8.52)의 유용성을 제한하는 요소가 몇 개 있다. 단면 ②에서의 실제 유동면적은 축소류 현상이 현저할 때 알지 못한다(예를 들면, D_t가 D_1에 비하여 작은 오리피스 판의 경우). 속도분포는 Reynolds 수가 클 때만 균일유동에 접근한다. 마지막으로, 압력 탭의 위치는 미세한 압력을 읽는 데 영향을 준다.

이론식은 경험적인 **송출계수**(*discharge coefficient*) C를 정의하여 Reynolds 수와 직경비 D_t/D_1에 대해 조정된다. 따라서 유량은 식 (8.52)를 대신하여 다음과 같이 된다.

$$\dot{m}_{\text{actual}} = \frac{CA_t}{\sqrt{1-(A_t/A_1)^2}} \sqrt{2\rho(p_1-p_2)} \tag{8.53}$$

$\beta = D_t/D_1$로 놓으면, $(A_t/A_1)^2 = (D_t/D_1)^4 = \beta^4$이므로 일반적인 형태의 계량 방정식은 다음과 같다.

$$\dot{m}_{\text{actual}} = \frac{CA_t}{\sqrt{1-\beta^4}} \sqrt{2\rho(p_1-p_2)} \tag{8.54}$$

송출계수 C의 값은 유량계(오리피스, 노즐 또는 벤투리)의 종류와 Reynolds 수에 따라 달라진다.

식 (8.54)에서 $1/\sqrt{1-\beta^4}$은 **속도 접근인수**(*velocity-of-approach factor*)이다. 송출계수와 접근속도 인수는 종종 결합되어 하나의 **유동계수**(*flow coefficient*)로 나타낸다.

$$K \equiv \frac{C}{\sqrt{1-\beta^4}} \tag{8.55}$$

유동계수로 실제 질량유량을 나타내면

$$\dot{m}_{\text{actual}} = KA_t \sqrt{2\rho(p_1-p_2)} \tag{8.56}$$

앞에서 지적하였듯이, 유량계의 선택은 가격, 정확도, 보정 필요성, 설치와 유지의 편의성과 같은 인자들에 의해 좌우된다. 표 8.6에서 이러한 요소 중에 몇 가지를 **오리피스 판**, **유동 노즐**, **벤투리** 유량계에 대해 비교하였다. 수두손실이 크다는 것은 장치의 작동비용이 높다는 것을 의미하고, 그 장치는 유체에너지를 많이 소비한다.

문헌에 나와있는 유량계 계수는 완전 발달 난류 유동으로 유량계 입구(단면 ①)에서 측정했다. 유량계가 밸브, 엘보 또는 기타 방해물로부터 하류에 설치되는 경우 파이프의 직선 부분이 유량계 앞에 와야 한다. 벤투리 미터의 경우 직경의 약 10배 길이의 직선 파이프가 필요하고 오리피스 판 또는 유동 노즐의 경우 직경의 40배까지 필요하다. 유량계가 적절하게 설치되면 유량은 식 (8.53)에 정의된 실험적인 송출계수 C 또는 식 (8.55)에 정의된 유동계수 K의 적절한 값을 사용하여 식 (8.54) 또는 (8.56)으로부터 계산할 수 있다.

오리피스 판

오리피스 판(그림 8.19)은 파이프 플랜지 사이에 고정시킬 수 있는 얇은 판이다. 형상이 간단하기 때문에,

표 8.6

오리피스, 유동 노즐, 벤투리 유량계의 특성

유량계	형상	수두손실	초기비용
오리피스		높음	낮음
유동 노즐		중간	중간
벤투리		낮음	높음

가격이 싸고 설치 또는 교체가 쉽다. 오리피스의 날카로운 모서리는 녹이나 부유물에 의해 오염되지 않는다. 그러나 수평 파이프에서 동심형 오리피스의 경우 부유물이 입구 쪽의 환형부분에 쌓일 수 있고, 편심 오리피스를 파이프 바닥과 일치하도록 설치하여 부유물을 씻어내어서 이런 어려움을 해결할 수도 있다. 오리피스의 주된 단점은 제한된 유량 범위와 측정요소로부터 하류에서의 불규칙적인 팽창으로 인한 영구적인 높은 수두손실이다.

오리피스의 압력 탭은 그림 8.19에 보인 것과 같이 여러 곳이 가능하다. 표준 위치는 오리피스 판의 코너, 오리피스 판의 양쪽으로 1인치 또는 오리피스 판의 상류에서 직경만큼의 거리와 하류에서 직경의 반 거리이다. 송출계수 C의 값은 탭의 위치에 따라 크게 달라진다.

오리피스를 통과하는 유동은 오리피스 계수 C_o를 사용하여 계량 방정식으로부터 계산할 수 있다.

$$\dot{m} = C_o A_t \sqrt{\frac{2\rho(p_1 - p_2)}{1-\beta^4}} \tag{8.57}$$

상류에서 직경의 거리에 위치한 탭과 하류에서 직경의 반 거리에 위치한 탭(D와 1/2 D 탭)을 갖는 동심 오리피스에 추천되는 관계식은 다음과 같다[23].

$$C_o = 0.5959 + 0.0321\beta^{2.1} - 0.184\beta^8 + \frac{91.71\beta^{2.5}}{(\mathrm{Re}_{D_1} \times 10^{-6})^{0.75}} + 0.0900\left(\frac{L_1}{D}\right)\left[\frac{\beta^4}{1-\beta^4}\right] - 0.0337\left(\frac{L_2}{D}\right)\beta^3 \tag{8.58}$$

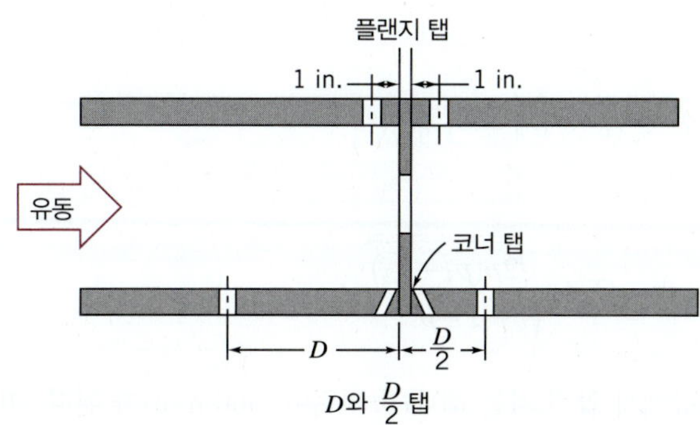

그림 8.19 오리피스의 형상과 압력 탭의 위치[18].

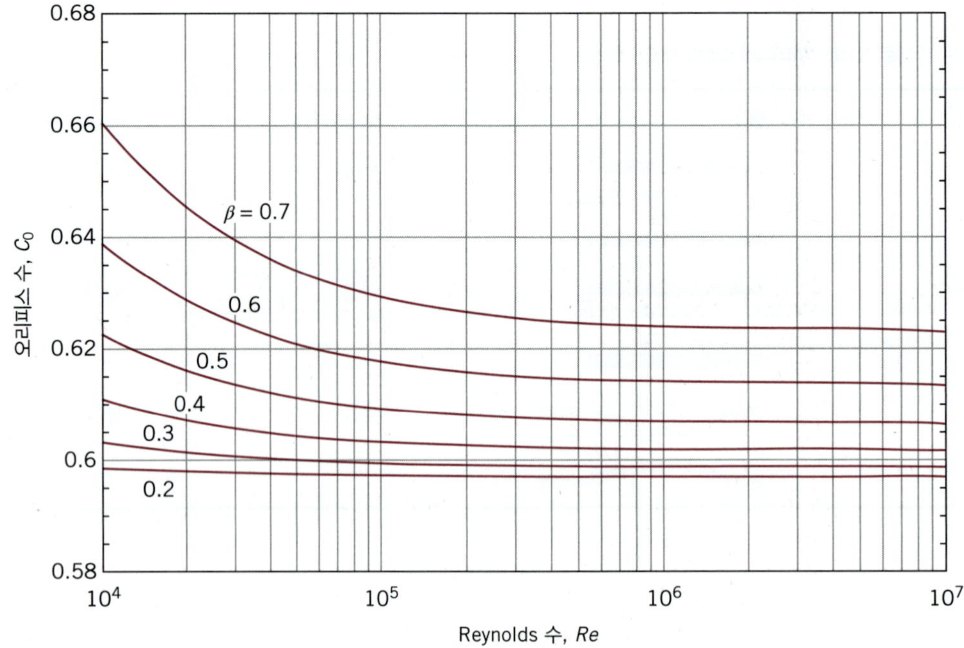

그림 8.20 *D*와 *D*/2 탭을 갖는 동심 오리피스의 유동계수

식 (8.58)은 $0.2 < \beta < 0.75$와 $10^4 < Re_{D_1} < 10^7$에 대하여 오리피스 송출계수를 ±0.6% 이내로 예측할 수 있다. 오리피스 계수는 그림 8.20에 나타나 있다. 코너 탭을 갖는 오리피스 판에도 유사한 관계식을 사용할 수 있다. 플랜지 탭은 모든 경우에 대하여 다른 관계식을 요구한다.

예제 8.12는 유동계수 데이터를 오리피스 크기에 적용하는 방법을 보여준다.

예제 8.12 오리피스 유량계를 통한 유동

직경 0.25 m의 덕트에 표준 공기가 1 m^3/s의 유량으로 흐를 것으로 예상된다. 유량 측정을 위해 오리피스 유량계가 사용된다. 측정에 사용되는 마노미터는 최대 범위가 물의 수두로 300 mm이다. *D*와 *D*/2에서 압력탭을 사용한다고 할 때 오리피스 판의 직경을 구하라. 축소류에서 유동면적이 오리피스 직경의 0.65배일 때 수두손실을 구하라.

주어진 자료: 그림과 같은 덕트와 오리피스를 통하는 유동

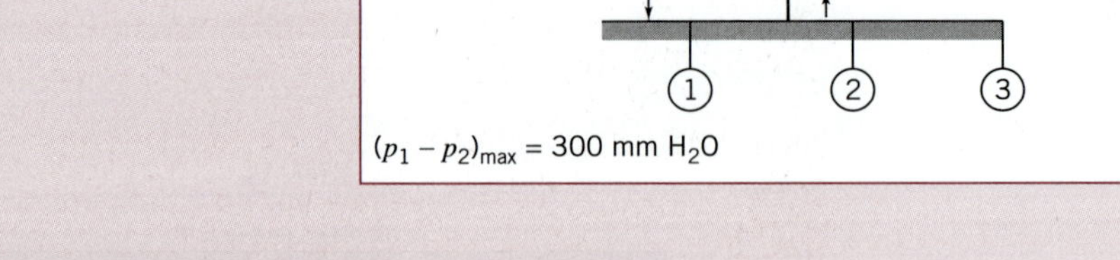

찾는 자료: (a) 물의 수두 300 mm의 압력 차에서 공기유량이 1 m^3/s일 때 오리피스 직경

(b) 오리피스 유량계에서 수두손실

가정: 1 공기유동은 정상상태이다.

2 공기는 비압축성 유체로 간주한다.

풀이: 오리피스 유량은 그림 8.20의 오리피스 계수와 식 (8.57)에 주어져 있다.

지배방정식:

$$\dot{m} = C_o A_t \sqrt{\frac{2\rho(p_1 - p_2)}{1 - \beta^4}}$$

이 방정식에서 최대 질량유량을 알 수 있다. 최대 유량에서 압력 차는 최대(물의 수두 300 mm)가 된다. 미지수는 오리피스 계수, 목

면적과 직경비 β이다. 오리피스 계수 C_o는 Reynolds 수와 직경비에 따라서 달라진다. 직경을 선택하고 압력 차를 결정하는 과정을 반복하여 계산을 진행한다. 압력 차가 물의 수두 300 mm보다 크면 더 큰 직경비가 선택된다.
식 (8.57)에서 압력 차는 다음과 같이 구할 수 있다.

$$(p_1-p_2)=\frac{1-\beta^4}{2\rho}\left(\frac{\dot{m}}{C_oA_t}\right)^2=\frac{\rho(1-\beta^4)}{2}\left(\frac{Q}{C_oA_t}\right)^2$$

표준상태의 공기 밀도는 1.23 kg/m^{3}이고 점성계수는 1.46 10^{-5} Pa-s이다.

Reynolds 수는 다음과 같이 주어진다.

$$\mathrm{Re}_{D_1}=\frac{\rho\bar{V}D_1}{\mu}=\frac{\rho}{\mu}\left(\frac{Q}{A_1}\right)D_1=\frac{\rho}{\mu}\frac{4Q}{\pi D_1}$$

$$=\frac{1.23\dfrac{\mathrm{kg}}{\mathrm{m}^3}}{1.46\times10^{-5}\,\mathrm{Pa-s}}\cdot\frac{4\cdot1\dfrac{\mathrm{m}^3}{\mathrm{s}}}{\pi\cdot0.25\,\mathrm{m}}=3.50\cdot10^5$$

첫 번째 추측으로 β값이 0.7이 되는 0.175 m의 D_t를 선택했다. 그림 8.20의 오리피스 계수는 약 0.625이다. 압력 차는 다음과 같다.

$$(p_1-p_2)=\frac{\rho(1-\beta^4)}{2}\left(\frac{Q}{C_oA_t}\right)^2=\frac{1.23\frac{\mathrm{kg}}{\mathrm{m}^3}(1-0.7^4)}{2}\left(\frac{1\frac{\mathrm{m}^3}{\mathrm{s}}}{0.625\cdot\frac{\pi}{4}\cdot0.175^2\mathrm{m}^2}\right)^2=2070\,\mathrm{Pa}$$

압력계의 대응되는 물의 높이는 다음과 같다.

$$h=\frac{(p_2-p_1)}{g\rho_{\mathrm{water}}}=\frac{2070\,\mathrm{Pa}}{9.81\frac{\mathrm{m}}{\mathrm{s}^2}\cdot998\frac{\mathrm{kg}}{\mathrm{m}^3}}=0.211\,\mathrm{m}=211\,\mathrm{mm} \tag{A}$$

이것은 최대 압력 차보다 작고 두 번째 추측은 β가 0.6이 되는 작은 오리피스 직경 0.15 m로 선택했다. 이 직경비에서 오리피스 계수는 0.615이다. 위와 같은 계산을 수행한 압력 차와 압력계 높이는 다음과 같다.

$$(p_1-p_2)=4530\,\mathrm{Pa}\quad 그리고\quad h=463\,\mathrm{mm}$$

위의 직경은 너무 작고 적절한 직경은 0.15~0.175 m이다. 직경에 대한 다른 추측을 하고 위의 과정을 반복한다. 추측된 직경에서 오리피스 계수를 구간 0.15와 0.175 m 사이에서 선형 보간을 이용해 구한다. 최종적으로, 직경 0.165 m가 압력 2830 Pa와 목표값 300 mm에 충분히 가까운 압력계의 물의 높이 289 mm를 생성한다.

최종 설계값은 다음과 같다.

$$D_t=0.165\,\mathrm{m}\quad\text{and}\quad\beta=0.66.$$

고정 수두손실을 구하기 위해서 단면 ①과 ③ 사이에 식 (8.29)를 적용하라.

지배방정식:

$$\left(\frac{p_1}{\rho}+\alpha_1\frac{\bar{V}_1^2}{2}+gz_1\right)-\left(\frac{p_3}{\rho}+\alpha_3\frac{\bar{V}_3^2}{2}+gz_3\right)=h_{l_T} \tag{8.29}$$

가정: 3 $\alpha_1\bar{V}_1^2=\alpha_3\bar{V}_3^2$
4 Δz는 무시

그러면

$$h_{l_T} = \frac{p_1 - p_3}{\rho} = \frac{p_1 - p_2 - (p_3 - p_2)}{\rho} \tag{2}$$

식 (2)는 이 풀이의 접근방법을 나타내 주고 있다. $p_1 - p_2 = 289$ mm H_2O를 사용해서 $p_1 - p_3$을 구하고, 단면 ②와 ③ 사이의 검사체적에 대해서 x방향의 운동량 방정식을 적용하여 $p_3 - p_2$를 구한다.

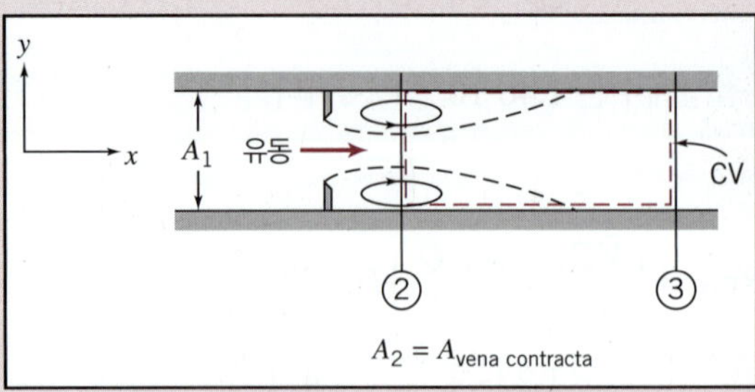

지배방정식:

$$F_{S_x} + \cancel{F_{B_x}} = \cancel{\frac{\partial}{\partial t}\int_{CV} u\rho d\forall} + \int_{CV} u\rho \vec{V} \cdot d\vec{A} \tag{4.18a}$$

(각각 $=0(5)$, $=0(1)$)

가정: 5 $F_{B_x} = 0$

6 단면 ②와 ③에서 균일유동

7 단면 ②와 ③에서 균일압력

8 검사체적의 마찰력 무시

단순화시키고 재배열하면

$$(p_2 - p_3)A_1 = u_2(-\rho\overline{V}_2 A_2) + u_3(\rho\overline{V}_3 A_3) = (u_3 - u_2)\rho Q = (\overline{V}_3 - \overline{V}_2)\rho Q$$

또는

$$p_3 - p_2 = (\overline{V}_2 - \overline{V}_3)\frac{\rho Q}{A_1}$$

$\overline{V}_3 = Q/A_1$와

$$\overline{V}_2 = \frac{Q}{A_2} = \frac{Q}{0.65\,A_t} = \frac{Q}{0.65\beta^2 A_1}$$

따라서

$$p_3 - p_2 = \frac{\rho Q^2}{A_1^2}\left[\frac{1}{0.65\,\beta^2} - 1\right]$$

$$p_3 - p_2 = 1.23\frac{\text{kg}}{\text{m}^3} \times (1)^2 \frac{\text{m}^6}{\text{s}^2} \times \frac{4^2}{\pi^2}\frac{1}{(0.25)^4\ \text{m}^4}\left[\frac{1}{0.65(0.66)^2} - 1\right]\frac{\text{N}\cdot\text{s}^2}{\text{kg}\cdot\text{m}}$$

$$p_3 - p_2 = 1290\ \text{N/m}^2$$

식 (2)에 대입하면

$$h_{l_T} = \frac{p_1 - p_3}{\rho} = \frac{p_1 - p_2 - (p_3 - p_2)}{\rho}$$

$$h_{l_T} = (2830 - 1290)\frac{\text{N}}{\text{m}^2} \times \frac{\text{m}^3}{1.23\ \text{kg}} = 1250\ \text{N}\cdot\text{m/kg} \longleftarrow h_{l_T}$$

고정 압력손실을 측정된 압력차의 비율로 나타내면

$$\frac{p_1-p_3}{p_1-p_2}=\frac{1250\,\text{N/m}^2}{2830\,\text{N/m}^2}=0.44$$

수두손실은 오리피스 통과 압력강하의 44%이다. 축소류에서 유체의 운동에너지는 어느정도 회복된다.

이 문제는 유량계의 계산법을 설명하고, 급격확대부에서 압력상승을 계산하기 위해 운동량 방정식을 이용하는 것을 보여준다.

유동 노즐

유동 노즐 또한 일반적으로 계량계로 사용된다. 그림 8.21은 덕트나 플레넘에 설치된 노즐의 개략도를 보여준다.

노즐 모양, 압력 탭 위치 및 배치에 대해 잘 정립된 표준 사항이 참고문헌 [23]에 나와 있다. 그림 8.22는 ASME 긴 반경 노즐에 대한 노즐 계수를 보여준다. 오리피스와 유사하게 계수는 Reynolds 수와 수축비(직경비)의 함수이다. 그러나 노즐에서의 손실은 오리피스의 손실보다 적고 계수는 크다.

노즐을 통과하는 유량은 다음과 같다.

$$\dot{m}=C_nA_t\sqrt{\frac{2\rho(p_1-p_2)}{1-\beta^4}} \tag{8.59}$$

ASME 긴 반경 노즐[18]의 관계식은 다음과 같다.

$$C_n=0.9975-\frac{6.53\beta^{0.5}}{Re_{D_1}^{0.5}} \tag{8.60}$$

식 (8.60)은 유동 노즐의 송출계수 C에 대한 형태이고 $0.25<\beta<0.75$와 $10^4<Re_{D_1}<10^7$의 범위에서 ±2.0% 이내로 송출계수를 예측한다. 식 (8.60)과 (8.55)를 이용하여 계산된 유동계수들이 그림 8.22에 나타나 있다.

벤투리

표 8.6에 있는 벤투리 유량계는 일반적인 설계 성능을 얻기 위하여 주조와 정밀한 가공을 통하여 만들어진다. 그 결과로 벤투리 유량계는 무겁고, 크고 비싸다. 목의 하류인 원추형 디퓨저 구간에서는 큰 압력회복

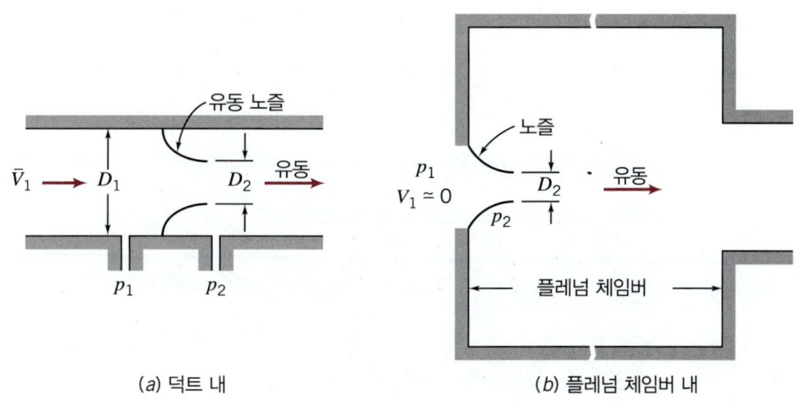

그림 8.21 노즐 유량계의 설치 예.

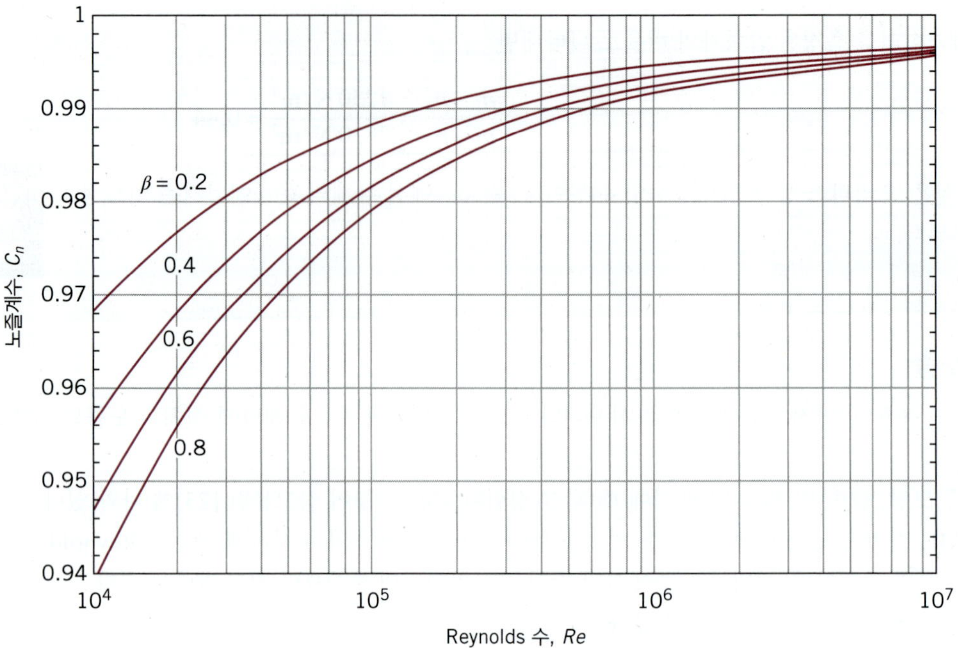

그림 8.22 노즐 계수.

이 있고, 따라서 전체적인 수두손실은 낮다. 또한 벤투리 유량계는 내부의 매끈한 구조로 인하여 자체적으로 청소된다.

실험 결과로부터 벤투리 유량계의 송출계수는 높은 Reynolds 수($Re_{D_1} > 2 \times 10^5$)에서 0.980에서 0.995 사이의 값을 가짐을 알 수 있다. 따라서 $C = 0.99$는 높은 Reynolds 수에서 약 ±1 이내의 질량유량을 측정할 수 있다[18]. Reynolds 수 10^5보다 적은 범위에 대한 자세한 내용은 제조사의 자료를 참조해야 된다.

층류 유량계

층류 유량계는 유량에 정비례하는 압력차를 생성하도록 설계되었다. 층류 유량계는 유량이 많은 수의 매우 작은 튜브 또는 통로를 통과하는 계량 구간을 가지고 있다. 각 통로는 주 파이프의 유동 조건과 상관없이 각 통로를 통과하는 유동이 층류가 될 만큼 충분히 좁다. 층류 유량계 내부 요소의 사진은 그림 8.23에 나와 있다. 층류 요소의 각 통로에 대해 8.3절의 결과가 적용된다. 각 튜브의 유량은 식 (8.13c)에 나와 있다. 전체 유량은 각 통로를 지나는 유동을 더해서 구하고 압력강하에 선형으로 비례한다. 각 층류 유동 튜브에 대하

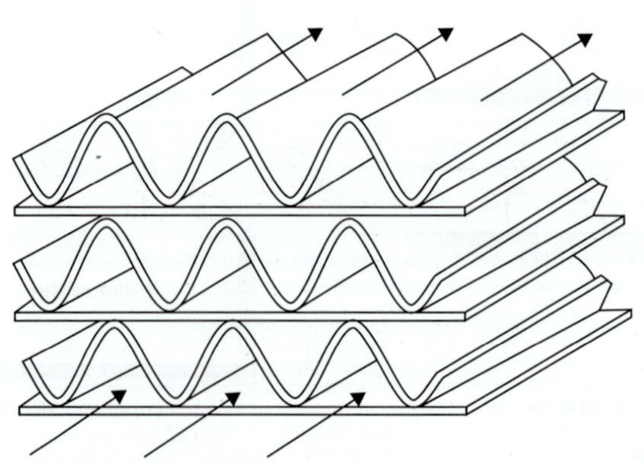

그림 8.23 층류 유량계 요소.

여 8.3절의 결과가 적용된다. 각 튜브의 유량은 식 (8.13c)에 나와 있고 전체 유량은 다음과 같은 형태이다.

$$Q_{\text{tube}} = \frac{\pi D_{\text{tube}}^4}{128\mu L_{\text{tube}}} \Delta p \propto \Delta p \tag{8.13c}$$

층류에 대한 압력강하와 유속 사이의 관계 또한 점도에 따라 달라지고 온도의 함수이다. 따라서 층류 유량계로 정확한 측정을 하기 위해서는 유체의 온도를 반드시 알아야 한다.

선형 유량계

여러 형태의 유량계는 유량에 정비례하는 출력을 생성한다. 이 유량계들은 압력 차를 측정할 필요 없이 신호를 생성한다. 가장 일반적인 선형 유량계는 다음 단락에서 간략하게 설명한다.

플로트식 유량계(*float meters*)는 액체나 기체의 유량을 직접적으로 나타낸다. 그 예는 그림 8.24에 보인다. 작동할 때 점점 가늘어진 투명관의 튜브 안에서 볼이나 부유체가 항력과 무게가 평형이 될 때까지 흐르는 유체에 의해 위로 움직인다. 이러한 유량계[종종 **로터미터**(*rotameters*)라고도 함]는 제조 공장에서 눈금이 정해져서 여러 가지 유체와 넓은 범위의 유량에 대해 사용된다.

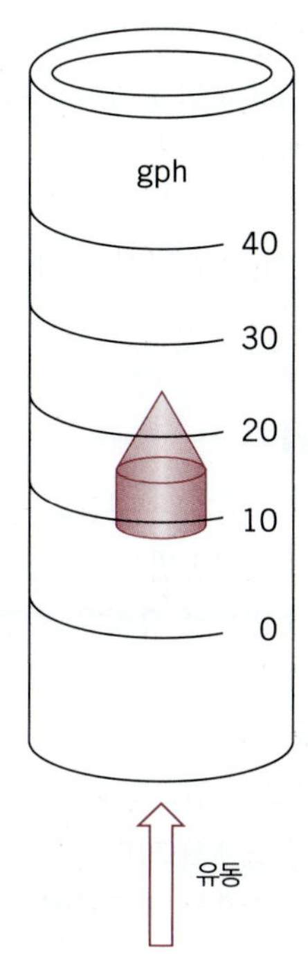

그림 8.24 플로트식 가변 면적 유량계.

터빈 유량계(*turbine flow meter*)는 깃이 달린 임펠러가 튜브의 원주 부분에 설치(그림 8.25)되어 자유롭게 회전할 수 있도록 된 것이다. 적절하게 설계하면 임펠러의 회전율은 넓은 측정 범위에서 체적유량에 거의 비례하도록 만들 수 있다.

터빈의 회전속도는 유량계 외부에서 자기를 감지하거나 조절된 전달 방법에 의해 감지한다. 따라서 이런 감지방법은 계기를 설치하기 위해 덕트를 절단하거나 밀봉할 필요가 없다. 그러므로 터빈 유량계는 부식되거나 유독성이 있는 유체의 유량을 측정하는 데 안전하게 사용할 수 있다. 전기적인 신호는 표시하고 기록하거나 합해서 전체 유동 정보를 제공하기도 한다.

와류 유량계(*vortex flow meter*)는 균일한 유동이 유동에 수직인 실린더와 같은 뭉뚝한 물체를 만날 때 와열이 발생한다는 점을 이용한다. 와열은 물체 뒷부분에서 교대로 흘러나오는 일련의 와류이다. 교대로 발산되는 현상은 반복되는 측면 힘을 발생하고, 이로 인해 실린더가 진동한다. 이 현상을 나타내는 무차원 수는 Strouhal 수이다. Strouhal 수 $St = fL/V$ (f는 와류유출 주파수, L은 실린더 직경, V는 자유유동 속도)이며, 이 수는 근사적으로 일정($St \approx 0.21$)하다. 속도는 와류유출 주파수에 정비례한다. 따라서 f를 측정하면 속도 $\vec{V}$의 측정이 된다. 유량계에 사용되는 실린더는 대개 길이가 매우 짧고(10 mm 또는 더 작음), 유동에 직각 방향으로 놓인다. 진동은 스트레인게이지나 다른 센서로 측정된다. 와류 유량계는 20:1의 유량 범위에서 측정된다.

전자기 유량계(*electromagnetic flow meter*)는 자기유도 원리를 이용한다. 자기장이 파이프를 가로질러 생성된다. 전도성 유체가 자장 속을 지나갈 때, 자장과 속도 벡터에 직각 방향으로 전압이 발생된다. 파

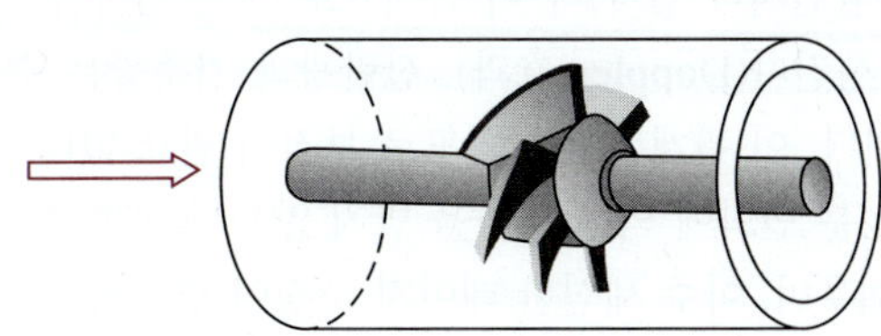

그림 8.25 터빈 유량계.

이프 직경 면에 설치한 전극이 신호전압을 감지하기 위해 사용된다. 신호전압은 속도분포가 축대칭일 때 평균 축 방향 속도에 비례한다.

자기 유량계(*magnetic flow meter*)는 미터당 100마이크로지멘(1 siemen = 1 ampere/volt)보다 높은 전기 전도도를 갖는 액체에 사용된다. 최소 유동속도는 약 0.3 m/s보다 높아야 하지만, Reynolds 수에는 아무 제한도 없다. 보통 허용 유량 범위는 10:1이다.

초음파 유량계(*ultrasonic flow meter*)도 파이프 단면에서의 평균속도를 측정한다. 두 유형의 초음파 유량계가 일반적이다. 깨끗한 액체의 경우에는 전파시간이 측정되고, 입자가 있는 유동의 경우에는 반사 주파수 편이(Doppler 효과)가 측정된다. 음파의 속도는 유동 방향으로는 증가하고, 유동 반대방향으로 전파되면 감소한다. 깨끗한 액체의 경우, 유동속도를 유추하기 위해 파이프 축에 경사진 음향궤적을 이용한다. 체적유량을 정확하게 측정하기 위해서는 여러 궤적이 사용된다.

Doppler 효과 초음파 유량계는 유체에 퍼져 있는 입자에서 반사되는 음파(MHz 범위)를 이용한다. 입자가 유동속도로 움직일 때 주파수 편이는 유속에 비례하고, 적절하게 선택된 음향궤적에서는 출력은 체적유량에 비례한다. 한 개 또는 두 개의 변환기를 사용할 수 있고, 유량계는 파이프 바깥쪽에 고정할 수 있다. 초음파 유량계는 설치 장소에서 보정해야 한다. 유량의 범위는 10:1이다.

이송법

공기를 다루거나 냉장고 설비와 같은 경우에 고정 유량계를 설치하는 것은 비현실적이거나 불가능하다. 이런 경우 이송법을 사용하여 유량 데이터를 구할 수 있다.

이송법으로 유량을 측정하기 위해서는 덕트의 단면적을 같은 크기의 작은 면적으로 개념적인 분할을 해야 한다. 피토관, 총 수두관, 적합한 풍속계를 이용하여 각 분할면적 중심에서 속도를 측정한다. 각 분할면적에 대한 체적유량은 측정속도와 분할면적을 곱하여 근사적으로 계산한다. 전체 덕트를 통한 유량은 분할면적의 유량을 합하면 된다. 이송법에 의한 유량 측정에 대한 세부적인 절차는 참고문헌 [19]에 있다.

이송법에서 **피토관**이나 **피토정압관**을 사용하려면 유동장에 직접 설치해야 한다. 압력구배나 유선 곡률이 있는 경우는 피토관에 의한 측정결과는 불확실하고 응답시간도 느리다. 두 종류의 풍속계인 **열선 유속계**(*thermal anemometers*)와 **레이저 도플러 유속계**(*laser Doppler anemometers*, *LDA*)는 복잡한 문제가 새롭게 있기는 하지만, 이러한 어려움을 부분적으로 해결한다.

열선 유속계는 전기적으로 가열되는 작은 소자(열선 또는 열필름)를 사용한다. 복잡한 전기적인 피드백 회로가 소자의 온도를 일정하게 유지시키고, 이를 위해 입력된 가열률을 감지한다. 가열률은 국소 유동속도와 보정을 통해 연결시킨다(속도가 높으면 열전달량도 높다). 열선 유속계의 주된 장점은 감지부가 작다는 것이다. 직경 0.002 mm, 길이 0.1 mm인 아주 작은 센서가 상용으로 판매된다. 이런 작은 소자들은 열적 질량이 극히 작기 때문에, 유속의 변동에 대한 응답이 빠르다. 따라서 열선 유속계는 난류량을 측정하는 데 이상적이다. 전도성이나 부식성이 있는 기체나 액체에서는 절연코팅된 소자를 사용할 수 있다.

반응속도가 빠르고 크기가 작기 때문에, 열선 유속계는 연구분야에서 널리 사용되고 있다. 데이터를 얻기 위한 수많은 기법이 발표되었다[20]. FFT를 포함하는 디지털 처리기법을 적용하여 평균값과 모멘트를 구하고, 주파수 특성과 상관관계를 분석한다.

레이저 도플러 유속계는 유동장에 직접 삽입하는 것이 어렵거나 불가능한 특정 응용분야에서 널리 쓰이고 있다. 하나 혹은 여러 개의 레이저가 측정 위치에서 유동의 작은 체적에 초점을 맞춘다(그림 8.26 참조). 레이저는 유동에 있는 입자(먼지나 입자)나 이 목적으로 넣은 입자들에 의해 산란된다. 국소적인 유동속도로 인해 주파수 편이가 생긴다(Doppler 효과). 산란광과 기준광은 수광 광학계에 의해 모인다. 주파수 편이는 유동속도에 비례한다. 이 관계는 계산되므로 보정이 필요 없다. 속도가 직접 측정되기 때문에 신호는 유동장의 온도, 밀도, 성분 변화에 의해 영향을 받지 않는다. 레이저 도플러 유속계의 주요 단점은 광학설비가 비싸고 고장나기 쉬우며, 아주 세심한 레이저 조정이 필요하다(저자들도 입증할 정도로)는 것이다.

Courtesy of Dr. Frank W. Chambers

그림 8.26 2성분 레이저 도플러 유속계.

8.10 요약과 유용한 식

이 장에서 학습한 내용은 다음과 같다.

- ✓ 입구길이, 완전 발달 유동, 마찰속도, Reynolds 응력, 운동에너지 계수, 마찰계수, 직관수두손실, 부수두손실, 수력 직경 등 비압축성 내부 점성유동의 학습에 사용되는 많은 용어를 정의하였다.
- ✓ 평행 평판 사이와 파이프에서의 층류를 분석하고 해석적으로 속도분포를 구할 수 있으며, 이로부터 평균속도, 최대속도와 그 위치, 유량, 벽면 전단응력, 전단응력 분포를 유도할 수 있다는 것을 확인하였다.
- ✓ 파이프와 덕트에서의 난류를 학습하고 반 경험적 접근방법, 예를 들면 멱법칙 속도분포 등이 필요하다는 것을 알 수 있었다.
- ✓ 파이프 유동 해석에 적합한 형태로 에너지 방정식을 표현했다.
- ✓ 파이프 유동 해석에서 펌프, 팬, 송풍기를 어떻게 연관시키는지 설명하였다.
- ✓ 다양한 유동 계측장치를 설명하였다: 직접적인 방법, 교축장치(오리피스 판, 노즐, 벤투리), 선형 유량계(로터미터, 여러 가지 전자기나 음향장치, 와류 유량계), 이송장치(피토관과 레이저 도플러 유속계).

파이프와 덕트 유동 문제는 종종 반복계산이 필요하다는 것을 배웠다. 유량 Q는 층류를 제외하고는, 구동력(대개 Δp)의 선형함수가 아니다. 파이프 네트워크도 기본규칙 몇 가지를 추가하면 단일 파이프 시스템과 같은 기법으로 해석할 수 있으며. 실제적으로 가장 단순한 네트워크를 제외하고는 *Excel*과 같은 컴퓨터 응용 프로그램이 필요하다는 것을 알 수 있었다.

주의: 다음 표의 유용한 식 대부분은 몇 가지 제한이나 구속이 있다. 자세한 사항은 반드시 해당 식을 참고하기 바란다!

유용한 식

고정된 평행 평판 사이의 압력구동에 의한 층류의 속도분포	$u=\frac{a^2}{2\mu}\left(\frac{\partial p}{\partial x}\right)\left[\left(\frac{y}{a}\right)^2-\left(\frac{y}{a}\right)\right]$	**(8.5)**
고정된 평행 평판 사이의 압력구동에 의한 층류의 유량	$\frac{Q}{l}=-\frac{1}{12\mu}\left[\frac{-\Delta p}{L}\right]a^3=\frac{a^3\,\Delta p}{12\mu\,L}$	**(8.6c)**
고정된 평행 평판 사이의 압력구동에 의한 층류의 속도분포(중심이 원점인 좌표)	$u=\frac{a^2}{2\mu}\left(\frac{\partial p}{\partial x}\right)\left[\left(\frac{y'}{a}\right)^2-\frac{1}{4}\right]$	**(8.7)**
평행 평판 사이의 압력구동에 의한 층류의 속도분포(상평판이 이동)	$u=\frac{Uy}{a}+\frac{a^2}{2\mu}\left(\frac{\partial p}{\partial x}\right)\left[\left(\frac{y}{a}\right)^2-\left(\frac{y}{a}\right)\right]$	**(8.8)**
평행 평판 사이의 압력구동에 의한 층류의 유량(상평판이 이동)	$\frac{Q}{l}=\frac{Ua}{2}-\frac{1}{12\mu}\left(\frac{\partial p}{\partial x}\right)a^3$	**(8.9b)**
파이프 내 층류의 속도분포	$u=-\frac{R^2}{4\mu}\left(\frac{\partial p}{\partial x}\right)\left[1-\left(\frac{r}{R}\right)^2\right]$	**(8.12)**
파이프 내 층류의 유량	$Q=-\frac{\pi R^4}{8\mu}\left[\frac{-\Delta p}{L}\right]=\frac{\pi\Delta pR^4}{8\mu L}=\frac{\pi\Delta pD^4}{128\mu L}$	**(8.13c)**
파이프 내 층류의 속도분포(무차원분포)	$\frac{u}{U}=1-\left(\frac{r}{R}\right)^2$	**(8.14)**
매끈한 파이프 내 난류의 속도분포(멱법칙 식)	$\frac{\bar{u}}{U}=\left(\frac{y}{R}\right)^{1/n}=\left(1-\frac{r}{R}\right)^{1/n}$	**(8.22)**
수두손실 식	$\left(\frac{p_1}{\rho}+\alpha_1\frac{\bar{V}_1^2}{2}+gz_1\right)-\left(\frac{p_2}{\rho}+\alpha_2\frac{\bar{V}_2^2}{2}+gz_2\right)=h_{l_T}$	**(8.29)**
직관수두손실 식	$h_l=f\,\frac{L}{D}\frac{\bar{V}^2}{2}$	**(8.34)**
마찰계수(층류)	$f_{\text{laminar}}=\frac{64}{Re}$	**(8.36)**
마찰계수(난류—Colebrook 식)	$\frac{1}{\sqrt{f}}=-2.0\log\left(\frac{e/D}{3.7}+\frac{2.51}{Re\sqrt{f}}\right)$	**(8.37a)**
부손실	$h_{l_m}=K\frac{\bar{V}^2}{2}$	**(8.40)**
디퓨저의 압력회복 계수	$C_p\equiv\frac{p_2-p_1}{\frac{1}{2}\rho\bar{V}_1^2}$	**(8.41)**
이상적인 디퓨저의 압력회복 계수	$C_{p_i}=1-\frac{1}{AR^2}$	**(8.42)**
압력회복 계수로 표시한 디퓨저의 수두손실	$h_{l_m}=(C_{p_i}-C_p)\frac{\bar{V}_1^2}{2}$	**(8.44)**
펌프 일	$\dot{W}_{\text{pump}}=Q\Delta p_{\text{pump}}$	**(8.47)**

(계속)

유용한 식 (계속)

펌프효율	$\eta = \dfrac{\dot{W}_{\text{pump}}}{\dot{W}_{\text{in}}}$	**(8.48)**
수력 직경	$D_h \equiv \dfrac{4A}{P}$	**(8.50)**
유량계수의 질량유량(송출계수 C로 표현)	$\dot{m}_{\text{actual}} = \dfrac{CA_t}{\sqrt{1-\beta^4}}\sqrt{2\rho(p_1-p_2)}$	**(8.54)**
유량계수의 질량유량(유동계수 K로 표현)	$\dot{m}_{\text{actual}} = KA_t\sqrt{2\rho(p_1-p_2)}$	**(8.56)**
송출계수(Re 함수)	$C = C_\infty + \dfrac{b}{Re_{D_1}^n}$	**[23]**
유동계수(Re 함수)	$K = K_\infty + \dfrac{1}{\sqrt{1-\beta^4}}\dfrac{b}{Re_{D_1}^n}$	**[23]**

참고문헌

1. Streeter, V. L., ed., *Handbook of Fluid Dynamics*. New York: McGraw-Hill, 1961.
2. Rouse, H., and S. Ince, *History of Hydraulics*. New York: Dover, 1957.
3. Laufer, J., "The Structure of Turbulence in Fully Developed Pipe Flow," U.S. National Advisory Committee for Aeronautics (NACA), Technical Report 1174, 1954.
4. Tennekes, H., and J. L. Lumley, *A First Course in Turbulence*. Cambridge, MA: The MIT Press, 1972.
5. Hinze, J. O., *Turbulence*, 2nd ed. New York: McGraw-Hill, 1975.
6. Moody, L. F., "Friction Factors for Pipe Flow," *Transactions of the ASME*, 66, 8, November 1944, pp. 671-684.
7. Colebrook, C. F., "Turbulent Flow in Pipes, with Particular Reference to the Transition Region between the Smooth and Rough Pipe Laws," *Journal of the Institution of Civil Engineers, London, 11*, 1938-39, pp. 133-156.
8. ASME Standard B36, ASME, 2 Park Avenue, New York, NY 10016, 2004.
9. *ASHRAE Handbook—Fundamentals*. Atlanta, GA: American Society of Heating, Refrigerating, and Air Conditioning Engineers, Inc., 2017.
10. Cockrell, D. J., and C. I. Bradley, "The Response of Diffusers to Flow Conditions at Their Inlet," Paper No. 5, *Symposium on Internal Flows*, University of Salford, Salford, England, April 1971, pp. A32-A41.
11. McDonald, A. T., and R. W. Fox, "An Experimental Investigation of Incompressible Flow in Conical Diffusers," *International Journal of Mechanical Sciences, 8*, 2, February 1966, pp. 125-139.
12. Runstadler, P. W., Jr., "Diffuser Data Book," Hanover, NH: Creare, Inc., Technical Note 186, 1975.
13. Reneau, L. R., J. P. Johnston, and S. J. Kline, "Performance and Design of Straight, Two-Dimensional Diffusers," *Transactions of the ASME, Journal of Basic Engineering, 89D*, 1, March 1967, pp. 141-150.
14. *Aerospace Applied Thermodynamics Manual.* New York: Society of Automotive Engineers, 1969.
15. Daily, J. W., and D. R. F. Harleman, *Fluid Dynamics*. Reading, MA: Addison-Wesley, 1966.
16. White, F. M., *Fluid Mechanics*, 6th ed. New York: McGraw-Hill, 2016.
17. Herschel, C., *The Two Books on the Water Supply of the City of Rome, from Sextus Julius Frontinus* (*ca. 40-103 A.D.*). Boston, 1899.
18. "Flow Measurement", Performance Test Code (PTC) 19.5, New York: American Society of Mechanical Engineers (ASME), 2004.
19. ISO 7145, *Determination of Flowrate of Fluids in Closed Conduits or Circular Cross Sections—Method of Velocity Determination at One Point in the Cross Section*, ISO UDC 532.57.082.25:532.542, 1st ed. Geneva: International Standards Organization, 1982.
20. Bruun, H. H., Hot-Wire *Anemometry—Principles and Signal Analysis*. New York: Oxford University Press, 1995.
21. The Engineering Toolbox, http://www.EngineeringTool-Box.com.
22. ASTM Standard A999, ASTM, West Conshohocken, PA, 19428-2959 USA, 2014.
23. Taitel, Y. and A. E. Dukler, "A Model for Predicting Flow Regimes Transitions in Horizontal and near Horizontal Gas-Liquid Flow," *AIChE J.* 22, 1, 1976, pp. 47-55.
24. Schetz, J. A., and R. D. W. Bowersox, "Boundary Layer Analysis," *American Institute of Aeronautics and Astronautics*, 2011.
25. Reynolds, A. J., *Turbulent Flows in Engineering*, London: Wiley, 1974.

26. Prandtl, L. "Bericht über Untersuchungen zur ausgebildeten Turbulenz," *Zeitschrift für Angewandte Mathematik und Mechanik,* 5, 1925. pp. 136-139.

27. Haaland, S. E., "Simple and Explicit Formulas for the Friction Factor in Turbulent Flow," *Transactions of ASME, Journal of Fluids Engineering*, 103, 1983. pp. 89-90.

연습문제

층류와 난류

8.1 100°C의 공기가 125 mm 직경의 덕트에 들어간다. 유동이 난류로 될 때의 체적유량을 구하라. 이 유량에서 완전 발달된 유동이 되기까지 입구길이를 계산하라.

8.2 원형 채널 내의 비압축성유동을 고려하자. 다음 변수들로 표현된 Reynolds 수에 대한 일반식을 유도하라. (a) 체적유량과 튜브직경, (b) 질량유량과 튜브 직경. 튜브 직경이 8 mm인 단면에서의 Reynolds 수는 2000이다. 유량이 동일할 때 튜브 직경이 5 mm인 단면에서의 Reynolds 수를 구하라.

8.3 40°C의 공기가 직경이 25 mm에서 15 mm로, 다시 10 mm로 2단으로 줄어드는 파이프에서 흐르고 있다. 각 단의 길이는 2 m이다. 유량이 증가하면 어느 단에서 먼저 난류가 되는가? 1단, 2단 그리고 3단 전체가 처음 난류가 되는 유량을 구하라. 각 단의 유동에서 완전 발달된 유동이 이루어진다면 그 단을 구하라.

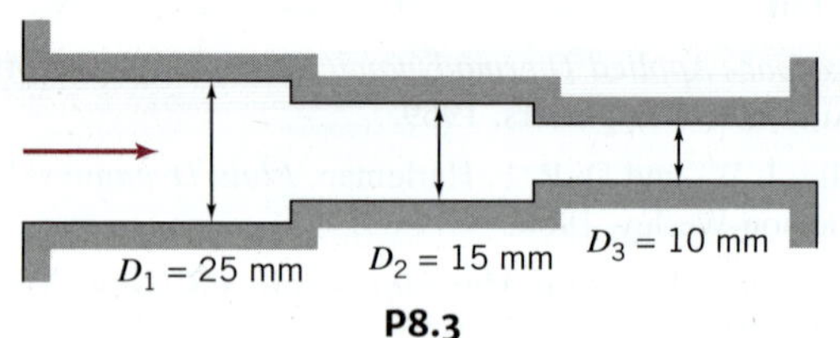

P8.3

평행 평판 사이의 층류유동

8.4 그림 8.1에 보인 파이프 부분의 층류에서 파이프에 따른 거리의 함수로 벽면 전단응력, 압력, 중심속도를 그려라. 완전 발달된 유동과 비교하면서 그래프의 중요한 특징을 설명하라. 이 유동의 임의 점에서 Bernoulli 방정식을 적용할 수 있는가? 만약 그렇다면 어디인가? 간략히 설명하라.

8.5 무한한 크기의 고정된 두 평행 평판 사이를 비압축성 유체가 흐른다. 속도분포는 $u = u_{max}(Ay^2 + By + C)$이며, A, B, C는 상수, y는 하평판에서 위 방향으로 측정한 거리, 전체 간격은 h이다. 적절한 경계조건을 이용하여 상수들의 크기와 단위를 표현하라. 단위깊이당 체적유량에 관한 식을 유도하고, $\bar{V}/u_{max}$ 비를 계산하라.

8.6 고정된 평행 평판 사이에서 완전 발달된 유동의 속도분포는 $u = a(h^2/4 - y^2)$이며, a는 상수, h는 평판 사이의 간격, y는 간격의 중심에서 측정한 거리이다. $\bar{V}/u_{max}$ 비를 구하라.

8.7 유체가 두 평행 평판 사이를 정상적으로 흐른다. 유동은 완전 발달된 유동 층류이다. 평판 사이의 간격은 h이다.

(a) y의 함수로 전단응력에 대한 식을 유도하고, 이 함수를 그려보라.

(b) μ = 1.15 N·s/m², $\partial p/\partial x$ = −58 Pa/m, h = 1.3 mm일 경우, 최대 전단응력(Pa)을 계산하라.

8.8 기름이 반경 방향 틈새가 0.025 mm, 길이가 50 mm인 피스톤에 의해 직경 100 mm의 실린더에 가두어져 있다. 피스톤에 20,000 N의 일정한 힘이 작용한다. 유체가 49°C의 SAE 30 오일일 때, 피스톤에서 누설되는 유량을 계산하라.

8.9 평행 평판 사이를 점성이 있는 기름이 정상적으로 흐른다. 이 유동은 층류이고 완전 발달되었다. 평판 사이의 간격은 h = 5 mm이다. 기름의 점성계수는 0.5 N·s/m²이고, 압력구배는 −1000 N/m²/m이다. 상평판에서의 벽면 전단응력의 크기와 방향을 계산하고, 단위폭당 채널을 통하는 유량을 구하라.

8.10 평행 평판 사이를 점성이 있는 기름이 정상적으로 흐른다. 이 유동은 완전 발달된 층류이다. 압력구배는 1.5 kPa/m, 평판 사이의 절반 간격 h = 2.0 mm이다. 상평판 표면에서의 벽면 전단응력의 크기와 방향을 계산하라. 채널을 통한 유량을 구하라(μ = 0.7 N·s/m²).

8.11 큰 질량이 그림과 같이 D = 100 mm와 L = 100 mm의 피스톤에 지지되어 있다. 피스톤은 바닥이 막힌 실린더에 걸쳐 있고, 실린더와 피스톤 사이의 a = 0.025 mm인 틈새에는 20°C의 SAE 10 오일이 채워져 있다. 피스톤은 질량 때문에 가라앉고, 오일은 6.0×10^{-6} m³/s로 밖으로 밀려난다. 질량(kg)은 얼마인가?

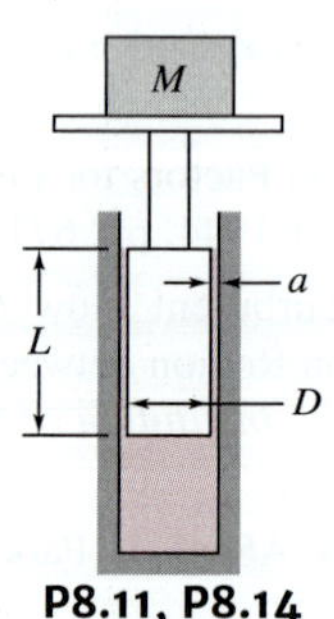

P8.11, P8.14

8.12 시스템 내의 고압이 소형 피스톤–실린더에 의해 발생된다. 피스톤 직경은 6 mm이고, 실린더 내로 50 mm만큼 들어가 있다. 피스톤과 실린더 사이의 반경 방향 틈새는 0.002 mm이다. 압력에 의한 피스톤과 실린더의 탄성변형은 무시한다. 유체는 35°C의 SAE 10W 오일이다. 실린더 내의 압력이 600 MPa일 때 누설량을 계산하라.

8.13 정수력학적 베어링이 아래 그림에 수직 방향의 길이로 50,000 N/m의 하중을 지지한다. 35°C의 SAE 10W-30 오일이 중앙 슬릿을 통하여 700 kPa 압력으로 베어링에 공급된다. 오일이 점성이 있고 틈새가 작기 때문에, 유동은 완전 발달된 유동으로 간주할 수 있다. 단위길이 미터당 Q = 1 mL/min일 때, (a) 필요한 베어링 패드의 폭, (b) 압력구배 dp/dx, (c) 틈새의 높이를 각각 계산하라.

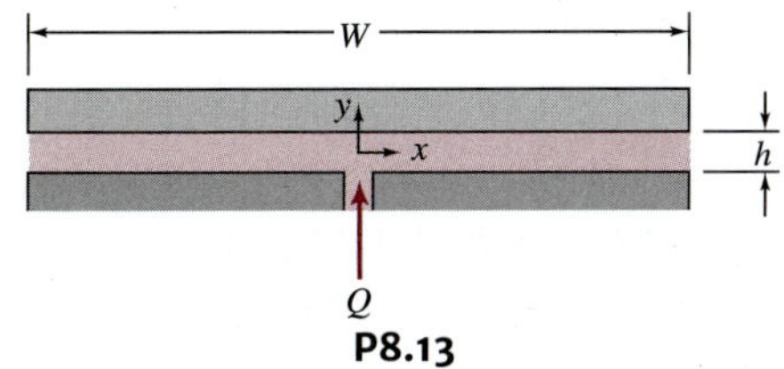

P8.13

8.14 압력계 시험기의 기본 구조는 그림과 같이 피스톤–실린더로 되어 있다. 직경이 6 mm인 피스톤이 정해진 압력을 발생하도록 하중을 가한다. (피스톤의 길이는 25 mm이다.) 실린더에서 1.5 MPa (gage)을 얻기 위해 요구되는 질량(M)을 계산하라. 사용 액체가 20°C SAE 30 오일일 때, 이 하중에서 반경 방향 틈새 a의 함수로 누설량을 구하라. 누설로 인한 피스톤 수직운동이 1.0 mm/min 미만이 되게 하는 최대 허용 반경 방향 틈새를 구하라.

8.15 8.2절에서 미소 검사체적을 이용하여 평행 평판 사이의 속도분포[식 (8.5)]를 유도하였다. 예제 5.9에서 사용한 절차를 따라서, Navire-Stokes 방정식[식 (5.27)]으로부터 식 (8.5)를 유도하라. 모든 가정을 명시하라.

8.16 체적유량이 Q인 점성액체가 그림과 같이 중앙의 구멍을 통하여 평행 원판 사이의 좁은 틈새로 공급된다. 유량이 적어서 유동은 층류이고, 틈새에서의 대류가속도로 인한 압력구배는 점성력으로 인한 구배와 비교하여 무시할 수 있다[이를 **크리핑 유동**(*creeping flow*)이라 한다]. 원판 사이의 틈새에서 평균속도 변화에 대한 일반적인 식을 구하라. 크리핑 유동에서, 틈새의 임의 단면에서의 속도분포는 고정된 평행 평판 사이의 완전 발달된 유동과 같다. 압력구배 dp/dr를 반경의 함수로 유도하라. $p(r)$를 구하라. 그림과 같이 상평판을 유지하기 위해 필요한 힘이 다음과 같음을 보여라.

$$F = \frac{3\mu Q R^2}{h^3}\left[1-\left(\frac{R_0}{R}\right)^2\right]$$

R
h
오일 공급
R_0

P8.16

8.17 밀봉된 저널베어링은 동심 실린더로 구성된다. 내부와 외부 반경은 각각 27과 29 mm, 저널 길이는 110 mm이고, 3000 rpm으로 회전한다. 틈새는 층류의 오일로 채워져 있다. 속도분포는 틈새를 가로지르는 방향으로 선형적이다. 저널 회전에 필요한 토크는 0.3 N·m이다. 오일의 점성계수를 계산하라. 시간에 따라 토크는 증가하는가, 감소하는가? 그 이유는 무엇인가?

8.18 간격 d = 10 mm인 무한 평행 평판 사이의 완전 발달된 층류 유동을 고려하자. 상평판은 U_2 = 0.5 m/s의 속도로 오른쪽으로 움직이고, 하평판은 U_1 = 0.25 m/s의 속도로 왼쪽으로 움직인다. 유동 방향의 압력구배는 0이다. 틈새에서의 속도분포를 유도하라. 단면을 통과하는 단위깊이당 체적유량(m^3/s/m)을 구하라.

8.19 60°C인 물이 두 개의 큰 평행 평판 사이를 흐른다. 하평판은 0.3 m/s의 속도로 왼쪽으로 움직이고, 상평판은 고정되어 있다. 평판 사이의 간격은 3 mm이고, 유동은 층류이다. 단면에서 유량이 0이 되기 위한 압력구배를 구하라.

8.20 무한 평행 평판 사이에 서로 섞이지 않는 두 유체층이 있다. 평판의 간격은 $2h$이고, 각 유체층의 두께는 h = 5 mm이다. 상층 유체의 역학적 점성계수는 하층 유체의 역학적 점성계수 μ_{lower} = 0.1 N·s/m^{2}의 네 배이다. 두 판이 고정되어 있고 작용하는 압력구배가 −50 kPa/m일 때 경계면의 속도를 구하라. 유동의 최대속도는 얼마인가? 속도분포를 그려라.

8.21 무한 평행 평판 사이에 서로 섞이지 않는 두 유체층이 있다. 평판의 간격은 $2h$이고, 각 유체층의 두께는 h이다. 상층 유체의 역학적 점성계수는 하층 유체의 세 배이다. 하평판은 고정되어 있고 상평판이 일정 속도 U = 6.1 m/s로 움직일 때, 경계면의 속도는 얼마인가? 층류와 유동 방향 압력구배는 0으로 가정하라.

8.22 컴퓨터 디스크 구동 메모리 저장시스템의 기록헤드는 회전 디스크 위 아주 얇은 공기막 위에 떠 있다(막 두께는 0.35 μm). 헤드의 위치는 디스크 중심선에서 30 mm, 디스크의 회전수는 9,000 rpm이다. 기록헤드의 면적은 7 mm^{2}이다. 헤드와 디스크 사이의 틈새에서 표준공기가 있을 때 (a) 유동의 Reynolds 수, (b) 점성 전단응력, (c) 점성 전단력을 극복하기 위해 필요한 동력을 구하라.

8.23 일정 속도 U로 상평판이 움직이는 무한 평행 평판 사이의 완전 발달된 층류에 대한 무차원 속도분포는 그림 8.6과 같다. (a) 상평판의 전단응력이 0인 경우, (b) 하평판의 전단응력이 0인 경우에 대하여 압력구배 $\partial p/\partial x$를 U, a, μ의 항으로 구하라. 이 경우들에 대해 무차원 속도분포를 그려라.

8.24 점성유체가 정상, 완전 발달된 층류로 경사면을 흘러내린다. 액체층의 두께는 h로 일정하다. 적절하게 선택된 미소 검사체적을 사용하여 속도분포를 구하라. 체적유량에 관한 식을 유도하라.

8.25 점성유체가 정상, 비압축성, 완전 발달된 층류로 압력구배 없이 경사면을 흘러내린다. 속도분포는 예제 5.9에서 유도되었다. 속도분포를 그려라. 30° 경사에서 막의 두께가 0.8 mm이고 최고속도가 15.7 mm/s일 때, 액체의 동점성 계수를 계산하라.

8.26 모세관의 길이는 40 mm이고 2 mm의 내경을 가지고 있다. 10 mm^3/s의 유량을 발생시키기 위해서는 40 mm의 낙차가 필요하다. 유체의 밀도는 600 kg/mm^{3}이다. 오일의 운동학적 점도를 구하라.

8.27 경사진 표면을 따라 흐르는 얇은 점성막의 유동에 대한 속도분포가 예제 5.9에서 유도되었다. SG = 1.2, 역학적 점성계수가 1.60 N·s/m^{2}인 액체의 막 두께는 7 mm이다. 막 내의 전단응력 분포에 관한 식을 유도하라. 막 내의 최대 전단응력을 계산하고 방향을 표시하라. 막에서의 체적유량을 폭의 단위 mm에 대하여 mm^3/s로 구하라. 평균속도를 기준으로 한 막의 Reynolds 수를 계산하라.

8.28 U = 1.5 m/s로 상평판이 움직이는 평행 평판 사이의 완전 발달된 유동이 있다. 판 사이의 간격은 a = 2.5 mm이다. 압력구배가 0

인 경우에 단위깊이에 대한 유량을 구하라. 유체가 공기일 때 압력구배가 0인 경우에 대하여 하평판에서의 전단응력을 구하고, 단면에서의 전단응력 분포를 그림으로 그려라. 만약 역압력구배라면 유량은 증가하는가 혹은 감소하는가? $y = 0.25a$에서의 전단응력이 0이 되는 압력구배를 구하라. 이 후자의 경우에 채널 단면에서의 전단응력 분포를 그려라.

8.29 15°C의 글리세린이 간격 $b = 2.5$ mm인 평행 평판 사이로 흐른다. 상평판은 양의 x방향으로 $U = 0.6$ m/s로 움직인다. 압력구배는 $\partial p/\partial x = -1150$ kPa/m이다. 최대속도의 위치와 크기를 구하라(하평판에서 $y = 0$이다). 단면(x는 일정)을 10초 동안 통과하는 유량(m^2)을 구하라. 속도와 전단응력 분포를 그려라.

8.30 위 평판이 움직이는 평행 평판 사이의 완전 발달된 20°C 피마자유의 속도분포는 식 (8.8)로 주어진다. $U = 1.5$ m/s, $a = 5$ mm로 가정하자. x방향으로의 유동이 전혀 없을 때의 압력구배를 구하라. 이 유동에 대하여 채널 단면에서 예상되는 속도와 전단응력 분포를 그려보라. $y/a = 0.5$에서 $u = U$가 될 때, 채널 단면에서 예상되는 속도와 전단응력 분포를 그려라. 그림의 특징을 논평하라.

8.31 틈새가 $a = 1.25$ mm이고 상평판이 움직이는 평행 평판 사이에서 15°C의 사염화탄소의 완전 발달된 유동의 속도분포는 식 (8.8)과 같다. 압력구배가 0일 때 단위깊이당 유량이 3.15×10^{-4} m^3/sec/m라 가정하여 평판속도 U를 구하라. 하평판에서의 전단응력을 계산하라. 미세한 역압력구배가 있다면 체적유량이 증가하겠는가, 감소하겠는가? $y/a = 0.25$에서 전단응력이 0이 되기 위한 압력구배를 계산하라. 이 경우 속도분포와 전단응력 분포를 그려보라.

8.32 제조공정의 한 단계에서 마이크로칩은 매끈한 수평면상의 얇은 공기막 위에 지지된다. 칩은 길이 11.7 mm, 폭 9.35 mm, 질량 0.325 g이다. 공기막의 두께는 0.125 mm이다. 칩의 초기속도는 $V_0 = 1.75$ mm/s이며, 공기막의 점성전단에 의하여 점차 감소한다. 감속되는 동안에 칩의 운동을 시간 t에 대한 속도 V를 분석하여 미분방정식을 유도하라. 칩이 초기속도에서 5% 감속되는 데 걸리는 시간을 계산하라. 감속되는 동안에 시간에 따른 칩의 속도 변화를 그려라. 왜 그렇게 그려지는지 설명하라.

8.33 금속의 선삭작업에서 공작물을 지지하기 위한 고정력은 펌프에서 공급되는 고압의 오일에 의해 이루어진다. 직경 D, 길이 L, 반경 방향 틈새 a인 환형 틈새를 통해 축 방향으로 오일이 누설된다. 환형의 내부 부품은 각속도 ω로 회전한다. 오일을 펌핑하고, 환형 틈새에서의 점성소산을 극복하기 위해 동력이 필요하다. 펌프동력 $\mathscr{P}_p$와 점성소산 동력 $\mathscr{P}_v$를 주어진 기하학적 파라미터를 이용하여 유도하라. 반경 방향 틈새 a가 $\mathscr{P}_v = 3\mathscr{P}_p$가 되게 선택되면 요구되는 총 동력이 최소가 됨을 보여라.

8.34 문제 8.33의 점성전단 펌프의 효율은 다음과 같다.

$$\eta = 6q\frac{(1-2q)}{(4-6q)}$$

여기서 $q = Q/abR\omega$는 무차원 유량이다(Q는 압력차 Δp에서의 유량, b는 그림에 수직 방향 깊이이다). 효율 대 무차원 유량을 그리고, 최대효율에서의 유량을 구하라. 왜 특정 q값에서 효율이 최대가 되고 또 0이 되는지를 설명하라.

8.35 자동차 설계는 견인력이 부족할 때 자동차의 성능과 안전을 개선하기 위해 전륜구동형으로 가는 경향이다. 전륜구동형 차량은 물기가 없는 도로를 주행하기 위해 인터액슬디퍼런셜(interaxle differential)이 있어야 한다. 많은 차량이 인터액슬디퍼런셜로 다판 점성구동기를 사용하여 제조되고 있다. 주어진 속도 차이에 대하여 차동장치에 의해 전달되는 토크를 설계 파라미터로 정의하기 위해 필요한 해석과 설계를 수행하라. SAE 30 윤활유를 사용하여 125 rpm의 속도손실에서 150 N·m의 토크를 전달하는 점성차동장치의 적합한 크기를 결정하라. 판의 단위면적당(m^2) 가격이 일정하면, 점성차동장치의 최소 재료비용을 어떻게 구할 수 있는지 논하라.

8.36 직경 $D = 35$ mm이며 길이 $L = 50$ mm(관성모멘트 $I = 0.125$ kg·m^2)의 축으로 이루어진 저널베어링이 고정된 하우징에 대칭적으로 설치되어 환형 틈새가 $\delta = 1$ mm이다. 틈새 유체의 점성계수는 $\mu = 0.1$ N·s/m^2이다. 축의 초기 각속도가 $\omega = 500$ rpm이라면, 축의 속도가 100 rpm까지 감속하는 데 걸리는 시간을 계산하라. 어느 날, 알려지지 않은 유체가 같은 방법으로 시험되었다. 500 rpm에서 100 rpm으로 감속하는 데 10분 걸렸다. 그 유체의 점성계수는 얼마인가?

8.37 예제 8.3에서 미소 검사체적을 이용하여 수직 벽에서의 층류유동 속도분포를 유도하였다. 같은 문제에서, 예제 5.9에서 사용한 절차를 따라 Navire-Stokes 방정식[식 (5.27)]으로부터 속도분포를 유도하라. 모든 가정을 명시하도록 하라.

8.38 수직 벽에 균일한 두께 δ로 페인트가 칠해진다. 페인트는 항복응력 τ_y, 밀도 ρ의 빙햄 유체에 가깝다. 페인트가 벽을 따라 흘러내리지 않을 δ의 최댓값을 유도하라. 항복응력 $\tau_y = 40$ Pa이고 밀도가 대략 1000 kg/m^3인 석판잉크에 대해 최대두께를 계산하라.

파이프 내 층류

8.39 직경이 6 mm인 튜브에 40°C의 물이 흐르고 다음에 SAE 10W 윤활유가 흐른다. 층류가 유지되는 최대유량(그에 따른 압력구배 $\partial p/\partial x$도)을 각 유체에 대해 구하라.

8.40 파이프 내의 완전 발달된 층류에서, 속도가 평균속도와 같게 되는 파이프 중심선으로부터 반경 방향의 거리를 구하라.

8.41 내경 $d = 0.127$ mm, 길이 $L = 25$ mm인 피하주사바늘을 이용하여 물보다 다섯 배의 점성계수를 가진 생리식염수를 주사한다. 플런저 직경 $D = 10$ mm이다. 플런저를 엄지손가락으로 누르는 최대힘은 $F = 33.4$ N이다. 생리식염수의 체적유량을 계산하라.

8.42 공학에서는, 공통점이 없는 현상 사이에 유사성이 존재한다. 예를 들면, 튜브 내에서의 작용 압력차 Δp와 이에 해당되는 체적유량 Q는 전기저항에서 작용된 DC 전압 V와 전류 I로 각각 비유될 수 있다. 유사성에 의해서 길이 L, 직경 D인 튜브에 점성계수 μ인 액체의 층류에서 전기저항 R에 해당하는 "저항"을 구하라. 내경이 7.5 mm, 길이가 250 mm인 튜브에서 (a) 등유, (b) 피마자유(모두 40°C)에 대해 유사성이 유효한 최대유량과 압력차를 구하라. 유동이 이 최댓값을 초과하면 왜 유사성은 없어지는가?

8.43 두 동심 파이프 사이에 있는 환형 공간 내의 완전 발달된 층류가 있다. 바깥쪽 파이프는 고정되어 있고, 안쪽 파이프는 속도 V로 x방향으로 움직인다. 축 방향 압력구배는 0으로 가정한다($\partial p/\partial x = 0$). 전단응력 τ를 반경 r과 상수 C_1의 함수로 구하라. 속도분포 $u(r)$를 상수 C_1과 C_2로 구하라. C_1과 C_2를 구하라.

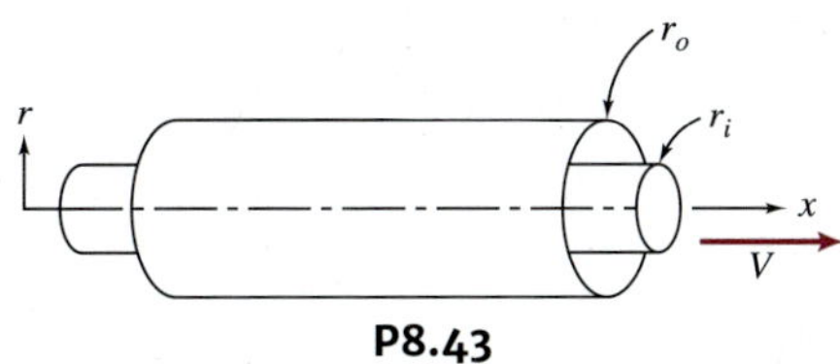

P8.43

8.44 원형 파이프 내의 완전 발달된 층류가 있다. 그림과 같은 원통 검사체적을 이용하라. 검사체적에 작용하는 힘을 나타내라. 운동량 방정식을 이용하여, 속도분포를 구하라.

P8.44

8.45 그림은 원추형 디퓨저로, 압력을 증가시키고 운동에너지를 감소시킨 것이다. 각도 α가 작아서($\alpha < 10°$) $\tan\alpha \approx \alpha$이고, $r_e = r_i + \alpha l$라고 가정된다. 여기서 r_i는 디퓨저 입구의 반경이고, r_e는 디퓨저 출구의 반경이며, l은 디퓨저의 길이이다. 디퓨저 내에서의 유동은 복잡하지만, 여기서 디퓨저 유동에서 유체의 각 층은 층류로 가정하고, 일정한 단면적을 가진 원형 튜브라고 생각한다. 8.3절에서와 비슷한 이유로, 원형 파이프 끝단 사이의 압력차 Δp는

$$\Delta p = \frac{8\mu}{\pi} Q \int_0^x \frac{1}{r^4} dx$$

이다. 여기서 x는 디퓨저 내의 위치이고, μ는 유체의 역학적 점성계수이고, Q는 유량이다. 이 식은 관성력과 출구 효과가 무시된다는 가정하에 디퓨저 내의 유동에 적용될 수 있다. 디퓨저의 수력저항 $R_{\text{hyd}} = \Delta p/Q$를 유도하라.

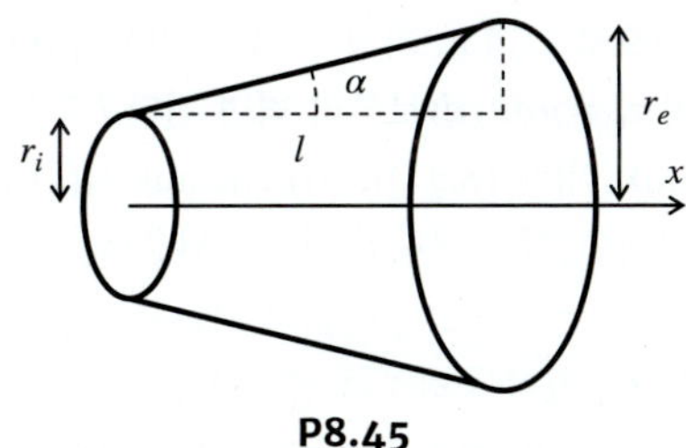

P8.45

8.46 식 (2.16)을 이용하여 원형 튜브에서 비뉴턴 유체의 속도분포, 유량, 평균속도를 구하라. 유량 $Q = 1\ \mu\text{L/min}$과 $R = 1$ mm이고, 표준 SI 단위계에서 k가 1일 때 $n = 0.5, 1.0, 1.5$에 대해 요구되는 압력구배를 비교하라. 같은 파이프 길이에 대해 어느 유체가 가장 작은 펌프를 필요로 하는가?

8.47 고전적 Poiseuille 유동식 (8.11)은 벽에서 점착 조건이 성립된 것이다. 만약 유체가 기체이고, 평균 자유거리(하나의 분자가 이동하여 다른 분자와 충돌하기 전까지의 평균거리) l이 유동길이 척도 L과 비교될 경우, 벽에서 미끄럼이 일어나고 유량과 속도는 주어진 압력구배에서 증가할 것이다. 식 (8.10)에서 c_1은 그대로 0이 되지만, c_2는 $r = R$에서 $u = l\partial u/\partial r$의 미끄럼 조건을 만족할 것이다. 이와 같이 벽에서 미끄럼이 있는 마이크로 혹은 나노 튜브에서 기체 유동의 속도분포와 유량을 유도하라. $R = 12$ m, $\mu = 2.24 \times 10^{-5}\ \text{N}\cdot\text{s/m}^2$, 평균 자유거리 $l = 74$ nm, $-\partial p/\partial x = 1.5 \times 10^6$ Pa/m일 때 유량을 계산하라.

8.48 타원형 단면 채널에서 압력구동 완전 발달된 유동의 속도분포의 모델로 다음의 해가 사용될 수 있다.

$$u = u_0\left(1 - \frac{y^2}{a^2} - \frac{z^2}{b^2}\right)$$

타원의 중심은 $(y, z) = (0, 0)$이고, 장축의 길이는 a이고, 단축의 길이는 b이며, 각각 y축과 z축에 평행이다. 축 방향 압력구배 $\partial p/\partial x$는 일정하다. Navier-Stokes 방정식에 근거해서 최대속도 u_0를 a, b, 점성계수 μ, 압력구배 $\partial p/\partial x$로 나타내라. (ρ, ϕ)가 각각 단위 원판($0 \le \rho \le 1$, $0 \le \phi \le 2\pi$)의 반경, 방위각 극좌표라 할 때 좌표계 (y, z)와 속도 $u(y, z)$는 (ρ, ϕ)의 함수로 다음과 같이 나타낼 수 있다.

$$y(\rho,\phi) = a\rho\cos\phi \quad z(\rho,\phi) = b\rho\sin\phi \quad u(\rho,\phi) = u_0(1-\rho^2)$$

유량은 $Q = \int u(y,z)dydz = ab\int_0^{2\pi}\int_0^1 \rho u(\rho,\phi)d\rho d\phi$이다. 타원형 파이프에서 압력구동 완전 발달된 유동의 유량을 유도하라. $a = 1.5R$, $b = R$ 타원형 단면을 가진 채널과 반경 R인 파이프에 같은 압력구배가 가해질 때 유량을 비교하라.

8.49 유체가 완전 발달된 난류로 수평 파이프를 흐른다. 두 단면 사이에서 측정된 정압차는 35 kPa이다. 단면 사이의 거리는 10 m이고, 파이프 직경은 150 mm이다. 벽에 작용하는 전단응력 τ_w를 계산하라.

8.50 수평 파이프의 한쪽은 접착제로 액체가 차 있는 가압탱크에 부착되고, 다른 쪽에는 뚜껑이 부착되었다. 파이프의 내경은 2.5 cm, 탱크 압력은 250 kPa (gage)이다. 뚜껑이 닫힌 상태에서 접착제가 이겨내야 할 힘과, 뚜껑이 벗겨져 액체가 대기 중으로 방출될 때 접착제가 이겨내야 할 힘을 구하라.

8.51 내경 $D = 40$ mm인 매끈한 파이프를 통해 임계 Reynolds 수에 가깝게 등유가 펌핑된다. 유동은 불안정해서 층류와 난류 상태를 오가면서 압력구배가 약 -3.5 kPa/m부터 -12 kPa/m까지 간헐적으로 변한다. 어느 압력구배가 층류와 난류에 해당되는가? 각 유동에서 벽에서의 전단응력을 계산하고, 전단응력 분포를 그려라.

8.52 물이 수평 채널 속에서 완전 발달된 상태로 흐를 때, 유동 방향으로 9 m 떨어진 두 탭 사이의 압력강하는 6.9 kPa이다. 채널의 단면은 25 mm × 240 mm의 직사각형이다. 평균 벽면 전단응력을 계산하라.

8.53 $\mu = 0.50\ \text{N}\cdot\text{s/m}^2$의 점도와 $\rho = 800\ \text{kg m}^3$를 가진 오일이 직경 $D = 0.040$ m인 배관을 흐른다.

(a) 만약 배관이 $x_1 = 0$이고 $x_2 = 20$ m이라면 유량 $Q = 3.0 \times 10^{-5}\ \text{m}^3/\text{s}$이 발생하기 위해 필요한 압력강하 $p_1 - p_2$는 얼마인가?

(b) $p_1 = p_2$일 때, 위의 경우 (a)에서 같은 비율로서 오일이 배관을

흐른다면 배관의 경사도 θ는 얼마나 되어야 하는가?

8.54 Queensland 대학에서는 1927년부터 '피치 적하(pitch-drop)' 실험이 지속적으로 시행되고 있다(http://www.physics.uq.edu.au/physics_museum/pitchdrop.shtml). 이 실험에서, 피치의 점성계수를 측정하기 위해 깔때기 피치가 사용된다. 유동은 한 방울 적하에 **평균** 10년이 걸린다! 점성계수는 다음의 유량방정식을 이용하여 계산된다.

$$Q = \frac{\forall}{t} = \frac{\pi D^4 \rho g}{128\mu}\left(1 + \frac{h}{L}\right)$$

여기서 D는 깔때로부터의 유로 직경, h는 깔때기 본체에서 피치의 깊이, L은 깔때기 줄기의 길이, t는 경과 시간이다. 압력구배 대신 정수력을 사용하여 이 식을 식 (8.13c)와 비교하라. 1979년 6번째 적하 이후, 4.7×10^{-5} m^3의 피치가 낙하하는 데 17,708일이 소요된다. 이 측정 결과로부터 $D = 9.4$ mm, $h = 75$ mm, $L = 29$ mm, $\rho_{pitch} = 1.1 \times 10^3$ kg/m^3일 때 피치의 점성계수는 얼마인가?

완전 발달된 파이프 유동의 난류 속도분포

8.55 난류 파이프 유동의 경험적 '멱법칙' 속도분포인 식 (8.22)를 생각하라. $n = 7$일 때 u가 평균속도 $\overline{V}$와 같게 되는 r/R값을 구하라. $6 \le n \le 10$ 범위에서 결과를 그리고, 완전 발달된 층류 파이프 유동의 식 (8.14)와 비교하라.

8.56 운동량 계수 β는 다음과 같이 정의된다.

$$\int_A u\,\rho u\,dA = \beta \int_A \overline{V}\,\rho u\,dA = \beta\,\dot{m}\,\overline{V}$$

식 (8.14)의 층류 속도분포와, 식 (8.22)의 '멱법칙' 난류 속도분포에 대해 β를 계산하라. $6 \le n \le 10$ 범위에 걸쳐, 난류 멱법칙 분포에 대한 n의 함수로 β를 그리고, 완전 발달된 층류 파이프 유동의 경우와 비교하라.

파이프 유동의 에너지 고찰

8.57 고정된 평행 평판 사이에 완전 발달된 물의 층류유동이 있다. 최대 유동속도는 6.1 m/s, 평판 간격은 1.9 mm., 폭은 38 mm이다. 운동에너지 계수 α를 구하라.

8.58 원형 튜브 내의 완전 발달된 층류에 대한 운동에너지 계수를 구하라.

8.59 그림 8.12의 유동 형상에서 측정이 수행되었다. 입구인 단면 ①에서 압력은 70 kPa (gage), 평균속도는 1.75 m/s, 높이는 2.25 m이다. 출구인 단면 ②에서는 압력, 평균속도, 높이가 각각 45 kPa (gage), 3.5 m/s, 3 m이다. 수두손실을 미터 단위로 계산하라. 단위질량당 에너지 단위로 바꾸어라.

8.60 면적이 일정한 수평 파이프에 물이 흐른다. 파이프 직경은 75 mm이고, 평균유속은 5 m/s이다. 파이프 입구의 계기압력은 275 kPa이고, 출구의 압력은 대기압이다. 파이프의 수두손실을 구하라. 이번에는 파이프 출구가 입구보다 15 m 높게 설치된다면, 동일 유량을 유지하기 위한 입구압력은 얼마가 되어야 하는가? 이번에는 파이프 출구가 입구보다 15 m 낮게 설치된다면, 동일 유량을 유지하기 위한 입구압력은 얼마가 되어야 하는가? 마지막으로, 파이프의 입·출구가 모두 대기압일 때(즉, 중력에 의해서만 물이 흐름), 동일 유량을 유지하기 위해 출구는 입구보다 얼마나 낮아야 하는가?

8.61 그림 8.12의 유동에서, 수두손실은 2 m로 알려져 있다. 입구에서 출구까지의 압력강하는 60 kPa이고, 속도는 입구속도보다 출구가 두 배이고, 출구는 입구보다 3 m 높다. 입구속도를 계산하라.

수두손실 계산

8.62 예제 8.7의 급수탑으로부터 흐르는 파이프 유동이 있다. 5년 후 파이프 조도가 증가하여 유동은 완전한 난류가 되고 $f = 0.04$이다. 유량이 얼마나 감소했는지 구하라.

8.63 문제 8.62의 급수탑으로부터의 파이프 유동을 생각하자. 송출량을 증가시키기 위해, 파이프 길이를 183 m에서 91 m로 감소시켰다(유동은 여전히 완전한 난류이고 $f = 0.04$). 유량은 얼마인가?

8.64 물이 수평 튜브를 통해 큰 탱크로 흐른다. 튜브는 탱크 내의 자유표면보다 2.5 m 아래에 있다. 수두손실은 2 J/kg이다. 튜브 내의 평균 유동 속도를 계산하라.

8.65 직경이 일정한 구간에서의 알래스카 송유관의 평균속도는 2.5 m/s이다. 입구에서, 압력은 8.25 MPa(gage)이고 높이는 45 m이다. 출구에서, 압력은 350 kPa(gage)이고 높이는 115 m이다. 송유관의 이 구간에서 수두손실을 계산하라.

8.66 알래스카 송유관의 직경이 일정한 구간의 입구에서, 압력은 9.5 MPa, 높이는 50 m, 출구의 높이는 120 m이다. 이 구간에서의 송유관 수두손실은 7.2 kJ/kg이다. 출구압력을 계산하라.

8.67 Laufer [3]가 공기에 대한 완전 발달된 난류 파이프 유동에서 벽 가까운 곳에서의 평균속도를 Reynolds 수가 $Re_U = 50{,}000$ ($U = 3$ m/s, $R = 123$ mm)에서 측정한 데이터가 다음과 같다.

$\bar{u}/U$	0.343	0.318	0.300	0.264	0.228	0.221	0.179	0.152	0.140
y/R	0.0082	0.0075	0.0071	0.0061	0.0055	0.0051	0.0041	0.0034	0.0030

이 데이터를 그림으로 그리고, 가장 잘 맞는 기울기 du/dy를 구하라. 이것을 이용하여 $\tau_w = \mu\,d\bar{u}/dy$로부터 벽면 전단응력을 구하라. 이 값을 (a) Colebrook 식[식 (8.37)], (b) Blasius 식[식 (8.38)]을 이용하여 계산된 마찰계수 f에서 구해진 벽면 전단응력과 비교하라.

8.68 길이가 10^3이고 직경이 18 cm인 배관이 1/150의 경사로 놓여져 있다. 오일이 25 L/s의 유량으로 펌핑된다. 오일의 비중은 1.1이고 점도는 0 18 Ns/m^2이다. 마찰에 의한 수도 손실을 결정하고 오일을 펌핑하는 데 필요한 동력을 계산하라.

8.69 매끄럽고, 직경이 75 mm인 파이프가 65°C 의 물을 수평으로 수송한다. 질량유량이 0.075 kg/s일 때, 압력강하는 파이프 100 m당 7.5 Pa이다. 이러한 측정을 근거로, 마찰계수는 얼마인가? Reynolds 수는 얼마인가? 이 Reynolds 수는 일반적으로 층류나 난류를 나타내는가? 유동은 실제 층류인가 난류인가?

8.70 알루미늄을 인발가공하여 만든 직경이 작은 모세관이 가정용 냉장고의 팽창밸브로 사용된다. 내경은 0.5 mm이다. 상대조도를 계산하라. 유동 측면에서 이 튜브를 '매끈한' 것으로 간주할 수 있는지 말하라.

8.71 식 (8.36)과 (8.37)을 이용하여 그림 8.13의 Moody 선도를 만들어라.

8.72 Moody 선도는 Darcy 마찰계수 f를 Reynolds 수와 상대조도로부터 구하는 것이다. 파이프 유동에 대한 *Fanning* **마찰계수**는 다음과 같이 정의된다.

$$f_F = \frac{\tau_w}{\frac{1}{2}\rho\bar{V}^2}$$

τ_w는 파이프의 벽면 전단응력이다. 완전 발달된 파이프 유동에서 Darcy와 Fanning 마찰계수의 관계가 $f = 4f_F$임을 보여라.

8.73 물이 25 L/s의 유량으로 직경이 75 mm에서 37.5 mm로 150°의 각으로 점차 축소되는 파이프를 통해 흐른다. 축소 전 압력이 500 kPa이면, 축소 후 압력은 얼마인가? 테이퍼 각이 180°(급격 축소)로 바뀔 때 다시 계산하라.

8.74 물이 25 mm 직경의 튜브에서 직경 50 mm로 급격 확대되는 튜브를 흐른다. 이 급격한 확대를 지나는 유량이 1.25 L/s이다. 확대부 전후의 압력상승을 계산하라. 마찰이 없는 유동의 값과 비교하라.

8.75 직경이 50 mm에서 25 mm로 급격 축소되는 튜브를 물이 흐른다. 축소부를 지나는 압력강하는 3.45 kPa이다. 체적유량을 구하라.

8.76 표준공기가 원형 덕트에서 급격 관확대부를 흐른다. 상류와 하류의 덕트 직경은 80 mm와 250 mm이다. 하류의 압력은 상류보다 10 mm H_2O만큼 높다. 확대부에 접근하는 공기의 평균속도와 체적유량을 구하라.

8.77 학부 실험과목에서 직경 45 mm 물 파이프의 유량을 측정할 수 있는 단순한 유량계를 개발하라는 과제가 주어졌다. 직경 22.5 mm 파이프 부분과 급격 축소부에서의 압력강하를 측정하기 위한 물 마노미터를 설치한다. $Q = k\sqrt{\Delta h}$에서의 이론적 보정상수 k에 대한 식을 유도하라. Q는 체적유량(L/min), Δh는 마노미터 높이차(mm)이다. 유량 범위가 10~50 L/min일 때, 이론적 보정곡선을 그려 보라. 이 장치가 유량을 측정하기에 적절한 장치가 될 수 있을 것으로 기대하는가?

8.78 물이 매우 짧은 파이프를 통하여 그림과 같이 탱크로부터 흐른다. 유동은 준정상으로 가정하자. 그림과 같은 순간에서의 유량을 계산하라. 만일 큰 유량이 필요하다면 어떻게 유동시스템을 개선하겠는가?

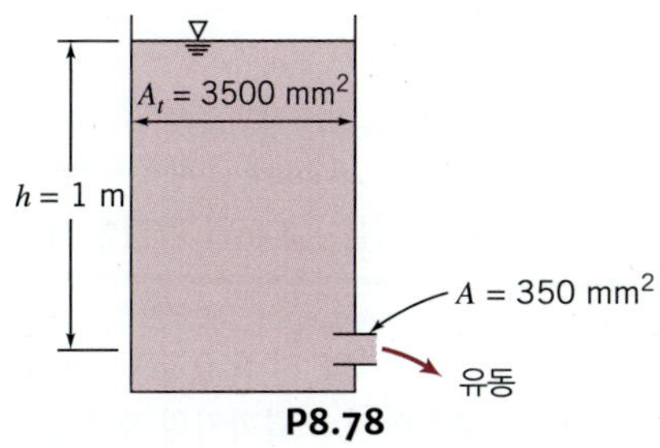

P8.78

8.79 예제 4.6에서 해석한 엘보를 통하는 유동을 다시 생각해 보자. 주어진 조건을 사용하여, 엘보에 대한 부손실계수를 계산하라.

8.80 공기가 길이 L, 직경 180 mm의 덕트를 통해 클린룸 시험실로부터 흐른다. 원래의 덕트는 입구가 각진 모서리였으나, 라운딩이 잘된 둥근 모서리로 대체되었다. 시험실의 압력은 대기압보다 3.5 mm H_2O만큼 높다. 마찰로 인한 손실은 입구와 출구 손실에 비하면 무시할 수 있다. 입구 모양의 변화에 의한 체적유량의 증가를 계산하라.

8.81 물탱크(대기로 열린)에 깊이 5 m의 물이 저장되어 있다. 바닥에 직경 25 mm의 구멍을 뚫었다. 구멍을 직각 모서리로 모델링해서 탱크에서 빠져나가는 유량(L/s)을 계산하라. 만일 짧은 파이프를 구멍에 부착하면, 유량은 얼마나 변하는가? 구멍을 둥근 모서리(r = 5 mm)로 가공한다면, 유량은 얼마나 변하는가?

8.82 길이 150 mm의 원추형 디퓨저가 파이프 유동을 직경 50 mm에서 89 mm로 확대하는 데 사용된다. 물의 유량이 47 L/s일 때, 정압 상승을 계산하라. 손실계수의 근삿값은 얼마인가?

8.83 확대부에서 시작하여 하류에서 끝나는 검사체적에 기본방정식을 적용하여 급격 확대부를 통한 유동을 해석하라(입구압력 p_1은 확대부 면적 A_2에 작용한다고 가정하라). 확대부를 통한 부수두손실에 관한 식을 유도하고 면적비의 함수로 그리고, 그림 8.15의 데이터와 비교하라.

8.84 45°C의 물이 내경 15.8 mm인 원형 튜브를 통해 샤워꼭지로 흐른다. 물은 직경 1.05 mm인 24개의 줄기로 흘러나온다. 체적유량은 5.67 L/min이다. 샤워꼭지 입구에서 필요한 물의 최소압력을 계산하라. 샤워꼭지를 원형 튜브의 끝에 지지하기 위해 필요한 힘을 구하라. 이 힘이 압축력인지 인장력인지 명확하게 나타내라.

8.85 급격 확대관을 통한 유동을 해석하여 상류 평균속도 1을 표현식을 압력 변화 $\Delta p = p_2 - p_1$, 면적비 AR, 유체 밀도 ρ, 손실계수 K의 항으로 구하라. 만일 마찰이 없는 유동이면, 측정된 압력 변화로 표시되는 유량은 실제 유동보다 높은가 아니면 낮은가? 그 이유는 무엇인가? 역으로 만일 마찰이 없는 유동에서 주어진 유량에 대해 압력 변화가 더 큰가 아니면 작은가? 그 이유는 무엇인가?

8.86 물이 큰 탱크로부터 매끈한 플라스틱 튜브를 통해 정상적으로 흘러서 대기 중으로 방출된다. 튜브의 내경은 3.18 mm, 길이는 15.3 m이다. 튜브 내의 유동이 층류를 유지하기 위한 최대유량을 구하라. 유동이 층류(층류에서 α = 2이고 K_{ent} = 1.4)로 유지될 수 있는 최대 수위를 계산하라.

8.87 문제 8.86에서 유동이 난류가 되는 물탱크의 최저 수위를 계산하라.

8.88 매끈한 튜브를 흐르는 물의 유동에서 압력강하를 측정하기 위한 실험장치를 만들었다. 튜브의 직경은 15.9 mm, 길이는 3.56 m이다. 유동은 저수지로부터 직각 모서리 입구를 통해 튜브로 유입된다. 튜브에서 난류이기 위해 필요한 유량을 계산하라. 튜브에서 난류이기 위해 필요한 수조와의 높이차를 구하라.

8.89 교육용 실험장치는 수조와 그 하부에 부착된 직경 7.5 mm, 길이 500 mm의 수평 튜브로 이루어져 있다. 튜브는 싱크로 나간다. 10°C 물이 Reynolds 수 10,000으로 흐른다. 유량은 얼마인가? 튜브의 입구가 직각 모서리라면, 수조의 깊이는 얼마가 되어야 하는가? 튜브의 입구가 라운딩이 잘 되어 있다면, 수조의 깊이는 얼마가 되어야 하는가?

8.90 직경이 10 mm, 길이가 100 m인 매끈한 튜브에서 유량 범위가 1에서 10 L/min일 때, 필요한 수조의 물 깊이를 그려라.

8.91 동점성 계수 $\nu = 0.00005\ \mathrm{m^2/s}$인 기름이 직경 4 cm, 길이 25 m인 수평 인발 파이프를 통해 유량 $0.003\ \mathrm{m^3/s}$로 흐른다. 파이프 직경이 1 cm로 감소하면서 유량이 그대로 유지된다면, 에너지손실은 몇 % 증가하는가?

8.92 실험실에서 매끈한 파이프 내의 유동을 연구하기 위하여 물이 사용된다. 물은 10°C이다. 적절한 범위를 결정하기 위해 파이프 내에서 최대 Reynolds 수는 100,000이어야 한다. 물은 높은 곳에 설치되어 수위가 일절하게 유지되는 탱크로부터 공급받는다. 파이프는 직각 모서리 입구, 45° 표준엘보 2개, 90° 표준엘보 2개, 그리고 완전히 열린 게이트밸브로 구성된다. 파이프 직경은 7.5 mm, 전체 길이는 1 m이다. 요구되는 Reynolds 수에 도달하기 위하여 파이프의 출구 위로 공급탱크의 최소높이를 계산하라. 수조 대신 가압챔버가 사용되면 필요한 압력은 얼마인가?

8.93 물이 펌프 송출구로부터 직경이 230 m인 상용 강철 파이프를 통해 6400 m 떨어진 대기압에 노출된 수조로 배출된다. 탱크 수조의 수위는 펌프 송출구보다 15 m 높고, 파이프 내 물의 평균속도는 3 m/s이다. 펌프 송출구에서의 압력을 계산하라.

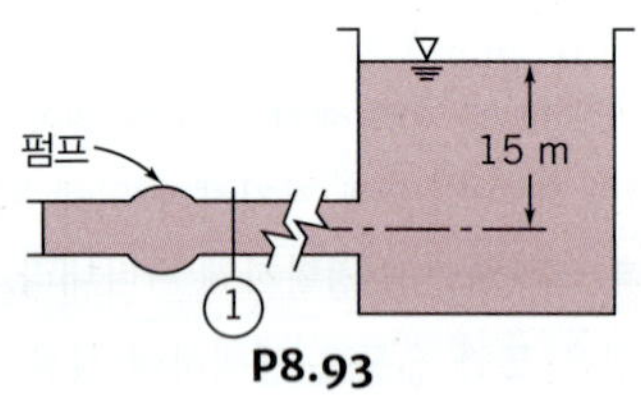

P8.93

8.94 물이 한 수조에서 낮은 수조로 곧고, 경사진 아연도금철 파이프를 중력에 의해 흐른다. 파이프 직경은 50 mm, 전체 길이는 250 m이다. 각 수조는 대기에 노출되어 있다. 유량 Q의 범위가 0~0.01 $\mathrm{m^3/s}$에 대해, 유량의 함수로 필요한 높이차 Δz를 그려라. Δz에서 부손실의 비율을 구하라.

8.95 공조설비에서 10°C의 공기의 유량 35 $\mathrm{m^3/min}$이 요구된다. 직사각형(0.23 m × 0.75 m) 단면의 매끈한 판금 덕트가 사용된다. 30 m의 수평 덕트에 대한 압력강하(mm H_2O)를 구하라.

8.96 가변출력 펌프를 시험하는 장치는 펌프, 표준 엘보 4개, 열린 게이트밸브가 그림과 같이 폐회로를 구성한다. 회로는 펌프에 의해 공급되는 에너지를 흡수한다. 튜브는 직경 75 mm의 주철이고, 총 길이는 20 m이다. 물 유량 0.01에서 0.06 $\mathrm{m^3/s}$의 범위에서의 펌프에 요구되는 압력차를 그려라.

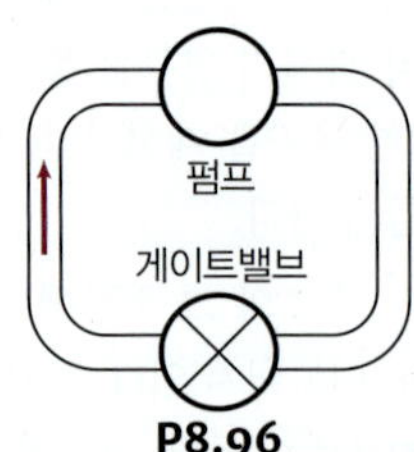

P8.96

8.97 물을 사용하여 Reynolds 수 100,000까지 도달할 수 있는 파이프 마찰 실험장치가 설계된다. 이 장치는 수위가 일정한 탱크로부터 유동장치까지 5 cm의 매끈한 PVC 파이프를 사용하고, 시험부는 길이 20 m의 2.5 cm 매끈한 PVC 파이프가 수평으로 설치된다. 탱크의 수위는 5 cm PVC 배관 입구보다 0.5 m 높다. 2.5 cm 파이프에서 요구되는 평균속도를 구하라. 수위가 일정한 탱크 사용의 적절성을 검토하라. 수평 시험부에서 5 m 떨어진 두 압력 탭 사이의 압력차를 계산하라.

8.98 유량 0.6 $\mathrm{m^3/s}$의 표준공기유동을 고려하자. 원형 덕트의 단위 길이당 압력강하를 종횡비가 1, 2, 3인 직사각형 덕트와 비교하라. 모든 덕트는 단면적이 0.09 $\mathrm{m^2}$이며, 매끈하다고 가정하라.

8.99 내경이 50 mm인 오래되고 부식된 아연도금철 파이프의 수직 부분에서 압력을 측정하여 데이터가 얻어졌다. 한 위치에서의 압력은 $p_1 = 700$ kPa (gage)이고, 이보다 40 m 낮은 위치의 압력은 $p_2 = 250$ kPa (gage)이다. 물의 체적유량은 0.015 $\mathrm{m^3/s}$이다. 파이프의 상대조도를 계산하라. 만일 상대조도가 거의 없는 신품 파이프로 교환된다면, 펌프동력은 몇 % 절약할 수 있는가?

8.100 체적유량 $Q = 21$ L/s의 물이 소방용 호스와 노즐을 통해 방출된다. 소방 호스(전체 길이 $L = 76$ m, $D = 75$ mm, $e/D = 0.004$)는 길이 18 m인 4개의 호스가 커플링으로 연결되어 있다. 입구는 직각 모서리이고, 호스를 통한 평균속도에 근거한 각 커플링에서의 부손실계수는 $K_c = 0.5$이다. 직경 $D_2 = 25$ mm인 출구 제트의 속도에 근거한 노즐 손실계수는 $K_n = 0.02$이다. 이 유량에 요구되는 공급압력을 계산하라.

8.101 튜브 내 유동은 Reynolds 수로 천이영역에서 층류와 난류 상태를 교차할 수 있다. 수위가 일정하게 유지되고 깊이 눈금이 새겨진 실린더형 투명 플라스틱 탱크와, 탱크 하부에 부착되어 물을 측정하는 용기로 흐르게 하는 플라스틱 튜브(매끈하다고 가정)로 구성되는 교육용 실험장치를 설계하라. 장치가 소형이면서도 천이영역 범위에서 작동되게 탱크와 튜브의 치수를 선정하라. 탱크 수위를 낮은 영역(층류)에서 천이를 거쳐 난류로 또는 그 반대로 쉽게 변화시킬 수 있도록 실험을 설계하라(학생들이 언제 유동이 층류 또는 난류인지를 인식할 수 있는 지시사항을 적어라). 층류 또는 난류 유동을 가정하여 Reynolds 수에 대한 탱크수두를 같은 그림에 그려라.

8.102 작은 수영장은 정원용 호스를 사용하여 배수된다. 호스는 내경이 20 mm, 조도는 0.2 mm, 길이는 30 m이다. 호스의 자유로운 한쪽 끝은 수영장 바닥 높이보다 3 m 아래에 있다. 호스 출구에서의 평균속도는 1.2 m/s이다. 수영장 물의 깊이를 구하라. 유동이 비점성이면 속도는 얼마가 되는가?

파이프 유동문제의 해법

8.103 문제 8.102에서 호스가 25 mm(같은 길이와 조도)의 큰 직경 호스로 대체되었다. 수영장 깊이를 1.5 m로 가정할 때, 새로운 평균속도와 유량은 얼마인가?

8.104 압축공기 드릴은 드릴작업 시 650 kPa (gage)의 공기 0.25 kg/s이 필요하다. 공기압축기에서 드릴까지의 호스는 내경이 40 mm이다. 압축기의 최대 배출 계기압력은 670 kPa이고, 공기는 40°C로 압축기에서 유출된다. 밀도 변화와 호스 곡률의 영향은 무시하라. 사용할 수 있는 호스의 최대길이를 계산하라.

8.105 Phi Gamma Delta 학생들은 그들의 집 2층의 베란다에 어린이용 풀을 설치하여 정원 호스로 물을 채우려 하고 있다. 어린이용 풀은 직경 1.5 m, 깊이 0.76 m이다. 베란다는 수도꼭지보다 5.5 m 위에 있다. 정원 호스는 내면이 매우 매끈하고 길이가 15 m이며 직경이 1.6 cm이다. 수도꼭지에서 수압이 414 kPa이라면, 풀을 채우는 데 얼마의 시간이 소요되는가? 부손실은 무시하라.

8.106 휘발유가 길고 온도가 15°C로 유지되는 지하의 파이프라인을 흐른다. 같은 높이의 두 펌프장은 13 km 떨어져 있다. 펌프장 사이의 압력강하는 1.4 MPa이다. 파이프라인은 직경 0.6 m의 파이프로 되어 있다. 비록 파이프는 상업용 강으로 만들어졌지만, 오래되고 부식으로 인해 조도가 증가되어 아연도금철과 비슷해졌다. 체적유량을 계산하라.

8.107 물이 직경 125 mm이고 길이 150 m인 주철 파이프를 정상유동한다. 단면 ①과 ② 사이의 압력강하가 150 kPa일 때 체적유량을 계산하라.

8.108 동일한 직경의 수직 파이프 2개가 그림과 같이 곧은 튜브로 연결되어 있다. 물은 중력에 의하여 한쪽 수직 파이프에서 다른 쪽으로 흐른다. 그림과 같은 순간에 왼쪽 수직 파이프의 수위 변화율을 계산하라.

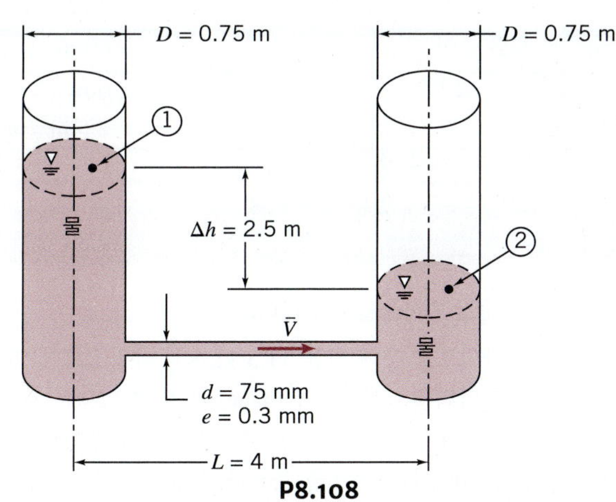

P8.108

8.109 빌딩의 네 모서리에 직경 50 mm의 아연도금철 배수파이프가 있는데, 그중 세 군데가 이물질에 의해 막혔다. 막히지 않은 한 개의 배수파이프가 더 이상 지붕 물을 배수하지 못하는 폭우량(cm/min)을 구하라. 빌딩의 지붕 면적은 500 m^2, 높이는 5 m이다. 배수파이프는 빌딩과 같은 높이이며, 양쪽 끝은 대기에 노출되는 것으로 가정하라. 부손실은 무시하라.

8.110 광산기술자가 고속 물제트를 이용하여 수력적인 방법으로 채광할 계획을 세우고 있다. 호수는 광산보다 $H = 300$ m 위에 위치하고 있다. 물은 $L = 900$ m의 소방용 호스를 통해 공급된다. 호스의 내경 $D = 75$ mm, 상대조도 $e/D = 0.01$이다. $L_e = 20\ D$의 등가길이를 갖는 커플링은 호스를 따라 매 10 m 간격으로 설치되어 있다. 노즐의 출구직경은 $d = 25$ mm이다. 출구속도에 기준한 부손실계수 $K = 0.02$이다. 이 시스템이 송출할 수 있는 최대 출구속도를 계산하라. 이 물제트에 의해 바위 표면에 작용하는 최대힘을 구하라.

8.111 직경 $D = 25$ mm, 길이 L의 매끈한 튜브에 압력차 $\Delta p = 100$ kPa에 의해 생성되는 유동을 계산하여, 튜브 길이가 물 유량에 미치는 영향을 조사하라. 유동이 저속의 층류에서 완전 난류까지의 범위에서 튜브 길이에 대한 유량을 그려라.

8.112 화재 방지 계통에 물탱크로부터 물이 150 mm의 주철파이프를 통해 공급된다. 물이 흐르지 않을 때, 소화전에서의 압력은 600 kPa이다. 높여진 탱크와 소화전 사이의 전체 길이는 200 m이다. 소화전 위로 물탱크까지의 높이를 구하라. 소화전을 완전히 열어서 물이 쏟아져 나올 때 도달할 수 있는 최대 체적유량을 계산하라(이 조건에서 부손실은 직관손실의 10%로 가정하라). 소방호스가 소화전에 연결될 때, 체적유량은 0.75 m^3/min이다. 이 유동조건에서 압력계의 압력을 구하라.

8.113 개방된 큰 물탱크 바닥에 직경 2.5 cm, 길이 1.5 m의 수평 주철 배수파이프가 부착되어 있다. 물의 깊이가 3.5 m이고, 입구가 (a) 재삽입, (b) 직각 모서리, (c) 라운드 모서리($r = 3.75$ mm)일 때의 유량(m^3/h)을 구하라.

8.114 문제 8.113에서 파이프가 그림과 같이 수직일 경우에 다시 풀어라.

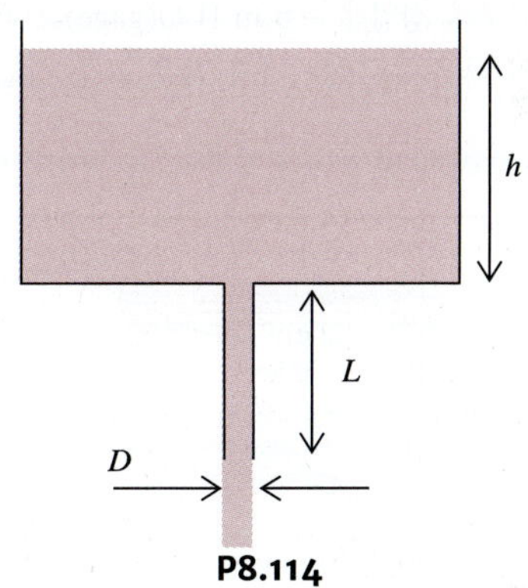

P8.114

8.115 예제 8.10에서 로마인의 상수도 설비를 설명하였다. 법으로 요구된 15 m 길이의 직경이 일정한 수평 파이프가 설치되었다고 가정하자. 파이프의 상대조도는 0.01이다. 예제의 입구조건에서 파이프에 공급되는 유량을 계산하라. 15 m 길이의 파이프 끝에 동일한 디퓨저를 설치하면 어떤 영향이 나타나는가?

8.116 오래된 호스로 잔디에 물을 주고 있다. 수년 동안 생긴 석회 침전물로 내경 19 mm 호스는 평균 조도의 높이가 0.56 mm이다. 수도꼭지에 15 m 길이의 호스 하나를 연결하여 물을(15°C) 57 L/min으로 보낸다. 수도꼭지에서의 압력을 kPa 단위로 계산하라. 15 m 길이의 호스 2개가 연결될 때의 송출량을 계산하라. 수도꼭지에서의 압력은 유량에 따라 변하고, 수도 본선 파이프의 압력은 345 kPa로 일정하게 유지된다고 가정하라.

8.117 예제 8.10에서 급수 본관에 설치된 노즐 출구에 디퓨저를 부착하면 주 라인에서 나오는 유량이 증가(33% 정도)한다는 것을 알았다. 로마의 수도국장은 각 수용가 파이프 노즐에 연결되는 파이프는 공중수도의 본선에서 적어도 15 m는 동일한 직경이 되도록 해야 한다고 요구했음을 읽은 바 있다. 수도국장은 지나치게 엄격했는가? 문제의 데이터를 활용하여, 파이프와 디퓨저를 설치한 경우와 노즐만을 사용한 경우가 유량이 동일한 파이프($e/D = 0.01$)의 길이를 계산하라. L/D

의 함수로 체적유량비 Q/Q_i를 그려라. 여기서 L은 노즐과 디퓨저 사이의 길이, Q_i는 노즐만 있을 때의 체적유량, Q는 노즐과 디퓨저 사이에 파이프가 삽입되었을 때의 실제 유량이다.

8.118 '구식 공부'를 한 상사가 파이프 유동에서 유량 $Q \propto \sqrt{\Delta p}$임을 주장한다. Δp는 유동을 유발하는 압력 차이이다. 이를 반론하기 위해 몇 가지 계산을 해본다. 직경 25 mm의 상용 강철 파이프를 택해 초기 물의 유량이 4.7 L/min로 가정한다. 이제 등간격으로 압력 차이를 증가시켜 새로운 유량을 계산하면, Q 대 Δp의 그림을 상사가 주장한 대로 계산한 것과 함께 그린다. 동일 그래프에 두 곡선을 그려라. 상사가 옳았는가?

8.119 유압프레스는 원격 고압펌프로 구동된다. 펌프 출구에서의 계기압력은 20.7 MPa이지만, 프레스에 필요한 압력은 유량 0.00057 m^3/s에서 18.9 MPa (gage)이다. 프레스와 펌프는 50.3 m의 매끈한 인발강튜브로 연결되어 있다. 유체는 38°C 의 SAE 10W 윤활유이다. 사용할 수 있는 최소 튜브 직경을 구하라.

8.120 펌프는 저수지에서 한쪽으로 4.5 m, 그리고 위로 3.5 m에 위치해 있다. 이 펌프는 6 L/s의 유량으로 설계되었다. 만족스러운 운전을 위해 펌프 입구의 정압은 -6 m H_2O(gage)보다 낮지 않아야 된다. 필요한 성능이 나올 수 있는 가장 작은 표준 상업용 강관을 결정하라.

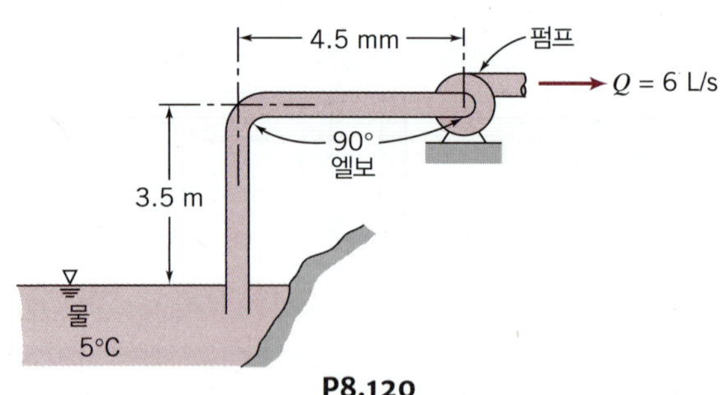

P8.120

8.121 어떤 새로운 산업설비에서 5.7 m^3/min 유량의 물이 필요하다. 설비에서 50 m 떨어진 급수 본관의 계기압력은 800 kPa이다. 공급선은 전체 길이가 65 m이고, 엘보 4개가 설치되어야 한다. 설비에 필요한 계기압력은 500 kPa이다. 설치해야 할 아연 도금철 파이프의 크기는 얼마인가?

8.122 20°C의 공기가 상용 강으로 만들어진 정사각 단면의 수평 덕트 내를 흐른다. 덕트의 길이는 25 m이다. 압력강하가 1.5 cm H_2O이고 2 m^3/s의 유량의 공기를 수송하려면 필요한 덕트의 크기(한 변의 길이)는 얼마인가?

8.123 길이 L = 100 m의 매끈한 튜브에 작용된 압력강하 Δp = 100 kPa에 의해 발생하는 유동을 계산하여 튜브 직경이 물의 유량에 미치는 영향을 조사하라. 유량의 직경에 대한 그래프를 층류와 난류영역을 포함하여 그려라.

8.124 큰 저수지에서 마을에 물을 공급한다. 물공급 계통의 일부가 그림에 있다. 물은 정수시설로 보내지기 전에 저수지로부터 큰 저장탱크로 펌핑된다. 이 계통은 20°C 물을 1310 L/s로 공급하도록 설계된다. B에서 C까지는 직각 모서리의 입구, 760 m의 파이프, 3개의 게이트밸브, 4개의 45° 엘보, 2개의 90° 엘보로 구성되어 있다. C에서의 계기압력은 197 kPa이다. F에서 G 사이는 760 m의 파이프, 2개의 게이트밸브, 4개의 90° 엘보로 구성되어 있다. 모든 파이프는 직경 508 mm의 주철이다. 파이프에서의 평균속도, F에서의 계기압력, 펌프로 공급되는 동력(효율은 80%), FG에서의 벽면 전단응력을 계산하라.

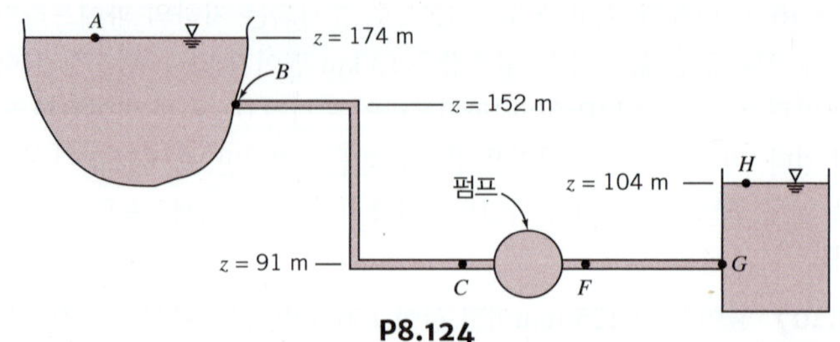

P8.124

***8.125** 언덕 위의 큰 탱크에서 부두의 유조선으로 기름이 흘러가고 있다. 유조선의 격실이 거의 차서 운전자가 가동을 정지시키는 과정에 있다. 부두에 있는 밸브는 밸브의 직전 상류에서 1 MPa의 압력이 유지되는 유량으로 닫힌다. 다음을 가정하라.

탱크 밸브까지의 파이프 길이	3 km
파이프 내경	200 mm
탱크의 기름 표면 높이	60 m
부두에서 밸브의 높이	6 m
순간유량	2.5 m^3/min
이 유량에서 배관의 수두손실 (밸브를 닫고 있는 중에 있는 것은 제외)	23 m의 기름
기름의 비중	0.88

체적유량의 초기 순간 변화율을 계산하라.

8.126 펌프가 파이프를 통해 물을 11.3 kg/s의 유량으로 끌어올린다. 펌프의 흡입 측 압력은 -17.2 kPa (gage), 송출 측 압력은 345 kPa (gage)이다. 흡입파이프 직경은 75 mm, 출구파이프 직경은 50 mm이다. 펌프의 효율은 70%이다. 펌프를 운전하는 데 필요한 동력을 계산하라.

8.127 체적유량이 25 L/s일 때 물펌프의 압력상승은 75 kPa이다. 펌프의 효율이 80%일 때, 펌프에 공급되는 동력을 계산하라.

8.128 10°C의 물을 수송하는 직경 125 mm의 파이프 라인은 50 m의 아연도금한 직선 파이프, 5개의 완전히 열린 게이트밸브, 수조로부터의 완전히 열린 앵글밸브, 7개의 표준 90° 엘보, 수조로부터의 직각 모서리 입구 1개, 그리고 1개의 자유 배출구가 있다. 입구조건은 p_1 = 150 kPa이고 z_1 = 15 m이며, 출구조건은 p_2 = 0 kPa이고 z_2 = 30 m이다. 라인에 물을 수송하기 위한 원심펌프가 한 대 설치되어 있다. 펌프에서의 압력상승이 얼마가 되어야 유량이 Q = 50 L/s가 되는가?

8.129 그림과 같은 파이프 시스템을 이용하여 건설공사 시 수조에서 착암기로 냉각수를 공급한다. 유량은 38 L/s이고, 물은 37 m/s의 속도로 분무 노즐에서 유출되어야 한다. 펌프 출구에서 필요한 최소압력을 계산하라. 펌프효율이 70%일 때 필요한 입력동력을 계산하라.

*이 문제들은 교재 내용의 연속성을 잃지 않으면서 생략할 수 있었던 절의 내용들을 필요로 한다.

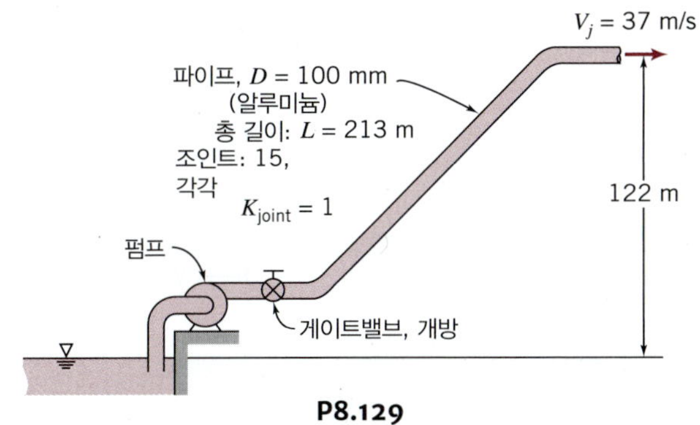

P8.129

8.130 대학 캠퍼스의 공기조화장치는 주 공급파이프를 통하여 10°C의 냉각수를 공급받는다. 파이프는 길이 5 km인 순환루프이다. 파이프 직경은 0.75 m이고 재료는 강철이다. 최대 설계 체적유량은 0.65 m^3/s이다. 순환펌프는 전기모터로 구동된다. 펌프와 모터의 효율은 각각 $\eta_p = 85\%$와 $\eta_m = 85\%$이다. 전기료는 14¢/(kW·h)이다. (a) 압력강하, (b) 물에 공급되는 에너지율, (c) 펌핑에 사용되는 1일 전기에너지의 비용을 계산하라.

8.131 소방용 노즐은 직경이 3.5 cm, 길이가 100 m인 매끈한 고무 라이닝의 호스에 의해 공급된다. 물은 소화전에서 압력 350 kPa (gage)로 소방차의 부스터 펌프로 공급된다. 설계조건에서, 노즐 입구의 압력은 700 kPa (gage)이고, 호스를 따른 압력강하는 100 m당 750 kPa이다. (a) 설계유량, (b) 노즐의 손실은 없다고 가정한 경우의 노즐 출구 속도, (c) 펌프의 효율이 70%일 때, 부스터 펌프를 구동하는 데 필요한 동력을 계산하라.

8.132 대학 캠퍼스의 분수를 통해 분출되는 유량이 0.075 m^3/s이다. 물줄기는 10 m 높이까지 올라간다. 분수를 가동시키기 위해 필요한 1일 전기료를 산출하라. 펌프모터의 효율은 85%이고, 펌프효율은 85%이며, 전기료는 14¢/(kW·h)이다.

8.133 물 펌프가 압력차 Δp (kPa) = 999 − 859 Q^2를 생성한다. 유량은 Q m^3/s이다. 펌프는 직경 0.5 m, 조도 13 mm, 길이 760 m의 파이프에 물을 공급한다. 펌프의 효율이 70%일 때 유량, 압력 차이, 펌프에 공급되는 동력을 구하라. 조도가 6 mm인 파이프로 교체한다면 유량은 얼마나 증가하는가? 요구되는 동력은 얼마인가?

8.134 정사각 단면(0.35 m × 0.35 m × 175 m)의 덕트가 전자제품 제조시설의 청정실로 공기(ρ = 1.1 kg/m^3)를 공급하기 위해 사용된다. 공기는 팬에 의해 공급되며, 덕트에 설치된 필터를 통과한다. 덕트의 마찰계수 f = 0.003, 필터의 손실계수 K = 3이다. 팬의 성능은 $\Delta p = 2250 - 250Q - 150Q^2$으로 주어지며, Δp (Pa)는 유량 Q (m^3/s)에서 생성되는 압력이다. 청정실로 공급되는 유량을 구하라.

8.135 어떤 팬의 수두-유량 곡선은 $H = 762 - 11.4Q^2$의 식으로 근사할 수 있으며, H는 mm H_2O의 출력 정수두, Q는 m^3/s의 공기유량이다. 팬 출구의 크기는 200 × 400 mm이다. 길이가 61 m, 200 × 400 mm의 직사각형 덕트로 팬에 의해 공급되는 공기유량을 계산하라.

***8.136** 그림과 같은 물 파이프 계통은 아연도금된 철 파이프로 구성되어 있다. 부손실은 무시한다. 입구 압력은 400 kPa (gage)이고, 모든 출구는 대기압이다. 유량 Q_0, Q_1, Q_2, Q_3, Q_4를 구하라.

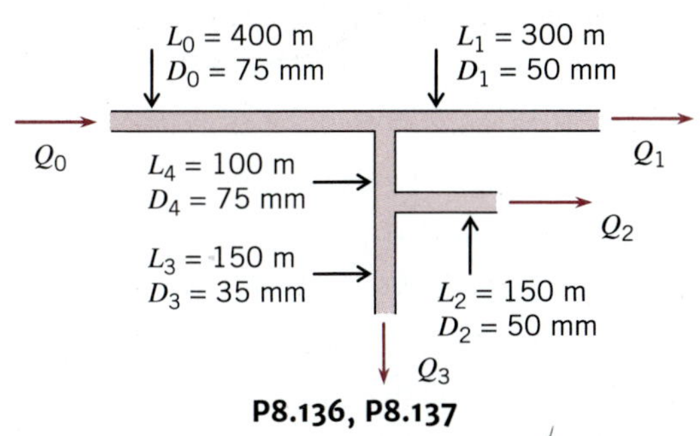

P8.136, P8.137

***8.137** 파이프 3이 막힐 경우 Q_0, Q_1, Q_2 및 Q_4를 구하라.

***8.138** 물이 흐르는 주철 파이프계통은 46 m의 파이프 뒤에 2개의 46 m 분지관, 다시 46 m의 파이프로 구성된다. 부손실은 무시할 수 있다. 2개의 분지관 중 하나만 직경 25 mm이고, 모든 파이프는 직경 38 mm이다. 이 계통에 작용한 압력이 345 kPa일 때, 전체 유량과 각 분지관의 유량을 구하라.

***8.139** 수영장에 부분적으로 필터가 설치되어 있다. 24°C의 물이 그림과 같은 계통을 통하여 수영장에서 펌핑된다. 펌프는 1.9 L/s을 송출한다. 파이프는 호칭 직경 20 mm의 PVC 파이프이다(내경 = 20.93 mm). 필터를 통한 압력손실은 약 $\Delta p = 1039\ Q^2$이며, Δp는 kPa, Q는 L/s이다. 펌프압력과 시스템의 각 분지관을 통한 유량을 구하라.

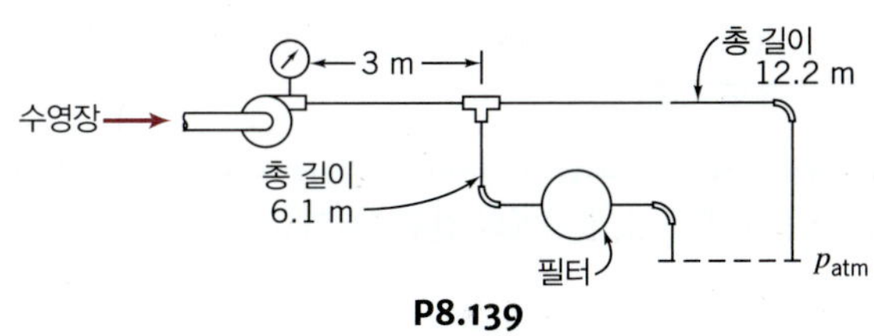

P8.139

8.140 변기의 물이 나올 때, 왜 샤워물의 온도가 변하는가? 무슨 일이 발생하는지 설명하기 위하여 온수와 냉수 공급계통의 압력 곡선을 그려라.

유량계

8.141 압축공기의 측정을 위해 코너 탭을 이용한 직각 모서리 오리피스와 물 마노미터가 압축공기를 사용한다. 다음 데이터가 주어졌다.

공기 선의 내경	150 mm
오리피스 판의 직경	100 mm
상류 압력	600 kPa
공기온도	25°C
마노미터의 높이차	750 mm H_2O

튜브 내의 체적유량을 m^3/h로 계산하라.

8.142 내경 160 mm의 파이프에 설치된 직경 80 mm의 오리피스를 70°C의 물이 흐른다. 유량은 30 L/s이다. 코너 탭 사이의 압력차를 구하라.

*이 문제들은 교재 내용의 연속성을 잃지 않으면서 생략할 수 있었던 절의 내용들을 필요로 한다.

8.143 목 직경이 76.2 mm인 벤투리 유량계가 24°C의 물을 수송하는 직경 152 mm 라인에 설치되어 있다. 상류에 있는 탭과 벤투리 목 사이의 압력강하는 305 mm Hg이다. 체적유량을 계산하라.

8.144 50 mm × 25 mm의 수평 벤투리 유량계를 통하여 물이 흐른다. 차압이 150 kPa일 때, 체적유량을 계산하라.

8.145 50 mm × 25 mm의 벤투리 유량계를 통하여 휘발유가 흐른다. 차압은 380 mm Hg이다. 체적유량을 계산하라.

8.146 문제 8.143의 벤투리 유량계를 통하여 공기가 흐른다. 상류의 압력은 413 kPa, 온도는 어디서나 20°C로 일정하다고 가정한다. 공학적으로 비압축성유동에 타당성이 있다고 하여 공기의 가능한 최대 질량유량을 계산하라. 수은 마노미터로 측정되는 해당 차압을 계산하라.

8.147 내연기관의 실험에서 공기유량은 플레넘에 설치된 유동 노즐을 이용하여 측정된다. 엔진 배기량은 1.6리터, 최대 구동속도는 6000 rpm이다. 엔진의 부하를 피하기 위해 노즐을 통한 최대 압력강하는 0.25 m H_2O를 초과해서는 안 된다. 마노미터는 ±0.5 mm H_2O까지 읽을 수 있다. 사용되어야 할 유동 노즐의 직경을 구하라. 이 장치를 이용하여 ±2%까지 측정할 수 있는 공기의 최소유량을 계산하라.

8.148 20°C의 물이 벤투리를 정상적으로 흐른다. 목으로부터 상류의 압력은 200 kPa (gage)이다. 목 단면적은 55 mm, 상류 면적은 110 mm이다. 이 유량계가 공동현상이 일어나지 않으면서 측정할 수 있는 최대유량을 계산하라.

8.149 이상(마찰이 없는)유동의 가정에서 디퓨저의 압력손실계수, 식 (8.42)를 유도하라.

8.150 파이프에 유동 노즐이 설치되어 있다. 그림에 보인 검사체적에 기본방정식을 적용하여, 유량계의 전후에서의 고정적인 수두손실을

$$C_l = \frac{p_1 - p_3}{p_1 - p_2} = \frac{1 - A_2/A_1}{1 + A_2/A_1}$$

와 같이 무차원 형태인 수두손실로 나타낼 수 있음을 보여라. 직경비 D_2/D_1의 함수로 Cl을 그려라.

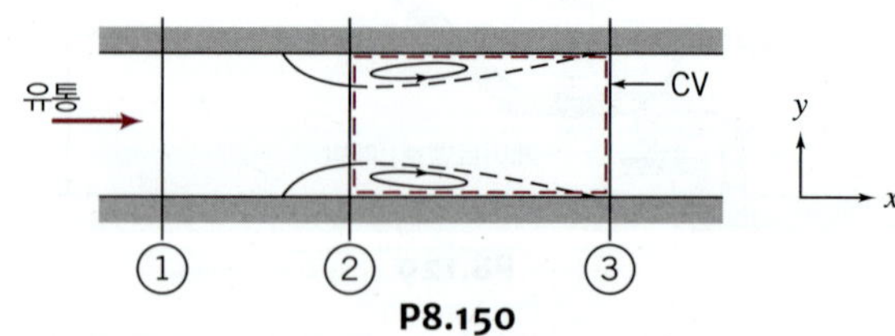

P8.150

8.151 서부의 몇몇 주에서는 광업용과 관개용 물이 '마이너즈인치(miner's inch)'라는 단위로 판매된다. 마이너즈인치는 152~229 mm까지의 수두에서, 널빤지의 면적 645 mm^{2}인 수직 구멍을 통해 102 mm 높이까지 솟는 유동의 양이다. 이러한 오리피스를 통하는 유량을 예측하기 위한 방정식을 유도하라. 구멍의 종횡비, 널빤지의 두께, 수두의 측정을 위한 기준높이(구멍의 위, 아래, 중간)를 명확히 명시하라. 0.0283 m^3/s에 해당하는 측정이 38.4마이너즈인치(콜로라도)에서 50 마이너즈인치(애리조나, 아이다호, 네바다, 유타)까지 변함을 보여라.

8.152 원형덕트 내의 체적유량은 '피토 절선', 즉 덕트 단면을 여러 개로 분할하고 각 분할면적의 속도를 합산하여 측정할 수 있다. 그러한 이송법을 생각해야 하는 이유를 말하라. 유량 측정에서 예상되는 오차를 이송법에서 사용되는 반경 방향 위치 개수의 함수로 정량화하고 그려라.

CHAPTER 9

외부 비압축성 점성유동

External Incompressible Viscous Flow

사례연구

그림에 표시된 전기차 Tesla Model S는 자동차의 혁신적인 발전을 보여준다. 2017년 Model S의 에너지 소비량은 EPA 기준 581.5 J/m의 복합 연비로, 44.17 km/L에 해당한다. 단일 배터리로 346.01 km의 주행이 가능하다. 자동차의 공기역학적 성능은 연료소비량과 목표 주행거리를 달성하는 데 중요하다.

차량의 공기역학적 항력은 전통적으로 실제 크기의 프로토타입 또는 테스트된 모델을 풍동에서 사용하여 측정하였다. Tesla의 경우 CFD 프로그램을 사용하여 형상에 따른 항력감소 효과에 대한 결과를 얻었다. 차량 위를 흐르는 공기의 운동에너지에 대한 항력의 척도인 항력계수는 현재 Model S의 경우 0.32이다. Tesla는 이 값을 0.21까지 줄일 것으로 계획하고 있다. 약 13.41 m/s 이상의 속도에서 공기역학적 항력은 연료 사용의 주요 원인이므로 공기역학은 자동차 산업의 성공에 중요하다.

기존의 자동차 디자인에 비해 많이 바뀐 것 중 하나는 공기 흐름을 자동차 아래로 유도하여 항력을 줄이는 터빈 스타일 블레이드가 있는 휠이다. 차량 밑면에는 평평하고 매끄러워 후류를 줄이기 위한 리어 디퓨저가 있다. 차량 정면에서는 모서리가 둥근 그릴 모양을 사용하여 차량의 상단과 측면에 대한 공기 흐름을 제어한다. 휀다 하단부의 에어 커튼은 항력을 감소시키는 공기 흐름을 제공한다. 도어 손잡이도 측면으로 원활한 공기 흐름을 위해 오목하게 만들어졌다.

Tesla 모델의 독립적인 CFD 시뮬레이션은 항력에 기여하는 구성요소에 중점을 둔다. 주요하게는 전면 범퍼, 밑면, 바퀴와 하우징, 후면창과 트렁크이다. 많은 주에서 의무적으로 사용하는 전면 번호판의 항력은 상당했다. 전면 후드, 앞유리 및 지붕에 가해지는 낮은 압력은 실제로 항력을 다소 감소시켰다. Tesla의 항력 저감형 자동차 기술은 CFD를 사용한 설계 가능성을 보여준다.

Herr Loeffler/Adobe Stock Photo

유선형의 전기차

학습 목표

이 장의 학습을 마치면 다음을 할 수 있어야 한다.

- 경계층과 그것을 특징짓는 매개변수를 설명한다.
- 운동량 적분방정식의 항에 대한 물리적 설명을 제공한다.
- 운동량 적분방정식을 사용하여 경계층 매개변수를 계산한다.
- 경계층에 대한 압력구배의 영향을 설명한다.
- 다른 모양의 물체 위의 흐름에 대한 항력을 결정한다.
- 물체 위의 흐름에 대한 양력을 결정한다.

외부유동은 경계가 없는 유체 속에 잠겨 있는 물체를 넘어가는 유동이다. 2장에서 정성적으로 다루었던 구 주위의 유동(그림 2.14b)과 유선형 물체를 넘어가는 유동(그림 2.16)은 외부유동의 예이다. 에어포일(그림 9.1), 자동차, 항공기 등과 같은 물체 주위의 유동장은 더욱 흥미로운 예이다. 이 장의 목적은 외부유동에서 점성, 비압축성 유체의 특성을 정량화하는 데 있다.

물체 주위를 넘어가는 외부유동에서 발생하는 여러 가지 현상의 예를 에어포일을 넘어가는 높은 Reynolds 수의 점성유동(그림 9.1)으로 나타내었다. 자유유동은 정체점에서 갈라져 물체를 둘러서 흐른다. 표면의 유체는 점착조건의 결과로 물체의 속도와 같다. 경계층이 물체의 윗면과 아랫면에 형성된다. 그림 9.1에서 양쪽 표면의 경계층 두께는 이해를 돕기 위하여 크게 과장되어 있다. 경계층에서의 유동은 처음에 층류이다. 난류로의 천이는 자유유동 조건, 표면조도, 압력구배에 따라 정체점으로부터 어느 정도 떨어진 곳에서 발생한다. 천이점은 그림에서 'T'로 표시하였다. 천이 뒤의 난류 경계층은 층류 경계층보다 더 급속히 성장한다. 외부유동에서 유선의 미소한 변위는 표면에서 경계층 두께가 두꺼워지기 때문에 발생한다. 압력이 증가하는 영역(**역압력구배**—유체의 이동과 반대이고, 유체입자를 감속시키려 하기 때문에 역압력구배라고 한다)에서 유동박리가 발생한다. 박리점은 그림에서 'S'로 표시하였다. 물체 표면 위 경계층에 있던 유체는 박리점 뒤에서 점성후류를 형성한다.

이 장은 두 부분으로 되어 있다. Part A에서는 경계층 유동을 설명한다. 2장에서 소개한 개념을 좀 더 상세하게 설명하고, 학습했던 유체역학 개념을 적용하여 평판 위의 유동에 대한 경계층을 해석한다. 이 유동은 압력장이 일정하므로 가장 단순한 경계층이다. 여기서 관심 있게 보는 것은 경계층 두께가 어떻게 증가되고, 표면 마찰이 어떻게 되는지 등에 대한 것이다. 층류 경계층에 대한 고전적인 해석을 알아보고, 경계층이 난류일 때 근사적인 방법에 의지할 필요성을 볼 것이다. 경계층에 대한 소개를 마무리하고, 압력구배가 경계층의 특성에 미치는 영향에 대해 간략하게 설명한다.

Part B에서는 그림 9.1의 에어포일처럼 유체 속에 잠겨진 물체에 작용하는 힘을 설명한다. 이 힘은 물체 표면에 작용하는 전단력과 압력힘에 의한 결과임을 볼 것이고 이 힘은 경계층, 특히 그로 인해 생성되는

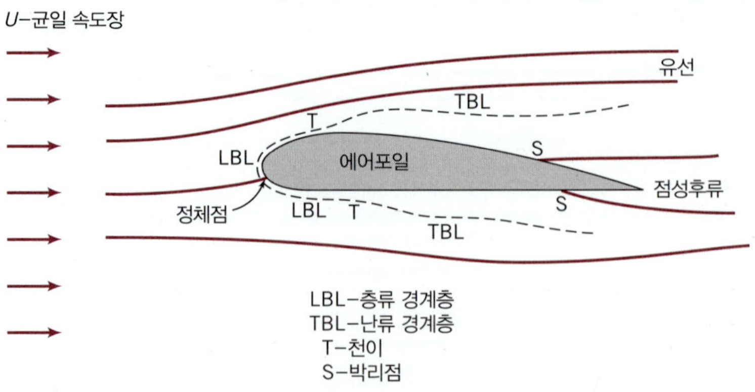

그림 9.1 에어포일을 넘어가는 점성유동.

유동박리나 후류에 의해 크게 영향을 받는 것을 볼 것이다. 전통적으로 물체가 받는 힘은 유동 방향에 나란한 **항력**과 수직한 **양력**으로 구분된다. 대부분의 물체는 박리점과 후류를 가지기 때문에 이 두 힘의 성분을 해석적으로 구하기가 어렵고, 따라서 여러 가지 흥미로운 물체 형상에 대해 근사해석이나 경험적인 데이터를 제공할 것이다.

Part A 경계층

9.1 경계층 개념

경계층 개념은 1904년에 독일의 항공역학자인 Ludwig Prandtl [1]에 의해 처음으로 소개되었다. Prandtl의 역사적 해결 이전에 유체역학 분야는 전혀 다른 두 방향으로 발전되어 왔다. **이론유체역학**(*theoretical hydrodynamics*)은 비점성유체에 대한 Euler 운동방정식으로부터 발전되었다. 이론유체역학의 결과가 많은 실험적 관찰과 상반되기 때문에, 현장 기술자들은 경험적 기술을 **수력학**(*hydraulics*)으로 발전시켜 나갔다. 수력학은 실험데이터에 기반을 둔 것이었고 이론유체역학의 순수한 수학적 접근과는 상당한 차이가 있었다.

비록 점성유체의 운동을 기술하는 완벽한 방정식, Navier-Stokes 방정식 (5.26)이 Prandtl에 앞서 알려졌지만, 이 방정식을 풀 때의 몇몇 단순한 경우를 제외한 수학적 어려움 때문에 점성유동의 이론적 해석은 불가능하였다. Parndtl은 많은 점성유동이 고체 경계 부근과 그 외 나머지인 두 가지 영역으로 나누어서 해석할 수 있다는 것을 보여주었다[1]. 고체 경계면에 인접한 얇은 영역(경계층)에서만 점성의 영향은 중요하다. 경계층 밖의 영역에서는, 점성의 영향은 무시되고 유체는 비점성으로 다룰 수 있다.

경계층 개념은 이론과 실제 사이의 결여된 부분을 연결시켜 주었다. 더 나아가, 경계층 개념은 Navier-Stokes 방정식을 완전한 유동장에 적용하여 불가능한 것으로 여겨졌던 점성유동 문제를 풀 수 있게 하였다. 따라서 경계층 개념의 도입은 현대 유체역학의 새로운 시대를 열게 하였다.

고체 표면에서 경계층의 발달은 2.6절에서 다루었다. 경계층 내에서는 점성력과 관성력이 모두 중요하다. 결과적으로, Reynolds 수가 경계층 유동의 특성을 나타내는 데 중요하다는 것은 당연하다. Reynolds 수에서 특성 길이는 경계층이 발달하는 유동 방향으로 길이나 경계층 두께 모두가 가능하다.

덕트에서의 유동과 같이, 경계층 내의 유동은 층류이거나 난류이다. 경계층 내에서 층류에서 난류로 천이가 일어날 때 Reynolds 수는 하나의 값으로 정해져 있지 않다. 경계층의 천이에 영향을 미치는 인자들 중에는 압력구배, 표면조도, 열전달, 체적력 그리고 자유유동 교란 등이 있다.

실제의 많은 유동에서 경계층은 길고 평편한 표면을 따라 발달한다. 예를 들면 선박과 잠수함 선체, 항공기 날개 주위의 유동, 그리고 광활한 대지 위의 대기유동이 있다. 이러한 모든 유동은 기본적으로 단순한 평판 위의 유동으로 볼 수 있으므로, 이 유동을 먼저 고려하도록 한다. 무한한 평행 평판 위의 유동에서 간단한 것으로는 경계층 바깥의 속도 U는 일정하고, 이 바깥 영역에서는 정상, 비점성 및 비압축성유동이기 때문에 압력도 일정하게 된다. 이와 같은 일정한 압력은 경계층에서의 압력이고 간단한 압력장이다. 이러한 유동은 **압력구배가 0인 유동**이다.

그림 9.2는 평판 위에서 경계층이 발달하는 모습을 나타낸다. 경계층은 앞전으로부터 짧은 하류까지는 층류이고, 천이는 평판을 가로지르는 하나의 선이 아닌 평판 위의 어떤 영역에서 생긴다. 이 천이 영역은 경계층 유동이 완전하게 난류가 되는 지점까지 하류로 확장된다.

열전달이 없는 매끈한 평판 위의 비압축성유동에서 압력구배가 0일 때 외부 교란이 최소화된다면, 층류로부터 난류로의 천이는 Reynolds 수 $Re_x = \rho Ux/\mu$가 10^6 이상이 될 때까지 지연된다. 일반적인 유동 조건에서, 천이는 Reynold 수가 500,000이 되는 길이에서 발생하는 것으로 간주한다. 자유유동 속도가 $U = 30$ m/s인 표준공기에서 천이는 $x \approx 0.24$ m인 곳에서 생긴다. 그림 9.2에서, 난류 경계층이 층류 경계층보다 더 급속히 성장함을 볼 수 있다. 이 장의 후반부에서 이런 현상에 대해 배우게 된다.

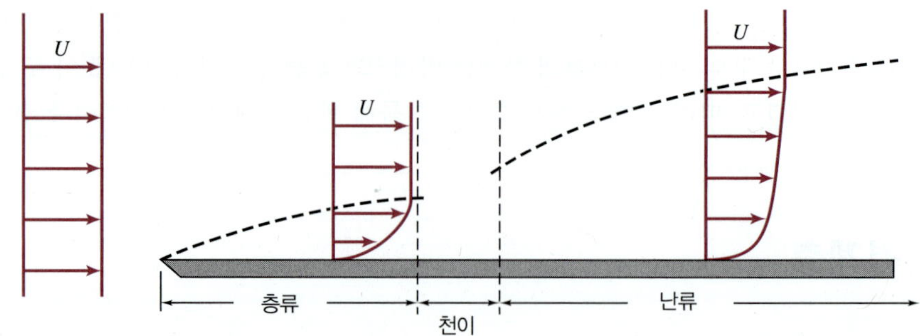

그림 9.2 평판 위의 경계층(수직 방향의 두께는 과장되어 있다).

경계층은 고체 표면에 인접한 영역이고 점성응력이 존재하며, 점성응력이 무시되는 자유유동과는 대조적이다. 이러한 응력은 경계층 내에서 유체층 간의 전단, 즉 속도구배로 인한 것이다. 그림 9.2와 같이, 층류와 난류 경계층 모두 그와 같은 구배를 가지고 있지만, 어려운 점은 그 구배가 경계층의 가장자리에 접근할 때에 점근적으로만 0에 접근한다는 것이다. 따라서 가장자리의 위치, 그러니까 경계층의 두께가 그렇게 분명하지가 않다. 경계층 두께를 경계층 속도 u가 자유유동 속도 U와 같은 곳이라고 단순히 정의할 수가 없다. 이것 때문에 여러 가지 경계층에 대한 정의, 경계층 두께 δ, 배제두께 δ^*, 운동량두께 θ 등이 개발되었다.

가장 직접적인 정의는 경계층 두께 δ이다. 이것은 그림 9.3b와 같이 벽으로부터 속도가 자유유동의 1%, $u \approx 0.99\,U$인 곳까지의 거리로 정의된다. 나머지 두 개의 정의는 경계층이 유체를 지연시켜서 질량유동과 운동량 유동이 경계층이 없을 경우에 비해 적어진다는 개념을 기초로 한 것이다. 유동은 균일속도 U를 유지하지만, 평판의 표면이 위로 움직여서 경계층이 축소시킨 양만큼 질량과 운동량 유동이 축소된 것으로 상상할 수 있다. 배제두께(*displacement thickness*) δ^*는 평판이 움직여서 질량유동의 손실이 균일유동 영역의 감소로 경계층으로 인한 손실과 같아지는 거리이다. 경계층이 없다면 질량유동은 $\int_0^\infty \rho U\,dy\,w$이다. 이때 w는 유동에 수직한 평판의 폭이다. 실제 유동의 질량유동은 $\int_0^\infty \rho U\,dy\,w$이다. 따라서 경계층에 의한 손실은 $\int_0^\infty \rho(U-u)dy\,w$이다. 만일 속도를 일정한 U로 유지시키고 대신에 평판을 δ^*만큼 위로 움직인다고(그림 9.3a에 나타낸 것과 같이) 생각한다면, 질량유동의 손실은 $\rho U\delta^* w$이 될 것이다. 이 두 손실을 서로 같게 놓으면

$$\rho U\delta^* w = \int_0^\infty \rho(U-u)\,dy\,w$$

비압축성유동이면 ρ =일정이므로

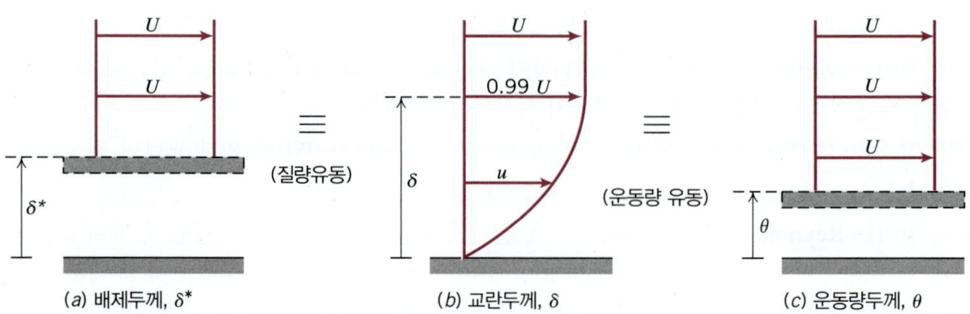

그림 9.3 경계층 두께의 정의.

$$\delta^* = \int_0^\infty \left(1 - \frac{u}{U}\right) dy \approx \int_0^\delta \left(1 - \frac{u}{U}\right) dy \tag{9.1}$$

$y = \delta$에서 $u \approx U$이므로, $y \geq \delta$일 때 피적분함수는 0이 된다. 배제두께 개념의 응용은 예제 9.1에 설명되어 있다.

운동량두께(*momentum thickness*) θ는 평판이 이동해서 발생할 것으로 생각되는 운동량 유동의 손실이 경계층에 의해 일어난 실제의 손실과 같아지도록 이동한 거리이다. 경계층이 없다면 운동량 유동은 $\int_0^\infty \rho u U\, dy\, w$(실제 질량유동은 $\int_0^\infty \rho u\, dy\, w$이고, 균일유동에서 단위질량 유동량의 운동량은 U 자체이다)이다. 경계층의 실제 운동량 유동은 $\int_0^\infty \rho u^2\, dy\, w$이다. 따라서 경계층에서의 운동량 손실은 $\int_0^\infty \rho u(U - u) dy\, w$이다. 속도를 U로 일정하게 유지시킨다고 생각하고, 평판을 거리 θ만큼 이동시킨다면(그림 9.3c와 같이), 운동량 유동의 손실은 $\int_0^\theta \rho UU\, dy\, w = \rho U^2 \theta w$로 된다. 이러한 손실들은 서로 같기 때문에

$$\rho U^2 \theta = \int_0^\infty \rho u(U - u)\, dy$$

이므로 다음과 같이 된다.

$$\theta = \int_0^\infty \frac{u}{U}\left(1 - \frac{u}{U}\right) dy \approx \int_0^\delta \frac{u}{U}\left(1 - \frac{u}{U}\right) dy \tag{9.2}$$

피적분함수는 기본적으로 $y \geq \delta$일 때 0이 된다.

배제두께(δ^*)와 운동량두께(θ)는 경계층 두께(δ)보다 실험 데이터에서 보다 정확하게 구할 수 있다. 이러한 사실은 물리적인 중요성과 함께 이 두께들을 경계층 두께의 특성을 나타내는 데 보편적으로 사용하는 근거가 된다.

경계층 내에서 속도분포는 점근적으로 자유유동 속도에 접근한다는 것을 알게 되었다. 경계층 가장자리에서의 미소한 속도 차이를 근사적 해석에서 무시한다면 약간의 오차가 발생한다. 경계층 발달의 공학적 해석을 위해 단순화시키는 가정들은 다음과 같다.

1 $y = \delta$에서 $u \to U$
2 $y = \delta$에서 $\partial u/\partial y \to 0$
3 경계층 내에서 $v \ll U$

다음의 두 절에서 전개되는 해석결과는 경계층이 표면을 따라 발달되는 거리에 비하여 두께가 매우 얇다는 것을 보여준다. 따라서 다음과 같은 가정 역시 타당하다.

4 얇은 경계층 내 수직 방향의 압력 변화는 무시할 수 있다. 자유유동의 압력분포가 경계층에 영향을 미친다.

예제 9.1은 물리적 상황에서 이러한 경계 매개변수의 사용을 보여준다.

예제 9.1 채널 유동의 경계층

연구실 풍동의 시험 구간은 한 변의 길이가 305 mm인 정사각형이다. 경계층 속도분포는 두 단면에서 측정되고, 배제두께는 측정된 속도분포로부터 계산된다. 단면 ①에서, 자유유동 속도 $U_1 = 26$ m/s, 배제두께 $\delta_1^* = 1.5$ mm이다. 단면 ①로부터 하류에 위치한 단면 ②에서는, 배제두께 $\delta_2^* = 2.1$ mm이다. 단면 ①과 ② 사이의 정압 변화를 계산하라. 그 결과를 단면 ①에서의 자유유동의 동압에 대한 비로 나타내라. 표준대기로 가정하라.

주어진 자료: 실험실 풍동에서 표준대기의 유동. 시험구간은 $L = 305$ mm의 정사각형. 배제두께는 $\delta_1^* = 1.5$ mm, $\delta_2^* = 2.1$ mm이다. 자유유동 속도는 $U_1 = 26$ m/s이다.

찾는 자료: 단면 ①과 ② 사이의 정압 변화(단면 ①에서 자유유동 동압의 비로 나타낼 것)

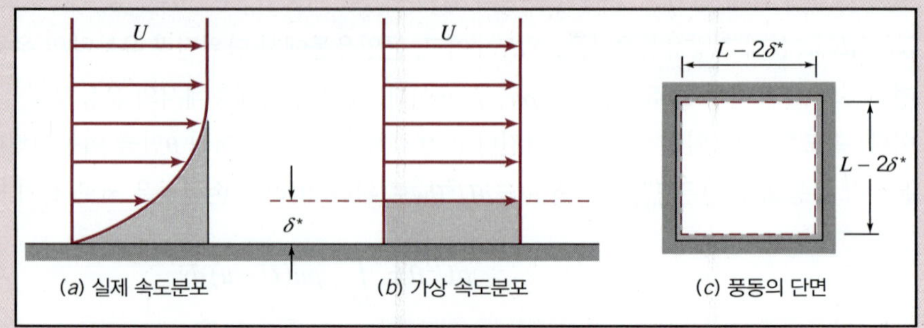

(a) 실제 속도분포 (b) 가상 속도분포 (c) 풍동의 단면

풀이: 여기서의 아이디어는 각 위치에서 경계층 배제두께는 균일유동의 면적을 축소시킨다는 것으로, 다음 그림에서와 같이 위치 ②가 위치 ①보다 유효 유동면적이 작아진다($\delta_2^* > \delta_1^*$). 따라서 질량보존으로부터 위치 ②에서의 균일속도가 높다. 마지막으로, Bernoulli 방식으로부터 위치 ②에서의 압력은 위치 ①에서보다 낮다.

연속방정식과 Bernoulli 방정식을 점성의 영향이 무시되는 경계층 배제두께 밖의 자유유동에 적용한다.

지배방정식:

$$\overbrace{\frac{\partial}{\partial t}\int_{\text{CV}} \rho\, dV\!\!\!\!-}^{=0(1)} + \int_{\text{CS}} \rho \vec{V} \cdot d\vec{A} = 0 \tag{4.12}$$

$$\frac{p_1}{\rho} + \frac{V_1^2}{2} + g\not{z_1} = \frac{p_2}{\rho} + \frac{V_2^2}{2} + g\not{z_2} \tag{4.24}$$

가정: 1 정상유동

2 비압축성유동

3 각 단면에서 δ^* 밖의 유동은 균일

4 단면 ①과 ②로부터 유선을 따른 유동

5 자유유동에서 마찰의 영향은 없다.

6 높이 변화는 무시

Bernoulli 방정식으로부터

$$p_1 - p_2 = \frac{1}{2}\rho\left(V_2^2 - V_1^2\right) = \frac{1}{2}\rho\left(U_2^2 - U_1^2\right) = \frac{1}{2}\rho U_1^2\left[\left(\frac{U_2}{U_1}\right)^2 - 1\right]$$

또는

$$\frac{p_1 - p_2}{\frac{1}{2}\rho U_1^2} = \left(\frac{U_2}{U_1}\right)^2 - 1$$

연속방정식으로부터, $V_1A_1 = U_1A_1 = V_2A_2 = U_2A_2$이므로, $U_2/U_1 = A_1/A_2$이고, 여기서 $A = (L - 2\delta^*)^2$는 유효 유동면적이다. 위 식에 대입하면

$$\frac{p_1-p_2}{\frac{1}{2}\rho U_1^2}=\left(\frac{A_1}{A_2}\right)^2-1=\left[\frac{(L-2\delta_1^*)^2}{(L-2\delta_2^*)^2}\right]^2-1$$

$$\frac{p_1-p_2}{\frac{1}{2}\rho U_1^2}=\left[\frac{305-2(1.5)}{305-2(2.1)}\right]^4-1=0.0161 \text{ 또는}$$

$$\frac{p_1-p_2}{\frac{1}{2}\rho U_1^2}=1.61\,\% \longleftarrow \frac{p_1-p_2}{\frac{1}{2}\rho U_1^2}$$

주의:

- 이 문제는 배제두께 개념의 응용에 대해 설명하고 있다. 이 유동은 제한적이므로 다소 색다르다. 경계층으로 인한 유동 면적의 축소는 비점성유동 영역에서의 압력강하(아주 조금)를 초래한다. 대부분의 경우에 압력분포는 비점성유동에서 구하고 *그 다음* 경계층에 적용한다.
- 비슷한 현상은 8.1절에서 보았고, 거기에서는 파이프 입구에서의 중심선 속도가 경계층에 의한 유효 유동면적의 '축소'로 인해 증가함을 보았다.

9.2 층류 평판 경계층: 엄밀해

수평 평판의 층류 경계층에 대한 해는 1908년 Prandtl의 학생 H. Blasius [2]에 의해 얻어졌다. 압력 기울기가 0인 2차원의 정상 비압축성유동에 대해 지배적인 운동방정식[식 (5.27)] [3]은

$$\frac{\partial u}{\partial x}+\frac{\partial v}{\partial y}=0 \tag{9.3}$$

$$u\frac{\partial u}{\partial x}+v\frac{\partial u}{\partial y}=\nu\frac{\partial^2 u}{\partial y^2} \tag{9.4}$$

경계조건으로

$$\begin{aligned}&\text{at } y=0, \quad u=0, \quad v=0\\ &\text{at } y=\infty, \quad u=U, \quad \frac{\partial u}{\partial y}=0\end{aligned} \tag{9.5}$$

식 (9.3)과 (9.4), 경계조건식 (9.5)를 이용하여 미지의 속도장 u 및 v에 대한 비선형 결합 편미분 방정식을 풀 수 있다. Blasius는 벽으로부터의 무차원 거리에 대해 도시할 때 속도구배(u/U)가 x값과 관계가 있어야 한다고 추론했다. 경계층 두께(δ)는 벽으로부터의 거리를 무차원화하기 위한 선택이다. 따라서 식은 다음과 같이 나타난다.

$$\frac{u}{U}=g(\eta) \quad \text{여기서} \quad \eta\propto\frac{y}{\delta} \tag{9.6}$$

Stokes [4]의 식을 기반으로 Blasius는 다음과 같이 정리하였다.

$$\eta=y\sqrt{\frac{U}{\nu x}} \tag{9.7}$$

변수 η('eta'라 부름)는 두 변수 x와 y를 하나의 변수로 결합한다. 여기서 유동함수(ψ)가 등장한다.

$$u=\frac{\partial\psi}{\partial y} \quad \text{그리고} \quad v=-\frac{\partial\psi}{\partial x} \tag{5.4}$$

이 대입은 연속방정식[식 (9.3)]을 동일하게 만족한다. u와 v를 식 (9.4)에 대입하여 운동량 방정식에서 ψ가 단일 종속변수가 되도록 만들어서 유동흐름 함수를 다음과 같이 정의한다.

$$f(\eta)=\frac{\psi}{\sqrt{\nu x U}} \tag{9.8}$$

식 (9.4)에서 $f(\eta)$를 종속변수로 만들고 η를 독립변수로 만든다. 식 (9.8)에서 정의된 ψ와 식 (9.7)에서 정

의된 η를 이용하여 식 (9.4)의 각 항을 계산할 수 있다.

속도성분은 다음과 같이 주어진다.

$$u=\frac{\partial\psi}{\partial y}=\frac{\partial\psi}{\partial\eta}\frac{\partial\eta}{\partial y}=\sqrt{\nu xU}\frac{df}{d\eta}\sqrt{\frac{U}{\nu x}}=U\frac{df}{d\eta} \tag{9.9}$$

그리고

$$v=-\frac{\partial\psi}{\partial x}=-\left[\sqrt{\nu xU}\frac{\partial f}{\partial x}+\frac{1}{2}\sqrt{\frac{\nu U}{x}}f\right]=-\left[\sqrt{\nu xU}\frac{df}{d\eta}\left(-\frac{1}{2}\eta\frac{1}{x}\right)+\frac{1}{2}\sqrt{\frac{\nu U}{x}}f\right]$$

또는

$$v=\frac{1}{2}\sqrt{\frac{\nu U}{x}}\left[\eta\frac{df}{d\eta}-f\right] \tag{9.10}$$

속도성분을 미분하여 다음과 같이 나타낼 수도 있다.

$$\frac{\partial u}{\partial x}=-\frac{U}{2x}\eta\frac{d^2f}{d\eta^2}$$
$$\frac{\partial u}{\partial y}=U\sqrt{U/\nu x}\frac{d^2f}{d\eta^2}$$

그리고

$$\frac{\partial^2u}{\partial y^2}=\frac{U^2}{\nu x}\frac{d^3f}{d\eta^3}$$

이 식을 식 (9.4)에 대입하면,

$$2\frac{d^3f}{d\eta^3}+f\frac{d^2f}{d\eta^2}=0 \tag{9.11}$$

경계조건:

$$\begin{aligned}&\text{at }\eta=0,\quad f=\frac{df}{d\eta}=0\\&\text{at }\eta=\infty,\quad \frac{df}{d\eta}=1\end{aligned} \tag{9.12}$$

평판의 층류 경계층을 제어하는 2차 편미분 방정식[식 (9.3), (9.4)]은 경계조건 식 (9.12)에 의해 식 (9.11)의 비선형 3차 상미분 방정식으로 변환되었다. 식 (9.11)을 그냥 푸는 것은 불가능하다. Blasius는 거듭제곱 급수 전개를 사용하여 계산하였으며 최근에는 수치적 방법을 사용하여 계산할 수 있게 되었다[5]. 표 9.1에 η를 독립변수로 채택한 유동흐름함수 f에 대한 수치해를 보인다.

속도분포는 그림 9.3*b*에 있다. 실험적으로 측정된 속도분포는 해석과 매우 잘 일치한다. 평판의 모든 위치에서 분포는 무차원 좌표로 그릴 때 단일 분포로 축소된다.

표 9.1에서 $\eta=5.0$, $u/U=0.992$임을 알 수 있다. 경계층 두께 δ는 $u/U=0.99$인 y 값으로 정의되며, 식 (9.7)은 다음과 같이 정리된다.

$$\delta\approx\frac{5.0}{\sqrt{U/\nu x}}=\frac{5.0x}{\sqrt{Re_x}} \tag{9.13}$$

표 9.1

평평한 판에서 수평 방향 층류 경계층 함수 $f(\eta)$

$\eta = y\sqrt{\frac{U}{\nu x}}$	f	$f' = \frac{u}{U}$	f''
0	0	0	0.3321
0.5	0.0415	0.1659	0.3309
1.0	0.1656	0.3298	0.3230
1.5	0.3701	0.4868	0.3026
2.0	0.6500	0.6298	0.2668
2.5	0.9963	0.7513	0.2174
3.0	1.3968	0.8460	0.1614
3.5	1.8377	0.9130	0.1078
4.0	2.3057	0.9555	0.0642
4.5	2.7901	0.9795	0.0340
5.0	3.2833	0.9915	0.0159
5.5	3.7806	0.9969	0.0066
6.0	4.2796	0.9990	0.0024
6.5	4.7793	0.9997	0.0008
7.0	5.2792	0.9999	0.0002
7.5	5.7792	1.0000	0.0001
8.0	6.2792	1.0000	0.0000

벽면 전단응력은 다음과 같이 표현될 수 있다.

$$\tau_w = \mu \frac{\partial u}{\partial y}\bigg]_{y=0} = \mu U \sqrt{U/\nu x}\, \frac{d^2 f}{d\eta^2}\bigg]_{\eta=0}$$

그러면

$$\tau_w = 0.332 U \sqrt{\rho \mu U / x} = \frac{0.332 \rho U^2}{\sqrt{Re_x}} \tag{9.14}$$

벽면 전단응력 계수 C_f는 다음과 같이 지정된다.

$$C_f = \frac{\tau_w}{\frac{1}{2}\rho U^2} = \frac{0.664}{\sqrt{Re_x}} \tag{9.15}$$

식 (9.13)에서 (9.15)를 통해 경계층 두께(δ), 전단응력(τ_w), 표면 마찰계수(C_f) 길이는 Reynolds 수(Re_x)의 −1/2승에 비례함을 확인하였다. 경계층의 두께는 $x^{1/2}$만큼 증가하고 벽 전단응력과 표면 마찰계수는 $1/x^{1/2}$로 변한다. 이러한 결과는 평판에서 층류 경계층의 거동을 특성화한다. 예제 9.2에서 정확한 식을 사용하여 경계층 속성을 평가한다.

예제 9.2 평평한 판의 층류 경계층: 엄밀해

표 9.1에 제시된 수치적 결과를 사용하여 평판의 층류 경계층 흐름에 대한 다음을 계산하라.

(a) δ^*/δ ($\eta = 5$와 $\eta \to \infty$인 경우).

(b) 경계층 가장자리에서의 v/U

주어진 자료: 층류 평판 경계층에 대한 수치적 해(표 9.1)

찾는 자료: (a) 배제두께 δ^*/δ ($\eta = 5$와 $\eta \to \infty$인 경우)

(b) 경계층 가장자리에서 속도 v/U의 수직 성분

(c) δ 대 x의 기울기에 대한 경계층 가장자리의 유선형 기울기의 비율

풀이: 배제두께는 식 (9.1)에 의해 정의된다.

$$\delta^* = \int_0^\infty \left(1-\frac{u}{U}\right)dy \approx \int_0^\delta \left(1-\frac{u}{U}\right)dy$$

Blasius 정확한 식을 사용하여 이 적분을 계산하려면 u 및 y를 포함하는 식에서 f' $(= u/U)$ 및 η 변수를 포함하는 식으로 변환해야 한다. 식 (9.7)로 인해서 $\eta = y\sqrt{U/\nu x}$, 그래서 $y = \eta\sqrt{\nu x/U}$이고 $dy = d\eta\sqrt{\nu x/U}$이다.
따라서,

$$\delta^* = \int_0^{\eta_{\max}} (1-f')\sqrt{\frac{\nu x}{U}}d\eta = \sqrt{\frac{\nu x}{U}}\int_0^{\eta_{\max}} (1-f')d\eta \tag{1}$$

참고: 식 (9.1)에서 y의 상한값에 해당하는 $\eta_{\max} = \infty$, 또는 $\eta_{\max} \approx 5$.

식 (9.13)으로부터

$$\delta \approx \frac{5}{\sqrt{U/\nu x}}$$

식 (9.1)을 식 (9.13)으로 나누면($f' = df/d\eta$),

$$\frac{\delta^*}{\delta} = \frac{1}{5}\int_0^{\eta_{\max}} \left(1-\frac{df}{d\eta}\right)d\eta$$

적분하면

$$\frac{\delta^*}{\delta} = \frac{1}{5}[\eta - f(\eta)]_0^{\eta_{\max}}$$

$\eta_{\max} = 5$일 때,

$$\frac{\delta^*}{\delta} = \frac{1}{5}(5.0-3.2833) = 0.343 \longleftarrow \frac{\delta^*}{\delta}(\eta = 5)$$

$\eta > 7$일 때, $\{\eta - f(\eta)\}$의 수치해는 거의 일정한 값을 가진다. 한편, $\eta_{\max} = 8$일 때,

$$\frac{\delta^*}{\delta} = \frac{1}{5}(8.0-6.2792) = 0.344 \longleftarrow \frac{\delta^*}{\delta}(\eta \to \infty)$$

따라서 $\delta^*_{\eta-\infty}$는 $\delta^*_{\eta-5}$와 같아진다.

식 (9.10)에서 속도의 수직 성분은

$$v = \frac{1}{2}\sqrt{\frac{\nu U}{x}}\left(\eta\frac{df}{d\eta} - f\right), \quad \text{so} \quad \frac{v}{U} = \frac{1}{2}\sqrt{\frac{\nu}{Ux}}\left(\eta\frac{df}{d\eta} - f\right) = \frac{1}{2\sqrt{Re_x}}\left(\eta\frac{df}{d\eta} - f\right)$$

경계층 가장자리($\eta = 5$)에서 계산하면 다음을 얻는다.

$$\frac{v}{U} = \frac{1}{2\sqrt{Re_x}}[5(0.9915) - 3.2833] = \frac{0.837}{\sqrt{Re_x}} \approx \frac{0.84}{\sqrt{Re_x}} \longleftarrow \frac{v}{U}(\eta = 5)$$

따라서 v는 $Re_x = 10^4$에서 U의 0.84%에 불과하고 $Re_x = 5 \times 10^5$에서 U의 약 0.12%에 불과하다.

이 문제는 Blasius 식의 수치적 데이터를 사용하여 평판 층류 경계층에 대한 다른 정보를 얻는 방법을 보여준다.

9.3 운동량 적분방정식

9.2절에서 학습한 평판의 층류 경계층에 대한 엄밀해는 수학적으로 복잡하다. 압력구배가 0인 일정한 자유유동 속도로 제한된다. 예를 들어 익형의 곡면과 같이 표면을 따라 자유유동 속도와 압력이 변하는 층류 및 난류 경계층을 모두 포함하는 보다 일반적인 경우를 분석하는 방법을 개발할 것이다. 이러한 접근 방식은 기본방정식을 검사체적에 적용하는 것이다.

고체 표면 위의 비압축성, 정상, 2차원 유동의 일반적인 상황을 고려해 보자. 경계층 두께 δ는 거리 x가 커짐에 따라 증가한다. 해석을 위해 그림 9.4와 같은 길이 dx, 폭 w, 높이 $\delta(x)$의 미소 검사체적을 선택한다. 자유유동 속도는 $U(x)$이다.

경계층 두께 δ를 x의 함수로 구해야 한다. 미소 검사체적 $abcd$의 면 ab와 면 cd를 지나는 질량유량이 존재한다. 면 bc에서는 어떻게 되겠는가? 면 bc는 유선이 아니고, 점성 경계층과 비점성 자유유동을 구분하는 가상의 경계이다. 따라서 면 bc를 지나는 질량유동이 있을 것이다. 검사표면 ad는 고체 경계면에 있으므로, ad를 가로지르는 유동은 없다. 검사체적에 작용하는 힘과 검사표면을 통과하는 운동량 유동을 생각하기 전에, 검사표면의 각 부분을 지나는 질량유동을 구하기 위해 연속방정식을 적용해 보자.

a. 연속방정식

기본방정식:

$$\overbrace{\frac{\partial}{\partial t}\int_{CV}\rho\, d\forall}^{=0(1)} + \int_{CS}\rho\, \vec{V}\cdot d\vec{A} = 0 \tag{4.12}$$

가정: **1** 정상유동
2 2차원 유동

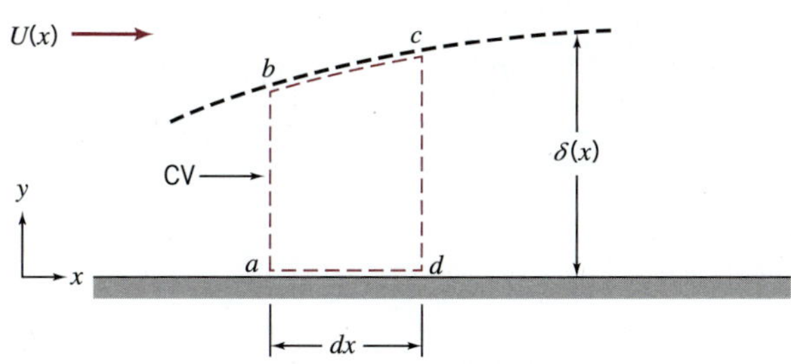

그림 9.4 경계층 내의 미소 검사체적.

그러면

$$\int_{\text{CS}} \rho \vec{V} \cdot d\vec{A} = 0$$

따라서

$$\dot{m}_{ab} + \dot{m}_{bc} + \dot{m}_{cd} = 0$$

또는

$$\dot{m}_{bc} = -\dot{m}_{ab} - \dot{m}_{cd}$$

이제 폭 w인 미소 검사체적에서 이 항들을 계산해 보자.

수면	질량유동
ab	면 ab는 x에 위치한다. 유동은 2차원(z방향의 변화는 없다)이므로 면 ab를 지나는 질량유동은 다음과 같다. $$\dot{m}_{ab} = -\left\{ \int_0^\delta \rho u \, dy \right\} w$$
cd	면 cd는 $x + dx$에 위치한다. 위치 x에 대한 $\dot{m}$를 Taylor 급수전개하면 다음과 같다. $$\dot{m}_{x+dx} = \dot{m}_x + \left.\frac{\partial \dot{m}}{\partial x}\right]_x dx$$ 따라서 다음과 같다. $$\dot{m}_{cd} = \left\{ \int_0^\delta \rho u \, dy + \frac{\partial}{\partial x}\left[\int_0^\delta \rho u \, dy \right] dx \right\} w$$
bc	따라서 면 bc에 대해서는, 연속방정식과 위의 결과들로부터 다음을 얻는다. $$\dot{m}_{bc} = -\left\{ \frac{\partial}{\partial x}\left[\int_0^\delta \rho u \, dy \right] dx \right\} w$$

이제 검사체적 $abcd$에 작용하는 운동량 유동과 힘을 고려해 보자. 이들은 운동량 방정식에 의해 연관된다.

b. 운동량 방정식

검사체적 $abcd$에 운동량 방정식의 x방향 성분을 적용한다.
기본방정식:

$$F_{S_x} + \overset{=0(3)}{\cancel{F_{B_x}}} = \overset{=0(1)}{\cancel{\frac{\partial}{\partial t}}} \int_{\text{CV}} u \, \rho \, d\forall + \int_{\text{CS}} u \, \rho \, \vec{V} \cdot d\vec{A} \tag{4.18a}$$

가정: **3** $F_{Bx} = 0$
그러면

$$F_{S_x} = \text{mf}_{ab} + \text{mf}_{bc} + \text{mf}_{cd}$$

여기서 mf는 운동량 유동의 x방향 성분을 나타낸다.

이 식을 미소 검사체적 *abcd*에 적용하기 위해, 검사표면을 지나는 *x*방향의 운동량 유동과 검사체적에 작용하는 *x*방향 표면력을 구해야 한다. 먼저 운동량 유동을 고려하고, 이를 각각의 검사표면에서 고려해 보자.

면	운동량 유동(mf)
ab	면 *ab*는 *x*에 위치한다. 2차원 유동이므로 면 *ab*를 지나는 *x*방향 운동량 유동은 다음과 같다. $$\mathrm{mf}_{ab} = -\left\{\int_0^\delta u\,\rho u\,dy\right\}w$$
cd	면 *cd*는 $x + dx$에 위치한다. *x*방향 운동량 유동을 위치 *x*에 대해 Taylor 급수전개하면 다음과 같다. $$\mathrm{mf}_{x+dx} = \mathrm{mf}_x + \left.\frac{\partial \mathrm{mf}}{\partial x}\right]_x dx$$ 또는 $$\mathrm{mf}_{cd} = \left\{\int_0^\delta u\,\rho u\,dy + \frac{\partial}{\partial x}\left[\int_0^\delta u\,\rho u\,dy\right]dx\right\}w$$
bc	면 *bc*를 지나는 질량은 *x*방향의 속도성분 *U*를 가지므로, 면 *bc*를 지나는 *x*방향 운동량 유동은 다음과 같다. $$\mathrm{mf}_{bc} = U\dot{m}_{bc}$$ $$\mathrm{mf}_{bc} = -U\left\{\frac{\partial}{\partial x}\left[\int_0^\delta \rho u\,dy\right]dx\right\}w$$

이로부터 검사표면을 지나는 *x*방향 운동량 유동은 다음과 같이 구할 수 있다.

$$\int_{CS} u\,\rho\vec{V}\cdot d\vec{A} = -\left\{\int_0^\delta u\,\rho u\,dy\right\}w + \left\{\int_0^\delta u\,\rho u\,dy\right\}w + \left\{\frac{\partial}{\partial x}\left[\int_0^\delta u\,\rho u\,dy\right]dx\right\}w - U\left\{\frac{\partial}{\partial x}\left[\int_0^\delta \rho u\,dy\right]dx\right\}w$$

정리하면 다음과 같이 된다.

$$\int_{CS} u\,\rho\vec{V}\cdot d\vec{A} = \left\{\frac{\partial}{\partial x}\left[\int_0^\delta u\,\rho u\,dy\right]dx - U\frac{\partial}{\partial x}\left[\int_0^\delta \rho u\,dy\right]dx\right\}w$$

이제 검사표면을 지나는 *x*방향 운동량 유동에 대한 적절한 식을 얻었으므로, 검사체적에 작용하는 *x*방향의 표면력을 고려해 보자. 편의상 미소 검사체적을 그림 9.5에 다시 그렸다. *ab*, *bc* 및 *cd*의 모든 면에는 수직력(즉, 압력)이 작용하고 이로부터 *x*방향 힘이 발생한다. 또한 면 *ad*에는 전단력이 작용한다. 정의에 의하면 속도구배는 경계층 가장자리에서 0으로 되므로, 면 *bc*에 작용하는 전단력은 무시된다.

그림 9.5 미소 검사체적.

면	힘
ab	위치 *x*에서의 압력이 *p*이면, 면 *ab*에 작용하는 힘은 다음과 같다. $$F_{ab} = pw\delta$$ 경계층의 두께는 매우 얇고, 그림에서의 그 두께는 모두 과장된 것이다. 경계층 두께가 매우 얇기 때문에, *y*방향의 압력 변화는 무시할 수 있고, 경계층 내에서 $p = p(x)$로 가정한다.

(계속)

cd	Taylor 급수전개면 $x + dx$에서의 압력은 다음과 같다. $p_{x+dx} = p + \left.\frac{dp}{dx}\right]_x dx$ 그러면 면 cd에 작용하는 힘은 다음과 같다. $F_{cd} = -\left(p + \left.\frac{dp}{dx}\right]_x dx\right) w(\delta + d\delta)$
bc	면 bc에 작용하는 평균압력은 $p + \frac{1}{2}\left.\frac{dp}{dx}\right]_x dx$ 그러면 면 bc에 작용하는 수직력의 x성분은 다음과 같다. $F_{bc} = \left(p + \frac{1}{2}\left.\frac{dp}{dx}\right]_x dx\right) w\, d\delta$
ad	면 ad에 작용하는 평균 전단력은 다음과 같다. $F_{ad} = -\left(\tau_w + \frac{1}{2} d\tau_w\right) w\, dx$

이러한 x성분들을 합하면, 검사체적에 x방향으로 작용하는 힘을 다음과 같이 얻는다.

$$F_{S_x} = \left\{ -\frac{dp}{dx}\,\delta\, dx - \underbrace{\frac{1}{2}\frac{dp}{dx}\, dx\, d\delta}_{\simeq 0} - \tau_w dx - \underbrace{\frac{1}{2}\, d\tau_w dx}_{\simeq 0} \right\} w$$

여기서 $dx\, d\delta \ll \delta dx$와 $d\tau_w \ll \tau_w$이므로, 둘째와 넷째 항은 무시한다.

$\int_{\rm CS} u\,\rho \vec{V}\cdot d\vec{A}$와 F_{S_x}의 관계식을 x방향 운동량 방정식 식 (4.18a)에 대입하면 다음과 같은 식을 얻는다.

$$\left\{ -\frac{dp}{dx}\,\delta\, dx - \tau_w dx \right\} w = \left\{ \frac{\partial}{\partial x}\left[\int_0^\delta u\,\rho u\, dy\right] dx - U \frac{\partial}{\partial x}\left[\int_0^\delta \rho u\, dy\right] dx \right\} w$$

이 식을 $w\, dx$로 나누면 다음과 같이 된다.

$$-\delta \frac{dp}{dx} - \tau_w = \frac{\partial}{\partial x}\int_0^\delta u\,\rho u\, dy - U \frac{\partial}{\partial x}\int_0^\delta \rho u\, dy \tag{9.16}$$

식 (9.16)은 '운동량 적분'방정식으로, 경계층에 작용하는 힘의 x성분과 x방향의 운동량 유동의 관계를 나타낸다.

압력구배 dp/dx는 경계층 밖의 비점성유동에 대한 Bernoulli 방정식을 적용함으로써 구할 수 있다. 즉, $dp/dx = -\rho U\, dU/dx$이다. 만약 $\delta = \int_0^\delta dy$임을 고려하면, 식 (9.16)은

$$\tau_w = -\frac{\partial}{\partial x}\int_0^\delta u\,\rho u\, dy + U \frac{\partial}{\partial x}\int_0^\delta \rho u\, dy + \frac{dU}{dx}\int_0^\delta \rho U\, dy$$

와 같이 된다.

$$U \frac{\partial}{\partial x}\int_0^\delta \rho u\, dy = \frac{\partial}{\partial x}\int_0^\delta \rho u\, U\, dy - \frac{dU}{dx}\int_0^\delta \rho u\, dy$$

이므로

$$\tau_w = \frac{\partial}{\partial x}\int_0^{\delta} \rho u(U-u)\,dy + \frac{dU}{dx}\int_0^{\delta} \rho(U-u)\,dy$$

그리고

$$\tau_w = \frac{\partial}{\partial x}U^2 \int_0^{\delta} \rho \frac{u}{U}\left(1-\frac{u}{U}\right)dy + U\frac{dU}{dx}\int_0^{\delta} \rho\left(1-\frac{u}{U}\right)dy$$

배제두께 δ^*[식 (9.1)]와 운동량 두께 θ[식 (9.2)]의 정의를 이용하면 다음 식을 얻는다.

$$\frac{\tau_w}{\rho} = \frac{d}{dx}(U^2\theta) + \delta^* U\frac{dU}{dx} \tag{9.17}$$

식 (9.17)은 **운동량 적분방정식**이다. 정상 비압축성 2차원 유동으로 제한된다. 이 식은 x에 대한 함수로 경계층 두께(δ)에 대한 상미분 방정식을 산출한다. 식을 적용하려면 속도분포(u/U)에 대한 적절한 표현과 벽면 전단응력(τ_w)을 다른 변수와 연결해야 한다. 일단 경계층 두께가 구해지면 운동량두께, 배제두께, 벽면 전단응력을 구할 수 있다. 벽면 전단응력 τ_w을 속도장과 연관시키는 데 어떠한 가정을 세운 적이 없다. 따라서 식 (9.17)은 층류나 난류 경계층 유동 모두에 적용될 수 있다. x의 함수로 경계층 두께를 구하는 데 이 식을 이용하기 위해서는 다음 사항을 먼저 고려해야 한다.

1 첫 번째 근사로 자유유동 속도분포 $U(x)$를 구한다. 이것은 비점성유동 이론(경계층이 없을 때의 속도)과 물체의 형상으로부터 구한다.
2 경계층 내의 적절한 속도분포 형상을 가정한다.
3 항목 2의 결과를 이용하여 τ_w을 구한다.

경계층 유동에서 식 (9.17)의 적용을 설명하기 위해 먼저 평판 위의 압력구배가 0인 경우의 유동을 고려하고, 결과를 Blasius의 엄밀해와 비교한다. 그 다음에 경계층 유동에서 압력구배의 영향은 9.5절에서 설명한다.

9.4 영압력구배 유동에 대한 운동량 적분방정식의 적용

평판(영압력구배)과 같은 특수한 경우에 자유유동의 압력 p와 속도 U는 모두 일정하다.

그러면 운동량 적분방정식은 다음과 같이 된다.

$$\tau_w = \rho U^2\frac{d\theta}{dx} = \rho U^2\frac{d}{dx}\int_0^{\delta}\frac{u}{U}\left(1-\frac{u}{U}\right)dy \tag{9.18}$$

경계층 내에서 속도분포 u/U는 모든 x값에서 비슷하다고 가정되고, 보통은 y/δ의 함수로 나타낸다. 결과적으로, 적분변수를 y에서 y/δ로 바꾸는 것이 편리하다.

$$\eta = \frac{y}{\delta}$$

로 정의하면

$$dy = \delta\, d\eta$$

이고 영압력구배일 때 운동량 적분방정식은 다음과 같이 된다.

$$\tau_w = \rho U^2 \frac{d\theta}{dx} = \rho U^2 \frac{d\delta}{dx} \int_0^1 \frac{u}{U}\left(1 - \frac{u}{U}\right) d\eta \tag{9.19}$$

경계층 두께에 대한 이 식을 x의 함수로 풀기 위해 먼저 경계층의 속도분포를 가정한다.

$$\frac{u}{U} = f\left(\frac{y}{\delta}\right)$$

가정된 속도분포는 다음과 같은 대체적인 물리적 경계조건을 만족해야 한다.

$$y = 0\text{에서} \quad u = 0$$
$$y = \delta\text{에서} \quad u = U$$
$$y = \delta\text{에서} \quad \frac{\partial u}{\partial y} = 0$$

일단 속도분포가 가정되면, 운동량두께에 대한 정의[식 (9.2)]로부터 식 (9.19)의 적분 수치값은 간단히

$$\int_0^1 \frac{u}{U}\left(1 - \frac{u}{U}\right) d\eta = \frac{\theta}{\delta} = \text{constant} = \beta$$

와 같이 되고 운동량 적분방정식은 다음과 같다.

$$\tau_w = \rho U^2 \frac{d\delta}{dx} \beta$$

그런 다음 τ_w를 δ로 표현한다. 그러면 아래 그림과 같이 $\delta(x)$를 풀 수 있다.

층류

평판 위의 층류에서, 속도분포를 위한 적절한 가정은 y의 다항식이다.

$$u = a + by + cy^2$$

물리적인 경계조건은

$$y = 0\text{에서} \quad u = 0$$
$$y = \delta\text{에서} \quad u = U$$
$$y = \delta\text{에서} \quad \frac{\partial u}{\partial y} = 0$$

상수 a, b, c를 구하여 대입하면 다음과 같이 된다.

$$\frac{u}{U} = 2\left(\frac{y}{\delta}\right) - \left(\frac{y}{\delta}\right)^2 = 2\eta - \eta^2 \tag{9.20}$$

벽면 전단응력은 다음과 같다.

$$\tau_w = \mu \left.\frac{\partial u}{\partial y}\right)_{y=0}$$

가정된 속도분포, 식 (9.20)을 τ_w에 대한 식에 대입하면

$$\tau_w = \mu \left.\frac{\partial u}{\partial y}\right]_{y=0} = \mu \left.\frac{U \partial(u/U)}{\delta \partial(y/\delta)}\right]_{y/\delta=0} = \left.\frac{\mu U}{\delta} \frac{d(u/U)}{d\eta}\right]_{\eta=0}$$

또는

$$\tau_w = \frac{\mu U}{\delta}\frac{d}{d\eta}(2\eta - \eta^2)\bigg]_{\eta=0} = \frac{\mu U}{\delta}(2 - 2\eta)\bigg]_{\eta=0} = \frac{2\mu U}{\delta}$$

이 식에서 경계층 두께가 $\delta = \delta(x)$이므로 벽면 응력 τ_w는 x의 함수임을 알 수 있다.

운동량 적분방정식 (9.19)에 τ_w 및 u/U를 대입하면 다음을 얻는다.

$$\frac{2\mu U}{\delta} = \rho U^2 \frac{d\delta}{dx}\int_0^1 (2\eta - \eta^2)(1 - 2\eta + \eta^2)d\eta$$

또는

$$\frac{2\mu U}{\delta \rho U^2} = \frac{d\delta}{dx}\int_0^1 (2\eta - 5\eta^2 + 4\eta^3 - \eta^4)d\eta$$

적분하고 한계를 대입하면 다음 식을 얻는다.

$$\frac{2\mu}{\delta\rho U} = \frac{2}{15}\frac{d\delta}{dx} \quad \text{또는} \quad \delta\, d\delta = \frac{15\mu}{\rho U}dx$$

이 식은 δ에 대한 미분방정식이 된다. 다시 적분하면

$$\frac{\delta^2}{2} = \frac{15\mu}{\rho U}x + c$$

$x = 0$에서 $\delta = 0$이라고 가정하면 $c = 0$이고, 따라서

$$\delta = \sqrt{\frac{30\mu x}{\rho U}}$$

이 식은 층류 경계층 두께 δ가 $\sqrt{x}$에 커지는 것을 보여주고, 포물선 형상을 가진다. 전통적으로 경계층 두께는 무차원 형태로 나타낸다.

$$\frac{\delta}{x} = \sqrt{\frac{30\mu}{\rho U x}} = \frac{5.48}{\sqrt{Re_x}} \tag{9.21}$$

식 (9.21)은 평판의 길이에 대한 층류 경계층 두께의 비가 Reynolds 수의 제곱근에 반비례하여 변하고 있음을 보여준다. 엄밀해와 비교해서 약 10% 정도의 오차를 보인다. 표 9.2에는 근사 속도분포를 이용한 계산결과들과 엄밀해로부터 얻은 결과를 요약하였다. 다른 속도분포를 선택하면 유일하게 β의 값이 바뀐다.

벽면 전단응력이나 '표면 마찰계수'는 다음과 같이 정의된다.

$$C_f \equiv \frac{\tau_w}{\frac{1}{2}\rho U^2} \tag{9.22}$$

속도분포와 식 (9.21)을 대입하면

$$C_f = \frac{\tau_w}{\frac{1}{2}\rho U^2} = \frac{2\mu(U/\delta)}{\frac{1}{2}\rho U^2} = \frac{4\mu}{\rho U\delta} = 4\frac{\mu}{\rho U x}\frac{x}{\delta} = 4\frac{1}{Re_x}\frac{\sqrt{Re_x}}{5.48}$$

이고, 결과적으로

표 9.2

속도분포 근사에 따른 평판 위의 층류 경계층 유동의 계산결과

속도분포 $\frac{u}{U}=f\left(\frac{y}{\delta}\right)=f(\eta)$	$\beta \equiv \frac{\theta}{\delta}$	$\frac{\delta^*}{\delta}$	$H \equiv \frac{\delta^*}{\theta}$	상수 a; $\frac{\delta}{x}=\frac{a}{\sqrt{Re_x}}$	상수 b; $C_f=\frac{b}{\sqrt{Re_x}}$
$f(\eta)=\eta$	$\frac{1}{6}$	$\frac{1}{2}$	3.00	3.46	0.577
$f(\eta)=2\eta-\eta^2$	$\frac{2}{15}$	$\frac{1}{3}$	2.50	5.48	0.730
$f(\eta)=\frac{3}{2}\eta-\frac{1}{2}\eta^3$	$\frac{39}{280}$	$\frac{3}{8}$	2.69	4.64	0.647
$f(\eta)=2\eta-2\eta^3+\eta^4$	$\frac{37}{315}$	$\frac{3}{10}$	2.55	5.84	0.685
$f(\eta)=\sin\left(\frac{\pi}{2}\eta\right)$	$\frac{4-\pi}{2\pi}$	$\frac{\pi-2}{\pi}$	2.66	4.80	0.654
엄밀해	0.133	0.344	2.59	5.00	0.664

$$C_f=\frac{0.730}{\sqrt{Re_x}} \tag{9.23}$$

일단 τ_w의 변화를 알면, 표면에서의 점성항력은 예제 9.3에서 설명된 것과 같이 평판면적에 대해 적분함으로써 얻을 수 있다.

식 (9.21)은 천이가 일어날 때의 층류 경계층 두께를 계산하는 데 이용된다. 표준의 공기의 경우 U = 30 m/s, x = 0.24 m일 때 $Re_x = 5 \times 10^5$이다. 따라서

$$\frac{\delta}{x}=\frac{5.48}{\sqrt{Re_x}}=\frac{5.48}{\sqrt{5\times10^5}}=0.00775$$

이고, 경계층 두께는

$$\delta=0.00775x=0.00775(0.24\text{ m})=1.86\text{ mm}$$

천이가 일어나는 점에서의 경계층 두께는 경계층 발달 길이 x의 1% 이하이다. 이러한 계산결과는 점성의 영향이 물체 표면 가까이의 매우 얇은 층에 국한되어 있음을 확실하게 알려준다.

표 9.2는 여러 가지 근사적인 속도분포에서 얻을 수 있는 타당성 있는 결과이다.

예제 9.3 평판 위의 층류 경계층: 사인파 속도분포를 이용한 근사해

평판을 따르는 2차원 층류 경계층 유동을 고려하라. 경계층 내의 속도분포는 다음과 같은 사인함수로 가정하라.

$$\frac{u}{U}=\sin\left(\frac{\pi}{2}\frac{y}{\delta}\right)$$

다음을 구하라.

(a) x의 함수 δ의 성장률

(b) x의 함수 배제두께 δ^*
(c) 길이 L이고 폭 b인 평판 위의 총 마찰력

주어진 자료: 평판을 따르는 2차원, 층류 경계층 유동. 경계층의 속도분포는

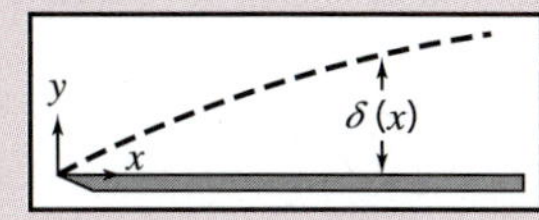

$$0 \le y \le \delta \text{ 일 때 } \frac{u}{U} = \sin\left(\frac{\pi}{2}\frac{y}{\delta}\right)$$

또한

$$y > \delta \text{ 일 때 } \frac{u}{U} = 1$$

찾는 자료: (a) $\delta(x)$
(b) δ^*
(c) 길이 L과 폭 b인 평판 위의 총 마찰력

풀이: 평판유동에서 $U =$ 일정, $dp/dx = 0$

$$\tau_w = \rho U^2 \frac{d\theta}{dx} = \rho U^2 \frac{d\delta}{dx} \int_0^1 \frac{u}{U}\left(1 - \frac{u}{U}\right) d\eta \tag{9.19}$$

가정: **1** 정상유동
2 비압축성유동

$\dfrac{u}{U} = \sin\dfrac{\pi}{2}\eta$ 를 식 (9.19)에 대입하면

$$\tau_w = \rho U^2 \frac{d\delta}{dx} \int_0^1 \sin\frac{\pi}{2}\eta\left(1 - \sin\frac{\pi}{2}\eta\right) d\eta = \rho U^2 \frac{d\delta}{dx} \int_0^1 \left(\sin\frac{\pi}{2}\eta - \sin^2\frac{\pi}{2}\eta\right) d\eta$$

$$= \rho U^2 \frac{d\delta}{dx}\frac{2}{\pi}\left[-\cos\frac{\pi}{2}\eta - \frac{1}{2}\frac{\pi}{2}\eta + \frac{1}{4}\sin\pi\eta\right]_0^1 = \rho U^2 \frac{d\delta}{dx}\frac{2}{\pi}\left[0 + 1 - \frac{\pi}{4} + 0 + 0 - 0\right]$$

$$\tau_w = 0.137\rho U^2 \frac{d\delta}{dx} = \beta\rho U^2 \frac{d\delta}{dx}; \quad \beta = 0.137$$

이때

$$\tau_w = \mu \frac{\partial u}{\partial y}\bigg]_{y=0} = \mu \frac{U}{\delta}\frac{\partial(u/U)}{\partial(y/\delta)}\bigg]_{y=0} = \mu \frac{U}{\delta}\frac{\pi}{2}\cos\frac{\pi}{2}\eta\bigg]_{\eta=0} = \frac{\pi\mu U}{2\delta}$$

그러므로

$$\tau_w = \frac{\pi\mu U}{2\delta} = 0.137\rho U^2 \frac{d\delta}{dx}$$

변수분리하면

$$\delta d\delta = 11.5\frac{\mu}{\rho U} dx$$

적분하면

$$\frac{\delta^2}{2} = 11.5\frac{\mu}{\rho U}x + c$$

$x = 0$에서 $\delta = 0$이므로 $c = 0$이고, 따라서

$$\delta = \sqrt{23.0\frac{x\mu}{\rho U}}$$

또는

$$\frac{\delta}{x} = 4.80\sqrt{\frac{\mu}{\rho U x}} = \frac{4.80}{\sqrt{Re_x}} \longleftarrow \delta(x)$$

배제두께 δ^*는 다음과 같이 주어진다.

$$\delta^* = \delta\int_0^1\left(1-\frac{u}{U}\right)d\eta$$
$$= \delta\int_0^1\left(1-\sin\frac{\pi}{2}\eta\right)d\eta = \delta\left[\eta + \frac{2}{\pi}\cos\frac{\pi}{2}\eta\right]_0^1$$
$$\delta^* = \delta\left[1-0+0-\frac{2}{\pi}\right] = \delta\left[1-\frac{2}{\pi}\right]$$

(a)로부터

$$\frac{\delta}{x} = \frac{4.80}{\sqrt{Re_x}}$$

이므로

$$\frac{\delta^*}{x} = \left(1-\frac{2}{\pi}\right)\frac{4.80}{\sqrt{Re_x}} = \frac{1.74}{\sqrt{Re_x}} \longleftarrow \delta^*(x)$$

평판의 한 면에 작용하는 총 마찰력은 다음과 같이 구한다.

$$F = \int_{A_P}\tau_w dA$$

$dA = b\,dx$이고, $0 \le x \le L$이므로

$$F = \int_0^L \tau_w b dx = \int_0^L \rho U^2\frac{d\theta}{dx}b dx = \rho U^2 b\int_0^{\theta_L}d\theta = \rho U^2 b\theta_L$$
$$\theta_L = \int_0^{\delta_L}\frac{u}{U}\left(1-\frac{u}{U}\right)dy = \delta_L\int_0^1\frac{u}{U}\left(1-\frac{u}{U}\right)d\eta = \beta\delta_L$$

위에서 $\beta = 0.137$이고, $\delta_L = \dfrac{4.80L}{\sqrt{Re_L}}$ 식이므로 F는 다음과 같다.

$$F = \frac{0.658\rho U^2 bL}{\sqrt{Re_L}} \longleftarrow F$$

이 문제는 운동량 적분방정식을 평판 위의 층류 경계층에 적용하는 방법을 보인 것이다.

난류 유동

평판의 경우 여전히 U = 상수이다. 층류 경계층의 경우 식 (9.19)를 풀기 위해 난류 속도분포에 대한 근삿값과 τ_w에 대한 표현식을 찾아야 한다. 압력구배가 0일 때 경계층에 대한 난류 속도분포는 파이프와 채널 내의 난류 유동에 대한 속도분포와 매우 유사하다. 난류 경계층에 대한 데이터를 yu_*/ν 대 $\bar{u}/u_*$의 좌표계를 이용하여 그린 일반적인 속도분포는 그림 8.9에 보인 것과 같다. 그러나 이 속도분포는 운동량 적분방정식에 쉽게 이용하기에는 오히려 수학적으로 복잡하다. 운동량 적분방정식이 근사적이므로, 매끈한 평판 위의 난류 경계층에서 허용될 수 있는 속도분포는 경험적인 멱법칙 분포이다. 난류 속도분포를 표현하는 데 보통 $\frac{1}{7}$을 이용한다.

$$\frac{u}{U} = \left(\frac{y}{\delta}\right)^{1/7} = \eta^{1/7} \tag{9.24}$$

그러나 이 속도분포는 벽면에서 $du/dy = \infty$이므로, 벽면에 아주 가까운 곳에서는 이용할 수 없다. 결론적으로, 층류 경계층 유동에서 했던 것처럼 τ_w를 δ로 구하기 위해 속도분포를 τ_w의 정의에 이용할 수 없다. 난류 경계층 유동에서는 파이프 유동에서 얻은 식을 적용한다.

$$\tau_w = 0.0332\rho\overline{V}^2\left[\frac{\nu}{R\overline{V}}\right]^{0.25} \tag{8.39}$$

파이프 유동에서 $\frac{1}{7}$ 멱법칙을 적용하면, 식 (8.24)로부터 $\overline{V}/U = 0.817$이다. 식 (8.39)에 $\overline{V} = 0.817U$와 $R = \delta$를 식 (8.39)에 대입하면 다음 식을 얻는다.

$$\tau_w = 0.0233\rho U^2\left(\frac{\nu}{U\delta}\right)^{1/4} \tag{9.25}$$

식 (9.19)의 τ_w와 u/U을 식 (9.19)에 대입하고 적분하면

$$0.0233\left(\frac{\nu}{U\delta}\right)^{1/4} = \frac{d\delta}{dx}\int_0^1 \eta^{1/7}(1-\eta^{1/7})\,d\eta = \frac{7}{72}\frac{d\delta}{dx}$$

따라서 δ에 대한 미분방정식을 얻는다.

$$\delta^{1/4}d\delta = 0.240\left(\frac{\nu}{U}\right)^{1/4}dx$$

적분하면

$$\frac{4}{5}\delta^{5/4} = 0.240\left(\frac{\nu}{U}\right)^{1/4}x + c$$

$x = 0$에서 $\delta \simeq 0$이라고 가정하면(이것은 앞전에서부터 난류로 가정한 것과 같다), $c = 0$이고

$$\delta = 0.382\left(\frac{\nu}{U}\right)^{1/5}x^{4/5}$$

이 식은 난류 경계층 두께 δ가 $x^{4/5}$에 따라 커지는 것을 보여준다. 무차원 형태의 식

$$\frac{\delta}{x} = 0.382\left(\frac{\nu}{Ux}\right)^{1/5} = \frac{0.382}{Re_x^{1/5}} \tag{9.26}$$

식 (9.25)를 이용하여 δ의 항으로 표면 마찰계수를 구한다.

$$C_f = \frac{\tau_w}{\frac{1}{2}\rho U^2} = 0.0466\left(\frac{\nu}{U\delta}\right)^{1/4}$$

δ를 대입하면

$$C_f = \frac{\tau_w}{\frac{1}{2}\rho U^2} = \frac{0.0594}{Re_x^{1/5}} \qquad (9.27)$$

실험결과와는 식 (9.27)이 $5 \times 10^5 < Re_x < 10^7$ 범위에서 평판 위의 난류 표면 마찰을 아주 잘 예측함을 보여준다. 지금까지의 해석이 근사적임을 고려할 때, 실험결과와 아주 잘 일치하고 있음은 놀라운 일이다.

난류 경계층 유동에 대한 운동량 적분방정식의 적용은 예제 9.4에서 설명된다.

예제 9.4 평판 위의 난류 경계층: $\frac{1}{7}$승 속도분포를 이용한 근사해

물이 유동 방향으로 놓인 $L = 1$ m인 평판을 따라 $U = 1$ m/s로 흐른다. 경계층을 교란시켜 앞전에서부터 난류가 되게 하였다. $x = L$에서 교란두께 δ, 배제두께 δ^*, 벽면 전단응력 τ_w을 구하라. 같은 위치에서 층류일 때와 비교하라. $\frac{1}{7}$승 난류 속도분포로 가정하라.

주어진 자료: 평판 경계층 유동, 앞전에서부터 난류. $\frac{1}{7}$승의 속도분포로 가정

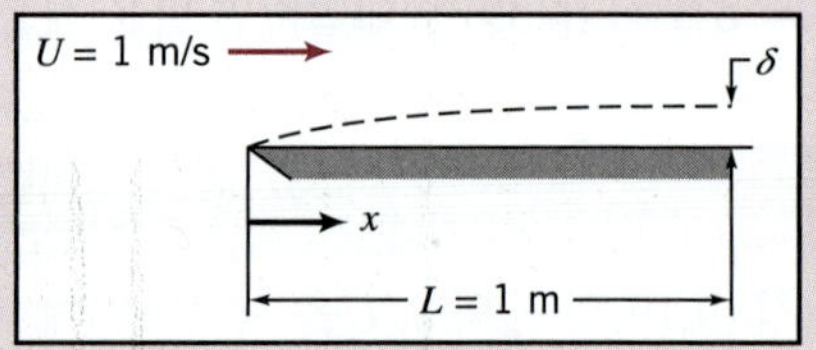

찾는 자료: (a) 교란두께 δ_L

(b) 배제두께 $\delta^* L$

(c) 벽면 전단응력 $\tau_w(L)$

(d) 앞전에서부터 층류일 때와 비교

풀이: 운동량 적분방정식의 결과를 적용한다.

지배방정식:

$$\frac{\delta}{x} = \frac{0.382}{Re_x^{1/5}} \qquad (9.26)$$

$$\delta^* = \int_0^\infty \left(1 - \frac{u}{U}\right) dy \qquad (9.1)$$

$$C_f = \frac{\tau_w}{\frac{1}{2}\rho U^2} = \frac{0.0594}{Re_x^{1/5}} \qquad (9.27)$$

물($T = 20°$C)에서 $\nu = 1.00 \times 10^{-6}$ m^2/s이므로, $x = L$에서

$$Re_L = \frac{UL}{\nu} = 1\frac{\text{m}}{\text{s}} \times 1\,\text{m} \times \frac{\text{s}}{10^{-6}\text{m}^2} = 10^6$$

식 (9.26)에서

$$\delta_L = \frac{0.382}{Re_L^{1/5}} L = \frac{0.382}{(10^6)^{1/5}} \times 1\,\text{m} = 0.0241\,\text{m} \quad \text{또는} \quad \delta_L = 24.1\,\text{mm} \longleftarrow \delta_L$$

$u/U = (y/\delta)^{1/7} = \eta^{1/7}$이므로 식 (9.1)을 이용하면, 다음 식을 얻는다.

$$\delta_L^* = \int_0^\infty \left(1-\frac{u}{U}\right)dy = \delta_L \int_0^1 \left(\frac{u}{U}\right) d\left(\frac{y}{\delta}\right) = \delta_L \int_0^1 (1-\eta^{1/7})\,d\eta = \delta_L \left[\eta - \frac{7}{8}\eta^{8/7}\right]_0^1$$

$$\delta_L^* = \frac{\delta_L}{8} = \frac{24.1\text{ mm}}{8} = 3.01\text{ mm} \longleftarrow \delta_L^*$$

식 (9.27)에서

$$C_f = \frac{0.0594}{(10^6)^{1/5}} = 0.00375$$

$$\tau_w = C_f \frac{1}{2}\rho U^2 = 0.00375 \times \frac{1}{2} \times 999 \frac{\text{kg}}{\text{m}^3} \times (1)^2 \frac{\text{m}^2}{\text{s}^2} \times \frac{\text{N}\cdot\text{s}^2}{\text{kg}\cdot\text{m}}$$

$$\tau_w = 1.87\text{ N/m}^2 \longleftarrow \tau_w(L)$$

층류 유동에 대해서는 Blasius 해를 이용한다. 식 (9.13)에서

$$\delta_L = \frac{5.0}{\sqrt{Re_L}} L = \frac{5.0}{(10^6)^{1/2}} \times 1\text{ m} = 0.005\text{ m} \quad \text{또는} \quad 5.00\text{ mm}$$

예제 9.1에서 $\delta^*/\delta = 0.344$이므로

$$\delta^* = 0.344 \qquad \delta = 0.344 \times 5.0\text{ mm} = 1.72\text{ mm}$$

운동량 적분방정식의 사용은 경계층의 발달을 예측하는 근사적인 기법이고, 경향을 정확히 예측한다. 층류 경계층의 매개변수들은 $Re_x^{-1/2}$에 따라 변하고, 난류 경계층의 경우에는 $Re_x^{-1/5}$에 따라 변한다. 따라서 난류 경계층은 층류 경계층보다 훨씬 빠르게 발달한다.

층류 및 난류 경계층은 예제 9.3에서 비교하였다. 벽면 전단응력은 층류 경계층보다 난류 경계층에서 훨씬 크다. 이것이 난류 경계층이 빠르게 발달하는 근본적인 이유이다.

얻은 결과가 실험결과와 잘 일치한다는 것은 운동량 적분방정식의 사용이 경계층의 일반적 거동을 파악할 수 있게 해주는 효과적인 방법이라는 것을 보여준다.

9.5 경계층 유동 내의 압력구배

무한 평판을 따르는 균일유동에서의 경계층은 압력구배가 0이기 때문에 연구하기가 가장 쉽다. 즉, 경계층 내의 유체입자들은 전단응력만으로 늦어지고, 이로 인해 경계층이 성장된다. 이제는 앞서 보았던 평판을 제외하고 모든 물체에 존재하는 압력구배에 의한 영향을 생각한다.

순압력구배(*favorable pressure gradient*)는 압력이 유동 방향을 따라 감소($\partial p/\partial x < 0$)하는 것으로, 순압력이라고 부르는 이유는 경계층 내의 마찰로 인해 유체입자가 느려지는 것을 극복하기 때문이다. 이 압력구배는 자유유동 속도 U가 x를 따라 증가할 때 발생한다. 노즐에서 수축되는 유동장이 그런 예가 된다. 반면에, **역압력구배**(*adverse pressure gradient*)는 압력이 유동 방향을 따라 증가($\partial p/\partial x > 0$)하는 것으로, 역압력이라고 부르는 이유는 경계층 내의 유체입자가 경계층 마찰만 있는 경우보다 훨씬 더 느려지기 때문이다. 역압력구배가 충분히 크면, 경계층 내의 유체입자들은 정지한다. 이러한 현상이 발생하면, 유체입자들은 물체로부터 밀려 나가게[이 현상을 **유동박리**(*flow separation*)라 부른다] 되고 뒤따르는 입자들에게 공간을 내어줄 때, 궁극적으로는 그 내부가 난류인 **후류**(*wake*)로 이어진다. 이러한 예는 디퓨저의 벽이 너무 빨리 확대되거나 에어포일의 받음각이 아주 커질 때이다.

역압력구배와 경계층 내의 마찰이 유동박리를 발생시킨다는 이 설명은 분명히 직관적으로 이해할 수

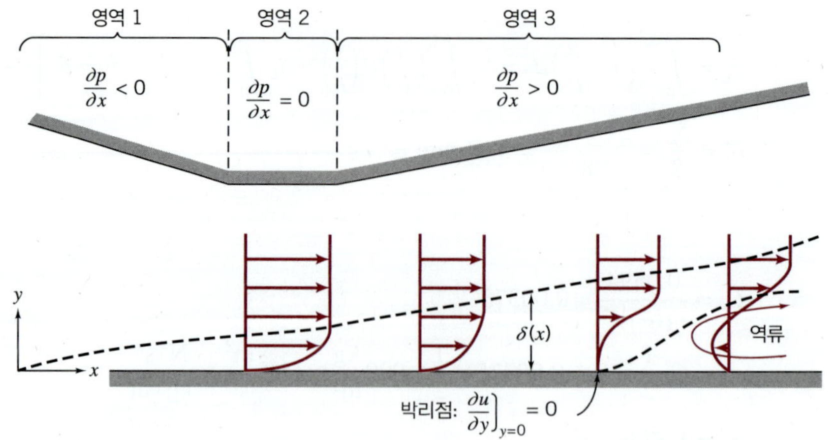

그림 9.6 압력구배가 있는 경계층 유동(경계층 두께는 명확성을 위해 과장시켰다).

있다. 유체 속도는 표면에서 0이다. 유체에서 유체 속도가 0일 때 분리가 발생하지만 이는 $(\partial u/\partial y)_{y=0} = 0$일 때만 발생할 수 있다. 또한 층류 및 난류 경계층에 대한 벽면 전단응력은 항상 양수이다. 결론적으로 평판 위의 균일유동에서는 경계층이 층류이든 난류이든 또 평판의 길이에 관계없이 유동은 **절대** 박리되지 않고 후류영역으로 발달하지도 않는다.

$\partial p/\partial x < 0$인 유동(자유유동 속도가 증가하더라도) 유동박리가 발생하지 않는 것은 분명하지만, $\partial p/\partial x > 0$인 유동(즉, 역압력구배)에서는 유동박리가 발생할 수 있다. 역압력구배가 **항상** 유동박리나 후류가 발생한다고 결론 내릴 수는 없고, 단지 유동박리가 발생할 수 있는 필요조건일 뿐이다.

이러한 결과를 설명하기 위해 그림 9.6과 같이 단면적이 변하는 유동을 생각해 보자. 경계층 밖의 속도장을 보면 유동이 가속(영역 1)되고, 일정한 속도(영역 2)를 유지하며, 그런 다음에는 감속(영역 3)영역이다. 이에 따라 압력구배는 순압력구배, 영, 그리고 역압력구배가 된다. 앞에서의 설명에 의하면, 박리는 영역 1과 2에서 발생하지 않고 영역 3에서만 발생(그림과 같이)할 수 있다는 결론이다. 이러한 유로에서 유동박리를 피할 수 있을까? 직관적으로는, 단면의 확대를 심하지 않게 하면 유동박리를 없앨 수도 있음을 안다. 다르게 말하면, 역압력구배 $\partial p/\partial x$를 아주 작게 유지하면 유동박리를 없앨 수 있다. 결론적으로 역압력구배가 일어나면 유동박리가 발생할 수 있지만 항상 발생하는 것은 아니다.

평판 위의 층류 및 난류 경계층 유동에 대한 무차원 속도분포는 그림 9.7a에 보인다. 난류 속도분포는 층류 속도분포보다 훨씬 가득(더 뭉툭)하다. 자유유동 속도가 같을 때, 난류 경계층 내의 운동량 유동은 층류 경계층 내의 운동량 유동보다 크다(그림 9.7b). 표면 가까이에 있는 유체층의 운동량이 압력과 점성력의 복합적인 작용에 의하여 0으로 줄어들 때 박리가 발생한다. 그림 9.7b에 보인 바와 같이, 표면 근처 유체의 운동량은 난류 속도분포에서 훨씬 크다. 결과적으로, 난류 경계층은 역압력구배에서 박리의 발생을 더 잘 억제할 수 있다. 9.6절에서 여기에 대한 몇 가지 중요성을 설명한다.

역압력구배는 층류와 난류 경계층 유동 모두에서 속도분포에 큰 변화를 일으킨다. 압력구배가 0이 아닌 유동의 근사해는 다음의 운동량 적분방정식으로부터 구할 수 있다.

$$\frac{\tau_w}{\rho} = \frac{d}{dx}(U^2\theta) + \delta^* U \frac{dU}{dx} \tag{9.17}$$

첫 항을 전개하면

$$\frac{\tau_w}{\rho} = U^2\frac{d\theta}{dx} + (\delta^* + 2\theta)\, U\frac{dU}{dx}$$

또는

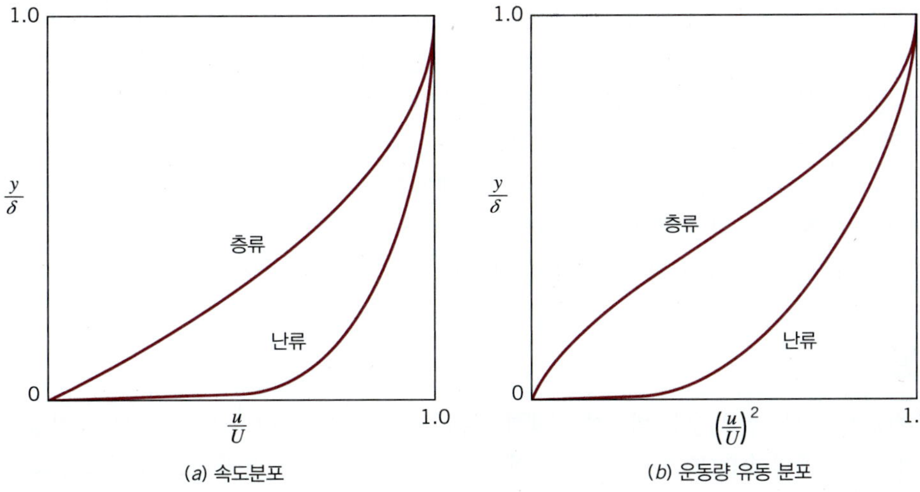

그림 9.7 평판 경계층 유동에 대한 무차원 속도분포.

$$\frac{\tau_w}{\rho U^2} = \frac{C_f}{2} = \frac{d\theta}{dx} + (H+2)\frac{\theta}{U}\frac{dU}{dx} \tag{9.28}$$

와 같이 된다. 여기서 $H = \delta^*/\theta$는 속도분포의 '형상계수(shape factor)'이다. 역압력구배에서는 형상계수가 커진다. 난류 경계층 유동의 경우, H는 영압력구배에서의 1.3으로부터 박리에서의 약 2.5까지 증가한다. 영압력구배의 층류에서는 $H = 2.6$이고, 박리에서는 $H = 3.5$이다.

자유유동의 속도분포 $U(x)$는 식 (9.28)을 적용하기 전에 알아야 한다. $dp/dx = -\rho U\, dU/dx$이므로, $U(x)$가 정해졌다는 것은 압력구배가 정해졌다는 것과 같다. $U(x)$에 대한 첫 번째 근사는 같은 조건에서의 비점성유동에 대한 이상 유동 이론으로부터 얻는다.

운동량 방정식을 사용하는 분석적 접근 방식은 단순한 기하학으로 제한되며 상미분 방정식을 풀기 위해 수치적인 방법을 사용해야 할 수도 있다. 현재 CFD의 수치적인 기술은 표면을 따라 자유유동 속도분포를 결정하는 데 자주 사용된다([13], [14]).

Part B 잠겨 있는 물체 주위의 유체유동

고체와 그를 둘러싸고 있는 점성유체 사이에는 상대적인 운동이 있을 때마다 물체는 유효 힘 ($\vec{F}$)을 받게 된다. 이 힘의 크기에 영향을 주는 인자들은 여러 가지가 있다. 즉, 확실하게는 상대속도 $\vec{V}$, 물체의 모양과 크기뿐만 아니라 유체의 성질(ρ, μ 등)이다. 유체가 물체 주위를 흐를 때, 물체 표면의 각 요소에 표면응력이 발생하고, 유효 힘으로 연결된다. 표면응력은 점성의 작용에 의한 접선응력과 국소 압력에 의한 수직응력으로 나뉜다. 물체 표면에 작용하는 이 응력들을 적분하여 해석적으로 유효 힘들을 계산할 수 있다는 생각이 들기 쉽다. 힘을 계산하는 첫 번째 단계는 물체의 형상이 정해지면(그리고 비점성유동 이론을 사용할 정도로 Reynolds 수를 충분히 크다고 가정), 압력분포를 계산한다. 그 다음 물체 표면 전체에 걸쳐 압력을 적분하여 힘 $\vec{F}$에서 압력에 의한 부분을 얻을 수 있을지 모른다. 6장에서 설명한 것처럼, 이 단계는 유체역학의 역사에서 일찍이 발전되었고, 물체가 항력을 받지 않는다는 결과를 낳았다! 두 번째 단계는 이러한 압력분포를 이용하여 표면 점성응력 τ_w을 구한다[최소한 원칙적으로, 예를 들면 식 (9.17)을 사용하여]. 그 다음 점성응력을 물체 표면 전체에 걸쳐 적분하여 유효 힘 $\vec{F}$에서 점성에 의한 부분을 얻을 수 있을지 모른다. 이러한 방법이 개념적으로는 맞지만, 실제적으로는 가장 단순한 형상의 물체를 제외하고는 적용하기가 쉽지 않다. 게다가 해석이 가능하다 하더라도 경계층과 유동박리의 존재에 의한 아주 중요한 영향을 반영할 수 없기 때문에 대부분의 경우에 잘못된 결과를 초래한다. 박리는 후류를 야기하고 이로 인해 저압 영역이 발생되어 보통은 물체에 큰 항력이 작용되지만, 또한 근본적으로 전체 유동장을 변화시키고 그로 인해 비점성유동 영역과 물체에 작용하는 압력분포를 변화시킨다.

이러한 이유 때문에 대부분의 물체 모양에 작용하는 유효 힘을 구하기 위해서는 일반적으로 실험적인 방법에 의존하거나 CFD의 접근법을 급진적으로 개선해야 한다. 통상적으로 힘 ($\vec{F}$)은 운동 방향에 평행한 성분으로 정의되는 항력 F_D와 운동에 직각 방향의 성분으로 정의되는 양력 F_L로 나눈다. 9.6절과 9.7절에서 여러 가지 모양의 물체에 대한 이 힘들을 다루게 된다.

9.6 항력

항력은 물체에 작용하는 힘의 운동 방향에 평행한 성분이다. 7장에서 매끄러운 구의 직경, 점성을 통한 이동하는 비압축성 유체의 속도(V)로 항력(F_D)을 계산하는 부분을 다뤘다. 유체 밀도와 점도는 각각 ρ와 μ였다. 항력 F_D는 아래와 같이 표현할 수 있다.

$$F_D = f_1(d, V, \mu, \rho)$$

Buckingham 파이 정리를 적용하면 두 개의 무차원 Π 변수는 다음과 같은 함수 형태로 나타난다.

$$\frac{F_D}{\rho V^2 d^2} = f_2\left(\frac{\rho V d}{\mu}\right)$$

d^2은 단면적($A = \pi d^2/4$)에 비례하므로 다음과 같이 쓸 수 있다.

$$\frac{F_D}{\rho V^2 A} = f_3\left(\frac{\rho V d}{\mu}\right) = f_3(Re) \tag{9.29}$$

식 (9.29)는 구에 대한 것이지만, 식의 형태는 어떠한 물체 주위의 비압축성유동에 대해서도 적용 가능하다. Reynolds 수에서 사용된 특성길이는 물체의 모양에 따라 결정된다.

항력계수(*drag coefficient*) C_D는

$$C_D \equiv \frac{F_D}{\frac{1}{2}\rho V^2 A} \tag{9.30}$$

와 같이 정의된다. 여기서 $\frac{1}{2}$은 알고 있는 동압의 형태로 쓰기 위해 된 것이다. 그러면 식 (9.29)는

$$C_D = f(Re) \tag{9.31}$$

로 쓸 수 있다.

항력에 대한 설명에서 압축성이나 자유표면 효과에 대해서는 고려하지 않았다. 이러한 인자들을 포함시키면, 다음과 같은 함수 형태가 된다.

$$C_D = f(Re, Fr, M)$$

많은 물체에 대한 항력과 항력계수를 고려하기 위해 먼저 아주 단순한 형상의 물체인, 유동에 평행한 평판(이 경우는 마찰항력만 있음), 유동에 수직한 평판(압력항력만 있음), 그리고 원주와 구(마찰항력과 압력항력 모두 있는 가장 단순한 2차원 및 3차원 물체)부터 시작한다. 또한 유선형화에 대해서도 간략하게 설명한다.

순수한 마찰항력: 유동에 평행한 평판 위의 유동

유동 상황에 대해서는 9.4절에서 상세하게 다루었다. 압력구배가 0이므로(압력힘은 평판에 평행이고, 따라서 항력에 기여하지 못한다) 총 항력은 마찰항력과 같다. 따라서

$$F_D = \int_{\text{plate surface}} \tau_w dA$$

그리고

$$C_D = \frac{F_D}{\frac{1}{2}\rho V^2 A} = \frac{\int_{\text{PS}} \tau_w dA}{\frac{1}{2}\rho V^2 A} \tag{9.32}$$

여기서 A는 유체와 접촉하는 총 표면적(예를 들면, **접수면적**)이다. 유동에 평행한 평판에 대한 항력계수는 평판 길이에 따라 분포된 전단응력의 함수이다.

평판 위의 층류에서 전단응력 계수는 다음과 같다.

$$C_f = \frac{\tau_w}{\frac{1}{2}\rho U^2} = \frac{0.664}{\sqrt{Re_x}} \tag{9.15}$$

길이 L, 폭 b인 평판 위에 자유유동 속도 V인 유동의 항력계수는 식 (9.32)에 식 (9.15)의 τ_w를 대입하면 얻어진다.

$$C_D = \frac{1}{A}\int_A 0.664\ Re_x^{-0.5}\,dA = \frac{1}{bL}\int_0^L 0.664\left(\frac{V}{\nu}\right)^{-0.5} x^{-0.5}b\,dx$$
$$= \frac{0.664}{L}\left(\frac{\nu}{V}\right)^{0.5}\left[\frac{x^{0.5}}{0.5}\right]_0^L = 1.33\left(\frac{\nu}{VL}\right)^{0.5}$$

$$C_D = \frac{1.33}{\sqrt{Re_L}} \tag{9.33}$$

경계층이 앞전에서부터 난류라고 가정하면, 9.4절의 근사해석을 기초로 한 전단응력 계수는 다음과 같이 주어진다.

$$C_f = \frac{\tau_w}{\frac{1}{2}\rho U^2} = \frac{0.0594}{Re_x^{1/5}} \tag{9.27}$$

식 (9.27)로부터의 τ_w를 식 (9.23)에 대입하면 다음 식을 얻는다.

$$C_D = \frac{1}{A}\int_A 0.0594\ Re_x^{-0.2}dA = \frac{1}{bL}\int_0^L 0.0594\left(\frac{V}{\nu}\right)^{-0.2} x^{-0.2}b\,dx$$
$$= \frac{0.0594}{L}\left(\frac{\nu}{V}\right)^{0.2}\left[\frac{x^{0.8}}{0.8}\right]_0^L = 0.0742\left(\frac{\nu}{VL}\right)^{0.2}$$

$$C_D = \frac{0.0742}{Re_L^{1/5}} \tag{9.34}$$

식 (9.34)는 $5 \times 10^5 < Re_L < 10^7$에서 유효하다.

$Re_L < 10^9$에서 Schlichting [3]에 의해 주어진 경험식

$$C_D = \frac{0.455}{(\log Re_L)^{2.58}} \tag{9.35}$$

은 실험 데이터와 아주 잘 일치한다.

처음에는 층류이고 평판 위의 어떤 위치에서 천이가 진행되는 경계층에서, 난류 항력계수는 초기 앞부분에서 층류임을 고려하여 조정해야 한다. 항력계수의 조정은 완전한 난류유동에 대한 C_D로부터 B/Re_L을 빼주면 된다. B의 값은 천이점에서의 Reynolds 수에 따라 결정되고, 다음과 같다.

$$B = Re_{tr}(C_{D_{turbulent}} - C_{D_{laminar}}) \tag{9.36}$$

천이 Reynolds 수가 5×10^5일 때, 항력계수는 식 (9.34)를 조정하여 계산할 수 있다. 이 경우

$$C_D = \frac{0.0742}{Re_L^{1/5}} - \frac{1740}{Re_L} \qquad (5 \times 10^5 < Re_L < 10^7) \tag{9.37a}$$

또는 식 (9.35)로부터

$$C_D = \frac{0.455}{(\log Re_L)^{2.58}} - \frac{1610}{Re_L} \qquad (5 \times 10^5 < Re_L < 10^9) \tag{9.37b}$$

이다. 유동에 평행한 평판에 대한 항력계수의 변화는 그림 9.8에 보인다.

그림 9.8에서, 경계층이 처음에는 층류이던 유동에서 $Re_x = 5 \times 10^5$일 때 천이가 발생한다고 가정하였다. 실제로 천이가 발생하는 Reynolds 수는 표면조도와 자유유동의 교란상태 같은 인자들의 복합적인 영향에 따라 결정된다. 표면조도와 자유유동의 난류가 증가하면 천이는 더 낮은 Reynolds 수가 발생하는 경향이 있다. $Re_x = 5 \times 10^5$가 아닌 다른 곳에서 천이가 발생하는 경우, 식 (9.37)의 두 번째 항의 상수는 식 (9.36)을 사용하여 수정되어야 한다. 그림 9.8은 주어진 길이의 평판에 대해 층류가 가능한 멀리까지 유지될 때는 항력계수가 점점 감소하는 것을 보인다. 그러나 큰 $Re_L(> 10^7)$에서 층류 항력은 무시된다. 예제 9.5는 난류 경계층으로 인한 표면 마찰력을 계산하는 방법을 보여준다.

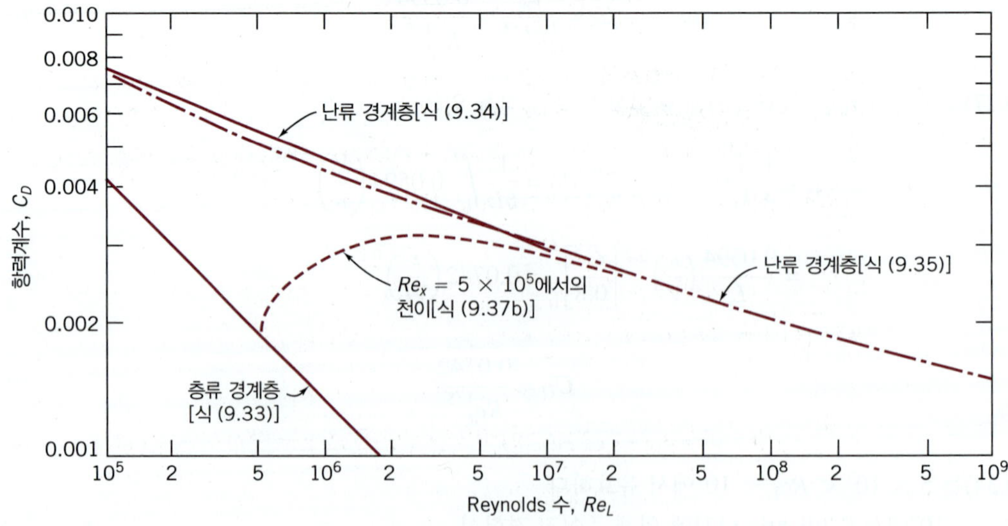

그림 9.8 유동에 평행한 매끈한 평판에서 Reynolds 수에 따른 항력계수의 변화.

예제 9.5 초대형 유조선의 표면 마찰항력

초대형 유조선은 길이가 360 m이고, 선폭과 흘수는 각각 70 m와 25 m이다. 온도가 10°C인 바다에서 6.69 m/s의 속도로 순항할 때 표면 마찰항력을 극복하는 데 필요한 힘과 동력을 구하라.

주어진 자료: $U = 13$ kt로 순항하는 초대형 유조선

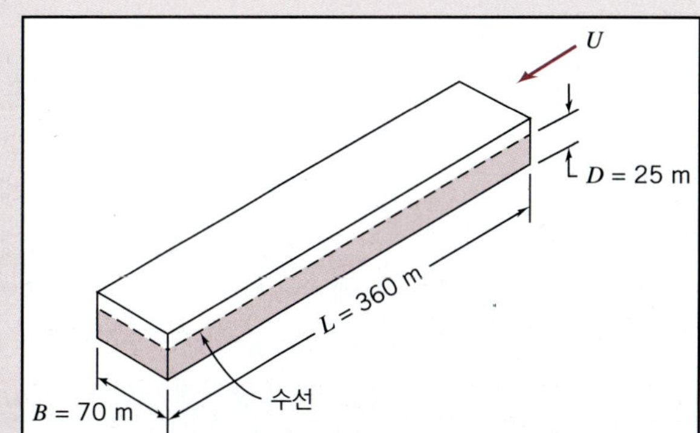

찾는 자료: (a) 힘

(b) 표면 마찰항력을 극복하는 데 필요한 동력

풀이: 유조선 선체 중에서 물과 접촉하는 부분을 길이 L과 폭 $b = B + 2D$인 평판으로 모형화한다. 항력계수로부터 표면 마찰항력을 계산한다.

지배방정식:

$$C_D = \frac{F_D}{\frac{1}{2}\rho U^2 A} \tag{9.32}$$

$$C_D = \frac{0.455}{(\log Re_L)^{2.58}} - \frac{1610}{Re_L} \tag{9.37b}$$

부록 A로부터, 10°C의 해수는 $\nu = 1.37 \times 10^{-6}$ m^2/s이므로

$$Re_L = \frac{UL}{\nu} = 6.69\frac{\text{m}}{\text{s}} \times 360\text{ m} \times \frac{\text{s}}{1.37\times10^{-6}\text{m}^2} = 1.76\times10^9$$

식 (9.37b)가 타당하다는 가정하에

$$C_D = \frac{0.455}{(\log 1.76\times10^9)^{2.58}} - \frac{1610}{1.76\times10^9} = 0.00147$$

그리고 식 (9.32)로부터

$$F_D = C_D A \frac{1}{2}\rho U^2$$

$$= 0.00147 \times (360\text{ m})(70+50)\text{m} \times \frac{1}{2} \times 1020\frac{\text{kg}}{\text{m}^3} \times (6.69)^2\frac{\text{m}^2}{\text{s}^2} \times \frac{\text{N}\cdot\text{s}^2}{\text{kg}\cdot\text{m}}$$

$$F_D = 1.45\text{ MN} \longleftarrow F_D$$

여기서 해당하는 동력은 다음과 같다.

$$\mathcal{P} = F_D U = 1.45\times10^6\text{N} \times 6.69\frac{\text{m}}{\text{s}} \times \frac{\text{W}\cdot\text{s}}{\text{N}\cdot\text{m}}$$

$$\mathcal{P} = 9.70\text{ MW} \longleftarrow \mathcal{P}$$

이 문제는 유동에 평행한 평판에 대해 항력계수 식을 적용하는 예를 보여준다.

- 필요한 동력(약 13,000 hp)은 대단히 큰 값이고, 그 이유는 비록 항력계수는 작지만 접수면적이 크기 때문이다.
- 경계층은 배의 거의 전체 길이에서 난류(천이는 $x \approx 0.1$ m)이다.

순수한 압력항력: 유동에 수직한 평판 위의 유동

유동 방향에 수직한 평판 위의 유동(그림 9.9)에서, 벽면 전단응력은 유동 방향에 수직이고 따라서 항력에 기여하지 않는다. 항력은 다음과 같이 주어진다.

$$F_D = \int_{\text{surface}} p dA$$

이와 같은 형상에서 유동은 평판의 끝에서 박리되고, 평판의 에너지가 작은 후류 내에서 역류된다. 평판 뒤 표면의 압력은 본질적으로 일정하더라도 그 크기는 해석적으로 계산될 수 없다. 결과적으로 항력을 구하기 위해서는 실험에 의존해야 한다.

잠겨진 물체 위의 유동에 대한 항력계수는 일반적으로 물체의 **정면면적**(또는 투영면적)을 기준한다. 유동에 수직한 유한한 크기의 평판에 대한 항력계수는 평판의 폭의 높이에 대한 비와 Reynolds 수에 따라 변한다. *Re*(높이에 기준한)가 약 1,000보다 큰 경우, 항력계수는 본질적으로 Reynolds 수와 무관하다. C_D의 평판 폭의 높이에 대한 비(b/h)에 따른 변화는 그림 9.10에 보인다. b/h는 판의 **종횡비**로 정의한다. $b/h = 1.0$일 때 항력계수는 $C_D = 1.18$로 최소가 되고, 이것은 Reynolds 수가 클 때 원형 디스크에 대한 값($C_D = 1.17$)에 비해 약간 더 크다.

모서리가 뾰족한 모든 물체에 대한 항력계수는 Reynolds 수($Re \gtrsim 1000$에서)와 무관하다. 이는 박리점과 그에 따른 후류의 크기가 물체의 형상에 따라 정해지기 때문이다. 몇 가지의 물체에 대한 항력계수가 표 9.3에 주어져 있다.

마찰항력과 압력항력: 구와 원주를 지나는 유동

지금까지 마찰항력 또는 압력항력 중 어느 하나가 단독으로 존재하는 두 가지의 특수한 유동문제를 살펴보았다. 전자의 경우 항력계수는 Reynolds 수가 크게 관계되나, 후자의 경우 C_D는 $Re \gtrsim 1,000$인 영역에서 Reynolds 수와는 무관하다.

구를 지나는 유동의 경우에, 마찰항력과 압력항력 모두가 총 항력에 기여한다. 매끈한 구를 지나는 유동에 대한 항력계수는 Reynolds 수의 함수로 그림 9.11에 보인다.

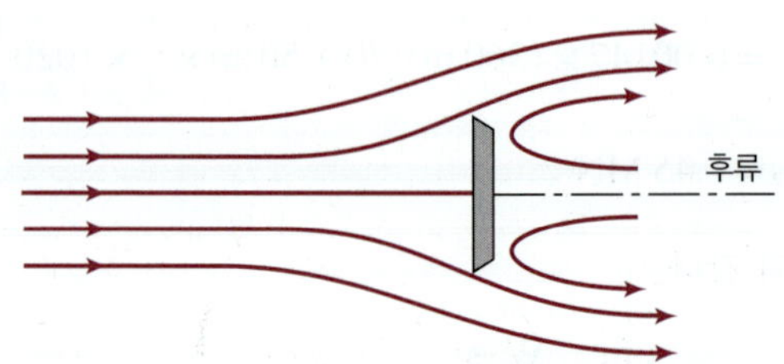

그림 9.9 유동에 수직한 평판 위의 유동.

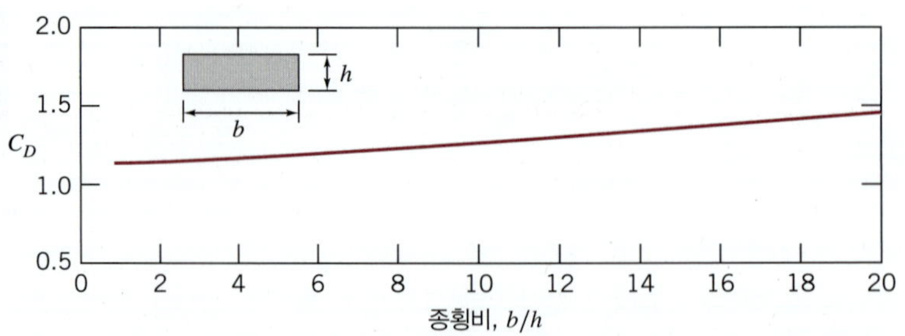

그림 9.10 $Re_h > 1,000$일 때 유동에 수직하게 유한한 폭을 갖는 평판에서 종횡비에 따른 항력계수의 변화[15].

표 9.3
몇 가지 물체의 항력계수($Re \gtrsim 10^3$)[a]

물체	형상		$C_D(Re \gtrsim 10^3)$
사각 프리즘		$b/h = \infty$	2.05
		$b/h = 1$	1.05
디스크			1.17
링			1.20[b]
반구(유동 쪽으로 열림)			1.42
반구(하류 쪽으로 열림)			0.38
C형 단면(유동 쪽으로 열림)			2.30
C형 단면(하류 쪽으로 열림)			1.20

[a]Hoerner [5]로부터의 데이터.
[b]링 면적에 근거함.

$Re \leq 1$로 Reynolds 수가 매우 작은 경우에는 구로부터 유동박리가 생기지 않고, 후류는 층류이고 항력은 마찰항력이 대부분이다. Reynolds 수가 아주 작은 유동에 대해 점도가 μ인 유체 속을 속도 V로 움직이는 직경 d인 구에 작용하는 항력이

$$F_D = 3\pi\mu V d$$

임을 해석적으로 보였다. 식 (9.30)으로 정의된 항력계수 C_D는 다음과 같다.

$$C_D = \frac{24}{Re}$$

그림 9.11에 나타낸 바와 같이, 이 식은 Reynolds 수가 작을 때는 실험데이터와 일치하지만, $Re > 1.0$이 되면 실험데이터에서 크게 벗어나기 시작한다.

Reynolds 수가 더 증가함에 따라 항력계수는 Reynolds 수 약 1,000이 될 때까지 지속적으로 감소한다. 박리점이 구의 뒤에서 앞으로 이동함에 따라 난류 후류가 발생하고 성장한다. 이 후류는 상대적으로 압력이 낮고, 이로 인해 압력항력이 커진다. $Re \approx 1{,}000$ 가까이 되면, 총 항력의 약 95%는 압력항력에 의한 것이다. $10^3 < Re < 3 \times 10^5$에서 항력계수는 거의 일정하다. 이 영역에서는 그림 9.12에 표시한 바와 같이 구의 뒤쪽 전체가 낮은 압력의 난류 후류가 되고, 항력의 대부분은 앞뒤의 압력 불균형으로 발생한다. $C_D \propto 1/Re$이라는 것은 $F_D \propto V$라는 것이 되고, 그리고 'C_D = 일정'이라는 것은 $F_D \propto V^2$라는 것이며 이것

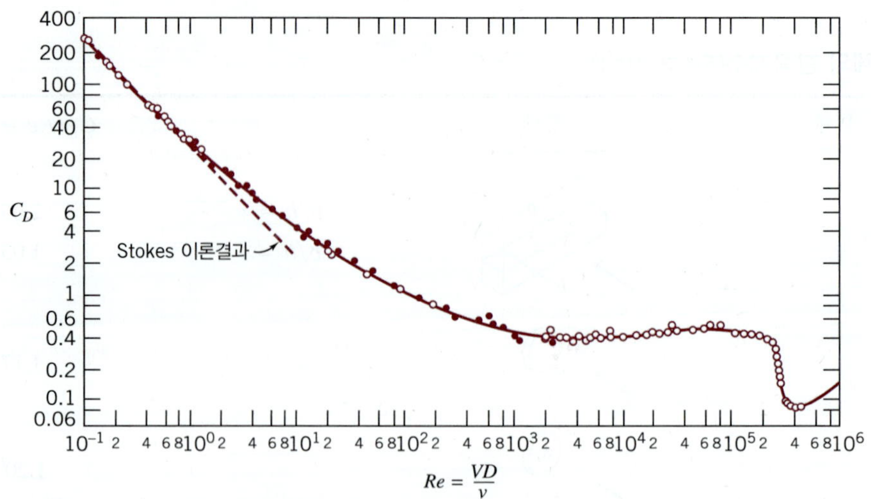

그림 9.11 Reynolds 수의 함수로 나타낸 매끈한 구의 항력계수([3], [16], [17]).

은 항력이 매우 가파르게 증가한다는 것이다.

Reynolds 수가 3×10^5보다 커지면 천이가 발생하고, 구 앞부분의 경계층은 난류가 된다. 그러면 박리점은 구의 중앙부로부터 하류로 이동하고 후류의 크기가 감소한다. 구에 작용하는 압력힘은 감소(그림 9.12)되고, 항력계수는 급격하게 감소된다.

난류 경계층은 층류 경계층보다 운동량이 더 많으므로, 9.5절에서 설명한 것처럼 역압력구배에 더 잘 견딜 수 있다. 결과적으로, 난류 경계층 유동은 박리를 늦추고 따라서 압력항력을 감소시키므로 뭉툭한 물

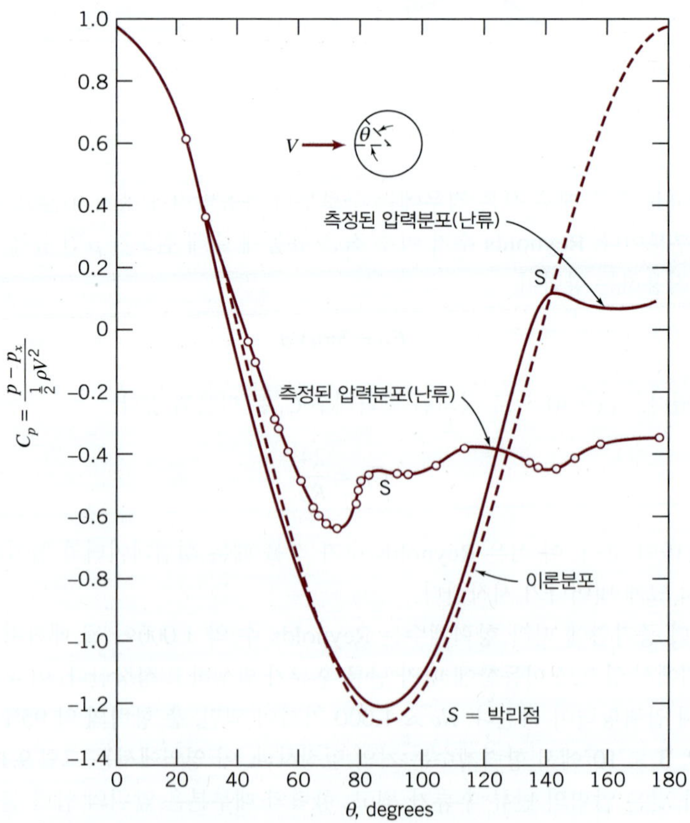

그림 9.12 비점성유동과 비교한 층류 및 난류 경계층 유동에 대한 매끈한 구 주위의 압력분포[6].

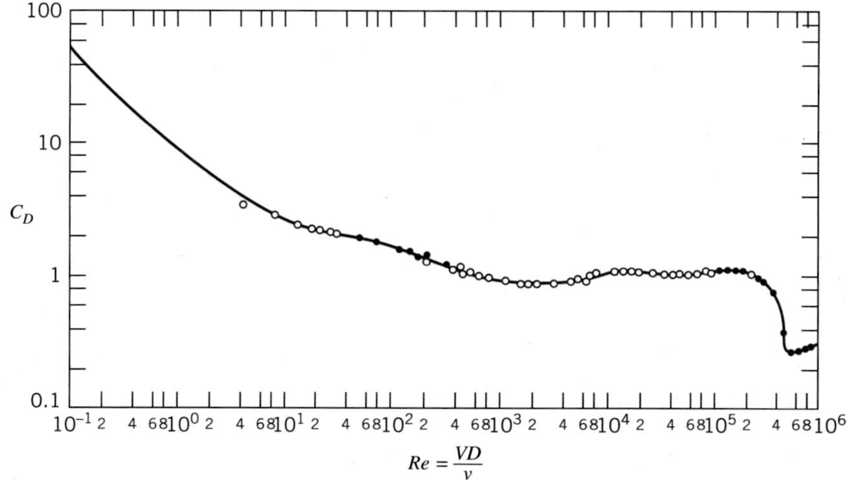

그림 9.13 Reynolds 수의 함수로 나타낸 매끈한 원형 실린더에 대한 항력계수[3], [16], [17].

체에서는 바람직하다.

경계층 내의 천이는 구의 표면조도와 유동 내의 난류에 영향을 받는다. 그러므로 난류 경계층에서의 항력감소는 특정한 Reynolds 수에서 일어나지는 않는다. 난류 강도를 낮은 유동에서 매끈한 구에 대한 실험은 천이가 임계 Reynolds 수 Re_D가 4×10^5까지 늦추어질 수 있음을 보여준다. 표면이 거칠거나 난류 강도가 큰 자유유동에서는 천이가 50,000 정도의 낮은 임계 Reynolds 수에서 발생할 수 있다.

난류 경계층 유동을 가진 구의 항력계수는 임계 Reynolds 수에 가까운 층류에 비해 약 1/5 정도이다. 이에 따른 항력 감소는 구의 비행거리(예를 들면, 골프공)에 상당히 영향을 미친다. 골프공의 '딤플'은 경계층을 '바꾸도록' 설계된 것이고, 난류 경계층 유동이 되도록 하여 항력을 최소화시킨다.

구를 거칠게 만들면 경계층 내에서 층류와 난류 사이의 천이 위치에서의 국부적인 진동도 억제될 수 있다. 이러한 진동은 항력의 변화와 양력의 불규칙 변동을 유발한다(9.7절 참조). 야구에서 '너클볼(knuckle ball)' 투구는 변덕스럽게 만들어서 타자를 혼돈시키기 위한 것이다. 공을 스핀이 거의 없이 던져서 투수는 솔기에 의존하여 공이 타자에게 가는 도중 예측할 수 없는 방식으로 천이가 일어나게 한다. 이렇게 하면 공이 날아가는 경로를 원하는 대로 바꿀 수 있다.

그림 9.13은 매끈한 원형 실린더를 지나는 유동에 대한 항력계수를 나타낸다. Reynolds 수에 따른 C_D의 변화는 매끈한 구를 지나는 유동에서 본 것과 같은 특성을 보이나, C_D값은 약 2배쯤 더 높다. 그림 9.13을 이용하여 굴뚝에서 항력을 결정하는 것은 예제 9.6에 나와 있고, 표 9.3의 항력계수 데이터를 사용하여 낙하산의 항력을 구하는 것은 예제 9.7에서 보여준다.

매끈한 원형 실린더 주위의 유동은 하류에서 와류가 교차적으로 일어나는 규칙적인 패턴을 만든다. 와류 트레일(*vortex trail*)은 유동에 수직으로 원주에 주기적으로 변동되는 양력을 유발한다. 와류 유출(vortex shedding)은 진동을 자극해서 전선에서 '윙윙 소리가 나게' 하고, 로프가 제멋대로 움직여서 깃대를 '때리게' 한다. 때때로 구조물에 대한 진동은 위험할 정도로 클 수도 있고, 높은 응력을 발생시킨다. 이러한 진동은 표면에 조도가 되도록 요소나 핀을 달아 축방향이나 나선형으로 원주의 대칭성을 없애고 유동을 안정시켜서 감소시킬 수 있다.

실험데이터에 의하면 규칙적인 와류 유출은 Reynolds 수가 60에서 5,000까지의 범위에서 가장 강하게 발생한다. $Re > 1,000$에서 Strouhal 수 $St = fD/V$로 표현되는 와류 유출의 무차원 진동수는 근사적으로 0.21이다[3].

조도는 원주나 구의 항력에 비슷하게 영향을 미친다. 임계 Reynolds 수는 거친 표면에 의해서 감소되고, 경계층 내에서 층류에서 난류로의 천이는 더 일찍 발생한다. 원주 위의 경계층이 난류가 될 때 항력계수는 약 1/4 정도로 감소한다.

예제 9.6 굴뚝에 작용하는 공기역학적 항력과 모멘트

표준대기 상태에서 직경이 1 m이고, 높이가 25 m인 원주형 굴뚝에 50 km/h의 균일속도로 바람이 분다. 끝 효과와 돌풍은 무시된다. 풍력에 의해 굴뚝 바닥에 작용하는 굽힘모멘트를 계산하라.

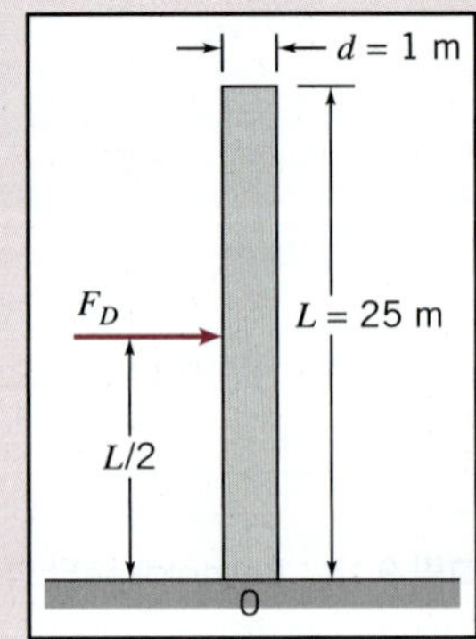

주어진 자료: $D = 1$ m, $L = 25$ m인 원주형 굴뚝에 바람이 $p = 101$ kpa (abs), $T = 15$°C인 바람이 $V = 50$ km/h의 균일속도로 분다. 끝 효과는 무시한다.

찾는 자료: 굴뚝 바닥에 작용하는 굽힘모멘트

풀이: 항력계수는 $C_D = F_D/\frac{1}{2}\rho V^2 A$이고, 따라서 $F_D = C_D A \frac{1}{2}\rho V^2$이다. 단위길이당 작용하는 힘은 전체 길이에 걸쳐 균일하므로, 합력 F_D는 굴뚝의 중간 지점에 작용한다. 그러므로 굴뚝 바닥에 대한 모멘트는 다음과 같다.

$$M_0 = F_D\frac{L}{2} = C_D A\frac{1}{2}\rho V^2\frac{L}{2} = C_D A\frac{L}{4}\rho V^2$$

$$V = 50\frac{\text{km}}{\text{h}}\times 10^3\frac{\text{m}}{\text{km}}\times\frac{\text{h}}{3600s} = 13.9\text{ m/s}$$

표준공기에서는 $\rho = 1.23$ kg/m^3, $\mu = 1.79 \times 10^{-5}$ kg/(m · s)이다. 따라서

$$Re = \frac{\rho VD}{\mu} = 1.23\frac{\text{kg}}{\text{m}^3}\times 13.9\frac{\text{m}}{\text{s}}\times 1\text{ m}\times\frac{\text{m}\cdot\text{s}}{1.79\times 10^{-5}\text{kg}} = 9.55\times 10^5$$

그림 9.13에서 $C_D \approx 0.35$이다. 원주에서 $A = DL$이므로

$$M_0 = C_D A\frac{L}{4}\rho V^2 = C_D DL\frac{L}{4}\rho V^2 = C_D D\frac{L^2}{4}\rho V^2$$

$$= \frac{1}{4}\times 0.35\times 1\text{ m}\times(25)^2\text{m}^2\times 1.23\frac{\text{kg}}{\text{m}^3}\times(13.9)^2\frac{\text{m}^2}{\text{s}^2}\times\frac{\text{N}\cdot\text{s}^2}{\text{kg}\cdot\text{m}}$$

$$M_0 = 13.0\text{ kN}\cdot\text{m} \longleftarrow M_0$$

이 문제는 항력계수 데이터를 적용하여 구조물에 작용하는 힘과 모멘트를 계산한 예이다. 바람을 균일유동으로 모형화하였지만, 좀 더 현실적으로 하층 대기는 흔히 거대한 난류 경계층으로 모형화하여 속도구배를 $u \sim y^{1/n}$ (y는 높이)로 한다.

예제 9.7 낙하산에 의한 자동차의 감속

무게가 7,120 N인 경주용 자동차는 4분의 1마일에서 430 km/h의 속도에 도달한다. 결승점을 통과한 즉시, 운전자는 면적 A = 2.3 m^{2}의 낙하산을 편다. 자동차의 공기저항과 주행저항은 무시할 수 있다. 표준공기에서 자동차가 160 km/h로 감속하는 데 걸리는 시간을 구하라.

주어진 자료: 무게 7,120 N, 초기속도 V_0 = 430 km/h인 경주용 자동차가 면적 A = 2.3 m^{2}의 낙하산이 받는 항력으로 감속되었다. 자동차의 공기저항과 주행저항은 무시한다. 표준공기로 가정한다.

찾는 자료: 자동차가 160 km/h로 감속하는 데 걸리는 시간

풀이: 자동차를 시스템으로 택하고 운동 방향에 대하여 뉴턴 제2법칙을 적용하면

$$-F_D = ma = m\frac{dV}{dt}$$

F_D ← [자동차] → V, → x

$V_0 = 430$ km/h

$V_f = 160$ km/h

$\rho = 1.227$ kg/m^3

$C_D = \dfrac{F_D}{\frac{1}{2}\rho V^2 A}$이므로, 따라서 $F_D = \frac{1}{2} C_D\, \rho V^2 A$이다.

뉴턴 제2법칙에 대입하면

$$-\frac{1}{2}\, C_D\, \rho V^2 A = m\frac{dV}{dt}$$

변수분리하고 적분하면

$$-\frac{1}{2}\, C_D\, \rho\, \frac{A}{m} \int_0^t dt = \int_{V_0}^{V_f} \frac{dV}{V^2}$$

$$-\frac{1}{2}\, C_D\, \rho\, \frac{A}{m} t = -\frac{1}{V}\bigg]_{V_0}^{V_f} = -\frac{1}{V_f} + \frac{1}{V_0} = -\frac{(V_0 - V_f)}{V_f V_0}$$

결국

$$t = \frac{(V_0 - V_f)}{V_f V_0}\, \frac{2\,\mathrm{m}}{C_D\, \rho A} = \frac{(V_0 - V_f)}{V_f V_0}\, \frac{2W}{C_D\, \rho A g}$$

제동 낙하산은 반구(유동으로 열린) 로 모형화한다. 표 9.3에서 $C_D = 1.42$ ($Re > 10^3$로 가정)이다. 따라서 수치값을 대입하면

$$t = \frac{(430 - 160)\ \mathrm{km/h}}{160\ \mathrm{km/h} \times 430\ \mathrm{km/h}} \times \frac{2 \times 7120\ \mathrm{N}}{1.42 \times 1.227\ \mathrm{kg/m^3} \times 2.3\ \mathrm{m^2} \times 9.81\frac{\mathrm{m}}{\mathrm{s^2}}} \times \frac{\mathrm{km}}{1000\ \mathrm{m}} \times \frac{3600\ \mathrm{s}}{\mathrm{h}} \times \frac{\mathrm{kg \cdot m}}{\mathrm{N \cdot s^2}}$$

$$t = 5.12\ \mathrm{s} \longleftarrow t$$

Re에 대한 타당성을 검토한다.

$$Re = \frac{DV}{\nu} = \left[\frac{4A}{\pi}\right]^{1/2} \frac{V}{\nu}$$

$$= \left[\frac{4}{\pi} \times 2.3\ \mathrm{m^2}\right]^{1/2} \times 160\frac{\mathrm{km}}{\mathrm{h}} \times \frac{1000\ \mathrm{m}}{\mathrm{km}} \times \frac{\mathrm{h}}{3600\ \mathrm{s}} \times \frac{\mathrm{s}}{1.46 \times 10^{-5}\ \mathrm{m^2}}$$

$$Re = 5.21 \times 10^6$$

따라서 가정은 타당하다.

이 문제는 항력계수 데이터를 적용하여 자동차의 낙하산에 작용하는 항력을 계산하는 예이다.

Excel 워크북을 이용하면 경주용 자동차의 속도(이동 거리도)를 시간의 함수로 그릴 수 있다. 또한 '가정된 문제', 예를 들면 경주용 자동차가 5초 이내에 96 km/h로 감속되기 위한 낙하산의 면적 A도 구할 수 있다.

이 절에서 나타낸 모든 실험데이터는 무한한 유체흐름에 잠겨진 단일 물체에 대한 것이다. 풍동실험의 목적은 무한한 유동의 조건을 모사하기 위한 것이다. 장비 크기의 한계로 인하여 실제는 이러한 목적을 달성하지 못한다. 무한한 유동에 대한 결과를 얻기 위해 측정된 자료의 보정이 필요한 경우가 흔하다.

수많은 실제적인 유동 상황에서, 인접한 물체나 표면들과의 상호작용이 일어난다. 앞뒤 일렬로 놓인 상태로 운동하는 둘 혹은 그 이상의 물체들의 항력은 크게 감소될 수 있다. 이러한 현상은 '앞 차 뒤에 바짝 달라붙어 달리는 일'이 다반사인 자전거 경주자와 자동차 경주자들에게는 잘 알려진 사실이다. 두 물체 사이의 거리가 최적인 경우에는 항력감소가 80%까지 가능하다[8]. 또한 거리가 최적이 아니면 항력은 크게 증가될 수 있다.

항력은 나란하게 인접한 물체에 의해 영향을 받을 수 있다. 중력에 의해 떨어지는 조그만 입자들은 하나씩 고립된 상태로 떨어질 때보다 많은 입자가 동시에 같이 떨어질 때 더 천천히 떨어진다. 이러한 현상은

혼합과 침전 과정에 중요하게 응용된다.

물체의 항력계수에 대한 실험데이터는 주의해서 선택하고 적용해야 한다. 실제 조건과 실험 측정이 이루어진 매우 제한된 조건 사이의 차이를 고려해야만 한다.

여기에 제시된 값 외에도 Engineer's Toolbox [18]에는 다양한 객체에 대한 항력계수가 있다. 또한, 많은 항력계수가 이제 Fluent [19]와 같은 CFD 소프트웨어에서 제시된다.

유선형화

앞 절에서 설명한 물체 후방의 박리된 유동 영역의 범위는 물체의 형상을 유선형으로 만들면 감소시키거나 제거시킬 수 있다. 모든 물체는 뒤에서 그 모양이 수렴되기 때문에 유선은 팽창되고, 따라서 속도는 감소하고 보다 중요한 것은 압력이 증가된다. 따라서 물체의 후방에서는 처음부터 역압력구배이고, 이로 인해 경계층이 박리되고 결국은 낮은 압력의 후류가 발생하며 이로 인해 큰 압력항력이 생긴다. 물체가 받는 항력을 줄이기 위해서는 물체의 후방을 더 가늘게 만들어야 되고, 그러면 역압력구배가 줄어들고 따라서 난류 후류를 작게 만든다. 그러나 그렇게 하면 물체 표면적은 증가하기 때문에 단순히 표면 마찰항력이 증가할 수 있다. 실제는, 유선형 또는 가늘게 하는 최적의 양은 전체 항력(압력항력과 표면 마찰항력의 합)을 최소화하는 데 있다.

'눈물방울' 모양 주위의 압력구배는 원형 단면을 가진 원주에서보다 덜 심각하다. 이런 경우에 대한 압력항력과 마찰항력 사이의 적절한 균형의 예는 그림 9.14에 제시되어 있다. 경계층 유동으로 인한 마찰항력이 감소하는 동안 두께가 커질 때 압력항력은 증가한다. 총 항력은 두 분포의 합이며, 특정 두께 값에서 최소이다. 이 최소 항력은 두께 값과 동일한 직경을 가진 실린더보다 훨씬 작다. 결과적으로, 항공기와 자동차의 구조 부재들을 유선형으로 하면 상당한 비용을 절감할 수 있다.

스팬이 무한대이고 15% 두께인 두 대칭형 에어포일의 받음각이 0인 경우에 대한 압력분포와 항력계수들이 그림 9.15에 제시되어 있다. 일반형 에어포일(NACA 0015)에서는 천이가 최대두께점 근처의 $x/c =$ 0.13, 즉 압력구배가 역으로 바뀌는 곳에서 발생한다. 따라서 에어포일 표면의 대부분이 난류 경계층으로 덮이고, 항력계수는 $C_D \approx 0.0061$이다. 층류로 설계된 에어포일(NACA 66_2–015)에서는 최대두께점이 뒤쪽으로 옮겨간다. 경계층은 $x/c = 0.63$까지 순압력구배로 유지되어 층류로 유지된다. 따라서 유동의 대부분이 층류이고, 이 단면에서 평면면적에 근거한 $C_D \approx 0.0035$이다. 정면면적에 근거한 항력계수는 $C_{Df} = C_D/0.15 = 0.0233$이거나, 그림 9.14에 제시된 형상에 대한 최적치의 40%이다.

현재의 익형은 그림 9.16과 같이 무시할 수 있는 피부 마찰을 생성하는 조건에서 난류 경계층을 유지하면서 분리(separation)를 방지하는 압력분포를 생성하도록 설계되었다.

자동차와 트럭의 연비와 배기가스 배출에 대한 규제로 인해 공기역학적 설계가 개선되었다. CFD 소프

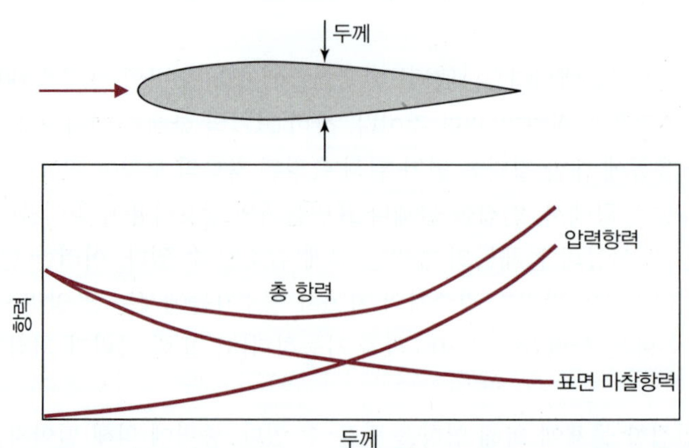

그림 9.14 두께 비에 대한 유선형 지주의 항력계수, 전체 항력에 대한 표면 마찰항력과 압력항력의 구성을 보인다[7].

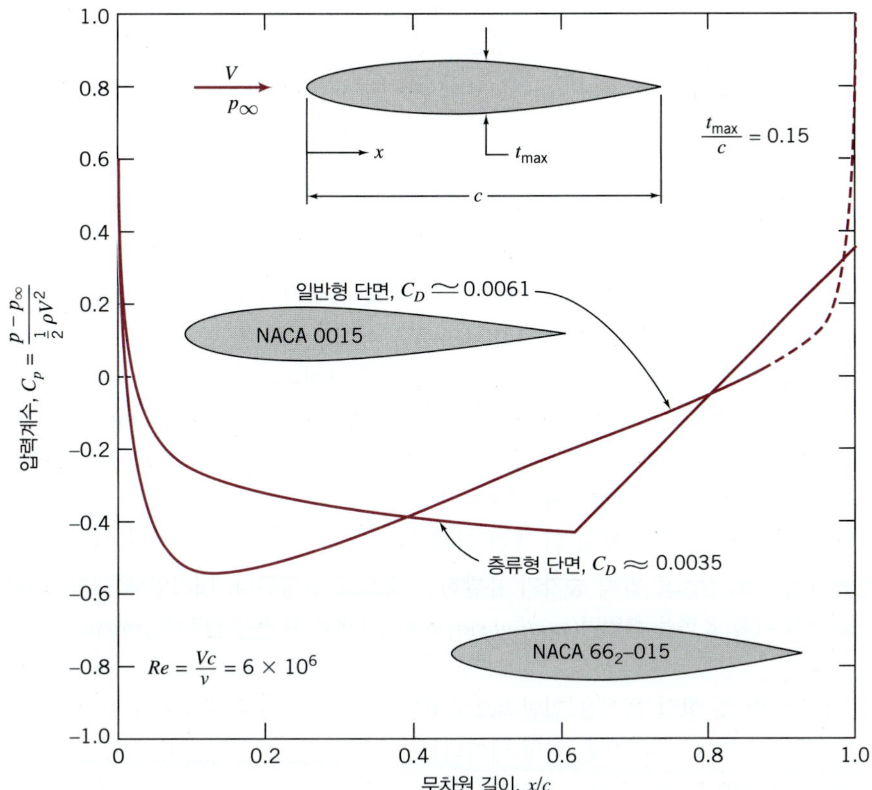

그림 9.15 두께비가 15%인 대칭인 두 가지의 에어포일 단면에 대하여 받음각이 0일 때의 이론적인 압력분포(Abbott와 von Doenhoff [9]에 의한 자료).

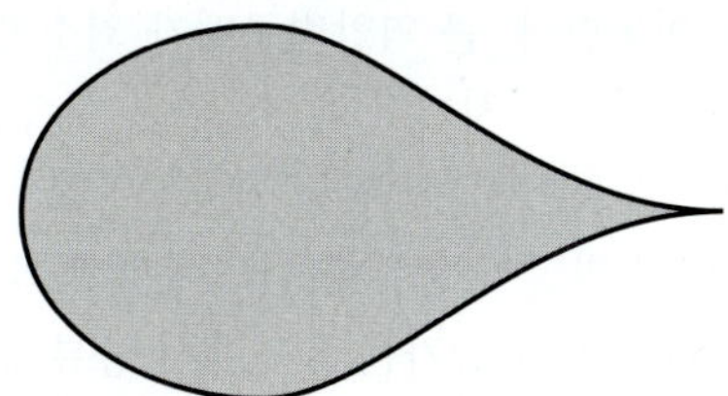

그림 9.16 항력이 낮은 지주의 거의 최적화된 형상[11].

트웨어를 사용하여 항력 감소 기술을 정량화한 결과 분리를 방지하기 위해 외부 윤곽을 지정하고, 미러와 도어 핸들을 간소화하고, 차체 하부를 덮는 부드러운 패널을 설치하고, 바퀴 주위로 공기를 전달하고, 후류 발생을 줄이기 위한 후면 설계 변경을 수행해왔다. 그 결과 최근 생산되는 자동차의 항력계수가 0.25에서 0.3 범위로 감소되었다. 이는 지난 20년 동안 항력계수가 최대 50% 감소했음을 나타낸다.

트럭 산업은 또한 차량의 연비를 향상시키는 변화에 집중했다. 장거리 트럭에는 일반적으로 운전실 상단의 디플렉터, 트랙터 및 트레일러 사이드 스커트, 후면의 보트 테일 패널과 같은 여러 항력 감소 장치가 설치되어 있다. 이 장치들은 대표적인 항력계수의 값인 0.8~1.0을 15에서 20%까지 줄인다.

9.7 양력

유체 속에서 상대운동하는 대부분의 물체에서 가장 중요한 유체역학적 힘은 항력이다. 그러나 에어포일과 같이 양력이 중요한 물체들도 있다. 양력은 공기역학적 힘의 성분이 유체의 운동에 수직한 것으로 정의된다. 에어포일의 경우, **양력계수**(*lift coefficient*) C_L은 다음과 같이 정의된다.

$$C_L \equiv \frac{F_L}{\frac{1}{2}\rho V^2 A_p} \tag{9.38}$$

위에 정의된 양력계수와 항력계수는 각각 실제 힘(양력 또는 항력)을 동압과 면적의 곱의 비로 정의하고, 분모는 유체가 해당 영역에 직접 놓였을 때 생성되는 힘으로 볼 수 있다. 이것은 계수의 의미에 대한 '느낌'을 준다.

에어포일에 대한 양력계수와 항력계수는 Reynolds 수와 받음각의 함수이고, 받음각 α는 익현과 자유유동 속도벡터 사이의 각이다. 에어포일의 **익현**(*chord*)은 에어포일 앞전과 뒷전 사이를 연결하는 직선이다. 날개 단면 형상은 **평균선**(*mean line*)과 두께 분포에 따라 결정된다. 에어포일이 대칭이면 평균선과 익현은 둘 다 직선이고 일치하게 된다. 평균선이 곡선인 에어포일은 **캠버**(*camber*)되었다고 말한다.

유동 방향에 직각인 면적은 받음각에 따라 변한다. 따라서 평면면적 A_p(날개의 최대 투영면적)이 에어포일의 양력계수와 항력계수를 정의하는 데 사용된다.

공기역학적 양력의 현상은 에어포일 위 표면 위에서의 속도 증가로 인해 유발되는 압력감소와 에어포일 아래 표면에서의 속도 감소로 압력 증가가 유발하는 것으로 설명된다. 대기압에 대한 상대적인 압력차로 인해 에어포일의 위쪽 표면을 **흡입면**(*suction surface*), 아래쪽 표면을 **압력면**(*pressure surface*)이라 부른다.

현대 항공기의 양력 및 항력 특성은 일반적으로 CFD 소프트웨어로 생성된다. 결과적으로, NASA의 전신인 NACA가 풍동 실험을 통해 얻은 익형 데이터는 익형 특성을 설명하는 데 사용될 것이다[12].

에어포일의 실속(stall)은 에어포일의 위쪽 표면 대부분 영역에서 유동박리가 발생할 때 일어난다. 받음각이 증가함에 따라, 정체점은 에어포일 아래쪽 표면을 따라, 그림 9.18a에 대칭 층류 단면에 대해 나타낸 바와 같이 뒤로 이동한다. 이때 윗면에서의 유동은 에어포일의 코 주위를 돌아서 급격히 가속되어야 한다. 이론상의 위쪽 표면 압력분포에 대한 받음각의 효과는 그림 9.18b에 보인다. 최소압력은 더욱 낮아지고, 그 위치는 위쪽 표면의 앞쪽으로 이동한다. 큰 역압력구배가 최소 압력점에 따라 발생한다. 결국, 역압력구배는 위쪽 면으로부터 유동을 완전히 박리시키고 에어포일은 실속된다. 그림 9.17(a)에선 받음각에 따른 양력계수 변화 추이를 볼 수 있다.

최소 압력점의 이동과 역압력구배의 발달이 층류형 단면에서 C_D의 갑작스런 증가의 원인이 된다. 이 현상은 그림 9.17에서 명백하다. C_D의 급격한 증가는 윗면에서 층류에서 난류로의 경계층 천이가 빠르게 일어나기 때문이다. 층류형 단면의 항공기는 낮은 항력 영역에서 순항하도록 설계된 것이다.

층류형 단면은 앞전이 매우 뾰족하기 때문에, 이미 언급한 모든 효과가 크게 나타나서 일반형 단면보다 작은 받음각에서 실속된다(그림 9.17). 또한 가능한 최대 양력계수$C_{L\max}$는 층류 단면에서 더 작다.

C_L에 대한 C_D의 선도(양력−항력 극선도)는 에어포일의 데이터를 간단히 표현하여 사용된다. 앞에서 다루었던 두 단면에 대한 극선도가 그림 9.19에 제시되어 있다. 양력/항력비(양항비) C_L/C_D는 두 단면에 대하여 설계 양력계수에서 계산된 값이다. 이 비는 항공기 설계에 아주 중요하다. 양력계수는 날개의 양력을 계산하여 수송할 수 있는 하중을 결정하고, 항력계수는 필요한 양력을 위해 항공기 엔진이 감당해야 할 항력의 큰 부분을 의미한다. 따라서 C_L/C_D비가 높아야 하고, 이 경우 층류 에어포일이 확실하게 좋다.

현대의 모델링과 계산 능력은 항력을 낮게 유지하면서 높은 양력을 얻을 수 있는 에어포일 단면의 설계를 가능하게 하고 있다[10, 11]. 경계층 계산 코드를 이용하여 압력분포를 구하고 천이를 가능한 한 뒤로 지연시킬 수 있는 형상을 구한다. 천이 뒤의 난류 경계층은 적절한 압력분포의 조절로 표면 마찰항력이 거의 0이 되도록 박리가 막 시작된 직전 상태를 유지시킨다.

모든 실제 에어포일들은 제시된 에어포일의 데이터보다 폭이 유한하고 양력은 작고 항력이 크다. 이를 설명하는 방법은 여러 가지가 있다. 날개 끝부분의 압력분포를 고려해 보면, 위쪽 면의 낮은 압력과 아래쪽 면의 높은 압력은 날개 끝부분에서의 **꼬리와류**(*trailing vortices*)를 발생(그림 9.20을 보라)시키고, 압력차

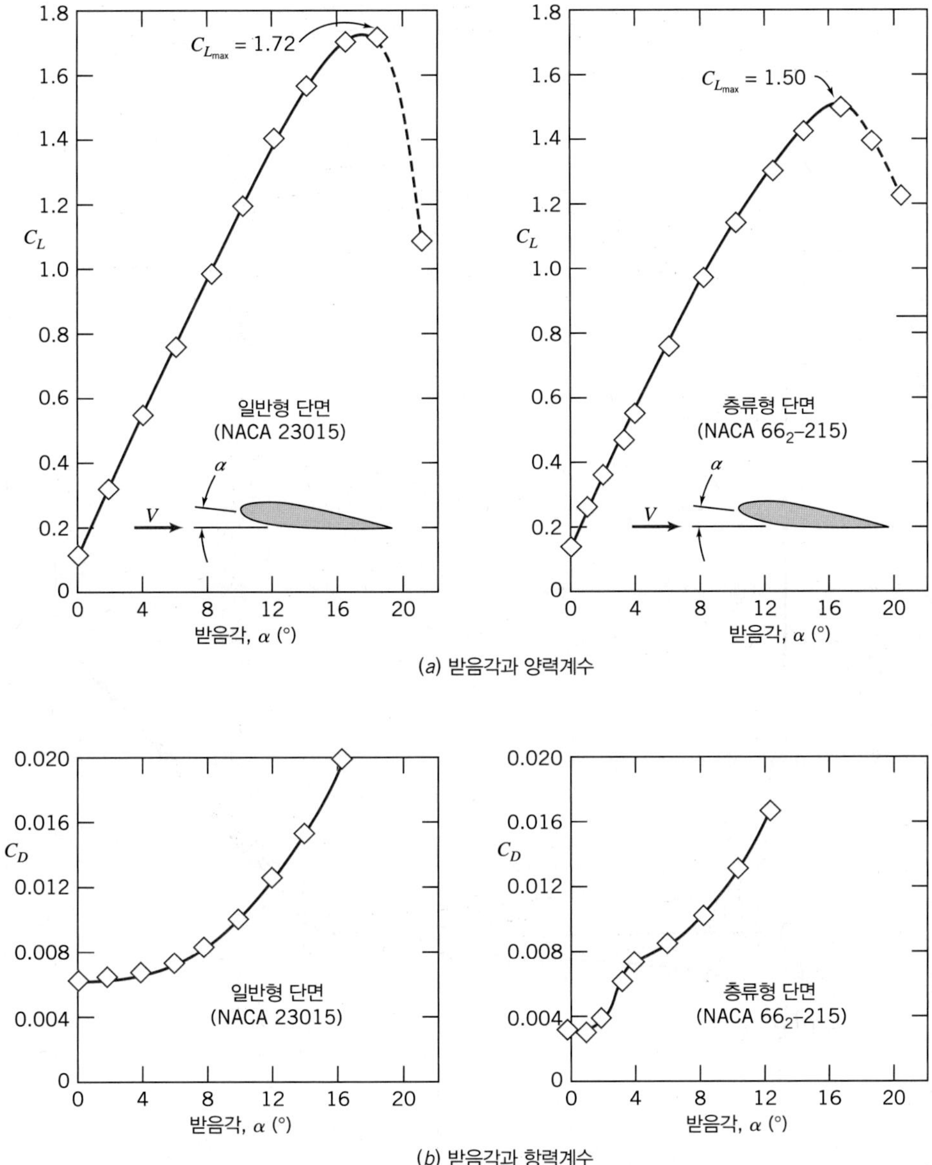

그림 9.17 $Re_c = 9 \times 3\ 10^6$일 때, 두께비가 15%인 두 에어포일 단면에서 영각에 따른 양력계수와 항력계수(Abbott와 von Doenhoff [9]에 의한 자료).

가 줄어들고 양력이 감소된다. 이러한 꼬리와류는 순환의 관점에서도 설명될 수 있다. 6.5절에서 날개 부분 주위에 순환이 존재하면 양력이 발생한다는 것을 배웠고, 유체 속에서 끝나지 않고 날개 끝을 넘어 꼬리와류 형태로 연장된다. 꼬리와류는 매우 강하고 지속적이어서, 천천히 소멸될 수 있다.

꼬리와류는 압력차를 줄어들게 하여 양력을 감소시킨다. 이러한 양력의 감소와 항력의 증가(**유도항력**이라 부름)는 다음과 같이 설명된다. 와류로 야기되는 'downwash' 속도는 유효 받음각이 감소됨을 의미하고, 날개는 유동을 상류와 하류의 거의 평균치로 '보게' 된다. 이 downwash는 양력(받음각에 수직)을 조금 '뒤로 기울어지게' 하고 그 결과 양력의 일부가 항력으로 나타난다.

익폭의 유한함으로 인한 양력의 감소와 항력의 증가는 날개 끝부분에 집중되고, 따라서 짧고 뭉툭한 날개는 매우 긴 날개에 비해 이러한 효과가 심각하다는 것은 분명하다.

$$AR \equiv \frac{b^2}{A_p} \tag{9.39}$$

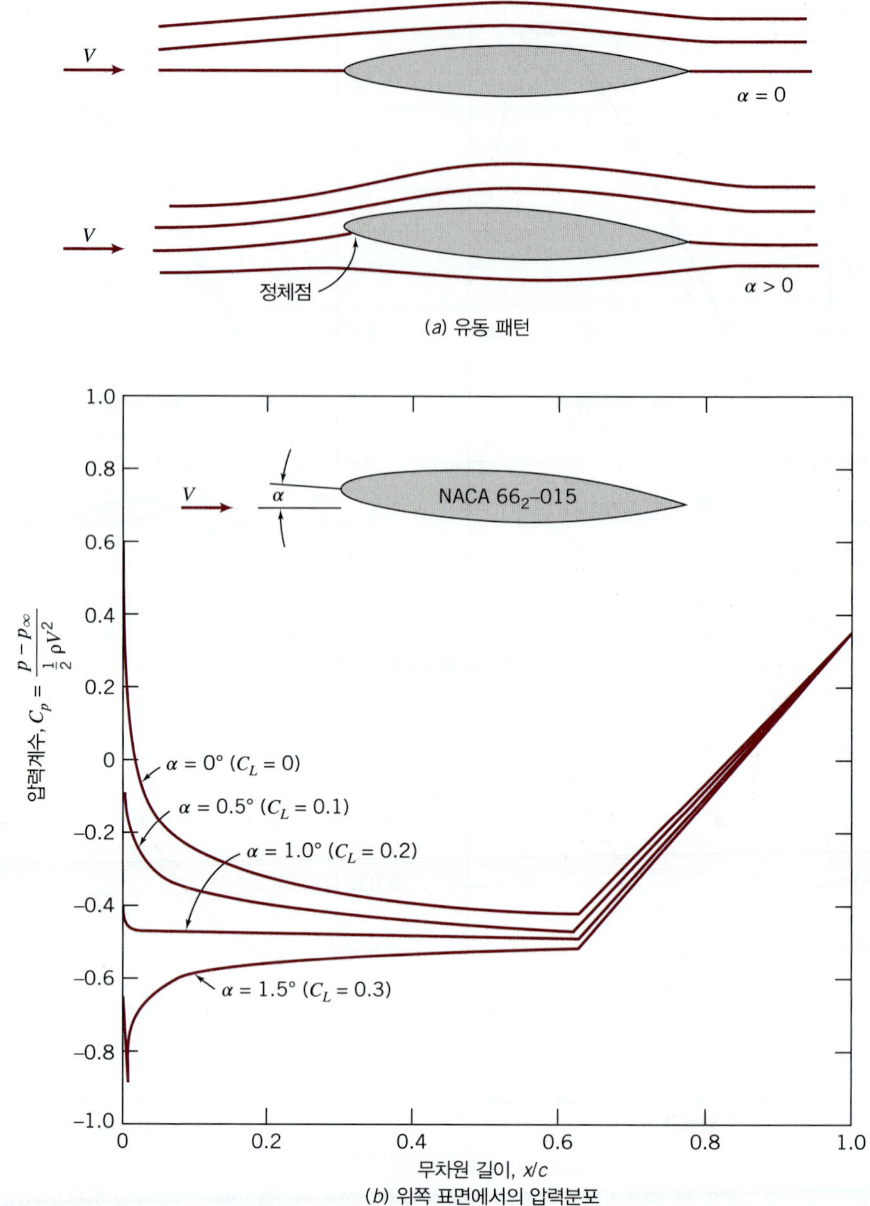

그림 9.18 두께비가 15%인 대칭의 층류형 에어포일에 대한 유동 패턴과 이론적인 압력분포에 대한 받음각의 영향[9].

로 정의되는 **종횡비**(*aspect ratio*)와 연관될 것으로 기대된다. 여기서 A_p는 평면면적이고, b는 익폭이다. 익폭이 b이고 익현이 c인 직사각형의 평면 투영면적에 대한 종횡비는 다음과 같다.

$$AR = \frac{b^2}{A_p} = \frac{b^2}{bc} = \frac{b}{c}$$

오늘날의 저항력 단면에 대한 최대 양항비는 종횡비가 무한할 때 400까지 높아질 수 있다. $AR = 40$인 고성능 활공기(글라이더)는 $L/D = 40$이며, 경비행기($AR \approx 12$)는 $L/D \approx 20$ 내외이다. 종횡비의 변화들은 자연에서 볼 수 있다. 알바트로스나 캘리포니아산 콘돌같이 활공하는 새들은 폭이 넓고 얇은 날개를 갖고 있다. 올빼미같이 먹이를 잡기 위해 빠르게 기동하는 새는 비교적 폭은 좁으나 면적이 넓은 날개를 갖고 있는데, 이런 날개는 **날개 하중**(평면 투영면적에 대한 무게비)이 낮아 고도의 기동성을 발휘한다.

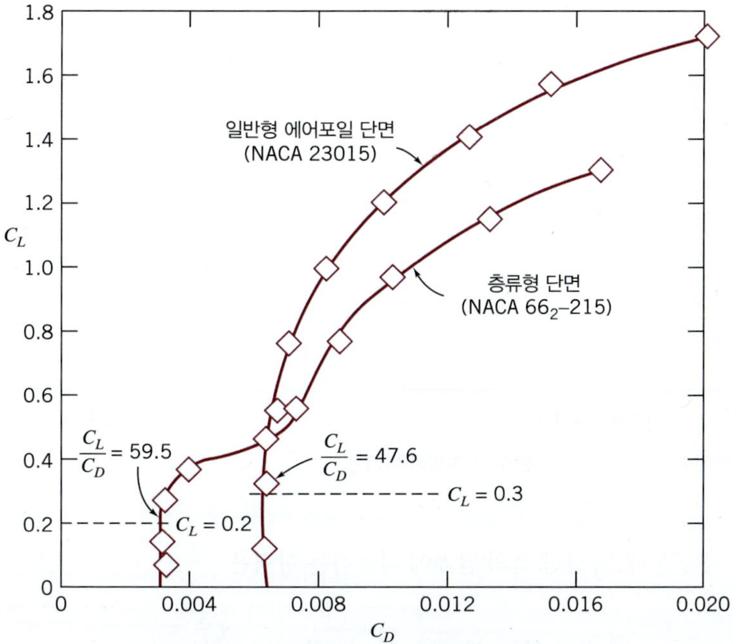

그림 9.19 두께비가 15%인 두 에어포일 단면에 대한 양력–항력 극선도(Abbott와 von Doenhoff [9]에 의한 자료).

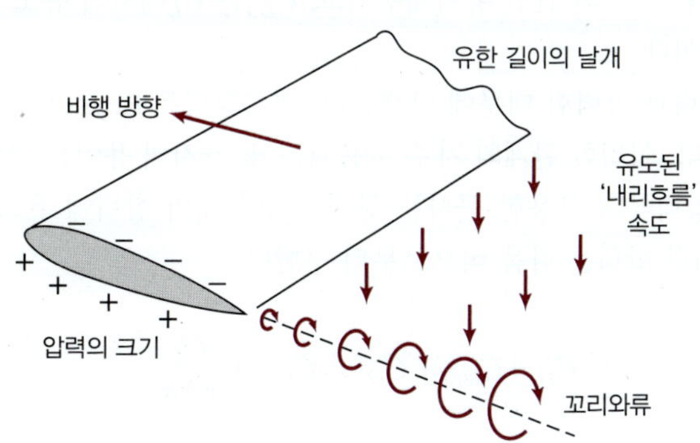

그림 9.20 유한 날개의 꼬리와류 시스템에 대한 도식적 표현.

유한한 날개에서 양력을 증가시키면(예를 들어, 받음각이 증가하면) 꼬리와류와 그에 따른 downwash가 증가하여 양력 손실과 유도항력이 발생된다. 유한한 종횡비의 효과는 받음각의 감소($\Delta\alpha$)로 특징지을 수 있다. 이론과 실험 결과는 다음과 같다.

$$\Delta\alpha \approx \frac{C_L}{\pi AR} \tag{9.40}$$

에어포일 단면($AR = \infty$)과 비교하면, 날개(유한한 AR)의 기하학적 받음각은 같은 크기의 양력을 얻기 위하여 그림 9.21에서 보는 바와 같이 이 양만큼 증가되어야 한다. 이 의미는 운동에 직각이 아니라, 양력이 직각에서 $\Delta\alpha$만큼 기울어진다는 것이고, 항력계수의 유도항력 성분은 다음과 같다.

$$\Delta C_D \approx C_L \Delta\alpha \approx \frac{C_L^2}{\pi AR} \tag{9.41}$$

이다. 이것도 그림 9.21에 보인다.

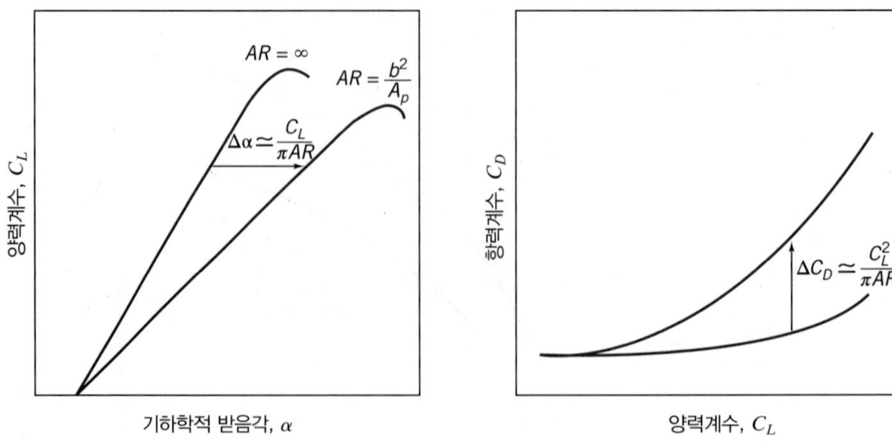

그림 9.21 날개의 양력계수와 항력계수에 대한 유한 종횡비의 영향.

유효 종횡비로 나타낼 때, 유한한 폭의 날개에 작용하는 항력은

$$C_D = C_{D,\infty} + C_{D,i} = C_{D,\infty} + \frac{C_L^2}{\pi AR} \tag{9.42}$$

와 같다[9]. 여기서 $C_{D,\infty}$는 C_L에서의 단면 항력계수이고, $C_{D,i}$는 C_L에서의 유도항력계수이며, AR은 유한한 폭을 가진 날개의 종횡비이다.

에어포일의 항력은 점성력과 압력힘 때문에 발생한다. 점성항력은 Reynolds 수에 따라 변하지만, 영각에 따라서는 변화가 아주 작다. 이러한 관계와 자주 사용되는 몇 가지의 용어는 그림 9.22에 설명되어 있다.

완전한 항공기에 대한 항력극의 유용한 근사는 양력이 0일 때의 항력에 유도항력을 더함으로써 구할 수 있다. 임의 양력계수에 대한 항력은 다음 식으로부터 구한다.

$$C_D = C_{D,0} + C_{D,i} = C_{D,0} + \frac{C_L^2}{\pi AR} \tag{9.43}$$

여기서 $C_{D,0}$는 양력이 0일 때의 항력계수이고, AR은 종횡비이다. 예제 9.8에서 볼 수 있듯이 항공기의 최적 순항속도는 이러한 양력과 항력에 연관된다.

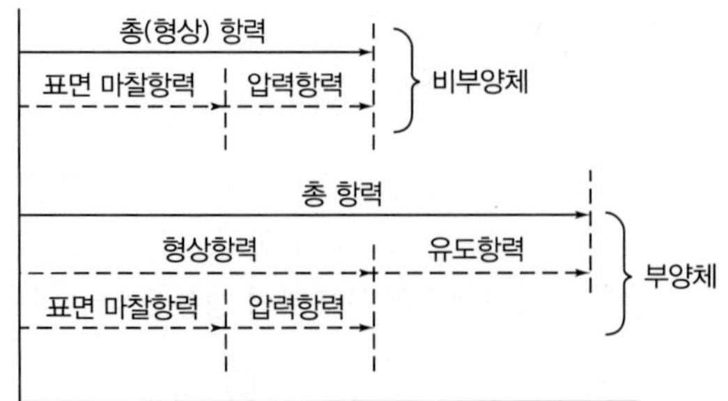

그림 9.22 양력이 있는 물체와 없는 물체의 항력 구분.

예제 9.8 제트 여객기의 최적 순항성능

제트 엔진에서 소모되는 연료는 전달되는 추력에 비례한다. 제트 항공기의 최적 순항조건은 주어진 추력에서 최대속도를 내는 것이다. 정상적인 수평 비행에서는 추력과 항력은 동일하다. 정상적인 비행에서 추력과 항력은 같다. 따라서 최적의 순항은 항력과 공기 속도의 비가 최소로 될 때의 속도에서 일어난다.

보잉 727-200 제트 여객기의 날개의 평면면적이 $A_p = 149\ \text{m}^2$이고, 종횡비가 $AR = 6.5$이다. 플랩이 위로 올라가 있고 전체 무게가 667,500 N인 상태에서 이 항공기의 해면에서의 실속속도는 280 km/h이다. $M = 0.6$ 이하이고, 압축효과에 의한 항력을 무시하면, 식 (9.43)은 항공기의 전체 항력을 구하는 데 사용될 수 있다. 이 항공기의 $C_{D,0}$는 0.0182로 일정하다. 해수면에서의 음속은 $c = 1{,}214$ km/h로 가정한다.

실속과 $M = 0.6$ 사이에서, 속도에 따른 항력을 도시하여 이 항공기의 해수면에서 성능곡선을 구하라. 이 곡선을 이용하여 해수면 조건에서 항공기의 최적 순항속도를 계산하라. 표준상태의 고도 9,140 m 상공에서 이 항공기에 대한 실속속도와 최적 순항속도에 대해 언급하라.

주어진 자료: 해수면에서의 보잉 727-200 제트 여객기

$$W = 667{,}500\ \text{N}, \quad A = 149\ \text{m}^2, \quad AR = 6.5, \quad C_{D,0} = 0.182$$

실속속도 $V_{\text{stall}} = 280$ km/h이고, $M \leq 0.6$일 때 항력에 미치는 압성의 효과는 무시한다(해수면에서의 음속은 $c = 1{,}214$ km/h이다).

찾는 자료: (a) V_{stall}에서 $M = 0.6$까지 속도의 함수로서 항력을 구하고 결과를 도시

(b) 해수면에서의 최적 순항속도 계산

(c) 고도 9,140 m 상공에서의 실속속도와 최적 순항속도

풀이: 정상적인 수평 비행에서, 무게는 양력과 같고, 추력은 항력과 같다.

지배방정식:

$$F_L = C_L A\,\frac{1}{2}\,\rho V^2 = W \qquad C_D = C_{D,0} + \frac{C_L^2}{\pi AR}$$

$$F_D = C_D A\,\frac{1}{2}\,\rho V^2 = T \qquad M = \frac{V}{c}$$

해수면에서 $\rho = 1.227\ \text{kg/m}^3$이고, $c = 1{,}214$ km/h이다.

어느 속도에서도 수평 비행하면 $F_L = W$이므로

$$C_L = \frac{W}{\frac{1}{2}\rho V^2 A} = \frac{2W}{\rho V^2 A}$$

실속속도에서 $V = 280$ km/h이므로

$$C_L = \frac{2 \times 667{,}500\ \text{N}}{1.227\dfrac{\text{kg}}{\text{m}^3} \times (280)^2 (\text{kg/h})^2 \times 149\ \text{m}^2} \times \frac{\text{kg}\cdot\text{m}}{\text{N}\cdot\text{s}^2} \times \left(\frac{3600\ \text{s}}{\text{h}}\right)^2 \times \left(\frac{\text{km}}{1000\ \text{m}}\right)^2$$

$$C_L = \frac{9.46 \times 10^4}{V(\text{km/h})^2} = \frac{9.46 \times 10^4}{(280)^2} = 1.207$$

$$C_D = C_{D,0} + \frac{C_L^2}{\pi AR} = 0.0182 + \frac{(1.207)^2}{\pi(6.5)} = 0.0895$$

따라서

$$F_D = W\frac{C_D}{C_L} = 667{,}500\left(\frac{0.0895}{1.207}\right) = 49{,}496\ \text{N}$$

$M = 0.6$일 때, $V = Mc = (0.6)\ 1{,}214\ \text{km/h} = 728\ \text{km/h}$이므로, $C_L = 0.178$이고

$$C_D = 0.0182 + \frac{(0.178)^2}{\pi(6.5)} = 0.0198$$

그래서

$$F_D = 667{,}500\ \text{N}\left(\frac{0.0198}{0.178}\right) = 74{,}250\ \text{N}$$

이다. 유사한 계산결과에 의하면 다음 표와 같다(*Excel*을 이용하여 계산).

V(km/h)	280	320	480	640	730
C_L	1.207	0.924	0.411	0.231	0.178
C_D	0.0895	0.0600	0.0265	0.0208	0.0197
F_D (N)	49,510	43,348	43,009	60,150	74,237

이 데이터를 그리면 다음과 같다.

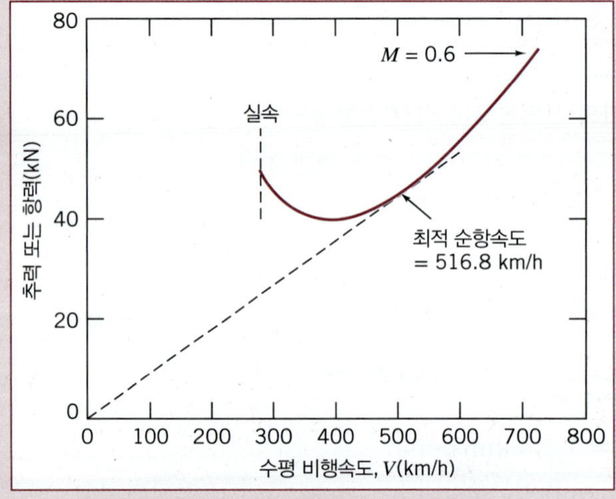

선도로부터 해수면에서의 최적 순항속도는 516.8 km/h가 된다(*Excel*을 이용한 결과에서 518.4 km/h을 얻는다).

고도 9,140 m에서, 밀도는 표 A.3으로부터 해수면에서의 밀도의 약 0.375배 정도이다. 힘에 해당하는 속도는 다음과 같이 계산된다.

$$F_L = C_L A\,\frac{1}{2}\rho V^2 \quad \text{또는} \quad V = \sqrt{\frac{2F_L}{C_L\rho A}} \quad \text{또는} \quad \frac{V_{30}}{V_{SL}} = \sqrt{\frac{\rho_{SL}}{\rho_{30}}} = \sqrt{\frac{1}{0.375}} = 1.63$$

따라서 속도는 고도 9,140 m에서 63% 증가한다.

$$V_{\text{stall}} \approx 456\ \text{km/h}$$
$$V_{\text{cruise}} \approx 845\ \text{km/h}$$

이 문제는 고도 비행이 최적 순항속도를 증가시키는 것을 보인 것이다. 일반적으로 이 속도는 항공기의 구조, 총 중량, 단면 길이와 속도에 따라 달라진다.

Excel 워크북은 이 예제에 대해서 항력 또는 추력과 동력을 속도의 함수로 도시한다. 이로부터 비행 고도가 높아지거나 종횡비 등이 커지면 최적의 속도가 어떻게 변화하는지 알 수 있게 된다.

주어진 형상비의 날개에서 **유효** 종횡비를 증가시키기 위해서는 날개 끝에 **윙렛**(*winglet*)을 덧붙이면 가능하다. 윙렛은 짧고 공기역학적인 윤곽을 가진 날개로 날개 끝에 수직하게 붙인 것이다. 윙렛은 날개 끝 아래의 고압 영역에서 날개 끝 위의 저압 영역으로의 흐름을 차단한다. 이것은 후행 와류 강도와 유도항력을 감소시킨다. 윙렛도 비행 방향으로 작은 힘의 성분을 일으키고, 항공기의 전체 항력을 더 감소시키는 효과가 있다. 윙렛의 형상과 받음각은 풍동실험을 기초로 하여 최적의 결과를 얻도록 조절된다.

이상에서 살펴본 바와 같이, 항공기는 저항력 에어포일이 순항조건에서 우수한 성능을 발휘할 수 있도록 설치한다. 그러나 얇은 에어포일에서는 최대 양력계수가 작기 때문에 느린 착륙속도를 얻기 위한 추가적인 노력을 기울여야 한다. 정상상태의 비행조건에서 양력은 항공기 무게와 같아야 한다. 따라서

$$W = F_L = C_L \frac{1}{2} \rho V^2 A$$

최저 비행속도는 $C_L = C_{L\max}$일 때 구해진다. $V_{\min}$에 대하여 풀면 다음과 같다.

$$V_{\min} = \sqrt{\frac{2W}{\rho C_{L_{\max}} A}} \tag{9.44}$$

식 (9.44)에 의하면, 최소 착륙속도는 $C_{L\max}$이나 날개면적 중 어느 것을 증가시켜도 감소될 수 있다. 이 변수들을 조절하기에는 플랩과 같은 날개 단면 형상의 변화나 경계층 제어기술 같은 두 가지의 기본기술이 가능하다.

플랩(flap)은 날개 뒷전의 움직일 수 있는 부분으로 이륙과 착륙을 하는 동안 확장될 수 있도록 하여 날개의 유효 단면적을 증가시킨다. 일반적으로 쓰이는 두 가지의 플랩이 양력과 항력에 미치는 영향을 NACA 23012 익형 단면에 적용하여 그림 9.23에 보인다. 이러한 단면에 대한 최대 양력계수는 플랩이 '없을 때' 1.52에서 이중 슬롯의 플랩에서 3.48로 증가한다. 식 (9.44)로부터, 착륙속도에 있어 해당되는 감소량은 34% 정도 된다.

그림 9.23은 단면 항력이 고양력장치에 의해 크게 증가됨을 보여준다. 그림 9.23b로부터, 이중 슬롯 플랩에서 $C_{L_{\max}}$ $(C_D \approx 0.28)$일 때의 단면 항력은 클린형 에어포일에서의 $C_{L_{\max}}$ $(C_D \approx 0.055)$일 때의 단면 항력보다 5배 정도 더 크다. 양력으로 인한 유도항력은 총 항력을 계산할 때 단면 항력에 더해져야 한다. 유도항력이 C_L^2에 비례[식 (9.41)]하기 때문에 총 항력은 항공기의 속도가 느릴 때 급격히 증가한다. 실속에 가까운 속도에서 항력은 엔진에서 얻을 수 있는 추력을 능가할 만큼 충분히 증가될 수 있다. 이러한 불완전한 작동이 일어나는 위험 영역을 피하기 위해서 미 연방항공국(FAA)은 모든 민간 항공기가 실속속도의 1.2

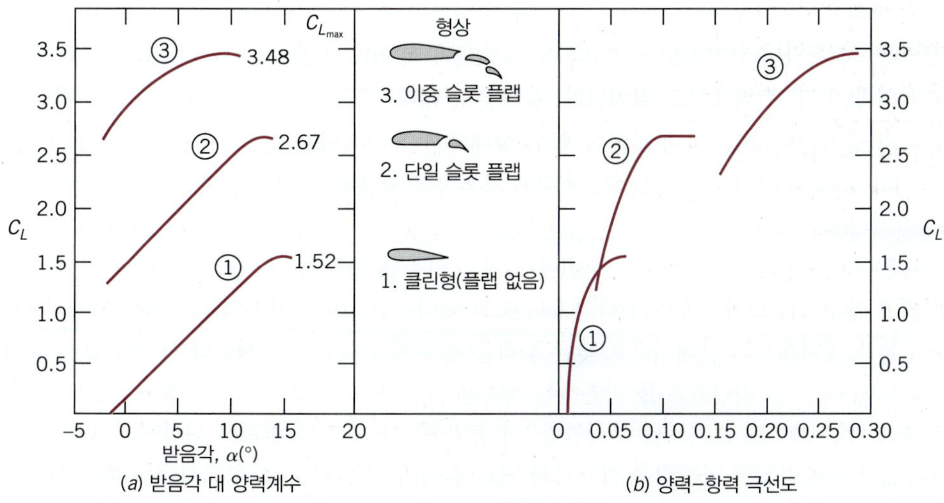

그림 9.23 NACA 23012 에어포일 단면의 공기역학적 특성에 대한 플랩의 영향(Abbott와 von Doenhoff의 데이터[9]).

그림 9.24 (a) 착륙속도를 줄이기 위해 제트 여객기에 장착한 고양력 경계층 제어장치. 보잉 777기의 날개는 고도로 기계화되어 있다. 착륙 중에 큰 슬롯으로 된 뒷전 플랩이 날개 아래에서 나오고 아래쪽으로 구부러져 날개 면적과 캠버를 증가시키고 양력계수를 증가시킨다. 날개 앞전에서 슬레이트는 전방 아래쪽으로 이동하여 앞전의 유효 반경을 증가시키고 유동박리를 방지하고 슬롯을 열어 줌으로써 공기유동이 날개 윗면에 부착되어 흐르도록 한다. 착륙 후에는 각 플랩의 앞에서 스포일러(사진에는 보이지 않음)가 올려져서 양력을 줄이고, 항공기가 양력 증가장치의 사용에도 불구하고 지상에 확실히 정지된다[이 사진은 시험비행 중에 촬영된 것이다. 유동 콘(flow cone)들이 플랩과 보조익 표면에서 박리된 유동 영역을 확인하기 위해 부착되어 있다].

배를 넘는 속도로 비행하도록 규제하고 있다.

경계층 제어기술들을 사용하는 기본목적은 공기 분출을 통하여 경계층에 운동량을 증가시키거나 또는 흡입에 의해 낮은 운동량 상태에 있는 경계층 유체를 제거함으로써 박리를 지연시키거나 항력을 감소시키기 위한 것이다. 실제적인 경계층 제어시스템의 예는 가까이 있는 공항에 있는 민간 항공기에서 많이 볼 수 있다. 두 가지 대표적인 시스템이 그림 9.24에 제시되어 있다.

공기역학적 양력은 자동차 설계에서 중요한 고려 사항이다. 주행용 차량은 차의 형상에 따라 양력이 발생한다[12]. 그림 9.25는 자동차에 대한 풍동실험에서 측정된 중심선에서의 압력분포이다. 양압계수와 부압계수의 영역은 각각 +와 −로 표시되며, 자동차 표면의 압력 정도를 나타낸다.

유동이 자동차 앞부분에서는 유선 곡률로 인하여 유동에 의해 압력이 낮다. 다시 유선 곡률로 인하여 앞 유리창의 아랫부분에서 압력이 최대가 된다. 또한 낮은 압력 영역은 자동차의 앞 유리창 윗부분과 지붕에서 형성된다. 지붕 위의 공기속도는 자유유동 속도보다 약 30% 정도 더 빠르다. 똑같은 효과가 앞면 유리창 모서리의 'A필라' 주위에서도 일어난다. 항력은 안테나, 전조등 라이트, 백미러 등과 같은 부착물이 추가됨에 따라 증가한다. 따라서 부착물이 없는 상태에서 유동실험을 했을 때의 항력보다 $(1.3)^2 \approx 1.7$배 정도 될 것이다. 따라서 부착물로 인한 유해항력은 자유유동 상태에서 계산된 항력으로부터 예측한 값보다 훨씬 더 높을 수 있다.

고속 주행에서 공기역학적 양력은 타이어에 걸리는 하중을 줄일 수 있으나, 조향장치의 조절능력을 크게 저하시키고 안정성을 크게 감소시킨다. Liebeck의 에어포일[10]은 고속의 자동차에 자주 사용된다. 이 에어포일의 높은 양력계수와 상대적으로 낮은 항력은 경주에서 자동차 무게보다 크거나 같은 크기의 하향력이 발생하도록 해준다. '지면효과'를 이용하는 경주용 자동차는 차 밑에 벤투리형 덕트를 사용하고, 옆면에 유동누출을 막는 사이드 스커트를 부착한다. 이 공기역학적 효과의 결과로 하향력은 차량 무게를 크게 증가시키지 않으면서 탁월한 마찰력을 발생시켜 커브 길에서 더 빨리 가고 회전시간을 줄여준다.

경계층을 조절하는 또 다른 방법은 가동 표면을 사용하여 경계층에서 표면 마찰효과를 줄이는 것이다

그림 9.24 (b) 이륙속도를 줄이기 위해 제트 여객기에 고양력 경계층 제어장치 적용. 이것은 보잉 777 날개를 다른 각도에서 찍은 사진이다. 이륙 중의 모습에서, 큰 슬롯으로 된 뒷전 플랩을 편향시켜 양력계수를 증가시키고 있다. 날개 끝 가까이의 저속 보조익 역시 이륙 동안 스팬 하중을 증가시키기 위해 편향된다. 이 사진은 또한 단일 슬롯의 외측 플랩, 고속 보조익, 동체 측 가까운 곳의 이중 슬롯 플랩을 보여준다.

[14]. 테니스 선수와 축구 선수들은 공의 궤적과 공이 튀는 것을 조절하기 위하여 회전을 이용한다. 골프에서 장타 선수들이 드라이브 샷을 치면 공프공에 약 9,000 rpm의 역회전을 걸면서 84 m/s 또는 그 이상으로 날려보낼 수도 있다. 공기역학적 양력을 크게 발생시켜 드라이브의 이동거리를 상당히 증가시킨다. 또한 회전은 공을 똑바로 치지 못했을 때 훅이나 슬라이스를 내는 원인이기도 하다. 야구에서 투수는 커브볼을 던지기 위해 회전을 이용한다.

회전하는 구 주위의 유동은 그림 9.26a에 있다. 회전은 압력분포를 변화시키고 경계층의 박리 위치에 영향을 미친다. 박리는 그림 9.26a에서 구의 위쪽 면에서 지연되고, 아래쪽 면에서 일찍 발생한다. 그러므로 압력은 위쪽 면에서 감소하고 아래쪽 면에서는 증가한다. 후류는 그림과 같이 아래쪽으로 편향된다. 압

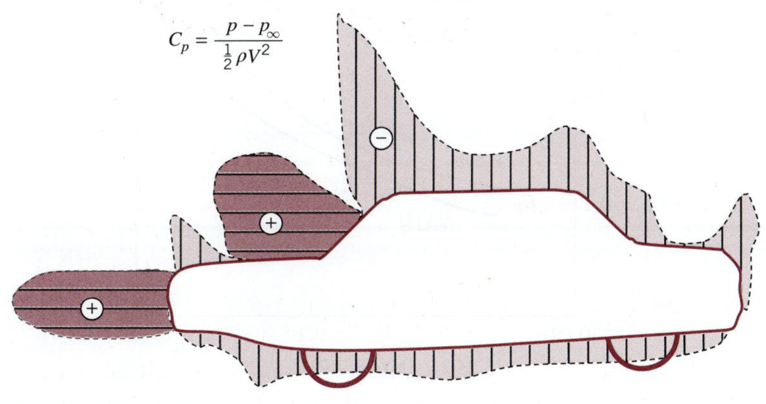

그림 9.25 자동차 중심축에서의 압력분포[13].

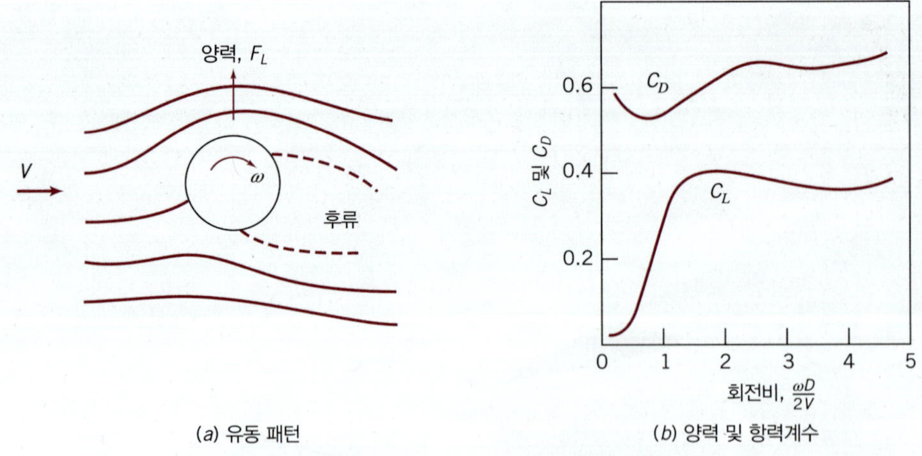

그림 9.26 균일한 유동장 내에 있는 회전하는 매끈한 구의 유동 패턴, 양력 및 항력계수[7].

력힘은 그림에 표시된 방향으로 양력을 일으키고, 반대 방향의 스핀은 음의 양력을 발생시킨다. 이 힘은 속도와 회전축에 수직한 방향으로 작용한다.

회전하는 매끈한 구에 대한 양력과 항력 데이터는 그림 9.26b에 제시되어 있다. 가장 중요한 요소는 표면속도의 자유유동 속도에 대한 비인 **회전비** $\omega D/2V$이다. 여기서 Reynolds 수는 부차적인 역할을 한다. 회전비가 낮으면, 양력은 그림 9.26a에 보인 방향에서 음이다. $\omega D/2V \approx 0.5$ 이상에서만 양력은 양이고 회전비가 증가함에 따라 계속해서 증가한다. 양력계수는 약 0.35 정도에서 일정하게 된다. 회전은 항력계수에는 큰 영향을 미치지 않고, 그림과 같은 회전비 범위에서 대략 0.5에서 0.65까지 변한다.

회전하는 골프공에 대한 양력계수와 항력계수의 회전비에 대한 실험데이터는 Reynolds 수 126,000~238,000 범위에 대해 그림 9.27에 제시되어 있다. 육각형 딤플 골프공의 양력계수는 원형 딤플보다 훨씬 더 크다(15% 정도). 육각형 딤플 골프공의 장점은 측정된 최고 회전비에 이를 때까지 계속해서 증가하는 것이다. 육각형 딤플 공의 항력계수는 회전비가 작을 때 원형 딤플 공에 비해 5~7% 정도 지속적으로 작지만, 회전비가 증가하면 그 차이가 그렇게 뚜렷하지 않다.

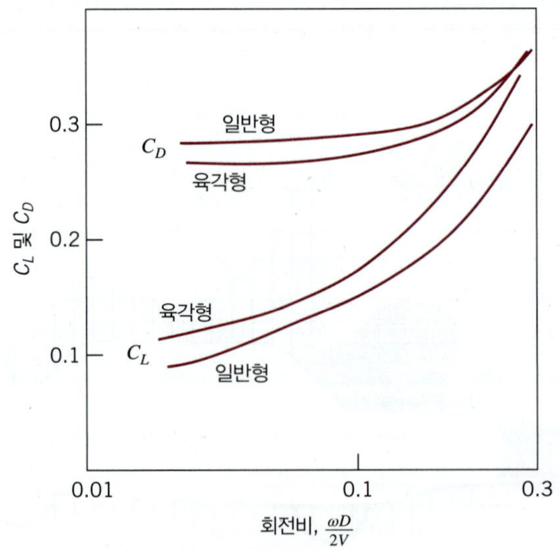

그림 9.27 일반 딤플 골프공과 육각형 딤플이 있는 골프공의 비교[7].

예제 9.9 회전하는 공의 양력

질량 57 g이고 직경 64 mm인 표면이 매끈한 테니스공에 7,500 rpm의 톱스핀을 걸어 25 m/s의 속도로 쳤다. 공에 작용하는 공기역학적 양력을 계산하라. 수직 평면에서 최고 높이에 있을 때 공 궤적의 곡률 반경을 계산하라. 회전이 없는 공의 곡률 반경과 비교하라.

주어진 자료: $m = 57$ g, $D = 64$ mm인 테니스공을 $V = 25$ m/s와 7,500 rpm의 톱스핀으로 친다.

찾는 자료: (a) 공에 작용하는 공기역학적 양력
(b) 수직 평면에서 궤적의 곡률 반경
(c) 회전이 없는 공의 곡률 반경과 비교

풀이: 공의 표면이 매끈하다고 가정한다.

그림 9.26의 데이터를 이용하여 양력을 구한다.

$$C_L = f\left(\frac{\omega D}{2V}, Re_D\right)$$

주어진 데이터로부터(표준공기에서 $\nu = 1.46 \times 10^{-5}$ m²/s)

$$\frac{\omega D}{2V} = \frac{1}{2} \times 7500 \frac{\text{rev}}{\text{min}} \times 0.064\,\text{m} \times \frac{\text{s}}{25\,\text{m}} \times 2\pi \frac{\text{rad}}{\text{rev}} \times \frac{\text{min}}{60\,\text{s}} = 1.01$$

$$Re_D = \frac{VD}{\nu} = 25 \frac{\text{m}}{\text{s}} \times 0.064\,\text{m} \times \frac{\text{s}}{1.46 \times 10^{-5}\,\text{m}^2} = 1.10 \times 10^5$$

그림 9.26에서 $C_L \approx 0.3$이므로

$$F_L = C_L A \frac{1}{2} \rho V^2$$

$$= C_L \frac{\pi D^2}{4} \frac{1}{2} \rho V^2 = \frac{\pi}{8} C_L D^2 \rho V^2$$

$$F_L = \frac{\pi}{8} \times 0.3 \times (0.064)^2 \text{m}^2 \times 1.23 \frac{\text{kg}}{\text{m}^3} \times (25)^2 \frac{\text{m}^2}{\text{s}^2} \times \frac{\text{N} \cdot \text{s}^2}{\text{kg} \cdot \text{m}} = 0.371\,\text{N} \quad \longleftarrow F_L$$

공을 톱스핀으로 쳤기 때문에 그 힘은 하향으로 작용한다.

궤적의 곡률을 구하기 위하여 뉴턴의 운동 제2법칙을 사용하자. 수직 평면에서

$$\sum F_z = -F_L - mg = ma_z = -m\frac{V^2}{R} \quad \text{또는} \quad R = \frac{V^2}{g + F_L/m}$$

$$R = (25)^2 \frac{\text{m}^2}{\text{s}^2} \left[\frac{1}{9.81 \frac{\text{m}}{\text{s}^2} + 0.371\,\text{N} \times \frac{1}{0.057\,\text{kg}} \times \frac{\text{kg} \cdot \text{m}}{\text{N} \cdot \text{s}^2}} \right]$$

$$R = 38.3\,\text{m (스핀이 있을 때)} \quad \longleftarrow R$$

$$R = (25)^2 \frac{\text{m}^2}{\text{s}^2} \times \frac{\text{s}^2}{9.81\,\text{m}} = 63.7\,\text{m (스핀이 없을 때)} \quad \longleftarrow R$$

따라서 톱스핀은 공의 궤적에 큰 영향을 미친다!

회전하는 원주를 가로지르는 유동은 그림 9.26a의 회전하는 구 주위의 유동과 정성적으로 유사하다. 원주 위쪽 표면에서의 속도가 자유유동 속도와 같은 방향이면, 박리는 윗면에서 지연되고 아랫면에서는

일찍 발생한다. 따라서 회전이 있으면 후류는 편향되고 원주 표면에서의 압력분포가 변한다. 압력은 윗면에서는 감소하고 아랫면에서는 증가하여 위쪽으로 작용하는 양력이 발생된다. 반대 방향의 회전은 이러한 효과가 반대로 일어나고 하향의 양력이 발생된다.

회전하는 원주의 양력계수와 항력계수는 투영면적 LD를 이용하여 표시한다. 아임계 Reynolds 수인 40,000~660,000 범위에서 실험으로 측정된 양력과 항력계수는 그림 9.28에 회전비의 함수로 제시되어 있다. 표면속도가 유동속도보다 클 때 양력계수는 큰 값으로 급격히 증가하는 반면, 2차원 유동에서 항력은 영향을 조금 받는다. 길이가 유한한 원주에서 고려되어야 하는 유도항력은 원주보다 직경이 더 큰 끝판을 부착하면 줄일 수 있다.

실린더 회전에 필요한 동력은 접선 표면 속도와 표면적을 사용하여 실린더 표면의 표면 마찰항력으로부터 계산될 수 있다[15]. 실린더를 회전시키는 데 필요한 동력은 상당 항력계수로 표시될 때 고정된 실린더의 공기역학적 C_D의 20% 또는 그 이상을 나타낼 수 있다[7].

9.8 요약과 유용한 식

9장의 요약 내용은 다음과 같다.

✓ 공기역학에서 많이 사용되는 다양한 용어의 정의 및 검토: 경계층 교란두께와 경계층 배제 및 운동량두께, 유동박리, 유선형화, 표면 마찰항력과 압력항력 그리고 항력계수, 양력과 양력계수, 익현, 익폭 및 종횡비, 유도항력

✓ 엄밀해와 근사해(운동량 적분방정식의 이용)를 이용한 평판 위(영압력구배)의 경계층 두께에 관한 식의 유도

✓ 여러 가지 물체에 대해 발표된 데이터로부터 양력과 항력을 계산하는 방법의 학습

위의 용어와 학습내용에 대해 공부하면서, 항력을 줄이는 방법과 항공기의 최적 순항속도를 결정하는 방법, 비행에 필요한 양력을 결정하는 방법 등과 같은 공기역학적인 설계의 기본적 개념에 대한 통찰력을 키웠다.

주의: 아래 표의 유용한 식 대부분은 몇 가지 제한이나 구속이 있다. **자세한 사항은 반드시 해당 식을 참고하기 바란다.**

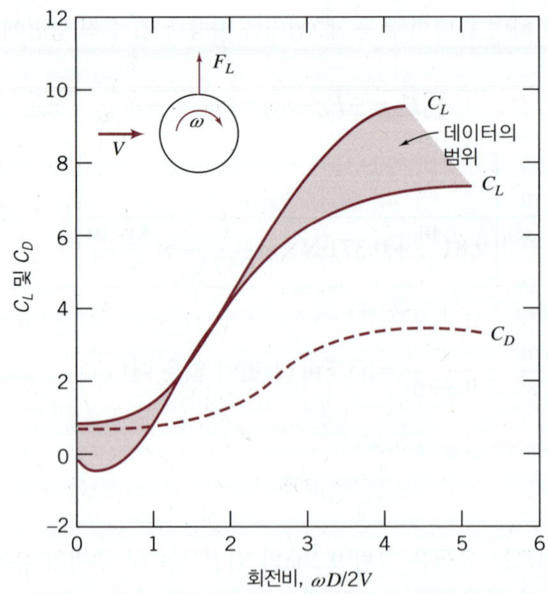

그림 9.28 상대 회전속도의 함수로 나타낸 회전하는 원주의 양력과 항력, Magnus 힘[15].

유용한 식

배제두께의 정의	$\delta^* = \int_0^\infty \left(1-\frac{u}{U}\right)dy \approx \int_0^\delta \left(1-\frac{u}{U}\right)dy$	**(9.1)**
운동량두께의 정의	$\theta = \int_0^\infty \frac{u}{U}\left(1-\frac{u}{U}\right)dy \approx \int_0^\delta \frac{u}{U}\left(1-\frac{u}{U}\right)dy$	**(9.2)**
경계층 두께(층류, Blasius의 엄밀해)	$\delta \approx \frac{5.0}{\sqrt{U/\nu x}} = \frac{5.0x}{\sqrt{Re_x}}$	**(9.13)**
벽면 응력(층류, Blasius의 엄밀해)	$\tau_w = 0.332U\sqrt{\rho\mu U/x} = \frac{0.332\rho U^2}{\sqrt{Re_x}}$	**(9.14)**
표면 마찰계수(층류, Blasius의 엄밀해)	$C_f = \frac{\tau_w}{\frac{1}{2}\rho U^2} = \frac{0.664}{\sqrt{Re_x}}$	**(9.15)**
운동량 적분방정식	$\frac{\tau_w}{\rho} = \frac{d}{dx}(U^2\theta) + \delta^* U\frac{dU}{dx}$	**(9.17)**
평판 위의 경계층 두께(층류, 다항식 속도분포에 의한 근사)	$\frac{\delta}{x} = \sqrt{\frac{30\mu}{\rho U x}} = \frac{5.48}{\sqrt{Re_x}}$	**(9.21)**
표면 마찰계수의 정의	$C_f \equiv \frac{\tau_w}{\frac{1}{2}\rho U^2}$	**(9.22)**
평판 위의 표면 마찰계수(층류, 다항식 속도분포에 의한 근사)	$C_f = \frac{0.730}{\sqrt{Re_x}}$	**(9.23)**
평판 위의 경계층 두께(난류, $\frac{1}{7}$멱법칙 속도분포에 의한 근사)	$\frac{\delta}{x} = 0.382\left(\frac{\nu}{Ux}\right)^{1/5} = \frac{0.382}{Re_x^{1/5}}$	**(9.26)**
평판 위의 표면 마찰계수(난류, $\frac{1}{7}$멱법칙 속도분포에 의한 근사)	$C_f = \frac{\tau_w}{\frac{1}{2}\rho U^2} = \frac{0.0594}{Re_x^{1/5}}$	**(9.27)**
항력계수의 정의	$C_D \equiv \frac{F_D}{\frac{1}{2}\rho V^2 A}$	**(9.30)**
평판 위의 항력계수(전반적인 층류, Blasius의 해)	$C_D = \frac{1.33}{\sqrt{Re_L}}$	**(9.33)**
평판 위의 항력계수(전반적인 난류, $\frac{1}{7}$멱법칙 속도분포를 기초로)	$C_D = \frac{0.0742}{Re_L^{1/5}}$	**(9.34)**
평판 위의 항력계수(경험식, $Re_L < 10^9$)	$C_D = \frac{0.455}{(\log Re_L)^{2.58}}$	**(9.35)**
평판 위의 항력계수($\frac{1}{7}$멱법칙 속도분포를 기초로, $5 \times 10^5 \le Re_L \le 10^7$)	$C_D = \frac{0.0742}{Re_L^{1/5}} - \frac{1740}{Re_L}$	**(9.37a)**
평판 위의 항력계수(경험식, $5 \times 10^5 < Re_L < 10^9$)	$C_D = \frac{0.455}{(\log Re_L)^{2.58}} - \frac{1610}{Re_L}$	**(9.37b)**
양력계수의 정의	$C_L \equiv \frac{F_L}{\frac{1}{2}\rho V^2 A_p}$	**(9.38)**

(계속)

유용한 식 (계속)

종횡비의 정의	$AR \equiv \dfrac{b^2}{A_p}$	**(9.39)**
날개의 항력계수(유한 익폭의 에어포일, $C_{D,\infty}$)	$C_D = C_{D,\infty} + C_{D,i} = C_{D,\infty} + \dfrac{C_L^2}{\pi AR}$	**(9.42)**
날개의 항력계수(유한 익폭의 에어포일, $C_{D,0}$)	$C_D = C_{D,0} + C_{D,i} = C_{D,0} + \dfrac{C_L^2}{\pi AR}$	**(9.43)**

참고문헌

1. Prandtl, L., "Fluid Motion with Very Small Friction (in German)," *Proceedings of the Third International Congress on Mathematics*, Heidelberg, 1904; English translation available as NACA TM 452, March 1928.

2. Blasius, H., "The Boundary Layers in Fluids with Little Friction (in German)," *Zeitschrift für Mathematik und Physik, 56*, 1, 1908, pp. 1 – 37; English translation available as NACA TM 1256, February 1950.

3. Schlichting, H. and K. Gersten, *Boundary Layer Theory*, 9th ed. Berlin: Springer-Verlag, 2017.

4. Stokes, G. G., "On the Effect of the Internal Friction of Fluidson the Motion of Pendulums," *Cambridge Philosophical Transactions, IX*, 8, 1851.

5. Hoerner, S. F., *Fluid-Dynamic Drag*, 2nd ed. Midland Park, NJ: Published by the author, 1965.

6. Fage, A., "Experiments on a Sphere at Critical Reynolds Numbers," Great Britain, *Aeronautical Research Council, Reports and Memoranda*, No. 1766, 1937.

7. Goldstein, S., ed., *Modern Developments in Fluid Dynamics*, Vols. I and II. Oxford: Clarendon Press, 1938. (Reprinted in paperback by Dover, New York, 1967.)

8. Morel, T., and M. Bohn, "Flow over Two Circular Disks in Tandem," *Transactions of the ASME, Journal of Fluids Engineering*, 102, 1, March1980, pp. 104 – 111.

9. Abbott, I. H., and A. E. von Doenhoff, *Theory of Wing Sections, Including a Summary of Airfoil Data*. New York: Dover, 1959 (paperback).

10. Liebeck, R. H., "Design of Subsonic Airfoils for High Lift," *AIAA Journal of Aircraft, 15*, 9, September 1978, pp. 547 – 561.

11. Smith, A. M. O., "Aerodynamics of High-Lift Airfoil Systems," in *Fluid Dynamics of Aircraft Stalling*, AGARD CP-102, 1973, pp. 10 – 1 through10 – 26.

12. Carr, G. W., "The Aerodynamics of Basic Shapes for Road Vehicles. Part 3: Streamlined Bodies," TheMotor Industry Research Association, Warwickshire, England, Report No. 107/4, 1969.

13. Goetz, H., "The Influence of Wind Tunnel Tests on Body Design, Ventilation, and Surface Deposits of Sedans and Sports Cars," SAE Paper No. 710212, 1971.

14. Moktarian, F., and V. J. Modi, "Fluid Dynamics of Airfoils with Moving Surface Boundary-Layer Control," *AIAA Journal of Aircraft, 25*, 2, February1988, pp. 163 – 169.

15. Hoerner, S. F., and H. V. Borst, *Fluid-Dynamic Lift*. Bricktown, NJ: Hoerner Fluid Dynamics, 1975.

16. L. Prandtl, *Ergebnisse der aerodynamischen, Veersuchsanstalt su Gottingen*. Vol II, 1923.

17. H. Brauer, D. Sucker, "Umstromung von Platten, Zylindern und Kugeln," *Chemie Ingenieur Technik*, 48. Jahrgang, No. 8, 1976, p 665 – 671. Copyright Wiley-VCH Verlag GmbH & Co. KGaA. Reproduced with permission.

18. The Engineering Toolbox, http://www.EngineeringTool-Box.com.

19. ANSYS Fluent, https://www.ansys.com/, 2019.

연습문제

경계층 개념

9.1 미니밴의 지붕은 수평 평판에 가깝다. 미니밴의 속도가 16 km/h에서 144 km/h로 가속될 때, 속도 V의 함수로 층류 경계층의 길이를 도시하라.

9.2 예인선의 모형을 1: 16의 비로 실험하고자 한다. 이 배는 15°C의 깨끗한 물에서 5.5 m/s로 이동하도록 설계되었다. 뱃머리로부터 천이가 일어나는 곳까지의 거리를 구하라. 모형 예인선의 천이가 일어나는 곳은 어디인가?

9.3 보잉 757 항공기의 이륙속도는 260 km/h이다. 날개의 경계층이 난류가 되는 대략적인 거리는 얼마인가? 10,000 m 높이에서 850 km/h 속도로 순항한다면, 날개의 경계층이 난류가 되는 대략적인 거리는 얼마인가?

9.4 구 주위의 경계층 유동에서 $Re_D \approx 2.5 \times 10^5$이면 난류가 된다. (a) 미국 골프공($D$ = 43 mm), (b) 영국 골프공(D = 41.1 mm), (c)

축구공(D = 222 mm)의 난류 경계층이 되는 속도를 구하라. 표준공기로 가정하라.

9.5 1 m × 2 m의 합판을 철물점에서 구입한 후 차량의 지붕에 부착하였다. 경계층에서 난류가 시작되는 속도(km/h, 20°C의 공기 중)는 얼마인가? 난류 경계층이 약 90%가 되는 속도는 얼마인가?

9.6 (a) 물과 (b) 해수면에서의 표준공기, 그리고 (c) 10 km 고도의 표준공기 중에서 평판 위의 층류 경계층의 길이를 자유유동 속도의 함수로 그래프에 도시하라. log-log 좌표를 이용하고, 0.01 m에서 10 m까지 범위의 경계층 길이에 대해서 데이터를 계산하라.

경계층 두께

9.7 평판 위의 층류 경계층 유동에 대한 가장 일반적인 사인곡선형 속도분포는 $u = A\sin(By) + C$이다. 층류 경계층 속도분포에 적용될 수 있는 3개의 경계조건을 명시하라. 상수 A, B, C를 구하라.

9.8 층류 경계층에서의 속도분포는 다음 식으로 근사화될 수 있다.

$$\text{선형:}\quad \frac{u}{U} = \frac{y}{\delta}$$

$$\text{사인곡선형:}\quad \frac{u}{U} = \sin\left(\frac{\pi}{2}\frac{y}{\delta}\right)$$

$$\text{포물선형:}\quad \frac{u}{U} = 2\left(\frac{y}{\delta}\right) - \left(\frac{y}{\delta}\right)^2$$

이 속도분포를 y/δ(세로축) 대 u/U(가로축)로 그려서 형상을 비교하라.

9.9 층류 경계층 속도분포에 대한 근사식은

$$\frac{u}{U} = \frac{3}{2}\frac{y}{\delta} - \frac{1}{2}\left(\frac{y}{\delta}\right)^3$$

이다. 이 식은 층류 경계층 속도분포에 적용 가능한 경계조건을 만족하는가? δ^*/δ와 θ/δ를 구하라.

9.10 층류 경계층의 가장 단순한 속도분포는

$$\frac{u}{U} = \sqrt{2}\frac{y}{\delta} \qquad 0 < y \le \frac{\delta}{2}$$

$$\frac{u}{U} = (2-\sqrt{2})\frac{y}{\delta} + (\sqrt{2}-1) \qquad \frac{\delta}{2} < y \le \delta$$

이다. 이 식은 층류 경계층 속도분포에 적용 가능한 경계조건을 만족하는가? δ^*/δ와 θ/δ를 구하라.

9.11 난류 경계층에서 속도분포는 다음 '$\frac{1}{7}$멱법칙'의 식으로 근사된다.

$$\frac{u}{U} = \left(\frac{y}{\delta}\right)^{1/7}$$

이 속도분포를 y/δ(세로축) 대 u/U(가로축)에 포물선 층류 경계층 속도분포(문제 9.8)와 함께 그려 그 형상을 비교하라.

9.12 문제 9.8에 주어진 각각의 층류 경계층 속도분포에 대한 δ^*/δ를 구하라.

9.13 문제 9.11에 주어진 난류 $\frac{1}{7}$멱법칙의 속도분포에 대해 δ^*/δ와 θ/δ를 구하라. 문제 9.8에 주어진 포물선형 층류 경계층 속도분포에 대한 비로 비교하라.

9.14 밀도가 ρ = 800 kg/m³인 유체가 길이 3 m이고 폭 1 m인 평판 위를 속도 U = 3 m/s로 흐른다. 뒷전에서, 경계층의 두께는 δ = 25 mm이다. 속도분포는 그림과 같이 선형이고 유동은 2차원이라 가정하라(유동조건은 z에 무관). 점선으로 보인 검사체적 $abcd$를 이용하여 표면 ab를 지나는 질량유량을 계산하라. 평판의 위쪽 표면에 작용하는 항력을 구하라. 유체의 점성계수를 알지 못해도 주어진 데이터로부터 이 (점성) 항력이 어떻게 계산되는지 설명하라(문제 9.31 참조).

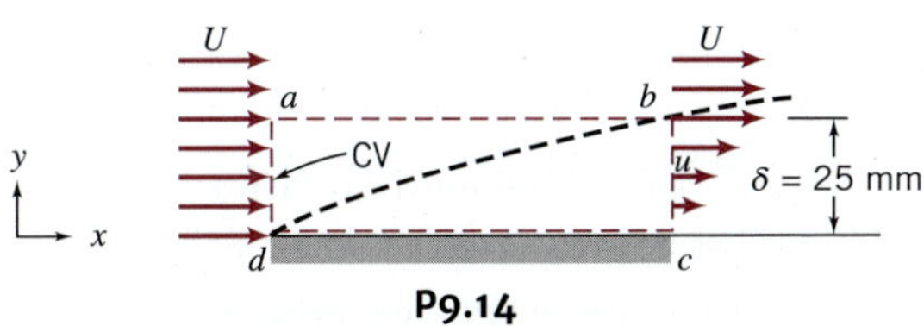

P9.14

9.15 문제 9.14의 평판을 1 m인 면이 유동과 평행하게(폭이 3 m가 된다) 되도록 돌려진다. 항력이 증가하는가, 감소하는가? 왜 그런가? 뒷전에서의 경계층 두께는 이제 δ = 14 mm가 된다. 속도분포는 선형이고 유동은 2차원(유동 조건이 z와는 무관)으로 가정한다. 문제 9.14의 해석을 다시 하라.

9.16 저속 풍동의 시험단면 길이는 1.5 m이고 그 앞에는 노즐이며 출구에는 디퓨저가 연결되어 있다. 풍동의 단면적은 20 cm × 20 cm이다. 풍동에는 40°C의 공기가 흐르고 시험단면에서의 공기속도는 50 m/s이다. 이 풍동에 잠재된 문제는 경계층으로 인한 폐색이다. 경계층의 배제두께는 단면의 유효 면적(시험면적, 여기서는 균일유동)을 축소시키고, 게다가 균일유동이 가속된다. 이러한 효과가 커지게 되면, 결국 유용한 시험 단면이 더 작아지고 속도는 예상보다 커진다. 경계층 두께가 입구에서 10 mm이고 출구에서 25 mm이고, 경계층의 속도분포가 $u/U = (y/\delta)^{1/7}$이라고 할 때, 시험단면 끝에서의 배제두께와 입구와 출구 사이의 균일속도 변화를 백분율로 계산하라.

9.17 직경 D = 100 mm인 수평 원형 덕트에서 공기가 유동한다. 입구에서 몇 미터 되는 구간에서 난류 경계층의 두께 δ_1 = 5.25 mm이고 중심의 비점성 코어의 속도 U_1 = 12.5 m/s이다. 더 하류에서의 경계층 두께는 δ_2 = 24 mm이다. 경계층에서의 속도분포는 $\frac{1}{7}$멱 식으로 근사된다. 두 번째 단면 중심의 비점성 코어의 속도 U_2를 구하고, 두 구간에서의 압력차를 구하라.

9.18 작은 실험실용 풍동의 정사각형 시험부는 폭이 W = 40 cm이다. 어떤 측정 위치에서 풍동 벽면에서의 난류 경계층은 δ_1 = 1 cm의 두께이다. 속도분포는 멱 식으로 잘 근사된다. 이 위치에서 자유유동 속도는 U_1 = 20 m/s이고, 정압은 p_1 = −250 Pa (gage)이다. 하류쪽의 두 번째 측정 위치에서 경계층 두께는 δ_2 = 1.3 cm이다. 두 번째 단면에서의 자유유동 속도를 구하라. 단면 ①로부터 단면 ②까지의 정압변화를 계산하라.

9.19 공기가 그림과 같은 정사각형 덕트의 입구 영역으로 흐른다. 속도는 U_0 = 30 m/s로 균일하고, 덕트 한 변의 길이는 76 mm이다. 입구에서 하류로 0.3 m인 곳에서, 배제두께 δ^*는 각 벽면에서 0.9 mm로 측정되었다. 단면 ①과 ② 사이의 압력 변화를 구하라.

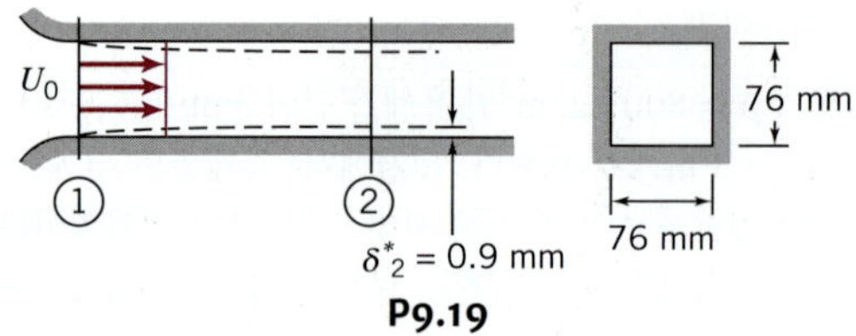

P9.19

9.20 20°C의 공기유동이 둥글게 된 입구 단면을 지나 평편한 수평의 덕트로 발달된다. 덕트의 높이 H = 300 mm이다. 난류 경계층이 덕트의 벽을 따라 성장하고 있으나, 유동은 아직 완전히 발달되지 않았다. 각 경계층에서의 속도분포는 $u/U = (y/\delta)^{1/7}$이라고 가정한다. 입구 유동은 단면 ①에서 V = 10 m/s로 균일하다. 단면 ②에서 채널 각 벽에서의 경계층 두께 δ_2 = 100 mm이다. 이 유동에서 $\delta^* = \delta/8$임을 보여라. 단면 ①에서의 정압을 계기압력으로 구하라. 입구와 L = 5 m 떨어진 단면 ② 사이의 평균 벽면 전단응력을 구하라.

9.21 실험실용 풍동의 시험부는 폭 W = 305 mm인 정사각형이고, 길이 L = 610 mm이다. 시험부 입구에서 자유유동 속도가 U_1 = 24.4 m/s일 때, 대기로부터 수두손실은 6.5 mm H_2O이다. 난류 경계층이 시험부의 윗면, 아랫면과 옆면에서 형성된다. 경계층은 시험부 입구에서 δ_1 = 20.3 mm, 출구에서 δ_2 = 25.4 mm로 측정되었다. 속도분포는 $\frac{1}{7}$멱의 형태이다. 시험부 출구에서의 자유유동의 공기속도를 구하라. 시험부 입구와 출구에서의 정압을 구하라.

9.22 공기유동이 둥글게 된 입구를 지나 직경 D = 400 mm의 수평 원형 덕트에서 발달된다. 난류 경계층은 덕트의 벽에서 성장하지만 완전 발달된 유동은 아니다. 경계층에서의 속도분포는 $u/U = (y/\delta)^{1/7}$이라 가정한다. 단면 ①에서의 입구유동은 U = 15 m/s이다. 단면 ②에서 경계층 두께 δ_2 = 100 mm이다. L = 6 m인 곳의 단면 ②에서의 정압을 구하라. 평균 벽면 전단응력을 구하라.

9.23 공기가 학부 실험실 내에 설치된 풍동의 입구 수축부로 들어온다. 공기는 입구에서 한 변의 길이가 305 mm인 정사각형 시험 단면으로 흐른다. 시험단면의 길이는 609 mm이다. 어떤 작동 조건하에서 공기는 속도 50.2 m/s로 수축부를 떠나고 경계층 두께는 무시된다. 시험부 하류 끝에서 경계층 두께는 20.3 mm로 측정된다. 풍동 시험부 하류 끝에서 경계층의 배제두께를 예측하라. 풍동 시험부를 따르는 정압 변화를 계산하라. 풍동의 각 벽면에서 표면 마찰력에 의해 발생하는 총 항력의 근사치를 계산하라.

층류 평판 경계층: 엄밀해

***9.24** Blasius에 의해 얻은 수치결과(표 9.1)를 이용하여, 평판 위의 층류 경계층에서 전단응력 분포를 구하라. τ/τ_w 대 y/δ를 그려라. 문제 9.8에 주어진 근사적인 사인곡선형 속도분포로부터의 결과와 비교하라.

***9.25** Blasius에 의해 구해진 수치결과(표 9.1)를 이용하여, 평판 위의 층류 경계층에서 전단응력 분포를 구하라. τ/τ_w 대 y/δ를 그래프로 나타내라. 문제 9.8에 주어진 근사적인 포물선형의 속도분포로부터 유도된 결과와 비교하라.

***9.26** Prandtl의 경계층 방정식에 대한 Blasius 해에서 y방향 속도성분이 식 (9.10)으로 주어지는 것을 증명하라. 층류 경계층에서 유체 입자의 x방향 가속도 성분을 구하라. 주어진 x에서 a_x 대 η를 그려서 가속도의 최대 x성분을 구하라.

***9.27** Prandtl의 경계층 방정식에 대한 Blasius 해의 수치적 결과값은 표 9.1에 제시되어 있다. 자유유동 속도가 U = 5 m/s일 때 평판 위로 흐르는 표준공기의 정상유동, 비압축성유동을 고려해 보자. x = 20 cm에서, u = 0.95 U가 되는 표면으로부터의 거리를 구하라. 이 점을 지나는 유선의 기울기를 구하라. 국소 표면 마찰응력 $\tau_w(x)$에 대한 식을 구하라. 평판 위의 전체 표면 마찰항력에 대한 식을 구하라. L = 1 m에서 운동량두께를 구하라.

***9.28** Blasius의 엄밀해는 비선형 방정식인 식 (9.11)을 식 (9.12)로 주어지는 초기조건과 경계조건으로 구한다. *Excel* 워크북을 이용하여 이 문제를 수치적으로 풀어라. 워크북의 열은 η, f, f' 및 f''로 되어야 한다. 행에 이 변수들의 적절한 간격의 η(예를 들면, 1,000개의 행에서 η의 간격을 0.01로 하면 η = 10까지의 데이터가 만들어지고, 표 9.1의 데이터에는 이 간격이 조금 더 크다)에 대한 값들로 구성되어 있다. 첫 번째 열의 f와 f'값은 0[식 (9.12)의 초기조건으로부터]이고, f''에 대한 추정값(0.5로 시도)이 필요하다. 다음 열에서 f, f', f''의 값은 앞 열의 값으로부터 부록 F에서 1차 도함수로 근사된 Euler 방법[식 (9.11)]을 이용하여 구한다. 마지막으로, 큰 η값[예를 들면, η = 10, 식 (9.12)의 경계조건]에서 f' = 1이 될 때까지 f''의 초깃값을 변화시키면서 *Excel*의 *Goal Seek* 또는 *Solver* 함수를 이용하여 해를 구한다. 결과를 도시하라. 주의: Euler 방법이 정확한 것이 비교적 정확하지 않으므로, 그 결과는 Blasius의 결과와 1% 이내에서만 일치한다.

***9.29** 길이 L = 0.25 m, 폭 b = 1 m인 얇은 평판이 분리판으로 수로에 설치되어 있다. 자유유동 속도 U = 1.75 m/s이고, 경계층에서의 속도분포는 근사적으로 포물선분포이다. 이 평판에서 x/L에 대한 δ, δ^*, τ_w의 그래프를 그려라.

9.30 문제 9.29의 분리판을 고려해보자. 분리판의 한쪽 면에 작용하는 항력이 $F_D = \rho U^2 \theta_L b$임을 보여라. 주어진 조건에서 $\theta_L b$와 항력을 구하라.

9.31 문제 9.14와 9.15에서 속도가 U = 3 m/s인 유동(유체의 밀도 ρ가 800 kg/m^3)에서, 평판의 위쪽 표면에 작용하는 항력은 운동량 유동의 계산으로 구해진다. 유동에 나란한 긴 평판(3 m)과 짧은 평판(1 m)에 대해 항력이 계산되었다. 유체의 점성계수가 μ = 0.02 N · s/m2일 때, 경계층 방정식의 계산을 이용하여 항력을 계산하라.

9.32 층류 경계층 유동을 가정하여 평판이 그림과 같이 5 m/s의 공기유동에 평행하게 있을 때 평판에 작용하는 항력을 계산하라. 공기는 20°C이고 101.3 kPa이다.

*이 문제들은 교재 내용의 연속성을 잃지 않으면서 생략할 수 있었던 절의 내용들을 필요로 한다.

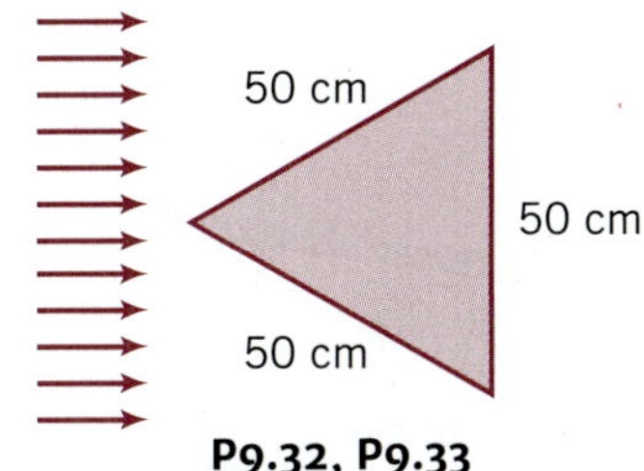

P9.32, P9.33

9.33 층류 경계층 유동을 가정하여 위 그림의 평판이 꼭짓점이 아닌 밑변이 5 m/s의 공기 유동에 직면할 경우에 평판에 작용하는 항력을 구하라. 이 항력이 문제 9.32의 항력보다 큰지, 같은지, 아니면 작은지를 평가하라.

9.34 층류 경계층 유동을 가정하여 그림의 평판이 7.5 m/s의 공기 유동에 평행하게 놓여질 때 평판의 항력을 구하라. 공기는 20°C이고 101.3 kPa이다(평판의 형상은 $x = y^2/25$이고 x와 y는 cm이다).

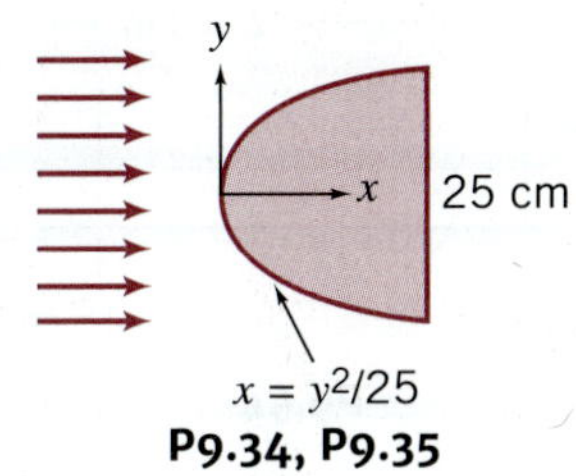

P9.34, P9.35

9.35 층류 경계층 유동을 가정하여 그림의 평판이 꼭짓점이 아닌 밑변이 7.5 m/s의 유동에 직면할 경우의 평판의 항력을 구하라. 이 항력이 문제 9.34의 항력보다 증가하는가, 똑같은가, 감소하는가?

9.36 층류 경계층 유동을 가정하여 정사각형 평판이(모두 7.5 cm × 7.5 cm) 그림과 같은 두 가지 배열로 1 m/s의 물 유동 속에 평행하게 놓일 때의 항력을 구하라. 계산하기 전에, 어떤 배열에서 항력이 작겠는가? 줄로 연결된 평판은 후류의 영향이 없을 정도로 충분히 떨어져 있고, 물의 온도는 20°C로 가정하라.

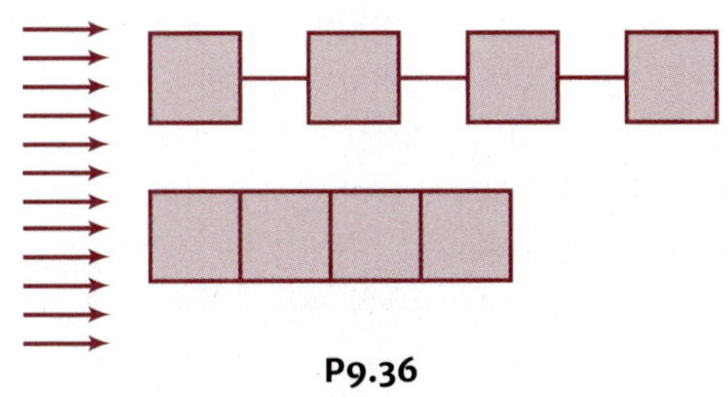
P9.36

운동량 적분방정식

9.37 층류 경계층 유동에서 영압력구배일 때의 속도분포는 문제 9.8에 주어진 선형으로 근사된다. 적분형 운동방정식을 이용하여 이 속도분포에 대한 δ/x와 C_f에 대한 식을 구하라.

9.38 길이 $L = 1.8$ m, 폭 $b = 0.9$ m인 수평의 표면이 $U = 3.2$ m/s로 유동하는 표준공기 속에 잠겨 있다. 층류 경계층이 형성되고 속도분포는 사인곡선으로 근사된다고 가정하자. 평판에서 δ, δ^*, τ_w대 x/L을 그려라.

9.39 20°C의 물이 2 m/s의 속도로 평판 위를 흐른다. 이 판은 길이가 0.6 m이고 폭이 2 m이다. 판의 양쪽 표면에서의 경계층은 층류이다. 속도분포는 선형이라고 가정한다. 이 판에 작용하는 항력을 구하라.

9.40 표준공기가 그림과 같이 대기로부터 넓고 평평한 채널로 흐른다. 채널의 위와 아래의 벽에 층류 경계층이 형성된다(측면 벽에서의 경계층 효과는 무시한다). 경계층은 평판에서와 같은 선형 속도분포로 가정한다. 입구로부터 임의의 축방향 거리에서 정압은 채널을 가로질러 균일하다. 단면 ①에서 균일유동으로 가정한다. 이 유동장에서 Bernoulli 방정식을 적용할 수 있는 곳을 표시하라. 단면 ②에서의 정압(gage)과 배제두께를 구하라. 단면 ②에서 채널을 가로질러 정체압(gage)을 구하고, 결과를 설명하라. 단면 ①에서 정압을 구하고, 단면 ②의 정압과 비교하라.

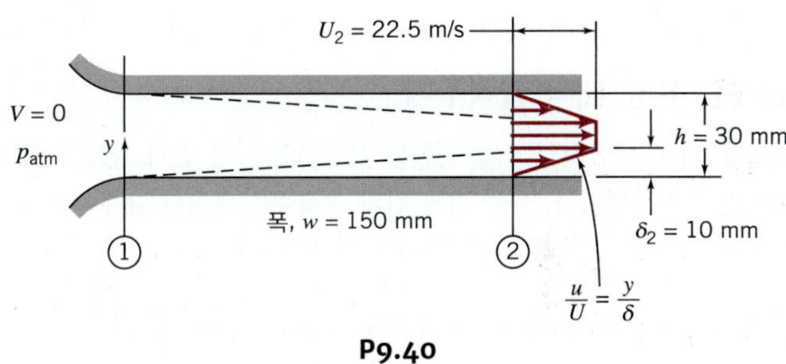

P9.40

9.41 예제 9.5의 유동조건에서 표면을 따른 거리에 따른 벽면 전단응력의 변화를 유도하라. 이 식을 적분하여 표면 위의 마찰항력의 구하는 식을 구하라. 주어진 조건에 대한 항력을 계산하라.

9.42 길이 5 m의 평판을 공기가 흐른다. 자유유동 속도 $U = 10$ m/s일 때 경계층 두께를 평판을 따른 거리의 함수로 (a) 완전 층류 경계층, (b) 완전 난류 경계층, (c) 층류 경계층이 $Re_x = 5 \times 10^5$에서 난류 경계층이 될 때의 각각의 경우에 대해 한 그래프 위에 나타내라. *Excel*의 *Goal Seek* 또는 *Solver*를 이용하여 x = 4 m, 3 m, 2 m, 1 m일 때 뒷전에서 천이가 발생하는 속도 U를 구하라.

9.43 공기유동이 25 m/s(난류 경계층 유동임을 가정)일 때 문제 9.32를 다시 풀어라.

9.44 공기유동이 25 m/s(난류 경계층 유동임을 가정)일 때 문제 9.34를 다시 구하라.

9.45 공기유동이 10 m/s(난류 경계층 유동임을 가정)일 때 문제 9.36을 다시 풀어라.

9.46 난류 경계층 유동에서 영압력구배일 때 속도분포는 $\frac{1}{6}$멱 분포로 다음과 같이 근사된다.

$$\frac{u}{U} = \eta^{1/6}, \quad \text{여기서} \quad \eta = \frac{y}{\delta}$$

이 속도분포와 운동량 적분방정식을 이용하여 δ/x와 표면 마찰계수 C_f에 대한 식을 구하라. 9.5절에서 $\frac{1}{7}$멱 속도분포에 대해 얻은 결과와 비교하라.

9.47 표준공기가 평판 위로 흘러간다. 자유유동 속도는 10 m/s이다. (a) 완전 층류 유동(포물선형 속도분포)일 때, (b) 완전 난류 유동($\frac{1}{7}$멱

의 속도분포)일 때로 가정하여 앞전으로부터 $x = 1$ m인 곳에서의 δ와 τ_w를 구하라.

영압력구배 유동에 대한 운동량 적분방정식의 적용

9.48 실험실용 풍동의 윗벽을 가변형으로 만들면 경계층의 성장을 보상할 수 있도록 조정할 수 있고 실험단면에서 영압력구배가 되도록 할 수 있다. 벽에서의 경계층은 $\frac{1}{7}$멱 속도분포로 잘 표현된다. 입구에서 풍동 단면은 정사각형으로 높이 H_1과 폭 W_1이고, 둘 다 305 mm이다. 자유유동 속도가 $U_1 = 26.5$ m/s일 때, 측정결과는 $\delta_1 = 12.2$ mm이고, 하류 쪽으로 $\delta_6 = 16.6$ mm이었다. 단면 ⑥에서 풍동 벽의 높이를 계산하라. 입구 경계층 두께를 발생시킬 수 있는 평판의 상당 길이를 구하라. 풍동의 단면 ①과 ⑥ 사이에 유동 방향의 길이를 구하라. 표준공기로 가정하라.

경계층 유동 내의 압력구배

9.49 학부 실험실의 소형 풍동의 시험구간은 한 변의 길이가 305 mm인 정사각형이다. 풍동 벽면 위의 경계층은 완전한 난류이며 $\frac{1}{7}$멱의 속도분포로 측정되었다. 단면 ①에서 자유유동 속도는 $U_1 = 26.1$ m/s이고, 데이터에 의하면, $\delta_1 = 12.2$ mm, 하류의 단면 ②에서 $\delta_2 = 16.6$ mm이다. ①과 ② 사이에서 정압 변화를 구하라. 두 단면 사이의 거리를 구하라.

9.50 공기가 직경 $D = 150$ mm인 원형 덕트를 흐른다. 단면 ①에서 난류 경계층 두께 $\delta_1 = 10$ mm이고 비점성 코어에서의 속도는 $U_1 = 25$ m/s이다. 더 하류인 단면 ②에서 경계층 두께는 $\delta_2 = 30$ mm이다. 경계층에서의 속도분포는 $\frac{1}{7}$멱으로 근사된다. 두 번째 단면의 점성 코어에서에서의 속도 U_2와 두 단면에서의 압력강하를 구하라. 압력강하의 크기가 단면 ①과 ② 사이에서 근사시킨 유동을 영압력구배에 대한 것임을 말하는가? 단면 ①과 ② 사이의 덕트의 길이를 계산하라. 단면 ①로부터 하류 쪽으로 경계층 두께가 $\delta = 20$ mm인 곳까지의 거리를 계산하라. 표준공기로 가정하라.

9.51 문제 9.8의 선형, 사인곡선, 포물선 속도분포의 경계층을 고려하자. 이들 속도분포에서의 운동량 유동을 비교하라. 어떤 것이 역압력구배를 만날 때 먼저 박리되는가?

9.52 석유를 운송하는 데 사용되는 일반적인 큰 유조선에 대한 비용효과분석을 수행한다. 3,200 km 거리를 운송하는 데 소모되는 석유량을 선적된 석유에 대한 백분율로 구하라. 예제 9.5의 데이터와 다음을 이용하라. 석유의 무게는 전체의 75%이고, 프로펠러 효율은 70%이며, 조파저항과 해상장비를 구동하는 동력은 총 손실의 20%로 가정하고, 엔진의 열효율은 40%이고, 석유에너지는 46,520 kJ/kg로 가정하라. 그리고 이 유조선의 성능을 알래스카의 송유관과 비교하라. 알래스카 송유관은 석유를 운송하기 위해 79 kJ/ton · mile의 에너지가 필요하다.

9.53 그림 P9.53과 같은 평면 벽형 디퓨저가 있다. 첫째, 유체는 비점성임을 가정한다. 디퓨저 각 ϕ가 0(평행한 벽으로)부터 증가할 때, 압력분포를 포함한 유동 패턴을 구하라. 둘째, 그 표현을 경계층 효과를 고려하여 변경시켜라. 어떤 유체(비점성, 점성)가 더 높은 출구압력을 갖는가?

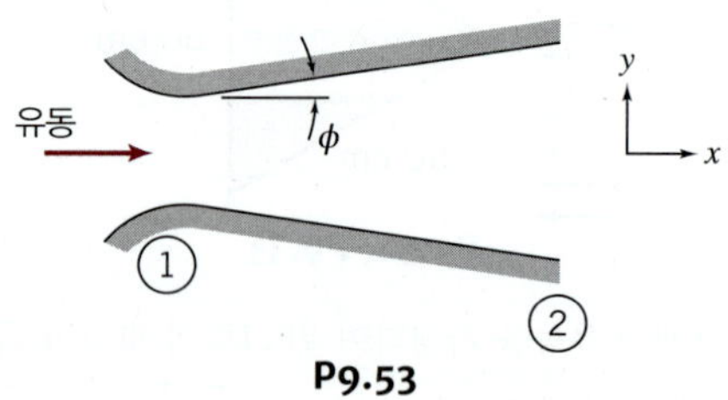

P9.53

9.54 냉각용 공기가 그림과 같은 넓고 평편한 채널로 공급된다. 출구 유동의 교란과 소음이 최소로 되기 위해서는 층류 경계층이 채널 벽에서 유지되어야 한다. 출구유동이 층류로 유지되기 위한 최대 입구속도를 구하라. 층류 경계층에서 포물선 속도분포를 가진다고 가정하여 압력강하 $p_1 - p_2$를 구하라. 답을 mm H_2O 단위로 구하라.

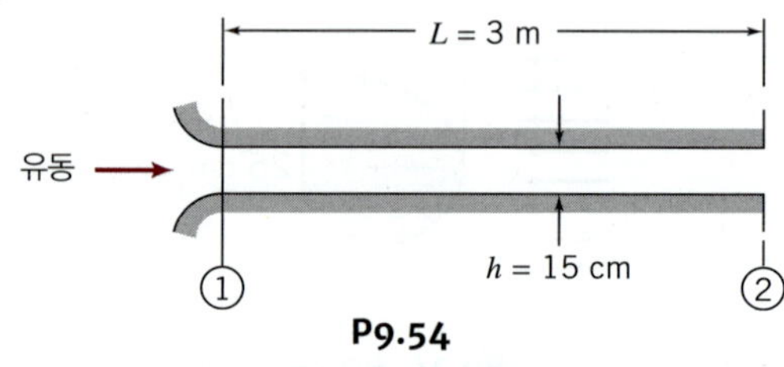

P9.54

9.55 어떤 실험실용 풍동의 시험구간은 정사각형 단면으로 되어 있고, 입구의 폭 W_1과 높이 H_1가 모두 305 mm이다. 자유유동 속도 $U_1 = 24.5$ m/s에서 실험결과에 의하면 $\frac{1}{7}$멱의 난류 속도분포일 때 경계층 두께 $\delta_1 = 9.75$ mm이다. 이 영역에서 압력구배는 근사적으로 $dp/dx = -0.035$ mm H_2O/mm이다. 단면 ①에서 풍동의 바닥면, 윗면, 벽면의 경계층으로 야기되는 유효 유동면적의 감소를 구하라. 단면 ①에서 경계층 운동량두께의 변화율 $d\theta/dx$를 구하라. 하류 방향으로 $L = 254$ mm 지점인 시험부 끝에서의 운동량두께를 구하라.

9.56 문제 9.55의 풍동에서 경계층 두께를 일정하게 유지하기 위하여 벽면을 변화시키는 방법이 제안되었다. 문제 9.55의 초기조건으로부터 시작하여 경계층 두께를 일정하게 유지하는 데 필요한 자유유동 속도분포를 구하라. 폭 W_1은 일정한 것으로 가정한다. $x = 0$인 단면 ①에서 $x = 254$ mm인 하류의 단면 ②까지 시험구간을 따라 윗면의 높이 변화를 계산하고 그려라.

항력

9.57 1.5 m의 깊이에 잠긴, 길이가 24 m이고 폭이 10.7 m인 바닥이 평평한 바지선을 강에서 밀고 있다(강의 수온이 15.5°C이다). 24 km/h의 속도 범위에서 표면 마찰을 극복하는 데 필요한 동력을 계산하고 도시하라.

9.58 물의 유동이 10 m/s일 때, 문제 9.36을 다시 계산하라(9.7절의 C_D를 이용하라).

9.59 강의 바지선을 위한 예인선을 예인탱크에서 실험한다. 예인선의 모형은 1: 13.5의 비율로 만들어졌다. 모형의 크기는 전장 3.5 m, 선폭 1 m, 흘수는 0.2 m이다(이 모형의 배수량은 청수에서 5,500 N

이다). 선체에서 접수표면의 평균길이를 구하라. 물에 대한 상대속도가 3.601 m/s일 때 원형에서의 표면 마찰항력을 구하라.

9.60 제트 여객기가 비행 고도 12 km에서 800 km/h인 정상적으로 순항한다. 직경 D = 4 m와 길이 L = 38 m의 원주로 항공기 동체를 모형화하였다. 압축성의 영향을 무시하고, 동체에 작용하는 표면 마찰항력을 구하라. 이 힘을 극복하는 데 필요한 동력을 구하라.

9.61 바지선의 저항은 모형 실험데이터로부터 구하려고 한다. 모형은 1:13.5의 비로 만들고, 길이, 선폭, 흘수는 각각 7 m, 1.4 m, 0.2 m이다. 이 실험은 18.5 km/h 속도에서 원형의 성능을 모사하려고 한다. 모형과 원형이 비슷한 조파저항의 거동을 유지하기 위한 모형의 실험속도는 얼마라야 하는가? 원형의 경계층에서 지배적인 것은 층류인가 난류인가? 모형의 경계층은 대응점에서 난류가 되는가? 그렇지 않다면, 모형의 경계층을 선체에 트립와이어를 설치하여 인위적으로 난류를 유발시킬 수가 있다. 어느 곳에 설치해야 하는가? 모형과 원형에 대한 표면 마찰항력을 구하라.

9.62 경주용 자동차의 수직 안정화 핀 길이 L = 1.65 m, 높이 H = 0.785 m이다. 이 자동차를 유타 주의 Bonneville Salt Flats에서 운전하려고 한다. 이곳은 해발 1,340 m이고, 여름에는 기온이 50°C까지 올라간다. 자동차의 속도는 560 km/h이다. 핀의 길이를 기준한 Reynolds 수를 구하라. 경계층이 층류에서 난류로 천이하는 위치를 구하라. 핀에 작용하는 마찰항력을 극복하는 데 필요한 동력을 구하라.

9.63 핵 잠수함이 13.9 m/s의 속도로 완전 잠수하여 순항한다. 선체는 직경 D = 11.0 m, 길이 L = 107 m인 원통에 가깝다. 경계층이 층류가 되는 선체 길이의 백분율을 구하라. 선체에 작용하는 표면 마찰항력과 소비동력을 계산하라.

9.64 비중 SG = 1.5이고, 두께 10 mm인 플라스틱 판을 물이 담긴 큰 수조에서 떨어뜨린다. 이 판은 0.5 m × 1 m이다. 이 판이 (a) 짧은 면이 수직으로, 그리고 (b) 긴 면이 수직으로 떨어질 때 최종 속도를 구하라. 항력은 표면마찰에 의한 항력뿐이고, 경계층은 앞전에서부터 난류라고 가정하라.

9.65 Airbus사에서 계획 중인 항공기는 600석 규모의 제트 여객기로 동체는 길이 70 m이고 직경 7.5 m이다. 이 항공기는 하루에 14시간, 일주일에 6일 운행하고, 12 km의 고도에서 257 m/s (M = 0.87)의 속도로 순항한다. 엔진은 발생되는 추력의 단위 N당 0.06 kg/h의 연료를 소비한다. 순항 시 항공기의 동체에 작용하는 표면 마찰항력을 구하라. 표면 코팅을 통해 동체에 작용하는 마찰항력을 1% 감소시킬 때, 연간 절약되는 연료의 양을 계산하라.

9.66 초대형 유조선의 배수량은 약 600,000 ton이다. 이 배는 길이 L = 300 m, 선폭 b = 80 m, 흘수(깊이) D = 25 m이다. 배는 4°C의 바다에서 7.20 m/s 속도로 항진한다. 이런 조건에서 (a) 유조선 선미에서의 경계층 두께, (b) 유조선에 작용하는 총 표면 마찰항력, (c) 이 항력을 극복하는 데 필요한 동력을 구하라.

9.67 1976년 미국 독립기념 200주년 행사의 일환으로, 어느 기업체에서 거대한 성조기(길이 59 m, 폭 112 m)를 Verrazano 협곡에 건설된 다리의 현수 케이블에 매달았다. 풍력을 경감시키기 위해 국기에 구멍을 낼 수 없었기 때문에, 사실상 유동에 수직하게 평판을 걸어 놓은 것과 같게 만들었다. 풍속이 16 km/h에 도달할 때 국기는 부착된 부위에서 떨어져 나갔다. 이 풍속에서 국기에 작용하는 풍력을 구하라. 회사에서는 성조기가 불어 넘어지는 것을 놀라야 하는가?

9.68 어망은 0.75 mm 직경의 나일론 실로 사각형으로 만들져 있다. 그물망 한 코의 수평과 수직 거리는 실 중심을 기준으로 하여 1 cm이다. 어망을 15°C의 물에서 6노트로 끌 때(유동 방향과 수직 방향으로), 어망 2 m × 12 m가 받는 항력을 구하라. 이 어망을 끌기 위해 필요한 동력은 얼마인가?

9.69 회전믹서는 그림과 같이 2개의 원판으로 되어 있다. 믹서는 소금물 용액(SG = 1.1)이 담긴 큰 용기 속에서 80 rpm으로 회전한다. 막대에 작용하는 항력과 액체에 의해 유도되는 운동은 무시한다. 믹서를 돌리는 데 요구되는 최소토크와 최소동력을 구하라.

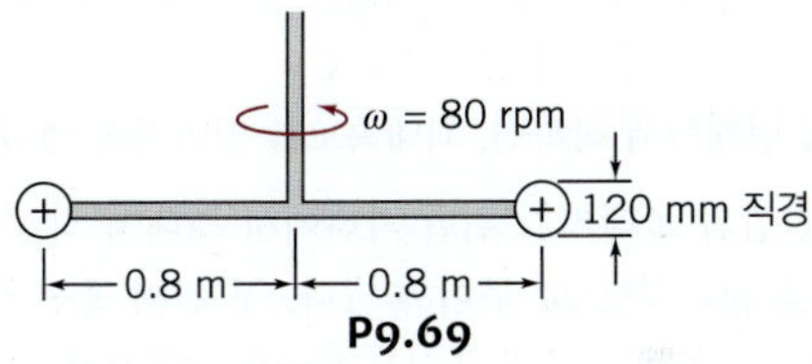

P9.69

9.70 낙하산 강하속도의 수직성분은 6 m/s보다 작아야 한다. 낙하산과 사람의 전체 무게는 120 kg이다. 펼쳐진 낙하산의 최소직경을 구하라.

9.71 저개발국을 위한 간단한 풍차를 만드는 데 208 L 용량의 잉여 기름 드럼통의 사용이 제안되었다. (그것은 간단한 Savonius 풍차이다.) 두 가지 가능한 모습이 그림과 같다. 어느 것이 더 좋을지 평가하라. 왜 좋으며, 얼마나 좋은가? 208 L 용량의 드럼통 직경과 길이는 각각 D = 610 mm, H = 737 mm이다.

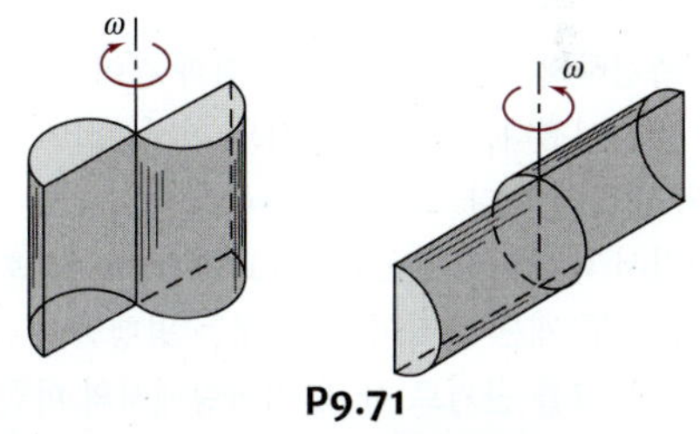

P9.71

9.72 매끄러운 포장 도로에서 성능이 좋은 자전거의 운동에 대한 저항의 거의 대부분은 공기역학적 항력이다. 자전거와 탑승자의 전체 질량 M = 100 kg이라고 가정하자. 사진으로부터 얻은 정면면적은 A = 0.46 m^{2}이다. 도로 기울기가 8%인 언덕에서의 실험에서, 종착속도는 V_t = 15 m/s임을 보인다. 이 데이터로부터, 항력계수는 C_D = 1.2로 구해졌다. 이 항력계수 계산이 옳은지 증명하라. 평지에 도달한 후 클러치를 단절한 상태에서 사람과 자전거의 속도가 15 m/s에서 10 m/s로 감속되는 데 필요한 거리를 구하라.

9.73 바람이 없는 날에 사이클리스트는 30 km/h의 최대속도를 낼 수 있다. 탑승자와 자전거의 총 질량은 65 kg이다. 타이어의 구름저항 F_R = 7.5 N, 항력계수와 정면면적은 각각 C_D = 1.2와 A = 0.25 m^{2}이다. 어느 날 탑승자가 10 km/h의 맞바람이 불 때 24 km/h의 속도

를 유지할 수 있다고 내기를 걸었다. 또한 순풍이 불면 최고 40 km/h의 속도를 낼 수 있다는 것도 걸었다. 이길 수 있다면 어느 것에서 이길 수 있는가?

9.74 문제 9.73의 사이클리스트를 생각해 보라. 5° 기울기의 언덕을 올라야 하는 좋지 않은 날이다. 도달할 수 있는 속도는 얼마인가? 이 언덕에서 10 km/h의 맞바람이 불 때 최대속도는 얼마인가? 언덕의 정상에 도착하고, 되돌아서 언덕을 내려온다. 여기서도 페달을 최대한 밟는다면, 최고속도는 얼마인가?(바람이 없을 때와 있을 때) 동력을 끊은 상태에서 언덕을 아래로 내려오기로 했다면 최대속도는 얼마가 되겠는가(바람의 도움이 있을 때와 없을 때)?

9.75 문제 9.73의 사이클리스트를 생각해 보라. 맞바람과 뒷바람(10 km/h의 바람)을 받을 때 실제로 도달 가능한 최대속도를 구하라. 타이어를 구름저항이 3.5 N밖에 안 되는 고성능 타이어로 교체할 때, 바람이 없을 때, 맞바람이 불 때, 그리고 뒷바람이 불 때 도달할 수 있는 최대속도를 구하라. 만일 이 사람이 항력계수 $C_D = 0.9$로 낮출 수 있는 공기역학적 유선형 덮개를 부착하면, 최대속도를 얼마까지 낼 수 있는가?

9.76 친구를 깜짝 놀래키기 위한 파티에서 깃대에 직경 20 cm의 헬륨 풍선 다발을 짧은 끈으로 묶어 놓았다. 첫 번째 풍선은 지면에서 1 m 위에 묶어 놓고, 다른 8개의 풍선은 1 m의 간격으로 묶어서, 마지막은 9 m 높이에 묶어 놓았다. 정상상태의 바람이 불어서 모든 줄이 수직선과 이루는 각은 10°, 20°, 30°, 35°, 40°, 45°, 50°, 60°, 65°이다. 9 m 범위 내에서 바람의 속도분포를 계산하고 그려라. 헬륨은 20°C이고 계기압력 10 kPa이며 각 풍선은 3 g의 라텍스로 만들어졌다고 가정하라.

9.77 풍속을 측정하기 위한 간단하면서도 효과적인 풍속계는 바람에 따라 편향되도록 힌지로 된 얇은 평판으로 되어 있다. 높이 20 mm, 폭 10 mm의 황동으로 된 얇은 평판을 고려해 보자. 편향각 θ의 함수로 풍속에 대한 관계식을 유도하라. 10 m/s에서 $\theta = 30°$가 되려면 사용되는 황동판의 두께는 얼마인가?

9.78 풍속을 측정하기 위한 풍속계가 그림과 같이 직경 50 mm의 반구형 컵 4개로 만들어졌다. 각 컵의 중심은 회전중심인 피벗으로 부터 R = 80 mm의 위치에 있다. 교정식 $V = k\omega$에서 이론적인 교정상수 k를 구하라. 여기서 V (km/h)는 풍속이고 ω (rpm)은 회전 속도이다. 계산 시에 컵 중의 두 개는 직각이고 두 개는 평행인 순간에 발생하는 항력에서 계산된 토크를 근거로 하고, 베어링에서의 마찰은 무시하라. 마찰이 없을 때, 임의의 풍속에서 풍속계는 무한정 가속되지 않고 일정한 속도로 회전하는 이유를 설명하라. 실제의 풍속계 베어링이 마찰(일정한)이 있어서 풍속계가 회전하기 위해서는 풍속이 최소 1 km/h가 필요하다고 할 때, V = 10 km/h에서 마찰이 있을 때와 없을 때의 회전 속도를 비교하라.

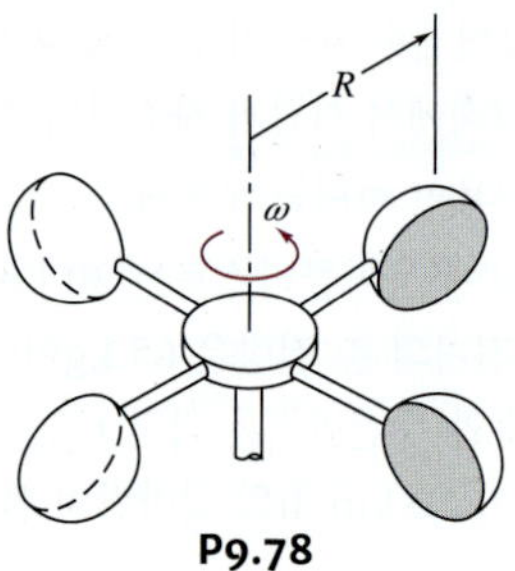

P9.78

9.79 실험 데이터[16]는 스카이다이버가 받는 최대와 최소의 항력면적(C_DA)이 날개를 편 독수리와 같이 엎드린 자세 때의 0.85 m^{2}에서 수직으로 떨어질 때의 면적 0.11 m^{2}까지 변한다고 한다. 각각의 낙하자세에서 몸무게가 75 kg인 스카이다이버의 종말속도를 구하라. 스카이다이버가 표준상태의 3,000 m 고도에서 종말속도의 90%에 이르는 데 필요한 시간과 거리를 구하라.

9.80 1,340 m 고도인 Bonneville Salt Flats에서 속도기록을 위해 차량이 제작되었다. 엔진은 뒷바퀴에서 373 kW의 동력을 전달하고, 차량을 유선형정 정면면적 1.4 m^{2}를 기준으로 항력계수가 0.15가 되도록 하였다. (a) 바람이 없을 때, (b) 32 km/h의 맞바람이 불 때 이론 최대속도를 계산하라.

9.81 F-4 전폭기는 착륙 후 이중 낙하산을 뒤로부터 펴서 감속된다. 각각의 낙하산 직경은 3.7 m이다. F-4의 무게는 142,400 N이고 착륙속도는 160 m/s이다. 브레이크는 사용하지 않고 항공기의 항력은 무시된다고 가정하여, 항공기가 100 m/s로 감속되는 데 필요한 시간과 거리를 구하라.

9.82 트랙터-트레일러의 정면면적 A = 9.5 m^{2}이고, 항력계수 C_D = 0.9이다. 구름저항은 자동차 무게의 1,000 N당 6 N이다. 디젤엔진의 비연료 소비율은 0.206 kg/kW · h이고, 동력 전달 장치의 효율은 92%이다. 디젤유의 밀도는 812 kg/m^{3}이다. 전체 무게가 320,400 N일 때, 88 km/h에서 트레일러의 경제적 연료 소모량을 구하라. 페어링(fairing)은 공기역학적 항력을 15% 감소시킨다. 트럭은 연간 192,000 km를 주행한다. 지붕의 페어링으로 연간 절약되는 연료량을 계산하라.

9.83 표준공기에서 버스가 80 km/h로 이동한다. 차량의 정면면적은 7.5 m^{2}이고, 항력계수는 0.92이다. 공기역학적 항력을 극복하기 위해 요구되는 동력은 얼마인가? 엔진 동력이 346.75 kW일 때 버스의 최대속도를 계산하라. 젊은 엔지니어는 항력계수의 감소를 위해 버스 뒷부분과 앞부분에 페어링을 덧붙일 것을 제안한다. 실험은 이 페어링이 항력계수를 정면면적 변화 없이 0.86으로 줄어들 것이라고 한다. 80 km/h에서 요구되는 동력은 얼마이고 새로운 최대속도는 얼마인가? 버스의 연료비가 하루에 300달러일 경우, 4,800달러를 개조비로 지불하면 얼마나 오랫동안 개조효과를 누릴 수 있는가?

9.84 1970년대의 전형적인 대형 아메리칸 세단과 현대식 중형 세단이 공기역학적 항력을 이기기 위해 필요한 동력(kW), 차량속도가 32 km/h에서 160 km/h까지에 대한 표준공기에서의 차량속도를 그래프를 그려라. 다음의 대표적인 값을 사용하라.

	중량(N)	항력계수	정면면적(m^2)
1970년식 세단	20,025	0.5	2.23
현대식 세단	15,575	0.3	1.86

주행저항이 공차 무게의 1.5%일 때, 각 자동차에서 공기역학적 힘이 마찰저항보다 크게 되는 속도를 구하라.

9.85 정면면적이 1.72 m^{2}이고, 항력계수 0.31인 134.23 kW 스포츠카가 100 km/h로 주행하는 데 12.677 kW가 필요하다. 공기역학적 항력이 주행저항을 처음으로 초과하는 속도는 얼마인가? (주행저항은

차량 무게의 1.2%이고, 차량 질량은 1,250 kg이다.) 동력전달 장치의 효율을 구하라. 속도가 100 km/h일 때의 최대 가속도는 얼마인가? 최대속도는 얼마인가? 다음의 재설계 중 어느 것이 최대속도를 더 높일 수 있는가? 동력 전달 장치의 효율을 현재보다 6% 향상시킨다, 항력계수를 0.29로 줄인다, 또는 주행저항을 차량 중량의 0.91%까지 줄인다.

9.86 순수한 유전체 유체(이온 불포함) 안에 들어 있는 음전하로 대전된 반경이 a인 구 모양의 입자가 포함된 전하 Q_S를 생각해 보자. 균일한 전기장 $\vec{E}_\infty$의 지배를 받으면, 입자들은 전기적 힘의 영향으로 이동한다. 그렇게 유도된 입자들의 움직임을 전기영동이라 하고, 분자들과 콜로로이드 입자들을 특성화시키고 정제하는 데 광범위하게 사용된다. 대전된 입자에 작용하는 순 전기력은 간단하게 $\vec{F}_E = Q_S\vec{E}_\infty$로 표현할 수 있다. 전기력의 영향하에 입자들이 움직이기 시작하는 순간에 입자들은 반대쪽의 유체 항력을 받게 된다.

(a) Stokes 유동의 개념에서 극미립자에 작용하는 중력과 부력을 무시하여, 정상상태 입자들의 이동속도 식을 유도하라.

(b) 위의 결과를 기초로 하여 왜 생물학적 표본을 분리시키는 데 전기영동이 사용될 수 있는지 설명하라.

(c) $Q_s = -10^{-12}$ C, $E_\infty = 1{,}000$ V/m, $\mu = 10^{-3}$ Pa · s의 조건에서 반경이 각각 $a = 1$ μm와 10 μm인 두 입자의 이동속도를 계산하라.

9.87 반경 R의 얇고 둥근 디스크가 유체유동에 수직하게 놓여 있다. 전면과 후면의 압력분포를 측정하고 압력계수의 형태로 나타내었다. 전면과 후면에 대한 압력계수는 각각 다음 식으로 모형화하였다.

$$\text{전면} \quad C_p = 1 - \left(\frac{r}{R}\right)^6$$

$$\text{후면} \quad C_p = -0.42$$

디스크에 대한 항력계수를 계산하라.

9.88 토요일 오후에 축구 경기장 상공 위로 경비행기가 광고용 현수막을 매달고 날아간다. 현수막은 높이가 1.2 m이고, 길이는 13.7 m이다. Hoerner [16]에 의하면, 이러한 현수막의 면적(Lh)에 기초한 항력계수는 $C_D = 0.05\ L/h$로 근사된다. 여기서 L은 현수막 길이이고, h는 높이이다. 이 현수막을 속도 $V = 88$ km/h로 끄는 데 필요한 동력을 구하라. 강체의 평판에 대한 항력과 비교하라. 왜 현수막에 대한 항력이 더 큰가?

9.89 큰 패들 휠(paddle wheel)이 강의 흐름 속에 잠겨서 동력을 발생한다. 각 패들의 면적은 A이고 항력계수는 C_D이다. 각 패들의 중심은 패들 휠 중심으로부터 반경 R에 있다. 흐르는 유동 중에 한 개의 패들과 동일한 패들이 연속으로 잠겨 있다고 가정하라. 한 패들에 대한 항력을 기하학적 변수들, 유동속도 V, 패들 중심의 선속도 $U = R\omega$로 표현된 식으로 구하라. 패들 휠에 의해 발생하는 토크와 동력의 식을 유도하라. 주어진 유동에서 휠로부터 최대동력을 얻기 위한 패들 휠의 회전속도를 구하라.

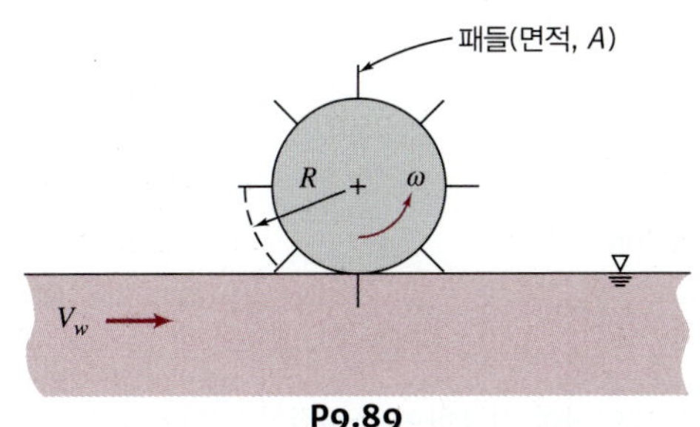

P9.89

9.90 3개의 큰 깃으로 된 수평축 풍력터빈(HAWT)은 풍속이 너무 크면 손상된다. 이를 피하기 위해 터빈의 깃은 유동에 평행하게 한다. 풍속이 45 m/s일 때, 깃에 작용하는 굽힘모멘트를 구하라. 깃은 35 m의 폭과 0.45 m의 길이를 갖는 평판으로 모형화하라.

9.91 문제 9.90의 HAWT는 자가 시동되지 않는다. 발전기는 터빈이 작동 속도가 속도를 20 단위가 되도록 올리기 위해 전기모터로 사용된다. 이것을 더 쉽게 하기 위해 깃은 회전면에 놓이도록 정렬된다. 모터와 동력 전달 장치의 총 효율을 65%라고 가정할 때, 작동 속도에서 터빈의 속도를 유지하기 위해 요구되는 동력을 구하라. 가정으로, 깃을 배열된 평판으로 하라(외부에서는 깃이 내부보다 훨씬 높은 속도로 움직인다).

9.92 달리기 선수가 6.4 km의 거리를 12 km/h의 속도를 유지한 달린다. 달리는 경로는 똑바로 내려가는 거리가 3.2 km, 그리고 돌아서 집까지 오는 거리가 3.2 km이다. 달리기 선수의 C_DA는 0.84 m^{2}이다. 바람이 없는 날, 달리기 선수가 저항을 이기고 달리기 위해 소모하는 칼로리(kcal)는 얼마나 되는가? 바람이 8 km/h로 달리는 경로를 따라 똑바로 불어오는 날에 저항을 이기고 달리기 위해 달리기 선수가 소모하는 칼로리는 얼마나 되는가?

9.93 표준공기가 저속 풍동 속으로 끌려 간다. 직경 30 mm의 구의 양력과 항력을 측정하기 위해 힘평형기에 설치되어 있다. 오일이 채워진 마노미터를 사용하여 풍동 내의 정압을 측정하고, 눈금은 오일(SG = 0.85)의 높이로 −40 mm이다. 풍동 내 자유유동 속도, 구 위를 지나는 유동의 Reynolds 수, 구에 작용하는 항력을 계산하라. 구 위의 경계층이 층류인가, 난류인가? 설명하라.

9.94 수소로 채워진 직경 0.6 m인 구형 풍선이 바람이 없는 표준공기 속에서 풍선을 묶고 있는 줄에 위쪽으로 1.3 N의 힘을 가한다. 바람의 속도가 3 m/s일 때, 풍선을 묶고 있는 줄은 수평에 60°의 각을 이룬다. 이 조건에서 줄의 무게를 무시하고 풍선의 항력계수를 구하라.

9.95 필드하키 공은 직경 $D = 73$ mm이고, 질량 $m = 160$ g이다. 잘 때릴 때, 공은 초기속도 $U_0 = 50$ m/s로 날아간다. 공은 근본적으로 매끈하다. 공기역학적 항력에 의해 공의 속도가 10% 감속되기 전까지 날아간 수평거리를 구하라.

9.96 표준대기 중에서 직경이 3 mm인 빗방울(구형이라고 가정)의 종말속도를 구하라.

9.97 매끈한 구에 대한 항력계수를 Reynolds 수의 함수로의 곡선접합이 Chow [36]에 의해 다음과 같이 제안되었다.

$C_D = 24/Re$	$Re \le 1$
$C_D = 24/Re^{0.646}$	$1 < Re \le 400$
$C_D = 0.5$	$400 < Re \le 3 \times 10^5$
$C_D = 0.000366\, Re^{0.4275}$	$3 \times 10^5 < Re \le 2 \times 10^6$
$C_D = 0.18$	$Re > 2 \times 10^6$

그림 9.11의 데이터를 사용하여 곡선접합과 데이터 사이의 최대오차의 크기와 발생 위치를 구하라.

9.98 질량 57 g이고 직경 64 mm인 테니스공이 해수면의 표준공기 중에서 떨어진다. 공의 종말속도를 구하라. 항력계수가 종말 속도에 대한 값으로 일정하다는 가정에서, 종말속도의 95%에 도달하는 데 필요한 시간과 거리를 구하라.

9.99 높이 H인 원주형 깃대가 있다. 항력계수가 일정한 경우, 풍속이 $u/U = (y/H)^{1/7}$로 변할 때 깃대에 작용하는 항력과 굽힘모멘트를 구하라. 여기서 y는 지표면에서부터 측정된 거리이다. 일정한 속도 U의 균일한 바람에 대한 항력과 모멘트의 값과 비교하라.

9.100 익현이 15 cm이고, 익폭이 60 cm인 모형 에어포일이 공기속도 30 m/s인 풍동 속에 놓여 있다(공기는 20°C). 이 에어포일은 25 cm의 길이와 2 cm 직경의 원주 지지대에 장착되어 있다. 지지대 바닥에 있는 계기판에는 수직력이 50 N이고 수평력은 6 N을 가리키고 있다. 에어포일에 작용하는 항력계수와 양력계수를 계산하라.

9.101 매끈한 구에 대한 Stokes 항력법칙은 글리세린 속에 베어링용 강철 구를 떨어뜨리는 실험으로 증명된다. 종말속도에서 $Re < 1$이 되는 강철 구의 최대직경을 구하라. 종말속도의 95%까지 도달하는 데 필요한 글리세린 기둥의 높이를 계산하라.

9.102 문제 3.8의 공기 기포는 수중에서 올라감에 따라 팽창한다. 기포가 수면에 도달할 때까지의 시간을 구하라. 기포의 직경이 5 mm와 15 mm의 기포에 대해서도 반복하여 풀어라. 기포의 깊이를 시간의 함수로 계산하고 도시하라.

9.103 왜 미식축구공을 빙글빙글 회전시키는 텀블링 차기보다 나선형으로 차면 더 멀리 가게 할 수 있는가?

9.104 지붕 위에 놓인 임대한 운송함의 대략적인 치수는 그림과 같다. 100 km/h에서 운송함(r = 10 cm)에 작용하는 항력을 구하라. 차의 동력 전달효율이 0.85이고 엔진의 연료 소비율이 0.3 kg/(kW · h)일 때, 운송함으로 인해 추가되는 연료 소비율을 구하라. 운송함이 없을 때 이 자동차가 12.75 km/L를 소모한다면 연비에 대한 영향을 계산하라. 임대 회사에서는 일반적인 운송함 대신에 가장자리가 사각형인 운송함을 5달러 싸게 임대해 주겠다고 한다. 가장자리가 둥근 적재함 대신 이 적재함을 설치하고 750 km를 여행하게 될 때, 추가적으로 부담해야 할 비용을 계산하라. 연료값은 $0.92/L로 계산하라. 가격이 싼 적재함이 정말 비용이 적게 드는가?

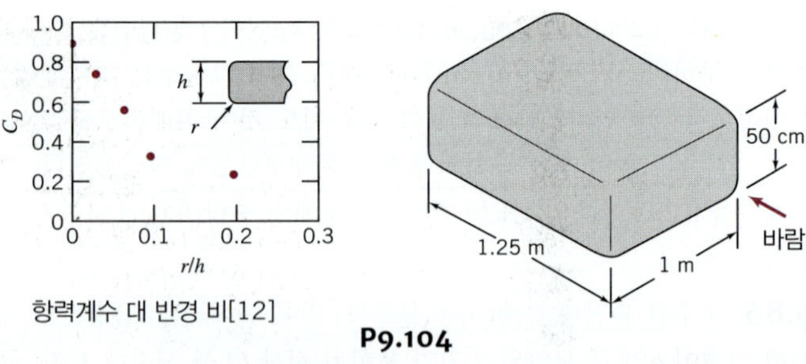

항력계수 대 반경 비[12]

P9.104

9.105 직경이 90 mm이고 길이가 220 mm인 실린더가 0.8 m/s 속도의 유체흐름에 위치한다. 유동의 흐름은 실린더의 축에 수직이다. 유체의 밀도는 900 kg/m^{3}이고, 항력은 40 N으로 측정된다. 항력계수를 계산하라. 표면상의 한 지점에서의 압력은 대기 수준보다 105 Pa 높은 압력으로 측정된다. 이때의 속도를 계산하라.

9.106 바람이 잔잔한 날, 실제 크기의 자동차의 공기역학적 항력계수와 주행저항계수를 측정하기 위해 평탄한 길에서 관성 서행 실험을 수행한다. 공기역학적 항력이 작을 때 주행저항은 저속도에서 측정되는 dV/dt로부터 구하고, 이 경우 공기역학적 항력은 적다. 그런 다음 고속도에서 측정된 dV/dt으로부터 주행저항을 빼서 공기역학적 항력을 구한다. 다음 데이터는 중량 W = 111,250 N이고 정면면적 A = 7.34 m^{2}인 자동차로 실험하여 구한 것이다.

V(km/h)	8	88
$\dfrac{dV}{dt}\left(\dfrac{\text{km/h}}{\text{s}}\right)$	0.24	0.76

이 자동차에 대한 공기역학적 항력계수를 구하라. 어떤 속도에서 처음으로 공기역학적 항력이 주행저항보다 커지는가?

9.107 직경이 0.375 m인 구형 음파탐지기가 바다에서 견인되고 있다. 음파탐지기는 16 m/s에서 완전히 잠겨야 한다. 공동현상을 피하기 위해 탐지기 표면에서의 최소 절대압력은 30 kPa (abs)보다 더 커야 한다. 필요한 견인 속도에서 음파탐지기에 작용하는 수력학적 항력을 계산하라. 공동현상을 방지하기 위해 음파탐지기가 물속에 잠겨야 하는 최소깊이를 구하라.

9.108 예제 4.12에서 소형 로켓의 운동을 공기역학적 항력을 무시하고 해석하였다. 이 해석은 최종적으로 계산된 속도 369 m/s에서 현실적이지 않았다. *Excel* 워크북에서 1차 도함수로 가정한 5.5절의 Euler 방법을 이용하여, 로켓에 대한 운동방정식을 풀어라. C_D = 0.3이고 로켓 직경이 700 mm라 가정하여, 시간의 함수로 로켓의 속도를 그려라. C_D = 0일 때의 결과와 비교하라.

9.109 야구공이 초기속도 25 m/s로 수직으로 튀어 오른다. 야구공의 지름은 0.073 m이고, 질량은 0.143 kg이다. 야구공의 항력계수는 $Re < 10^4$일 때 0.47이고, $Re > 10^4$일 때 0.1인 것으로 보인다. 공기 중에서 공이 얼마나 멀리 그리고 얼마나 높이 올라갈 수 있는지 구하라.

9.110 구멍이 많은 가벼운 플라스틱으로 만든 Wiffle™ 공은 야구와 골프 연습에 사용된다. 구멍을 뚫은 목적과 이 구멍들이 어떤 영향을 미치는지 설명하라. 당신의 가설을 어떻게 실험적으로 시험할 수 있는가?

9.111 텔레비전 송신탑은 높이가 500 m일 것이다. 겨울에는 탑의 구조물에 얼음이 얼어붙는다. 얼음이 녹을 때 큰 것은 깨져 땅에 떨어진다. 떨어지는 얼음 덩어리로부터 보행자를 보호하기 위해 탑의 기초부분으로부터 얼마나 멀리 떨어진 위치에 울타리를 만들어야 하는가?

9.112 공기역학적 항력이 구성 부품의 일부 또는 연결 부품을 움직이게 하여, 표준공기의 1에서 10 m/s 범위에서 바람 속도와 연관된 출력이 나오도록 하는 풍속계를 설계하라. 세 가지의 다른 설계개념을 고려해 보라. 최선의 개념을 선택하고 상세한 설계를 준비하라. 각 구성부품에 대한 형상, 크기 및 재료를 명시하라. 풍속과 풍속계 출력 사이의 관계를 정량적으로 나타내라. 풍속계 출력과 풍속계의 출력과의 관계를 정량화하라. 그 결과를 풍속계 출력 대 풍속의 이론적인 '보정곡선'으로 결과를 제시하라. 왜 다른 설계개념을 거부하고 최종 설계개념을 선택했는지에 대한 이유를 설명하라.

9.113 익현이 150 mm, 익폭이 750 mm인 모형 에어포일이 공기가 30 m/s로 흐르는 풍속에 위치되어 있다(공기온도 20°C이다). 에어포일은 직경 25 mm, 길이 250 mm의 원형 지지봉에 고정되어 있다. 지지봉 바닥에 설치된 측정기에는 수직 방향의 힘이 44.5 N이고 수평 방향의 힘이 6.7 N로 되어 있다. 에어포일의 양력계수와 항력계수를 계산하라.

9.114 왜 최신식 총들은 강선총(총강에 강선이 새겨진 총)으로 만드는가?

9.115 트랙터-트레일러 트럭 바람 편향을 위해 설치된 캡은 어떻게 작동하는가? 트럭 주위의 유동 패턴과 트럭 표면에서의 압력분포의 그림을 이용하여 설명하라.

9.116 비행기가 표준공기 중을 225 km/h의 속도로 수평 비행한다. 이 속도에서 양력계수는 0.45이고, 항력계수는 0.065이다. 비행기의 질량은 900 kg이다. 이 비행기의 유효 양력면적과 필요한 엔진 추력과 동력을 계산하라.

9.117 수중익선의 수면관통익의 유효 면적은 0.7 m^2이다. 익의 양력과 항력계수는 각각 1.6과 0.5이다. 운행 중인 배의 총 질량은 1,800 kg이다. 수중익에 의해 배가 떠 있을 수 있는 최저속도를 구하라. 이 속도에서 물의 저항을 극복하는 데 필요한 동력을 구하라. 배에 110 kW의 엔진이 장착될 때 최고 속도를 계산하라.

9.118 어떤 고등학교에서 초경량 비행기의 모형 제작을 계획한다. 학생 중 몇 명은 에어포일을 길이 1.5 m × 폭 2 m의 플라스틱 판으로 만들고 받음각이 12°가 되게 하자고 제안한다. 이 에어포일의 종횡비와 받음각에서 양력과 항력계수는 $C_L = 0.72$와 $C_D = 0.17$이다. 비행기를 12 m/s의 속도로 비행하게 하려면 최대 하중은 얼마인가? 비행을 지속하기 위해 필요한 동력은 얼마가 되겠는가? 이 계획은 실현 가능한가?

9.119 미 공군의 F-16 전투기는 날개의 평면면적이 $A = 27.9$ m^2로, 최대 양력계수 $C_L = 1.6$을 얻을 수 있는 것이다. 최대 적재하중일 때, 질량은 $M = 11{,}600$ kg이다. 기체는 9 g의 수직 가속도에 견딜 수 있다. 그러나 비행 훈련생에게는 훈련비행 중 5 g까지로 제한된다. 비행기가 기울어진 상태로 수평 비행을 하면서 회전하는 상황을 고려해 보자. 표준대기 상태에서 조종사가 5 g의 총 가속도를 얻을 수 있는 최저 속도를 구하라. 이에 해당하는 비행 반경을 계산하라. 이 결과에 대해 고도가 미치는 영향을 검토하라.

9.120 문제 9.118의 비행기를 설계하는 학생들의 지도교수는 날개를 만들기 위해 플라스틱 판을 사용하는 아이디어가 만족스럽지 못하다. 지도교수는 학생들에게 만일 플라스틱 판을 종횡비와 받음각이 동일한, 평범한 단면(NACA 23015)을 가지는 에어포일로 대체시켰을 때 예상되는 최대하중, 비행을 유지하기 위해 요구되는 동력을 계산할 것을 제안하였다. 해석의 결과는 무엇인가?

9.121 어떤 경비행기의 유효 날개 길이는 10 m이고, 익현은 1.8 m이다. 이 비행기는 원래 일반형 에어포일 단면(NACA 23015)을 사용하도록 설계되어 있다. 이 에어포일에 의해 표준적인 날에 해수면에 가까운 고도에서 가능한 비행기의 순항속도는 225 km/h이다. 에어포일을 층류 유동단면(NACA 66_2-215)으로 바꾸자는 의견이 제시되었다. 동일한 동력으로 새로운 에어포일에서 가능한 순항속도를 구하라.

9.122 보잉 727 항공기의 날개는 NACA 23012인 단면이고, 평면면적은 150 m^2이며, 이중 슬롯의 플랩, 그리고 유효 종횡비는 6.5이다. 항공기가 778,750 N의 전체 무게로 표준공기에서 77.2 m/s로 비행할 때, 수평 비행을 유지하기 위해 필요한 추력을 구하라.

9.123 질량이 4,500 kg인 어떤 비행기가 일정한 고도에서 240 km/h의 속도로 원형 궤적을 따라 비행한다. 비행하는 원형 궤적의 반경은 990 m이다. 항공기의 양력면적은 23 m^2이고, 유효 종횡비가 7인 NACA 23015 단면의 에어포일로 되어 있다. 비행기에 작용하는 항력과 필요한 동력을 계산하라.

9.124 문제 9.123의 비행기가 반경 990 m의 원형 비행궤도를 비행할 수 있는 최대 및 최소속도를 구하고, 항공기에 작용하는 항력과 요구되는 동력을 계산하라.

9.125 1960년대 Jim Hall의 Chaparral 2F는 안정성 향상과 제동능력을 높이기 위해 뒤쪽 현가장치 위에 에어포일을 사용한 선구적인 경주용 자동차이다. 에어포일은 폭이 1.8 m이고, 익현이 0.3 m이다. 받음각은 0에서 음의 12도 사이에서 변할 수 있다. 양력과 항력계수는 그림 9.17에 주어진 곡선(알반형 단면)으로 가정한다. 바람이 없는 날에 자동차는 192 km/h 속도로 주행한다고 생각하자. 에어포일이 12도 아래로 편향되었을 때, 에어포일에 의하여 발생되는 (a) 최대 하향력, (b) 감속력의 최대증량을 구하라.

9.126 무동력 비행에 대한 활공각은 양력, 항력, 무게가 평형이 되도록 되어 있다. 활공기울기가 $\theta = C_D/C_L$임을 보여라. 최소 활공기울기는 C_L/C_D가 최대인 속도에서 발생한다. 예제 9.8의 조건에서, 보잉 727-200의 최소 활공각을 구하라. 이 비행기는 표준적인 날에 10 km의 처음 고도로부터 얼마나 멀리 활공할 수 있는가?

9.127 Gossamer Condor의 날개 하중은 날개면에 대해 19 N/m^2이다. 19.2 km/h의 속도에서 대충 측정된 항력은 약 27 N이다. Condor의 전체 무게는 890 N이다. Condor의 유효 종횡비는 17이다. 이 항공기가 비행하는 데 필요한 최소동력을 구하라. 조종사 Brian Allen이 2시간 동안 비행할 수 있었던 290 W와 비교하라.

9.128 차량 후미에 익형 형상의 스포일러가 장착된 차들이 있다. 판매원은 고속주행 시 타이어의 마찰을 급격하게 증가시킨다고 설명한

다. 이 주장의 타당성에 대해 조사하라. 이 스포일러는 정말로 장식용 역할밖에 못하는가?

9.129 Frisbee™(플라스틱 원반)는 어떻게 날아가는가? 무엇이 원반을 왼쪽 또는 오른쪽으로 방향을 틀게 하는가? 원반의 비행 중에 무엇이 회전 효과를 만드는가?

9.130 어떤 자동차가 자전거를 트렁크 뒤에 가로로 부착시킨 상태로 도로 위를 주행한다. 자전거 바퀴들은 서서히 회전한다. 바퀴들이 왜 회전하며, 어느 방향으로 회전하는지를 설명하라.

9.131 벙커에서 원형 딤플이 있는 골프공(직경 $D = 43$ mm)을 2,000 rpm의 백스핀을 걸어 20 m/s 속도로 쳐올렸다. 공의 질량은 48 g이다. 공에 작용하는 양력과 항력을 계산하라. 공 중량에 대한 비로 계산된 결과를 나타내라.

9.132 독일 공학자 Flettner는 1924년 회전하는 원주를 배의 추진 장치로 사용할 것을 제안하였다. 원래 Flettner의 로터 배에는 각각의 직경이 3 m, 높이가 15 m, 회전속도 750 rpm인 두 개의 로터가 설치되었다. 50 km/h의 바람 속에서 각 로터에 작용하는 최대양력과 항력을 구하라. 같은 풍속에서 최적 L/D에서 발생하는 전체 힘과 비교하라. 로터를 750 rpm으로 회전하는 데 필요한 동력을 구하라.

9.133 야구경기에서 투수가 128 km/h의 속도로 공을 던진다. 투수석에서 홈 플레이트까지는 18.3 m 떨어져 있다. 직선 궤적으로부터 최대의 수평 편차를 가지려면 공에 회전을 얼마나 주어야 하는가(공은 $m = 142$ g이고, $D = 230$ mm이다)? 공은 직선 궤적으로부터 얼마나 벗어나는가?

9.134 미국과 영국의 골프공은 직경이 서로 약간 다르지만 질량은 동일하다(문제 1.39와 1.42 참조). 프로 골퍼가 공을 9,000 rpm의 백스핀을 걸어 85 m/s의 속도가 되도록 친다고 가정하자. 각 공의 양력과 항력을 구하라. 계산한 결과를 각 공에 대한 중량의 비로 나타내라. 각 공의 궤적에 대한 곡률 반경을 구하라. 이 조건에서 어느 공이 더 멀리 가는가?

9.135 축구선수가 프리킥을 한다. 거리는 10 m를 가는 동안 공은 오른쪽으로 1 m 방향을 바꾼다. 속도가 30 m/s라면, 선수가 공에 준 회전을 계산하라. 공은 $m = 420$ g이고, 둘레는 70 cm이다.

CHAPTER 10

유체기계

Fluid Machinery

사례연구

터보차저(turbocharger)는 경주용 자동차의 동력을 증가시키는 수단으로 내연기관에 오랫동안 사용되고 있는 장치이다. 요즘 들어 이 터보차저에 적용되는 기술은 재유행을 경험하고 있다. 사진에 보이는 장치와 같은 터보차저를 엔진에 추가하여 연료의 경제성을 향상시키고 이산화탄소의 배출을 줄이는 등 터보차저를 추가하지 않은 엔진에 비해 월등한 성능지표를 제공하고 있다. 터보차저를 사용하는 기술은 자동차 생산자에게 엔진의 크기와 무게를 줄일 수 있으면서도 소비자가 요구하는 동력과 성능을 제공할 수 있다.

터보차저는 대기압의 공기를 흡입하여 내연기관의 실린더에 고압으로 넣어주는 압축기와 조합된 배기가스의 유동에 의해 구동되는 터빈으로 구성된다. 일반적으로 배기가스는 엔진에서 높은 온도와 대기압의 상태로 배출된다. 배출 시 압력을 증가시키면 배출가스의 에너지는 압축기와 연결된 터빈을 가동시키는 데 사용할 수 있게 된다. 공기압축기로 작용되는 펌프들은 흡입구를 통해 들어온 대기압 상태의 공기를 흡입행정 시 높은 압력과 높은 밀도의 상태로 엔진의 실린더들에 제공할 수 있게 만든다. 결국, 한 행정에 흡입되는 산소의 양을 증가시켜 더 많은 양의 연료를 분사해줄 수 있게 만든 시스템이다. 엔진의 압축비가 배출압력을 결정하기 때문에 엔진에서의 배출압력은 효율의 손실이 없이 자연적으로 증가하며 이 배출가스의 에너지는 터보차저에 사용된다.

터보차저의 기술은 높은 부하의 상태에서 높은 동력을 제공하므로 터보차저를 장착한 엔진은 경격 동력이 더 큰 엔진으로 작동한다. 예를 들면, 2리터짜리 터보차저를 장착한 4기통 엔진은 3리터짜리 4기통 자연흡기 엔진과 비교할 수 있다. 낮은 부하가 걸린 상태에서 터보차저는 눈에 보일 정도로 상당한 동력의 증가를 제공할 만한 충분한 배기가스의 에너지를 지니지 못하므로, 이러한 낮은 부하 상태에서 터빈을 작동시키는 보조 기구로 전기모터를 사용하는 것은 하나의 이슈로 언급된다. 이러한 전기모터를 추가시킨다면 자동차가 가속 상태에 있을 때 배기가스의 유량이 증가하며 이 증가된 에너지가 터빈을 더 큰 동력으로 구동시키기 위한 지연시간을 줄일 수 있기 때문이다.

배기가스로 빠져나가는 에너지가 엔진의 동력을 증가시키는 데 사용되므로 매연의 배출도 감소되고 연료의 경제성, 즉 연비도 증가한다. 기존의 엔진보다 크기는 작은 터보차저를 장착한 엔진은 약 2~6%의 연비 증가와 매연의 배출 감소를 이룰 수 있다. 터보차저들은 트럭, 승용차, 기차, 비행기와 건축용 엔진 등에 더욱 많이 적용되어가고 있다. 이 터보차저의 기술이 더 발전하면 할수록 이를 적용한 엔진들의 성능이 향상될 수 있을 것이다.

Oleksandr Moroz/Adobe Stock hoto

자동차용 터보차저

학습 목표

이 장의 학습을 마치면 다음을 할 수 있어야 한다.

- 동력을 생산하거나 유체를 이동시키기 위해 사용되는 터보기계의 다른 형태들에 대해 기술할 수 있을 것이다.
- 각운동량의 원리를 사용하여 터보기계의 성능 또는 효율을 결정할 수 있다.
- 운전조건을 결정하기 위해서 펌프, 팬 또는 블로워의 성능 특성 또는 특성곡선을 사용할 수 있다.
- 용적식 펌프의 성능 특성 또는 특성곡선을 사용하여 운전조건을 결정할 수 있다.
- 각운동량의 원리를 사용하여 수력터빈의 운전조건을 결정할 수 있다.
- 프로펠러나 풍력터빈의 성능 또는 효율을 결정할 수 있다.
- 무차원수를 사용하여 서로 다른 운전조건의 변화에 따른 성능의 변화를 계산할 수 있다.

인류는 고대로부터 자신들이 직접 힘을 들여 노동을 하는 수고를 덜기 위하여 자연으로부터 얻을 수 있는 힘들을 활용하는 방법에 대해 많은 연구를 수행해왔다. 물을 끌어올리기 위한 버킷 휠과 나사 펌프와 같은 첫 번째 유체기계(fluid machine)들이 발달하였다. 로마인들은 기원전 70년경에 개울물에서 에너지를 얻기 위하여 외륜(paddle wheel)을 개발하였다[1]. 그 후 풍력을 이용하기 위해 풍차가 개발되었으나, 바람의 낮은 동력 밀도로 인하여 출력은 수백 마력(horsepower)으로 제한되었다. 수차를 개발함으로써 한 곳에서 수천 마력의 동력을 얻을 수 있게 되었다.

오늘날 우리들은 수많은 유체기계를 당연한 것으로 생각한다. 우리는 일상생활에서 매일 수도꼭지에서 가압된 물을 받고, 유체기계가 윤활 · 냉각 · 동력 조향장치를 조정하는 자동차를 운전하고, 공기 순환으로 제공되는 쾌적한 환경에서 일하고 있다. 그 목록은 무한정으로 확대될 수 있다.

유체기계는 유체에 일을 가해주거나 유체로부터 일 또는 동력을 얻는 장치이다. 유체기계는 학습해야 할 범위가 매우 넓어서 이 교재에서는 거의 대부분 비압축성유동에만 국한할 것이다. 먼저 이 분야에 관한 용어를 소개하고, 작동원리와 물리적 특성에 따라 유체기계를 분류한다. 우리는 유체가 회전하는 기계요소를 통해 에너지를 주거나 받는 기계들에 대해 집중적으로 공부할 것이다. 기본방정식들을 복습한 다음에 유체기계 해석에 유용한 형태로 단순화한다. 대표적인 유체기계들의 성능 특성에 대해 자세히 살펴볼 것이다. 우리는 대표적인 시스템으로 펌프와 터빈에 대한 응용분야들을 예로 사용할 것이며, 그 이후에는 프로펠러와 풍차에 관해 같이 토의할 것이다. 압축성 유체기계에 관한 논의로 이 장을 마친다.

10.1 유체기계의 소개와 분류

유체기계는 크게 **용적식**(*positive displacement*)과 **동역학식**(*dynamic*)으로 분류될 수 있다. 회전하는 부재에 붙어 있는 깃(blade, vane)으로 유동을 일으키는 동역학적인 유체처리 장치를 **터보기계**(*turbomachine*)라고 한다. 이런 유체기계 장치들은 산업체에서는 동력발생용으로(예, 수차나 증기터빈) 쓰이며, 많은 다른 응용분야에서도(예, 고성능차량의 터보차저) 널리 사용되고 있다. 용적식 기계에서는 에너지의 전달이 유체가 담겨져 있는 기구의 경계가 움직이며 이루어진다. 피스톤과 실린더의 조합으로 이루어진 피스톤 펌프, 기어펌프, 로브펌프 등을 포함한다. 우리는 이 책에서 이 기구들의 원리를 해석하지는 않고 간단히 검토만 할 예정이다. 이 장에서는 동역학적 기계에 중점을 둔다.

터보기계는 유로의 기하학적 형태에 따라 다시 여러 가지 형식으로 세분된다. **반경류**(*radial flow*)형 유체기계의 유로는 입구에서부터 출구까지 큰 변화를 갖는 반지름 방향으로 되어 있다. 그러한 기계를 때로는 **원심식**(*centrifugal*) 기계라고 한다. **축류**(*axial flow*)형 유체기계의 유로는 기계의 중심선과 거의 평행하고, 이때 유로의 반지름은 크게 변하지 않는다. 또한 **혼류**(*mixed flow*)형 유체기계에서 유로의 반지름은 반경류형과 축류형의 중간 정도의 크기로 서서히 변화한다.

터보기계 내 모든 일의 상호작용은 유체 흐름에 미치는 로터의 동역학적 효과에 기인한다. 다시 말하면, 유체와 회전하는 기계 사이 일의 전달은 유동속도를 증가시키거나 감소시킨다. 그러나 이러한 운동에너지 변환과 함께 외부 하우징이 있는 유체기계들은 또한 압력에너지를 운동에너지로 변환하거나, 반대로 운동에너지를 압력에너지로 변환한다. 이러한 유동의 가속이나 감속은 펌프와 압축기에서 최대 압력상승을, 터빈으로부터 최대 출력을 가능하게 한다.

유체에 일을 더해주는 기계

유동이 액체 또는 슬러리인 경우, 축을 통해 일을 해주어 유체에 에너지를 주는 기계를 **펌프**(*pump*)라고 한다. 그리고 기체나 증기에 에너지를 공급하는 장치는 압력상승 정도에 따라 **팬**(*fan*), **송풍기**(*blower*), **압축기**(*compressor*)로 구분한다. 팬은 보통 25 mm H_2O 이하의 압력을 상승시키고, 송풍기는 중간 정도인 25 mm Hg 정도의 압력을 상승시킨다. 그리고 펌프와 압축기는 압력상승 값이 매우 높다. 현재 산업용 유체기계는 1 GPa(대기압의 10^4배)에 이르는 압력에서 작동한다.

펌프나 압축기는 유동의 운동에너지를 증가시키기 위해 외부 동력원(모터나 다른 유체기계)에 의해 구동되는 회전 바퀴(유체기계의 종류에 따라 **임펠러**나 **로터**로 부름)와 유동속도를 감소시켜 압력을 증가시키는 요소로 구성된다. 이러한 조합을 **단**(*stage*)이라고 부른다. 이 요소들은 **하우징**이나 **케이싱** 안에 들어 있다. 단일 펌프나 압축기는 1개의 하우징 안에 여러 개의 단으로 구성되는데, 그 수는 유체기계에 요구되는 압력상승에 관계된다. 축은 외부 동력원으로부터 기계적인 일을 전달받기 위해 하우징을 뚫고 들어가야만 한다. 베어링과 밀봉부 부분은 최소한의 (기계적인) 마찰손실과 작동 유체의 누설을 방지하기 위해 필요하다.

세 가지 대표적인 원심형 터보기계가 그림 10.1에 도시되어 있다. 원심펌프나 압축기의 회전하는 요소 또는 부품을 보통 임펠러(또는 회전바퀴)라 부른다. 작동 유체는 그림 중 (*a*)에 나타낸 바와 같이 축의 중심부위에 위치한 반지름 r_1까지에 해당하는 임펠러의 **입구 구멍**(the *eye* of the impeller)을 통하여 회전축에 거의 평행하게 흘러 들어온다. 이 유동은 반경 방향으로 방향을 바꾸어 폭이 b_2이고 반지름 r_2에 위치한 임펠러의 출구를 통해서 흘러 나간다. 임펠러를 떠나는 유체는 **스크롤**(*scroll*) 또는 **벌류트**(*volute*)라는 장치를 통해 하나의 방향으로 모아지게 된다. 그림 중 (*b*)에 나타낸 바와 같이 출구의 유동면적이 증가하며 출구의 압력이 입구의 압력에 비해 증가하게 된다. 임펠러는 깃을 포함하는데 이 깃은 유체가 그림 중 (*a*)에 나타낸 바와 같이 깃의 내부에서만 흐르는 **폐쇄형**(*shrouded* 또는 enclosed)과 그림 중 (*c*)에 보이는 바와 같은 **개방형**(*open*)이 있다. 임펠러의 깃은 직선으로 구성될 수도 있고 곡선으로 설계할 수도 있다. 그림 중 (*c*)는 임펠러의 출구와 벌류트 사이에 추가적인 깃을 설치하여 유동의 흐름방향을 조절할 수 있어 더 효율적인 확산이 가능하다. 이러한 구조의 원심형 터보기계는 축류형 터보기계에 비해 출구압력을 입구압력으로 나눈 압력비를 높일 수 있다.

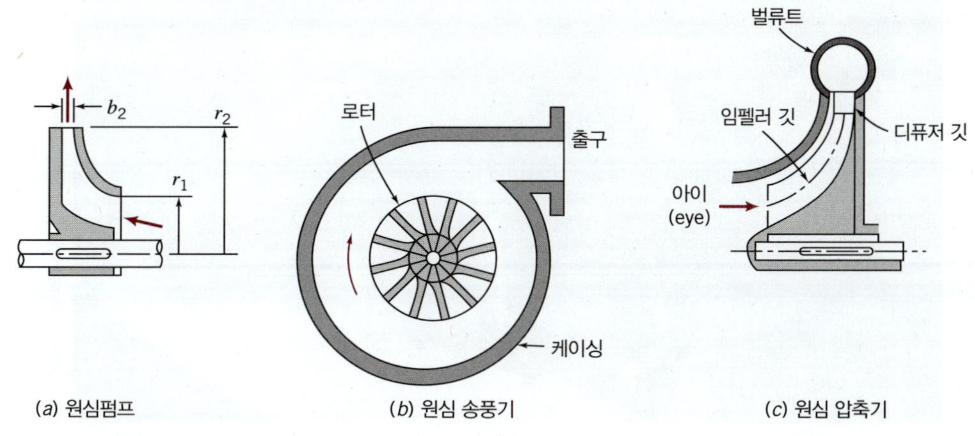

그림 10.1 대표적인 원심형 터보기계 개략도[2].

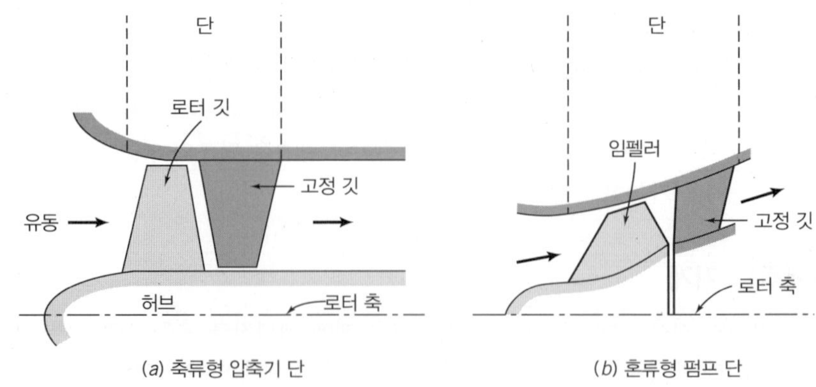

그림 10.2 대표적인 축류형 및 혼류형 터보기계 개략도[2].

대표적인 축류형 터보기계와 혼류형 터보기계가 그림 10.2에 개략적으로 제시된다. 그림 10.2a는 대표적인 축류형 압축기 단을 나타낸다. 이런 유체기계에서 회전 요소는 로터로 불리고, 유동의 확산은 고정 깃(스테이터)에서 이루어진다. 유동은 로터 축과 거의 평행하게 유입되고, 단을 통과하는 동안 거의 동일한 직경을 유지한다. 그림 10.2(b)의 혼류형 펌프에서는 유동이 단을 통과하면서 바깥쪽으로 회전되고, 반경이 커지는 쪽으로 움직인다. 축류형 유체기계들은 원심형 기계들에 비하여 효율이 높고 전면면적은 작아지지만, 높은 압력비는 얻을 수 없다. 결과적으로 축류형 유체기계는 여러 개의 단으로 구성될 가능성이 있어서 원심형 기계들보다 더 복잡하게 만든다. 그림 10.3은 다단 축류형 압축기이다. 이 사진에서는 외부 하우징(고정 깃이 붙어 있는)이 제거되어 로터 깃 열들이 확실하게 보인다.

기계의 형식에 따라 다르긴 하지만 단단(single stage)에서 효율적으로 얻을 수 있는 압력상승은 제한되어 있다. 이러한 제한에 대한 이유는 이런 종류의 유체기계에 대한 압력구배로부터 설명될 수 있다. 펌프나 압축기에서 역압력구배 안에 있는 경계층은 안정적이지 않다. 그래서 펌프나 압축기 내의 유동에서 경계층 박리가 일어나기 쉽다. 경계층의 박리는 임펠러의 항력을 증가시켜 회전에 필요한 일의 증가로 연결되어 효율의 감소로 나타난다.

프로펠러는 근본적으로 외부 하우징 없이 작동되는 축류형 장치이고, 기체나 액체 속에서 작동하도록 설계될 수 있다. 선박용 프로펠러는 큰 **고형성**(*solidity*)을 갖게 하기 위하여 반경에 비해 넓은 깃으로 설계

그림 10.3 가스터빈용 다단 축류형 압축기의 로터 사진(General Electric사에서 사진 제공).

하는 경향이 있다. 항공기용 프로펠러는 비교적 낮은 고형성을 갖게 하기 위하여 길고 얇은 깃으로 설계한다. 이러한 기계들은 10.6절에서 상세하게 논의될 것이다.

유체로부터 일(동력)을 추출하는 기계

유체로부터 일 또는 동력의 형태로 에너지를 추출하는 기계들을 **터빈**이라고 부른다. 작동 유체가 물인 **수력터빈**에서 유동은 비압축성이다. **가스터빈**이나 **증기터빈**에서는 작동 유체의 밀도가 크게 변한다. 터빈에서 하나의 단은 보통 유동을 가속시켜서 압력에너지 일부를 운동에너지로 바꾸어주는 요소로 구성된다. **로터**, **휠** 또는 **러너**는 휠에 장착된 **베인**, **날개 깃** 혹은 **버킷**을 통해 유동으로부터 운동에너지를 추출한다.

터빈은 일반적으로 충동터빈과 반동터빈의 두 가지로 분류된다. **충동터빈**(*impulse turbine*)은 하나 또는 여러 개의 고속 자유제트에 의하여 구동된다. 충동터빈의 고전적인 예는 물레방아이다. 물레방아에서 물 제트는 중력에 의해 작동되어 물의 운동에너지가 바퀴에 전달되고 일을 한다. 좀 더 현대적인 형태의 충동터빈에서는 제트가 터빈 휠 외부에 있는 노즐에 의해 고속으로 가속된다. 만약에 마찰과 중력이 무시된다면 유체가 터빈 버킷을 지나갈 때 유체의 압력이나 러너에 대한 속도는 변화하지 않는다. 따라서 충동터빈에 대해서 유체의 가속과 수반되는 압력강하는 깃 외부에 있는 노즐 속에서 일어나며, 유체의 큰 운동량 변화의 결과로서 일이 추출된다.

반동터빈(*reaction turbine*)에서 압력 변화의 일부는 외부에서 일어나고, 일부는 가동 깃 안에서 일어난다. 유체가 노즐이나 **안내 깃**(*guide vane*) 또는 **쪽문**(*wicket gate*)이라고 하는 고정 깃을 지나갈 때 유동은 적절한 방향으로 러너로 유입되기 위해 방향이 변한다. 로터에 대한 부가적인 유체 가속은 가동 깃 안에서 발생되므로, 물줄기의 상대속도와 압력은 둘 다 러너를 지나면서 변한다. 반동터빈은 유체가 꽉 찬 상태로 작동하기 때문에, 일반적으로 충동터빈보다 주어진 전체 크기에 대해 더 많은 동력을 만들 수 있다.

그림 10.4는 적용되는 곳이 다른 터빈들을 보여준다. 그림 10.4a는 펠턴 터빈으로서, 수력발전소에서 사용되는 충동터빈 휠의 한 종류를 나타낸다. 그림 10.4b는 축류 증기터빈 로터의 사진으로 반동터빈의 한 예이다. 그림 10.4c는 풍력터빈 단지를 보여준다. 풍력터빈은 프로펠러처럼 역시 외부 하우징 없이 작동하는 반동터빈의 또 다른 예이다.

그림 10.5에 몇 가지 대표적인 수력터빈을 개략적으로 나타냈다. 그림 10.5a는 터빈 러너의 평면에 놓여 있는 단일 제트에 의해 구동되는 충동터빈을 나타낸다. 제트에서 분출된 물이 연속적으로 각각의 버킷을 때린 후, 방향이 바뀌어 버킷으로 유입될 때와는 거의 반대방향의 상대속도를 가지고 버킷을 빠져나간다. 버킷을 통과한 유체는 **방수로**로 떨어진다(그림에서는 보이지 않음).

Francis형의 반동터빈이 그림 10.5b에 제시되어 있다. 유입되는 물은 터빈 케이싱을 통해 원주 방향으로 흐른다. 물은 고정 안내 깃의 주위로 들어와 러너 쪽으로 흐른다. 물은 거의 반경 방향으로 러너에 유입되고, 거의 축 방향으로 유출되도록 아래쪽으로 방향을 바꾼다. 유동 형태는 원심펌프의 경우와 정반대로

Satakorn Sukontakajonkul/Alamy Stock Photo

(*a*) 펠턴 터빈

Courtesy of Siemens Energy

(*b*) 증기터빈 로터

Courtesy of Siemens Energy

(*c*) 풍력터빈 단지

그림 10.4 다양한 터빈의 사진

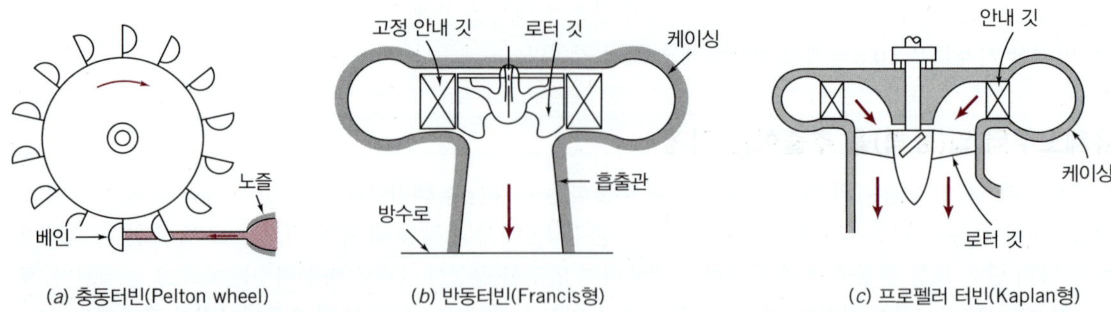

(a) 충동터빈(Pelton wheel) (b) 반동터빈(Francis형) (c) 프로펠러 터빈(Kaplan형)

그림 10.5 대표적인 수력터빈 개략도[2].

생각할 수 있다. 러너에서 유출된 물은 방수로로 들어가기 전에 **흡출관**(*draft tube*)으로 알려진 디퓨저로 흘러간다. 그림 10.5c는 Kaplan형 프로펠러 터빈을 나타낸다. 물의 유입은 Francis 터빈에서 서술한 것과 유사하다. 그러나 물은 터빈 러너로 들어오기 전에 거의 축 방향으로 방향이 바뀐다. 러너에서 유출된 유동은 흡출관을 통과한다.

그러므로 터빈은 단순한 풍차에서부터 세심하게 설계된 배열의 다단 로터를 갖는 복잡한 가스터빈과 증기터빈까지 총망라한다. 또한 이런 장치는 각운동량 원리를 적용하여 이상적인 형태로 해석될 수 있다.

한 개의 터빈 단에서 허용되는 압력강하는 한 개의 압축기 단에서 허용되는 압력상승보다 보통 크다. 그 차이점은 순압력 기울기 때문이며, 이것은 압축기의 경우에서보다 경계층 박리를 훨씬 덜 일으킨다.

비속도, **유량계수**, **토크계수**, **동력계수**, **압력비**와 같은 무차원 변수들은 터보기계의 성능 특성을 나타내는 데 빈번히 사용된다. 이 무차원 파라미터들에 관해서는 이 책의 뒷부분에 있는 적당한 위치에서 더 토의하기로 한다.

적용 범위

터보기계 산업은 아주 중요한데 펌프와 압축기들의 적절한 설계, 제작, 선정과 응용은 경제적으로 아주 중요한 역할을 하는 요소들이다. 실제 터보기계의 설계에는 방대한 기술적 지식을 필요로 하는데, 유체역학, 재료, 베어링, 봉인기술, 진동 등에 지식들이 포함된다. 우리의 목표는 작동 유체의 유동설계에 대한 단순화한 해석적 기초를 예를 들어 충분히 자세하게 그 과정을 제시하는 것이며, 또한 단순화한 해석모델로부터 얻어지는 결과들에 대한 제한적인 요소들에 대해 짧게 토의하는 것이다. 이 주제에 내재한 복잡성은, 많은 경우 우리는 실제적인 유체기계의 성능을 파악하는 데 실험 결과와 그 상관관계를 필요로 한다는 것이다.

10.2 터보기계의 해석

우리는 검사체적에 적용되는 질량, 선운동량 및 에너지 보존에 관한 식들을 사용하여 터보기계들에 관한 해석을 진행할 예정이다. 다음에 나오는 해석은 유체의 유동에 일을 더해주거나 추출하는 기계에 모두 적용된다.

각운동량 원리: Euler 터보기계 방정식

4장에서 각운동량 원리가 유한 검사체적에 적용되었으며, 그 결과는 식 (4.46)과 같다.

$$\vec{r}\times\vec{F}_s+\int_{CV}\vec{r}\times\vec{g}\rho dV\!\!\!\!-+\vec{T}_{\text{shaft}}=\frac{\partial}{\partial t}\int_{CV}\vec{r}\times\vec{V}\rho dV\!\!\!\!-+\int_{CS}\vec{r}\times\vec{V}\rho\vec{V}\cdot d\vec{A} \tag{4.46}$$

식 (4.46)은 표면력과 체적력의 모멘트와 작용된 토크가 유동의 각운동량 변화와 같음을 말한다. 표면력은 마찰과 압력에 의한 힘이고, 체적력은 중력에 의한 힘, 작용된 토크는 유체에 일을 하는지 또는 유체로부터 일을 추출하는지에 따라 각각 정해지는 양(+) 또는 음(−)의 값이다. 각운동량 변화는 검사체적 내의 각운동량의 변화 또는 검사표면을 가로지르는 각운동량 플럭스로 생긴다.

이제 식 (4.46)은 터보기계의 해석을 위해 단순화될 것이다. 먼저, 축의 토크를 계산하기 위해 로터를 포함하는 고정 검사체적을 선택하는 것이 편리하다. 큰 축 토크가 있는 검사체적에서는 첫 번째 근사화로 표면력에 의한 토크가 무시될 수 있다. 이것은 압력 변화에 의해서 생기는 마찰과 토크를 무시한다는 것을 의미한다. 체적력은 대칭에 의해 무시될 것이다. 따라서 정상유동일 때 식 (4.46)은 다음과 같이 된다.

$$\vec{T}_{\text{shaft}} = \int_{\text{CS}} \vec{r} \times \vec{V} \rho \vec{V} \cdot d\vec{A} \tag{10.1a}$$

식 (10.1a)는 일을 **받는** 유체기계는 유체 운동량의 변화를 위해 토크가 **필요하고**, 일을 **추출하는** 유체기계는 유체 운동량 변화로 인해 토크가 **만들어짐**을 의미한다.

그림 10.6에 나타낸 것처럼 일반화된 터보기계의 로터를 포함하는 **고정** 검사체적을 선택하자. 고정 좌표계는 z축이 기계의 회전축과 일치되도록 선택된다. 이상화된 속도성분들이 그림에 보인다. 유체는 반경 r_1에서 로터에 균일한 절대속도 $\vec{V}_1$로 유입되고, 반경 r_2에서 로터로부터 균일한 절대속도 $\vec{V}_2$로 유출된다. 10.1절에서 로터로 들어오는 **균일유동**과 단면 10.2절에서 로터로부터 유출되는 균일유동에 대해 식 (10.1a)는 다음과 같이 된다.

$$T_{\text{shaft}}\hat{k} = (r_2 V_{t_2} - r_1 V_{t_1})\dot{m}\hat{k} \tag{10.1b}$$

$\vec{r} \times \vec{V}$에서 위치벡터 $\vec{r}$은 순전히 반지름 방향이므로 외적 계산결과에는 접선속도 V_t만 남는다. 또는 스칼라 형태로

$$T_{\text{shaft}} = (r_2 V_{t_2} - r_1 V_{t_1})\dot{m} \tag{10.1c}$$

이 식을 유도하기 위해 적용된 가정은 **정상**, **무마찰 유동**이고, 입구와 출구에서 **균일유동**이며, **압력 영향을 무시한다**는 것이다. 식 (10.1c)는 모든 터보기계에 적용할 수 있는 토크와 각운동량 사이의 기본관계식이고, 이 식을 *Euler* **터보기계 방정식**이라고 한다.

식 (10.1c)에 나타낸 각각의 속도는 검사표면을 가로지르는 유체의 절대속도의 접선성분이다. 접선속도는 깃 속도 U와 같은 방향일 때는 양(+)의 값이 되도록 선택된다. 이 부호 규약은 펌프, 팬, 송풍기, 압

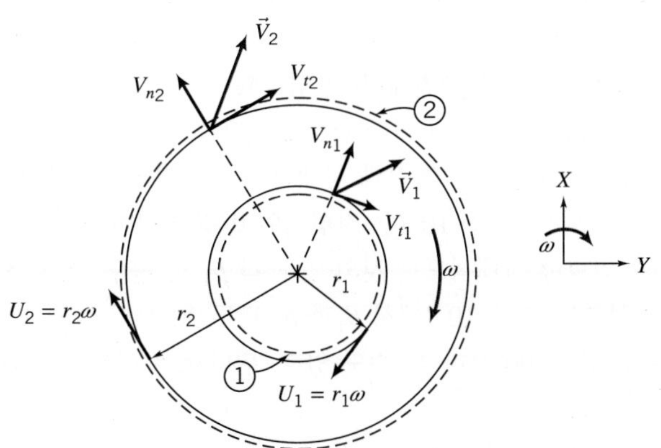

그림 10.6 각운동량 해석을 위한 유한 검사체적과 절대속도 성분.

축기에서는 $T_{\text{shaft}} > 0$이고, 터빈에서는 $T_{\text{shaft}} < 0$이다.

터보기계의 로터에 행해진 일률(기계적 동력 $\dot{W}_m$)은 로터의 각속도 $\vec{\omega}$와 작용된 토크 $\vec{T}_{\text{shaft}}$의 내적으로 주어진다. 식 (10.1b)를 사용하여 다음 식을 얻는다.

$$\dot{W}_m = \vec{\omega} \cdot \vec{T}_{\text{shaft}} = \omega\hat{k} \cdot T_{\text{shaft}}\hat{k} = \omega\hat{k} \cdot (r_2 V_{t_2} - r_1 V_{t_1})\dot{m}\hat{k}$$

또는

$$\dot{W}_m = \omega T_{\text{shaft}} = \omega(r_2 V_{t_2} - r_1 V_{t_1})\dot{m} \tag{10.2a}$$

식 (10.2a)에 의하면 유체의 각운동량은 축 일이 가해지면 증가된다. 펌프에서는 $\dot{W}_m > 0$이고, 유체의 각운동량은 반드시 증가되어야 한다. 터빈에서는 $\dot{W}_m < 0$이고, 유체의 각운동량은 반드시 감소되어야 한다.

식 (10.2a)는 두 개의 다른 유용한 형태의 식으로 나타낼 수 있다. $U = r\omega$를 이용하면(U는 반경이 r인 곳에서 로터의 접선속도)

$$\dot{W}_m = (U_2 V_{t_2} - U_1 V_{t_1})\dot{m} \tag{10.2b}$$

식 (10.2b)를 $\dot{m}g$로 나누면 유동에 가해진 이론상의 수두라고 하는 길이 차원의 양을 얻는다.

$$H = \frac{\dot{W}_m}{\dot{m}g} = \frac{1}{g}(U_2 V_{t_2} - U_1 V_{t_1}) \tag{10.2c}$$

식 (10.1)과 (10.2)는 검사체적에 관한 각운동량 방정식의 간략한 형태이다. 이 식들은 각 단면에서 정상, 균일유동이라는 가정하에 고정 검사체적에 대해 쓴 것이다. 이 식들은 출구단면과 입구단면 사이에서 rV_t 또는 UV_t 곱의 차이만이 로터에 작용된 토크나 기계적 동력을 결정하는 데 있어 중요함을 보여준다. 그림 10.6에서 $r_2 > r_1$일지라도, 위 식은 기하학적인 형상에 제한을 받지 않는다. 즉, 유체는 동일하거나 서로 다른 반경 위치에서 유입되거나 유출될 수 있다. 따라서 이 방정식들은 축류, 반경류, 혼류 유체기계에 대해서 사용될 수 있다.

속도선도

앞에서 유도한 방정식들은 입구와 출구 단면에서 로터와 유체의 속도성분을 명확히 정의해야 하는 중요성도 나타낸다. 이 목표를 위하여 입구와 출구 유동에 대한 **속도선도**(*velocity diagrams*)를 전개하는 것이 유용하다. 그림 10.7은 속도선도를 나타내고 깃과 유동 각도에 대한 기호를 소개한다. 기억해야 할 중요한 기호는 변수 V가 전형적으로 절대속도, 즉 정지한 관찰자에 상대적인 유동속도를 가리키는 데 사용된 것이다. 반면에 변수 W는 회전하는 깃에 상대적인 유동속도를 나타낸다.

유체기계는 유체가 깃을 통과하는 동안 매끄러운 유동이라는 **설계조건**에서 설계된다. **설계속도**에서 이 상화된 상황에서 로터에 대한 유동은 각 단면에서 깃 형상에 접선 방향으로 유입되고 유출된다고 가정된다(이 이상적인 입구 상태를 무충격 입구유동이라 한다). 설계속도가 아닐 때 (때때로 실제 상태나 설계속도에서조차) 유체는 입구에서 깃에 충돌하고 깃과 상대각도로 나가거나, 상당한 유동의 박리가 일어나서 기계를 비효율적으로 만들지 모른다. 그림 10.7은 전형적인 반경류 유체기계를 나타낸다. 그림 10.7a에 보이는 바와 같이 유체는 원주 방향에 상대적으로 깃의 입구 각 β_1 및 출구 각 β_2를 가지고 유체기계 내를 큰 교란 없이 빠져나간다고 가정한다. 그림 10.7에서 β_1과 β_2 모두 90°보다 작게 보이지만 실제는 90°보다 작을 수도 있고, 90°가 될 수도 있고, 90°보다 클 수도 있다. 뒤따르는 해석들은 이러한 모든 가능성에 적용된다.

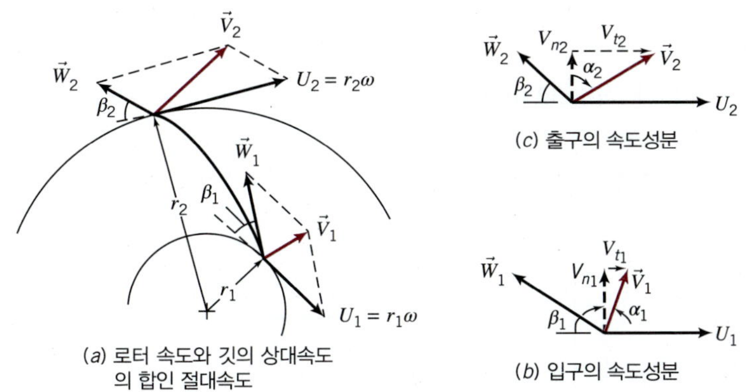

(*a*) 로터 속도와 깃의 상대속도의 합인 절대속도

(*c*) 출구의 속도성분

(*b*) 입구의 속도성분

그림 10.7 대표적인 반경류형 유체기계에 대한 속도선도.

입구에서 러너의 속도는 $U_1 = r_1\omega$인데, 따라서 이 속도는 임펠러의 형상과 유체기계의 작동속도에 따라 명시된다. 절대 유체속도는 임펠러의 속도와 깃에 대한 상대 유동속도와의 벡터 합이다. 그림 10.7b와 같이 입구의 절대속도 $\vec{V}_1$은 그래프로 결정된다. 각 α_1은 그림에서처럼 유동면에 수직인 방향으로부터 잰 절대속도 벡터의 각도이다. 각 α_1과 α_2는 $\vec{V}_1$과 $\vec{V}_2$로 유동할 때의 유량 Q와 U_1과 U_2로 회전하는 로터 속도 ω에 따라 변할 것이다. 절대속도의 접선성분 V_{t_1}과 유동면에 수직성분 V_{n_1} 역시 그림 10.7b에 표시된다. 각 단면에서 절대속도의 수직성분 V_n과 깃에 대한 상대속도의 수직성분 W_n이 같은 이유는 수직속도를 갖지 않기 때문이다. 유체기계 입구의 절대속도는 입구에 선회류가 있는지에 달려있다. 이 선회류는 원주방향의 속도성분이 존재한다는 것이다. 입구에서의 유동에 선회류가 없는 경우 입구에서의 절대속도는 단순한 반경방향 유동이다.

출구단면에서의 속도선도도 위와 유사하게 구성된다. 출구에서의 러너 속도는 $U_2 = r_2\omega$이며, 이 속도는 터보기계의 형상과 작동속도로부터 구할 수 있다. 그림 10.7c에 보이는 것처럼 상대유동은 깃에 대한 접선 방향으로 임펠러로부터 유출한다고 가정된다. 이렇게 유체를 완전하게 유도한다고 이상화시킨 가정은 설계조건에서 상대적인 출구유동의 방향을 결정한다.

원심펌프 또는 반동터빈에서 일반적으로 깃에 대한 상대속도의 크기는 입구에서 출구까지 그 크기가 변한다. 각 단면에서 속도의 수직성분을 결정하기 위해서는 연속방정식이 적용되어야 한다. 반경류형 기계에서는 이 수직성분과 출구 깃 각은 임펠러 출구에서 깃에 대한 상대속도를 결정하는 데 사용된다. 그림 10.7c에 나타낸 것과 같이 속도선도는 깃에 대한 상대속도와 휠 속도의 벡터 합에 의해 완성된다.

입구와 출구 속도선도는 식 (10.1)과 (10.2)를 이용하여 임펠러에 의해 흡수되거나 전달되는 이상적인 조건하에서의 토크 또는 동력을 계산하는 데 필요한 모든 정보를 제공한다. 아래에 열거하는 이상적인 조건들을 만족시킨다고 가정하였으므로 위의 계산 결과는 설계 운전점에서 이상적인 조건으로 작동하는 터보기계의 성능을 나타낸다.

- 표면력(점성력과 압력힘)에 의한 토크 무시
- 깃에 접선 방향의 입구 및 출구 유동
- 입구와 출구에서 균일유동

실제 터보기계는 이러한 가정 모두를 따르기 어렵기 때문에 이런 해석 결과는 실제 기계 성능의 상한값을 대신한다. 예제 10.1은 이상화된 원심펌프를 해석하기 위해 Euler 터보기계 방정식을 적용한 것이다.

예제 10.1 이상화된 원심펌프

원심펌프가 물 0.009 m³/s을 송출하기 위해 사용된다. 직경 32 mm인 입구를 통해 임펠러에 축 방향으로 물이 유입된다. 입구속도는 축 방향이고 균일하다. 임펠러 출구 직경은 100 mm이다. 유동은 반경 방향 깃에 대해 3 m/s로 임펠러로부터 송출된다. 임펠러의 회전속도는 3,450 rpm이다. 임펠러 출구 폭 b_2, 입력토크, 그리고 Euler 터보방정식에 의해 예측되는 동력을 구하라.

주어진 자료: 유동은 그림과 같다.

$V_{r_2} = 3\ \text{m/s},\ Q = 0.009\ \text{m}^3/\text{s}$

찾는 자료: (a) b_2

(b) T_{shaft}

(c) $\dot{W}_m$

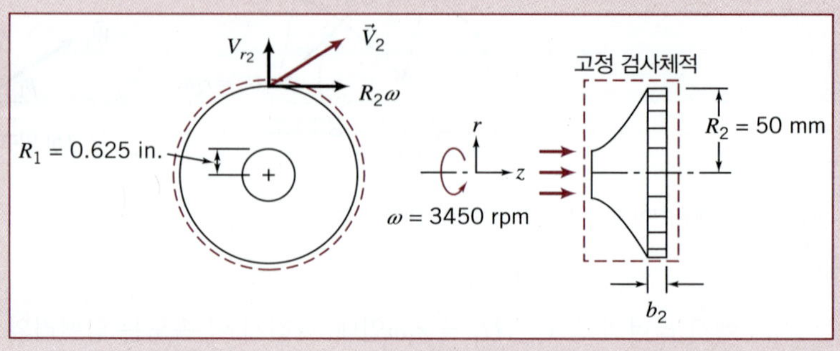

풀이: 고정 검사체적에 Euler 터보기계 방정식을 적용하라.

지배방정식:

$$T_{\text{shaft}} = (r_2 V_{t_2} - r_1 V_{t_1})\dot{m} \tag{10.1c}$$

$$\overset{=0(2)}{\frac{\partial}{\partial t}\int_{\text{CV}} \rho d\forall} + \int_{\text{CS}} \rho \vec{V} \cdot d\vec{A} = 0 \tag{4.12}$$

가정: 1 체적력과 표면력에 의한 토크는 무시

2 정상유동

3 입구와 출구 단면에서의 균일유동

4 비압축성유동

연속방정식으로부터

$$(-\rho V_1 \pi R_1^2) + (\rho V_{r_2} 2\pi R_2 b_2) = 0$$

또는

$$\dot{m} = \rho Q = \rho V_{r_2} 2\pi R_2 b_2$$

그러므로

$$b_2 = \frac{Q}{2\pi R_2 V_{r_2}} = \frac{0.009\ \text{m}^3/\text{s}}{2\pi \times 50\ \text{mm} \times \dfrac{\text{m}}{1000\ \text{mm}} \times 3\ \text{m/s}}$$

$$b_2 = 9.5 \times 10^{-3}\ \text{m 또는 } 9.5\ \text{mm} \longleftarrow b_2$$

축 방향 접선속도 $V_{t_1} = 0$이고, 반경 방향 출구 깃의 $V_{t_2} = R_2\omega$이므로 식 (10.1c)는 다음과 같이 된다.

$$T_{\text{shaft}} = R_2^2 \omega \dot{m} = \omega R_2^2 \rho Q$$

($\dot{m} = \rho Q$). 그리고

$$T_{\text{shaft}} = \omega R_2^2 \rho Q = 360 \frac{\text{rad}}{\text{s}} \times (50\ \text{mm})^2 \times \frac{\text{m}^2}{(1000\ \text{mm})^2} \times 1000 \frac{\text{kg}}{\text{m}^3} \times 0.009 \frac{\text{m}^3}{\text{s}}$$

$$T_{\text{shaft}} = 8.1\ \text{N} \cdot \text{m} \longleftarrow T_{\text{shaft}}$$

그리고

$$\dot{W}_m = \omega T_{\text{shaft}} = 360\frac{\text{rad}}{\text{s}} \times 8.1\,\text{N}\cdot\text{m} \times \frac{\text{J}}{\text{N}\cdot\text{m}} \times \frac{\text{W}\cdot\text{s}}{\text{J}}$$

$$\dot{W}_m = 2.916 \times 10^3\ \text{W} \longleftarrow \dot{W}_m$$

이 문제는 원심형 유체기계의 고정 검사체적에 Euler 터보기계 방정식을 적용하는 예를 제시한다.

성능—수력동력

터보기계의 로터에 각운동량 방정식[식 (10.1c)와 (10.2a)]을 적용하여 예측되는 토크와 동력은 이상화된 값들이다. 실제에 있어서는 로터 동력과 유체에너지의 변화율은 동일하지 않다. 점성의 영향, 불균일유동, 깃 입구나 출구에서 유동과 깃의 방향의 불일치, 디퓨저의 비효율성 등이 에너지 또는 동력의 손실의 원인들이다. 에너지 소산은 밀봉부와 베어링 내에서 발생하고, 로터와 기계의 하우징 사이에서 유체마찰('windage' 손실)로 발생한다. 이러한 손실들 때문에 펌프에서 유체로 전달된 실제 동력은 각운동량 방정식에 의해 예측되는 동력보다 적다. 터빈의 경우 축에 전달되는 실제 동력은 유체유동에 의해 제공된 동력보다 적다.

기계가 유체에 일을 하는지 아니면 유체로부터 일을 추출하는지에 따라 유체기계의 동력, 수두, 효율을 정의할 수 있다. 펌프에 대해서 **수력동력**은 단위시간당 유체에 입력되는 기계적 에너지로 주어진다.

$$\dot{W}_h = \rho Q g H_p \tag{10.3a}$$

여기서

$$H_p = \left(\frac{p}{\rho g} + \frac{\overline{V}^2}{2g} + z\right)_{\text{discharge}} - \left(\frac{p}{\rho g} + \frac{\overline{V}^2}{2g} + z\right)_{\text{suction}} \tag{10.3b}$$

마찰에 의한 손실 등에 의한 효율의 저하 때문에 펌프를 구동하기 위해 필요한 기계적 입력동력이 작동 유체의 수두증가로 표시할 수 있는 출력동력보다 크다. 이를 기초로 우리는 **펌프의 효율**을 다음과 같이 정의한다.

$$\eta_p = \frac{\dot{W}_h}{\dot{W}_m} = \frac{\rho Q g H_p}{\omega T} \tag{10.3c}$$

수력터빈에 대해서 **수력동력**은 흐르는 유체로부터 추출하는 단위시간당 기계적 에너지로 정의된다.

$$\dot{W}_h = \rho Q g H_t \tag{10.4a}$$

여기서

$$H_t = \left(\frac{p}{\rho g} + \frac{\overline{V}^2}{2g} + z\right)_{\text{inlet}} - \left(\frac{p}{\rho g} + \frac{\overline{V}^2}{2g} + z\right)_{\text{outlet}} \tag{10.4b}$$

수력터빈에서 로터의 출력동력은 유체로부터 로터로 전달되는 단위시간당 에너지보다 적다. 왜냐하면 로터는 마찰과 기계의 하우징과 로터 사이의 유체마찰을 극복해야 하기 때문이다. 터빈으로부터 얻은 기계적 출력동력은 다음과 같은 **터빈효율**을 정의함으로써 수력동력과 연관된다.

$$\eta_t = \frac{\dot{W}_m}{\dot{W}_h} = \frac{\omega T}{\rho Q g H_t} \tag{10.4c}$$

식 (10.4a)와 (10.4b)는 수력터빈으로부터 최대 출력동력을 얻기 위해서 터빈을 빠져나가는 유동의 기계적 에너지가 최소로 되어야 한다는 것을 보여준다. 이것은 출구압력, 유동속도 그리고 고도를 작게 하면 가능하다.

차원해석과 비속도

터보기계에 대한 차원해석은 7장에서 소개되었으며 무차원 유량, 수두, 동력계수들이 일반적인 형태로 유도되었다. 독립변수는 유량계수와 Reynolds 수였고, 종속변수는 수두계수와 동력계수였다.

일반적으로 사용되는 무차원 계수를 유도하고, 유체기계의 종류를 선정하고, 모형실험을 계획하고, 일정 비율로 축소 또는 확대하는 예를 제시하고자 한다. 터보기계에 대해 이상적인 이론을 전개했기 때문에 무차원 계수들을 최종 계산식으로부터 직접 전개함으로써 부가적인 물리적 통찰력을 얻을 수 있다. 그리고 나서 이런 표현식을 10.3절에 있는 상사 법칙을 통해 터보기계의 축소나 확대에 적용할 것이다.

무차원 **유량계수** Φ는 출구 면적과 출구에서의 회전차의 접선방향 속도 U_2를 이용하여 체적유량을 무차원화함으로써 정의된다.

$$\Phi = \frac{Q}{A_2 U_2} = \frac{V_{n_2}}{U_2} \tag{10.5}$$

여기서 V_{n_2}는 출구면에 수직한 속도성분이다. 이 성분은 회전차 출구 평면에서의 **자오선 속도**(*meridional velocity*)라 부른다. 이것은 **자오선 평면**, 즉 기계의 중심선을 통한 임의의 반경 방향 단면에 실제로 투영된 속도로 나타난다.

무차원 수두계수 Ψ는 수두 H[식 (10.2c)]를 U_2^2/g로 무차원화함으로써 얻을 수 있다. 따라서

$$\Psi = \frac{gH}{U_2^2} \tag{10.6}$$

무차원 토크계수 τ는 토크 T[식 (10.1c)]를 $\rho A_2 U_2^2 R_2$로 무차원화함으로써 구할 수 있다.

$$\tau = \frac{T}{\rho A_2 U_2^2 R_2} \tag{10.7}$$

끝으로 무차원 동력계수 Π는 동력 $\dot{W}$[식 (10.2b)]를 $\dot{m} U_2^2 = \rho Q U_2^2$로 무차원화함으로써 얻을 수 있다.

$$\Pi = \frac{\dot{W}}{\rho Q U_2^2} = \frac{\dot{W}}{\rho \omega^2 Q R_2^2} \tag{10.8}$$

펌프에서 기계적 입력동력은 수력동력보다 크고, 효율은 $\eta_p = \dot{W}_h/\dot{W}_m$[식 (10.3c)]으로 정의된다. 그러므로

$$\dot{W}_m = T\omega = \frac{1}{\eta_p}\dot{W}_h = \frac{\rho Q g H_p}{\eta_p} \tag{10.9}$$

무차원 계수 Φ[식 (10.5)], Ψ[식 (10.6)]와 τ[식 (10.7)]를 식 (10.9)에 대입함으로써 다음과 같은 무차원 계수 사이의 관계를 얻는다.

$$\tau = \frac{\Psi\Phi}{\eta_p} \tag{10.10}$$

터빈에서는 기계적 출력동력이 수력동력보다 작고, 효율은 $\eta_t = \dot{W}_m/\dot{W}_h$[식 (10.4c)]로 정의된다. 그러므로

$$\dot{W}_m = T\omega = \eta_t \dot{W}_h = \eta_t \rho Q g H_p \tag{10.11}$$

무차원 계수 Φ, Ψ, τ를 식 (10.11)에 대입함으로써, 다음과 같은 무차원 계수 사이의 관계를 얻는다.

$$\tau = \Psi\Phi\eta_t \tag{10.12}$$

무차원 계수들은 모형실험을 계획하고 그 결과를 축소 또는 확대하는 기초를 마련한다. 7장에서 학습한 것처럼 유량계수는 독립변수로 간주된다. 그리고 점성 영향이 무시되면 수두, 토크, 동력계수들은 다중 종속변수로 취급된다. 이러한 가정하에 동역학적 상사는 모형과 원형 기계 사이에 유량계수가 일치될 때 이루어진다.

7장에서 검토한 것처럼, **비속도**(*specific speed*)라고 부르는 유용한 변수는 유량계수와 수두계수를 결합하고 유체기계의 크기를 제거함으로써 구할 수 있다. 결과는 다음 식과 같다.

$$N_S = \frac{\omega Q^{1/2}}{h^{3/4}} \tag{7.22a}$$

여기서 수두 h는 단위질량당 에너지[즉, 차원식으로 L^2/t^2 또는 액체의 높이로 표시되며 식 (6.16a)로 정의되는 단위중량당 에너지인 수두 H와 중력가속도 g의 곱]로 나타내고, ω는 rad/s로 나타내며, 식 (7.22a)에 의해 정의된 비속도는 무차원이다.

위의 비속도 N_S의 차원은 무차원이지만 ω와 Q를 실제 현장에서 많이 사용하는 좀 더 친근한 단위로 특정하고, 단위질량당 에너지인 h도 유체의 단위중량당 에너지인 H로 대체하여 식 (7.22a)를 '공학적으로' 변형한 식을 사용하는 것이 일반적인 관습이다. 이렇게 단위들을 대체하여 계산되는 관습적으로 사용하는 비속도 $N_{S_{cu}}$는 무차원 변수가 아니며, 그 크기는 이 $N_{S_{cu}}$를 계산하는 데 사용하는 단위들에 따라 다른 값을 가지게 된다. 펌프에 관해 공학계에서 관습적으로 ω에 대해서는 rpm, Q에 대해서는 m³/h, H에 대해서는 m를 단위로 사용하고 있다. 한편 실제 현장에서는 펌프 임펠러의 회전수(ω)를 rpm으로 나타내는데, 이 회전수를 표시하는 기호로 N이 주로 사용되고 있다. 그러므로 공학계에서 펌프에 사용하는 관습적인 단위들로 표현된 차원이 있는 비속도는 다음과 같이 쓸 수 있다.

$$N_{S_{cu}} = \frac{N(\text{rpm})[Q(\text{m}^3/\text{h})]^{1/2}}{[H(\text{m})]^{3/4}} \tag{7.22b}$$

터빈의 출력동력(또는 출력)은 유량과 수두의 곱에 비례한다. 즉, $\mathcal{P} \propto \rho Q h$이고 차원은 일관적이다. 식 (7.22a)의 Q 대신 $\mathcal{P}/\rho h$를 대입하면 터빈에 대한 무차원 비속도는 다음과 같다.

$$N_S = \frac{\omega}{h^{3/4}}\left(\frac{\mathcal{P}}{\rho h}\right)^{1/2} = \frac{\omega \mathcal{P}^{1/2}}{\rho^{1/2} h^{5/4}} \tag{10.13a}$$

공학계에서는 터빈들에 비속도를 적용할 때 관습적으로 물이 변치않는 작동 유체이므로 $\rho^{1/2}$이 상수이니 위의 식에 포함된 항에서 제거하고 단위질량당 에너지인 h 대신에 수두의 값인 H를 사용한다. 수력터

빈의 비속도를 계산할 때 사용하는 단위로는 각속도 ω에 rpm, 동력 $\mathcal{P}$에 kW, 수두 H에 m를 사용하며, 실제로는 각속도 ω 대신에 기호 N으로 사용하며 단위는 그대로 rpm을 사용한다. 그러므로, 공학계에서 관습적으로 사용하는 단위들로 구성되었으며, 수력터빈에 적용하는 '공학'식인 차원이 있는 비속도의 식은 다음과 같다.

$$N_{S_{cu}} = \frac{N(\text{rpm})[\mathcal{P}(\text{kw})]^{1/2}}{[H(\text{m})]^{5/4}} \tag{10.13b}$$

비속도는 펌프가 단위유량으로 작동하고 있을 때 단위 수두를 생성할 수 있는 작동속도, 즉 임팰러의 회전수를 의미한다(또는, 수력터빈에 대해서는 단위 수두에 대한 단위동력을 얻을 수 있는 터빈 임팰러의 회전수). 이러한 비속도의 의미를 알기 위해 식 (7.22b)와 (10.13b)에서 실제 펌프와 터빈 임팰러의 회전수 N (rpm)에 대해 각각 풀어서 써보면, 펌프에 대해서는

$$N(\text{rpm}) = N_{s_{cu}} \frac{[H(\text{m})]^{3/4}}{[Q(\text{m}^3/\text{h})]^{1/2}}$$

수력터빈에 대해서는

$$N(\text{rpm}) = N_{s_{cu}} \frac{[H(\text{m})]^{5/4}}{[\mathcal{P}(\text{kw})]^{1/2}}$$

비속도를 일정하게 유지한다는 것은 상사조건을 만족시키는 유동의 조건으로 기하학적으로 상사한 유체기계의 모든 작동조건을 나타낸다고 설명할 수 있다.

설계점에서의 비속도로 기계를 특징짓는 것이 관례이다. 낮은 비속도는 반경류형 기계의 효율적 작동에 부합되고, 높은 비속도는 축류형 기계의 효율적 작동에 부합된다. 규정된 수두와 유량에서는 비속도가 낮은(저속도로 운전되는) 기계 또는 비속도가 높은(고속도로 운전되는) 기계 가운데 하나를 선택할 수 있다.

상용 펌프 설계에 이용되는 전형적인 임펠러 형상 및 크기비와 무차원 비속도의 관계가 그림 10.8에 있다. 이 그림에서 각 펌프의 크기는 비속도에 해당하는 속도로 회전할 때 동일한 수두와 유량이 되도록 조정되었다. 그러므로 만약에 펌프의 크기와 무게가 가장 중요하다면 높은 비속도를 선택해야 한다. 그림 10.8은 비속도의 증가에 따라 반경류형(순수한 원심펌프)에서 혼류형을 거쳐 축류형의 임펠러 형상으로 바뀌는 것을 보여준다.

그림 10.9는 비속도와 송출량 변화에 따른 효율의 경향을 보여주는데, 비속도의 증가에 따라 펌프의 용량이 일반적으로 증가함을 나타낸다. 이 그림에서는 또한 임의 비속도에서 효율은 송출량이 작은 펌프보다 큰 펌프에서 높다는 것을 보여준다. 물리적으로 이러한 척도효과(scale effect)는 점성에 의한 손실이 펌프 크기가 증가됨에 따라 덜 중요하다는 것을 의미한다.

수력터빈의 전형적인 로터 형상 및 크기비도 그림 10.10에 보이는 것처럼 비속도로 연관지을 수 있다. 그림 10.8과 같이 터빈의 크기는 비속도와 동일한 속도로 회전할 때 단위 수두에서 거의 동일한 동력을 발생하도록 크기비를 조절하여 나타낸 것이다. 터빈의 종류에 대한 효율곡선이 그림 10.11에 도시되어 있다. 펌프에 대해 가장 널리 쓰이는 비속도의 단위를 예제 10.2에서 정의하고 비교한다.

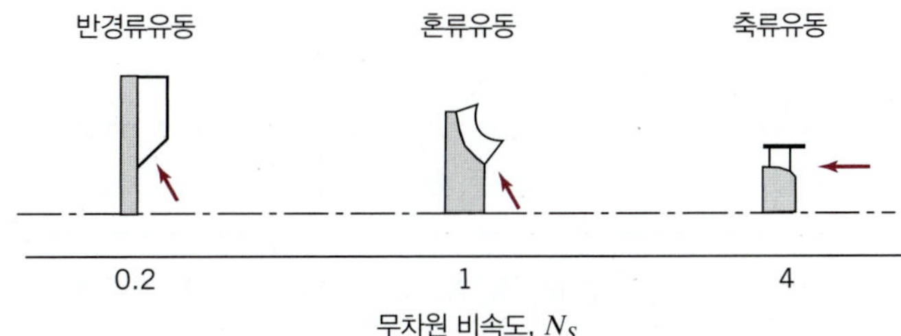

그림 10.8 무차원 비속도의 변화에 따른 상업용 펌프의 전형적인 임펠러 형상 및 크기비 비교[3].

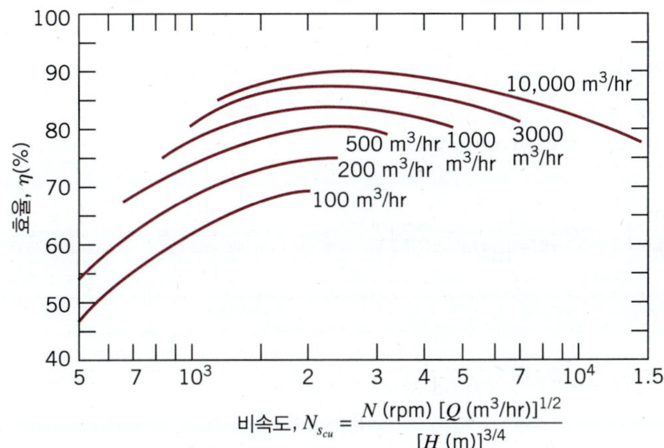

그림 10.9 비속도와 펌프의 크기 변화에 따른 상업용 펌프의 평균효율[4].

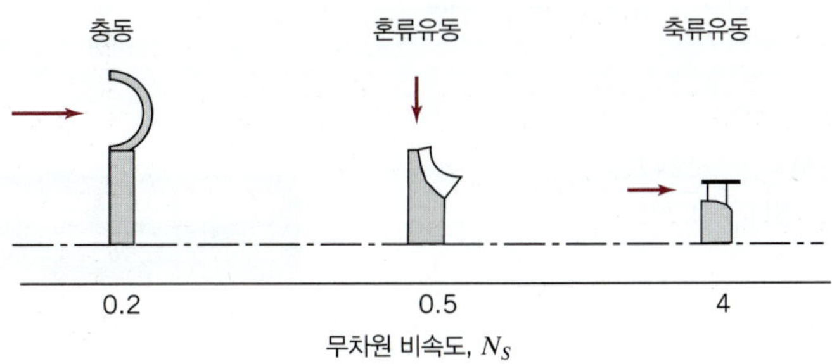

그림 10.10 무차원 비속도 변화에 따른 상업용 수력터빈의 전형적인 로터 형상 및 크기비 비교[3].

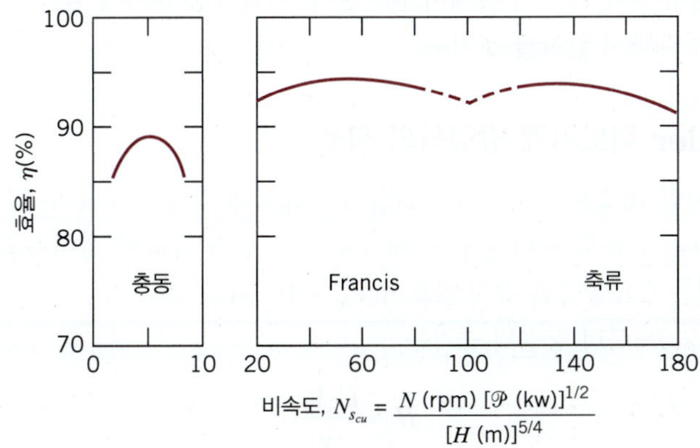

그림 10.11 비속도 변화에 따른 상업용 수력터빈의 평균 효율[4].

예제 10.2 비속도 정의에 대한 비교

직경이 $D = 200$ mm인 임펠러가 장착된 원심펌프의 최고 효율점에서 $N = 1170$ rpm이고, $Q = 68\ \text{m}^3/\text{h}$일 때 $H = 7$ m이다. 상응하는 공학단위 비속도와 무차원 비속도를 계산하라. 비속도들을 관련짓는 환산계수를 구하라.

주어진 자료: 최고 효율점(BEP)에서의 원심펌프, $H = 7$ m, $Q = 68\ \text{m}^3/\text{h}$, $N = 1170$ rpm인 펌프 특성을 가정하라.

찾는 자료: (a) 위에 주어진 SI 단위들을 사용한 공학단위 비속도
(b) 무차원 비속도
(c) 비속도들 사이의 환산계수

풀이:

지배방정식: $N_s = \dfrac{\omega Q^{1/2}}{h^{3/4}}$ 그리고 $N_{S_{cu}} = \dfrac{NQ^{1/2}}{H^{3/4}}$

주어진 정보로부터 식 (7.22b)에 대입하여 계산되는 공학단위 비속도는

$$N_{S_{cu}} = 1170\ \text{rpm} \times (68)^{1/2} \left(\frac{\text{m}^3}{h}\right)^{1/2} \times \frac{1}{7^{3/4}\ \text{m}^{3/4}} = 2242 \longleftarrow N_{S_{cu}}$$

단위질량당 에너지는

$$h = gH = 9.81\frac{\text{m}}{\text{s}^2} \times 6.68\ \text{m} = 65.5\ \text{m}^2/\text{s}^2$$

무차원 비속도는

$$N_s = 123\frac{\text{rad}}{\text{s}} \times (0.0190)^{1/2}\frac{\text{m}^{3/2}}{\text{s}^{1/2}} \times \frac{(\text{s}^2)^{3/4}}{(65.5)^{3/4}(\text{m}^2)^{3/4}} = 0.736 \longleftarrow N_s$$

비속도 비는

$$\frac{N_{S_{cu}}}{N_s(\text{SI})} = \frac{2242}{0.736} = 3046$$

이 문제는 펌프에 관한 무차원 및 공학단위의 비속도를 구하기 위한 공학식의 사용에 대해 설명한다.

10.3 펌프, 팬 그리고 송풍기

유체기계의 여러 가지 종류에 대해서 더 자세히 살펴본다. 비압축성 유체에 일을 더해주는, 즉 펌프, 팬, 송풍기와 같은 회전 기계에 대해서 알아볼 것이다.

원심펌프에 대한 Euler 터보기계 방정식의 적용

예제 10.1에 보이는 것처럼 10.2절의 처리법은 원심펌프 해석에 직접 적용될 수 있다. 그림 10.7은 단순한 원심펌프 임펠러를 지나는 유동을 나타낸다. 유체가 순수한 반경 방향의 절대속도로 임펠러에 유입되면, 임펠러에 유입되는 유체는 각운동량을 갖지 않으며 $V_{t_1} = 0$이다.

$V_{t_1} = 0$이면 식 (10.2c)로부터 양정의 증가는

$$H = \frac{U_2 V_{t_2}}{g} \tag{10.14}$$

그리고 그림 10.7c의 출구 속도선도로부터

$$V_{t_2} = U_2 - W_2 \cos\beta_2 = U_2 - \frac{V_{n_2}}{\sin\beta_2}\cos\beta_2 = U_2 - V_{n_2}\cot\beta_2 \tag{10.15}$$

그러면

$$H = \frac{U_2^2 - U_2 V_{n_2}\cot\beta_2}{g} \tag{10.16}$$

임펠러의 폭이 w이면, 체적유량은

$$Q = \pi D_2 w V_{n_2} \tag{10.17}$$

양정의 증가를 체적유량의 항으로 나타내기 위하여 식 (10.17)로부터 V_{n_2}를 Q의 항으로 대체한다. 따라서

$$H = \frac{U_2^2}{g} - \frac{U_2\cot\beta_2}{\pi D_2 w g}Q \tag{10.18a}$$

식 (10.18a)를 다시 정리하면

$$H = C_1 - C_2 Q \tag{10.18b}$$

여기서 상수 C_1과 C_2는 펌프의 기하학적 형상과 속도의 함수이다.

$$C_1 = \frac{U_2^2}{g} \quad \text{그리고} \quad C_2 = \frac{U_2\cot\beta_2}{\pi D_2 w g}$$

따라서 식 (10.18a)는 체적유량 Q의 변화에 따라 양정 H의 선형적인 변화를 예측한다. 상수 $C_1 = U_2^2/g$는 유량이 0일 때 펌프에 의해 발생하는 이상적인 양정을 나타낸다. 이 양정을 차단양정(*shutoff head*)이라고 한다. 이러한 선형적인 관계는 이상적인 모델이고 실제 유체기계에서는 선형에 가까운 결과를 보일 것이다. 실제 측정된 결과에 의해 곡선형태로 모델링 또는 곡선접합(curve-fitting)하는 것이 더 나은 모델이 될 것이다.

반경 출구 깃에서 $\beta_2 = 90°$이고, $C_2 = 0$이다. 출구에서 절대속도의 접선성분은 휠 속도와 같고, 유량과는 무관하다. 식 (10.18a)에서 이상적인 양정은 유량과 무관하다. 이런 $H - Q$ 특성곡선이 그림 10.12에 제시된다.

이러한 반경 방향으로 흐르는 유동을 갖는 유체기계의 특성은 그림에 나타난 바와 같이 깃 또는 임펠러의 출구각을 바꾸어 주면 크게 변화할 수 있다. 만약 깃들이 그림 10.7a에 보인 바와 같이 뒤젖힘 깃인 경우에는 $\beta_2 < 90°$, $C_2 > 0$이다. 이때 출구의 절대속도의 접선성분은 휠 속도보다 작고, 이 속도는 유량에 비례하여 감소한다. 식 (10.18a)로부터 이상적인 양정은 유량이 증가함에 따라 선형적으로 감소한다. 이에 대한 $H - Q$ 곡선을 그림 10.12에 나타낸다.

만약 깃들이 앞젖힘 깃인 경우에는 $\beta_2 > 90°$이고 $C_2 < 0$이다. 출구속도의 접선성분이 출구에서 깃 또는 휠의 원주방향 속도보다 크고, 이 경우에는 유량이 증가할수록 접선성분도 증가하게 된다. 한편, 식 (10.18a)에 따르면 이상적인 양정은 유량의 증가에 따라 직선적으로 증가한다. 이에 해당하는 $H - Q$ 곡선이 그림 10.12에 그려져 있다. 불안정한 운전점을 갖는 경향이 있기 때문에 앞젖힘 깃은 실제로는 거의 사용하지 않는다.

축류 펌프와 팬에 Euler 터보기계 방정식의 적용

10.2절에서 전개한 Euler 터보기계 방정식은 추가적인 가정과 함께 축류형 유체기계에도 적용될 수 있다. 가장 중요한 가정은 평균 반경(로터 깃의 중간) 위치에서 유동성질이 모든 반경 방향의 유동을 대표한다는 것이다. 이것은 깃의 평균 반경에 대한 높이의 비가 약 0.2 이하일 경우에는 아주 타당한 가정이다[5]. 이 비가 커지면 3차원 해석이 필요하다. 두 번째 가정은 유동속도에 대한 반경 방향의 성분이 없다는 것이다. 이것은 타당한 가정인데 그 이유는 원하지 않는 반경 방향의 속도성분을 제거하도록 유동을 안내하는

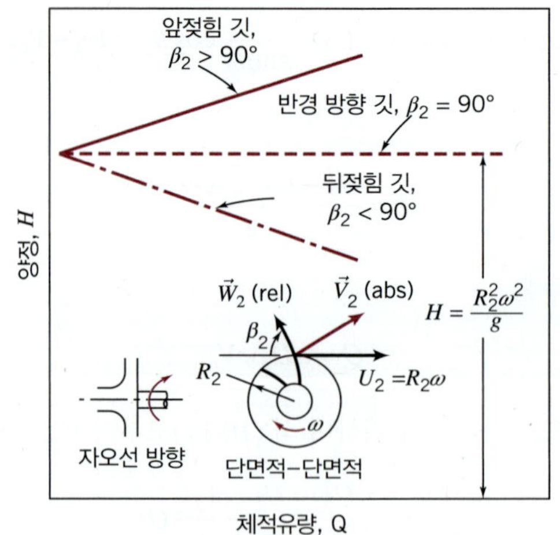

그림 10.12 앞젖힘, 반경 방향, 뒤젖힘 임펠러 깃을 갖는 원심펌프의 양정과 체적유량과의 이상적인 관계.

정지 깃과 깃 열이 조합된 축류형 기계이기 때문이다. 세 번째 가정은 유동은 단지 축 방향으로만 변한다는 것이다. 만약 유동 중 회전 성분의 값이 일정하다면 기계 내의 서로 다른 깃과 깃 사이에 속도삼각형은 변하지 않는다는 것을 의미한다[5]. 축류형 유체기계에 적용된 이 모델의 가장 중요한 점은 식 (10.1)에 사용된 반경이 일정하다는 것이다. 즉,

$$r_1 = r_2 = R_m \tag{10.19a}$$

로터의 각속도 ω 또한 일정하기 때문에

$$U_1 = U_2 = U \tag{10.19b}$$

가 된다. 그러므로 식 (10.1)과 (10.2)로부터

$$T_{\text{shaft}} = R_m(V_{t_2} - V_{t_1})\dot{m} \tag{10.20}$$

$$\dot{W}_m = U(V_{t_2} - V_{t_1})\dot{m} \tag{10.21}$$

$$H = \frac{\dot{W}_m}{\dot{m}g} = \frac{U}{g}(V_{t_2} - V_{t_1}) \tag{10.22}$$

예제 10.3에서 Euler 터보기계 방정식과 속도선도의 특별한 변형이 축류유동 팬을 통한 유동 해석에 이용되었다.

예제 10.3 이상화된 축류형 팬

축류형 팬이 1,200 rpm으로 작동한다. 깃 끝 직경은 1.1 m이고, 허브 직경은 0.8 m이다. 평균 깃 반경에서 입구 각과 출구 각은 각각 30°와 60°이고, 입구 안내 깃은 절대유동속도가 30° 각도로 첫 번째 단에 유입되게 한다. 유체는 표준상태의 공기이고, 유동은 비압축성으로 간주한다. 로터를 지나면서 속도의 축 방향 성분에는 변화가 없다. 상대유동은 깃 각으로 로터에 유입되고 유출된다고 가정하고, 계산을 위하여 평균 깃 반경에서 성질을 이용하라. 이러한 이상적인 조건에 대해 입구 속도선도를 나타내고, 팬의 체적유량을 구하고, 로터의 깃 형상을 구하라. 이렇게 얻은 자료를 이용하여 출구 속도선도를 나타내고, 팬을 구동하는 데 필요한 최소 토크와 동력을 계산하라.

주어진 자료: 축류형 팬의 로터를 통한 유동
끝 직경: 1.1 m
허브 직경: 0.8 m
작동속도: 1,200 rpm
절대 입구 각: 30°
깃 입구 각: 30°
깃 출구 각: 60°

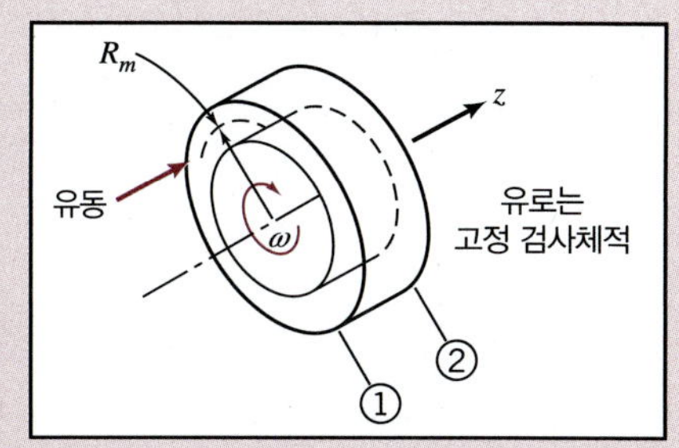

유체는 표준상태의 공기이다. 깃의 평균 직경에서의 성질을 이용하라.

찾는 자료: (a) 입구 속도선도 (d) 출구 속도선도
(b) 체적유량 (e) 로터의 토크
(c) 로터의 깃 형상 (f) 요구 동력

풀이: 고정된 검사체적에 Euler 터보기계 방정식을 적용하자.

지배방정식:

$$T_{\text{shaft}} = R_m(V_{t_2} - V_{t_1})\dot{m} = R_m(V_{t_2} - V_{t_1})\rho Q \tag{10.20}$$

가정: **1** 체적력 또는 표면력에 의한 토크는 무시
2 정상유동
3 입구와 출구 단면에서 균일유동
4 비압축성유동
5 축 방향의 유동면적 변화는 없음
6 로터 깃의 평균 반경 R_m을 이용

깃 형상은

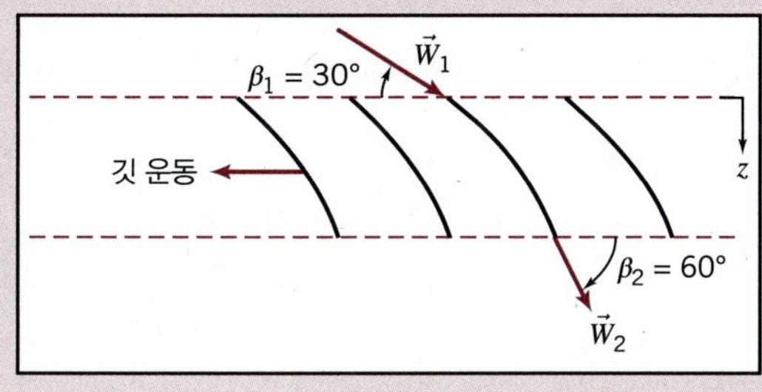

입구 속도선도는

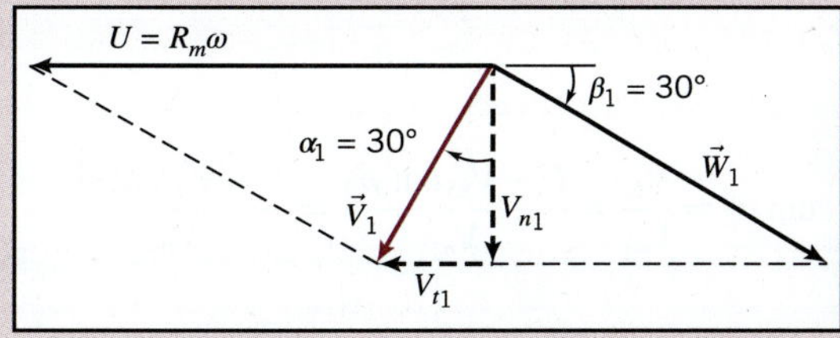

연속방정식으로부터

$$(-\rho V_{n_1} A_1) + (\rho V_{n_2} A_2) = 0$$

또는

$$Q = V_{n_1} A_1 = V_{n_2} A_2$$

$A_1 = A_2$이므로 $V_{n_1} = V_{n_2}$이고, 출구 속도선도는 다음 그림과 같다.

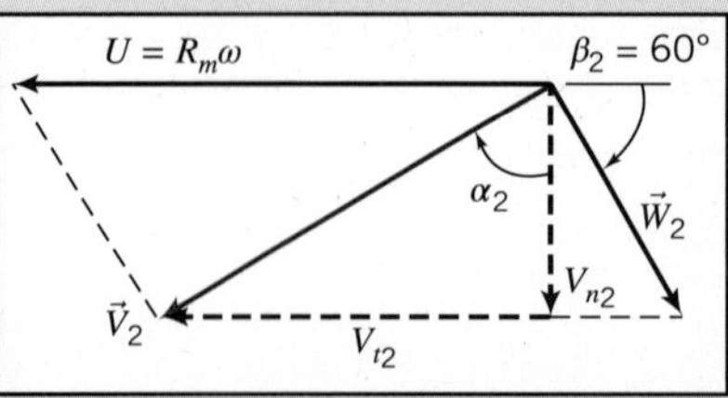

평균 깃 반경에서

$$U = R_m\omega = \frac{D_m}{2}\omega$$
$$U = \frac{\frac{1}{2}(1.1+0.8)m}{2} \times 1200\text{ rpm} \times 2\pi\frac{\text{rad}}{\text{rev}} \times \frac{\text{min}}{60\text{ s}} = 59.7\text{ m/s}$$

입구 속도선도로부터

$$U = V_{n_1}(\tan\alpha_1 + \cot\beta_1)$$

따라서

$$V_{n_1} = \frac{U}{\tan\alpha_1 + \cot\beta_1} = 59.7\frac{\text{m}}{\text{s}} \times \frac{1}{\tan 30^\circ + \cot 30^\circ} = 25.9\text{ m/s}$$

결과적으로

$$V_1 = \frac{V_{n_1}}{\cos\alpha_1} = 25.9\frac{\text{m}}{\text{s}} \times \frac{1}{\cos 30^\circ} = 29.9\text{ m/s}$$
$$V_{t_1} = V_1\sin\alpha_1 = 29.9\frac{\text{m}}{\text{s}} \times \sin 30^\circ = 15.0\text{ m/s}$$

그리고

$$W_1 = \frac{V_{n_1}}{\sin\beta_1} = 25.9\frac{\text{m}}{\text{s}} \times \frac{1}{\sin 30^\circ} = 51.8\text{ m/s}$$

체적유량은

$$Q = V_{n_1}A_1 = \frac{\pi}{4}V_{n_1}(D_t^2 - D_h^2) = \frac{\pi}{4} \times 25.9\frac{\text{m}}{\text{s}}[(1.1)^2 - (0.8)^2]\text{m}^2$$
$$Q = 11.6\text{ m}^3/\text{s} \qquad Q$$

출구 속도선도로부터

$$\tan\alpha_2 = \frac{V_{t_2}}{V_{n_2}} = \frac{U - V_{n_2}\cot\beta_2}{V_{n_2}} = \frac{U - V_{n_1}\cot\beta_2}{V_{n_1}}$$

또는

$$\alpha_2 = \tan^{-1}\left[\frac{59.7\frac{\text{m}}{\text{s}} - 25.9\frac{\text{m}}{\text{s}} \times \cot 60^\circ}{25.9\frac{\text{m}}{\text{s}}}\right] = 59.9^\circ$$

그리고

$$V_2 = \frac{V_{n_2}}{\cos\alpha_2} = \frac{V_{n_1}}{\cos\alpha_2} = 25.9\frac{\text{m}}{\text{s}} \times \frac{1}{\cos 59.9^\circ} = 51.6\ \text{m/s}$$

결국

$$V_{t_2} = V_2 \sin\alpha_2 = 51.6\frac{\text{m}}{\text{s}} \times \sin 59.9^\circ = 44.6\ \text{m/s}$$

식 (10.20)을 적용하면

$$T_{\text{shaft}} = \rho Q R_{\text{m}}(V_{t_2} - V_{t_1})$$

$$= 1.23\frac{\text{kg}}{\text{m}^3} \times 11.6\frac{\text{m}^3}{\text{s}} \times \frac{0.95}{2}\text{m} \times (44.6 - 15.0)\frac{\text{m}}{\text{s}} \times \frac{\text{N}\cdot\text{s}^2}{\text{kg}\cdot\text{m}}$$

$$T_{\text{shaft}} = 201\ \text{N}\cdot\text{m} \longleftarrow T_{\text{shaft}}$$

따라서 검사체적에 작용하는 토크는 $\vec{\omega}$와 같은 방향이다. 요구 동력은

$$\dot{W}_m = \vec{\omega}\cdot\vec{T} = \omega T_{\text{shaft}} = 1200\ \text{rpm} \times 2\pi\frac{\text{rad}}{\text{rev}} \times \frac{\text{min}}{60\ \text{s}} \times 201\ \text{N}\cdot\text{m} \times \frac{\text{W}\cdot\text{s}}{\text{N}\cdot\text{m}}$$

$$\dot{W}_m = 25.3\ \text{kW} \longleftarrow \dot{W}_m$$

이 문제는 속도선도의 작성과정과 이상화된 조건 하에서 축류형 유체기계의 고정 검사체적에 각운동량 방정식을 응용하는 예를 제시한 것이다.

성능 특성

유동시스템에 적용할 유체기계를 결정하기 위하여 설계자는 압력상승(또는 양정), 토크, 필요한 동력, 기계의 효율을 알아야만 한다. 주어진 기계에서 이런 각각의 특성들은 유량의 함수이다. 상사한 기계의 크기와 작동속도에 따라 결정된다. 여기서는 펌프와 터빈에 대한 **성능 특성**을 결정하고, 대표적인 기계에 대해 실험으로 측정된 결과를 재검토한다. 밸브가 잠긴 상태의 최대 부하로부터 완전히 개방한 최소 부하까지 부하를 바꾸는 것에 의해 유량을 차단상태(유량이 0)로부터 최대 송출까지 변경하면서 측정한다. 유체기계에 입력되는 동력은 측정용 모터로부터 결정되거나, 측정된 속도와 토크로부터 계산된다. 그리고 나서 효율은 예제 10.4에서 설명된 것처럼 계산된다. 예제 10.5는 펌프의 성능결과의 실험값들을 곡선형태로 모델링 또는 곡선접합(curve-fitting)한 결과를 보인다.

예제 10.4 실험자료로부터 펌프 특성의 계산

1,750 rpm의 공칭속도로 원심펌프의 성능시험에 사용되는 유동시스템은 그림과 같다. 액체는 27°C의 물이고, 흡입관과 송출관의 직경은 150 mm이다. 실험에서 측정된 자료는 표에 주어져 있다. 전기모터는 460 V, 3상이고, 동력계수는 0.875이며, 90%의 일정한 효율을 갖는다.

유량 (m³/h)	흡입압력 (kPa-gage)	송출압력 (kPa-gage)	모터전류 (amp)
0	−25	377	18.0
114	−29	324	25.1
182	−32	277	30.0
227	−39	230	32.6
250	−43	207	34.1
273	−46	179	35.4
318	−53	114	39.0
341	−58	69	40.9

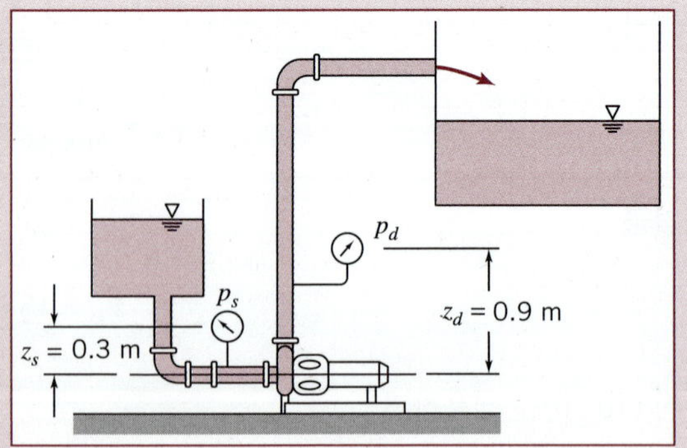

체적유량이 227 m^3/h일 때 유효 양정과 펌프의 효율을 계산하라. 유량의 함수로 펌프의 양정, 입력동력, 효율을 나타내라.

주어진 자료: 펌프 실험장치와 자료

찾는 자료: (a) $Q = 227$ m^3/h일 때 펌프 양정과 효율

(b) 유량의 함수로 펌프 양정, 입력동력, 효율을 구하라. 그 결과를 그래프로 나타내라.

풀이:

가정: **1** 정상유동

2 각 단면에서 균일유동

3 $\overline{V}_2 = \overline{V}_1$

4 모든 양정을 기준 높이를 고려해서 수정

$\overline{V}_1 = \overline{V}_2$이므로, 펌프 양정은

$$H_p = \frac{1}{g}\left[\left(\frac{p}{\rho} + gz\right)_d - \left(\frac{p}{\rho} + gz\right)_s\right] = \frac{p_2 - p_1}{\rho g}$$

여기서 기준 높이로 수정된 송출(출구) 및 흡입(입구) 압력은 각각 p_2와 p_1으로 표시하였다.
측정된 정압을 펌프 중심선에서의 값으로 수정한다(펌프 흡입은 아래첨자 s, 펌프 송출은 아래첨자 d로 표시하자).

$$p_1 = p_s + \rho g z_s$$

$$p_1 = -39 \times 10^3\ \text{Pa} + 1000\ \text{kg/m}^3 \times 9.8\ \text{m/s}^2 \times 0.3\ \text{m} \times \frac{\text{N}\cdot\text{s}^2}{\text{kg}\cdot\text{m}} \times \frac{\text{Pa}\cdot\text{m}^2}{\text{N}} = -36.03 \times 10^3\ \text{Pa}$$

그리고

$$p_2 = p_d + \rho g z_d$$

$$p_2 = 230 \times 10^3\ \text{Pa} + 1000\ \text{kg/m}^3 \times 9.8\ \text{m/s}^2 \times 0.9\ \text{m} \times \frac{\text{N}\cdot\text{s}^2}{\text{kg}\cdot\text{m}} \times \frac{\text{Pa}\cdot\text{m}^2}{\text{N}} = 238.82 \times 10^3\ \text{Pa}$$

펌프 양정을 계산한다.

$$H_p = (p_2 - p_1)/\rho g$$

$$H_p = \frac{[238.82 - (-36.06)] \times 10^3\ \text{Pa}}{1000\ \text{kg/m}^3 \times 9.8\ \text{m/s}^2} \times \frac{\text{kg}\cdot\text{m}}{\text{N}\cdot\text{s}^2} \times \frac{\text{N}}{\text{Pa}\cdot\text{m}^2} = 28.05\ \text{m} \longleftarrow H_p$$

유체에 전달된 수력동력을 계산한다.

$$\dot{W}_h = \rho Q g H_p = Q(p_2 - p_1)$$
$$= 227\,\frac{\text{m}^3}{\text{h}} \times \frac{\text{h}}{3600\ \text{s}} \times [238.82 - (-36.06)] \times 10^3\ \text{Pa} \times \frac{\text{N}}{\text{Pa}\cdot\text{m}^2} \times \frac{\text{J}}{\text{N}\cdot\text{m}} \times \frac{\text{W}\cdot\text{s}}{\text{J}}$$
$$\dot{W}_h = 17.3 \times 10^3\ \text{W}$$

전기에 관한 정보로부터 모터 출력동력(펌프 입력동력)을 계산한다.

$$\mathscr{P}_{\text{in}} = \eta\sqrt{3}(PF)EI$$
$$\mathscr{P}_{\text{in}} = 0.90 \times \sqrt{3} \times 0.875 \times 460\ \text{V} \times 32.6\ \text{A} \times \frac{\text{W}}{\text{VA}} = 20.5 \times 10^3\ \text{W}$$

해당하는 펌프 효율은

$$\eta_p = \frac{\dot{W}_h}{\dot{W}_m} = \frac{17.3 \times 10^3\ \text{W}}{20.5 \times 10^3\ \text{W}} = 0.844 \quad \text{또는} \quad 84.4\,\% \longleftarrow \eta_p$$

유량이 다를 때 유사한 계산으로 얻은 결과도 다음 그림에 제시된다.

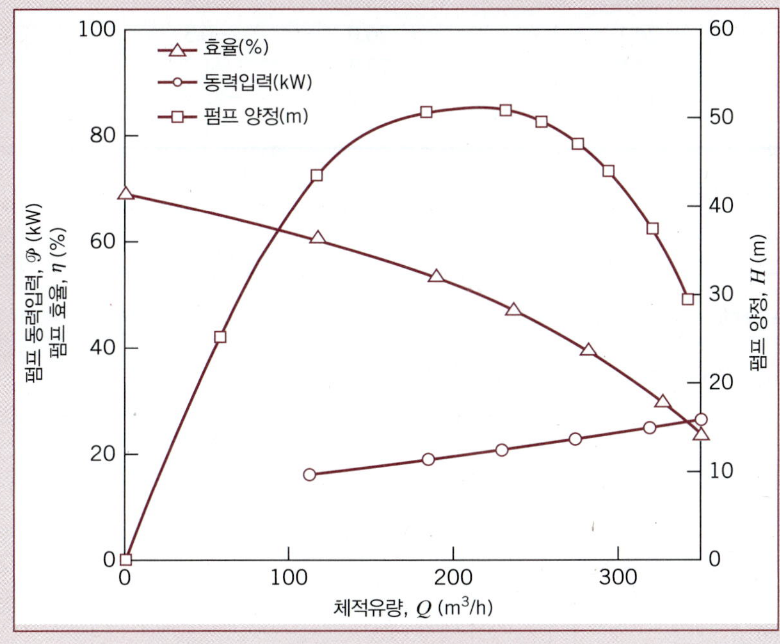

이 문제는 실험적으로 측정된 자료로부터 펌프에 대한 성능곡선을 얻기 위하여 사용되는 자료처리 과정을 설명한 것이다. 이 예제에서 계산되고 그림으로 나타낸 결과들은 일정속도로 구동되는 원심펌프에 대한 대표적인 예이다.

- 펌프에 의한 압력상승은 차단수두(체적유량이 0일 때)에서 가장 높다.
- 압력상승은 유량이 증가함에 따라 감소한다. 이런 전형적인 실험 곡선을 (대부분의 원심펌프에 사용되는) 이상적인 뒤젖힘 곡선 임펠러 깃에 적용되는 식 (10.18b)와 그림 10.12에 보인 선형적인 거동과 비교하라.
- 요구 입력동력은 유량과 함께 일반적으로 비선형적으로 증가한다.
- 효율은 차단수두에서 0이고, 유량이 증가할수록 정점까지 증가하다가 유량이 아주 커지면 감소한다. 효율은 유량의 어떤 범위에서 최대치를 나타낸다(이 예제의 경우 약 180 내지 220 m^3/h이다).

이 예제에서는 구동 모터의 효율이 일정한 것으로 가정되었기 때문에 계산이 좀 지나치게 단순화되었다. 실제에 있어서는 모터 효율이 부하에 따라 변하므로 모터 효율은 모터 속도와 토크에 따라 계산되거나 또는 보정곡선으로부터 구해져야만 한다.

이 예제는 *Excel* 워크북을 이용하여 유량 대 성능 특성을 계산하고 그래프로 만들었다. 다른 펌프 자료를 이용할 때는 수정하여 사용할 수 있다.

예제 10.5 펌프 성능자료의 곡선접합(CURVE-FIT)

펌프의 실험자료는 주어져 있고, 성능은 예제 10.4에서 계산되었다. 이들 계산된 펌프 성능결과를 $H = H_0 - AQ^2$인 포물선에 곡선접합하고 이 곡선을 실험자료와 비교하라.

주어진 자료: 펌프 실험자료와 예제 10.4에서 계산된 성능

찾는 자료: (a) 펌프 성능자료에 $H = H_0 - AQ^2$인 포물선으로 곡선접합하라.
(b) 계산된 성능곡선과 곡선접합을 비교하라.

풀이: 곡선접합은 H에 대한 Q^2의 선형곡선을 접합하여 얻을 수 있다. 이를 표로 만들면 다음과 같다.

성능계산 자료			곡선접합 자료	
Q (m^3/h)	Q^2 (m^6/h^2)	H (m)	H (m)	오차(%)
0	0	41.6	40.4	−3.0
114	1.3×10^4	36.6	37.4	2.1
182	3.3×10^4	32.1	32.8	2.0
227	5.2×10^4	28.0	28.6	1.8
250	6.3×10^4	26.1	26.0	−0.3
273	7.5×10^4	23.6	23.3	−1.2
318	10.1×10^4	17.6	17.2	−22.7
341	11.6×10^4	13.6	13.7	1.0
			절편 = 40.4	
			기울기 = -2.3×10^{-4}	
			$r^2 = 0.995$	

최소제곱법을 사용하면 곡선접합 방정식은 다음과 같다.

$$H(\text{m}) = 40.4 - 2.3 \times 10^{-4} [Q\ (\text{m}^3/\text{h})]^2$$

여기서 확정계수 $r^2 = 0.995$이다(r^2이 1에 가까울수록 더 좋은 곡선이다).

항상 곡선접합된 결과를 실험결과 자료와 그래프상에서 비교하면 좀 더 나은 접합 결과를 얻을 수 있기도 하다. 아래의 그림은 곡선접합된 식(실선)과 실험값(열린 원)을 나타낸다.

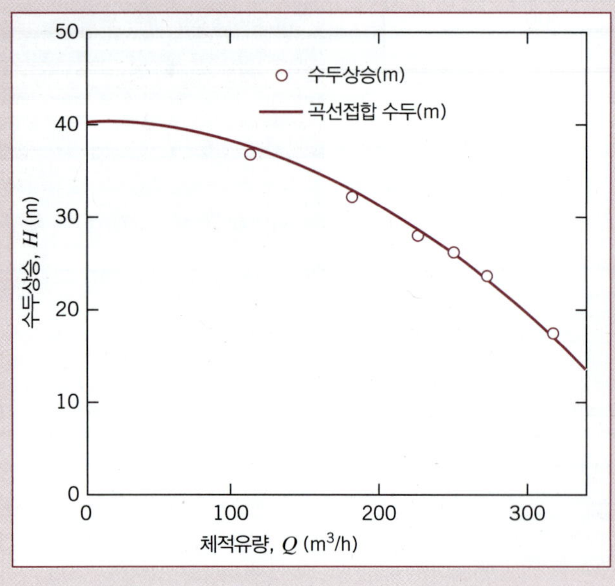

이 문제는 예제 10.4에 대한 펌프성능 자료가 포물선 곡선에 꽤 잘 적합하는 것을 보여준다. 어떤 실험자료에 대한 곡선접합을 이 경우의 포물선함수로 선택할 수 있는 타당성은 다음과 같다.

- 실험적 관찰—실험자료의 포물선 분포
- 이론 또는 개념—수두와 유량 사이의 이와 같은 관계는 상사법칙으로 이 장에서 곧 학습한다.

이 예제는 최소제곱 계산과 그래프 작성을 위해 *Excel* 워크북을 이용하였다. 다른 펌프 자료를 이용할 때는 수정하여 사용할 수 있다.

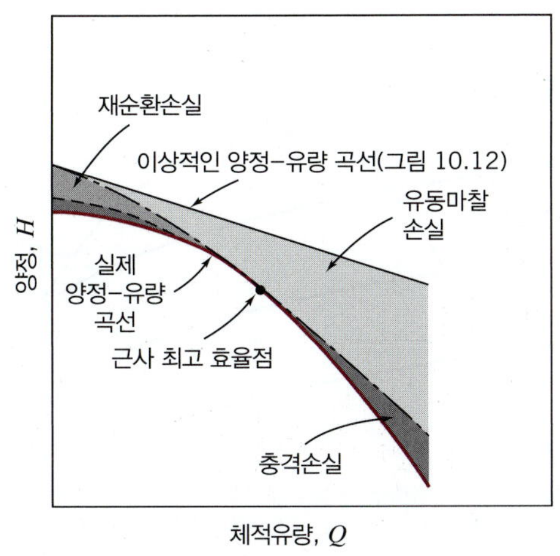

그림 10.13 뒤젖힘 깃을 갖는 원심펌프에 대한 이상 및 실제 $H - Q$ 곡선의 비교[10].

속도가 일정할 때 시험한 원심펌프에 관한 전형적인 특성곡선은 그림 7.5에 정성적으로 나타냈었고, 양정 대 유량 곡선을 이상화한 해석으로 예측된 특성을 그림 10.13에 도시한다. 실제 기계에서는 어떤 유량에서도 양정은 이상적인 해석에 의한 예측값보다 상당히 낮다는 것을 그림 10.13에서 알 수 있다. 이런 현상의 몇 가지 원인은 다음과 같다. 유량이 적을 때 유체의 일부분은 임펠러 내에서 재순환하고, 마찰손실과 누설손실은 유량에 따라 증가하며 입구에서 임펠러 깃에 접선 방향과 상대속도의 방향이 서로 일치되지 않으므로 '충격손실'이 야기된다.

그림 7.5와 10.13에 있는 것과 같은 곡선은 단일 임펠러 직경을 가진 펌프에서 속도가 일정할 때 측정된 것이다. 주어진 케이싱에서 임펠러 크기를 변화시킴으로써 펌프의 용량을 변화시키는 것이 보편적이다. 정보를 요약하여 제시하기 위해 그림 10.14와 같이 하나의 그래프에 여러 가지 임펠러 직경으로 실험한 결과를 도시하게 된다. 앞에서와 같이 서로 다른 직경에 대하여 유량 변화에 따른 양정을 나타낸다. 각 곡선은 해당하는 직경을 표시한다. 효율 등값선은 동일한 효율을 갖는 점들을 연결하고, 소요동력 등값선도 그렇게 표시된다. 끝으로 가장 큰 임펠러 직경에 대한 **유효 흡입수두**(이것은 우리가 아직 정의하지 않았으며 뒤쪽에서 설명)를 나타낸다.

컴퓨터를 이용한 해석방법이 등장함에 따라 그림 10.14의 자료는 신속한 접근을 위해 컴퓨터 코드로

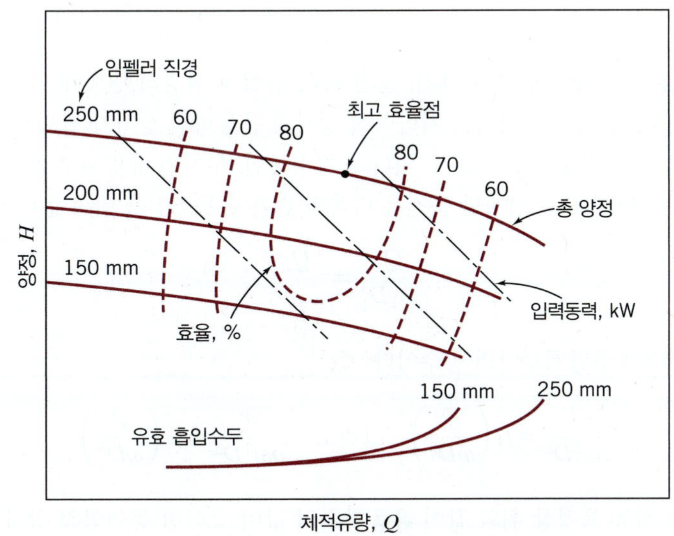

그림 10.14 속도가 일정할 때 직경이 다른 3개의 임펠러에 대한 전형적인 펌프의 성능곡선[6].

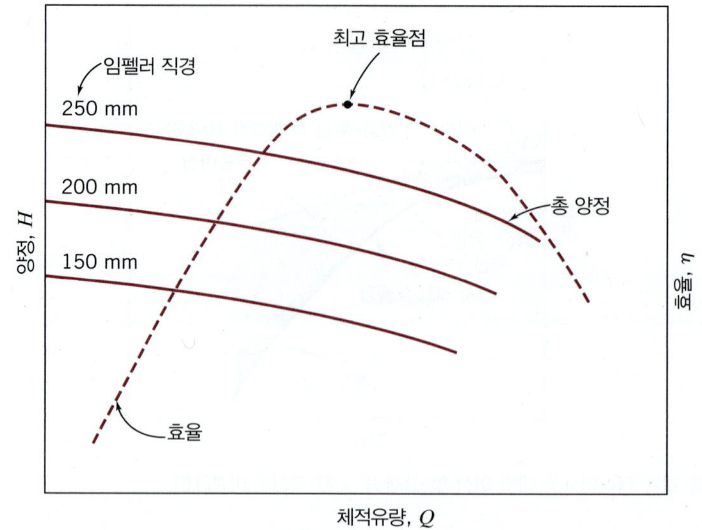

그림 10.15 동일한 속도에서 3개의 임펠러 직경을 가지고 실험하여 구한 전형적인 펌프의 성능곡선(효율은 유량만의 함수임)[8].

흔히 표로 작성된다. 그러므로 자료가 항상 그림과 같은 형태로 나타나지는 않는다. 특히 그림 10.14의 자료는 유량과 양정의 함수가 아닌 그림 10.15와 같이 유량만의 함수로서 평균 효율을 정리하기가 쉬워진다. 부록 C에 이 그림과 같은 형태로 펌프의 성능을 제시한다.

이러한 전형적인 펌프에서 양정은 차단상태에서 최대가 되고 유량이 증가함에 따라 연속적으로 감소한다. 한편 차단상태에서 입력동력은 최소가 되고 송출량이 증가함에 따라 증가한다. 결과적으로 시동 부하를 최소화하기 위해서는 출구 밸브가 닫힌 상태에서 펌프를 시동하는 것이 바람직하다. 펌프 효율은 **최고 효율점**(*best efficiency point*, BEP)에 도달할 때까지 유량의 증가와 함께 증가한다. 그 다음 유량이 더 증가함에 따라 감소한다. 따라서 에너지 소비가 최소로 되기 위해서는 가능한 한 BEP점 가까이 구동하는 것이 바람직하다.

원심펌프는 더 큰 유량을 송출하기 위해 병렬운전하거나, 더 큰 양정을 얻기 위해 직렬로 연합운전될지 모른다. 많은 제조회사가 다단 펌프를 생산하고 있다. 이 다단 펌프는 한 케이싱 내에 직렬로 연결된 몇 개의 펌프로 이루어진다. 실제적인 펌프의 작동에서는 거의 일정한 속도로 전기모터가 펌프를 구동하지만, 어떤 펌프에서는 가변속도로 작동시켜 에너지를 크게 절약할 수 있다.

상사 법칙들

7장에서 전개된 무차원 변수들은 펌프의 크기, 운전속도, 임펠러 직경의 변화에 따라 나타나는 성능 변화를 예측하는 기초가 된다. 동역학적 상사는 기하학적 상사와 운동학적 상사가 필요하다. 7장에서처럼 펌프와 유동장이 상사이고 점성 영향을 무시할 수 있다고 가정하면, 무차원 유량계수가 일정하게 될 때 동역학적 상사는 충족된다. 동역학적으로 상사한 운전은 다음과 같은 유동조건을 만족할 때 이루어진다.

$$\frac{Q_1}{\omega_1 D_1^3} = \frac{Q_2}{\omega_2 D_2^3} \tag{10.23a}$$

무차원 수두와 동력계수는 유량계수만의 함수이다. 즉,

$$\frac{h}{\omega^2 D^2} = f_1\left(\frac{Q}{\omega D^3}\right) \quad \text{그리고} \quad \frac{\mathscr{P}}{\rho\omega^3 D^5} = f_2\left(\frac{Q}{\omega D^3}\right)$$

두 조건들에서 펌프의 성능 특성상 위와 같이 유동함수의 값이 같다면 동역학적 상사성에 의해 다음과 같은 관계를 갖게 된다.

$$\frac{h_1}{\omega_1^2 D_1^2} = \frac{h_2}{\omega_2^2 D_2^2} \tag{10.23b}$$

그리고

$$\frac{\mathscr{P}_1}{\rho\omega_1^3 D_1^5} = \frac{\mathscr{P}_2}{\rho\omega_2^3 D_2^5} \tag{10.23c}$$

이들 축척관계는 펌프의 운전속도, 펌프의 크기 또는 주어진 하우징 안에 있는 임펠러 직경의 변화에 의한 효과를 예측하는 데 사용될 수 있다.

가장 간단한 경우는 펌프속도만 변할 때이다. 그러면 기하학적 상사는 확실해진다. 운동학적 상사는 공동현상이 없다고 가정하면 성립된다. 그러면 유량계수가 일치할 때 유동은 동역학적 상사가 이루어진다. 직경이 동일할 때 속도가 변하는 경우에 식 (10.23)은 다음과 같이 된다.

$$\frac{Q_2}{Q_1} = \frac{\omega_2}{\omega_1} \tag{10.24a}$$

$$\frac{h_2}{h_1} = \frac{H_2}{H_1} = \left(\frac{\omega_2}{\omega_1}\right)^2 \tag{10.24b}$$

$$\frac{\mathscr{P}_2}{\mathscr{P}_1} = \left(\frac{\omega_2}{\omega_1}\right)^3 \tag{10.24c}$$

예제 10.5에서 공학적 정확도를 갖는 범위 내에서 펌프 성능곡선을 포물선형 관계로 만들 수 있다는 것을 보았다. 즉,

$$H = H_0 - AQ^2 \tag{10.25a}$$

새로운 운전조건에 대한 펌프의 성능곡선은 원래의 운전조건에서 측정된 성능곡선 상에 있는 임의의 두 점에 대해 운전조건 변화에 따른 비례상수를 곱하여 구할 수 있다. 보통은 그림 10.16의 B와 C 점으로 각각 표시된 **차단조건**(*shutoff condition*)과 **최고 효율점**(*best efficiency point*)이 이 비례상수를 구하는 데 선택된다.

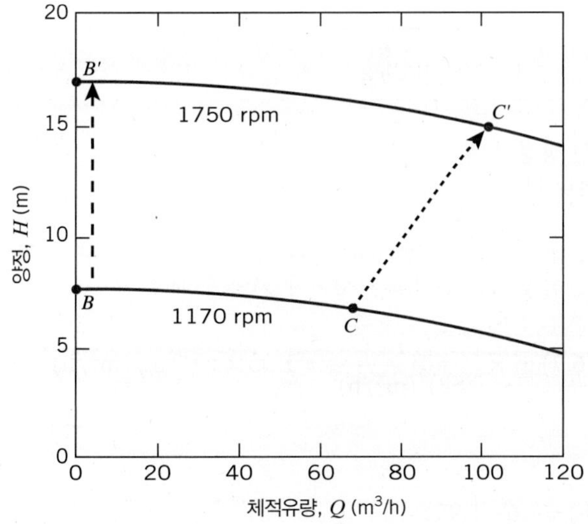

그림 10.16 펌프 작동속도에 따른 펌프 성능곡선의 변화.

식 (10.24a)에 보이는 바와 같이 유량은 운전속도비에 따라 증가한다.

$$Q_{B'} = \frac{\omega_2}{\omega_1} Q_B = 0 \quad \text{그리고} \quad Q_{C'} = \frac{\omega_2}{\omega_1} Q_C$$

따라서 점 B'는 점 B 바로 위에 위치하고, 점 C'는 점 C 오른쪽으로 이동한다(이 예제에서 $\omega_2 > \omega_1$임).

양정은 속도비의 제곱에 따라 증가하므로

$$H_{B'} = H_B \left(\frac{\omega_2}{\omega_1}\right)^2 \quad \text{그리고} \quad H_{C'} = H_C \left(\frac{\omega_2}{\omega_1}\right)^2$$

동역학적으로 상사한 유동조건에서 점 C와 점 C'는 펌프에 대한 **대응점**(*homologous* point)이라고 명명된다.

우리는 식 (10.24a)와 (10.24b) 및 포물선형 관계를 이용하여 원래의 운전조건(그림 10.16의 속도 N_1 = 1,170 rpm의 자료)과 새로운 운전조건(그림 10.16의 속도 N_2 = 1,750 rpm의 자료) 사이의 상관관계를 구할 수 있다.

$$H = H'\left(\frac{\omega_1}{\omega_2}\right)^2 = H_0 - AQ^2 = H_0'\left(\frac{\omega_1}{\omega_2}\right)^2 - AQ'^2\left(\frac{\omega_1}{\omega_2}\right)^2$$

또는

$$H' = H_0' - AQ'^2 \tag{10.25b}$$

따라서 주어진 펌프에서 인자 A는 펌프 속도를 바꿀 때 변하지 않는다(예제 10.6에서 증명하는 것처럼).

예제 10.6 펌프 성능곡선의 축척

임펠러의 직경 D = 200 mm인 물을 사용하는 원심펌프가 N = 1,170 rpm으로 운전될 때 차단양정은 H_0 = 7.6 m이다. 같은 속도에서 최고효율은 Q = 68 m³/h에서 일어나며, 이때 양정은 H = 6.7 m이다. 1,170 rpm에서 이들 자료를 포물선으로 곡선접합하라. 결과를 1,750 rpm의 새로운 운전속도에 대하여 나타내라. 결과를 그림으로 나타내고 비교하라.

주어진 자료: 원심펌프(D = 200 mm인 임펠러)는 N = 1170 rpm으로 운전된다.

Q (m³/h)	0	68
H (m)	7.6	6.7

찾는 자료: (a) 1,170 rpm일 때 펌프 특성의 포물선 방정식
(b) 1,750 rpm의 새 운전속도에 해당되는 식
(c) 결과를 그림으로 나타내고 비교

풀이: $H = H_0 - AQ^2$의 형태로 펌프 양정이 포물선 변화를 한다고 가정하자. A에 대해 풀면

$$A_1 = \frac{H_0 - H}{Q^2} = (7.6 - 6.7)\ \text{m} \times \frac{1}{(68)^2 (\text{m}^3/\text{h})^2} = 1.95 \times 10^{-4} \text{m}/(\text{m}^3/\text{h})^2$$

H에 관한 식은

$$H(\text{m}) = 7.6 - 1.95 \times 10^{-4} [Q(\text{m}^3/\text{h})]^2$$

이 펌프는 동일하므로 두 유동조건은 기하학적으로 상사하다. 공동현상이 일어나지 않는다고 가정하면, 두 유동은 운동학적으로 상사하다. 그러면 동역학적 상사는 두 유량계수가 일치할 때 얻을 수 있다. 1,170 rpm일 때 조건을 아래첨자 1로 나타내고, 1,750 rpm일 때 조건을 아래첨자 2로 나타내면

$$\frac{Q_2}{\omega_2 D_2^3} = \frac{Q_1}{\omega_1 D_1^3} \qquad \text{또는} \qquad \frac{Q_2}{Q_1} = \frac{\omega_2}{\omega_1} = \frac{N_2}{N_1}$$

$D_2 = D_1$이기 때문에 차단조건에 대해서는

$$Q_2 = \frac{N_2}{N_1} Q_1 = \frac{1750\ \text{rpm}}{1170\ \text{rpm}} \times 0\ \text{m}^3/\text{h} = 0\ \text{m}^3/\text{h}$$

최고 효율점으로부터 새 유량은

$$Q_2 = \frac{N_2}{N_1} Q_1 = \frac{1750\ \text{rpm}}{1170\ \text{rpm}} \times 68\ \text{m}^3/\text{h} = 101.7\ \text{m}^3/\text{h}$$

펌프 양정은 다음 식으로 관련된다.

$$\frac{h_2}{h_1} = \frac{H_2}{H_1} = \frac{N_2^2 D_2^2}{N_1^2 D_1^2} \qquad \text{또는} \qquad \frac{H_2}{H_1} = \frac{N_2^2}{N_1^2} = \left(\frac{N_2}{N_1}\right)^2$$

$D_2 = D_1$이므로 차단조건에 대해서는

$$H_2 = \left(\frac{N_2}{N_1}\right)^2 H_1 = \left(\frac{1750\ \text{rpm}}{1170\ \text{rpm}}\right)^2 7.6\ \text{m} = 17\ \text{m}$$

최고 효율점에서

$$H_2 = \left(\frac{N_2}{N_1}\right)^2 H_1 = \left(\frac{1750\ \text{rpm}}{1170\ \text{rpm}}\right)^2 6.7\ \text{m} = 14.98\ \text{m}$$

1,750 rpm일 때의 곡선 매개변수를 이제 구할 수 있다. A에 대해 풀면

$$A_2 = \frac{H_{02} - H_2}{Q_2^2} = (17.0 - 14.98)\ \text{m} \times \frac{1}{(101.7)^2 (\text{m}^3/\text{h})^2} = 1.95 \times 10^{-4} \text{m}/(\text{m}^3/\text{h})^2$$

1,750 rpm일 때 A_2와, 1,170 rpm일 때 A_1은 같다는 것에 유의하라. 따라서 포물선 방정식에서 계수 A는 펌프속도가 변하더라도 변하지 않는다. 2개의 곡선에 대한 '공학' 방정식은

$$H_1 = 7.6 - 1.95 \times 10^{-4} [Q\ (\text{m}^3/\text{h})]^2 (1170\ \text{rpm에서})$$

그리고

$$H_2 = 17.0 - 1.95 \times 10^{-4} [Q\ (\text{m}^3/\text{h})]^2 (1750\ \text{rpm에서})$$

펌프 성능곡선들은 다음 그림에서 서로 비교된다.

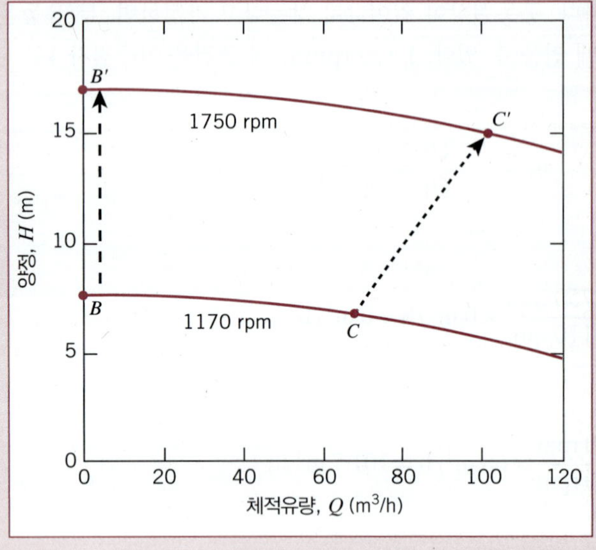

이 예제는 다음과 같은 정보를 구하는 과정을 설명한다.

- 차단양정 H_0와 최고효율 자료로 포물선형의 성능곡선 식 구하기
- 펌프속도 변화에 따른 성능곡선 구하기

Excel 워크북으로 이 예제의 속도 변화에 따른 펌프 성능곡선을 만들 수 있다.

펌프 운전속도만 변할 때 동역학적으로 상사한 운전점 사이에서 효율은 비교적 일정한 값을 유지한다. 이러한 응용사례가 예제 10.6에 설명된다.

원칙적으로 기하학적 상사는 **형상이 동일한** 펌프들, 즉 같은 축척비에 크기만 다른 펌프들이 **같은 운전 속도**로 시험될 때 유지될 것이다. 유량, 양정과 동력은 **펌프 크기**를 변화시킴으로써 예측될 것이다.

$$Q_2 = Q_1\left(\frac{D_2}{D_1}\right)^3,\ H_2 = H_1\left(\frac{D_2}{D_1}\right)^2,\quad \text{그리고}\quad \mathscr{P}_2 = \mathscr{P}_1\left(\frac{D_2}{D_1}\right)^5 \tag{10.26}$$

형상은 동일하면서 축척비만 다른 일련의 많은 펌프를 제작하여 시험한다는 것은 비현실적이다. 대신 주어진 펌프 케이싱에 직경이 다른 몇 개의 임펠러를 설치하여 고정된 속도에서 시험하는 것이 일반적인 관례이다[9]. 펌프 케이싱 폭은 동일하기 때문에 임펠러 폭 역시 동일해야 한다. 다만 임펠러 직경만 변화된다. 결과적으로 체적유량은 D^2에 비례하지 D^3에 비례하지는 않는다. 고정된 속도에서 펌프 입력동력은 유량과 양정의 곱에 따라 변하므로 동력은 D^4에 비례한다. 이 수정된 축척방법을 사용하면 수용할 수 있을 정도의 결과를 얻을 수 있다. 이 방법은 부록 C의 성능자료와 비교되는 몇 개의 연습문제에 제시된다.

2개의 운전조건에서 효율을 직접 비교하는 것은 불가능하다. 그러나 점성의 영향은 펌프 크기가 증가할수록 상대적으로 덜 중요하다. 따라서 효율은 직경이 증가함에 따라 약간 증가한다. Moody [10]는 원형 펌프와 기하학적으로 상사한 모형 펌프에서 얻은 실험자료를 근거로 하여 원형 펌프의 최대효율을 예측하는 데 사용할 수 있는 경험식을 제시하였다.

$$\frac{1-\eta_p}{1-\eta_m} = \left(\frac{D_m}{D_p}\right)^{1/5} \tag{10.27}$$

식 (10.27)을 유도하기 위해 Moody는 표면저항만이 축척비에 따라 변하므로, 조도가 동일할 때 손실은 $1/D^5$에 비례한다고 가정하였다. 불행하게도 모형과 원형 펌프의 상대조도를 같게 유지하는 것은 어려운 일이다. 게다가 Moody 모델은 모형과 원형 펌프의 기계적 손실 차이를 고려하지 않았을 뿐만 아니라, 최고 효율점이 아닌 상태의 효율을 결정할 수도 없다. 그럼에도 불구하고 최고 효율점의 축척은 원형 펌프에 관한 효율곡선의 일반적인 예측에 유용하다.

공동현상과 유효 흡입수두(*NPSH*)

공동현상은 국소 정압이 액체의 증기압보다 낮을 때 모든 유체기계에서 언제나 발생할 수 있다. 이 현상이 일어나면 액체는 국소적으로 갑자기 증기로 바뀌어 증기 공동을 형성하고, 공동현상이 없는 유동현상과 매우 달라진다. 증기 공동은 유체 통로를 좁아지게 하고, 국소 압력장을 변화시킨다. 증기 공동의 크기와 형태가 국소 압력장에 의해 영향을 받기 때문에 비정상유동이 된다. 이러한 비정상현상은 전체 유동을 요동시키고 유체기계가 진동하는 원인이 된다.

공동현상이 시작됨에 따라 그 영향은 펌프 또는 터빈의 성능을 급격하게 저하시킨다. 그래서 안정되고 효과적인 운전을 계속하기 위해 공동현상을 피해야만 한다. 더욱이 증기 공동이 깨지면 침식에 의한 손상과 금속 표면의 점부식을 유발하여 국소 표면압력이 높아지게 될지 모른다. 이러한 손상은 취성이 있고 강도가 낮은 재질로 만든 유체기계를 파손시킬 정도로 충분히 심각하다. 명백히 유체기계의 수명을 길게 하기 위해 공동현상을 피해야만 한다.

펌프에서 공동현상은 유동이 임펠러로 들어가서 가속되는 부분에서 시작되는 경향이 있다. 터빈에서 공동현상은 압력이 가장 낮은 곳에서 시작된다. 공동현상은 국소 유동속도가 커짐에 따라 발생 가능성이 커지므로 유량 또는 유체기계의 운전속도가 증가할 때는 언제나 공동현상이 발생한다.

공동현상은 유체기계 내 모든 곳에서 압력을 작동 액체의 증기압보다 높게 유지하면 피할 수 있다. 속도가 일정할 때는 펌프 입구(흡입구)에서 압력이 액체의 증기압보다 다소 크게 유지되어야 한다. 그 이유는 입구 배관에서의 압력손실 때문에 흡입압력이 대기압보다 낮아질 수 있기 때문이다. 그렇기 때문에 입구 배관장치에서 압력강하가 신중히 제한되도록 하는 것이 중요하다.

유동하는 액체의 수두로 나타내는 **유효 흡입수두**(*net positive suction head, NPSH*)는 펌프 흡입 측의 절대 정체압과 액체 증기압의 차로 정의된다[11]. 따라서 *NPSH*는 주어진 유동에서 얻을 수 있는 최대 압력과 액체가 증기로 증발되기 시작할 때 압력의 차이이다. *NPSH*가 커질수록 공동현상은 덜 발생할 것이다. 공동현상을 억제하기 위하여 펌프에 필요한 **요구 유효 흡입수두**(*net positive suction head required, NPSHR*)는 펌핑되는 유체, 유체 온도와 펌프 조건에 따라 변화한다. 동일한 하우징 내에서 실험된 3개의 서로 다른 임펠러에 관한 대표적인 펌프 특성곡선이 그림 10.14에 제시된다. 임펠러 직경이 가장 큰 경우와 작은 경우에 대해 실험으로 결정된 *NPSH* 곡선은 그림의 아래쪽에 있다.

펌프 입구 측의 **가용 유효 흡입수두**(*net positive suction head available, NPSHA*)는 공동현상을 억제하는 *NPSHR*보다 커야만 한다. 배관장치와 펌프 입구에서 압력강하는 체적유량이 커짐에 따라 증가한다. 따라서 어떠한 배관장치에 대해서도 *NPSHA*는 유량이 증가됨에 따라 감소한다. 펌프의 *NPSHR*은 유량이 증가됨에 따라 증가한다. 그러므로 유체기계의 유량이 증가됨에 따라 *NPSHA*와 *NPSHR*에 대한 유량곡선들은 결국 서로 교차한다. 그래서 어떤 입구장치를 막론하고 펌프에서 공동현상이 일어나지 않도록 하기 위해서는 유량이 어느 범위를 넘지 않도록 조절되어야 한다. 다음의 예제 10.7에서는 *NPSH*, *NPSHA*와 *NPSHR* 사이의 관계를 보이기로 한다.

예제 10.7 유효 흡입수두(*NPSH*)의 계산

Peesless형 4AE11 원심펌프(그림 C.3, 부록 C)가 예제 10.4의 배치도와 같은 유동장치를 이용하여 1,750 rpm에서 시험된다. 입구 저수조의 수위는 펌프 중심선보다 1 m 위에 있고, 입구 배관은 직경 125 mm인 1.8 m 길이의 주철 파이프, 1개의 표준 엘보, 그리고 완전 개방된 게이트밸브로 구성된다. 30°C 물 230 m^3/h의 체적 유량에서 펌프 입구 가용 유효 흡입수두(*NPSHA*)를 구하라. 이 유량에서 펌프에 의한 요구 유효 흡입수두(*NPSHR*)와 비교하라. 30°C와 80°C에서 물에 대하여 *NPSHA*와 *NPSHR* 대 체적유량의 관계를 그려라.

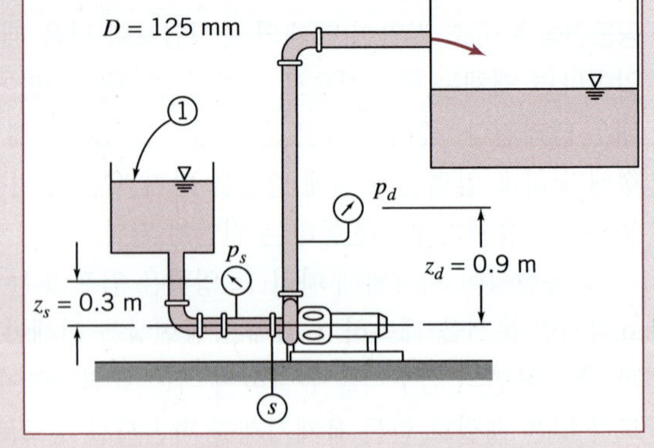

주어진 자료: 예제 10.4와 같은 유동장치를 이용하여 Peerless형 4AE11 원심펌프(그림 C.3, 부록 C)가 1,750 rpm에서 시험된다. 입구 저수조에서 수위는 펌프 중심선보다 1 m 위에 있다. 입구 배관은 직경 125 mm인 1.8 m 길이의 주철 파이프, 1개의 표준 엘보, 그리고 완전 개방된 게이트밸브로 구성된다.

찾는 자료: (a) 30°C인 물의 $Q = 230\ \text{m}^3/\text{h}$에서 $NPSHA$

(b) $Q = 230\ \text{m}^3/\text{h}$에서 이 펌프에 대한 $NPSHR$과 비교

(c) 30°C와 80°C에서 물의 $NPSHA$와 $NPSHR$ 대 체적유량의 관계

풀이: 유효 흡입수두는 펌프 입구에서 유동 중인 액체의 절대 정체압력과 증기압력 사이의 차로 정의된다. 따라서 펌프 흡입 측에서 수두를 계산할 필요가 있다.

펌프 입구의 압력과 $NPSHA$를 계산하기 위하여 정상상태, 비압축성 파이프 유동에 대한 에너지 방정식을 적용하라. 그림과 같이 저수조의 수면을 ①로 하고, 펌프 흡입 측을 ⓢ로 나타내라.

지배방정식:

$$p_1 + \frac{1}{2}\rho \overset{\approx 0}{\cancel{\bar{V}_1^2}} + \rho g z_1 = p_s + \frac{1}{2}\rho \bar{V}_s^2 + \rho g_s + \rho h_{\ell_T}$$

가정: $\bar{V}_1$은 무시될 수 있다. 따라서

$$p_s = p_1 + \rho g(z_1 - z_s) - \frac{1}{2}\rho \bar{V}_s^2 - \rho h_{\ell_T} \tag{1}$$

총 수두손실은

$$h_{\ell_T} = \left(\sum K + \sum f\frac{L_e}{D} + f\frac{L}{D}\right)\frac{1}{2}\rho \bar{V}_s^2 \tag{2}$$

식 (2)를 식 (1)에 대입하고, ρg로 나누면

$$H_s = H_1 + z_1 - z_s - \left(\sum K + \sum f\frac{L_e}{D} + f\frac{L}{D} + 1\right)\frac{\bar{V}_s^2}{2g} \tag{3}$$

마찰계수와 수두손실을 계산하면

$$f = f(Re, e/D); \quad Re = \frac{\rho \bar{V} D}{\mu} = \frac{\bar{V} D}{\nu}; \quad \bar{V} = \frac{Q}{A}; \quad A = \frac{\pi D^2}{4}$$

125 mm (공칭) 파이프에 대해 $D = 128$ mm

$$D = 128\ \text{mm} \times \frac{\text{m}}{1000\ \text{mm}} = 0.128\ \text{m}, \quad A = \frac{\pi D^2}{4} = 0.0129\ \text{m}^2$$

$$\bar{V} = 230\frac{\text{m}^3}{\text{h}} \times \frac{\text{h}}{3600\ \text{s}} \times \frac{1}{0.0129\ \text{m}^2} = 4.95\ \text{m/s}$$

표 A.7로부터 $T = 30°\text{C}$, $\nu = 8.03 \times 10^{-7}\ \text{m}^2/\text{s}$

Reynolds 수는

$$Re = \frac{\overline{V}D}{\nu} = 4.95\frac{\text{m}}{\text{s}} \times 0.128\ \text{m} \times \frac{\text{s}}{8.03 \times 10^{-7}\text{m}^2} = 7.89 \times 10^5$$

표 8.1로부터 $e = 0.26$ mm, 따라서 $e/D = 0.00203$. 그림 8.37로부터 $f = 0.0237$. 부차 손실계수는

입구	$K = 0.5$
표준 엘보	$\frac{L_e}{D} = 30$
개방된 게이트밸브	$\frac{L_e}{D} = 8$

대입하면

$$\left(\sum K + \sum f\frac{L_e}{D} + f\frac{L}{D} + 1\right)$$
$$= 0.5 + 0.0237(30+8) + 0.0237\left(\frac{1.8}{0.128}\right) + 1 = 2.73$$

수두는

$$H_1 = \frac{p_{\text{atm}}}{\rho g} = \frac{1.01325 \times 10^5\ \text{Pa}}{996\ \text{kg/m}^3 \times 9.8\ \text{m/s}^2} \times \frac{\text{N}}{\text{Pa} \cdot \text{m}^2} \times \frac{\text{kg} \cdot \text{m}}{\text{N} \cdot \text{s}^2}$$
$$= 10.4\ \text{m}$$
$$\frac{\overline{V}_s}{2g} = \frac{1}{2} \times (4.95)^2 \frac{\text{m}^2}{\text{s}^2} \times \frac{\text{s}^2}{9.8\ \text{m}} = 1.25\ \text{m}$$

따라서

$$H_s = 10.4\ \text{m} + 1\ \text{m} - 2.73 \times 1.25\ \text{m} = 7.98\ \text{m}$$

*NPSHA*를 구하기 위해 속도수두를 더하고 증기압을 뺀다. 따라서

$$NPHSA = H_s + \frac{\overline{V}_s^2}{2g} - H_v$$

30°C 물의 증기압은 $p_v = 4.25$ kPa이고, 수두로는 $H_v = 0.44$ m(물)이므로

$$NPSHA = 7.98 + 1.25 - 0.44 = 8.79\ \text{m} \longleftarrow NPSHA$$

펌프곡선(그림 C.3, 부록 C)에서 230 m^3/h일 때 *NPSHR*은 다음 값을 나타낸다.

$$NPSHR = 3.1\ \text{m} \longleftarrow NPSHR$$

30°C에서 물에 대한 유사한 계산결과들이 다음 그림의 왼쪽에 나타난다(*NPSHR* 값은 그림 C.3, 부록 C에 있는 펌프곡선으로부터 구한 값들이다).

이 문제는 펌프에서 공동현상의 위험 발생을 검토하는 데 사용되는 과정을 설명한다.

- 식 (3)과 그림에서 유량 Q(또는 $\overline{V}_s$)가 증가함에 따라 *NPSHA*가 감소함을 알 수 있다. 이와 반대로 유량이 아주 많을 때는 Q의 증가에 따라 *NPSHR*은 증가하여 펌프는 공동현상을 겪을 수 있다(*NPSHA* < *NPSHR*).
- 어떤 펌프에 대한 *NPSHR*은 체적유량 Q 증가에 따라 증가한다. 그 이유는 펌프 안의 국소 유동속도가 증가하여 국소 압력을 감소시키고 공동현상을 촉진하기 때문이다.
- 30°C 물에 대한 *NPSHA* 곡선은 모든 유량 범위에서 펌프의 *NPSHR*보다 위쪽에 있다. 따라서 공동현상은 발생하지 않을 것이다. 80°C에서는 250 m^3/h 부근에서 공동현상이 일어나겠지만, 그림 C.3으로부터 펌프는 200 m^3/h 부근에서 최고효율을 나타낸다. 이 펌프는 250 m^3/h 이상의 유량에서는 사용되지 않는다. 더 뜨거운 물을 사용하더라도 공동현상의 발생은 없다.

다양한 종류의 펌프와 물 온도에 대한 *NPSHA* 및 *NPSHR* 곡선을 그리기 위하여 이 예제에 대한 *Excel* 워크북이 사용될 수 있다.

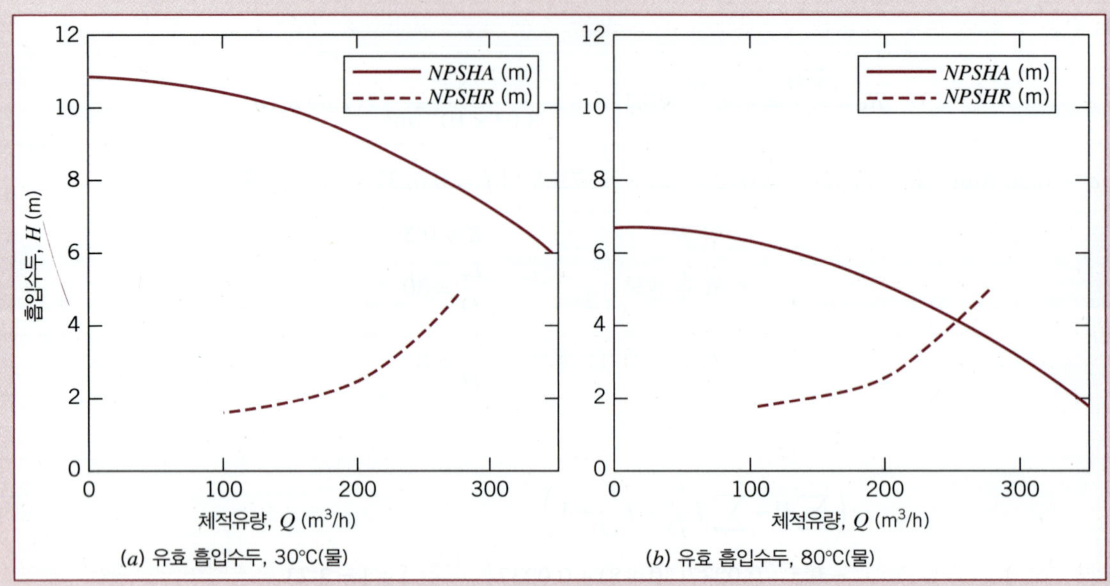

80°C에서 물에 대한 계산결과들이 위 그림 오른쪽에 나타난다. 80°C에서 물에 대한 증기압은 $p_v = 47.4$ kPa이다. 해당되는 수두는 $H_v = 4.98$ m(물)이다. 이 높은 증기압은 그림에 나타낸 것과 같이 *NPSHA*를 감소시킨다.

펌프 선정: 유체시스템에 적용

우리는 유체기계와 유체를 수송하는 파이프 또는 유로망(network)의 조합을 **유체시스템**(*fluid system*)으로 정의한다. 실제 유체시스템 내에서 유체기계에 대한 공학적 응용은 에너지 효율, 경제성, 내구성을 만족하면서 기계와 시스템의 특성이 잘 부합되도록 한다.

예제 10.4에서 학습한 바와 같이 일반적인 펌프는 유량이 증가함에 따라 양정이 작아진다. 이와 반대로 파이프 시스템에서 유동을 유지하기 위해 요구되는 수두는 유량과 함께 증가한다. 그래서 그림 10.17에서 그래프로 나타낸 바와 같이 펌프 양정곡선과 시스템 저항곡선이 만나는 유량, 즉 운전점에서 펌프–시스템이 작동될 것이다. 또한 그림 10.17에는 최적의 펌프를 선정하기 위한 펌프효율이 제시되어 있는데 운전점의 유량에서 최대효율을 갖도록 펌프를 선정해야 한다.

그림 10.18a에 보이는 바와 같은 높이의 차가 없는 두 탱크 사이에 유량을 증가시키며 이에 필요한 마찰손실, 즉 저항을 이겨내며 흐르기 위해 필요한 수두는 유량이 0에서부터 증가할수록 마찬가지로 0에서부터 시작하는 형태를 보인다. 이러한 유체시스템에서는 유동에 필요한 총 수두 또는 총마찰손실은 주손실과 부손실의 합으로 다음과 같이 쓸 수 있다.

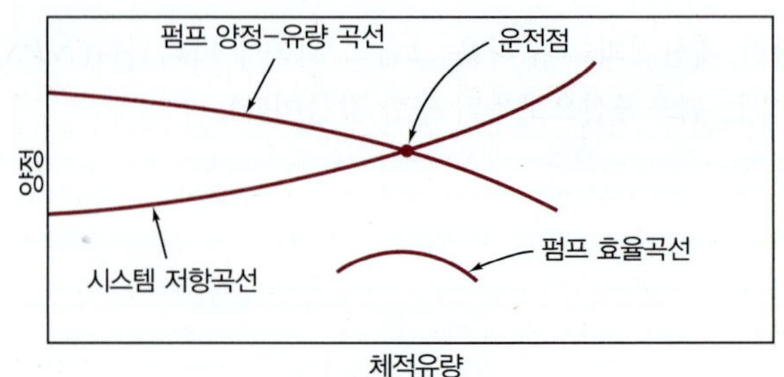

그림 10.17 펌프의 양정–유량 곡선과 시스템의 양정–유량 곡선을 나타내는 그림.

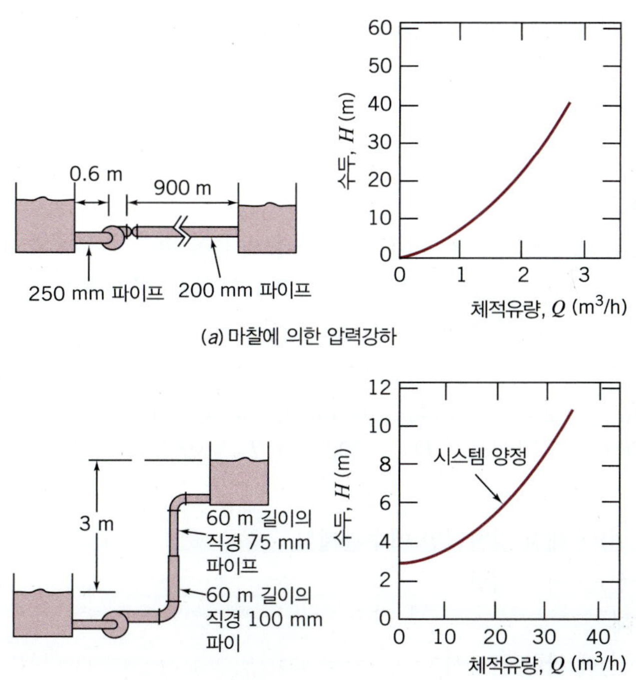

그림 10.18 기본적인 형태인 두 가지 시스템의 수두-유량 곡선을 보여주는 개략적인 구성도([6]).

$$h_{lt} = \sum h_l + \sum h_m = \sum f \frac{L}{D}\frac{\bar{V}^2}{2} + \sum K \frac{\bar{V}^2}{2}$$

난류 유동의 마찰계수는 일정한 값에 접근하고, 부손실계수 K 역시 일정하다. $h_{l_T} \sim \bar{V}^2 \sim Q^2$이므로 시스템 곡선은 거의 포물선형이 된다. 이 의미는 순수 마찰만 있는 시스템 곡선은 유량이 증가함에 따라 기울기가 더 급격해진다는 것을 의미한다. 두 탱크의 높이차에 의한 압력의 변화 또는 흐름에 필요한 수두는 유체 시스템 내의 유량과는 독립적이고, 이 경우 시스템의 저항곡선을 수두-유량 곡선(H-Q 곡선)에 그리는 경우 가로축에 평행한 직선으로 생각할 수 있는 일정한 높이차에 의한 수두 값을 더해주면 된다. 이러한 경우 수두-유량 곡선에 시스템의 저항곡선을 그림 10.18*b*에 보여준다.

결과적으로 시스템의 수두-유량 곡선의 기울기가 **급격한가** 또는 **평탄한가**는 마찰과 중력의 상대적인 중요성에 따라 다르다. 마찰에 의한 압력강하는 고층건물의 급수장치에서는 상대적으로 덜 중요하고, 중력에 의한 높이 증가는 단층건물의 공기조화 시스템에서는 무시될 수 있다.

8.7절에서 펌프-파이프 시스템에 대한 검사체적으로부터 에너지 방정식을 구했다.

$$\left(\frac{p_1}{\rho} + \alpha_1 \frac{\bar{V}_1^2}{2} + gz_1\right) - \left(\frac{p_2}{\rho} + \alpha_2 \frac{\bar{V}_2^2}{2} + gz_2\right) = h_{l_T} - \Delta h_{\text{pump}} \tag{8.49}$$

어떤 유체기계(펌프에 국한되지 않음)에 가해진 수두를 나타내기 위하여 Δh_{pump} 대신에 h_a로 대체하고, 식 (8.4)를 재정리하면 보다 일반적인 식을 얻는다.

$$\frac{p_1}{\rho} + \alpha_1 \frac{\bar{V}_1^2}{2} + gz_1 + h_a = \frac{p_2}{\rho} + \alpha_2 \frac{\bar{V}_2^2}{2} + gz_2 + h_{l_T} \tag{10.28a}$$

g로 나누면

$$\frac{p_1}{\rho g} + \alpha_1 \frac{\bar{V}_1^2}{2g} + z_1 + H_a = \frac{p_2}{\rho g} + \alpha_2 \frac{\bar{V}_2^2}{2g} + z_2 + \frac{h_{l_T}}{g} \tag{10.28b}$$

여기서 H_a는 기계에 의해 가해지는 단위중량당 에너지이다. 펌프 시스템의 운전점 결정 과정은 예제 10.8에 설명되어 있다.

예제 10.8 펌프 시스템에 대한 운전점 결정

1,750 rpm으로 운전되는 예제 10.6의 펌프가 그림 10.18a의 주철제 배관장치를 통해 물을 송수하기 위해 사용된다. 송수시스템 저항곡선의 일반적인 형상에 대한 대수식을 유도하라. 시스템 저항곡선을 계산하고 나타내라. 시스템의 운전점을 그림에서 구하라. 시스템 저항곡선에 대한 근사적인 해석식을 구하라. 시스템 운전점을 해석적으로 구하라.

주어진 자료: 1,750 rpm으로 운전되고, $H = H_0 - AQ^2$. 여기서 $H_0 = 17$ m, $A = 1.95 \times 10^{-4}$ m/(m^3/h)^{2}인 예제 10.6의 펌프. 그림 10.18a의 시스템은 $D_1 = 250$ mm, $L_1 = 0.6$ m인 파이프와 $D_2 = 200$ mm, $L_2 = 900$ m인 파이프로 수면이 같은 2개의 탱크 사이로 물이 운반된다.

찾는 자료: (a) 시스템의 수두 곡선(또는 저항곡선)에 대한 일반적인 대수관계식
(b) 시스템의 수두 곡선(또는 저항곡선)을 직접 계산
(c) 시스템 운전점에 대한 도식적인 해
(d) 시스템의 수두 곡선(또는 저항곡선)에 관한 근사식
(e) (d)에서 구한 근사식을 이용한 시스템의 운전점 찾기

풀이: 그림 10.18a의 유동시스템에 에너지 방정식을 적용하라.

지배방정식:

$$\frac{p_0}{\rho g} + \alpha_0 \frac{\overline{V}_0^2}{2g} + z_0 + H_a = \frac{p_3}{\rho g} + \alpha_3 \frac{\overline{V}_3^2}{2g} + z_3 + \frac{h_{l_T}}{g} \tag{10.24b}$$

여기서 z_0와 z_3는 각각 공급탱크와 배수탱크의 표면 높이이다.

가정: 1 $p_0 = p_3 = p_{\text{atm}}$
2 $\overline{V}_0 = \overline{V}_3 = 0$
3 $z_0 = z_3$(주어짐)

단순화하면 다음 식을 얻는다.

$$H_a = \frac{h_{l_T}}{g} = \frac{h_{l_{T_{01}}}}{g} + \frac{h_{l_{T_{23}}}}{g} = H_{l_T} \tag{1}$$

여기서 단면 ①과 ②는 각각 펌프에 인접한 상류와 하류에 위치한다.
총 수두손실은 직관손실과 부손실의 합이 된다. 따라서

$$h_{l_{T_{01}}} = K_{\text{ent}} \frac{\overline{V}_1^2}{2} + f_1 \frac{L_1}{D_1} \frac{\overline{V}_1^2}{2} = \left(K_{\text{ent}} + f_1 \frac{L_1}{D_1} \right) \frac{\overline{V}_1^2}{2}$$

$$h_{l_{T_{23}}} = f_2 \frac{L_2}{D_2} \frac{\overline{V}_2^2}{2} + K_{\text{exit}} \frac{\overline{V}_2^2}{2} = \left(f_2 \frac{L_2}{D_2} + K_{\text{exit}} \right) \frac{\overline{V}_2^2}{2}$$

연속방정식으로부터 $\overline{V}_1 A_1 = \overline{V}_2 A_2$, 따라서 $\overline{V}_1 = \overline{V}_2 \frac{A_2}{A_1} = \overline{V}_2 \left(\frac{D_2}{D_1} \right)^2$

그래서

$$H_{l_T} = \frac{h_{l_T}}{g} = \left(K_{\text{ent}} + f_1 \frac{L_1}{D_1}\right) \frac{\overline{V}_2^2}{2g} \left(\frac{D_2}{D_1}\right)^4 + \left(f_2 \frac{L_2}{D_2} + K_{\text{exit}}\right) \frac{\overline{V}_2^2}{2g}$$

혹은 위 식을 단순화하면

$$H_{l_T} = \left[\left(K_{\text{ent}} + f_1 \frac{L_1}{D_1}\right)\left(\frac{D_2}{D_1}\right)^4 + f_2 \frac{L_2}{D_2} + K_{\text{exit}}\right] \frac{\overline{V}_2^2}{2g} \longleftarrow H_{l_T}$$

이것이 시스템에 대한 수두손실 식이다. 운전점에서 식 (1)에서 나타낸 대로 수두손실은 펌프에 의해 만들어진 수두와 동일하고, 다음 식과 같이 주어진다.

$$H_a = H_0 - AQ^2 \tag{2}$$

여기서 $H_0 = 17$ m 그리고 $A = 1.95 \times 10^{-4}$ m/(m^3/h)^{2}이다.

시스템의 수두손실과 펌프에 의한 수두는 여러 가지 체적유량에 대해 계산할 수 있다.

Q (m^3/h)	$\overline{V}_1$ (m/s)	Re_1 (1000)	f_1 (–)	$\overline{V}_2$ (m/s)	Re_2 (1000)	f_2 (–)	H_{l_T} (m)	H_a (m)
0	0.00	0	–	0.00	0	–	0.00	17.00
25	0.14	39	0.0249	0.22	49	0.0249	0.28	16.88
50	0.28	79	0.0228	0.44	99	0.0232	1.05	16.51
75	0.42	118	0.0220	0.66	148	0.0225	2.29	15.90
100	0.57	158	0.0215	0.88	197	0.0221	4.00	15.05
125	0.71	197	0.0212	1.11	247	0.0219	6.19	13.95
150	0.85	237	0.0210	1.33	296	0.0218	8.86	12.61
175	0.99	276	0.0208	1.55	345	0.0217	12.00	11.03
200	1.13	316	0.0207	1.77	394	0.0216	15.61	9.20
225	1.27	355	0.0206	1.99	444	0.0215	19.70	7.13
250	1.41	395	0.0206	2.21	493	0.0215	24.25	4.81

펌프의 성능곡선과 시스템의 저항곡선은 다음 그림에 도시된다.

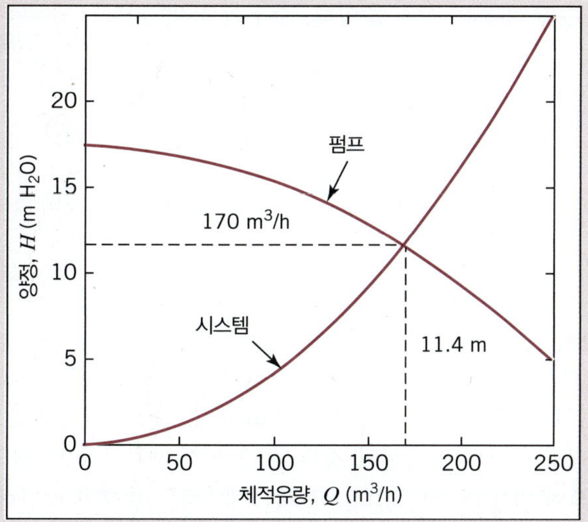

도식적인 해는 그림에 보인다. 운전점에서 $H \approx 11.4$ m이고, $Q \approx 170.0$ m^3/h이다.

시스템 저항곡선에 대한 근사해석 식은 다음과 같이 유도된다. Reynolds 수가 큰 유동이면 이 유동은 완전한 난류유동 영역이 되어 f는 거의 일정하게 되고, 그러면 수두손실에 관한 방정식을 단순화하여 다음 식과 같이 나타낼 수 있다.

$$H_{l_T} \approx CQ^2 \tag{3}$$

여기서 C는 $8/\pi^2 D_2^4 g$과 앞에서 구한 H_{l_T}에 관한 일반방정식의 중괄호 안의 항을 곱한 값이다. 예상되는 운전점에 가까운 점에 대한 표의 H_{l_T}와 Q값을 이용하여 식 (3)으로부터 C값을 직접 구할 수 있다. 예를 들면 $Q = 150\ \text{m}^3/\text{h}$에 대해서

$$C = \frac{H_{l_T}}{Q^2} = \frac{8.86\ \text{m}}{150^2\ (\text{m}^3/\text{h})^2} = 3.94 \times 10^{-4}\ \text{m}/(\text{m}^3/\text{h})^2$$

따라서 시스템 저항곡선에 대한 근사식은

$$H_{l_T} = 3.94 \times 10^{-4}\ \text{m}/(\text{m}^3/\text{h})^2 \times [Q(\text{m}^3/\text{h})]^2 \longleftarrow H_{l_T}$$

식 (1)에 식 (2)와 (3)을 대입하면

$$H_0 - AQ^2 = CQ^2$$

Q에 대해 풀면, 운전점에서 체적유량은

$$Q = \left[\frac{H_0}{A+C}\right]^{1/2}$$

이 경우에

$$Q = \left[17\ \text{m} \times \frac{(\text{m}^3/\text{h})^2}{(1.95 \times 10^{-4} + 3.94 \times 10^{-4})\ \text{m}}\right]^{1/2} = 170.0\ \text{m}^3/\text{h} \longleftarrow Q$$

체적유량은 다음 식과 같이 운전점에서의 수두를 계산하기 위해 수두에 관한 두 식 중 하나의 관계식에 대입될 수 있다.

$$H = CQ^2 = 3.94 \times 10^{-4} \frac{\text{m}}{(\text{m}^3/\text{h})^2} \times (170)^2 (\text{m}^3/\text{h})^2 = 11.4\ \text{m} \longleftarrow H$$

이 문제에서 그래프 운전점에서의 자료 읽음은 아주 좋았다. 수두와 유량값은 계산된 수두값과 잘 일치하였다.

이 두 결과값들은 근사값임을 명심하라. 운전점을 구하기 위해서 마찰 계수가 Reynolds 수에 따라 약간 변한다는 사실을 인정하고 *Excel's Solver*나 *Goal Seek*을 사용하여 더 정확하고 더 쉬운 결과를 얻을 수 있다. 그렇게 하면 운전점의 유량 170.2 m^3/h와 양정 11.4 m가 나온다.

이 문제는 펌프와 유동시스템의 운전점을 찾기 위해 사용하는 절차들을 설명한다.

- 그래프를 이용하고 마찰 손실이 Q^2에 비례한다고 가정한 근사법은 *Excel*을 이용하여 상세 계산에 가까운 결괏값을 산출한다. 대부분 파이프 유동의 마찰계수는 ±10% 오차 범위 내외로 정확하므로 근사법은 충분히 정확하다. 다른 한편, *Excel*을 사용하여 더 쉽고 더 정확한 결과를 도출할 수 있다.
- 시스템의 수두손실에 대한 식 (3)은 시스템이 요구하는 수두 H가 수두손실뿐 아니라 중력에 의한 손실 Z_0을 포함할 때 $H = Z_0 + CQ^2$ 식의 형태로 대체되어야 한다.

Excel 워크북은 가장 정확한 풀이뿐만 아니라 도표화된 결과를 얻기 위해 이용되었다. 이것은 다른 펌프-파이프 시스템에 사용될 때도 활용될 수 있다.

시스템과 펌프의 특성곡선들의 값을 일치시켜 유용한 정보를 얻을 수 있는 실제 문제들은 많이 있다. 펌프의 마모현상은 정격유량을 감소시키고 효율이 낮아지는 원인을 제공한다. 시스템 또는 저항곡선의 기울기가 작아 평평한 형태의 곡선인 경우, 펌프의 특성곡선과 두 개의 점에서 만나 운전점, 즉 운전조건이 둘이 되는 경우가 발생할 수도 있다. 이러한 경우에는 펌프가 시간에 따라 정상상태가 아닌 비정상상태인 작동(unsteady operation)을 야기할 수 있으며, 펌프는 두 개의 운전점들 중 하나를 임의로 택하는 운전(이를 'hunt'라 한다)이나 주기적으로 이 두 개의 운전점들 사이를 반복하는 운전상태를 보이기도 한다. 수증기가 포함된 온도가 높은 액체를 펌프로 이송하는 경우 혼합된 기체는 극단적으로 펌프의 성능을 낮출 수도 있다. 작동 유체의 점도도 원심펌프의 성능을 감소시키거나 증가시킬 수도 있다.

빌딩에 사용되는 냉수순환시스템의 경우에는 상대적으로 넓은 유량의 범위에서 시스템의 저항이 거의 일정하게 설계되기를 원한다. 빌딩의 시스템에서 요구하는 냉수를 공급하기 위하여 일정한 회전수에서 운

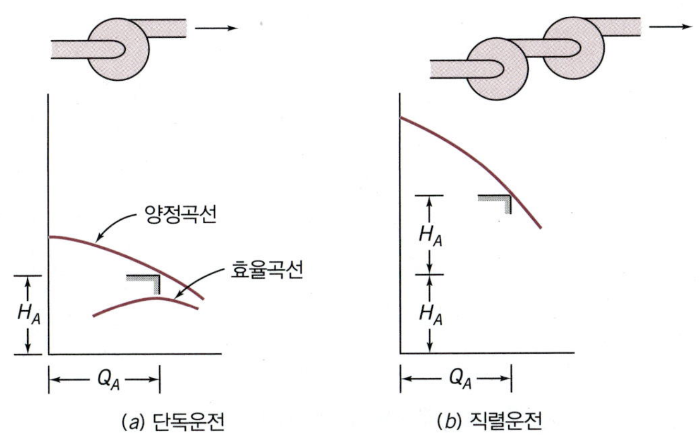

그림 10.19 직렬로 연결된 두 원심펌프의 운전.

전되는 펌프들을 여러 대 직렬 또는 병렬로 설치하는 것이 아마도 가장 효율적인 선택이라고 알려져 있다. 추가적인 냉수나 부하가 증가하면 새로운 펌프를 기존의 시스템에 새로운 단을 추가하면 된다.

직렬인 펌프에 대해서 연합 성능곡선은 각각의 유량에 대한 수두 상승을 더하여 구한다(그림 10.19). 직렬로 연결된 펌프를 운전하여 얻은 유량의 증가는 설치된 시스템의 저항에 따라 결정된다. 하나의 펌프로도 충분한, 즉 낮은 수두가 요구될 때 동작하지 않는 두 번째 펌프는 유로에 추가적인 수두손실을 일으켜 시스템의 저항을 증가시키게 된다. 이런 경우 실제로 설치하는 경우 바이패스나 밸브들 또는 체크밸브가 장착된 시스템이 필요하다[9, 12].

펌프는 또한 병렬로 연결될 수 있다. 그림 10.20에 나타낸 성능곡선은 각 양정에서 펌프 용량을 더함으로써 구할 수 있다. 그림 10.20은 시스템 곡선이 비교적 평탄할 때 병렬운전이 시스템 용량을 가장 효과적으로 증가시키는 데 사용될 수 있다는 것을 보여준다. 실제로 병렬로 배열된 펌프를 설치하는 경우 동작하지 않는 펌프를 통해 역유동이 일어나는 현상을 방지할 수 있도록 조치를 취해야 한다.

배관 배열이나 펌프 연합의 많은 다른 방법도 가능하다. 크기, 양정, 용량이 다른 펌프들이 직렬, 병렬 또는 직-병렬 배열로 조합될 수 있다. 시스템이 다양한 유량을 다루게 하려는 요구 때문에 많은 적용에서 복잡하다. 교축밸브가 보편적으로 필요한 이유는 정속도 모터가 대부분의 펌프를 구동하기 때문이다. 그래서 교축밸브가 없이 펌프를 연합운전하면 유량이 불연속적으로 변하는 것을 허용할 수 있다. 교축밸브를 사용함으로써 생기는 불이익은 그 자체가 에너지 손실의 큰 부분을 차지하여 주어진 유량에 대해 사용하지 않는 경우보다 더 많은 동력을 필요로 한다는 것이다.

가변 속도 운전을 사용하면 별도의 복잡한 배관장치 없이도 높은 에너지 효율로 장치의 유량을 이론상으로는 무한한 범위에서 조절할 수 있다. 더 나은 장점으로 가변속도 구동장치는 시스템의 유량 제어를 매우 간단히 할 수 있다는 것이다. 가변속도 구동 시스템을 사용하여 얻을 수 있는 비용의 절감은 이 시스템을 구축하는 데 드는 비용을 상쇄할 수 있다.

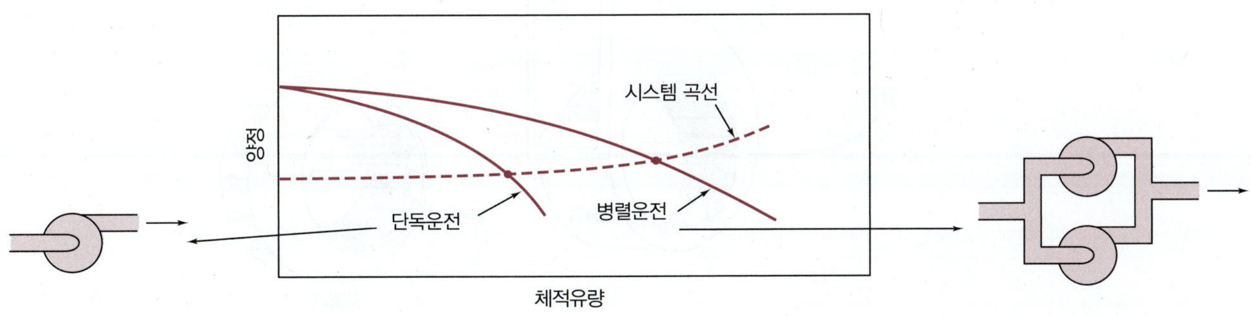

그림 10.20 병렬 연결된 두 원심펌프의 운전.

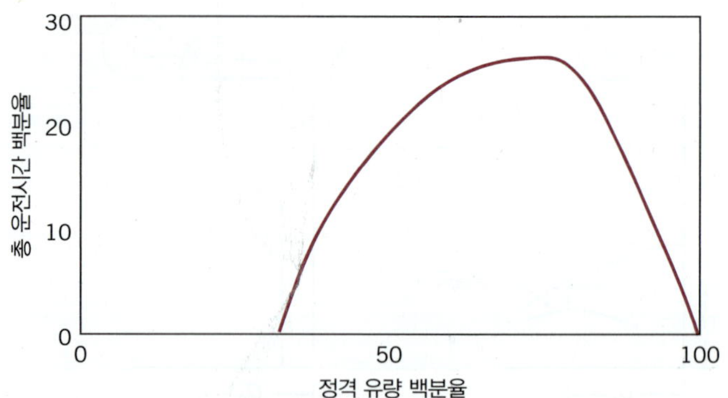

그림 10.21 화학 및 석유 산업에서 사용되는 원심펌프에 대한 평균 사용률[13].

에너지 절약과 비용 절감은 기계가 작동하는 구체적인 사용률(specific duty cycle)에 따라 다르다. 그림 10.21은 하나의 산업용 펌프를 작동하는 경우, 주어진 유량을 정격 유량에 대한 백분율로 환산하여 가로축으로 놓고 운전되는 시간의 비를 백분율의 분포로 세로축에 표시한 그래프이다[18]. 이 그래프는 많은 시스템에서 대표적인 한 예인데, 유체시스템이 정격유량의 100%로 작동 유체를 이송할 수 있도록 설계되지만 이러한 정격유량의 100%로 가동하는 조건은 거의 일어나지 않았다. 그 대신 절반 이상의 시간은 시스템의 정격유량의 70% 또는 그 이하에서 작동된다는 것을 보여주고 있다.

송풍기와 팬

팬은 공기 또는 증기를 이송하기 위해 설계되며 크기는 범위가 시간당 1 m^3의 공기를 이송시키며, 수 W의 동력이 요구되는 노트북 컴퓨터의 냉각 팬으로부터 1분당 수천 m^3의 공기를 옮기고 수백 kW의 동력이 요구되는 해저 터널의 환풍 팬까지 이른다. 펌프와 마찬가지로 팬은 다양한 종류가 생산되고 있으며 반경류형(원심) 팬으로부터 축류 팬까지 걸쳐있다. 펌프와 같이 팬의 특성곡선 모양은 팬의 종류에 따라 다르다. 원심 팬의 몇 가지 대표적인 성능곡선이 부록 C에 수록되어 있다.

중간 정도 크기의 원심 팬에 대한 조립도가 그림 10.22와 같다. 일반적으로 사용되는 용어가 그림에 보인다. 일반적으로 팬에 의해 발생되는 압력상승은 작동 유체가 액체인 펌프와 비교하면 체적유량 크기가 몇 자리(several order of magnitude) 정도 작으며, 팬의 작동 유체는 기체이므로 체적유량은 펌프에 비해 상당히 큰 값을 가진다. 팬의 기계효율은 입구와 출구에서의 정압-정압 또는 정압-전압 증가[14]에 기초하여 정의하거나 계산할 수 있고, 그림 10.23에 보인 바와 같이 흔히 하나의 특성곡선에 그려서 보이기도 한다. 정압과 전압의 차는 동압이며, 즉 그림에서 두 곡선의 수직 방향의 거리는 유량의 제곱에 비례한다.

그림 10.24*a*-*c*에 보인 바와 같이 원심 팬은 깃의 방향에 따라 뒤젖힘형, 반경형, 앞젖힘형의 세 가지 일반적인 형태로 나눌 수 있다. 그림에 제시된 모든 팬은 깃과 입구유동 방향 사이에 거의 충격이 일어나지

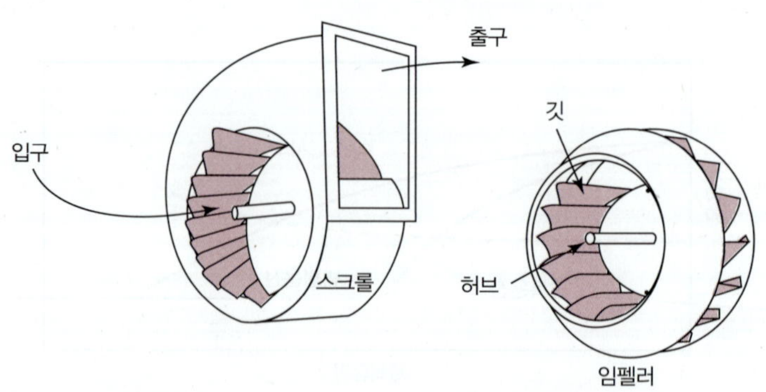

그림 10.22 대표적인 원심 팬의 분해(조립)도.

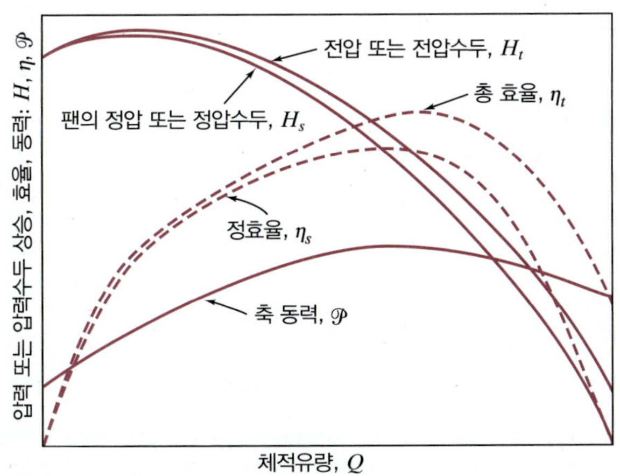

그림 10.23 뒤젖힘 곡선 깃을 갖는 팬의 대표적인 특성.

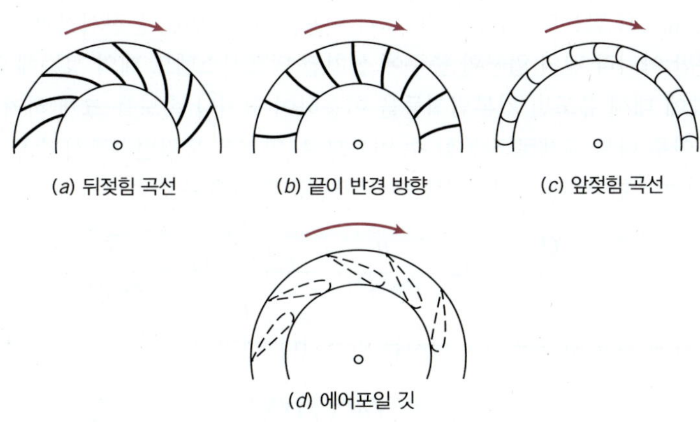

그림 10.24 원심 팬의 회전차에 사용된 대표적인 깃의 종류.

않도록 입구 모서리에서 깃들이 곡면으로 되어 있다. 이런 세 가지 설계는 금속판으로 된 깃을 갖는 대표적인 팬인데, 이 깃들은 제조가 아주 쉽고 비용도 비교적 적게 든다. 그림에 나타난 앞젖힘 곡선 깃은 깃 사이의 간격이 매우 좁다. 이것은 흔히 **농형**(籠形, ***squirrel cage***) 팬이라고 하는데, 그 이유는 동물 우리 속의 쳇바퀴를 닮았기 때문이다. 팬의 크기와 요구되는 동력이 커짐에 따라 효율의 중요성이 더 커진다. 그림 10.24*d*의 유선형 에어포일 깃은 입구유동 방향에 훨씬 덜 민감하고, 그림 10.24*a*부터 *c*에 보이는 바와 같은 얇은 깃들에 비하여 효율이 훨씬 개선된 것이다.

펌프에서처럼 팬을 통한 전압상승은 회전차(로터) 출구에서 유체 절대속도에 근사적으로 비례한다. 그러므로 깃 형상에 따라 특성곡선은 서로 다르게 나타난다. 대표적인 특성곡선이 그림 10.25에 보이는데, 여기에 압력상승과 요구 동력 모두가 스케치된다. 뒤젖힘 곡선 깃을 갖는 팬의 동력곡선은 유량이 증가함

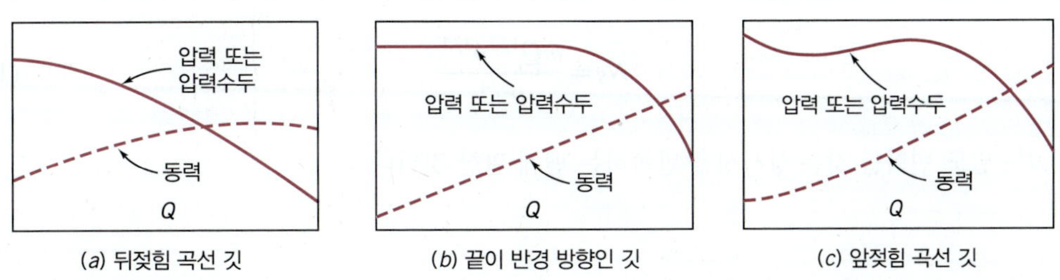

그림 10.25 뒤젖힘 곡선 깃, 끝이 반경 방향인 깃, 앞젖힘 곡선 깃을 갖는 원심 팬에 대한 성능곡선의 일반적인 특성.

에 따라 최댓값에 도달한 후 감소한다. 반경 방향 깃 팬과 앞젖힘 곡선 깃 팬에서 동력곡선은 유량이 증가함에 따라 위로 올라간다. 뒤젖힘 곡선 깃 팬은 요구되는 동력이 크고, 연속적으로 운전해야 하는 곳에 설치하는 것이 가장 적합하다. 앞젖힘 곡선 깃 팬은 초기 비용이 저렴하고 소형이어야 할 때, 그리고 간헐적인 서비스가 필요한 곳에 설치하는 것이 좋다. 앞젖힘 곡선 깃 팬은 규정된 수두를 발생하기 위해서 더 낮은 깃 끝(blade tip) 속도를 요구한다. 깃 끝의 속도가 느리다는 것은 소음이 감소됨을 의미한다. 따라서 앞젖힘 곡선 깃 팬은 소음을 최소화하기 위해 특히 난방장치나 공기조화장치에 알맞다.

축류 팬(프로펠러)에 대한 특성곡선은 원심 팬의 경우와는 아주 다르다. 단순한 프로펠러 팬은 흔히 환기설비에 이용된다. 이것은 입구나 출구 덕트장치가 없이 자유-직립형이나 창문용 환풍기와 같이 개방된 공간에 설치할 수 있다. 에어포일 깃을 덕트 내에 설치하고 때로는 안내 깃이 설치된 현대식 설계로 팬은 큰 저항에 대하여 고효율로 많은 유량을 보낼 수 있다[23]. 축류 팬의 주요 단점은 어떤 유량 범위에서 팬은 맥동을 일으킨다. 축류 팬은 높은 회전속도로 작동되기 때문에 소음이 발생할 수 있다.

팬을 선정하고 설치할 때는 항상 절충안이 필요하다. 에너지 소비를 최소화하기 위해 고효율점에서 팬을 작동시키는 것이 바람직하다. 주어진 용량에 대해 팬의 크기를 줄이기 위해 최고 효율점보다 더 많은 유량에서 작동시키려는 유혹을 받는다. 가용 면적, 초기 비용, 그리고 연간 운전시간과 같은 인자들을 고려하여 절충해야 한다. 뿐만 아니라 팬의 입구와 출구에 설치된 덕트시스템도 팬의 성능에 영향을 준다.

7장에서 유체기계에 대해 유도된 기본법칙들을 이용하여 크기나 속도를 크게 하거나 작게 할 수 있다. 두 대의 팬을 밀도가 아주 다른 유체로 작동할 수 있으므로, 압력은 독립변수로서 수두 대신 사용되고 밀도는 무차원군에 존속시켜야 한다. 팬 축척에 적합한 무차원군은 다음과 같다.

$$\Pi_1 = \frac{Q}{\omega D^3}, \quad \Pi_2 = \frac{p}{\rho\omega^2 D^2}, \quad \text{그리고} \quad \Pi_3 = \frac{\mathcal{P}}{\rho\omega^3 D^5} \tag{10.29}$$

또 다시 유량계수가 동일할 때 동역학적 상사는 만족된다. 따라서

$$Q' = Q\left(\frac{\omega'}{\omega}\right)\left(\frac{D'}{D}\right)^3 \tag{10.30a}$$

그러면

$$p' = p\left(\frac{\rho'}{\rho}\right)\left(\frac{\omega'}{\omega}\right)^2\left(\frac{D'}{D}\right)^2 \tag{10.30b}$$

그리고

$$\mathcal{P}' = \mathcal{P}\left(\frac{\rho'}{\rho}\right)\left(\frac{\omega'}{\omega}\right)^3\left(\frac{D'}{D}\right)^5 \tag{10.30c}$$

제1단계 근삿값으로서 축척된 팬의 효율은 일정하게 유지된다고 가정하면

$$\eta' = \eta \tag{10.30d}$$

수두가 압력으로 대체되고 밀도가 포함될 때, 팬의 비속도를 정의하는 식은 다음과 같다.

$$N_S = \frac{\omega Q^{1/2}\rho^{3/4}}{p^{3/4}} \tag{10.31}$$

예제 10.9는 밀도 변화를 갖는 상사성을 만족하는 팬에 관한 것이다.

예제 10.9 팬 성능의 축척

시원한 공기(ρ = 1.2 kg/m^3)를 사용하여 실험 장치에서 측정된 직경 D = 914 mm, N = 600 rpm인 원심 팬에 관한 성능곡선 [20]이 다음 그림에 제시된다. D' = 1,070 mm, N' = 1,150 rpm, ρ' = 0.72 kg/m^{3}로 상사한 팬의 성능을 예측할 수 있도록 자료를 축척하라. 시스템의 압력이 190 mm H_2O로 운전될 때 대형 팬의 송풍량과 동력을 구하라. 새로운 운전점에서 팬의 비속도를 검토하라.

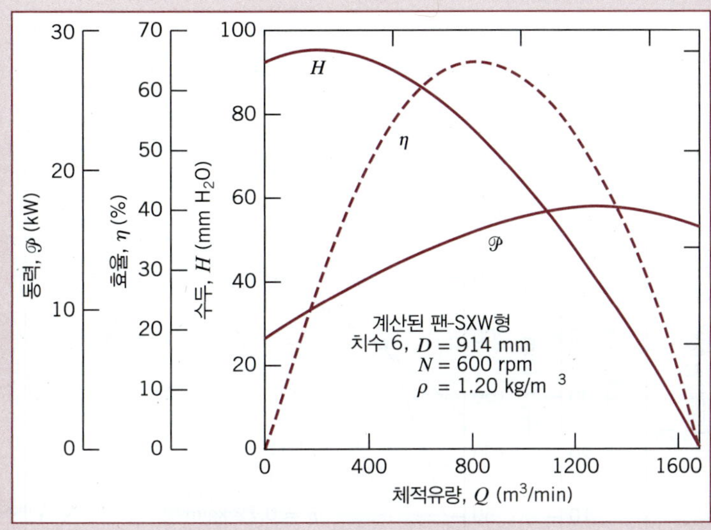

주어진 자료: D = 914 mm이고, N = 600 rpm이며, ρ = 1.2 kg/m^{3}인 원심 팬의 성능곡선 자료

찾는 자료: (a) D' = 1,070 mm, N' = 1,150 rpm, ρ' = 0.72 kg/m^{3}일 때 기하학적으로 상사한 팬의 성능 예측

(b) 시스템의 저항이 190 mm H_2O일 때 대형 팬이 수송하는 유량의 예측

(c) 새로운 운전점에서 대형 팬의 비속도

풀이: 실험자료를 축척함으로써 새로운 작동조건에 대한 성능곡선을 만든다. 식 (10.30)과 Q = 850 m^3/min일 때 곡선으로부터 얻은 자료를 이용하면 새로운 체적유량은

$$Q' = Q\left(\frac{N'}{N}\right)\left(\frac{D'}{D}\right)^3 = 850\,\mathrm{m^3/min} \times \left(\frac{1150}{600}\right) \times \left(\frac{1070}{914}\right)^3 = 2614\,\mathrm{m^3/min}$$

팬의 압력상승은

$$p' = p\frac{\rho'}{\rho}\left(\frac{N'}{N}\right)^2\left(\frac{D'}{D}\right)^2 = 75.2\,\mathrm{mm\,H_2O} \times \left(\frac{0.72}{1.2}\right) \times \left(\frac{1150}{600}\right)^2 \times \left(\frac{1070}{914}\right)^2 = 227.2\,\mathrm{mm\,H_2O}$$

그리고 새로운 입력동력은

$$\mathcal{P}' = \mathcal{P}\left(\frac{\rho'}{\rho}\right)\left(\frac{N'}{N}\right)^3\left(\frac{D'}{D}\right)^5 = 16.0\,\mathrm{kW} \times \left(\frac{0.72}{1.2}\right) \times \left(\frac{1150}{600}\right)^3 \times \left(\frac{1070}{914}\right)^5 = 148.6\,\mathrm{kW}$$

대응하는 두 점 사이에서 효율이 일정하게 유지된다고 가정하면

$$\eta' = \eta = 64.8\%$$

다른 운전점에서 유사한 계산의 결과를 다음 표로 나타낸다.

Q (m^3/min)	p (mm H_2O)	$\mathscr{P}$ (kW)	η (%)	Q' (m^3/min)	p' (mm H_2O)	$\mathscr{P}'$ (kW)
0	93.5	8.3	0	0	282.4	77.1
283	95.3	11.3	37.4	870	287.9	105.0
566	88.9	13.9	59.2	1741	268.5	129.1
850	75.2	16.0	64.8	2614	227.2	148.6
1130	53.8	17.2	57.4	3475	162.5	159.8
1420	25.9	17.2	34.5	4367	78.2	159.8
1700	0	15.7	0	5228	0	145.8

계산값을 보간하기 위해 결과를 그리는 것이 편리하다.

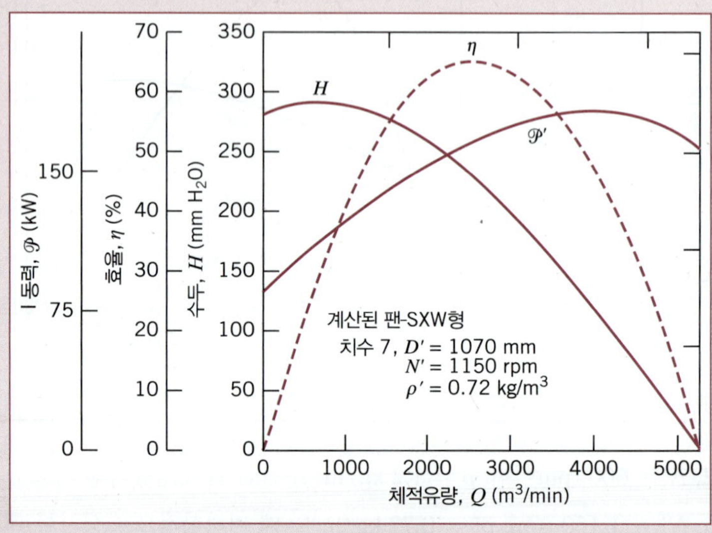

수두–유량 곡선으로부터 대형 팬은 시스템 수두가 190 mm H_2O일 때 약 62.2%의 효율을 갖고 3,107 m^3/min를 송풍해야 한다.

이 운전점은 팬의 최고 효율점에서 약간 오른쪽에 있다. 그러므로 이곳은 팬을 작동하기에 타당하다. 이 운전점에서 팬의 비속도는 식 (10.31)에 직접 대입하여 다음과 같이 주어진다.

$$N_{s_{cu}} = \frac{\omega Q^{1/2}\rho^{3/4}}{p^{3/4}} = \frac{(1150\,\text{rpm})\times(3107\,\text{m}^3/\text{min})^{1/2}\times(0.72\,\text{kg/m}^3)^{3/4}}{(190\,\text{mm H}_2\text{O})^{3/4}}$$

$$= 979 \longleftarrow N_{s_{cu}}$$

무차원 SI 단위로는

$$N_s = \frac{(120\,\text{rad/s})\times(51.8\,\text{m}^3/\text{s})^{1/2}\times(0.72\,\text{kg/m}^3)^{3/4}}{(1.86\times10^3\,\text{N/m}^2)^{3/4}} = 2.38 \longleftarrow N_s(\text{SI})$$

이 문제는 밀도가 다른 기체에 대해 작동하는 팬의 축척 성능에 관한 과정을 설명한다.

이 예제에 대해 *Excel* 워크북이 모든 계산을 하고 보간된 자료를 구하며, 그래프 작성을 위해 사용되었다. 이 프로그램은 유사한 다른 해석에도 쉽게 수정될 수 있다.

팬의 송풍량을 조절하기 위해 세 가지 방법을 사용할 수 있는데, 이는 모터의 속도제어, 입구에 댐퍼의 설치 및 출구에 교축장치의 설치이다. 펌프에서 발견할 수 있는 감소에너지 사용 및 잡음 감소에 대한 속도제어의 이점들을 팬에서도 적용하여 얻을 수 있다. 입구와 출구에 유량을 줄이는 완충장치인 댐퍼를 설치하면 유량을 조절하는 데 효과적이지만 이러한 장치들은 효율을 감소시키고 에너지의 사용량을 증가시키는 단점들이 있다.

또한 팬은 다양한 시스템 저항과 필요한 유량에 부합하기 위하여 직렬, 병렬 또는 좀 더 복잡한 배열방법으로 연결될 수 있다. 이런 연결방법은 펌프에서 서술된 방법을 이용하여 해석될 수 있다[25], [26].

10.4 용적식 펌프

용적식(positive-displacement) 펌프에서는 액체가 갇혀 있는 경계면의 움직임으로 인한 체적 감소에 의해 압력이 발생한다. 터보기계와는 반대로 비교적 낮은 속도에서 고압이 발생하는데, 그 이유는 펌핑 효과가 동적인 운동 대신 체적 변화에 따르기 때문이다.

용적식 펌프는 40 MPa (6000 psi)에 이르는 압력 범위의 유압장치에 이용된다. 유압동력의 주요한 장점은 높은 **동력 밀도**(단위중량당 또는 단위크기당 동력)를 얻을 수 있다는 것이다. 즉, 주어진 출력동력에 대하여 유압장치는 전형적인 전기 구동장치보다 더 가볍고 더 작아질 수 있다. 용적식 펌프의 형태는 다양하게 개발되어 왔다. 피스톤 펌프, 베인 펌프, 기어 펌프 등이 용적식 펌프의 몇 가지 예들이다.

대부분의 용적식 펌프 성능 특성은 유사하다. 그림 10.26은 대표적인 기어 펌프의 개략도이다. 윤활유가 펌프 공동(cavity)의 맨 아래에 있는 기어 사이의 공간으로 유입되어 회전하고 있는 기어에 의해 외부와 상부 방향으로 전달되고, 공동의 위쪽에 있는 출구 포트로 유출된다. 압력은 윤활유가 펌프 출구 쪽으로 밀림에 따라 발생한다. 누설과 역류는 펌프 중앙에 있는 기어 사이를 밀착시킨다.

그림 10.27은 실제 기어 펌프의 사진이다. 이 사진은 펌프 안에서 발생하는 큰 압력을 견디기 위해 필요한 견고한 하우징과 베어링에 대한 아이디어를 제공한다. 그것은 또한 기어와 하우징 사이의 측면 틈새를 가능한 한 가장 작게 유지하면서 열팽창을 허용하기 위해 '떠 있도록' 설계된 압력부하를 받는 측면 평판을 보여준다.

중형 기어 펌프에 대한 압력 대 송출량의 대표적인 성능곡선이 그림 10.28에 제시된다. 펌프의 크기는 1회전당 배제량(displacement)에 의해 정해지고, 작동 유체는 유체의 점도와 온도에 의해 특징지어진다. 세 가지 일정속도에서 시험된 곡선이 선도에 제시된다. 속도가 일정할 때 송출량은 압력이 상승함에 따라 약간 감소한다. 펌프는 동일한 용적을 배출하지만, 압력이 상승함에 따라 누설과 역류량이 증가하여 송출량은 약간 감소한다.

입력동력에 대한 작동 유체에 전달되는 동력비로 정의되는 **전효율**(*overall efficiency*)은 펌프의 속도가 증가할 때 같이 증가하다가 작동 유체의 압력이 최대나 최솟값이 아닌 중간값 정도에서 최대 효율에 도달한다. **체적효율**(그림에서 점선)은 실제 이송된 체적용량을 펌프의 용적으로 나눈 것으로 정의되며, 압력이 상승함에 따라 또는 펌프 속도가 감소함에 따라 줄어든다.

가변 용적 및 가변 압력 펌프들과 비교하면 고정 용적식 펌프는 시스템적인 손실이 존재한다. 고정 용적식 펌프는 정해진 유량의 액체만을 송출한다. 만약 부하가 이보다 적은 유량만 필요하다면 저장소로 돌려놓아야 한다. 가변 용적 펌프들은 낮은 압력 조건에서의 부하에 대응하는 송출량을 조절하여 손실은 줄이고 펌프의 효율은 증가시킬 수 있다. 그러므로 가장 적합한 최선의 펌프 선정은 펌프의 동작주기에 달려 있다고 할 수 있다. 고정식과 가변 용적식 펌프들의 성능은 다음의 예제 10.10에서 비교한다.

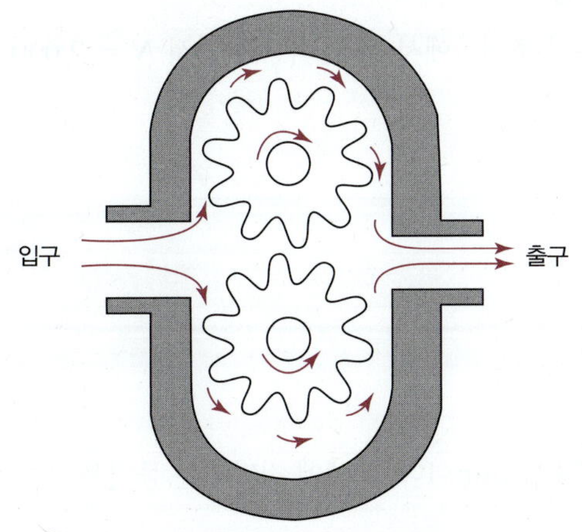

그림 10.26 대표적인 기어 펌프의 개략도.

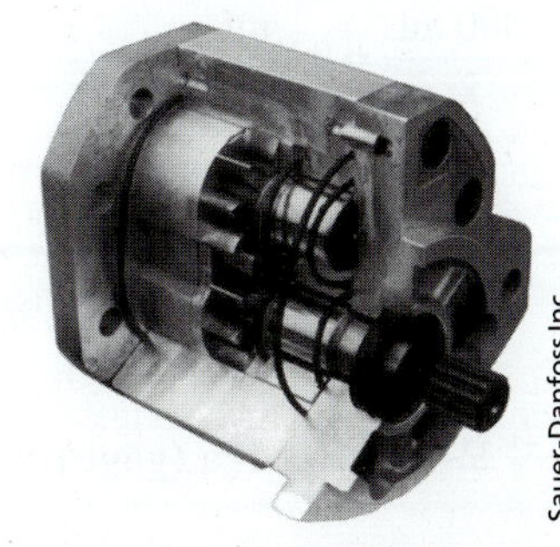

그림 10.27 기어 펌프의 내부 사진.

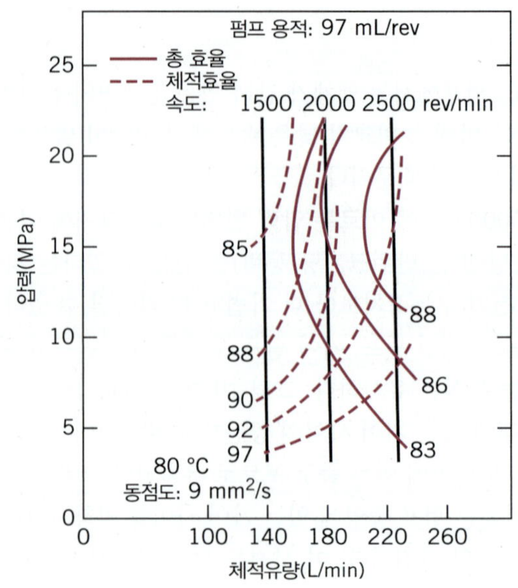

그림 10.28 대표적인 기어 펌프의 성능 특성.

예제 10.10 용적식 펌프의 성능

그림 10.33의 성능 특성을 갖는 유압펌프가 어떤 작동조건에서 부하에 대한 압력 $p = 10$ MPa로 $Q = 75$ L/min의 유량을 필요로 하는 시스템 속에서 2,000 rpm으로 운전된다. 이 펌프가 송출하는 1회전당 기름의 체적을 계산하라. 펌프 동력입력, 부하로 전달되는 동력, 이 조건에서 교축작용에 의해 소산된 동력을 계산하라. (i) 20 MPa에서 가변 용량 펌프와 (ii) 필요한 부하량보다 700 kPa 높게 운전되는 부하 감지기가 장착된 펌프를 사용할 때 소산된 동력을 비교하라.

주어진 자료: 2,000 rpm에서 운전되는 그림 10.33의 성능 특성을 갖는 유압펌프 시스템은 $p = 10$ MPa (gage)에서 $Q = 75$ L/min을 요구한다.

찾는 자료: (a) 펌프에 의해 송출되는 1회전당 기름의 체적
(b) 필요한 펌프 동력 입력
(c) 부하로 전달된 동력
(d) 교축작용에 의해 소산된 동력
(e) 다음의 두 가지 조건을 사용하여 소산되는 동력;
(i) 20 MPa (gage)에서 가변 용적식 펌프
(ii) 필요한 부하 압력보다 700 kPa 높게 운전되는 부하 감지기를 갖는 펌프

풀이: 최대 송출량을 구하기 위해 압력 대 유량 곡선을 압력이 0인 곳까지 외삽하라. 이 조건하에서 Δp를 무시하면서 $N = 2{,}000$ rpm에서 $Q = 186$ L/min이다. 따라서

$$\forall = \frac{Q}{N} = 186\frac{L}{\text{min}} \times \frac{\text{min}}{2000\text{ rev}} \times \frac{1000\text{ mL}}{\text{L}} = 93\ \frac{\text{mL}}{\text{rev}} \longleftarrow \forall$$

최대유량에서 펌프의 체적효율은

$$\eta_{\forall} = \frac{\forall_{\text{calc}}}{\forall_{\text{pump}}} = \frac{93}{97} = 0.959$$

펌프의 운전점은 그림 10.36에서 구할 수 있을지 모른다. 10 MPa (gage)에서 $Q \approx 178$ L/min이다. 유체에 전달되는 동력은

$$\mathcal{P}_{\text{Fluid}} = \rho Q g H_p = Q\Delta p_p$$

$$= 178\frac{\text{L}}{\text{min}} \times \frac{\text{m}^3}{1000\text{ L}} \times \frac{\text{min}}{60\text{s}} \times 10^7\text{ Pa} \times \frac{\text{N}}{\text{Pa}\cdot\text{m}^2} \times \frac{\text{J}}{\text{N}\cdot\text{m}} \times \frac{\text{W}\cdot\text{s}}{\text{J}}$$

$$\mathcal{P}_{\text{Fluid}} = 29.7 \times 10^3\text{ W}$$

이 운전점에서 펌프효율은 그래프로부터 약 0.84이다. 그러므로 필요한 입력동력은

$$\mathcal{P}_{\text{input}} = \frac{\mathcal{P}_{\text{Fluid}}}{\eta} = \frac{29.7\times 10^3\text{ W}}{0.84} = 35.4 \times 10^3\text{ W} \leftarrow \mathcal{P}_{\text{input}}$$

부하로 전달된 동력은

$$\mathcal{P}_{\text{load}} = Q_{\text{load}}\Delta P_{\text{load}}$$

$$= 75\frac{\text{L}}{\text{min}} \times \frac{\text{m}^3}{1000\text{ L}} \times \frac{\text{min}}{60\text{ s}} \times 10^7\text{ Pa} \times \frac{\text{N}}{\text{Pa}\cdot\text{m}^2} \times \frac{\text{J}}{\text{N}\cdot\text{m}} \times \frac{\text{W}\cdot\text{s}}{\text{J}}$$

$$\mathcal{P}_{\text{load}} = 12.5 \times 10^3\text{ W} \leftarrow \mathcal{P}_{\text{load}}$$

교축작용에 의해 소산된 동력은

$$\mathcal{P}_{\text{dissipated}} = \mathcal{P}_{\text{Fluid}} - \mathcal{P}_{\text{load}} = (29.7 - 12.5)\times 10^3\text{ W} = 17.2 \times 10^3\text{ W} \leftarrow \mathcal{P}_{\text{dissipated}}$$

가변 용적식 펌프에서 소산은

$$\mathcal{P}_{\text{var}\cdot\text{disp}} = Q_{\text{load}}(p_{\text{oper}} - p_{\text{load}})$$

$$= 75\frac{\text{L}}{\text{min}} \times \frac{\text{m}^3}{1000\text{ L}} \times \frac{\text{min}}{60\text{ s}} \times (20-10)\times 10^6\text{ Pa} \times \frac{\text{N}}{\text{Pa}\cdot\text{m}^2} \times \frac{\text{J}}{\text{N}\cdot\text{m}} \times \frac{\text{W}\cdot\text{s}}{\text{J}}$$

$$\mathcal{P}_{\text{var}\cdot\text{disp}} = 12.5 \times 10^3\text{ W} \leftarrow \mathcal{P}_{\text{var}\cdot\text{disp}}$$

따라서 가변 용적식 펌프의 소산은 고정 용적식 펌프와 교축에 의해 소산된 동력 17.2×10^3 W보다 작다. 동력 절감은 약 5×10^3 W가 된다.

마지막 계산은 부하 감지기를 갖는 펌프에 관한 것이다. 만약 펌프 압력이 요구되는 부하보다 700 kPa 이상이면 과잉 에너지 소산은 다음과 같다.

$$\mathcal{P}_{\text{load}\cdot\text{sense}} = Q_{\text{load}}(p_{\text{oper}} - p_{\text{load}})$$

$$= 75\frac{\text{L}}{\text{min}} \times \frac{\text{m}^3}{1000\text{ L}} \times \frac{\text{min}}{60\text{ s}} \times 700\times 10^3\text{ Pa} \times \frac{\text{N}}{\text{Pa}\cdot\text{m}^2} \times \frac{\text{J}}{\text{N}\cdot\text{m}} \times \frac{\text{W}\cdot\text{s}}{\text{J}}$$

$$\mathcal{P}_{\text{load}\cdot\text{sense}} = 875\text{ W} \leftarrow \mathcal{P}_{\text{load}\cdot\text{sense}}$$

이 문제는 고정 용적식 펌프와 가변 용적식 펌프, 그리고 부하 감지기가 장착된 펌프의 시스템 성능을 비교한다. 이때 절감되는 구체적인 에너지는 시스템의 운전점과 장치의 사용률에 따른다.

10.5 수력터빈

수력터빈 이론

유체로부터 일을 추출하는 기계들의 이론은 펌프에 적용한 이론과 거의 유사하다. 다른 점은 펌프의 이론적 해석에서 검사체적에 사용하거나 결과적으로 얻어진 토크, 일, 동력의 부호가 반대라는 점이다. 아래 예제 10.11은 반동터빈에 대한 Euler 터보기계 방정식의 적용방법을 설명한다.

예제 10.11 이상적인 반동터빈의 해석

수직축 Francis 터빈에서 터빈의 입구 플랜지에서 이용 가능한 수두는 150 m이고, 러너와 방수로 사이 수직거리는 1.95 m이다. 러너 팁 속도는 34.5 m/s이고, 러너로 들어오는 물의 속도는 39 m/s이며, 러너에서 나가는 물의 속도는 10.5 m/s로 일정하다. 흡출관에서 나가는 유동속도는 3.45 m/s이다. 터빈에서 측정된 수력에너지 손실은 벌루트에서 6 m, 흡출관에서 1.05 m, 러너에서 9.9 m이다. 러너 입·출구에서 압력수두(방수로에 관해서), 러너 입구의 유동 각도, 터빈의 효율을 계산하라.

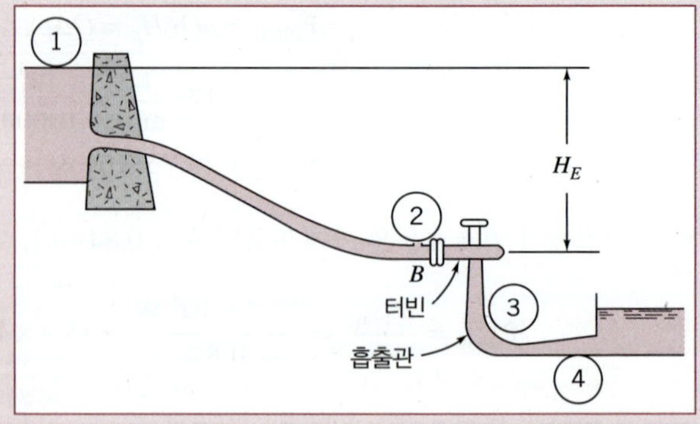

주어진 자료: 수직축 Francis 터빈을 통한 유동
입구 수두: 150 m
러너와 방수로 사이 거리: 1.95 m
러너 팁 속도: 34.5 m/s
러너 입구에서 속도: 39 m/s
러너 출구에서 속도: 10.5 m/s
흡출관 출구에서 유동속도: 3.45 m/s
손실: 벌루트에서 6 m, 흡출관에서 1.05 m, 러너에서 9.9 m

찾는 자료: (a) 러너 입·출구에서 압력수두
(b) 러너 입구에서 유동 각도
(c) 터빈효율

풀이: 검사체적에 에너지 방정식과 Euler 터보기계 방정식을 적용한다.

지배방정식:

$$H = \frac{\dot{W}_m}{\dot{m}g} = \frac{1}{g}(U_2 V_{t_2} - U_1 V_{t_1}) \tag{10.2c}$$

$$\eta_t = \frac{\dot{W}_m}{\dot{W}_h} = \frac{\omega T}{\rho Q g H_t} \tag{10.4c}$$

$$\frac{p_1}{\rho g} + \alpha_1 \frac{\overline{V}_1^2}{2g} + z_1 + H_a = \frac{p_2}{\rho g} + \alpha_2 \frac{\overline{V}_2^2}{2g} + z_2 + \frac{h_{l_T}}{g} \tag{10.28b}$$

가정: 1 정상상태
2 각 단면에서 균일유동
3 난류 유동, $\alpha = 1$
4 저수조와 방수로는 대기압 상태
5 저수조는 정체조건, $\overline{V}_1 = 0$

(a) 러너 출구와 방수로 사이에 에너지 방정식을 적용하면

$$H_3 = \frac{p_3 - p_{\text{atm}}}{\rho g} = \frac{\overline{V}_4^2 - \overline{V}_3^2}{2g} + \Delta H_{DT} + z_4$$

$$H_3 = \frac{1}{2} \times \left[\left(3.45 \frac{\text{m}}{\text{s}}\right)^2 - \left(10.5 \frac{\text{m}}{\text{s}}\right)^2 \right] \times \frac{1}{9.81} \frac{\text{s}^2}{\text{m}} + 1.05\ \text{m} - 1.95\ \text{m} = -5.91\ \text{m} \longleftarrow H_3$$

(음의 부호는 흡입을 의미한다.)

다음으로 러너 입구와 흡출관 사이에 에너지 방정식을 적용하면

$$H_2 = \frac{p_2 - p_{\text{atm}}}{\rho g} = H_E - \Delta H_R - \frac{\overline{V}_2^2}{2g}$$

$$H_2 = 150\,\text{m} - 9.9\,\text{m} - \frac{1}{2}\times\left(39\frac{\text{m}}{\text{s}}\right)^2 \times \frac{1}{9.81}\frac{\text{s}^2}{\text{m}} = 62.58\,\text{m} \longleftarrow H_2$$

(b) 전체 시스템에 걸쳐 에너지 방정식을 적용하여 터빈으로부터 추출된 일을 구하면

$$\frac{p_1}{\rho g} + \alpha_1 \frac{\overline{V}_1^2}{2g} + z_1 + H_a = \frac{p_4}{\rho g} + \alpha_4 \frac{\overline{V}_4^2}{2g} + z_4 + \frac{h_{l_T}}{g}$$

가정에 기초하여 식을 단순화하여 터빈에서 추출되는 수두를 구하면

$$H_a = \frac{\overline{V}_4^2}{2g} - z_1 + z_4 + \sum \Delta H = \frac{\overline{V}_4^2}{2g} - (H_E + z) + (\Delta H_V + \Delta H_R + \Delta H_{DT})$$

지점 4보다 지점 1이 높기 때문에 H_a는 음의 값을 취하고, 이것을 $-H_T$로 놓은 다음 터빈에서 추출된 수두 H_T로 구하면

$$H_T = -\frac{\overline{V}_4^2}{2g} + (H_E + z) - (\Delta H_V + \Delta H_R + \Delta H_{DT})$$

$$= -\frac{1}{2}\times\left(3.45\frac{\text{m}}{\text{s}}\right)^2 \times \frac{1}{9.81}\frac{\text{s}^2}{\text{m}} + (150\,\text{m} + 1.95\,\text{m}) - (6\,\text{m} + 9.9\,\text{m} + 1.05\,\text{m}) = 134.39\,\text{m}$$

Euler 터보기계 방정식을 적용하면

$$-H_T = \frac{U_3 V_{t_3} - U_2 V_{t_2}}{g}$$

2에서 접선속도에 대해 풀면

$$V_{t_2} = \frac{gH_T}{U_2} = 9.81\frac{\text{m}}{\text{s}^2} \times 134.39\,\text{m} \times \frac{1}{34.5}\frac{\text{s}}{\text{m}} = 38.21\frac{\text{m}}{\text{s}}$$

속도 삼각형을 그려보면

$$\beta_2 = \tan^{-1}\frac{V_{t_2} - U_2}{V_{n_2}} = \tan^{-1}\frac{38.21 - 34.5}{10.5} = 19.46° \longleftarrow \beta_2$$

$$\alpha_2 = \tan^{-1}\frac{V_{t2}}{V_{n2}} = \tan^{-1}\frac{38.21}{10.5} = 74.63° \longleftarrow \alpha_2$$

(c) 효율을 계산하기 위해

$$\eta_t = \frac{\dot{W}_m}{\dot{W}_h} = \frac{gH_T}{gH_E} = \frac{134.39}{150} = 89.59\% \longleftarrow \eta$$

이 문제는 수두손실을 고려한 수력터빈의 해석과 터빈효율의 항으로 수두손실의 효과를 정량화하는 과정을 나타낸다. 게다가 터빈 출구에서 수두는 대기압 이하이기 때문에 공동현상이 발생하지 않도록 보장하기 위해 반드시 주의를 기울어야 한다.

수력터빈에 대한 성능 특성

충동터빈은 비교적 단순한 터보기계이고 그래서 전형적인 시험 결과를 예시해왔다. 오늘날 사용되는 대부분의 충동터빈은 1880년대 미국의 광산기사인 Lester Pelton에 의해 개발된 **펠턴 터빈**(*Pelton wheel*)의 개량형이다. 충동터빈은 **수압관**(*penstock*)이라 부르는 긴 관을 통해 고수두의 물이 유입된다. 물은 노즐을 통해 가속되고, 대기압 상태에서 고속 자유제트로 분출된다. 분사제트는 회전 바퀴의 가장자리에 비스듬히

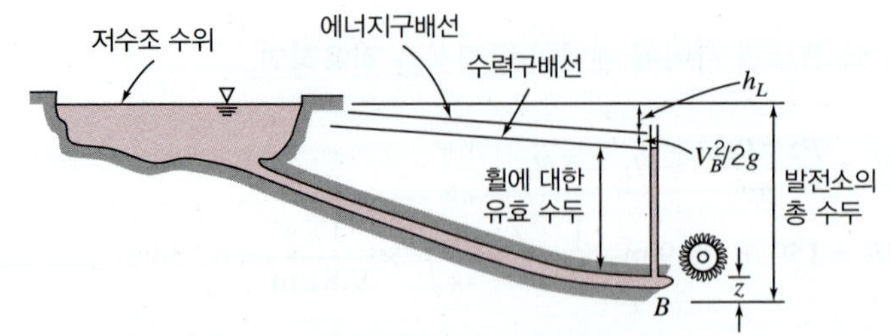

그림 10.29 총 수두와 유효 수두의 정의를 나타내는 충동터빈의 설치 개략도.

붙어 있는 버킷을 치며 제트의 운동에너지는 감소하게 된다. 터빈의 출력은 버킷을 때리는 유량을 변화시킴으로써 조절할 수 있다. 비교적 저속으로 휠에서 배출되는 물은 방수로로 들어간다.

그림 10.29는 충동터빈(impulse turbine)의 설치도를 제시한다. 이용 가능한 **총 수두**는 저수조와 방수로 수면 사이 높이차이다. 효율을 계산하는 데 사용되는 **유효 수두** H는 노즐로 들어가는 **입구**에서 노즐 중심선으로부터 측정된 총 수두이다[7]. 유효 수두 전부가 터빈에서 일로 변환되지 않는다. 유효 수두는 터빈이나 노즐 자체, 그리고 출구에서 잔여 운동에너지 변환 등으로 인해 그 크기가 줄어든다. 보통 설계 동력에서 유효 수두가 총 수두의 85~95%가 되도록 수압관의 크기를 정한다. 그림 10.30은 일정한 수두에서 수행된 시험으로부터 얻은 전형적인 결과를 보여준다.

시험이 예제 10.12와 같이 충동터빈의 최고효율은 최대동력에 해당한다. 이상적인 터빈에 대해서 휠의 속도가 분사속도의 절반일 때 최고효율이 발생한다. 이 휠의 속도에서 유체는 가장 작은 절대속도로 터빈을 빠져나가기 때문에 출구에서 운동에너지 손실을 최소화한다. 대형 터빈에서는 전체 효율이 88% 정도로 높게 나타날지 모른다[15].

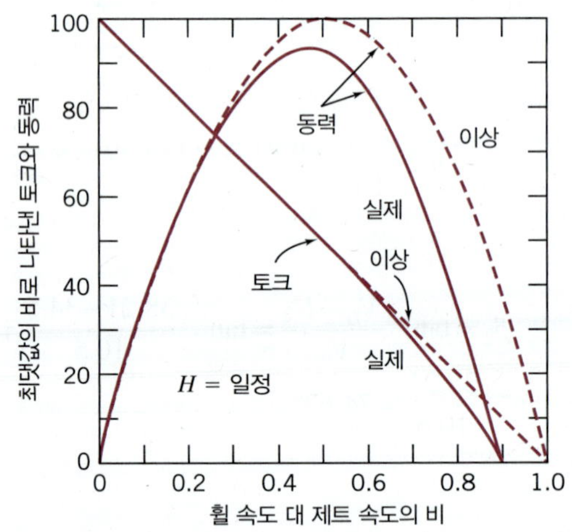

그림 10.30 충동터빈의 이상 및 실제 가변속도 성능곡선[4].

예제 10.12 충동터빈의 최적 속도

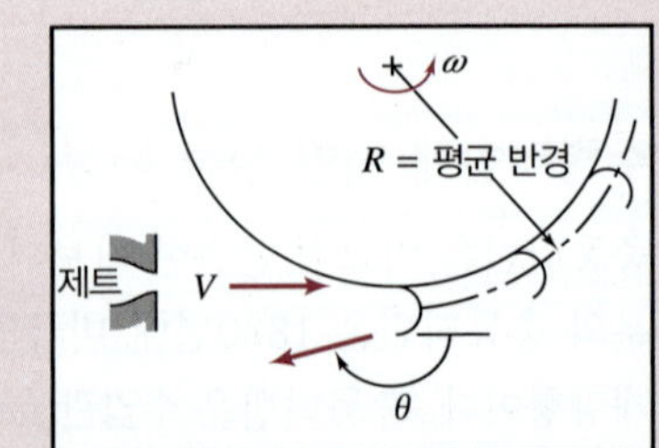

분류제트가 그림에 나타낸 것과 같이 버킷에 접선 방향으로 유입되고, 각 θ만큼 방향을 바꾸는 펠턴 터빈과 단일 제트의 배열을 고려하라. 분류에 의해 휠에 가해지는 토크와 이에 해당하는 출력에 관한 관계식을 구하라. 버킷 속도 $U = R\omega$가 분사속도 V의 절반일 때 동력이 최대가 됨을 증명하라.

주어진 자료: 펠턴 터빈의 휠과 단일 제트

찾는 자료: (a) 휠에 작용하는 토크에 관한 관계식

(b) 출력에 관한 관계식

(c) 최대동력에 대한 휠 속도 U와 분사속도 V의 비

풀이: 10.2절에서 Euler 터보기계 방정식을 유도하는 데 사용했던 관성 검사체적에 대한 식 (4.46)보다는 그림과 같은 회전 검사체적에 관한 각운동량 방정식 식 (4.52)를 가지고 시작한다.

지배방정식:

$$\underbrace{\vec{r}\times\vec{F}_S}_{=0(1)} + \underbrace{\int_{CV}\vec{r}\times\vec{g}\rho d\forall}_{=0(2)} + \vec{T}_{\text{shaft}} - \underbrace{\int_{CV}\vec{r}\times\left[2\vec{\omega}\times\vec{V}_{xyz}+\vec{\omega}\times(\vec{\omega}\times\vec{r})+\dot{\vec{\omega}}\times\vec{r}\right]\rho d\forall}_{\approx 0(3)}$$
$$= \underbrace{\frac{\partial}{\partial t}\int_{CV}\vec{r}\times\vec{V}_{xyz}\,\rho d\forall}_{=0(4)} + \int_{CS}\vec{r}\times\vec{V}_{xyz}\,\rho\vec{V}_{xyz}\cdot d\vec{A} \qquad (4.52)$$

가정: **1** 표면력으로 인한 토크 무시

2 체적력에 의한 토크 무시

3 휠 위에 있는 물의 질량 무시

4 휠에 관해 정상유동

5 노즐로부터 유출되는 모든 물이 버킷에 작용

6 버킷 높이는 R에 비해 작기 때문에 $r_1 \approx r_2 \approx R$

7 각 단면에서 균일유동

8 버킷에 상대적인 분사속도 변화는 없음

그러면 분사 노즐로부터 분출되는 모든 물은 버킷을 통과하므로

$$\vec{T}_{\text{shaft}} = \vec{r}_1\times\vec{V}_1(-\rho VA) + \vec{r}_2\times\vec{V}_2(+\rho VA)$$

$$\vec{r}_1 = R\hat{e}_r \qquad \vec{r}_2 = R\hat{e}_r$$

$$\vec{V}_1 = (V-U)\hat{e}_\theta \qquad \vec{V}_2 = (V-U)\cos\theta\,\hat{e}_\theta + (V-U)\sin\theta\,\hat{e}_r$$

$$T_{\text{shaft}}\,\hat{k} = R(V-U)\hat{k}(-\rho VA) + R(V-U)\cos\theta\,\hat{k}(\rho VA)$$

결국

$$T_{\text{shaft}}\hat{k} = -R(1-\cos\theta)\rho VA(V-U)\hat{k}$$

이것은 검사체적에 작용하는 축의 외부 토크이다. 물에 의해 휠에 작용된 토크는 외부 토크와 크기는 같고 방향은 반대이다.

$$\vec{T}_{\text{out}} = -\vec{T}_{\text{shaft}} = R(1-\cos\theta)\rho VA(V-U)\hat{k}$$

$$\vec{T}_{\text{out}} = \rho QR(V-U)\times(1-\cos\theta)\hat{k} \longleftarrow \vec{T}_{\text{out}}$$

상응하는 출력은

$$\dot{W}_{\text{out}} = \vec{\omega}\cdot\vec{T}_{\text{out}} = R\omega(1-\cos\theta)\rho VA(V-U)$$

$$\dot{W}_{\text{out}} = \rho QU(V-U)\times(1-\cos\theta) \longleftarrow \dot{W}_{\text{out}}$$

최대동력에 대한 조건을 구하기 위하여 동력에 관한 관계식을 휠 속도 U로 미분하고, 그 결과가 0이 되도록 한다. 따라서

$$\frac{d\dot{W}}{dU} = \rho Q(V-U)(1-\cos\theta) + \rho QU(-1)(1-\cos\theta) = 0$$

$$\therefore (\mathrm{V}-\mathrm{U}) - \mathrm{U} = \mathrm{V} - 2\mathrm{U} = 0$$

따라서 최대동력에 대한 조건은 $U/V = \frac{1}{2}$ 또는 $U = V/2 \xleftarrow{\quad U/V \quad}$이다.

주의: 유동 방향이 $\theta = 180°$로 바뀌면 $U = V/2$일 때 최대동력이 된다. 이 조건하에서 출구에서 (원주속도 U의 방향으로 계산된) 유체의 절대속도는 $U - (V - U) = V/2 - (V - V/2) = 0$이 된다. 그래서 동력출력을 최대화하기 위해 유체는 운동에너지가 0으로 유출된다. 실제로 제트 분류각을 165°까지 편향시킬 수 있다. $\theta = 165°$일 때 $1 - \cos\theta \approx 1.97$ 또는 최대동력 값보다는 약 1.5% 정도 낮다.

이 문제는 회전하는 검사체적에 식 (4.52)(웹사이트에 있음)의 각운동량 원리를 적용하는 것을 설명하고, 이상적인 충동터빈을 통과하는 유동을 해석한다.

- 최대동력은 휠 속도가 제트 속도의 절반일 때 생기고 이 속도는 활용 가능한 수두에 대한 터빈을 선정하기 위한 유용한 설계기준이 된다.
- 이 문제는 관성 검사체적을 가지고 시작하여, 즉 Euler 터보기계 방정식을 이용하여 해석될 수도 있다.

수력터빈은 보통 일정속도로 운전되고, 출력은 니들밸브가 설치된 분사 노즐의 개방면적을 변화시킴으로써 조절된다. 밸브가 닫힘에 따라 노즐손실은 약간 증가하고, 기계적 손실은 출력의 상당 부분을 차지하게 된다. 그래서 그림 10.31에서와 같이 저부하에서 효율은 급격하게 떨어진다. 이 펠턴 터빈에 대해 효율이 총 부하의 40~113% 범위에서 85% 이상을 유지한다.

수두가 상대적으로 작은 경우에는 반동터빈이 충동터빈보다 높은 효율을 제공한다. 반동터빈에서는 작동 유체가 원심펌프 내의 흐름과는 반대로 반지름이 큰 곳에 위치한 주변 장치를 통해 흘러 들어와서 중심부의 방사형 단면을 통해 방출된다. 이런 반동터빈은 유량이 큰 저수두용 유체기계에 적합하다. 전형적인 반동터빈의 설치가 그림 10.32에 개략적으로 나타나 있다.

반동터빈은 회전 휠을 떠나면서 방출될 때 물속에 남아있는 운동에너지의 일부분이라도 유용한 에너지로 되찾아 오기 위하여 디퓨저나 흡출관(draft tube)을 사용한다. 그림 10.32에서 볼 수 있듯이, 사용 가능한 **총 수두**는 공급 저수지 수두와 방수로 수두 사이의 차이이다. 효율을 계산하는 데 사용되는 **유효 수두** H는 터빈 바로 상류의 에너지구배선 높이와 흡출관 유출부(그림 10.37의 C) 사이의 차에서 방출되는 유체가 가지고 있는 속도수두를 뺀 것이다.

응용분야에 따라서 여러 가지 다른 종류의 터빈들이 사용되고 있다. *Francis* 터빈(그림 10.5b)은 통상 수두가 $15\ \mathrm{m} \le H \le 300\ \mathrm{m}$일 때 선정되고, *Kaplan* 터빈(그림 10.5c)은 수두가 15 m이거나 혹은 그보다 작을 때 선정된다.

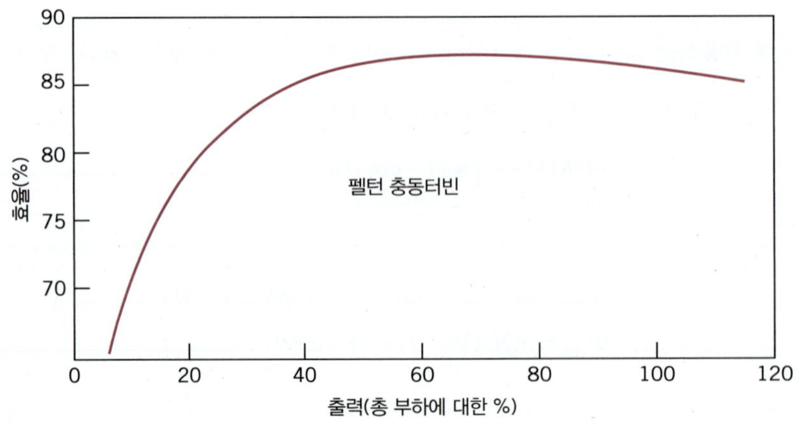

그림 10.31 대표적인 펠턴 터빈의 효율과 출력과의 관계[15].

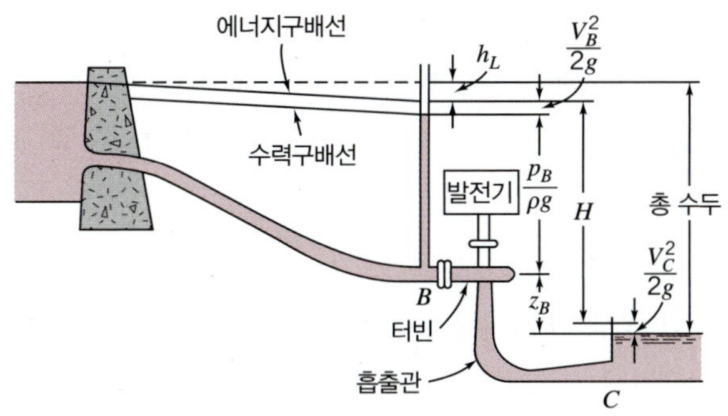

그림 10.32 용어 정의와 함께 나타낸 대표적인 반동터빈의 설치 개략도.

주어진 응용분야에 알맞은 터빈의 크기를 정하는 작업은 수량과 사용할 수 있는 수두 또는 수두에 의해 결정될 수 있다. 저수지나 댐에서 터빈의 위치까지 물을 끌어오는 도수로 또는 도관의 길이와 지름은 중요하며, 마찰손실을 최소화하는 흐름과 연관되게 설계하는 것이 필요하다. 다음의 예제 10.13에서 이에 필요한 설계 과정을 보인다.

예제 10.13 충동터빈의 성능과 최적화

그림과 같은 가상적인 충동터빈의 설치를 고려하라. 제트 직경 D_j의 함수로 최적의 터빈 출력에 관한 식을 유도하기 위하여 수압관 내의 유동을 해석하라. 출력이 최대가 되는 제트 직경 D_j와 수압관 직경 D의 비에 관한 식을 구하라. 최대출력의 조건하에서 수압관 내 수두손실이 유효 수두의 1/3이 됨을 증명하라. 총 수두와 수압관 길이를 매개변수로 하여 명시된 출력동력을 얻는 데 필요한 최소 수압관 직경에 대한 매개변수 방정식을 유도하라.

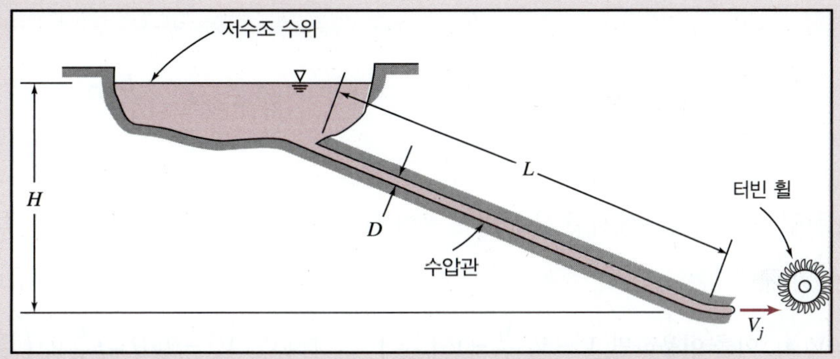

주어진 자료: 그림과 같이 설치된 충동터빈

찾는 자료: (a) 제트 직경의 함수로 최적 터빈의 출력에 관한 식
(b) 출력동력이 최대가 되는 제트 직경 D_j와 수압관 직경 D의 비에 관한 식
(c) 최대동력 조건에서 총 수두에 대한 수압관에서 수두손실의 비
(d) 총 수두와 수압관 길이를 매개변수로 하여 명시된 출력동력을 얻는 데 필요한 최소 수압관 직경에 대한 매개변수 방정식

풀이: 예제 10.12의 결과에 따라 이상화된 충동터빈의 출력은 $\mathscr{P}_{\text{out}} = \rho Q U(V-U)(1-\cos\theta)$로 주어진다. 최적 출력에 대해 $U = V/2 = V_j/2$이므로

$$\mathscr{P}_{\text{out}} = \rho Q \frac{V}{2}\left(V - \frac{V}{2}\right)(1-\cos\theta) = \rho A_j V_j \frac{V_j}{2}\frac{V_j}{2}(1-\cos\theta)$$

$$\mathscr{P}_{\text{out}} = \rho A_j \frac{V_j^3}{1}(1-\cos\theta)$$

따라서 출력은 $A_j V_j^3$ 에 비례한다.

노즐 출구에서 V_j^2을 해석하기 위해서 수압관을 통한 정상상태, 비압축성 파이프 유동에 대해 에너지 방정식을 적용하라. 저수조의 자유표면은 단면 ①로 지정하고, 거기서 $\overline{V}_1 \approx 0$.

지배방정식:

$$\left(\frac{p_1}{\rho} + \alpha_1\frac{\overline{V}_1^2}{2} + gz_1\right) - \left(\frac{p_j}{\rho} + \alpha_j\frac{\overline{V}_j^2}{2} + gz_j\right) = h_{l_T} = \left(K_{\text{ent}} + f\frac{L}{D}\right)\frac{\overline{V}_p^2}{2} + K_{\text{nozzle}}\frac{\overline{V}_j^2}{2}$$

(여기서 p_1, p_j 항과 $\alpha_1\overline{V}_1^2/2$ 항은 소거 표시되어 있으며, $\overline{V}_1^2 \approx 0$)

가정:

1. 정상유동
2. 비압축성유동
3. 완전히 발달된 유동
4. 제트 출구에서는 대기압
5. $\alpha_j = 1$이므로 $\overline{V}_j = V_j$
6. 수압관 안에서 $\overline{V}_p = V$인 균일유동
7. $K_{\text{ent}} \ll f\dfrac{L}{D}$
8. $K_{\text{nozle}} = 1$

그러면

$$g(z_1 - z_j) = gH = f\frac{L}{D}\frac{V^2}{2} + \frac{V_j^2}{2} \qquad \text{또는} \qquad V_j^2 = 2gH - f\frac{L}{D}V^2 \tag{1}$$

그런 이유로 유효 수두는 공급 수압관에서 일부가 마찰로 소비되고, 나머지 유효 수두가 제트 출구에서 운동에너지로 활용 가능하다. 다시 말하면 제트의 운동에너지는 수압관에서 손실에 의해 줄어든다. 그러나 이 손실 자체는 제트 속도의 함수이고, 이 속도는 연속방정식으로부터 보는 것처럼

$$VA = V_j A_j,\ \text{이를 이용하면}\ V = V_j\frac{A_j}{A} = V_j\left(\frac{D_j}{D}\right)^2 \quad \text{그리고} \quad V_j^2 = 2gH - f\frac{L}{D}V_j^2\left(\frac{D_j}{D}\right)^4$$

V_j에 관하여 풀면 다음 식을 얻는다.

$$V_j = \left[\frac{2gH}{\left\{1 + f\dfrac{L}{D}\left(\dfrac{D_j}{D}\right)^4\right\}}\right]^{1/2} \tag{2}$$

터빈 동력은 다음과 같이 쓸 수 있다.

$$\mathcal{P} = \rho A_j \frac{V_j^3}{4}(1-\cos\theta) = \rho\frac{\pi}{16}D_j^2\left[\frac{2gH}{\left\{1+f\frac{L_j}{D}\left(\frac{D_j}{D}\right)^4\right\}}\right]^{3/2}(1-\cos\theta)$$

$$\mathcal{P} = C_1 D_j^2\left[1+f\frac{L}{D}\left(\frac{D_j}{D}\right)^4\right]^{-3/2} \longleftarrow \mathcal{P}$$

여기서 $C_1 = \rho\pi(2gH)^{3/2}(1-\cos\theta)/16 =$ 일정이다.

고정된 수압관 직경 D에서 최대 동력출력에 관한 조건을 구하기 위하여 D_j에 대해서 미분하고 그 결과를 0으로 놓는다.

$$\frac{d\mathcal{P}}{dD_j} = 2C_1 D_j\left[1+f\frac{L}{D}\left(\frac{D_j}{D}\right)^4\right]^{-3/2} - \frac{3}{2}C_1 D_j^2\left[1+f\frac{L}{D}\left(\frac{D_j}{D}\right)^4\right]^{-5/2} 4f\frac{L}{D}\frac{D_j^3}{D^4} = 0$$

따라서

$$1+f\frac{L}{D}\left(\frac{D_j}{D}\right)^4 = 3f\frac{L}{D}\left(\frac{D_j}{D}\right)^4$$

D_j/D에 관하여 풀면

$$\frac{D_j}{D} = \left[\frac{1}{2f\frac{L}{D}}\right]^{1/4} \longleftarrow \frac{D_j}{D}$$

이 D_j/D의 최적값에서 제트 속도는 식 (2)와 같이 주어진다.

$$V_j = \left[\frac{2gH}{\left\{1+f\frac{L}{D}\left(\frac{D_j}{D}\right)^4\right\}}\right]^{1/2} = \sqrt{\frac{4}{3}gH}$$

그러면 최대동력에서 수두손실은 다시 정리한 후 식 (1)로부터 얻을 수 있다.

$$h_l = f\frac{L}{D}\frac{V^2}{2} = gH - \frac{V_j^2}{2} = gH - \frac{2}{3}gH = \frac{1}{3}gH$$

그리고

$$\frac{h_l}{gH} = \frac{1}{3} \longleftarrow \frac{h_l}{gH}$$

최대동력 조건 아래에서

$$\mathcal{P}_{\max} = \rho V_j^3\frac{A_j}{4}(1-\cos\theta) = \rho\left(\frac{4}{3}gH\right)^{3/2}\frac{\pi}{16}\left[\frac{D^5}{2fL}\right]^{1/2}(1-\cos\theta)$$

끝으로 고정된 출력동력에 대한 최소 수압관 직경에 대하여 풀기 위해 방정식은 다음과 같은 형식으로 쓰일지 모른다.

$$D \propto \left(\frac{L}{H}\right)^{1/5} \left(\frac{\mathcal{P}}{H}\right)^{2/5} \longleftarrow D$$

이 문제는 이상적인 충동터빈의 최적화를 설명한다. 명시된 출력을 얻기 위해 필요한 수압관의 최소 크기를 결정한다. 실제로 좀 더 큰 직경의 수압관을 사용하므로, 여기서 계산된 것 이하로 마찰 수두손실을 줄인다.

10.6 프로펠러와 풍력터빈

프로펠러

프로펠러, 풍차와 같은 풍력기계, 풍력터빈들은 하우징이 없는 축류형 유체기계로 간주된다[4]. 프로펠러는 유체에 선형 운동량을 전해주는 것에 의해 추력이 발생한다. 추력 발생은 회수할 수 없는 운동에너지와 각운동량을 항상 흐름에 남기기 때문에, 그 과정은 결코 100% 효율적이지 않다.

개략적인 1차원 유동이 그림 10.33에 있는데 왼쪽은 절대 좌표계에서 그린 것이고, 오른쪽은 속도 V로 프로펠러와 함께 움직이는 관찰자가 본 것이다. 후류는 그림에서처럼 균일유동으로 모형화된다. 프로펠러에 상대적인 상류 유동속도는 V이고 압력은 대기압이다. 프로펠러에서 축 방향 속도는 $V + \Delta V/2$이고, 이에 상응하는 압력 감소가 존재한다. 하류에서 속도는 $V + \Delta V$이고, 압력은 대기압으로 회복된다. 연속방정식과 프로펠러를 가로질러 압력상승을 만족시키기 위하여 프로펠러 반류(拌流, slipstream)가 축소되는 것이 그 그림에 보인다.

프로펠러에 의해 발생되는 동력의 값을 결정하기 위해 그림 10.40에 보인 바와 같은 검사체적에 x방향의 선운동량에 관한 방정식을 적용한다. 작동 유체의 흐름은 x방향이고 정상상태, 무마찰, 비압축성이라고 가정한다. 단면 1과 2 사이의 검사체적에 베르누이 방정식을 적용하면

$$\frac{p_{atm}}{\rho} + \frac{V_1^2}{2} = \frac{p_2}{\rho} + \frac{V_2^2}{2}$$

게이지 압력으로 표시되는 2의 위치에서의 압력 p_2는

$$p_2 = \rho\left(\frac{V_2^2}{2} - \frac{V_1^2}{2}\right)$$

단면 3과 4 사이의 검사체적에 베르누이 방정식을 적용하면

$$\frac{p_3}{\rho} + \frac{V_3^2}{2} = \frac{p_{atm}}{\rho} + \frac{V_4^2}{2}$$

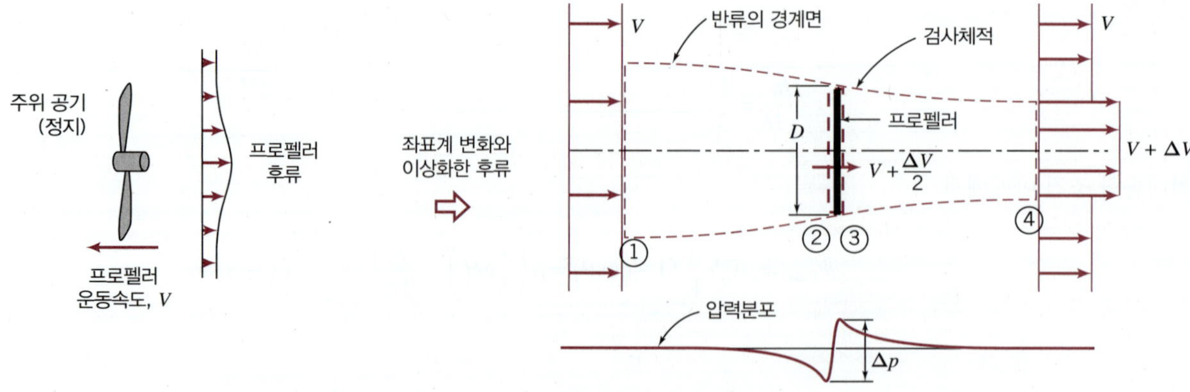

그림 10.33 이상화된 프로펠러 해석에 사용된 1차원 유동 모델과 검사체적[4].

게이지 압력으로 표시되는 3의 위치에서의 압력 p_3는

$$p_3 = \rho\left(\frac{V_4^2}{2} - \frac{V_3^2}{2}\right)$$

x방향의 선운동량에 관한 방정식을 사용하고, $V_2 = V_3$를 적용하면 프로펠러에 가해지는 추력(thrust)은 다음의 식으로 주어진다.

$$F_T = (p_3 - p_2)A = \frac{1}{2}\rho\left(V_4^2 - V_1^2\right)$$

프로펠러에서의 x방향 속도는 V라고 하면, 연속방정식으로부터 프로펠러를 통해 흐르는 x방향의 질량유량은 다음과 같이 나타낼 수 있다.

$$\dot{m} = \rho AV$$

단면 1과 4를 포함하는 전체 검사체적에 x방향의 선운동량에 관한 방정식을 적용하면 다음과 같이 정리할 수 있다.

$$F_T = V_1(-\dot{m}) + V_4(+\dot{m}) = \rho AV(V_4 - V_1) = \rho AV\Delta V \tag{10.32}$$

한편, 바람의 운동에너지를 증가시키는 데 필요한 동력은 다음과 같이 나타낼 수 있다.

$$\mathcal{P}_{\text{input}} = \dot{m}\left[\frac{(V+\Delta V)^2}{2} - \frac{V^2}{2}\right] = \dot{m}\left[\frac{2V\Delta V + (\Delta V)^2}{2}\right] = \dot{m}V\Delta V\left[1 + \frac{\Delta V}{2V}\right] \tag{10.33}$$

발생한 유효 동력은 추력과 프로펠러 전진속도 V의 곱이다. 식 (10.32)를 사용하면 이 관계는 다음과 같이 쓸 수 있다.

$$\mathcal{P}_{\text{useful}} = F_T V = \dot{m}V\Delta V \tag{10.34}$$

식 (10.34)와 (10.35)를 결합하고 간단히 하면 추진효율은 다음 식과 같이 된다.

$$\eta = \frac{\mathcal{P}_{\text{useful}}}{\mathcal{P}_{\text{input}}} = \frac{1}{1 + \dfrac{\Delta V}{2V}} \tag{10.35}$$

식 (10.32)부터 (10.35)까지는 유체 흐름의 속도를 증가시켜서 추력이 발생하는 어떤 장치에도 적용할 수 있다. 따라서 프로펠러로 구동되거나 제트로 추진되는 항공기, 보트, 선박에 이 식들이 동등하게 잘 적용된다.

프로펠러의 날개에 작용하는 양력과 항력은 다음의 과정과 같이 해석 및 평가할 수 있다. 그림 10.34에 회전하는 프로펠러 깃의 요소를 개념적으로 보였다. 깃은 프로펠러 원판의 평면과 각도가 θ이고 두께는 dr이다. 유동은 프로펠러 깃 위에 있는 관찰자가 본 것을 그렸다. 양력과 항력은 상대속도 벡터 V_r에 대하여 각각 수직하거나 평행하게 작용한다. V_r이 프로펠러 원판의 평면과 만드는 각을 **유효 피치각** ϕ라 한다. 따라서 양력과 항력은 각각 프로펠러 회전축과 프로펠러 원판의 평면에 대해 어떤 각도로 경사져 있다. 깃 요소를 지나는 유동의 상대속도 V_r은 깃 주변(원주) 속도 $r\omega$와 **전진속도** V에 의존한다. 결과적으로 주어진 깃 설치상태에 대하여 받음각(angle of attack) α는 V와 $r\omega$에 의존한다.

그림 10.34에 있는 폭 dr의 에어포일 요소에 대한 자유물체도에서 속도벡터 $\vec{V}$에 대해 평행한 합력 dF_r의 크기를 구할 수 있다.

$$dF_T = dL\cos\phi - dD\sin\phi = q_r c\,dr(C_L\cos\phi - C_D\sin\phi) \tag{10.36a}$$

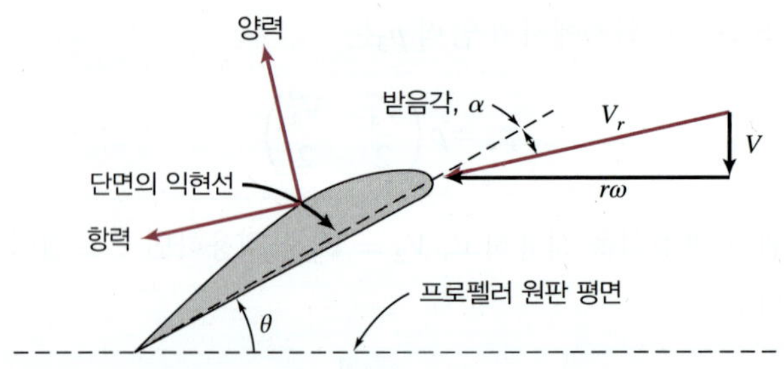

그림 10.34 깃 요소 그림과 상대유동의 속도벡터.

이 식에서 q_r은 상대속도 V_r을 근거로 한 동압이고,

$$q_r = \frac{1}{2}\rho V_r^2 \tag{10.38}$$

c는 국소 시위 길이이고, C_L과 C_D는 각각 에어포일의 양력과 항력계수이다. 일반적으로 프로펠러 깃에서 비틂과 테이퍼 때문에 깃 원주속도의 반경 방향 변화, C_L, C_D, V_r, c, ϕ와 q_r은 모두 반경 방향 좌표 r의 함수가 될 것이다. 또한 프로펠러에 적용되어야 하는 토크는 다음과 같다.

$$dT = r(dL\sin\phi + dD\cos\phi) = q_r rcdr(C_L\sin\phi + C_D\cos\phi) \tag{10.36b}$$

이들 두 식은 N이 로터에 장착되어 있는 독립된 깃의 수라고 가정하면 총 추진추력과 토크를 구하기 위해 적분될 수 있을지 모른다.

$$F_T = N\int_{r=R_{\text{hub}}}^{r=R} dF_T = qN\int_{R_{\text{hub}}}^{R} \frac{(C_L\cos\phi - C_D\sin\phi)}{\sin^2\phi} cdr \tag{10.37a}$$

$$T = N\int_{r=R_{\text{hub}}}^{r=R} dT = qN\int_{R_{\text{hub}}}^{R} \frac{(C_L\sin\phi - C_D\cos\phi)}{\sin^2\phi} cdr \tag{10.37b}$$

이 식들에서 q_r은 V와 V_r 사이의 관계식에 의해 $q/\sin^2\phi$로 대체된다. 예제 10.14에서 프로펠러의 시동 특성을 해석하기 위해 위 식들을 사용할 것이다.

예제 10.14 프로펠러의 시동추력과 토크

깃 요소 이론을 이용하여 프로펠러 시동추력과 토크를 계산하라. 프로펠러는 N개의 독립된 깃으로 구성되고, 시위 길이 c와 액추에이터 원판에 대한 각 θ는 일정하다.

주어진 자료: N개의 독립된 깃을 갖는 프로펠러
시위 길이 c는 일정
작동 원판에 대한 각 θ는 일정

찾는 자료: 시동추력과 토크에 대한 식

풀이: 프로펠러에 관한 식을 적용

지배방정식:

$$dF_T = dL\cos\phi - dD\sin\phi = q_r cdr(C_L\cos\phi - C_D\sin\phi) \tag{10.36a}$$

$$dT = r(dL\sin\phi + dD\cos\phi) = q_r rcdr(C_L\sin\phi + C_D\cos\phi) \tag{10.36b}$$

$$F_T = qN\int_{R_{\text{hub}}}^{R}\frac{(C_L\cos\phi - C_D\sin\phi)}{\sin^2\phi}cdr \tag{10.37a}$$

$$T = qN\int_{R_{\text{hub}}}^{R}\frac{(C_L\sin\phi + C_D\cos\phi)}{\sin^2\phi}rcdr \tag{10.37b}$$

가정: 국소 풍속 V는 무시 가능
각속도 ω는 일정

시동 때 국소 풍속 V를 무시하면, 식 (10.37)의 적분은 $q = 0, \phi = 0$이기 때문에 확정적이지 않을 것이다. 그러므로 추력과 토크에 대한 미분형 표현인 식 (10.36)을 사용하여 적분할 것이다. 시동 때 상대속도 V_r은 그냥 국소 날개요소 속도 $r\omega$와 같다. 따라서 상대동압 q_r은

$$q_r = \frac{1}{2}\rho r^2\omega^2$$

이 되고, $\phi = 0$일 때 추력과 토크의 미분은 다음과 같이 된다.

$$dF_T = \frac{1}{2}\rho r^2\omega^2 cdr(C_L\cos 0 - C_D\sin 0) = \frac{1}{2}\rho\omega^2 cC_L r^2 dr$$
$$dT = \frac{1}{2}\rho r^2\omega^2 rcdr(C_L\sin 0 + C_D\cos 0) = \frac{1}{2}\rho\omega^2 cC_D r^3 dr$$

그러면 전체 액추에이터 원판에 걸쳐 추력과 토크를 적분할 수 있다.

$$F_T = N\int dF_T = \frac{1}{2}\rho\omega^2 cC_L\int_{R_{\text{hub}}}^{R} r^2 dr = \frac{1}{2}\rho\omega^2 cC_L \times \frac{1}{3}(R^3 - R_{\text{hub}}^3)$$

$$T = N\int dT = \frac{1}{2}\rho\omega^2 cC_D\int_{R_{\text{hub}}}^{R} r^3 dr = \frac{1}{2}\rho\omega^2 cC_D \times \frac{1}{4}(R^4 - R_{\text{hub}}^4)$$

항들을 모으고 간단히 하면 다음 식을 얻는다.

$$F_{T_{\text{startup}}} = \frac{\rho\omega^2 cC_L}{6}(R^3 - R_{\text{hub}}^3) \longleftarrow F_{T_{\text{startup}}}$$

$$T_{\text{startup}} = \frac{\rho\omega^2 cC_D}{8}(R^4 - R_{\text{hub}}^4) \longleftarrow T_{\text{startup}}$$

이 문제는 날개요소 이론을 사용한 프로펠러의 해석방법을 설명한다. 여기에 나온 식들은 상대적으로 단순한 것처럼 보이지만, 양력과 항력계수는 에어포일 단면적의 함수이고, 게다가 받음각 α는 $V = 0$에 대해 날개 경사각 θ와 같다는 것에 주목해야 한다. 게다가 에어포일의 양력과 항력계수가 그림 9.17 또는 9.19로 제시될 때, 그들은 보통 큰 Reynolds 수에서 주어지는데, 여기서 유동은 완전 난류이고 양력과 항력은 속도 변화에 둔감하다는 것을 주의해야 한다. 사용된 양력과 항력계수가 시동 때 Reynolds 수에 적합한지를 확인해야 하는 데 주의를 기울여야 한다.

이들 표현식이 상대적으로 유도하기는 간단한 반면에 평가하는 것은 어렵다. 비록 프로펠러의 기하학적 피치가 일정하게 되도록 조정되더라도 프로펠러가 작동하는 유동장은 균일하지 않을지도 모른다. 따라서 깃 요소들을 가로질러 받음각이 이상적인 경우로부터 변동될지 모르므로 국소 유동 방향과 속도를 예측할 수 있는 포괄적인 컴퓨터 프로그램의 도움으로 계산할 수밖에 없다. 결과적으로 식 (10.37)은 보통 사용되지 않고 프로펠러 성능 특성은 일반적으로 실험으로 측정된다. 그림 10.35는 선박용 프로펠러[4]와 항공기용 프로펠러[17]에 관해 측정된 대표적인 특성곡선을 나타낸다. 특성곡선을 나타내기 위해 사용된 변

수는 거의 다 무차원화되어 있고, 관례에 따라 회전속도 n은 초당 회전수(초당 ω 라디안보다는)로 표현된다. 독립변수는 **전진속도계수** J이다.

$$J \equiv \frac{V}{nD} \tag{10.39}$$

종속변수는 **추력계수** C_F, **토크계수** C_T, **동력계수** C_P와 **프로펠러 효율** η이다.

$$C_F = \frac{F_T}{\rho n^2 D^4}, \quad C_T = \frac{T}{\rho n^2 D^5}, \quad C_P = \frac{\mathcal{P}}{\rho n^3 D^5}, \text{ 그리고 } \eta = \frac{F_T V}{\mathcal{P}_{\text{input}}} \tag{10.40}$$

두 프로펠러에 대한 성능곡선은 유사한 경향을 보인다. 전진속도 0에서 추력과 토크계수는 가장 높고, 효율은 0이다. 이것은 깃 요소에서 받음각이 최대인 경우에 해당한다($\alpha = \alpha_{max} = 0$). 정지한 프로펠러에 의해 행해진 유효한 일이 없기 때문에 효율은 0이다. 전진속도가 증가함에 따라 추력과 토크는 점차 감소한다. 최적 전진속도에서 효율은 최대가 되고, 추력이 0이 되면 효율도 0으로 감소한다.

성능을 향상시키기 위해 어떤 프로펠러들은 가변 피치를 갖게 설계한다. 가변 피치 프로펠러들의 성능은 그림 10.36에 제시된다. 이 그림은 피치 각이 다른 프로펠러의 효율곡선(실선)을 보여준다. 그림 10.35에 보이는 바와 같이 프로펠러는 특정한 J값에서 최대효율 η이 나타난다. 그러나 최대효율 η이 나타나는 J

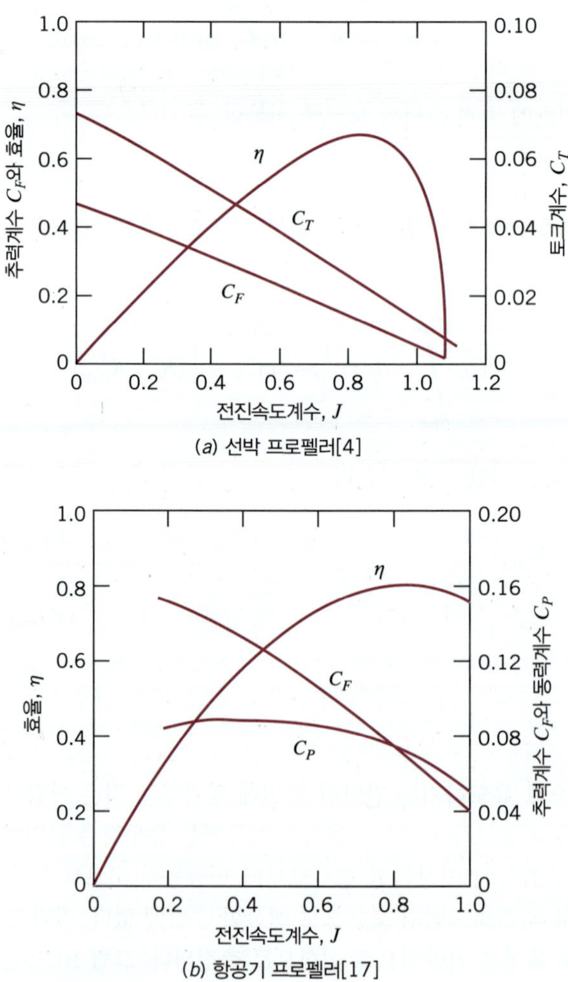

그림 10.35 두 종류 프로펠러에서 측정된 대표적인 특성곡선.

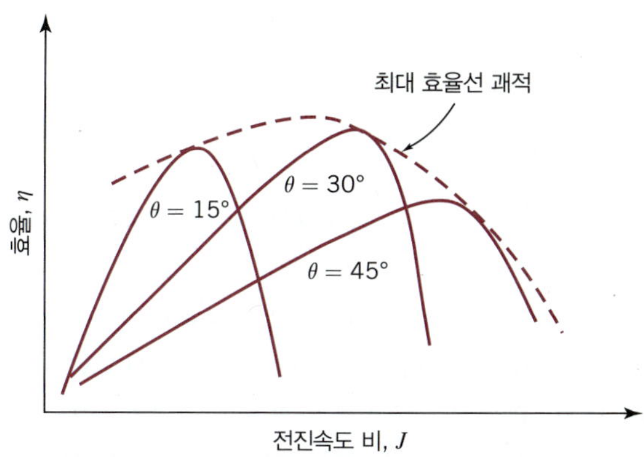

그림 10.36 가변 피치 프로펠러의 전진속도 비에 따른 효율곡선.

값은 θ에 따라 달라진다. 모든 최대효율점을 연결한 결과는 그림 10.36의 점선과 같이 나타난다. 그러므로 θ에 대한 변화를 허용하면 고정 피치 프로펠러보다 더 넓은 범위의 J값에 걸쳐 향상된 효율을 얻을지 모른다.

유체기계가 잠겨있는 액체 내에서는 공동현상이라고 알려져 있는 캐비테이션 현상이 문제를 발생할 수 있으며, 캐비테이션은 프로펠러의 깃을 따라 나타나는 일반적인 현상 중의 하나로 다음의 캐비테이션 수를 정의하여 그 정도를 파악할 수 있다.

$$Ca = \frac{p - p_v}{\frac{1}{2}\rho V^2} \tag{10.41}$$

식 (10.41)에서 자유표면 근처에서 작동하거나 또는 속도 V를 증가시킴으로써 p가 감소될 때 Ca는 감소됨을 알게 된다.

압축성은 팁 속도가 깃 어떤 곳에서 국소 Mach 수 $M = 1$인 임계 Mach 수로 접근할 때 항공기 프로펠러에 영향을 준다. 이 조건에서 증가된 항력 때문에 토크는 커지고, 단면 양력의 감소 때문에 추력은 떨어지며 효율도 급격히 감소한다.

풍력터빈

풍력터빈(wind turbine)은 자연 바람의 동력을 이용하기 위하여 수 세기 동안 사용되어 왔다. 네덜란드 풍차(그림 10.37a)는 서서히 회전하여 여기서 발생한 동력을 곡식 제분용 돌 바퀴를 돌리는 데 사용할 수 있

slavcic/Shutterstock

(a) 재래식 네덜란드 풍차

photoquest7/Getty Images

(b) 미국식 농업용 풍차

그림 10.37 잘 알려진 풍차의 예[18]

었다. 따라서 그 이름이 '풍차(windmill)'이다. 미국의 다익풍차(그림 10.37b)는 약 1850년경부터 미국 내의 많은 농장에 설치되었는데, 많은 풍차들이 현재도 사용되고 있다.

최근의 재생자원의 활용에 대해 강조하는 정책 등으로 풍차의 설계와 최적화에 대한 관심이 다시 일어나고 있다. 2016년에는 미국 내에서 풍차를 사용하여 82기가와트까지 생산한 경우도 있었고, 이는 그 해 전력 소비의 8%까지를 제공하기도 했다[27]. 최근 들어 새롭게 건설하여 생산하는 모든 발전량의 약 1/3을 풍력이 담당하여 생산하기도 한다.

풍력터빈 형상의 개략도가 그림 10.38에 있다. 일반적으로 풍력터빈은 두 가지로 분류된다. 첫 번째 분류는 터빈 축의 방향이다. 수평축 풍차(horizontal-axis wind turbine; HAWT)와 수직축 풍차(vertical-axis wind turbine; VAWT)가 있다. HAWT 설계는 대부분 고속으로 회전하는 2～3개의 깃 프로펠러로 구성하는 것이 특징이고 발전기와 함께 기둥에 장착되어 있다. 그림 10.39a에서 볼 수 있는 커다란 현대 HAWT는 가벼운 바람 이상의 어떤 바람에서도 동력을 발생할 수 있으며, 전력을 생산하는 산업체에서 가장 일반적으로 사용되는 구조이다. 그림 10.39b의 풍력터빈은 VAWT이다. 이 장치는 로터에 현대의 대칭 에어포일 단면을 사용한다. VAWT의 이전 설계들은 *Darrieus troposkien* 형상과 같이 높은 굽힘응력과 진동토크를 겪었다. 가장 최신의 설계는 이 그림에 보이는 것과 같이 중심축에 대하여 토크를 더 고르게 분배할 수 있는 나선형 에어포일을 특징으로 한다. VAWT의 특징은 발전기가 지상에 설치되는 것이다.

두 번째 분류는 풍력에너지를 얼마나 잘 활용하는지에 따라 구분된다. 첫 번째 터빈 군은 항력을 통해 풍력에너지를 모으는 것이다. 이런 풍력터빈들은 전형적으로 수직축 배열만을 사용한다. 두 번째 그룹은 양력을 통해 에너지를 모은다. 양력 기반의 풍력터빈은 수평이나 수직축의 배열을 채용한다. 이러한 설계들의 대부분은 자동 시동형이라는 것에 주목하는 것이 중요하다. 양력형의 VAWT는 정지상태에서 시동할 수 없고 특정한 최소 각속도 이상에서만 사용 가능한 출력을 생산할 수 있다. 이것들은 시동 토크를 마련하기 위해서 전형적으로 Savonius 로터와 같이 자동 시동 터빈장치와 조합된다[16, 22].

수평축 풍력터빈은 프로펠러가 역으로 작동될 때와 같이 생각하여 해석될지 모른다. 이상화된 액추에이터 원판을 통합하는 1차원 유동의 Rankine 모형이 그림 10.41에 보인다. 그림에 있는 간단한 기호는 풍력터빈을 해석하는 데 자주 사용된다.

먼 상류에서 풍속은 V이다. 흐름이 터빈 원판에서 $V(1-a)$로, 터빈의 후류에서 $V(1-2a)$로 감속된다[a는 간섭인자(*interference factor*)로 불린다]. 따라서 풍력터빈에 의해 억류되는 공기의 유관(stream tube)은 상류에서 작고 하류로 이동함에 따라 그 직경이 증가한다.

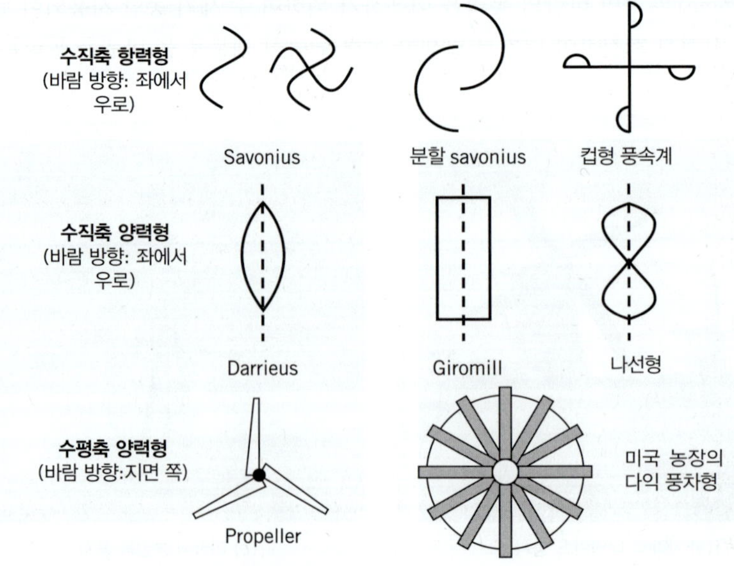

그림 10.38 축의 방향과 힘의 성질에 의한 풍력터빈의 다양한 형상.

(*a*) 수평축 풍차

Reproduced with permission of VWT Power Ltd

(*b*) 수직축 풍차

그림 10.39 현대적인 풍차의 설계 예.

검사체적에 선형 운동량 방정식을 직접 적용하면(예제 10.15 참조) 반경 R의 터빈에 작용하는 축 추력이 다음과 같이 예측된다.

$$F_T = 2\pi R^2 \rho V^2 a(1-a) \tag{10.42}$$

손실이 없다고 가정하고, 에너지 방정식을 적용하면 유체 흐름으로부터 얻는 동력은 다음과 같다.

$$\mathcal{P} = 2\pi R^2 \rho V^3 a(1-a)^2 \tag{10.43}$$

풍력터빈의 효율은 액추에이터 원판의 크기인 유관 안에 포함된 운동에너지 플럭스를 기준으로 하여 아주 편리하게 정의된다. 이 운동에너지 플럭스는

$$KEF = \frac{1}{2}\rho V^3 \pi R^2 \tag{10.44}$$

식 (10.43)과 (10.44)를 결합함으로써 효율(또는 **동력계수**[23])을 다음과 같이 쓸 수 있다.

$$\eta = \frac{\mathcal{P}}{KEF} = 4a(1-a)^2 \tag{10.45}$$

Betz [27]는 이 결과를 유도하고 $a = 1/3$일 때 이론효율이 최대가 된다고 보인 최초의 사람이었다. 최대 이론효율은 $\eta = 0.593$이다.

만일 풍력터빈이 가벼운 부하를 받으면(a가 작다), 단위시간당 많은 공기 질량에 영향을 줄 것이다. 그러나 단위질량당 추출되는 에너지는 작아지고 효율은 낮아질 것이다. 초기 공기흐름에서 대부분의 운동에너지는 후류에 남게 되고 낭비될 것이다. 풍력터빈의 부하가 아주 커지면($a \approx 1/2$) 풍력터빈은 단위시간당 훨씬 더 적은 공기 질량에 영향을 줄 것이다. 단위질량으로부터 추출되는 에너지는 크게 되지만, 발생된 동력은 액추에이터 원판의 교란을 받지 않는 면적을 통과하는 운동에너지 플러스에 비해 적을 것이다. 따라서 최고 효율점은 중간 정도의 원판 부하를 받을 때 일어난다.

예제 10.15 이상화된 풍력터빈의 성능

그림 10.41과 같이 이상화된 풍차의 추력, 출력, 효율에 관한 일반적인 식을 유도하라. Calvert에 의해 $D = 26$ m, $N = 20$ rpm, $V = 36$ km/hr, $\mathscr{P}_{\text{output}} = 41$ kW의 조건에서 시험된 네덜란드 풍차에 대한 추력, 이상 효율, 실제 효율을 계산하라.

주어진 자료: 그림 10.40과 같은 이상화된 풍차와 Calvert에 의해 다음 조건으로 시험된 네덜란드 풍차

$$D = 26\text{ m} \quad N = 20\text{ rpm} \quad V = 36\text{ km/hr} \quad \mathscr{P}_{\text{output}} = 41\text{ kW}$$

찾는 자료: (a) 이상적인 추력, 출력과 효율에 관한 일반식

(b) Calvert에 의해 시험된 네덜란드 풍차에 관한 추력, 출력, 이상 효율, 실제 효율

풀이: 그림과 같은 좌표계와 검사체적을 이용하여 연속방정식, x방향의 운동량 방정식, 에너지 방정식을 적용하라.

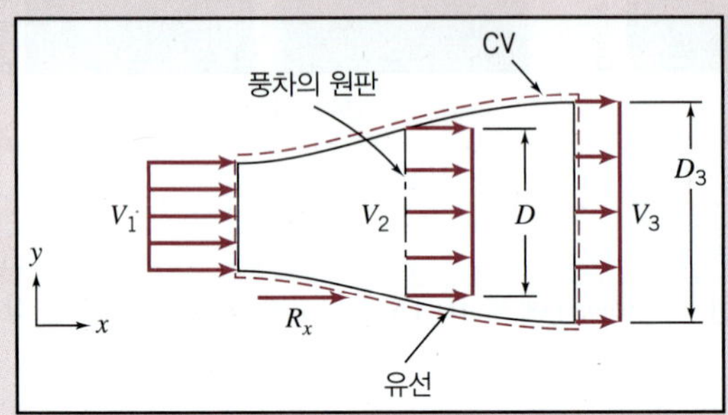

지배방정식:

$$\overset{=0(3)}{\frac{\partial}{\partial t}\int_{\text{CV}} \rho\, d\mathbf{V}} + \int_{\text{CS}} \rho \vec{V} \cdot d\vec{A} = 0$$

$$F_{S_x} + \overset{=0(2)}{F_{B_x}} = \overset{=0(3)}{\frac{\partial}{\partial t}\int_{\text{CS}} u\rho\, d\mathbf{V}} + \int_{\text{CS}} u\rho \vec{V} \cdot d\vec{A}$$

$$\overset{=0(7)}{\dot{Q}} - \dot{W}_s = \overset{=0(3)}{\frac{\partial}{\partial t}\int_{\text{CV}} e\rho\, d\mathbf{V}} + \int_{\text{CS}} \left(e + \frac{p}{\rho}\right)\rho \vec{V} \cdot d\vec{A}$$

가정: 1 대기압이 검사체적 주위에 작용, $F_{S_x} = R_x$

2 $F_{S_x} = 0$

3 정상유동

4 각 단면에서 균일유동

5 표준공기의 비압축성유동

6 Rankine에 의해 증명된 것과 같이 $V_1 - V_2 = V_2 - V_3 = \frac{1}{2}(V_1 - V_3)$

7 $\dot{Q} = 0$

8 마찰이 없는 비압축성유동에 대한 내부에너지 불변

간섭계수 a의 항으로 나타내면 $V_1 = V$, $V_2 = (1 - a)V$, $V_3 = (1 - 2a)V$

각 단면에서 균일유동일 때 연속방정식으로부터 $V_1 A_1 = V_2 A_2 = V_3 A_3$

운동량 방정식으로부터

$$R_x = u_1(-\rho V_1 A_1) + u_3(+\rho V_3 A_3) = (V_3 - V_1)\rho V_2 A_2 \qquad \{u_1 = V_1, u_3 = V_3\}$$

R_x는 검사체적에 작용하는 외력이다. 검사체적에 의해 주위에 작용되는 추력은

$$K_x = -R_x = (V_1 - V_3)\rho V_2 A_2$$

간섭계수의 항으로 추력에 관한 방정식을 일반형으로 나타낼 수 있다.

$$K_x = \rho V^2 \pi R^2 2a(1-a) \longleftarrow K_x$$

($a = \frac{1}{2}$일 때 최대추력이 발생함을 보이기 위해 dK_x/da를 0으로 놓는다.)

에너지 방정식은 다음과 같이 된다.

$$-\dot{W}_s = \frac{V_1^2}{2}(-\rho V_1 A_1) + \frac{V_3^2}{2}(+\rho V_3 A_3) = \rho V_2 \pi R^2 \frac{1}{2}(V_3^2 - V_1^2)$$

이론 출력 $\mathscr{P}$는 $\dot{W}_s$와 같다. 간섭계수의 항으로 나타내면

$$\mathscr{P} = \dot{W}_s = \rho V(1-a)\pi R^2 \left[\frac{V^2}{2} - \frac{V^2}{2}(1-2a)^2\right] = \rho V^3 (1-a)\frac{\pi R^2}{2}[1-(1-2a)^2]$$

대수적으로 간단히 하면

$$\mathscr{P}_{\text{ideal}} = 2\rho V^3 \pi R^2 a(1-a)^2 \longleftarrow \mathscr{P}_{\text{ideal}}$$

액추에이터 원판의 면적과 같은 교란되지 않은 유동의 유관을 통한 운동에너지 플럭스는

$$KEF = \rho V \pi R^2 \frac{V_2}{2} = \frac{1}{2}\rho V^3 \pi R^2$$

따라서 이상 효율은 다음과 같이 쓰여질지 모른다.

$$\eta = \frac{\mathscr{P}_{\text{ideal}}}{KEF} = \frac{2\rho V^3 \pi R^2 a(1-a)^2}{\frac{1}{2}\rho V^3 \pi R^2} = 4a(1-a)^2 \longleftarrow \eta$$

가능한 최대효율에 관한 조건을 구하기 위해 $d\eta/da$가 0과 같다고 놓는다. $a = 1/3$일 때 발생하는 최대효율은 $\eta = 0.593$이다.

Calvert에 의해 시험된 네덜란드 풍차는 다음과 같은 팁 속도비를 갖는다.

$$X = \frac{NR}{V} = 20\,\text{rpm} \times 2\pi\frac{\text{rad}}{\text{rev}} \times \frac{\text{min}}{60\,\text{s}} \times 13\,\text{m} \times \frac{\text{s}}{10\,\text{m}} = 2.72 \longleftarrow X$$

와류(그림 10.37)를 고려하여 이 팁 속도비에서 얻을 수 있는 최대 이론효율은 약 0.53일 것이다.

네덜란드 풍차의 실제 효율은

$$\eta_{\text{actual}} = \frac{\mathscr{P}_{\text{actual}}}{KEF}$$

Calvert의 시험자료를 기초로 하면 운동에너지 플럭스는 다음과 같다.

$$\begin{aligned} KEF &= \frac{1}{2}\rho V^3 \pi R^2 \\ &= \frac{1}{2} \times 1.23\frac{\text{kg}}{\text{m}^3} \times (10)^3 \frac{\text{m}^3}{\text{s}^3} \times \pi \times (13)^2\,\text{m}^2 \times \frac{\text{N}\cdot\text{s}^2}{\text{kg}\cdot\text{m}} \times \frac{\text{W}\cdot\text{s}}{\text{N}\cdot\text{m}} \\ KEF &= 3.27 \times 10^5\,\text{W} \quad \text{또는} \quad 327\,\text{kW} \end{aligned}$$

실제 효율의 정의에 대입하면

$$\eta_{\text{actual}} = \frac{41\text{ kW}}{327\text{ kW}} = 0.125 \longleftarrow \eta_{\text{actual}}$$

따라서 네덜란드 풍차의 실제 효율은 이 팁 속도비에서 얻을 수 있는 이론적인 최대효율의 약 24%이다.

네덜란드 풍차에 작용하는 실제 추력만을 평가할 수 있다. 그 이유는 간섭계수 a가 알려져 있지 않기 때문이다. a가 $1/2$일 때 최대추력이 발생하며 이 경우에

$$K_x = \rho V^2 \pi R^2\, 2a(1-a)$$
$$= 1.23\frac{\text{kg}}{\text{m}^3} \times (10)^2\frac{\text{m}^2}{\text{s}^2} \times \pi \times (13)^2\text{m}^2 \times 2\left(\frac{1}{2}\right)\left(1-\frac{1}{2}\right) \times \frac{\text{N}\cdot\text{s}^2}{\text{kg}\cdot\text{m}}$$
$$K_x = 3.27 \times 10^4\text{ N 또는 } 32.7\text{ kN} \longleftarrow K_x$$

풍차의 크기(D = 26 m)를 고려할 때, 이 추력은 크지 않은 듯하다. 그러나 속도 V = 36 km/hr는 단지 보통 바람이다. 실제 풍차는 폭풍이 부는 기간에는 훨씬 더 강렬한 바람을 견뎌야만 할 것이다.

이 문제는 풍차에 대한 이상 추력, 동력, 효율의 개념 적용과 실제 기계에 대한 이들 값의 계산을 보여준다.

Rankine 모델은 그 모델의 적용 가능성을 제한하는 몇 가지 중요한 가정을 포함한다[23]. 첫째, 풍력터빈은 그림 10.40에 정의된 유관에 포함된 공기에만 영향을 준다고 가정된다. 둘째, 터빈 뒤 와류에 의해 발생된 운동에너지가 고려되지 않는다. 셋째, 반경 방향 압력구배는 무시된다. Glauert [17]는 그림 10.42에서처럼 팁 속도비 X,

$$X = \frac{R\omega}{V} \tag{10.46}$$

가 이론효율에 미치는 영향을 예측하기 위해 후류 와류를 부분적으로 설명하였다(ω는 터빈의 각속도).

팁 속도비가 증가함에 따라 이론효율이 증가하여 최곳값(η = 0.593)을 향해 점근적으로 접근한다. Avallone et al. [22]에는 그림 10.41에 도시한 한계 효율곡선을 그리는 데 사용된 자세한 깃 요소 이론이 요약되어 있다. 아주 양호한 작동 범위에 도달하기 위해서는 팁 속도비를 상당히 증가시킬 필요가 있다. 현대의 고속 풍력터빈 설계에서는 신중하게 만든 에어포일이 사용되고, 팁 속도비가 7인 상태에서도 작동된다[24].

VAWT의 해석은 HAWT의 경우와 약간 다르다. 이 차이가 생기는 주된 이유는 그림 10.42에서 볼 수 있다. 이 그림에서 Darrieus 터빈의 에어포일 단면은 터빈 축에 대하여 회전한다. 바람이 일정한 방향에서 불어온다고 가정하면, 에어포일의 받음각 α는 방위각 θ의 함수가 될 것이다. 받음각은 회전 방향과 유효 속도 벡터 사이의 관계에 기인한다. θ가 변함에 따라 α 또한 변하는데, θ가 90°일 때 최댓값에 도달한다. 이러한 구성에서 받음각은 다음과 같이 표현된다.

$$\alpha_m = \tan^{-1}\frac{V}{R\omega} \tag{10.47a}$$

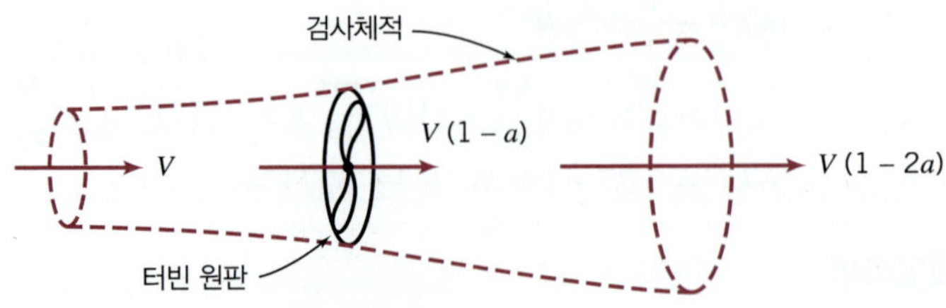

그림 10.40 풍력터빈의 성능을 해석하기 위해 사용된 검사체적.

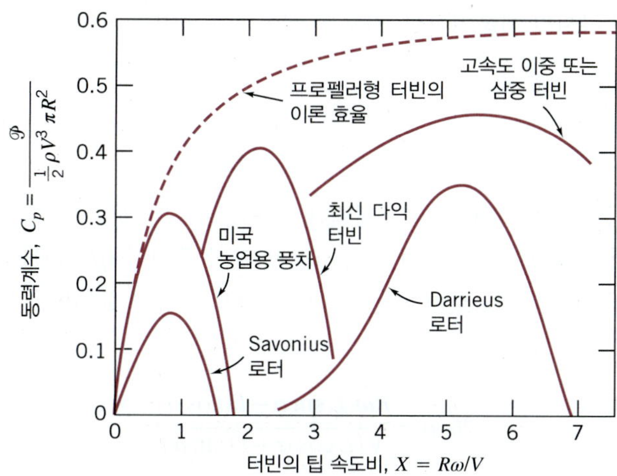

그림 10.41 풍력터빈 형상의 효율 경향과 팁 속도비[19].

식 (10.46)과 (10.47a)로부터 팁 속도비 X의 항으로 다시 쓰면

$$\alpha_m = \tan^{-1}\frac{1}{X} \tag{10.47b}$$

최대 받음각은 실속각(대부분의 대표적인 에어포일에서 10°~15°)보다는 작아야 하기 때문에 X는 큰 값이어야 한다(적어도 6 정도). 에어포일에 작용하는 양력과 항력(각각 L과 D)은 그림 10.42에서 볼 수 있다. 이런 공기역학적인 힘들은 로터에서 토크를 발생시킨다. 주어진 α의 값에서 로터에 작용하는 토크는

$$T = \omega R(L\sin\alpha - D\cos\alpha) \tag{10.48}$$

로 주어진다. 이제 적용된 에어포일의 단면이 대칭이라면(캠버가 0), 양력계수는 받음각에 선형적으로 비례한다[25].

$$C_L = m\alpha \tag{10.49}$$

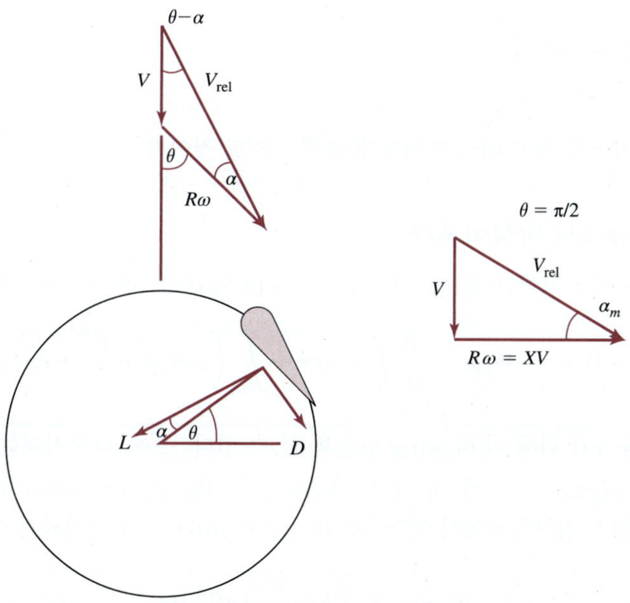

그림 10.42 에어포일의 받음각이 최대이고 임의 방위각 θ와 방위각 $\theta = \pi/2$일 때 Darrieus 로터 깃 요소 주위의 속도.

식 (10.49)에서 m은 양력곡선의 기울기이고, 사용된 에어포일에 따라 정해진다. 그리고 항력계수는 대략적으로

$$C_D = C_{D,0} + \frac{C_L^2}{\pi AR} \tag{9.43}$$

이 된다. 이 식에서 $C_{D,0}$는 받음각이 0일 때의 항력계수이고, AR은 에어포일의 종횡비(가로세로비)이다. Decher [16]는 양력과 항력 효과에 기초하여 로터 효율에 대한 표현인 $\eta L/D$를 유도하였는데, 이것은 유용한 일[식 (10.48)의 토크]을 바람에 있는 활용 가능한 동력으로 나눈 값으로 정의된다. 양력과 항력의 항으로 식을 쓰면

$$\eta_{L/D} = \frac{R\omega\overline{(L\sin\alpha - D\cos\alpha)}}{V\overline{(L\cos\alpha + D\sin\alpha)}}$$

식에서 윗줄(—)은 그들 값의 평균값을 의미한다. 로터에 작용하는 양력과 항력은 θ와 함께 변하기 때문에 힘들의 시간 평균은 적분에 의해서 계산되어야 한다. 이제 식 (10.49)와 (9.43)을 위 식에 대입하고, 로터의 완전한 1회전($0 \le \theta \le 2\pi$)에 걸쳐 평균하면 효율은 다음과 같이 된다.

$$\eta_{L/D} = \frac{1 - C_{D,0}\left(\dfrac{2}{C_{D,0}AR} + \dfrac{4X^3}{1+X^2}\right)}{1 + C_{D,0}\left(\dfrac{1}{2\pi} + \dfrac{3}{2C_{D,0}ARX^2}\right)} \tag{10.50}$$

이 효율은 로터의 총 효율 추정을 위해 액추에이터 원판 이론[식 (10.45)]에 기초한 효율을 수정한다.

$$\eta \approx \eta_{act\,disk}\eta_{L/D} \tag{10.51}$$

그러나 한 가지 명심해야 할 것은 완전한 로터의 효율을 계산하기 위해 반드시 전체 로터에 작용하는 토크 분포를 추가시켜야만 한다. 로터의 다른 부분들은 반경이 다르기 때문에 X값도 다를 것이다. 식 (10.50)에 근거하여 작은 반경을 가진 로터 부분이 큰 반경을 가진 로터 부분과 비교하여 토크에 아주 조금 기여할 것이라는 것을 알 수도 있을 것이다.

10.7 압축성유동 유체기계

작동 유체의 밀도변화는 가스터빈과 스팀터빈의 동력생산에 중요하다. 이 절에서는 압축성유동에 적용하기 위해 필요한 지배방정식과 차원 해석의 변형에 대해 토의할 것이다.

압축성 유체기계에 에너지 방정식 적용

임의의 검사체적에 적용되는 열역학 제1법칙은 다음의 식 (4.56)으로 표현된 에너지 방정식이다.

$$\dot{Q} - \dot{W}_s - \dot{W}_{\text{shear}} - \dot{W}_{\text{other}} = \frac{\partial}{\partial t}\int_{\text{CV}} e\rho d\forall + \int_{\text{CS}}\left(u + pv + \frac{V^2}{2} + gz\right)\rho\vec{V}\cdot d\vec{A} \tag{4.56}$$

압축성 유체기계에 사용하기 위해 식 (4.56)을 단순화 할 수 있다. 첫째, 터보기계는 전형적으로 주위에 열전달이 최소인 조건에서 운전되고 둘째, 축 일 이외의 일은 무시할 수 있을 정도로 작다. 셋째, 중력에 의한 위치에너지의 변화는 작다. 정상유동에서 엔탈피는 $h \equiv u + pv$와 같이 정의되기 때문에 식 (4.56)은

$$\dot{W}_s = -\int_{\text{CS}}\left(h + \frac{V^2}{2}\right)\rho\vec{V}\cdot d\vec{A}$$

가 된다. 이 시점에서 운동에너지와 유체 엔탈피의 합으로서 **정체 엔탈피**를 소개한다.

$$h_0 = h + \frac{V^2}{2}$$

그러므로 에너지 방정식을 다음과 같이 다시 쓸 수도 있다.

$$\dot{W}_s = -\int_{\text{CS}} h_0 \rho \vec{V} \cdot d\vec{A} \tag{10.52a}$$

식 (10.52a)는 **입력** 일을 갖는 터보기계에서 **필요한** 동력이 유체에 있는 정체 엔탈피를 증가시키는 원인이 된다는 것을 말한다. 즉, 일을 **추출하는** 터보기계에 대해서 **생산된** 동력은 유체의 정체 엔탈피 감소 때문이다. 이 식에서 유체로부터 일을 받을 때(터빈에서처럼) $\dot{W}_s$는 양(+)이고, 유체에 일을 할 때는(압축기에서처럼) $\dot{W}_s$는 음(−)이 된다.

식 (10.52a)의 오른쪽 피적분함수는 각 단면의 질량유량에 정체 엔탈피를 곱한 것이다. 추가적인 가정으로 기계의 단면 1과 2에서 유입하고 유출하는 유동이 균일하다면 식 (10.52a)는 다음과 같이 된다.

$$\dot{W}_s = -(h_{0_2} - h_{0_1})\dot{m} \tag{10.52b}$$

압축기

압축기는 비속도에 따라 원심형 또는 축류형으로 구분된다. 자동차의 터보차저(turbocharger), 소형 가스터빈 엔진, 천연가스 배관망의 부스터는 대개 원심형이다. 대형 가스터빈이나 스팀터빈 및 제트기 엔진은 (그림 10.3과 10.4b 참조) 보통 축류형 유체기계들이다.

압축기를 통한 유동은 밀도 변화가 수반되기 때문에 비압축성유동에 대해 제시된 차원해석은 더 이상 적합하지 않다. 오히려 Δh_{0_s}를 통한 압축기의 성능, 유동의 정체 엔탈피에서 이상적인 증가 그리고 효율 η와 동력 $\mathcal{P}$로 정량화할 수 있다. 함수관계는 다음 식과 같다.

$$\Delta h_{0_s}, \eta, \mathcal{P} = f(\mu, N, D, \dot{m}, \rho_{0_1}, c_{0_1}, k) \tag{10.53}$$

이 관계식에서 독립변수는 순서에 따라 점도, 회전속도, 로터의 직경, 질량유량, 입구 정체밀도, 입구의 정체음속과 비열비이다.

Buckingham 파이 정리를 계에 적용하여 얻을 수 있는 무차원군들은 다음과 같다.

$$\Pi_1 = \frac{\Delta h_{0_s}}{(ND)^2} \qquad \Pi_2 = \frac{\mathcal{P}}{\rho_{0_1} N^3 D^5}$$

$$\Pi_3 = \frac{\dot{m}}{\rho_{0_1} N D^3} \qquad \Pi_4 = \frac{\rho_{0_1} N D^2}{\mu}$$

$$\Pi_5 = \frac{ND}{c_{0_1}}$$

효율 η와 비열비 k는 무차원 양이기 때문에 무차원 변수 Π로 간주될 수 있다. 함수 관계식은 다음과 같이 된다.

$$\frac{\Delta h_{0_s}}{(ND)^2}, \eta, \frac{\mathcal{P}}{\rho_{0_1} N^3 D^5} = f_1\left(\frac{\dot{m}}{\rho_{0_1} N D^3}, \frac{\rho_{0_1} N D^2}{\mu}, \frac{ND}{c_{0_1}}, k\right) \tag{10.54a}$$

이 식은 실제로 3개로 분리된 함수식이다. 다시 말하면 $\Pi_1 = \Delta h_{0_s}/(ND)^2$, η 그리고 $\Pi_2 = \mathcal{P}/\rho_{0_1} N^3 D^5$는 다른 무차원 양들의 함수들이다. $\Delta h_{0_s}/(ND)^2$은 유동 내의 에너지 변화를 나타내는 척도이고 수두계수 Ψ

[식 (10.6)]에 대한 압축성 변환이다. $\mathscr{P}/\rho_{0_1}N^3D^5$은 식 (10.8)과 유사한 동력계수이다. $\dot{m}/\rho_{0_1}ND^3$은 비압축성유동계수 Φ[식 (10.5)]와 유사한 질량유동계수이다. $\rho_{0_1}ND^2/\mu$는 로터 팁 속도에 기초한 Reynolds 수이고, ND/c_{0_1}는 로터 팁 속도에 기초한 Mach 수이다. 완전기체의 압축성유동과 등엔트로피 과정에 대한 관계식을 사용하면 식을 간략하게 나타낼 수 있다. 따라서 식 (10.54a)는 다음과 같이 다시 쓸 수 있을지 모른다.

$$\frac{p_{0_2}}{p_{0_1}},\eta,\frac{\Delta T_0}{T_{0_1}}=f_2\left(\frac{\dot{m}\sqrt{RT_{0_1}}}{p_{0_1}D^2},\mathrm{Re},\frac{ND}{\sqrt{RT_{0_1}}},k\right) \tag{10.54b}$$

여기에 제시한 함수의 관계는 상사한 유동을 가지는 기계들의 성능비를 계산하여 예측하는 연구에 사용할 수 있다. 이에 대한 예가 다음의 예제 10.16에 제시된다.

예제 10.16 압축기의 축척화

회전수가 1,000 rpm이고 225 kW를 소모하는 공기압축기 시제품의 1/5 축척 모형이 압력비는 5이고 9 kg/s의 유량을 송출한다. 동역학적, 운동학적으로 상사한 조건에서 실물 크기 원형에 대한 운전속도, 질량유량, 동력 소비량은 얼마인가?

주어진 자료: 1/5 축척 압축기 모델
동력: 225 kW
속도: 1,000 rpm
압력비: 5
질량유량: 9 kg/s

찾는 자료: 상사한 조건에서 원형 속도, 질량유량, 동력 소비량

풀이: 압축기 상사에 관해 위에 제시된 식과 7장에서 제시된 개념을 적용하라.

지배방정식:

$$\left(\frac{ND}{c_{0_1}}\right)_p=\left(\frac{ND}{c_{0_1}}\right)_m$$

$$\left(\frac{\dot{m}}{\rho_{0_1}ND^3}\right)_p=\left(\frac{\dot{m}}{\rho_{0_1}ND^3}\right)_m$$

$$\left(\frac{\mathscr{P}}{\rho_{0_1}N^3D^5}\right)_p=\left(\frac{\mathscr{P}}{\rho_{0_1}N^3D^5}\right)_m$$

가정: 모형과 원형에 대해 모두 상사한 입구조건

상사한 입구조건은 정체 음속과 밀도가 모형과 원형 둘 다에 대해서 같다는 것으로 규정할 것이다. 원형 속도에 대해 첫 번째 식을 풀면

$$N_p=N_m\frac{D_m}{D_p}\frac{c_{0_{1_p}}}{c_{0_{1_m}}}=1000\text{ rpm}\times\frac{1}{5}\times 1=200\text{ rpm}$$

$$N_p=200\text{ rpm}\longleftarrow N_p$$

원형 질량유량에 대해 두 번째 식을 풀면

$$\dot{m}_p = \dot{m}_m \frac{\rho_{0_{1_p}}}{\rho_{0_{1_m}}} \frac{N_p}{N_m} \left(\frac{D_p}{D_m}\right)^3 = 9\,\frac{\text{kg}}{\text{s}} \times \frac{200}{1000} \times \left(\frac{5}{1}\right)^3 = 225\,\frac{\text{kg}}{\text{s}}$$

$$\dot{m}_p = 225\ \text{kg/s} \longleftarrow \dot{m}_p$$

원형에 대한 요구동력을 계산하면

$$\mathscr{P}_p = \mathscr{P}_m \frac{\rho_{0_{1_p}}}{\rho_{0_{1_m}}} \left(\frac{N_p}{N_m}\right)^3 \left(\frac{D_p}{D_m}\right)^5 = 225\ \text{kW} \times \left(\frac{200}{1000}\right)^3 \times \left(\frac{5}{1}\right)^5 = 5625\ \text{kW}$$

$$\mathscr{P}_p = 5625\ \text{kW} \longleftarrow P_p$$

이 문제는 압축성 유체기계들의 축척화에 대해 설명한다. 알아두어야 할 것은 서로 크기가 다른 두 기계에 대한 작동 유체가 다를 때는(예를 들어 공기 대 헬륨) 기체상수와 비열비의 차이에서 오는 효과가 고려되어야 한다는 것이다.

동일한 유체에 대한 높은 Reynolds 수에서 작동하는 압축기의 무차원 해석 및 축척화를 시도하면 식 (10.54b)는 다음과 같이 단순화할 수 있다.

$$\frac{p_{0_2}}{p_{0_1}}, \eta, \frac{\Delta T_0}{T_{0_1}} = f_3\left(\frac{\dot{m}\sqrt{T_{0_1}}}{p_{0_1}}, \frac{N}{\sqrt{T_{0_1}}}\right) \tag{10.54c}$$

이 식은 더 이상 무차원이 아니다. 그러나 단일 작동 유체를 사용하는 단일 기계에 대하여 평가된 성능은 여전히 압축기 성능을 특성화하는 데 유용하다. 식 (10.54c)로 묘사된 관계는 그림 10.43에 보이는 것처럼 압축기 작동성 맵(map)의 형태로 보통 표현된다. 이 맵에서 정규화된 등속도($N/\sqrt{T_{0_1}}$)와 효율곡선으로 나타낸 압축비 대 질량유량($\dot{m}\sqrt{T_{0_1}}/p_{0_1}$)의 관계를 볼 수 있다. 가로축은 흔히 '보정된 질량유량'을 나타낸다.

$$\dot{m}_{corr} = \frac{\dot{m}\sqrt{T_{0_1}/T_{\text{ref}}}}{p_{0_1}/p_{\text{ref}}}$$

압축기 속도가 일정한 선이 '보정속도'이다.

$$N_{corr} = \frac{N}{\sqrt{T_{0_1}/T_{\text{ref}}}}$$

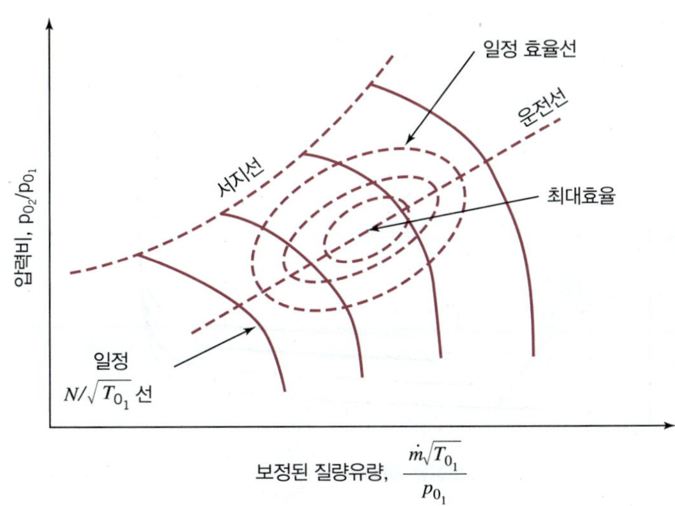

그림 10.43 압축기에 대한 대표적인 성능 맵.

이 식에서 T_{ref}와 p_{ref}는 기준 온도와 압력이다. 이것은 사용자들이 '실제' 물리적 변수의 측면에서 도표를 빨리 읽게 하고, 최소한의 계산으로 변하는 입구조건에 대한 결과를 조정하는 것을 가능하게 한다. 운전선은 주어진 질량유량에 대해 최대 효율점의 궤적이다.

이 그림으로부터 압축기의 운전에서 피해야 할 두 가지 현상을 알 수 있다. 첫 번째는 **초킹**으로 압축기 안 어떤 지점에서 국소 Mach 수가 1에 도달할 때 나타난다. 물리적인 의미로 초킹을 설명하기 위해 압축기를 일정속도와 일정 입구압력에서 가동하고, 압축기 출구압력을 직접 조절할 수 있다고 생각해 보라. 압축기 맵에서 정규화된 등속도선을 따라갈 것이다. 만약 출구압력을 낮추면 압력비는 감소할 것이다. 만약 압축기 속도를 일정하게 유지하면 질량유량은 증가한다. 그러나 질량유량이 주어진 로터 속도에 대해 최대로 가능한 유량에 도달하면 압축기는 초킹된다. 로터 속도를 증가시키지 않고 질량유량을 증가시키는 것이 불가능하다.

두 번째는 **서지**(*surge*)인데, 이것은 주기적 맥동현상으로 압축기를 통한 질량유량을 변화시키는 원인이 되며 심지어 유동 방향이 반대로 바뀐다. 서지는 압축기 내의 압력비가 주어진 질량유량에 대해 특정 수준 이상으로 커질 때 발생한다. 압력비가 증가함에 따라 압축기를 가로지르는 역압력구배 또한 증가한다. 이러한 압력구배 증가는 로터 표면에서 경계층 박리를 촉진시키고, 인접한 두 날개 사이의 공간을 통해 들어오는 유동을 수축시킨다. 그러므로 여분의 유동이 깃 사이의 옆 통로로 옮겨간다. 위에서 언급된 주기적 맥동을 일으키면서 앞 통로에서 완화된 박리는 옆 통로로 이동한다. 서지는 큰 소음이 동반되고 압축기나 관련 부품에 손상을 줄 수 있다. 이 현상 또한 반드시 회피되어야 한다. 그림 10.43의 **서지선**은 그 선의 밖에서는 서지가 발생할 운전 조건에 대한 궤적 또는 경계선을 나타낸 것이다.

일반적으로 그림 10.43에 제시된 바와 같이, 성능이 높아질수록 압축기가 성공적으로 작동될 수 있는 범위는 더 좁아진다. 따라서 만족스러운 운전을 보장하려면 압축기가 유동시스템에 주의 깊게 조화되어야만 한다.

압축성 유동터빈

가스터빈을 통한 유동은 압축기와 동일한 식에 의해 지배된다. 그림 10.44는 압축성 유동터빈의 성능 맵을 나타낸다. 압축기에 대한 경우와 같이 터빈 맵은 정규 질량유량에 대한 압력비를 나타내는 그래프에서 정규화된 등속도선을 나타낸다. 압축기에 대한 맵과 이 맵의 가장 눈에 띄는 차이점은 성능에 대한 $N/\sqrt{T_{0_1}}$의 영향이 아주 작다는 것이다. 즉, 곡선들은 가깝게 붙어 있다. 터빈 유동의 초킹은 이 맵에 아주 잘 나타나 있다. 즉 터빈에서 정규화된 질량유량은 압력비에 상관없이 초킹선 밖으로 나갈 수 없다.

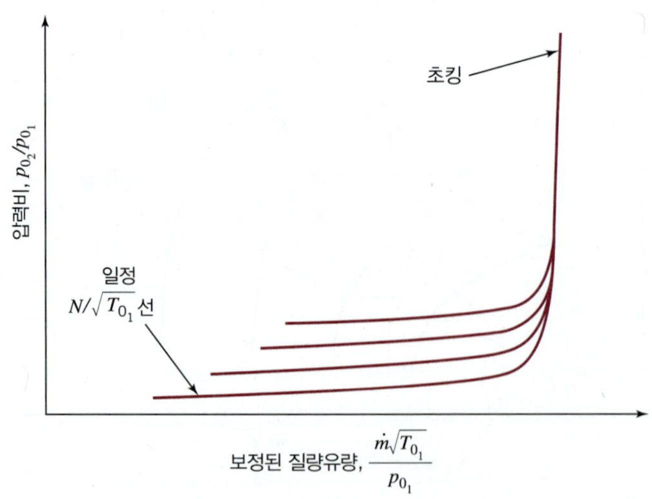

그림 10.44 압축성 유동터빈의 대표적인 성능곡선.

10.8 요약과 유용한 식

이 장에서 우리는

- ✓ 유체기계의 두 가지 큰 종류, 즉 용적식 기계와 터보기계를 정의했다.
- ✓ 다양한 터보기계, 즉 반경 방향형, 축류형과 혼류형의 펌프, 팬, 송풍기, 압축기, 충동 및 반동터빈을 정의하였다.
- ✓ Euler 터보기계 방정식을 유도하기 위해서 검사체적에 대해 각운동량 방정식을 사용했다.
- ✓ 속도선도를 그리고 이상 토크, 수두 및 동력을 유도하기 위해서 Euler 터보기계 방정식을 여러 가지 이상적인 기계에 적용하였다.
- ✓ 측정된 데이터로부터 다양한 실제 기계의 성능(수두, 동력, 효율)을 평가하였다.
- ✓ 어떤 유체기계의 크기, 운전속도 및 운전조건에 대한 성능 축척을 위해 무차원 변수를 정의하고 사용했다.
- ✓ 펌프효율, 터빈효율, 차단수두, 비속도, 공동현상, *NPSHR*, *NPSHA*와 같은 여러 가지 정의 변수에 대해서 논의하였다.
- ✓ 주어진 파이프 시스템에 알맞는 운전점을 구할 수 있어, 이 시스템에 필요한 펌프를 선정할 수 있었다.
- ✓ 프로펠러와 풍력터빈을 검토하고 해석하였다.
- ✓ 압축성유동 터보기계의 사용과 성능을 논의하였다.

이러한 개념과 기법으로 예비 해석을 수행하기 위해 제조사의 문헌 및 자료 사용방법과 펌프, 팬, 수력터빈, 풍력터빈 등 유체기계의 적절한 선정 방법을 배웠다.

주의: 아래 표의 유용한 식 대부분은 몇 가지 제한이나 구속이 있다. 자세한 사항은 반드시 해당 식을 참고하기 바란다!

유용한 식

Euler 터보기계 방정식	$T_{\text{shaft}} = (r_2 V_{t_2} - r_1 V_{t_1})\dot{m}$	**(10.1c)**
터보기계 이론동력	$\dot{W}_m = (U_2 V_{t_2} - U_1 V_{t_1})\dot{m}$	**(10.2b)**
터보기계 이론수두	$H = \dfrac{\dot{W}_m}{\dot{m}g} = \dfrac{1}{g}(U_2 V_{t_2} - U_1 V_{t_1})$	**(10.2c)**
펌프 동력, 양정과 효율	$\dot{W}_h = \rho Q g H_p$	**(10.3a)**
	$H_p = \left(\dfrac{p}{\rho g} + \dfrac{\overline{V}^2}{2g} + z\right)_{\text{discharge}} - \left(\dfrac{p}{\rho g} + \dfrac{\overline{V}^2}{2g} + z\right)_{\text{sution}}$	**(10.3b)**
	$\eta_p = \dfrac{\dot{W}_h}{\dot{W}_m} = \dfrac{\rho Q g H_p}{\omega T}$	**(10.3c)**
터빈 동력, 수두와 효율	$\dot{W}_h = \rho Q g H_t$	**(10.4a)**
	$H_t = \left(\dfrac{p}{\rho g} + \dfrac{\overline{V}^2}{2g} + z\right)_{\text{inlet}} - \left(\dfrac{p}{\rho g} + \dfrac{\overline{V}^2}{2g} + z\right)_{\text{outlet}}$	**(10.4b)**
	$\eta_t = \dfrac{\dot{W}_m}{\dot{W}_h}\ \dfrac{\omega T}{\rho Q g H_t}$	**(10.4c)**

(계속)

유용한 식 (계속)

무차원 유동계수	$\Phi = \frac{Q}{A_2 U_2} = \frac{V_{n_2}}{U_2}$	**(10.5)**
무차원 수두계수	$\Psi = \frac{gH}{U_2^2}$	**(10.6)**
무차원 토크계수	$\tau = \frac{T}{\rho A_2 U_2^2 R_2}$	**(10.7)**
무차원 동력계수	$\Pi = \frac{\dot{W}}{\rho Q U_2^2} = \frac{\dot{W}}{\rho \omega^2 Q R_2^2}$	**(10.8)**
원심펌프 비속도 (수두 h의 항)	$N_S = \frac{\omega Q^{1/2}}{h^{3/4}}$	**(7.22a)**
원심펌프 비속도 (수두 H의 항)	$N_{S_{cu}} = \frac{N(\text{rpm})[Q(\text{gpm})]^{1/2}}{[H(\text{ft})]^{3/4}}$	**(7.22b)**
원심터빈 비속도 (수두 h의 항)	$N_S = \frac{\omega}{h^{3/4}}\left(\frac{\mathcal{P}}{\rho h}\right)^{1/2} = \frac{\omega \mathcal{P}^{1/2}}{\rho^{1/2} h^{5/4}}$	**(10.13a)**
원심터빈 비속도 (수두 H의 항)	$N_{S_{cu}} = \frac{N(\text{rpm})[\mathcal{P}(\text{hp})]^{1/2}}{[H(\text{ft})]^{5/4}}$	**(10.13b)**
축류형 터보기계의 이상적인 성능	$T_{\text{shaft}} = R_m(V_{t_2} - V_{t_1})\dot{m}$ $\dot{W}_m = U(V_{t_2} - V_{t_1})\dot{m}$ $H = \frac{\dot{W}_m}{\dot{m}g} = \frac{U}{g}(V_{t_2} - V_{t_1})$	**(10.20)** **(10.21)** **(10.22)**
프로펠러 추력	$F_T = qN\int_{R_{\text{hub}}}^{R} \frac{(C_L\cos\phi - C_D\sin\phi)}{\sin^2\phi} c\,dr$	**(10.37a)**
프로펠러 토크	$T = qN\int_{R_{\text{hub}}}^{R} \frac{(C_L\sin\phi + C_D\cos\phi)}{\sin^2\phi} rc\,dr$	**(10.37b)**
프로펠러 전진속도계수	$J \equiv \frac{V}{nD}$	**(10.39)**
프로펠러의 추력, 토크, 동력, 효율계수	$C_F = \frac{F_T}{\rho n^2 D^4},\quad C_T = \frac{T}{\rho n^2 D^5},$ $C_P = \frac{\mathcal{P}}{\rho n^3 D^5},\quad \eta = \frac{F_T V}{\mathcal{P}_{input}}$	**(10.40)**
캐비테이션 수	$Ca = \frac{p - p_v}{\frac{1}{2}\rho V^2}$	**(10.41)**
엑추에이터 원판 효율	$\eta = \frac{\mathcal{P}}{KEF} = 4a(1-a)^2$	**(10.45)**
팁 속도비	$X = \frac{R\omega}{V}$	**(10.46)**

(계속)

유용한 식 (계속)

VAWT 효율	$\eta_{L/D} = \dfrac{1 - C_{D,0}\left(\dfrac{2}{C_{D,0}AR} + \dfrac{4X^3}{1+X^2}\right)}{1 + C_{D,0}\left(\dfrac{1}{2\pi} + \dfrac{3}{2C_{D,0}ARX^2}\right)}$ $\eta \approx \eta_{act\ disk}\eta_{L/D}$	**(10.50)** **(10.51)**
압축성유동 터보기계의 에너지 방정식	$\dot{W}_s = -(h_{0_2} - h_{0_1})\dot{m}$	**(10.52b)**
압축성유동 터보기계의 성능변수	$\dfrac{p_{0_2}}{p_{0_1}}, \eta, \dfrac{\Delta T_0}{T_{0_1}} = f_3\left(\dfrac{\dot{m}\sqrt{T_{0_1}}}{p_{0_1}}, \dfrac{N}{\sqrt{T_{0_1}}}\right)$	**(10.54c)**

참고문헌

1. Wilson, D. G., "Turbomachinery—From Paddle Wheels to Turbojets," *Mechanical Engineering*, *104*, 10, October 1982, pp. 28–40.

2. Logan, E. S., Jr., *Turbomachinery: Basic Theory and Applications.* New York: Dekker, 1981.

3. Sabersky, R. H., A. J. Acosta, E. G. Hauptmann, and E. M. Gates, *Fluid Flow: A First Course in Fluid Mechanics*, 4th ed. Englewood Cliffs, NJ: Prentice-Hall, 1999.

4. Daily, J. W., "Hydraulic Machinery," in Rouse, H., ed., *Engineering Hydraulics*. New York: Wiley, 1950.

5. Dixon, S. L., *Fluid Mechanics and Thermodynamics of Turbomachinery*, 5th ed. Amsterdam: Elsevier, 2005.

6. Peerless Pump, Brochure B-4003, "System Analysis for Pumping Equipment Selection," Indianapolis, IN: Peerless Pump Co., 1979.

7. Daugherty, R. L., J. B. Franzini, and E. J. Finnemore, *Fluid Mechanics with Engineering Applications*, 8th ed. New York: McGraw-Hill, 1985.

8. Peerless Pump Company, RAPID, v 8.25.6, March 23, Indianapolis, IN: Peerless Pump Co., 2007.

9. Hodge, B. K., Analysis and Design of *Energy Systems*, 2nd ed. Englewood Cliffs, NJ: Prentice-Hall, 1990.

10. Moody, L. F., "Hydraulic Machinery," in *Handbook of Applied Hydraulics*, ed. by C. V. Davis. New York: McGraw-Hill, 1942.

11. Hydraulic Institute, *Hydraulic Institute Standards*. New York: Hydraulic Institute, 1969.

12. Hicks, T. G., and T. W. Edwards, *Pump Application Engineering*. New York: McGraw-Hill, 1971.

13. Armintor, J. K., and D. P. Conners, "Pumping Applications in the Petroleum and Chemical Industries," *IEEE Transactions on Industry Applications,* IA-23, 1, January 1987.

14. Air Movement and Control Association, *Laboratory Methods of Testing Fans for Rating*. AMCA Standard 210-74, ASHRAE Standard 51-75. Atlanta, GA: ASHRAE, 1975.

15. Russell, G. E., *Hydraulics*, 5th ed. New York: Henry Holt, 1942.

16. Decher, R., *Energy Conversion: Systems, Flow Physics, and Engineering*. New York: Oxford University Press, 1994.

17. Durand, W. F., ed., *Aerodynamic Theory*, 6 Volumes. New York: Dover, 1963.

18. Putnam, P. C., *Power from the Wind*. New York: Van Nostrand, 1948.

19. Calvert, N. G., *Windpower Principles: Their Application on the Small Scale*. London: Griffin, 1978.

20. American Wind Energy Association, *Annual Wind Industry Report, Year Ending 2008*. Washington, DC: American Wind Energy Association, 2008.

21. "Wind Power in America: Becalmed," *The Economist*, 392, 8642 (August 1, 2009).

22. Eldridge, F. R., *Wind Machines*, 2nd ed. New York: Van Nostrand Reinhold, 1980.

23. Avallone, E. A., T. Baumeister, III, and A. Sadegh, eds., *Marks' Standard Handbook for Mechanical Engineers*, 11th ed. New York: McGraw-Hill, 2007.

24. Migliore, P. G., "Comparison of NACA 6-Series and 4-Digit Airfoils for Darrieus Wind Turbines," *Journal of Energy*, 7, 4, Jul-Aug 1983, pp. 291-292.

25. Anderson, J. D., *Introduction to Flight*, 4th ed. Boston: McGraw-Hill, 2000.

26. White, F. M., *Fluid Mechanics*, 6th ed. New York: McGraw-Hill, 2007.

27. Betz, A. *Introduction to the Theory of Flow Machines*. Oxford: Pergamon Press. 1966.

28. U.S. energy Information Agency, https://www.eia.gov/, 2018.

29. Sovern, D. T., and G. J. Poole, "Column Separation in Pumped Pipelines," in K. K. Kienow, ed., *Pipeline Design and Installation*, Proceedings of the International Conference on Pipeline Design and Installation, Las Vegas, Nevada, March 25-27, 1990. New York: American Society of Civil Engineers, 1990, pp. 230-243.

30. U.S. Department of the Interior, "Selecting Hydraulic Reaction Turbines," A Water Resources Technical Publica-tion, *Engineering Monograph No. 20*. Denver, CO: U.S. Department of the Interior, Bureau of Reclamation, 1976.

31. Drella, M., "Aerodynamics of Human-Powered Flight," in *Annual Review of Fluid Mechanics*, 22, pp. 93-110. Palo Alto, CA: Annual Reviews, 1990.

연습문제

유체기계의 소개와 분류, 터보기계의 해석

10.1 원심펌프 임펠러 치수는 다음과 같다.

매개변수	입구 ①	출구 ②
반경, r (mm)	175	500
깃 폭, b (mm)	50	30
깃 각, β (°)	65	70

물을 펌핑하는 동안 펌프는 750 rpm에서 작동된다. 유량이 0.75 m^3/s이라고 하고 이론 양정과 기계적인 입력동력을 계산하라.

10.2 3,000 rpm에서 회전하는 원심펌프가 0.6 m^3/min의 유량에서 물을 송출한다. 축 방향으로 펌프에 유입된 물은 출구에서 반경 방향인 깃을 통해 상대속도 5.4 m/s로 임펠러에서 빠져나온다. 펌프는 5 kW의 동력이 필요하며 효율이 72%라고 하고, Euler 터보기계 방정식을 사용하여 펌프의 기본치수(임펠러 출구의 직경과 폭)를 추정하라.

10.3 원심펌프 임펠러의 치수는 다음과 같다.

매개변수	입구 ①	출구 ②
반경, r (mm)	380	1140
깃 폭, b (mm)	120	80
깃 각, β (°)	40	60

이 펌프는 물을 취급하고, 575 rpm에서 작동된다. 유량이 18,000 m^3/h라고 하고 이론 양정과 기계적인 동력을 계산하라.

10.4 원심펌프 임펠러의 치수는 다음과 같다.

매개변수	입구 ①	출구 ②
반경, r (mm)	75	250
깃 폭, b (mm)	38	30
깃 각, β (°)	60	70

이 펌프는 물을 취급하고, 1,250 rpm에서 작동된다. 유량이 340 m^3/h라고 하고 이론 양정과 기계적인 입력동력을 계산하라.

10.5 문제 10.4의 임펠러에 대하여 체적유량이 910 m^3/h라고 하고 입구속도의 접선성분이 0이 되는 회전속도를 결정하라. 이론 수두와 기계적인 입력동력을 계산하라.

10.6 문제 10.1의 임펠러가 750 rpm에서 작동될 때, 입구속도의 접선성분이 0이 되는 체적유량을 결정하라. 이론 수두와 기계적인 입력동력을 계산하라.

10.7 문제 10.8에 기술된 이상화된 원심펌프의 기하학적 형상을 고려하라. b = 일정이라고 가정하여 입구와 출구의 속도선도를 그려라. 설계 유량에서 '충격이 없는' 입구유동이 되기 위해 요구되는 입구 깃 각을 계산하라. 설계 유량에서 펌프에 입력되는 이론 동력을 추정하라.

10.8 다음과 같은 기하학적 형상과 유동조건을 갖는 원심펌프를 고려하라.

임펠러 입구 반경, R_1	2.5 cm
임펠러 출구 반경, R_2	18 cm
임펠러 출구 폭, b_2	1 cm
설계 속도, N	1800 rpm
설계 유량, Q	30 m^3/min
뒤젖힘 곡선 깃 (출구 깃 각), β_2	75°
필수유량 범위	설계의 50~150%

이상적인 펌프는 100%의 효율을 갖는다고 가정하라. 차단양정을 구하라. 설계 유량에서 절대 유출속도, 상대 유출속도, 전 양정, 요구되는 이론 동력을 계산하라.

10.9 문제 10.3의 임펠러에 대하여 체적유량이 28,000 m^3/h라고 하고 입구속도의 접선성분이 0이 되는 입구의 깃 각을 결정하라. 이론 수두와 기계적인 입력동력을 계산하라.

10.10 예제 10.13의 충동터빈에 대해 최적 속도를 결정하기 위한 계산을 Euler 터보기계 방정식을 이용하여 반복하라.

10.11 원심펌프에 의해 등유가 펌핑된다. 유량이 0.025 m^3/s일 때 펌프는 15 kW의 입력동력이 필요하고, 펌프의 효율은 82%이다. 펌프에 의해 발생하는 압력상승을 계산하라. 이 결과들을 (a) m H_2O의 단위 (b) m kerosene의 단위로 나타내라.

10.12 물 30 L/s을 송수할 수 있는 원심펌프가 다음과 같은 치수를 가지고 있다.

매개변수	입구	출구
반경, r (mm)	75	150
깃 폭, b (mm)	7.5	6.25
깃 각, β (°)	25	40

입구의 속도선도를 그려라. 들어가는 속도에 접선성분이 없을 때 설계 속도를 결정하라. 출구의 속도선도를 그려라. 출구에서 절대속도의 (수직방향에 상대적으로 측정된)각도를 결정하라. 펌프에 의하여 전달되는 이론 수두를 평가하라. 펌프에 공급해야 하는 최소동력을 계산하라.

펌프, 팬 그리고 송풍기

10.13 차단점에서 원심펌프에 의해 송출되는 이론 양정은 임펠러의 출구 반경과 각속도에 의존한다. 예비설계를 위하여 이론적인 차단 특성을 보여주고 실제 성능의 근삿값을 구할 수 있는 도표가 있으면 유용하다. 표준 모터 속도를 매개변수로 하여 차단점에서 임펠러 직경 대 이론 양정 상승의 관계를 대수 좌표계(log-log)에 도시하라. 유체는 물이고, 설계 유량에서 실제 양정은 이론적인 차단양정의 70%라고 가정하라(이것을 그림에 점선으로 나타내라). 예비설계 단계에서 이 그림이 어떻게 사용되는지 설명하라.

10.14 Peerless 수평 분할 케이스형 16A18B 펌프가 705와 880의 공칭 rpm에서 작동될 때, 성능곡선에서 운전점을 찾기 위해 부록 D의 자료를 이용하라. 임펠러 직경이 460 mm인 이 펌프에 대해 각각의 속도에서 전 양정 대 송출량을 구하고, 곡선접합 결과를 그려라.

10.15 1,750과 3,550의 공칭 rpm에서 Peerless 수평 분할 케이스형 4AE12 펌프에 대한 성능곡선으로부터 운전점을 찾기 위해서 부록 D의 자료를 이용하라. 임펠러 직경이 310 mm인 이 펌프에 대해 각각의 속도에서 전 양정 대 송출량을 구하고, 곡선접합 결과를 그려라.

10.16 다음 표는 35 cm의 임펠러로 2,000 rpm에서 작동하는 흡입펌프에서 시험하여 얻은 자료이다.

유량, Q (m^3/s × 10^3)	17	26	38	45	63
총 수두, H (m)	60	59	54	50	37
입력동력, $\mathscr{P}$ (kW)	19	22	26	30	34

효율 대 체적유량의 곡선이 포함된 펌프의 성능곡선을 그려라. 최고 효율점을 찾고, 이 점에서 펌프 정격을 명시하라.

10.17 직경 22.5 cm의 원심펌프가 20°C에서 900 rpm의 속도로 운전되어 다음과 같은 성능을 나타낸다.

유량, Q (m^3/s × 10^3)	0	5.7	11.3	17.0	22.6	28.3
총 수두, H (m)	7	6.8	6.4	5.9	5.2	3.8
입력동력, $\mathscr{P}$ (kW)	11.3	12.8	18.2	20.1	24.0	36.4

체적유량-효율 곡선이 포함된 펌프의 성능곡선을 그려라. 최고 효율점을 구하고 이 펌프의 비속도를 계산하라.

10.18 깃의 팁과 허브의 직경이 각각 1 m와 0.8 m인 축류 팬이 해면 고도의 공기에 대해 1,350 rpm에서 운전된다. 입구에서 $\alpha_1 = 55°$, $\beta_1 = 30°$이고, 출구에서 $\beta_2 = 60°$이다. 체적유량과 동력 그리고 출구 각 α_2를 구하라.

10.19 유량계수와 수두계수의 항으로 터빈의 비속도를 나타내라.

10.20 3,000 rpm에서 작동되는 원심펌프를 시험하여 얻은 자료는 다음과 같다.

매개변수	입구 ①	출구 ②
게이지압력, p (kPa)	86	
기준면 위로 높이, z (m)	2.0	10
평균유속, $\overline{V}$ (m/s)	2.0	4.6

유량은 15 m^3/h이고 펌프 축에 작용하는 토크는 6.4 N · m이다. 펌프의 효율은 75%이고, 전기모터의 효율은 85%이다. 요구되는 전기동력과 단면 ②에서의 게이지압력을 구하라.

10.21 표준중력 상태에서 질량 1 kg에 작용하는 힘으로 정의되는 1 kgf는 유럽에서 널리 사용된다. 미터 마력(*metric horsepower*; hpm)은 1 hpm ≡ 75 m · kgf/s로 정의된다. 미터 마력을 SI, 공학단위와 관련시키는 변환을 구하라. 수력터빈의 비속도(rpm, 미터 마력, 미터로 계산된)를 공학용 단위로 계산된 비속도와 관련지어라.

10.22 유량계수와 수두계수의 항으로 펌프의 비속도를 나타내라.

10.23 동일한 케이싱에 직경이 다른 3개의 임펠러로 시험한 원심펌프의 대표적인 성능곡선이 그림에 제시된다. 임펠러 직경이 300 mm일 때 최고 효율점에서 펌프로부터 발생되는 유량과 양정을 계산하라. 직경이 275 mm와 325 mm인 임펠러로 시험할 때, 이 펌프의 성능을 예측할 수 있도록 이 자료들을 축척하라. 축척과정의 정확성에 대하여 언급하라.

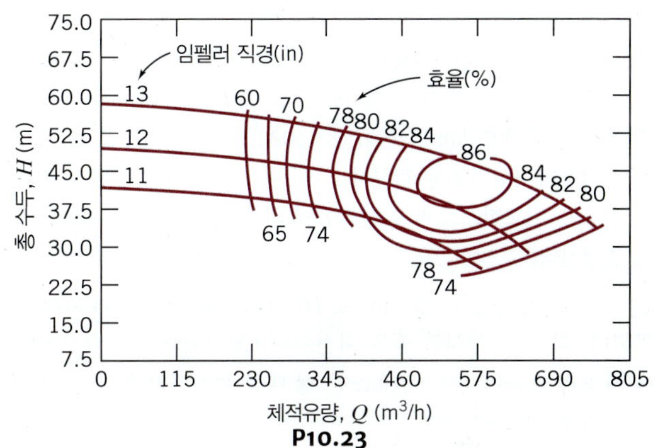

P10.23

10.24 D = 400 mm인 혼류형 펌프가 최고 효율점(η = 0.85)에서 N = 1,500 rpm으로 작동될 때 Q = 1.2 m^3/s와 H = 50 m의 물을 송출한다. 이 펌프의 비속도를 계산하라. 필요한 입력동력을 구하라. 차단점과 최고 효율점을 기준으로 한 펌프 성능곡선의 곡선접합 매개변수들을 구하라. 750 rpm에서 작동될 때 유량, 양정, 효율, 입력동력을 계산하기 위하여 성능곡선을 축척하라.

10.25 물을 다루는 원심펌프가 1,750 rpm에서 작동된다. 임펠러는 $\beta_2 = 60°$이고, b_2 = 1.25 cm인 뒤젖힘 곡선 깃 형이다. 유량이 0.025 m^3/s일 때 반경 방향의 출구속도는 V_{n_2} = 3.5 m/s이다. 1,150 rpm에서 이 펌프가 송출할 수 있는 양정을 계산하라.

10.26 부록 D는 펌프 모형 선택을 위한 면적 한계곡선과 각각의 펌프 모형의 성능곡선을 포함한다. 이 자료와 상사법칙을 이용하여 1,000, 1,200, 1,400, 1,600 rpm의 공칭 회전수로 작동되는 직경 D = 305 mm인 Peerless 10AE12형 펌프의 양정 H (m) 대 Q (m^3/l)을 예측하고 그려라.

10.27 Peerless 수평 분할 케이스형 10AE12 원심펌프에 관한 성능곡선은 부록 D에 제시된다. 예제 10.6에 기술된 절차를 이용하여 1,150 공칭 rpm으로 작동될 때, 이 펌프에 관한 성능곡선을 구하고 곡선접합하여 나타내라.

10.28 Peerless 수평 분할 케이스형 16A18B 원심펌프에 관한 성능곡선은 부록 D에 제시된다. 705와 880 공칭 rpm으로 작동될 때, 임펠러 직경 D = 460 mm인 이 펌프에 관한 성능곡선을 구하고 곡선접합하여 나타내라. 예제 10.6에 기술된 절차를 이용하여 축척된 성능곡선에 펌프 속도가 미치는 영향을 확인하라.

10.29 설계조건에서 원심펌프에 관한 카탈로그의 자료는 1,750 rpm에서 Q = 57 m^3/h와 Δp = 128 kPa이다. 실험실의 용수로(flume)는 9.8 m의 수두에서 45 m^3/h가 요구된다. 이용 가능한 모터는 1,750

rpm에서 2.2 kW의 동력을 발생한다. 이 모터는 실험실 용수로에 적합한가? 어떻게 하면 펌프와 모터의 정합을 개선시킬 수 있는가?

10.30 문제 10.13은 최고효율 상태에서 펌프 수두는 전형적으로 차단수두의 약 70%임을 제안한다. 부록 D로부터 펌프 자료를 사용하여 이 제안을 평가하라. 10.4절에서 하나의 펌프 케이싱에 직경이 다른 임펠러를 설치하여 시험할 때 적절한 축척법칙은 $Q \propto D^2$임을 더 제안한다. 펌프 자료를 이용하여 이 제안을 평가하라.

10.31 White [26]는 원심펌프의 효율을 곡선접합을 사용하여 (a와 b가 상수일 때) $\eta = aQ - bQ^3$로 모델링할 것을 제안한다. 실험자료로부터 a와 b를 계산하기 위한 절차를 기술하라. 1,760 rpm에서 작동되는 임펠러 직경 305 mm인 Peerless 10AE12형 펌프(부록 D)에 관한 자료를 이용하여 a와 b를 계산하라. 이 펌프에 대해 측정된 효율과 예측된 효율을 비교함으로써 곡선접합에 의한 효율 계산의 정확도를 그리고 설명하라.

10.32 어떤 팬이 $Q = 6.3\ m^3/s$, $H = 0.15$ m, $N = 1440$ rpm으로 작동된다. 더 작고 상사한 팬을 회전수는 1,800 rpm으로 다르지만 수두 증가량과 효율이 같은 상태로 큰 팬 대신 설치하려 한다. 작은 팬에 대한 체적유량을 계산하라.

10.33 1,500 rpm으로 작동되는 임펠러 직경이 30 cm인 펌프의 시험자료는 다음 표와 같다.

유량, Q ($m^3/s \times 10^3$)	10	20	30	40	50	60	70
요구 유효 흡입수두, $NPHR$(m)	2.2	2.4	2.6	3.1	3.6	4.1	5.1

$NPSHR$ 대 체적유량에 대한 곡선접합 방정식을 $NPSHR = a + bQ^2$ (a와 b는 상수이다)의 형태로 전개하고 나타내라. $NPSHA = 6$ m일 때 펌프의 최대 허용 유량을 결정하라.

10.34 펌프의 요구 유효 흡입수두 $NPSHR$은 체적유량의 포물선 함수와 같은 근사식으로 표현될지 모른다. 1,800 rpm에서 작동하는 어떤 특수 펌프에 관한 $NPSHR$은 $H_r = H_0 = AQ^2$으로 주어진다. 여기서 $H_0 = 3$ m H_2O, $A = 3{,}000\ m/(m^3/s)^2$이다. 펌프 흡입구 쪽에 연결되는 배관장치는 펌프의 중심선보다 수위가 6 m 위에 있는 저장탱크, 사각형 입구부, 직경이 15 cm이고 길이가 6 m인 주철관과 90° 엘보로 구성된다. 공동현상 없이 펌프를 운전할 수 있는 충분한 흡입양정에 대해 20°C에서 최대 체적유량을 계산하라.

10.35 어떤 펌프가 직경이 150 mm이고 길이가 90 m인 주철관과, 직경이 75 mm이고 길이가 30 m인 주철관에 의해 직렬로 연결된 두 탱크 사이에서 $N = 2{,}265$ rpm에서 운전되어 물을 양수한다. 두 저장탱크 사이의 수직 높이 차는 7.6 m이다. 위쪽에 있는 저장탱크로 45 m^3/h의 물을 송출하기 위한 양정, 필요한 동력 및 전기에너지의 1시간당 비용을 계산하라. 전력요금이 12¢/kW · h이고, 전기모터 효율이 85%라고 가정하라.

10.36 문제 10.34의 펌프와 유동장치에 대해 온도를 달리하여 온수에 대한 최대유량을 계산하고 물 온도에 대해 그려라(물의 온도가 변할 때 밀도 변화를 고려해야 함을 확인하라).

10.37 그랜드 캐니언 국립공원의 South Rim에 공급되는 물의 일부는 콜로라도강에서 취해진다[29]. 고도가 1,140 m인 강에서 취수하여 136 m^3/h의 유량을 고도가 2,140 m인 South Rim의 꼭대기 저장탱크로 펌핑한다. 파이프의 일부는 땅 위에 노출되어 있고, 일부는 수직선에 대하여 70°의 각도로 판 땅속에 있다. 전체 파이프의 길이는 약 4,020 m이다. 정상유동의 작동 조건에서 위치수두(static lift)에 추가하여 마찰에 따른 수두손실은 88 m H_2O가 된다. 시스템에 상업용 강관을 사용할 때 그 직경을 구하라. 펌프효율이 61%일 때 요구되는 펌핑 동력을 계산하라.

10.38 임펠러 직경 280 mm인 Peerless 수평 분할형 4AE12 펌프가 1,750 rpm에서 작동하여 직경 100 mm짜리 길이 61 m와 직경 75 mm짜리 길이 61 m의 주철 파이프를 직렬로 연결한 두 저장조 사이에서 물을 퍼올린다. 저장조 사이의 높이는 3 m이다. 장치의 양정곡선을 그리고 펌프 운전점을 결정하라.

10.39 펌프가 직렬로 연결된 2개의 주철관을 통해 한 저수탱크에서 다른 저수탱크로 물을 공급한다. 첫 번째 파이프는 직경이 230 mm이고 길이가 915 m이며, 두 번째 파이프는 직경이 150 mm이고 길이가 300 m이다. 두 파이프를 연결하는 접합부에서 17 m^3/h의 일정한 유량이 빠져나간다. 양정에 대한 유량곡선을 구하고 그려라. 시스템이 예제 10.6의 펌프로 연결되어 1,750 rpm에서 작동될 때 송수량을 구하라.

10.40 펌프의 성능자료는 다음과 같다.

H(m)	27.5	27	25	22	18	13	6.5
Q(m^3/s)	0	0.025	0.050	0.075	0.100	0.125	0.150

펌프는 높이차가 7.5 m인 두 탱크 사이에서 물을 송출하는 데 사용된다. 연결 파이프 장치는 2개의 90° 엘보와 개방된 게이트밸브 1개가 포함된 500 m의 상업용 강관이다. (a) 20 cm (b) 30 cm (c) 40 cm(공칭) 직경의 파이프를 사용할 때 유량을 구하라.

10.41 펌프에 관한 성능자료는 다음과 같다.

H(m)	55	54	50	44	36	28	13
Q(m^3/hr)	0	105	210	315	420	525	630

펌프가 2개의 개방된 저장탱크 사이를 90° 엘보 2개와 개방된 게이트밸브를 포함하여 직경이 305 mm이고 길이가 365 m인 상업용 강관을 통해 물을 송수하는 데 사용될 때, 높이 증가가 15 m라고 하고 송수량을 계산하라. 체적유량을 절반으로 감소시키는 데 필요한 게이트밸브의 손실계수를 구하라.

10.42 문제 10.41의 펌프와 배관장치를 다시 고려하라. 동일한 두 대의 펌프를 직렬로 설치할 경우, 체적유량과 게이트밸브의 손실계수를 구하라.

10.43 파이프는 노후화로 침전물이 쌓임에 따라 조도가 증가하고 파이프 직경은 감소하여 파이프의 저항이 증가한다(그림 8.14 참조). 마찰계수 계산에 적용하기 위한 대표적인 배율(multipliers)이 참고문헌 [15]에 제시된다.

파이프 노후 (years)	소형 파이프 100~250 mm	대형 파이프 300~1500 mm
New	1.00	1.00
10	2.20	1.60
20	5.00	2.00
30	7.25	2.20
40	8.75	2.40
50	9.60	2.86
60	10.0	3.70
70	10.1	4.70

다시 문제 10.41의 펌프와 배관장치를 고려하라. 펌프 특성은 일정하게 유지된다고 가정하여 (a) 20년, (b) 40년을 사용하고 난 후 일어나는 체적유량의 감소율을 구하라. 펌프 양정이 20년을 사용하고 나면 10%, 40년을 사용하고 나면 25% 감소한다고 가정하여 계산을 반복하라.

10.44 문제 10.42의 펌프와 배관장치를 다시 고려하라. 펌프 특성은 변하지 않는다고 가정하여 (a) 20년 사용 후, (b) 40년 사용 후의 체적유량의 백분율 감소량을 계산하라. 펌프의 양정이 20년 사용 후 10%와 40년 사용 후 25% 줄어든 경우에 대해서도 계산해 보라(노후화로 파이프 마찰계수가 증가되는 것에 대해서 문제 10.43의 자료를 사용하라).

10.45 콜로라도주의 Englewood 시는 고도가 1,610 m인 남부 Platte 강으로부터 시에서 사용할 물을 끌어온다[29]. 물은 고도가 1,620 m인 저장탱크로 펌핑된다. 강관의 내부 직경이 685 mm이고, 길이는 1,770 m이다. 이 시설은 초기용량(유량)이 3,200 m^3/hr이고, 극한용량은 3,900 m^3/hr로 설계된다. 시스템의 저항곡선을 계산하고 나타내라. 입구손실은 무시하기로 한다. 적절한 배관장치를 구하라. 초기용량과 극한용량에서 정상상태의 작동에 요구되는 펌핑 동력을 계산하라.

10.46 그림과 같은 배관장치에서 펌프는 웅덩이에서 물을 끌어서 직경이 100 mm이고 길이가 400 m인 새 강관을 통해 개방탱크로 송수한다. 수직의 흡입관은 길이가 2 m이고, 힌지된 디스크를 갖는 풋밸브와 90° 엘보를 포함한다. 송출관은 2개의 90° 표준 엘보, 앵글 리프트 체크밸브(angle lift check valve)와 완전 개방된 게이트밸브를 포함한다. 설계 유량은 800 L/min이다. 흡입관과 송출관에서 생기는 수두손실을 구하라. *NPSHA*를 계산하라. 이 장치에 적합한 펌프를 선택하라.

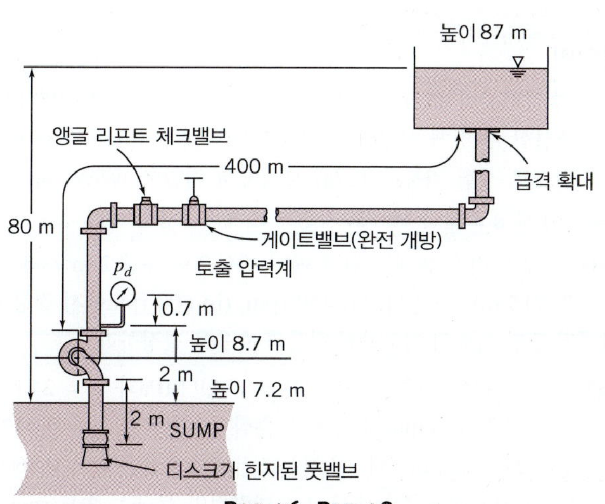

P10.46, P10.48

10.47 문제 8.128에서 언급한 유동장치를 고려하라. 이 장치에 적합한 펌프를 선정하고 *NPSHR*과 *NPSHA*를 검토하라.

10.48 문제 10.46의 유동장치 및 자료와 문제 10.43에서 주어진 파이프 노후화에 관한 자료를 고려하라. (a) 10년, (b) 20년 동안 요구되는 유량을 유지할 수 있는 펌프를 선정하라. 이 펌프들에 의한 송수량과 새로운 파이프로 교체한 동일한 펌프에 대한 송수량을 비교하라.

10.49 문제 8.129의 유동장치를 고려하라. 이 장치에 적합한 펌프를 선택하라. 펌프효율과 요구동력을 그 문제 서술에 제시된 값과 비교하여 확인하라.

10.50 문제 8.138의 배관망(pipe network)을 고려하라. 배관망을 통해 68 m^3/h의 유량을 송출하기에 적합한 펌프를 선택하라.

10.51 소방 노즐은 직경 75 mm인 범포로 된 90 m 호스(e = 0.3 mm)에 의해 물이 공급된다. 소화전으로부터 물은 345 kPa의 압력으로 펌프가 설치된 소방차의 부스터 펌프에 공급된다. 설계 작동조건에서 노즐 입구의 압력은 690 kPa이고, 호스를 지나가는 동안 압력강하는 7.5 kPa/m이다. 설계 유량과 노즐에서의 최대 출구속도를 계산하라. 이 목적에 적합한 펌프를 선정하고, 작동조건에서 펌프의 효율을 결정하라. 또한 펌프를 구동하는 데 요구되는 동력을 구하라.

10.52 높이가 다른 2개의 저장탱크를 갖는 펌핑 시스템이 그림에 제시된다. 각 저장탱크는 직경 200 mm이고 길이 300 m인 주철관으로 연결되어 있다. 시스템의 양정 대 유량에 관한 곡선을 계산하고 나타내라. 펌프 양정이 위쪽 저장탱크 높이보다 작을 때 어떤 일이 발생하는지 설명하라. 펌프 양정이 26 m일 때 송수되는 유량을 계산하라.

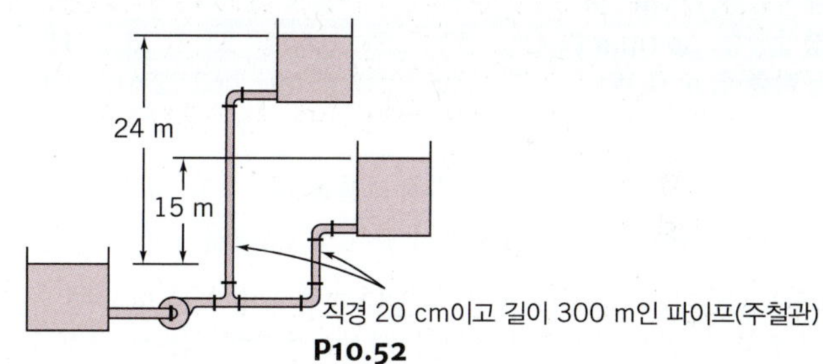

P10.52

10.53 문제 8.130의 파이프 장치를 고려하라. 필요한 총 유량을 공급하기 위하여 병렬로 연결된 펌프를 선정하라. 세 대의 펌프를 병렬로 연결하는 데 필요한 동력을 계산하라. 또한 이들 펌프 중 한 대 또는 두 대만이 작동될 때 체적유량과 필요한 동력을 계산하라.

10.54 호반 피서용 별장의 스프링클러용 물을 인접한 호수에서 끌어오려고 한다. 별장은 호수 표면보다 33 m 높은 절벽에 위치하고 있다. 펌프는 호수 표면보다 3 m 위에 있는 지면에 설치된다. 스프링클러는 300 kPa (gage) 상태의 물 40 L/min를 필요로 한다. 파이프 시스템은 직경 20 mm인 아연도금 강관이다. 입구 부분(호수와 펌프 입구 사이)은 삽입관(reentrant inlet), 1개의 표준 45° 엘보, 1개의 표준 90° 엘보, 그리고 파이프 20 m를 포함한다. 송출 부분(펌프 출구와 스프링클러 연결부)은 2개의 표준 45° 엘보와 파이프 45 m를 포함한다. 펌프의 흡입 측에서 발생하는 수두손실을 계산하라. 펌프 흡입구에서 게이지압력을 계산하라. 펌프의 수력동력을 계산하라. 만일 파이프 직경이 40 mm로 커진다면 펌프의 필요 동력은 증가하는가, 감소하는가, 또는 동

일한가? 펌프가 언덕의 중간 위치에 설치된다면 어떤 차이가 있는가?

10.55 문제 8.131의 소화용 호스와 노즐을 고려하라. 동시에 이러한 4개의 호스에 공급할 수 있는 펌프를 결정하라. 펌프에 대한 입력동력을 계산하라.

10.56 문제 8.139의 수영장 여과장치를 고려하라. 공칭 직경이 20 mm인 PVC(매끈한 플라스틱 관) 파이프를 사용한다고 가정하라. 속도와 임펠러 직경을 구하고, 적합한 펌프효율을 계산하라.

10.57 물을 호수(z = 0)로부터 호수 위 절벽에 있는 큰 저수탱크로 펌핑한다. 파이프는 직경 75 mm의 아연도금 강관이다. 입구 부분(호수와 펌프 사이)은 둥글게 가공된 흡입구, 1개의 표준 90° 엘보, 그리고 파이프 15 m를 포함한다. 송출 부분(펌프 출구와 개방된 탱크에 방수하는 사이)은 2개의 표준 90° 엘보, 1개의 게이트밸브, 그리고 파이프 46 m를 포함한다. 파이프 배출구(탱크 안으로 설치)는 z = 21 m이다. 이 장치의 시스템 곡선을 계산하고 운전점을 예측하라. 운전점에서 효율이 80%일 때 펌프의 입력동력을 계산하라. 위에 있는 탱크의 수위가 z = 27 m에 도달할 때 시스템 곡선을 스케치하라. 만일 위에 있는 탱크의 수위가 z = 23 m이고 유량을 10 m^3/h로 줄이기 위하여 밸브를 부분적으로 잠글 때, 이 작동조건에서 시스템 곡선을 스케치하라. 펌프의 효율은 첫 번째 경우와 두 번째 경우 중 어느 쪽이 더 높은가? 왜 그런가?

10.58 다음 표는 650 rpm에서 시험된 직경이 1 m인 원심 팬에 관한 성능자료이다.

체적유량, Q (m^3/s)	3	4	5	6	7	8
정압상승, Δp (mm H_2O)	53	51	45	35	23	11
동력출력, $\mathscr{P}$ (kW)	2.05	2.37	2.60	2.62	2.61	2.4

성능자료 대 체적유량을 그려라. 정적 효율을 계산하고, 곡선으로 나타내라. 최고 효율점을 찾고, 이 점에서 팬의 정격유량을 구하라.

10.59 문제 10.58을 사용하여 거리 15 m에 걸쳐 5.75 m^3/s의 유량을 송풍할 수 있는 가장 작은 크기의 정사각형 박판 덕트를 결정하라. 팬의 속도가 800 rpm으로 증가한다면 송풍량은 얼마나 증가하는가?

10.60 문제 10.58의 성능자료는 직경 1 m 팬의 휠에 관한 것이다. 또한 이 팬은 직경이 1.025, 1.125, 1.25, 1.375 m로도 제작된다. 정압상승이 25 mm H_2O일 때 14 m^3/s를 송풍할 수 있는 표준 팬을 선정하라. 요구되는 팬 속도와 입력동력을 구하라.

10.61 문제 10.58의 팬과 성능자료를 고려하라. Q = 5.75 m^3/s에게 동압은 4 mm H_2O이다. 팬의 출구 면적을 계산하라. 이 팬의 총 압력 상승과 입력동력 대 체적유량도 도시하라. 팬의 총 효율을 계산하고 도시하라. 최적 효율을 찾고, 이 점에서 팬의 정격유량을 구하라.

10.62 Howden Buffalo 축류 팬의 성능 특성이 다음 그림에 제시된다. 이 팬은 한 변의 길이가 0.3 m인 정사각형 시험부가 있는 풍동에 사용된다. 풍동은 내벽이 매끈한 입구 수축부, 2개의 스크린(각 스크린의 손실계수 K = 0.12), 시험부, 팬 입구에서 직경이 610 mm로 단면이 확대되는 디퓨저로 구성된다. 팬으로부터 나온 유동은 실내로 다시 배출된다. 압력손실 대 체적유량의 시스템 성능곡선을 계산하고 도시하라. 이 풍동의 시험부에서 최대 공기 유동속도를 계산하라.

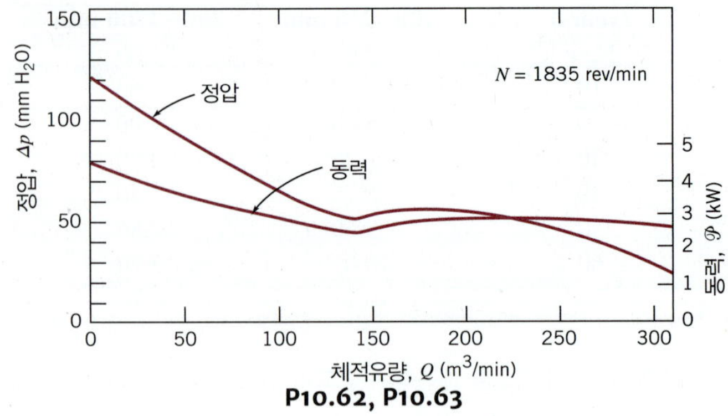

P10.62, P10.63

10.63 문제 10.62의 축류 팬과 풍동을 고려하라. 팬이 작동속도에 따라 성능이 변할 때 팬의 성능을 축척하라. 시험부의 유동속도(m/s) 대 팬 속도(rpm)를 나타내는 '보정곡선'을 계산하고 도시하라.

10.64 항공기 엔진의 연료 펌프에 대한 실험자료가 다음에 제시된다. 이 기어 펌프는 엔진의 연료 컨트롤러까지 205 kg/h의 제트연료를 1 MPa의 압력으로 공급하기 위해 필요하다. 실험은 정격 펌프 속도 4,536 rpm의 10, 96, 100%에서 수행되었다. 각각의 일정한 속도에서 펌프에 작용하는 배압이 정해지고 유량이 측정되었다. 일정한 세 속도에서 압력 대 송유량을 하나의 그래프로 나타내라. 1회전당 펌프 용적을 구하라. 각 시험점에서 체적효율을 계산하고 η_v가 일정한 곡선(등효율선)을 나타내라. 100% 속도와 최대 송출량으로 송유될 때 밸브 교축으로 인한 에너지손실을 계산하라.

펌프 속도 (rpm)	배압 MPa (게이지)	연료 유동 (kg/hr*)	속도 펌프 (rpm)	배압 MPa (게이지)	연료 유동 (kg/hr)	펌프 속도 (rpm)	배압 MPa (게이지)	연료 유동 (kg/h)
	1.4	815		1.4	780		1.4	40
4536	2.1	815	4355	2.1	790	453	1.7	33
(100%)	2.8	815	(96%)	2.8	782	(10%)	2.1	26
	3.5	805		3.5	775		2.4	20
	6.3	775		6.3	775		2.8	14

*연료의 유량은 질량유량인 kg/h 로 측정되었음.

수력터빈

10.65 수력터빈이 95 rpm의 속도와 15 m의 낙차에서 26,800 kW의 동력을 생산할 수 있게 설계된다. 실험시설은 낙차 5 m에서 35 kW의 모형 터빈으로 실험 가능하다. (a) 모형에서 적합한 속도와 축척비를 구하고, (b) 모형 효율을 86%로 가정하여 체적유량을 구하라.

10.66 수력 발전소 설계를 위한 예비 계산으로 유량 2 m^3/s에서 유효 낙차가 715 m임을 안다. (a) 450 rpm, (b) 600 rpm에서 작동되도록 설계된 펠턴 터빈의 기하학적 형상과 효율을 결정하라.

10.67 펠턴 터빈의 노즐 입구조건은 p = 4.9 MPa과 V = 24 km/h이다. 제트 직경은 190 mm이고, 노즐 손실계수는 K_{nozzle} = 0.04이다. 수차 직경은 D = 2.4 m이다. 이 작동조건에서 효율은 η = 0.86이다. (a) 출력동력, (b) 정규 작동속도, (c) 대략적인 무구속 속도(runaway speed), (d) 정규 작동속도에서 토크, (e) 속도가 0일 때 대략적인 토크를 각각 계산하라.

10.68 나이아가라 폭포에서 사용되는 반동터빈은 Francis형이다. 러너의 외부 직경은 4.5 m이다. 각 터빈은 107 rpm으로 작동되면서 유효 낙차가 65 m인 곳에서 93.8%의 효율을 가지고 54 MW의 동력을 발생한다. 이들 단위의 비속도를 계산하라. 각 터빈에서 송출되는 체적유량을 계산하라. 수압관의 길이가 400 m이고 유효 낙차는 총 낙차의 83%일 때 수압관의 크기를 구하라.

10.69 컬럼비아강의 Grand Coulee 댐에 설치된 Francis 터빈 장치 19번, 20번, 21번은 초대형이다[30]. 각 터빈의 러너는 직경이 830 mm이고, 무게는 주철로서 550 ton이다. 정격조건에서 각 터빈은 87 m의 낙차 아래서 72 rpm으로 작동되면서 610 MW의 동력을 발생한다. 효율은 정격조건에서 95%이고, 터빈은 67~108 m 사이의 낙차로 작동한다. 정격 작동조건에서 비속도를 계산하라. 각 터빈을 통과하는 최대유량을 계산하라.

10.70 캘리포니아 Redding 부근의 Shasta 댐에 설치된 반동터빈의 성능에 관해 측정자료가 그림 10.39에 제시된다. 각 터빈은 115 m의 유효낙차 아래서 138.6 rpm으로 작동될 때 77×10^3 kW의 동력을 발생한다. 비속도를 구하고, 정격 작동조건에서 각 터빈에 의해 발생되는 축 동력을 계산하라. 낙차의 함수로 정격출력을 발생하는 데 필요한 터빈 한 대당 유량을 계산하고 나타내라.

10.71 그림 10.31은 캘리포니아 Jackson 시 부근의 Tiger Creek Power House에 설치된 대형 펠턴 터빈의 효율에 관한 자료를 담는다. 이 장치는 360 m H_2O의 유효낙차 아래서 225 rpm으로 작동될 때 26.8 MW의 동력을 발생한다. 타당한 유동각과 노즐의 손실계수 및 15°C 물로 가정하라. 로터의 직경을 구하고, 제트의 직경과 물의 질량 유량을 계산하라.

10.72 유효 낙차가 9.9 m일 때 다양한 속도로 어떤 충동터빈을 시험하였다. 러너의 속도를 설정하는 데 따른 체적유량과 제동력은 표와 같다.

휠 속도 (rpm)	유량 (m^3/hr)	제동력(N) ($R = 0\ 15$ m)
0	13.15	11.70
1000	13.15	10.68
1500	13.15	9.88
1900	12.64	8.50
2200	11.93	6.45
2350	9.58	3.87
2600	7.85	1.51
2700	6.93	0.40

터빈 속도의 함수로 출력동력과 효율과의 관계를 구하고 나타내라.

10.73 수력터빈의 비속도를 식 (10.13b)의 동력에는 hp, H에는 ft를 대입하여 미국공학단위로 나타내고, SI 단위의 무차원 비속도로 바꾸기 위한 환산계수를 구하라. 400 rpm의 속도와 유효 낙차와 효율이 각각 1,190 ft와 86%이고 단일 제트 직경이 6인치인 충동터빈의 비속도와 휠 직경을 미국공학단위와 SI 단위를 이용하여 구하라.

10.74 캘리포니아주 Jackson 시 동부에 위치한 Pacific Gas & Electric 회사의 대변인에 따르면 Tiger Creek 발전소는 PG&E사가 보유하고 있는 71개 수력 발전소 중 하나이다. 이 발전소의 총 낙차는 373 m이고, 21 m^3/s의 물을 이용하며, 정격 동력은 60 MW이고, 58 MW로 작동한다. 이 발전소는 0.785 kW · hr/(m^2 · m)의 동력을 생산하고, 연중 작동하여 336.4 × 106 kW · hr를 생산할 것을 요청받는다. 이 발전소에서의 유효 낙차를 계산하고, 터빈의 비속도와 효율을 계산하라. 회사 내부자료의 공신력에 대하여 평가하라.

10.75 산 위에 있는 저수지로부터 터빈에 물을 공급하는 파이프 장치를 설계하라. 저수지 표면은 터빈이 있는 곳보다 320 m 위에 있다. 터빈효율은 83%이고, 터빈은 동력 30 kW를 생산해야 한다. 터빈에 물을 공급하기 위해 요구되는 최소 파이프 크기를 결정하고, 필요한 체적유량을 구하라. 이 설비의 성능에 미치는 터빈효율, 파이프 조도, 그리고 터빈 출구에 설치하는 디퓨저의 영향을 검토하라.

10.76 어떤 소형 수력 충동터빈은 직경 D와 길이 L의 파이프로 만들어진 수압관을 통하여 물을 공급받는다. 그리고 제트 직경은 d이다. 저장탱크의 표면과 노즐의 중심면 사이의 높이 차는 Z이다. 노즐의 손실계수는 K_{nozzle}이고, 저장탱크로부터 수압관 입구까지의 손실계수는 $K_{entrance}$이다. 만약 상업용 강관이 사용될 때 $Z = 90$ m, $L = 300$ m, $D = 150$ mm, $K_{entrance} = 0.5$, $K_{nozzle} = 0.04$ 그리고 $d = 50$ mm에 대해 제트 속도, 체적 유량, 제트의 수력동력을 결정하라. 최적의 제트 직경과 이때 제트의 수력동력을 결정하기 위해 제트 동력을 제트 지름의 함수로 나타내라. 손실계수와 파이프 조도의 영향을 검토하라.

프로펠러와 풍력기계

10.77 플로리다 Everglades에서 사용되는 공기 보트의 프로펠러는 50 kg/s의 공기를 밀어낸다. 정지상태일 때 프로펠러 뒤쪽 반류의 속도는 압력이 대기압인 위치에서 45 m/s이다. (a) 프로펠러 직경, (b) 정지상태에서 발생되는 추력, (c) 프로펠러를 지나는 질량유량이 일정하게 유지된다고 하고 공기 보트가 15 m/s의 속도로 전진할 때 발생되는 추력을 각각 계산하라.

10.78 문제 10.77에 소개된 공기 보트의 추진효율(유체에 입력된 에너지에 대한 유용한 출력에너지의 비로 정의된다)을 구하라. 만일 보트가 움직이지 않는다면 추진효율은 어떻게 되는가?

10.79 인간동력 비행기 Gossamer Condor의 프로펠러는 $D = 3.6$ m이고, $N = 107$ rpm으로 회전한다. 항공기에 대한 상세한 정보는 문제 9.127에 주어진다. 순항조건에서 이 프로펠러의 무차원 성능 특성과 효율을 계산하라. 조종사는 순항비행 때 최대동력의 70%를 사용한다고 가정하라(인간동력 비행에 대한 더 많은 정보는 참고문헌 [31]을 참조하라).

10.80 추진장치의 추력, 동력, 효율에 관한 방정식은 10.6절에서 유도되었다. 이들 방정식들이 일정한 추력조건에 대해 다음과 같이 결합되는 것을 증명하라.

$$\eta = \frac{2}{1 + \left(1 + \dfrac{F_T}{\frac{\rho V^2}{2}\frac{\pi D^2}{4}}\right)^{1/2}}$$

이 결과식을 물리적으로 설명하라.

10.81 NASA(미국 항공우주국)와 DOE(미국 에너지부)는 오하이오주 Sandusky 부근 Plum Brook에 있는 전시용 대형 풍력터빈 발전기에 대한 공동 재정 지원자이다[23]. 이 터빈은 D = 19 m인 2개의 깃을 가지고 있고, 풍속이 V = 29 km/h 이상일 때 최대동력을 발생한다. 파워트레인(동력발생과 전달장치)은 75%의 효율로 100 kW를 생산하도록 설계된다. 로터는 시스템 부하의 조절과 깃 각의 조정에 의하여 2.6 m/s의 바람에서 45 rpm의 일정속도로 작동되도록 설계된다. 최대동력조건에 대해서 로터의 팁 속도와 동력계수를 구하라.

10.82 대표적인 미국식 농업용 다익 풍차는 D = 2.1 m로, V = 24 km/h의 풍속에서 최대동력을 발생하도록 설계된다. 이 풍차에 대하여 물이 퍼올려지는 높이의 함수로 물의 송출량을 계산하라.

10.83 NACA 23015 에어포일 단면에 관한 양력과 항력 자료가 그림 9.17에 제시된다. NACA 23015 깃 단면을 갖는 2개의 깃으로 이루어진 수평축 프로펠러 풍차를 고려하라. 회전하는 풍력터빈의 깃 요소에 상대적인 공기유동을 해석하라. 깃 요소에 관한 수치 모델을 구하라. 팁 속도의 함수로 깃 요소에 의해 유도된 동력계수를 계산하라. 그림 10.50에 있는 2개 깃의 고속 터빈 로터에 관하여 출력동력의 일반적인 경향과 이 결과를 비교하라.

압축성유동 유체기계

10.84 압축기의 입구에서 101.3 kPa의 압력과 21°C의 온도가 되도록 설계되었다. 요구 동력을 절약하기 위해 입구압력이 떨어지도록 입구 덕트 안에 교축장치를 부착하여 시험된다. 3,200 rpm의 정규 설계속도에 대한 성능곡선이 외기 온도가 14.4°C인 낮 동안에 구해지고 있다. 압축기가 작동되는 속도는 얼마인가? 질량유량이 57 kg/s인 성능곡선 위에서 입구압력은 55.16 kPa이다. 시험하는 동안 실제 질량유량을 계산하라.

10.85 새 제트 엔진용 터빈이 1,100 kPa의 압력과 925°C의 입구조건과 550 kPa의 압력과 730℃의 출구조건일 때, 500 rpm의 속도에서 250 kg/s의 질량유량을 엔진으로 흡입할 수 있도록 설계되었다. 효율이 같은 경우 입구조건이 965 kPa과 870°C로 변환될 때 새로운 작동속도, 질량유량과 출구조건을 구하라.

CHAPTER **11**

개수로 유동

Flow in Open Channels

사례연구

공학이나 자연계에서의 액체의 흐름은 자유표면을 형성한다. 물을 수송하는 인공적인 수로의 예제를 사진에 나타내었다. 이것은 중앙 Arizona 프로젝트(Central Arizona Project; CAP)의 일부인 길이 190마일의 Hayden-Rhodes 송수로이다. CAP는 Colorado 강의 물줄기를 중부 및 남부 Arizona 주로 이끄는 541 km 길이의 우회 송수로이다. CAP는 Arizona주 서쪽 경계에 위치한 Havasu 호수로부터 시작하여 Phoenix 지역을 지나 Tucson 남서부 San Xavier 인디언 보호구역에서 끝난다. 연간 18.5억 입방미터의 Colorado 강물을 수송하도록 설계되었는데, Arizona주 최대의 단일 재생 수원지이다.

CAP의 설계에는 이 장에서 학습할 많은 공학적 원리가 연관되어 있다. 물의 유량이 대단히 크기 때문에 이 송수로는 원하는 유량에 대하여 단면적이 가장 작아지는 사다리꼴 단면의 개수로로 설계되었다. 유동은 중력에 의하여 일어나기 때문에 정해진 기울기를 가지도록 송수로의 지면을 깎았다. 시점인 Havasu 호수의 고도는 종점보다 914.4 m 아래이므로 송수로의 최종 설계에는 15개소의 펌프장, 8개소의 사이펀(siphon) 및 3개소의 터널이 포함되었다.

Robert Shantz/Alamy Stock Photo

송수로, 중앙 Arizona 프로젝트

학습 목표

이 장의 학습을 마치면 다음을 할 수 있어야 한다.

- Froude 수가 개수로 유동에 미치는 영향을 서술한다.
- 유동의 성질과 비에너지 사이의 관계를 결정한다.
- 단면 변화의 영향을 결정한다.
- 수력도약이 일어나기 위한 유동의 성질을 결정한다.
- Manning 방정식을 이용하여 개수로 유동의 유량을 결정한다.
- 수로 깊이 변화로 인한 유동 특성을 결정한다.
- 위어를 이용한 개수로 유동의 유량을 결정한다.

자유표면 유동은 8장에서 살펴본 폐수로 안에서의 유동과 여러 중요한 측면에서 다르기 때문에 이 장에서 별개로 다룬다. 자유표면이 대기에 노출되는 친숙한 예들은 강, 송수로, 관개 수로, 지붕 혹은 도로의 홈통, 배수 도랑 안에서 일어나는 유동이다. 인공적인 송수로는 운하(canal), 용수로(flume), 암거(culvert)와 같은 다양한 형태를 포함한다. 운하는 보통 지면 아래로 굴착되는데, 포장되거나 포장되지 않는다. 운하는 보통 길고 경사가 완만한데, 관개 용수 혹은 빗물을 운반하거나 선박 운항용으로 사용된다. 용수로는 지면 위에 건설되며, 움푹 파인 지형 사이로 물을 수송하는 데 사용된다. 암거는 보통 일부만 물이 채워지게 설계된 지붕이 덮인 수로로서, 고속도로 및 철도 제방 아래에 배수 목적으로 설치된다.

그림 11.1은 개수로 유동의 한 예를 보여주고 있다. 보통 송수로라 불리는 수로는 호수와 같은 수원지로부터 물을 지표면을 가로질러 물을 필요로 하는 지점, 예를 들면 농작물의 관개나 도시의 용수 공급지까지 운반한다. 사진에서 보는 것처럼, 수로는 비교적 넓고 측면이 기울어져 있으며 완만한 경사를 가져서 물

그림 11.1 개수로 유동의 전형적인 사례; California 중앙 협곡 소재 개수로 및 뒤편의 공급수관.

이 아래로 흐르게 한다. 물은 수로 뒤쪽의 주름진 대형 파이프를 통하여 높은 곳으로부터 흘러온다; 언덕 쪽은 개수로를 만들기에는 경사가 심하기 때문에 파이프가 설치되었다. 송수로의 입구 쪽 구조물에는 아마도 흐르는 물로부터 에너지를 얻기 위한 저수두용 터빈이 설치되어 있을 것이다.

이 장에서는 개수로 유동의 몇 가지 기본개념을 소개한다. 개수로 유동의 주제는 여러 전문 교재 [1~8]에서 훨씬 상세히 다루고 있다. 이 장에서는 4장의 검사체적 개념을 사용하여 자연 및 인공 수로 유동의 거동을 서술하고 구분하기 위한 몇 가지 기본이론을 전개한다. 다음과 같은 사항을 고려할 것이다.

- **면적 변화의 국부적 영향이 지배적이고 마찰력을 무시할 수 있는 유동**: 예를 들어 돌출부 혹은 움푹 파인 곳을 지나는 유동으로 거리가 짧아서 마찰을 무시할 수 있는 경우이다.
- **수심이 급격히 변하는 유동**: 빠르고 수심이 얕은 유동에서 느리고 수심이 깊은 유동으로 아주 짧은 거리 동안에 변화하는 수력도략에서 일어난다.
- **정규수심(*normal depth*)의 유동**: 단면을 가로지르는 유동이 흐름 방향으로 변하지 않는 경우이다. 이는 완전 발달된 파이프 유동과 유사하다.
- **점진 변화 유동**: 수로 바닥 경사가 변화하는 유동이다. 이 유동을 해석하는 주된 목적은 depth of the water를 예측하기 위한 것이다.
- **개수로 유동에서 사용되는 유동 측정 기법**: 위어(weir)는 개수로 유동 측정을 위해 보편적으로 사용된다. 위어는 수로에 수직으로 설치되는 기구로서 유동이 임계 깊이가 되도록 만들고 수심 측정값으로부터 유량을 계산할 수 있게 한다.

자유표면을 가진 유동에서 표면파는 매우 흔하게 관찰되는데, 가장 단순한 예는 물에 조약돌 같은 물체를 던지는 경우이다. 표면파의 전파속도는 많은 측면에서 압축성 유체 내 음파의 전달(12장에서 논의한다)과 유사하다. 그러한 표면파의 속도에 영향을 주는 인자들을 결정할 것이다. 표면파의 속도가 개수로 유동이 하류에서 변화하는 조건에 점진적으로 조정되는지 혹은 수력도약이 일어나는지를 결정하는 중요한 인자임을 살펴볼 것이다.

11.1 기본개념과 정의

개수로에서 일어날 수 있는 다른 유형의 유동을 해석하기 전에 공통적인 개념을 논의하고 몇 가지 단순화한 가정을 언급하기로 한다. 8장의 파이프 및 덕트 유동과 개수로 유동과는 몇 가지 중요한 차이점이 있기 때문에 이를 나타낸다. 개수로 유동이 파이프나 덕트 유동과 대비되는 차이는 유동이 **중력**에 의하여 발생된다는 점이다. 개수로 유동에서의 중력은 수로의 고체 경계면에서의 마찰력으로 상쇄된다.

단순화 가정

개수로에서 유동, 특히 강과 같은 자연유동은 종종 매우 복잡하고 3차원적이며 비정상적이다. 그러나 대부분의 경우에 있어서 그러한 유동을 다음과 같이 단순화하여 유용한 결과를 얻을 수 있다.

- 1차원적
- 정상(*steady*)

세 번째 단순화 가정은 다음과 같다.

- 개수로 유동 각 단면에서 유속은 **균일유동**(등류)으로 근사화된다.

개수로 내에서의 유속분포는 실제로는 균일하지 않지만, 이 가정이 옳은 것으로 간주할 것이다. 그림 11.2는 몇 가지 개수로 형태에서 유속이 최대가 되는 구역을 보이고 있다. 최소속도는 벽면을 따라 0이 되는데 이는 점성에 기인한 것이다. 측정결과에 따르면 최대속도는 자유표면 밑에서 일어난다. 공기 저항에 의한

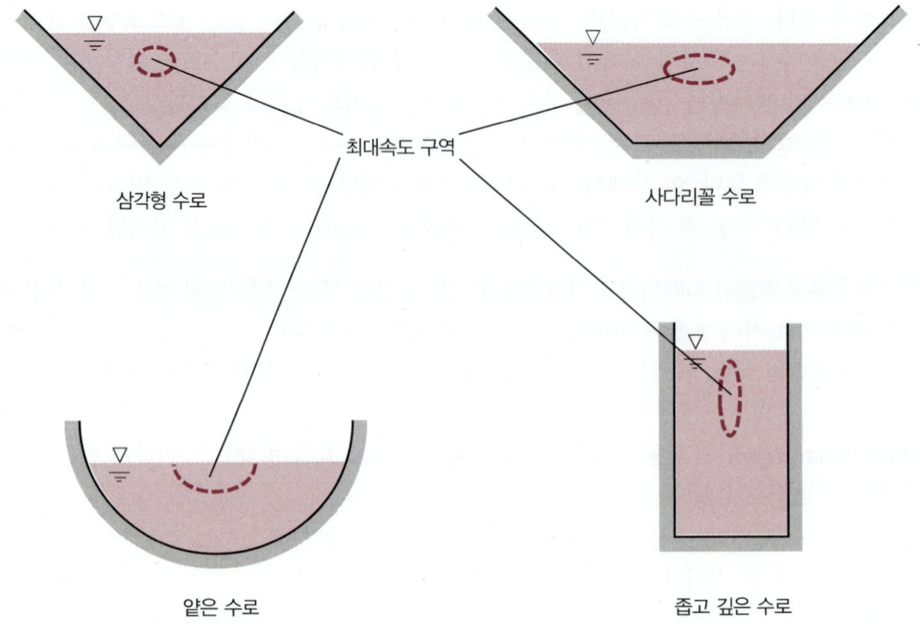

그림 11.2 몇 가지 전형적인 개수로 단면 형상에서의 최대속도 구역(출처: [1]).

자유표면에서의 전단응력은 무시할 수 있으므로, 최대속도가 자유표면에 일어날 거라 예상할 수도 있다. 하지만 2차적인 유동이 생겨나 최대속도가 자유표면 아래에 위치한다. 수로가 구부러지거나 교각과 같은 장애물이 있는 곳에서도 2차 유동이 일어난다. 이 같은 장애물은 소용돌이를 만들어 자연 상태 수로의 바닥면이 깎여나갈 수 있다.

대부분의 개수로 유동은 물리적인 규모가 크기 때문에 일반적으로 Reynolds 수가 매우 크다. 따라서 층류인 경우가 거의 없기 때문에 이 장에서는 개수로 유동을 항상 난류 유동으로 가정한다. 이전 장에서 보았던 것처럼, 난류는 속도구배를 평탄하게 하는 경향이 있다. 그러므로 그림 11.2에 보인 속도분포가 비록 균일하지는 않지만, 그림 11.3a와 같이 각 단면에서 속도가 균일하다고 가정할 수 있다.

네 번째 단순화 가정은 다음과 같다.

- 압력분포는 **정수압**과 같이 근사화된다.

이는 그림 11.3b에 설명되는데, 8장의 파이프 및 덕트 유동의 해석과는 중요한 차이점이 있다. 파이프 및 덕트 유동에서 압력은 흐름 방향 각 위치에서 균일하고 흐름 방향으로 변한다는 것이 알려졌다. 개수로 유동에서 자유표면은 대기압(게이지 0) 상태이므로 자유표면에서 압력은 흐름 방향으로 변하지 않는다. 주된 압력 변화는 각 단면상에서 일어나는데, 흔히 나타나는 유선의 곡률효과가 무시될 수 있는 경우에 정확히 들어맞는다.

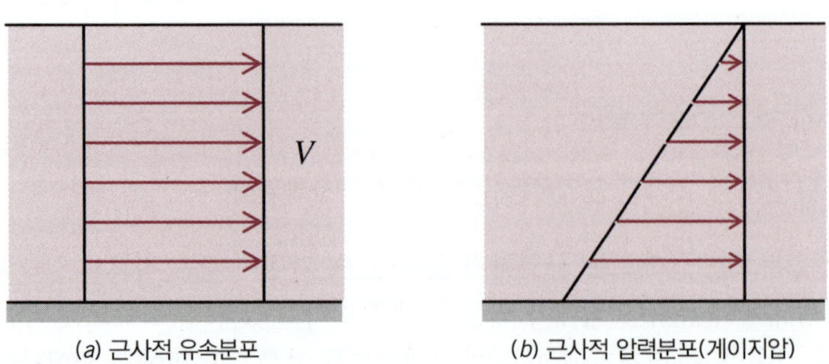

그림 11.3 유속 및 압력분포에 대한 근사화.

마찰효과와 평균유속을 연관시키기 위하여 경험적 상관식에 의존한다. 이 경험적 상관식은 에너지 방정식(11.2절)에서 수두손실 항으로 포함된다. 많은 실제 경우에서 침전물의 혹은 유동 속의 입자상 물질이 존재한다든가 물에 의하여 흙으로 된 수로 혹은 구조물이 침식되는 등 추가적인 복잡한 현상이 일어난다.

수로 형상

수로는 다양한 단면 형상으로 건설될지 모른다. 많은 경우에 규칙적인 기하학적 형상이 사용된다. 일정한 기울기와 단면 형상을 갖는 수로를 **각기둥형**(*prismatic*)이라고 한다. 포장된 운하는 흔히 직사각형 혹은 사다리꼴로 건설되고, 더 작은 홈통이나 배수로는 때때로 삼각형이다. 암거와 터널은 일반적으로 원형 혹은 타원형 단면이다. 자연적인 수로는 매우 불규칙적이고 각기둥형이 아니지만, 흔히 사다리꼴 혹은 포물면 단면으로 근사된다. 보편적인 개수로 형상의 기하학적 성질을 표 11.1에 요약하였다.

수심 y는 수로 바닥면에서부터 자유표면까지 수직 거리이다. **유동면적** A는 유동 방향에 수직인 단면의 면적이다. **접수 주변** P는 액체와 접하는 고체 수로 단면의 길이이다. **수력 반경** R_h는 다음과 같이 정의된다.

$$R_h = \frac{A}{P} \tag{11.1}$$

원형이 아닌 단면의 폐관로(8.7절)에서 수력직경은 다음과 같이 정의된다.

$$D_h = \frac{4A}{P} \tag{8.50}$$

수력직경이 내부유동에서 사용되지만, 식 11.1에 정의된 수력 반경은 보통 개수로 유동에 사용된다. 이것을 사용하는 하나의 이유는 표 11.1에서 보는 것처럼 넓은 수로의 수력 반경이 실제 깊이와 같아지기 때문이다.

직사각형이 아닌 수로에 대해 **수리수심**(*hydraulic depth*)은 다음과 같이 정의된다.

$$y_h = \frac{A}{b_s} \tag{11.2}$$

여기서 b_s는 자유표면의 폭이다. 그러므로 수리수심은 임의의 단면에서 수로의 **평균수심**을 나타내며, **등가 직사각 단면 수로의 깊이**가 된다.

표면파의 속도 및 Froude 수

이 장의 뒷부분에서는 개수로 유동의 하류에 변화(예를 들면, 바닥면의 돌출부나 수로 폭의 감소, 경사의 변화)가 있을 때 유동이 '저속'이냐 '고속'이냐에 따라 그 거동이 크게 달라짐을 배울 것이다. 저속유동은 하류의 변화에 점진적으로 적응될 시간이 있는 반면, 고속유동의 적응은 때때로 점진적으로 일어나지만 어떤 경우에는 '매우 격렬하게'(수력도약으로 부름) 일어난다. 표면파가 표면을 따라 이동하는 속도가 저속과 고속 개념을 더욱 정확히 정의하는 열쇠이다.

표면파의 속도 또는 **파속**을 결정하기 위하여 끝 벽이 움직이고 초기에는 정지한 물을 담고 있는 개수로를 생각한다. 그림 11.4a에 보인 것처럼 끝 벽이 갑자기 움직이면 파가 형성되어 수로 하류로 어떤 속력 c로 이동한다.

파속도 c로 이동하는 좌표계로 옮기면 그림 11.4b에 나타낸 것처럼 정지상태의 검사체적을 얻게 된다. c에 대한 표현을 구하기 위하여 이 검사체적에 연속방정식과 운동량 방정식을 적용한다. 또한 다음과 같은 가정을 적용한다.

표 11.1

보편적인 개수로 형상의 기하학적 성질

형상	단면	유동면적, A	접수 주변, P	수력 반경, R_h
사다리꼴		$y(b + y\cot\alpha)$	$b + \dfrac{2y}{\sin\alpha}$	$\dfrac{y(b + y\cot\alpha)}{b + \dfrac{2y}{\sin\alpha}}$
삼각형		$y^2\cot\alpha$	$\dfrac{2y}{\sin\alpha}$	$\dfrac{y\cos\alpha}{2}$
직사각형		by	$b + 2y$	$\dfrac{by}{b + 2y}$
광폭 단면		by	b	y
원형		$(\alpha - \sin\alpha)\dfrac{D^2}{8}$	$\dfrac{\alpha D}{2}$	$\dfrac{D}{4}\left(1 - \dfrac{\sin\alpha}{\alpha}\right)$

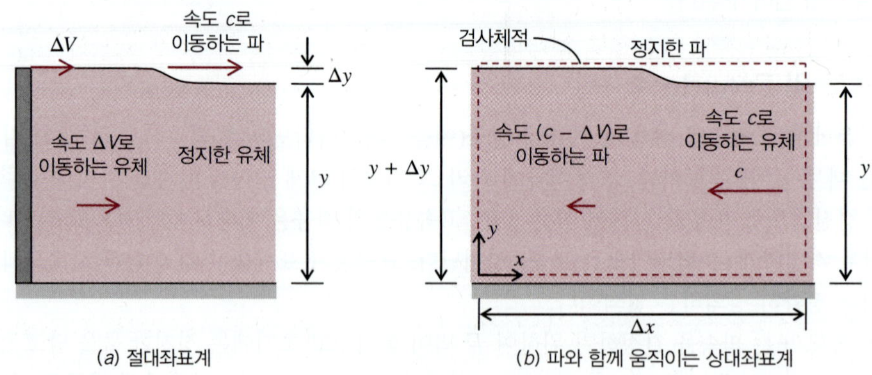

그림 11.4 표면파의 운동.

1 정상유동

2 비압축성유동

3 각 단면에서 균일한 속도분포

4 각 단면에서 정수압 분포
5 마찰이 없는 유동

가정 **1**은 파동과 함께 이동 중인 검사체적에 대하여 유효하다. 가정 **2**는 액체유동에 대하여 명백히 성립한다. 가정 **3**과 **4**는 보통 모든 개수로 유동에 대하여 사용된다. 가정 **5**는 이번 경우에 유효한데, 마찰력이 작용하는 면적 $b\Delta x$가 비교적 작기 때문에 전체 마찰력은 무시할 만하다.

각 단면에서 **균일한 속도**를 갖는 **비압축성**유동에 대한 연속방정식을 4장에서 가져다 사용할 수 있다.

$$\sum_{\text{CS}} \vec{V} \cdot \vec{A} = 0 \tag{4.13b}$$

식 (4.13b)를 검사체적에 적용하면 다음을 얻는다.

$$(c - \Delta V)\{(y + \Delta y)b\} - cyb = 0 \tag{11.3}$$

또는

$$cy - \Delta V y + c\Delta y - \Delta V \Delta y - cy = 0$$

ΔV에 대하여 풀면,

$$\Delta V = c\frac{\Delta y}{y + \Delta y} \tag{11.4}$$

운동량 방정식에 대하여 또 다시 각 단면에서 속도가 균일하다는 가정에 의하여 다음과 같은 형태의 x성분 운동량 방정식을 사용한다.

$$F_x = F_{S_x} + F_{B_x} = \frac{\partial}{\partial t}\int_{\text{CV}} u\rho \, d\forall + \sum_{\text{CS}} u\rho \vec{V} \cdot d\vec{A} \tag{4.18d}$$

비정상 항 $\partial/\partial t$는 **정상상태**이므로 사라지며, **수평 방향 유동**에 대해 체적력 F_{B_x}는 0이다. 그러므로 다음을 얻는다.

$$F_{S_x} = \sum_{\text{CS}} u\rho \vec{V} \cdot \vec{A} \tag{11.5}$$

표면력은 양쪽 끝면에 작용하는 압력힘이다. 가정 **5**에 의하여 마찰력을 무시한다. 양쪽 끝면에서 게이지압은 그림 11.4b에 나타냈듯이 정수압이다. 물에 잠긴 면적이 A인 수직 평면에 작용하는 정수력 F_R은 다음과 같이 단순한 결과로 주어진다.

$$F_R = p_c A \tag{3.10b}$$

여기서 p_c는 수직 평면의 도심에서 압력이다. 그러면 검사체적의 두 수직 평면에 대해서 다음을 얻는다.

$$\begin{aligned} F_{S_x} &= F_{R_{\text{left}}} - F_{R_{\text{right}}} = (p_c A)_{\text{left}} - (p_c A)_{\text{right}} \\ &= \left\{\left(\rho g \frac{y + \Delta y}{2}\right)(y + \Delta y)b\right\} - \left\{\left(\rho g \frac{y}{2}\right)yb\right\} \\ &= \frac{\rho g b}{2}(y + \Delta y)^2 - \frac{\rho g b}{2}y^2 \end{aligned}$$

이 결과를 식 (11.5)에 써서 우변에 있는 항을 계산하면

$$\begin{aligned} F_{S_x} &= \frac{\rho g b}{2}(y + \Delta y)^2 - \frac{\rho g b}{2}y^2 = \sum_{\text{CS}} u\rho \vec{V} \cdot \vec{A} \\ &= -(c - \Delta V)\rho\{(c - \Delta V)(y + \Delta y)b\} - c\rho\{-cyb\} \end{aligned}$$

중괄호 안에 있는 두 항은 식 (11.3)의 연속방정식으로부터 같아지므로 운동량 방정식은 다음과 같이 단순화된다.

$$gy\Delta y + \frac{g(\Delta y)^2}{2} = yc\Delta V$$

또는

$$g\left(1 + \frac{\Delta y}{2y}\right)\Delta y = c\Delta V$$

이것을 식 (11.4)와 결합하면 다음을 얻는다.

$$g\left(1 + \frac{\Delta y}{2y}\right)\Delta y = c^2 \frac{\Delta y}{y + \Delta y}$$

그리고 c에 대하여 풀면

$$c^2 = gy\left(1 + \frac{\Delta y}{2y}\right)\left(1 + \frac{\Delta y}{y}\right)$$

진폭이 상대적으로 작은 파($\Delta y \ll y$)에 대하여 위 식을 단순화하면 다음과 같이 된다.

$$c = \sqrt{gy} \tag{11.6}$$

따라서 표면교란의 속도는 그 위치에서 유체 수심에 의존한다. 예를 들어 파도가 해변에 다가오면서 '부서지는' 이유를 설명할 수 있다. 먼 바다에서는 파도 꼭대기(파정)와 바닥(파저)에서 수심이 대체로 같아서 파도의 속도도 같다. 해변에 다가오면서 수심이 얕아지면, 파정에서 수심이 파저에서 수심보다 현저히 커지기 때문에 파정의 속도가 빨라져 파저를 추월하게 된다.

파의 전파속도에 유체 성질이 포함되어 있지 않음에 주목하라. 점성계수는 보통 중요하지 않은 인자이고, 여기서 서술된 파는 중력과 관성력의 상호작용에 의한 것으로 나타나는데, 두 힘은 모두 밀도에 선형적으로 비례한다. 식 (11.6)은 1차원 운동(x방향)을 기반으로 도출되었다. 2차원 유체운동(x 및 y방향)을 허용하는 보다 실제적인 모형은 식 (11.6)이 파장이 긴 극단적인 경우에 적용됨을 나타낸다. 또한 표면장력에 의한 표면장력파처럼 식 (11.6)이 적용되지 않는 다른 유형의 표면파도 존재한다. 예제 11.1은 수심에만 의존하는 표면파의 속력 계산을 설명한다.

예제 11.1 표면파의 속도

당신은 연못에 떠 있는 노 젓는 배에서 쉬면서 여름날의 오후를 즐기고 있다. 노를 첨벙거려 생기는 파가 연못 가장자리에 도달하는 시간을 재서 수심을 알아내고자 한다(이것은 가장자리까지 수심이 거의 동일한 인공연못이다). 당신이 있는 부표로부터 연못 가장자리까지 6 m 떨어져 있음을 알고 있다. 파가 가장자리까지 도달하는 시간을 재보니 1.5초였다. 연못의 수심을 추정하라. 연못의 물이 담수 혹은 해수라면, 결과에 영향을 미치는가?

주어진 자료: 파가 연못 가장자리에 도달하는 시간

찾는 자료: 연못의 수심

풀이: 파속도 방정식, 식 (11.6)

지배방정식: $c = \sqrt{gy}$

전파속도 c인 파가 거리 L을 이동하는 데 소요되는 시간은 $\Delta t = \frac{L}{c}$이므로 $c = \frac{L}{\triangle \mathrm{t}}$이다. 이것과 식 (11.6)을 사용하면

$$\sqrt{gy} = \frac{L}{\triangle \mathrm{t}}$$

여기서 y는 수심이며

$$y = \frac{L^2}{g\Delta t^2}$$

주어진 데이터를 사용하면

$$y = 6^2 \mathrm{m}^2 \times \frac{1}{9.81}\,\frac{\mathrm{s}^2}{\mathrm{m}} \times \frac{1}{1.5^2 \mathrm{s}^2} = 1.63\ \mathrm{m} \longleftarrow y$$

연못의 깊이는 대략 1.63 m이다.

표면파의 속도는 유체의 성질에 무관하므로 이 결과는 담수인가, 해수인가에 관계없이 동일하다.

식 (11.6)에 주어진 표면교란의 속도는 유속을 구분함에 있어 '저속' 및 '고속'보다 더 유용한 '판단기준'을 제공한다. 이를 설명하기 위하여 속도 V로 이동하는 유동을 고려하는데, 유동이 하류의 어떤 지점에서 수로 바닥의 돌출부나 장벽과 같은 교란을 경험한다는 것을 고려하라. 교란은 **유체에 상대적으로** 속도 c로 상류 방향으로 전파될 것이다. 만약 유속이 느려서 $V < c$라면 교란은 절대속도 $c - V$로 상류로 이동한다. 그러나 유속이 빨라서 $V > c$가 되면 교란은 상류 방향으로 이동하지 못하고 절대속도 $V - c$로 유동에 씻겨 내려간다. 이는 하류의 교란에 대한 저속유동과 고속유동의 근본적인 반응의 차이로 이어진다. 따라서 파속도 c에 대한 식 (11.6)을 상기하면, 개수로 유동은 7장에서 소개된 Froude 수를 기반으로 구분될 수 있다.

$$Fr = \frac{V}{\sqrt{gy}} \tag{11.7}$$

'저속' 및 '고속'이라는 다소 느슨한 용어 대신에 다음과 같은 기준을 설정한다.

$Fr < 1$ **아임계유동**(*subcritical flow*) 혹은 **정류**(*tranquil flow*)라 불린다. 교란이 상류 방향으로 전파되어 하류 조건이 상류에 영향을 미친다. 유동은 교란에 점진적으로 조절되어 나간다.

$Fr = 1$ **임계유동**(*critical flow*)이다.

$Fr > 1$ **초임계유동**(*supercritical flow*) 혹은 **부정류**(*rapid flow*)이다. 교란은 상류 방향으로 전파되지 못한다. 하류 조건은 상류에서는 감지되지 못한다. 유동이 교란을 만나기 전 조절될 기회가 없기 때문에 교란에 '급격하고 격렬하게' 반응한다.

직사각형 단면 수로인 경우 다음과 같이 수리수심 y_h를 사용하여 Froude 수를 정의함에 주목하라.

$$Fr = \frac{V}{\sqrt{gy_h}} \tag{11.8}$$

이들 유동의 거동의 체제들은 12장에서 논의할 기체유동의 아음속, 음속, 초음속 체제들과 정성적으로 유사하다. Froude 수에 따른 유동 체제의 영향은 이 장의 뒤에서 논의하기로 한다.

11.2 개수로 유동에 대한 에너지 방정식

개수로 유동을 해석함에 있어 연속방정식, 운동량 및 에너지 방정식이 사용된다. 파이프 유동의 경우와 같이 개수로 유동에서 마찰은 기계적 에너지의 손실을 가져오는데, 이는 수두손실로 특징지을 수 있다. 8.6절에서 유도한 파이프 유동에 대한 에너지 방정식은 다음과 같다.

$$\left(\frac{p_1}{\rho g}+\alpha_1\frac{\overline{V}_2^2}{2g}+z_1\right)-\left(\frac{p_2}{\rho g}+\alpha_2\frac{\overline{V}_2^2}{2g}+z_2\right)=\frac{h_{l_T}}{g}=H_{l_T} \tag{8.30}$$

식 (8.30)은 각각의 유동 단면에 걸쳐 압력이 일정하다는 가정을 사용하여 유도되었다. 개수로 유동에서는 수심에 따라 압력이 변화한다.

적절한 에너지 방정식을 유도하기 위해서 그림 11.5에 보인 일반적인 검사체적을 사용하는데, 다음과 같은 가정이 전제된다.

1 정상유동
2 비압축성유동
3 각 단면에서 균일한 유속분포
4 완만한 수심 변화로 인한 정수압 압력분포
5 작은 바닥면 기울기
6 $\dot{W}_s=\dot{W}_{\text{shear}}=\dot{W}_{\text{other}}=0$

가정 **5**는 수심 y와 유속 V가 바닥면과 수직 및 평행이 아니라 각각 수직 및 수평 방향으로 잡기 때문에 해석이 단순해진다. 가정 **6**은 축 일, 경계면에서 유동 전단력에 의한 일이 없음을 의미한다. 하지만 마찰에 의한 기계적 에너지의 소산은 여전히 존재할 수 있다.

일반적인 검사체적을 선택했으므로 개수로 유동에 대한 일반적인 에너지 방정식을 유도할 수 있다. 다시 말해 단면 ①과 ② 사이에서 유동 높이의 변화, 수력도약, 수문 등과 같은 변화를 겪는 다양한 유동에 적용 가능한 방정식이다. 좌표 z는 수직 방향으로 측정된 거리를 나타내며, 수로 바닥으로부터 잰 거리는 y로 표기한다. y_1과 y_2는 각각 단면 ①과 ②에서의 수심이고, z_1과 z_2는 해당되는 위치에서 수로 높이이다.

검사체적에 대한 에너지 방정식은 다음과 같다.

$$\dot{Q}-\underbrace{\dot{W}_s}_{=0(6)}-\underbrace{\dot{W}_{\text{shear}}}_{=0(6)}-\underbrace{\dot{W}_{\text{other}}}_{=0(6)}=\underbrace{\frac{\partial}{\partial t}\int_{\text{CV}} e\rho\, d\mathcal{V}}_{=0(1)}+\int_{\text{CS}}(e+pv)\rho\vec{V}\cdot d\vec{A} \tag{4.56}$$

$$e=u+\frac{V^2}{2}+gz$$

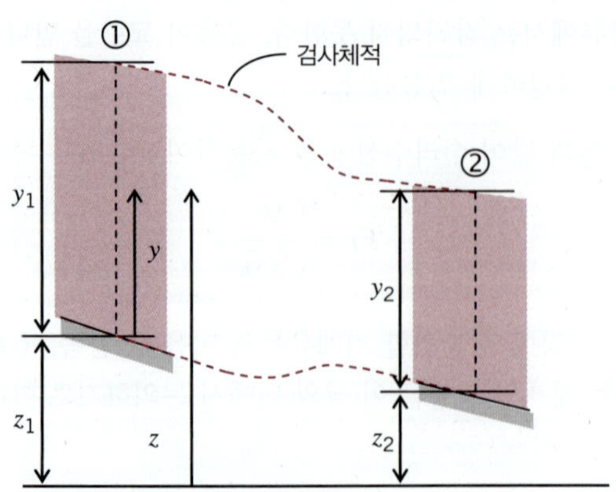

그림 11.5 개수로 유동의 에너지 해석을 위한 검사체적 및 좌표계.

u는 비열에너지(thermal specific energy)이고, $v = 1/\rho$는 비체적임을 상기하라. 가정 **1**과 **6**을 사용한 다음 $\dot{m} = \int \rho \vec{V} \cdot d\vec{A}$과 $dA = bdy$를 사용하여[$b(y)$는 수로 폭] 재배열하면 다음과 같은 식을 얻는다.

$$\dot{Q} = -\int_1 \left(\frac{p}{\rho} + \frac{V^2}{2} + gz\right)\rho Vbdy - \int_1 u\rho Vbdy + \int_2 \left(\frac{p}{\rho} + \frac{V^2}{2} + gz\right)\rho Vbdy + \int_2 u\rho Vbdy$$
$$= \int_1 \left(\frac{p}{\rho} + \frac{V^2}{2} + gz\right)\rho Vbdy + \int_2 \left(\frac{p}{\rho} + \frac{V^2}{2} + gz\right)\rho Vbdy + \dot{m}(u_2 - u_1)$$

혹은

$$\int_1 \left(\frac{p}{\rho} + \frac{V^2}{2} + gz\right)\rho Vbdy - \int_2 \left(\frac{p}{\rho} + \frac{V^2}{2} + gz\right)\rho Vbdy = \dot{m}(u_2 - u_1) - \dot{Q} = \dot{m}h_{l_T} \tag{11.9}$$

이것은 검사체적을 통과하면서 기계적 에너지(압력, 운동에너지 및 위치에너지)가 줄어들면 열 에너지의 증가 그리고/또는 열 손실로 이어짐을 나타낸다. 8.6절에서와 같이 이들 열과 관련된 효과는 수두손실 항 h_{l_T}에 모여 있다.

식 (11.9)에 있는 면적분은 단순화될 수 있다. 속도 V는 가정 **3**에 의하여 각 단면에서 일정하다. 압력 p는 단면 ①과 ②에서 위치에너지 z처럼 변화한다. 그러나 가정 **4**에 의하여 압력 변화는 정수압이다. 따라서 단면 ①에 대하여 그림 11.5의 표기법을 따르면

$$p = \rho g(y_1 - y)$$

이고

$$z = (z_1 + y)$$

압력은 y에 대하여 선형적으로 **감소하고**, z는 y에 대하여 선형적으로 **증가하므로**, 두 항을 합하면 다음과 같이 일정해진다.

$$\left(\frac{p}{\rho} + gz\right)_1 = g(y_1 - y) + g(z_1 + y) = g(y_1 + z_1)$$

이들 결과를 식 (11.9)의 첫 번째 적분에 사용하면 다음과 같다.

$$\int_1 \left(\frac{p}{\rho} + \frac{V^2}{2} + gz\right)\rho Vbdy = \int_1 \left(\frac{V^2}{2} + g(y_1 + z_1)\right)\rho Vbdy = \left(\frac{V_1^2}{2} + gy_1 + gz_1\right)\dot{m}$$

단면 ②에 대해서 유사한 결과를 얻으므로 식 (11.9)는 다음과 같게 된다.

$$\left(\frac{V_2^2}{2} + gy_2 + gz_2\right) - \left(\frac{V_1^2}{2} + gy_1 + gz_1\right) = h_{l_T}$$

마지막으로, 양변을 g로 나누어($H_1 = h_{l_T}/g$) 개수로 유동에 대한 에너지 방정식을 얻는다.

$$\frac{V_1^2}{2g} + y_1 + z_1 = \frac{V_2^2}{2g} + y_2 + z_2 + H_l \tag{11.10}$$

이 방정식은 이 절의 처음에 소개된 파이프 유동에 해당되는 에너지 방정식인 식 (8.30)과 비교될 수 있다. H_{l_T} 대신 H_l을 사용했음에 주목하라. 파이프 유동에서는 직관손실과 부손실이 있어서 전체 손실을 나타내기 위하여 하첨자 T를 사용해야 했지만, 개수로 유동에서는 그 같은 구분을 할 필요가 없다.

개수로 유동 내 임의 지점에서 **총 수두** 혹은 **에너지 수두** H는 식 (11.10)으로부터 다음과 같이 정의된다.

$$H = \frac{V^2}{2g} + y + z \tag{11.11}$$

여기서 y와 z는 각각 국부적인 **유동 수심** 및 **수로 바닥 높이**이다(이들은 더 이상 그림 11.5에 보이는 좌표계를 나타내지 않는다). 이는 유동의 기계적 에너지(운동에너지 및 압력/위치에너지)의 척도이다. 이를 에너지 방정식에 사용하면 다음과 같은 대체 형태를 얻는다.

$$H_1 - H_2 = H_l \tag{11.12}$$

이로부터 전체 수두의 손실은 마찰에 의한 수두손실에 의존함을 알게 된다.

비에너지

기호 E로 나타낸 **비에너지**(*specific energy* 혹은 **비수두**)도 다음과 같이 정의할 수 있다.

$$E = \frac{V^2}{2g} + y \tag{11.13}$$

이는 수로 바닥 높이에 기인한 에너지를 초과하는 유동의 기계적 에너지(운동에너지 및 압력/위치에너지)의 척도로서, 근본적으로 **유동의 속도와 수심에 의한 에너지**를 가리킨다. 식 (11.13)을 식 (11.10)에 사용하여 다른 형태의 에너지 방정식을 얻는다.

$$E_1 - E_2 + z_1 - z_2 = H_l \tag{11.14}$$

이로부터 비에너지에서 변화는 마찰 및 수로 높이 변화에 의존하는 것을 알 수 있다. 전체 수두는 흐름 방향으로 감소하는 것이 분명한 데 비하여[식 (11.12)], 비수두는 바닥 높이 z의 변화에 따라 흐름 방향으로 감소, 증가 혹은 일정할 수도 있다.

연속방정식 $V = Q/A$로부터 비에너지는 다음과 같이 쓰일 수 있다.

$$E = \frac{Q^2}{2gA^2} + y \tag{11.15}$$

모든 수로에서 면적 A는 수심과 함께 증가하므로 식 (11.15)의 첫 번째 항은 수심 증가에 따라 감소한다. 그러면 에너지는 수심 증가에 따라 감소하는 항과 증가하는 항의 결합이다. 이는 그림 11.6에 설명된다. 주어진 유량 Q에 대하여 존재 가능한 수심과 에너지의 범위가 존재하며 비에너지가 최소가 되는 수심이 하나 존재한다. E 대 y를 그리는 대신 보통 y 대 E를 그려서, 그림 11.7에 보인 것과 같이 y값이 단면의 수심과 같은 방향으로 그려지도록 한다.

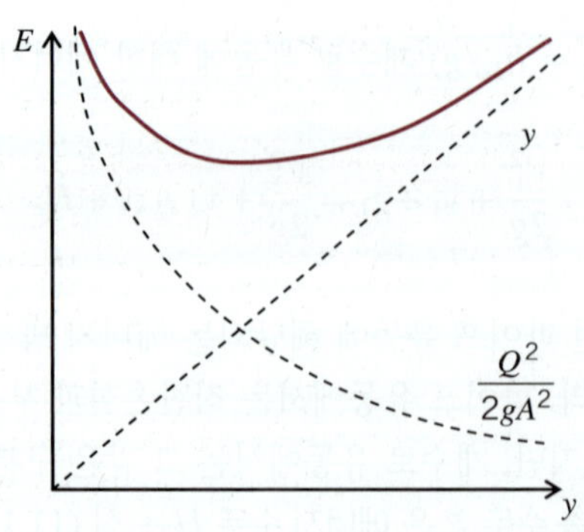

그림 11.6 주어진 유량에서 수심에 대한 비에너지의 변화.

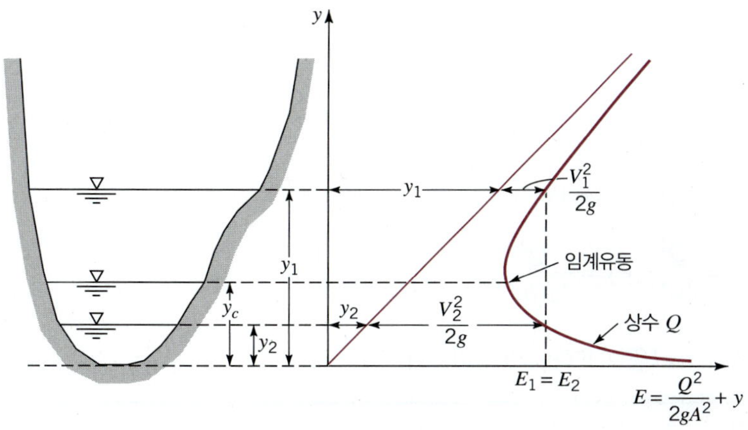

그림 11.7 주어진 유량에 대한 비에너지 선도.

유량 Q가 정해지면 가능한 에너지 E의 범위 및 이에 해당하는 수심들이 결정된다. 그림 11.7 또한 흥미로운 유동 현상을 나타낸다. 주어진 유량 Q 및 비에너지 E에 대하여 2개의 가능한 수심 y가 존재한다. 그들은 **교호수심**(*alternate depths*)으로 불린다. 예를 들어 수심이 깊고 천천히 흐르거나 수심이 얕고 빠르게 흐르는 두 가지 유동이 존재할 수 있다. 그래프는 이를 시각적으로 나타낸다. 첫 번째 유동에서는 E_1의 성분 중 y_1이 크고 $V_1^2/2g$가 작다. 두 번째 유동에서는 E_2의 성분 중 y_2가 작고 $V_2^2/2g$가 크다. 더욱이, 주어진 Q에 대하여 비에너지가 최소가 되는 유동이 하나 존재한다. 최소는 임계 조건에 해당됨을 보일 것이다.

임계수심: 최소 비에너지

예제 11.2는 직사각형 수로의 경우를 다루었는데, 이제 일반적인 단면 형상의 수로를 고려한다. 그러한 수로 안 유동에 대하여 비에너지를 유량 Q로 표현하면 다음과 같다.

$$E = \frac{Q^2}{2gA^2} + y \tag{11.15}$$

주어진 유량 Q에 대하여 최소 비에너지에 대한 깊이를 구하기 위해 이 식을 미분한다.

$$\frac{dE}{dy} = 0 = -\frac{Q^2}{gA^3}\frac{dA}{dy} + 1 \tag{11.16}$$

어떠한 주어진 단면적에 대해서도 다음이 성립한다.

$$dA = b_s dy \tag{11.17}$$

예제 11.2 직사각형 수로에 대한 비에너지 곡선

폭 $b = 10$ m인 직사각형 수로에서 $Q = 0, 2, 5$ 및 $10\ \text{m}^3/\text{s}$에 대한 비에너지 곡선 군을 그려라. 각 유량에 대하여 이 곡선들에 대한 최소 비에너지는 얼마인가?

주어진 자료: 직사각형 수로와 유량 범위

찾는 자료: 비에너지 곡선. 각 유량에 대한 최소 비에너지

풀이: 곡선들을 생성하기 위하여 비에너지식[식 (11.15)]의 유량 형태를 사용

지배방정식:

$$E = \frac{Q^2}{2gA^2} + y \tag{11.15}$$

비에너지 곡선을 구성하기 위하여 E를 깊이 y의 함수로 나타낸다.

$$E = \frac{Q^2}{2gA^2} + y = \frac{Q^2}{2g(by)^2} + y = \left(\frac{Q^2}{2gb^2}\right)\frac{1}{y^2} + y \tag{1}$$

표와 이에 해당하는 그래프는 이 식으로부터 *Excel*을 이용하여 생성되었다.

	비에너지, E (m)			
y (m)	$Q=0$	$Q=2$	$Q=5$	$Q=10$
0.100	0.10	0.92	5.20	20.49
0.125	0.13	0.65	3.39	13.17
0.150	0.15	0.51	2.42	9.21
0.175	0.18	0.44	1.84	6.83
0.200	0.20	0.40	1.47	5.30
0.225	0.23	0.39	1.23	4.25
0.250	0.25	0.38	1.07	3.51
0.275	0.28	0.38	0.95	2.97
0.30	0.30	0.39	0.87	2.57
0.35	0.35	0.42	0.77	2.01
0.40	0.40	0.45	0.72	1.67
0.45	0.45	0.49	0.70	1.46
0.50	0.50	0.53	0.70	1.32
0.55	0.55	0.58	0.72	1.22
0.60	0.60	0.62	0.74	1.17
0.70	0.70	0.72	0.80	1.12
0.80	0.80	0.81	0.88	1.12
0.90	0.90	0.91	0.96	1.15
1.00	1.00	1.01	1.05	1.20
1.25	1.25	1.26	1.28	1.38
1.50	1.50	1.50	1.52	1.59
2.00	2.00	2.00	2.01	2.05
2.50	2.50	2.50	2.51	2.53

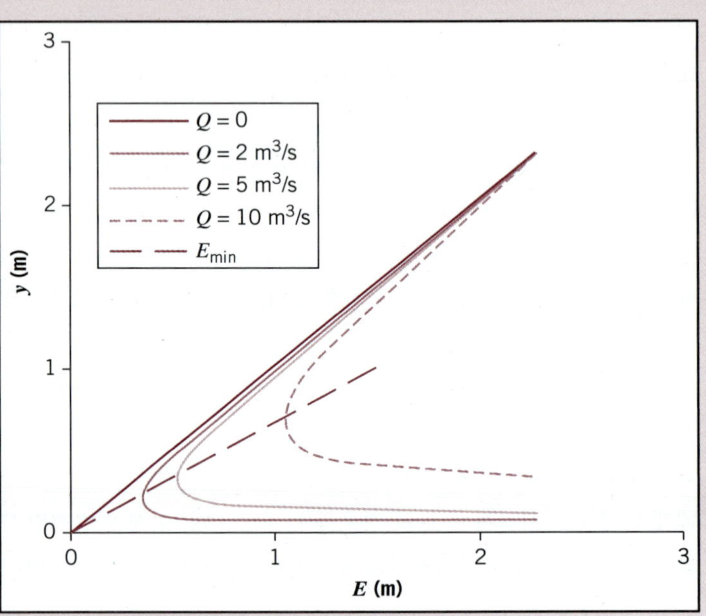

주어진 Q에 대한 최소 비에너지를 구하려면 먼저 식 (1)을 미분한다.

$$\frac{dE}{dy} = \left(\frac{Q^2}{2gb^2}\right)\left(-\frac{2}{y^3}\right) + 1 = 0$$

그러면 최소 비에너지에 대한 수심 $y_{E_{\min}}$은

$$y_{E_{\min}} = \left(\frac{Q^2}{gb^2}\right)^{\frac{1}{3}}$$

이를 식 (11.15)에 사용하면

$$E_{\min} = \frac{Q^2}{2gA^2} + y_{E_{\min}} = \frac{Q^2}{2gb^2 y_{E_{\min}}^2} + \left[\frac{Q^2}{gb^2}\right]^{\frac{1}{3}} = \frac{1}{2}\left[\frac{Q^2}{gb^2}\right]\left[\frac{gb^2}{Q^2}\right]^{\frac{2}{3}} + \left[\frac{Q^2}{gb^2}\right]^{\frac{1}{3}} = \frac{3}{2}\left[\frac{Q^2}{gb^2}\right]^{\frac{1}{3}}$$

$$E_{\min} = \frac{3}{2}\left[\frac{Q^2}{gb^2}\right]^{\frac{1}{3}} = \frac{3}{2} y_{E_{\min}} \tag{2}$$

따라서 직사각형 수로에 대하여 최소 에너지에 대한 간단한 결과를 얻는다. 식 (2)와 주어진 데이터를 사용하면 다음과 같이 계산된다.

Q (m^3/s)	2	5	10
$E_{\min}$ (m)	0.302	0.755	1.51

이들 유동에 해당하는 수심은 각각 0.201 m, 0.503 m, 그리고 1.01 m이다.

이어지는 주제에서 에너지가 최소가 되는 수심은 임계수심 y_c이고, $E_{\min} = E_{\text{crit}}$임을 살펴볼 것이다.

앞에서 언급했듯이 b_s는 자유표면에서 폭이다. 이것은 그림 11.8에 나타난다. 수심 증가량 dy에 의한 유로면적 증가량 dA는 자유수면에서 일어나므로 $b = b_s$이다.

식 (11.17)을 식 (11.16)에 대입하면 다음을 얻는다.

$$-\frac{Q^2}{gA^3}\frac{dA}{dy}+1=-\frac{Q^2}{gA^3}b_s+1=0$$

그러므로

$$Q^2=\frac{gA^3}{b_s} \tag{11.18}$$

에서 비에너지가 최소가 된다. 연속방정식으로부터 $V = Q/A$이므로 식 (11.18)은 다음과 같아진다.

$$V=\frac{Q}{A}=\frac{1}{A}\left[\frac{gA^3}{b_s}\right]^{1/2}=\sqrt{\frac{gA}{b_s}} \tag{11.19}$$

수리수심이 이전에 다음과 같이 정의된 바 있다.

$$y_h=\frac{A}{b_s} \tag{11.2}$$

따라서 식 (11.2)를 식 (11.19)에 대입하면 다음을 얻는다.

$$V=\sqrt{gy_h} \tag{11.20}$$

Froude 수는 다음과 같이 주어진다.

$$Fr=\frac{V}{\sqrt{gy_h}} \tag{11.8}$$

따라서 비에너지가 최소가 될 때 임계유동에 해당하는 $Fr = 1$이 됨을 안다. 이로부터 어떤 개수로 유동에 대해서도 임계유동 조건에서 비에너지가 최소가 된다는 중요한 결과를 얻는다.

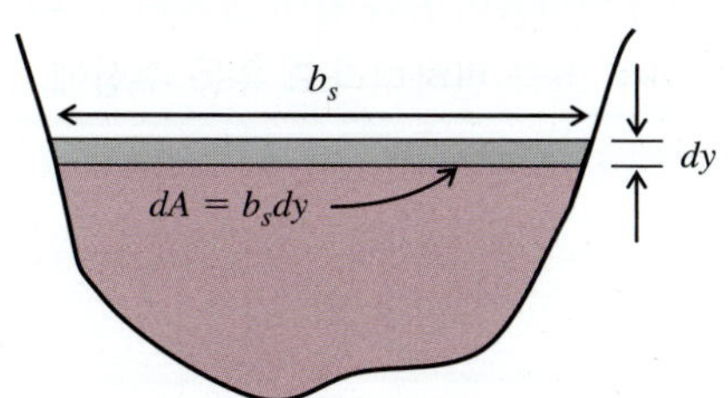

그림 11.8 수심 변화량 dy에 대한 유로면적 변화량 dA의 의존성.

식 (11.18)과 (11.20)을 모으면 임계유동에 대하여 다음 식들이 성립한다.

$$Q^2 = \frac{gA_c^3}{b_{s_c}} \tag{11.21}$$

$$V_c = \sqrt{gy_{h_c}} \tag{11.22}$$

이때 $E = E_{\min}$이다. 이들 방정식에서 A_c, V_c, b_{sc} 및 y_{hc}는 각각 임계유동 유로면적, 속도, 수로 자유표면 폭 및 수리수심이다. 식 (11.21)을 사용하면 주어진 수로 단면 형상에 대해 주어진 유량에서 임계수심 y_c를 찾을 수 있다. 이 방정식은 현혹될 정도로 어렵다. A_c와 b_{s_c}는 각각 유동 수심 y에 의존하는데, 종종 비선형적인 관계를 따른다. 따라서 보통 y에 대하여 반복해법으로 구해야 한다. y_c를 찾게 되면 유로면적 A_c과 자유표면 폭 b_{s_c}을 계산할 수 있고, 이로부터 y_{h_c}를[식 (11.2)를 사용하여] 구하게 된다. 이번에는 식 (11.22)를 써서 유속 V_c를 찾아낼 수 있다. 마지막으로 식 (11.15)로부터 최소 에너지를 계산할 수 있다. 예제 11.3은 삼각형 단면 수로에 대하여 임계수심을 구하는 방법을 보여준다.

특별히 직사각형 수로에 대해서 $b_s = b =$ 일정이고 $A = by$이므로 식 (11.21)은 다음과 같아진다.

$$Q^2 = \frac{gA_c^3}{b_{s_c}} = \frac{gb^3y_c^3}{b} = gb^2y_c^3$$

따라서

$$y_c = \left[\frac{Q^2}{gb^2}\right]^{1/3} \tag{11.23}$$

이 되고

$$V_c = \sqrt{gy_c} = \left[\frac{gQ}{b}\right]^{1/3} \tag{11.24}$$

가 된다. 직사각형 수로의 경우 식 (11.24)를 식 (11.15)에 대입하면 최소 에너지에 대한 특별히 단순한 다음 결과를 얻는다.

$$E = E_{min} = \frac{V_c^2}{2g} + y_c = \frac{gy_c}{2g} + y_c$$

또는 다음과 같다.

$$E_{\min} = \frac{3}{2}y_c \tag{11.25}$$

이것은 예제 11.2에서 얻은 결과와 같다. 임계상태는 중요한 기준 검증문제이다. 다음 절에서는 이를 이용하여 유동이 돌출부와 같은 장애물을 만날 때 어떤 일이 일어나는지 결정한다. 또한 에너지 E의 최솟값 부근에서 그림 11.7에서 보여주듯이, y의 변화율이 E와 같이 급격하다. 이는 임계유동 조건에서 수로의 불규칙성이나 외부 교란에 의하여 E가 아주 조금 변하더라도 유동 수심에 두드러진 변화가 야기될 수 있음을 의미한다.

예제 11.3 삼각형 단면의 임계수심

측면이 가파른 삼각형 단면의 수로($\alpha = 60°$)에 300 m^3/s의 유량이 흐른다. 이 유량에 대한 임계수심을 구하고, Froude 수가 1이 됨을 증명하라.

주어진 자료: 삼각형 단면 수로 내의 유동

찾는 자료: 임계수심; $Fr = 1$을 증명

풀이: 임계유동 방정식, 식 (11.21)을 이용

지배방정식:

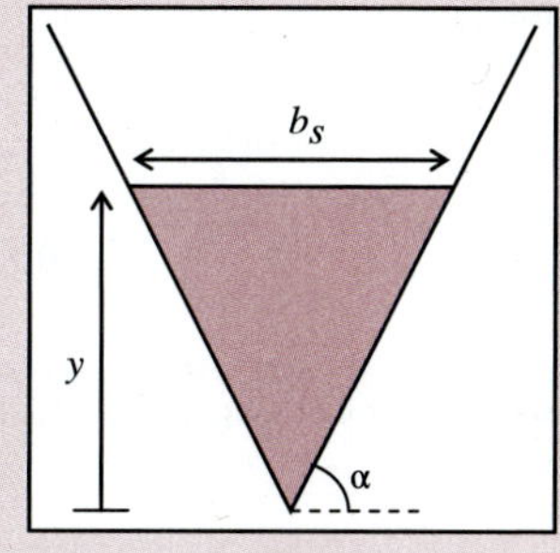

$$Q^2 = \frac{gA_c^3}{b_{s_c}} \qquad Fr = \frac{V}{\sqrt{gy_h}}$$

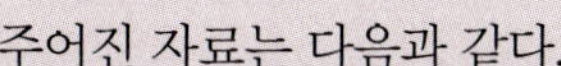

주어진 자료는 다음과 같다.

$$Q = 300 \text{ m}^3/\text{s} \qquad \alpha = 60°$$

표 11.1로부터 다음 관계식을 사용한다.

$$A = y^2 \cot \alpha$$

그리고 기본적인 기하학적 관계로부터

$$\tan \alpha = \frac{y}{b_s/2} \quad \text{따라서} \quad b_s = 2y \cot \alpha$$

을 사용한다. 이들을 식 (11.21)에 대입하면 다음과 같아진다.

$$Q^2 = \frac{gA_c^3}{b_{s_c}} = \frac{g[y_c^2 \cot \alpha]^3}{2y_c \cot \alpha} = \frac{1}{2} g y_c^5 \cot^2 \alpha$$

그러므로

$$y_c = \left[\frac{2Q^2 \tan^2 \alpha}{g}\right]^{1/5}$$

가 되고, 주어진 데이터를 사용하면 임계수심은 다음과 같이 구한다.

$$y_c = \left[2 \times 300^2 \left(\frac{\text{m}^3}{\text{s}}\right)^2 \times \tan^2\left(\frac{60 \times \pi}{180}\right) \times \frac{\text{s}^2}{9.81 \text{ m}}\right]^{1/5} = [5.51 \times 10^4 \text{ m}^5]^{1/5}$$

마지막으로

$$y_c = 8.88 \text{ m} \longleftarrow y_c$$

이 된다. $Fr = 1$을 입증하기 위해서 V와 y_h가 필요하다.
연속방정식으로부터 임계유속을 계산한다.

$$V_c = \frac{Q}{A_c} = \frac{Q}{y_c^2 \cot \alpha} = 300 \frac{\text{m}^3}{\text{s}} \times \frac{1}{8.88^2 \text{ m}^2} \times \frac{1}{\cot\left(\frac{60 \times \pi}{180}\right)} = 6.60 \text{ m/s}$$

그리고 수리수심의 정의로부터 다음과 같이 구해진다.

$$y_{h_c} = \frac{A_c}{b_{s_c}} = \frac{y_c^2 \cot\alpha}{2y_c \cot\alpha} = \frac{y_c}{2} = 4.44 \text{ m}$$

따라서

$$Fr_c = \frac{V_c}{\sqrt{gy_{h_c}}} = \frac{6.60\frac{\text{m}}{\text{s}}}{\sqrt{9.81\frac{\text{m}}{\text{s}^2} \times 4.44 \text{ m}}} = 1 \leftarrow Fr_c = 1$$

임계수심에서는 Froude 수가 1이 됨을 입증하였다.

직사각형 수로에서처럼, 삼각형 단면 수로의 해석도 식 (11.21)로부터 y_c에 대한 양함수로 이어진다. 보다 복잡한 수로 단면은 종종 수치적으로 풀어야 하는 음함수로 이어진다.

11.3 면적 변화의 국부적 효과(마찰이 없는 유동)

다음으로 수로 바닥이 수평이고 수로 단면 효과(면적 변화)가 지배적인, 즉 돌출부 위를 흐르는 단순한 유동의 경우를 고려할 것이다. 이 현상은 짧은 거리에 걸쳐 발생하고 마찰의 영향은 무시해도 합리적일지 모른다.

마찰에 의한 손실이 없다는 가정을 적용하면 식 (11.10)의 에너지 방정식은 다음으로 된다.

$$\frac{V_1^2}{2g} + y_1 + z_1 = \frac{V_2^2}{2g} + y_2 + z_2 = \frac{V^2}{2g} + y + z = \text{일정} \tag{11.26}$$

다른 방법으로는, 비에너지 정의를 사용하여

$$E_1 + z_1 = E_2 + z_2 = E + z = \text{일정}$$

마찰이 없는 유동의 비에너지는 수로 바닥의 높이가 바뀌어야만 변화한다는 것을 안다.

돌출부를 지나는 유동

그림 11.9에 도시한 것처럼 폭 b가 일정하고 바닥에 돌출부가 설치된, 마찰이 없는 수평 직사각형 수로를 고려하라. 수로의 수평 바닥면 위로 튀어나온 돌출부 높이는 $z = h(x)$이고, 수심 $y(x)$는 그 위치에서 수로 바닥면으로부터 측정된다.

자유표면의 거동에 대해서 두 가지 가능성을 제기했다. 유동은 돌출부 위에서 점진적으로 수위가 올라가거나 점진적으로 수위가 떨어질 수 있다. 상류 지점 ①과 돌출부의 지역을 따라 임의 지점 사이에 마찰이 없는 유동에 대한 에너지 방정식[식 (11.26)]을 적용한다.

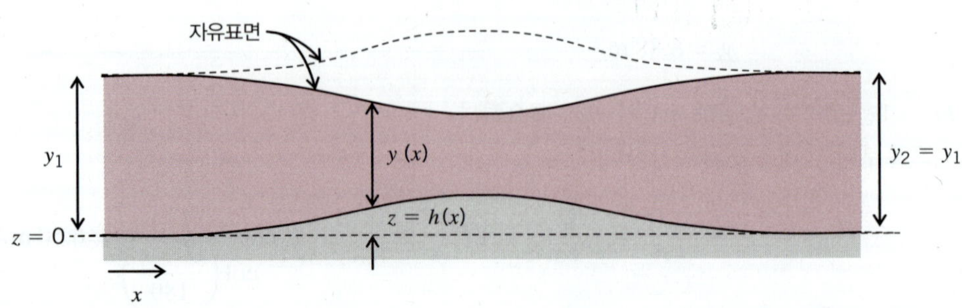

그림 11.9 수평 수로에서의 돌출부를 지나는 유동.

$$\frac{V_1^2}{2g}+y_1=E_1=\frac{V^2}{2g}+y+h=E+h(x)=\text{일정} \tag{11.27}$$

식 (11.27)은 돌출부를 지나면서 비에너지가 줄어들었다가 다시 원래 값으로($E_1 = E_2$) 복귀해야 함을 가리킨다.

$$E(x)=E_1-h(x) \tag{11.28}$$

연속방정식으로부터

$$Q=bV_1y_1=bVy$$

이를 식 (11.27)에 대입하면

$$\frac{Q^2}{2gb^2y_1^2}+y_1=\frac{Q^2}{2gb^2y^2}+y+h=\text{일정} \tag{11.29}$$

식 (11.29)를 미분하면 자유표면의 수심 변화에 대한 표현을 얻을 수 있다.

$$-\frac{Q^2}{gb^2y^3}\frac{dy}{dx}+\frac{dy}{dx}+\frac{dh}{dx}=0$$

자유표면의 기울기에 대하여 풀면 다음을 얻는다.

$$\frac{dy}{dx}=\frac{dh/dx}{\left[\dfrac{Q^2}{gb^2y^3}-1\right]}=\frac{dh/dx}{\left[\dfrac{V^2}{gy}-1\right]}$$

결국 다음과 같은 식으로 정리된다.

$$\frac{dy}{dx}=\frac{1}{Fr^2-1}\frac{dh}{dx} \tag{11.30}$$

식 (11.30)은 돌출부에 대한 응답이 국부적인 Froude 수 Fr에 매우 크게 좌우된다는 흥미로운 결론으로 이어진다.

$Fr < 1$ 아임계유동 혹은 정류이다. $Fr < 1$이면 $(Fr^2 - 1) < 0$이므로 자유표면의 기울기 dy/dx는 돌출부의 기울기 dh/dx와 반대의 부호를 갖는다. 돌출부가 솟아오를 때 유동은 꺼지고, 돌출부가 내려갈 때 수심은 증가한다. 이는 그림 11.9의 실선으로 표시된 자유표면이다.

$Fr = 1$ 임계유동이다. $Fr = 1$일 때는 $(Fr^2 - 1) = 0$이다. 식 (11.30)은 dh/dx가 0이 아닌 한 수면의 기울기가 무한대가 됨을 예측한다. 자유표면의 기울기가 무한대가 될 수는 없으므로, $Fr = 1$일 때에는 dh/dx가 0이 되어야만 한다. 이를 다르게 설명하면, $Fr = 1$이 된다면 $dh/dx = 0$인 곳(돌출부의 정상 혹은 평평한 수로)에서만 일어날 수 있다는 것이다. 임계유동에 도달한다면 하류 지점에서는 그 조건에 따라 유동이 아임계 혹은 초임계가 될 수 있다. 만약 $dh/dx = 0$인 지점에서 임계유동이 일어나지 **않는다면**, 하류 지점의 유동은 상류와 같은 유형이 될 것이다.

$F_r > 1$ 초임계유동 혹은 부정류이다. $Fr > 1$이면 $(Fr^2 - 1) > 0$이므로, 자유표면의 기울기 dy/dx는 돌출부의 기울기 dh/dx와 동일한 부호를 갖는다. 돌출부가 솟아오를 때 유동도 솟아오르고, 돌출부가 내려갈 때 수심도 감소한다. 이는 그림 11.9의 점선으로 표시된 자유표면이다.

$Fr < 1$ 및 $Fr > 1$에 대해 바닥 높이가 증가하거나 감소하는 것에 대한 일반적 경향이 그림 11.10에 도시된다. 임계유동($Fr = 1$)에 대해 중요한 사항은 임계유동이 일어난다면 오직 바닥 높이가 일정한 곳에서만 일어날 수 있다는 것이다.

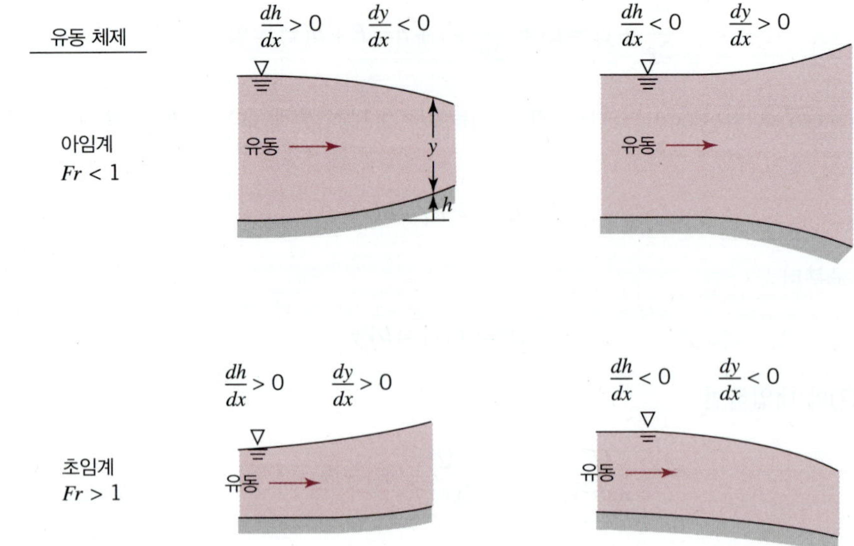

그림 11.10 수로 바닥면 높이 변화의 영향.

그림 11.11의 비에너지 그래프는 추가적인 시각적 도움을 제공한다. 주어진 유량 Q에 대한 비에너지를 보여준다. 아임계유동에 대해 돌출부를 만나기 전 점 a 상태에 있다가, 유동이 돌출부 정점까지 따라 올라갈 때 비에너지는 감소해야 한다[식 (11.28)]. 즉, 곡선을 따라 점 b까지 이동한다. 점 b가 돌출부 정상이면, 그다음에는 유동이 돌출부 정상으로부터 내려가면서 곡선을 따라 점 a로 돌아가게 된다. 그렇지 않고 점 b를 지나칠 때까지 돌출부 오르막이 계속된다면, 곡선을 계속 따라가 최소 에너지 지점($E = E_{\text{min}} = E_{\text{crit}}$)인 점 e에 도달한다. 앞서 논의한 것처럼, 마찰이 없는 유동이 존재하려면 점 e는 $dh/dx = 0$인 곳(돌출부 정상)에서만 일어날 수 있다. 이에 대해 유동이 돌출부 정상으로부터 흘러 내려가면서 재미있는 일이 일어난다. 곡선을 따라 점 a로 되돌아가거나 곡선을 따라 점 d로 옮겨간다. 이는 돌출부를 만나는 아임계 유동은 수면이 내려간 다음 원래의 수심으로 되돌아가거나, 혹은 (임계조건에 도달할 정도로 돌출부가 충분히 높다면) 계속 가속되어 원래의 비에너지에 해당하는 초임계 상태에 도달할 때까지 계속 수심이 얕아지는 것이다(점 d). 어떤 경향이 일어날지는 하류 조건에 달려 있다. 예를 들어 어떤 유형의 유동을 제약하는 요소가 있다면, 돌출부를 지난 유동은 원래의 아임계 상태로 돌아갈 것이다. 마지막으로 그림 11.11은 돌출부를 만나는 초임계유동(점 d)은 돌출부를 지나면서 수심이 증가했다가(돌출부 정상에서 점 c에 도달), 점 d의 초임계유동으로 돌아간다. 또한 돌출부가 충분히 높아서 초임계유동이 임계유동(점 e)이 될 때까지 감속되었다가, 초임계유동(점 d)으로 돌아가거나 아니면 아임계유동(점 a)이 될 수 있다. 이러한 가

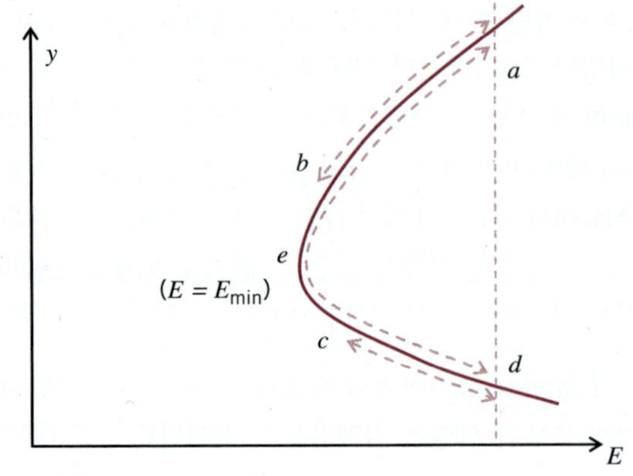

그림 11.11 돌출부를 지나는 유동의 비에너지 곡선.

능성 중에 어떤 것이 실제로 일어날지는 당연히 돌출부의 형상뿐만 아니라 상류 및 하류 조건들에 따라 결정된다.

예제 11.4 돌출부 혹은 폭이 좁아드는 직사각형 수로 내의 유동

폭이 2 m인 직사각형 수로에 유량 2.4 m^3/s의 유동이 1.0 m의 수심에서 흐른다. 다음 경우에 임계수심이 일어나는지 결정하라. (a) 수로 바닥에 높이 $h = 0.20$ m의 돌출부 설치, (b) 측면 벽이 좁아져 폭이 1.7 m로 감소(돌출부 없음), (c) 돌출부와 폭 감소가 결합된 경우. 마찰 및 수로 폭 확대와 축소로 인한 돌출부와 폭 감소부에서 수두손실을 무시하라.

주어진 자료: 돌출부, 폭 감소부 혹은 둘 다 설치된 직사각형 수로

찾는 자료: 임계유동이 일어나는지 여부

풀이: 각 경우에 비에너지를 주어진 유량에 대한 최소 에너지와 비교하고 임계수심이 일어나는지 확인한다.

지배방정식:

$$E = \frac{Q^2}{2gA^2} + y \qquad (11.15) \qquad y_c = \left[\frac{Q}{gb^2}\right]^{1/3} \qquad (11.23)$$

$$E_{min} = \frac{3}{2}y_c \qquad (11.25) \qquad E = E_1 - h \qquad (11.28)$$

(a) 높이 $h = 0.2$ m인 돌출부

초기 비에너지 E_1은 다음과 같다.

$$E_1 = y_1 + \frac{Q^2}{2gA^2} = y_1 + \frac{Q^2}{2gb^2y_1^2}$$

$$= 1.0\,\text{m} + 2.4^2\left(\frac{\text{m}^3}{\text{s}}\right)^2 \times \frac{1}{2} \times \frac{\text{s}^2}{9.81\,\text{m}} \times \frac{1}{2^2\,\text{m}^2} \times \frac{1}{1^2\,\text{m}^2}$$

$$E_1 = 1.073\,\text{m}$$

그러면 돌출부 정상에서 비에너지 E_{bump}는 식 (11.28)로부터 구해진다.

$$E_{\text{bump}} = E_1 - h = 1.073\,\text{m} - 0.20\,\text{m}$$

$$E_{\text{bump}} = 0.873\,\text{m} \qquad (1)$$

이 둘을 주어진 유량 Q에 대한 최소 비에너지와 비교해야 한다. 우선 임계수심은 다음과 같다.

$$y_c = \left[\frac{Q^2}{gb^2}\right]^{1/3} = \left[2.4^2\left(\frac{\text{m}^3}{\text{s}}\right)^2 \times \frac{\text{s}^2}{9.81\,\text{m}} \times \frac{1}{2^2\,\text{m}^2}\right]^{1/3}$$

$$y_c = 0.528\,\text{m}$$

($y_1 > y_c$이므로 아임계유동이다.)

그러면 최소 비에너지는 다음과 같다.

$$E_{\text{min}} = \frac{3}{2}y_c = 0.791\,\text{m} \qquad (2)$$

식 (1)과 (2)를 비교해 보면 돌출부가 있어도 임계조건에 도달하지 않음을 알 수 있다.

(b) 수로 폭이 1.7 m로 줄어들어 측면벽 수축(돌출부 없음)

이 경우 $h = 0$이므로 비에너지는 수로 폭이 감소해도 쭉 일정하게 유지된다. 따라서

$$E_{\text{constriction}} = E_1 - h = E_1 = 1.073 \text{ m} \tag{3}$$

그러나 폭 감소부에서 b값이 변하므로($b_{\text{constriction}} = 1.7$ m), 이에 해당하는 임계수심이 아래와 같이 계산된다.

$$y_{c_{\text{constriction}}} = \left[\frac{Q^2}{gb^2_{\text{constriction}}}\right]^{1/3} = \left[2.4^2\left(\frac{\text{m}^3}{\text{s}}\right)^2 \times \frac{\text{s}^2}{9.81 \text{ m}} \times \frac{1}{1.7^2 \text{ m}^2}\right]^{1/3}$$

$$y_{c_{\text{constriction}}} = 0.588 \text{ m}$$

그러면 폭 감소부에서 최소 비에너지는 다음과 같다.

$$E_{\min_{\text{constriction}}} = \frac{3}{2} y_{c_{\text{constriction}}} = 0.882 \text{ m} \tag{4}$$

식 (3)과 (4)를 비교하면 수축이 있어도 임계조건이 도달하지 않는다.

폭이 얼마나 감소해야 임계조건이 되는지를 알아볼 수도 있다. 이를 찾기 위하여 다음 공식을 임계 수로 폭 b_c에 대하여 푼다.

$$E = 1.073 \text{ m} = E_{\min} = \frac{3}{2} y_c = \frac{3}{2}\left[\frac{Q^2}{gb_c^2}\right]^{1/3}$$

그러므로

$$\frac{Q^2}{gb_c^2} = \left[\frac{2}{3} E_{\min}\right]^3$$

$$b_c = \frac{Q}{\sqrt{\frac{8}{27} g E_{\min}^3}}$$

$$= \left(\frac{27}{8}\right)^{1/2} \times 2.4\left(\frac{\text{m}^3}{\text{s}}\right) \times \frac{\text{s}}{9.81^{1/2} \text{ m}^{1/2}} \times \frac{1}{1.073^{3/2} \text{ m}^{3/2}}$$

$$b_c = 1.27 \text{ m}$$

주어진 유동이 임계상태가 되려면 폭이 1.27 m로 줄어들어야 한다. 이보다 폭이 넓은 어떤 경우도 임계상태에 이르지 못한다.

(c) $h = 0.2$ m인 돌출부와 $b = 1.7$ m인 폭 감소

이미 (a)의 경우에서 돌출부 높이($h = 0.2$ m)가 임계조건을 이루기에는 부족함을 살펴보았다. (b)의 경우에는 폭 감소부에서 최소 비에너지가 $E_{\min} = 0.791$ m가 아니라 $E_{\min} = 0.882$ m임을 보았다. 두 요소가 함께 설치된 경우에는 돌출부와 폭 감소부에서 비에너지를 비교할 수 있다.

$$E_{\text{bump + constriction}} = E_{\text{bump}} = E_1 - h = 0.873 \text{ m} \tag{5}$$

그리고 돌출부와 폭 감소가 있는 유동에 대해 최소 비에너지는 다음과 같다.

$$E_{\min_{\text{constriction}}} = \frac{3}{2} y_{c_{\text{constriction}}} = 0.882 \text{ m} \tag{6}$$

식 (5)와 (6)으로부터 두 요소가 함께 설치되면 비에너지가 실제로 최솟값보다 작음을 안다. 허용된 최솟값보다 비에너지가 더 작아져야만 한다는 것은 무슨 일이 일어나야만 한다는 것을 의미한다! 이는 유동의 가정이 유효하지 않음을 나타낸다. 유동은 더 이상 균일하거나 1차원이 아닐지도 모르며, 또는 예를 들어 수력도약 발생 때문에 상당한 에너지 손실이 존재할지도 모른다.

따라서 돌출부와 폭 감소부가 함께 설치된 경우는 유동을 임계상태로 만들기에 충분하다.

이 예제는 수로 돌출부 혹은 폭 감소부 아니면 둘 다 설치된 경우가 임계유동 조건으로 이어지는가의 여부를 결정하는 방법을 설명한다.

11.4 수력도약

개수로 유동은 아임계($Fr < 1$)이거나 초임계($Fr > 1$)가 될 수 있음을 보인 바 있다. 아임계유동에 대해 바닥면 기울기의 변화나 유동 단면적 변화로 야기되는 교란은 상류와 하류 방향으로 이동할 수 있다. 그 결과로 유동이 부드럽게 조정된다. 유동이 초임계 상태이고 하류 조건이 아임계유동으로 전환을 필요로 할 때 이 필요성이 상류로 전달되지 못한다. 변화를 전파하는 기구인 표면파 속도보다 유속이 빠르기 때문이다. 따라서 임계점을 부드럽게 지나치는 완만한 변화가 일어날 수 없다. 초임계유동이 **수력도약**을 통하여 아임계유동으로 급격히 바뀌게 된다. 수력도약은 운하의 수위 조절용 수문 하류, 여수로(spillway)의 끝자락(그림 11.12a 참조)과 같이 수로 급경사가 갑자기 수평으로 바뀌는 지점에서 일어난다! 비에너지 곡선 및 도약의 일반적인 형상을 그림 11.13에 도시한다. 이 절에서 수력도약은 언제나 초임계 수심($y_1 < y_c$)에서 아임계 수심($y_2 < y_c$)으로 변화하며, 비에너지의 강하 ΔE를 수반한다는 것을 보게 될 것이다. 돌출부와 같은 현상에 의한 변화와는 달리, 수심의 급격한 변화는 난류 혼합을 통하여 기계적 에너지의 현저한 손실을 가져온다.

수력도약에 대한 검사체적은 그림 11.14에 스케치된다. 이 스케치에 그려진 검사체적에 기본방정식을 적용하여 도약현상을 해석한다. 실험결과를 보면 수력도약은 비교적 짧은 거리에 걸쳐 일어나며 더 깊은 쪽 수심(y_2)의 약 6배 거리이다[9]. 이런 짧은 거리를 생각하면, 검사체적에 작용하는 마찰력 F_f는 압력힘에 비하여 무시할 만하다. 수평 바닥면과 직사각형 수로를 가정한다. 따라서 다음과 같은 가정을 한다.

(*a*) 호주의 Burdenkin 댐

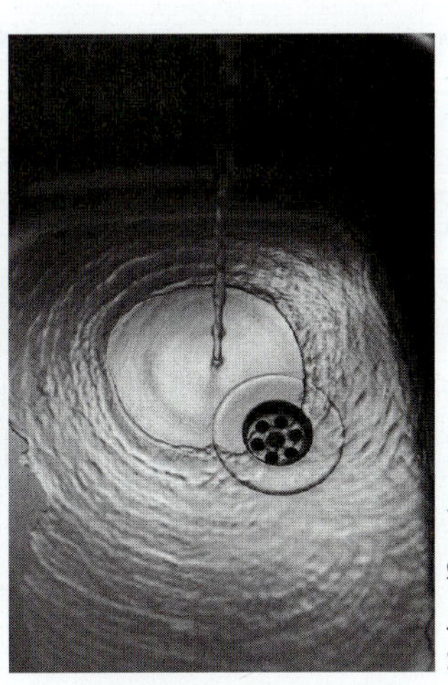

(*b*) 부엌 싱크대(James Kilfiger)

그림 11.12 수력도약의 예.

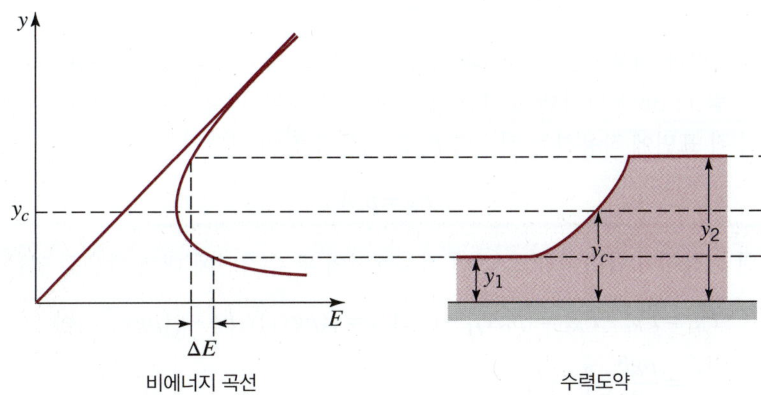

그림 11.13 수력도약을 거치는 유동의 비에너지 곡선.

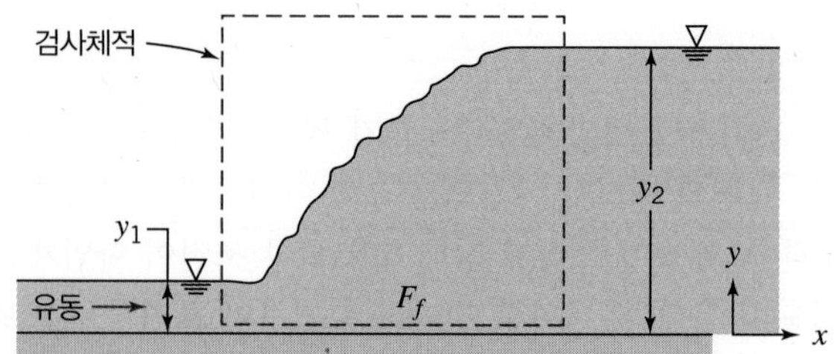

그림 11.14 수력도약 해석에 사용되는 검사체적을 나타내는 수력도약 개념도.

1 정상유동
2 비압축성유동
3 각 단면에서 균일한 속도
4 각 단면에서 정수압 압력분포
5 (운동량 방정식에 대한) 마찰 무시

각 단면에서 **균일한 속도**의 **비압축성**유동에 대하여, 4장으로부터 적당한 형태의 연속방정식을 사용할 수 있다.

$$\sum_{\rm CS}\vec{V}\cdot\vec{A}=0 \tag{4.13b}$$

검사체적에 식 (4.13b)를 적용하면 다음을 얻는다.

$$-V_1by_1+V_2by_2=0$$

또는 다음과 같이 표현된다.

$$V_1y_1=V_2y_2 \tag{11.31}$$

이것은 수력도약에 대한 연속방정식이다. 운동량 방정식에 대해 다시금 각 단면에서 균일한 속도를 가정하면 다음과 같은 x성분 운동량 방정식을 쓸 수 있다.

$$F_x=F_{S_x}+F_{B_x}=\frac{\partial}{\partial t}\int_{\rm CV}u\rho\,d\forall+\sum_{\rm CS}u\rho\vec{V}\cdot\vec{A} \tag{4.18d}$$

비정상 항 $\partial/\partial t$는 **정상유동**이므로 사라지고, **수평 방향 유동**에 대해서 체적력 F_{B_x}는 0이다. 따라서 다음을 얻는다.

$$F_{S_x}=\sum_{\rm CS}u\rho\vec{V}\cdot\vec{A} \tag{11.32}$$

표면력은 검사체적 양단에 작용하는 압력힘과 접수면에 작용하는 마찰력으로 구성된다. 가정 **5**에 의하여 마찰을 무시한다. 그림 11.3b에 나타낸 것처럼, 양 단면에서 게이지압은 정수압이다. 유체정역학에서 면적 A인 유체에 잠긴 수직 표면에 작용하는 정수력 F_R은 다음과 같이 간단히 표현된다.

$$F_R=p_cA \tag{3.10b}$$

여기서 p_c는 수직면 도심에서 압력이다. 그러면 검사체적의 두 수직면에 대해 다음을 얻는다.

$$F_{S_x}=F_{R_1}-F_{R_2}=(p_cA)_1-(p_cA)_2=\{(\rho gy_1)y_1b\}-\{(\rho gy_2)y_2b\}$$
$$=\frac{\rho gb}{2}(y_1^2-y_2^2)$$

이 결과를 식 (11.32)에 대입하고 우변의 항들을 계산하면

$$F_{S_x} = \frac{\rho g b}{2}(y_1^2 - y_2^2) = \sum_{CS} u\rho \vec{V} \cdot \vec{A} = V_1\rho\{-V_1 y_1 b\} + V_2\rho\{V_2 y_2 b\}$$

이 되고, 항들을 정리하고 간단히 하면 다음 식을 얻는다.

$$\frac{V_1^2 y_1}{g} + \frac{y_1^2}{2} = \frac{V_2^2 y_2}{g} + \frac{y_2^2}{2} \tag{11.33}$$

이것은 수력도약에 대한 운동량 방정식이다. 개수로 유동에 대한 에너지 방정식은 이미 아래와 같이 유도된 바 있다.

$$\frac{V_1^2}{2g} + y_1 + z_1 = \frac{V_2^2}{2g} + y_2 + z_2 + H_l \tag{11.10}$$

여기서 수평면상에서 수력도약을 고려하므로 $z_1 = z_2$이고, 따라서

$$E_1 = \frac{V_1^2}{2g} + y_1 = \frac{V_2^2}{2g} + y_2 + H_l = E_2 + H_l \tag{11.34}$$

가 된다. 이는 수력도약에 대한 에너지 방정식인데, 기계적 에너지의 손실은 다음과 같다.

$$\Delta E = E_1 - E_2 = H_l$$

연속방정식, 운동량 및 에너지 방정식[식 (11.31), (11.33), (11.34)]은 수력도약을 해석하기 위한 완전한 방정식 집합을 구성한다.

수력도약에서의 수심 증가

하류 수심 혹은 대응수심(*sequent* depth)을 수력도약으로부터 상류 조건으로 구하기 위하여, 먼저 운동량 방정식에서 V_2를 소거한다. 연속방정식으로부터 $V_2 = V_1 y_1 / y_2$[식 (11.31)]이므로 식 (11.33)은 다음과 같이 쓰일 수 있다.

$$\frac{V_1^2 y_1}{g} + \frac{y_1^2}{2} = \frac{V_1^2 y_1}{g}\left(\frac{y_1}{y_2}\right) + \frac{y_2^2}{2}$$

이를 재배열하면 다음과 같다.

$$y_2^2 - y_1^2 = \frac{2V_1^2 y_1}{g}\left(1 - \frac{y_1}{y_2}\right) = \frac{2V_1^2 y_1}{g}\left(\frac{y_2 - y_1}{y_2}\right)$$

양변을 공통 인자인 $(y_2 - y_1)$으로 나누면 다음과 같다.

$$y_2 + y_1 = \frac{2V_1^2 y_1}{g y_2}$$

다음 y_2로 곱하고 y_1^2으로 나누면 다음 식과 같다.

$$\left(\frac{y_2}{y_1}\right)^2 + \left(\frac{y_2}{y_1}\right) = \frac{2V_1^2}{g y_1} = 2Fr_1^2 \tag{11.35}$$

2차 방정식의 근 공식을 사용하여 y_2/y_1에 대하여 풀고 물리적으로 의미 없는 음의 해를 무시하면 다음을 얻는다.

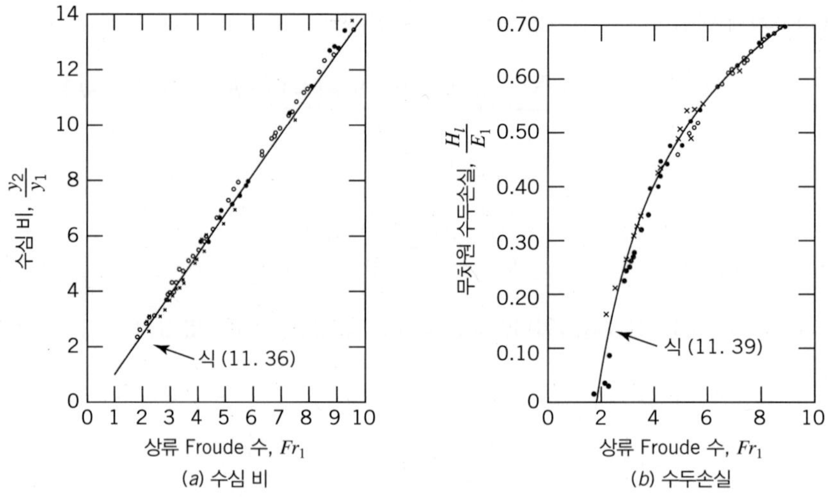

그림 11.15 수력도약에 대한 수심 비와 수두손실(Peterka [9]의 데이터).

$$\frac{y_2}{y_1}=\frac{1}{2}\left[\sqrt{1+8Fr_1^2}-1\right] \tag{11.36}$$

즉, 수력도약에서 하류와 상류의 수심 비는 상류 Froude 수만의 함수이다. 그림 11.15a에서 보듯이, 식 (11.36)은 실험적으로 잘 입증되고 있다. 수심 y_1과 y_2는 **공액수심**(*conjugate depth*)이라고 불린다. 식 (11.35)로부터 수심이 늘어나려면($y_2 > y_1$) 1보다 큰 상류 Froude 수가 필요하다($Fr_1 > 1$).

수력도약에서의 수두손실

수력도약에 대한 에너지 방정식인 식 (11.34)로부터 수두손실에 대하여 풀면

$$H_l=E_1-E_2=\frac{V_1^2}{2g}+y_1-\left(\frac{V_2^2}{2g}+y_2\right)$$

연속방정식으로부터 $V_2 = V_1y_1/y_2$이므로

$$H_l=\frac{V_1^2}{2g}\left[1-\left(\frac{y_1}{y_2}\right)^2\right]+(y_1-y_2)$$

또는

$$\frac{H_l}{y_1}=\frac{Fr_1^2}{2}\left[1-\left(\frac{y_1}{y_2}\right)^2\right]+\left[1-\frac{y_2}{y_1}\right] \tag{11.37}$$

식 (11.35)에서 Fr_1을 y_2/y_1으로 나타내고 식 (11.37)에 대입하여 다음 식을 얻는다.

$$\frac{H_l}{y_1}=\frac{1}{4}\frac{\left[\frac{y_2}{y_1}-1\right]^3}{\frac{y_2}{y_1}} \tag{11.38a}$$

3차 항이 양이므로 좌변은 항상 양이 된다. 난류는 반드시 기계적 에너지의 손실을 불러일으킨다. 그러면 식 (11.35) 또는 (11.36)으로부터 $Fr_1 > 1$이 되어야 함을 안다. 위 식을 약간 재조정하면 다음의 대체 표현

식을 얻는다.

$$H_l = \frac{[y_2 - y_1]^3}{4y_1y_2} \tag{11.38b}$$

이것 또한 실제 유동($H_l > 0$)에서는 $y_2 > y_1$임을 나타낸다. 다음으로 비에너지 E_1은 다음과 같이 쓰일 수 있다.

$$E_1 = \frac{V_1^2}{2g} + y_1 = y_1\left[\frac{V_1^2}{2gy_1} + 1\right] = y_1\frac{(Fr_1^2 + 2)}{2}$$

H_l을 E_1을 이용하여 무차원화하면

$$\frac{H_l}{E_1} = \frac{1}{2}\frac{\left[\frac{y_2}{y_1} - 1\right]^3}{\frac{y_2}{y_1}[Fr_1^2 + 2]}$$

Fr_1의 항으로 표현된 수심 비는 식 (11.36)과 같다. 그러므로 H_l/E_1도 오직 상류 Froude 수의 함수로 나타낼 수 있다. 약간의 조작을 거치면 다음 식과 같은 결과를 얻는다.

$$\frac{H_l}{E_1} = \frac{\left[\sqrt{1 + 8Fr_1^2} - 3\right]^3}{8\left[\sqrt{1 + 8Fr_1^2} - 1\right]\left[Fr_1^2 + 2\right]} \tag{11.39}$$

수두손실과 수력도약이 일어나기 전 비에너지와의 비율은 상류 Froude 수만의 함수이다. 식 (11.39)는 실험으로 잘 검증되는데, 그림 11.15b에 도시한 바와 같다. 그림은 또한 $Fr_1 > 9$일 때, 유입하는 흐름의 기계적 에너지 가운데 70% 이상이 수력도약으로 소산됨을 보여준다. 또한 식 (11.39)를 살펴보면 $Fr_1 = 1$일 때 $H_l = 0$이 되고, $Fr_1 < 1$에 대해서는 H_l이 음이 되는 것을 안다. 실제 유동에서는 항상 H_l이 양의 값이어야 하므로, 이것으로서 **수력도약은 초임계유동에서만 일어날 수 있는 것으로 확인된다. 수력도약 하류 유동은 언제나 아임계 상태이다.** 수력도약의 특성을 예제 11.5에서 결정한다.

예제 11.5 직사각형 수로에서 수력도약

폭이 3 m인 직사각형 수로에서 수력도약이 일어난다. 수력도약이 일어나기 이전 수심은 0.6 m, 이후 수심은 1.6 m이다. (a) 수로에서 유량, (b) 임계수심, (c) 수력도약에서 수두손실을 계산하라.

주어진 자료: 수심이 0.6 m에서 1.6 m로 변화하는 수력도약이 일어나는 직사각형 수로

찾는 자료: 유량, 임계수심 및 수력도약에서 수두손실

풀이: 수심 y_1과 y_2를 Fr의 항으로 나타낸 식 (11.36)을 사용하고, 그다음 Froude 수를 사용하여[식 (11.7)] 유량을 구한다. 식 (11.23)을 사용하여 임계수심을 계산하고, 끝으로 식 (11.38b)로부터 수두손실을 구한다.

지배방정식:

$$\frac{y_2}{y_1} = \frac{1}{2}\left[-1 + \sqrt{1 + 8Fr_1^2}\right] \tag{11.36}$$

$$Fr = \frac{V}{\sqrt{gy}} \tag{11.7}$$

$$y_c = \left[\frac{Q^2}{gb^2}\right]^{1/3} \tag{11.23}$$

$$H_l = \frac{[y_2 - y_1]^3}{4y_1y_2} \tag{11.38b}$$

(a) 식 (11.36)으로부터 Froude 수를 구한다.

$$Fr_1 = \sqrt{\frac{\left(1+2\frac{y_2}{y_1}\right)^2 - 1}{8}}$$

$$= \sqrt{\frac{\left(1+2\times\frac{1.6\text{ m}}{0.6\text{ m}}\right)^2 - 1}{8}}$$

$$Fr_1 = 2.21$$

예상했던 것처럼 $Fr_1 > 1$로 초임계유동이다. 이제 Froude 수의 정의로부터 V_1을 구한다.

$$Fr_1 = \frac{V_1}{\sqrt{gy_1}}$$

이므로 V_1은 다음과 같다.

$$V_1 = Fr_1\sqrt{gy_1} = 2.21 \times \sqrt{\frac{9.81\text{ m}}{\text{s}^2} \times 0.6\text{ m}} = 5.36\text{ m/s}$$

이로부터 유량 Q를 계산한다.

$$Q = by_1V_1 = 3.0\text{ m} \times 0.6\text{ m} \times \frac{5.36\text{ m}}{\text{s}}$$

$$Q = 9.65\text{ m}^3/\text{s} \longleftarrow Q$$

(b) 임계수심은 식 (11.23)으로부터 얻어질 수 있다.

$$y_c = \left[\frac{Q^2}{gb^2}\right]^{1/3}$$

$$= \left(9.65^2\frac{\text{m}^6}{\text{s}^2} \times \frac{\text{s}^2}{9.81\text{ m}} \times \frac{1}{3.0^2\text{ m}^2}\right)^{1/3}$$

$$y_c = 1.02\text{ m} \longleftarrow y_c$$

그림 11.13에 도시된 대로 $y_1 < y_c < y_2$임에 주목하라.

(c) 수두손실은 식 (11.38b)로부터 구해질 수 있다.

$$H_l = \frac{[y_2 - y_1]^3}{4y_1y_2}$$

$$= \frac{1}{4}\frac{[1.6\text{ m} - 0.6\text{ m}]^3}{1.6\text{ m} \times 0.6\text{ m}} = 0.260\text{ m} \longleftarrow H_l$$

결과의 검증 삼아서 에너지 방정식을 직접 사용한다.

$$H_l = E_1 - E_2 = \left(y_1 + \frac{V_1^2}{2g}\right) - \left(y_2 + \frac{V_2^2}{2g}\right)$$

$V_2 = Q/(by_2) = 2.01\ \text{m/s}$를 가지고

$$H_l = \left(0.6\ \text{m} + 5.36^2 \frac{\text{m}^2}{\text{s}^2} \times \frac{1}{2} \times \frac{\text{s}^2}{9.81\ \text{m}}\right) - \left(1.6\ \text{m} + 2.01^2 \frac{\text{m}^2}{\text{s}^2} \times \frac{1}{2} \times \frac{\text{s}^2}{9.81\ \text{m}}\right)$$

$$H_l = 0.258\ \text{m}$$

이 예제는 수력도약에 대한 유량, 임계수심 및 수두손실의 계산을 설명한다.

11.5 정상 균일유동

정상 균일유동은 경사와 단면적이 일정한 수로에 대해 일어나는 유동으로, 그림 11.1 및 11.2가 이러한 종류의 유동의 예를 보여준다. 완전 발달된 유동은 **각기둥형**(*prismatic*) 수로, 즉 경사와 단면적이 일정한 수로에 일정한 수심으로 흐르는 유동이다. 수심 y_n을 **정규수심**(*normal depth*)이라 하고, 이 유동을 **균일유동**(*uniform flow*)이라 칭한다. 따라서 이 장에서 **균일유동**이라 함은 이전 장들에서와 다른 의미를 갖는다. 이전 장들에서는 **유속**이 유동의 **한 단면 위에서** 일정함을 가리킨다. 이 장에서는 그 의미에 덧붙여 특별히 **유동이 모든 단면에서** 동일함을 의미한다. 그러므로 그림 11.16에 나타낸 유동에 대하여 $A_1 = A_2 = A$(단면적), $Q_1 = Q_2 = Q$(유량), $V_1 = V_2 = V$(평균유속 $V = Q/A$), 그리고 $y_1 = y_2 = y_n$(수심)가 성립한다.

다음 가정들을 만들 수 있다.

1. 정상유동
2. 비압축성유동
3. 단면에서 균일한 유속분포
4. 완만한 수심 변화로 인한 정수압 압력분포
5. 바닥면 기울기가 작음
6. $\dot{W}_s = \dot{W}_{\text{shear}} = \dot{W}_{\text{other}} = 0$

가정 **5**는 수심 y는 수직 방향으로, 유속은 수평 방향으로 근사할 수 있음을 의미한다. 연속방정식은 다음과 같이 쓰인다.

$$Q = V_1 A_1 = V_2 A_2 = VA$$

운동량 방정식에 대하여, 다시금 각 단면에서 균일 유속이라는 가정을 가지고 다음과 같은 형태의 x방향 운동량 방정식을 쓸 수 있다.

$$F_x = F_{S_x} + F_{B_x} = \frac{\partial}{\partial t}\int_{\text{CV}} u\rho\, d\forall + \sum_{\text{CS}} u\rho\, \vec{V} \cdot \vec{A} \tag{4.18d}$$

비정상 항 $\partial/\partial t$는 정상유동이므로 사라지고 $V_1 = V_2$이므로 검사 면에 대한 합은 0이 된다. 즉, 우변은 0이 되어 검사체적에 대한 운동량 변화는 없다. 체적력은 $F_{B_x} = W \sin\theta$인데, W는 검사체적 안에 있는 유체 무게이고, θ는 그림 11.16에 나타냈듯이 바닥면 경사이다. 표면력은 ①과 ②에서 두 끝면에 작용하는 정수력과 검사체적의 액체에 접한 면에 작용하는 마찰력 F_f로 구성된다. 그러나 ①과 ②에서 압력분포가 동일하기 때문에 압력힘의 x성분 합력은 0이 된다. 이들 모두를 사용하면 식 (4.18d)는 다음과 같이 된다.

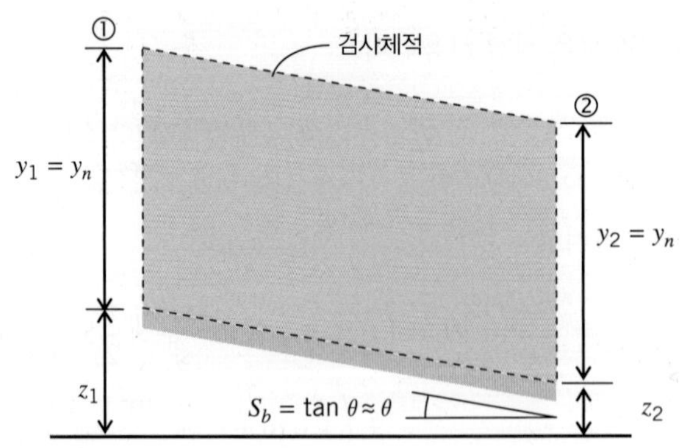

그림 11.16 균일 수로유동에 대한 검사체적.

$$-F_f + W\sin\theta = 0$$

또는 다음과 같이 쓸 수 있다.

$$F_f = W\sin\theta \tag{11.40}$$

정규수심을 갖는 유동에 대하여 유동을 일으키는 중력성분은 수로 벽면에 작용하는 마찰력과 균형을 이루는 것을 알 수 있다. 마찰력은 평균 벽면 전단응력 τ_w와 응력이 작용하는 수로의 접수 표면적 PL (L은 수로 길이)의 곱으로 표현될 수 있다.

$$F_f = \tau_w PL \tag{11.41}$$

중력성분은 다음과 같이 쓸 수 있다.

$$W\sin\theta = \rho gAL\sin\theta \approx \rho gAL\theta \approx \rho gALS_b \tag{11.42}$$

여기서 S_b는 수로 바닥면 기울기이다. 식 (11.41)과 (11.42)를 식 (11.40)에 대입하면

$$\tau_w PL = \rho gALS_b$$

이 되고, 다음과 같이 정리된다.

$$\tau_w = \frac{\rho gAS_b}{P} = \rho gR_hS_b \tag{11.43}$$

여기서 식 (11.1)에서 정의된 수력 반경 $R_h = A/P$가 사용되었다. 9장에서 다음과 같은 표면 마찰계수를 도입했다.

$$C_f = \frac{\tau_w}{\frac{1}{2}\rho V^2} \tag{9.22}$$

이를 식 (11.43)에 대입하면 다음과 같아진다.

$$\frac{1}{2}C_f\rho V^2 = \rho gR_hS_b$$

따라서 V에 대해 풀면 다음을 얻는다.

$$V = \sqrt{\frac{2g}{C_f}}\sqrt{R_hS_b} \tag{11.44}$$

균일유동에 대한 Manning 방정식

식 (11.44)는 유속 V를 수력 반경 R_h와 기울기 S_b, 표면 마찰계수 C_f 의 함수로 나타낸다. 표면 마찰계수는 실험으로나 이론으로 구하기 어려운데, 바닥면 조도, 유체 성질 및 유동 자체에 의해 결정되기 때문이다. 이들을 조합하여 새로운 물리량을 정의한다.

$$C = \sqrt{\frac{2g}{C_f}}$$

따라서 식 (11.44)는 다음과 같아진다.

$$V = C\sqrt{R_h S_b} \tag{11.45}$$

식 (11.45)는 *Chezy* 방정식으로, C는 *Chezy* 계수라 불린다. Manning [10]은 실험으로 C값을 구했는데, 다음 공식을 제안하였다.

$$C = \frac{1}{n}R_h^{1/6} \tag{11.46}$$

여기서 n은 경계면 조도의 유형에 따라 달라지는 조도 계수이다. 대표적인 n값들이 표 11.2에 나열된다. 표에 주어진 값의 범위는 표면 상태의 중요성을 보여주고 있다. 동일한 소재라 하더라도 표면 마감 정도에 따라 n 값은 20~30% 달라진다. 식 (11.46)의 C를 식 (11.45)에 대입하면 정규수심을 갖는 유동의 유속에 대한 *Manning* 방정식이 유도된다.

$$V = \frac{1}{n}R_h^{2/3}S_b^{1/2} \tag{11.47a}$$

표 11.2

대표적인 Manning의 조도 계수들

수로 유형	표면 상태	Manning의 n
비포장 인공 수로	매끈한 지면	0.016 – 0.020
	맨땅	0.018 – 0.022
	자갈	0.022 – 0.030
	바위	0.025 – 0.035
포장된 인공 수로	플라스틱	0.009 – 0.011
	아스팔트	0.013 – 0.016
	콘크리트	0.013 – 0.015
	벽돌	0.014 – 0.017
	나무	0.011 – 0.015
	석축	0.025 – 0.030
	주름진 금속판	0.022 – 0.024
자연 수로	유속이 빠르고 깨끗한 냇물	0.025 – 0.035
	유속이 빠르고 깨끗한 강	0.030 – 0.040
	느리게 흐르는 강	0.040 – 0.080

자료 출처: 참고 문헌 [1], [3], [7], [11], [12]의 데이터

식 (11.47)은 차원 관점에서 일관성이 없기 때문에 오직 SI 단위 체계에서만 유효하다. SI 단위에 대한 Manning 방정식은 다음과 같이 표현된다.

$$Q = \frac{1}{n} A R_h^{2/3} S_b^{1/2} \tag{11.48a}$$

영국 공학 단위로서 유속의 단위가 ft/s, R_h 단위가 ft인 경우, 식 (11.47a)는 다음과 같아진다.

$$V = \frac{1.49}{n} R_h^{2/3} S_b^{1/2} \tag{11.47b}$$

그리고 영국 공학 단위에서 식 (11.48a)는 다음과 같다.

$$Q = \frac{1.49}{n} A R_h^{2/3} S_b^{1/2} \tag{11.48b}$$

여기서 A의 단위는 제곱미터이다. 이러한 공식들은 '공학적' 방정식이기 때문에 사용자는 방정식의 각 항에 요구되는 단위를 알고 있어야 한다.

식 (11.48a)의 변수들 사이 관계는 여러 방법으로 이해될 수 있다. 예를 들어, 그것은 주어진 경사도와 조도의 각기둥형 수로를 흐르는 체적유량이 수로 크기와 형상의 함수라는 것을 보여준다. 이것은 예제 11.6과 11.7에서 설명된다.

예제 11.6 직사각형 수로에서 유량

폭이 2.4 m이고 바닥면 경사가 0.0004 m/m인 직사각형 수로에 수심 0.6 m의 유동이 있다. 정상 균일유동을 가정하여 수로에서 배수량을 구하라. Manning 조도 계수는 $n = 0.015$이다.

주어진 자료: 직사각형 수로의 형상과 수심

찾는 자료: 유량 Q

풀이: 적절한 형태의 Manning 방정식을 사용한다.

지배방정식:

$$Q = \frac{1}{n} A R_h^{2/3} S_b^{1/2} \qquad R_h = \frac{by}{b + 2y} \qquad (\text{표 } 11.1)$$

주어진 데이터와 함께 이 방정식을 사용하면

$$Q = \frac{1}{n} A R_h^{2/3} S_b^{1/2}$$

$$= \left[\frac{1}{0.015} \times (2.4\,\text{m} \times 0.6\,\text{m}) \left(\frac{2.4\,\text{m} \times 0.6\,\text{m}}{2.4\,\text{m} + 2 \times 0.6\,\text{m}}\right)^{2/3} \times \left(0.0004\frac{\text{m}}{\text{m}}\right)^{1/2}\right]$$

$$Q = 1.04\,\text{m}^3/\text{s} \longleftarrow Q$$

이 예제는 Manning 방정식을 사용하여 유량 Q를 구하는 방법을 실증적으로 나타낸다. '공학방정식'이므로 단위가 소거되지 않음에 주목하라.

예제 11.7 두 가지 형상의 수로에서 유량 대 면적 관계

단면이 정사각형이거나 반원형 수로에서 기울기 $S_b = 0.001$로 유체를 운반하는 경우가 고려되고 있다. 수로 벽면에는 콘크리트를 부어서 $n = 0.015$가 된다. 수로에 의하여 운반되는 유량을 최대치수 0.5~2.0 m 사이 구간에서 계산하라. 두 가지의 수로를 주어진 단면적에 대한 유량 관점에서 비교하라.

주어진 자료: 정사각형 수로와 반원형 수로; $S_b = 0.001$이고 $n = 0.015$. 단면 크기는 0.5~2.0 m 사이

찾는 자료: 수로 단면 크기에 따른 유량. 두 수로를 유량 Q 대 단면적 A의 기준으로 비교

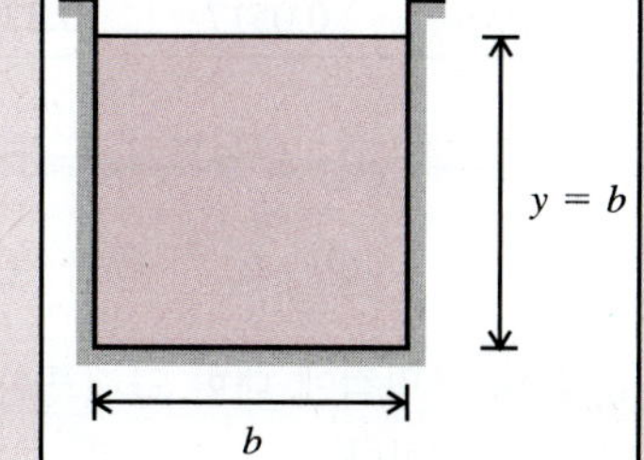

풀이: 적절한 형태의 Manning 방정식을 사용한다. SI 단위에 대한 아래 공식을 식 (11.68a)로 칭한다.

지배방정식:

$$Q = \frac{1}{n} A R_h^{2/3} S_b^{1/2} \tag{11.48a}$$

가정: 정규수심에서 유동

정사각형 수로에 대해서

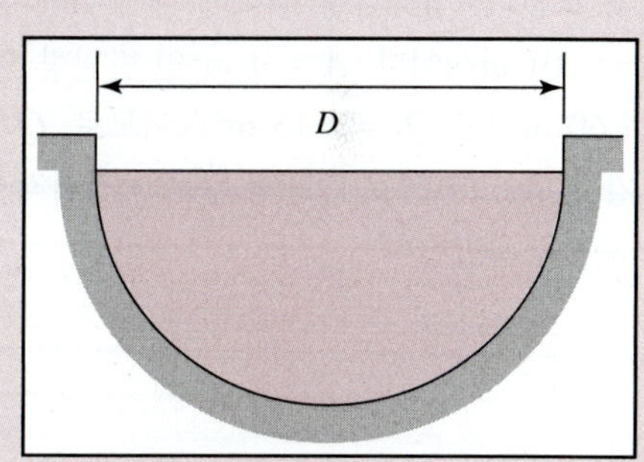

$$P = 3b\text{이고} \quad A = b^2\text{이므로} \quad R_h = \frac{b}{3}$$

이를 식 (11.48)에 사용하면 다음과 같다.

$$Q = \frac{1}{n} A R_h^{2/3} S_b^{1/2} = \frac{1}{n} b^2 \left(\frac{b}{3}\right)^{2/3} S_b^{1/2} = \frac{1}{3^{2/3} n} S_b^{1/2} b^{8/3}$$

$b = 1$ m에 대해 유량은

$$Q = \frac{1}{3^{2/3}(0.015)} (0.001)^{1/2} (1)^{8/3} = 1.01 \text{ m}^3/\text{s} \longleftarrow Q$$

수로 단면 크기 범위에 대하여 유량을 표로 정리하면 다음과 같다.

b (m)	0.5	1.0	1.5	2.0
A (m^2)	0.25	1.00	2.25	4.00
Q (m^3/s)	0.160	1.01	2.99	6.44

반원형 수로에 대해서

$$P = \frac{\pi D}{2} \quad \text{그리고} \quad A = \frac{\pi D^2}{8}$$

$$\text{따라서} \quad R_h = \frac{\pi D^2}{8} \frac{2}{\pi D} = \frac{D}{4}$$

이를 식 (11.48)에 사용하면 다음과 같다.

$$Q = \frac{1}{n} A R_h^{2/3} S_b^{1/2} = \frac{1}{n} \frac{\pi D^2}{8} \left(\frac{D}{4}\right)^{2/3} S_b^{1/2} = \frac{\pi}{4^{5/3}(2) n} S_b^{1/2} D^{8/3}$$

$D = 1$ m에 대해

$$Q=\frac{\pi}{4^{5/3}(2)(0.015)}(0.001)^{1/2}(1)^{8/3}=0.329\ \text{m}^3/\text{s} \longleftarrow Q$$

수로 단면 크기 범위에 대하여 유량을 표로 정리하면 다음과 같다.

D (m)	0.5	1.0	1.5	2.0
A (m^2)	0.0982	0.393	0.884	1.57
Q (m^3/s)	0.0517	0.329	0.969	2.09

두 수로 모두 $A \sim L^2$이므로, 유량은 다음과 같이 변화한다.

$$Q \sim L^{8/3} \quad \text{또는} \quad Q \sim A^{4/3}$$

유량 대 단면적에 대한 그래프를 보면 반원형 수로가 좀 더 '효율적'이다.

두 수로의 성능은 임의의 특정한 면적에서도 비교될지 모른다. 정사각형 수로에 대해 $A = 1$ m^{2}에서 $Q/A = 1.01$ m/s이다. $A = 1$ m^{2}인 반원형 수로에 대해 $D = 1.60$ m이고 $Q = 1.15$ m^3/s이므로, $Q/A = 1.15$ m/s가 된다. 그러므로 반원형 수로가 정사각형 수로보다 단위 단면적당 약 14% 더 많은 유량을 운반한다.

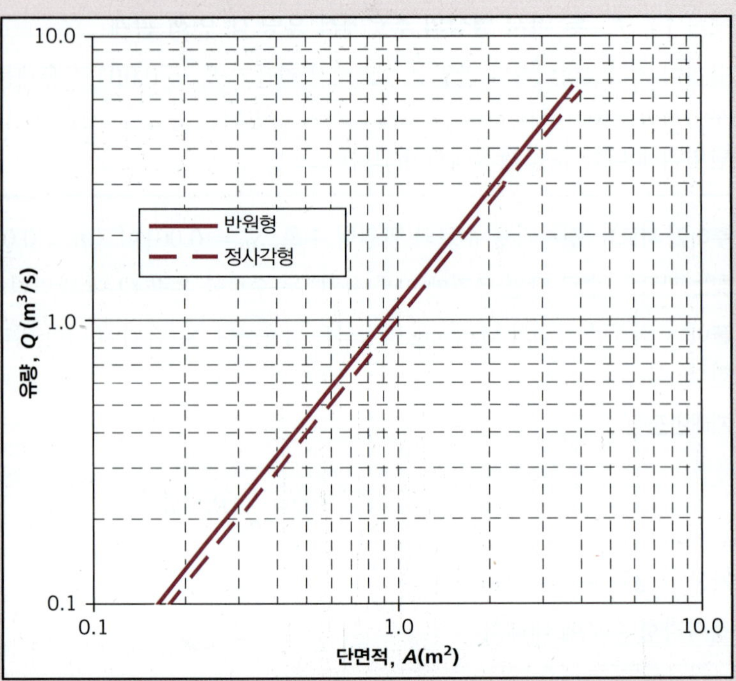

단면적의 비교는 수로를 건설하기 위하여 요구되는 굴착량 계산에 있어 중요하다. 수로 형상은 둘레 길이 관점에서도 비교할 수 있는데, 둘레 길이는 수로를 포장하는 데 필요한 콘크리트의 양을 가리키기 때문이다.

식 (11.48)은 정규유동에 대하여 유량은 수로 단면적 크기 및 형상에 좌우됨을 의미한다. 주어진 기울기 및 조도의 각기둥형 수로를 흐르는 정해진 유량에 대하여 균일유동의 수심은 수로 크기와 형상, 게다가 기울기의 함수임을 보여준다. 유량이 주어질 때 균일유동에 대한 수심은 한 가지만 존재한다. 이는 임계수심보다 크거나 작거나 혹은 같을지 모른다. 이 점은 예제 11.8과 11.9에서 설명된다.

예제 11.8 직사각형 수로에서 정상수심

예제 11.6에 서술된 수로에서 유량이 100 cfs일 때 (균일유동에 대한) 정규수심을 결정하라.

주어진 자료: 예제 11.6의 직사각형 수로에 관한 형상 정보

찾는 자료: 유량 $Q = 2.83$ m^3/s에 대한 정규수심

풀이: 적절한 형태의 Manning 방정식을 사용한다. 영국식 단위에 대한 아래 공식을 식 (11.48b)로 칭한다.

지배방정식:

$$Q=\frac{1.49}{n}AR_h^{2/3}S_b^{1/2} \qquad R_h=\frac{by_n}{b+2y_n} \ \text{표 (11.1)}$$

이들 방정식을 결합하면 다음과 같아진다.

$$Q = \frac{1.49}{n} A R_h^{2/3} S_b^{1/2} = \frac{1.49}{n}(b y_n)\left(\frac{b y_n}{b + 2y_n}\right)^{2/3} S_b^{1/2}$$

따라서 다음과 같이 재배열한 후

$$\left(\frac{Qn}{1.49 b^{5/3} S_b^{1/2}}\right)^3 (b + 2y_n)^2 = y_n^5$$

$Q = 2.83\ \mathrm{m^3/s}$, $n = 0.015$, $b = 2.4$ m 및 $S_b = 0.0004$를 대입하고 단순화하면(이 공식은 '공학적 방정식'이라 단위 없이 숫자만 대입함을 기억하라),

$$0.48(8 + 2y_n)^2 = y_n^5$$

이 된다. 이 비선형 방정식을 Newton-Raphson 방법과 같은 (혹은 계산기의 해를 구하는 기능 혹은 *Excel*의 *Goal Seek* 또는 *Solver* 기능이 더욱 좋다!) 수치적 방법으로 y_n에 대해 풀어서 다음을 구한다.

$$y_n = 1.232\ \mathrm{m} \longleftarrow y_n$$

해는 5개지만, 그 가운데 나머지 4개는 복소수라서 수학적으로는 맞지만 물리적으로는 의미 없음에 주목하라.

- 이 예제는 Manning 방정식을 사용하여 정규수심을 찾는 방법을 나타낸다.
- 이 비교적 단순한 물리적 문제는 여전히 비선형 대수방정식의 해를 수반했다.

이 문제에 대한 *Excel* 워크북은 유사한 문제를 푸는 데 사용될 수 있다.

예제 11.9 용수로 크기의 결정

목재를 이용하여 지표면에 건설된 용수로가 산의 호수에서 작은 수력 발전소까지 물을 운반한다. 물의 유량은 $Q = 2\ \mathrm{m^3/s}$이고, 기울기는 $S_b = 0.002$이며 $n = 0.013$이다. (a) $y/b = 0.5$인 직사각형 단면, (b) 정삼각형 단면에 대해 용수로 단면의 크기를 평가하라.

주어진 자료: 목재로 제작되는 용수로, $S_b = 0.002$, $n = 0.013$ 그리고 $Q = 2\ \mathrm{m^3/s}$

찾는 자료: 다음에 대해 필요한 용수로 크기:

(a) $y/b = 0.5$인 직사각형 단면

(b) 정삼각형 단면

풀이: 용수로가 길기 때문에 유동은 균일하며, 정규수심이라고 가정하라. 그러면 식 (11.48a)가 적용된다.

지배방정식:

$$Q = \frac{1}{n} A R_h^{2/3} S_b^{1/2} \tag{11.48a}$$

수로 형상을 선택하면 R_h와 A 사이 관계가 결정된다. 따라서 식 (11.48a)을 정규수심 y_n에 대하여 풀고, 필요한 수로 단면 크기를 결정한다.

(a) 직사각형 단면

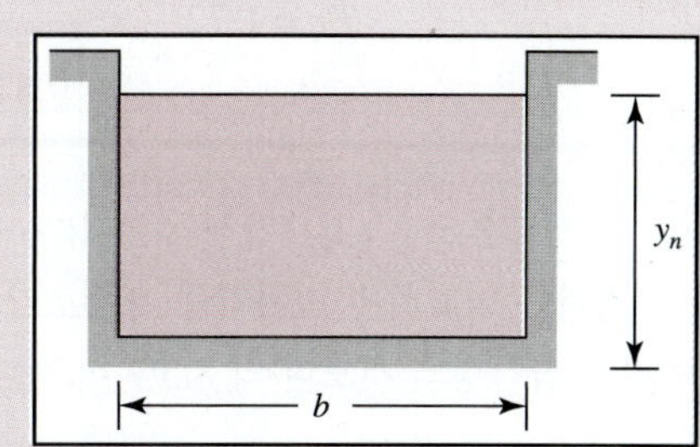

$P = 2y_n + b$; $y_n/b = 0.5$ 따라서 $b = 2y_n$

$P = 2y_n + 2y_n = 4y_n \quad A = y_n b = y_n(2y_n) = 2y_n^2$

따라서 $R_h = \dfrac{A}{P} = \dfrac{2y_n^2}{4y_n} = 0.5y_n$

이것을 식 (11.48a)에 대입한다.

$$Q=\frac{1}{n}AR_h^{2/3}S_b^{1/2}=\frac{1}{n}(2y_n^2)(0.5y_n)^{2/3}S_b^{1/2}=\frac{2(0.5)^{2/3}}{n}y_n^{8/3}S_b^{1/2}$$

y_n에 대하여 풀면

$$y_n=\left[\frac{nQ}{2(0.5)^{2/3}S_b^{1/2}}\right]^{3/8}=\left[\frac{0.013(2.00)}{2(0.5)^{2/3}(0.002)^{1/2}}\right]^{3/8}=0.748\text{ m}$$

를 얻는다. 필요한 직사각형 수로에 대한 크기는 다음과 같다.

$$y_n=0.748\text{ m}\quad A=1.12\text{ m}^2$$
$$b=1.50\text{ m}\quad p=3.00\text{ m}$$

용수로 크기

(b) 정삼각형 단면

$$P=2s=\frac{2y_n}{\cos 30°}\qquad A=\frac{y_n s}{2}=\frac{y_n^2}{2\cos 30°}$$

따라서 $R_h=\dfrac{A}{P}=\dfrac{y_n}{4}$

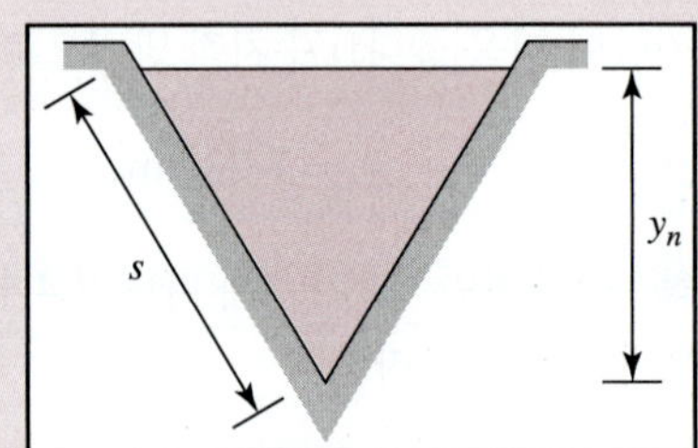

이것을 식 (11.48a)에 대입한다.

$$Q=\frac{1}{n}AR_h^{2/3}S_b^{1/2}=\frac{1}{n}\left(\frac{y_n^2}{2\cos 30°}\right)\left(\frac{y_n}{4}\right)^{2/3}S_b^{1/2}=\frac{1}{2\cos 30°(4)^{2/3}n}y_n^{8/3}S_b^{1/2}$$

y_n에 대하여 풀면

$$y_n=\left[\frac{2\cos 30°(4)^{2/3}nQ}{S_b^{1/2}}\right]^{3/8}=\left[\frac{2\cos 30°(4)^{2/3}(0.013)(2.00)}{(0.002)^{1/2}}\right]^{3/8}=1.42\text{ m}$$

를 얻는다. 필요한 정삼각형 수로에 대한 크기는 다음과 같다.

$$y_n=1.42\text{ m}\quad A=1.16\text{ m}^2$$
$$b_s=1.64\text{ m}\quad p=3.28\text{ m}$$

용수로 크기

정삼각형 수로에 대하여 다음과 같이 구해짐에 주목하라.

$$V=\frac{Q}{A}=2.0\frac{\text{m}^3}{\text{s}}\times\frac{1}{1.16\text{ m}^2}=1.72\text{ m/s}$$

그리고 다음과 같다.

$$Fr=\frac{V}{\sqrt{gy_h}}=\frac{V}{\sqrt{gA/b_s}}$$
$$Fr=1.72\frac{\text{m}}{\text{s}}\times\frac{1}{\left[9.81\frac{\text{m}}{\text{s}^2}\times 1.16\text{ m}^2\times\frac{1}{1.64\text{ m}}\right]^{1/2}}=0.653$$

즉, 이 정규유동은 (직사각형 수로 유동과 마찬가지로) 아임계유동이다.

결과를 비교하면 직사각형 용수로가 더 저렴하게 건설될 수 있는데, 직사각형의 둘레 길이가 정삼각형의 것보다 약 8.5% 더 적다.

이 예제는 수로 단면 형상이 설정된 바닥 기울기 및 조도 계수에서 주어진 유량을 수송하는 데 필요한 크기에 미치는 영향을 설명한다. 명시된 S_b와 n에서 유동은 Q에 의존하여 아임계, 임계 혹은 초임계 상태가 될지 모른다.

균일유동에 대한 에너지 방정식

정규유동에 대한 논의를 완성하기 위하여 에너지 방정식을 고려한다. 에너지 방정식은 11.2절에서 아래와 같이 유도된 바 있다.

$$\frac{V_1^2}{2g} + y_1 + z_1 = \frac{V_2^2}{2g} + y_2 + z_2 + H_l \tag{11.10}$$

이 경우에 $V_1 = V_2 = V$ 및 $y_1 = y_2 = y_n$를 적용하면 다음과 같아진다.

$$z_1 = z_2 + H_l$$

또는 다음과 같이 표현된다.

$$H_l = z_1 - z_2 = LS_b \tag{11.49}$$

여기서 S_b는 바닥면의 기울기이고, L은 지점 ①과 ② 사이 거리이다. 따라서 정규수심을 갖는 유동에 대해서 마찰에 의한 수두손실은 바닥면의 높이 변화와 동일함을 안다. 비에너지 E는 모든 단면에서 동일하다.

$$E = E_1 = \frac{V_1^2}{2g} + y_1 = E_2 = \frac{V_2^2}{2g} + y = \text{일정}$$

에너지구배선(energy grade line, EGL)과 수력구배선(hydraulic grade line, HGL)을 계산한다. 6.4절로부터

$$EGL = \frac{p}{\rho g} + \frac{V^2}{2g} + z_{\text{total}} \tag{6.16b}$$

그리고

$$HGL = \frac{p}{\rho g} + z_{\text{total}} \tag{6.16c}$$

$z_{\text{total}} = z + y$에서, 즉 자유표면 위 임의 지점에서

$$EGL = \frac{V^2}{2g} + z + y \tag{11.50}$$

이고

$$HGL = z + y \tag{11.51}$$

이 성립한다. 따라서 식 (11.50)과 (11.51)을 지점 ①과 ② 사이에 사용하면 다음과 같이 된다.

$$EGL_1 - EGL_2 = H_l = z_1 - z_2$$

그리고 ($V_1 = V_2$이므로) 다음도 성립한다.

$$HGL_1 - HGL_2 = H_l = z_1 - z_2$$

정규수심을 갖는 유동에 대해서 에너지구배선과 수력구배선, 그리고 수로 바닥면은 모두 평행이다. 그림 11.17은 에너지구배선, 수력구배선 및 비에너지의 경향을 보여준다.

최적 수로 단면

주어진 기울기와 조도에 대해서 최적 수로 단면은 주어진 유량에 대해 수로가 가장 작아지는 단면이다. 이

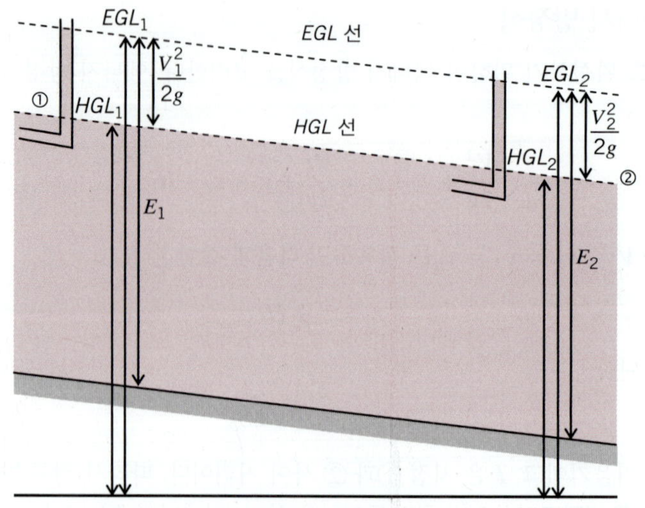

그림 11.17 균일유동에 대한 에너지구배선, 수력구배선 및 비에너지.

것은 Q/A가 최대가 됐을 때이다. 식 (11.48a)로부터 다음과 같이 쓸 수 있다.

$$\frac{Q}{A} = \frac{1}{n} R_h^{2/3} S_b^{1/2} \tag{11.52}$$

즉, 최적 단면은 수력 반경 R_h가 최대가 된다. $R_h = A/P$이므로 R_h는 접수 주변 P가 최소가 될 때 최대가 된다. 식 (11.52)를 A에 대하여 풀면($R_h = A/P$을 대입) 다음을 얻는다.

$$A = \left[\frac{nQ}{S_b^{1/2}}\right]^{3/5} P^{2/5} \tag{11.53}$$

식 (11.53)으로부터, 접수 주변이 최소일 때 유로면적은 최소가 된다.

접수 주변 P는 수로 단면 형상의 함수이다. 주어진 각기둥형 수로 형상(직사각형, 사다리꼴, 삼각형, 원형 등)마다 수로 단면이 최적화될 수 있다. 보편적인 수로 형상에 대한 최적 단면을 증명 없이 표 11.3에 표시한다.

주어진 수로 형상에 대하여 최적 단면이 결정되면, 식 (11.48a)로부터 정규깊이 y_n, 단면적 A를 유량의 함수로 표현할 수 있다. 이들 식이 표 11.3에 포함된다.

11.6 수심이 점진적으로 변화하는 유동

대부분의 인공 수로는 균일유동을 갖도록 설계된다. 그러나 여러 가지 이유로 수심과 속도 등이 수로를 따라 변하는 불균일유동이 만들어질 수 있다. 그 예는 개수로 유동이 바닥면 기울기, 형상, 조도의 변화를 만나거나 또는 상류 변화를 겪은 이후 다시 정규수심으로 돌아가면서 조정되는 경우이다. 수력도약과 같은 급격하고 국부적인 변화에 대해서는 이미 학습하였고, 여기서는 유동 수심이 점진적으로 변화한다고 가정한다. 수심이 점진적으로 변화하는 유동은 미소 검사체적에 에너지 방정식을 적용하여 해석된다. 그 결과는 수심 변화와 유동 방향의 거리 사이의 관계를 정의하는 미분방정식이다. **단면의 속도와 수력 반경을 사용하여 각 단면에서 수두손실을 정규수심 유동에 대한 수두손실과 같다고 근사하면**, 이 미분방정식은 해석적 혹은 보다 보편적으로는 수치적으로 풀릴지 모른다. 수심과 수로 바닥면 높이는 천천히 변화한다고 가정된다. 정규수심 유동과 마찬가지로 유속은 균일하다고 가정되고, 압력분포는 각 단면에서 정수압이라고 가정된다.

개수로 유동에 대한 에너지 방정식[식 (11.10)]은 11.2절에서 유한 크기의 검사체적에 적용되었다.

$$\frac{V_1^2}{2g} + y_1 + z_1 = \frac{V_2^2}{2g} + y_2 + z_2 + H_l \tag{11.10}$$

표 11.3

개수로 단면 형상의 성질(SI 단위)

형상	단면	최적 형상	정규수심, y_n	단면적, A
사다리꼴		$\alpha = 60°$ $b = \frac{2}{\sqrt{3}} y_n$	$0.968 \left[\frac{Qn}{S_b^{1/2}}\right]^{3/8}$	$1.622 \left[\frac{Qn}{S_b^{1/2}}\right]^{3/4}$
직사각형		$b = 2y_n$	$0.917 \left[\frac{Qn}{S_b^{1/2}}\right]^{3/8}$	$1.682 \left[\frac{Qn}{S_b^{1/2}}\right]^{3/4}$
삼각형		$\alpha = 45°$	$1.297 \left[\frac{Qn}{S_b^{1/2}}\right]^{3/8}$	$1.682 \left[\frac{Qn}{S_b^{1/2}}\right]^{3/4}$
광폭 평면	$b >> y$	None	$1.00 \left[\frac{(Q/b)n}{S_b^{1/2}}\right]^{3/8}$	—
원형		$D = 2y_n$	$1.00 \left[\frac{Qn}{S_b^{1/2}}\right]^{3/8}$	$1.583 \left[\frac{Qn}{S_b^{1/2}}\right]^{3/4}$

이 방정식을 그림 11.18에 주어진 길이 dx인 미소 검사체적에 적용한다. 앞 절의 균일유동과는 달리 **에너지구배선, 수력구배선과 수로 바닥면은 모두 기울기가 다르다는 점에 주목하라!**

에너지 방정식은 다음과 같이 쓰인다.

$$\frac{V^2}{2g} + y + z = \frac{V^2}{2g} + d\left(\frac{V^2}{2g}\right) + y + dy + z + dz + dH_l$$

또는 단순화하고 항을 재배치하면 다음과 같다.

$$-d\left(\frac{V^2}{2g}\right) - dy - dz = dH_l \tag{11.54}$$

이는 놀랍지 않은데, 기계적 에너지의 미소 손실은 미소 수두손실과 같다. 수로 형상으로부터

$$dz = -S_b dx \tag{11.55}$$

이 미소 수두손실은 동일한 단면 유량 Q에서 균일유동이 갖게 되는 수두손실과 거의 같다고 역시 근사화했었다. 따라서 미소 수두손실은 다음과 같이 근사되는데

$$dH_l = S dx \tag{11.56}$$

여기서 S는 EGL의 기울기(그림 11.18 참조)이다. 식 (11.55)와 (11.56)을 식 (11.54)에 대입하고 양변을

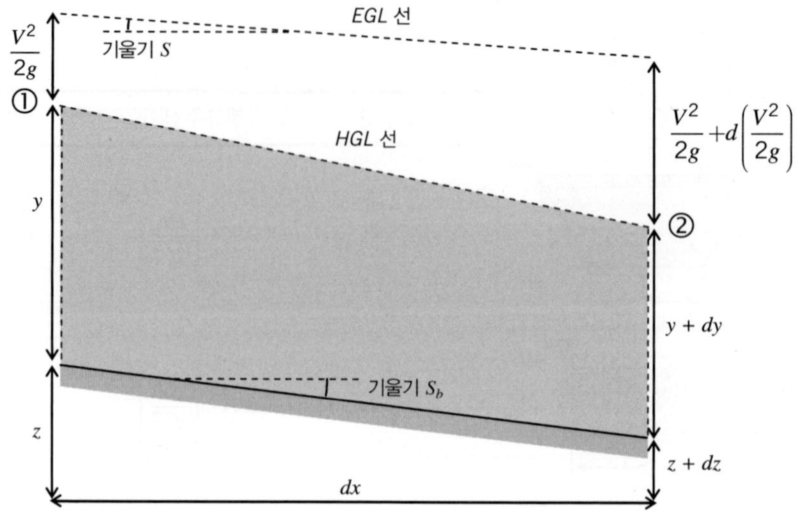

그림 11.18 점진변화 유동의 에너지 해석을 위한 검사체적.

dx로 나눈 다음 재배치하여 다음 식을 얻는다.

$$\frac{d}{dx}\left(\frac{V^2}{2g}\right)+\frac{dy}{dx}=S_b-S \tag{11.57}$$

속도 도함수를 제거하기 위하여 연속방정식 $Q = VA =$ 일정을 미분해서 다음을 얻는다.

$$\frac{dQ}{dx}=0=A\frac{dV}{dx}+V\frac{dA}{dx}$$

또는

$$\frac{dV}{dx}=-\frac{V}{A}\frac{dA}{dx}=-\frac{Vb_s}{A}\frac{dy}{dx} \tag{11.58}$$

과 같다. 여기서 $dA = b_s dy$[식 (11.17)]을 사용하였는데, b_s는 자유표면에서 수로 폭이다. 식 (11.58)을 식 (11.57)에 대입하고 재배열하면

$$\frac{d}{dx}\left(\frac{V^2}{2g}\right)+\frac{dy}{dx}=\frac{V}{g}\frac{dV}{dx}+\frac{dy}{dx}=-\frac{V^2b_s}{gA}\frac{dy}{dx}+\frac{dy}{dx}=S_b-S \tag{11.59}$$

가 된다. 다음으로 아래 식과 같이 정리됨을 안다.

$$\frac{V^2b_s}{gA}=\frac{V^2}{g\dfrac{A}{b_s}}=\frac{V^2}{gy_h}=Fr^2$$

여기서 y_h는 수리수심[식 (11.2)]이다. 이를 식 (11.59)에 사용하면 마지막으로 원하는 형태인 **점진변화 유동**(*gradually varying flow*)**에 대한 에너지 방정식**을 얻는다.

$$\frac{dy}{dx}=\frac{S_b-S}{1-Fr^2} \tag{11.60}$$

이 방정식은 유동의 수심 y가 어떻게 변화하는지를 나타낸다. 유동이 깊어지는지($dy/dx > 0$) 혹은 얕아지는지($dy/dx < 0$)는 우변의 부호에 따라 결정된다. 예를 들어 수평단면을 갖는 수로를 생각하면($S_b = 0$) 다음과 같다.

$$\frac{dy}{dx} = -\frac{S}{1 - Fr^2}$$

마찰로 인하여 EGL은 항상 감소하기 때문에 $S > 0$이다. 만일 접근유동이 아임계($Fr < 1$)이면 수심은 점진적으로 줄어든다($dy/dx < 0$). 접근유동이 초임계($Fr > 1$)이면 수심은 점진적으로 늘어난다($dy/dx > 0$). 또한 임계유동($Fr = 1$)에 대하여 방정식은 특이점을 갖는데, 점진적인 변화는 더 이상 유지될 수 없다.

표면 형상의 계산

식 (11.60)은 자유표면 형상 $y(x)$를 푸는 데 사용될 수 있다. 바닥면 기울기 S_b, 국소 Froude 수 Fr, 그리고 유량 Q에서 균일유동에 등가인 EGL 기울기 S가 일반적으로 위치 x의 함수로 변화하기 때문에 풀기 어렵다. S에 대해서 11.5절의 결과를 사용하는데, 특히 다음 공식을 이용한다.

$$Q = \frac{1}{n} A R_h^{2/3} S^{1/2} \tag{11.48a}$$

식 (11.48)에서 S_b보다는 S가 사용되었는데, 이는 유량 Q를 갖는 균일유동에 대한 S의 등가값을 얻기 위하여 이 방정식을 사용하기 때문이다! S에 대하여 풀면 다음과 같다.

$$S = \frac{n^2 Q^2}{A^2 R_h^{4/3}} \tag{11.61a}$$

Froude 수도 Q의 함수로 표현할 수 있다.

$$Fr = \frac{V}{\sqrt{g y_h}} = \frac{Q}{A\sqrt{g y_h}} \tag{11.62}$$

식 (11.61a)와 (11.62)를 식 (11.60)에 대입하여 다음을 얻는다.

$$\frac{dy}{dx} = \frac{S_b - S}{1 - Fr^2} = \frac{S_b - \dfrac{n^2 Q^2}{A^2 R_h^{4/3}}}{1 - \dfrac{Q^2}{A^2 g y_h}} \tag{11.63a}$$

주어진 수로(기울기 S_b, 조도 계수 n, 둘 다 x에 따라 변함)와 유량 Q, 유로면적 A, 수력 반경 R_h와 수리수심 y_h가 모두 수심 y의 함수이다(11.1절 참조). 그러므로 식 (11.63)은 적절한 수치 적분방법을 사용하여 일반적으로 가장 잘 풀린다. 예제 11.10은 가장 단순한 경우인 직사각형 수로에 대한 그러한 계산을 보여준다.

예제 11.10 자유표면 형상의 계산

폭이 5 m인 직사각형 단면, $n = 0.015$인 마감이 안 된 콘크리트 표면으로 만든 수로에 물이 흐른다. 긴 거리 동안 일정한 기울기 $S_b = 0.020$을 유지한다. 한 단면에서 수심은 $y_1 = 1.5$ m, 속도는 $V_1 = 4.0$ m/s이다. 수로의 처음 100 m 구간에서 자유표면의 형상을 계산하고 그려라. 그리고 최종 수심을 구하라.

주어진 자료: 직사각형 수로에서 물 유동

찾는 자료: 자유표면 형상의 그림 및 100 m에서 수심

풀이: 유동 수심에 대한 적당한 형태의 방정식인 식 (11.63a)를 사용하라.

지배방정식:

$$\frac{dy}{dx}=\frac{S_b-S}{1-Fr^2}=\frac{S_b-\dfrac{n^2Q^2}{A^2R_h^{4/3}}}{1-\dfrac{Q^2}{A^2gy_h}} \tag{11.63a}$$

Euler 방법(5.5절 참조)을 사용하여 미분방정식을 차분방정식으로 변환한다. 이 방식에서 미분은 다음과 같이 차분으로 변환된다.

$$\frac{dy}{dx}\approx\frac{\Delta y}{\Delta x} \tag{1}$$

여기서 Δx와 Δy는 각각 x와 y에서 작지만 유한한 크기의 변화량이다. 식 (11.63a)와 식 (1)을 결합하고 재배열하면 다음과 같아진다.

$$\Delta y=\Delta x\left(\frac{S_b-\dfrac{n^2Q^2}{A^2R_h^{4/3}}}{1-\dfrac{Q^2}{A^2gy_h}}\right)$$

마지막으로 $\Delta y = y_{i+1} - y_i$으로 놓는데, 여기서 y_i와 y_{i+1}은 i번째 지점과 Δx 하류 $(i + 1)$번째 지점에서 수심이다.

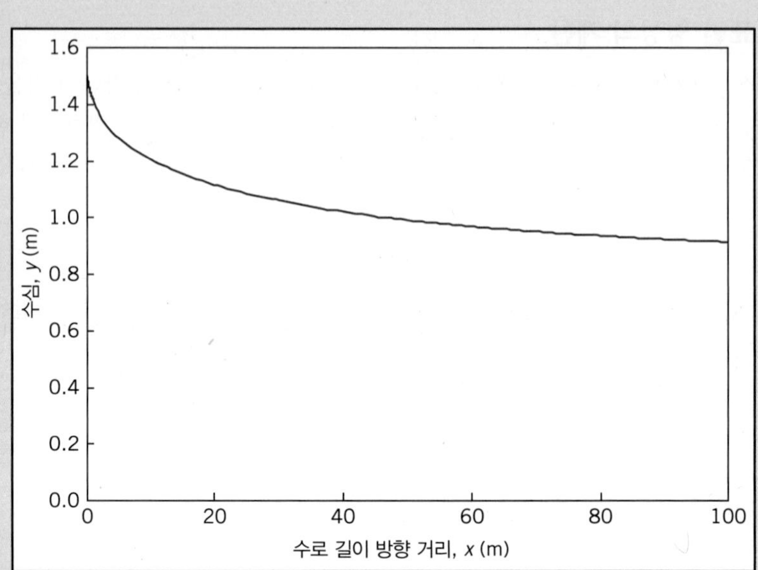

$$y_{i+1}=y_i+\Delta x\left(\frac{S_{b_i}-\dfrac{n_i^2Q^2}{A_i^2R_{h_i}^{4/3}}}{1-\dfrac{Q^2}{A_i^2gy_{h_i}}}\right) \tag{2}$$

식 (2)는 i번째 지점에서 데이터를 가지고 y_{i+1}를 계산한다. 이 예제에서 S_b와 n은 일정하지만 A, R_h와 y_h가 당연히 수심 y의 함수이므로 x에 대하여 변화한다. 직사각형 수로에 대하여 다음을 얻는다.

$$A_i=by_i$$

$$R_{h_i}=\frac{by_i}{b+2y_i}$$

$$y_{h_i}=\frac{A_i}{b_s}=\frac{A_i}{b}=\frac{by_i}{b_s}=y_i$$

이 계산은 편리하게 수행되고 결과는 *Excel*을 이용하여 플롯된다. 표에 일부 결과가 보이는데, 초기 1 m 동안 수심이 급격히 변화함에 주목하라. 증분크기는 Δx = 0.05이다.

i	x (m)	y (m)	A (m^2)	R_h (m)	y_h (m)
1	0.00	1.500	7.500	0.938	1.500
2	0.05	1.491	7.454	0.934	1.491
3	0.10	1.483	7.417	0.931	1.483
4	0.15	1.477	7.385	0.928	1.477
5	0.20	1.471	7.356	0.926	1.471
⋮	⋮	⋮	⋮	⋮	⋮
118	98	0.916	4.580	0.670	0.916
119	99	0.915	4.576	0.670	0.915
120	100	0.914	4.571	0.669	0.914

$x = 100$ m에서 수심은 0.914 m이다.

$$y(100\text{ m}) = 0.914\text{ m} \leftarrow y(100\text{ m})$$

(예제 11.8의 해법을 따르면) 이 유동에 대한 정규수심은 $y_n = 0.858$ m이다. 수심은 점근적으로 이 값에 접근하고 있다. 일반적으로 이는 여러 가지 가능성 중 하나인데, 초기수심과 수로 특성 값(기울기와 조도)에 의존한다. 유동은 정규깊이에 접근하거나 점점 더 깊어지거나 또는 궁극적으로 얕아질지 모르며 수력도약을 경험할지도 모른다.

얻은 결과의 정확성은 명백히 사용된 수치 모델에 달려 있는데, 예를 들어 더욱 정확한 모델은 RK4 방법이다. 또한 처음 1 m 정도에 대하여 수심에 급격한 변화가 있는데, 이는 몇 가지 가정, 예를 들면 균일유동이나 정수압에 대한 의문을 불러일으킨다.

11.7 위어를 사용한 유량 측정

위어(*weir*)는 유동 방향에 수직하게 설치하는 장치이다. 위어는 본질적으로 물을 막는 것이므로 위어를 넘어갈 때 물은 임계 깊이를 통과한다. 위어는 오랜 세월 동안 개수로 유동에서 유량을 측정하기 위하여 사용되어 왔다. 위어는 일반적으로 **뾰족봉우리 위어**(*sharp-crested weir*)와 **넓은봉우리 위어**(*broad-crested weir*)로 분류될 수 있다. 위어는 Bos [13], Brater [14] 및 Replogle [15]에 상세히 논의된다.

뾰족봉우리 위어는 기본적으로 유동에 수직으로 설치된 얇은 판이며, 판의 꼭대기에 경사진 뾰족봉우리가 있어서 판으로부터 넘쳐흐르는 수맥(nappe)을 뚜렷하게 만든다(그림 11.19 참조).

유량은 보통 뾰족봉우리로부터 일정 거리 상류에 있는 정수정(stilling well)에서 수두를 측정하여 결정된다(그림 11.20 참조).

직사각형 축면 위어

이 뾰족봉우리 위어는 폭이 수로와 같고, 수맥의 폭과 봉우리의 폭이 같다. 그림 11.20을 참조하면서 요소 면적 $dA = bdh$를 고려하고 속도는 $V = \sqrt{2gh}$로 가정하라. 그러면 요소를 흐르는 유량은

$$dQ = bdh\sqrt{2gh} = b\sqrt{2g}h^{1/2}dh$$

이다. 유량은 이 식을 위어 봉우리 위 면적에 대해 적분하여 다음과 같이 표현된다.

$$Q = \int_0^H dQ = \sqrt{2g}b\int_0^H h^{1/2}dh = \frac{2}{3}\sqrt{2g}bH^{3/2} \tag{11.64}$$

식 (11.64)를 유도하면서 마찰효과는 무시되었다. 그림 11.19에 보인 수위 저하(drawdown) 효과와 물마루 축소로 인하여 유선들은 평면 안에 있는 면에 평행하지도 수직하지도 않다. 이런 효과들을 고려하기 위하여 유량계수(coefficient of discharge) C_d를 사용하여 유량을 구한다.

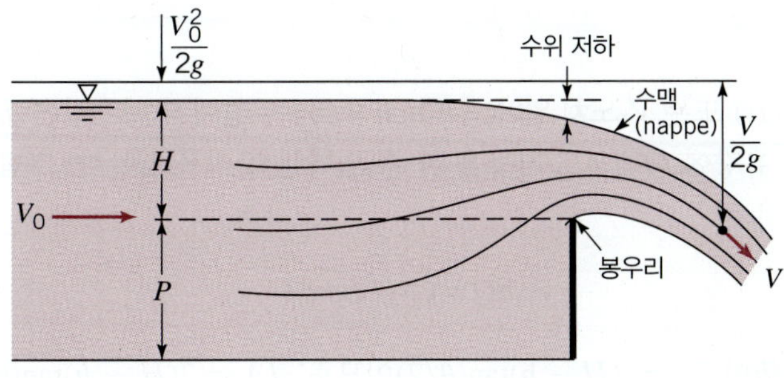

그림 11.19 뾰족봉우리 위어를 넘는 유동.

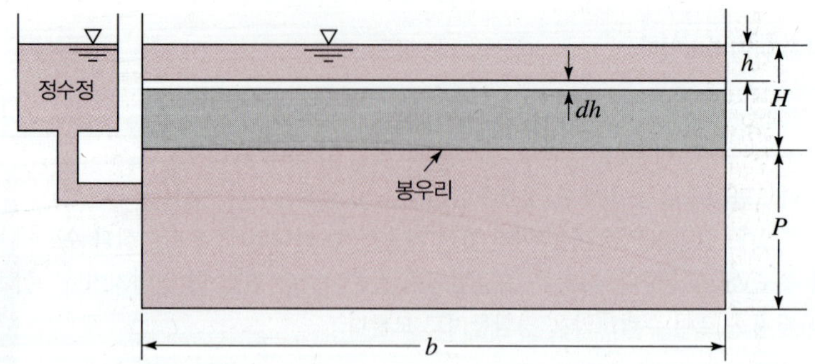

그림 11.20 끝 수축이 없는 직사각형 뾰족봉우리 위어.

$$Q = C_d \frac{2}{3}\sqrt{2g} b H^{3/2}$$

여기서 C_d는 약 0.62이다. 이것이 직사각형 축면 위어의 기본식이며, 더 일반적으로

$$Q = C_w b H^{3/2} \tag{11.65}$$

와 같이 표현될 수 있다. 여기서 C_w는 위어계수이고, $C_w = \frac{2}{3}C_d\sqrt{2g}$ 이다. SI 단위계에서 $C_w \approx 1.84$이다.

만약 H를 측정하는 곳에서 접근속도 V_a가 측정 가능하면 적분 한계를 다음과 같이 바꾼다.

$$Q = \sqrt{2g}\, b \int_{V_a^2/2g}^{H + V_a^2/2g} h^{1/2} dh = C_w b \left[\left(H + \frac{V_a^2}{2g} \right)^{3/2} - \left(\frac{V_a^2}{2g} \right)^{3/2} \right] \tag{11.66}$$

$(V_a^2/2g)^{3/2} \approx 0$일 때, 식 (11.66)은 다음과 같이 간단하게 될 수 있다.

$$Q = C_w b \left(H + \frac{V_a^2}{2g} \right)^{3/2} \tag{11.67}$$

수축 직사각형 위어

수축 직사각형 위어(*contracted rectangular weir*)는 수로의 폭보다 윗부분이 짧고 하나 또는 두 개의 경사진 끝 단면을 가지면서 물이 수평과 수직 양쪽으로 수축되는 또 다른 뾰족봉우리 위어이다. 이로 인해 수맥의 폭이 b보다 줄어든다. 뾰족봉우리의 유효 길이는

$$b' = b - 0.1\, nH$$

이다. 여기서 위어가 수로의 한쪽 측벽에 설치되어 한쪽의 수축이 없다면 $n = 1$이고, 위어가 측벽에 기대어 설치되지 않으면 $n = 2$이다.

삼각 위어

삼각 위어(*triangular weir*) 또는 V-노치 위어(*V-notch weir*)는 상대적으로 적은 유량에 사용되는 뾰족봉우리 위어지만, 꽤 많은 유량에 대해서도 기능을 할 수 있다는 장점을 갖는다. 그림 11.21을 참조하면, 요소면적 dA를 통한 유량은

$$dQ = C_d \sqrt{2gh}\, dA$$

이다. 여기서 $dA = 2x dh$이고 $x = (H - \mathrm{h})\tan(\theta/2)$이므로, $dA = 2(H - h)\tan(\theta/2)dh$이다. 그러면

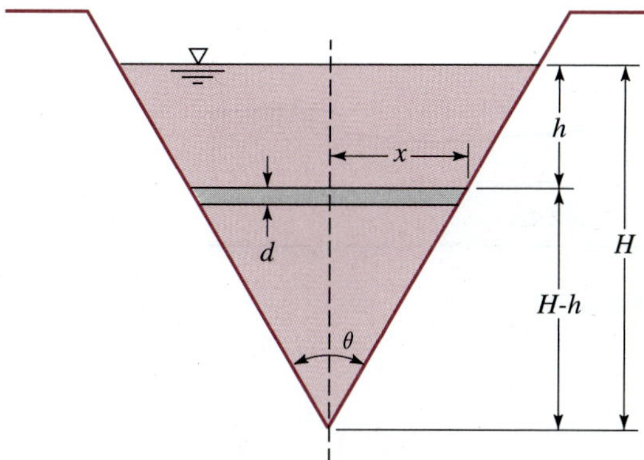

그림 11.21 삼각 뾰족봉우리 위어.

$$dQ = C_d\sqrt{2gh}\left[2(H-h)\tan\left(\frac{\theta}{2}\right)dh\right]$$

이고,

$$\begin{aligned}
Q &= C_d 2\sqrt{2g}\tan\left(\frac{\theta}{2}\right)\int_0^H (H-h)h^{1/2}dh \\
&= C_d\left(\frac{8}{15}\right)\sqrt{2g}\tan\left(\frac{\theta}{2}\right)H^{5/2} \\
Q &= C_w H^{5/2}
\end{aligned}$$

가 된다. 가장 흔한 값 $\theta = 90°$에 대한 C_w의 값은 SI 단위계에서 $C_w = 1.38$이다.

넓은봉우리 위어

넓은봉우리 위어(*broad-crested weir*)는 위어가 충분히 높으면 위어의 봉우리에서 임계 깊이가 일어난다는 면에서 볼 때 본질적으로 임계 깊이 위어이다(그림 11.22). 직사각형 수로에 대한 임계유동 조건에서 $y_c = (Q^2/gb^2)^{1/3}$이고[식 (11.23)], $E = 3y_c/2$이다[식 (11.25)]. 따라서

$$Q = b\sqrt{gy_c^3} = b\sqrt{g\left(\frac{2}{3}E\right)^3} = b\left(\frac{2}{3}\right)^{3/2}\sqrt{g}E^{3/2}$$

또는 접근속도를 무시할 수 있다고 가정하면

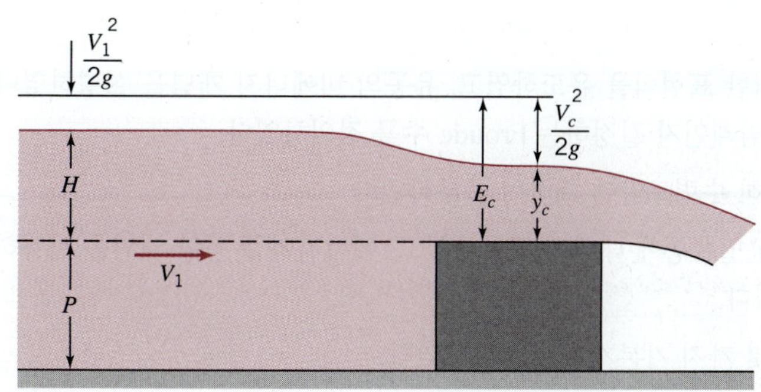

그림 11.22 넓은봉우리 위어.

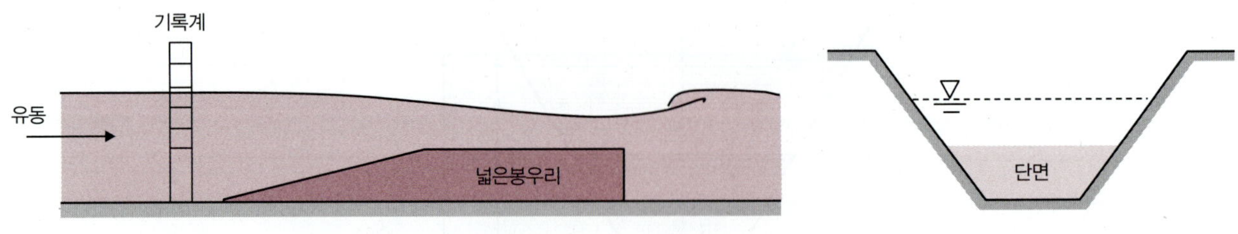

그림 11.23 사다리꼴 단면 운하 내의 넓은봉우리 위어.

$$Q = b\left(\frac{2}{3}\right)^{3/2} \sqrt{g}H^{3/2}$$
$$Q = C_w bH^{3/2}$$

이다. 그림 11.23은 사다리꼴 운하에 넓은봉우리 위어를 설치한 예를 보여준다. 예제 11.11은 뾰족봉우리 위어를 흐르는 유동 계산 과정을 보여준다. 다른 위어 형태에 대한 과정도 이 경우와 기본적으로 같다.

예제 11.11 직사각형 뾰족봉우리 위어의 유량

직사각형 뾰족봉우리 위어의 길이가 3 m이고, 높이가 1 m이다. 수두가 150 mm일 때 유량을 구하라.

주어진 자료: 직사각형 뾰족봉우리 위어의 기하학적 형상과 수두

찾는 자료: 방출량(유량) Q

풀이: 적절한 위어 유량 식을 사용한다.

지배방정식:

$$Q = C_w bH^{3/2} \tag{11.65}$$

식 (11.65)에서 $C_w \approx 1.84$를 사용하고, 주어진 데이터 $b = 3$ m, $H = 150$ mm $= 0.15$ m를 사용하면

$$Q = 1.84 \times 3\text{ m} \times (0.15\text{ m})^{3/2}$$
$$Q = 0.321\text{ m}^3/\text{s} \longleftarrow Q$$

이다. 식 (11.65)가 '공학'식이므로 단위들이 상쇄되는 것을 기대하면 안 된다는 데 주의하라.

이 예제는 여러 개의 위어 유량 식 가운데 하나를 사용하는 예를 보여준다.

11.8 요약과 유용한 식

이 장에서 우리는

- ✓ 표면파의 속도에 대한 표현식을 유도하였고, 유동의 비에너지 개념을 설명하였다. 또한 유동이 아임계인지, 임계인지, 초임계인지 결정하는 Froude 수를 정의하였다.
- ✓ 급속 변화 유동, 특히 수력도약에 대하여 공부하였다.
- ✓ 수로 안에서 정상 균일유동에 대하여 공부하였고, 에너지와 운동량 개념을 사용하여 Chezy 식과 Manning 식을 유도하였다.
- ✓ 점진 변화 유동의 몇 가지 기본개념을 공부하였다.

우리는 또한 다양한 실생활의 개수로 유동 문제를 해석하는 데 있어서 위에서 언급한 많은 중요한 개념의 사용법을 배웠다.

주의: 아래 표의 유용한 식 대부분은 몇 가지 제한이나 구속이 있다. 자세한 사항은 반드시 해당 식을 참고하기 바란다!

유용한 식

수력 반경	$R_h = \dfrac{A}{P}$	**(11.1)**
수리수심	$y_h = \dfrac{A}{b_s}$	**(11.2)**
표면파의 속도	$c = \sqrt{gy}$	**(11.6)**
Froude 수	$Fr = \dfrac{V}{\sqrt{gy}}$	**(11.7)**
개수로 유동의 에너지 방정식	$\dfrac{V_1^2}{2g} + y_1 + z_1 = \dfrac{V_2^2}{2g} + y_2 + z_2 + H_l$	**(11.10)**
총 수두	$H = \dfrac{V^2}{2g} + y + z$	**(11.11)**
비에너지	$E = \dfrac{V^2}{2g} + y$	**(11.13)**
임계유동	$Q^2 = \dfrac{gA_c^3}{b_{s_c}}$	**(11.21)**
임계속도	$V_c = \sqrt{gy_{h_c}}$	**(11.22)**
임계수심(직사각형 수로)	$y_c = \left[\dfrac{Q^2}{gb^2}\right]^{1/3}$	**(11.23)**
임계속도(직사각형 수로)	$V_c = \sqrt{gy_c} = \left[\dfrac{gQ}{b}\right]^{1/3}$	**(11.24)**
최소 비에너지(직사각형 수로)	$E_{\min} = \dfrac{3}{2}y_c$	**(11.25)**
수력도약의 공액수심	$\dfrac{y_2}{y_1} = \dfrac{1}{2}\left[\sqrt{1+8Fr_1^2} - 1\right]$	**(11.36)**
수력도약의 수두손실	$H_l = \dfrac{[y_2 - y_1]^3}{4y_1y_2}$	**(11.38b)**
수력도약의 수두손실(Fr_1의 함수로 나타낸)	$\dfrac{H_l}{E_1} = \dfrac{\left[\sqrt{1+8Fr_1^2} - 3\right]^3}{8\left[\sqrt{1+8Fr_1^2} - 1\right][Fr_1^2 + 2]}$	**(11.39)**
Chezy 방정식	$V = C\sqrt{R_hS_b}$	**(11.45)**

(계속)

유용한 식 (계속)

Chezy 계수	$C=\frac{1}{n}R_h^{1/6}$	**(11.46)**
속도에 대한 Manning 방정식(SI 단위)	$V=\frac{1}{n}R_h^{2/3}S_b^{1/2}$	**(11.47a)**
유량에 대한 Manning 방정식(SI 단위)	$Q=\frac{1}{n}AR_h^{2/3}S_b^{1/2}$	**(11.48a)**
에너지구배선	$EGL=\frac{V^2}{2g}+z+y$	**(11.50)**
수력구배선	$HGL=z+y$	**(11.51)**
(점진적으로 변화하는 유동의) 에너지 방정식	$\frac{dy}{dx}=\frac{S_b-S}{1-Fr^2}$	**(11.60)**

참고문헌

1. Chow, V. T., *Open-Channel Hydraulics*. New York: McGraw-Hill, 1959.

2. Henderson, F. M., *Open-Channel Flow*. New York: Macmillan, 1966.

3. "Manning's Roughness Coefficient," The Engineer's Toolbox, http://www.engineeringtoolbox.com/mannings-roughness-d_799.html (accessed September 22, 2014).

4. Townson, J. M., *Free-Surface Hydraulics*. London: Unwin Hyman, 1991.

5. Chaudhry, M. H., *Open-Channel Flow*. Englewood Cliffs, NJ: Prentice Hall, 1993.

6. Jain, S. C., *Open Channel Flow*. New York: Wiley, 2001.

7. "Design Charts for Open Channel Flow," HDS 3, Federal Highway Association, 1961, http://www.fhwa.dot.gov/engineering/hydraulics/pubs/hds3.pdf.

8. Mays, L. W., *Water Resources Engineering*, 2005 ed. New York: Wiley, 2005.

9. Peterka, A. J., "Hydraulic Design of Stilling Basins and Energy Dissipators," U.S. Department of the Interior, Bureau of Reclamation, Engineering Monograph No. 25 (Revised), July 1963.

10. Manning, R., " On the Flow of Water in Open Channels and Pipes." *Transactions Institute of Civil Engineers of Ireland, vol. 20*, pp. 161-209, Dublin, 1891; Supplement, vol. 24, pp. 179-207, 1895.

11. Linsley, R. K., J. B. Franzini, D. L. Freyberg, and G. Tchobanoglous, *Water Resources Engineering*. New York: McGraw-Hill, 1991.

12. Chen, Y. H., and G. K. Cotton, *Design of Roadside Channels with Flexible Linings*, Hydraulic Engineering Circular 15, FHWA-IP-87-7, Federal Highway Administration, McClean, VA, 1988.

13. Bos, M. G., J. A. Replogle, and A. J. Clemmens, *Flow Measuring Flumes for Open Channel System*. New York: John Wiley & Sons, 1984.

14. Brater, E. F., H. W. King, J. E. Lindell, and C. Y. Wei, *Handbook of Hydraulics*, 7th ed. New York: McGraw-Hill, 1996.

15. Replogle, J. A., A. J. Clemmens, and C. A. Pugh, "Hydraulic Design of Flow Measuring Structures." *Hydraulic Design Handbook*, L. W. Mays, ed. New York: McGraw-Hill, 1999.

연습문제

기본개념과 정의

11.1 표 11.1에 주어진 방정식을 사다리꼴 단면 수로의 수력 반경에 대하여 검증하라. 측면 기울기가 30° 혹은 60°이고 $b = 2$ m에 대해서 $0.5\text{ m} < y < 3\text{ m}$ 범위에서 R/y의 비를 도시하라.

11.2 호수에서 지나가는 보트로부터 파도가 16 km/h의 속도로 이동한다. 이 위치에서 대략적인 수심을 결정하라.

11.3 수심 2 m의 직사각형 수로를 흐르는 유동에 조약돌이 떨어진다. 1초 후에 돌에 의한 물결이 7 m 하류로 이동한다. 유속은 얼마인가?

11.4 일정한 수심의 흐름에 조약돌이 떨어진다. 파가 1초에 상류로 1.5 m, 하류로 3.9 m 이동하는 것으로 관찰된다. 유속과 수심을 구하라.

11.5 표면장력이 없는 파동에 대한 완전한 미분방정식의 해에 의하면 파의 전파속도가 다음으로 주어진다.

$$c = \sqrt{\frac{g\lambda}{2\pi} \tanh\left(\frac{2\pi y}{\lambda}\right)}$$

여기서 λ는 파의 파장, y는 액체 깊이이다. $\lambda/y \ll 1$일 때, 파 속도가 $\sqrt{\lambda}$에 비례함을 보여라. $\lambda/y \to \infty$인 극한에서 $c = \sqrt{gy}$이다. $c > 0.99\sqrt{gy}$가 되는 λ/y의 값을 결정하라.

11.6 고요한 액체에서 파동에 대한 완전한 미분방정식의 해는 표면장력 효과를 포함하면 파 속도를 다음과 같이 제시한다.

$$c = \sqrt{\left(\frac{g\lambda}{2\pi} + \frac{2\pi\sigma}{\rho\lambda}\right) \tanh\left(\frac{2\pi y}{\lambda}\right)}$$

여기서 λ는 파의 파장, y는 액체 깊이이고, σ는 표면장력이다. 1 mm $< \lambda <$ 100 mm 구간에 대하여 (a) 물과 (b) 수은에서 파 속도를 파장에 대하여 그려라. 두 액체에 대해 y = 7 mm로 가정하라.

11.7 날카로운 물체가 흐르는 물의 자유표면에 막 닿았을 때 표면파가 생겨나는데, 그림과 같은 파형이 형성된다. 유동 수심은 150 mm이다. 유속과 Froude 수를 결정하라. 속도선도에 나타냈듯이 파는 파면에 수직하게 속도 c[식 (11.6)]로 이동함에 주목하라.

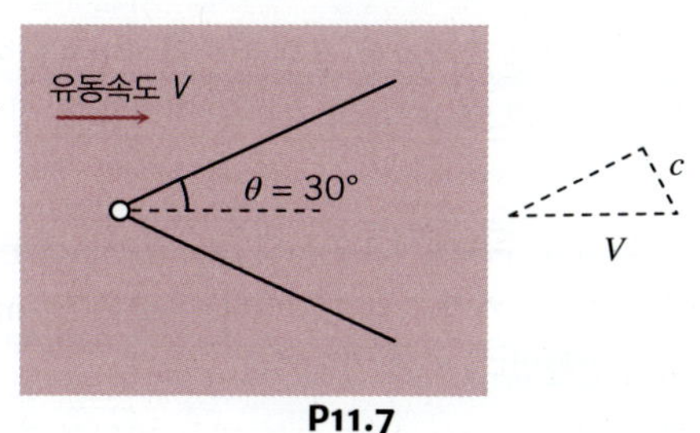

P11.7

11.8 0.5 정도의 (물체의 길이에 기반한) Froude 수로 액체 표면 아래를 수평으로 이동하는 잠수체는 잠수 깊이가 물체 길이의 절반보다 작을 때 강한 표면파형을 생성한다(이 Froude 수에서 수상 선박의 파형도 두드러진다). 1 m/s $< V <$ 30 m/s 및 1 m $< x <$ 300 m 조건에 대하여 속도 대 물체(또는 배) 길이의 log-log 플롯에 Fr = 0.5 선을 그려라.

11.9 직사각형 수로 안에 물이 750 mm 깊이로 흐른다. 유속이 (a) 1 m/s, (b) 4 m/s이라고 하고 해당하는 Froude 수를 계산하라.

11.10 폭 3 m인 긴 직사각형 수로가 약 1.8 m의 수심으로 파동 표면을 갖는 것으로 관찰된다. 배수량을 추정하라.

개수로 유동에 대한 에너지 방정식

11.11 폭 b = 20 m의 직사각형 수로에 대하여 Q = 0, 25, 75, 125와 200 m^3/s에 대한 비에너지 곡선 군을 그려라. 이들 곡선들에 대한 최소 비에너지는 얼마인가?

11.12 바닥 폭이 6 m, 측면 기울기가 1대 2, 수로 바닥 기울기가 0.0016, Manning의 n이 0.025인 사다리꼴 수로가 11.3 m^3/s의 유량을 흘려보낸다. 이 수로의 임계 깊이와 속도를 계산하라.

11.13 직사각형 수로에서 단위폭당 0.93 m^3/s의 유량을 흘려보낸다. 이 유동에 대하여 가능한 최소 비에너지를 구하라. 이에 상응하는 유동 깊이와 속도를 계산하라.

11.14 연습문제 11.13의 수로(E_{min} = 0.66 m)에서 유동이 최소 비에너지의 2배가 되도록 해야 한다. 이 E에 대하여 대응수심 깊이들(alternate depths)을 계산하라.

11.15 단면이 직사각형이 아닌 수로에서 임계 깊이는 최소 비에너지에서 생긴다. 사다리꼴 단면 수로에서 임계 깊이에 대한 일반식을 Q, g, b, α로 나타내라. 임계 깊이는 y_c의 음함수 꼴로 주어질 것이다!

11.16 바닥 폭이 2.4 m인 사다리꼴 수로에서 물이 8.5 m^3/s로 흐른다. 측면은 2:1로 경사졌다. 이 수로에 대한 임계 깊이를 구하라.

면적 변화의 국부적 효과(마찰이 없는 유동)

11.17 그림의 벤투리 수로를 고려하라. 바닥은 수평이고 마찰이 없는 유동으로 고려될지 모른다. 상류 깊이가 0.3 m이고, 하류 깊이는 0.22 m이다. 상류 폭이 0.6 m이고, 목(throat)의 폭은 0.3 m이다. 수로를 통과하는 유량을 계산하라.

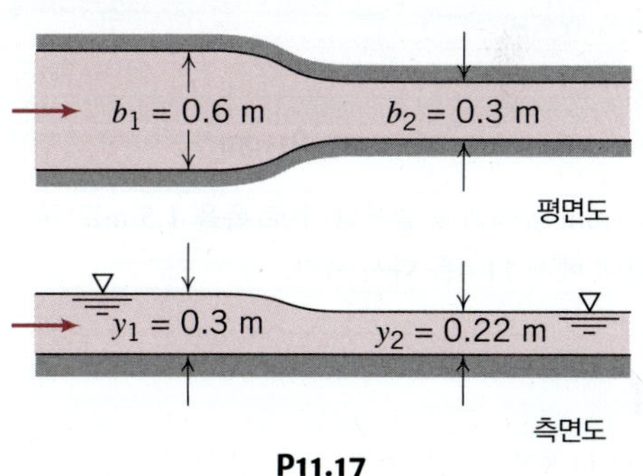

P11.17

11.18 폭 3 m인 직사각형 수로가 깊이 0.3 m인 수평 바닥 위로 2.83 m^3/s의 유량을 흘려보낸다. 수로를 가로지르는 완만한 돌출부가 수로 바닥 위로 10 cm 올라가 있다. 액체 자유표면의 돌출부 위 높이를 구하라.

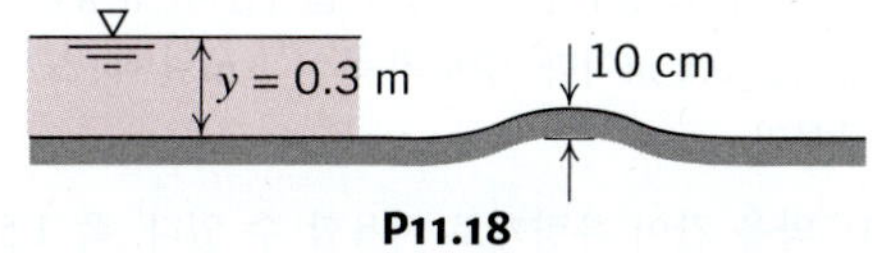

P11.18

11.19 폭 3 m인 직사각형 수로가 0.27 m 깊이에서 0.57 m^3/s의 유량을 흘려보낸다. 0.06 m 높이의 완만한 돌출부가 수로 바닥에 놓여 있다. 돌출부로 인해 생기는 유동 깊이에서 국소 변화를 구하라.

11.20 폭이 3 m인 직사각형 수로의 한 단면에서 유량 0.57 m^3/s에 대해 깊이가 0.09 m이다. 높이 0.03 m의 완만한 돌출부가 수로 바닥에 놓여 있다. 돌출부로 인해 생기는 유동 깊이에서 국소 변화를 구하라.

11.21 물이 0.9 m/s의 속도와 0.6 m 깊이에서 넓은 수로의 완만한 상승부로 다가온다. 0.15 m 상승 후 흐름의 깊이를 계산하라.

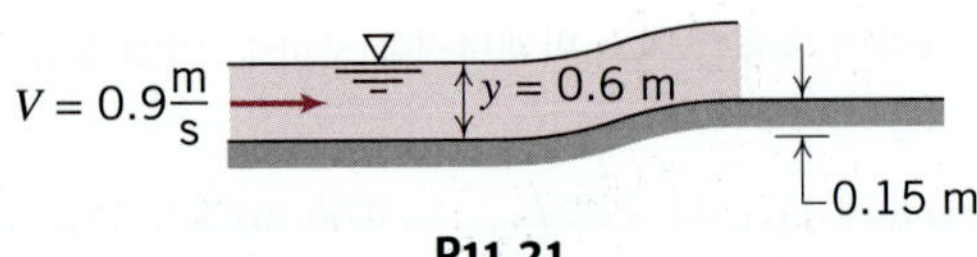

P11.21

11.22 물이 수문으로부터 1.25 m 깊이로 유출된다. 단위폭당 유량은 10 m^3/s/m이다. 유동속도를 무시할 수 있는 먼 상류에서 물 높이를 구하라. 수문을 통하여 배출할 수 있는 단위폭당 최대유량을 계산하라.

11.23 폭 0.9 m의 수평 직사각형 수로에 수문이 있다. 수문의 상류 깊이가 1.8 m이고, 하류 깊이는 0.27 m이다. 수로에서 체적유량을 계산하라.

11.24 그림과 같이 수문을 지나는 유동이 있다. 수문을 지난 다음(수력도약이 일어나기 훨씬 이전)에 수심과 속도를 추정하라.

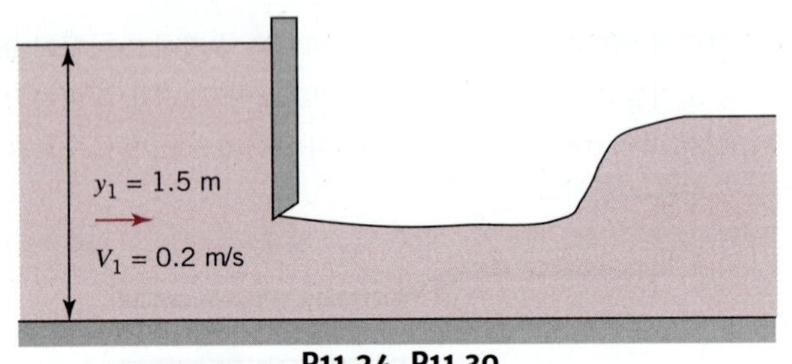

P11.24, P11.30

11.25 350 mm 높이의 돌출부와 수로 폭을 1.5 m로 줄이는 측면 벽 수축에 대하여 예제 11.4를 다시 풀라.

수력도약

11.26 예제 11.5의 수력도약에 의하여 소모되는 일률(kW)을 계산하라. 이는 물의 온도를 눈에 띄게 올릴 정도로 충분히 큰 양인가?

11.27 넓은 수로가 수력도약 뿌리인 깊이가 1 m인 곳에서 단위폭당 10 m^3/s를 흘려보낸다. 도약의 깊이와 도약을 가로질러 수두손실을 구하라.

11.28 직사각형 수로에서 수력도약이 일어난다. 유량은 6.5 m^3/s이고, 도약 전 깊이는 0.4 m이다. 수로의 폭이 1 m일 때, 도약 후 깊이와 수두손실을 구하라.

11.29 수력도약을 간이 유량계로 사용할 수 있다. 폭 1.5 m의 수평 직사각형 수로에서 관측된 수력도약 전후에 깊이가 0.2 m 및 0.9 m이다. 유량과 수두손실을 구하라.

11.30 그림 P11.24의 수문 하류에서 일어나는 수력도약 이전과 이후에 수심을 추정하라.

11.31 급격한 진행파 혹은 이동하는 수력도약인 조진파(tidal bore)는 밀물이 넓은 강 하구로 흘러 들어갈 때 흔히 생긴다. 어떤 경우, 2.4 m 수심의 고요한 강 표면 위로 조진파가 3.6 m 높이로 관찰된다. 조진파는 강 상류로 $V_{bore} = 28.97$ km/h로 이동한다. 교란되지 않은 강물의 대략적인 유속 V_r을 구하라.

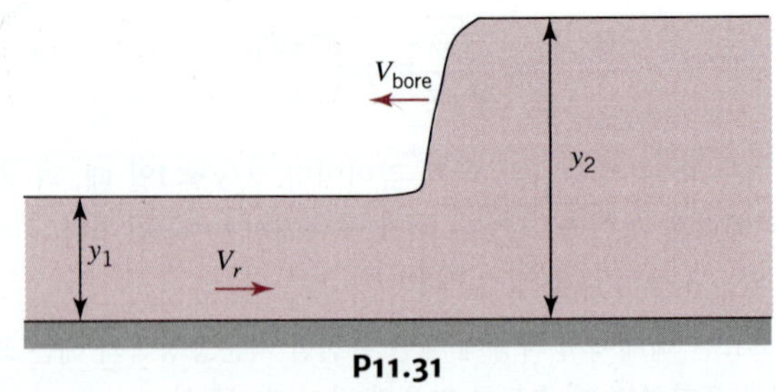

P11.31

균일유동

11.32 밑변 폭이 2.4 m이고 측면 기울기가 수직 1대 수평 2인 사다리꼴 수로에서 균일유동 깊이를 구하라. 유량이 2.8 m^3/s이고, Manning의 조도계수가 0.015이며, 수로 바닥 기울기가 0.0004이다.

11.33 밑변 폭이 2.5 m이고, 측면 기울기가 수직 1대 수평 2이며, 유량이 3 m^3/s인 사다리꼴 수로에서 균일유동 깊이를 구하라. 기울기가 0.0004이고, Manning의 조도계수는 0.015이다.

11.34 1,000 m당 1 m의 기울기를 가지며 콘크리트로 만들어진 직사각형 용수로의 폭이 1.8 m이다. 물은 정규깊이 0.9 m로 흐른다. 유량을 계산하라.

11.35 목재로 만들어진 직사각형 용수로의 폭이 0.9 m이다. 수로는 1.8 m의 정상깊이에서 2.55 m^3/s의 흐름을 처리한다. 필요한 기울기를 구하라.

11.36 물이 사다리꼴 수로에서 1.2 m의 정규깊이로 흐른다. 밑변 폭이 2.4 m이고, 측면 기울기가 1:1 (45°)이다. 유량은 7.1 m^3/s이다. 수로는 맨흙을 파서 만들었다. 바닥 기울기를 구하라.

11.37 주름진 강철(corrugated steel)로 만든 반원형 홈통은 직경이 $D = 1$ m이고, 깊이 $y = 0.25$ m에서 물을 흘려보낸다. 기울기는 0.01이다. 유량을 구하라.

11.38 연습문제 11.34의 용수로를 새 플라스틱 필름 라이너($n = 0.010$)로 씌웠다. 유량이 2.42 m^3/s로 일정할 때 새로운 유동 깊이를 구하라.

11.39 삼각형 단면의 대칭 개수로를 고려하라. 주어진 유동면적에 대하여 두 변이 직각으로 만날 때 접수 주변이 최소임을 보여라.

11.40 연습문제 11.12 수로의 정규깊이와 속도를 계산하라.

11.41 설계유량이 250 m^3/s일 때, 수직 1대 수평 2의 측면 경사를 갖는 사다리꼴 수로에 대하여 최대 수력효율 단면을 구하라. 수로 기울기는 0.001이고, Manning의 조도계수는 0.020이다.

11.42 사다리꼴 모양의 수로($n = 0.014$, 기울기 $S_b = 0.0002$, 바닥 폭 6 m, 수직 1대 수평 1.5의 측면 기울기)에 대해 28.3 m^3/s의 유량에 대한 정규깊이를 구하라.

11.43 최적 수력 사다리꼴 단면은 육각형의 반임을 보여라.

11.44 바닥 기울기가 0.0004이고 Manning의 조도계수가 0.015인 폭 2.45 m의 직사각형 수로를 고려하라. 위어를 수로에 설치했더니 5.66 m^3/s의 유량에 대하여 위어 상류의 깊이가 1.52 m이다. 위어 상류에서 수력도약이 일어나는지 조사하라.

11.45 지표면상의 직사각형 용수로를 목재로 짓고자 한다. 기울기

1.9 m/km로 1.1 m^3/s를 수송하고자 한다면 가장 경제적인 용수로에 대한 수심 및 폭은 얼마인가?

11.46 직사각형 수로 안의 유동을 고려하라. 임계수심 및 최적 형상비($b = 2y$)에 대하여 체적유량 및 바닥면 기울기는 다음 식으로 주어짐을 보여라.

$$Q = 62.6 y_c^{5/2} \quad \text{그리고} \quad S_c = 24.7 \frac{n^2}{y_c^{1/3}}$$

11.47 벽돌로 마감된 사다리꼴 단면 운하의 측면 기울기는 2:1이고, 바닥면의 폭은 3 m이다. 운하는 임계속도에서 17 m^3/s의 유량을 운반한다. (임계수심에 해당하는) 임계 기울기를 구하라.

11.48 광폭 평면의 마감이 안 된 콘크리트 수로가 물을 단위폭당 1.9 m^3/s의 유량으로 방출한다. (임계수심에 해당하는) 임계 기울기를 구하라.

11.49 마감이 안 된 콘크리트로 만들어진 최적의 직사각형 우수관(storm sewer) 수로가 임계조건에서 최대유량 2.83 m^3/s를 운반하도록 설계될 작정이다. 수로의 폭과 기울기를 결정하라.

배수량 계측

11.50 넓은봉우리 위어의 정점이 수심 2.4 m인 상류 저수지의 수면보다 0.3 m 아래에 있다. $C_w \approx 3.4$일 경우, 위어를 흘러넘칠 수 있는 최대유량은 위어의 단위폭당 얼마인가?

11.51 끝에서 수축이 있는 직사각형 뾰족봉우리 위어의 길이가 1.6 m이다. 0.5 m^3/s의 유량에 대하여 2.5 m의 상류 깊이를 유지하려면 위어를 수로 안에 얼마나 높이 설치해야 하는가?

11.52 b = 2.4 m, P = 0.6 m, H = 0.3 m인 뾰족봉우리 측면위어($C_w \approx 3.33$)에 대하여 위어를 넘어가는 유량을 구하라. 접근하는 수두의 속도를 무시하라.

11.53 150 L/s의 유량에 대하여 60° V-노치 위어의 수두를 구하라. $C_d \approx 0.58$로 잡는다.

11.54 90° V-노치 위어의 수두가 0.45 m이다. 유량을 구하라.

CHAPTER **12**

압축성유동 개론

Introduction to Compressible Flow

사례연구

초음속 여객 운송은 오랫동안 항공 산업의 목표였으며, 초음속 비행기는 국제 여행 시간을 크게 단축시키고, 장거리 여행의 불편함을 줄일 수 있는 가능성을 가지고 있다. 콩코드 비행기는 상업적으로 성공한 최초의 초음속 항공기였으며 기존 항공기보다 4배 빠른 마하 2.04로 비행했다. 하지만 콩코드는 1976년부터 2000년까지 대서양 횡단 노선들을 비행했는데, 파리를 떠나 비행기의 탑승한 모든 승객이 사망하는 비극적인 사고를 끝으로 운항이 종료되었다.

그림과 같은 초음속 여객기는 기존의 아음속 비행기와 다른 많은 설계적 특징을 가지고 있다. 공기역학적 항력을 낮게 유지하기 위해 날개 폭을 최소화한다. 여기에 표시된 델타 윙(삼각형 날개)은 날개 폭이 짧고, 높은 속도와 받음 각에서 날개 윗면의 공기의 흐름을 활발하게 만드는 와류(voltex)가 형성되게 한다. 이것은 유동박리를 지연시키고 항공기에 매우 높은 실속 각(stall angle)을 제공한다. 아음속 속도로 착륙하는 동안 항공기는 '기수 높이'가 되어야 하며 콩코드와 같은 디자인은 착륙 중에 아래로 기울어진 처진 기수를 가지고 있었다.

공기 마찰로 인해 발생하는 열은 여전히 중요한 이슈이다. 무게를 줄이기 위해서 대부분의 초음속 비행기는 알루미늄 합금을 사용하여 설계하는데, 이 금속은 고온에서 급격히 강도가 떨어지게 된다. 이런 이유로 초음속 비행기의 최대속도는 대략 마하 2.2 정도로 제한된다. 엔진 공기 흡입구 설계는 특히 중요하며 순항 중에 충족될 수 있는 모든 주변 온도에 대해 낮은 왜곡 수준(엔진 서지를 방지하기 위해)과 고효율을 제공해야 한다. 또한 이륙 시 적절한 아음속 성능이 필요하다. 연료 효율을 높이기 위해 엔진 코어 주위에 추가 냉기를 통과시키는 터보팬 엔진이 가장 적합하다.

가장 큰 장애물 중 하나는 초음속 비행기가 만드는 소닉붐(sonic boom)이다. 현재 설계에서 소닉붐의 발생을 완전히 근절하지 못했기 때문에, 현재 미국 땅 위를 초음속으로 비행하는 것은 불법이다. 하지만 최신 초음속 기술들이 이 문제를 지속적으로 공략해 나가고 있다.

Ericus/Adobe Stock Photo

초음속 여객기 디자인

학습 목표

이 장의 학습을 마치면 다음을 할 수 있어야 한다.

- 이상기체 방정식을 통해서 상태량을 계산할 수 있다.
- 마하 수를 이용하여 유동의 특성을 구할 수 있다.
- 등엔트로피 유동에 대해 기준상태와 유동 상태량을 구할 수 있다.
- 임계 조건들에서 유동 상태량을 구할 수 있다.
- 1차원 압축성유동의 지배방정식을 설명할 수 있다.
- 유동면적이 변화하는 1차원 등엔트로피 유동에 대해 유동 상태량을 구할 수 있다.
- 수직충격파에 대해 유동 상태량을 구할 수 있다.

2장에서 유체유동을 분석하기 전에 물어야 하는 두 가지 중요한 질문, 즉 유동이 점성이 있는지 여부와 유동이 압축성인지 여부에 대해 간략하게 논의했다. 이어서 **비압축성, 비점성유동**(6장)과 **비압축성, 점성유동**(8장과 9장)을 고려했다. 이제 압축성 효과를 가지는 유동을 연구할 준비가 되었다. 이것은 소개하는 책이므로 중요한 **압축성, 점성유동** 현상들을 검토할 것이지만, 주로 **1차원 압축성, 비점성유동**에 초점을 맞출 것이다.

먼저 '압축성'유동이 의미하는 것을 명확히 알아야 한다. 이것은 중요하거나 현저한 유체 밀도의 변화가 있는 유동이다. 비점성유체가 실제로 존재하지 않는 것과 같이 비압축성유체는 실제로 존재하지 않는다. 예를 들어, 이 책에서 해수의 밀도가 실제로 수심 1마일당 1% 증가하지만, 물을 비압축성 유체로 다루었다. 그러므로 주어진 유동이 비압축성으로 취급될 수 있는지 여부는 판단할 사항이다: 액체유동은 거의 항상 비압축성으로 간주한다. 그러나 기체유동은 쉽게 비압축성이거나 압축성으로 될 수 있다. 예제 12.5에서 약 0.3 미만의 Mach 수 M에서는 유동으로 인한 기체 밀도의 변화가 3% 미만이라는 것을 배울 것이다. 이 변화는 다음 규칙에 대해 대부분의 엔지니어링 적용에서 충분히 작다: **기체의 유동은 $M < 0.3$일 때 비압축성으로 간주할 수 있다.**

압축성의 결과는 단순히 밀도 변화에만 국한되지 않는다. 밀도 변화는 기체에서 상당한 압축 또는 팽창 일을 할 수 있음을 의미하므로 유체의 열역학적 상태가 변한다. 일반적으로 온도, 내부에너지, 엔트로피의 **모든** 물성이 바뀔 수 있다. 특히, 밀도 변화는 '기계적'에너지(운동, 위치 및 '압력')와 열적 내부에너지 사이에 에너지 교환을 위한 메커니즘을 만든다. 이러한 이유로 압축성유동을 연구하는 데 필요한 열역학적 고찰을 하게 된다.

압축성유동의 기본 개념을 다룬 후에는 1차원 압축성유동을 보다 자세히 설명할 것이다. 유동면적의 변화 또는 수직충격파에 의해 야기되는 유체 상태량의 변화를 알아볼 것이다. 이러한 기본 현상 외에도, 실제 유동에서는 유로 벽면과의 마찰, 유동의 가열 또는 냉각, 비스듬한 충격파 및 팽창파와 같은 2차원 효과를 겪을 가능성이 높다. 우리는 이 책에서 압축성유동의 기본적인 아이디어만 소개하고, 더 복잡한 측면에 대한 자료는 강의 웹사이트의 보충 자료를 통해서 제공할 것이다. 우리가 다루는 기본적인 내용이 중요한 주제에 대한 추가 연구의 기초를 제공할 수 있기를 바란다.

12.1 열역학의 고찰

어떤 물질의 압력, 밀도 그리고 온도는 상태방정식으로 서로 관련될지 모른다. 비록 많은 물질은 거동이 복잡하지만, 공학적으로 흥미 있는 대부분의 기체는 이상기체 상태방정식으로 잘 표현된다. 열역학적 관계식들을 복습해 보면[1],

$$p = \rho RT \tag{12.1}$$

여기서 R은 기체상수이며, 다음 식으로 주어진다. 공기에 대해 $R = 287\ \text{N}\cdot\text{m}/(\text{kg}\cdot\text{K}) = 53.3\ \text{ft}\cdot\text{lbf}/(\text{lbm}\cdot{}^\circ\text{R})$ 이다.

$$R = \frac{R_u}{M_m}$$

여기서 R_u는 $8{,}314\ \text{N}\cdot\text{m}/(\text{kgmole}\cdot\text{K}) = 1544\ \text{ft}\cdot\text{lbf}/(\text{lbmole}\cdot{}^\circ\text{R})$로 주어지는 일반 기체상수(universal gas constant)이며, M_m은 기체의 분자 질량이다. 비록 이상기체 방정식은 기체 분자들이 부피를 차지하지 않고(즉, 그들은 점 질량이다), 또 분자끼리 서로 간섭하지 않는다는 모형을 사용하여 유도됐지만, 많은 실제 기체는 압력이 충분히 '낮고'/또는 온도가 충분히 '높으면' 식 (12.1)을 따른다. 예를 들어 실온에서 압력이 30 atm보다 낮기만 하면, 식 (12.1)은 공기밀도를 1% 정확도보다 잘 예측한다. 이와 유사하게 1 atm에서 온도가 약 −130°C (−200°F)보다 높은 공기에 대해서 식 (12.1)은 정확하다.

일반적으로 어떤 단순 물질의 **내부에너지**(*internal energy*)는 두 독립적인 상태량의 함수, 즉 $u = u(v, T)$로 표현될지 모른다. 여기에서 v는 **비체적**(*specific volume*)이며 $v \equiv 1/\rho$로 주어진다. 그러면

$$du = \left(\frac{\partial u}{\partial T}\right)_v dT + \left(\frac{\partial u}{\partial v}\right)_T dv$$

정적 비열(*specific heat at constant volume*) c_v는 $c_v \equiv (\partial u/\partial T)_v$로 정의되므로

$$du = c_v\, dT + \left(\frac{\partial u}{\partial v}\right)_T dv$$

특히 이상기체에 대해 내부에너지 u는 온도만의 함수이므로 $(\partial u/\partial v)_T = 0$이라고 이해될 수 있다. 그리고 이상기체에 대해서

$$du = c_v\, dT \tag{12.2}$$

뿐만 아니라 $u = u(T)$이므로, 따라서 식 (12.2)로부터 $c_v = c_v(T)$이다.

어떤 물질의 **엔탈피**(*enthalpy*) h는 $h \equiv u + p/\rho$로 정의된다. 이상기체에 대해 $p = \rho RT$이므로, $h = u + RT$이다. 이상기체에 대해 $u = u(T)$이므로, 역시 h도 온도만의 함수로 주어져야 한다.

어떤 단순 물질에 대해 상태량은 어떤 다른 두 독립 상태량의 함수로 표현될 수 있다는 것을 다시 한번 상기하여 h와 T 사이의 관계식을 얻을 수 있다. 즉, u에 대해 했던 것처럼 $h = h(v, T)$나 $h = h(p, T)$로 표현될 수 있다. 유용한 관계식을 전개하기 위해 후자의 식을 선택한다.

$$dh = \left(\frac{\partial h}{\partial T}\right)_p dT + \left(\frac{\partial h}{\partial p}\right)_T dp$$

정압 비열(*specific heat at constant pressure*) c_p는 $c_p \equiv (\partial h/\partial T)_p$로 정의되므로,

$$dh = c_p\, dT + \left(\frac{\partial h}{\partial p}\right)_T dp$$

이상기체에 대해 h는 온도 T만의 함수라는 것을 보였었다. 따라서 $(\partial h/\partial T)_T = 0$이다.

$$dh = c_p\, dT \tag{12.3}$$

h가 T만의 함수이므로 식 (12.3)에서 c_p도 이상기체에 대해 T만의 함수가 되어야 한다.

이상기체에 대해 비열들이 온도의 함수이지만, 이들의 차이는 각각의 기체에 대해서 상수이다. 이 사실을 증명하기 위해

$$h = u + RT$$

로부터 다음처럼 쓸 수 있다.

$$dh = du + R\,dT$$

이 식을 식 (12.2) 및 (12.3)과 결합하면

$$dh = c_p\,dT = du + R\,dT = c_v\,dT + R\,dT$$

따라서

$$c_p - c_v = R \tag{12.4}$$

비열비(*ratio of specific heats*)는 다음처럼 정의된다.

$$k \equiv \frac{c_p}{c_v} \tag{12.5}$$

k의 정의를 사용하여, 식 (12.4)의 c_p와 c_v를 k와 R의 항으로 풀 수 있다.

$$c_p = \frac{kR}{k-1} \tag{12.6a}$$

그리고

$$c_v = \frac{R}{k-1} \tag{12.6b}$$

한편 이상기체의 비열들은 온도에 따라 변화할지 모르지만, 적당한 온도 범위에 대해서 약간만 변화하고 일정한 값으로 취급될 수 있다. 따라서

$$u_2 - u_1 = \int_{u_1}^{u_2} du = \int_{T_1}^{T_2} c_v\,dT = c_v(T_2 - T_1) \tag{12.7a}$$

$$h_2 - h_1 = \int_{h_1}^{h_2} dh = \int_{T_1}^{T_2} c_p\,dT = c_p(T_2 - T_1) \tag{12.7b}$$

일반기체에 대한 M_m, c_p, c_v, R, k값은 부록 A의 표 A.6에 수록된다.

압축성유동을 해석하는 데 있어서 **엔트로피**(*entropy*)는 매우 유용한 상태량이다. 상태 선도, 특히 온도-엔트로피 선도(*Ts* diagram)는 해석결과를 물리적으로 이해하는 데 가치 있는 도구이다.

엔트로피는 다음 식으로 정의된다.

$$\Delta S \equiv \int_{\text{rev}} \frac{\delta Q}{T} \qquad \text{또는} \qquad dS = \left(\frac{\delta Q}{T}\right)_{\text{rev}} \tag{12.8}$$

여기서 아래첨자는 **가역적**(*reversible*)을 의미한다.

열역학 제2법칙으로부터 추론되는 Clausius 부등식에 따르면,

$$\oint \frac{\delta Q}{T} \leq 0$$

따라서 열역학 제2법칙에 의하여 다음 식이 된다.

$$dS \geq \frac{\delta Q}{T} \qquad \text{또는} \qquad T\,dS \geq \delta Q \tag{12.9a}$$

가역과정에 대해 다음의 등식관계가 성립하며

$$T\ ds = \frac{\delta Q}{m} \qquad \text{(가역과정)} \tag{12.9b}$$

비가역(*irreversible*)과정에 대해 다음의 부등식 관계가 성립한다.

$$T\ ds > \frac{\delta Q}{m} \qquad \text{(비가역과정)} \tag{12.9c}$$

단열(*adiabatic*)과정에 대해 $\delta Q/m = 0$이므로,

$$ds = 0 \qquad \text{(가역 단열과정)} \tag{12.9d}$$

그리고

$$ds > 0 \qquad \text{(비가역 단열과정)} \tag{12.9e}$$

이 성립한다. 따라서 가역이고 단열인 과정은 또한 **등엔트로피적**이며, 과정 동안에 엔트로피는 일정하게 유지된다. 부등식 (12.9e)는 비가역적인 단열과정에 대해서 엔트로피가 **증가**해야만 하는 것을 보여준다. 식 (12.9)는—가역과정, 단열과정 또는 등엔트로피 과정에서—어느 두 가지 제한이 세 번째 제한을 암시하는 것을 보여준다. 예를 들면, 등엔트로피이면서 가역인 과정은 반드시 또한 단열과정이어야 한다.

상태량들(p, v, T, s, u) 사이의 유용한 관계식은 열역학 제1법칙과 제2법칙을 함께 고려함으로써 얻을 수 있으며, 그 결과가 Gibbs 방정식 또는 $T\ ds$ 방정식이다.

$$T\ ds = du + p\ dv \tag{12.10a}$$

이것은 상태량 사이의 미분관계식이며, 어떤 두 평형상태 사이에서 발생하는 어떤 과정에 대해서도 성립한다. 식 (12.10a)의 다른 형태는 다음 식을 대입하여 식 (12.10b)를 얻는다.

$$du = d(h - pv) = dh - p\ dv - v\ dp$$

$$T\ ds = dh - v\ dp \tag{12.10b}$$

이상기체에 대해 엔트로피 변화는 $T\ ds$ 방정식으로부터 다음과 같이 평가될 수 있다.

$$ds = \frac{du}{T} + \frac{p}{T}dv = c_v\frac{dT}{T} + R\frac{dv}{v}$$

$$ds = \frac{dh}{T} - \frac{v}{T}dp = c_p\frac{dT}{T} - R\frac{dp}{p}$$

일정한 비열에 대해서 이 식들은 적분될 수 있고 다음과 같다.

$$s_2 - s_1 = c_v\ \ln\frac{T_2}{T_1} + R\ \ln\frac{v_2}{v_1} \tag{12.11a}$$

$$s_2 - s_1 = c_p\ \ln\frac{T_2}{T_1} - R\ \ln\frac{p_2}{p_1} \tag{12.11b}$$

또한 역시

$$s_2 - s_1 = c_v\ \ln\frac{p_2}{p_1} + c_p\ \ln\frac{v_2}{v_1} \tag{12.11c}$$

로 쓰인다. 식 (12.11c)는 식 (12.4)와 $pv = RT$의 형태로 쓴 식 (12.1)을 사용하여 온도 T를 소거하기 위해 식 (12.11a) 또는 식 (12.11b)로부터 얻을 수 있다. 예제 12.1은 어떤 과정 동안 발생하는 상태량 변화를 조사하기 위해 위의 지배방정식들($T\ ds$ 방정식)의 사용을 보여준다.

예제 12.1 압축성 덕트 유동에서 상태량 변화

면적이 일정한 긴 덕트를 통해 공기가 0.15 kg/s로 유동한다. 덕트의 어느 짧은 구간을 덕트를 둘러싸고 있는 액체질소로 냉각한다. 이 부분에서 공기로부터 발생하는 열손실률은 15.0 kJ/s이며, 냉각되는 덕트 부분으로 들어가는 유동의 절대압력, 온도, 속도는 각각 188 kPa, 440 K, 210 m/s이다. 덕트 출구에서 유동의 절대압력과 온도는 각각 213 kPa과 351 K이다. 이 흐름에 대해 덕트의 단면적과 엔탈피, 내부에너지 그리고 엔트로피에서 변화들을 계산하라.

주어진 자료: 공기가 일정 면적 덕트의 짧은 구간을 통해 정상적으로 유동하며, 덕트의 어느 짧은 구간이 액체질소에 의해 냉각된다.

$T_1 = 440\text{ K}$
$p_1 = 188\text{ kPa}\quad(\text{abs})$
$V_1 = 210\text{ m/s}$

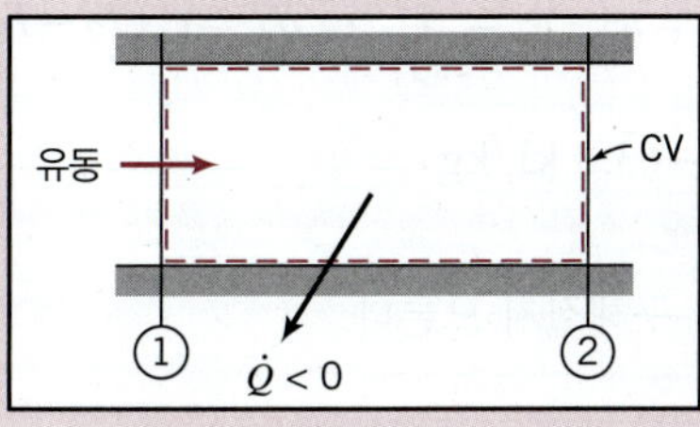

$T_2 = 351\text{ K}$
$p_2 = 213\text{ kPa}\quad(\text{abs})$

찾는 자료: (a) 덕트 면적
(b) Δh
(c) Δu
(d) Δs

풀이: 덕트 면적은 연속방정식으로부터 구해질지 모른다.

지배방정식:

$$\overset{=0(1)}{\cancel{\frac{\partial}{\partial t}}\int_{CV}\rho d\forall} + \int_{CV}\rho\vec{V}\cdot d\vec{A} = 0 \tag{4.12}$$

가정: 1 정상유동
2 각 단면에서 균일유동
3 일정 비열을 갖는 이상기체

따라서

$$(-\rho_1 V_1 A_1) + (\rho_2 V_2 A_2) = 0$$

또는

$$\dot{m} = \rho_1 V_1 A = \rho_2 V_2 A$$

$A = A_1 = A_2 =$ 일정이므로, 이상기체 상태방정식 $p = \rho RT$을 이용하면

$$\rho_1 = \frac{p_1}{RT_1} = 1.88\times10^5\frac{\text{N}}{\text{m}^2}\times\frac{\text{kg}\cdot\text{K}}{287\text{ N}\cdot\text{m}}\times\frac{1}{440\text{ K}} = 1.49\text{ kg/m}^3$$

연속방정식으로부터

$$A=\frac{\dot{m}}{\rho_1 V_1}=0.15\ \frac{\text{kg}}{\text{s}}\times\frac{\text{m}^3}{1.49\ \text{kg}}\times\frac{\text{s}}{210\ \text{m}}=4.79\times10^{-4}\ \text{m}^2 \longleftarrow A$$

이상기체에 대해 엔탈피 변화는

$$\Delta h=h_2-h_1=\int_{T_1}^{T_2} c_p\ dT=c_p(T_2-T_1) \tag{12.7b}$$

$$\Delta h=1.00\frac{\text{kJ}}{\text{kg}\cdot\text{K}}\times(351-440)\text{K}=-89.0\ \text{kJ/kg} \longleftarrow \Delta h$$

또한 내부에너지 변화는

$$\Delta u=u_2-u_1=\int_{T_1}^{T_2} c_v\ dT=c_v(T_2-T_1) \tag{12.7a}$$

$$\Delta u=0.717\frac{\text{kJ}}{\text{kg}\cdot\text{K}}\times(351-440)\text{K}=-63.8\ \text{kJ/kg} \longleftarrow \Delta u$$

식 (12.11b)로부터 엔트로피 변화는 다음과 같이 구해질지 모른다.

$$\Delta s=s_2-s_1=c_p\ \ln\frac{T_2}{T_1}-R\ \ln\frac{p_2}{p_1}$$

$$=1.00\frac{\text{kJ}}{\text{kg}\cdot\text{K}}\times\ln\left(\frac{351}{440}\right)-0.287\frac{\text{kJ}}{\text{kg}\cdot\text{K}}\times\ln\left(\frac{2.13\times10^5}{1.88\times10^5}\right)$$

$$\Delta s=-0.262\ \text{kJ/(kg}\cdot\text{K)} \longleftarrow \Delta s$$

기체가 냉각되는 비단열과정에 대해 엔트로피가 감소할지 모른다는 것을 안다.

이 예제는 어떤 과정 동안에 발생하는 이상기체의 상태량 변화를 계산하기 위하여 지배방정식의 사용을 설명한다.

일정한 비열을 갖는 이상기체에 대해 등엔트로피 과정에 타당한 관계식을 얻기 위해서 식 (12.11)을 사용할 수 있다. 식 (12.11a)로부터

$$s_2-s_1=0=c_v\ \ln\frac{T_2}{T_1}+R\ \ \ln\frac{v_2}{v_1}$$

그리고 나서 식 (12.4)와 (12.5)를 사용하여 다음 식을 얻을 수 있다.

$$\left(\frac{T_2}{T_1}\right)\left(\frac{v_2}{v_1}\right)^{R/c_v}=0 \qquad \text{또는} \qquad T_2v_2^{k-1}=T_1v_1^{k-1}=Tv^{k-1}=\text{일정}$$

여기서 상태 1과 2는 등엔트로피 과정에 있는 임의의 두 상태이다. 비체적 $v=1/\rho$을 사용하여

$$Tv^{k-1}=\frac{T}{\rho^{k-1}}=\text{일정} \tag{12.12a}$$

유사한 과정을 식 (12.11b)와 (12.11c)에 각각 적용하고 다음과 같은 유용한 식을 얻을 수 있다.

$$Tp^{1-k/k}=\text{일정} \tag{12.12b}$$

$$pv^k=\frac{p}{\rho^k}=\text{일정} \tag{12.12c}$$

식 (12.12)는 등엔트로피 과정을 겪는 이상기체에 대한 것이다. 열역학적 기초지식에 대한 고찰을 완료하기 위해서 예제 12.2에 있는 *Ts* 선도상에서 정압선과 일정 부피선들의 기울기를 구한다.

예제 12.2 *Ts* 선도에서 일정 상태량의 선들

이상기체에 대해 *Ts* 선도에서 (a) 정적선, (b) 정압선에 대한 식을 구하라.

찾는 자료: 이상기체에 대해 *Ts* 선도에서 (a) 정적선과 (b) 정압선에 대한 식의 방정식

풀이:

(a) 부피 v를 일정하게 유지하면서 T와 s 사이 관계에 관심이 있으므로 식 (12.11a)를 사용하면,

$$s_2 - s_1 = c_v \ln \frac{T_2}{T_1} + R \ln \overbrace{\frac{v_2}{v_1}}^{=0} \tag{12.8}$$

이 식에서 상태 1을 기준상태 0으로, 그리고 상태 2를 임의 상태로 다시 표기하면

$$s - s_0 = c_v \ln \frac{T}{T_0} \quad \text{또는} \quad T = T_0 e^{(s-s_0)/c_v} \tag{1}$$

따라서 *Ts* 선도상에서 정적선은 지수적이라고 결론짓는다.

(b) *Ts* 선도상에서 압력 p를 일정하게 유지하면서 T와 s 사이 관계에 관심이 있으므로 식 (12.11b)를 사용하여 경우 (a)와 유사한 접근법을 이용하면 다음 식을 얻는다.

$$T = T_0 e^{(s-s_0)/c_p} \tag{2}$$

따라서 *Ts* 선도상에서 정압선도 역시 지수적이라고 결론짓는다.

이들 두 선의 기울기는 어떠한가? 모든 기체에 대하여 $c_p > c_v$이므로, 식 (2)의 지수함수적인 정압선의 기울기는 식 (1)인 정적선의 기울기보다 더 작다는 것을 알 수 있다.

이것은 아래 스케치에서 보인다.

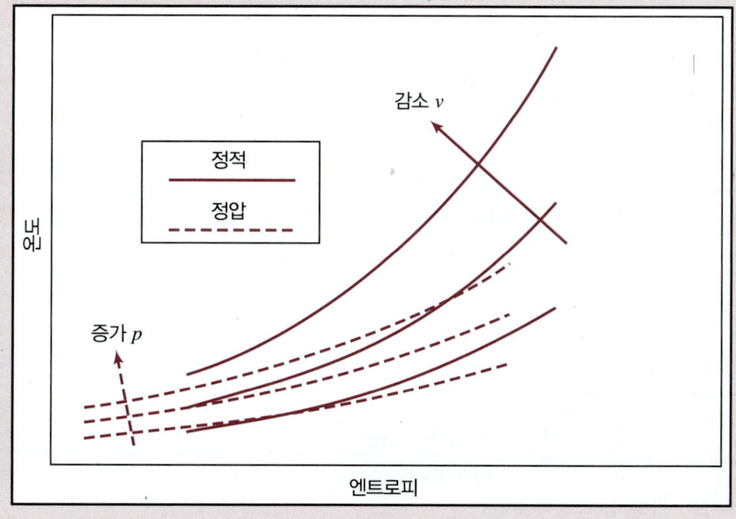

이 예제는 상태량 사이의 관계식을 조사하기 위하여 지배방정식의 사용을 설명한다.

12.2 음파의 전파

음속

음속(c)은 압축성 유체의 유동에서 중요한 특성이다. 음속보다 느린 속도의 유동을 아음속 유동이라고 하고 음속보다 속도가 빠른 유동을 초음속 유동이라고 한다. 아음속 및 초음속 유동의 거동은 완전히 다르다. 우리는 이 장에서 아음속 및 초음속 유동의 몇 가지 중요한 측면들에 대해서 요약할 것이다. 압축성 유체 유동의 거동의 더 자세한 설명은 참고문헌 [2], [3]에서 확인할 수 있다.

유동의 Mach 수 M을 다음과 같이 정의한 바 있다.

$$M \equiv \frac{V}{c} \tag{12.13}$$

여기서 V는 유체의 속도이다. 음속은 매질(medium) 속을 전파해갈 수 있는 '신호'들의 속도이기 때문에 음속이 유체역학에서 중요하다. 물체가 움직일 때 물체의 모든 방향으로 발산되는 교란들(음파와 같은 무한한 압력파)이 생성된다. 이 파동은 음속으로 이동하고 공기를 누적하여 '신호'하며, 접근하는 물체(관찰자) 주위로 방향을 전환한다.

그림 12.1a에 보인 것처럼, 매우 작은 강도의 음파가 교란되지 않은 매질로 전파하는 것을 고려하라. 우리는 음파의 전파속도 c를 음파 전후의 유체 상태량 변화와 관련시키는 데 관심이 있다. 음파 앞의 교란되지 않은 매질 내의 압력과 밀도를 각각 p와 ρ로 나타내면, 음파가 매체를 통과할 때 압력과 밀도에서 미세한 변화가 발생하여 압력과 밀도는 각각 $p + dp$와 $\rho + d\rho$로 된다. 음파는 정지상태에 있는 매질 안으로 전파하므로 음파 전방의 속도 V_x는 0이며, 그러면 음파 뒤에서 속도 크기 $V_x + dV_x$는 간단히 dV_x로 된다. 그림 12.1a에서 음파 뒤 운동 방향은 왼쪽 방향이라고 가정되었다.

그림 12.1a에서 유동은 지면에 고정된 지점에서 파의 운동을 관찰하는 관찰자에 대하여 비정상유동으로 된다. 그러나 그림 12.1b에 나타낸 것처럼, 파 부분과 함께 이동하는 관성 검사체적에 위치한 관찰자로부터 본다면 정상유동이 된다. 이때 검사체적으로 접근하는 속도는 c이며, 파를 떠나는 속도는 $c - dV_x$이다.

그림 12.1b에 보인 미소 검사체적에 기본방정식들을 적용할 수 있다(내부에너지 u와 혼동을 피하기 위해 x성분 속도로 V_x를 사용한다).

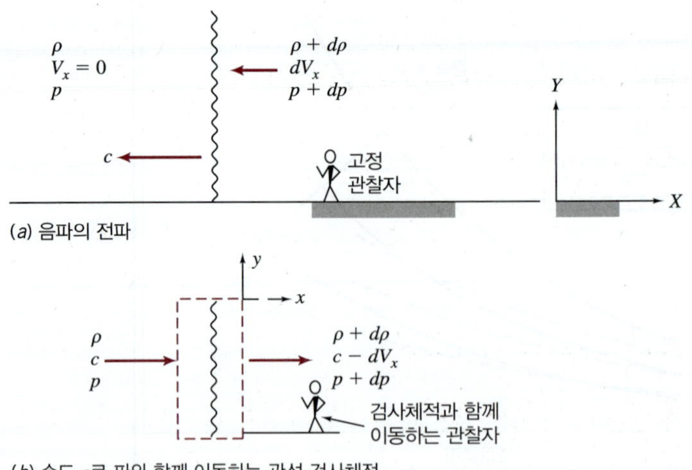

그림 12.1 해석에 사용된 검사체적에서 전파하는 음파.

a. 연속방정식

지배방정식:

$$\overset{=0(1)}{\cancel{\frac{\partial}{\partial t}}}\int_{\mathrm{CV}}\rho dV\!\!\!\!/ + \int_{\mathrm{CS}}\rho\vec{V}\cdot d\vec{A}=0 \tag{4.12}$$

가정: **1** 정상유동

2 각 단면에서 균일유동

그러면

$$(-\rho cA)+\{(\rho+d\rho)(c-dV_x)A\}=0 \tag{12.14a}$$

또는

$$-\cancel{\rho cA}+\cancel{\rho cA}-\rho\, dV_xA+d\rho cA-\underbrace{d\rho\, dV_x}_{\approx 0}A=0$$

또는

$$dV_x=\frac{c}{\rho}d\rho \tag{12.14b}$$

b. 운동량 방정식

지배방정식:

$$F_{S_x}+\overset{=0(3)}{\cancel{F_{B_x}}}=\overset{=0(1)}{\cancel{\frac{\partial}{\partial t}}}\int_{\mathrm{CV}}V_x\rho dV\!\!\!\!/ + \int_{\mathrm{CS}}V_x\rho\vec{V}\cdot d\vec{A} \tag{4.18a}$$

가정:

3 $F_{B_x}=0$

그림 12.1b의 검사체적에 대하여 x방향으로 작용하는 표면력은 압력뿐이다(파를 1차원으로 가정했으므로 위와 아래 면적에는 마찰이 없다).

$$F_{S_x}=pA-(p+dp)A=-A\,dp$$

위 식을 지배방정식에 대입하면,

$$-A\,dp=c(-\rho cA)+(c-dV_x)\{(\rho+d\rho)(c-dV_x)A\}$$

연속방정식[식 (12.14a)]을 사용하면, 이 식은 다음 식으로 된다.

$$\begin{aligned}-A\,dp&=c(-\rho cA)+(c-dV_x)(\rho cA)=(-c+c-dV_x)(\rho cA)\\-A\,dp&=-\rho cA\,dV_x\end{aligned}$$

또는

$$dV_x=\frac{1}{\rho c}dp \tag{12.14c}$$

식 (12.14b)와 (12.14c)를 결합하면 다음 식을 얻는다.

$$dV_x = \frac{c}{\rho}d\rho = \frac{1}{\rho c}dp$$

이 식으로부터 $dp = c^2\,d\rho$이고 또는

$$c^2 = \frac{dp}{d\rho} \tag{12.15}$$

를 얻는다.

식 (12.15)에 따르면 음속은 매질의 압력과 밀도가 서로 어떻게 관련되는지에 의존한다. 어떤 매질에서 음속을 구하기 위해서는 음파가 미리 정해진 거리를 전파해 가는 데 걸리는 시간을 측정하거나, 아니면 작은 압력 변화 dp를 매질에 적용하여 상응하는 밀도 변화 $d\rho$를 측정하여 식 (12.15)로부터 음속 c를 평가할 수 있다. 예를 들어 **비압축성** 매질은 어떤 dp에 대해서도 $d\rho$는 0이 되며, 그래서 음속 c는 무한대($c \to \infty$)가 된다. 고체와 액체는 밀도가 거의 변화하기 어려우므로 상대적으로 높은 c를 가지며, 기체는 밀도가 변화하기 쉬우므로 상대적으로 낮은 c를 가진다고 예상할 수 있다. 식 (12.15)에는 오직 한 가지 문제가 있는데, 1원소 물질에 대해 각 상태량은 다른 두 독립 상태량들에 의존한다는 것이다. 음파에 대해서 정의에 의해 미소 압력 변화(즉, **가역과정**임)가 있으며, 압력 변화가 매우 빠르게 일어나므로 열전달이 발생할 시간이 없다(즉, **단열**임). 따라서 음파는 **등엔트로피적**으로 전파하므로, 압력을 $p = p(\rho, s)$와 같이 표현하면

$$dp = \left(\frac{\partial p}{\partial \rho}\right)_s d\rho + \left(\frac{\partial p}{\partial s}\right)_\rho ds = \left(\frac{\partial p}{\partial \rho}\right)_s d\rho$$

그러므로 식 (12.15)는

$$c^2 = \frac{dp}{d\rho} = \left.\frac{\partial p}{\partial \rho}\right)_s$$

그리고

$$c = \sqrt{\left.\frac{\partial p}{\partial \rho}\right)_s} \tag{12.16}$$

가 된다.

이제 식 (12.16)을 고체, 액체 그리고 기체에 적용할 수 있다. **고체**와 **액체**에 대해서 압력 변화가 상대적인 밀도 변화에 어떻게 영향을 미치는지를 나타내는 체적 탄성계수(bulk modulus) E_ν에서 데이터를 일반적으로 이용할 수 있다.

$$E_\nu = \frac{dp}{d\rho/\rho} = \rho\frac{dp}{d\rho}$$

이므로,

$$c = \sqrt{E_\nu/\rho} \tag{12.17}$$

또 **이상기체**에 대해 등엔트로피 유동에서 압력과 밀도의 관계는 다음으로 주어진다.

$$\frac{p}{\rho^k} = \text{일정} \tag{12.12c}$$

대수를 취하여 미분하면,

$$\frac{dp}{p} - k\frac{d\rho}{\rho} = 0$$

따라서

$$\left.\frac{\partial p}{\partial \rho}\right)_s = k\frac{p}{\rho}$$

이상기체에 대해 $p/\rho = RT$이므로, 음속 c는 다음 식으로 주어진다.

$$c = \sqrt{kRT} \tag{12.18}$$

많은 연구자들[4]이 공기에서 음속을 측정했으며, 그 결과는 식 (12.18)의 이론 예측과 아주 일치한다.

식 (12.18)에 의해 보인 것처럼 이상기체에서 소리 전파의 중요한 특징은 **음속이 온도만의 함수**라는 것이다. 예제 12.3은 식 (12.17)과 (12.18)을 이용하여 다른 매질에서 음속을 결정하는 것을 보여준다.

예제 12.3 강철, 물, 바닷물 그리고 공기에서 음속

다음 (a) 강철($E_v \approx 200$ GN/m^2), (b) 물(20°C), (c) 바닷물(20°C), (d) 해면고도에서 공기(표준대기)에 대하여 음속을 계산하라.

찾는 자료: (a) 강철($E_v \approx 200$ GN/m^2), (b) 물(20°C), (c) 바닷물(20°C), (d) 해면고도에서 공기(표준대기)에서 음속

풀이:

(a) 강철에 대해 표 A.1(b)로부터 얻은 ρ를 가지고 위의 식 (12.17)을 사용한다.

$$c = \sqrt{E_v/\rho} = \sqrt{E_v/(\mathrm{SG}\cdot\rho_{\mathrm{H_2O}})}$$

$$c = \sqrt{200\times10^9\,\frac{\mathrm{N}}{\mathrm{m}^2}\times\frac{1}{7.83}\times\frac{1}{1000}\frac{\mathrm{m}^3}{\mathrm{kg}}\times\frac{\mathrm{kg\cdot m}}{\mathrm{N\cdot s^2}}} = 5050\ \mathrm{m/s} \longleftarrow c_{\mathrm{steel}}$$

(b) 물에 대해 표 A.2로부터 얻은 데이터를 가지고 역시 식 (12.17)을 사용한다.

$$c = \sqrt{E_v/\rho} = \sqrt{E_v/\mathrm{SG}\rho_{\mathrm{H_2O}}}$$

$$c = \sqrt{2.24\times10^9\,\frac{\mathrm{N}}{\mathrm{m}^2}\times\frac{1}{0.998}\times\frac{1}{1000}\frac{\mathrm{m}^3}{\mathrm{kg}}\times\frac{\mathrm{kg\cdot m}}{\mathrm{N\cdot s^2}}} = 1500\ \mathrm{m/s} \longleftarrow c_{\mathrm{water}}$$

(c) 바닷물에 대해 표 A.2로부터 얻은 데이터를 가지고 다시 식 (12.17)을 사용한다.

$$c = \sqrt{E_v/\rho} = \sqrt{E_v/\mathrm{SG}\rho_{\mathrm{H_2O}}}$$

$$c = \sqrt{2.42\times10^9\,\frac{\mathrm{N}}{\mathrm{m}^2}\times\frac{1}{1.025}\times\frac{1}{1000}\frac{\mathrm{m}^3}{\mathrm{kg}}\times\frac{\mathrm{kg\cdot m}}{\mathrm{N\cdot s^2}}} = 1540\ \mathrm{m/s} \longleftarrow c_{\mathrm{seawater}}$$

(d) 공기에 대해 표 A.3으로부터 얻은 해면고도 온도를 가지고 식 (12.18)을 사용한다.

$$c = \sqrt{kRT}$$

$$c = \sqrt{1.4\times287\,\frac{\mathrm{N\cdot m}}{\mathrm{kg\cdot K}}\times288\ \mathrm{K}\times\frac{\mathrm{kg\cdot m}}{\mathrm{N\cdot s^2}}} = 340\ \mathrm{m/s} \longleftarrow c_{\mathrm{air(288\ K)}}$$

이 예제는 전형적인 고체와 액체 그리고 기체에서 음속의 상대적 크기를 설명한다($c_{\mathrm{solids}} > c_{\mathrm{liquids}} > c_{\mathrm{gases}}$). 음속을 음의 *감쇠*(매질의 내부 마찰에 의한 음의 크기 감소율 또는 감소 속도)와 혼동하지 마라. 일반적으로 고체와 액체 속에서 음은 기체에서보다 훨씬 빨리 감쇄한다.

유동의 형태—Mach 원추

Mach 수 $M < 1$에 대한 유동은 **아음속**, 반면에 $M > 1$인 유동은 **초음속**이다. 아음속 영역과 초음속 영역 모두를 갖는 유동장을 **천음속**(*transonic*)이라 한다(천음속 영역은 대략 0.9에서 1.2 사이의 Mach 수에서 발생한다). 우리가 경험하는 대부분의 유동은 아음속이지만, $M \geq 1$인 유동이 발생하는 아주 중요한 실제적인 경우도 있다. 아마 가장 명확한 경우는 초음속 항공기와 항공기 압축기나 팬 안의 천음속 유동일 것이다. 또 다른 유동 영역인 **극초음속**(*hypersonic*) 유동($M \gtrsim 5$)은 미사일이나 지구 대기권 재돌입 물체 설계에서 흥미롭다. 아음속 유동과 초음속 유동 사이에 몇 가지 중요한 정성적인 차이는 이동하는 단순음원의 성질로부터 추론될 수 있다.

Δt초마다 어떤 펄스를 방출하는 점 음원(point sound source)을 고려하라. 이때 각 펄스는 음속 c의 속도로 시작점으로부터 밖을 향해 전파하므로, 어떤 순간 t에서 그 펄스는 펄스의 시작점에서 반경이 ct인 구가 될 것이다. 만약에 점 음원 자체가 움직이고 있으면 어떻게 되는지 조사해 보고 싶다. 그림 12.2에 도시한 바와 같이 네 가지 가능성이 있다.

(a) $V = 0$, 점 음원이 **정지**해 있으며, 그림 12.2a는 시간이 $3\Delta t$초 경과한 상태를 나타낸다. 첫 번째 펄스는 반경 $c(3\Delta t)$의 구로 팽창하며, 두 번째 펄스는 반경 $c(2\Delta t)$의 구로, 그리고 세 번째 펄스는 반경 $c(\Delta t)$의 구로 팽창하며, 새로운 펄스가 음원으로부터 방출되기 직전의 상태이다. 따라서 펄스들은 계속 팽창해 나가는 동심구(concentric sphere)들의 집합을 구성한다.

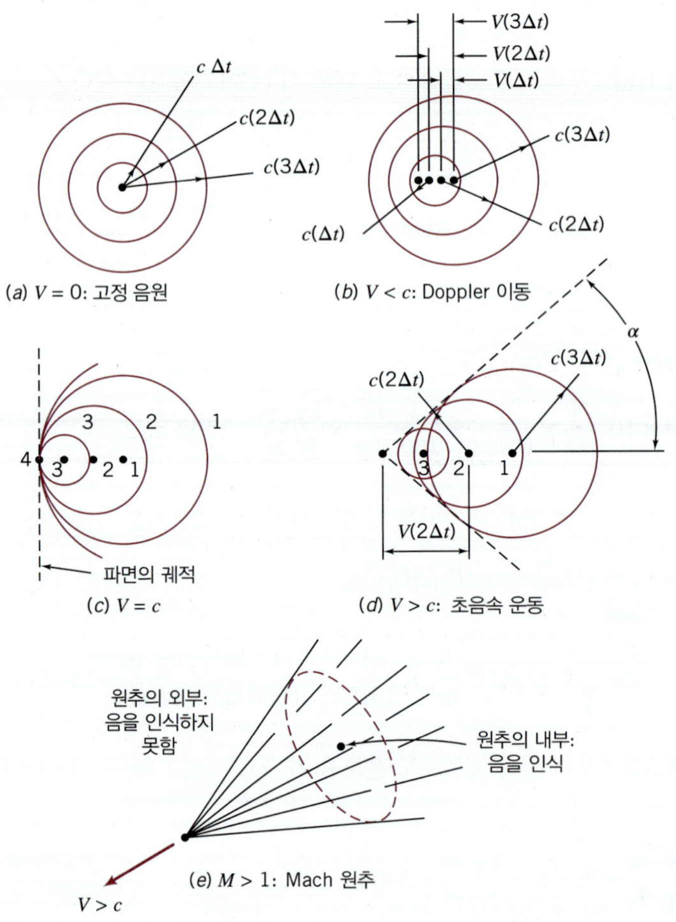

그림 12.2 이동하는 음원으로부터 음파의 전파: Mach 원추.

(b) $0 < V < c$, 점 음원이 아음속의 속도로 왼쪽으로 움직이며, 그림 12.2b는 시간이 $3\Delta t$초 경과한 상태를 나타낸다. 시간 $t = 0$, Δt, $2\Delta t$, $3\Delta t$에서 음원 위치가 나타나 있다. 첫 번째 펄스는 반경 $c(3\Delta t)$의 구로 팽창하며, 이때 구의 중심은 음원이 최초에 있었던 곳이다. 두 번째 펄스는 반경 $c(2\Delta t)$의 구로 팽창하며, 구의 중심은 음원이 시간 Δt일 때 있었던 곳이다. 세 번째 펄스는 반경 $c(\Delta t)$의 구로 팽창하며, 구의 중심은 시간이 $2\Delta t$일 때 있었던 곳이다. 새 펄스는 방출되기 바로 직전이다. 또한 펄스는 계속 팽창하는 구형들의 집합을 구성하지만, 이번에는 동심이 아니다. 펄스들은 모두 일정한 속도 c로 팽창하며, 중요한 두 가지 메모가 있다. 첫째, 음원의 전방에 있는(또는 음원이 접근하고 있는) 어떤 관찰자는 음원 후방에 있는 관찰자보다 더 높은 주파수 비율로 그 펄스들을 들을 것이다(이것이 어떤 자동차가 다가와서 지나갈 때 발생하는 Doppler 효과이다). 둘째, 음원 전방에 있는 관찰자는 음원이 그 관찰자에 도달하기 이전에 음을 듣는다.

(c) $V = c$, 점 음원이 음속의 속도로 왼쪽으로 움직이며, 그림 12.2c는 시간이 $3\Delta t$초 후의 상태를 나타낸다. 시간이 $t = 0$(점 1), Δt(점 2), $2\Delta t$(점 3), $3\Delta t$(점 4)에서 음원 위치가 도시되어 있다. 첫 번째 펄스는 반경 $c(3\Delta t)$의 구 1로 팽창하며, 구 1의 중심은 점 1에 있다. 두 번째 펄스는 반경 $c(2\Delta t)$의 구 2로 팽창하며, 구 2의 중심은 점 2에 있다. 세 번째 펄스는 반경 $c(\Delta t)$의 구 3으로 팽창하며, 구 3의 중심은 점 3에 있다. 이 경우에도 펄스들은 계속 팽창해 나가는 구형들의 집합을 구성하지만, 왼쪽에서 모든 구가 서로 서로 접한다! 모든 펄스는 일정한 속도 c로 팽창하고 있지만, 음원도 역시 속도 c로 움직이므로 결과적으로 음원과 모든 펄스가 함께 왼쪽으로 이동하고 있다. 중요한 두 가지 메모가 역시 있다. 첫째, 음원 전방에 있는 관찰자는 음원이 도달되기 전까지 펄스를 듣지 못할 것이다. 둘째, 시간이 경과해도 무수히 많은 펄스가 음원 전방에 축적되어 무한 진폭의 음파로 될 것이다.

(d) $V > c$, 점 음원이 초음속의 속도로 왼쪽으로 이동하며, 그림 12.2d는 $3\Delta t$초 후의 상태를 나타낸다. 우리는 펄스가 끊임없이 확장하는 구형의 집합을 구성한다는 것을 다시 한번 볼 수 있다. 단, 음원은 너무 빨리 움직여서 자신이 생성하는 각각의 구들 앞에서 이동한다. 초음속 운동에 대해 구형들은 소위 *Mach* 원추를 발생시키며, 이 Mach 원추는 각 구형에 대해 접한다. 이 경우 음원 앞에 있는 관찰자는 음원이 관찰자를 지나갈 때까지 펄스를 듣지 못한다. Mach 원추의 내부는 교란영역(*zone of action*), 그리고 외부는 비교란영역(*zone of silence*)으로 불리며 그림 12.2e를 통해 그 이유를 명백히 이해할 수 있다. 그림 12.2d에 도시한 기하학적인 형상으로부터

$$\sin\alpha = \frac{c}{V} = \frac{1}{M}$$

또는

$$\alpha = \sin^{-1}\left(\frac{1}{M}\right) \tag{12.19}$$

그림 12.3은 F/A-18 Hornet이 초음속으로 막 가속할 때 영상으로, 수증기로 보이는 형태는 충격파가 비행기에 밀려올 때 압력이 급격하게 증가해 생겨난 것이다. (볼 수 없지만) Mach 원추는 비행체의 기수 부분에서 발생하고 수증기 디스크의 주변을 통과하여 지나간다. 예제 12.4에서 Mach 원추의 속성이 탄환 궤적 분석에 사용된다.

그림 12.3 음속 장벽을 돌파할 때의 F/A-18 Hornet.

예제 12.4 탄환의 Mach 원추

어떤 방탄 재료의 시험에서 탄환이 방탄 재료로 만든 재킷에 충돌할 때 탄환을 사진으로 찍으려 한다. 카메라가 그림과 같이 탄환 궤적으로부터 수직거리 $h = 5$ m에 설치된다. 충돌 목표면으로부터 수직거리 d를 결정하여 그 위치에 카메라를 설치하면 충돌 순간에 탄환의 음향으로 카메라를 작동하게 할 수 있다. 거리 d를 구하라. 여기서 탄환 속도는 550 m/s이고, 카메라의 지연시간(delay time)은 0.005초이다.

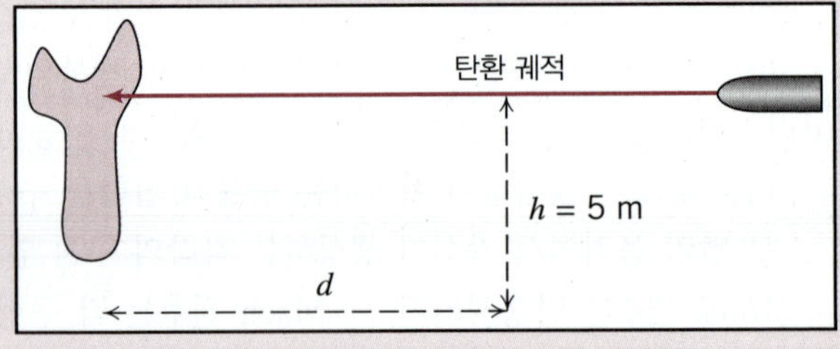

찾는 자료: 충돌 영상을 포착하기 위한 카메라의 위치

풀이: d의 정확한 값은 Mach 파가 카메라에 도달하기 0.005초 전에 탄환이 카메라를 작동시키는 거리이다. 먼저 탄환의 Mach 수를 계산해야 하며, 그리고 나면 Mach 각을 계산할 수 있고, 끝으로 기초 삼각법으로부터 d의 값을 구한다.

표준대기 조건을 가정하여 표 A.3으로부터 $T = 288$ K이다. 따라서 식 (12.18)로부터

$$c = \sqrt{kRT}$$

$$c = \sqrt{1.4 \times 287 \frac{\text{N} \cdot \text{m}}{\text{kg} \cdot \text{K}} \times 288 \text{ K} \times \frac{\text{kg} \cdot \text{m}}{\text{N} \cdot \text{s}^2}} = 340 \text{ m/s}$$

Mach 수는

$$M = \frac{V}{c} = \frac{550 \text{ m/s}}{340 \text{ m/s}} = 1.62$$

다음으로 식 (12.19)로부터 Mach 각을 다음과 같이 얻는다.

$$\alpha = \sin^{-1}\left(\frac{1}{M}\right) = \sin^{-1}\left(\frac{1}{1.62}\right) = 38.2°$$

Mach 파가 카메라에 도달하는 동안 탄환이 이동한 거리 x는

$$x = \frac{h}{\tan(\alpha)} = \frac{5 \text{ m}}{\tan(38.2°)} = 6.35 \text{ m}$$

끝으로 이 거리에 카메라가 작동하는 동안 탄환이 이동한 거리, 즉 0.005 s × 550 m/s를 더하면,

$$d = 0.005\ \text{s} \times \frac{550\ \text{m}}{\text{s}} + 6.35\ \text{m} = 2.75\ \text{m} + 6.35\ \text{m}$$

$$d = 9.10\ \text{m} \longleftarrow d$$

12.3 기준상태: 국소 등엔트로피 정체 상태량

압축성유동에서 일반적으로 모든 상태량(p, T, ρ, u, h, s, V)이 유동이 진행됨에 따라 변화할 수 있다. 기준상태를 정하여 유동장의 상태량들을 서로 관련시키는 것이 편리하다. 실제로 또는 개념적으로 어떤 유동에 대해 유체가 속도 0으로 정지될 때 기준상태를 얻는다. 이것을 **정체조건**(*stagnation condition*)이라 하고, 이 상태에서 상태량들($p_0, T_0, \rho_0, u_0, h_0, s_0$)을 **정체 상태량**(*stagnation properties*)이라 한다. 정체 상태는 마찰, 열전달 및 '격렬한' 사건들이 없는 등엔트로피 과정으로 정의된다. 따라서 우리가 얻는 상태량은 **국소 등엔트로피 정체 상태량**이 될 것이며, 유동의 각 지점은 자체 또는 국소 등엔트로피 정체 상태량을 갖는다. 그림 12.4에 어떤 상태 ①부터 새로운 상태 ②까지 유동을 나타낸다. 각 상태에 대한 국소 등엔트로피 정체 상태량은 그림에 보이는 것처럼 유체를 등엔트로피적으로 정지시켜서 얻는다. 그러므로 $s_{0_1} = s_1$, 그리고 $s_{0_2} = s_2$이다. 실제 유동은 등엔트로피 과정일 수도 있으며 아닐 수도 있다. 만일 등엔트로피 유동이라면, $s_1 = s_2 = s_{0_1} = s_{0_2}$이므로 정체 상태들은 동일하다. 그러나 등엔트로피 유동이 아니라면, $s_{0_1} \neq s_{0_2}$이다. 국소 등엔트로피 정체 상태량의 변화가 유동에 관한 유용한 정보를 제공할 것이다.

6장으로부터 유선을 따라 정상 비압축성 무마찰의 흐름에 대해 유효한 Bernoulli 방정식을 상기하여, 비압축성유동에 대한 기준 등엔트로피 정체에 관한 정보를 얻을 수 있다.

$$\frac{p}{\rho} + \frac{V^2}{2} + gz = \text{일정} \tag{6.8}$$

식 (6.8)은 가역과정(정상유동이고 마찰이 없는 유동)이고 단열과정에 대한 것이므로 비압축성 등엔트로피 유동에 대해서 유효하다. 6.2절에서 기술한 바와 같이, Bernoulli 방정식은 다음 식으로 이어진다.

$$p_0 = p + \frac{1}{2}\rho V^2 \tag{6.11}$$

중력 항은 기준상태가 실제 상태와 같은 높이에 있고, 아무튼 외부 유동에서 보통 다른 항들에 비하여 훨씬 더 작으므로 생략되었다. 예제 12.6에서 비압축성[식 (6.11)]을 가정한 경우와 압축성을 허용한 경우에 얻은 등엔트로피 정체 상태들을 비교한다.

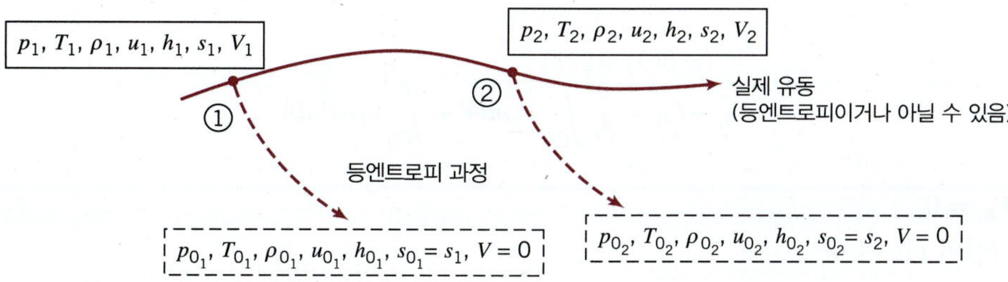

그림 12.4 국소 등엔트로피 정체 상태량들.

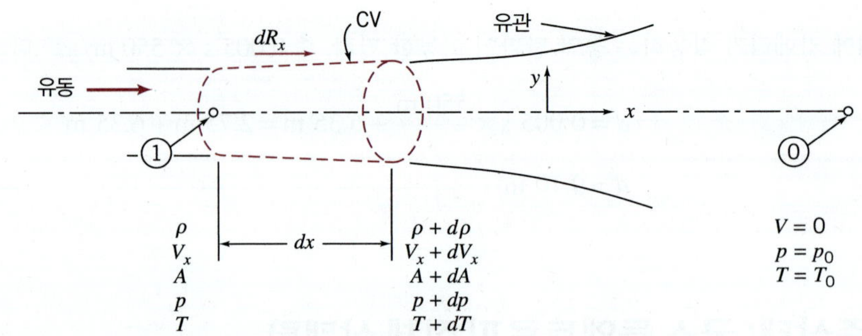

그림 12.5 미소한 유관 속의 압축성유동.

이상기체 유동에 대한 국소 등엔트로피 정체 상태량

압축성유동에 대해 질량보존 방정식과 운동량 방정식을 미소 검사체적에 적용하여 적분하면 등엔트로피 정체 관계식을 유도할 수 있다. 그림 12.4에 도식적으로 보인 과정에 대해 그림 12.5에 나타낸 검사체적을 상상함으로써 상태 ①에서부터 상응하는 정체점 상태까지 유동과정을 기술할 수 있다. 먼저 연속방정식을 고려하라.

a. 연속방정식

지배방정식:

$$\overset{=0(1)}{\cancel{\frac{\partial}{\partial t}}\int_{\text{CV}}\rho d\forall} + \int_{\text{CS}}\rho\vec{V}\cdot d\vec{A} = 0 \tag{4.12}$$

가정: **1** 정상유동

2 각 단면에서 균일유동

따라서

$$(-\rho V_x A) + \{(\rho + d\rho)(V_x + dV_x)(A + dA)\} = 0$$

또는

$$\rho V_x A = (\rho + d\rho)(V_x + dV_x)(A + dA) \tag{12.20a}$$

b. 운동량 방정식

지배방정식:

$$F_{S_x} + \overset{=0(3)}{\cancel{F_{B_x}}} = \overset{=0(1)}{\cancel{\frac{\partial}{\partial t}}\int_{\text{CV}} V_x\rho d\forall} + \int_{\text{CS}} V_x\rho\vec{V}\cdot d\vec{A} \tag{4.18a}$$

가정: **3** $F_{B_x} = 0$

4 마찰이 없는 유동

따라서 미소 검사체적에 작용하는 표면력들은

$$F_{S_x} = dR_x + pA - (p + dp)(A + dA)$$

힘 dR_x는 그림 12.5에 도시한 바와 같은 유관 경계를 따라 적용되며, 유관 경계에서 평균압력은 $p + dp/2$이다. 또 x방향의 면적 성분은 dA이며 마찰이 없으므로

$$F_{S_x} = \left(p + \frac{dp}{2}\right)dA + pA - (p+dp)(A+dA)$$

또는

$$F_{S_x} = pdA + \overset{\approx 0}{\frac{dp\,dA}{2}} + pA - pA - dpA - pdA - \overset{\approx 0}{dp\,dA} = -dpA$$

이 결과를 운동량 방정식에 대입하면,

$$-dp\ A = V_x\{-\rho V_x A\} + (V_x + dV_x)\{(\rho + d\rho)(V_x + dV_x)(A + dA)\}$$

식 (12.20a)를 사용하여 위 식을 간단히 하면,

$$-dp\ A = (-V_x + V_x + dV_x)(\rho V_x A)$$

결국

$$dp = -\rho V_x dV_x = -\rho d\left(\frac{V_x^2}{2}\right)$$

또는

$$\frac{dp}{\rho} + d\left(\frac{V_x^2}{2}\right) = 0 \tag{12.20b}$$

식 (12.20b)는 감속과정 동안 상태량들 사이의 관계식이다. 이 식을 전개하는 데 마찰이 없는 감속과정을 명시했다. 위 식을 초기와 최종(정체점) 상태 사이에서 적분하기 전에 과정의 경로를 따라 압력 p와 밀도 ρ의 관계를 먼저 규정해야 한다.

감속과정이 등엔트로피 변화이기 때문에 이상기체에 대한 압력과 밀도의 관계는 다음 식으로 주어진다.

$$\frac{p}{\rho^k} = \text{일정} \tag{12.12c}$$

정체 유선을 따라서 속도는 오직 한 성분 V_x(속도 크기)만 있으므로, 식 (12.20b)에서 아래첨자를 생략한다.

p/ρ^k = 일정 = C로부터

$$p = C\rho^k \qquad \text{그리고} \qquad \rho = p^{1/k}C^{-1/k}$$

이다. 그리고 나서 식 (12.20b)로부터

$$-d\left(\frac{V^2}{2}\right) = \frac{dp}{\rho} = p^{-1/k}C^{1/k}dp$$

초기상태와 상응하는 정체점 사이에서 이 식을 적분하면,

$$-\int_V^0 d\left(\frac{V^2}{2}\right) = C^{1/k}\int_p^{p_0} p^{-1/k}dp$$

다음 식을 얻는다.

$$\frac{V^2}{2} = C^{1/k}\frac{k}{k-1}\left[p^{(k-1)/k}\right]_p^{p_0} = C^{1/k}\frac{k}{k-1}\left[p_0^{(k-1)/k} - p^{(k-1)/k}\right]$$
$$\frac{V^2}{2} = C^{1/k}\frac{k}{k-1}p^{(k-1)/k}\left[\left(\frac{p_0}{p}\right)^{(k-1)/k} - 1\right]$$

$C^{1/k} = p^{1/k}/\rho$이므로,

$$\frac{V^2}{2} = \frac{k}{k-1}\frac{p^{1/k}}{\rho}p^{(k-1)/k}\left[\left(\frac{p_0}{p}\right)^{(k-1)/k} - 1\right]$$
$$\frac{V^2}{2} = \frac{k}{k-1}\frac{p}{\rho}\left[\left(\frac{p_0}{p}\right)^{(k-1)/k} - 1\right]$$

정체점 압력을 구하기 위하여 다음 식으로 다시 쓸 수 있다.

$$\left(\frac{p_0}{p}\right)^{(k-1)/k} = 1 + \frac{k-1}{k}\frac{\rho}{p}\frac{V^2}{2}$$

그리고

$$\frac{p_0}{p} = \left[1 + \frac{k-1}{k}\frac{\rho V^2}{2p}\right]^{k/(k-1)}$$

이상기체에 대해 $p = \rho RT$이므로,

$$\frac{p_0}{p} = \left[1 + \frac{k-1}{2}\frac{V^2}{kRT}\right]^{k/(k-1)}$$

또한 이상기체에 대해 음속은 $c = \sqrt{kRT}$이므로,

$$\frac{p_0}{p} = \left[1 + \frac{k-1}{2}\frac{V^2}{c^2}\right]^{k/(k-1)}$$
$$\frac{p_0}{p} = \left[1 + \frac{k-1}{2}M^2\right]^{k/(k-1)} \tag{12.21a}$$

식 (12.21a)로부터 이상기체 유동장 안의 어떤 점에서 정압과 Mach 수가 주어진다면 국소 등엔트로피 정체압력을 계산할 수 있다.

다른 등엔트로피 정체점 상태량에 대한 식들도 등엔트로피 관계식

$$\frac{p}{\rho^k} = \text{일정}$$

을 과정의 양 끝 사이에 적용하면 손쉽게 얻을 수 있다. 이렇게 하여

$$\frac{p_0}{p} = \left(\frac{\rho_0}{\rho}\right)^k \quad \text{그리고} \quad \frac{\rho_0}{\rho} = \left(\frac{p_0}{p}\right)^{1/k}$$

로 쓸 수 있으므로, 이상기체에 대하여

$$\frac{T_0}{T} = \frac{p_0}{p}\frac{\rho}{\rho_0} = \frac{p_0}{p}\left(\frac{p_0}{p}\right)^{-1/k} = \left(\frac{p_0}{p}\right)^{(k-1)/k}$$

이다. 식 (12.21a)를 사용하여 이상기체의 국소 등엔트로피 정체 상태량들을 결정하기 위한 방정식을 요약

하면 다음과 같다.

$$\frac{p_0}{p} = \left[1 + \frac{k-1}{2}M^2\right]^{k/(k-1)} \tag{12.21a}$$

$$\frac{T_0}{T} = 1 + \frac{k-1}{2}M^2 \tag{12.21b}$$

$$\frac{\rho_0}{\rho} = \left[1 + \frac{k-1}{2}M^2\right]^{1/(k-1)} \tag{12.21c}$$

식 (12.21)들로부터 이상기체에 대한 유동장의 어떤 점에서 국소 Mach 수가 알려진다면, 상응하는 정적 상태량(static property)에 대한 국소 등엔트로피 정체 상태량의 비를 얻을 수 있다. 보통 어떤 상태에서의 상태량을 상태의 정체 상태량과 관련짓기 위해서 연속방정식과 운동량 방정식 대신에 식 (12.21)을 사용하게 되지만, 식 (12.21)을 유도하는 데 이들 방정식뿐만 아니라 이상기체에 대한 등엔트로피 관계식을 함께 이용했다는 것을 기억해야 한다. 부록 D.1은 이상기체의 등엔트로피 유동에 대하여 상태량 비 T_0/T, p_0/p, ρ_0/ρ를 Mach 수의 함수로 적은 것이다. 공기(k = 1.4)에 대해 이러한 상태량 비를 정리한 표와 그림을 한정된 범위에서 Mach 수의 함수로 나타낸다. 계산 절차는 예제 12.5에서 설명된다. 비압축성유동으로 가정할 수 있는 Mach 수 범위는 예제 12.6에서 검토된다.

예제 12.5 채널 유동에서 국소 등엔트로피 정체조건들

그림에 나타낸 덕트 입구에서 압력 350 kPa (abs), 온도 60°C, 그리고 속도 183 m/s인 유동이 덕트 출구에서는 Mach 수 M = 1.3이 되며, 출구에서 국소 정체조건들은 385 kPa (abs), 350 K로 알려져 있다. 덕트 입구에서 국소 등엔트로피 정체압력과 온도, 그리고 출구에서 정압과 온도를 계산하라. Ts 선도상에 덕트 입구와 출구의 정적 상태점들을 나타내고, 유동의 정체과정을 도시하라.

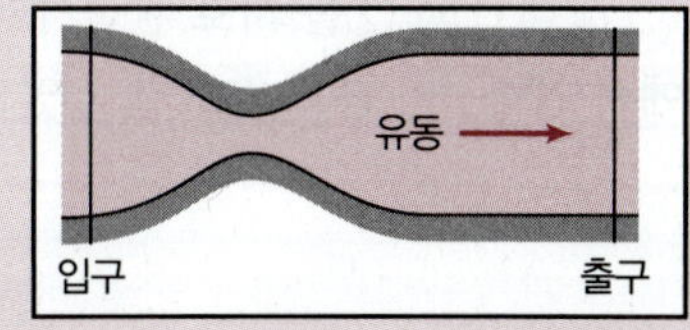

주어진 자료: 그림에 나타낸 바와 같이 덕트를 통과하는 공기의 정상유동

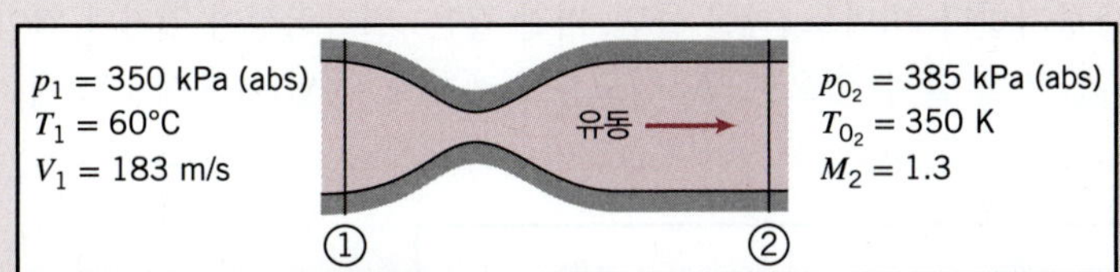

찾는 자료: (a) p_{0_1}
(b) T_{0_1}
(c) p_2
(d) T_2
(e) Ts 선도상에 상태점 ①과 ②; 정체과정을 도시

풀이: 단면 ①에서 국소 등엔트로피 정체조건들을 산출하기 위해서 Mach 수 $M_1 = V_1/c_1$을 계산해야 한다. 이상기체에 대해 $c = \sqrt{kRT}$이므로

$$c_1 = \sqrt{kRT_1} = \left[1.4 \times 287 \frac{\text{N}\cdot\text{m}}{\text{kg}\cdot\text{K}} \times (273+60)\ \text{K} \times \frac{\text{kg}\cdot\text{m}}{\text{N}\cdot\text{s}^2}\right]^{1/2} = 366\ \text{m/s}$$

그리고

$$M_1 = \frac{V_1}{c_1} = \frac{183}{366} = 0.5$$

따라서 국소 등엔트로피 정체 상태량은 식 (12.21)로부터 계산될 수 있다.

$$p_{0_1} = p_1\left[1 + \frac{k-1}{2}M_1^2\right]^{k(k-1)} = 350\ \text{kPa}[1 + 0.2(0.5)^2]^{3.5} = 415\ \text{kPa (abs)} \longleftarrow p_{0_1}$$

$$T_{0_1} = T_1\left[1 + \frac{k-1}{2}M_1^2\right] = 333\ \text{K}[1 + 0.2(0.5)^2] = 350\ \text{K} \longleftarrow T_{0_1}$$

단면 ②에서 식 (12.21)을 다시 적용하면, 식 (12.21a)로부터

$$p_2 = \frac{p_{0_2}}{\left[1 + \frac{k-1}{2}M_2^2\right]^{k/(k-1)}} = \frac{385\ \text{kPa}}{[1 + 0.2(1.3)^2]^{3.5}} = 139\ \text{kPa (abs)} \longleftarrow p_2$$

식 (12.21b)로부터

$$T_2 = \frac{T_{0_2}}{1 + \frac{k-1}{2}M_2^2} = \frac{350\ \text{K}}{1 + 0.2(1.3)^2} = 262\ \text{K} \longleftarrow T_2$$

상태 ①과 ②를 서로 관련시키고, Ts 선도상에서 정체과정들을 도시하기 위해서 엔트로피 변화 $s_2 - s_1$을 구해야 한다. 각 상태에서 압력 p와 온도 T를 알고 있으므로 식 (12.11b)를 사용하는 것이 편리하다.

$$\begin{aligned} s_2 - s_1 &= c_p \ln\frac{T_2}{T_1} - R\ln\frac{p_2}{p_1} \\ &= 1.00\frac{\text{kJ}}{\text{kg}\cdot\text{K}} \times \ln\left(\frac{262}{333}\right) - 0.287\frac{\text{kJ}}{\text{kg}\cdot\text{K}} \times \ln\left(\frac{139}{350}\right) \\ s_2 - s_1 &= 0.0252\ \text{kJ/(kg}\cdot\text{K)} \end{aligned}$$

그러므로 이 유동에서 엔트로피가 증가한다. 아마도 (예를 들면, 마찰 같은) 비가역성이 있거나 열이 가해지든지 아니면 두 가지 다 있다. 또한 $T_2 < T_1$이고 $p_2 < p_1$인 것을 알 수 있으며, Ts 선도를 스케치할 수 있다(예제 12.2에서 Ts 선도상의 등압선은 지수함수의 형태였다).

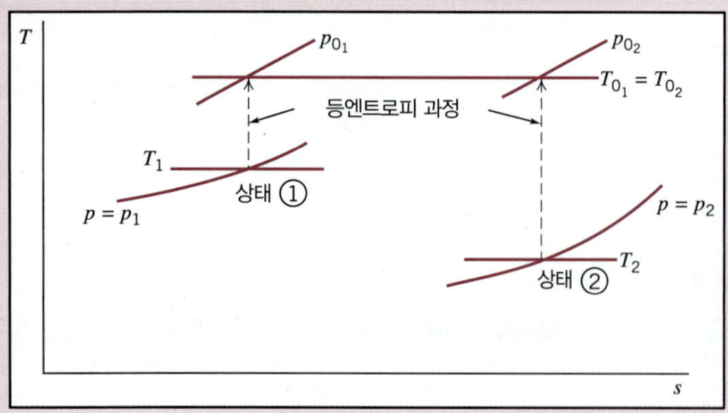

이 문제는 유동에서 다른 상태점들을 관련시키기 위해 국소 등엔트로피 정체 상태량[식 (12.21)]의 사용을 설명한다.

예제 12.6 비압축성유동에 대한 Mach 수 한계

우리는 압축성유동과 비압축성유동 모두에 대해 p_0/p에 관한 식을 유도했다. 두 식을 Mach 수의 함수로 나타내어 각 거동을 비교하라. 두 식이 공학적인 정확도 내에서 서로 일치하게 되는 Mach 수의 범위를 구하라.

주어진 자료: 정체압력 p_0에 대한 비압축성 및 압축성 방정식

$$\text{비압축성} \quad p_0 = p + \frac{1}{2}\rho V^2 \tag{6.11}$$

$$\text{압축성} \quad \frac{p_0}{p} = \left[1 + \frac{k-1}{2}M^2\right]^{k/(k-1)} \tag{12.21a}$$

찾는 자료: (a) Mach 수의 함수로 두 방정식 거동을 설명

(b) 계산된 p_0/p의 값이 공학적인 정확도 내에서 서로 일치하는 Mach 수의 범위

풀이: 먼저 식 (6.11)을 Mach 수의 항으로 나타내 보자. 이상기체 상태방정식과 $c^2 = kRT$의 관계를 사용하면,

$$\frac{p_0}{p} = 1 + \frac{\rho V^2}{2p} = 1 + \frac{V^2}{2RT} = 1 + \frac{kV^2}{2kRT} = 1 + \frac{kV^2}{2c^2}$$

따라서

$$\frac{p_0}{p} = 1 + \frac{k}{2}M^2 \tag{1}$$

'비압축성'유동에 대하여

식 (12.21a)는 이항정리를 사용하여 다음과 같이 전개될 수 있다.

$$(1+x)^n = 1 + nx + \frac{n(n-1)}{2!}x^2 + \cdots, |x| < 1$$

식 (12.21a)에 대해 $x = [(k-1)/2]M^2$ 그리고 $n = k/(k-1)$이며, 이 급수들은 $[(k-1)/2]M^2 < 1$에 대해서 수렴한다. 압축성 유동에 대해서

$$\begin{aligned}\frac{p_0}{p} &= 1 + \left(\frac{k}{k-1}\right)\left[\frac{k-1}{2}M^2\right] + \left(\frac{k}{k-1}\right)\left(\frac{k}{k-1}-1\right)\frac{1}{2!}\left[\frac{k-1}{2}M^2\right]^2 \\ &\quad + \left(\frac{k}{k-1}\right)\left(\frac{k}{k-1}-1\right)\left(\frac{k}{k-1}-2\right)\frac{1}{3!}\left[\frac{k-1}{2}M^2\right]^3 + \cdots \\ &= 1 + \frac{k}{2}M^2 + \frac{k}{8}M^4 + \frac{k(2-k)}{48}M^6 + \cdots \\ \frac{p_0}{p} &= 1 + \frac{k}{2}M^2\left[1 + \frac{1}{4}M^2 + \frac{(2-k)}{24}M^4 + \cdots\right]\end{aligned} \tag{2}$$

$M \to 0$인 극한에서 식 (2)의 대괄호 안에 있는 항들은 1.0으로 접근하므로, 낮은 Mach 수의 유동에 대해서 압축성과 비압축성의 결과는 같다. 아래 그림에 Mach 수에 따른 p_0/p의 변화를 나타내며, Mach 수가 증가함에 따라 압축성 식이 더 큰 p_0/p의 값을 예측한다.

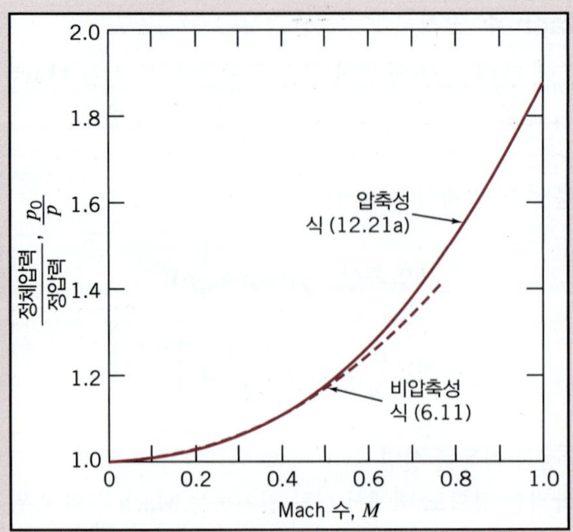

식 (1)과 (2)는 다음과 같이 표현하면 가장 간단하게 양적으로 비교될지 모른다.

$$\frac{p_0}{p} - 1 = \frac{k}{2}M^2 (\text{'비압축성'})$$

$$\frac{p_0}{p} - 1 = \frac{k}{2}M^2\left[1 + \frac{1}{4}M^2 + \frac{(2-k)}{24}M^4 + \cdots\right] (\text{압축성})$$

12.4 임계조건

정체조건은 열역학적 상태량에 대한 기준조건들로서 극히 유용하다. 속도에 대한 유용한 기준값은 **임계속도**(유동이 실제적이건 개념적이건 등엔트로피적으로 가속하거나 감속하여 Mach 수가 1.0으로 될 때 얻어지는 속도)이다. 가령 주어진 유동장에서 Mach 수가 1.0으로 되는 곳이 없다고 하더라도, 그러한 가상적인 상태가 여전히 기준조건으로서 유용하다.

Mach 수 1.0인 조건($M = 1$)들을 나타내기 위하여 *를 사용하면, 정의에 의해

$$V^* \equiv c^*$$

임계조건에서 식 (12.21)은 등엔트로피 정체 상태량에 대하여 다음과 같다.

$$\frac{p_0}{p^*} = \left[\frac{k+1}{2}\right]^{k/(k-1)} \tag{12.22a}$$

$$\frac{T_0}{T^*} = \frac{k+1}{2} \tag{12.22b}$$

$$\frac{\rho_0}{\rho^*} = \left[\frac{k+1}{2}\right]^{1/(k-1)} \tag{12.22c}$$

임계속도는 임계온도 T^*나 등엔트로피 정체온도 T_0의 항으로 쓰일 수 있다.

이상기체에 대해 $c^* = \sqrt{kRT^*}$이므로 $V^* = \sqrt{kRT^*}$이다. 식 (12.22b)로부터,

$$T^* = \frac{2}{k+1}T_0$$

이므로

$$V^* = c^* = \sqrt{\frac{2k}{k+1}RT_0} \tag{12.23}$$

다음 절에서는 정체조건과 임계조건을 모두 기준조건으로 사용하여 여러 압축성유동을 고려할 것이다.

12.5 1차원 압축성유동에 대한 기본방정식

기본법칙을 표현하는 1차원 유동의 일반적인 방정식, 즉 **질량보존법칙**(연속방정식), **운동량보존법칙**, **열역학 제1법칙과 제2법칙** 그리고 **상태방정식**들을 전개해 보자. 그렇게 하기 위해 그림 12.6에 보이는 고정된 검사체적을 사용할 것이다. 우선 유동은 위에서 언급한 모든 유동 현상, 즉 면적 변화, 마찰, 열전달에 의하여 영향을 받는다고 처음에 가정한다. 그 후 각각의 개별 현상들에 대해 식들을 단순화하여 유용한 결과들을 얻을 것이다.

그림 12.6에 보이는 바와 같이, 단면 ①과 ②에서 유동 상태량들을 상응하는 아래첨자를 붙여 표시한다. R_x는 유로 면 위에서 마찰과 압력으로부터 발생하는 표면력의 x방향 성분이다. 또한 면 ①과 ②에서 압력에 기인하는 표면력이 있을 것이다. 또 체적력의 x방향 성분은 0이므로 그림에는 보이지 않았으며, $\dot{Q}$는 열전달이다.

연속방정식

기본방정식:

$$\overbrace{\frac{\partial}{\partial t}\int_{\mathrm{CV}} \rho \, d\mathcal{V}}^{=0(1)} + \int_{\mathrm{CS}} \rho \vec{V} \cdot d\vec{A} = 0 \tag{4.12}$$

가정: **1** 정상유동

2 1차원 유동

따라서

$$(-\rho_1 V_1 A_1) + (\rho_2 V_2 A_2) = 0$$

또는

$$\rho_1 V_1 A_1 = \rho_2 V_2 A_2 = \rho V A = \dot{m} = \text{일정} \tag{12.24a}$$

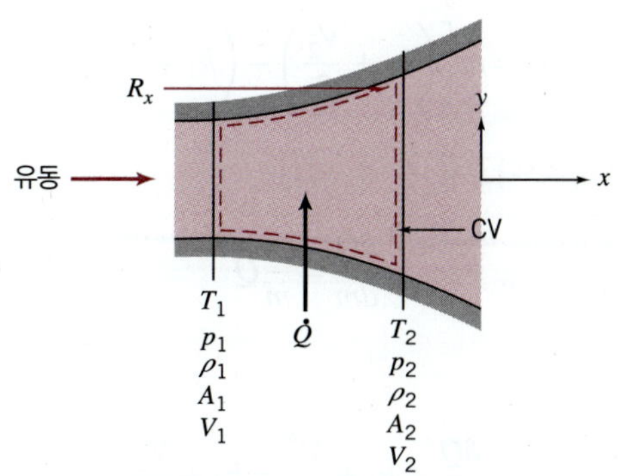

그림 12.6 일반적인 1차원 유동 해석을 위한 검사체적.

운동량 방정식

기본방정식:

$$F_{S_x} + \overset{=0(3)}{F_{B_x}} = \overset{=0(1)}{\frac{\partial}{\partial t}} \int_{\mathrm{CV}} V_x \rho \, d\forall + \int_{\mathrm{CS}} V_x \rho \vec{V} \cdot d\vec{A} \tag{4.18a}$$

가정: **3** $F_{B_x} = 0$

표면력은 면 ①과 ②에 작용하는 압력힘과 유로의 벽을 따라서 작용하는 마찰력 및 압력의 힘 R_x에 기인한다. 대입하면

$$R_x + p_1 A_1 - p_2 A_2 = V_1(-\rho_1 V_1 A_1) + V_2(\rho_2 V_2 A_2)$$

연속방정식을 사용하면,

$$R_x + p_1 A_1 - p_2 A_2 = \dot{m} V_2 - \dot{m} V_1 \tag{12.24b}$$

열역학 제1법칙

기본방정식:

$$\dot{Q} - \overset{=0(4)}{\dot{W}_s} - \overset{=0(5)}{\dot{W}_{\text{shear}}} - \overset{=0(5)}{\dot{W}_{\text{other}}} = \overset{=0(1)}{\frac{\partial}{\partial t}} \int_{\mathrm{CV}} e \rho \, d\forall + \int_{\mathrm{CS}} (e + pv) \rho \vec{V} \cdot d\vec{A} \tag{4.56}$$

여기서

$$e = u + \frac{V^2}{2} + \overset{\simeq 0(6)}{gz}$$

가정: **4** $\dot{W}_s = 0$

5 $\dot{W}_{\text{shear}} = \dot{W}_{\text{other}} = 0$

6 중력의 영향은 무시

가령 마찰을 고려한다고 하더라도, 벽면에서 유체의 속도가 점착조건에 의하여 0이 되어야 하므로 벽면에서 발생하는 마찰 일은 없다는 것에 유념하라. 이러한 가정하에서 열역학 제1법칙은 다음과 같이 된다.

$$\dot{Q} = \left(u_1 + p_1 v_1 + \frac{V_1^2}{2} \right)(-\rho_1 V_1 A_1) + \left(u_2 + p_2 v_2 + \frac{V_2^2}{2} \right)(\rho_2 V_2 A_2)$$

엔탈피의 정의 $h \equiv u + pv$와 연속방정식[식 (12.24a)]에 의해 이 식은 다음과 같이 간단히 될 수 있다.

$$\dot{Q} = \dot{m} \left[\left(h_2 + \frac{V_2^2}{2} \right) - \left(h_1 + \frac{V_1^2}{2} \right) \right]$$

열전달을 단위시간당보다는 단위질량당으로 쓸 수 있다.

$$\frac{\delta Q}{dm} = \frac{1}{\dot{m}} \dot{Q}$$

그러므로

$$\frac{\delta Q}{dm} + h_1 + \frac{V_1^2}{2} = h_2 + \frac{V_2^2}{2} \tag{12.24c}$$

식 (12.24c)는 열전달이 유동하는 유체의 총 에너지(열에너지 h와 운동에너지 $V^2/2$의 합)를 변화시킨다는 사실을 표현한다. 이러한 총 에너지($h + V^2/2$)는 압축성유동에서 자주 나타나며 **정체 엔탈피** h_0로 불린다. 이것은 유동이 단열적으로 정지할 때의 엔탈피이다.

따라서 식 (12.24c)는 다음처럼 쓰일 수도 있다.

$$\frac{\delta Q}{dm} = h_{0_2} - h_{0_1}$$

열전달은 정체 엔탈피를 변화시키고, 따라서 정체온도 T_0를 변화시킨다는 것을 안다.

열역학 제2법칙

기본방정식:

$$\overbrace{\frac{\partial}{\partial t}\int_{\mathrm{CV}} s\,\rho d\forall}^{=0(1)} + \int_{\mathrm{CS}} s\,\rho \vec{V}\cdot d\vec{A} \geq \int_{\mathrm{CS}} \frac{1}{T}\left(\frac{\dot{Q}}{A}\right) dA \qquad (4.58)$$

또는

$$s_1(-\rho_1 V_1 A_1) + s_2(\rho_2 V_2 A_2) \geq \int_{\mathrm{CS}} \frac{1}{T}\left(\frac{\dot{Q}}{A}\right) dA$$

그리고 다시 연속방정식을 사용하여,

$$\dot{m}(s_2 - s_1) \geq \int_{\mathrm{CS}} \frac{1}{T}\left(\frac{\dot{Q}}{A}\right) dA \qquad (12.24d)$$

상태방정식

단순 물질에 대한 상태방정식은 다른 두 개의 독립적인 상태량의 함수로 표현될 수 있다. 예를 들어, 엔탈피와 밀도는 각각 $h = h(s,p)$, $\rho = \rho(s,p)$으로 쓸 수 있다. 주로 일정 비열들을 갖는 이상기체들을 다루므로, 식 (12.1)과 (12.7b)를 편리를 위하여 다시 쓰면

$$p = \rho RT \qquad (12.24e)$$

그리고

$$\Delta h = h_2 - h_1 = c_p \Delta T = c_p(T_2 - T_1) \qquad (12.24f)$$

일정 비열들을 갖는 이상기체에 대해 엔트로피 변화 $\Delta s = s_2 - s_1$은 어떤 과정에 대해서도 식 (12.11) 가운데 아무 식으로 계산될 수 있다. 예를 들어, 식 (12.11b)(편의상 이 장에서 번호를 다시 매김)는

$$\Delta s = s_2 - s_1 = c_p \ln \frac{T_2}{T_1} - R \ln \frac{p_2}{p_1} \qquad (12.24g)$$

이제 일정 비열들을 갖는 이상기체의 1차원 압축성유동을 해석하는 데 필요한 방정식들의 기본 집합은 다음과 같다.

$$\rho_1 V_1 A_1 = \rho_2 V_2 A_2 = \rho V A = \dot{m} = \text{일정} \tag{12.24a}$$

$$R_x + p_1 A_1 - p_2 A_2 = \dot{m} V_2 - \dot{m} V_1 \tag{12.24b}$$

$$\frac{\delta Q}{dm} + h_1 + \frac{V_1^2}{2} = h_2 + \frac{V_2^2}{2} \tag{12.24c}$$

$$\dot{m}(s_2 - s_1) \geq \int_{\text{CS}} \frac{1}{T}\left(\frac{\dot{Q}}{A}\right) dA \tag{12.24d}$$

$$p = \rho R T \tag{12.24e}$$

$$\Delta h = h_2 - h_1 = c_p \Delta T = c_p (T_2 - T_1) \tag{12.24f}$$

$$\Delta s = s_2 - s_1 = c_p \ln \frac{T_2}{T_1} - R \ln \frac{p_2}{p_1} \tag{12.24g}$$

식 (12.24e)는 오직 이상기체인 경우에만 적용될 수 있으며, 식 (12.24f)와 (12.24g)는 오직 비열이 일정한 이상기체에만 적용될 수 있다. 이제 유동에 영향을 미칠 수 있는 현상 각각에 대해 이 방정식들을 단순화할 것이다. 즉,

- 면적의 변화를 수반하는 유동
- 수직충격파
- 마찰을 수반하는 유로에서 유동
- 가열이나 냉각을 수반하는 유로에서 유동

12.6 이상기체의 등엔트로피 유동: 면적 변화

첫 번째 현상은 오직 면적 변화에 의해 유동이 변하는 것인데 열전달이 없고, 또는 마찰이 없으며, 그리고 충격파도 없다. 열전달, 마찰과 충격파가 없다는 것은 이러한 유동이 가역적이고 단열적일 것을 의미한다. 그래서 식 (12.24d)는 다음처럼 된다.

$$\dot{m}(s_2 - s_1) = \int_{\text{CS}} \frac{1}{T}\left(\frac{\dot{Q}}{A}\right) dA = 0$$

또는

$$\Delta s = s_2 - s_1 = 0$$

따라서 그러한 유동은 **등엔트로피적**이다. 이것은 식 (12.24g)가 12장에서 보았던 결과에 이른다는 것을 뜻한다.

$$T_1 p_1^{(1-k)/k} = T_2 p_2^{(1-k)/k} = T p^{(1-k)/k} = \text{일정} \tag{12.12b}$$

또는 다음과 같은 등가식[온도를 소거하기 위해서 식 (12.12b)에 이상기체 상태방정식을 사용하여 얻음]이 된다.

$$\frac{p_1}{\rho_1^k} = \frac{p_2}{\rho_2^k} = \frac{p}{\rho^k} = \text{일정} \tag{12.12c}$$

따라서 방정식의 기본 집합[식 (12.24)]은 다음 식들로 된다.

$$\rho_1 V_1 A_1 = \rho_2 V_2 A_2 = \rho V A = \dot{m} = \text{일정} \tag{12.25a}$$

$$R_x + p_1 A_1 - p_2 A_2 = \dot{m} V_2 - \dot{m} V_1 \tag{12.25b}$$

$$h_{0_1} = h_1 + \frac{V_1^2}{2} = h_2 + \frac{V_2^2}{2} = h_{0_2} = h_0 \qquad (12.25c)$$

$$s_2 = s_1 = s \qquad (12.25d)$$

$$p = \rho RT \qquad (12.25e)$$

$$\Delta h = h_2 - h_1 = c_p \Delta T = c_p(T_2 - T_1) \qquad (12.25f)$$

$$\frac{p_1}{\rho_1^k} = \frac{p_2}{\rho_2^k} = \frac{p}{\rho^k} = \text{일정} \qquad (12.25g)$$

식 (12.25c), (12.25d) 그리고 (12.25f)는 이 과정이 *hs* 선도와 *Ts* 선도상에서 어떻게 나타나는지에 대한 통찰력을 제공한다는 것을 기억하라. 식 (12.25c)로부터 유체의 총 에너지 또는 정체 엔탈피 h_0는 일정해서 엔탈피와 운동에너지는 유동을 따라 변화할 수 있으나 이들의 합은 일정하다. 이것은 만일 유동이 가속되면 온도는 감소해야 하며, 그 반대도 또한 같다는 것을 의미한다. 식 (12.25d)는 엔트로피가 일정하다는 것을 가리킨다. 이들 결과는 전형적인 과정에 대해서 그림 12.7에 도시되어 있다.

식 (12.25f)는 온도와 엔탈피가 선형적으로 관련된다는 것을 나타낸다. 그래서 *Ts* 선도상에서 도시된 과정들은 세로축 눈금만 제외하면 그림 12.7에 보인 것과 매우 유사하게 보일 것이다.

식 (12.25)는 면적이 변하는 유로에서 등엔트로피 유동을 해석하는 데 사용될 수 있다. 예를 들면, 단면 ①에서 조건들(즉, p_1, ρ_1, T_1, s_1, h_1, V_1, A_1)을 안다면, 위 식들을 이용하여 면적이 A_2인 단면 ②에서 유동 조건을 찾아낼 수 있다. 7개의 방정식과 7개의 미지수(p_2, ρ_2, T_2, s_2, h_2, V_2, R_x)가 있다.

미소 검사체적(그림 12.5)을 해석할 때 이 장에서 얻은 결과들을 검토하여 등엔트로피 과정에 대한 통찰력을 얻을 수 있다. 이에 대한 운동량 방정식은

$$\frac{dp}{\rho} + d\left(\frac{V^2}{2}\right) = 0 \qquad (12.20b)$$

이었다. 따라서

$$dp = -\rho V\, dV$$

ρV^2로 나누면,

$$\frac{dp}{\rho V^2} = -\frac{dV}{V} \qquad (12.26)$$

식 (12.25a)로부터 연속방정식의 편리한 미분 형태를 다음과 같이 얻을 수 있다.

$$\rho AV = \text{일정}$$

미분하고 양변을 ρAV로 나누면,

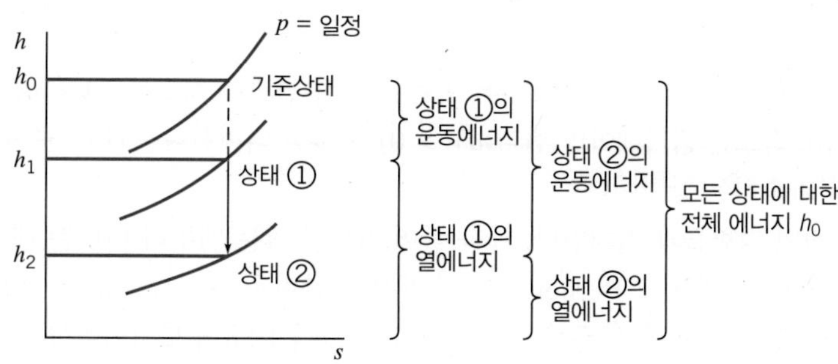

그림 12.7 평면 *hs*에서 등엔트로피 유동.

$$\frac{d\rho}{\rho}+\frac{dA}{A}+\frac{dV}{V}=0 \tag{12.27}$$

dA/A에 대해서 식 (12.27)을 풀면

$$\frac{dA}{A}=-\frac{dV}{V}-\frac{d\rho}{\rho}$$

식 (12.26)을 대입하면

$$\frac{dA}{A}=\frac{dp}{\rho V^2}-\frac{d\rho}{\rho}$$

또는

$$\frac{dA}{A}=\frac{dp}{\rho V^2}\left[1-\frac{V^2}{dp/d\rho}\right]$$

등엔트로피 과정에 대해 $dp/d\rho = \partial p/\partial\rho)_s = c^2$이므로,

$$\frac{dA}{A}=\frac{dp}{\rho V^2}\left[1-\frac{V^2}{c^2}\right]=\frac{dp}{\rho V^2}[1-M^2]$$

또는

$$\frac{dp}{\rho V^2}=\frac{dA}{A}\frac{1}{[1-M^2]} \tag{12.28}$$

식 (12.26)을 식 (12.28)에 대입하면

$$\frac{dV}{V}=-\frac{dA}{A}\frac{1}{[1-M^2]} \tag{12.29}$$

등엔트로피 유동에 대해 마찰이 없다는 것을 주목하라. 식 (12.28)과 (12.29)는 이 경우에 대해서 운동량의 관점으로부터 압력 증가가 속도 감소를 야기하고, 그 반대도 성립한다는 것을 확인해 준다. 비록 계산을 위해서 이 식들을 사용할 수는 없더라도(지금까지 Mach 수가 면적에 따라 어떻게 변하는지 결정하지 않았다) 식 (12.28)과 (12.29)는 유동면적을 바꿈에 따라 압력과 속도가 어떻게 변하는지에 대해 매우 흥미로운 통찰력을 제공한다. 세 가지 가능성이 아래에서 논의된다.

아음속 유동, $M < 1$

$M < 1$에 대해 식 (12.28)과 (12.29)에 있는 인자 $1/[1-M^2]$의 부호는 양이다. 따라서 dA가 양이면 dp는 양이고, dV는 음으로 된다. 이러한 수학적 결과에 의하면 **확대부**($dA > 0$)에서 유동의 압력은 **증가**($dp > 0$)해야만 하고, 속도는 **감소**($dV < 0$)해야만 한다. 그래서 **확대채널은 아음속 디퓨저이다**(디퓨저는 유동을 감속하는 장치이다).

한편 dA가 음이면 dp는 음이고, dV는 양이다. 이런 수학적 결과는 **축소부**($dA < 0$)에서 유동의 압력은 **감소해야** 하며($dp < 0$), 속도는 **증가해야만** 한다($dV > 0$)는 것을 의미한다. 그러므로 **축소채널은 아음속 노즐이다**(노즐은 유동을 가속하는 장치이다).

이 결과들은 일상적인 경험들과 일치한다. 예를 들어, 8장에 있는 벤투리 미터는 벤투리 목에서 면적의 축소가 속도의 국소 증가를 일으키고 Bernoulli 원리 때문에 압력을 감소시킨다. 또 확대단면은 압력을 회복시키고 유속을 감소시킨다. 아음속 디퓨저와 노즐은 또한 그림 12.8에 도시되어 있다.

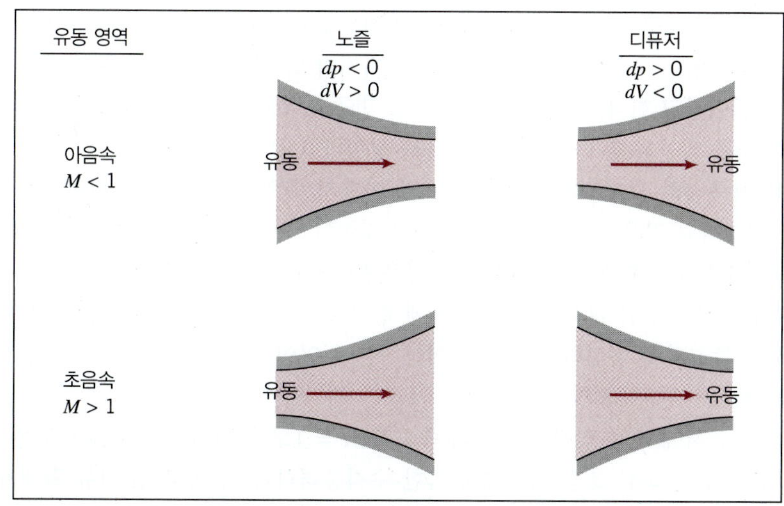

그림 12.8 초기 Mach 수의 함수로서 노즐과 디퓨저 형상.

초음속 유동, $M > 1$

$M > 1$에 대해 식 (12.28)과 (12.29)에 있는 인자 $1/[1 - M^2]$의 부호는 음이다. 따라서 dA가 양이면 dp는 음이고, dV는 양으로 된다. 이러한 수학적 결과에 의하면 **확대부**($dA > 0$)에서 유동의 압력은 **감소**($dp < 0$)해야만 하고, 속도는 **증가**($dV > 0$)해야만 한다. 따라서 **확대채널**은 **초음속 노즐**이다.

한편 dA가 음이면 dp는 양이고, dV는 음이다. 이런 수학적 결과는 **축소부**($dA < 0$)에서 유동의 압력은 **증가**해야 하며($dp > 0$), 속도는 **감소**해야만 한다($dV < 0$)는 것을 의미한다. 그러므로 **축소채널**은 **초음속 디퓨저**이다.

이러한 결과들은 우리가 벤투리 미터에서 본 것과 정반대로 일상적인 경험과 일치하지 않는다. 초음속 노즐과 디퓨저의 형상은 그림 12.8에 나타내었다.

이런 다소 직관에 어긋나는 결과들은 밀도가 일정하다고 가정하는 것에 익숙하다는 것을 깨달을 때 이해될 수 있다. 그러나 지금은 유체 밀도가 유동 조건의 민감한 함수인 유동 영역에 있다. 식 (12.27)로부터

$$\frac{dV}{V} = -\frac{dA}{A} - \frac{d\rho}{\rho}$$

예를 들어, 초음속 확대채널($dA > 0$)에서 밀도가 대폭 감소하므로 유체는 실제적으로 가속된다(역시 $dV > 0$)($d\rho$는 음이고 큰 값이어서 실제 결과는 식의 우변이 양이다).

음속 유동, $M = 1$

아음속 상태나 초음속 상태로부터 Mach 수가 1.0으로 접근하면 식 (12.28)이나 (12.29)에서 인자 $1/[1 - M^2]$는 무한대로 접근하는데, 이것은 압력과 속도 변화도 역시 무한대로 접근하는 것을 의미한다. 이는 명백히 비현실적이며, 그래서 방정식이 물리적인 의미를 갖도록 하는 약간 다른 방법을 찾아야만 한다. 이와 같이 압력과 속도에서 특이성을 피할 수 있는 유일한 방법은 M이 1로 접근할 때 dA를 0으로 접근시키도록 하는 것이다. 따라서 등엔트로피 유동에 대해서 음속의 조건은 면적이 일정한 곳에서만 발생할 수 있다! 유동이 아음속 상태 또는 초음속 상태에서 $M = 1$로 접근하는 경우를 상상하면 훨씬 더 명확할 수 있다. 아음속 유동($M < 1$)은 축소부분인 아음속 노즐을 사용하여 가속되어야 할 것이며, 초음속 유동($M > 1$)은 역시 축소부분인 초음속 디퓨저를 통하여 감속되어야 할 것이다. 따라서 음속조건들은 꼭 일정 면적의 위치가 아니라 최소 면적의 위치로 제한된다. 중요한 결과는 **등엔트로피 유동에 대해 음속조건 $M = 1$은 목이나 최소 면적부분에서만 얻을 수 있다**는 것을 의미한다.

유체를 정지상태에서 초음속 속도까지 등엔트로피적으로 가속시키기 위해서는 목에서 $M = 1$인 아음속 노즐(축소부분)과 뒤이어 초음속 노즐(확대부분)을 가져야 할 것이라는 것을 알 수 있다. 이러한 장치를 **축소-확대(C-D) 노즐**이라고 한다. 물론 초음속 유동을 만들기 위해서는 그저 C-D 노즐 이외에 더 필요한 것이 있어서, 또한 노즐 입구와 출구 사이에 압력차를 생성하고 유지해야만 한다.

등엔트로피 유동(특별히 감속유동)을 논의하는 데 반드시 주의가 필요한데, 왜냐하면 실제 유체에서는 경계층의 박리나 충격파와 같은 비등엔트로피 현상을 경험할 수 있기 때문이다. 실제로 초음속 유동은 목에서 정확하게 $M = 1$까지 감속될 수가 없는데, 이것은 목 근처에서 음속 유동이 상승하는 (역)압력구배로 인하여 불안정해지기 때문이다. 실제 아음속 유동에 항상 존재하는 교란들은 상류로 전파하여 목에서 음속 유동을 교란하고 충격파를 형성하여 상류로 이동하는 원인이 되는데, 초음속 디퓨저의 입구로부터 배출될지도 모른다.

실제의 초음속 디퓨저에서 목 면적은 유동의 속도를 $M = 1$로 줄이기 위해서 요구되는 목 면적보다 약간 더 커야만 한다. 적당한 하류 조건 아래에서 약한 수직충격파가 목 바로 뒤 하류 확대채널에서 형성된다. 충격파를 지난 유동은 아음속이고 확대부에서 감속한다. 따라서 초음속에서 아음속으로 감속은 실제로 등엔트로피적으로 일어날 수 없는데, 왜냐하면 약한 수직충격파가 엔트로피 상승을 야기하기 때문이다. 수직충격파는 12.7절에서 다뤄질 것이다.

가속하는 흐름(수압력구배)에 대해서 등엔트로피 유동의 이상화는 일반적으로 실제 유동 거동의 현실적인 모델이 될 수 있다. 감속유동에 대해서 등엔트로피 유동은 현실적이지 않을 수 있다. 왜냐하면, 비압축성 경계층 유동에 대해서 9장에서 논의한 것처럼 역압력구배와 유동박리의 부수적인 가능성 때문이다.

이상기체의 등엔트로피 유동에 대한 기준 정체조건과 임계조건

이 절의 시작 부분에서 언급한 바와 같이, 원칙적으로 이상기체의 1차원 등엔트로피 유동을 해석하기 위해 식 (12.25)를 사용할 수 있지만 계산과정이 다소 지루해질 것이다. 대신 유동이 등엔트로피적이기 때문에, 12.3절의 결과(기준 정체조건)와 12.4절의 결과(기준 임계조건)를 이용할 수 있다. 이러한 개념은 그림 12.9에 도시되어 있으며, 예를 들어 주어지는 상태 ①로부터 상태 ②에서 상태량들을 계산하기 위해 식 (12.25)를 사용하는 대신에, 상태 ①을 사용하여 두 기준상태(정체 상태와 임계 상태)를 결정할 수 있다. 그런 후 이들을 사용하여 상태 ②에서 상태량들을 얻을 수 있다. 두 기준상태가 필요한데, 이것은 기준 정체상태가 면적 정보를 제공해 주지 않기 때문이다.

식 (12.21)을 사용하면(편의상 번호를 새로 붙임)

$$\frac{p_0}{p} = \left[1 + \frac{k-1}{2}M^2\right]^{k/(k-1)} \tag{12.30a}$$

$$\frac{T_0}{T} = 1 + \frac{k-1}{2}M^2 \tag{12.30b}$$

$$\frac{\rho_0}{\rho} = \left[1 + \frac{k-1}{2}M^2\right]^{1/(k-1)} \tag{12.30c}$$

정체조건들은 등엔트로피 유동 전체에 걸쳐 일정하다는 것에 주의한다. 임계조건들($M = 1$일 때)은 다음과 같이 12.4절의 정체조건들과 관련된다.

$$\frac{p_0}{p_*} = \left[\frac{k+1}{2}\right]^{k/(k-1)} \tag{12.22a}$$

$$\frac{T_0}{T_*} = \frac{k+1}{2} \tag{12.22b}$$

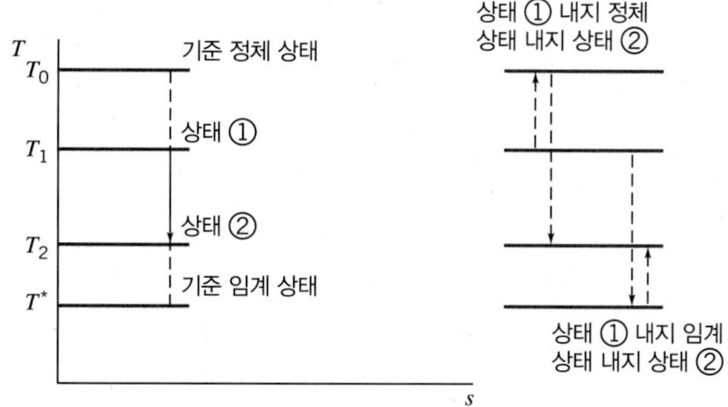

그림 12.9 *Ts* 선도상에서 정체 기준상태와 임계 기준상태의 예시.

$$\frac{\rho_0}{\rho^*} = \left[\frac{k+1}{2}\right]^{1/(k-1)} \tag{12.22c}$$

$$V^* = c^* = \sqrt{\frac{2k}{k+1}RT_0} \tag{12.23}$$

그림 12.9의 예시에서처럼 비록 어떤 특정한 유동이 음속조건에 결코 도달하지 않더라도 기준조건으로서 유용한 임계조건을 구할 것이다. 식 (12.30a), (12.30b), (12.30c)는 Mach 수를 매개변수로 하여 국소 상태량(p, ρ, T, V)들을 정체 상태량(p_0, ρ_0, T_0)들과 관련시키며, 식 (12.22)와 식 (12.23)은 각각 임계 상태량(p^*, ρ^*, T^*, V^*)들을 정체 상태량(p_0, ρ_0, T_0)들과 관련시킨다. 그러나 면적 A와 A^*의 관계식을 얻어야만 하는데 그러기 위해서 다음과 같은 형태의 연속방정식[식 (12.25a)]을 가지고 시작한다.

$$\rho AV = \text{일정} = \rho^* A^* V^*$$

따라서

$$\frac{A}{A^*} = \frac{\rho^*}{\rho}\frac{V^*}{V} = \frac{\rho^*}{\rho}\frac{c^*}{Mc} = \frac{1}{M}\frac{\rho^*}{\rho}\sqrt{\frac{T^*}{T}}$$

$$\frac{A}{A^*} = \frac{1}{M}\frac{\rho^*}{\rho_0}\frac{\rho_0}{\rho}\sqrt{\frac{T^*/T_0}{T/T_0}}$$

$$\frac{A}{A^*} = \frac{1}{M}\frac{\left[1+\frac{k-1}{2}M^2\right]^{1/(k-1)}}{\left[\frac{k+1}{2}\right]^{1/(k-1)}}\left[\frac{1+\frac{k-1}{2}M^2}{\frac{k+1}{2}}\right]^{1/2}$$

$$\frac{A}{A^*} = \frac{1}{M}\left[\frac{1+\frac{k-1}{2}M^2}{\frac{k+1}{2}}\right]^{(k+1)/2(k-1)} \tag{12.30d}$$

식 (12.30)은 일정 비열을 갖는 이상기체의 등엔트로피 유동을 해석하는 데 편리한데, 기본방정식 식 (12.25) 대신 주로 사용된다. 편의상 식 (12.30)을 다음과 같이 정리한다.

$$\frac{p_0}{p} = \left[1 + \frac{k-1}{2} M^2\right]^{k/(k-1)} \tag{12.30a}$$

$$\frac{T_0}{T} = 1 + \frac{k-1}{2} M^2 \tag{12.30b}$$

$$\frac{\rho_0}{\rho} = \left[1 + \frac{k-1}{2} M^2\right]^{1/(k-1)} \tag{12.30c}$$

$$\frac{A}{A^*} = \frac{1}{M} \left[\frac{1 + \frac{k-1}{2} M^2}{\frac{k+1}{2}}\right]^{(k+1)/2(k-1)} \tag{12.30d}$$

식 (12.30)은 상태량들의 관계식을 Mach 수, 정체조건 그리고 임계조건들의 항으로 제공한다. 이 방정식들은 쉽게 프로그래밍할 수 있다(예: [5], [6] 참조). 이들 방정식은 대수적으로 다소 복잡하지만 서로 연결되지 않은 기본방정식인 식 (12.25)보다 유리하다. 각 상태량들은 정체값과 Mach 수로부터 직접 계산될 수 있다.

식 (12.30d)는 Mach 수 M과 면적 A의 관계를 보여준다. 임계 면적 A^*를 이용하여 면적 A를 정규화한다. 각 Mach 수 M에 대해 유일한 면적비를 얻지만, 그림 12.10에 도시한 바와 같이 각 A/A^*의 비(1을 제외)는 2개의 가능한 Mach 수, 즉 아음속 Mach 수와 초음속 Mach 수를 갖는다. 그림 12.10에 도시되어 있는 곡선의 형태는 유동이 아음속에서 초음속으로 가속하기 위한 축소-확대 부분처럼 보이지만(필요한 것처럼 목에서만 $M = 1$임), 실제로 이러한 형상은 유로로서 잘 사용되지 않는다. 예를 들면, 확대부분은 유동의 박리 기회를 줄이기 위해서 대개 훨씬 덜 심한 확대각을 갖는다.

부록 D.1은 이상기체의 등엔트로피 유동에 대해 상태량의 비인 T_0/T, p_0/p, ρ_0/ρ, A/A^*를 Mach 수 M의 항으로 나타낸 유동함수를 열거한다. 이들 상태량 비의 그림에 더해서 표 값이 Mach 수의 제한된 범위에서 공기($k = 1.4$)에 대해 제시된다.

예제 12.7은 위 방정식들 일부의 사용을 실례를 들어 보여준다. 그림 12.9에 도시한 바와 같이 이들 방정식들을 사용하여 어떤 한 상태에서 상태량을 정체값들과 관련시킬 수 있으며, 그러고 나서 정체값을 사용하여 두 번째 상태의 값들을 구할 수 있다. 그러나 이것을 한 단계로 해낼 수 있는데, 예를 들면 $p_2 = (p_2/p_0)(p_0/p_1)p_1$로 써서 p_1으로부터 p_2를 얻을 수 있으며, 여기서 압력비들은 식 (12.30a)로부터 2개의 Mach 수에 대하여 나온다.

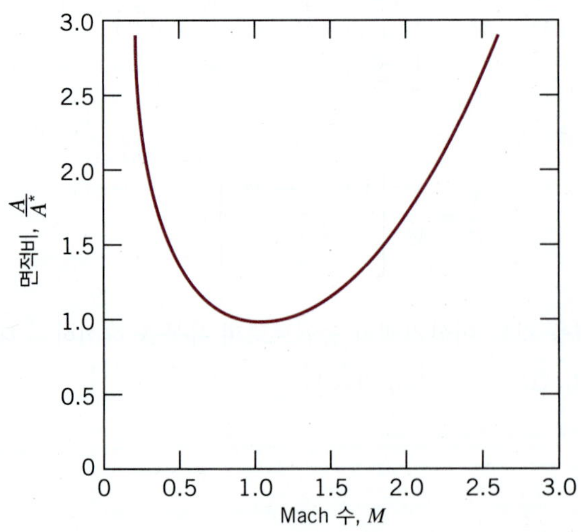

그림 12.10 $k = 1.4$인 이상기체의 등엔트로피 유동에 대해 Mach 수에 따르는 A/A^*의 변화.

예제 12.7 축소채널에서 등엔트로피 유동

어떤 채널 안에 공기가 등엔트로피적으로 흐른다. 단면 ①에서 Mach 수는 0.3, 면적은 0.001 m^2, 절대압력은 650 kPa, 그리고 온도는 62°C이다. 단면 ②에서 Mach 수는 0.8이다. 채널 형상을 스케치하고, 이 유동과정에 대한 Ts 선도를 도시하라. Ts 선도를 도시하고, 그리고 상태량들을 구하라. 그 결과가 기본방정식 식 (12.25)와 일치함을 확인하라.

주어진 자료: 채널 안에서 등엔트로피 공기유동이고, 단면 ①과 ②에서 다음과 같은 자료가 주어진다. $M_1 = 0.3$, $T_1 = 62°\text{C}$, $p_1 = 650$ kPa (abs), $A_1 = 0.001$ m^2, $M_2 = 0.8$

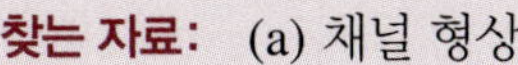

찾는 자료: (a) 채널 형상
(b) 유동과정에 대한 Ts 선도
(c) 단면 ②에서 상태량
(d) 결괏값들이 기본방정식들을 만족시키는지 보임

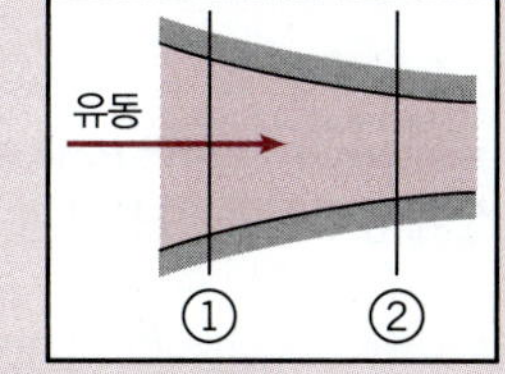

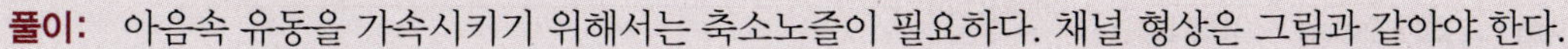

풀이: 아음속 유동을 가속시키기 위해서는 축소노즐이 필요하다. 채널 형상은 그림과 같아야 한다.

Ts 평면에서 유동과정은 s = 상수인 선을 따르며, 등엔트로피 유동에 대하여 정체조건들은 고정된다. 결과적으로 단면 ②에서 정체온도는 식 (12.30b)로부터 계산될 수 있으며, 공기($k = 1.4$)에 대하여

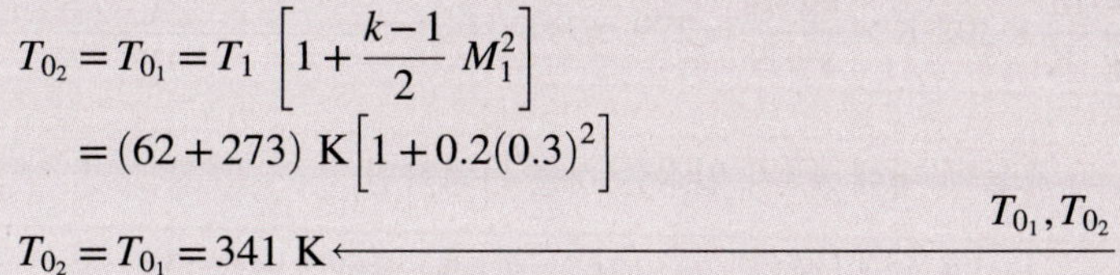

$$T_{0_2} = T_{0_1} = T_1\left[1 + \frac{k-1}{2}M_1^2\right]$$
$$= (62 + 273)\ \text{K}\left[1 + 0.2(0.3)^2\right]$$
$$T_{0_2} = T_{0_1} = 341\ \text{K} \longleftarrow T_{0_1}, T_{0_2}$$

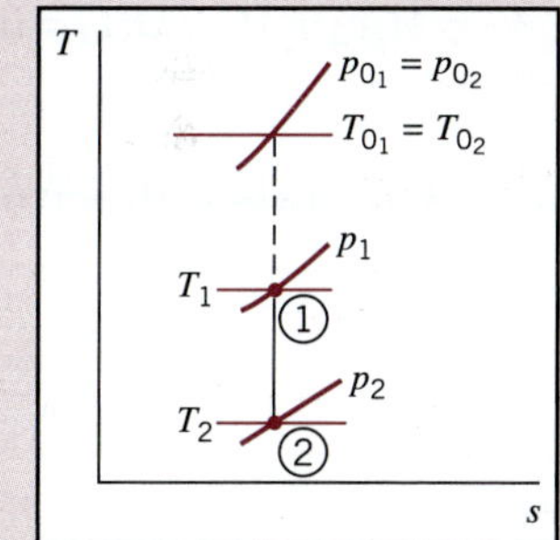

p_{0_2}에 대해서는 식 (12.30a)로부터,

$$p_{0_2} = p_{0_1} = p_1\left[1 + \frac{k-1}{2}M_1^2\right]^{k/(k-1)} = 650\ \text{kPa}[1 + 0.2(0.3)^2]^{3.5}$$
$$p_{0_2} = 692\ \text{kPa (abs)} \longleftarrow p_{0_2}$$

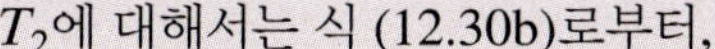

T_2에 대해서는 식 (12.30b)로부터,

$$T_2 = T_{0_2}\Big/\left[1 + \frac{k-1}{2}M_2^2\right] = 341\ \text{K}/[1 + 0.2(0.8)^2]$$
$$T_2 = 302\ \text{K} \longleftarrow T_2$$

p_2에 대해서는 식 (12.30a)로부터,

$$p_2 = p_{0_2}\Big/\left[1 + \frac{k-1}{2}M_2^2\right]^{k/k-1} = 692\ \text{kPa}/[1 + 0.2(0.8)^2]^{3.5}$$
$$p_2 = 454\ \text{kPa} \longleftarrow p_2$$

T_0 = 일정이기 때문에 T_2의 값은 T_1으로부터 직접 계산될 수 있었다.

$$\frac{T_2}{T_1} = \frac{T_2}{T_0}\Big/\frac{T_0}{T_1} = \left[1 + \frac{k-1}{2}M_1^2\right]\Big/\left[1 + \frac{k-1}{2}M_2^2\right] = \left[1 + 0.2(0.3)^2\right]\Big/\left[1 + 0.2(0.8)^2\right]$$
$$\frac{T_2}{T_1} = \frac{0.8865}{0.9823} = 0.9025$$

따라서

$$T_2 = 0.9025\ T_1 = 0.9025(273+62)\text{K} = 302\ \text{K}$$

p_2에 대해서도 이와 유사하게,

$$\frac{p_2}{p_1} = \frac{p_2}{p_0}\Big/\frac{p_0}{p_1} = 0.8865^{3.5}\Big/0.9823^{3.5} = 0.6982$$

따라서

$$p_2 = 0.6982\ p_1 = 0.6982(650\ \text{kPa}) = 454\ \text{kPa}$$

단면 ②에서 밀도 ρ_2는 앞에서 T_2와 p_2를 구할 때와 마찬가지로 식 (12.30c)로부터 계산될 수 있으며, 또는 식 (12.25e)의 이상기체 상태방정식을 사용할 수 있다.

$$\rho_2 = \frac{p_2}{RT_2} = 4.54\times 10^5\,\frac{\text{N}}{\text{m}^2}\times\frac{\text{kg}\cdot\text{K}}{287\ \text{N}\cdot\text{m}}\times\frac{1}{302\ \text{K}} = 5.24\ \text{kg/m}^3 \longleftarrow \rho_2$$

그리고 단면 ②에서 속도는

$$V_2 = M_2 c_2 = M_2\sqrt{kRT_2} = 0.8\times\sqrt{1.4\times 287\frac{\text{N}\cdot\text{m}}{\text{kg}\cdot\text{K}}\times 302\ \text{K}\times\frac{\text{kg}\cdot\text{m}}{\text{s}^2\cdot\text{N}}} = 279\ \text{m/s} \longleftarrow V_2$$

면적 A_2는 식 (12.30d)로부터 계산될 수 있으며, 이 흐름에 대해 A^*가 일정한 것을 기억하면

$$\frac{A_2}{A_1} = \frac{A_2}{A^*}\frac{A^*}{A_1} = \frac{1}{M_2}\left[\frac{1+\frac{k-1}{2}M_2^2}{\frac{k+1}{2}}\right]^{(k+2)/2(k-1)}\Bigg/\frac{1}{M_1}\left[\frac{1+\frac{k-1}{2}M_1^2}{\frac{k+1}{2}}\right]^{(k+1)/2(k-1)}$$

$$= \frac{1}{0.8}\left[\frac{1+0.2(0.8)^2}{1.2}\right]^3\Bigg/\frac{1}{0.3}\left[\frac{1+0.2(0.3)^2}{1.2}\right]^3 = \frac{1.038}{2.035} = 0.5101$$

따라서

$$A_2 = 0.5101A_1 = 0.5101(0.001\ \text{m}^2) = 5.10\times 10^{-4}\ \text{m}^2 \longleftarrow A_2$$

예상했던 바와 같이 $A_2 < A_1$인 것을 유념하라.

이들 결과가 기본방정식을 만족시키는지 조사하기 위하여 먼저 ρ_1과 V_1을 얻을 필요가 있다.

$$\rho_1 = \frac{p_1}{RT_1} = 6.5\times 10^5\frac{\text{N}}{\text{m}^2}\times\frac{\text{kg}\cdot\text{K}}{287\ \text{N}\cdot\text{m}}\times\frac{1}{335\ \text{K}} = 6.76\ \text{kg/m}^3$$

그리고

$$V_1 = M_1 c_1 = M_1\sqrt{kRT_1} = 0.3\times\sqrt{1.4\times 287\ \frac{\text{N}\cdot\text{m}}{\text{kg}\cdot\text{K}}\times 335\ \text{K}\times\frac{\text{kg}\cdot\text{m}}{\text{s}^2\cdot\text{N}}} = 110\ \text{m/s}$$

질량보존 방정식은

$$\rho_1 V_1 A_1 = \rho_2 V_2 A_2 = \rho VA = \dot{m} = \text{일정} \tag{12.25a}$$

$$\dot{m} = 6.76\ \frac{\text{kg}}{\text{m}^3}\times 110\frac{\text{m}}{\text{s}}\times 0.001\ \text{m}^2 = 5.24\ \frac{\text{kg}}{\text{m}^3}\times 279\frac{\text{m}}{\text{s}}\times 0.00051\ \text{m}^2 = 0.744\ \text{kg/s} \qquad \text{(확인!)}$$

이 장치의 벽에 의해서 생기는 힘 R_x를 알 수 없으므로, 운동량식인 식 (12.25b)를 점검할 수 없다[만일 R_x를 계산하려면 식 (12.25b)를 사용할 수 있다]. 에너지 방정식은

$$h_{0_1} = h_1 + \frac{V_1^2}{2} = h_2 + \frac{V_2^2}{2} = h_{0_2} = h_0 \tag{12.25c}$$

위 식을 점검하기 위해 식 (12.25f)를 사용하여 엔탈피를 온도로 대체한다.

$$\Delta h = h_2 - h_1 = c_p \Delta T = c_p (T_2 - T_1) \tag{12.25f}$$

그래서 에너지 방정식은

$$c_p T_1 + \frac{V_1^2}{2} = c_p T_2 + \frac{V_2^2}{2} = c_p T_0$$

으로 된다. 표 A.6으로부터 공기에 대한 c_p값을 사용하면

$$c_p T_1 + \frac{V_1^2}{2} = 1004 \frac{\text{J}}{\text{kg} \cdot \text{K}} \times 335\ \text{K} + \frac{(110)^2}{2} \left(\frac{\text{m}}{\text{s}}\right)^2 \times \frac{\text{N} \cdot \text{s}^2}{\text{kg} \cdot \text{m}} \times \frac{\text{J}}{\text{N} \cdot \text{m}} = 342\ \text{kJ/kg}$$

$$c_p T_2 + \frac{V_2^2}{2} = 1004 \frac{\text{J}}{\text{kg} \cdot \text{K}} \times 302\ \text{K} + \frac{(278)^2}{2} \left(\frac{\text{m}}{\text{s}}\right)^2 \times \frac{\text{N} \cdot \text{s}^2}{\text{kg} \cdot \text{m}} \times \frac{\text{J}}{\text{N} \cdot \text{m}} = 342\ \text{kJ/kg}$$

$$c_p T_0 = 1004 \frac{\text{J}}{\text{kg} \cdot \text{K}} \times 341\ \text{K} = 342\ \text{kJ/kg} \qquad (\text{확인})$$

확인해야 할 최종 방정식은 등엔트로피 과정[식 (12.25g)]에 대한 압력과 밀도의 관계식이다.

$$\frac{p_1}{\rho_1^k} = \frac{p_2}{\rho_2^k} = \frac{p}{\rho^k} = \text{일정} \qquad (\text{확인})$$

$$\frac{p_1}{\rho_1^{1.4}} = \frac{650\ \text{kPa}}{\left(6.76\ \frac{\text{kg}}{\text{m}^3}\right)^{1.4}} = \frac{p_2}{\rho_2^{1.4}} = \frac{454\ \text{kPa}}{\left(5.24\ \frac{\text{kg}}{\text{m}^3}\right)^{1.4}} = 44.7 \frac{\text{kPa}}{\left(\frac{\text{kg}}{\text{m}^3}\right)^{1.4}} \qquad (\text{확인})$$

우리가 구한 해들은 기본방정식들을 만족시킨다.

이 예제는 다음 사실들을 설명하고 있다.

- 등엔트로피 방정식 식 (12.30)의 사용
- 등엔트로피 방정식은 기본방정식[식 (12.25)]과 일치
- 계산은 프로그램화된 등엔트로피 관계식을 사용하지 않으면 매우 힘듦(예를 들면, 웹사이트에서 *Excel* 부속함수 사용 가능)

축소노즐에서 등엔트로피 유동

등엔트로피 유동을 해석하기 위하여 식 (12.30)을 가지고 정지상태에서 출발하는 노즐 안 유동을 어떻게 얻는지 알아본다. 먼저 축소노즐을, 그리고 다음에 C-D 노즐을 살펴본다. 이 두 유동의 경우, 유동을 발생시키기 위해서는 압력차를 제공해야 한다. 예를 들어, 그림 12.11a에 보인 축소노즐에서 압력 p_0와 온도 T_0인 용기(또는 'plenum chamber')로부터 기체를 제공하고 낮은 압력인 '배압' p_b를 만들기 위해서 진공 펌프/밸브 조합을 사용하여 유동을 발생시킬 수 있다. 기체가 노즐을 통하여 유동할 때 기체의 상태량이 어떻게 변화하는지, 또한 배압을 계속해서 낮출 때 질량유량이 어떻게 증가하는지가 관심이다.

노즐 출구면에서 압력을 p_e라 하자. 그림 12.11b와 12.11c에 도시한 바와 같이, 하류에 있는 밸브를 잠긴 위치에서 계속해서 개방할 때 얻는 각각의 결과를 고려해 본다.

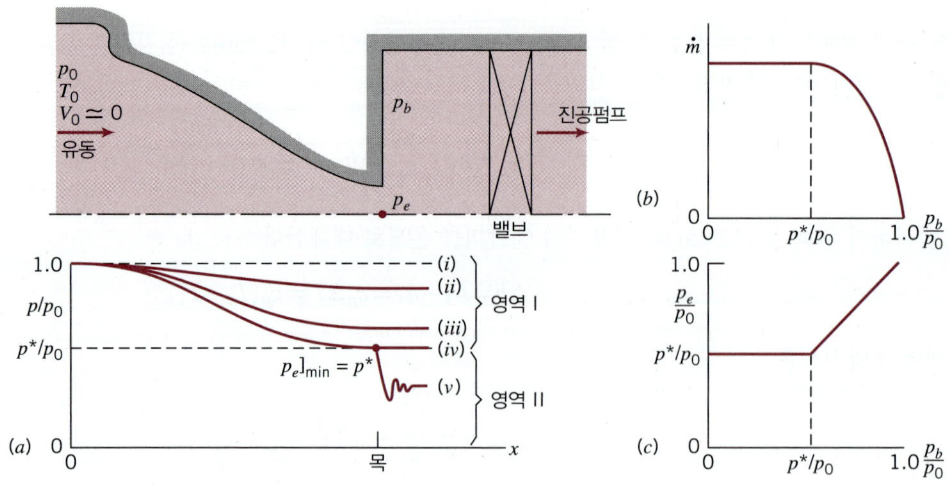

그림 12.11 다양한 배압에서 작동하는 축소노즐.

밸브가 닫혀 있을 때 노즐을 통한 유동은 없다. 그림 12.11a의 조건 (*i*)로 도시한 바와 같이 압력은 노즐 전체에 p_0이다.

만일 배압 p_b를 p_0보다 약간 낮추면 노즐을 통해 유동이 발생하여 조건 (*ii*)로 나타낸 바와 같이 유동 방향으로 압력이 감소한다. 출구면에서 유동은 아음속이며, 출구면 압력 p_e는 배압 p_b와 같다.

그림 12.11a의 조건 (*iii*)에서 볼 수 있듯이, 배압을 계속 감소시키면서 유량은 계속 증가할 것이며, 출구면 압력은 계속 감소할 것이다. 배압을 계속해서 더 낮추면 유량은 증가하고, 따라서 출구면에서 속도와 Mach 수도 증가한다.

출구면에서 음속조건에 도달할 때, 즉 $M_e = 1$ 그리고 $p_e = p_b = p^*$(임계압력)일 때 최대 유량이 발생한다. 이것은 그림 12.11*a*의 조건 (*iv*)에 도시됐으며 '초크된 유동(choked flow)'이라고 불리는데, 이것을 초과하여 유량이 증가될 수 없다. 식 (12.30a)로부터 $M = 1$[또는 식 (12.21a)]일 때

$$\left.\frac{p_e}{p_0}\right|_{\text{choked}} = \frac{p^*}{p_0} = \left(\frac{2}{k+1}\right)^{k/(k-1)} \tag{12.31}$$

공기($k = 1.4$)에 대하여 $p_e/p_0]_{\text{choked}} = 0.528$이다. 예를 들어 대기압 상태의 플레넘 챔버에 연결된 노즐의 출구에서 음속 유동을 가지길 원하면 약 7.76 psia 또는 약 6.94 psig 진공의 배압을 유지해야 한다. 최대 또는 초크된 질량유량에 대해

$$\dot{m}_{\text{choked}} = \rho^* V^* A^*$$

식 (12.25e)의 이상기체 상태방정식과 각각 식 (12.30a) 및 (12.30b)로 나타낸 정체에 대한 임계압력 및 임계온도의 비를 사용하여, $M = 1$[또는 각각 식 (12.21a) 및 (12.21b)]과 $A^* = A_e$를 적용하면,

$$\dot{m}_{\text{choked}} = A_e p_0 \sqrt{\frac{k}{RT_0}} \left(\frac{2}{k+1}\right)^{(k+1)/2(k-1)} \tag{12.32a}$$

어떤 주어진 비열비 k와 기체상수 R을 갖는 기체에 대하여 축소노즐에서 최대유량은 출구 면적(A_e)의 크기와 용기 안의 조건(p_0, T_0)에만 의존한다.

공기에 대해 편의상 식 (12.32a)를 다음과 같은 '공학적' 형태로 쓸 수 있다.

$$\dot{m}_{\text{choked}} = 0.04 \frac{A_e p_0}{\sqrt{T_0}} \tag{12.32b}$$

여기서 $\dot{m}_{\text{choked}}$의 단위는 kg/s이고 A_e는 m^2, 그리고 p_0와 T_0는 각각 Pa과 K이다. 그리고,

$$\dot{m}_{\text{choked}} = 76.6 \frac{A_e p_0}{\sqrt{T_0}} \tag{12.32c}$$

여기서 $\dot{m}_{\text{choked}}$의 단위는 lbm/s이고, A_e는 ft^2, p_0와 T_0은 각각 psia와 °R이다.

만약 배압을 계속 낮춘다면, 유동은 초크(막힌) 상태를 유지한다. 그림 12.11b에 도시한 바와 같이 질량유량은 더 이상 증가하지 않고 노즐 내부에서 압력분포는 변화하지 않는데, 그림 12.11a와 12.11c의 조건 (v)로 도시한 바와 같이 $p_e = p^* > p_b$가 된다. 출구를 떠난 후에 유동은 적용된 배압까지 낮게 조정된다. 그러나 이것은 일련의 팽창파나 충격파와 같은 비등엔트로피적이고 3차원적 방법으로 이루어지며, 따라서 더 이상 이러한 유동에 1차원 등엔트로피 개념을 적용할 수 없다. 12.8절에서 이런 논의로 되돌아갈 것이다.

이런 초크된 유동 개념이 다소 이상하게 보일지 모르지만, 다음과 같은 두 가지 방법으로 설명될 수 있다. 먼저 이전에 기술했던 바와 같이, 질량유량을 초크된 유량 이상으로 증가시키기 위해서는 $M_e > 1$이 되어야 하며, 이것은 불가능하다. 두 번째로, 일단 유동이 음속조건에 도달하면 유동은 하류조건에 '개의치 않게(deaf)' 된다. 즉, 적용된 배압에서 어떤 변화(즉 감소)는 사방으로 음속상태로 전파되고, 그래서 그것은 노즐 출구에서 음속으로 움직이고 있는 유체에 의해 하류로 '쓸려 내려간다.'

축소노즐을 통하는 유동은 두 영역으로 나뉠 수 있다.

1. 영역 I에서 $1 \geq p_b/p_0 \geq p^*/p_0$. 목까지 유동은 등엔트로피적이며, $p_e = p_b$이다.
2. 영역 II에서 $p_b/p_0 < p^*/p_0$. 목까지 유동은 등엔트로피적이며, $M_e = 1$이다. 비등엔트로피적인 팽창은 노즐을 떠나는 유동에서 발생하며, $p_e = p^* > p_b$(이 과정은 단열적이지만, 비가역적이므로 엔트로피가 증가한다)이다.

비록 등엔트로피 유동은 이상화이지만, 노즐의 실제 거동에 대해 종종 매우 좋은 근사화이다. 노즐은 유동을 가속시키는 장치이므로, 노즐 내부에서 순압력구배이다. 이것은 벽 경계층을 얇게 하고 마찰 영향을 최소화하는 경향이 있다. 영역 II에 상응하는 유동은 그림 12.12의 Ts 선도에 도시되어 있다. 축소노즐 유동과 관련된 두 문제가 예제 12.8와 12.9에 풀려있다.

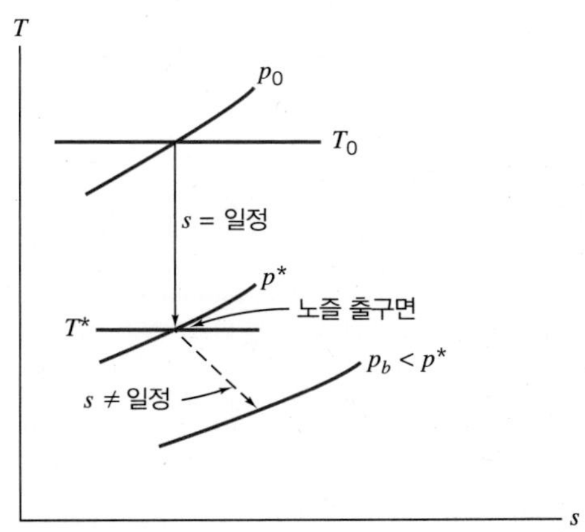

그림 12.12 축소노즐에서 발생하는 초크된 유동에 관한 Ts 선도 예시.

예제 12.8 축소노즐에서 등엔트로피 유동

목 면적이 0.001 m^2인 축소노즐이 배압 591 kPa (abs)에서 공기로 작동된다. 이 노즐은 절대 정체압력과 온도가 각각 1.0 MPa과 60°C인 커다란 가압실로부터 공급받는다. 출구 Mach 수와 질량유량을 결정하라.

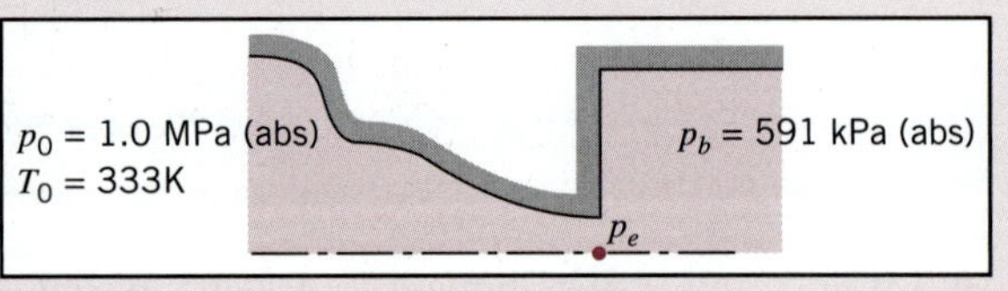

주어진 자료: 축소노즐을 통해 그림의 조건에서 공기유동. 유동은 등엔트로피적이다.

찾는 자료: (a) M_e
(b) $\dot{m}$

풀이: 첫 단계는 초킹에 대해서 확인하는 것이다. 압력비는

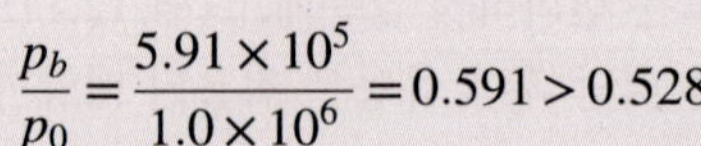

$$\frac{p_b}{p_0} = \frac{5.91 \times 10^5}{1.0 \times 10^6} = 0.591 > 0.528$$

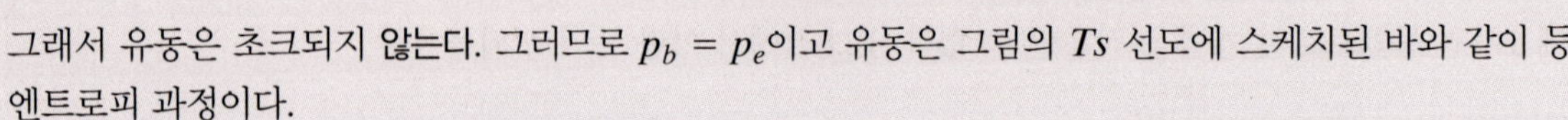

그래서 유동은 초크되지 않는다. 그러므로 $p_b = p_e$이고 유동은 그림의 Ts 선도에 스케치된 바와 같이 등엔트로피 과정이다.

p_0 = 일정이므로, M_e는 압력비로부터 계산될 수 있다.

$$\frac{p_0}{p_e} = \left[1 + \frac{k-1}{2} M_e^2\right]^{k/(k-1)}$$

M_e에 대하여 풀면 $p_e = p_b$이므로 다음 식을 얻는다.

$$1 + \frac{k-1}{2} M_e^2 = \left(\frac{p_0}{p_b}\right)^{(k-1)/k}$$

그리고

$$M_e = \left\{\left[\left(\frac{p_0}{p_b}\right)^{(k-1)/k} - 1\right]\frac{2}{k-1}\right\}^{1/2} = \left\{\left[\left(\frac{1.0 \times 10^6}{5.91 \times 10^5}\right)^{0.286} - 1\right]\frac{2}{1.4-1}\right\}^{1/2} = 0.90 \longleftarrow M_e$$

질량유량은

$$\dot{m} = \rho_e V_e A_e = \rho_e M_e c_e A_e$$

또 ρ_e와 c_e를 구하기 위해서 T가 필요하다. T_0 = 일정이므로,

$$\frac{T_0}{T_e} = 1 + \frac{k-1}{2} M_e^2$$

또는

$$T_e = \frac{T_0}{1 + \frac{k-1}{2} M_e^2} = \frac{(273+60)\text{K}}{1+0.2(0.9)^2} = 287 \text{ K}$$

$$c_e = \sqrt{kRT_e} = \left[1.4 \times 287 \frac{\text{N} \cdot \text{m}}{\text{kg} \cdot \text{K}} \times 287 \text{ K} \times \frac{\text{kg} \cdot \text{m}}{\text{N} \cdot \text{s}^2}\right]^{1/2} = 340 \text{ m/s}$$

그리고

$$\rho_e = \frac{p_e}{RT_e} = 5.91\times10^5 \frac{\text{N}}{\text{m}^2}\times\frac{\text{kg}\cdot\text{K}}{287\ \text{N}\cdot\text{m}}\times\frac{1}{287\ \text{K}} = 7.18\ \text{kg/m}^3$$

최종적으로

$$\dot{m} = \rho_e M_e c_e A_e = 7.18\frac{\text{kg}}{\text{m}^3}\times0.9\times340\frac{\text{m}}{\text{s}}\times0.0001\ \text{m}^2$$
$$= 2.20\ \text{kg/s} \longleftarrow \dot{m}$$

이 문제는 유동이 초크되지 않은 흐름에 대해 등엔트로피 방정식 (12.30a)의 사용을 예시한다.

예제 12.9 축소노즐에서 초크된 유동

어떤 축소노즐을 통하여 공기가 등엔트로피적으로 유동한다. 노즐면적이 0.0012 m^{2}인 단면에서 국소압력, 온도 그리고 Mach 수는 각각 413.7 kPa (abs), 4.5°C 그리고 0.52이다. 배압은 206.8 kPa (abs)이다. 목에서 Mach 수, 질량유량 그리고 목면적을 구하라.

주어진 자료: 공기가 다음과 같은 조건에서 축소노즐 내부를 유동한다.

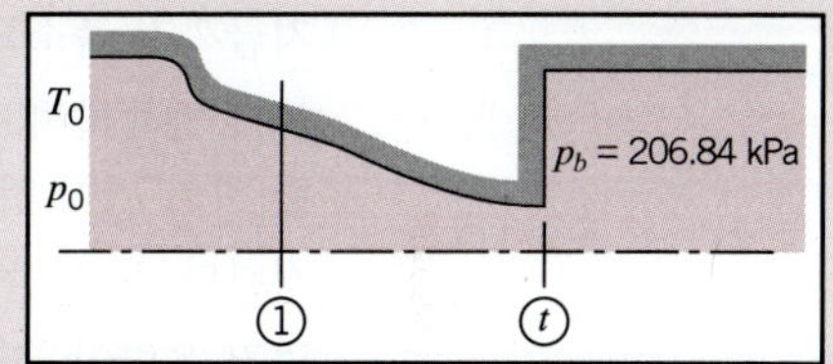

$$M_1 = 0.52$$
$$T_1 = 4.5°\text{C}$$
$$p_1 = 413.7\ \text{kPa (abs)}$$
$$A_1 = 0.0012\ \text{m}^2$$

찾는 자료: (a) M_t (b) $\dot{m}$ (c) A_t

풀이:

유동이 p_b까지 등엔트로피적으로 유동하는지 결정하기 위하여 먼저 초크 여부를 확인한다. 확인하기 위해 정체조건을 계산한다.

$$p_0 = p_1\left[1+\frac{k-1}{2}M_1^2\right]^{k/(k-1)} = 413.7\ \text{kPa (abs)}\ [1+0.2(0.52)^2]^{3.5} = 497.4\ \text{kPa (abs)}$$

배압비는

$$\frac{p_b}{p_0} = \frac{206.8}{497.4} = 0.416 < 0.528$$

그래서 유동은 초크된다! 이러한 초크된 유동에 대하여

$$M_t = 1.0 \longleftarrow M_t$$

Ts 선도는

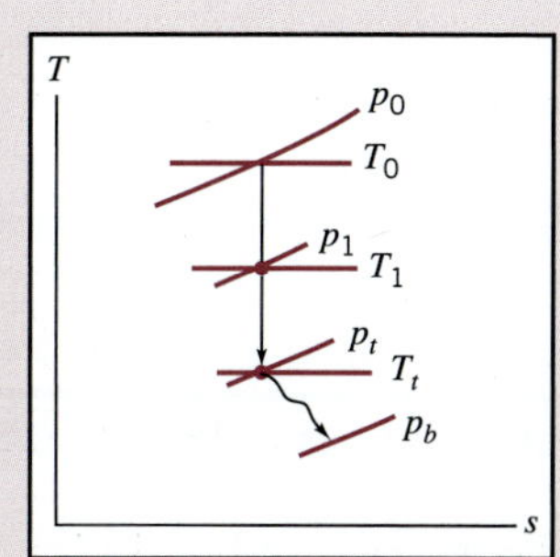

질량유량은 단면 ①에서 주어진 조건으로부터 계산될 수 있으며, $m = \rho_1 V_1 A_1$을 사용하여

$$V_1 = M_1 c_1 = M_1\sqrt{kRT_1}$$
$$= 0.52\left[1.4\times287\frac{\text{N}\cdot\text{m}}{\text{kg}\cdot\text{K}}\times\frac{\text{kg}\cdot\text{m}}{\text{N}\cdot\text{s}^2}\times(273+4.5)\right]^{1/2}$$
$$V_1 = 173.6\ \text{ft/s}$$
$$\rho_1 = \frac{p_1}{RT_1} = 413.7\times1000\ \text{Pa}\times\frac{\text{kg}\cdot\text{K}}{287\ \text{N}\cdot\text{m}}\times(1/277.5\ \text{K})\times\frac{\text{N}}{\text{Pa}\cdot\text{m}^2} = 5.19\ (\text{kg/m}^3)$$
$$\dot{m} = \rho_1 V_1 A_1 = 5.19\ (\text{kg/m}^3)\times173.6\ (\text{m/s})\times0.0012\ \text{m}^2 = 1.08\ (\text{kg/s}) \longleftarrow \dot{m}$$

식 (12.29)로부터,

$$\frac{A_1}{A^*}=\frac{1}{M_1}\left[\frac{1+\frac{k-1}{2}M_1^2}{\frac{k+1}{2}}\right]^{(k+1)/2(k-1)}=\frac{1}{0.52}\left[\frac{1+0.2(0.52)^2}{1.2}\right]^{3.00}=1.303$$

초크된 유동에 대하여 $A_t = A^*$이므로

$$A_t=A^*=\frac{A_1}{1.303}=\frac{0.0012\ \text{m}^2}{1.303}$$

$$A_t=9.21\times10^{-4}\ \text{m}^2 \longleftarrow A_t$$

이 문제는 초크된 유동에 대해 등엔트로피 방정식 (12.30a)의 사용을 예시한다.

- 유동이 초크됐기 때문에 $\dot{m}$를 계산하기 위해서 (T_0를 구한 후) 역시 식 (12.32a)를 사용할 수 있었다.

이 예제에 대한 *Excel* 워크북은 계산을 수행하는 데 편리하다(웹사이트에 있는 등엔트로피 유동의 *Excel* add-ins 기능을 이용하면 계산이 더욱 용이하다).

축소-확대 노즐에서 등엔트로피 유동

지금까지 축소노즐 안에서 등엔트로피 유동에 대하여 고찰했으므로, 이제 축소-확대(C-D) 노즐 안에 있는 등엔트로피 유동으로 돌아간다. 이전의 경우와 같이 축소-확대채널을 통한 유동은 그림 12.13에 도시한 바와 같이 하류에 있는 진공펌프에 의해 유도되고 밸브의 개폐에 의해 조절되는데 상류 정체조건은 일정하다. 노즐 출구면의 압력은 p_e이고, 노즐 유동의 배압은 p_b이다. 축소노즐에서와 같이 여러 가지 가운데 먼저 유량이 구동력, 즉 적용된 압력차 $(p_0 - p_b)$에 따라 어떻게 변화하는지 알아보고 싶다. 그림 12.13에는 배압의 점진적인 감소가 노즐 안 압력분포에 미치는 영향을 도시했으며, 도시한 각 경우에 대한 유동을 고찰하자.

초기에 밸브가 닫혀 있을 때 노즐을 통하는 유동이 없으므로 압력은 p_0로 일정하다. 밸브를 약간 열면 (p_b를 p_0보다 약간 낮게), 압력분포 곡선 (*i*)로 나타난다. 만약 유량이 충분히 작다면, 이 곡선 위 모든 점에서 유동은 아음속이고 본질적으로 비압축성으로 될 것이다. 이러한 조건 아래에서 C-D 노즐은 벤투리와 같이 작동하여 목에서 최대속도와 최소압력에 도달될 때까지 축소부에서 유동이 가속하며, 그 후 노즐 출구까지 확대부에서 감속한다.

밸브를 조금 더 열고 유량이 증가될 때에 곡선 (*ii*)로 주어지는 바와 같이 더 선명하게 윤곽이 드러난 압력 최소가 발생한다. 비록 압축성 효과가 중요하게 되지만, 어디서나 유동은 여전히 아음속이고 확대부에서 유동은 감속한다. 끝으로 밸브를 더 개방하면, 곡선 (*iii*)와 같이 된다. 최소 면적부에서 유동은 마침내 $M = 1$에 도달하고, 노즐은 초크되며 유량은 주어진 노즐과 정체조건에 대하여 가능한 최대가 된다.

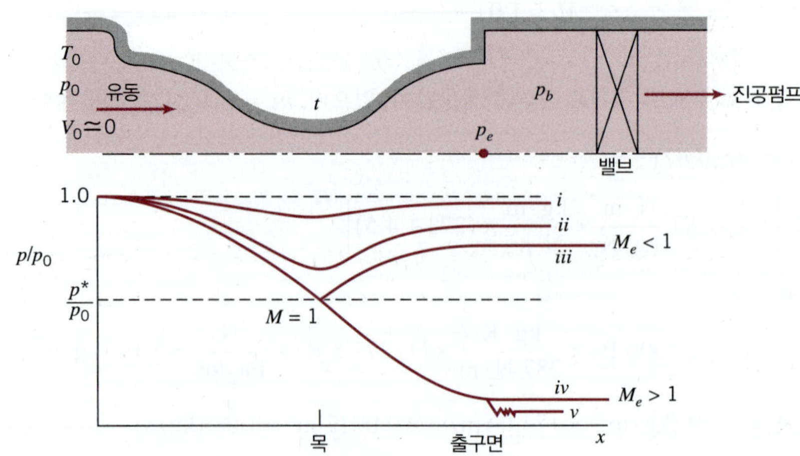

그림 12.13 축소-확대 노즐에서 등엔트로피 유동의 압력분포.

압력분포 곡선 (*i*), (*ii*) 그리고 (*iii*)으로 주어지는 모든 유동은 등엔트로피적이며, 곡선 (*i*)에서 (*ii*)와 (*iii*)으로 진행함에 따라 증가하는 질량유량을 만들어낸다. 최종적으로 곡선 (*iii*)에 도달할 때, 임계조건이 목에서 존재한다. 이 유량에 대해서 유동은 초크된다. 그리고

$$\dot{m} = \rho^* V^* A^*$$

여기서 A^*는 축소노즐에 대하여 설명했던 것과 똑같이 A_t이다. 또 가능한 최대유량에 대하여 식 (12.32a)이 적용된다. 면적 A_e를 목면적 A_t로 바꾸면

$$\dot{m}_{\text{choked}} = A_t p_0 \sqrt{\frac{k}{RT_0}} \left(\frac{2}{k+1}\right)^{(k+1)/2(k-1)} \tag{12.33a}$$

여기서 주어진 k와 R을 가지는 기체에 대하여, C-D 노즐에서 최대 질량유량은 목면적(A_t)의 크기와 가압실 조건(p_0, T_0)에만 의존한다는 것에 주의해야 한다.

편의상 공기에 대해 위의 식 (12.33a)의 '공학적' 형태는 다음과 같다.

$$\dot{m}_{\text{choked}} = 0.04 \frac{A_t p_0}{\sqrt{T_0}} \tag{12.33b}$$

위 식에서 질량유량 $\dot{m}_{\text{choked}}$의 단위는 kg/s, 목면적 A_t는 m^2, 그리고 정체압력 p_0와 정체온도 T_0의 단위는 각각 Pa과 K이다. 그리고,

$$\dot{m}_{\text{choked}} = 76.6 \frac{A_t p_0}{\sqrt{T_0}} \tag{12.33c}$$

여기서 $\dot{m}_{\text{choked}}$는 lbm/s이며, A_t는 ft^2, p_0와 T_0는 각각 psia, °R이다. 식 (12.32b)와 식 (12.32c)를 다시 가져오면, 출구 면적 A_e 이제 목면적 A_t로 대체된다.

배압을 더욱 낮추어 유량을 증가시키려는 시도는 이전에 설명한 두 가지 이유로 인하여 실패할 것이다. 일단 음속조건이 되면, 하류의 변화는 더 이상 상류로 전달될 수 없다. 그리고 목에서 음속조건을 능가할 수 없다. 왜냐하면 축소부 어딘가에서 음속 상태를 통과해야 할 것인데 이러한 상황은 등엔트로피 유동에서는 가능하지 않기 때문이다.

목에서 음속조건을 가지고 확대부에서 어떠한 유동이 발생할 수 있는지 고려한다. 그림 12.8에서 설명한 바와 같이 확대부에서 아음속 유동($M < 1$)은 감속하지만, 초음속 유동($M > 1$)은 가속할 것이다. 확대부의 유동은 배압에 따라 아음속 또는 초음속일 수 있다. 이미 곡선 (*iii*)에서 아음속 유동을 살펴보았는데, 적용된 배압이 유동을 감속시키면서 점진적인 하류 압력상승으로 이어진다. 이제 초크된 유동을 가속시키는 것에 대해 고려한다.

확대부에서 유동을 가속시키기 위해서는 압력 증가를 필요로 한다. 이 조건은 그림 12.13의 곡선 (*iv*)에 도시되어 있다. 출구 압력이 p_{iv}로 설정된다면 유동은 노즐에서 등엔트로피적으로 가속될 것이다. 따라서 축소-확대 노즐에서 목 Mach 수 1과 함께 두 가지 가능한 등엔트로피 조건이 있다. 이것은 그림 12.10의 결과와 일치하며, 등엔트로피 유동에서 각각의 A/A^*에 대하여 2개의 Mach 수를 찾을 수 있다.

조건 (*iv*) 이하로, 즉 조건 (*v*)까지 배압을 낮추는 것은 노즐 내부의 유동에 아무런 영향을 주지 않는다. 유동은 가압실에서부터 노즐 출구[조건 (*iv*)]까지 등엔트로피적이지만 그 이후에 더 낮은 배압까지 3차원적이고 비가역적인 팽창을 겪는다. 부가적인 팽창이 노즐 밖에서 발생하므로, 이와 같은 조건에서 작동하는 노즐을 **과소팽창**(*underexpansion*)이라 한다.

일반적으로 축소-확대 노즐은 출구에서 초음속 유동을 만들기 위하여 사용된다. 만일 배압이 p_{iv}로 설

정된다면, 노즐 내부에서 유동은 등엔트로피적이고 노즐 출구에서 초음속으로 될 것이다. $p_b = p_{iv}$[그림 12.13의 곡선 (iv)에 대응]에서 작동하는 노즐은 **설계조건**에서 작동한다고 한다.

배압이 노즐 설계압력에 있거나 보다 낮을 경우, C-D 노즐로부터 방출되는 유동은 초음속이다. 출구 Mach 수는 면적비 A_e/A^*가 한 번 명시되면 고정된다. 출구면에서 모든 다른 유동 상태량들은 (등엔트로피 유동에 대해) 고정된 출구면 Mach 수에 의해서 정체 상태값에 유일하게 관련된다. 설계조건에서 어떤 실제 노즐에 대한 등엔트로피 유동의 가정은 합리적이다. 그러나 1차원 유동의 모델은 상대적으로 짧은 노즐 설계에 부적합하다.

높은 추력을 생산하기 위하여 연소 배기가스를 가능한 최대의 속도로 가속시키는 로켓추진 비행체는 C-D 노즐을 사용한다. 추진 노즐은 대기권에서 비행하는 동안 변하는 대기 조건을 따라야 하므로 완전한 작동 영역을 넘어서 최대 이론추력을 얻는 것은 사실상 불가능하다. 왜냐하면 각 면적비에 대해서 오직 한 개의 초음속 Mach 수만 얻어질 수 있기 때문에, 풍동에서 초음속 유동 전개를 위한 노즐은 보통 교환 가능한 시험부나 가변할 수 있는 기하학적 구조로 제작된다.

배압이 $p_{iii} > p_b > p_{iv}$인 범위에서 축소-확대 노즐 유동은 p_b까지 등엔트로피적으로 팽창할 수 없다. 이러한 조건 아래 유동 안 어딘가에 충격파가 발생한다.

$p_{iii} > p_b > p_{iv}$으로 운전하는 노즐은 노즐 안 어떤 곳에서 압력이 배압보다 낮으므로, **과대팽창**(*over expansion*)이라고 한다. 명백히 과대팽창 노즐은 확대부의 일부분을 제거하여서 새로운 설계조건에서 작동하도록 할 수도 있을 것이다. 예제 12.10에서 C-D 노즐 안 등엔트로피 유동을 고찰하며, 예제 12.11에서 C-D 노즐 안 초크 유동을 고찰한다.

예제 12.10 축소-확대 노즐에서 등엔트로피 유동

출구 면적이 0.001 m^2인 축소-확대 노즐을 통하여 공기가 등엔트로피적으로 유동한다. 노즐은 가압실로부터 공기를 공급받는데, 정체상태의 온도는 $T_0 = 350$ K이고, 압력은 $p_0 = 1.0$ MPa (abs)이다. 출구 압력은 954 kPa (abs)이고, 목에서 Mach 수는 0.68이다. 노즐 목에서 상태량과 면적을 구하고, 출구 Mach 수를 결정하라.

주어진 자료: 그림과 같은 C-D 노즐에서 공기의 등엔트로피 유동

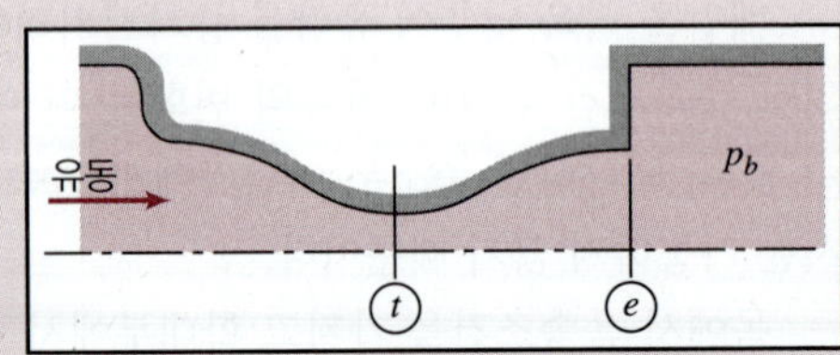

$$T_0 = 350 \text{ K}$$
$$p_0 = 1.0 \text{ MPa (abs)}$$
$$p_b = 954 \text{ kPa (abs)}$$
$$M_t = 0.68 \quad A_e = 0.001 \text{ m}^2$$

찾는 자료: (a) 노즐 목에서 상태량과 면적
(b) M_e

풀이: 등엔트로피 유동에 대해 정체온도는 일정하므로

$$\frac{T_0}{T} = 1 + \frac{k-1}{2}M^2$$

따라서

$$T_t = \frac{T_0}{1 + \frac{k-1}{2}M_t^2} = \frac{350 \text{ K}}{1 + 0.2(0.68)^2} = 320 \text{ K} \longleftarrow T_t$$

또 등엔트로피 유동에 대해 p_0도 일정하므로,

$$p_t = p_0\left(\frac{T_t}{T_0}\right)^{k/(k-1)} = p_0\left[\frac{1}{1+\frac{k-1}{2}M_t^2}\right]^{k/(k-1)}$$

$$p_t = 1.0\times 10^6 \text{ Pa}\left[\frac{1}{1+0.2(0.68)^2}\right]^{3.5} = 734 \text{ kPa (abs)} \longleftarrow p_t$$

그래서

$$\rho_t = \frac{p_t}{RT_t} = 7.34\times 10^5 \frac{\text{N}}{\text{m}^2}\times\frac{\text{kg}\cdot\text{K}}{287 \text{ N}\cdot\text{m}}\times\frac{1}{320 \text{ K}} = 7.99 \text{ kg/m}^3 \longleftarrow \rho_t$$

그리고

$$V_t = M_t c_t = M_t\sqrt{kRT_t}$$

$$V_t = 0.68\left[14\times 287\frac{\text{N}\cdot\text{m}}{\text{kg}\cdot\text{K}}\times 320 \text{ K}\times\frac{\text{kg}\cdot\text{m}}{\text{N}\cdot\text{s}^2}\right]^{1/2} = 244 \text{ m/s} \longleftarrow V_t$$

식 (12.30d)로부터 A_t/A^*값을 구할 수 있다.

$$\frac{A_t}{A^*} = \frac{1}{M_t}\left[\frac{1+\frac{k-1}{2}M_t^2}{\frac{k+1}{2}}\right]^{(k+1)/2(k-1)} = \frac{1}{0.68}\left[\frac{1+0.2(0.68)^2}{1.2}\right]^{3.00} = 1.11$$

그러나 아직 A^*는 알지 못한다.

$M_t < 1$이므로 출구에서 유동은 아음속이어야 한다. 따라서 $p_e = p_b$이고, 정체 상태량은 일정하므로

$$\frac{p_0}{p_e} = \left[1+\frac{k-1}{2}M_e^2\right]^{k/(k-1)}$$

M_e에 대해 풀면

$$M_e = \left\{\left[\left(\frac{p_0}{p_e}\right)^{(k-1)/k} - 1\right]\frac{2}{k-1}\right\}^{1/2} = \left\{\left[\left(\frac{1.0\times 10^6}{9.54\times 10^5}\right)^{0.286} - 1\right](5)\right\}^{1/2} = 0.26 \longleftarrow M_e$$

이 유동에 대한 Ts 선도는 다음 그림과 같다.

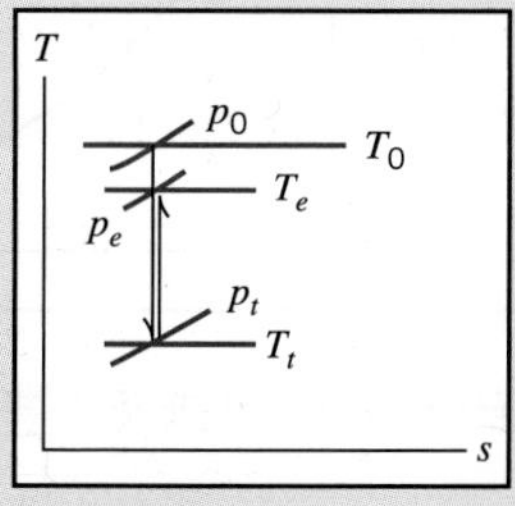

A_e와 M_e가 알려졌으므로, 식 (12.30d)로부터 A^*를 계산할 수 있다.

$$\frac{A_e}{A^*} = \frac{1}{M_e}\left[\frac{1+\frac{k-1}{2}M_e^2}{\frac{k+1}{2}}\right]^{(k+1)/2(k-1)} = \frac{1}{0.26}\left[\frac{1+0.2(0.26)^2}{1.2}\right]^{3.00} = 2.317$$

따라서

$$A^* = \frac{A_e}{2.317} = \frac{0.001\ \text{m}^2}{2.317} = 4.32 \times 10^{-4}\ \text{m}^2$$

그리고

$$A_t = 1.110A^* = (1.110)(4.32 \times 10^{-4}\ \text{m}^2)$$
$$= 4.80 \times 10^{-4}\ \text{m}^2 \longleftarrow A_t$$

이 문제는 C-D 노즐에서 초크되지 않은 유동에 대해 등엔트로피 방정식 (12.30a)의 사용을 예시한다.
- 식 (12.30d)를 사용하면 다른 상태량들을 먼저 계산할 필요 없이 목면적을 계산할 수 있다.

예제 12.11 축소-확대 노즐에서 등엔트로피 유동: 초크된 유동

예제 12.10의 노즐은 설계 배압이 87.5 kPa (abs)이지만, 50.0 kPa (abs)의 배압에서 운전된다. 노즐 안에서 유동을 등엔트로피적으로 가정하라. 출구 Mach 수와 질량유량을 구하라.

주어진 자료: 그림과 같은 C-D 노즐 안 공기유동

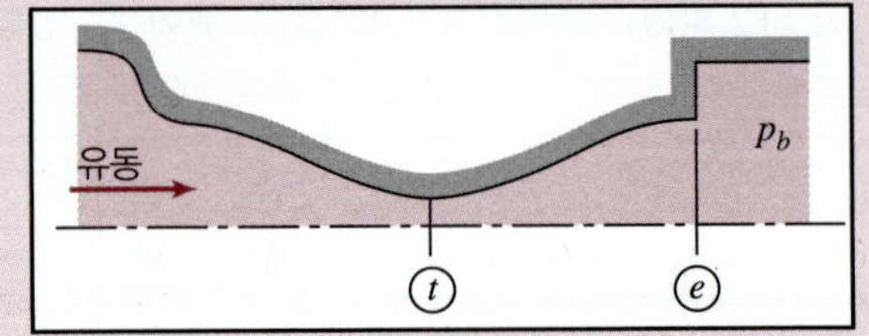

$T_0 = 350$ K
$p_0 = 1.0$ MPa (abs)
p_e(설계) $= 87.5$ kPa (abs)
$p_b = 50.0$ kPa (abs)
$A_e = 0.001\ m^2$
$A_t = 4.8 \times 10^{-4} m^2$ (예제 12.10)

찾는 자료: (a) M_e
(b) m

풀이: 작동 배압이 설계압력보다 낮다. 결과적으로 노즐은 과소팽창되며, *Ts* 선도와 압력분포는 다음 그림과 같이 된다.

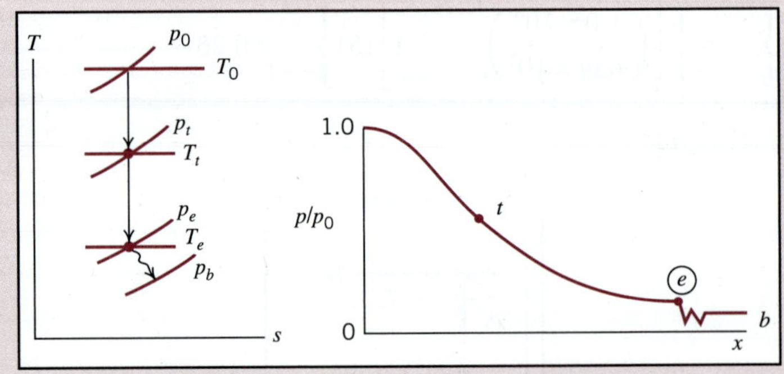

노즐 내부유동은 등엔트로피적일 것이지만, p_e에서 p_b로 비가역적인 팽창은 엔트로피 증가를 야기할 것이고, $p_e = p_e$(설계) $= 87.5$ kPa (abs)이다.

등엔트로피 유동에 대해 정체 상태량은 일정하므로, 출구 Mach 수는 압력비로부터 계산될 수 있다. 따라서

$$\frac{p_0}{p_e} = \left[1 + \frac{k-1}{2} M_e^2\right]^{k/(k-1)}$$

또는

$$M_e = \left\{\left[\left(\frac{p_0}{p_e}\right)^{(k-1)/k} - 1\right]\frac{2}{k-1}\right\}^{1/2} = \left\{\left[\left(\frac{1.0\times10^6}{8.75\times10^4}\right)^{0.286} - 1\right]\frac{2}{0.4}\right\}^{1/2}$$

$$= 2.24 \longleftarrow M_e$$

유동이 초크되므로, 식 (12.33b)를 사용하여 질량유량을 구하면

$$\dot{m}_{\text{choked}} = 0.04\frac{A_t p_0}{\sqrt{T_0}} \tag{12.33b}$$

(여기서 질량유량 $\dot{m}_{\text{chocked}}$의 단위는 kg/s, A_t의 단위는 m^2, 그리고 p_0와 T_0의 단위는 각각 Pa과 K이다.) 따라서

$$\dot{m}_{\text{choked}} = 0.04\times4.8\times10^{-4}\times1\times10^6/\sqrt{350}$$

$$\dot{m} = \dot{m}_{\text{choked}} = 1.04\ \text{kg/s} \longleftarrow \dot{m}$$

이 문제는 초크된 C-D 노즐에 대해 등엔트로피 방정식 (12.30a)의 사용을 예시한다.
- 단위가 있는 계수를 포함하는 '공학식' (12.33b)를 사용한 것에 주목하라.

12.7 수직충격파

앞 절에서는 어떤 노즐을 통하는 유동의 맥락에서 수직충격파를 언급하였다. 실제로 내부유동이나 외부유동의 초음속 유동장에서 비가역적인 불연속성이 발생할 수 있다. 충격파를 지나면서 상태량이 변화한다는 것과 충격파 거동에 대한 지식은 예를 들어 고성능 항공기의 흡입구, 초음속 풍동과 같은 초음속 확산기 설계를 이해하는 데 중요하다.

수직충격파에 기본방정식을 적용하기 전에, 충격파 자체의 명확한 물리적인 그림을 제시하는 것이 중요하다. 비록 유체 상태량에서 불연속성을 가지는 것은 물리적으로 불가능하지만, 수직충격파는 거의 불연속적이다. 충격파의 두께는 약 0.2 μm (10^{-5} in.)이고, 또는 대략적으로 기체 분자 평균 자유경로의 4배이다. 이 짧은 거리를 통과하여 압력, 온도 그리고 다른 상태량의 큰 변화가 일어난다. 충격파를 통과한 유체입자들의 감속은 중력가속도의 수천만 배에 달한다. 이러한 것을 고려하면 수직충격파를 급작스런 불연속성으로 다루는 것이 당연하며, 충격파의 상세한 구조보다는 충격파를 통과하여 발생하는 변화에 관심을 갖는다.

그림 12.14에 나타낸 임의 형상의 통로에 서있는 수직충격파를 에워싼 짧은 검사체적을 고려하라. 면적 변화가 있는 등엔트로피 유동(12.6절)에 대하여 수직충격파를 해석하는 출발점은 면적 변화, 마찰, 열전달과 같은 몇 가지 현상에 의해 영향을 받을 수 있는 1차원 유동을 기술하는 기본 방정식들[식 (12.24)]이다. 이들은

$$\rho_1 V_1 A_1 = \rho_2 V_2 A_2 = \rho V A = \dot{m} = \text{일정} \tag{12.24a}$$

$$R_x + p_1 A_1 - p_2 A_2 = \dot{m}V_2 - \dot{m}V_1 \tag{12.24b}$$

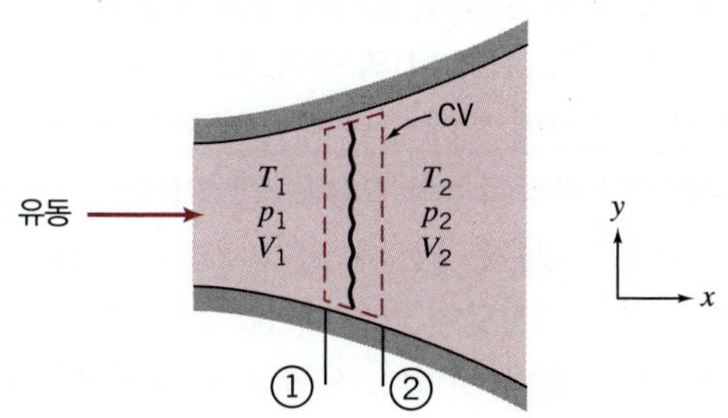

그림 12.14 수직충격파의 해석에 사용되는 검사체적.

$$\frac{\delta Q}{dm}+h_1+\frac{V_1^2}{2}=h_2+\frac{V_2^2}{2} \tag{12.24c}$$

$$\dot{m}(s_2-s_1)\geq\int_{CS}\frac{1}{T}\left(\frac{\dot{Q}}{A}\right)dA \tag{12.24d}$$

$$p=\rho RT \tag{12.24e}$$

$$\Delta h=h_2-h_1=c_p\Delta T=c_p(T_2-T_1) \tag{12.24f}$$

$$\Delta s=s_2-s_1=c_p\ \ln\frac{T_2}{T_1}-R\ \ln\frac{p_2}{p_1} \tag{12.24g}$$

식 (12.24a)는 **연속방정식**, 식 (12.24b)는 **운동량 방정식**, 식 (12.24c)는 **에너지 방정식**, 식 (12.24d)는 **열역학 제2법칙**, 식 (12.24e), (12.24f), (12.24g)는 비열이 일정한 이상기체에 대한 유용한 **상태량 관계식**임을 상기한다.

수직충격파에 관한 기본방정식

이제 수직충격파를 통과하는 비열이 일정한 이상기체의 유동에 대하여 식 (12.24)를 간략화할 수 있다. 간략화의 가장 중요한 특징은 검사체적의 두께가 아주 미소하여 지적한 것처럼(실제로 약 0.2 μm) $A_1 \approx A_2 \approx A$이며, 벽면에 의한 힘은 $R_x \approx 0$이고(왜냐하면 검사체적의 벽 표면적이 미소하므로), 같은 이유로 벽과의 열 교환량은 $\delta Q/dm \approx 0$이다. 따라서 이 유동에 대한 방정식은 다음과 같다.

$$\rho_1 V_1=\rho_2 V_2=\frac{\dot{m}}{A}=\text{일정} \tag{12.34a}$$

$$p_1A-p_2A=\dot{m}V_2-\dot{m}V_1$$

또는 식 (12.34a)를 사용하여,

$$p_1+\rho_1 V_1^2=p_2+\rho_2 V_2^2 \tag{12.34b}$$

$$h_{0_1}=h_1+\frac{V_1^2}{2}=h_2+\frac{V_2^2}{2}=h_{0_2} \tag{12.34c}$$

$$s_2>s_1 \tag{12.34d}$$

$$p=\rho RT \tag{12.34e}$$

$$\Delta h=h_2-h_1=c_p\Delta T=c_p(T_2-T_1) \tag{12.34f}$$

$$\Delta s=s_2-s_1=c_p\ \ln\frac{T_2}{T_1}-R\ \ln\frac{p_2}{p_1} \tag{12.34g}$$

식 (12.34)는 수직충격파를 통과하는 유동을 해석하는 데 사용될 수 있다. 예를 들어 단면 ①에서 충격파 통과 전 상태(p_1, ρ_1, T_1, s_1, h_1, V_1)를 안다면, 단면 ②에서 충격파 통과 후 상태를 알아내는 데 이 방정식들을 사용할 수 있다. 각각 6개의 방정식[식 (12.34d)의 구속조건을 포함하지 않음]과 미지수(p_2, ρ_2, T_2, s_2, h_2, V_2)가 있다. 따라서, 주어진 상류 조건에 대해서 단 하나의 고유한 하류 상태가 존재한다. 충격파를 해석하기 위해서, 우리는 **비선형 결합 대수방정식들**의 집합을 풀어야 한다. 이 장에서 1차원 유동의 변화는 면적 변화, 마찰, 열전달에 의해 발생될 수 있음을 언급하였다. 그러나 식 (12.34)를 유도하면서 이러한 세 가지 근원을 제거하였다. 면적 변화, 마찰, 열전달이 없을 때 엔트로피가 증가하는 급작스럽고 비가역적인 방식을 **제외하고**, 유동 상태량이 변화하지 않을 것이다. 사실 T_0를 제외하고 모든 상태량은 충격파를 통과하여 변화한다.

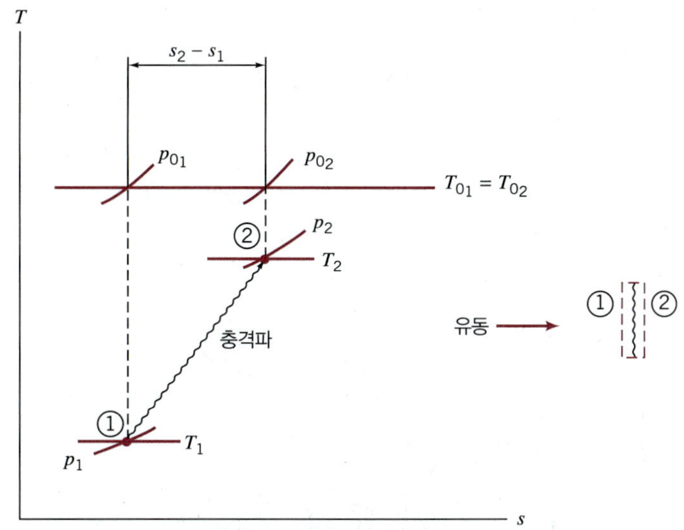

그림 12.15 평면 Ts에서 수직충격파 유동과정의 개요.

수직충격파는 들어오는 유동이 초음속일 때만 발생할 수 있다. 압력장이 유동의 방향을 바꿈에 따라(예를 들면, 물체 주위), 일반적으로 유체유동은 하류 조건(예를 들면, 장애물 유동)에 서서히 조정된다. 그러나 만약 유동은 압력장이 상류로 전파될 수 없는 속도로 움직이고 있으면(유동속도 V가 국소 음속 c보다 더 클 때, 다시 말하면 $M > 1$일 때), 그 유체는 '급격하게' 하류조건에 조절되어야만 한다. 충격파로 인해 압력이 갑자기 증가하여 유체입자가 충격파를 통과하는 순간 매우 큰 음의 압력구배가 발생한다. 이러한 압력구배는 유체의 운동에너지가 내부 열에너지로 전환되고, 충격파로 인해 밀도(ρ)가 증가함에 따라, 속도(V)의 급격한 감소와 온도(T)의 급격한 상승을 야기한다. 충격파는 단열적이지만 매우 비가역적이기 때문에 충격파를 통하여 엔트로피 s는 증가한다. 끝으로, 수직충격파를 통과하면서 속도 V는 감소하고 음속 c는 증가함에 따라(온도 T가 증가하기 때문) Mach 수 M은 감소하는데, 사실 항상 아음속으로 된다는 것을 나중에 볼 것이다. 이러한 결과들을 그림 12.15와 표 12.1에 나타낸다.

표 12.1

수직충격파를 지나는 상태량 변화의 요약

상태량	효과	예측방법
정체온도	T_0 = 일정	에너지 방정식
엔트로피	$s \Uparrow$	열역학 제2법칙
정체압력	$p_0 \Downarrow$	Ts 선도
온도	$T \Uparrow$	Ts 선도
속도	$V \Downarrow$	에너지 방정식과 T에 미치는 영향
밀도	$\rho \Uparrow$	연속방정식과 V에 미치는 영향
압력	$p \Uparrow$	운동량 방정식과 V에 미치는 영향
Mach 수	$M \Downarrow$	$M = V/c$와 V 및 T에 대한 효과

1차원 이상기체 유동에 관한 수직충격파 유동함수

기본방정식[식 (12.34)]은 수직충격파를 겪는 유동을 해석하는 데 사용될 수 있음을 언급한 바 있다. 등엔트로피 흐름에서처럼 이 경우에는 들어오는 Mach 수 M_1에 기초한 방정식을 활용하는 것이 흔히 더 편리하다. 이것은 세 단계를 수반한다. 우선 상태량비(예를 들어, T_2/T_1, p_2/p_1)를 M_1과 M_2항으로 구하고, 그 다음으로 M_1과 M_2 사이 관계를 전개하며, 마지막으로 상류 Mach 수 M_1의 항으로 상태량비에 대한 수식을 얻기 위하여 이 관계를 사용한다.

온도비는 다음과 같이 표현될 수 있다.

$$\frac{T_2}{T_1} = \frac{T_2}{T_{0_2}} \frac{T_{0_2}}{T_{0_1}} \frac{T_{0_1}}{T_1}$$

정체온도는 충격파를 통과하여 일정하므로,

$$\frac{T_2}{T_1} = \frac{1 + \frac{k-1}{2} M_1^2}{1 + \frac{k-1}{2} M_2^2} \tag{12.35}$$

속도비는 다음과 같다.

$$\frac{V_2}{V_1} = \frac{M_2 c_2}{M_1 c_1} = \frac{M_2 \sqrt{kRT_2}}{M_1 \sqrt{kRT_1}} = \frac{M_2}{M_1} \sqrt{\frac{T_2}{T_1}}$$

또는

$$\frac{V_2}{V_1} = \frac{M_2}{M_1} \left[\frac{1 + \frac{k-1}{2} M_1^2}{1 + \frac{k-1}{2} M_2^2} \right]^{1/2}$$

연속방정식으로부터 밀도비를 얻을 수 있다.

$$\rho_1 V_1 = \rho_2 V_2 \tag{12.34a}$$

따라서

$$\frac{\rho_2}{\rho_1} = \frac{V_1}{V_2} = \frac{M_1}{M_2} \left[\frac{1 + \frac{k-1}{2} M_2^2}{1 + \frac{k-1}{2} M_1^2} \right]^{1/2} \tag{12.36}$$

마지막으로 운동량 방정식은

$$p_1 + \rho_1 V_1^2 = p_2 + \rho_2 V_2^2 \tag{12.34b}$$

$\rho = p/RT$를 대입하고 압력으로 묶어내면,

$$p_1 \left[1 + \frac{V_1^2}{RT_1} \right] = p_2 \left[1 + \frac{V_2^2}{RT_2} \right]$$

또

$$\frac{V^2}{RT} = k \frac{V^2}{kRT} = kM^2$$

이므로

$$p_1\left[1+kM_1^2\right]=p_2\left[1+kM_2^2\right]$$

최종적으로

$$\frac{p_2}{p_1}=\frac{1+kM_1^2}{1+kM_2^2} \tag{12.37}$$

M_1의 항으로 M_2를 풀기 위하여 식 (12.35)~(12.37)에 의해 주어진 상태량비 가운데 하나에 대해 다른 식을 구해야 한다.

이상기체 상태방정식으로부터 온도비는 다음과 같이 쓰일 수 있다.

$$\frac{T_2}{T_1}=\frac{p_2/\rho_2 R}{p_1/\rho_1 R}=\frac{p_2\rho_1}{p_1\rho_2}$$

식 (12.36)과 (12.37)로부터 대입하면,

$$\frac{T_2}{T_1}=\left[\frac{1+kM_1^2}{1+kM_2^2}\right]\frac{M_2}{M_1}\left[\frac{1+\dfrac{k-1}{2}M_1^2}{1+\dfrac{k-1}{2}M_2^2}\right]^{1/2} \tag{12.38}$$

식 (12.35)와 (12.38)은 T_2/T_1에 관한 2개의 방정식이다. 이들을 결합하고 M_1의 항으로 M_2에 대해서 풀 수 있다. 결합하고 상쇄하면

$$\left[\frac{1+\dfrac{k-1}{2}M_1^2}{1+\dfrac{k-1}{2}M_2^2}\right]^{1/2}=\frac{M_2}{M_1}\left[\frac{1+kM_1^2}{1+kM_2^2}\right]$$

제곱하면,

$$\frac{1+\dfrac{k-1}{2}M_1^2}{1+\dfrac{k-1}{2}M_2^2}=\frac{M_2^2}{M_1^2}\left[\frac{1+2kM_1^2+k^2M_1^4}{1+2kM_2^2+k^2M_2^4}\right]$$

이것은 M_2^2에 대하여 명쾌하게 풀릴 수 있고, 두 해를 얻는다.

$$M_2^2=M_1^2 \tag{12.39a}$$

그리고

$$M_2^2=\frac{M_1^2+\dfrac{2}{k-1}}{\dfrac{2k}{k-1}M_1^2-1} \tag{12.39b}$$

명백히 이 가운데 첫 번째 해는 의미 없다. 두 번째 해는 M_1에 대한 M_2의 독특한 의존성을 나타낸다.

이제 M_2와 M_1 사이 관계를 구했으므로, 충격파를 지나는 상태량비에 대해서 풀 수 있다. M_1을 알면 식 (12.39b)로부터 M_2를 구할 수 있고, 상태량비는 식 (12.35)~(12.37)로부터 이어서 구할 수 있다.

정체온도는 불변이기 때문에 충격파를 지나는 정체온도비는 1이다. 정체압력비는 다음과 같이 구한다.

$$\frac{p_{0_2}}{p_{0_1}}=\frac{p_{0_2}}{p_2}\frac{p_2}{p_1}\frac{p_1}{p_{0_1}}=\frac{p_2}{p_1}\left[\frac{1+\frac{k-1}{2}M_2^2}{1+\frac{k-1}{2}M_1^2}\right]^{k/(k-1)} \tag{12.40}$$

식 (12.37)과 (12.39b)를 결합하면(상당한 대수학 후에) 다음을 얻는다.

$$\frac{p_2}{p_1}=\frac{1+kM_1^2}{1+kM_2^2}=\frac{2k}{k+1}M_1^2-\frac{k-1}{k+1} \tag{12.41}$$

식 (12.39b)와 (12.41)을 사용하면 식 (12.40)은 다음 식이 된다.

$$\frac{p_{0_2}}{p_{0_1}}=\frac{\left[\dfrac{\frac{k+1}{2}M_1^2}{1+\frac{k-1}{2}M_1^2}\right]^{k/(k-1)}}{\left[\dfrac{2k}{k+1}M_1^2-\dfrac{k-1}{k+1}\right]^{1/(k-1)}} \tag{12.42}$$

식 (12.39b)로부터 구한 M_2^2를 식 (12.35)와 (12.36)에 대입한 후에 수직충격파를 지나는 이상기체에 사용하는 Mach 수에 기초한 방정식들(편의상 번호를 다시 매김)의 집합을 요약한다.

$$M_2^2=\frac{M_1^2+\frac{2}{k-1}}{\frac{2k}{k-1}M_1^2-1} \tag{12.43a}$$

$$\frac{p_{0_2}}{p_{0_1}}=\frac{\left[\dfrac{\frac{k+1}{2}M_1^2}{1+\frac{k-1}{2}M_1^2}\right]^{k/(k-1)}}{\left[\dfrac{2k}{k+1}M_1^2-\dfrac{k-1}{k+1}\right]^{1/(k-1)}} \tag{12.43b}$$

$$\frac{T_2}{T_1}=\frac{\left(1+\frac{k-1}{2}M_1^2\right)\left(kM_1^2-\frac{k-1}{2}\right)}{\left(\frac{k+1}{2}\right)^2M_1^2} \tag{12.43c}$$

$$\frac{p_2}{p_1}=\frac{2k}{k+1}M_1^2-\frac{k-1}{k+1} \tag{12.43d}$$

$$\frac{\rho_2}{\rho_1}=\frac{V_1}{V_2}=\frac{\frac{k+1}{2}M_1^2}{1+\frac{k-1}{2}M_1^2} \tag{12.43e}$$

식 (12.43)은 수직충격파를 통과하는 유동을 해석하는 데 유용하다. 수직충격파를 통하여 일어나는 모든 변화는 들어오는 Mach 수 M_1뿐만 아니라 비열비 k에 의존한다. 이 방정식들은 특성값 변화에 대해 명쾌하고 서로 연결되지 않은 표현식을 제공하기 때문에 원래 방정식 (12.34)보다 보통 더 좋다. 그러나 식 (12.34) 역시 때때로 유용하다. 식 (12.34d)는 $p_2 > p_1$에 대해 $M_1 > 1$을 요구하며 이것은 이전 논의와 일치한다. p_2/p_1은 충격파의 **강도**로 알려져 있다. 따라서 들어오는 Mach 수가 증가하면 할수록 충격파는 더욱더 강해진다(격렬해진다).

식 (12.43)은 대수적으로 상당히 복잡하지만, 들어오는 Mach 수 M_1의 항으로 명쾌한 상태량 관계식을 제공한다. 또한 이 관계식들은 쉽게 프로그래밍할 수 있으며, 이를 이용할 수 있게 해주는 대화형 웹사이트도 있다(예: 참고문헌 [5], [6]). 방정식은 *Excel*로 프로그래밍할 수도 있으며 웹사이트에서 스프레드시트를 사용할 수 있다. Add-ins로 함수들은 M_1으로부터 M_2와 정체점 압력, 온도, 압력, 밀도/속도 비를 계산하는 데 이용 가능하고, 또 이 비들로부터 M_1을 계산하는 데도 이용 가능하다. 부록 D.2는 이상기체의 수직충격파 유동에 대해 M_1의 항으로 M_2에 대한 유동함수들과 상태량비인 p_{0_2}/p_{0_1}, T_2/T_1, p_2/p_1, ρ_2/ρ_1 (V_1/V_2)의 목록을 나타낸다. 공기($k = 1.4$)에 대해 이 상태량비들의 선도뿐만 아니라 표 값을 제한된 범위의 Mach 수에 대하여 제공한다. 수직충격파를 수반하는 문제는 예제 12.12에서 풀린다.

예제 12.12 덕트 내에서 수직충격파

수직충격파가 덕트 내에서 발생한다. 유체는 공기이고, 이상기체로 간주된다. 충격파로부터 상류 상태량은 $T_1 = 5°\text{C}$, $p_1 = 65.0$ kPa (abs), $V_1 = 668$ m/s이다. 충격파 하류 상태량과 $s_2 - s_1$을 구하라. 또 Ts 선도에 과정을 도시하라.

주어진 자료: 아래 상태량을 갖는 덕트 안 수직충격파

$$T_1 = 5°\text{C}$$
$$P_1 = 65.0\ \text{kPa (abs)}$$
$$V_1 = 668\ \text{m/s}$$

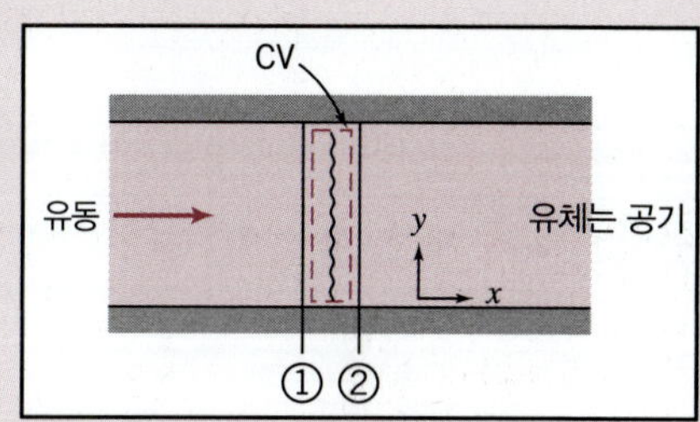

찾는 자료: (a) 단면 ②에서 상태량

(b) $s_2 - s_1$

(c) Ts 선도

풀이: 우선 단면 ①에서 나머지 상태량을 계산한다. 이상기체에 대하여

$$\rho_1 = \frac{p_1}{RT_1} = 6.5 \times 10^4 \frac{\text{N}}{\text{m}^2} \times \frac{\text{kg}\cdot\text{K}}{287\ \text{N}\cdot\text{m}} \times \frac{1}{278\ \text{K}} = 0.815\ \text{kg/m}^3$$

$$c_1 = \sqrt{kRT_1} = \left[1.4 \times 287 \frac{\text{N}\cdot\text{m}}{\text{kg}\cdot\text{K}} \times 278\ \text{K} \times \frac{\text{kg}\cdot\text{m}}{\text{N}\cdot\text{s}^2}\right]^{1/2} = 334\ \text{m/s}$$

그러면

$M_1 = \dfrac{V_1}{c_1} = \dfrac{668}{334} = 2.00$, 그리고 [등엔트로피 정체 관계식 식 (12.21a)와 (12.21b)를 사용하여]

$$T_{0_1} = T_1\left(1 + \frac{k-1}{2}M_1^2\right) = 278\ \text{K}[1 + 0.2(2.0)^2] = 500\ \text{K}$$

$$p_{0_1} = p_1\left(1 + \frac{k-1}{2}M_1^2\right)^{k/(k-1)} = 65.0\ \text{kPa}[1 + 0.2(2.0)^2]^{3.5} = 509\ \text{kPa (abs)}$$

$M_1 = 2.0$에서 수직충격파 유동함수로부터[식 (12.43)]

M_1	M_2	p_{0_2}/p_{0_1}	T_2/T_1	p_2/p_1	V_2/V_1
2.00	0.5774	0.7209	1.687	4.500	0.3750

이 자료로부터

$$T_2 = 1.687T_1 = (1.687)278\ \text{K} = 469\ \text{K} \leftarrow T_2$$

$$p_2 = 4.500p_1 = (4.500)65.0\ \text{kPa} = 293\ \text{kPa (abs)} \leftarrow p_2$$

$$V_2 = 0.3750V_1 = (0.3750)668\ \text{m/s} = 251\ \text{m/s} \leftarrow V_2$$

이상기체에 대하여

$$\rho_2 = \frac{p_2}{RT_2} = 2.93 \times 10^5 \frac{\text{N}}{\text{m}^2} \times \frac{\text{kg}\cdot\text{K}}{287\ \text{N}\cdot\text{m}} \times \frac{1}{469\ \text{K}} = 2.18\ \text{kg/m}^3 \longleftarrow \rho_2$$

단열유동에서 정체온도는 일정하다. 따라서

$$T_{0_2} = T_{0_1} = 500\ \text{K} \longleftarrow T_{0_2}$$

수직충격파에 대하여 상태량비를 사용하면 다음을 얻는다.

$$p_{0_2} = p_{0_1}\frac{p_{0_2}}{p_{0_1}} = 509\ \text{kPa}\,(0.7209) = 367\ \text{kPa (abs)} \longleftarrow p_{0_2}$$

엔트로피 변화에 대하여[식 (12.34g)]

$$s_2 - s_1 = c_p \ln\frac{T_2}{T_1} - R\ln\frac{p_2}{p_1}$$

그러나 $s_{0_1} - s_{0_2} = s_2 - s_1$이므로

$$s_{0_2} - s_{0_1} = s_2 - s_1 = c_p \underbrace{\ln\frac{T_{0_2}}{T_{0_1}}}_{=0} - R\ln\frac{p_{0_2}}{p_{0_1}} = -0.287\frac{\text{kJ}}{\text{kg}\cdot\text{K}} \times \ln(0.7209)$$

$$s_2 - s_1 = 0.0939\ \text{kJ/(kg}\cdot\text{K)} \longleftarrow s_2 - s_1$$

Ts 선도는

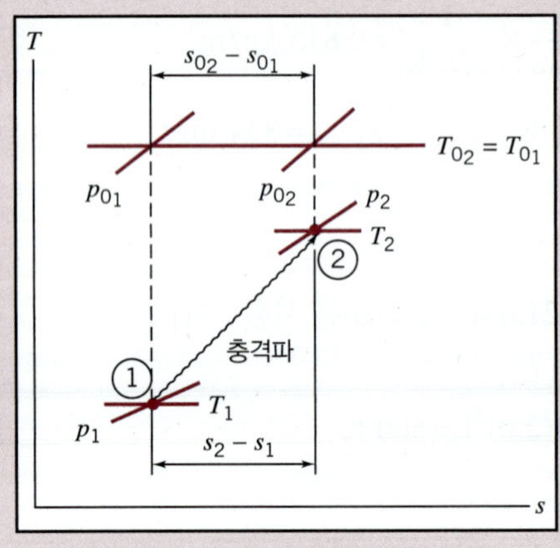

이 문제는 수직충격파를 지나는 이상기체 유동을 해석하는 데 있어서 수직충격파 관계인 식 (12.43)의 활용을 설명한다.

12.8 충격파를 수반하는 초음속 채널 유동

초음속 유동은 수직충격파가 발생하는 데 필요한 조건이다. 수직충격파의 발생 가능성은 어떤 초음속 유동에서든지 고려되어야 한다. 때때로 충격파는 하류 압력조건을 맞추기 위하여 발생해야만 한다. 그래서 충격파가 일어날지를 결정하고 일어날 때 충격파 위치를 결정하는 것이 바람직하다.

이 절에서는 축소-확대 노즐(12.6절)의 등엔트로피 유동이 충격을 포함하도록 확장하고, 변하는 배압 조건하에서 작동하는 축소-확대 노즐에서의 유동에 대한 논의를 마무리 짓는다. 여러 배압에 대해 노즐에서 압력분포를 그림 12.16에 도시한다.

4개의 유동 영역이 가능하다. 영역 I에서 유동은 내내 아음속이다. 유량은 배압이 감소함에 따라 증가한

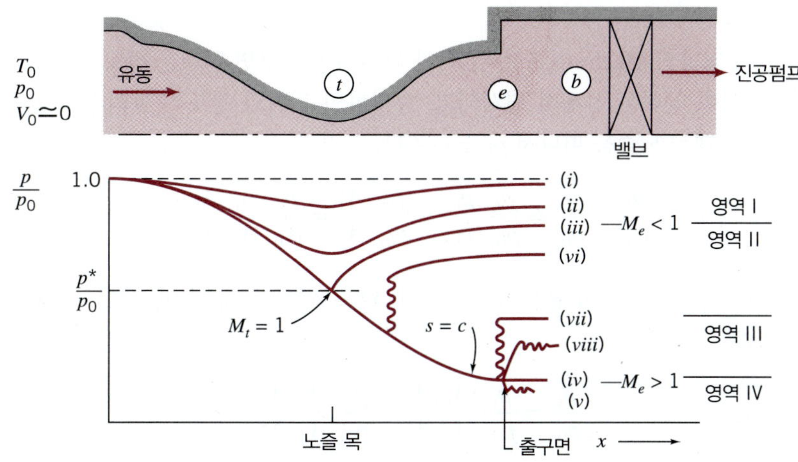

그림 12.16 다른 배압조건에 대한 축소-확대 노즐 내의 유동에 대한 압력분포.

다. 영역 I과 영역 II 사이에서 경계선을 형성하는 조건 (*iii*)에서 목에서 유동은 음속상태로 $M_t = 1$이다.

배압이 조건 (*iii*) 이하로 낮아짐에 따라 조건 (*vi*)로 나타낸 바와 같이 수직충격파가 목으로부터 하류에 발생한다. 충격파를 지나서 압력상승이 있다. 충격파를 지난 유동은 아음속($M < 1$)이기 때문에, 확대채널을 통하여 압력의 증가와 함께 유동은 감속한다. 배압이 더욱 낮아짐에 따라 충격파는 출구면에 도달할 때까지 하류로 이동한다[조건 (*vii*)]. 영역 I에서처럼 영역 II에서 출구유동은 아음속이며, 결과적으로 $p_e = p_b$이다. 영역 II에서 모든 조건에 대하여 목에서 유동 상태량은 일정하기 때문에, 영역 II에서 유량은 배압에 의해 변화하지 않는다.

조건 (*viii*)에 의해 분명히 보이는 것처럼 영역 III에서 배압이 출구 압력보다 높지만, 출구면에서 수직충격파를 유지할 정도로 충분히 높지는 않다. 유동은 노즐 밖에서 일련의 경사 압축충격파를 통하여 배압에 적응한다. 이런 경사충격파는 1차원 이론으로 다룰 수 없다.

12.6절에서 미리 언급된 것처럼 조건 (*iv*)는 설계조건을 나타낸다. 영역 IV에서 유동은 노즐 밖에서 일련의 경사팽창파를 통하여 더 낮은 배압까지 적응한다. 이러한 경사팽창파는 1차원 이론으로 다룰 수 없다.

수직충격파가 있는 축소-확대 노즐 유동에 대한 *Ts* 선도를 그림 12.17에 나타낸다. 상태 ①은 충격파로부터 바로 상류이며, 상태 ②는 바로 하류이다. 충격파를 통한 엔트로피 증가는 아음속 하류유동을 새로운 등엔트로피 선으로 이동시킨다. 임계온도는 일정하여 p_2^*는 p_1^*보다 더 낮다. $\rho^* = p^*/RT^*$이므로 하류에서 임계밀도 또한 감소한다. 똑같은 질량유량을 수송하기 위하여 하류 유동은 더욱 큰 임계 면적을 가져야 한다. 연속방정식(그리고 상태방정식)으로부터 임계 면적비는 임계 압력비의 역수이다. 즉, 충격파를

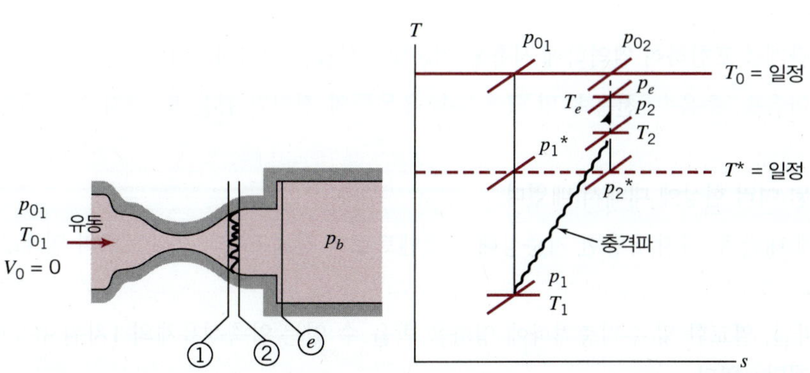

그림 12.17 수직충격파를 갖는 축소-확대 노즐 안에서 유동에 대한 T_s 선도.

통하여 p^*A^* = 일정이다.

만일 노즐 안 수직충격파의 Mach 수(또는 위치)가 알려지면 출구면 압력은 바로 계산될 수 있다. 좀 더 실제적인 상황에서 출구면 압력은 상세히 명시되고, 충격파의 위치와 강도는 알려지지 않는다. 하류에서 아음속 유동은 배압의 상태로 노즐을 떠나서 $p_b = p_e$이다. 그러면

$$\frac{p_b}{p_{0_1}} = \frac{p_e}{p_{0_1}} = \frac{p_e}{p_{0_2}}\frac{p_{0_2}}{p_{0_1}} = \frac{p_e}{p_{0_2}}\frac{A_1^*}{A_2^*} = \frac{p_e}{p_{0_2}}\frac{A_t}{A_e}\frac{A_e}{A_2^*} \tag{12.44}$$

상태 ②로부터 출구면까지 등엔트로피 유동이기 때문에 $A_2^* = A_e^*$이고, $p_{0_2} = p_{0_e}$이다. 그러면 식 (12.44)로부터 다음을 쓸 수 있다.

$$\frac{p_e}{p_{0_1}} = \frac{p_e}{p_{0_2}}\frac{A_t}{A_e}\frac{A_e}{A_2^*} = \frac{p_e}{p_{0_e}}\frac{A_t}{A_e}\frac{A_e}{A_e^*}$$

다시 정렬하여

$$\frac{p_e}{p_{0_1}}\frac{A_e}{A_t} = \frac{p_e}{p_{0_e}}\frac{A_e}{A_e^*} \tag{12.45}$$

식 (12.45)에서 좌변은 알고 있는 양을 포함하고, 우변은 출구 Mach 수 M_e만의 함수이다. 압력비는 정체압력 관계식[식 (12.21a)]으로 얻을 수 있고, 면적비는 등엔트로피 면적 관계식[식 (12.30d)]으로 얻을 수 있다. 식 (12.45)로부터 M_e를 구하는 것은 보통 반복계산을 필요로 한다. 수직충격파의 크기와 위치는 식 (12.45)의 재정리에 의해 일단 M_e가 알려지면 구할 수 있다.

$$\frac{p_{0_2}}{p_{0_1}} = \frac{A_t}{A_e}\frac{A_e}{A_e^*} \tag{12.46}$$

식 (12.46)에서 우변은 알려지고(첫 번째 면적비는 주어지며, 두 번째는 M_e만의 함수이다), 좌변은 충격파 앞 Mach 수 M_1만의 함수이다. 따라서 M_1이 계산될 수 있다. 이 충격파가 발생하는 곳의 면적은 목과 상태 ① 사이 등엔트로피 유동에 대하여 등엔트로피 면적 관계식[식 (12.30d)에서 $A^* = A_t$]으로부터 구할 수 있다.

압축성유동에 대한 이 소개 장에서는 몇 가지 기본 유동 현상을 다루었으며, 아주 간단한 유동 상황에서 유동 특성을 평가할 수 있는 방정식을 제시하였다. 더욱 복잡한 압축성유동 상황이 많이 있다. 이러한 고급 주제 중 일부에 대하여 웹사이트에서 소개를 제공한다.

12.9 요약과 유용한 식

이 장에서 우리는

✓ 등엔트로피 관계를 포함하여 열역학에 사용된 기본방정식들을 고찰하였다.

✓ Mach 수와 아음속, 초음속, 천음속 및 극초음속 유동들의 정의와 같은 몇 가지 압축성유동의 용어를 소개하였다.

✓ 음속과 관련된 여러 현상에 대해서 배웠다.

✓ 압축성유동에 대한 두 가지 유용한 기준상태인 등엔트로피 정체조건과 등엔트로피 임계조건이 있음을 알게 되었다.

✓ 면적 변화, 마찰, 열교환 및 수직충격파에 영향을 받을 수 있는 압축성유체의 1차원 유동에 대한 지배방정식들을 개발하였다.

✓ 면적 변화에만 영향을 받는 등엔트로피 흐름에 대한 방정식을 개발했다.

✓ 수직충격파에 대한 관계식을 개발했다.

위에서 언급한 유동을 조사하는 동안 다음을 포함하여 몇몇 흥미로운 압축성유동 현상에 대한 통찰력을 길렀다.

✓ 유동의 거동을 가시화하는 데 *Ts* 선도의 활용

✓ 아음속과 초음속 노즐 및 디퓨저를 지나는 유동과 필요한 형상

✓ 축소노즐과 C-D 노즐에서 초크된 유동의 현상과 C-D 노즐에서 충격파가 전개되는 상황

주의: 다음 표의 유용한 식 대부분은 몇 가지 제한이나 구속이 있다. 자세한 사항은 반드시 해당 식을 참고하기 바란다! 특히 대부분은 일정한 비열을 갖는 이상기체를 가정한다.

유용한 식

Mach 수 M의 정의	$M \equiv \dfrac{V}{c}$	**(12.13)**
음속 c	$c = \sqrt{\left(\dfrac{\partial p}{\partial \rho}\right)_s}$	**(12.16)**
음속 c(고체와 액체)	$c = \sqrt{E_v/\rho}$	**(12.17)**
음속 c(이상기체)	$c = \sqrt{kRT}$	**(12.18)**
Mach 원추각 α	$\alpha = \sin^{-1}\left(\dfrac{1}{M}\right)$	**(12.19)**
등엔트로피 압력비(이상기체, 일정 비열비)	$\dfrac{p_0}{p} = \left[1 + \dfrac{k-1}{2}M^2\right]^{k/(k-1)}$	**(12.21a)**
등엔트로피 온도비(이상기체, 일정 비열비)	$\dfrac{T_0}{T} = 1 + \dfrac{k-1}{2}M^2$	**(12.21b)**
등엔트로피 밀도비(이상기체, 일정 비열비)	$\dfrac{\rho_0}{\rho} = \left[1 + \dfrac{k-1}{2}M^2\right]^{1/(k-1)}$	**(12.21c)**
임계 압력비(이상기체, 일정 비열비)	$\dfrac{p_0}{p*} = \left[\dfrac{k+1}{2}\right]^{k/(k-1)}$	**(12.22a)**
임계 온도비(이상기체, 일정 비열비)	$\dfrac{T_0}{T*} = \dfrac{k+1}{2}$	**(12.22b)**
임계 밀도비(이상기체, 일정 비열비)	$\dfrac{\rho_0}{\rho^*} = \left[\dfrac{k+1}{2}\right]^{1/(k-1)}$	**(12.22c)**
임계속도 V^*(이상기체, 일정 비열비)	$V^* = c* = \sqrt{\dfrac{2k}{k+1}RT_0}$	**(12.23)**

(계속)

유용한 식 (계속)

1차원 유동방정식	$\rho_1 V_1 A_1 = \rho_2 V_2 A_2 = \rho V A = \dot{m} = \text{일정}$ $R_x + p_1 A_1 - p_2 A_2 = \dot{m} V_2 - \dot{m} V_1$ $\frac{\delta Q}{dm} + h_1 + \frac{V_1^2}{2} = h_2 + \frac{V_2^2}{2}$ $\dot{m}(s_2 - s_1) \geq \int_{CS} \frac{1}{T}\left(\frac{\dot{Q}}{A}\right) dA$ $p = \rho R T$ $\Delta h = h_2 - h_1 = c_p \Delta T = c_p (T_2 - T_1)$ $\Delta s = s_2 - s_1 = c_p \ln \frac{T_2}{T_1} - R \ln \frac{p_2}{p_1}$	(12.24a) (12.24b) (12.24c) (12.24d) (12.24e) (12.24f) (12.24g)
등엔트로피 관계식 [주의: 이 방정식들은 부록 D에 정렬되어 있고 공기에 대해 표로 만들고 그렸다.]	$\frac{p_0}{p} = f(M)$ $\frac{T_0}{T} = f(M)$ $\frac{\rho_0}{\rho} = f(M)$ $\frac{A}{A^*} = f(M)$	(12. 30a) (12.30b) (12.30c) (12.30d)
초크된 축소노즐에 대한 압력비, $p_e/p_0\vert_{\text{choked}}$	$\frac{p_e}{p_0}\Big\vert_{\text{choked}} = \frac{p^*}{p_0} = \left(\frac{2}{k+1}\right)^{k/(k-1)}$	(12.31)
초크된 축소노즐에 대한 질량유량	$\dot{m}_{\text{choked}} = A_e p_0 \sqrt{\frac{k}{RT_0}} \left(\frac{2}{k+1}\right)^{(k+1)/2(k-1)}$	(12.32a)
초크된 축소노즐에 대한 질량유량 (SI 단위)	$\dot{m}_{\text{choked}} = 0.04 \frac{A_e p_0}{\sqrt{T_0}}$	(12.32b)
초크된 축소노즐에 대한 질량유량(영국 공학 단위)	$\dot{m}_{\text{choked}} = 76.6 \frac{A_e p_0}{\sqrt{T_0}}$	(12.32c)
초크된 축소-확대 노즐에 대한 질량유량	$\dot{m}_{\text{choked}} = A_t p_0 \sqrt{\frac{k}{RT_0}} \left(\frac{2}{k+1}\right)^{(k+1)/2(k-1)}$	(12.33a)
초크된 축소-확대 노즐에 대한 질량유량 (SI 단위)	$\dot{m}_{\text{choked}} = 0.04 \frac{A_t p_0}{\sqrt{T_0}}$	(12.33b)
초크된 축소-확대 노즐에 대한 질량유량 (영국 공학 단위)	$\dot{m}_{\text{choked}} = 76.6 \frac{A_t p_0}{\sqrt{T_0}}$	(12.33c)
수직충격파 관계식 [주의: 이 방정식들은 부록 D에 정렬되어 있고 공기에 대해 표로 만들고 그렸다.	$M_2 = f(M_1)$ $\frac{p_{0_2}}{p_{0_1}} = f(M_1)$ $\frac{T_2}{T_1} = f(M_1)$ $\frac{p_2}{p_1} = f(M_1)$ $\frac{\rho_2}{\rho_1} = \frac{V_1}{V_2} = f(M_1)$	(12.43a) (12.43b) (12.43c) (12.43d) (12.43e)
축소-확대 노즐에서 수직충격파 위치를 결정하는 유용한 방정식	$\frac{p_e}{p_{0_1}} \frac{A_e}{A_t} = \frac{p_e}{p_{0_e}} \frac{A_e}{A_e^*}$ $\frac{p_{0_2}}{p_{0_1}} = \frac{A_t}{A_e} \frac{A_e}{A_e^*}$	(12.45) (12.46)

참고문헌

1. Moran, M. J., H. N. Shapiro, D. D. Boettner, and M. B. Bailey, *Fundamentals of Engineering Thermodynamics*, 8th ed. John Wiley and Sons, ISBN: ES8-1-118-41293-0, 20, 2014.
2. Shapiro, A. *The Dynamics and Thermodynamics of Compressible Fluid Flow*, Volume 1, John Wiley and Sons, ISBN: 978-0-471-06691-0, 1953.
3. Rathakrishnan, E. *Applied Gas Dynamics*, 2nd ed. John Wiley and Sons, ISBN: 978-1-119-50045-2, 2019.
4. Wong, G. S. K., Speed of Sound in Standard Air, *J. Acoustical Society America*, 79, 5, May 1986, pp. 1359-1366.
5. National Aeronautics and Space Administration, https://www.grc.nasa.gov/www/k-12/airplane/isentrop.html, 2019.
6. Devenport, W., *Isentropic Calculator*, Virginia Polytechnic Institute and State

연습문제

열역학의 복습

12.1 공기가 터빈을 통해 정상유동 과정으로 팽창된다. 초기 조건은 1,300°C와 2.0 MPa (abs)이고, 최종 조건은 500°C와 대기압이다. Ts 선도상에 이 과정을 나타내라. 이 과정에 대한 내부에너지, 엔탈피 그리고 비엔트로피 변화를 계산하라.

12.2 밀폐된 탱크 안에서 5 kg의 공기가 250~50°C로 냉각되며 초기 압력은 3 MPa이다. 엔트로피, 내부에너지 그리고 엔탈피의 변화를 계산하라. Ts 선도상에 과정의 상태점들을 보여라.

12.3 피스톤-실린더 안의 공기가 들어 있고 온도는 100°C이다. 가역과정에 대해 열전달은 $q = \int T ds$로 주어진다는 사실을 이용하여 (a) 정압과 (b) 정적선에서 공기온도를 1,200°C까지 높이기 위해 요구되는 열량(J/kg)을 비교하라. 열역학 제1법칙을 이용하여 결과를 확인하고, Ts 선도상에 결과를 도시하라.

12.4 열교환기에서의 열전달이 없을 때, 공기유동의 단위질량당 터빈에 의해 전달되는 동력을 계산하라. 그런 다음 다른 모든 조건이 동일하게 유지되면, 전력은 교환기를 통한 열전달에 어떻게 의존하는가? 공기는 완전기체라고 가정하라.

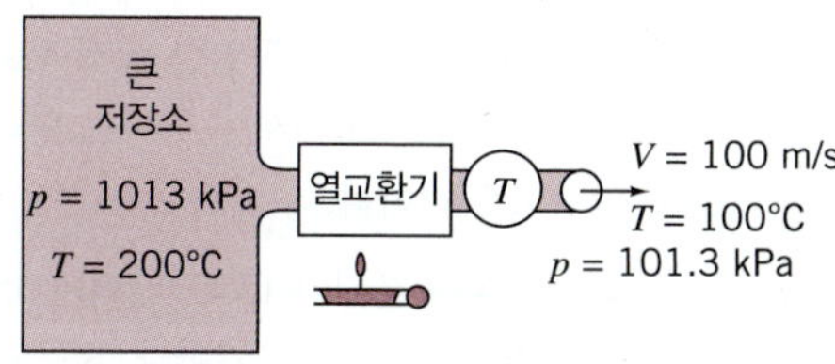

P12.4

12.5 $q_H = 7\ 5 \times 10^5$ J/kg인 동안 수소가 상태 ①과 ② 사이를 마찰 없이 완전기체로 흐를 때, V_2를 구하라.

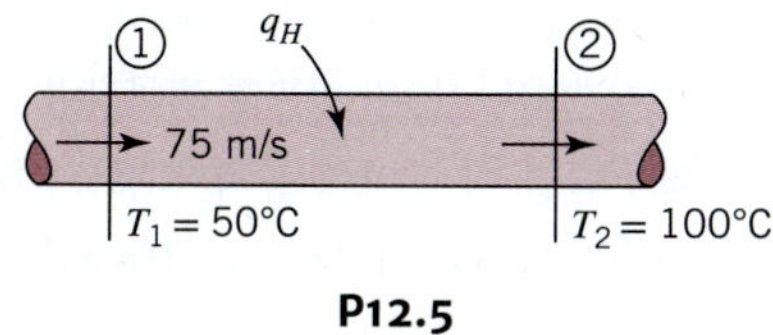

P12.5

12.6 0.1 MPa (abs), 20°C인 공기가 들어 있는 1 m^3 탱크가 2 MPa로 가압된다. 이 탱크가 가역 단열적으로 채워진다고 가정하고 탱크 내 공기의 최종 온도를 계산하라. 탱크가 등온적으로 채워진다고 가정하면 채우는 동안에 공기에 의한 열손실은 얼마가 되겠는가? 단열이나 등온의 어떤 과정에서 탱크 안에 공기의 질량이 더 많아지는가?

12.7 공기가 무시할 만한 속도를 갖고 0.5 kg/s의 정상 유동으로 터빈에 유입한다. 입구 상태는 1,300°C와 2.0 MPa (abs)이며, 공기는 터빈을 통하여 대기압까지 팽창한다. 만약 터빈 출구에서 실제 온도와 속도가 각각 500°C와 200 m/s라면, 터빈에 의해 생성되는 출력은 얼마인가? 이 과정에 대해 상태점을 Ts 선도상에 표시하라.

12.8 메탄의 열역학적 상태량을 가진 천연가스가 0.6 m 직경의 지하 파이프라인에서 유동한다. 압축기 입구에서 게이지압력은 0.5 MPa, 출구압력은 8.0 MPa (gage)이고, 입구에서 기체 온도와 속도는 각각 13°C와 32 m/s이다. 압축기 효율은 $\eta = 0.85$이다. 파이프라인을 통과하는 천연가스의 질량유량을 구하라. 압축기 입구와 출구 상태점을 Ts 선도상에 표시하라. 압축기 출구에서 온도와 속도를 계산하고, 압축기를 구동시키기 위해 필요한 동력을 구하라.

12.9 이산화탄소는 파이프에서 10 m/s의 속도로 유동하다가 50 m/s 속도로 노즐을 통과한다. 파이프와 노즐 사이의 기체온도 변화는 무엇인가? 이것은 완전기체의 단열흐름이라고 가정하라.

음파의 전파

12.10 다음 기체들에 대하여 20°C에서 음속을 각각 계산하라. (a) 수소, (b) 헬륨, (c) 메탄, (d) 질소, (e) 이산화탄소

12.11 어떤 비행기가 표준일(standard day)에 1,500 m 고도에서 550 km/h 속도로 비행한다. 이 비행기가 15 km까지 올라가서 속도 1,200 km/h로 비행한다. 이 두 경우에 대한 비행 Mach 수를 계산하라.

12.12 강철의 음속이 4,300 m/s인 경우, 탄성계수(bulk modulus of elasticity)를 구하라. 강철의 탄성계수를 물의 탄성계수와 비교하라. 대기조건에서 강철, 물 및 공기의 음속을 구하라. 차이점에 대해 설명하라.

12.13 시속 800 km/h인 비행기가 해수면과 고도 10 km 사이에서 비행할 때, Mach 수에 미치는 고도의 영향을 그려서 설명하라.

12.14 비체적 자료를 사용하여 온도가 0~200°C 사이에 있는 포화수에서 음속을 계산하고, 그 음속을 온도에 대하여 그려라.

12.15 대기 중에 움직이는 물체가 서로 다른 시간에 두 개의 압력파를 방출한다. 한순간에 압력파들이 그림과 같이 나타난다. 물체의 속도와 Mach 수와 현재 위치를 구하라.

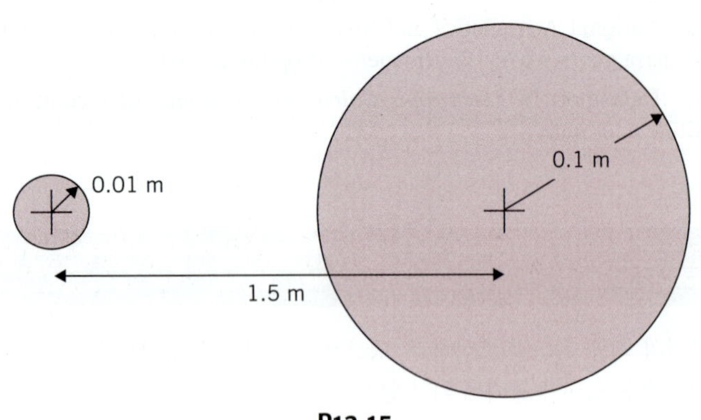

P12.15

12.16 대기 중에 움직이는 물체가 서로 다른 시간에 두 개의 압력파를 방출한다. 한순간에 압력파들이 그림과 같이 나타난다. 물체의 속도와 Mach 수와 현재 위치를 구하라.

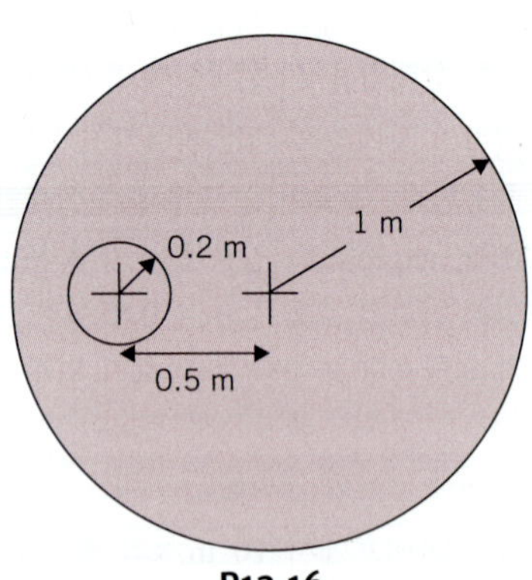

P12.16

12.17 표준대기에서 온도는 해수면에서 대략 고도 11 km까지 선형적으로 변한다. 표준대기에서 **기온 감소율**, 즉 고도에 따른 온도 감소율을 평가하라. 표준대기 조건하에서 고도에 따른 이상기체의 음속 변화율에 관한 식을 유도하고, 해수면으로부터 고도 10 km까지 이 값을 계산하여 그래프로 나타내라.

12.18 탄환 사진에서 Mach 각이 32°였다. 표준 공기에 대한 탄환의 속도를 구하라.

12.19 T = 35°C인 어느 날 F-4 항공기가 비행장 위로 고속비행하며 고도 200 m에서 Mach 수 M = 1.4이다. 항공기 속도를 계산하라. 항공기가 지면 위의 어떤 지점 A를 직접 통과한 얼마 후에 이것의 Mach 원추가 이 지점을 통과하게 되는가?

12.20 어떤 항공기가 고도 3 km에서 머리 위로 비행하며, Mach 수는 M = 1.5이고 대기 온도는 20°C로 일정하다고 가정하라. 이때 항공기의 속도를 계산하라. 30 m/s 속도로 맞바람이 분다. 항공기가 머리 위를 직접 통과한 얼마 후에 소리가 지면에 도달하는가?

12.21 표준일에 상공 3 km에서 머리 위로 초음속 항공기가 1,000 m/s 속도로 비행한다. 지상의 관측자 위를 직접 통과한 얼마 후에 관측자가 항공기의 소리를 듣는가?

12.22 연습문제 12.20의 조건에 대해 지면 관측자에게 첫 번째로 도달하는 음파의 방출 위치를 구하라.

12.23 표준 일에 초음속 콩코드가 17 km 상공에서 M = 2.2로 순항하였다. 여객기가 지상의 관측자 위를 직접 통과한 얼마 후에 여객기의 소리를 들을 수 있었는가?

기준상태: 국소 등엔트로피 정체 상태량

12.24 압축성유동의 정체점에서 밀도와 Mach 수가 M인 곳에서 밀도 사이의 차이(%)를 0.05에서 0.95까지 Mach 수 범위에 대하여 도시하라. 그 차이가 1%, 5%, 10%일 때 Mach 수를 찾아라.

12.25 교란이 없고, 28 kPa 및 250°C의 공기 중을 250 m/s에서 비행하는 항공기의 정체점에서 공기 밀도를 계산하라. 밀도의 증가 비율은 얼마인가? 이것을 비압축성유동으로 근사시킬 수 있는가?

12.26 이산화탄소는 유속 90 m/s, 절대압력 140 kPa, 온도 90°C로 덕트 안에서 흐른다. 이 흐름에 위치한 작은 물체의 코에 대한 압력과 온도를 계산하라.

12.27 15°C 질소가 흐르고 있고, 그 유동 내부에 있는 작은 물체의 코에서의 정체점 온도가 38°C로 측정되면, 파이프에서 질소의 유속은 얼마인가?

12.28 표준일에 항공기가 고도 10 km에서 Mach 수 M = 0.65로 비행한다. 항공기 속도는 정체압과 정압의 차이를 측정하여 추정된다. 이 차이값은 얼마인가? (a) 압축성과 (b) 비압축성으로 가정하여 실제 차이로부터 공기의 속도를 구하라. 이 두 경우에서 공기 속도 계산의 차이가 큰가?

12.29 현대 고속 항공기는 정체압과 정압 사이의 차이를 측정하여 공기 속도를 계산하기 위한 '공기데이터 컴퓨터'를 사용한다. M = 0.1 내지 0.9에 대해 실제 Mach 수 M의 함수로 비압축성(Bernoulli 방정식 사용)으로 가정하여 계산한 Mach 수에 있는 (실제 압력차로부터 계산한 것과 비교해서) 오차(%)를 도시하라. 동일한 실제 Mach 수에 상응하는 속도 범위에 대해서 고도 12 km에서 순항하는 항공기의 속도에서 오차(%)를 속도의 함수로 도시하라.

12.30 어떤 초음속 풍동 시험부는 온도가 15°C, 압력이 35 kPa (abs)에서 M = 2.5가 되도록 설계되며, 유체는 공기이다. 요구되는 입구 정체조건인 T_0와 p_0를 결정하라. 시험부 면적 0.175 m^{2}에 대해 요구되는 질량유량을 구하라.

12.31 탄환이 표준 해수면의 공기를 300 m/s로 이동하는 경우, (a) 유동이 비압축성이고 (b) 유동이 압축성이 있다고 가정할 때, 탄환 앞부분의 압력은 얼마인가? (a)와 (b)의 결과를 비교하라.

12.32 일정 단면적의 단열 덕트 안에 공기가 정상상태로 흐른다(①은 입구를 나타내고, ②는 출구를 나타낸다). 상태량은 마찰 때문에 덕트를 따라서 변한다.

(a) 열역학 제1법칙의 검사체적 형태를 갖고 시작하여, 이 방정식이 다음과 같이 추정되는 것을 보여라.

$$h_1 + \frac{V_1^2}{2} = h_2 + \frac{V_2^2}{2} = \text{일정}$$

(b) 일정한 정체점 엔탈피를 h_0로 표시하여 마찰을 수반하는 이상기체의 단열유동에 대하여 다음 식을 보여라.

$$\frac{T_0}{T} = 1 + \frac{k-1}{2} M^2$$

(c) 이 유동에 대하여 $T_{0_1} = T_{0_2}$인가? 또 $p_{0_1} = p_{0_2}$인가? 이 결과들을 설명하라.

12.33 어떤 단열 덕트 안에 공기가 흐른다. 점 ①에서 조건은 $M_1 = 0.1$, $T_1 = 20°C$, $p_1 = 1.0$ MPa (abs)이며, 하류인 점 ②에서 마찰 때문에 $M_2 = 0.7$, $T_2 = -5.62°C$, $p_2 = 136.5$ kPa (abs)이다(반올림 오차를 최소화하기 위해서 4자리 유효 숫자가 주어진다). 점 ①과 ②에서 정체온도를 비교하고 그 결과를 설명하라. 점 ①과 ②에서 정체압력을 계산하라. 이 마찰 유동에 대해 왜 유속이 **증가하는**지를 설명할 수 있는가? 이러한 과정은 등엔트로피인가, 아닌가? 점 ①과 ② 사이에서 엔트로피 변화를 계산하여 답이 타당함을 보여라. *Ts* 선도상에 정적 상태점과 정체 상태점을 도시하라.

12.34 단면적 $A = 0.05$ m^{2}인 긴 직선 파이프에서 정상, 단열 상태의 공기 흐름을 고려하라. 입구(단면)에서 공기는 압력 200 kPa (abs), 온도 60°C, 그리고 146 m/s의 속도를 가지며, 하류(단면 ②)에서 공기는 압력 95.6 kPa (abs), 속도 280 m/s이다. p_{0_1}, p_{0_2}, T_{0_1}, T_{0_2}, 그리고 이 유동에 대한 엔트로피 변화를 결정하라. *Ts* 선도상에 정적 상태점과 정체 상태점을 도시하라.

12.35 어떤 초음속 풍동에서 수직충격파를 통해 공기가 흐른다. 충격파 상류에서 $M_1 = 1.8$, $T_1 = 270$ K, $p_1 = 10.0$ kPa (abs)이며, 하류에서 $M_2 = 0.6165$, $T_2 = 413.6$ K, $p_2 = 36.13$ kPa (abs)이다(반올림 오차를 최소화하기 위해 9자리 유효 숫자가 주어진다). 수직충격파로부터 (a) 상류와 (b) 하류에서 각각 국소 등엔트로피 정체조건을 구하라. 충격파를 가로질러 비엔트로피 변화량을 계산하라. *Ts* 선도상에 정적 상태점과 정체 상태점을 도시하라.

12.36 표준일에 보잉 747이 $M = 0.87$로 13 km 고도에서 순항한다. 조종석 창문은 비행기 표면에 상대적인 외부유동의 Mach 수가 0.2인 곳에 위치한다. 조종실은 표준대기 조건의 2,500 m의 등가 고도로 압력이 가해진다. 창문 안과 밖의 압력 차이를 구하라. 실질적 압력인 힘의 방향을 반드시 명시하라.

임계조건

12.37 장난감 로켓을 추진하기 위해 이산화탄소 카트리지가 사용된다. 카트리지 내의 기체는 $T_0 = 25°C$, $p_0 = 45$ MPa (gage)이다. 이 정체조건에 해당하는 임계조건(온도, 압력, 유속)을 계산하라.

12.38 공기가 38 mm 팁 직경의 축소노즐을 통해 대기로부터 진공 탱크로 흐른다. 대기압과 온도가 각각 101.3 kPa과 15°C일 경우, 제트에서 음속을 생성하기 위해 탱크에서 어떤 진공 상태를 유지해야 하는가? 유속은 얼마인가? 진공이 수은 기준 254 mm일 때, 유속은 얼마인가?

12.39 산소가 축소노즐을 통해 탱크로부터 배출된다. 제트의 온도와 속도는 각각 −20°C와 270 m/s이다. 탱크의 온도는 얼마인가? 제트 내에 있는 작은 물체 앞부분의 온도는 얼마인가?

12.40 JT9-D 제트 엔진의 터빈 입구에서 고온 기체는 $T = 1{,}500°C$, $p = 140$ kPa (abs), $M = 0.32$이다. 이 조건에 상응하는 임계조건(온도, 압력, 유속)을 계산하라. 순수한 공기의 유체 상태량으로 가정하라.

12.41 이산화탄소는 축소노즐을 통해 탱크에서 대기로 배출된다. 탱크 온도 및 게이지 압력이 각각 38°C 및 140 kPa인 경우, 제트의 온도, 압력 및 속도가 얼마로 예상되는가? 기압은 101.3 kPa이다.

12.42 증기가 노즐을 통하여 정상적이고 등엔트로피적으로 유동한다. 속도를 무시할 수 있는 상류의 한 단면에서 온도와 압력은 450°C와 6 MPa이다. 노즐 직경이 2 cm인 한 단면에서 증기압은 2 MPa이다. 이 단면에서 속도와 Mach 수, 그리고 증기의 질량유량을 구하라. 유로 형상을 스케치하라.

12.43 질소가 $A_1 = 0.15$ m^2, $A_2 = 0.45$ m^{2}인 덕트의 확대 부분을 통해 흐른다. $M_1 = 0.7$, $p_1 = 450$ kPa의 조건으로 M_2와 p_2를 구하라.

등엔트로피 유동—면적 변화

12.44 $M = 2.0$인 주어진 덕트 유동에서 속도가 20% 감소한다. 이것을 달성하기 위해 면적에서 몇 %의 변화가 필요한가? $M = 0.5$일 때 답은 무엇인가?

12.45 공기가 250°C인 공기를 저장하고 있는 아주 큰 탱크로부터 축소-확대 노즐을 통하여 등엔트로피적으로 유동한다. 면적이 1 cm^{2}인 두 지점에서 정압은 200 kPa과 50 kPa이다. 질량유량, 노즐 목 면적, 그리고 두 단면에서 Mach 수를 구하라.

12.46 공기가 절대압력 60.0 kPa과 온도 27°C에서 단면적이 0.02 m^{2}인 유로로 486 m/s의 속도로 들어간다. 하류 단면 ①에서 $p = 78.8$ kPa (abs)이다. 등엔트로피 유동이라 가정하고 단면 ②에서 Mach 수를 계산하라. 유로 형상을 스케치하라.

12.47 이산화탄소는 탱크에서 25 mm 목과 50 mm 출구 직경의 축소-확대 노즐을 통과한다. 탱크의 절대 압력과 온도는 각각 241.5 kPa와 37.8°C이다. 절대 출구 압력이 (a) 172.5 kPa 및 (b) 221 kPa인 경우 질량유량을 계산하라.

12.48 공기가 팁 직경 50 mm의 축소-확대 노즐을 통해 절대 압력과 온도가 각각 690 kPa 및 37.8°C로 유지되는 탱크에서 대기로 배출된다(103.2 kPa). 이 노즐을 통해 발생할 수 있는 최대 질량유량은 얼마인가? 이 유량을 얻기 위해 어떤 목구멍 직경을 제공해야 하는가?

12.49 공기가 덕트를 통해 단열적으로 흐른다. 입구에서 정온도와 정압은 각각 310 K, 200 kPa이다. 출구에서 정온도 및 정체온도는 각각 294 K, 316 K이고, 정압은 125 kPa이다. (a) 입구와 출구에서 유동 Mach 수, (b) 면적비 A_2/A_1을 구하라.

12.50 공기가 축소노즐을 통하여 등엔트로피적으로 압력이 250 kPa (abs)인 저장용기 안으로 유동한다. Mach 수 0.5인 노즐의 한 곳에서 압력이 350 kPa (abs)이고, 속도가 150 m/s라고 하고 노즐 목에서의 압력, 속도 그리고 Mach 수를 구하라.

12.51 98.5 kPa 및 20°C의 공기는 50 mm 목 직경 및 75 mm 출구 직경의 축소-확대 노즐을 통해 진공 탱크로 흡입된다. 이 조건에서 이

노즐을 통해 흡입할 수 있는 최대 질량유량을 계산하라.

12.52 축소-확대 노즐의 출구단면은 초음속 풍동의 테스트 섹션에 사용되어야 한다. 테스트 섹션의 절대 압력이 140 kPa가 될 경우, 테스트 섹션에서 Mach 수 5를 생성하기 위해 저수지에 필요한 압력은 얼마인가? 테스트 섹션의 공기 온도가 −20°C인 경우, 저장소에 필요한 온도는 얼마인가? 이러한 조건을 충족시키기 위해서는 테스트 섹션 면적에 대한 목 면적의 비가 얼마나 필요한가?

12.53 축소노즐을 통하여 등엔트로피적으로 흐르는 공기가 대기로 배출된다. 절대압력 250 kPa인 단면에서 온도가 20°C이고 속도는 200 m/s이다. 노즐 목 압력을 구하라.

12.54 공기가 큰 탱크[p = 650 kPa (abs), T = 550°C]로부터 목 면적 600 mm^{2}인 축소노즐을 통하여 흐르고 대기로 배출된다. 노즐을 통한 등엔트로피 유동에 대하여 유동의 질량유량을 구하라.

12.55 축소노즐이 15°C에서 압축된 공기를 저장하고 있는 큰 탱크에 연결되어 있다. 노즐 출구면적은 0.001 m^{2}이다. 배기는 대기로 배출된다. 노즐 출구를 떠나는 유동 형상의 만족스러운 역광선사진을 얻기 위해서는 출구면에서 압력이 325 kPa (gage) 이상 되어야 한다. 탱크 속의 압력은 얼마여야 하는가? 장치가 연속적으로 작동되려면 얼마만큼의 공기 질량유량이 공급되어야 하는가? *Ts* 선도상에 정적 상태점과 정체 상태점을 표시하라.

12.56 온도 0°C인 공기가 우주왕복선에 있는 큰 탱크에 저장되어 있다. 출구면적 1 × 10^{-3} m^{2}인 축소노즐이 탱크에 연결되어 있고, 거기를 통해 공기가 2 kg/s의 비율로 우주로 빠져나간다. 탱크 속의 압력과 출구에서 압력, 온도 그리고 속도는 얼마인가?

12.57 큰 탱크가 −10 kPa (gage)까지 초기에 비워진다(주위 조건은 20°C에서 101 kPa이다). t = 0에서 탱크 벽면에 있는 직경 5 mm의 오리피스가 개방되었다. 축류(vena contracta) 면적은 기하학적 면적의 65%이다. 초기에 탱크로 들어가는 공기의 질량유량을 계산하라. 그 과정을 *Ts* 선도상에 보여라. 시간 함수로서 질량유량을 개략적으로 도시하라. 선도가 비선형적인 이유를 설명하라.

12.58 공기가 절대압력이 171 kPa이고 온도가 27°C인 큰 탱크에 부착된 축소노즐을 통하여 등엔트로피적으로 유동한다. 입구단면에서 Mach 수는 0.2이다. 노즐은 대기로 배출하고, 배출면적은 0.015 m^{2}이다. 노즐을 제자리에 붙잡아두기 위해 힘의 크기와 방향을 구하라.

12.59 공기가 2 MPa (abs), 313 K에서 축소-확대 노즐로 유입한다. 노즐 출구에서 압력은 200 kPa (abs)이다. 노즐을 통해 마찰이 없는 등엔트로피 유동으로 가정하라. 목 면적은 20 cm^{2}이다. 노즐 출구에서 면적은 얼마인가? 공기의 질량유량은 얼마인가?

12.60 여압실을 갖는 제트 수송기가 11 km 고도에서 순항한다. 초기에 객실의 온도는 25°C이고, 압력은 2.5 km 고도의 압력과 동등하다. 객실의 내부 체적은 25 m^{3}이다. 0.002 m^{2}의 유효 유동면적을 갖는 작은 구멍을 통하여 공기가 빠져나간다. 객실 압력이 40% 감소되는 데 필요한 시간을 계산하라. 시간의 함수로 객실 압력을 그림으로 그려라.

12.61 정체압력 7.20 MPa(abs) 정체온도 1,100 K에서 공기가 목 면적이 0.01 m^{2}인 축소-확대 노즐을 통하여 등엔트로피적으로 유동한다. Mach 수가 4.0인 하류 단면에서 속도와 질량유량을 구하라.

12.62 수소와 산소를 연료로 충전한 소형 로켓모터가 10 km 고도의 압력으로 가장된 추력시험대에서 시험된다. 로켓모터는 1,500 K와 8.0 MPa (gage)의 연소실 정체조건에서 작동된다. 연소 생성물은 수증기인데, 이상기체로 취급될 수 있다. 설계 Mach 수 3.5와 출구면적 700 mm^{2}를 갖는 축소-확대 노즐을 통하여 팽창이 일어난다. 노즐 출구면에서 압력을 평가하라. 배기가스의 질량유량을 계산하라. 로켓모터에 의해 추력시험대에 작용하는 힘을 구하라.

수직충격파

12.63 파괴폭발 시험이 평가되려고 한다. 센서는 폭발 순간에 발생된 충격파가 30 MPa (abs)이라고 지시한다. 폭발이 20°C와 101 kPa인 공기 중에서 발생한다고 하고 충격파의 속도와 충격파가 지나간 직후 공기의 온도와 속도를 구하라. 근사치로서 k = 1.4로 가정하라(왜 이것은 근사치인가?).

12.64 공기는 큰 저장소에 연결된 축소-확대 노즐을 통해 배출된다. 노즐의 한 지점에서 정상적인 충격파가 감지되어 절대압력이 69에서 207 kPa까지 올라간다. 노즐 목과 저수지에서의 압력을 계산하라.

12.65 공기 유동에는 정상적인 충격파가 있다. 충격파 바로 상류에서 절대 압력, 속도 및 온도는 각각 207 kPa, 610 m/s 및 −17.8°C이다. 충격파 바로 하류에서의 압력, 속도, 온도 및 음속을 계산하라.

12.66 공기가 V_1 = 900 m/s, p_1 = 50 kPa, T_1 = 220 K에서 수직 충격파로 접근한다. 충격파 뒤에서 속도와 압력은 얼마인가? 만약 유동이 동일한 Mach 수까지 등엔트로피적으로 감속되면 속도와 압력은 얼마가 될까?

12.67 공기가 수직충격파를 겪는다. 상류에서 T_1 = 35°C, p_1 = 229 kPa (abs), V_1 = 704 m/s이다. 충격파를 떠나는 공기흐름의 온도와 정체압력을 구하라.

12.68 공기 중 정상적인 충격파를 통해 절대압력이 275에서 410 kPa로 상승하고, 속도가 460에서 346 m/s로 감소하면, 충격파의 상류와 하류에서 예상되는 온도는 얼마인가?

12.69 공기유동의 정체점 온도는 정상 충격파의 상류와 하류에서 149°C이다. 충격파 하류의 절대 정체점 압력은 229.5 kPa이다. 충격파을 통해 절대압력은 103.4에서 138 kPa로 상승한다. 충격파에서 상류와 하류의 속도를 결정하라.

12.70 초음속 항공기가 12 km 고도에서 M = 2.2로 순항한다. 피토관이 공기속도를 측정하기 위한 압력을 감지하는 데 사용된다. 수직충격파가 피토관 앞에 서 있다. 충격파의 전면에서 국소 등엔트로피 정체조건을 계산하라. 피토관에 의해 감지되는 정체압력을 추정하라. *Ts* 선도상에 정적 상태점과 정체 상태점 그리고 그 과정 경로를 표시하라.

12.71 콩코드 초음속 수송기가 M = 2.2로 고도 20 km 상공을 비행했다. 공기는 엔진 흡입구 장치에 의하여 국소 Mach 수 1.3까지 등엔트로피적으로 감속된다. 공기는 수직충격파를 통과했고, 엔진 압축기 입구에서 M = 0.4까지 더욱 더 감속한다. 첫 번째 근사화로서 이 아음속 확산과정이 등엔트로피적이었다고 가정하고, 자유흐름 조건에 대해서 표준대기 자료를 사용하라. 엔진 압축기로 들어가는 공기에 대해 온도, 압력 그리고 정체압력을 구하라.

부록 **A**

유체성질의 자료

Fluid Property Data

A.1 비중

몇 가지 흔한 액체와 고체에 대한 비중 자료가 그림 A.1a와 A.1b, 그리고 표 A.1과 A.2에 제시된다. 액체에 대해서 비중은 온도의 함수이다. (물과 공기의 밀도 자료는 표 A.7에서 A.10까지 온도의 함수로 주어진다.) 대부분의 액체에 대해서 온도가 증가할 때 비중은 감소한다. 물은 독특한데 4°C (39°F)에서 최대밀도인 1,000 kg/m^3 (1.94 $slug/ft^3$)를 나타낸다. 물의 최대밀도는 비중을 계산할 때 하나의 기준값으로 사용된다. 따라서

$$SG \equiv \frac{\rho}{\rho_{H_2O}\,(\text{at } 4°\text{C})}$$

결과적으로 물의 최대비중(SG)은 정확하게 1이다.

고체에 대한 비중은 온도에 대하여 비교적 민감하지 않다. 표 A.1에 주어진 값은 20°C에서 측정되었다.

해수의 비중은 온도와 염도 둘 다에 의존한다. 해수에 대한 대표적인 값은 표 A.2에 주어진 것과 같이 SG = 1.025이다.

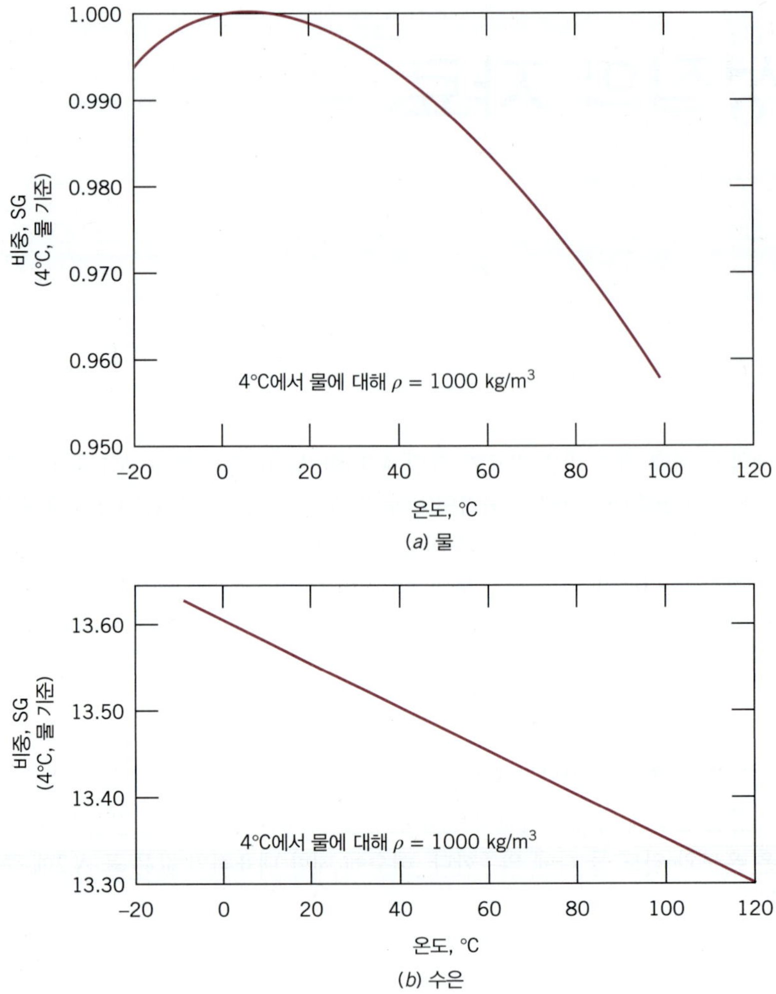

그림 A.1 온도의 함수인 물과 수은의 비중[1](수은의 비중은 온도에 따라 선형적으로 변한다. 변화식은 SG = 13.60 − 0.00240 *T*이며, *T*는 섭씨 온도이다.)

표 A.1
선택된 공업용 재료의 비중

(a) 20°C에서 상용 마노미터 액체	
액체	비중
E.V. Hill 청색유	0.797
Meriam 적색유	0.827
벤젠	0.879
프탈산 디부틸	1.04
단일클로로나프탈렌	1.20
사염화탄소	1.595
브로모에틸벤젠(Meriam 청색)	1.75
테트라브롬화에탄	2.95
수은	13.55

출처: 참고문헌 [1, 2, 3]의 자료

표 A.1

선택된 공업용 재료의 비중(계속)

(b) 상용 재료	
물질	비중 (—)
알루미늄	2.64
발사목	0.14
황동	8.55
주철	7.08
콘크리트(경화 상태)	2.4[a]
콘크리트(액체 상태)	2.5[a]
구리	8.91
얼음(0°C)	0.917
납	11.4
참나무	0.77
강철	7.83
스티로폼(1 pcf[b])	0.0160
스티로폼(3 pcf)	0.0481
우라늄(사용 후)	18.7
백송	0.43

출처: 참고문헌 [4]의 자료.
[a]혼합 정도에 따라
[b]pounds per cubic foot.

표 A.2

20°C 상용 액체의 물리적 성질

액체에서	등엔트로피 체적 탄성계수[a] (GN/m^2)	비중 (—)
벤젠	1.48	0.879
사염화탄소	1.36	1.595
피마자유	2.11	0.969
원유	—	0.82~0.92
에틸알콜	—	0.789
휘발유	—	0.72
글리세린	4.59	1.26
헵탄	0.886	0.684
석유	1.43	0.82
윤활유	1.44	0.88
메타놀	—	0.796
수은	28.5	13.55
옥탄	0.963	0.702
해수[b]	2.42	1.025
SAE 10W 오일	—	0.92
물	2.24	0.998

출처: 참고문헌 [1, 5, 6]의 자료.
[a]음속으로부터 계산: $1\ GN/m^2 = 10^9\ N/m^2$ ($1\ N/m^2 = 1.45 \times 10^{-4}\ lbf/in.^2$)
[b]20°C 해수의 절대 점성계수: $\mu = 1.08 \times 10^{-3}\ N \cdot s/m^2$ (따라서 해수의 동점성 계수는 민물의 동점성 계수보다 약 5% 정도 더 크다)

표 A.3
미국 표준대기의 성질

기하학적 고도(m)	온도(K)	p/p_{SL} (—)	ρ/ρ_{SL} (—)
−500	291.4	1.061	1.049
0	288.2	1.000[a]	1.000[b]
500	284.9	0.9421	0.9529
1,000	281.7	0.8870	0.9075
1,500	278.4	0.8345	0.8638
2,000	275.2	0.7846	0.8217
2,500	271.9	0.7372	0.7812
3,000	268.7	0.6920	0.7423
3,500	265.4	0.6492	0.7048
4,000	262.2	0.6085	0.6689
4,500	258.9	0.5700	0.6343
5,000	255.7	0.5334	0.6012
6,000	249.2	0.4660	0.5389
7,000	242.7	0.4057	0.4817
8,000	236.2	0.3519	0.4292
9,000	229.7	0.3040	0.3813
10,000	223.3	0.2615	0.3376
11,000	216.8	0.2240	0.2978
12,000	216.7	0.1915	0.2546
13,000	216.7	0.1636	0.2176
14,000	216.7	0.1399	0.1860
15,000	216.7	0.1195	0.1590
16,000	216.7	0.1022	0.1359
17,000	216.7	0.08734	0.1162
18,000	216.7	0.07466	0.09930
19,000	216.7	0.06383	0.08489
20,000	216.7	0.05457	0.07258
22,000	218.6	0.03995	0.05266
24,000	220.6	0.02933	0.03832
26,000	222.5	0.02160	0.02797
28,000	224.5	0.01595	0.02047
30,000	226.5	0.01181	0.01503
40,000	250.4	0.002834	0.003262
50,000	270.7	0.0007874	0.0008383
60,000	255.8	0.0002217	0.0002497
70,000	219.7	0.00005448	0.00007146
80,000	180.7	0.00001023	0.00001632
90,000	180.7	0.000001622	0.000002588

출처: 참고문헌 [7]의 자료.

[a] $p_{SL} = 1.01325 \times 10^5\ \text{N/m}^2$ (abs)(= 14.696 psia)

[b] $\rho_{SL} = 1.2250\ \text{kg/m}^3$ (= 0.002377 slug/ft^3)

A.2 표면장력

대부분의 유기 화합물에 대한 표면장력(계수) σ는 실내온도에서 현저히 비슷하다. 대표적인 범위는 25~40 mN/m이다. 20°C에서 물은 약 73 mN/m로 더 크다. 액체 금속은 300~600 mN/m 범위의 값을 갖는데, 수은은 20°C에서 약 480 mN/m의 값을 갖는다. 온도와 함께 감소하는데, 그 감소는 절대온도에 거의 선형적이다. 임계온도에서 표면장력은 0이다.

σ의 값은 일반적으로 조사되고 있는 액체의 순수 증기 또는 공기와 접촉된 표면에 대해서 보고된다. 낮은 압력에서 두 값들은 대략 같다.

표 A.4

20°C에서 보통 액체의 표면장력

액체	표면장력(계수), σ (mN/m)[a]	접촉각, θ(각도)
(a) 공기와 접촉		공기 / 액체 / θ
벤젠	28.9	
사염화탄소	27.0	
에틸알콜	22.3	
글리세린	63.0	
헥산	18.4	
석유	26.8	
윤활유	25~35	
수은	484	140
메타놀	22.6	
옥탄	21.8	
물	72.8	~0
(b) 물과 접촉		물 / 액체 / θ
벤젠	35.0	
사염화탄소	45.0	
헥산	51.1	
수은	375	140
메타놀	22.7	
옥탄	50.8	

출처: 참고문헌 [1, 5, 8, 9]의 자료.

[a] $1\ \text{mN/m} = 10^{-3}\ \text{N/m}$

A.3 점도의 물리적 본질

점도는 유체 내부 마찰, 즉 변형에 대한 저항을 나타내는 척도이다. 기체 점도에 관한 기구는 상당히 잘 알려져 있지만, 액체에 대해서 이론은 발달 정도가 느리다. 이러한 기구를 간략하게 논의해 보면 점성유동의 물리적인 본질을 파악할 수 있다.

Newton 유체의 점도는 물질의 상태에 의해 고정된다. 따라서 $\mu = \mu(T, p)$이다. 온도는 더 중요한 변수이므로, 우선 고려해 보자. 온도의 함수로 표현된 점도에 관한 훌륭한 경험식들이 이용 가능하다.

점도에 대한 온도의 영향

a. 기체

모든 기체 분자는 연속적으로 불규칙한 운동을 한다. 유동으로 인하여 체적 운동(bulk motion)이 있을 때는 체적 운동이 불규칙한 운동에 중첩된다. 그리고 나서 체적 운동은 분자들의 충돌에 의해 유체 전체에 분배된다. 운동이론에 기초한 해석은 다음 관계를 예측한다.

$$\mu \propto \sqrt{T}$$

운동이론 예측은 실험적 경향과 잘 일치하지만, 비례상수와 1개 또는 그 이상의 보정인자들이 결정돼야 한다. 이것이 이 간단한 방정식의 실용성을 제한한다.

만일 2개 또는 그 이상의 실험 데이터들이 이용 가능하다면, 그 데이터들은 다음의 경험적인 Sutherland 상관관계식[7]의 상수를 이용하여 상관될지 모른다.

$$\mu = \frac{bT^{1/2}}{1 + S/T} \tag{A.1}$$

상수 b와 S는 다음과 같이 표현하면 가장 쉽게 결정될 수 있다.

$$\mu = \frac{bT^{3/2}}{S + T}$$

또는

$$\frac{T^{3/2}}{\mu} = \left(\frac{1}{b}\right)T + \frac{S}{b}$$

(이 식을 $y = mx + c$와 비교하라.) $T^{3/2}/\mu$ (y축) 대 T (x축)의 그림으로부터 기울기 $1/b$와 절편 S/b를 얻는다. 공기에 대해

$$b = 1.458 \times 10^{-6} \frac{\text{kg}}{\text{m} \cdot \text{s} \cdot \text{K}^{1/2}}$$

$$S = 110.4\ \text{K}$$

참고문헌 [7]에서 표준대기에 대해 점도를 계산하기 위해 이들 상수들이 식 (A.1)과 함께 사용되었고, 다양한 온도에서 공기의 점도는 표 A.10에 SI 단위로 나타나 있으며, U.S. 단위로 변환한 값들은 표 A.9에 나타내었다.

b. 액체

액체의 점도는 아직 이론적으로 잘 산정될 수 없다. 분자들의 충돌에 의한 운동량 전달 현상은 빽빽히 밀집된 액체 분자들 사이에 상호작용하는 힘의 장(force field)에 의해 액체에서는 빛을 보지 못한다.

액체의 점도는 온도에 의해 대폭적으로 영향을 받는다. 절대온도에 의존성은 다음 경험식으로 나타낼 수 있다.

$$\mu = Ae^{B/(T-C)} \tag{A.2}$$

또는 다음과 같은 등가 형태로 나타낼 수 있다.

$$\mu = A10^{B/(T-C)} \tag{A.3}$$

여기서 T는 절대온도이다.

식 (A.3)은 상수 A, B 그리고 C를 맞추기 위해서 적어도 3개의 점(실험 데이터)을 필요로 한다. 이론으로는 단지 세 온도에서 점도의 측정으로부터 상수들을 결정하는 것이 가능하다. 더 많은 데이터를 사용하고, 데이터들에 대한 통계처리를 거쳐 상수를 얻는 것이 더 좋은 실천이다.

하지만 곡선접합 식이 개발되면 이용 가능한 자료와 곡선접합으로 얻은 직선 또는 곡선과 항상 비교하라. 최선의 방법은 데이터와 비교하여 곡선접합 그림을 비판적으로 검토하는 것이다. 일반적으로 이용 가능한 실험 데이터의 품질과 경험식의 품질이 아주 우수한 것으로 알려질 때만 곡선접합 식의 결과가 만족스러울 것이다.

물의 동역학적 점도에 대한 자료는 상수 $A = 2.414 \times 10^{-5}\ \mathrm{N \cdot s/m^2}$, $B = 247.8$ K, 그리고 $C = 140$ K을 사용하면 잘 맞춰진다. 참고문헌 [10]에 의하면 식 (A.3)에 이 상숫값들을 이용하면 0°C에서 370°C까지 온도 범위에 걸쳐 물의 점도를 ±2.5% 이내로 예측한다. 식 (A.3)과 *Excel*을 사용하여 다양한 온도에서 물의 점도를 SI 단위로 계산한 결과를 표 A.8에 나타냈으며, U.S. 단위로 변환한 결과는 표 A.7에 나타내었다.

액체의 점도는 온도에 따라 감소하고, 반면에 기체의 점도는 온도에 따라 증가한다는 것에 유의하라.

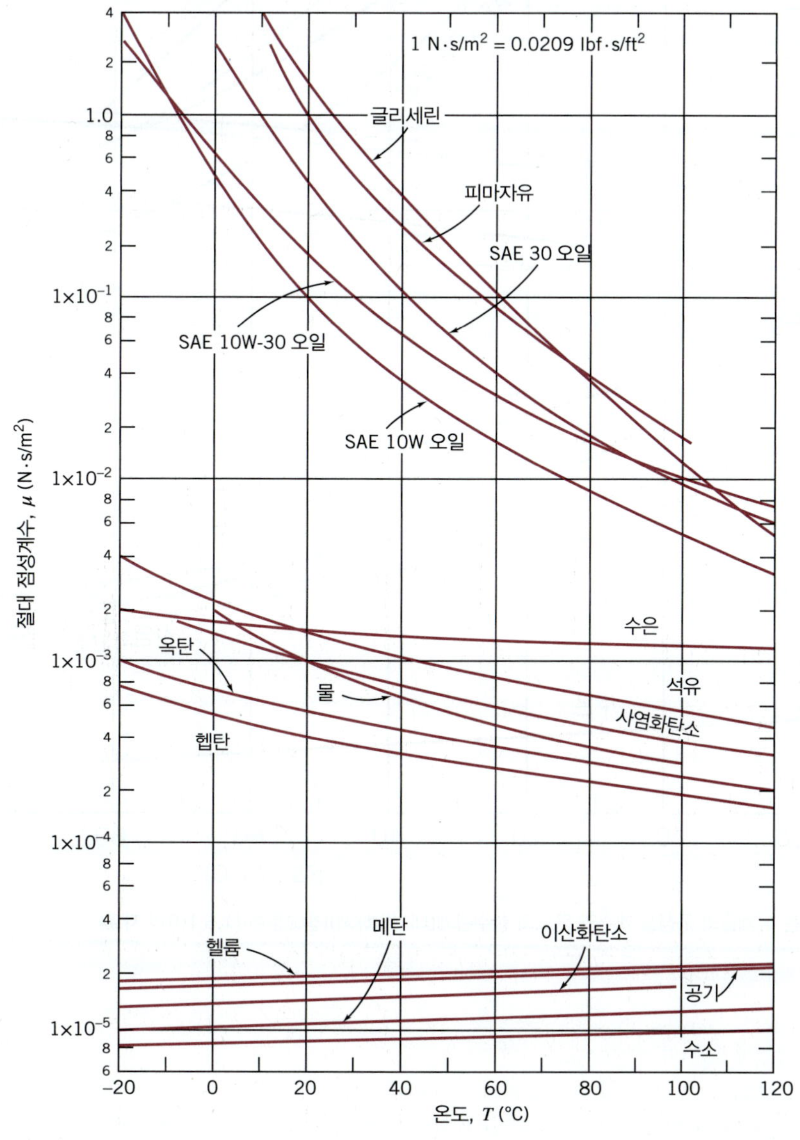

그림 A.2 상용되는 유체들의 동역학적 점성계수(절대점도)와 온도의 함수관계(참고문헌 [1, 6, 10]의 자료).

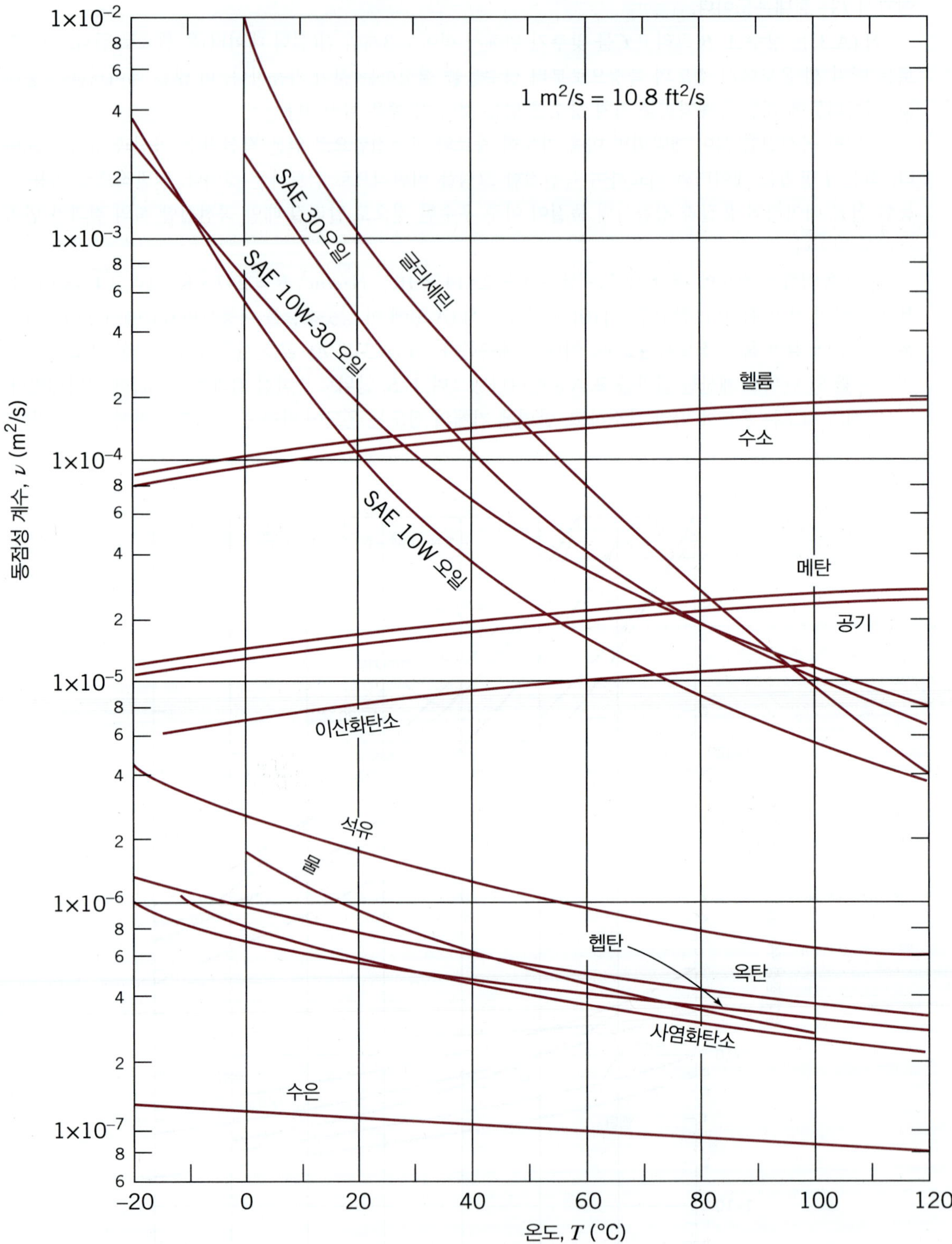

그림 A.3 상용되는 유체들의 동점성 계수와 온도의 함수관계(대기압에서)(참고문헌 [1,6,10]의 자료).

점도에 대한 압력의 영향

a. 기체

기체의 점도는 대기압의 수백 분의 1 내지 대기압의 수 배 사이에서 본질적으로 압력에 무관하다. 그러나 높은 압력에서 점도는 압력(또는 밀도)에 따라 증가한다.

b. 액체

대부분 액체의 점도는 적당한 압력에 의해 영향을 받지 않지만, 대단히 높은 압력에서 크게 증가하는 것이 알려져 있다. 예를 들면, 10,000 atm에서 물의 점도는 1 atm일 때 값의 2배이다. 더 복잡한 화합물은 동일한 압력 범위에서 점도가 몇 차의 크기(orders of magnitude)로 증가하는 것을 보인다.

보다 많은 정보는 Reid and Sherwood [11]에서 찾아볼 수 있다.

표 A.5

윤활유에 대한 허용 점도 범위

엔진오일	SAE 점도 등급	온도(°C)에서 최대점도(cP)[a]	100°C에서 점도(cSt)[b]	
			최소	최대
	0W	3250 at −30	3.8	—
	5W	3500 at −25	3.8	—
	10W	3500 at −20	4.1	—
	15W	3500 at −15	5.6	—
	20W	4500 at −10	5.6	—
	25W	6000 at −5	9.3	—
	20	—	5.6	<9.3
	30	—	9.3	<12.5
	40	—	12.5	<16.3
	50	—	16.3	<21.9
축 및 수동 변속기 윤활유	SAE 점도 등급	150,000 cP의 점도에 대한 최대온도(°C)	100°C에서 점도(cSt)	
			최소	최대
	70W	−55	4.1	—
	75W	−40	4.1	—
	80W	−26	7.0	—
	85W	−12	11.0	—
	90	—	13.5	<24.0
	140	—	24.0	<41.0
	250	—	41.0	—
자동 변속기 유체 (대표적)	최대점도(cP)	온도(°C)	100°C에서 점도(cSt)	
			최소	최대
	50000	−40	6.5	8.5
	4000	−23.3	6.5	8.5
	1700	−18	6.5	8.5

출처: 참고문헌 [12~14]의 자료.

[a] centipoise = 1 cP = 1 mPa·s = 10^{-3} Pa·s (= 2.09×10^{-5} lbf·s/ft^2)

[b] centistoke = 10^{-6} m^2/s(= 1.08×10^{-5} ft^2/s)

A.4 윤활유

엔진과 동력전달장치의 윤활유는 미국 자동차기술자학회(Society of Automotive Engineers; SAE)에 의해 설정된 표준에 따라 분류된다[12]. 여러 가지 등급에 대한 점도의 허용 범위는 표 A.5에 주어진다.

W가 붙은 점도 수(viscosity number)(예, 20W)는 0°F에서 점도를 기준으로 분류된 것이고, W가 붙지 않은 점도 수는 210°F에서 점도를 기준으로 분류된 것이다.

다등급(multigrade) 윤활유(예, 10W-40)는 온도에 따른 점도의 변화를 최소화하기 위해 제조된다. 다등급 윤활유를 혼합하는 과정에서 '고분자 점도지수(viscosity index) 개선제'가 사용된다. 그런 첨가제들은 심한 non-Newtonian 유체이며 전단작용에 의해 야기되는 영구적인 점도 손실을 겪을지도 모른다.

석유류 제품들의 점도를 온도의 함수로 추정하기 위해 특별한 차트들이 이용 가능하다. 이들 차트들이 그림 A.2와 A.3에 그려진 대표적인 윤활유에 대한 자료를 전개하는 데 사용되었다. 상세한 것은 참고문헌 [15]를 참조하기 바란다.

A.5 상용되는 기체, 공기, 물의 성질

표 A.6

STP[a]에서 상용되는 기체들의 열역학적 성질

기체	화학 기호	분자 질량 (M_m)	$R^b \left(\frac{J}{kg \cdot K}\right)$	$c_p \left(\frac{J}{kg \cdot K}\right)$	$c_v \left(\frac{J}{kg \cdot K}\right)$	$k = \frac{c_p}{c_v}$ (−)	$R^b \left(\frac{ft \cdot lbf}{lbm °R}\right)$	$c_p \left(\frac{Btu}{lbm °R}\right)$	$c_v \left(\frac{Btu}{lbm °R}\right)$
공기	—	28.98	286.9	1004	717.4	1.40	53.33	0.2399	0.1713
이산화탄소	CO_2	44.01	188.9	840.4	651.4	1.29	35.11	0.2007	0.1556
일산화탄소	CO	28.01	296.8	1039	742.1	1.40	55.17	0.2481	0.1772
헬륨	He	4.003	2077	5225	3147	1.66	386.1	1.248	0.7517
수소	H_2	2.016	4124	14,180	10,060	1.41	766.5	3.388	2.402
메탄	CH_4	16.04	518.3	2190	1672	1.31	96.32	0.5231	0.3993
질소	N_2	28.01	296.8	1039	742.0	1.40	55.16	0.2481	0.1772
산소	O_2	32.00	259.8	909.4	649.6	1.40	48.29	0.2172	0.1551
증기[c]	H_2O	18.02	461.4	~2000	~1540	~1.30	85.78	~0.478	~0.368

출처: 참고문헌 [7,16,17]의 자료.

[a]STP = 표준온도 및 압력, $T = 15°C = 59°F$ and $p = 101.325$ kPa (abs) = 14.696 psia

[b]$R \equiv R_u/M_m$; $R_u = 8314.3 J/(kgmol \cdot K) = 1545.3\ ft \cdot lbf/(lbmol \cdot °R)$; 1 Btu = 778.2 ft·lbf

[c]수증기는 55°C (100°F) 또는 그 이상으로 과열되면 이상기체의 거동을 한다.

표 A.7

물의 성질(U.S. Customary 단위)

온도, T (℃)	밀도, ρ ($slug/ft^3$)	절대 점성계수, μ ($lbf \cdot s/ft^2$)	동점성 계수, ν (ft^2/s)	표면 장력, σ (lbf/ft)	증기 압력, p_v (psia)	체적 탄성계수, E_v (psi)
32	1.94	3.68E-05	1.90E-05	0.00519	0.0886	2.92E + 05
40	1.94	3.20E-05	1.65E-05	0.00514	0.122	
50	1.94	2.73E-05	1.41E-05	0.00509	0.178	
59	1.94	2.38E-05	1.23E-05	0.00504	0.247	
60	1.94	2.35E-05	1.21E-05	0.00503	0.256	
68	1.94	2.10E-05	1.08E-05	0.00499	0.339	
70	1.93	2.05E-05	1.06E-05	0.00498	0.363	3.20E + 05
80	1.93	1.80E-05	9.32E-06	0.00492	0.507	
90	1.93	1.59E-05	8.26E-06	0.00486	0.699	
100	1.93	1.43E-05	7.38E-06	0.00480	0.950	
110	1.92	1.28E-05	6.68E-06	0.00474	1.28	
120	1.92	1.16E-05	6.05E-06	0.00467	1.70	3.32E + 05
130	1.91	1.06E-05	5.54E-06	0.00461	2.23	
140	1.91	9.70E-06	5.08E-06	0.00454	2.89	
150	1.90	8.93E-06	4.70E-06	0.00448	3.72	
160	1.89	8.26E-06	4.37E-06	0.00441	4.75	
170	1.89	7.67E-06	4.06E-06	0.00434	6.00	
180	1.88	7.15E-06	3.80E-06	0.00427	7.52	
190	1.87	6.69E-06	3.58E-06	0.00420	9.34	
200	1.87	6.28E-06	3.36E-06	0.00413	11.5	3.08E + 05
212	1.86	5.84E-06	3.14E-06	0.00404	14.7	

표 A.8

물의 성질(SI 단위)

온도, T (℃)	밀도, ρ (kg/m^3)	절대 점성계수, μ ($N \cdot s/m^2$)	동점성 계수, ν (m^2/s)	표면 장력, σ (N/m)	증기 압력, p_v (kPa)	체적 탄성계수, E_v (GPa)
0	1000	1.76E-03	1.76E-06	0.0757	0.661	2.01
5	1000	1.51E-03	1.51E-06	0.0749	0.872	
10	1000	1.30E-03	1.30E-06	0.0742	1.23	
15	999	1.14E-03	1.14E-06	0.0735	1.71	
20	998	1.01E-03	1.01E-06	0.0727	2.34	2.21
25	997	8.93E-04	8.96E-07	0.0720	3.17	
30	996	8.00E-04	8.03E-07	0.0712	4.25	
35	994	7.21E-04	7.25E-07	0.0704	5.63	
40	992	6.53E-04	6.59E-07	0.0696	7.38	
45	990	5.95E-04	6.02E-07	0.0688	9.59	
50	988	5.46E-04	5.52E-07	0.0679	12.4	2.29
55	986	5.02E-04	5.09E-07	0.0671	15.8	
60	983	4.64E-04	4.72E-07	0.0662	19.9	
65	980	4.31E-04	4.40E-07	0.0654	25.0	
70	978	4.01E-04	4.10E-07	0.0645	31.2	
75	975	3.75E-04	3.85E-07	0.0636	38.6	
80	972	3.52E-04	3.62E-07	0.0627	47.4	
85	969	3.31E-04	3.41E-07	0.0618	57.8	
90	965	3.12E-04	3.23E-07	0.0608	70.1	2.12
95	962	2.95E-04	3.06E-07	0.0599	84.6	
100	958	2.79E-04	2.92E-07	0.0589	101	

표 A.9

대기압에서 공기의 성질(U.S. Customary 단위)

온도, T (°F)	밀도, ρ (slug/ft^3)	절대 점성계수, μ (lbf·s/ft^2)	동점성 계수, ν (ft^2/s)
40	0.00247	3.63E-07	1.47E-04
50	0.00242	3.69E-07	1.52E-04
59	0.00238	3.74E-07	1.57E-04
60	0.00237	3.74E-07	1.58E-04
68	0.00234	3.79E-07	1.62E-04
70	0.00233	3.80E-07	1.63E-04
80	0.00229	3.85E-07	1.68E-04
90	0.00225	3.91E-07	1.74E-04
100	0.00221	3.96E-07	1.79E-04
110	0.00217	4.02E-07	1.86E-04
120	0.00213	4.07E-07	1.91E-04
130	0.00209	4.12E-07	1.97E-04
140	0.00206	4.18E-07	2.03E-04
150	0.00202	4.23E-07	2.09E-04
160	0.00199	4.28E-07	2.15E-04
170	0.00196	4.33E-07	2.21E-04
180	0.00193	4.38E-07	2.27E-04
190	0.00190	4.43E-07	2.33E-04
200	0.00187	4.48E-07	2.40E-04

표 A.10

대기압에서 공기의 성질(SI 단위)

온도, T (°C)	밀도, ρ (kg/m^3)	절대 점성계수, μ (N·s/m^2)	동점성 계수, ν (m^2/s)
0	1.29	1.72E-05	1.33E-05
5	1.27	1.74E-05	1.37E-05
10	1.25	1.76E-05	1.41E-05
15	1.23	1.79E-05	1.45E-05
20	1.21	1.81E-05	1.50E-05
25	1.19	1.84E-05	1.54E-05
30	1.17	1.86E-05	1.59E-05
35	1.15	1.88E-05	1.64E-05
40	1.13	1.91E-05	1.69E-05
45	1.11	1.93E-05	1.74E-05
50	1.09	1.95E-05	1.79E-05
55	1.08	1.98E-05	1.83E-05
60	1.06	2.00E-05	1.89E-05
65	1.04	2.02E-05	1.94E-05
70	1.03	2.04E-05	1.98E-05
75	1.01	2.06E-05	2.04E-05
80	1.00	2.09E-05	2.09E-05
85	0.987	2.11E-05	2.14E-05
90	0.973	2.13E-05	2.19E-05
95	0.960	2.15E-05	2.24E-05
100	0.947	2.17E-05	2.29E-05

참고문헌

1. *Handbook of Chemistry and Physics*, 62nd ed. Cleveland, OH: Chemical Rubber Publishing Co., 1981–1982.

2. "Meriam Standard Indicating Fluids," Pamphlet No. 920GEN: 430-1, The Meriam Instrument Co., 10920 Madison Avenue, Cleveland, OH 44102.

3. E. Vernon Hill, Inc., P.O. Box 7053, Corte Madera, CA 94925.

4. Avallone, E. A., and T. Baumeister, III, eds., *Marks' Standard Handbook for Mechanical Engineers*, 11th ed. New York: McGraw-Hill, 2007.

5. *Handbook of Tables for Applied Engineering Science*. Cleveland, OH: Chemical Rubber Publishing Co., 1970.

6. Vargaftik, N. B., *Tables on the Thermophysical Properties of Liquids and Gases*, 2nd ed. Washington, DC: Hemisphere Publishing Corp., 1975.

7. *The U.S. Standard Atmosphere (1976)*. Washington, DC: U.S. Government Printing Office, 1976.

8. Trefethen, L., "Surface Tension in Fluid Mechanics", in *Illustrated Experiments in Fluid Mechanics*. Cambridge, MA: The M.I.T. Press, 1972.

9. Streeter, V. L., ed., *Handbook of Fluid Dynamics*. New York: McGraw-Hill, 1961.

10. Touloukian, Y. S., S. C. Saxena, and P. Hestermans, *Thermophysical Properties of Matter, the TPRC Data Series. Vol. 11— Viscosity*. New York: Plenum Publishing Corp., 1975.

11. Reid, R. C., and T. K. Sherwood, *The Properties of Gases and Liquids*, 2nd ed. New York: McGraw-Hill, 1966.

12. "Engine Oil Viscosity Classification—SAE Standard J300 Jun86," *SAE Handbook*, 1987 ed. Warrendale, PA: Society of Automotive Engineers, 1987.

13. "Axle and Manual Transmission Lubricant Viscosity Classification—SAE Standard J306 Mar85," *SAE Handbook*, 1987 ed. Warrendale, PA: Society of Automotive Engineers, 1987.

14. "Fluid for Passenger Car Type Automatic Transmissions—SAE Information Report J311 Apr86," *SAE Handbook*, 1987 ed. Warrendale, PA: Society of Automotive Engineers, 1987.

15. ASTM Standard D 341–77, "Viscosity-Temperature Charts for Liquid Petroleum Products," American Society for Testing and Materials, 1916 Race Street, Philadelphia, PA 19103.

16. NASA, *Compressed Gas Handbook* (Revised). Washing-ton, DC:National Aeronautics and SpaceAdministration, SP-3045, 1970.

17. ASME, *Thermodynamic and Transport Properties of Steam*. New York: American Society of Mechanical Engineers, 1967.

부록 B

유체역학에 관한 비디오

Videos for Fluid Mechanics

텍스트에서 참조된 다음 비디오들은 향상된 eBook에서 사용할 수 있다

Chapter 2
- Streamlines
- Streaklines
- Capillary Rise
- Boundary Layer Flow
- Streamlined Flow over an Airfoil
- Internal Laminar Flow in a Tube
- Streamlines around a Car
- Laminar and Turbulent Flow

Chapter 4
- Mass Conservation: Filling a Tank
- Momentum Effect: A Jet Impacting a Surface

Chapter 5
- An Example of Streamlines/Streaklines
- Particle Motion in a Channel
- Linear Deformation
- Flow Past a Cylinder

Chapter 6
- An Example of Irrotational Flow

Chapter 7
- Geometric, Not Dynamic, Similarity: Flow Past a Block 1
- Geometric, Not Dynamic, Similarity: Flow Past a Block 2

Chapter 8
- The Reynolds Transition Experiment
- Pipe Flow: Laminar
- Pipe Flow: Transitional
- The Glen Canyon Dam: A Turbulent Pipe Flow

Chapter 9
- Flow around an Airfoil
- Flow Separation on an Airfoil
- Effect of Viscosity on Boundary Layer Growth
- Examples of Boundary Layer Growth
- Flow Separation: Airfoil
- Flow about a Sports Car
- Plate Normal to the Flow
- An Object with a High Drag Coefficient
- Examples of Flow around a Sphere
- Vortex Trail behind a Cylinder
- Flow Past an Airfoil ($\alpha = 0°$)
- Flow Past an Airfoil ($\alpha = 10°$)
- Flow Past an Airfoil ($\alpha = 20°$)
- Wing Tip Vortices
- Leading Edge Slats

Chapter 10
- Flow in an Axial Flow Compressor (Animation)

Chapter 11
- A Laminar Hydraulic Jump

Chapter 12
- Shock Waves due to a Projectile
- Shock Waves over a Supersonic Airplane

이 비디오는 NCFMF (National Committee for Fluid Mechanics Films)에서 만들어졌으며, 웹사이트 (http://web.mit.edu/hml/ncfmf.html)에서 볼 수 있다. 또한 이 비디오 자료는 학부 수업에서 심화학습을 가능하게 하고, 중요한 유체현상 연구에 유용하다.

이들 비디오 자료는 다음 기관에 의해 제공된다.

Encyclopaedia Britannica Educational Corporation
331 North La Salle Street
Chicago, IL 60654

Aerodynamic Generation of Sound (44분, 대표: M. J. Lighthill, J. E. Ffowcs-Williams)
Cavitation (31분, 대표: P. Eisenberg)
Channel Flow of a Compressible Fluid (29분, 대표: D. E. Coles)
Deformation of Continuous Media (38분, 대표: J. L. Lumley)
Eulerian and Lagrangian Descriptions in Fluid Mechanics (27분, 대표: J. L. Lumley)
Flow Instabilities (27분, 대표: E. L. Mollo-Christensen)
Flow Visualization (31분, 대표: S. J. Kline)
The Fluid Dynamics of Drag (4부, 120분, 대표: A. H. Shapiro)
Fundamentals of Boundary Layers (24분, 대표: F. H. Abernathy)
Low-Reynolds-Number Flows (33분, 대표: Sir G. I. Taylor)
Magnetohydrodynamics (27분, 대표: J. A. Shercliff)
Pressure Field and Fluid Acceleration (30분, 대표: A. H. Shapiro)
Rarefied Gas Dynamics (33분, 대표: F. C. Hurlbut, F. S. Sherman)
Rheological Behavior of Fluids (22분, 대표: H. Markovitz)
Rotating Flows (29분, 대표: D. Fultz)
Secondary Flow (30분, 대표: E. S. Taylor)
Stratified Flow (26분, 대표: R. R. Long)
Surface Tension in Fluid Mechanics (29분, 대표: L. M. Trefethen)
Turbulence (29분, 대표: R. W. Stewart)
Vorticity (2부, 44분, 대표: A. H. Shapiro)
Waves in Fluids (33분, 대표: A. E. Bryson)

유체역학 비디오의 또 다른 소스는 Homsy의 'Multimedia Fluid Mechanics'라는 제목의 CD이다. 이것은 Cambridge University Press (32 Avenue of the Americas, New York, NY 10013-2473, ISBN 9780521721691)에서 구할 수 있다. 이 CD에는 유체유동의 다양한 현상들을 보여주는 매우 많은 비디오가 포함되어 있다.

부록 C

펌프와 팬에 대해 선택된 성능곡선

Selected Performance Curves for Pumps and Fans

C.1 서론

세계적으로 많은 회사들은 수많은 표준 형식과 크기로 유체기계를 제작한다. 각 제작회사들은 자기 회사 기계를 각종 장치에 응용할 수 있도록 하기 위하여 가능한 최대의 성능 자료를 제공한다. 이 부록에는 펌프와 팬 장치문제 해결용의 선택된 성능자료가 들어 있다. 펌프 2종과 팬 1종이 포함된다.

제작회사의 선택은 관습, 위치 혹은 가격 등에 근거할지도 모른다. 일단 제작사가 선택되면, 기계 선정은 세 단계 과정이다.

1. 각각의 기계 종류에 대한 압력상승(양정)과 유량의 범위들을 제공하는 제작사의 전 상품 카탈로그로부터 활용하는 데 적합한 기계 형식을 선정한다.
2. 일련의 기계들의 양정과 유량의 범위들을 한 장의 그래프에 겹쳐서 그려 놓은 마스터 선정 차트(master selector chart)로부터 적절한 기계 모델과 구동기 속도를 선택한다.
3. 후보로 선정된 기계가 용도에 대해 만족스러운지 선정된 특정 기계에 대한 상세한 성능곡선을 이용하여 확인한다.

최종 구매 결정을 내리기에 앞서 기계 제작회사 또는 자기 회사에 고용된 숙련된 시스템 엔지니어의 자문을 받는 것이 현명하다.

최근 많은 제작회사들은 각각의 주어진 활용에 가장 적합한 기계를 선정하기 위하여 전산화된 절차를 사용한다. 그러한 절차는 전통적인 선정방법을 단순히 자동화한 버전이다. 각각의 기계 종류와 관련된 한 제작사로부터 받은 자료를 사용하여 펌프와 팬에 대해 마스터 선정 차트와 상세한 성능 곡선들의 사용이 아래에 설명된다. 다른 제작회사의 문헌은 세부적인 면에서 다르지만, 기계 선정을 위한 필수적인 정보를 수록하고 있다.

C.2 펌프 선정

Peerless[1]의 수평 분할식 단단 펌프(AE 시리즈)에 대한 대표적인 자료가 그림 C.1에서 C.10까지 제시되고, 다단 펌프(TU와 TUT 시리즈)에 대해서는 그림 C.11과 C.12에 제시된다.

그림 C.1과 C.2는 각각 공칭 회전수 3500과 1750 rpm에서 AE 시리즈 펌프에 대한 마스터 선정차트이다. 이들 차트에서 모델번호(예, 6AE14)는 토출관 크기(6 in. 또는 약 150 mm 공칭 파이프), 펌프 시리즈(AE), 최대 임펠러 직경(약 14 in. 또는 350 mm)을 나타낸다.

그림 C.3에서 C.10까지는 AE 시리즈에서 개별 펌프 모델에 대한 상세한 성능선도들이다.

그림 C.11과 C.12는 공칭 회전수 1750 rpm에서 TU와 TUT 시리즈에 있는 펌프에 대한 마스터 선정 차트이다. 2단 펌프에 대한 자료는 그림 C.11에 제공되는 반면에, 그림 C.12는 3, 4와 5단을 갖는 펌프에 자료를 포함한다.

[1] Peerless Pump Company, P. O. Box 7026, Indianapolis, IN 46207-7026.

각 펌프 성능선도는 총 양정 대 체적유량의 곡선을 포함하며, 동일한 펌프 케이싱 내에서 시험된 여러 치수의 임펠러 직경에 대한 곡선들이 단일 그래프에 제공된다. 또한 각 성능선도는 펌프의 효율과 구동동력을 나타내는 곡선도 들어있으며, 유량에 따른 *NPSH* 요구조건도 각 선도의 아랫부분에 곡선으로 그려 있다. 각 임펠러에 대한 최고 효율점(BEP)은 효율곡선을 이용하여 발견될 수 있다.

펌프의 마스터 선정차트와 상세한 성능곡선들의 사용법은 예제 C.1에 설명된다.

예제 C.1 펌프 선정 절차

총 양정 36 m에서 400 m^3/h의 물을 송출하는 펌프를 선정하라. 적합한 펌프 모델과 구동속도를 선택하라. 펌프 효율, 구동동력, 그리고 요구 *NPSH*를 명시하라.

주어진 자료: 총 양정 36 m에서 유량 400 m^3/h를 송수할 수 있는 펌프

찾는 자료: **(a)** 펌프 모델과 구동속도
(b) 펌프 효율
(c) 구동동력
(d) 요구 *NPSH*

풀이: C.1절에서 기술된 펌프 선정 절차를 사용하라. (아래 번호는 선정과정에서 주어진 각 단계에 해당한다.)

1. 활용에 적합한 기계의 형식을 선정하라. (이 단계는 실제로 제작회사의 전 품목 카탈로그를 필요로 하는데 여기서는 반복되지 않는다. Peerless 생산 라인 카탈로그는 AE 시리즈 펌프에 대해 570 m^3/h와 200 m의 최대 송출과 양정을 명시한다. 그러므로 요구된 성능을 얻을 수 있다. 즉 이 시리즈로부터 선정되는 것으로 가정하라.)
2. 펌프의 마스터 선정차트를 참고하라. 요구되는 작동점은 3,500 rpm의 선정차트(그림 C.1) 위 어떤 펌프 곡선 안에도 없다. 1,750 rpm 차트(그림 C.2)로부터 6AE14 펌프 모델을 선택하라. 6AE14 펌프의 성능곡선(그림 C.6)에서 325 mm 임펠러를 선정한다.
3. 상세한 성능선도를 이용하여 기계의 성능을 확인하라. 6AE14 펌프용 성능선도에서 $Q = 400\ m^3/h$에서 가로축으로부터 위로 연장하라. 세로축 위에서 $H = 36$ m으로부터 가로질러 연장하라. 그 교차점이 요구되는 작동점에서 펌프 성능이다.

$$\eta \approx 85.8\,\% \qquad \mathscr{P} \approx 48\ \text{kW}$$

그 작동점에서 요구 *NPSH* 곡선까지 아래 방향으로 연장하라. 그 교점을 읽으면 *NPSH* ≈ 5 m이다.

이 예제는 펌프의 선정과정을 마무리짓는다. 이 장치의 작동조건이 정확히 예측되었는지, 그리고 펌프가 올바로 선정되었는지는 경험이 많은 시스템 기술자에게 자문을 구해야 한다.

C.3 팬 선정

팬은 펌프 선정과 비슷하다. 그림 C.13은 Howden Buffalo[2]의 축류 팬 시리즈에 대한 대표적인 마스터 선정차트이다. 그 차트는 팬 전체 시리즈의 효율을 전압 상승과 유량의 함수로 나타낸다. 각각의 팬에 대한 숫자의 배열은 인치로 나타낸 팬 직경, 인치로 나타낸 허브 직경, 그리고 팬의 분당 회전수를 나타낸다. 예를 들면, 54-26-870 팬은 직경이 54인치 또는 1,350 mm, 허브 직경이 26인치 또는 650 mm이고, 870 rpm에서 회전되어야 한다.

보통 적용을 위한 팬의 적합성에 대한 평가가 특정한 모델에 대한 상세한 성능곡선을 사용해서 이루어져야 할 것이다. 대신에 그림 C.13으로부터 효율을 사용하는데, 그것은 그림에서 어두운 다른 영역들로 나

[2] Howden Buffalo Inc., 2029 W. DeKalb St., Camden, SC 29020.

타난다. 팬 모터에 요구되는 동력을 계산하기 위해서 다음 식을 사용한다.

$$\mathscr{P}(\text{kW}) = \frac{Q(\text{m}^3/\text{s}) \times \Delta p(\text{mm} \cdot \text{H}_2\text{O})}{\eta}$$

표본 팬 선정은 예제 C.2에 제시된다.

예제 C.2 선정 절차

총 압력 32 mm H_2O에서 표준공기 850 m^3/min을 송출하는 축류 팬을 선정하라. 적합한 팬 모델과 구동속도를 선택하라. 팬의 효율과 구동동력을 명시하라.

주어진 자료: 총 수두 32 mm H_2O에서 표준공기 850 m^3/min을 송출하기 위한 축류 팬

찾는 자료: **(a)** 팬의 크기와 구동속도
(b) 팬 효율
(c) 구동동력

풀이: C.1절에 서술된 팬 선정 절차를 이용하라. (아래 번호는 선정과정에서 주어진 각 단계에 해당한다.)

1. 활용에 적합한 기계의 형식을 선정하라. (이 단계는 실제로 제작회사의 전 품목 카탈로그를 필요로 하는데 여기서는 반복되지 않는다. 팬 선정은 그림 C.13에 제시된 축류 팬의 자료로부터 이루어지는 것으로 가정하라.)
2. 팬의 마스터 선정차트를 참조하라. 요구되는 작동점은 선정 차트(그림 C.13) 위의 48-21-860 팬에 대한 등값선 안에 있다. 요구되는 성능을 얻기 위해 860 rpm에서 팬을 구동하는 것이 필요하다.
3. 상세한 성능차트를 이용하여 팬의 성능을 확인하라. 효율을 결정하기 위해서 그림 C.13을 다시 한번 참조한다. 85%의 효율을 추정한다. 요구되는 모터 동력을 결정하기 위해 위에 제시된 식을 이용한다.

$$\mathscr{P} = \frac{Q\Delta p}{\eta} = 8.50\frac{\text{m}^3}{\text{min}} \times \frac{\text{min}}{60\text{ s}} \times 32\text{ mm H}_2\text{O}$$
$$\times 999\frac{\text{kg}}{\text{m}^3} \times 9.81\frac{\text{m}}{\text{s}^2} \times \frac{1}{0.85} \times \frac{\text{m}}{1000\text{ mm}} = 5.23\text{ kW}$$

'이 예제는'으로 수정 팬의 선정과정을 마무리 짓는다. 다시 한번 이 장치의 운전조건이 정확히 예측되었고 팬이 올바로 선정되었는지를 경험이 많은 시스템 기술자의 자문을 구한 후 확정해야 한다.

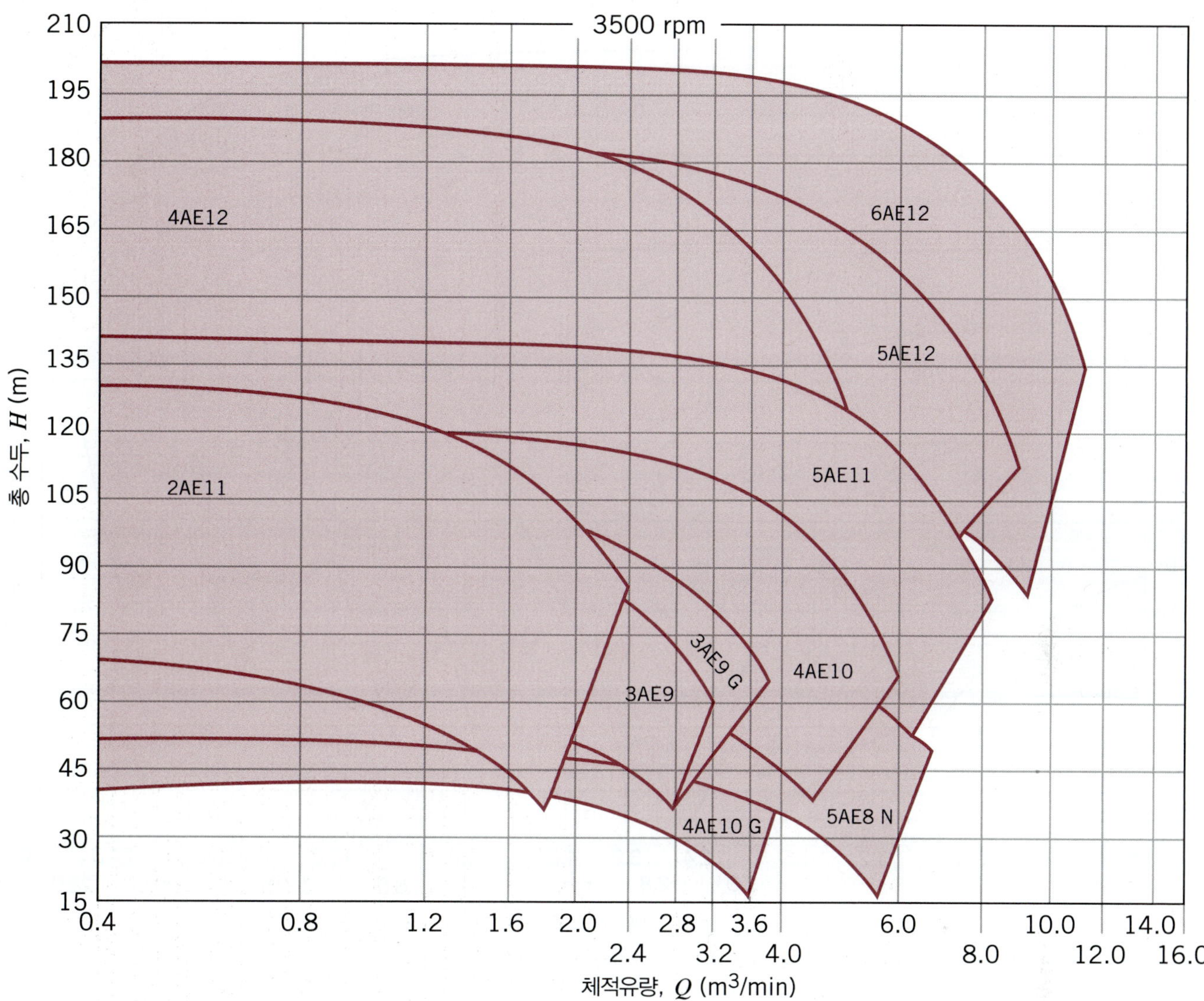

그림 C.1 Peerless 수평 분할식(AE 시리즈) 펌프 성능곡선, 공칭 회전수 3,500 rpm.

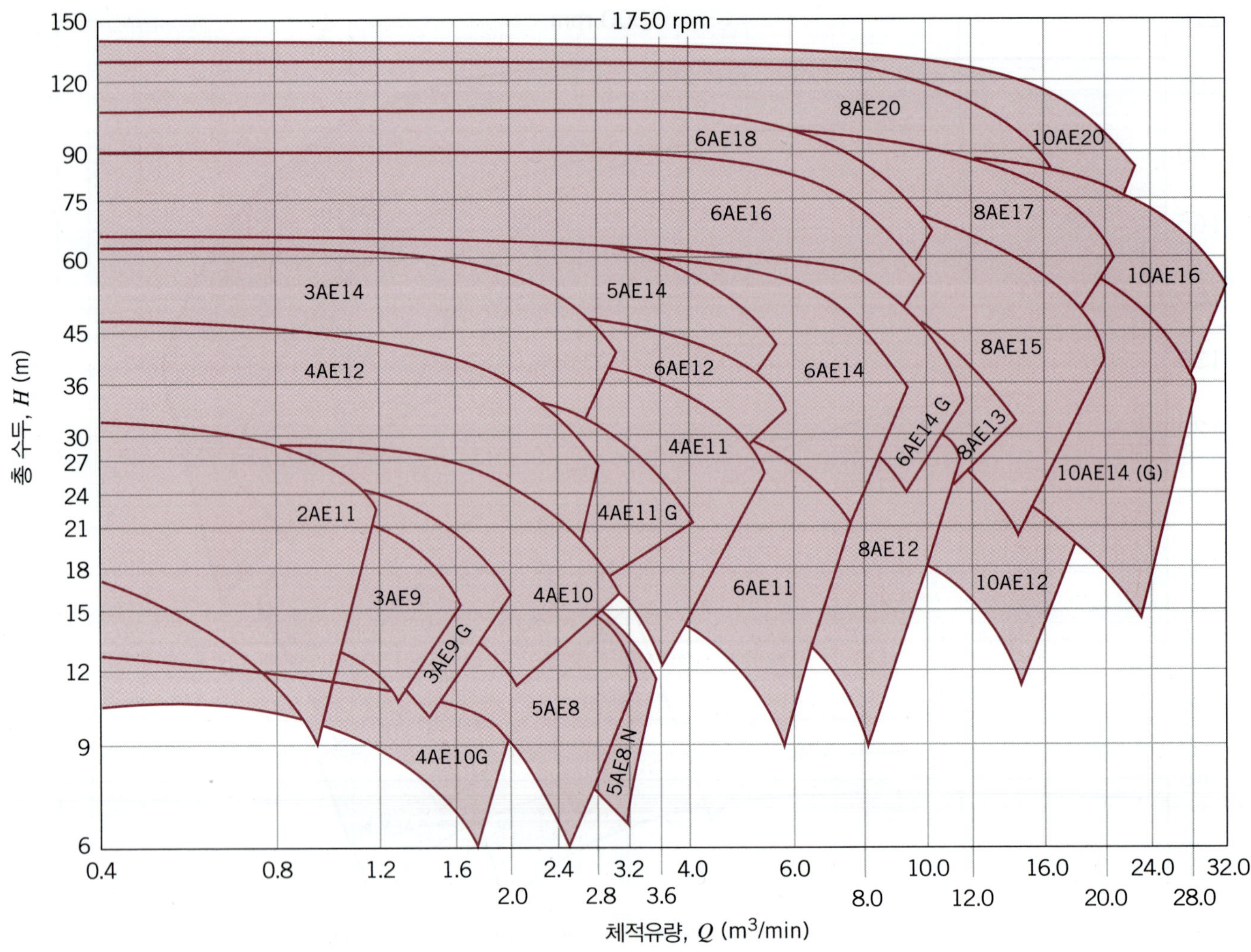

그림 C.2 Peerless 수평 분할식(AE 시리즈) 펌프 성능곡선, 공칭 회전수 1,750 rpm.

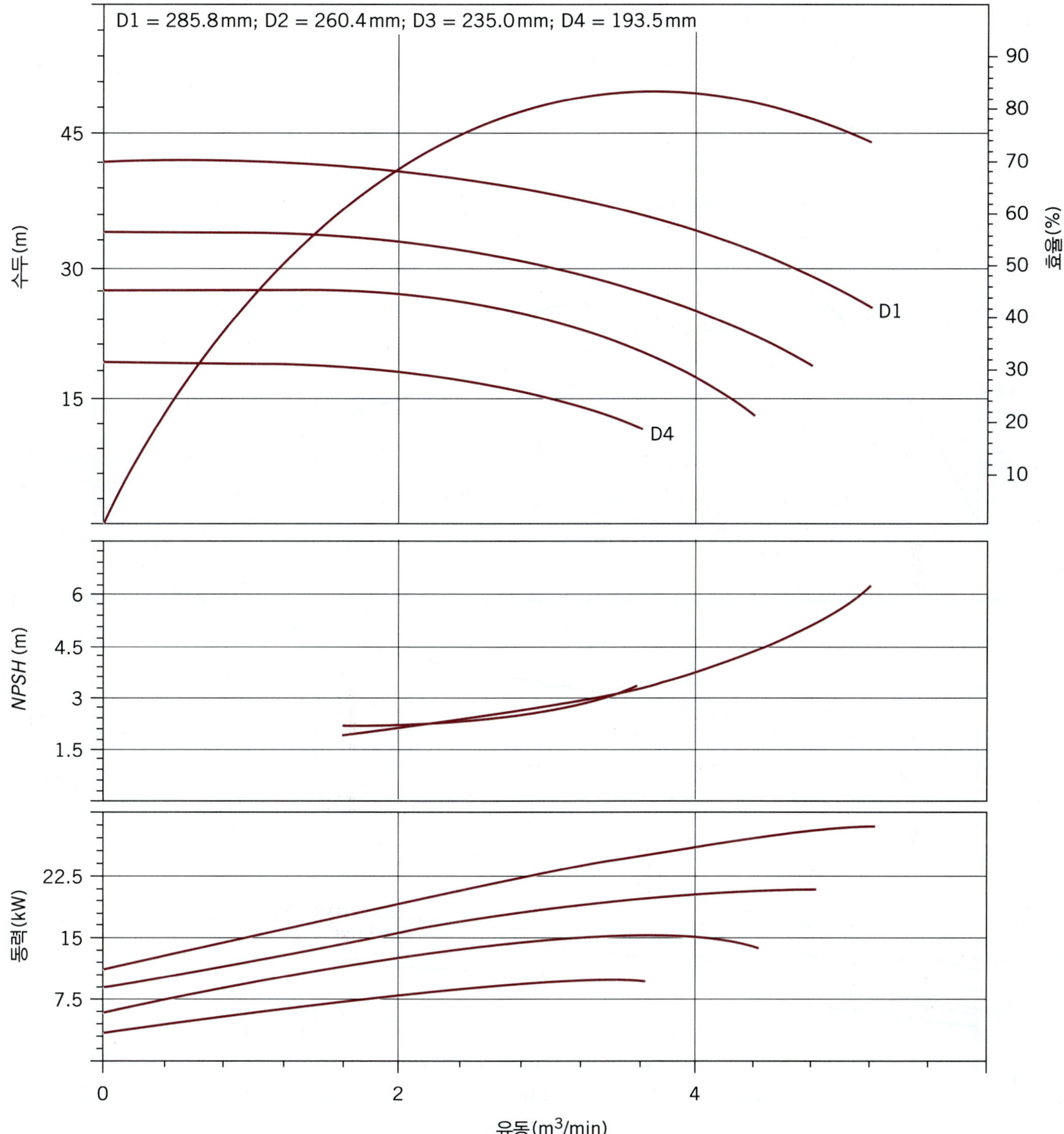

그림 C.3 Peerless 4AE11 펌프 성능곡선, 작동 회전수 1,750 rpm.

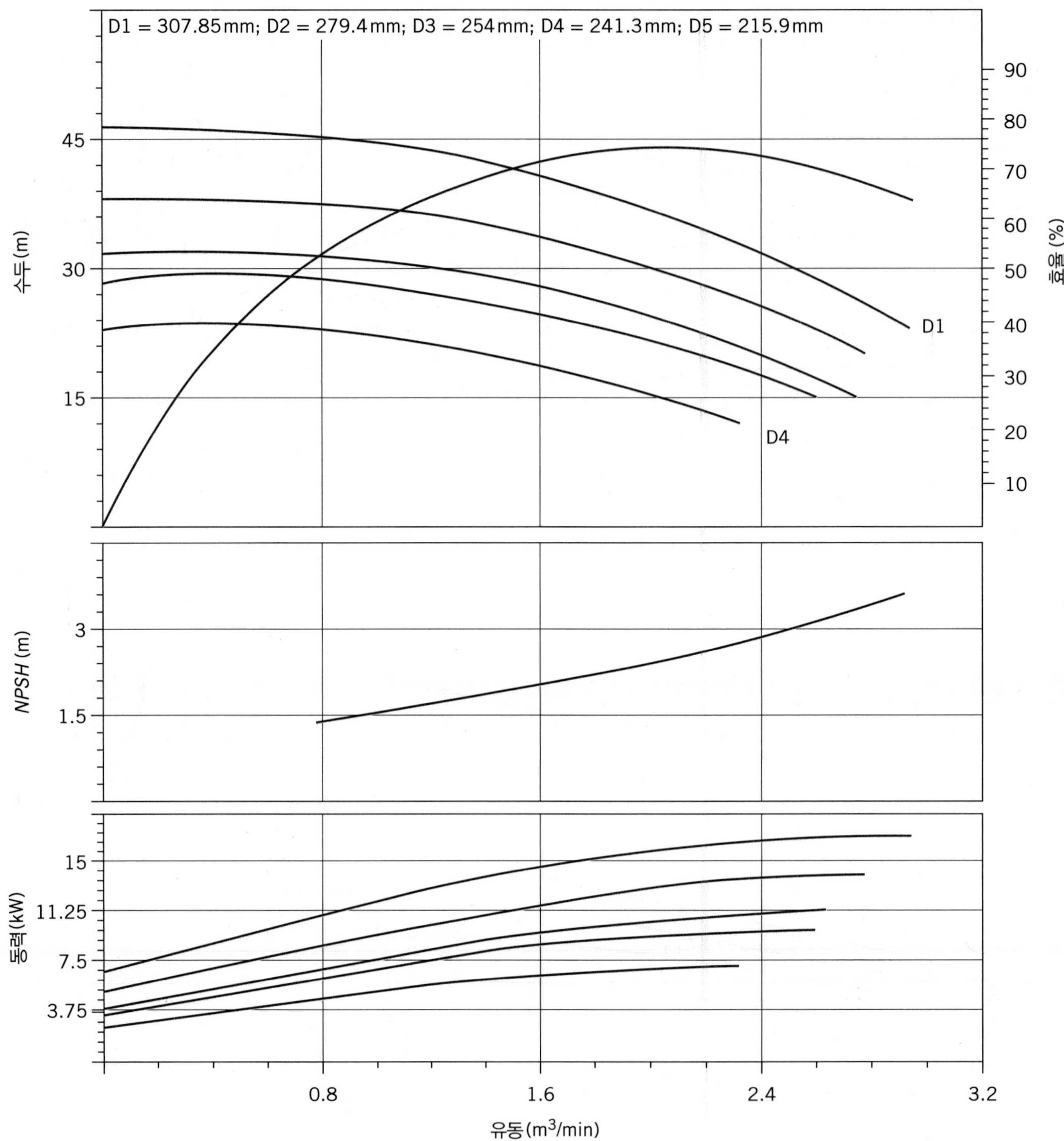

그림 C.4 Peerless 4AE12 펌프 성능곡선, 작동 회전수 1,750 rpm.

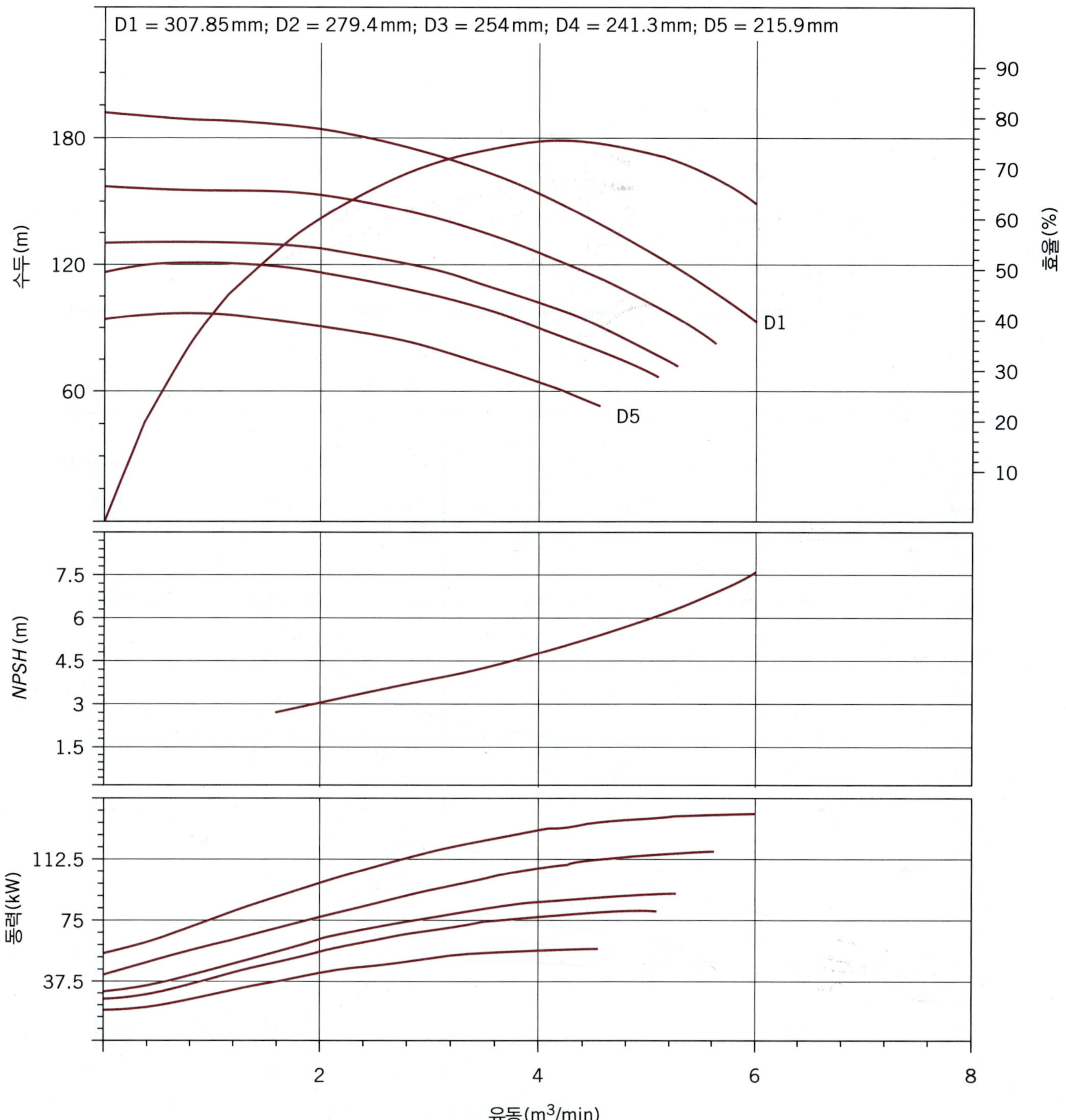

그림 C.5 Peerless 4AE12 펌프 성능곡선, 작동 회전수 3,550 rpm.

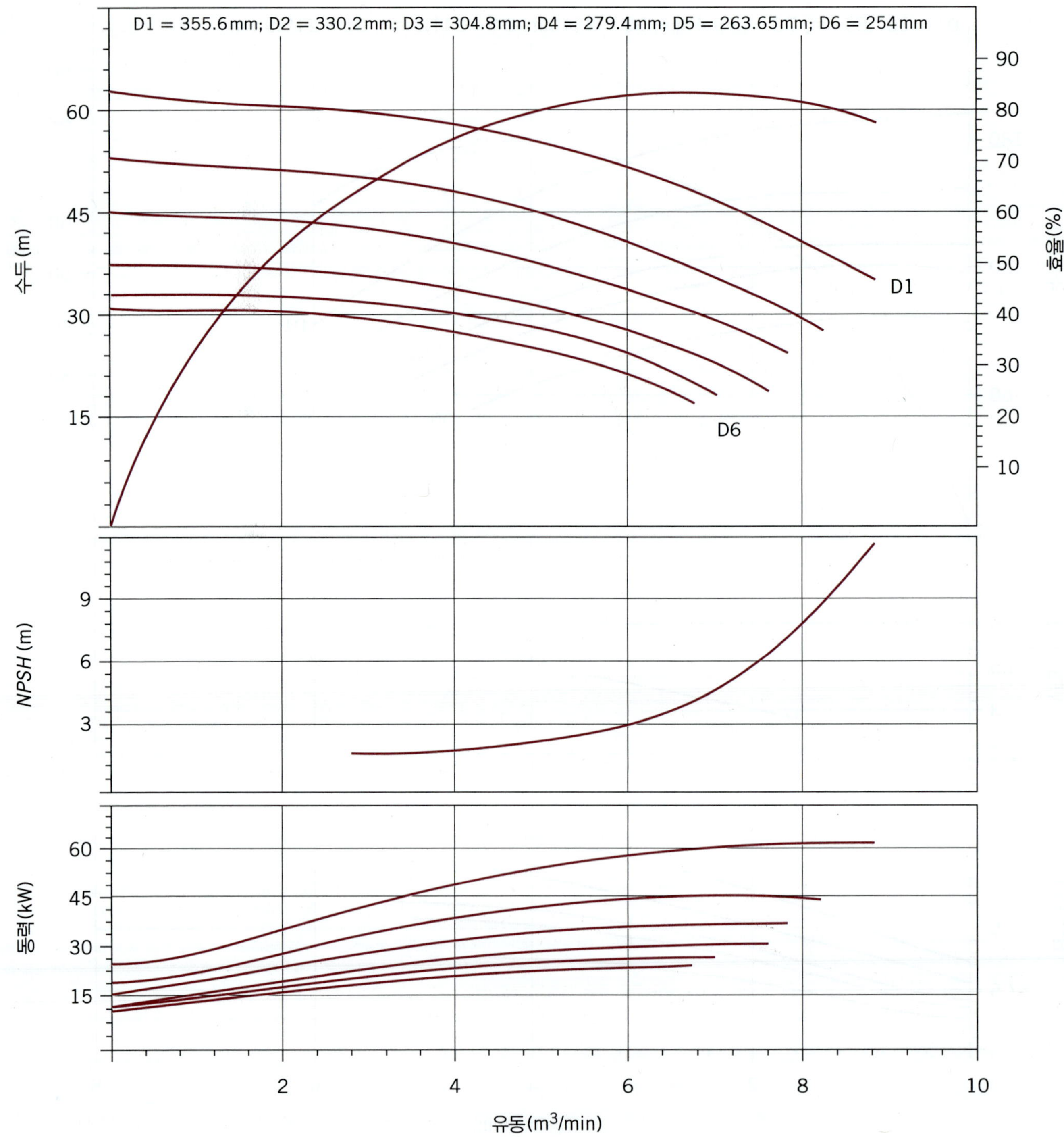

그림 C.6 Peerless 6AE14 펌프 성능곡선, 작동 회전수 1,750 rpm.

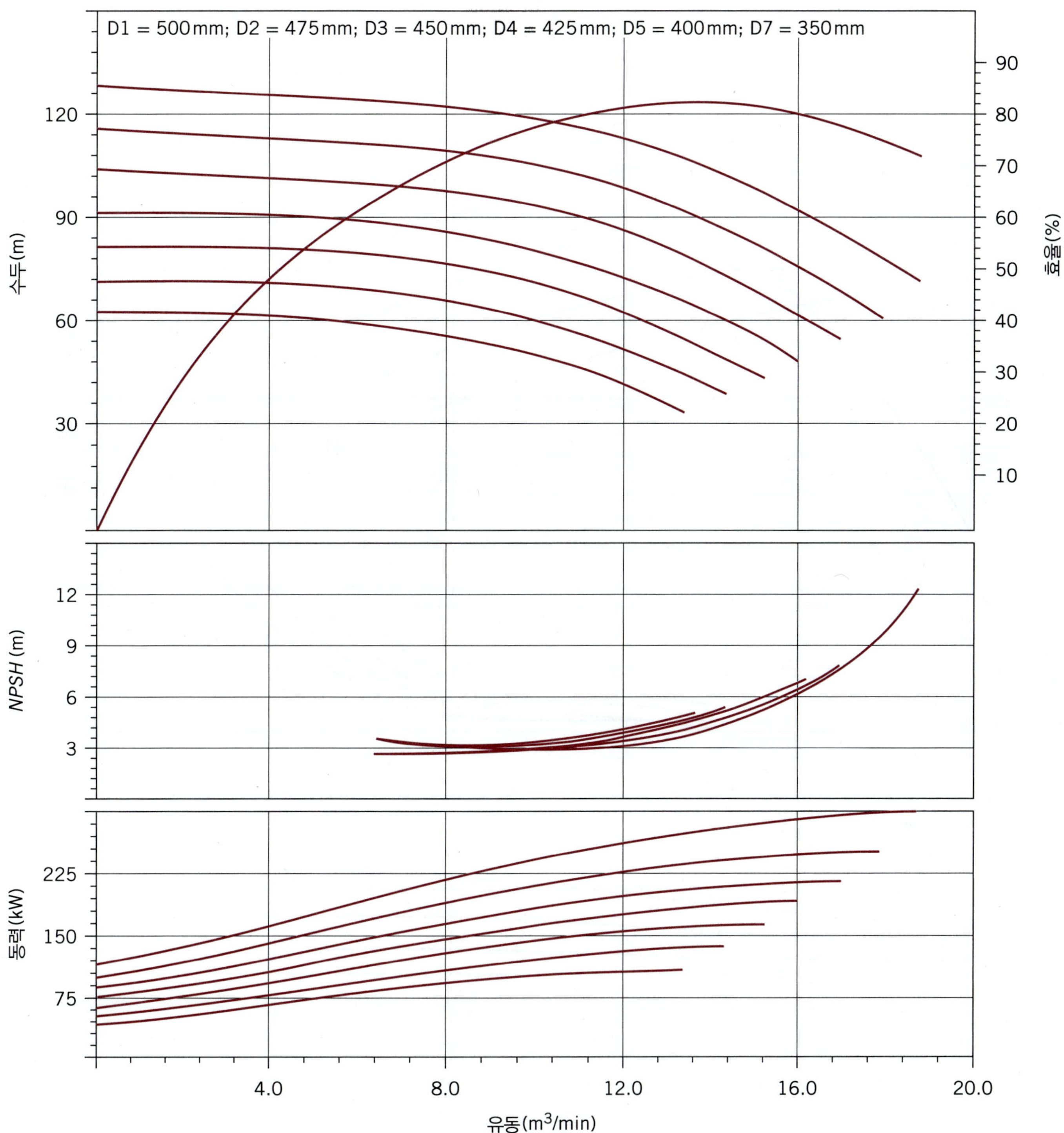

그림 C.7 Peerless 8AE20G 펌프 성능곡선, 작동 회전수 1,770 rpm.

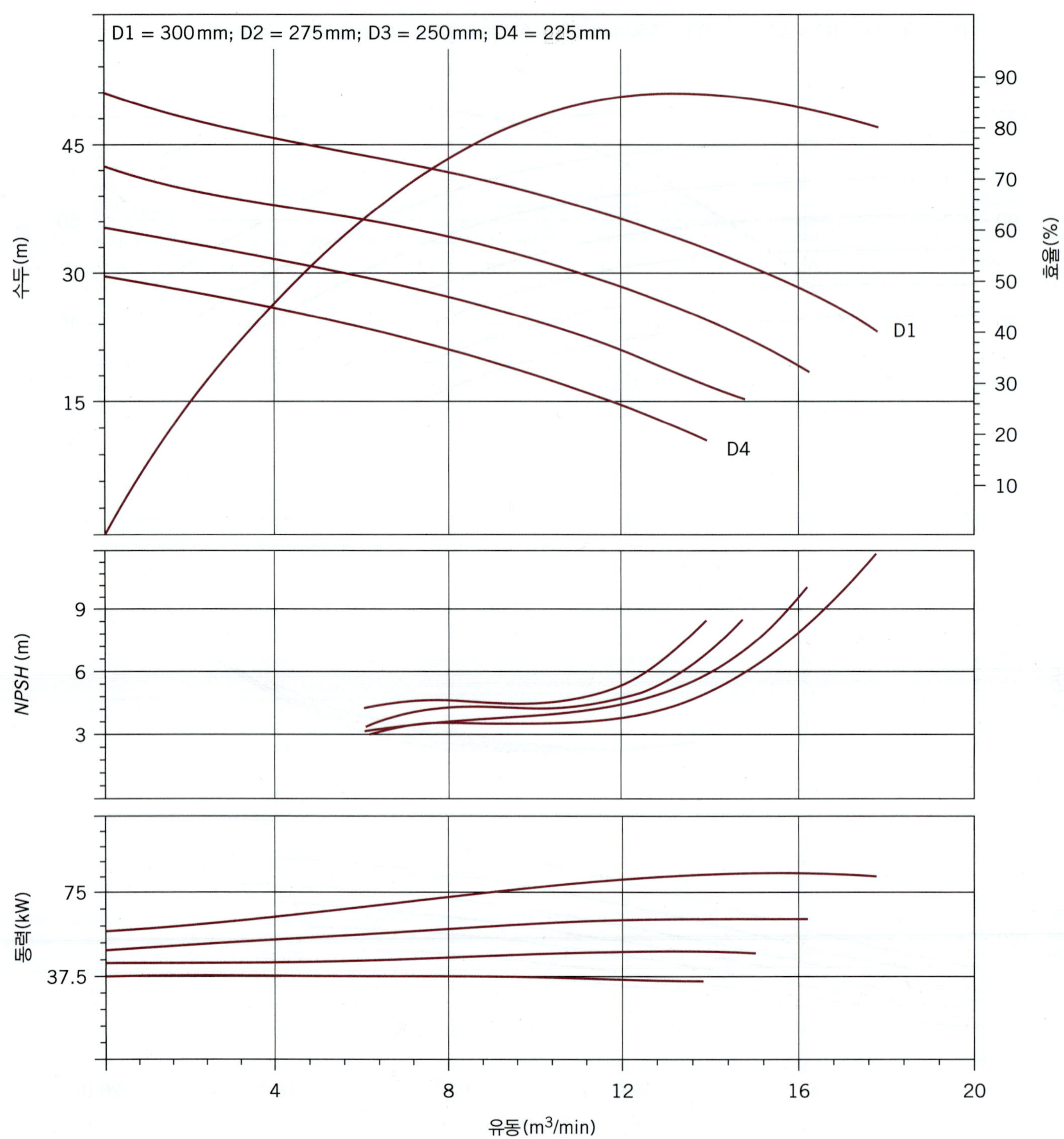

그림 C.8 Peerless 10AE12 펌프 성능곡선, 작동 회전수 1,760 rpm.

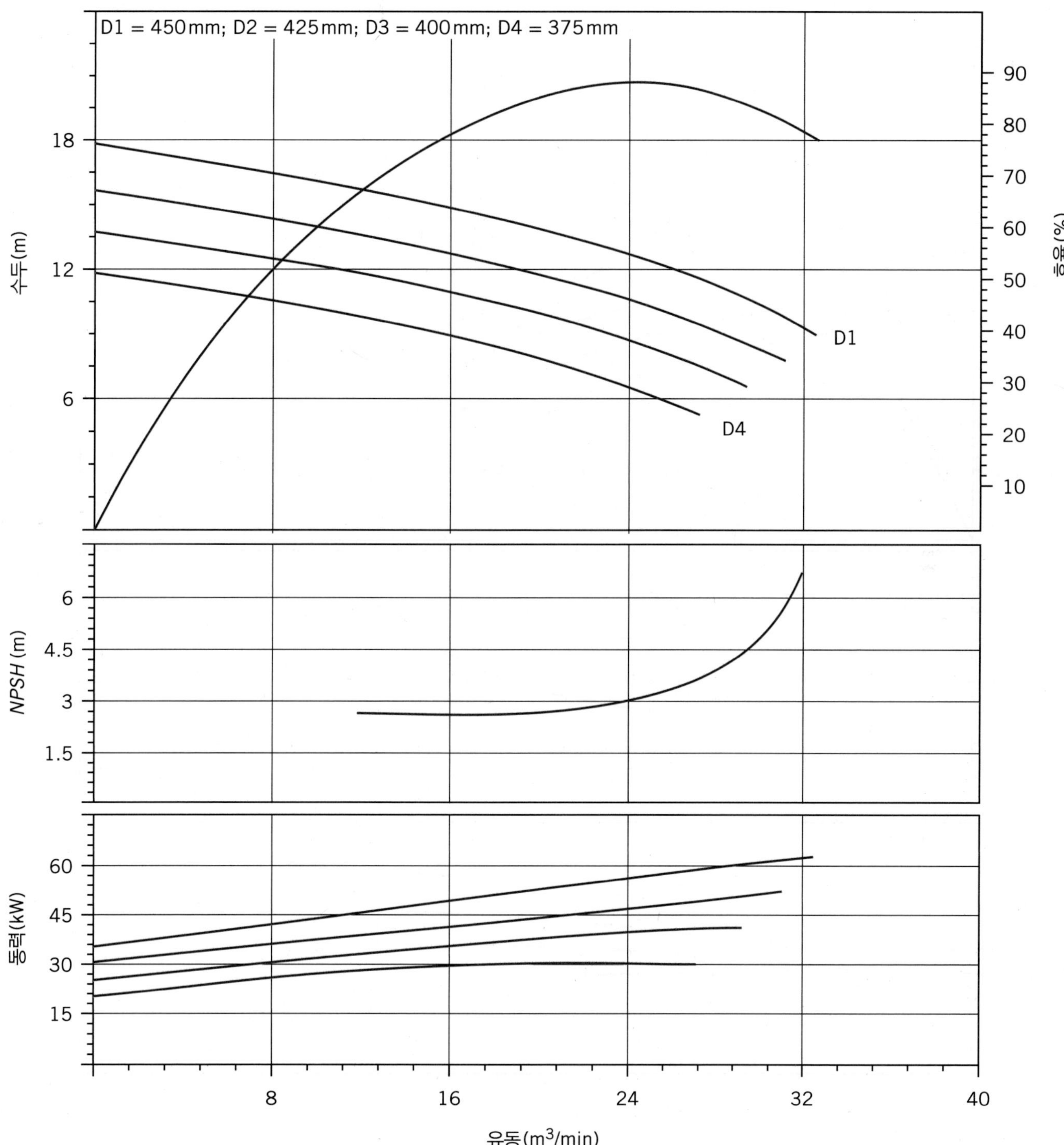

그림 C.9 Peerless 16A18B 펌프 성능곡선, 작동 회전수 705 rpm.

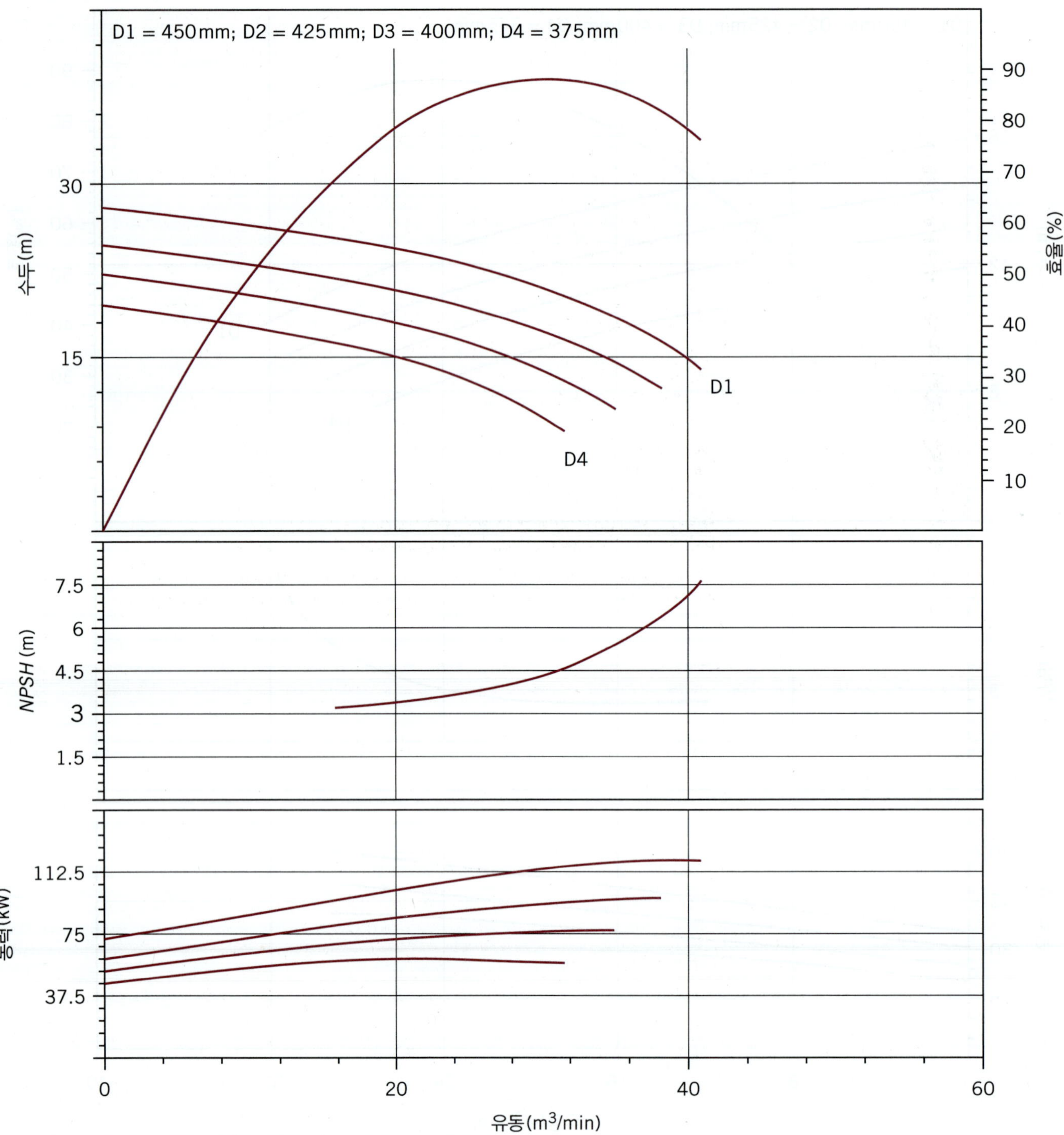

그림 C.10 Peerless 16A18B 펌프 성능곡선, 작동 회전수 880 rpm.

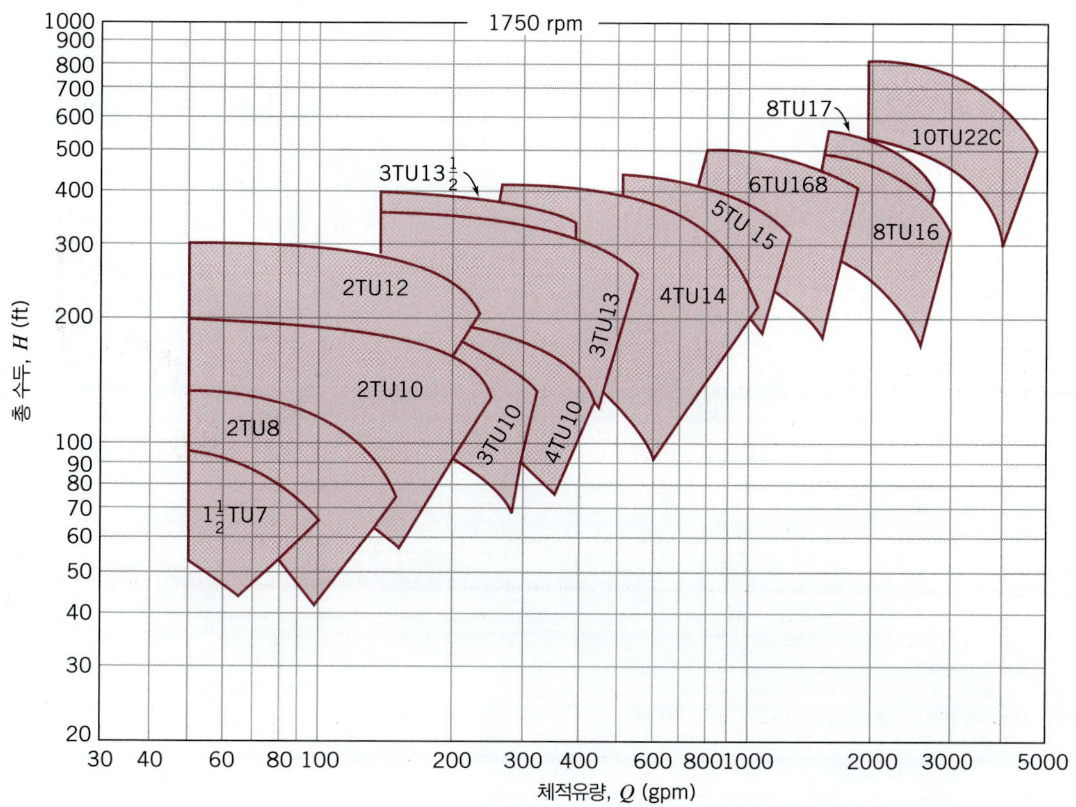

그림 C.11 공칭 회전수 1,750 rpm에서 Peerless 2단형(TU와 TUT 시리즈) 펌프의 선정 선도.

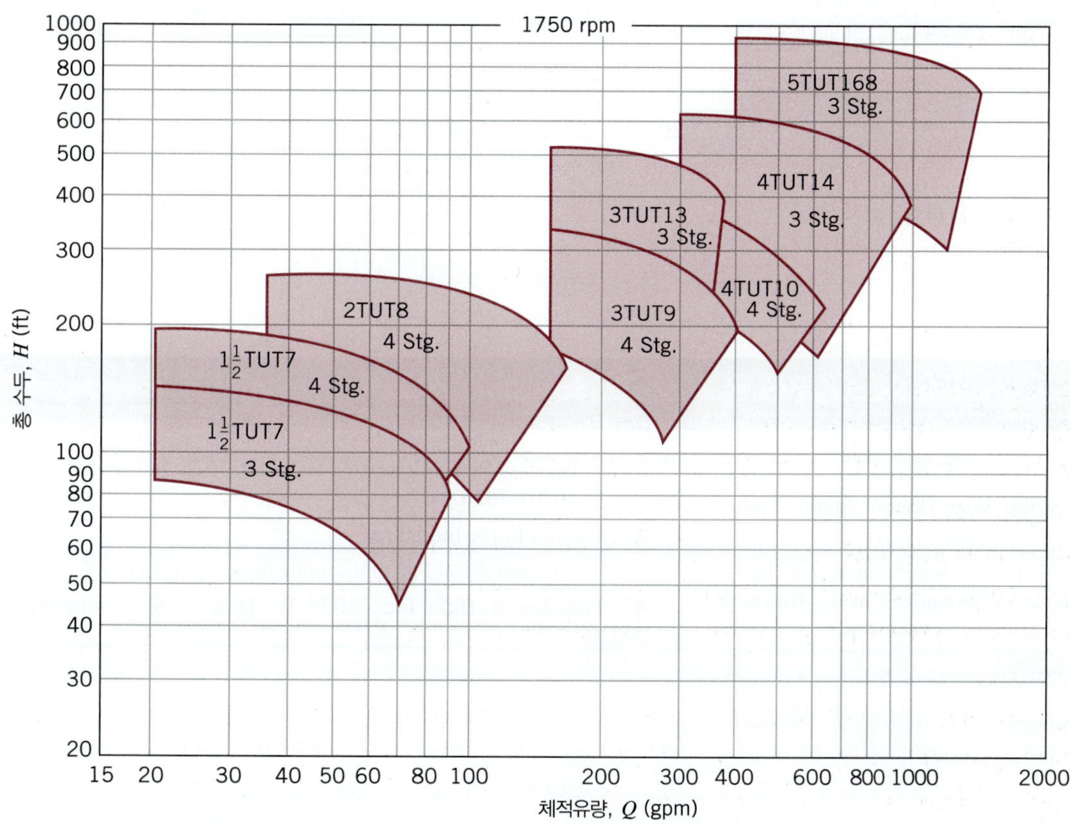

그림 C.12 공칭 회전수 1,750 rpm에서 Peerless 다단 펌프(TU와 TUT 시리즈) 선정 선도.

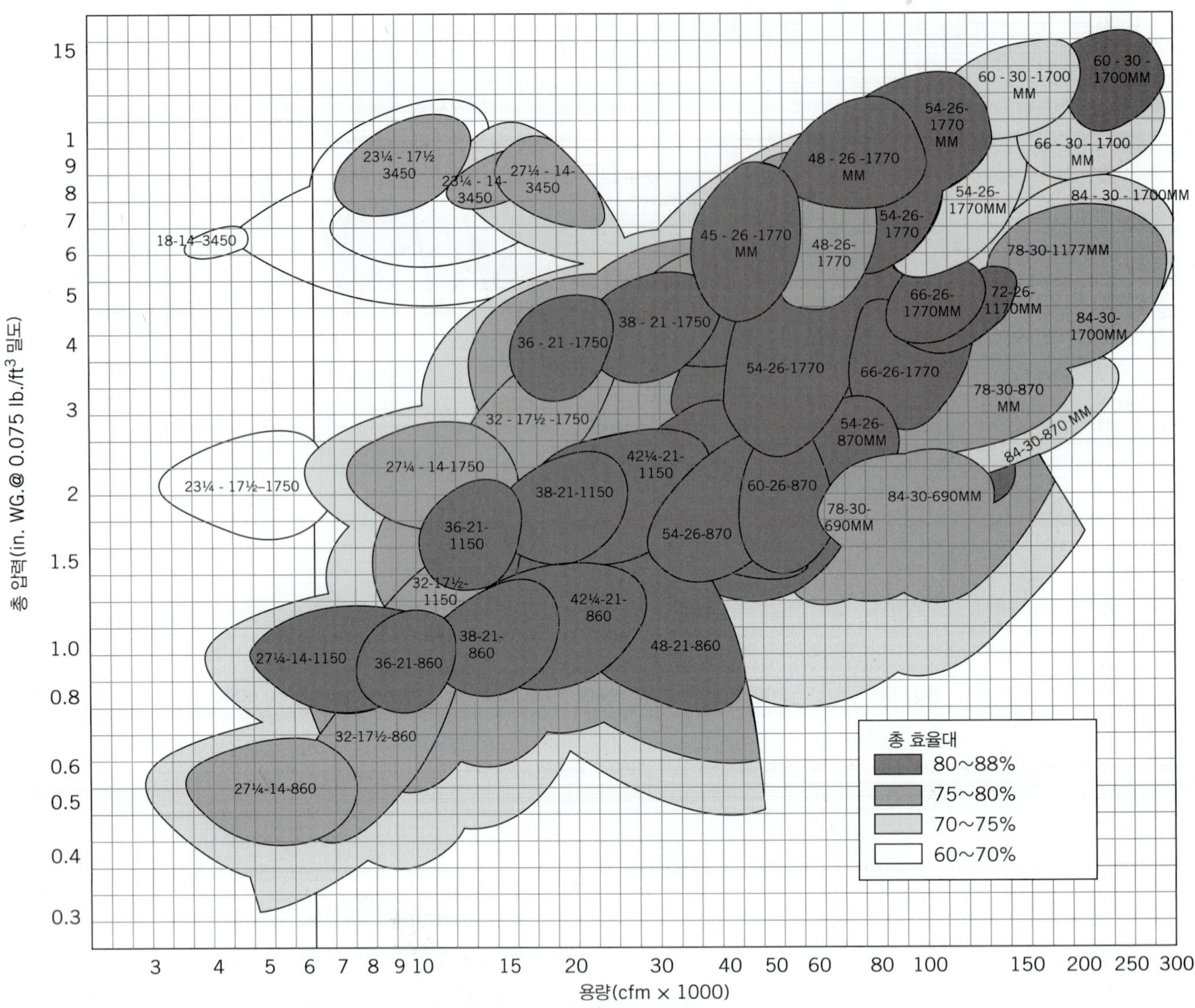

그림 C.13 Howden Buffalo 축류 팬의 마스터 선정 선도.

참고문헌

1. Peerless Pump literature:
   - Horizontal Split Case Single Stage Double Suction Pumps, Series AE, Brochure B-1200, 2003.
   - Horizontal Split Case, Multistage Single Suction Pumps, Types TU, TUT, 60 Hertz, Performance Curves, Brochure B-1440, 2003.
   - RAPID v8.25.6, March 2007.
   - Peerless Pump Company, P.O. Box 7026, Indianapolis, IN 46207-7026.
2. Buffalo Forge literature:
   - Axivane Axial Fan Optimum Efficiency Selection Chart, n.d.
3. Howden Buffalo Inc., 2029 W. DeKalb St., Camden, SC 29020.

부록 D

압축성유동의 계산을 위한 유동함수

Flow Functions for Computation of Compressible Flow

D.1 등엔트로피 유동

등엔트로피 유동함수는 다음 식들을 이용하여 계산된다.

$$\frac{p_0}{p} = \left[1 + \frac{k-1}{2}M^2\right]^{k/(k-1)} \qquad (12.21a)/(12.30a)$$

$$\frac{T_0}{T} = 1 + \frac{k-1}{2}M^2 \qquad (12.21b)/(12.30b)$$

$$\frac{\rho_0}{\rho} = \left[1 + \frac{k-1}{2}M^2\right]^{1/(k-1)} \qquad (12.21c)/(12.30c)$$

$$\frac{A}{A*} = \frac{1}{M}\left[\frac{1 + \frac{k-1}{2}M^2}{\frac{k+1}{2}}\right]^{(k+1)/2(k-1)} \qquad (12.30d)$$

k = 1.4에 대한 등엔트로피 유동함수의 대표적인 값들이 표 D.1에 제시되고 그림 D.1에 그려졌다. 이러한 함수는 웹 사이트에서 제공되는 Excel 워크시트를 사용하여 계산할 수도 있다.

표 D.1

등엔트로피 유동함수(1차원 유동, 이상기체, k = 1.4)

M	T/T_0	p/p_0	ρ/ρ_0	A/A^*
0.00	1.0000	1.0000	1.0000	∞
0.50	0.9524	0.8430	0.8852	1.340
1.00	0.8333	0.5283	0.6339	1.000
1.50	0.6897	0.2724	0.3950	1.176
2.00	0.5556	0.1278	0.2301	1.688
2.50	0.4444	0.05853	0.1317	2.637
3.00	0.3571	0.02722	0.07623	4.235
3.50	0.2899	0.01311	0.04523	6.790
4.00	0.2381	0.006586	0.02766	10.72
4.50	0.1980	0.003455	0.01745	16.56
5.00	0.1667	0.001890	0.01134	25.00

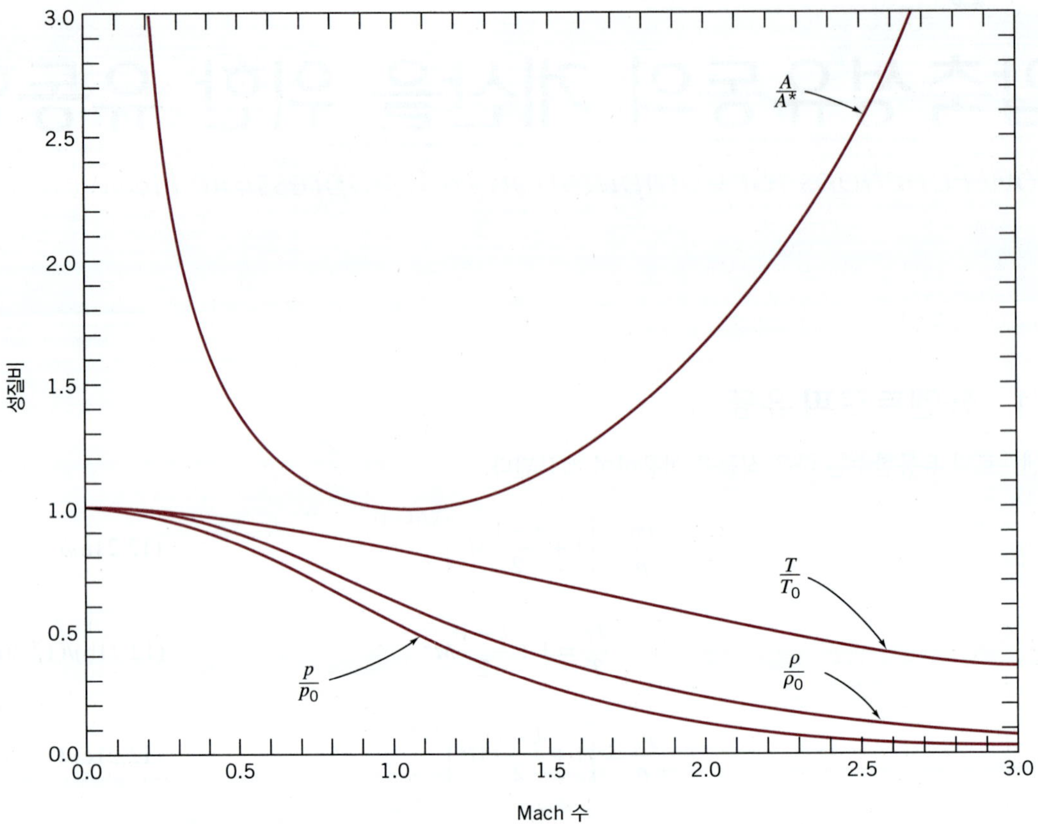

그림 D.1 등엔트로피 유동함수.

D.2 수직충격파

수직충격파 유동함수는 다음 식들을 이용하여 계산된다.

$$M_2^2 = \frac{M_1^2 + \dfrac{2}{k-1}}{\dfrac{2k}{k-1}M_1^2 - 1} \tag{12.43a}$$

$$\frac{p_{0_2}}{p_{0_1}} = \frac{\left[\dfrac{\dfrac{k+1}{2}M_1^2}{1+\dfrac{k-1}{2}M_1^2}\right]^{k/(k-1)}}{\left[\dfrac{2k}{k+1}M_1^2 - \dfrac{k-1}{k+1}\right]^{1/(k-1)}} \tag{12.43b}$$

$$\frac{T_2}{T_1} = \frac{\left(1+\dfrac{k-1}{2}M_1^2\right)\left(kM_1^2 - \dfrac{k-1}{2}\right)}{\left(\dfrac{k+1}{2}\right)^2 M_1^2} \tag{12.43c}$$

$$\frac{p_2}{p_1} = \frac{2k}{k+1}M_1^2 - \frac{k-1}{k+1} \tag{12.43d}$$

$$\frac{\rho_2}{\rho_1} = \frac{V_1}{V_2} = \frac{\frac{k+1}{2}M_1^2}{1+\frac{k-1}{2}M_1^2} \tag{12.43e}$$

$k = 1.4$에 대한 수직충격파 유동함수의 대표적인 값들이 표 D.2에 제시되었고 그림 D.2에 그려졌다.

표 D.2

수직충격파 유동함수(1차원 유동, 이상기체, $k = 1.4$)

M_1	M_2	$p0_2/p0_1$	T_2/T_1	p_2/p_1	ρ_2/ρ_1
1.00	1.000	1.000	1.000	1.000	1.000
1.50	0.7011	0.9298	1.320	2.458	1.862
2.00	0.5774	0.7209	1.687	4.500	2.667
2.50	0.5130	0.4990	2.137	7.125	3.333
3.00	0.4752	0.3283	2.679	10.33	3.857
3.50	0.4512	0.2130	3.315	14.13	4.261
4.00	0.4350	0.1388	4.047	18.50	4.571
4.50	0.4236	0.09170	4.875	23.46	4.812
5.00	0.4152	0.06172	5.800	29.00	5.000

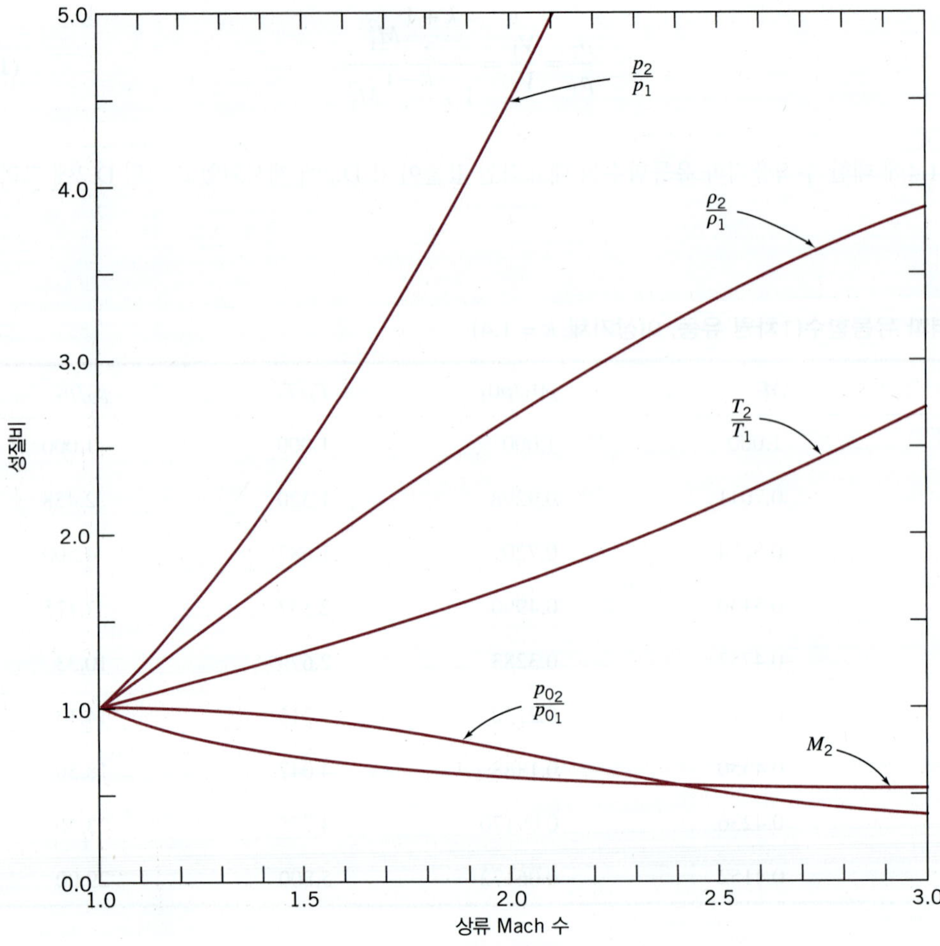

그림 D.2 수직충격파 유동함수.

부록 E

실험의 불확실성 해석

Analysis of Experimental Uncertainty

E.1 서론

실험 데이터는 설계를 위한 기초로 공학적 해석을 보완하기 위해 흔히 사용된다. 모든 데이터가 똑같이 좋은 것은 아니다. 시험결과들이 설계에 이용되기 전에 데이터의 유효성이 반드시 보증되어야 한다. 불확실성(uncertainty) 해석은 데이터의 유효성과 정확도를 정량화하기 위해 이용되는 절차이다. 또한 불확실성 해석은 실험 설계과정에서도 유용하다. 주의 깊은 연구로 허용할 수 없는 오차의 잠재적 원천을 찾을 수 있고, 개선된 측정법을 제안할 수도 있다. 오차 분석은 종종 입력 변수의 불확실성이 있는 시뮬레이션과 관련이 있다. 제시된 결과에 정확성과 불확실성을 표시하는 것은 중요하다.

E.2 오차의 종류

실험적 측정이 이루어질 때 오차는 항상 존재한다. 실험자가 범한 큰 실수는 별도로 하고, 실험오차는 두 가지일지 모른다. 고정오차(혹은 계통오차)는 반복된 측정에서 매 실험마다 같은 양만큼의 오차를 야기한다. 고정오차는 측정할 때마다 동일하므로 적당한 보정 또는 수정으로 제거될 수 있다. 우연오차(또는 비반복성)는 모든 측정 때마다 다르기 때문에 제거될 수 없다. 우연오차를 가져오는 인자들은 본질적으로 불확실하다. 불확실성 해석의 목적은 실험결과 속에 있음직한 우연오차를 추정하는 것이다.

실험장치는 정확하게 제작되었고 고정오차를 제거하도록 제대로 보정되었다고 가정한다. 계측장치는 적절한 해상도를 가지며, 값을 읽는 데 변동도 지나치지 않다고 가정한다. 또한 관찰하고 기록하는 데 주의를 기울이므로 우연오차만 존재한다고 가정한다.

E.3 불확실성의 추정

우리의 목표는 실험 측정치의 불확실성과 우연오차로 인한 계산결과를 추정하는 것이다. 이 과정은 다음 세 단계이다.

1. 각 측정량에 대하여 불확실성 구간을 추정하라.
2. 각 측정치에 대한 신뢰 한계를 명시하라.
3. 실험 데이터로부터 계산된 결과에 전파된 불확실성를 해석하라.

아래의 각 단계별에 대한 절차를 요약하고 예제로 그 응용을 설명한다.

***1*단계: 측정 불확실성 구간의 추정.** 실험에서 측정된 변수들을 $x_1, x_2, \ldots, x_n$으로 명명하라. 각 변수에 대한 불확실성 구간을 찾는 한 가지 가능한 방법은 각각의 측정을 여러 번 반복하는 것이 될 것이다. 그 결과는 각 변수에 대한 데이터의 분포가 될 것이다. 측정에 대한 우연오차는 일반적으로 측정치들의 **정규** 또는 *Gaussian* 빈도 분포를 만든다. 정규분포에 있어 자료의 흩어짐은 표준편차 σ로 특징지어진다. 각 측정 변수에 대한 불확실성 구간 x_i는 $\pm n\sigma_i$로 명시될 수 있고, 여기서 $n = 1, 2$ 또는 3이다.

하지만 공학 작업에서 대부분의 전형적인 상황은 '단일 표본' 실험이고, 여기서는 한 점에 대해 오직 한 번의 측정만 이루어진다[1]. 단일 표본 실험에서 우연오차로 인한 측정 불확실성은 측정장치 최소 눈금간격의 + 또는 − 절반이다. 그러나 이 접근방법 역시 다음 예제에 설명되는 바와 같이 신중하게 사용되어야만 한다.

예제 E.1 기압계 측정의 불확실성

수은 기압계의 관측된 높이는 $h = 752.6$ mm이다. 버니어의 최소 눈금 간격은 0.1 mm이다. 따라서 확률적인 측정오차는 ±0.05 mm로 추정할 수 있다.

한 번 측정해 보면 아마도 정확히 이 값으로 되지 않을 수도 있다. 기압계의 슬라이더와 메니스커스는 눈에 의해서 일직선으로 정렬되어야만 한다. 슬라이더의 최소눈금은 1 mm이다. 보수적인 추정으로서 측정값은 가장 가까운 밀리미터까지 얻을 수 있을 것이다. 그러면 단 한 번의 측정에서 얻을 수 있는 확률적인 값은 752.6 ± 0.5 mm로 표현될 것이다. 기압계 높이에서 상대적 불확실성은 다음과 같이 언급될 것이다.

$$u_h = \pm\frac{0.5\ \text{mm}}{752.6\ \text{mm}} = \pm 0.000664 \quad \text{또는} \quad \pm 0.0664\%$$

해설:

1. 불확실성 구간 ±0.1%는 3개의 유효 숫자를 명시하는 결과에 해당한다. 이 정밀도는 대부분의 공학 실험에서 만족스럽다.
2. 불확실성 추정에서 본 것처럼 기압계 높이의 측정치는 정밀했다. 그러나 그 값이 정확한가? 대표적인 실온에서 관측된 기압계의 눈금 표시는 온도 보정에 의해 거의 3 mm만큼 감소되어야 한다! 이것은 보정계수가 요구되는 고정오차의 한 예이다.

변수의 반복된 측정치가 이용 가능할 때 그들은 보통 정규 분포 데이터이고, 여기에 대해 x_i의 측정된 값 99% 이상이 평균값의 $\pm 3\sigma_i$ 이내에 있고, 95%가 $\pm 2\sigma_i$ 이내에 있으며, 68%가 데이터 평균값의 $\pm\sigma_i$ 이내에 있다[2]. 따라서 통계적으로 의미 있는 데이터의 집합이 이용 가능하다면, 요구되는 어떤 **신뢰한계** 이내에 기대오차가 있도록 정량화하는 것이 가능할 것이다.

반복적인 측정 방법은 일반적으로 비실용적이다. 대부분의 응용에서 통계적으로 의미 있는 표본을 얻을 수 있도록 충분한 자료를 확보하는 것은 수반되는 막대한 시간과 비용 때문에 불가능하다. 그러나 정규분포는 다음과 같은 몇 가지 중요한 개념을 제시한다.

1. 작은 오차가 큰 오차보다 더 있음직하다.
2. 양과 음의 오차는 대략 같게 있을 것 같다.
3. 유한한 최대오차는 명시될 수 없다.

***2단계*: 각 측정치에 대한 신뢰한계의 명시.** 한 측정치의 불확실성 구간은 명확한 가능성(odds)으로 명시되어야 한다. 예를 들면, 우리는 $h = 752.6 \pm 0.5$ mm (20대1)이라고 쓸지도 모른다. 이것은 수은주 기둥 높이가 실제로 명시된 값의 ±0.5 mm 이내에 있다고 20대1로 내기하려는 것을 의미한다. "…그러한 가능성에 대한 명시는…실험실 경험이 많은 실험자에 의해서만 가능하다. 측정된 변수에 대한 불확실성을 추정함에 있어서 확실한 공학적 판단을 대신할 수 있는 것은 없다."

신뢰 구간의 명시는 정규분포에 대한 표준편차의 개념에 근거한다. 약 370대1의 가능성은 $\pm 3\sigma$에 해당한다. 그래서 앞으로 읽을 모든 눈금의 99.7%가 그 범위 내에 놓일 수 있다고 기대된다. 약 20대1의 가능성은 $\pm 2\sigma$ 신뢰한계에 해당하고, 3대1의 가능성은 $\pm\sigma$ 신뢰한계에 해당한다. 20대1의 가능성이 전형적으로 공학 실험에 사용된다.

***3단계*: 계산과정에서 불확실성 전파 해석.** 독립변수 $x_1, x_2, \ldots, x_n$의 측정이 실험실에서 이루어진다고 추측하라. 각각 독립적으로 측정된 양들의 상대적인 불확실성은 u_i로 추정된다. 그 측정값들은 실험에 대한 측정결과 R을 계산하기 위하여 사용된다. x_i들에 있는 오차들이 측정값으로부터 R을 계산하는 데 어떻게 **전파하는지** 해석하고자 한다.

일반적으로 R은 수학적으로 $R = R(x_1, x_2, \ldots, x_n)$으로 표시될 수 있다. 어떤 개개의 x_i를 측정하는 데 있는 오차가 R에 미치는 영향은 함수의 도함수와 유사하게 추정될지 모른다[4]. x_i에서 변분 δx_i는 R에서 변분 δR_i를 야기할 것이다.

$$\delta R_i = \frac{\partial R}{\partial x_i}\delta x_i$$

R의 상대적인 변분

$$\frac{\delta R_i}{R} = \frac{1}{R}\frac{\partial R}{\partial x_i}\delta x_i = \frac{x_i}{R}\frac{\partial R}{\partial x_i}\frac{\delta x_i}{x_i} \tag{E.1}$$

식 (E.1)은 x_i에서 불확실성에 기인하는 결과에서 상대적인 불확실성을 추정하는 데 사용된다. 상대적인 불확실성에 관한 기호를 소개하고 우리는 다음 식을 얻는다.

$$u_{R_i} = \frac{x_i}{R}\frac{\partial R}{\partial x_i}u_{x_i} \tag{E.2}$$

모든 x_i에 있는 상대적인 불확실성의 결합된 영향으로 인하여 발생되는 R에서 불확실성을 어떻게 추정할 것인가? 각 변수에 있는 우연오차는 불확실성 구간 내에서 어떤 범위의 값을 갖는다. 모든 오차가 동시에 불리한 값을 가질 것 같지는 않다. 결과의 상대적인 불확실성에 대한 최고 표현은 다음과 같다고 할 수 있다[1].

$$u_R = \pm\left[\left(\frac{x_1}{R}\frac{\partial R}{\partial x_1}u_1\right)^2 + \left(\frac{x_2}{R}\frac{\partial R}{\partial x_2}u_2\right)^2 + \cdots + \left(\frac{x_n}{R}\frac{\partial R}{\partial x_n}u_n\right)^2\right]^{1/2} \tag{E.3}$$

예제 E.2 실린더 체적에서 불확실성

반경과 높이를 측정하여 실린더의 체적을 결정하는 데 있어 불확성에 대한 표현식을 구하라. 반경과 높이의 항으로 실린더의 체적은 다음과 같다.

$$\forall = \forall(r,h) = \pi r^2 h$$

미분하면 다음 식을 얻는다.

$$d\forall = \frac{\partial \forall}{\partial r}dr + \frac{\partial \forall}{\partial h}dh = 2\pi rh\,dr + \pi r^2\,dh$$

왜냐하면

$$\frac{\partial \forall}{\partial r} = 2\pi rh \quad \text{그리고} \quad \frac{\partial \forall}{\partial h} = \pi r^2$$

식 (E.2)로부터 반경으로 인한 상대적인 불확실성은

$$u_{\forall,r} = \frac{\delta \forall_r}{\forall} = \frac{r}{\forall}\frac{\partial \forall}{\partial r}u_r = \frac{r}{\pi r^2 h}(2\pi rh)u_r = 2u_r$$

그리고 높이로 인한 상대적인 불확실성은

$$u_{\forall,h} = \frac{\delta \forall_h}{\forall} = \frac{h}{\forall}\frac{\partial \forall}{\partial h}u_h = \frac{h}{\pi r^2 h}(\pi r^2)u_h = u_h$$

따라서 체적에서 상대적인 불확실성은 다음과 같다.

$$u_\forall = \pm[(2u_r)^2 + (u_h)^2]^{1/2} \tag{E.4}$$

해설:
식 (E.4)에서 계수 2는 실린더 반경 측정에 있어서 불확실성이 높이 측정의 불확실성보다 더 큰 영향을 갖는다는 것을 보여준다. 그 이유는 체적에 대한 식에서 반경이 제곱되기 때문이다.

E.4 데이터에 대한 적용

실험실 측정으로부터 얻은 데이터에 적용은 다음 예제들에서 설명된다.

예제 E.3 액체 질량유량에서 불확실성

튜브를 통과하는 물의 질량유량은 비커로 물을 받아서 결정될 것이다. 질량유량은 받은 물의 유효 질량을 시간간격으로 나누면 계산된다.

$$\dot{m} = \frac{\Delta m}{\Delta t} \tag{E.5}$$

여기서 $\Delta m = m_f - m_e$. 측정량들에 대한 오차 추정은

물이 채워진 비커의 질량, $m_f = 400 \pm 2$ g (20대1)

비어 있는 비커의 질량, $m_e = 200 \pm 2$ g (20대1)

물을 받은 시간간격, $\Delta t = 10 \pm 0.2$ s (20대1)

측정된 양에 있는 상대적인 불확실성은

$$u_{m_f} = \pm\frac{2\text{ g}}{400\text{ g}} = \pm 0.005$$

$$u_{m_e} = \pm\frac{2\text{ g}}{200\text{ g}} = \pm 0.01$$

$$u_{\Delta t} = \pm\frac{0.2\text{ s}}{10\text{ s}} = \pm 0.02$$

유효 질량의 측정치에서 상대적인 불확실성은 식 (E.3)으로부터 계산된다.

$$\begin{aligned} u_{\Delta m} &= \pm\left[\left(\frac{m_f}{\Delta m}\frac{\partial \Delta m}{\partial m_f}u_{m_f}\right)^2 + \left(\frac{m_e}{\Delta m}\frac{\partial \Delta m}{\partial m_e}u_{m_e}\right)^2\right]^{1/2} \\ &= \pm\{[(2)(1)(\pm 0.005)]^2 + [(1)(-1)(\pm 0.01)]^2\}^{1/2} \\ u_{\Delta m} &= \pm 0.0141 \end{aligned}$$

$\dot{m} = \dot{m}(\Delta m, \Delta t)$이므로, 식 (E.3)을 다음과 같이 쓸 수 있다.

$$u_{\dot{m}} = \pm\left[\left(\frac{\Delta m}{\dot{m}}\frac{\partial \dot{m}}{\partial \Delta m}u_{\Delta m}\right)^2 + \left(\frac{\Delta t}{\dot{m}}\frac{\partial \dot{m}}{\partial \Delta t}u_{\Delta t}\right)^2\right]^{1/2} \tag{E.6}$$

요구되는 편도함수 항들은

$$\frac{\Delta m}{\dot{m}}\frac{\partial \dot{m}}{\partial \Delta m} = 1 \quad \text{그리고} \quad \frac{\Delta t}{\dot{m}}\frac{\partial \dot{m}}{\partial \Delta t} = -1$$

식 (E.6)에 대입하면,

$$u_{\dot{m}} = \pm\{[(1)(\pm 0.0141)]^2 + [(-1)(\pm 0.02)]^2\}^{1/2}$$

$$u_{\dot{m}} = \pm 0.0245 \text{ 또는 } \pm 2.45\% \text{ (20대1)}$$

해설:
시간 측정에 있어서 2% 불확실성 구간은 결과의 불확실성 구간에 가장 중요한 영향을 미친다.

예제 E.4 물 유동에 대한 Reynolds 수에서 불확실성

Reynolds 수가 덕트 안에서 물 흐름에 대해 계산될 예정이다. Reynolds 수에 대해 계산하는 식은

$$Re = \frac{4\dot{m}}{\pi \mu D} = Re(\dot{m}, D, \mu) \tag{E.7}$$

우리는 이미 질량유량을 계산할 때 불확실성 구간을 고려하였었다. μ와 D의 불확실성은 어떠한가? 튜브 직경은 $D = 6.35$ mm로 주어진다. 그 값이 정확하다고 가정할 것인가? 직경은 거의 0.1 mm까지 측정할 수 있다. 만일 그렇다면 직경에서 상대적인 불확실성은

$$u_D = \pm\frac{0.05 \text{ mm}}{6.35 \text{ mm}} = \pm 0.00787 \quad \text{또는} \quad \pm 0.787\%$$

로 추정된다. 물의 점도는 온도에 의존한다. 온도는 $T = 24 \pm 0.5$°C로 추정된다. 온도에서 불확실성은 μ의 불확실성에 어떻게 영향을 미칠 것인가? 이것을 추정하기 위한 한 가지 방법은 다음과 같다.

$$u_{\mu(T)} = \pm\frac{\delta\mu}{\mu} = \frac{1}{\mu}\frac{d\mu}{dT}(\pm\delta T) \tag{E.8}$$

도함수는 공칭 온도 24°C 근처에서 표로 된 점성자료로부터 추정될 수 있다.

$$\frac{d\mu}{dT} \approx \frac{\Delta\mu}{\Delta T} = \frac{\mu(25^\circ\text{C}) - \mu(23^\circ\text{C})}{(25-23)^\circ\text{C}} = (0.000890 - 0.000933)\frac{\text{N}\cdot\text{s}}{\text{m}^2} \times \frac{1}{2^\circ\text{C}}$$

$$\frac{d\mu}{dT} = -2.15 \times 10^{-5}\ \text{N}\cdot\text{s}/(\text{m}^2\cdot{}^\circ\text{C})$$

온도로 인한 점도에서 상대적인 불확실성은 식 (E.8)로부터 다음과 같이 구할 수 있다.

$$u_{\mu(T)} = \frac{1}{0.000911}\frac{\text{m}^2}{\text{N}\cdot\text{s}} \times -2.15\times10^{-5}\frac{\text{N}\cdot\text{s}}{\text{m}^2\cdot{}^\circ\text{C}} \times (\pm 0.5^\circ\text{C})$$

$$u_{\mu(T)} = \pm 0.0118 \quad \text{또는} \quad \pm 1.18\%$$

표에 나타낸 점성자료 자체도 역시 어느 정도의 불확성을 갖는다. 만일 이것이 ±1.0%라면, 점도에서 전체 최종적인 상대적 불확실성은 다음과 같다.

$$u_\mu = \pm[(\pm 0.01)^2 + (\pm 0.0118)^2]^{1/2} = \pm 0.0155 \quad \text{또는} \quad \pm 1.55\%$$

계산된 Reynolds 수에 대한 불확실성 구간을 계산하는 데 필요한 질량유량, 튜브 직경 및 점도에서 불확실성이 이제 알려졌다. 식 (E.7)로부터 결정된 요구 편도함수들은 다음과 같다.

$$\frac{\dot{m}}{Re}\frac{\partial Re}{\partial \dot{m}} = \frac{\dot{m}}{Re}\frac{4}{\pi\mu D} = \frac{Re}{Re} = 1$$

$$\frac{\mu}{Re}\frac{\partial Re}{\partial \mu} = \frac{\mu}{Re}(-1)\frac{4\dot{m}}{\pi\mu^2 D} = -\frac{Re}{Re} = -1$$

$$\frac{D}{Re}\frac{\partial Re}{\partial D} = \frac{D}{Re}(-1)\frac{4\dot{m}}{\pi\mu D^2} = -\frac{Re}{Re} = -1$$

식 (E.3)에 대입하면 다음과 같이 된다.

$$u_{Re} = \pm\left\{\left[\frac{\dot{m}}{Re}\frac{\partial Re}{\partial \dot{m}}u_{\dot{m}}\right]^2 + \left[\frac{\mu}{Re}\frac{\partial Re}{\partial \mu}u_\mu\right]^2 + \left[\frac{D}{Re}\frac{\partial Re}{\partial D}u_D\right]^2\right\}^{1/2}$$

$$u_{Re} = \pm\left\{[(1)(\pm 0.0245)]^2 + [(-1)(\pm 0.0155)]^2 + [(-1)(\pm 0.00787)]^2\right\}^{1/2}$$

$$u_{Re} = \pm 0.0300 \quad \text{또는} \quad \pm 3.00\%$$

해설:
예제 E.3과 E.4는 실험 설계에 대하여 두 가지 중요한 점을 설명한다. 첫째, 모인 물의 질량 Δm은 2개의 측정된 양 m_f와 m_e로부터 계산된다. m_f와 m_e의 측정에서 명시된 불확실성 구간에 대해 Δm에서 *상대적인* 불확실성은 Δm을 보다 크게 함으로써 감소될 수 있다. 더 큰 물통을 사용하거나 또는 측정된 Δt에서 상대적인 불확실성을 역시 감소시킬 수 있는 더 긴 측정 간격 Δt를 사용하여 달성될 것이다. 둘째, 표로 나타낸 성질자료의 불확실성이 중요할지 모른다. 그 자료의 불확실성 역시 유체 온도 측정에 있는 불확실성에 의해 역시 증가된다.

예제 E.5 공기속도에서 불확실성

풍동 안에서 공기속도는 피토관의 측정값으로부터 계산된다. Bernoulli 방정식으로부터,

$$V = \left(\frac{2gh\rho_{\text{water}}}{\rho_{\text{air}}}\right)^{1/2} \tag{E.9}$$

여기서 h는 마노미터 액주의 관측된 높이이다.

이 예제에서 유일한 새 요소는 제곱근이다. h에서 불확실성 구간으로 인한 V에서 변화는,

$$\frac{h}{V}\frac{\partial V}{\partial h} = \frac{h}{V}\frac{1}{2}\left(\frac{2gh\rho_{\text{water}}}{\rho_{\text{air}}}\right)^{-1/2}\frac{2g\rho_{\text{water}}}{\rho_{\text{air}}}$$

$$\frac{h}{V}\frac{\partial V}{\partial h} = \frac{h}{V}\frac{1}{2}\frac{1}{V}\frac{2g\rho_{\text{water}}}{\rho_{\text{air}}} = \frac{1}{2}\frac{V^2}{V^2} = \frac{1}{2}$$

식 (E.3)을 사용하여 V에서 상대적인 불확실성을 계산하면

$$u_V = \pm\left[\left(\frac{1}{2}u_h\right)^2 + \left(\frac{1}{2}u_{\rho_{\text{water}}}\right)^2 + \left(-\frac{1}{2}\,u_{\rho_{\text{air}}}\right)^2\right]^{1/2}$$

만일 $u_h = \pm 0\ 01$이고 다른 불확실성들이 무시될 수 있다면 다음과 같이 된다.

$$u_V = \pm\left\{\left[\frac{1}{2}\,(\pm 0.01)\right]^2\right\}^{1/2}$$

$$u_V = \pm 0.00500 \ \text{또는} \ \pm 0.500\,\%$$

해설:
제곱근은 계산된 속도에서 상대적인 불확실성을 u_h값의 반까지 감소시킨다.

E.5 요약

데이터의 확률적 불확실성에 대한 명시는 실험결과를 완전하고 명확하게 보고하는 데 있어서 중요한 부분이다. 많은 학술지들은 원고에 실험 데이터의 불확실성에 대한 적절한 설명을 포함하도록 요구한다. 실험결과에서 불확실성을 추정하는 것은 많은 노력과 마찬가지로 신중성, 경험 그리고 판단력을 요구한다. 우리는 측정의 불확실성을 정량화할 필요성을 강조해왔다. 보다 많은 정보는 뒤따르는 참고문헌(예를 들면, [4,6,7])에서 얻을 수 있다. 저자들은 독자들이 실험을 설계할 때나 데이터를 해석할 때 그들을 활용하도록 권장한다.

참고문헌

1. Kline, S. J., and F. A. McClintock, "Describing Uncertainties in Single-Sample Experiments," *Mechanical Engineering*, 75, 1, January 1953, pp. 3 – 9.

2. Pugh, E. M., and G. H. Winslow, *The Analysis of Physical Measurements*. Reading, MA: Addison-Wesley, 1966.

3. Doebelin, E. O., *Measurement Systems*, 4th ed. New York: McGraw-Hill, 1990.

4. Young, H. D., *Statistical Treatment of Experimental Data*. New York: McGraw-Hill, 1962.

5. Rood, E. P., and D. P. Telionis, "JFE Policy on Reporting Uncertainties in Experimental Measurements and Results," *Transactions of ASME, Journal of Fluids Engineering*, *113*, 3, September 1991, pp. 313 – 314.

6. Coleman, H. W., and W. G. Steele, *Experimentation and Uncertainty Analysis for Engineers*. New York: Wiley, 1989.

7. Holman, J. P., *Experimental Methods for Engineers*, 5th ed. New York: McGraw-Hill, 1989.

부록 **F**

전산 유체역학 개론

Introduction to Computational Fluid Dynamics

F.1 전산 유체역학 개론

이 섹션에서는 **전산 유체역학**(*CFD*)의 이면에 있는 아이디어를 매우 기본적인 방식으로 논의할 것이다. 먼저 몇 가지 예를 들어 상미분 방정식과 편미분 방정식을 수치적으로 해를 찾는 몇 가지 매우 기본적인 아이디어들을 검토할 것이다. 이것을 공부한 후에 독자는 다양한 간단한 CFD 문제를 수치적으로 해결할 수 있을 것이다. 그런 다음 CFD에 더 관심이 있는 사람들을 위해 수치 방법, 특히 CFD의 이면에 있는 몇 가지 개념을 더 자세히 검토할 것이다. 이 검토에서는 CFD의 몇 가지 장점과 함정을 강조할 것이다. 이러한 개념 중 일부를 간단한 1D 모델에 적용할 것이지만 이러한 개념은 매우 기본적이어서 거의 모든 CFD 계산에 적용할 수 있다. CFD 해를 구하는 과정을 1차원 모델에 적용함으로써, 일반적인 경우에 대해 확장하는 방법에 대해 설명할 것이다. 우리의 목표는 독자가 CFD가 수반하는 것과 유체 문제를 해결하기 위한 CFD의 힘을 이해하도록 돕는 것이다.

CFD의 필요성

섹션 5.4에서 논의된 바와 같이, 유체유동을 설명하는 방정식은 다소 위협적일 수 있다. 예를 들어, 점도가 일정한 비압축성유동으로 가정하더라도, 5장에서 논의된 유동에 대한 방정식들은 다음과 같다.

$$\frac{\partial u}{\partial x}+\frac{\partial v}{\partial y}+\frac{\partial w}{\partial z}=0 \tag{5.1c}$$

$$\rho\left(\frac{\partial u}{\partial t}+u\frac{\partial u}{\partial x}+v\frac{\partial u}{\partial y}+w\frac{\partial u}{\partial z}\right)=\rho g_x-\frac{\partial p}{\partial x}+\mu\left(\frac{\partial^2 u}{\partial x^2}+\frac{\partial^2 u}{\partial y^2}+\frac{\partial^2 u}{\partial z^2}\right) \tag{5.27a}$$

$$\rho\left(\frac{\partial v}{\partial t}+u\frac{\partial v}{\partial x}+v\frac{\partial v}{\partial y}+w\frac{\partial v}{\partial z}\right)=\rho g_y-\frac{\partial p}{\partial y}+\mu\left(\frac{\partial^2 v}{\partial x^2}+\frac{\partial^2 v}{\partial y^2}+\frac{\partial^2 v}{\partial z^2}\right) \tag{5.27b}$$

$$\rho\left(\frac{\partial w}{\partial t}+u\frac{\partial w}{\partial x}+v\frac{\partial w}{\partial y}+w\frac{\partial w}{\partial z}\right)=\rho g_z-\frac{\partial p}{\partial z}+\mu\left(\frac{\partial^2 w}{\partial x^2}+\frac{\partial^2 w}{\partial y^2}+\frac{\partial^2 w}{\partial z^2}\right) \tag{5.27c}$$

식 5.1c는 연속방정식(질량보존), 식 5.27은 직교 좌표계에서 표현된 Navier-Stokes 방정식(운동량)이다. 원칙적으로, 충분한 초기조건과 경계조건이 주어지면 속도장 $\vec{V}=\hat{i}u+\hat{j}v+\hat{k}w$ 및 압력장(p)에 대해서 이러한 방정식을 풀 수 있다. 일반적으로 u, v, w 및 p는 모두 x, y, z 및 t에 의존하는 함수이다. 실제로 이러한 방정식에서 (어느 것도 자체적으로 해결할 수 없는) 여러 이유가 결합된 효과 때문에 일반적인 해석적인 해는 없다.

1. 방정식들은 결합되어 있다. 미지수 u, v, w, p는 모든 방정식에 나타나며[p는 식 (5.1c)에는 없음] 미지수 중 어느 하나에 대해 단일 방정식으로 끝나도록 방정식을 조작할 수 없다. 따라서 우리는 모든 미지수를 동시에 해결해야 한다.

2. 방정식들은 비선형적이다. 예를 들어, 식 (5.27a)에서, 대류 가속도 항 $u\ \partial u/\partial x + v\ \partial u/\partial y + w\ \partial u/\partial z$는 v 및 w뿐만 아니라 자체와 u의 곱을 갖는다. 그 결과 방정식의 한 해를 두 번째 해와 결합하여 세 번째 해를 얻을 수 없다는 것이다.
3. 방정식들은 2차 편미분 방정식이다. 예를 들어, 식 (5.27a)에서 점성 항 $\mu(\partial^2 u/\partial x^2 + \partial^2 u/\partial y^2 + \partial^2 u/\partial z^2)$는 u에 대해서 2차 편미분 방정식이다. 이것들은 분명히 1차 상미분 방정식과는 다른 복잡도이다.

이러한 어려움으로 인해 엔지니어, 과학자 및 수학자들은 유체역학 문제의 해에 대한 여러 가지 접근 방식을 취하게 되었다. 상대적으로 단순한 물리적 형상과 경계조건 또는 초기조건들의 경우 방정식은 종종 풀 수 있는 형태로 축소될 수 있다. 우리는 두 가지 예제 5.9와 5.10에서 (원통형 형태의 방정식들에 대해서) 확인할 수 있었다. 만약 점성 항을 무시할 수 있다면, 그 결과로 생기는 비압축성, 비점성유동을 성공적으로 분석할 수 있다. 이것이 6장의 전체 주제이다. 우리 관심이 있는 대부분의 비압축성유동은 단순한 형태도 아니며, 비점성도 아니다. 남은 유일한 선택은 수치적 방법들을 사용하여 문제를 분석하는 것이다. 다양한 엔지니어링 문제에 대한 방정식들에 대해서 컴퓨터 기반 근사해를 얻을 수 있다. 이것이 CFD의 주요 주제이다.

CFD의 응용

CFD는 다양한 응용 분야에서 사용되며 현재 다양한 산업 분야에서 널리 사용되고 있다. CFD 시뮬레이션의 예로, 그림 F.1은 포뮬러 1 자동차 주변에서 선택된 유체입자의 경로를 보여준다. 이러한 유선들과 다른 유동 속성들을 연구함으로써, 공학자들은 자동차의 항력을 줄이고 성능을 향상시키기 위한 설계하는 방법에 대해서 통찰력을 얻는다. 자동차 배기가스를 정화하는 데 사용되는 장치인 촉매 변환기를 통한 유동은 그림 F.2에 나타내었다. 그림에서 속도 크기에 따라 정해진 색으로 유선을 보여준다. CFD는 공학자들이 촉매 변환기 내에서 서로 다른 화학물질들이 어떻게 혼합되고 반응하는지 연구할 수 있도록 해주며, 이를 통해서 보다 효과적인 촉매 변환기를 개발하도록 도와준다. 그림 F.3은 환기 분야에 사용되는 뒤로 기울어진 원심 팬에서 정압의 분포를 보여주고 있다. CFD 시뮬레이션을 통해 얻은 팬 성능 특성들은 물리적 테스트 결과와 잘 비교되었다.

F.2 CFD에 대한 유한 차분 접근법

유체운동을 설명하는 미분방정식을 나타내기 위해 유한 차분 근사를 사용하는 CFD 접근방식을 소개한다. 유한 차분을 이용하면, 미분방정식을 푸는 문제에서 대수방정식을 푸는 문제로 축소할 수 있다. 이것은 고속 컴퓨팅 장비들이 사용되면서, 이전에는 다루기 어려웠던 문제를 해결할 수 있는 중요한 장점을 가지고 있다.

우리는 하나의 미분방정식이 있고 비교를 위한 해석해가 있는 섹션 8.2에서 두 개의 고정된 평행 판 사

그림 F.1 포뮬러 1 자동차 주위의 유선들

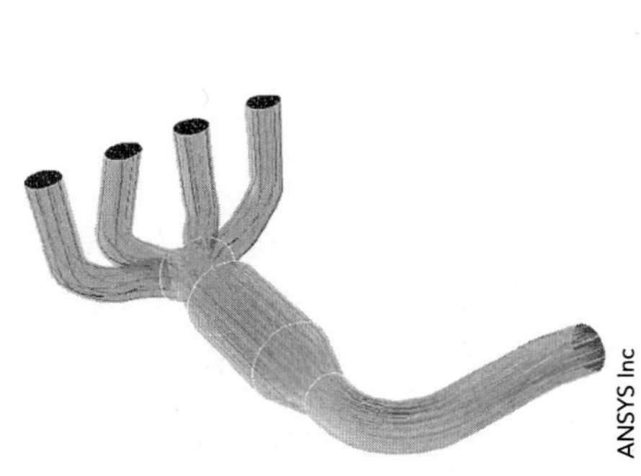

그림 F.2 촉매 변환기를 통과하는 유동.

그림 F.3 원심 팬을 통과하는 유동에 대한 정압 분포.

이의 유동을 예를 들어 볼 것이다. 이 상황에서 속도에 대한 해석적인 해는 식 (8.5)에 다음과 같이 주어진다.

$$u = \frac{a^2}{2\mu}\left(\frac{dp}{dx}\right)\left[\left(\frac{y}{a}\right)^2 - \left(\frac{y}{a}\right)\right] \tag{8.5}$$

그리고 전단응력 분포는 다음과 같이 주어지며,

$$\tau_{yx} = a\left(\frac{dp}{dx}\right)\left[\frac{y}{a} - \frac{1}{2}\right] \tag{8.6a}$$

전단응력은 뉴턴의 점성 법칙에서 보듯이 속도와 관련된다.

$$\tau_{yx} = \mu\frac{du}{dy} \tag{2.15}$$

수치 적분 과정을 설명하기 위해, 먼저 식 (8.6a)와 2.15를 사용하여 수치적으로 속도분포를 구하고, 그런 다음 식 (8.5)와 비교해볼 것이다. 먼저 유동을 격자 모양으로 나눈다. 속도는 1차원이고 y방향으로만 변하기 때문에, y 좌표를 거리 Δy만큼 떨어진 여러 수평 레이어로 나눈다. Y 방향의 속도분포에 대한 최종 결과는 그림 F.4에 나타내었다. $y = n$에서 속도를 u_n이라 하면, $y + \Delta y = n + 1$에서 속도는 u_{n+1}로 정의한다. 도함수를 유한 차분으로 대신하면, 우리는 식 (2.15)를 단순한 유한 차분 형태로 바꿔 표현할 수 있다. 도함수를 유한 차분으로 근사화하면 다음과 같다.

$$\frac{du}{dy} \approx \frac{\Delta u}{\Delta y} = \frac{u_{n+1} - u_n}{\Delta y}$$

유한 차분 근사를 이용하여 식 (8.6a)와 (2.15)를 결합하면 다음과 같다.

$$\tau_{yx} = \mu\frac{du}{dy} \approx \mu\frac{u_{n+1} - u_n}{\Delta y} = a\left(\frac{dp}{dx}\right)\left[\frac{y_n}{a} - \frac{1}{2}\right]$$

n과 $n + 1$에서의 속도 사이의 관계에 대해 풀면 다음과 같다.

$$u_{n+1} = u_n + \frac{a}{\mu}\left(\frac{dp}{dx}\right)\left[\frac{y_n}{a} - \frac{1}{2}\right]\Delta y \tag{F.1}$$

이전 위치의 속도항으로 새로운 y 위치에서의 속도를 나타내는 방정식 F.1은 이제 대수적 유한 차분 방정식이다. 이 간단한 표현을 Euler 방법이라고 한다. 이 방법은 이전 값을 기준으로 다음 u 값을 정하기 때문에, 오차가 있다. 따라서 보다 정교한 유한 차분 공식일수록 오류를 줄일 수 있다.

다음은 수치 적분 과정을 설명할 것이다. 식 F.1을 변수 y_n/a로 바꿔주고, 상수항을 계수 C로 묶어서 표현하면 다음과 같다.

$$u_{n+1} = u_n + \frac{a^2}{\mu}\left(\frac{dp}{dx}\right)\left[\frac{y_n}{a} - \frac{1}{2}\right]\Delta\left(\frac{y_n}{a}\right) = u_n + C\left[\left(\frac{y_n}{a}\right) - \frac{1}{2}\right]\Delta\left(\frac{y_n}{a}\right) \tag{F.2}$$

우리는 $C = -4$ m/s이고 $a = 1$ cm일 때 속도분포를 구할 수 있다. 압력구배가 음수이기 때문에 C 값이 음수이다. 식 (F.2)를 풀기 위해서, n, y/a과 u에 대해서 아래와 같은 표를 만들 수 있다. y 좌표는 u값이 0 m/s인 벽에서 시작한다. 풀이 과정을 설명하기 위해, $\Delta y = 0.1$인 상대적으로 큰 증분 값을 선택하였다.

n	y/a	u (m/s)	n	y/a	u (m/s)
1	0		7	0.6	
2	0.1		8	0.7	
3	0.2		9	0.8	
4	0.3		10	0.9	
5	0.4		11	1.0	
6	0.5				

$n = 2$이고 $y = 0.1$에서 u_2는 다음 식으로 계산된다.

$$u_2 = u_1 + C\left[\frac{y_1}{a} - \frac{1}{2}\right]\frac{\Delta y}{a} = 0 - 4\cdot\left[0 - \frac{1}{2}\right]\cdot 0.1 = 0.2\frac{m}{s}$$

유사한 방법으로 u_3도 계산된다.

$$u_3 = u_2 + C\left[\frac{y_2}{a} - \frac{1}{2}\right]\Delta y = 0.2 - 4\cdot\left[0.1 - \frac{1}{2}\right]\cdot 0.1 = 0.36\frac{m}{s}$$

이러한 과정을 거쳐 얻어진 최종 값은 아래 표와 같다.

n	y/a	u (m/s)	n	y/a	u (m/s)
1	0	0	7	0.6	0.6
2	0.1	0.2	8	0.7	0.56
3	0.2	0.36	9	0.8	0.48
4	0.3	0.48	10	0.9	0.36
5	0.4	0.56	11	1.0	0.2
6	0.5	0.6			

Δy/a를 0.1로 했을 때 구해진 속도분포 결과는 그림 F.4에 표시하였다. 동일한 Euler 계산 과정에서 Δy/a를 0.01로 했을 때의 결과도 같이 표시하였다. 해석해와 비교하기 위해 식 (8.5)도 표시하였다. 결과적으로 비교적 간격이 넓은 격자라도 일반적인 형태의 속도분포를 형성한다는 것을 알 수 있다. 격자 점의 수가 11개에서 101개로 증가하면 정확도가 훨씬 좋아질 것이다.

이번 예는 유동 문제의 수치 계산과 관련된 여러 중요한 문제를 보여준다. 먼저, 비교적 간단한 이번 예의 경우, 정확한 해를 얻기 위해는 100개 정도의 많은 격자 점들이 필요했다. 그럼에도 불구하고, 여전히 약간의 오차가 있고 Euler 방법은 상부 벽면에서 점착 조건(no-slip condition)을 만족하지 않았다. 상부 벽면에서 계산된 속도는 작지만 0은 아니었다.

Crank-Nicholson 또는 Runge-Kutta 방법과 같은 보다 정교한 수치해석 기술들은 더 적은 수의 격자 점을 사용하더라도 높은 정확도의 결과를 얻을 수 있다. 이러한 방법들은 더 복잡한 계산들이 포함되며 종종 각 단계가 반복된다. 비선형 방정식의 경우 안정성 문제도 있으며, 격자의 간격이 너무 크면 해(solution)가 수렴하지 않거나 합리적이지 않을 수 있다. 격자 점의 수를 줄여도 계산 시간이 늘어날 수 있다. 참

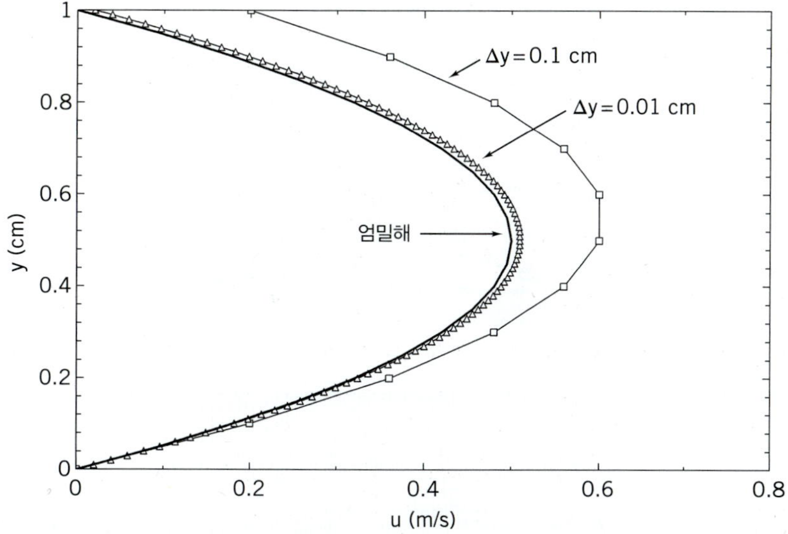

그림 F.4 유한 차분 해와 해석 해의 비교

고문헌 [3]은 유체 문제들의 해를 구하기 위해 가장 널리 사용되는 몇 가지 유한 차분 접근법들을 설명하고 있다.

만약 우리가 이 평행 판 예제의 발달 유동 문제를 해결하는 데 관심이 있었다면, 우리는 또한 격자를 하류까지 확장해야 했을 것이다. 층류에서는 지름의 100배 정도의 발달 길이를 가지므로, 유동을 가로지르는 격자 점 각각에 대해서 100배 정도의 혹은 10,000개 정도의 하류 격자 점들이 필요했을 것이다. 더 복잡한 유동 패턴의 경우 계산 수는 급격히 늘어난다.

입구 길이 문제를 해결하려면 전단응력과 압력구배 사이의 정상상태 관계 그 이상이 필요하다. 우리는 연속방정식과 운동량 방정식을 유한 차분 형태로 대입해야 할 것이다. 방정식들은 결합되어 있으며, 운동량 방정식은 비선형 2차 방정식이며 각 격자 점에서 속도 u와 v에 대해서 동시에 풀어야 한다. 그러면 계산 시간이 상당할 것이다.

또 다른 근본적인 문제는 유한 차분의 해가 보존방정식들을 반드시 만족시키지 못한다는 것이다. 즉, 하나의 유체 원소에 대한 힘과 유동 운동량 사이에 불균형이 발생할 수 있으며, 이로 인해 구한 해에 오차가 발생할 수 있다.

마지막으로 예제 문제는 층류 유동에 대한 것이다. 유체역학에서 대부분의 관심은 정확한 모델이 필요한 난류에 있다. 난류에 대한 간단한 혼합 길이 모델은 8.5절에 제시되어 있다. 이 반실험적 모델은 많은 유동들에 유효하지만, 자동차 외부유동이나 연소실 내부유동과 같은 복잡한 흐름 패턴에는 훨씬 더 정교한 난류 모델이 필요하다. 참고문헌 [1]과 [2]에 설명되어 있는 이러한 모델이 존재하지만, 연속방정식과 운동량 방정식을 동시에 푸는 것 외에 더 많은 방정식을 풀어야 하는 경우가 많다.

이 논의에서 도출할 수 있는 일반적인 결론은 유한 차분 기법이 유용하지만 다른 접근법들만큼 복잡한 유동 문제에 적합하지 않다는 것이다. 현대의 CFD 코드는 보통 다음 절에서 논의한 바와 같이 다른 공식들을 사용한다.

CFD 기법들

모든 CFD 접근법은 그림 F.5에 표시된 것처럼 셀 또는 요소로 구성된 메쉬(mesh)를 사용하여 유동장을 모델링하는 동일한 접근 방식을 사용한다. 이 메쉬는 가장 관심 있는 영역 및/또는 특성 변화가 가장 큰 영역에서 더 미세한 구조로 구성된다. 그림에서 보는 바와 같이, 메쉬는 익형(airfoil)의 표면 근처와 후류 영역에서 매우 미세하고 익형에서 더 멀어질수록 메쉬의 간격은 커진다.

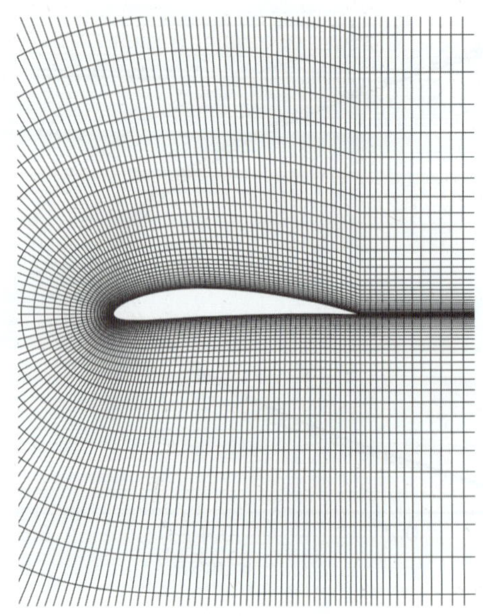

그림 F.5 익형(airfoil) 주위 유동 연구에 사용된 CFD 메쉬(mesh)의 예

유체 문제에 적용되는 **유한 요소 방법**에서 유동장은 하위 영역으로 나누어지며 각 하위 영역에 해당 방정식이 적용된다[4]. 예를 들어, 유동장은 경계층 영역과 비점성 자유유동으로 나눌 수 있다. 유한 요소 방법은 정상상태 문제에 대한 대수방정식 집합으로 부분 미분방정식을 국소적으로 근사하여 공간 도함수를 제거한다. 이 요소들에 대한 방정식은 유동을 설명하는 대수방정식을 사용하여 원래의 복잡한 편미분 방정식을 국소적으로 근사하는 비교적 간단한 방정식이다. 이 근사의 오차는 편미분 방정식에 시행 함수를 맞추고 오차를 최소화하기 위해 변동 방법을 사용함으로써 최소화된다. 이 단계에서 보존 방정식들이 만족된다.

유한 요소 해석은 복잡한 형상의 유동과 같은 복잡한 영역의 문제를 해석하는 데 적합하다. 주어진 유동장을 시뮬레이션하기 위해서, 유동장의 모양을 형성하는 작은 요소로 구성된 격자가 최대 수백만 개까지 생성된다. 각 요소에 대한 계산이 이루어지고 개별 결과가 결합되어 전체 유동장을 설명한다. 근사는 다항식으로 각 격자에 대한 해를 나타내기 때문이다. 이 경우 변수 값(예: 속도)은 요소 내의 특정 지점에서 생성되지만 모든 지점에서 생성되지는 않는다.

유한 체적 방법은 CFD 소프트웨어에 일반적으로 사용되는 또 다른 접근법이다[5]. 이 방법의 기초는 적분 보존법칙이다. 이 접근 방식은 메쉬로 대표되는 많은 검사체적 각각에 대한 보존법칙을 근사화하는 것이다. 그런 다음 편미분 지배방정식은 격자 점 사이가 아니라 유한 검사체적에서 해결된다. 유한 체적 방법을 사용하면 특정 검사체적을 통한 질량, 운동량 및 에너지 플럭스가 보존된다.

유한 차분 방법에 비해 유한 요소 및 유한 체적 방법의 장점은 구조화된 메쉬가 필요하지 않다는 것이다. 유한 체적 방법은 경계 조건의 적용에 있어 다른 방법보다 바람직할 수 있는데, 그 이유는 보존된 변수의 값이 경계점 혹은 표면이 아니라 체적 요소 내에서 결정되기 때문이다.

유한 차분 방법에서와 같이 난류 모델은 실제 유동을 모델링하는 데 필수적이다. 정교함을 높이는 여러 난류 모델이 개발되어오고 있으며, 그중 많은 모델들이 참고문헌 [1]과 [2]에 설명되어 있다.

전산 유체역학은 이제 널리 사용되고 있다. Fluent[6]라고 하는 ANSYS가 개발한 강력한 소프트웨어는 복잡한 유동 문제를 모델링하기 위해 학교, 연구 및 산업 환경에서 널리 사용된다. 시뮬레이션은 일반적으로 기초 연구와 생산 모두에서 제한된 실험실 실험들에 연계하여 함께 사용된다. 실제 실험들은 많은 비용과 시간이 소요될 수 있는 반면, CFD 시뮬레이션은 상대적으로 저렴하고 빠르기 때문에 비용과 시간이 절감된다. 산업계에서는 이를 통해 설계 프로세스 초기에 엔지니어링 데이터를 도입하여 설계 변수들을 신속하게 평가할 수 있다. 연구원의 경우 CFD를 사용하여 새로운 유동 상황을 탐색할 수 있다. 시뮬레이션 결과는 실험에서처럼 특정 위치에 국한되지 않고 관심 영역의 모든 위치에 정보를 제공한다.

새로운 상황을 분석하기 위해 CFD 코드를 사용할 때 몇 가지 주의 사항이 있다. 시뮬레이션에는 많은 엔지니어링 근사, 모델링 지름길 및 실제 가변성을 통합해야 한다. 난류 모델링은 특히 중요하다. 이러한 제한은 해의 정확도에 불확실성을 발생시키고 사용자는 불확실성의 정도가 유용하기에 충분히 허용 가능한지 판단해야 한다. 훈련되지 않은 사용자는 CFD 결과가 사실이라고 믿는 경향이 있기 때문에 경험이 필수적이다. CFD 해를 검증하려면 신중하게 구성된 실험이 필요할 수 있다. Linfield와 Mudry의 백서[7]는 CFD의 장점과 한계를 간결하게 요약하고 있다.

참고문헌

1. Cebeci, T., *Turbulence Models and Their Application*, Horizons Publishing Inc., Long Beach, CA; Springer-Verlag, Berlin, New York, 2004. ISMN 0-9668461-6-8 and ISBN 3-54040288-8
2. Ferzinger, J. H. and M. Peric', *Computational Methods for Fluid Dynamics*, 2nd edition," Springer-Verlag, Heidleberg, New York, 1999, ISBN 3-540-65373-2
3. Patankar, S. V., *Numerical Heat Transfer and Fluid Flow*, Hemisphere Publishing CO., New York, 1980.
4. Myers, G. E., *Analytical methods in conduction heat transfer*, McGraw-Hill Book Company, New York, 1971. Available for Amazon and the Wiley online library https://onlinelibrary.wiley.com/
5. Sharma, A., *Introduction to Computational Fluid Dynamics*, John Wiley and Sons, New York, 2017, ISBN 978-11-1900-299-4
6. Fluent, ANSYS, Inc., 2600 ANSYS Drive, Canonsburg, PA 15317, 2019
7. Linfield, K. W. and R. G. Mudry, *Pros and Cons of CFD and Physical Flow Modeling, A White Papery*, Airflow Sciences Corporation, 2008. http://www.airflowsciences.com/sites/default/files/docs/Pros-and-Cons-of-CFD-and-Physical-Flow-Modeling.pdf

연습문제해답

Answers to Selected Problems

Chapter 1

1.1 (a) Conservation of mass—The mass of a system is constant by definition.
(b) Newton's second law of motion—The net force acting on a system is directly proportional to the product of the system mass times its acceleration.
(c) First law of thermodynamics—The change in stored energy of a system equals the net energy added to the system as heat and work.
(d) Second law of thermodynamics—The entropy of any isolated system cannot decrease during any process between equilibrium states.
(e) Principle of angular momentum—The net torque acting on a system is equal to the rate of change of angular momentum of the system.

1.3 $M=26.6\ \mathrm{kg}$

1.5 $t=3W/gk$

1.7 $L=0.249$ m; $D=0.487$ m

1.13 (a) $\mathrm{kg\cdot m^2/s^3}$, (b) $\mathrm{kg/m\cdot s^2}$, (c) $\mathrm{kg/m\cdot s^2}$, (d) $1/\mathrm{s}$, (e) $\mathrm{kg\cdot m^2/s^2}$, (f) $\mathrm{kg\cdot m^2/s^2}$, (g) $\mathrm{kg\cdot m/s}$, (h) $\mathrm{kg/m\cdot s^2}$, (i) dimensionless, (j) $\mathrm{kg\cdot m^2/s}$

1.15 (a) 6.89 kPa, (b) 0.264 gal, (c) $47.9\ \dfrac{\mathrm{N\cdot s}}{\mathrm{m^2}}$

1.17 (a) 9.25×10^3m, (b) $0.00311\ \mathrm{m^3/s}$, (c) $0.000315\ \mathrm{m^3/s}$, (d) $2.23\ \mathrm{m/s^2}$

1.19 (a) $6.36\times10^{-3}\ \mathrm{ft^3}$, (b) 402 hp, (c) $1.044\ \mathrm{lbf\cdot s/ft^2}$, (d) $431\ \mathrm{ft^2}$

1.21 $Q=397\ \mathrm{L/min}$

1.23 $2.22\ \mathrm{kgf/cm^2}$

1.25 $u_\rho=\pm0.345\%\ (\pm4.24\times10^{-3}\mathrm{kg/m^3})$

1.27 C_D is dimensionless

1.29 c: N·s/m, k: N/m, f: N

1.31 m, $\mathrm{m/(L/min)^2}$

1.33 $\rho=1.06\pm3.47\times10^{-3}\ \mathrm{kg/m^3}\ (\pm0.328\%)$

1.35 $\rho=858\pm24.8\ \mathrm{kg/m^3}$ (20 to 1)

1.37 $1.243\ \mathrm{Kg/m^3}$, $SG=1.243$, uncertainty $=\pm0.4$

1.39 $\delta_x=\pm0.158$ mm

1.41 $H=17.3\pm0.164$ m, $\theta_{\min}=31.4°$

Chapter 2

2.1 2D $\vec{V}=0$ (lower disk) $\vec{V}=\hat{e}_\theta rw$ (upper disk)
Streamlines : $y=\dfrac{c}{\sqrt{x}}$

2.3 A is irrelevant for streamline shapes; determines velocity magnitudes.

2.5 Streamlines : $y=c\,x^{-\frac{b}{a}t}$

2.7 Streamlines : $y=\dfrac{\text{const}}{x+\frac{B}{A}}$

2.9 Streamlines : $x^2+y^2=c$ Vortex model of center of a tornado.

2.11 $\ln(x\cdot y)=c$ $x\cdot y=\text{const}$ $x\cdot y=4$
The streamline and pathline coincide because the flow is steady

2.15 $\Delta P=485.33\ \mathrm{N/m^2}$

2.19 Pathlines: $y=4t+1$, $x=3e^{0.05t^2}$
Streamlines : $y=1+\dfrac{40}{t}\ln\left(\dfrac{x}{3}\right)$

2.23 (a) $y=(x^2/4)+4$, (b) $(x,y)=(4\ \mathrm{m},\ 1\ \mathrm{m})$, (c) $(x,y)=(5\ \mathrm{m},\ 10\ \mathrm{m})$, (d) For this steady flow streamlines, streak lines and path lines coincide; the particles referred to are the same particle!

2.25 $F=133.94$ N

2.27 $\mu=0.123\ \mathrm{kg/ms}$

2.31 $a_x=0.138\ \mathrm{m/s^2}$

2.33 $U_{\text{no force}}=0.196\ \mathrm{m/s}$, $U_{\text{up}}=0.104\ \mathrm{m/s}$
$U_{\text{down}}=0.496\ \mathrm{m/s}$

2.35 $V=25.62\ \mathrm{m/s}$

2.37 Shear stress is zero

2.39 $\tau_{yx}=a-y$ (acts to the left), $t=1.9\ (\mathrm{M\cdot h/\mu\cdot a^2})$

2.41 $U=1.34$

2.43 $V=0.483$ m/s, $V_{12}=0.333$ m/s, $V_{23}=0.383$ m/s

2.45 $\mu=8.07\times10^{-4}\ \mathrm{N\cdot s/m^2}$

2.47 $t=4.00$ s

2.49 $T=\dfrac{2\pi\mu\omega hR^3}{a}$ $\omega=\dfrac{mga}{2\pi R^2\mu h}\left[1-e^{-\frac{2\pi R\mu h}{a(m_1+m_2)}t}\right]$

$\omega_{\max}=\dfrac{mga}{2\pi R^2\mu h}$

2.51 $\omega = \frac{A}{B}\left(1 - e^{-\frac{B}{C}t}\right)$ $\omega_{max} = 25.1$ rpm $t = 0.671$ s

2.53 $1.8 \times 10^{-4} \frac{Ns}{m^2}$

2.55 $T = \frac{\pi\mu\Delta\omega R^4}{2a}$ $P_0 = \frac{\pi\mu\omega_0\Delta\omega R^4}{2a}$ $s = \frac{2aT}{\pi\mu R^4\omega_i}$

2.57 $\mu = \frac{2a\cos(\theta)\,T}{\pi\omega\tan^3(\theta)\,H^4}$ Castor oil

2.59 $P = 24$ W

2.61 No single needle will float (Needle length is irrelevant)

2.65 Constant density is not a reasonable assumption for a cutting jet operating at 350 MPa

2.67 $V = 368$ km/h

2.69 $M = 2.6$ $x_{trans} = 0.51$ m

2.71 $x_{trans} = 0.09$ m; $x_{trans} = 0.169$ m

Chapter 3

3.1 $p = 25.44$ MPa, $t = 2.27$ cm

3.3 $P = 6.1 \times 10^5 \text{N/m}^2$

3.7 $p = 316$ kPa (gage) $p_{SL} = 253$ kPa (gage)

3.9 SG = 1.77, $p_{upper} = 3.525$ kPa, $p_{lower} = 6.13$ kPa

3.11 $\frac{y}{H} = \frac{\left(\frac{p_a}{\rho gH} + \frac{h}{H} + 1\right) - \sqrt{\left(\frac{p_a}{\rho gH} + \frac{h}{H} + 1\right)^2 - 4\frac{h}{H}}}{2}$

3.13 The bracket is strong enough $h = 6.52$ m

3.15 $(P_{gage})_{\text{Air trapped}}$ in left chamber = 6.96 kPa
$(P_{gage})_{\text{To make water mercury level equal}} = 245.7$ kPa

3.17 $H = 17.75$ mm

3.19 $h = 42.3$ mm

3.21 $\Delta p = \rho_{water} g\left[h(SG_{Hg}) - L\sin 30°\right]$
$\Delta p = 0.0111 \text{ N/mm}^2$

3.23 $l = 1.68$ m

3.25 $\theta = 11.13°$ $s = \frac{5}{SG}$

3.27 $p_{atm} = 99.5$ kPa (abs)
The length of the mercury column would decrease

3.29 $\Delta h = -\frac{4\sigma\cos(\theta)}{gD(\rho_2 - \rho_1)}$ $\Delta h = 0.915$ cm

3.33 $\rho = 3.32 \times 10^{-3} \text{ kg/m}^3$

3.37 $F_R = 354$ N $y' = 0.285$ m

3.41 $F_R = 552$ kN $y' = 2.00$ m $x' = 2.50$ m

3.43 $y' = 4.06$ m The force is to the right and perpendicular to the plug

3.45 (a) $F_R = 33.3$ kN, (b) $d_b = 7.28$ mm

3.47 $F_{AB} = 5$ kN

3.49 $F_R = 1589.22$ kN

3.51 (a) Rectangular dam, $A_{min} = 0.373\,D^2$,
(b) Triangular (right triangle) dam, $A_{min} = 0.228\,D^2$,
(c) $A = \frac{D^2}{2\sqrt{4.8 + 0.6\alpha - \alpha^2}}$, $A_{min} = 0.226\,D^2$

3.53 $F_T = -137$ kN

3.55 $F_V = 2.19$ kN $x' = 0.243$ m

3.57 $F_V = -\rho g w R^2\pi/4$ $x' = 4R/3\pi$

3.59 $F_V = 1.83 \times 10^7$ N $\alpha = 19.9°$

3.61 $F_R = 370$ kN $\alpha = 57.5°$

3.63 $F_V = 2.47$ kN $x' = 0.645$ m
$F_H = 7.35$ kN $y' = 0.433$ m

3.65 $M = 734$ kg

3.67 $F = 284$ kN $\alpha = 34.2°$

3.69 $SG = SG_w \frac{F_{air}}{F_{air} - F_{net}}$

3.71 $SG = \frac{W_a}{W_a - W_w}$

3.73 $LV_{air65} = 0.23 \text{ kg/m}^3$ The agreement with the claims stated above is good Air at ΔT of 121°C gives 57% more lift than air at ΔT of 65°C

3.75 $M = 2017$ kg $M_{new} = 549$ kg
To make the balloon move up or down during flight, the air needs to be heated to a higher temperature or let cool

3.77 $M_B = 29.1$ kg

3.79 0.323 m $F = 6.1$ N

3.81 The sphere stays at the bottom of the tank

3.83 $\rho_{mix} = 785 \text{ kg/m}^3$

3.89 $h = aL/g$

3.91 $\Delta p = \rho\omega^2 R^2/2$ $\omega = 7.16$ rad/s

3.93 $dy/dx = -0.25$ $p = 105 - 1.96x$ (p: kPa, x: m)

3.95 $T = 402$ N $\Delta p = 3.03$ kPa

3.97 $p = p_{atm} + \rho\omega^2\frac{(r^2 - r_i^2)}{2} - \rho g(r - r_i)\cos(\theta)$
$P_{max\ gage} = 51.5$ kPa $p_{min\ gage} = 43.9$ kPa

Chapter 4

4.1 $x = 0.49$ m $x = 0.43$ m $x = 0.122$ m

4.3 $V = 0.577$ m/s $\theta = 48.2°$

4.5 $V = 87.5 \frac{km}{h}$ $t = 4.13$ s

4.7 $W = 107$ KJ/kg

4.9 $T_F = 27.76$°C

4.11 $\int \vec{V}\cdot d\vec{A} = 30 \text{ m}^3/\text{s}$ $\rho\int \vec{V}(\vec{V}\cdot d\vec{A}) =$
$(80\hat{i} + 75\hat{j})$ kg · m/s²

4.13 $Q = -\frac{1}{2}Vhw \quad \text{m.f.} = -\frac{1}{3}\rho V^2 wh\hat{i}$

4.15 $V_{jet} = 5.7 \text{ m/s} \quad V_{pipe} = 0.49 \text{ m/s}$

4.17 $t_{exit} = 126 \text{ s} \quad t_{drain} = 506 \text{ s} \quad Q_{drain} = 0.0242 \text{ m}^3/\text{s}$

4.19 $\vec{V}_3 = 1.30 \text{ m/s}, -0.75 \text{ m/s}$

4.21 3 pipes

4.23 $\tau = 2.78 \text{ m} \quad V_{level} = 229.76 \times 10^{-6} \text{m/s}$

4.25 $Q_{storm} = 0.6 \text{ Lit/s}$

4.27 $\frac{\dot{m}}{w} = \frac{\rho^2 g \sin(\theta)\, h^3}{3\mu}$

4.29 $U = 1.5 \text{ m/s}$

4.31 $V_{1max} = 6.71 \text{ m/s}$

4.33 $\dot{m} = 16.2 \text{ kg/s}$

4.35 $\vec{V}_s = -30.5\hat{j} \text{ mm/s}$

4.37 $1.109 \frac{\text{kg}}{\text{m}^3 \cdot \text{s}}$

4.39 $y_1 = 0.49 \text{ m} \quad y_2 = 4.10 \text{ m} \quad y_3 = 11.25 \text{ m}$

4.41 $dy/dt = -9.01 \text{ mm/s}$

4.43 $t = \frac{8}{5}\frac{\tan^2(\theta) y_0^{5/2}}{\sqrt{2g}d^2} \quad t_{drain} = 2.53 \text{ min}$
$t_{12-6} = 2.10 \text{ min} \quad t_{6-0} = 0.448 \text{ min}$

4.45 $t_{500 \text{ kPa}} = 42.2 \text{ days}$
$p_{30 \text{ day (Exact)}} = 639 \text{ kPa}$
$p_{30 \text{ day (Saying)}} = 493 \text{ kPa} \quad \Delta p = 51 \text{ kPa}$

4.47 1.33

4.49 $V = 1243 \text{ m/s} \quad F = 78.3\, N$

4.51 $T = 3.12 \text{ N}$

4.53 $F = 156 \text{ N}$

4.55 $V_{h=2} = 68.01 \text{ m/s} \quad V_{h=1} = 24.05 \text{ m/s}$
$V_{h=0.5} = 8.05 \text{ m/s}$

4.57 (a) $\dot{V} = 1.2618 \text{ L/s} \quad \dot{m} = 1.2618 \text{ kg/s}$
(b) $V_e = 19.84 \text{ m/s}$

4.59 $F = 11.6 \text{ kN}$

4.61 $R_x = -475$ N, The joint is in tension.

4.63 $R_x = 7972 \text{ N}$

4.65 $R_x = 14.9 \text{ kN}$

4.67 $V = 21.8 \text{ m/s}$

4.69 $R_x = -4.68 \text{ kN} \quad R_y = 1.66 \text{ kN}$

4.71 $V_2 = 6.5 \text{ m/s} \quad \Delta p = 85.1 \text{ kPa}$

4.73 $R_x = 21.33$ N to the right

4.75 $V_1 = 4.44 \text{ m/s}, \ V_2 = 8.9 \text{ m/s},$
$R_x = -6.2 \text{ kN}, \ R_y = -2.07 \text{ kN}$

4.77 $\dot{m}_{air} = 63.3 \text{ kg/s} \quad V_{max} = 18.8 \text{ m/s} \quad F_{drag} = 54.1 \text{ N}$

4.79 $U_1 = 5.66 \text{ m/s} \quad U_{max} = 11.3 \text{ m/s} \quad \Delta p = 9.08 \text{ kPa}$

4.81 $F = 52.1 \text{ N}$

4.83 $\theta = \sin^{-1}\left(\frac{\alpha}{1-\alpha}\right) \quad R_x = -\rho V^2 wh[1-(1-2\alpha)^{1/2}]$

4.85 $h = 0.17 \text{ m (170 mm)} \quad F = 0.78 \text{ N}$

4.87 $V = \sqrt{V_0^2 + 2gh} \quad R_z = \rho V_0 A_0 \sqrt{V_0^2 + 2gh}$
$R_z = 3.56$ N (upward)

4.89 $M = \frac{(V_0 - V_2 \cos\theta)\, \rho V_0 A_1}{g}$
$M = 4.46 \text{ kg} \quad M_w = 2.06 \text{ kg}$

4.91 $F = 1.14 \text{ kN}$

4.93 $V(z) = \sqrt{V_0^2 + 2gz} \quad A(z) = \frac{A_0}{\sqrt{1 + \frac{2gz}{V_0^2}}} \quad z_{1/2} = \frac{3V_0^2}{2g}$

4.95 $h_1 = \sqrt{h_2^2 + \frac{2Q^2}{gb^2 h_2}}$

4.97 –10800 N, $R_y = 6235.38 \text{ N}$

4.99 $Q = 0.1005 \text{ m}^3/\text{s}, \quad K = 2.23 \ [\text{N}/(\text{m/s})^2],$
$V = 22.48 \text{ m/s}, \quad Q = 0.15 \text{ m}^3/\text{s}$

4.101 $R_x = 16.8 \text{ kN}$

4.103 (a) $t = 5.435$ mm, (b) $R_x = 7595$ N to the left

4.105 $a_{rfx} = 20.6 \text{ m/s}^2$ (to right)

4.107 $t = 1.034 \text{ s}$

4.109 $\theta = 19.7°$

4.111 $U = 22.5 \text{ m/s}$

4.113 $V(1 \text{ s}) = 5.13 \text{ m/s} \quad x(1 \text{ s}) = 1.94 \text{ m}$
$V(2 \text{ s}) = 3.18 \text{ m/s} \quad x(2 \text{ s}) = 3.47 \text{ m}$

4.115 $t = 0.867 \text{ s} \quad x_{rest} = 6.26 \text{ m}$

4.117 $Q = 0.0469 \text{ m}^3/\text{s}$

4.119 $U_{max} = 834 \text{ m/s} \quad \frac{dU}{dt_{max}} = 96.7 \text{ m/s}^2$

4.121 $m_f = 73.59 \text{ kg}$

4.123 $m_{fuel} = 38.1 \text{ kg}$

4.125 $a_{rfy} = 169 \text{ m/s}^2$
$U = -\left[V_e + \frac{(p_e - p_{atm})A_e}{\dot{m}}\right] \ln\left(\frac{M_0 - \dot{m}t}{M_0}\right) - gt$

4.127 $\theta = 19.0°$

4.129 $\frac{U}{V} = 1 - \frac{1}{\sqrt{1 + \frac{2\rho VA}{M_0}t}}$

4.131 $\dot{m}_{init} = 0.111 \text{ kg/s} \quad \dot{m}_{final} = 0.0556 \text{ kg/s} \quad t = 20.8 \text{ min}$

4.133 $\partial M_{CV}/\partial t = -0.165 \text{ kg/s}$
$\partial P_{xCV}/\partial t = -2.1 \text{ mN} \quad \text{Ratio} = -4.62 \times 10^{-4}\%$

4.137 $F_x = 23.4 \text{ kN}/-22.8 \text{ kN}, \quad \text{Moment} = -468 \text{ kN} \cdot \text{m}$

4.139 $T = 1.62 \text{ N} \cdot \text{m} \quad \omega = 113 \text{ rpm}$

4.141 $\omega = 39.1 \text{ rad/s}$

4.143 $\dot{\omega} = 0.161 \text{ rad/s}^2$

4.151 $\frac{dT}{dt} = -1.97\,°\mathrm{C/s}$

4.153 75.4 kPa

4.155 $-\dot{\omega}_s = 96.0\,\mathrm{kW}$ or $\dot{\omega}_s = -96.0\,\mathrm{kW}$

4.157 $\dot{\omega}_s = -3.41\,\mathrm{kW}$

4.159 $\Delta u = -\Delta \mathrm{mcf}/m$, $\Delta T = 4.49 \times 10^{-4}\mathrm{K}$

Chapter 5

5.1 (a) Possible, (b) Not possible, (c) Not possible, (d) Not possible

5.3 Equation valid for steady and unsteady flow infinite number of solutions $v(x, y) = 1.8y - 3.3\frac{y^2}{2}$

5.5 Equation valid for steady and unsteady flow infinite number of solutions $v(x, y) = -3xy^2$

5.7 Equation valid for steady and unsteady flow $u(x, y) = \frac{9}{2}x^2y^2 - \frac{3}{4}x^4$

5.9 $\left.\frac{v}{U}\right)_{\max} = 0.00167\ (0.167\%)$

5.15 (a) Possible, (b) Possible, (c) Possible

5.17 $V_\theta = -\frac{\Lambda \sin\theta}{r^2} + f(r)$

5.21 $\vec{V} = \left(-U\cos\theta + \frac{q}{2\pi R}\right)\hat{e}_r + U\sin\theta\,\hat{e}_\theta$

Stagnation point at $(r,\theta) = \left(\frac{q}{2\pi U}, 0\right)$

$\psi_{\text{stagnation}} = 0$

5.23 $\psi = \frac{Uy^2}{2\delta}$ $\frac{y}{\delta} = \frac{1}{2}$ at one-quarter flow rate $\frac{y}{\delta} = \frac{1}{\sqrt{2}}$ at one-half flow rate

5.25 $\psi = -\frac{2U\delta}{\pi}\cos\left(\frac{\pi y}{2\delta}\right)$

$\frac{y}{\delta} = 0.460$ at one-quarter flow rate

$\frac{y}{\delta} = 0.667$ at one-half flow rate

5.27 $f = 4.5y - 5.36x$

5.29 (a) Two–dimensional, (b) Yes, it could be an incompressible flow field, (c) $\vec{a}_p = \frac{162}{4}\hat{i} + \frac{2187}{4}\hat{j} + \frac{486}{4}\hat{k}$

5.31 (a) Three–dimensional, (b) This cannot be incompressible, (c) $\vec{a}_p = \left(25788\,\hat{i} + 18\,\hat{j} + 15\hat{k}\right)\frac{m}{s^2}$

5.33 $\vec{a}_p = -7.4\left(10^{-4}\hat{i} + 10^{-4}\hat{j}\right)\frac{\mathrm{m}}{\mathrm{s}^2}$, Slope $= 2.5 \times 10^{-3}$

5.35 Incompressible $a_x = -\frac{\wedge^2 x}{(x^2+y^2)^2}$ $a_y = -\frac{\wedge^2 y}{(x^2+y^2)^2}$

$a = -\frac{100}{r^3}$

5.39 $a = -\left(\frac{Q}{2\pi h}\right)^2\frac{1}{r^3}$ (Radial)

5.41 $\left.\frac{Dc}{Dt}\right)_{\text{upstream}} = 0$ $\left.\frac{Dc}{Dt}\right)_{\text{drift}} = \frac{125 \times 10^{-6}}{\text{hr}}$

$\left.\frac{Dc}{Dt}\right)_{\text{downstream}} = \frac{250 \times 10^{-6}}{\text{hr}}$

5.43 $\frac{DT}{Dt} = -7.8°\mathrm{C/min}$

5.45 $\vec{a}_p = A^2\left(x\hat{i} + y\hat{j}\right)$, $\left(\vec{a}_p\right)_{(0.5\,\mathrm{m},\,2\,\mathrm{m})} = \left(0.5\hat{i} + 2\hat{j}\right)\frac{m}{s^2}$,

$\left(\vec{a}_p\right)_{(1\,\mathrm{m},\,1\,\mathrm{m})} = \left(\hat{i} + \hat{j}\right)\frac{m}{s^2}$,

$\left(\vec{a}_p\right)_{(2\,\mathrm{m},\,0.5\,\mathrm{m})} = \left(2\hat{i} + 0.5\hat{j}\right)\frac{m}{s^2}$

5.47 $a_x = \frac{U^2}{x}\left[-\left(\frac{y}{\delta}\right)^2 + \frac{4}{3}\left(\frac{y}{\delta}\right)^3 - \frac{1}{3}\left(\frac{y}{\delta}\right)^4\right]$,

$(a_x)_{\max} = -5.22\,\mathrm{m/s^2}$

5.49 $V_z = v_0\left(1 - \frac{z}{h}\right)$ $a_{pr} = \frac{v_0^2 r}{4h^2}$ $a_{pz} = \frac{v_0^2}{h}\left(\frac{z}{h} - 1\right)$

5.51 $a_x = \frac{U_0}{(1-b\cdot x)}\left[-(0.5.\omega.\sin(\omega t)) + (0.5 + 0.5\cos(\omega t))\left[\frac{U_0 b(0.5\cos(\omega t) + 0.5)}{(1-b\cdot x)^2}\right]\right]$

5.53 (a) Not irrotational, (b) Not irrotational, (c) Not irrotational, (d) Not irrotational

5.55 $\Gamma = -0.1\,\mathrm{m^2/s}$ $\Gamma = -0.1\,\mathrm{m^2/s}$

5.57 Not incompressible, Not irrotational

5.59 Incompressible $\vec{\omega} = -0.5\hat{k}\frac{\mathrm{rad}}{\mathrm{s}}$ $\Gamma = -0.5\,\mathrm{m^2/s}$

5.61 Incompressible, Irrotational

5.63 Incompressible, Not irrotational

5.65 $\vec{V} = -2y\hat{i} - 2x\hat{j}$

5.67 $\psi = \frac{A}{2}\left(y^2 - x^2\right) + By$ $\Gamma = 0$

5.69 The flow is irrotational $\varphi = -\frac{K}{2\pi}\ln(r) - \frac{q\theta}{2\pi}$

5.71 $U_{r_{\text{out}}} = 50\,\mathrm{m/s}$ $U_{r_{\text{in}}} = 7.5\,\mathrm{m/s}$ $Q_{\text{out}} = 3\,\mathrm{m^3/s}$

5.73 $\frac{dF_{\max}}{d\forall} = -\mu U\left(\frac{\pi}{2\delta}\right)^2$ $\frac{dF_{\max}}{d\forall} = -1.85\,\frac{\mathrm{kN}}{\mathrm{m^3}}$

5.75 $u(y) = -\frac{\varepsilon\zeta}{\mu}E$ $V = 70.8 \times 10^{-6}\,\mathrm{m/s}$

Chapter 6

6.1 $\vec{a} = \left(2.8\hat{i} + 6.3\hat{j}\right)\frac{\mathrm{m}}{\mathrm{s}^2}$ $\nabla p = \left(-2884\hat{i} - 16{,}593\hat{j}\right)\frac{\mathrm{pa}}{\mathrm{m}}$

6.3 $\vec{a}_{\text{local}} = B\left(\hat{i} + \hat{j}\right)$

$\vec{a}_{\text{conv}} = A(Ax - Bt)\,\hat{i} + A(Ay + Bt)\hat{j}$

$\vec{a}_{\text{total}} = (A^2x - ABt + B)\hat{i} + (A^2y + ABt + B)\hat{j}$

$\nabla p = 6.99\hat{i} - 14.0\hat{j} - 9.80\hat{k}\,\mathrm{kPa/m}$

6.5 $v(x,y)=-A.y(y-\text{component of velocity})$, $a=32.45\ \text{m/s}^2$, $\left[\frac{\partial}{\partial x}p=-48.6\frac{\text{Pa}}{\text{m}}, \frac{\partial}{\partial y}p=-32.4\frac{\text{Pa}}{\text{m}}, \frac{\partial}{\partial z}p=17.66\frac{\text{Pa}}{\text{m}}\right]$, $p(x)=200-(8.1/1000)x^2$ [p in kPa, x in m)

6.7 Incompressible, Stagnation point: (2.5, 1.5) $\nabla p=-\rho\left[(4x-10)\hat{i}+(4y-6)\hat{j}+g\hat{k}\right]$ $\Delta p=9.6$ pa

6.9 $\frac{dp}{dx}=\rho\frac{U^2}{L}\left(1-\frac{x}{L}\right)$ $P_{\text{out}}=241$ kPa (gage)

6.11 $\vec{V}=(x^2y^2+2xy)\hat{i}-2\left(\frac{2}{3}xy^3+y^2\right)\hat{j}$
$186.66\hat{i}+165.33\hat{j}$

6.15 $a_x=-\frac{2V_i^2(D_o-D_i)}{D_iL\left[1+\frac{(D_o-D_i)}{D_iL}x\right]^5}$
$\left.\frac{\partial p}{\partial x}\right|_{\max}=100$ kPa/m $L\geq 4$ m

6.17 $\vec{a}_p=\frac{q^2}{h}\left[\frac{x}{h}\hat{i}+\left(\frac{y}{h}-1\right)\hat{j}\right]$ $\frac{\partial p}{\partial x}=-\frac{\rho q^2 x}{h^2}$ $F_{\text{net}}=\frac{\rho q^2 b^3 L}{12h^2}$
$q=0.0432\ \text{m}^3/\text{s/m}^2$ $U_{\max}=1.73$ m/s

6.19 $B=-8\,m^{-3}\cdot s^{-1}$ Streamline: $y^5-10y^3x^2+5yx^4=-38$
$\vec{a}_p=4A^2(x^2+y^2)^3\frac{q^2}{h}(x\hat{i}+y\hat{j})$ $R=0.822$ m

6.21 $\nabla p=\frac{4\rho U^2}{a}\sin\theta\,(\sin\theta\,\hat{e}_r-\cos\theta\,\hat{e}_\theta)$ $p(\theta)=-2U^2\rho\sin^2\theta$ $p_{\min}=-13.8$ kPa

6.23 $Q=w\cdot\ln\left(\frac{r_2}{r_1}\right)\sqrt{\frac{2{r_1}^2{r_2}^2}{\rho({r_2}^2-{r_1}^2)}}\sqrt{\Delta p}$

6.25 $\vec{a}_p=(0.6\hat{i}+1.2\hat{j})\frac{\text{m}}{\text{s}^2}$ $R=1.76$ m

6.27 $\vec{a}_p=4\hat{i}+2\hat{j}\ \text{m/s}^2$ $R=5.84$ m

6.29 $p_{\text{dyn}}=475$ Pa $h_{\text{dyn}}=48.4$ mm

6.31 $V_j=49.5$ m/s, $V=41.53$ m/s

6.33 (a) $p_{\text{dyn}}=3.23$ kPa, (b) $p_s=-3.35$ kPa, (c) Streamlines in the test section are straight resulting, $\frac{\partial}{\partial n}p=0$ $\rho_w=\rho_{\text{centerline}}$, (d) As in curved section $\frac{\partial}{\partial n}p=\rho_{\text{air}}\frac{V^2}{R}$ resulting $\rho_w<\rho_{\text{centerline}}$

6.35 Air speed, $V_1=27.95$ m/s

6.37 $p_2=291$ kPa (gage)

6.39 $Q(h)=\frac{\pi D^2}{4}\sqrt{2gh}$ $h=147$ mm

6.41 $p_{\text{Diet}}=4.90$ kPa (gage) $p_{\text{Regular}}=5.44$ kPa (gage)

6.43 $A=A_1\sqrt{\frac{1}{1+\frac{2g\,(z_1-z)}{V_1^2}}}$

6.45 $p_r=50\ \text{mm}=-404$ Pa (gage)

6.47 $p_0=29.4$ kPa (gage) $V_{\text{rel}}=24.7$ m/s

6.49 $p_2=106.543$ kPa $\frac{\Delta p}{q}=93.3\%$

6.53 $Q=18.5$ L/s $R_x=-2.42$ kN

6.55 $p_1=11.7$ kPa (gage) $R_x=-22.6$ N

6.57 $p_{1g}=9.34$ kPa (gage) $p_{0g}=12.4$ kN
$\vec{F}_{H_2O}=21.3\,\hat{k}\text{N}$

6.61 $\frac{h}{h_0}=\left[1-\sqrt{\frac{g}{2h_0\left\{\left(\frac{D}{d}\right)^4-1\right\}}}\,t\right]^2$

6.63 $F_V=804$ kN

6.65 $p_1=82.8$ kPa (gage) $F=66$ N

6.69 $p=12.5$ kPa

6.71 $dQ/dt=0.516\ \text{m}^3/\text{s/s}$

6.73 $D_j/D_1=0.32$

6.75 Bernoulli can be applied

6.77 $\psi=\frac{q}{2\pi}\left[\tan^{-1}\left(\frac{y-h}{x-h}\right)+\tan^{-1}\left(\frac{y+h}{x-h}\right)+\tan^{-1}\left(\frac{y+h}{x+h}\right)+\tan^{-1}\left(\frac{y-h}{x+h}\right)\right]$
$\phi=-\frac{q}{4\pi}\ln[\{(x-h)^2+(y-h)^2\}\{(x-h)^2+(y+h)^2\}\{(x+h)^2+(y-h)^2\}\{(x+h)^2+(y+h)^2\}]$
$u(x)=\frac{q}{\pi}\left[\frac{x-h}{(x-h)^2+h^2}+\frac{x+h}{(x+h)^2+h^2}\right]$

6.79 $u(x,y)=20xy^3-20x^3y$
$v(x,y)=30x^2y^2-5x^4-5y^4$
$\phi(x,y)=5x^4y-10x^2y^3+y^5$

6.81 (a) $u(x,y)=60x^2y^3-30x^4y-6y^5$, $v(x,y)=60x^3y^2-6x^5-30xy^4$, (b) As $\frac{\partial}{\partial y}u(x,y)=\frac{\partial}{\partial x}v(x,y)$ [Flow is irrotational], (c) $\phi(x,y)=6x^5y-20x^3y^3+6xy^5$

6.83 $\psi(x,y)=20x^3y^3-6x^5y-6xy^5$

6.91 $\psi=-\frac{q}{2\pi}\theta-\frac{K}{2\pi}\ln r$ $\psi=-\frac{q}{2\pi}\ln r-\frac{K}{2\pi}\theta$
$r>9.77$ m $p=-6.37$ kPa (gage)

6.93 $R_x=-5.51$ kN/m

Chapter 7

7.1 $\frac{gL}{V_0^2}$, $\frac{\sigma}{\rho LV_0^2}$

7.3 The dimensionless group is $\frac{gL}{v_0^2}$

7.5 $\frac{\nu}{V_0 L}\left(=\frac{1}{\mathrm{Re}}\right)$

7.7 $\Pi_1=\frac{\Delta p}{\rho V^2}\quad \Pi_2=\frac{\mu}{\rho V D}\quad \Pi_3=\frac{d}{D}$

7.9 $D=\rho L^2 c^3 f\left(\frac{\lambda}{L}\right)$

7.11 $\frac{Tw}{\rho U^2}=f\left(\frac{\mu}{\rho U L}\right)$

7.13 $\frac{W}{g\rho p^3},\ \frac{\sigma}{g\rho p^3}$

7.15 $E=\frac{\rho R^5}{t^2}f\left(\frac{pt^2}{\rho R^2}\right)$

7.17 $\frac{T}{Fe},\ \frac{\mu e^2\omega}{F},\ \frac{\sigma e}{F}$

7.19 $t=\sqrt{\frac{d}{g}}f\left(\frac{\mu^2}{\rho^2 g d^3}\right)$

7.21 $\frac{Q}{Vh^2}=f\left(\frac{\rho V h}{\mu},\ \frac{V^2}{gh}\right)$

7.23 $\Pi_1=f(\Pi_2,\ \Pi_3,\ \Pi_4)\quad \frac{\delta}{D}=f\left(\frac{h}{D},\frac{d}{D},\frac{E}{D\gamma}\right)$

7.25 $\frac{d}{D},\ \frac{\mu}{\rho V D},\ \frac{\sigma}{\rho D V^2},\ \frac{L}{D}$

7.27 $\Pi_1=\frac{w}{L}\quad \Pi_2=\frac{t}{L}\quad \Pi_3=\frac{\mu}{\rho V L}$

7.29 $n=5,\quad m=C\frac{pA}{\sqrt{RT}}$

7.31 $n=6,\quad n-m=3,\quad m=\rho A^{\frac{5}{4}} g^{\frac{1}{2}} f\left(\frac{h}{\sqrt{A}},\frac{\Delta p}{\rho g\sqrt{A}}\right)$

7.33 $\frac{\dot{m}}{\Delta\rho\alpha}=f\left(\frac{D}{\alpha}\right)$

7.35 $\Pi_1=\frac{F_T}{\rho V^2 D^2}\quad \Pi_2=\frac{gD}{V^2}\quad \Pi_3=\frac{\omega D}{V}$
$\Pi_4=\frac{p}{\rho V^2}\quad \Pi_5=\frac{\mu}{\rho V D}$

7.37 $\Pi_1=\frac{u}{U}\quad \Pi_2=\frac{y}{\delta}\quad \Pi_3=\frac{(dU/dy)\delta}{U}\quad \Pi_4=\frac{\nu}{\delta U}$

7.39 $\frac{\rho_m}{\rho_P}=20,\ P_m=20.20\times 10^5\mathrm{Pa},\ F_p=6\ \mathrm{kN}$

7.41 $P=f(\rho,\mu,V,\omega,D,H),\ \frac{P}{\rho\omega^3 D^5}=f\left(\frac{\mu}{\rho\omega D^2},\frac{V}{\omega D},\frac{H}{D}\right)$

7.43 (a) $\omega_m=379.5$ rpm, (b) $\omega_m=12000$ rpm, (c) Froude Number

7.45 $Re_m=4.93\times 10^6\quad V_p=40\ \mathrm{m/s}$

7.47 $V_m=13.53\ \mathrm{m/s},\ \frac{F_m}{F_P}=15.1$

7.49 $Q_m=0.02\ \mathrm{m^3/s}\quad P_p=1.93\ \mathrm{MW}$

7.51 $p_{\mathrm{m}}=20.4\ \mathrm{kPa}$

7.53 $V_m=403.2\ \mathrm{m/s}\quad \frac{F_p}{F_m}=385.80$

7.55 $V_m=90\ \mathrm{m/s}$ to $180\ \mathrm{m/s}$

7.57 (a) Dimensionless parameters, $n-m=2$, (b) For dynamic similarity, we must have geometric and kinematic similarity, and the Reynolds numbers must match, (c) $F_{DP}=2.46$ kN, (d) $P=55.1$ kW

7.59 $V_m=9.02\ \mathrm{m/s}\quad F_p/F_m=0.265$
$p_{\min}=22.6\ \mathrm{kPa}\quad p_{\mathrm{tank}}=79.4\ \mathrm{kPa}$

7.61 $V_R=175$ km/h @ 5°C
$V_R=123.7$ km/h @ 65°C $\quad V_R=289$ km/h using CO_2

7.63 $\frac{V_\theta}{\omega r}=g\left(\frac{\mu}{\rho\omega r^2},\ \omega\tau\right)$ honey takes less time than water to reach steady state motion

7.65 Model $=\frac{1}{50}\times$ Prototype

Adequate Reynolds number not achievable

7.67 $D=245$ N at 15 knots $\quad D=435$ N at 20 knots

7.69 $h_m=13.8\ \mathrm{J/kg}\quad Q_m=0.166\ \mathrm{m^3/s}\quad D_m=0.120\ \mathrm{m}$

7.71 The small-scale droplets are 4.4% of the size of the large scale

7.73 $F_B=-0.54$ N, $F_{Dm}=129.38$ N,
Drag Ratio $=-0.42\%$

7.75 0.299 N, $C_{D_m}=0.375$, $F_{DP}=7419.6$ kN

Chapter 8

8.1 $Q=5.17\times 10^{-3}\ \mathrm{m^3/s}\quad L=3.12-5.00$ m (turbulent)
$L=17.3$ m (laminar)

8.3 Smallest turbulent first
$Q_{\mathrm{large}}=7.63\times 10^{-4}\ \mathrm{m^3/s}$ Smallest, middle fully developed; largest only fully developed if turbulent
$Q_{\mathrm{mid}}=4.58\times 10^{-4}\ \mathrm{m^3/s}$ Smallest fully developed; middle only fully developed if turbulent
$Q_{\mathrm{small}}=3.05\times 10^{-4}\ \mathrm{m^3/s}$ Smallest fully developed

8.5 (a) $C=0,\ A=-4/\mathrm{h}^2,\ B=4/\mathrm{h}$,
(b) $Q/b=(2/3)\,u_{\max}h$, (c) $\frac{\bar{V}}{u_{\max}}=\frac{2}{3}$

8.7 (a) $\tau_{yx}=y\,(\partial p/\partial x)$, (b) $\tau_{\max}=0.038$ Pa

8.9 $\tau_{yx}=-2.5\ \mathrm{N/m^2}$(Stress acts to right, in positive x direction), $Q/b=20.8\times 10^{-6}\ \mathrm{m^2/s}$

8.11 $M=117.43\times 10^3$ kg

8.13 $W=0.143$ m $\quad dp/dx=-9.79\ \frac{\mathrm{MPa}}{\mathrm{m}}$
$h=1.452\times 10^{-5}$ m

8.17 $\mu=0.17\ \mathrm{Ns/m^2}$, Torque will decrease, as it is proportional to μ.

8.19 $\partial p/\partial x=-92.6$ Pa/m

8.21 $u_{\text{interface}} = 4.6 \text{ m/s}$

8.23 $\partial p/\partial x = -2U\mu/a^2 \quad \partial p/\partial x = 2U\mu/a^2$

8.25 $\nu = 1.00 \times 10^{-4} \text{ m}^2/\text{s}$

8.27 $\tau = \rho g \sin(\theta)\,(h-y) \quad Q/w = 217 \text{ mm}^3/\text{s/mm}$
$Re = 0.163$

8.29 $y(u_{\max}) = 2.08 \text{ mm} \quad u_{\max} = 0.625 \text{ m/s}$
$Q/w = 0.011 \text{ m}^2$

8.31 $U = 0.504 \dfrac{\text{m}}{\text{s}} \quad \tau_{yx} = 0.4032 \text{ Pa} \quad \partial p/\partial x = 1.29 \dfrac{\text{kPa}}{\text{m}}$

8.33 $\mathcal{P}_v = \dfrac{\pi\mu\omega^2 D^3 L}{4a} \quad \mathcal{P}_p = \dfrac{\pi D a^3 \Delta p^2}{12\mu L} \quad \mathcal{P}_v = 3\mathcal{P}_p$

8.37 $u = \dfrac{\rho g}{\mu}\delta^2\left[\left(\dfrac{y}{\delta}\right) - \dfrac{1}{2}\left(\dfrac{y}{\delta}\right)^2\right]$

8.39 $Q_{\max} = 4.10 \times 10^{-4}$, $\partial p/\partial x = -4.36 \times 10^5$

8.41 $Q = 21.5 \text{ mm}^3/\text{s}$ $(1290 \text{ mm}^3/\text{min})$

8.43 $\tau = c_1/r \quad u = \dfrac{c_1}{\mu}\ln r + c_2 \quad c_1 = \dfrac{\mu V_0}{\ln}(r_i/r_o)$
$c_2 = -\dfrac{V_0 \ln r_0}{\ln(r_i/r_o)}$

8.45 $R_{\text{hyd}} = -\dfrac{8\mu}{3\pi\alpha}\left[\dfrac{1}{(r_0+\alpha z)^3} - \dfrac{1}{r_0^3}\right]$

8.47 (a) $u = \dfrac{1}{4\mu}\dfrac{\partial p}{\partial x}(R^2 - r^2 + 2lR)$, $Q = -\dfrac{\pi R^4}{8\mu}\dfrac{\partial p}{\partial x}\left[1 + 4\dfrac{l}{R}\right]$,
(b) $Q = 3.036 \times 10^{-10} \text{m}^3/\text{s}$

8.49 $\tau_w = -131 \text{ Pa}$

8.51 (a) Higher pressure drop correspond to turbulent flow, Lower pressure drop correspond to laminar flow,
(b) $\tau_{w_1} = 35 \text{ Pa}$, $\tau_{w_2} = 120 \text{ Pa}$

8.53 (a) $\Delta p = 4.78 \text{ kPa}$, (b) $\theta = -1.743$

8.55 $\dfrac{r}{R} = 1 - \left[\dfrac{2n^2}{(n+1)(2n+1)}\right]^n$

8.57 $\alpha = 1.54$

8.59 $H_{lT} = 1.33 \text{ m} \quad h_{lT} = 13.0 \text{ J/kg}$

8.61 V_1 (inlet velocity) $= 2.70 \text{ m/s}$

8.63 $Q = 0.026 \text{ m}^3/\text{s}$

8.65 $H_{1T} = 825 \text{ m}$,
$h_{1T} = 8.09 \text{ kN}\cdot\text{m/kg}$ (In terms of energy/mass)

8.67 $\dfrac{d\bar{u}}{dy} = 971\, s^{-1} \quad \tau_w = 1.73 \times 10^{-2} \dfrac{\text{N}}{\text{m}^2} \quad \tau_w = 0.02 \text{ N/m}^2$

8.69 $f = 0.0390 \quad Re = 3183$ Turbulent

8.73 $p_2 = 171 \text{ kPa} \quad p_2 = 155 \text{ kPa}$

8.75 $Q = 1.114 \times 10^{-3} \text{ m}^3/\text{s}$ $(0.067 \text{ m}^3/\text{min}, 67 \text{ L/min})$

8.79 $K = 9.38 \times 10^{-4}$

8.81 $Q = 3.97 \text{ L/s} \quad Q = 3.64 \text{ L/s} \quad (\Delta Q = -0.33 \text{ L/s})$
$Q = 4.77 \text{ L/s}$ $(\Delta Q = 0.80 \text{ L/s}$, again)

8.83 $h_{l_m} = (1 - AR)^2 \dfrac{V_1^2}{2}$

8.85 $\overline{V}_1 = \sqrt{\dfrac{2\Delta p}{\rho(1 - AR^2 - K)}}$ Inviscid assumption: Lower indicated flow/larger Δp

8.87 $d = 6.13 \text{ m}$ (or 6.16 m if $\alpha = 2$, laminar)

8.89 $Q = 7.66 \times 10^{-5} \text{ m}^3/\text{s}$ (0.0766 L/s) $h = 545 \text{ mm}$
$h = 475 \text{ mm}$

8.91 Ratio $= 1188$

8.93 $p_1 = 2.02 \times 10^6 \text{ Pa}$

8.95 $\Delta p = 0.001 \text{ m } H_2O$

8.97 $V_B = 4.04 \text{ m/s} \quad L_A = 12.8 \text{ m}$ (Not feasible!)
$\Delta p = 29.9 \text{ kPa}$

8.99 $e/D = 0.0101$, 26.3%

8.103 $V = 1.39 \text{ m/s} \quad Q = 6.80 \text{ m}^3/\text{s}$ (0.680 L/s)

8.105 $t = 16.7 \text{ min}$

8.107 $Q = 0.0395 \text{ m}^3/\text{s}$

8.109 Rate of downpour $= 0.759 \text{ cm/min}$

8.113 (a) Renentrant: $Q = 2 \times 10^{-3} \text{m}^3/\text{s}$,
(b) Square-edged: $Q = 2.08 \times 10^{-3} \text{m}^3/\text{s}$,
(c) Rounded: $Q = 2.21 \times 10^{-3} \text{m}^3/\text{s}$

8.115 $Q = 5.30 \times 10^{-4} \text{ m}^3/\text{s}$
$Q = 5.35 \times 10^{-4} \text{ m}^3/\text{s}$ (diffuser)

8.117 $L = 0.296 \text{ m}$

8.119 $D = 1.2 \text{ cm}$

8.121 $D = 150 \text{ mm}$ (nominal)

8.125 $dQ/dt = -0.524 \text{ m}^3/\text{s/min}$

8.127 $W_{\text{required}} = 2.34 \text{ kW}$

8.129 (a) Minimum pressure $= 2398 \text{ kPa}$,
(b) Power input, $\dot{W}_{\text{act}} = 130.2 \text{ kW}$

8.131 $Q = 5.58 \times 10^{-3} \text{ m}^3/\text{s}$ $(0.335 \text{ m}^3/\text{min})$
$V = 37.9 \text{ m/s} \quad \mathcal{P} = 8.77 \text{ kW}$

8.133 (a) $Q = 0.74 \text{ m}^3/\text{s}$, $\text{p} = 0.58$ MPa and 0.53 Mpa,
$\text{P} = 0.59 \text{ MW}$,
(b) Increase flow rate $= 0.06 \text{ m}^3/\text{s}$, $P = 0.53 \text{ MW}$

8.135 Air flow rate, $Q = 4.5 \text{ m}^3/\text{s}$

8.137 $Q_0 = 0.00744 \text{ m}^3/\text{s}$, $Q_1 = 0.00314 \text{ m}^3/\text{s}$,
$Q_2 = 0.00430 \text{ m}^3/\text{s}$, $Q_3 = \text{NA}$, $Q_4 = 0.00430 \text{ m}^3/\text{s}$

8.139 $\Delta p_{\text{pump}} = 152.56 \text{ kPa}$, $Q_{23} \approx 0.329$ Lit/s,
$Q_{24} \approx 1.572$ Lit/s

8.141 $Q = 0.224 \text{ m}^3/\text{s}$

8.143 $Q = 0.042 \text{ m}^3/\text{s}$

8.145 $Q = 0.00611 \text{ m}^3/\text{s}$

8.147 $\Delta t = 40.8 \text{ mm} \quad \dot{m}_{\min} = 0.0220 \text{ kg/s}$

8.151 $Q_{\text{actual}} = 0.0283 \text{ m}^3/\text{s}$

Chapter 9

9.3 $x_p = 10.4$ cm at takeoff $x_p = 7.47$ cm at cruise

9.5 (a) $U = 3.8$ m/s, (b) $U = 37.5$ m/s

9.7 $A = U \quad B = \pi/2\delta \quad C = 0$

9.9 $\frac{\delta^*}{\delta} = 0.375 \quad \frac{\theta}{\delta} = 0.139$

9.13 Power: $\frac{\delta^*}{\delta} = 0.125, \quad \frac{\theta}{\delta} = 0.0972$

Parabolic: $\frac{\delta^*}{\delta} = 0.333, \frac{\theta}{\delta} = 0.133$

9.15 $\dot{m} = 50.4$ kg/s $D = 50.4$ N (more than Problem 9.18)

9.17 $U_2 = 13.8$ m/s, $\Delta p = 20.6$ Pa

9.19 $\Delta p = -56.7$ N/m^2

9.21 $U_2 = 24.6$ m/s $p_2 = -44.5$ mm H_2O

9.23 $\delta_2^* = 2.54$ mm $\Delta p = -107$ Pa $F_D = 2.00$ N

9.25 $\tau/\tau_w = 1 - (y/\delta)$

9.27 $y = 0.305$ cm $\frac{dy}{dx} = \frac{1}{2\sqrt{Re_x}} \frac{\eta f' - f}{f'}$

$\tau_w = 0.00326 \frac{\rho U^2}{\sqrt{Re_x}}$

9.31 $F_D = 26.3$ N (long way) $F_D = 45.5$ N (short way)

9.33 $F_D = 1.68 \times 10^{-2}$ N (both sides) (twice as much as Problem 9.42)

9.35 $F_D = 6.9 \times 10^{-3}$ N (both sides) (higher than Problem 9.44)

9.37 $\frac{\delta}{x} = \frac{3.46}{\sqrt{Re_x}} \quad C_f = \frac{0.577}{\sqrt{Re_x}}$

9.39 $F_D = 3.815$ N, $F_{D,\text{Total}} = 7.63$ N

9.41 $\tau_w = 0.0297 \frac{\rho U^2}{Re_x^{1/5}} \quad F_D = 0.0360 \frac{\rho U^2 bL}{Re_x^{1/5}}$

$F_D = 2.39$ N

9.43 $F_D = 0.3638$ N (both sides)

9.45 $F_D = 11.12$ N (separate, both sides)
$F_D = 8.46$ N (composite, both sides)

9.47 (a) $\delta_{\text{lam}} = 6.62$ mm, $\tau_{\text{wlam}} = 0.054$ N/m^2
(b) $\delta_{\text{turb}} = 26.0$ mm, $\tau_{\text{wturb}} = 0.249$ N/m^2

9.49 $\Delta p = 6.16$ Pa $L = 0.233$ m

9.51 $mf = \frac{1}{3}\rho U^2 \delta W$ (linear) $mf = \frac{1}{2}\rho U^2 \delta W$ (sinusoid)

$mf = \frac{8}{15}\rho U^2 \delta W$ (parabolic) Linear profile separates first

9.55 (a) $(A_{\text{eff}} - A)/A = -1.59\%$,
(b) $d\theta/dx = 0.61$ mm/m, (c) $\theta_2 = 110$ mm

9.59 (a) $L_{av} = 2.80$ m, (b) $F_D = 9.41$ kN

9.61 (a) $V_m = 5.04$ km/hr, (b) turbulent,
(c) $x_t = 0.0109$ m, (d) $F_{DP} = 54.5$ kN

9.63 (a) $x_t/L = 0.0353\%$, (b) $F_D = 5.36 \times 10^5$ N,
(c) $P = 7.45$ MW

9.65 $F_D = 3.02 \times 10^4$ N Savings of \$20,644/year assuming fuel costs \$0.26 per Kg

9.67 $F_D = 92.3$ kN, This is a large force. Failure should have been expected.

9.69 (a) $T = 78.02$ N.m, (b) $P = 0.876$ hp

9.71 B is 20.8% better than A ($H > D$)

9.73 She can cycle with the headwind, but she cannot reach the top speed with the tailwind.

9.75 (a) $(V)_{\text{into the wind}} = 26.8$ km/hr,
$(V)_{\text{with the wind}} = 39.1$ km/hr,
(b) $(V)_{\text{into the wind}} = 29.8$ km/hr,
$(V)_{\text{with the wind}} = 42.1$ km/hr

9.77 $V = \sqrt{\left[\frac{2mg \sin\theta}{C_D A \rho \cos^2\theta}\right]} \quad t = 1.30$ mm

9.79 (a) $U_{\text{tmax}} = 121$ m/s, $U_{\text{tmin}} = 43.5$ m/s,
(b) $t_{\text{min}} = 6.53$ s, $t_{\text{max}} = 18.2$ s,
(c) $y_{\text{min}} = 160.2$ m, $y_{\text{max}} = 1239$ m

9.81 $t = 2.86$ s, $x = 186$ m

9.83 (a) 46.57 kW, (b) $V_{\text{max}} = 43.4$ m/s,
(c) $P_{\text{new}} = 43.53$ kW, $(V_{\text{max}})_{\text{new}} = 44.4$ m/s,
(d) $\tau = 7.56$ month

9.85 (a) $V = 21.2$ m/s, (b) $\eta = 87.7\%$,
(c) $a_{\text{max}} = 3.07$ m/s^2, (d) $V_{\text{max}} = 248$ km/hr,
(e) Improved drag coefficient

9.87 $C_D = 1.17$

9.89 $F_D = C_D A \frac{1}{2}\rho(V-U)^2 \quad T = C_D A \frac{1}{2}\rho(V-U)^2 R$

$\mathcal{P} = C_D A \frac{1}{2}\rho(V-U)^2 U \quad \omega_{\text{opt}} = \frac{V}{3R}$

9.91 P = 2.99 kW

9.93 $V = 23.3$ m/s $Re = 48,200$ $F_D = 0.111$ N

9.95 $x = 13.9$ m

9.97 $C_D = 0.5$, 10% high in the region from $R_e \approx 10^3$ to $R_e \approx 10^4$

9.99 $F_D = \frac{7}{9} C_D \frac{1}{2}\rho U^2 DH \quad M = \frac{7}{16} C_D \frac{1}{2}\rho U^2 DH^2$

$\frac{F_D}{F_{D_{\text{uniform}}}} = \frac{7}{9} \quad \frac{M}{M_{\text{uniform}}} = \frac{7}{8}$

9.101 $D = 7.99$ mm $y = 121$ mm

9.105 $C_D = 6.94$, $u = 0.64$ m/s

9.107 $F_D = 2.53$ kN, $h = 8.37$ m

9.109 $t = 4.93$ s $h = 30.0$ m

9.111 $x \approx 203$ m

9.113 $C_L = 0.726$, $C_D = 0.0538$

9.117 (a) $V_{min}=5.62$ m/s, (b) $P=31.0$ kW, (c) $V_{max}=19.9$ m/s

9.119 (a) $V_{min}=144$ m/s, (b) $R=431$ m, (c) As altitude increases, the density increases, and both the velocity and radius will increase.

9.121 $V=289$ km/h

9.123 $F_D=2.2$ kN, $P=147$ kW

9.125 (a) $F_L=-1.32$ kN (downward force) (b) $\Delta F_B=1.43$ kN

9.127 $(P_{Pilot})_{min}=224$ W, $P_{Pilot}<290$ W

9.131 $F_L=0.0822\text{ N}=0.175$ mg $F_D=0.471\text{ N}=0.236$ mg

9.133 $\omega=14{,}000-17{,}000$ rpm $x=1.21$ m

9.135 $\omega=3090$ rpm

Chapter 10

10.1 $H=135$ m $\dot{W}=994$ kW

10.3 $\dot{W}=2.15\times10^7$ W $H=439.2$ m

10.5 $\dot{W}=161$ kW $H=65$ m

10.7 $\beta_1=80.9$ deg, $W_m=105$ hp

10.9 $\beta_1=50°$ $\dot{W}=3.24\times10^4$ kW $H=425.4$ m

10.11 (a) $H=50.15$ m, (b) $H_k=61.16$ m

10.17 $Q=19.4\text{ m}^3/\text{min}$ $H=5.52$ m $\eta=82.6\%$ $N_s=2.64$

10.19 $N_s=\Pi_3^{\frac{1}{2}}/\Pi_2^{\frac{5}{4}}$

10.21 1 hp = 1.01 hpm $N_{S_{cu}}=0.228\,N_s$(rpm, hpm, m)

10.23 (a) $Q=500\text{ m}^3/\text{h}$, $H=39$ m, (b) BEP_{11} is at $Q=385\text{ m}^3/\text{h}$, $H=32.73$ m, BEP_{13} is at $Q=636\text{ m}^3/\text{h}$, $H=45.77$ m, (c) The modified scaling points are closer to the measured *BEPs*.

10.25 $H'=10.9$ m

10.27 $\hat{H}\text{ (ft)}=67.0\text{ ft}-3.83\times10^{-6}[Q(\text{gpm})]^2$

10.29 The motor is not suitable to drive the pump directly, By using a belt drive.

10.31 $a=0.0384$, $b=9.95\times10^{-8}$, The curve-fit does a good job near peak frequency, but tends to underestimate the measured data elsewhere.

10.33 $Q=81.2\times10^{-3}\text{m}^3/\text{s}$

10.35 $H_a=12.5$ m, $P_m=1.531$ kW, Cost = \$0.216/hr

10.37 $D=0.15$ m $\dot{W}=660.3$ kW

10.39 $Q_1=142\text{ m}^3/\text{h}$

10.41 $Q=614\text{ m}^3/\text{h}$ $L_e/D_{valve}=26900$

10.43 $Q_{loss}=37\text{ m}^3/\text{h}$ (6.0% loss in 20 years)
$Q_{loss}=50\text{ m}^3/\text{h}$ (8.2% loss in 40 years)
$Q_{loss}=57\text{ m}^3/\text{h}$ (9.3% loss in 20 years)
$Q_{loss}=111\text{ m}^3/\text{h}$ (18.1% loss in 40 years)

10.45 $\dot{W}_{initial}=191.2$ kW $\dot{W}_{full}=286$ kW

10.47 $H_p=37.124$ m An 275 mm 4*AE*12 pump would work $NPSHA=24.99\text{ m}>NPSHR\approx1.5$ m

10.49 A 5*TUT*168 would work $\eta\approx(0.86)^3=0.636=63.6\%$

10.51 $Q=0.028\text{ m}^3/\text{s}$, $V_n=37.7$ m/s, $\eta\approx0.75$, $P=38$ kW

10.53 $W_{m1}=50$ kW, $W_{m2}=189$ kW & $W_{m3}=321$ kW and Q_1 = not satisfactory, $Q_2=0.59\text{ m}^3/\text{s}$ (marginal) & $Q_3=0.7\text{ m}^3/\text{s}$ (ok)

10.55 $P_{required}=8.77$ kW (for one)

10.57 $H=36.6$ m $\dot{W}=7.88$ kW

10.59 $H=1.284$ m $H=1.703$ m at higher speed

10.61 $A_e=0.72\text{ m}^2$ $Q=4.98\text{ m}^3/\text{s}$ $h_t=4.73$ cm $\dot{W}=2.30$ kW $\eta=90.8\%$

10.65 $N=566$ rpm $D_m/D_p=0.138$ $Q=0.83\text{ m}^3/\text{s}$

10.67 $\dot{W}=11.7$ MW $N=356$ rpm $N_{run}=756$ rpm $T=2.09\times10^5\text{N}\cdot\text{m}$ $T_{stall}=5.45\times10^5\text{ N}\cdot\text{m}$

10.69 $N_{S_{cu}}=212$ $Q=978\text{ m}^3/\text{s}$

10.71 $R=1.643$ m $D_j=37.0$ cm $\dot{m}=8830$ kg/s

10.73 $V_j=277$ ft/s, $D=6.20$ ft, $\dfrac{N_{S_{cu}}}{N_s}=43.5$

10.75 (a) $D=41.0$ cm, (b) $Q=1.081\text{ m}^3/\text{s}$, (c) Turbine efficiency varies with specific speed. Pipe roughness appears to the ½ power, so has a secondary effect. A Pelton wheel is an impulse turbine that does not flow full of water; it directs the stream with open buckets. A diffuser could not be used with this system.

10.77 (a) $D=1.52$ m, (b) $T=2250$ N, (c) $T=750$ N

10.79 $J=0.745$ $C_F=0.0452$ $\eta=77.7\%$ $C_T=0.00689$ $C_P=0.0039$

10.81 $U=79.6\dfrac{\text{m}}{\text{s}}$ $C_P=0.364$

10.85 $N=488$ rpm $\dot{m}=226$ kg/s $T_{02}=686.59°\text{C}$ $p_{02}=482.5$ kPa

Chapter 11

11.3 $V_{stream}=2.57$ m/s

11.5 $\dfrac{\lambda}{y}=5.16$

11.7 $V_{stream}=2.43$ m/s $Fr=2$

11.9 $Q=22.68\text{ m}^3/\text{s}$

11.11 $E_c=NA$, 0.547 m, 1.14 m, 1.60 m, 2.19 m

11.13 $E_{min}=0.66$ m, $y=0.445$ m, $V=2.09$ m/s

11.15 $\dfrac{Q^2(b+2y\cot\alpha)}{gy^3(b+y\cot\alpha)^3}=1$

11.17 $Q=0.089\ m^3/s$

11.19 $y_2=0.18\ m$

11.21 $y_2=0.415\ m$

11.23 $Q=1.35\ m^3/s$

11.25 (a) The bump IS sufficient for critical flow, (b) The constriction is NOT sufficient for critical flow, (c) The bump and constriction are sufficient for critical flow.

11.27 $y_2=4.04\ m \quad H_l=1.74\ m$

11.29 $Q=1.48\ m^3/s$, $H_1=0.48\ m$

11.31 $V_r=2.1\ m/s\ (7.56\ km/h)$

11.33 $y=0.815\ m$

11.35 $S_b=2.03\times 10^{-3}$

11.37 $Q=0.194\ m^3/s$

11.41 $y=5.66\ m, \quad b=2.67\ m$

11.45 $y_n=0.6\ m$, $b=1.2\ m$

11.47 $S_{bcrit}=0.0038$

11.49 $b=1.456\ m$, $S_c=0.00463$

11.51 $P=2.18\ m$

11.53 $H=0.514\ m$

Chapter 12

12.1 $\Delta u=-574\dfrac{J}{kg}$, $\Delta h=-803\dfrac{J}{kg}$, $\Delta s=143\dfrac{J}{kg\ K}$

12.3 (a) $q=1104\ kJ/kg$, (b) $q=789\ kJ/kg$

12.5 $V_2=247\dfrac{m}{s}$

12.7 $\dot{W}=392\ kW$

12.9 $\Delta T=-2.1\ F$

12.11 $M=0.457$, $M=1.13$

12.17 $m=-6.49\times 10^{-3}\ K/m$, $dc/dz=mkR/2c$

12.19 $V=493\ m/s$, $\Delta t=0.398\ s$

12.21 $\Delta t=8.55\ s$

12.23 $\Delta t=48.5\ s$

12.25 $\dfrac{\Delta\rho}{\rho}=48.5\ \%$, Not incompressible flow

12.27 $V=218\ m/s$

12.31 (a) $p_0=156.4\ kPa$, (b) $p_0=166.7\ kPa$

12.33 (a) $T_{01}=20.6\ C$, $T_{02}=20.6\ C$, (b) $p_{01}=1.01\ MPa$, $p_{02}=189\ kPa$, (c) Although there is friction, suggesting the flow should decelerate, because the static pressure drops so much, the net effect is flow acceleration!, (d) Not a isentropic process, (e) $\Delta s=480\ J/kg.K$

12.35 (a) $T_{01}=445\ K$, $p_{01}=57.5\ kPa$ (abs),
(b) $T_{02}=445\ K$, $p_{02}=46.7\ kPa$ (abs),
(c) $S_2-S_1=59.6\ J/kg.K$

12.37 $T^*=260\ K$, $p^*=24.7\ MPa$ abs, $V^*=252\dfrac{m}{s}$

12.39 $(T)_{tank}=20.1°C$, $(T)_{nozzle}=20.1°C$

12.41 $p=6.52\ psi$

12.43 $M_2=0.1797$, $p_2=610\ kPa$

12.45 $M_1=0.512$, $M_2=1.68$, $A^*=0.759\ cm^2$, $\dot{m}=0.0321\dfrac{kg}{s}$

12.47 (a) $\dot{m}=0.325\dfrac{kg}{s}$, (b) $\dot{m}=0.325\dfrac{kg}{s}$

12.49 $M_1=0.311$, $M_2=0.612$, $\dfrac{A_2}{A_1}=0.792$

12.51 $\dot{m}=0.451\dfrac{kg}{s}$

12.53 $P_t=166\ kPa$

12.55 $P_0=806\ kPa$, $\dot{m}=1.92\dfrac{kg}{s}$

12.57 $m_{rate}=1.87\times 10^{-3} kg/s$, The Ts diagram will be a vertical line. The plot is nonlinear because V and ρ vary.

12.59 $A_e=38.6\ cm^2$, $\dot{m}=17.646\ \dfrac{kg}{s}$

12.61 $A_1=1.50\times 10^{-3} m^2$, $A_t=8.89\times 10^{-4} m^2$

12.63 $V_s=5475\ m/s$, $T_2=14517\ °C$, $V=4545\ m/s$

12.65 $p_2=842\ kPa$, $V_2=242\ m/s$,
$T_2=145\ °C$, $c_2=406\ m/s$

12.67 $T_2=520\ K$, $p_{02}=1.29\ MPa$ abs

12.69 $V_1=416\dfrac{m}{s}, \quad V_2=399\dfrac{m}{s}$

12.71 $p_0=57.9\ kPa$ abs, $T=414\ K$, $p=51.9\ kPa$ abs

찾아보기

Index

라

마

바

사

아

자

차

카

타

파

하

기타

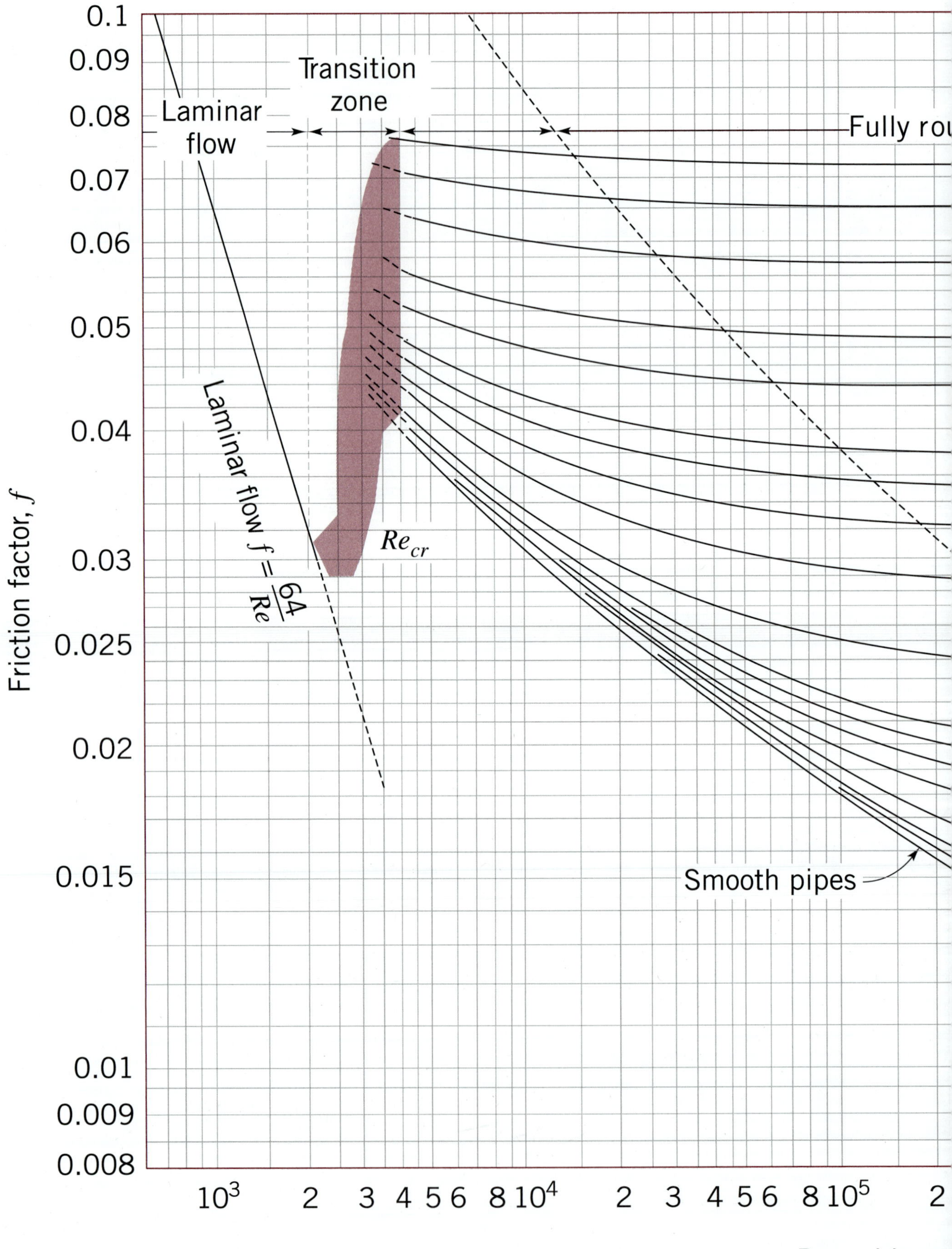

Transition zone
Laminar flow
Fully rou
Laminar flow $f = \frac{64}{Re}$
Re_{cr}
Smooth pipes
Friction factor, f
0.1
0.09
0.08
0.07
0.06
0.05
0.04
0.03
0.025
0.02
0.015
0.01
0.009
0.008
10^3 2 3 4 5 6 8 10^4 2 3 4 5 6 8 10^5 2
Reynolds nu

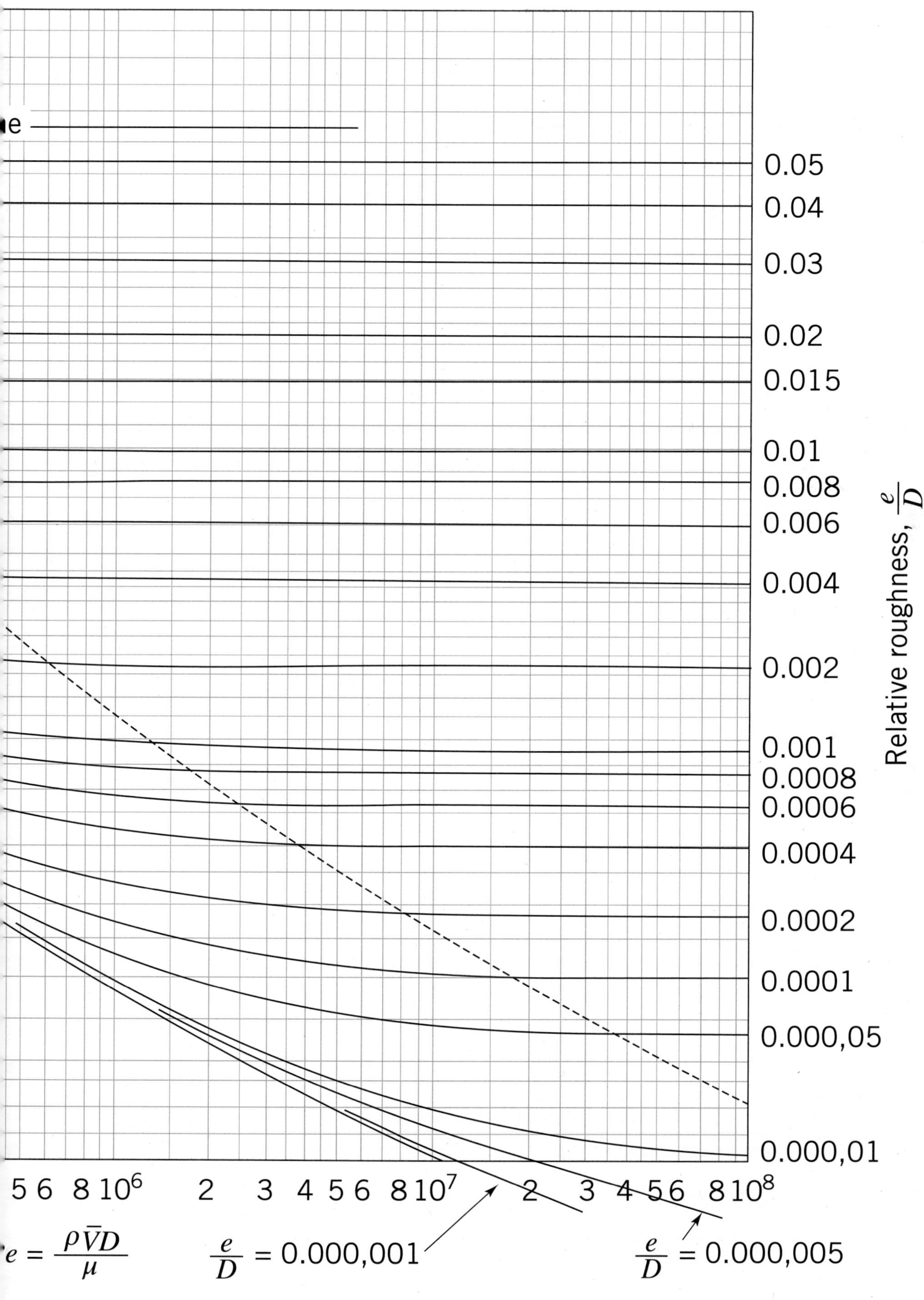

e
0.05
0.04
0.03
0.02
0.015
0.01
0.008
0.006
0.004
0.002
0.001
0.0008
0.0006
0.0004
0.0002
0.0001
0.000,05
0.000,01
Relative roughness, $\frac{e}{D}$
5 6 8 10^6 2 3 4 5 6 8 10^7 2 3 4 5 6 8 10^8
$e = \frac{\rho \bar{V} D}{\mu}$
$\frac{e}{D}$ = 0.000,001
$\frac{e}{D}$ = 0.000,005